Chemische Kreisläufe in der Natur

Vollrath Hopp

Chemische Kreisläufe in der Natur

Chemie – Biologie – Energetik

2. Auflage

Vollrath Hopp
Ehrenmitglied der Universität Rostock
Dreieich, Deutschland

ISBN 978-3-662-55859-1 ISBN 978-3-662-55860-7 (eBook)
https://doi.org/10.1007/978-3-662-55860-7

Die Deutsche Nationalbibliothek verzeichnet diese Publikation in der Deutschen Nationalbibliografie; detaillierte bibliografische Daten sind im Internet über http://dnb.d-nb.de abrufbar.

Springer Spektrum

Verantwortlich im Verlag: Rainer Münz

Gedruckt auf säurefreiem und chlorfrei gebleichtem Papier

Springer Spektrum ist ein Imprint der eingetragenen Gesellschaft Springer-Verlag GmbH, DE und ist ein Teil von Springer Nature
Die Anschrift der Gesellschaft ist: Heidelberger Platz 3, 14197 Berlin, Germany

Vorwort [E. preface]

Vor ca. 100 Jahren lebten auf unserem Erdplaneten knapp 2 Mrd. Menschen, heute sind es 7,3 Mrd. Die Bevölkerung ist auf den Kontinenten und Inseln um fast das Vierfache gestiegen. Wirtschaft und Politik haben es während dieser Zeit nicht vermocht, die Menschheit vom Durst und Hunger zu erlösen. Mehr als 1 Mrd. Menschen haben täglich nicht genügend einwandfreies Wasser zum Trinken und knapp 1 Mrd. Menschen hungern bzw. deren Nahrung genügt nicht den gesundheitlichen Erfordernissen. In den nächsten Jahrzehnten ist für das Überleben der zukünftigen Generationen mit einer spürbaren Verknappung an Nutzenergie und wichtigen Rohstoffen zu rechnen, wie z. B. Süßwasser, die kohlenstoffhaltigen fossilen Rohstoffe (Erdgas, Erdöl, Kohle), Rohphosphate oder spezielle metallhaltige Rohstoffe wie Seltene Erden, Platinmetalle u. a.

Die moderne industrielle Chemie begann 1834 mit der Synthese von Anilin durch den Chemiker Friedlieb Ferdinand Runge (1794–1867). Im großen Stil entwickelte sich daraus die Chemie der Farbmittel und bald danach auch die der Arzneimittelsynthesen. Die großtechnische Ammoniaksynthese mit Platin als Katalysator wurde 1913 von Fritz Haber (1868–1934) und Carl Bosch (1874–1940) bei den BASF eingerichtet.

Franz Fischer (1877–1947) und Hans Tropsch (1889–1935) gelang 1925 die katalytische Hydrierung von Kohlenstoffmonoxid, das durch Kohlevergasung erhalten wurde, zu Benzin. In dieser Fischer-Tropsch-Synthese wurden Eisen-Kobalt-Katalysatoren verwendet.

Otto Roelen (1897–1993) fand 1938 heraus, dass ungesättigte Kohlenwasserstoffe wie z. B. Propylen mit Synthesegas ($CO + H_2$) unter milden Bedingungen zur Kettenverlängerung reagieren, wenn Kobaltsalze als Katalysator zugegen sind.

Der Chemiker Hermann Staudinger (1881–1969) entwickelte die Theorie der Makromoleküle und Polymere. Er öffnete den Weg zur Chemie der Kunststoffe.

Bei allen diesen Aufbereitungen der Rohstoffe und den nachfolgenden Veredlungsprodukten entstehen Abfallstoffe, Reststoffe und abgenutzte Gebrauchsstoffe. Diese rücken zunehmend in den Blickpunkt für eine Wiederverwendung als Rohstoffe. Dadurch erhält die Kreislaufwirtschaft in der chemischen Industrie eine wachsende Bedeutung. Auch wendet sich die chemische Forschung in den wissenschaftlichen Instituten und in der

Industrie den Pflanzen als Rohstofflieferanten zu[1]. Mit ca. 2 Mio. t deckt die chemische Industrie derzeitig mehr als 10 % ihres Rohstoffbedarfs für die stoffliche Nutzung ab. Das Pflanzenmaterial wird dafür in großen Raffinerieanlagen verarbeitet. Als Rohstoffe dienen Zucker, Stroh, Pflanzenöle, Holz. Aber auch Futtermais und Rüben werden eingesetzt. Doch die technischen Einsatzgrenzen der Pflanzenrohstoffe liegen dort, wo sie der menschlichen Ernährung dienen sollten. Die Methoden der Biotechnologie (metabolic engineerings) werden in der chemischen industriellen Produktion immer bedeutender.

Im vorliegenden Lehrbuch werden die Grundlagen des Energie- und Stoffumsatzes an ausgewählten Stoffkreisläufen in der Natur und Technik erläutert. Es werden die Produktionswege aufgezeigt von den Rohstoffen über die Fotosynthese zu den heranwachsenden Getreidearten, den Düngemitteln, Pflanzenschutzmitteln und einigen hochspezifischen Endprodukten wie Vitamine, Enzyme und Hormone. In diesem Zusammenhang wird auch der Stoffwechselprozess des Menschen skizziert.

Die chemischen Grundgesetze gelten sowohl im biologischen als auch technischen Sektor. Die chemischen Prozesse verlaufen allerdings unterschiedlich. Sie unterscheiden sich in den Faktoren Zeit, Temperatur, Volumen, Druck und in den enzymatischen bzw. katalytischen Einflüssen.

Prof. Dr. med. habil. René Gottschalk, Ltd. Med. Dir.
Universität Frankfurt

[1] *Quelle:* Rauchhaupt, Ulf von (2005), Und ewig kreist der Kohlenstoff, Geochemie; Nichts steht still auf unserem Planeten, schon gar nicht jenes Element, aus dem das Leben ist, Frankfurter Allgemeine Zeitung Nr. 39, 2. Oktober 2005.

Dank [E. acknowledgement]

Ideen und Fantasie muss ein Buchschreiber mitbringen. Sie auf ihre Stichhaltigkeit und inhaltlichen Bestand abzuklopfen und schriftlich umzusetzen, dazu bedarf es wohlwollender Freunde und Helfer. Denen soll in diesen wenigen Zeilen gedankt werden, wobei ihre Hilfe viel größer war als die kargen Dankesworte es auszudrücken vermögen.

Dem Mediziner Prof. Dr. med. habil. René Gottschalk, Frankfurt am Main, danke ich für die sorgfältige Durchsicht der medizinischen Kapitel und den daraus folgenden Korrekturen.

Ohne die anregenden Gespräche mit Herrn Professor Dr. Utz-Heilmuth Felcht, Ehrendoktor der Universität Rostock und Vorsitzender des Aufsichtsrates der Deutschen Bahn, wärc dic inhaltlichc Spannweite des Begriffes *Lebenswissenschaften* nicht so deutlich geworden. Auch danke ich ihm für die wertvollen Hinweise der energetisch-stofflichen Vernetzung der deutschen Industrie.

Diese Daten finden auf Firmenebene ihre Ergänzung durch Informationen durch den Geschäftsführer der Infraserv GmbH u. Co Höchst KG, Industriepark Höchst, Herrn Jürgen Vormann. Mein Dankeschön gilt auch diesem Herrn. Die Infraserv Höchst ist für die energetische und stoffliche Vor- und Entsorgung dieses bedeutenden Chemiestandortes Deutschlands verantwortlich.

Die Aminosäuren sind ein wichtiger Bestandteil der Nahrungs- und Futtermittel. Die Evonik Industries AG, Essen, als Spitzenproduzent auf dem Weltmarkt hat mir einen tiefen Einblick in diesen Sektor der Lebenswissenschaften gegeben. Entsprechendes gilt für die Sanofi-Aventis Deutschland GmbH, Frankfurt-Höchst, auf dem Gebiet des Hormons Insulin zur Behandlung der Volkskrankheit Diabetesmellitus. Beiden Unternehmen gebührt mein aufrichtiger Dank.

Über mehrere Jahre hatte ich an der Universität Rostock Gelegenheit, mit Herrn Professor Dr. Klaus Peseke vom Fachbereich Chemie über Forschung und Lehre zu diskutieren. Immer wieder wurde das Thema *Lebenswissenschaften* aus der Sicht eines Organikers erörtert. Viele der Gesprächsergebnisse haben im vorliegenden Buch ihren Niederschlag gefunden. Ich danke ihm herzlich.

Dank schulde ich auch der Fachagentur Nachwachsende Rohstoffe e. V. (FNR) in Gülzow-Prüzen, Mecklenburg. Prompt und bereitwillig bin ich mit allen erforderlichen Informationen und Ratschlägen versorgt worden, um die Landwirtschaft als eine der wichtigsten Life Sciences Säulen vorzustellen.

Auch an die anregenden Diskussionen mit den Herren Chemiker Dr. Christian Schlimm, Darmstadt, sowie Professor Dr. Hans Brunnhöfer, Hattersheim, und dem Autor soll mit einem Dankeschön erinnert werden. Sie führten dazu, dass Lebenswissenschaften weniger als Marketingbegriff, sondern als Zukunftsorientierung für Forschung und Produktion aufzufassen sind.

Für wichtige Zahlen aus der Wirtschaft bedanke ich mich bei Herrn Direktor Dr. Alexander Winkler in der Deutschen Bank AG, Frankfurt am Main. Die bereitwillige Unterstützung war mir eine große Hilfe.

Auch für das Informationsmaterial aus der Industrie mit den Produktenprofilen muss ich Dank sagen. In diesem Zusammenhang darf die DECHEMA, Gesellschaft für chemische Technik und Biotechnologie e. V., Frankfurt am Main, nicht unerwähnt bleiben.

Wenn auch zum Schluss, deshalb aber nicht weniger herzlich, danke ich Frau Marlene Weber, Hattersheim-Okriftel bei Frankfurt am Main. Sie hat mit viel Geduld, Ausdauer und Sorgfalt die handschriftlichen Texte computertechnisch in die richtige Form gebracht, Abbildungen gezeichnet und die chemischen Formeln gestaltet.

im Dezember 2017

Vollrath Hopp
Universität Rostock

Inhaltsverzeichnis

Abbildungsverzeichnis

Kapitel III

Kapitel IV

Kapitel V

Kapitel VI

Kapitel VII

Kapitel VIII

Kapitel IX

Kapitel X

Kapitel XI

Kapitel XII

Kapitel XIV

Kapitel XV

Kapitel XVI

Kapitel XVII

Kapitel XVIII

Kapitel XIX

Kapitel XX

Kapitel XXI

Kapitel XXII

Kapitel XXIII

Kapitel XXV

Kapitel XXVI

Kapitel XXVII

Kapitel XXVIII

Kapitel XXIX

Tabellenverzeichnis

Kapitel I

Kapitel II

Kapitel III

Kapitel IV

Kapitel V

Kapitel VI

Kapitel VII

Kapitel VIII

Kapitel IX

Kapitel XI

Kapitel XIV

Kapitel XV

Kapitel XVI

Kapitel XVII

Kapitel XVIII

Kapitel XIX

Kapitel XX

Kapitel XXII

Kapitel XXIII

Kapitel XXIV

Einführung [E. introduction]

Der Inhalt dieses interdisziplinären Lehrbuches ist in 29 Kapitel unterteilt.

Dort, wo es angebracht erschien, sind die Kapitel durch Wirtschaftsdaten ergänzt worden.

Die Gliederung folgt drei Leitgedanken, die im Text immer wieder durch Querhinweise miteinander verknüpft werden:

1. Ausgehend von der Chemie als die Wissenschaft vom Energie- und Stoffumsatz sowie der Stoffbeschreibung werden das Wasser, die wichtigsten Oxide, die die Zusammensetzung des Bodens und Ackers bestimmen, die Bioelemente Kohlenstoff, Stickstoff, Phosphor und Schwefel in ihrem biochemischen Verhalten vorgestellt.

   Daran schließen sich die komplexeren Systeme an, wie die der Düngung, einige biochemische Schlüsselprodukte, z. B. Glucose, Fett- und Aminosäuren, gefolgt von Vitaminen, Enzymen, Hormonen und landwirtschaftlichen Massenprodukten der Fotosynthese und den Stoffwechselprozessen im Menschen.

   Die letzten Kapitel befassen sich mit der Funktion der menschlichen Organe und ihren Aufgaben während des Metabolismus, gefolgt von einer Abhandlung über Arzneimittel.
2. Der zweite Leitgedanke folgt dem Weg der Nahrungsmittelbereitstellung durch die Landwirtschaft, die Bedeutung der Düngemittel und Pflanzenschutzmittel. Eine ausgewogene ausreichende Ernährung ist die beste Prophylaxe für die Gesundheit von Mensch und Tier, die wiederum eingebettet ist in eine intakte Biologie der Pflanzen und Mikroorganismen.

   Nicht alle Teilaspekte konnten in ihrer Gleichrangigkeit besprochen und erklärt werden. Aber es ist immer wieder versucht worden, den Grundgedanken der gegenseitigen Ergänzungen und Abhängigkeiten der biologischen Teilsysteme mit ihren Fließgleichgewichten in einem offenen thermodynamischen und biologischen System zu betonen.
3. Der dritte Leitgedanke versucht, von den stofflich unbelebten einfachen Systemen in die Natur der komplexen Systeme der Biologie und speziell des Menschen vorzudringen. Versinnbildlicht wird dieses durch die Kreisprozesse, die die

Stoffwechselprozesse in der Natur beherrschen, z. B. Fotosynthese, Glycolyse, Zitronensäurezyklus, Harnstoffzyklus oder das Symbiontenkonzept der gegenseitigen Unterstützung von Mikro- und Makroorganismen (Pflanzen, Tiere, Menschen).

Ohne Menschen gibt es keine Wissenschaft und deren Umsetzung in die Anwendung. Sie alle sind der Tradition und Historie verhaftet. Deshalb wurden in Fußnoten die im Text erwähnten bedeutenden Entdecker und Erfinder mit wenigen Stichworten beschrieben. Auch die vielen Fachausdrücke, die ihre Wurzeln in der griechischen und lateinischen Sprache haben, sind in den Fußnoten erklärt worden.

Dieses Buch soll zum fachübergreifenden Denken anregen. Auf den Grenzgebieten zwischen zwei oder drei benachbarten Disziplinen ereignen sich häufig die interessantesten und bedeutsamsten Innovationen für die Menschheit. Deshalb wurden im Kap. XXVIII. einfache mathematische Funktionen erläutert, mit denen sich biologisch-chemische Prozesse beschreiben lassen.

Das Lehrbuch richtet sich an Personen in naturwissenschaftlichen, medizinischen und landwirtschaftlichen Arbeitsgebieten, die sowohl in der Forschung, Anwendungstechnik, Produktion, Beschaffung und im Vertrieb tätig sind. Es wendet sich an die Studentinnen und Studenten der genannten Fachbereiche an den Fachschulen und Hochschulen.

Aber auch die Techniker und Ingenieure mögen sich angesprochen fühlen, die in der Landwirtschaft, Nahrungsmittelherstellung, chemischen und pharmazeutischen Industrie arbeiten, sich der Biomedizintechnik widmen oder mit Umweltfragen befasst sind. Die Betonung dieses Lehrbuches liegt auf der Interdisziplinarität, deshalb wurde bei der didaktischen Aufbereitung der Texte auch an die Lehrer der Naturwissenschaften in den Schulen gedacht.

Als Autor habe ich mich bemüht, möglichst verständlich und klar zu formulieren, damit auch interessierte Autodidakten sich in die Materie der Stoffkreisläufe einzuarbeiten vermögen. Gedacht ist dabei an die Pharmaberater, an die Assistenzberufe der Landwirtschaft, der Nahrungsmitteltechnologie, Pharmazie und Medizin, an die Meister der Produktion und alle die Interessierten, die mit Neugierde die Entwicklung der Menschen und ihre Versorgung verfolgen.

Bevölkerungswachstum – Life Sciences – Globalisierung [E. population growth – life sciences – globalization]

I

1 Bevölkerungsdichte, Stoffdichte, Energiedichte [E. density of population, materials, energy]

Um die Wende vom 17. zum 18. Jahrhundert wird die Weltbevölkerung auf ca. 0,5 Mrd. geschätzt, 1825 soll sie 1 Mrd. gewesen sein. Doch dann nahm die Zahl der Bewohner auf unserem Planeten in immer kürzeren Zeitabständen zu. Wurden 1952 noch 2,5 Mrd. Menschen gezählt, so sind es derzeitig schon 7,3 Mrd., und in einer Generation, d. h. in ca. 20 Jahren, wird die Erde mit 8 Mrd. Menschen bevölkert sein (Abb. 1). Jährlich nehmen sie um 80 Mio. zu, das sind 1,3 %.

In dreierlei Hinsicht sind die Gegenwart und die letzten Jahrzehnte als eine revolutionäre Phase des 20. Jahrhunderts zu begreifen.

I. Neben der rasanten, exponentiellen Gesetzen folgenden Vermehrung der Weltbevölkerung findet zugleich eine Bevölkerungsverdichtung auf eng begrenzten bewohnbaren Flächen statt. Bevorzugte Lebensregionen sind Küstengebiete, Flusstäler und -mündungen und andere klimatisch begünstigte Regionen.

   Aber es gibt weite Landstriche auf der Erde, die wegen ihrer Lebensunfreundlichkeit von Menschen nicht besiedelt werden können, z. B. Wüsten, weite Steppen Sibiriens, die Arktis, Antarktis usw. Um 1 kg Weizen zu erzeugen, werden 100 kg Wasser benötigt.

   Andererseits hat sich in Metropolen wie New York, Rio de Janeiro, London, Kairo, Bombay, Moskau, Shanghai, Tokio die Bevölkerung bis zu 40 000 Einwohner/km^2 verdichtet.

   In Deutschland leben auf einer Fläche von 356 980 km^2 82 Mio. Menschen, das entspricht einer Bevölkerungsdichte von 230 Einwohnern/km^2.

V. Hopp, *Chemische Kreisläufe in der Natur*,
https://doi.org/10.1007/978-3-662-55860-7_1

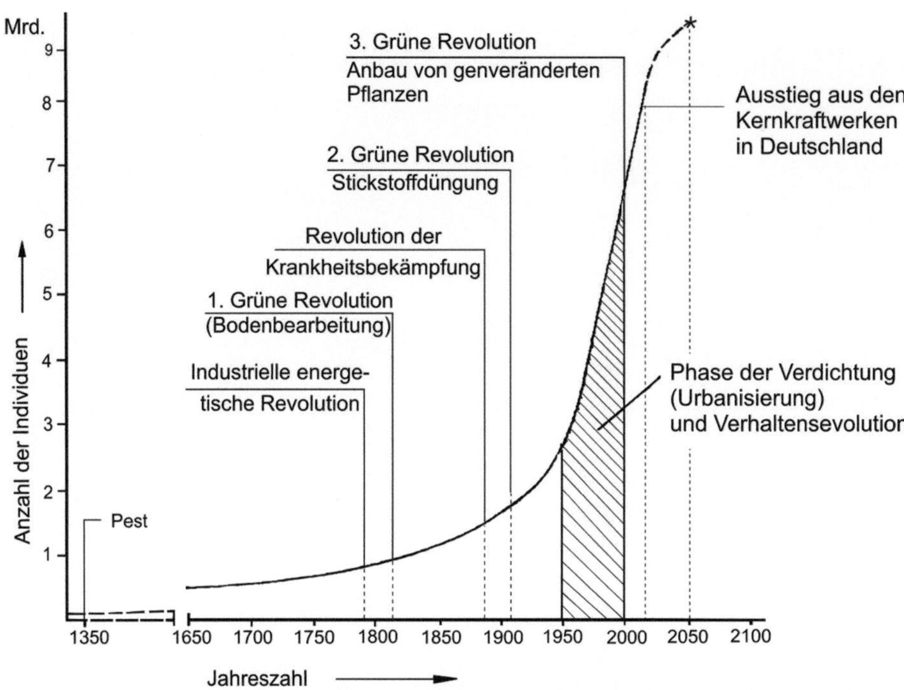

Abb. 1 Bevölkerungswachstum auf der Erde mit entwicklungsbeeinflussenden Faktoren [E. growth curve of the world's population with factors which influence development]

II. Die Bevölkerungszunahme wird in den Industrienationen von einem weltweiten Innovations- und Methodenschub begleitet. Was hier Ursache oder Folge ist, das ist schwer auszumachen.

Mit der sprunghaften Steigerung der Weltbevölkerung in den vergangenen 200 Jahren musste zwangsläufig eine Steigerung der Stoffdichte, d. h. Nahrungsmittelgrundstoffe, der Dichte der physiologischen und technischen Energie und der Informationsdichte einhergehen. Die produzierten Stoffe sind in Tab. 1 aufgelistet. Der Innovationsschub findet in der Technik seinen Niederschlag in der Mikroelektronik, den Informationssystemen, der Lasertechnik, in den Materialwissenschaften, der Erschließung von neuen Energiequellen, wie z. B. Kern- und Solarenergie, sowie der Bio- und Gentechnik.

III. Neben der Sicherung der Grundbedürfnisse, die sich mit den Stichworten Nahrung – Energie – Kleidung – Wohnung – Gesundheit zusammenfassen lassen, wird ein 3. Phänomen von großer Bedeutung, von dem es keine überlieferte Erfahrung unserer Urväter gibt, nämlich: Wie werden sich die Menschen auf sehr begrenztem Raum verhalten? Wie werden sie miteinander kommunizieren und miteinander auskommen, welche Verhaltensformen müssen sie entwickeln, um optimale Lebenschancen zu schaffen und zu bewahren? Kommunikation und Teamfähigkeit sind als Antwort darauf wichtige Schlüsselbegriffe (Abb. 2).

Tab. 1 Wichtige Energiequellen und Rohstoffe einer industrialisierten Gesellschaft [E. important energy sources and raw materials of an industrialized society]

1. Grundstoffe für physiologische Nutzenergie	
– *Pflanzliche Quellen:*	Getreide, Mais, Reis, Gräser, Wurzelfrüchte (Kartoffeln), Zucker, Öle und Fette sowie Proteine
– *Tierische Quellen:*	Rinder, Schafe, Ziegen, Schweine, Federvieh, Bienen (Honig)
2. Schutzmaterialien gegen Kälte, Wärme, Feuchtigkeit	
Baumwolle, Tierwolle, Seide (Raupen), Hanffasern, polymere Synthesestoffe	
3. Wirkstoffe	
– *Vitamine und Mineralien:*	Obst, Gemüse, Salze (Kochsalz)
– *Düngemittel:*	Nitrate, Phosphate, Sulfate, Karbonate, K-Mg-Ca-Salze, Viehdung
– *Arzneimittel:* – *Pflanzenschutzmittel:*	Impfstoffe, Therapeutika wie Antibiotika, Antischmerzmittel, Antidiabetika Chemische Syntheseprodukte
4. Grundstoffe für technische Nutzenergie	
– *Radioaktive Quellen:*	Uran, Thorium
– *Fossile Quellen:*	Stein- und Braunkohle, Erdöl, Erdgas, Torf
– *Pflanzliche Quellen:*	Holz
5. Werkstoffe	
– *Metalle und Legierungen:*	Schwermetalle (Eisen, Kobalt, Nickel, Blei u. a.) Edelmetalle (Silber, Gold, Platin, Palladium) Alkali- und Erdalkalimetalle (Lithium, Natrium, Kalium, Magnesium, Calcium, Barium u. a.)
– *Kunststoffe:*	Organische Polymere wie PVC, Polyester, Polystyrole
– *Kautschuk:*	Natur- und Synthesekautschuk (Polyisopren, Styrol-Butadienkautschuk
– *Holz:*	Naturcellulose, Hemicellulose
– *Papier:*	Cellulose mit Füllsubstanz z. B. $BaSO_4$
– *Keramik, Kaoline, Tone:*	Aluminiumoxid-Silikate mit diversen anorganischen Beimengungen
– *Ziegelsteine:*	Karbonate, Silikate
– *Glas:*	Na_2O-, K_2O-, CaO-, PbO-Silikate unterschiedlicher Zusammensetzungen
– *Baustoffbindemittel:*	Mörtel, Lehm, Beton (diverse Silicate und Karbonate)
6. Wirkstoffe	
– *Katalysatoren:*	Spezielle Metalloxide
– *Halbleiter*	Elementares Silizium, Seltenerdmetalle
– *Bindemittel:*	Klebstoffe
– *Antikorrosionsmittel:*	Anorganische und organische Farbmittel
– *Wasch- und Reinigungsmittel:*	Detergenzien, grenzflächenaktive Substanzen, Seifen

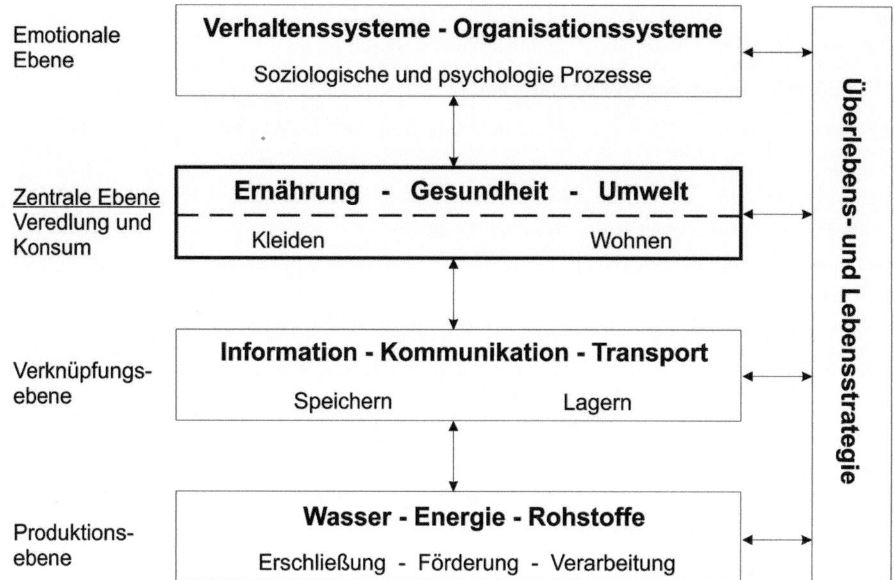

Abb. 2 Makrostruktur industrieller Veredlungsprozesse – Life Sciences [E. macro structure of industrial finishing processes]

2 Historisches [E. history]

Der revolutionäre Umgestaltungsfaktor von Lebensbedingungen und Gesellschaftsstrukturen ist in der Geschichte nicht neu.

Schon vor 200 Jahren hatte der englische Landpfarrer und spätere Professor für Geschichte und Politökonomie Thomas Robert Malthus (1766–1834) auf die Diskrepanz zwischen starker Bevölkerungszunahme und unzureichender Nahrungsmittelproduktion aufmerksam gemacht. Er sprach von einer geometrischen Steigerung der Bevölkerung, während die Nahrungsmittelmenge nur arithmetisch wuchs.

Er sagte für die Zukunft „Hunger, Verelendung, Massensterben durch Unterernährung und Krankheiten und ein Zusammenbrechen aller gesellschaftlichen Strukturen“ voraus.

Wenn auch in England, in dem die Industrialisierung mit der Entwicklung der James-Watt-Dampfmaschine (1765) zuerst begann, und im übrigen Europa ebenfalls Hungersnöte, Arbeitslosigkeit und Massenerkrankungen im 19. Jahrhundert überhandnahmen, so trat die von Malthus prophezeite Katastrophe nur vorübergehend ein. Hungertod und Auswanderung verringerten in der Mitte des 19. Jahrhunderts die Bevölkerung Irlands um ein Fünftel. Als die Kraut- und Knollenfäule zu Totalausfällen der Kartoffelernte führte, verhungerten 800 000 Menschen. Pflanzenschutzmittel gab es damals noch nicht. Wegen seiner Aussagen in einer 1798 verfassten Schrift[1] „Ein Essay über das Prinzip der Bevölkerung, wie es die zukünftige Verbesserung der Gesellschaft

[1]An Essay on the principle of Population as it Affects the Future, Improvement of Society, London, 1798, neu aufgelegt von J. Bonar, New York, 1965.

beeinflusst“ wurde er als Pessimist belächelt und zeitweise nicht ernst genommen. Rückblickend und aus heutiger Sicht traten drei Entwicklungen ein, die England und später auch das übrige Europa vor dem Verelendungsdesaster bewahrten.

Es waren dies die Auswanderung, eine landwirtschaftliche Revolution und die Industrialisierung.

Innerhalb von 100 Jahren (1815–1914) haben Großbritannien 20 Mio. Menschen nach Übersee, insbesondere Nordamerika, verlassen.

Die 2. einsetzende Entwicklung war die Verbesserung der landwirtschaftlichen Erträge durch eine intensive und geeignete Bearbeitung der Ackerflächen, vor allem auch durch eine Ausdehnung der Ackerflächen, die vorher nicht genutzt worden sind. Die Ertragssteigerungen waren so durchschlagend, dass später diese Phase als 1. landwirtschaftliche oder Grüne Revolution bezeichnet wurde.

Die 3. der Not entgegensteuernde Entwicklung war in England die beginnende Industrialisierung. Mit ihr konnte auf allen technischen Gebieten die Produktion von Nutz- und Gebrauchsgütern erhöht werden. Menschen- und Tierkraft wurde durch technische Energie, d. h. Dampf und später elektrische Energie, ersetzt.

Dass der materielle Nutzen für die vielen Menschen der breiten Masse erst mit einer Verzögerung von ein bis zwei Generationen einsetzte, hat entwicklungssoziologische Gründe.

Heute nach genau 200 Jahren steht die Menschheit der Welt vor den gleichen Problemen. Nur ist die Situation erheblich schwieriger und komplizierter.

Inzwischen sollen aber 7,3 Mrd. Menschen gesättigt und gesund sein, außerdem wollen sie länger leben. Bald werden es 8 Mrd. Menschen sein, die Nahrung und Gesundheit einfordern.

Auswanderungsmöglichkeiten gibt es fast nicht mehr. Die fruchtbaren Regionen der Erdoberfläche sind dicht besiedelt. Eine Ausdehnung der landwirtschaftlich zu nutzenden Ackerflächen ist auch nicht mehr möglich, da auch sie von der Natur aus begrenzt sind. Schlimmer noch, in vielen Landstrichen sind die Äcker so stark überbeansprucht, dass ihre Ertragskraft erschöpft ist. Sie sind degradiert. Sie müssen erst über viele Jahre regeneriert werden (Kap. IV, Tab. 1). Wo derzeitig aber noch Menschen auswandern, verläuft der Trend von weniger entwickelten Ländern in Hochtechnologie-Gesellschaften nach Australien, Europa, USA und Kanada, d. h. in umgekehrter Richtung, wie es im 19. Jahrhundert der Fall war. Europäer zogen in Länder, die noch nicht von der Industrialisierung erfasst waren und gründeten Kolonien.

Es bleibt für unsere moderne zukünftige Zeit nur die technologische Entwicklung, um genügend Nahrungsmittel bereitzustellen und Krankheiten zu bekämpfen. Natürliche Ackerbearbeitung und Viehzucht werden eine bedeutende Rolle für eine Verbesserung der Lebens- und Überlebenschancen der Menschheit sein.

3 Lebenswissenschaften [E. life sciences]

Lebenswissenschaften sind eine interdisziplinäre Wissenschaft von der Natur, über die Natur, von den Menschen und ihrem Verhalten in der Natur und untereinander. Sie werden die Wissenschaften der Zukunft sein.

Lebenswissenschaften sind der neue Aufbruch des wissenschaftlichen und anwendungstechnischen Denkens, Forschens und Arbeitens. Hunger und Krankheit zu überwinden, steht im Mittelpunkt allen wissenschaftlichen, technischen und produzierenden Bemühens (Abb. 3).

Der Hunger in der Welt ist nicht nur ein Hunger nach physiologischer Energie, d. h. nach Kohlenhydraten wie z. B. Getreide, Zucker und Fett, er ist in besonderem Maße ein Hunger nach vollwertigem Eiweiß mit ausreichenden essenziellen Aminosäuren. Deshalb muss Pflanzeneiweiß immer noch durch tierisches Eiweiß ergänzt werden. Eine vollwertige Nahrung muss außerdem die entsprechenden Vitamine enthalten.

Außerdem müssen die Nahrungsmittel aus den landwirtschaftlichen Gegenden in die besiedelten Ballungsgebiete transportiert und teilweise zwischengelagert werden. Dazu sind Konservierungsmittel nötig, um sie nicht verderben zu lassen.

Viele Krankheiten werden durch einen Mangel an essenziellen Aminosäuren, ungesättigten Fettsäuren und Vitaminen ausgelöst. Neben einer unzulänglichen Ernährung sind es die Krankheiten und Seuchen, die die Menschen heimsuchen (Kap. XXVII, Abb. 4).

Der Bedrohung durch Krankheiten und Seuchen wird noch von anderer Seite Vorschub geleistet. Der moderne Mensch ist ein globales und mobiles Wesen zugleich. Die Kontinente verbindenden schnellen Verkehrsmittel ermöglichen es, dass jährlich viele Millionen Menschen beruflich und über den Tourismus in die entferntesten Gegenden reisen können. Da ihr Immunsystem sich aber nicht so schnell auf die veränderten Lebenssituationen wie Klima, Ernährung und insbesondere Eigenschaften der Mikroor-

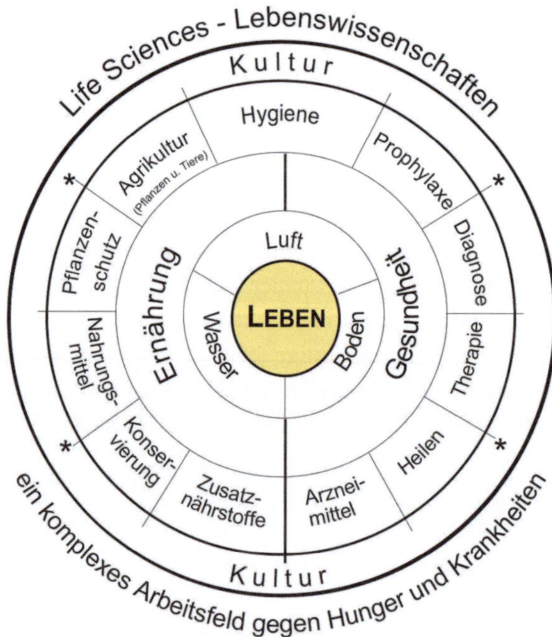

Abb. 3 Lebenswissenschaften, ein interdisziplinäres Arbeitsfeld gegen Durst, Hunger und Krankheiten [E. life sciences, an interdisciplinary working field for thirst, hunger and disease]

ganismen (Viren, Bakterien, Pilze) umstellt, wird die Gefahr der Verschleppung und Verbreitung von Krankheiten und Epidemien immer größer. Auf die Medizin und Pharmaindustrie warten hier noch große Aufgaben.

Herz-Kreislauf-Erkrankungen, Krebs, Aids, Stoffwechselstörungen (z. B. Diabetes mellitus), Grippe, Malaria, Tuberkulose und Pocken werden weltweit als Geißel empfunden. Täglich infizieren sich weltweit 16 000 junge Menschen mit dem HI-Virus, 33 Mio. Menschen sind daran erkrankt.

Nach dem Sattsein und dem Gesundsein rangieren bei den Menschen die Bedürfnisse nach Kleidung und hygienisch einwandfreiem Wohnen.

Ein weiterer ebenso wichtiger Aspekt ist die Hygiene. Neben einer ausgewogenen Ernährung ist sie eine gleichwertige Voraussetzung für längeres gesundes Leben.

Hygiene während der Aufarbeitung von Nahrungsmittelrohstoffen und Zubereitung von Nahrungsmitteln, in der Reinhaltung von Wasser und Gewässern, in der Entsorgung von Reststoffen und tierischen wie menschlichen Fäkalien, Hygiene als Prophylaxe und Therapie innerhalb einer Life-Science-Strategie ist hier gefordert.

Um diese Grundbedürfnisse der zunehmenden Weltbevölkerung zu befriedigen, sind weitere notwendige Randbedingungen in der sich zunehmend global gestaltenden Welt zu erfüllen (Abb. 2):

1. Es ist ein vernetztes Kommunikations- und Transportsystem einschließlich Lagerkapazitäten zu schaffen.
2. Eine langfristige Rohstoffversorgungsstrategie ist zu entwickeln, d. h. Rohstofferschließung, -förderung und Weiterverarbeitung. Dafür sind Methoden zu erarbeiten, die eine irreversible Schädigung von Luft, Wasser und Boden verhindern. Die Regenerationsfähigkeit der Biosphäre muss erhalten bleiben. Versorgung und Entsorgung haben gleichwertige Bedeutung und müssen sich im Recycling ergänzen. Regenerationsfähigkeit ist mehr als Umweltschutz, das ist Gesundheit im weitesten Sinne. Natur darf verändert werden. Sie ist nicht statisch. Sie muss aber erholungsbedürftig bleiben.
3. Nach den materiellen Fürsorge- und Vorsorgemaßnahmen folgen die immateriellen Maßnahmen einschließlich politischer Zielsetzungen. Das sind diejenigen, die sich unmittelbar mit dem Verhalten der Menschen auf dem begrenzten Raum Erde innerhalb einer sich ständig verändernden Technik befassen.

In der Geschichte der Welt ist die heutige Zeit einmalig dadurch gekennzeichnet, dass es bisher keine Beispiele für einen solchen rapiden Bevölkerungszuwachs mit allen daraus folgenden Verhaltensmustern der Menschen gibt.

4 Degradation [E. degradation]

Da die Ackerflächen auf unserer Erde nicht mehr ausgeweitet werden können, aufgrund der Bevölkerungszunahme pro Person sogar abnehmen, muss nach anderen Möglichkeiten gesucht werden, die Ernten an Getreide, Kartoffeln, Hackfrüchten, Ölpflanzen, Zuckerrohr, Obst und Gemüse zu steigern.

Die erste Methode war und ist immer noch eine intensivere Bodenbearbeitung und gezielte Düngung.

Intakte Kulturböden sind die Basis für die Nahrungsmittelbereitstellung. Sie können aber nur in ihrer Fruchtbarkeit erhalten werden, wenn sie in den sie umgebenden natürlichen Ökosystemen wie Wälder, Seen, Flüsse, Feuchtgebiete und Grasgebiete eingebunden sind. Überbeanspruchte Kulturböden wandeln ihre Bodenstrukturen. Nehmen diese unter Qualitätsverlust irreversible Formen an, dann spricht man von einer Degradation. Das Bodenprofil verändert sich unter den mechanischen, physikalischen, chemischen und biologischen Einflüssen der Menschen mit einhergehender Ertragsminderung der Kulturpflanzen.

Von den 130 Mio. km^2 eisfreier Landoberfläche weisen derzeit schon 20 Mio. km^2 Degradationsschäden auf, von denen wieder 2,95 Mio. km^2, das sind 15 %, so stark degradiert sind, dass sie nur mit hohen Investitionen und Arbeitsaufwand rekultiviert werden können.

Die Ackerböden noch stärker zu bearbeiten und zu düngen, bringt keine Erntemehrerträge. Es muss nach anderen Wegen gesucht werden, von denen sich drei anbieten:

1. Eine bessere Qualität des Saatgutes, verbunden mit gezielteren Aussaatmethoden. Diese Qualitätsmehrung kann erreicht werden durch spezielle Auswahl und Züchtung von Saatgut, unterstützt durch Aktivierung der in den Pflanzenzellkernen gespeicherten Pflanzeneigenschaften.
2. Die Pflanzen und deren Zellen sind in den Mittelpunkt gerückt, um ihre Ernteerträge zu steigern. Hier werden zwei Ziele verfolgt. Die Pflanzen müssen gesund erhalten werden. Das gelingt, indem man ihre Schädlinge durch Pflanzenschutzmittel bekämpft und vernichtet. Zunehmende Bedeutung bekommt die Herbizidresistenz. Viele Herbizide schädigen nur einige Pflanzenspezies, andere dagegen nicht. Sie sind selektiv. Einige wirken auf zweikeimblättrige Pflanzen, aber auf einkeimblättrige nicht.

   Eine bestimmte Klasse von nicht-selektive Herbiziden greift sowohl alle Wildkräuter als auch alle Kulturpflanzen an. Werden diese Kulturpflanzen nun herbizidresistent verändert, dann kann das nichtselektive Herbizid jederzeit sowohl vor der Keimung als auch während der Vegetationszeit auf das Feld ohne Schaden für die Nutzpflanzen ausgebracht werden.

   In den Vordergrund rücken mehr und mehr Herbizide, die biologisch schneller abgebaut werden und somit weniger umweltbelastend sind.
3. Ein 3. Weg zu höheren Ernten ist, diejenigen Pflanzenzellen in ihrem Stoffumwandlungsvermögen zu steigern und in ihrer Biospeicherfähigkeit zu erweitern, die als Rohstofflieferanten für die Ernährung von entscheidender Bedeutung sind. Das sind Getreidekörner, Wurzelknollen, Ölsamenzellen, Obst, Beeren u. a.

   Bei natürlichen Züchtungen wird eine umweltschonende Ertragssteigerung, gepaart mit Resistenzeigenschaften gegen Schädlinge und wetterfeste Stressfähigkeit, angestrebt.

   Bei gentechnischen Pflanzenzüchtungen, deren Produkte für die menschliche Ernährung vorgesehen sind, muss sehr sorgsam vorgegangen werden. Es liegen noch keine Erfahrungen vor, wie der menschliche Organismus langfristig auf gengezüchtete Nahrungsmittel reagiert. Organveränderungen, d. h. Mutationen, ziehen sich bekannterweise über mehrere Generationen hin.

5 Globalisierung [E. globalization]

In bevorzugten Lebensregionen nimmt die Bevölkerungsdichte immer mehr zu. Orte der Rohstoff-, Energie- und Nahrungsmittelquellen sind nicht identisch mit den Produktionsstandorten und Wohngebieten. Globalisierung bedeutet eine Vernetzung der Lagerhaltung, Produktions-, Transport- und Kommunikationssysteme, um Wasser, Energien, Rohstoffe, Produkte und Informationen störungsfrei je nach Bedarf auszutauschen und zu nutzen. Als messbare Bezugs-, Vergleichs- und Steuerungsgröße wirken die Kapitalströme. Sie haben eine regulierende Aufgabe und dürfen um einer ausgereizten Profitabilität nicht zum Selbstzweck werden.

Lebenswissenschaften und Globalisierung bedingen einander und zwingen die Produktionsmethoden, sich einer Ressourcenverknappung und Umweltregeneration anzupassen. Sie fordern dazu heraus, Forschungsziele neu zu überdenken und mit den Kapitalquellen sparsam und haushälterisch umzugehen.

Globalisierung muss nicht heißen, die Landes- und nationalen Systeme aufzuheben. Vielmehr sollte sie sie miteinander verknüpfen und in ihren Teilsystemen stabilisieren. Hierin steckt das Prinzip der biologischen Selbstorganisation. Gegenwärtig wird die Globalisierung durch den Zusammenschluss nationaler Wirtschaftseinheiten und Konzerne zu internationalen Megakonzernen verwirklicht. Das macht so lange Sinn, wie eine höhere Innovation, eine bessere Ressourcenausnutzung, ein optimaler Kapitaleinsatz und ein gesteigerter Wettbewerb zu besseren Produkten und kundenadäquaten Dienstleistungen führen. Fusionen werden gesellschaftspolitisch hochbrisant, wenn sie zu einer globalisierenden Arbeitslosigkeit führen und nur die Profitabilität im Auge haben. Arbeitslosigkeit ist der beste Nährboden für Revolutionen, Bürgerkriege und Kriege. Politiker und Wirtschaftsmanager sollten das nicht vergessen.

Im Mittelpunkt sollte immer eine Life-Science-Strategie stehen. Die Bevölkerungsverdichtung wird ihren Bedarf an hygienisch einwandfreiem Wasser und ausreichender Nahrung, Nutzenergie und Gesundheit von den industriell hoch entwickelten Ländern massiv einklagen.

Die Fusionen großer internationaler Unternehmen sind nur die 1. Phase der Globalisierung. Denn diese Zusammenschlüsse erfolgten in der Regel nur zwischen Firmen der westlichen Industrieländer und Japan. Diese Situation hat sich im Laufe des letzten Jahrzehnts geändert, denn kapitalkräftige Konzerne aus rohstoffreichen arabischen Ländern, aus Asien, insbesondere aus China, haben sich als Konkurrenten entwickelt. Dies ist die 2. Phase der Globalisierung mit ihren Chancen, aber auch risikovollen Turbulenzen.

6 Rückblick und Ausblick [E. retrospective view and outlook]

Die 1. landwirtschaftliche Revolution zur Steigerung der Ernteerträge in der Mitte des 19. Jahrhunderts wurde ganz entscheidend von Justus von Liebig (1803–1873) beeinflusst durch sein Minimumgesetz. Es besagt, dass das Wachstum und der Ertrag von

Pflanzen sich nach dem Nährelement richten, das im Verhältnis zum Bedarf in geringster Menge zur Verfügung steht. Justus von Liebig hat die wissenschaftlichen Grundlagen für die optimale Nährstoffversorgung von Pflanzen geschaffen. Diese Erkenntnisse verbreiteten sich schnell in Europa.

Der Schub zur 2. landwirtschaftlichen Revolution ging von der Ammoniaksynthese aus, die es ermöglichte, flächendeckend Stickstoffdünger für die Landwirtschaft zu synthetisieren. Fritz Haber (1868–1934) entwickelte dazu die wissenschaftlichen Voraussetzungen, die Carl Bosch (1874–1940) als Chemietechnologie in technischem Großmaßstab umsetzte. Vorher musste Salpeterdünger aus Chile importiert werden.

Eilhard Alfred Mitscherlich (1874–1956) ergänzte das Liebig'sche Minimumgesetz durch das Gesetz vom abnehmenden Ertragszuwachs bei einer überhöhten Düngemittelgabe, d. h. Überdüngung.

Entsprechende nachhaltig markierende Meilensteine wurden im 19. Jahrhundert in der Medizin und Pharmazie zur Bekämpfung von Seuchen und Krankheiten gelegt.

Der eine Meilenstein betraf die Immunologie, d. h., wie kann der menschliche Organismus gegen ansteckende Krankheiten geschützt werden. Der englische Arzt Dr. Edward Jenner wagte schon 1796 an einem Kind einen riskanten Versuch, indem er es mit Kuhpocken impfte. Dieser Versuch verlief erfolgreich. Die Pockenimpfung war geboren.

Während des Krieges 1870/1871 zwischen Deutschland und Frankreich wurde in der preußischen Armee die Impfung gegen Pocken als Pflicht verordnet, in der französischen Armee nicht. Es starben an Pocken 23.400 französische Soldaten und nur 297 preußische. Emil v. Behring (1854–1917) entwickelte einen Impfstoff gegen Diphtherie mit durchschlagendem Erfolg, und Paul Ehrlich (1854–1915) begründete mit dem Salvarsan gegen Geschlechtskrankheiten die Chemotherapie.

Eine weitere epochemachende Erkenntnis war die Bedeutung, die der Hygiene zukommt. Der deutsch-ungarische Arzt Ignaz Semmelweis (1818–1865) erkannte die Rolle der Kontaktinfektion in Krankenhäusern, d. h. den Zusammenhang zwischen dem tödlichen Kindbettfieber in den Gebärkliniken und einer mangelnden Hygiene. Mit Louis Pasteur (1822–1895), dem französischen Mikrobiologen, wurde er der Begründer der modernen Bakteriologie.

Ein gleichwertiger Meilenstein in der Medizin war die Entdeckung der Sulfonamide durch den Chemiker Gerhard Domagk (1895–1964) und des Penicillins aus dem Schimmelpilz Penicillium notatum 1929 durch Sir Alexander Flemming (1881–1955). Mit diesen beiden Wirkstoffen wurde die Tür zu der großen Palette von Antibiotika geöffnet, ohne die die heutige Menschheit den Infektionskrankheiten hoffnungslos ausgeliefert wäre. Zu den ersten Patienten, die durch Domagks Sulfonamide gerettet wurden, gehörten seine Tochter und ein Sohn des amerikanischen Präsidenten Franklin Delano Roosevelt (1882–1945).

Was wird der nächste wissenschaftliche Erkenntnissprung sein, der den Menschen noch mehr Schutz vor Hunger und Krankheit bietet? Mit großer Wahrscheinlichkeit ist es die Gentechnik. Sie wird sowohl die Landwirtschaft als auch die Medizin in weiten

Bereichen noch einmal völlig neu revolutionieren. Die in den Zellkernen von Mikroorganismen, Pflanzen, Tieren und Menschen durch die Desoxyribonukleinsäure, DNS, gespeicherten Erb- und Eigenschaftsinformationen eröffnen noch viele Anwendungsmöglichkeiten. Als Urvater der Wissenschaft über die Gene ist der österreichisch-amerikanische Chemiker Erwin Chargaff (1905–2002) anzusehen. Er entdeckte die Aminobasenpaare in den Nukleinsäuren und damit die Codes für die Speicherung von biologischen Informationen. Darauf konnten die amerikanischen Chemiker Francis Harry Crick (1916–2004), James Dewey Watson (geb. 1928) und Maurice Hugh Frederick Wilkins (1916–2004) aufbauend ein dreidimensionales Strukturmodell für die DNS konstruieren, aus dem sich dann viele Speichereigenschaften ableiten.

Ein weltweiter Erfolg der Gentechnik ist die Insulingewinnung durch genveränderte Bakterien des Stammes Escherichia coli K12. Insulin ist wohl das in der Bevölkerung bekannteste Hormon, da es von vielen Menschen als therapierendes Arzneimittel gegen Diabetes mellitus, im Volksmund Zuckerkrankheit genannt, täglich benötigt wird. Insulin wurde erstmalig 1921 von den kanadischen Physiologen Frederick G. Banting (1891–1941), Charles M. Best (1899–1978), dem britischen Physiologen John James R. Macleod (1876– 1935) und von dem amerikanischen Biochemiker James B. Collip (1892–1965) aus den Langerhans'schen Inseln tierischer Bauchspeicheldrüsen isoliert. Der heutige Insulinbedarf kann schon längst nicht mehr durch Extraktion aus tierischen Bauchspeicheldrüsen gedeckt werden. Da müssen die Escherichia coli aushelfen. Abgesehen davon, dass das gentechnisch hergestellte Insulin mit dem menschlichen im chemischen Aufbau und den Eigenschaften völlig identisch ist.

In Deutschland werden zurzeit 3,5 Mio. Diabetiker gezählt, in der gesamten Welt sind es 275 Mio., das sind 5 % der Weltbevölkerung, wenn eine bestimmte Dunkelziffer mit berücksichtigt wird.

7 Schlussbemerkung – Globalisierung der Risiken [E. summary – globalization of risks]

Life Sciences und Globalisierung sollten die treibenden Faktoren in der Wirtschaft und auch an den Hochschulen sein. Es leben 7,3 Mrd. Menschen auf dem Erdball, in 20 bis 25 Jahren werden es 8 Mrd. sein.

Daran haben sich Forschung, Produktion, Vertrieb, Information und Kapital zu orientieren.

Derzeit ist die Energie- und Rohstoffsituation dadurch gekennzeichnet, dass sich der Produktionszyklus wegen des raschen Wachstums der Menschheit schneller dreht als der Regenerationszyklus. Das führt zu erheblichen Umweltbelastungen. Daraus erwächst die gesellschaftliche Aufgabe, Belastung und Regenerationsfähigkeit ins Gleichgewicht zu bringen. Ein Naturmystizismus ist dabei ebenso wenig hilfreich wie technokratische Unbekümmertheit.

Die weltumfassende Vernetzung der Transport- und Kommunikationssysteme bedeuten auch eine Globalisierung der Risiken. Der private und geschäftliche moderne Tourismus ermöglicht es den Menschen, den Globus in wenigen Tagen zu umkreisen. Sie gelangen in Regionen mit anderen Mikroorganismen, denen das Immunsystem der jeweils Reisenden nicht gewachsen ist. Es kommt zu Erkrankungen mit nachhaltigen Schäden und oft tödlichem Ausgang. Gefährdet sind auch Bevölkerungsgruppen, die vor kriegerischen und bürgerkriegsähnlichen Auseinandersetzungen flüchten müssen in friedliche Gegenden, die aber ein anders geartetes mikroorganismisches Umfeld aufweisen. Schwierigkeiten in der Anpassung der Immunsysteme zwischen den aufnehmenden und aufgenommenen Bevölkerungsgruppen sind die Folge. Infektionskrankheiten vermögen sich weltweit auszubreiten.

Ein ebenso großes, wenn nicht noch größeres Risiko sind die weit gespannten Transportströme von Nahrungsmittelrohstoffen zwischen allen Ländern der Welt. Sie werden in großem Maßstab industriell verarbeitet zu Halbfertigprodukten und als Fast-Food-Produkte zubereitet. Oft hat ein Nahrungsmittel viele Tausende Kilometer zurückgelegt, und zwischendurch wurde es noch einige Zeit in Kühlhäusern gelagert, bevor es vom Endverbraucher verspeist wird. Eine einzige Infektion reicht aus, um sehr viele Menschen einer ganzen Region wegen der weitverzweigten Verteilungsketten (Catering) der Nahrungsmittel erkranken zu lassen. Die immer wieder auftretenden Salmonellenherde sind allzu bekannt. Ähnliche Auswirkungen gehen auch von den Wasserverteilungsleitungen aus, wenn nicht die Hygiene sorgfältig und streng überwacht wird.

Zunehmende Weltbevölkerung bedeutet nicht nur größeren Bedarf an Nahrungsmitteln, sondern auch höheren Aufwand an Hygiene und Gesundheitsvorsorge bzw. -fürsorge. Landwirtschaft, Nahrungsmittelindustrie, Pflanzenschutzmittelproduzenten, Pharmaunternehmen und Kosmetikfirmen sind zur Lösung dieser skizzierten Probleme in gleichem Maße gefordert. Sie begegnen und ergänzen sich in dem weitgespannten interdisziplinären Gebiet der Life Sciences.

Die Zukunft hat schon längst begonnen.

Weiterführende Literatur

Atlas der Globalisierung – Weniger wird mehr (2015), LeMonde diplomatique – taz Verlags und Vertriebs GmbH, Berlin.

DWS – Datareport 2016, DSW, Deutsche Stiftung Weltbevölkerung, 30175 Hannover.

Gradl, T. (1999), Von der Natur gelernt, Biostimulation eröffnet der Landwirtschaft neue Perspektiven, Frankfurter Allgem. Ztg., Nr. 250, S. B 3 vom 27.10.99.

Grimm, H.-U. (1999), Aus Teufels Topf: die neuen Risiken beim Essen, Klett-Cotta, Stuttgart.

Hopp, V. (2016), Wasser und Energie – Ihre zukünftigen Krisen, 2. Aufl., Springer Spektrum, Springer Verlag, Berlin, Heidelberg.

Kennedy, P. (1993), In Vorbereitung auf das 21. Jahrhundert, S. Fischer Verlag GmbH, Frankfurt am Main.

Situationsbericht (2013/2014), Deutscher Bauernverband Berlin und Faostat Statistik oder FAO (2013 und 2014)

Wuketits, F. M. (1999), Die Selbstzerstörung der Natur, Patmos Verlag, Düsseldorf.

Chemie in der Natur – Chemie in der Technik [E. chemistry in nature – chemistry in technology]

1 Was ist Chemie? [E. what means chemistry]

Chemie ist die Wissenschaft vom Energie-, Stoff- und Informationsumsatz.

Energie-, Stoff- und Informationsumwandlungen sind eng miteinander gekoppelt und verlaufen parallel.

Dabei werden Energien gebunden oder auch freigesetzt. Stoffe mit anderen Eigenschaften entstehen. Zwischen den Molekülen, Molekülteilchen, Ionen und Atomen bestehen Wechselwirkungen elektrischer und magnetischer Art. Sie signalisieren die aktiven und damit reaktionsbereiten Zentren der Stoffkomponenten.

Chemie ist auch die Wissenschaft der Stoffbeschreibung. Stoffe und Energien haben Signalwirkung und dienen somit als Informationsübermittler.

Die Grenzen zwischen technischen und biologischen Chemikalien, Endprodukten und Gebrauchsgütern sind fließend und in wissenschaftlichem Sinne nicht so ohne Weiteres zu definieren. Es kommt immer darauf an, was der Mensch mit einem Stoff (einer Chemikalie) beabsichtigt.

2 Die Bausteine der Stoffe [E. elements of substances]

Die Bausteine der irdischen Umwelt und auch des Weltalls sind die 118 chemischen Elemente. Sie sind heute alle bekannt und nach definierten Kriterien in einem Ordnungsschema, dem Periodensystem der chemischen Elemente, zusammengefasst (Tab. 1).

Die Originalversion dieses Kapitels wurde revidiert. Ein Erratum ist verfügbar unter https://doi.org/10.1007/978-3-662-55860-7_30

V. Hopp, *Chemische Kreisläufe in der Natur*,
https://doi.org/10.1007/978-3-662-55860-7_2

Tab. 1 Das Periodensystem [E. periodic system of the elements]

1	2	3	4	5	6	7	8	9	10	11	12	13	14	15	16	17	18
1 H Wasserstoff 1.00794																	2 He Helium 4.002602
3 Li Lithium 6.941	4 Be Beryllium 9.012182											5 B Bor 10.811	6 C Kohlenstoff 12.011	7 N Stickstoff 14.00674	8 O Sauerstoff 15.9994	9 F Fluor 18.9984032	10 Ne Neon 20.1797
11 Na Natrium 22.989768	12 Mg Magnesium 24.3050											13 Al Aluminium 26.981539	14 Si Silicium 28.0855	15 P Phosphor 30.973762	16 S Schwefel 32.066	17 Cl Chlor 35.4527	18 Ar Argon 39.948
19 K Kalium 39.0983	20 Ca Calcium 40.078	21 Sc Scandium 44.955910	22 Ti Titan 47.88	23 V Vanadium 50.9415	24 Cr Chrom 51.9961	25 Mn Mangan 54.93805	26 Fe Eisen 55.847	27 Co Cobalt 58.93320	28 Ni Nickel 58.6934	29 Cu Kupfer 63.546	30 Zn Zink 65.409	31 Ga Gallium 69.723	32 Ge Germanium 72.61	33 As Arsen 74.92159	34 Se Selen 78.96	35 Br Brom 79.904	36 Kr Krypton 83.798
37 Rb Rubidium 85.4678	38 Sr Strontium 87.62	39 Y Yttrium 88.90585	40 Zr Zirconium 91.224	41 Nb Niobium 92.90638	42 Mo Molybdän 95.94	43 Tc Technetium 98.9063*	44 Ru Ruthenium 101.07	45 Rh Rhodium 102.90550	46 Pd Palladium 106.42	47 Ag Silber 107.8682	48 Cd Cadmium 112.411	49 In Indium 114.818	50 Sn Zinn 118.710	51 Sb Antimon 121.757	52 Te Tellur 127.60	53 I Iod 126.90447	54 Xe Xenon 131.29
55 Cs Caesium 132.90543	56 Ba Barium 137.327	La –Lu 57 bis 71	72 Hf Hafnium 178.49	73 Ta Tantal 180.9479	74 W Wolfram 183.84	75 Re Rhenium 186.207	76 Os Osmium 190.23	77 Ir Iridium 192.22	78 Pt Platin 195.08	79 Au Gold 196.96654	80 Hg Quecksilber 200.59	81 Tl Thallium 204.3833	82 Pb Blei 207.2	83 Bi Bismut 208.98037	84 Po Polonium 208.9824*	85 At Astat 209.9871*	86 Rn Radon 222.0176*
87 Fr Francium 223.0197*	88 Ra Radium 226.0254*	Ac –Lr 89 bis 103	104 Rf Rutherfordium 261.1090*	105 Db Dubnium 262.1144*	106 Sg Seaborgium 266.1224*	107 Bh Bohrium 264.1250*	108 Hs Hassium 269.0*	109 Mt Meitnerium 268.0*	110 Ds Darmstadtium	111 Rg Roentgenium	112 Uub Ununbium	113 Uut Ununtrium	114 Uuq Ununquadium	115 Uup Ununpentium	116 Uuh Ununhexium	117 Uus Ununseptium	118 Uuo Ununoctium

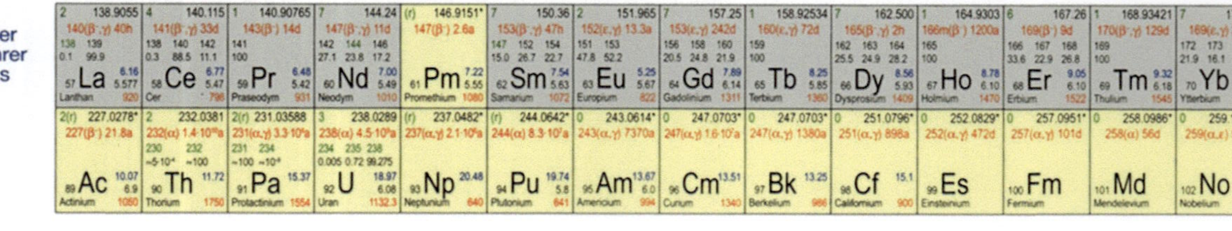

57 La Lanthan 138.9055	58 Ce Cer 140.115	59 Pr Praseodym 140.90765	60 Nd Neodym 144.24	61 Pm Promethium 146.9151*	62 Sm Samarium 150.36	63 Eu Europium 151.965	64 Gd Gadolinium 157.25	65 Tb Terbium 158.92534	66 Dy Dysprosium 162.500	67 Ho Holmium 164.9303	68 Er Erbium 167.26	69 Tm Thulium 168.93421	70 Yb Ytterbium 173.04	71 Lu Lutetium 174.967
89 Ac Actinium 227.0278*	90 Th Thorium 232.0381	91 Pa Protactinium 231.03588	92 U Uran 238.0289	93 Np Neptunium 237.0482*	94 Pu Plutonium 244.0642*	95 Am Americium 243.0614*	96 Cm Curium 247.0703*	97 Bk Berkelium 247.0703*	98 Cf Californium 251.0796*	99 Es Einsteinium 252.0829*	100 Fm Fermium 257.0951*	101 Md Mendelevium 258.0986*	102 No Nobelium 259.1009*	103 Lr Lawrencium 260.1053*

Legende (Beispiel: 78 Pt Platin 195.08):
- Atommasse (Atomgewicht); *bei Radioelementen: Masse eines wichtigen Nuklids; Uran und Thorium: natürliches Nuklidgemisch
- Anzahl natürlicher Nuklide; (r): nur Radionuklide in natürlichen Zerfallsreihen oder aus anderen natürlichen Kernprozessen
- Nukleonenzahlen (Massenzahlen) der häufigsten natürlichen Nuklide; natürliche Radionuklide
- Wichtigstes oder langlebigstes Radionuklid (wichtige Zerfallsarten) Halbwertszeit
- Natürliche Häufigkeit des Nuklids in %
- Dichte in g/cm³ bei 20 °C (gasförmige Elemente in g/dm³ bei 1013 hPa)
- Ordnungszahl
- Erste Ionisierungsenergie in eV
- Schmelzpunkt (bei festen Elementen) bzw. Siedepunkt (bei flüssigen und gasförmigen Elementen) in °C

Unterlegungen
- feste Elemente (20 °C)
- flüssige Elemente (20 °C)
- gasförmige Elemente (20 °C)
- radioaktive Elemente mit nachweisbarem Vorkommen (z. T. nur in geringen Mengen, zB. in natürlichen Zerfallsreihen)
- künstliche Elemente

Verband der Chemielehrer Österreichs
Dürnbergstraße 71
5164 Seeham/Salzburg
Österreich
☎ +43-(0)6217-75 981
Fax: +43-(0)6217-75 984
office@vcoe.or.at
www.vcoe.or.at

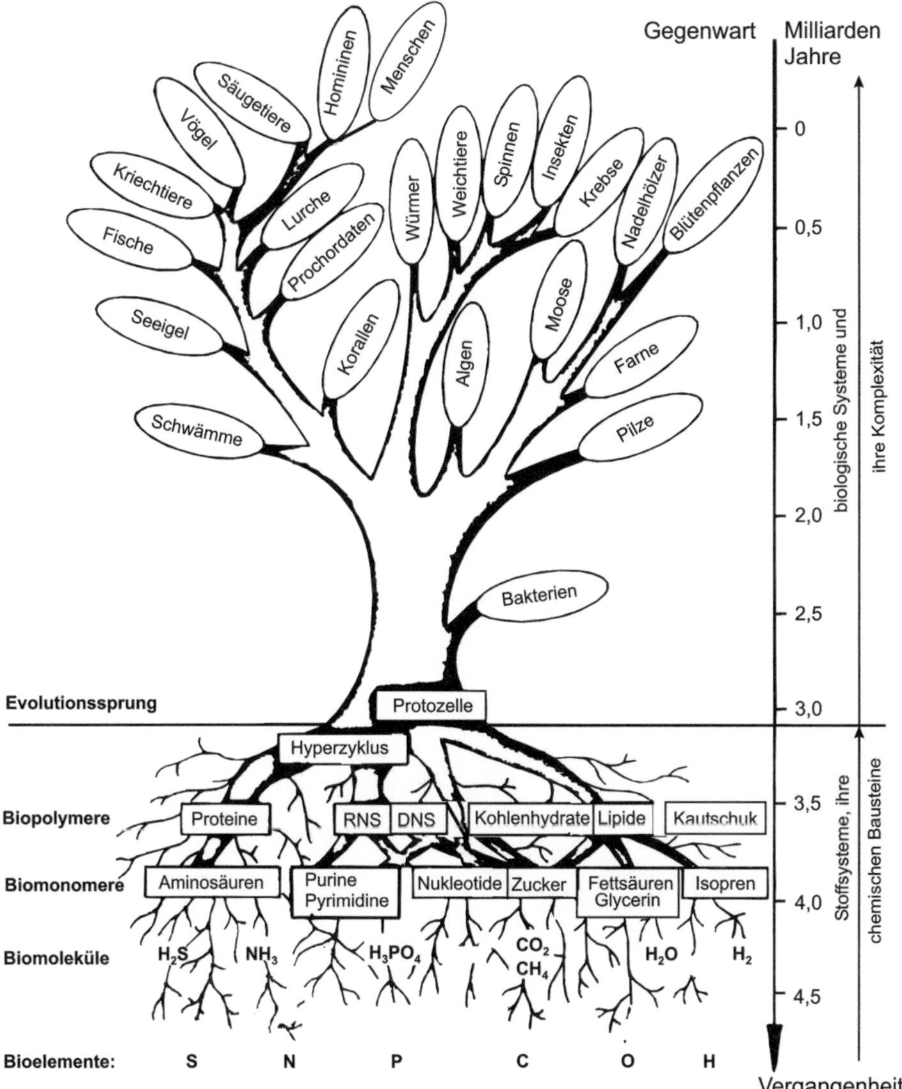

Abb. 1 Vom Stoffsystem zum biologischen System [E. from the system of matter to the biological system]

Die unüberschaubare Zahl der Stoffe ist auf die unbegrenzten Kombinationsmöglichkeiten der chemischen Elemente miteinander zurückzuführen. Je nach den vorgegebenen Energiezuständen und den Wechselwirkungen zwischen Stoffen und Energien (Abb. 13) vermögen sich die Elemente, deren kleinste Einheiten die Atome sind, immer wieder in einen neuen Molekülverband umzustrukturieren (Abb. 1, 2 und 3). Es sind Systeme steter Veränderungen, die sich sowohl in der unbelebten als auch biologischen Natur vollziehen.

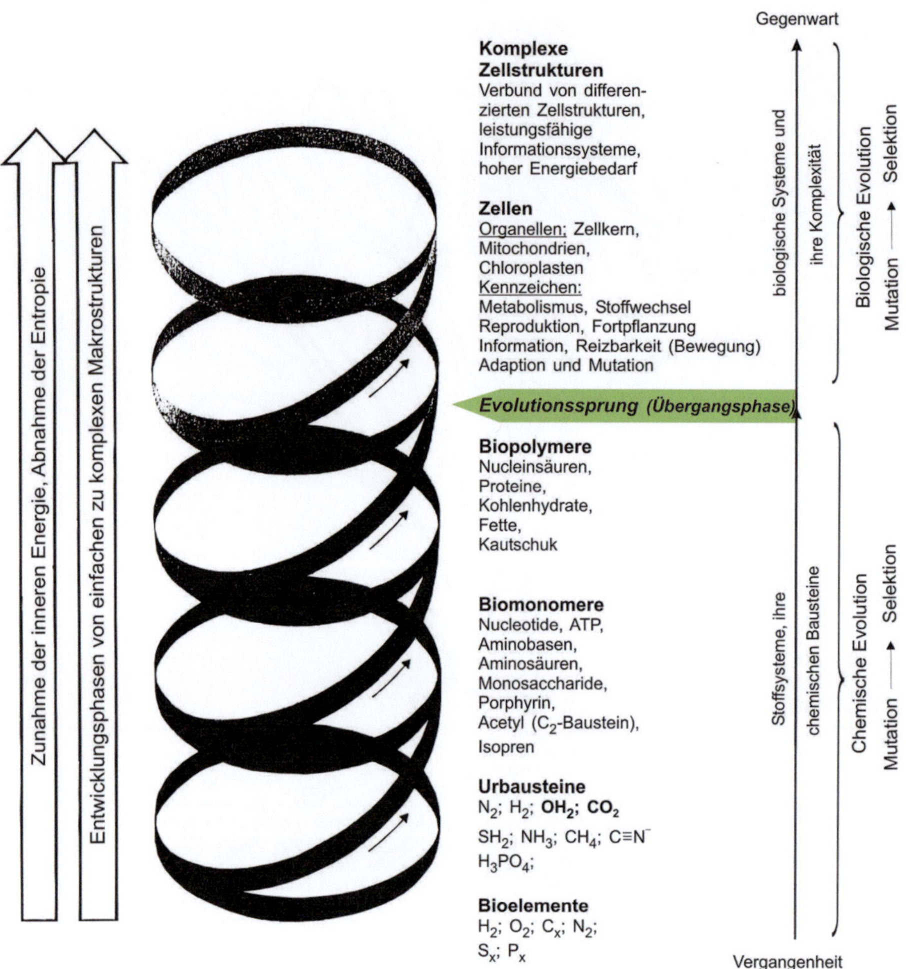

Abb. 2 Evolutionsspirale – von den Bioelementen zu den komplexen Strukturen [E. evolution spiral – from the bioelements to complex macro-structures]

Der Begriff Evolutionssprung soll in diesem Zusammenhang den Vorgang bezeichnen, der den Übergang von der toten mineralischen Materie in die sich selbst reproduzierende biologische Materie umfasst.

Wie alle bisher bekannten chemischen und biologischen Vorgänge wird vermutlich dieser Sprung in die biologischen Systeme eine Folge von wechselwirksamen Kräften spezieller Art zwischen Molekülen untereinander und der klimatischen (energetischen) Umgebung gewesen sein.

Es mögen dieses Wechselwirkungen von Kräften zwischen Molekülen unterschiedlicher Größe, energetischen und strukturellen Zustandes gewesen sein (Abb. 13).

Einmalige Zufallsbedingungen müssen geherrscht haben, die bestimmten Molekülen aus dem Protein- und Nukleinsäurebereich zu intensiven und gesteigerten Wechselwirkungen befähigt haben, um sie zu einer immerwährenden Selbstproduktion zu veranlassen. Damit

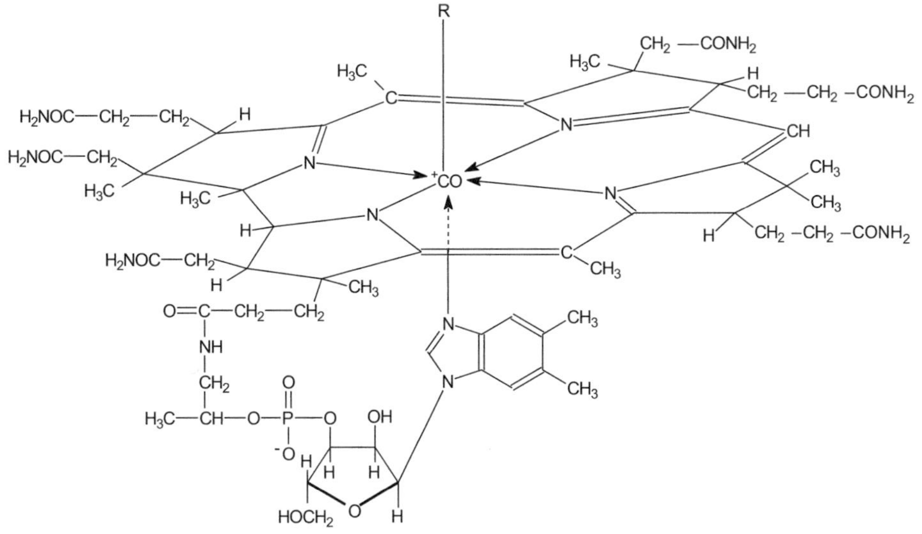

Vitamin B_{12} (Cyanocobalamin) [E. vitamin B_{12}, cyanocobalamin]

Abb. 3 Strukturanalogien zwischen Porphyrinring-, Chlorophyll, Hämin- und Vitamin-B_{12}-Molekül [E. analogies to the porphyrin cycle, chlorophyll, haemin and vitamin B_{12}-molecule]

war auch die Initialzündung der biologischen Zyklen, der Rhythmen zwischen *tot* und *lebendig* oder besser ausgedrückt, zwischen *Regeneration* (Stillstand- bzw. Konsolidierungsphase) und *Wachstumsphase,* d. h. Entwicklungs- und Reifeprozess, gegeben.

Doch ist dieses auch nur eine Umschreibung dessen, was die Folge von Wechselwirkungen von Kräften oder als Zufallsergebnis aus einer unüberschaubaren Zahl von Reaktionsmöglichkeiten ist oder aus religiöser Sicht als Schöpfungsakt bezeichnet wird.

Dieser sogenannte *Evolutionssprung* wird wohl nie aufgeklärt werden. Dafür spricht, dass der Mensch sich keine komplexen Systeme und Mechanismen vorstellen kann, die über sein eigenes komplexes System hinausgehen. Die Vielfalt der Lebenserscheinungen in ihren unterschiedlichen Größen und Formen der Organismen und Arten ist nach menschlichem Ermessen fast unbegrenzt. Die Zahl der bekannten und wissenschaftlich beschriebenen biologischen Spezies wird mit ca. 1,5 Mio. angegeben. Davon entfallen über 60 % auf Tiere, der Rest auf Pflanzen, Pilze und einzellige Lebewesen. Den größten Teil nehmen mit 750.000 Spezies die Insekten ein. Es gibt 20.000 Fischarten und 9000 Vogelarten. 350.000 Pflanzenarten werden auf dem Festland und im Wasser gezählt.

Allen diesen Lebewesen unterschiedlicher Artenvielfalt ist gemeinsam, dass sowohl die Mikroorganismen, z. B. Bakterien, als auch die Makroorganismen, z. B. Mensch, von dem Zusammenspiel zwischen den Nukleinsäuren (DNS und RNS) und den Aminosäuren bzw. Proteinen beherrscht werden[1].

[1]Goud, J. St. (1998), Illusion Fortschritt – Die vielfältigen Wege der Evolution, S. Fischer Verlag GmbH, Frankfurt am Main.

Fazit: Diese chemisch-biologische Evolutionsspirale widerspiegelt die Bau- und Funktionsstoffe des abgewandelten Darwin'schen Lebens- bzw. Evolutionsbaums. In dem *Tree of Life* sind die Pflanzen mit eingebunden.

Andrew M. Sugden, Barbara R. Jasny, Elizabeth Culotta und Elizabeth Pennisi diskutierten diese neue Version in Science Vol 300 pages 1691–1709.

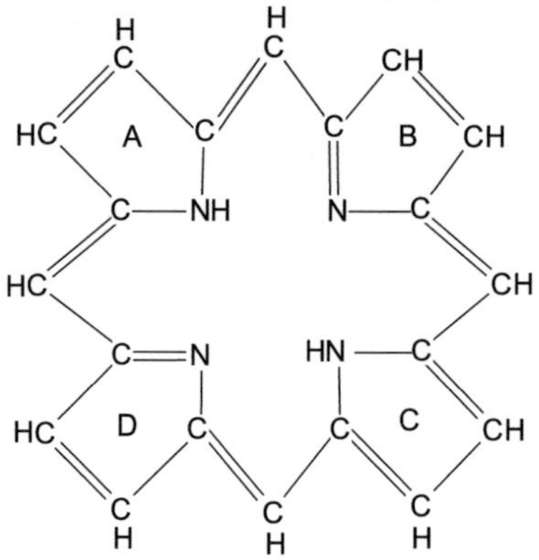

Porphyrinring [E. porphyrin cycle]

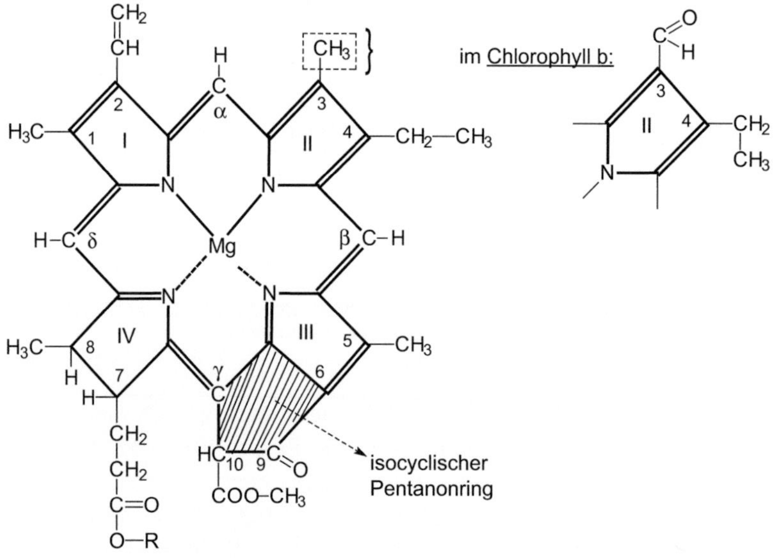

R = Phytyl

Chlorophyll des Blattgrüns [E. chlorophyll of the green leaf]

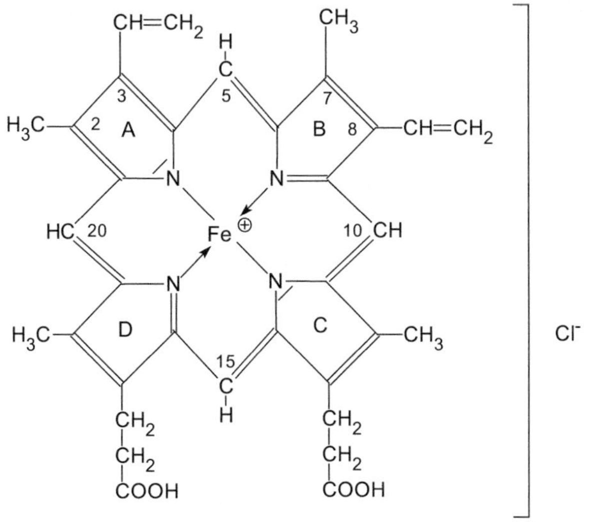

Strukturschema des Hämins [E. structural scheme of the haemin]

Fazit: Eine chemische und biochemische Reaktion ist ein Umstrukturierungsvorgang in der Anordnung von Atomen innerhalb von Molekülen. Die Umstrukturierung kann als Umlagerung in einem Molekül selbst oder zu neuen Molekülen führen (Reaktionsgleichungen 1 bis 3 im Kap. II, Abschn. 4 und Tab. 5).

3 Der stoffliche Aufbau der menschlichen Umwelt [E. the composition of the material in the environment]

Aufbau der Lithosphäre (Tab. 2a und 2b) [E. composition of the lithosphere]
Aufbau der Atmosphäre [E. compostion of the atmosphere]

Tab. 2a Zusammensetzung der Erdkruste (16 km Schichtdicke) einschließlich Hydrosphäre und Atmosphäre [E. composition of the lithosphere (thickness of the layer = 16 km) including hydrosphere and atmosphere]

Lfd. Nr.	Symbol	Masse-%	
1 Sauerstoff	O	49,5	
2 Silicium	Si	25,8	
3 Aluminium	Al	7,57	
4 Eisen	Fe	4,7	97,94
5 Calcium	Ca	3,38	
6 Natrium	Na	2,63	
7 Kalium	K	2,41	
8 Magnesium	Mg	1,95	
9 Wasserstoff	H	0,88	
10 Titan	Ti	0,41	
11 Chlor	Cl	0,19	
12 Phosphor	P	0,09	
13 Kohlenstoff	C	0,087	
14 Mangan	Mn	0,085	1,94
15 Schwefel	S	0,048	
16 Stickstoff	N	0,03	
17 Rubidium	Rb	0,029	
18 Fluor	F	0,028	
19 Barium	Ba	0,026	
20 Zirkonium	Zr	0,021	
21 Chrom	Cr	0,019	

Tab. 2b Häufigkeitsverteilung der in der Erdkruste(16 km Schichtdicke), Hydrosphäre und Atmosphäre meistverbreiteten Elemente [E. distribution of most frequent elements of the lithosphere (16 km thickness) including hydrosphere and atmosphere]

Lfd. Nr.	Symbol	Häufigkeit der Elemente in [%] [Atom-%]
1 Sauerstoff	O	55,00
2 Silicium	Si	16,33
3 Wasserstoff	H	15,52
4 Aluminium	Al	4,99
5 Natrium	Na	2,03
6 Calcium	Ca	1,50
7 Eisen	Fe	1,496
8 Magnesium	Mg	1,126
9 Kalium	K	1,096
10 Titan	Ti	0,192
11 Kohlenstoff	C	0,152

Tab. 3 Zusammensetzung der Erdatmosphäre [E. composition of the atmosphere]

Lfd. Nr.	Gas	Vol.-%	Masse-%
1	Stickstoff, N_2	78,09	75,5
2	Sauerstoff, O_2	20,95	23,1
3	Argon, Ar	~0,934	1,288
4	Kohlendioxid, CO_2	~0,04	0,051
5	Neon, Ne	$1{,}8 \cdot 10^{-3}$	$1{,}3 \cdot 10^{-3}$
6	Helium, He	$5{,}2 \cdot 10^{-4}$	$7{,}2 \cdot 10^{-5}$
7	Krypton, Kr	$1{,}0 \cdot 10^{-4}$	$2{,}9 \cdot 10^{-4}$
8	Wasserstoff, H_2	$5{,}0 \cdot 10^{-5}$	$3{,}5 \cdot 10^{-6}$
9	Xenon, Xe	$8{,}0 \cdot 10^{-6}$	$3{,}6 \cdot 10^{-5}$
10	Ozon, O_3	$2{,}0 \cdot 10^{-6}$	$3{,}3 \cdot 10^{-6}$
11	Radon, Rn	$6{,}0 \cdot 10^{-18}$	$4{,}6 \cdot 0^{-17}$

Zusammensetzung des Menschen und biologischer Systeme (Tab. 4) [E. composition of the bodies of man and biological systems]

Am stofflichen Aufbau des Menschen sind dieselben Elemente beteiligt, wie sie in der Lithosphäre, Hydrosphäre, Atmosphäre und Biosphäre anzutreffen sind (Tab. 4; Abb. 4).

Tab. 4 Am Aufbau körpereigener menschlicher Biomasse beteiligte Elemente in Massenanteile [%] [E. elements which are participated in the composition of the endogenous human biomass (noticed in % proportion of mass)]

Primäre Bausteine		Elemente des elektrolytischen Milieus	
Sauerstoff	65,00		
Kohlenstoff	18,00		
Wasserstoff	10,00		
Stickstoff	3,00		
		Calcium	1,50
Phosphor	1,00		
Schwefel	0,25	Eisen	
		Kalium	0,2
		Natrium	0,15
		Chlor	0,15
		Magnesium	0,05
	97,25	+	2,05 = 99,3 Masse-%

Fazit: Am Aufbau der Umwelt und des Menschen sind dieselben chemischen Elemente beteiligt. Die einzelnen Systeme unterscheiden sich
in der Häufigkeit der beteiligten Elemente,
in ihrer strukturellen Anordnung in den Molekülen,
in der Komplexität der Molekülstrukturen.

Aus einem Vergleich der Tab. 2a, 2b, 3 und 4 wird der hohe Anteil des Kohlenstoffs im menschlichen Körper und allen biologischen Systemen deutlich. Daraus ergibt sich die Frage nach dem Reaktionsweg, der dieses bewirkt.

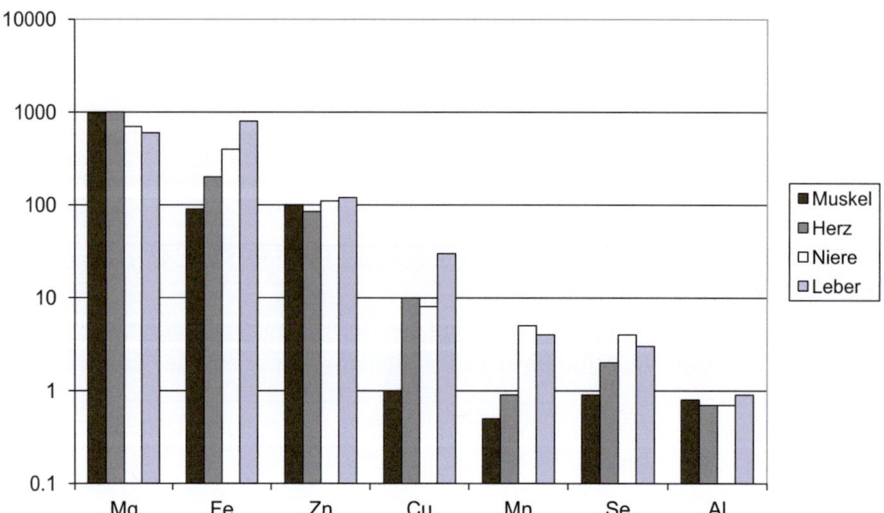

Abb. 4 Verteilung einiger Spurenelemente auf die Organe im menschlichen Körper (angegeben in mg/kg Trockengewicht der Organe) [E. distribution of some trace elements on the organs in human body (noticed in mg/kg dry weight of the organs)]

4 Der Weg vom einfachen zum komplexen Molekülaufbau [E. the path from simple to complex molecule]

Beispiele für Synthesewege in der Natur [E. examples for paths of synthesis in nature]: Enzymatische Kohlenstoffdioxid-Hydrierung – Fotosynthese (Kap. XI)

Vom elementaren Stickstoff zum Pflanzeneiweiß – Stickstofffixierung (Kap. V)

Der Stoffab- und -aufbau im menschlichen Organismus und in anderen biologischen Systemen, aerobe und anaerobe Prozesse (Kap. XXV)

Beispiele für Synthesewege der chemischen Produktionstechnik [E. examples for paths of synthesis in the chemical technology]:
Die Ammoniaksynthese als Hydrierung des Stickstoffs

$$\underset{\text{Wasserstoff}}{3\,H_{2\,(g)}} + \underset{\text{Stickstoff}}{N_{2\,(g)}} \xrightarrow{\text{Kat.}} \underset{\text{Ammoniak}}{2\,NH_{3\,(g)}} + \underset{\text{Wärmeenergie}}{92\ \text{kJ}} \qquad (1)$$

Die Harnstoff- und Blausäuresynthese als Verknüpfung von Kohlenstoff und Stickstoff

$$\underset{\text{Ammoniak}}{2\,NH_{3\,(g)}} + \underset{\text{Kohlenstoffdioxid}}{CO_{2\,(g)}} \longrightarrow \underset{\text{Harnstoff}}{H_2N{-}\underset{\underset{O}{\|}}{C}{-}NH_2} + \underset{\text{Wasser}}{HOH} + \underset{\text{Wärmeenergie}}{118{,}3\ \text{kJ}} \qquad (2)$$

$$\underset{\text{Wärmeenergie}}{233{,}8\ \text{kJ}} + \underset{\text{Ammoniak}}{NH_{3\,(g)}} + \underset{\text{Methan}}{CH_{4\,(g)}} \xrightarrow{\text{Kat.}} \underset{\text{Cyanwasserstoff}}{H{-}C{\equiv}N} + \underset{\text{Wasserstoff}}{3\,H_2} \qquad (3)$$

Die Herstellung von Humaninsulin auf der Basis von Gen- und Fermentationstechnik (Kap. XIX, Abschn. 3).

Sowohl in der chemischen Technik als auch in der Natur ist die Hydrierung des Stickstoffs eine lebensvoraussetzende Reaktion, des Weiteren die Verknüpfung des Kohlenstoffs mit dem Stickstoff. Alle drei Reaktionstypen – Stickstofffixierung durch Ammoniaksynthese, Harnstoff- und Blausäuresynthese als C–N-Verknüpfung – bilden die Grundlage für den weiteren Aufbau von Eiweißstoffen als Voraussetzung für das Leben und damit auch zur Sicherung der Ernährung und Gesundheit.

5 Oxidation und Reduktion als typische Stoffumwandlungen in Natur und Technik [E. oxidation and reduction as typical conversions of material in nature and technology]

Der Sauerstoff ist mit einer Häufigkeit von 55 % am Aufbau der Erdkruste beteiligt. Die Atmosphäre enthält nahezu 21 % Volumenanteile Sauerstoff. Folglich ist Sauerstoff ein allgegenwärtiger Reaktionspartner für Stoffumwandlungen in Natur und Technik. Die Reaktionsmechanismen ähneln sich sehr stark und sind unter dem Begriff Oxidationsreaktionen zusammengefasst.

Oxidation in der Chemotechnik, Beispiele [E. oxidation in chemical technology, examples]:

- Verbrennung von Holz, Kohle, Erdöl, Erdgas zu Kohlenstoffdioxid unter Energiefreisetzung
- Korrosion von Werkstoffen
- Bleichen von Textilien
- Herstellen von Schwefelsäure aus Schwefel
- Der Weg von einem Alkohol über ein Aldehyd zur organischen Säure, z. B. Essigsäure

Oxidation in der Natur [E. oxidation in nature]

- Atmung in pflanzlichen und tierischen Zellen

Dort, wo Stoffe oxidiert werden, müssen andere reduziert werden. Oxidations- und Reduktionsreaktionen bedingen sich gegenseitig und verlaufen entgegengesetzt parallel. Wichtige Reduktionsmittel in der Technik sind Wasserstoff und Kohlenstoff. In der Natur übernimmt die Reduktion der Wasserstoff, als Reduktionsprodukt entsteht häufig Wasser. Der Wasserstoff bzw. seine Ionen müssen allerdings von speziellen Stoffen, Carriern genannt, übertragen werden (Kap. V, Abschn. 4). Er stammt u. a. aus Wasser, H_2O; Schwefelwasserstoff, H_2S, Ammoniak, NH_3, Methan, CH_4, u. a. Unter Energieaufwand muss er abgespalten werden.

Reduktion in der Chemotechnik, Beispiele [E. reduction in chemical technology, examples]:

- Hydrierungen wie

Ammoniaksynthese

$$N_2 + 3\,H_2 \longrightarrow 2\,NH_3 + 92\text{ kJ}$$

Methanolsynthese

$$CO + 2\,H_2 \longrightarrow H_3C{-}OH + 92\text{ kJ}$$

Oxosynthese

$$CO + H_2 + H_2C{=}CH{-}CH_3 \longrightarrow H_3C{-}CH_2{-}CH_2{-}\underset{\underset{O}{\|}}{C}{-}H + 234{,}5\text{ kJ}$$

- Reduktion von Erzen (Metalloxiden) zu Metallen (Tab. 5)
  wie Silicium, Si
  Aluminium, Al
  Eisen, Fe

Tab. 5 Beispiele von technisch wichtigen Reduktionsreaktionen [E. examples of important technical reactions of reductions]

1. Herstellung von Silicium aus Quarz					
Quarz	Kohlenstoff		Silicium	Kohlenstoffmonoxid	
SiO_2	+ 2 C	$\longrightarrow$	Si	+ 2 CO	$\Delta H = +695$ kJ/mol
2. Herstellung von Aluminium aus Bauxit					
Bauxit	Kohlenstoff		Aluminium	Kohlenstoffmonoxid	
$2\ Al_2O_3$	+ 6 C	$\longrightarrow$	4 Al	+ 6 CO	$\Delta H = +3352$ kJ/mol
3. Herstellung von Eisen aus Eisenerz					
Eisenerz	Kohlenstoff		Eisen	Kohlenstoffdioxid	
Fe_3O_4 Magnetit	+ 2 C	$\longrightarrow$	3 Fe	+ $2\ CO_2$	$\Delta H = +331$ kJ/mol
$2\ FeO_3$ Hämatit	+ 3 C	$\longrightarrow$	4 Fe	+ $3\ CO_2$	$\Delta H = +355$ kJ/mol
$2\ FeCO_3$ Eisenspat	+ C	$\longrightarrow$	2 Fe	+ $3\ CO_2$	$\Delta H = +439{,}5$ kJ/mol
4. Herstellung von Phosphor aus Rohphosphat					
Phosphorpentoxid	Kohlenstoff		Phosphor	Kohlenstoffmonoxid	
P_2O_5	+ 5 C	$\longrightarrow$	2 P	+ 5 CO	$\Delta H = +939{,}3$ kJ/mol

Rohphosphat	Kohlenstoff	Quarz		
$2\ Ca_5(PO_4)_3F$	+ 15 C	+ $8\ SiO_2$	$\longrightarrow$	
Phosphor	Kohlenstoffmonoxid	Ca-Silikat	Ca-F-Silikat	
6 P	+ 15 CO	+ $6\ CaSiO_3$	+ $Ca_4Si_2O_7F_2$	$\Delta H = +4423$ kJ/mol

5. Herstellung von Wasserstoff aus Wasser					
Wasser			Sauerstoff	Wasserstoff	
$2\ H_2O$		$\longrightarrow$	O_2	+ $2\ H_2$	$\Delta H = +571$ kJ/mol
Wasser	Methan		Kohlenstoffdioxid	Wasserstoff	
$2\ H_2O$	+ CH_4	$\longrightarrow$	CO_2	+ $4\ H_2$	$\Delta H = +253$ kJ/mol

- Reduktion von Mineralien zu Elementen
  wie Phosphor aus Rohphosphat

Reduktion in der Natur [E. reduction in nature]

- Fotosynthese durch Pflanzen und Mikroorganismen (Kap. XI, Abschn. 3)
- Stickstofffixierung durch Pflanzen und Bakterien (Kap. V, Abschn. 5 und Kap. XXIV).

Fazit: Oxidation und Reduktion spielen in der Natur und Technik eine dominierende Rolle. Es sind Reaktionen, wie sie von der Natur aufgegeben worden sind und die die chemische Industrie unter speziellen Bedingungen als technische Verfahren nachahmt (Kap. IX, Tab. 2 und 3).

6 Energieträger und Energieumsatz [E. energy carrier and energy conversion]

Jeder Stoff enthält einen bestimmten inneren Energiebetrag. Während einer Stoffumwandlung kann sich dieser Energiebetrag erhöhen. Es handelt sich dann um eine energiebindende (endotherme)[2] Reaktion. Ebenso gibt es Energiefrei setzende (exotherme)[5] Reaktionen. Die innere Energie erniedrigt sich. Die inneren Energien sind in den Stoffen als chemische Bindungsenergien gespeichert. Bei einer Stoffumwandlung können sie als Wärmeenergie, Lichtenergie oder elektrische Energie freigesetzt werden. Andererseits können diese auch wieder in chemische Energie umgewandelt werden.

Entsprechende Wechselbeziehungen zwischen Energie und Stoff spielen sich auch bei anderen Energieformen ab, wie z. B. magnetische Energien und Kernenergien (Kap. XIV).

Eine besondere Stellung nimmt die Wärmeenergie ein. Sie kann nicht vollständig in die übrigen Energieformen wie chemische Energie, elektrische Energie, Lichtenergie u. a. überführt werden. Dagegen lassen sich alle anderen Energieformen hundertprozentig in Wärme überführen. Wärmeenergie wird deshalb auch als gebundene Energie bezeichnet, während alle anderen Energien als freie Energien gelten.

Diese Zusammenhänge bringen die Hauptsätze der Thermodynamik zum Ausdruck. Es sind Erfahrungssätze, die aus Beobachtungen aller Vorgänge in der Natur aufgestellt worden sind. Der 2. Hauptsatz stellt die Wärmeenergie als besondere Energieform heraus.

$$\Delta H = \Delta G + \Delta Q$$
$$\Delta Q = T \cdot \Delta S$$

Reaktionsenthalpie = freie Reaktionsenthalpie + gebundene Energie

$$\Delta H = \Delta G + T \cdot \Delta S$$

---

[2]endon (gr.) – innerhalb, hinein; therme (gr.) – Wärme; exo (gr.) – außerhalb, heraus.

Es bedeuten:

$\Delta H =$ Reaktionsenthalpieänderung
$\Delta G =$ Freie Reaktionsenthalpieänderung
$\Delta Q =$ Wärmeenergie(gebundene Energie)-Änderung
$\Delta S =$ Entropieänderung
$T =$ Absolute Temperatur in Kelvin [K]

Wärmeenergie ist eine Energie 2. Qualität. Auf dieser Eigenschaft der Wärme beruht das Energieproblem in der Welt.

Es gilt der Energieerhaltungssatz:
Energien können weder gewonnen noch verloren gehen. Sie können nur ineinander umgewandelt werden. In einem abgeschlossenen System, d. h., die gedachten Grenzen des Systems sind weder für Energien noch Stoffe durchlässig, ist die Summe aller Energien konstant.

Der Energieerhaltungssatz erfährt seine Einschränkung durch das Gesetz von Albert Einstein (1879–1955), $E = c^2 \cdot m$,[3] d. h., Energien können in Masse (Materie) bzw. Materie in Energie umgewandelt werden. Sie sind einander proportional, c^2 ist als Konstante der Proportionalitätsfaktor. Messbar nachvollziehbar ist die Masse-Energie-Umwandlung in den Reaktoren bei der Kernspaltung der Kernkraftwerke.

Beispiele für Energie- und Stoffumwandlungen [E. examples for energy- and material-conversions]:

- Nahrungsmittel als Träger von chemischer Energie.
- Stoffwechselprozesse im Menschen und in biologischen Systemen als Umwandlung chemischer in physiologische und Wärmeenergie über das ATP/ADP[4] als Energiespeicher und -umwandler.

$$\text{ATP} \xrightarrow{+\text{HOH}} \text{ADP} + \text{P}_\text{i} + 30{,}5\ \text{kJ}$$

$$\text{P}_\text{i} \equiv \text{HO}-\underset{\underset{\text{O}}{\|}}{\overset{\overset{\text{OH}}{|}}{\text{P}}}-\text{OH}$$

- Kohle, Erdöl und Erdgas als Träger von chemischer Energie.
  Ihre Umwandlung in Wärmeenergie erfolgt in Wärmekraftwerken auf Basis fossiler Rohstoffe.
- Der Bleiakkumulator als chemischer Energiespeicher und Umwandler von chemischer Energie in elektrische Energie.

[3] E = Energie, m = Masse, c = Lichtgeschwindigkeit ($\approx 10^8$ m/s).
[4] ATP ≡ Adenosintriphosphat, ADP ≡ Adenosindiphosphat.

Tab. 6 Physiologische Energiequellen in der Welt im Jahr 2012/2013 (mio. t) [E. physiological energy sources of the world in the year 2012 (in million tons)] (Quelle: Situationsbericht (2013/14), Deutscher Bauernverband Berlin und Faostat Statistik der FAO 2013 und 2014)

Getreide gesamt	2667,9
Davon Weizen	674,9
Mais	1004,5
Reis	719,7
Roggen	14,6
Gerste	132,9
Hafer	21,1
Hirse/Sorghum	63,4
Anderes Getreide wie Triticale, Buchweizen, Quinoa, Fonio	36,7
Kartoffeln – in EU-27	54,5
Gemüse	787,36
Obst	475,5
Zucker	179,6
Ölsaaten Wie Sonnenblumen, Soja, Raps, Baumwollsaat, Palmkerne, Erdnüsse	444,0
Milch	765,6
Fleisch	304,0

- Der Atomreaktor als Speicher von Kern- und Strahlungsenergie und Umwandler von Strahlenenergie radioaktiver Substanzen in Wärmeenergie und anschließend über Turbinen und Generatoren in elektrische Energie (Kap. XIV, Abschn. 8).
- Die Pflanzenzelle als Umwandler von Lichtenergie in chemische Energie.

Fazit: Energie- und Stoffumwandlung sowie Energie- und Stofftransport sind eng miteinander gekoppelt (Tab. 6).
Es gelten die Energie- und Massenerhaltungssätze und die thermodynamischen Hauptsätze.

Fortsetzung Tab. 6:

Zum Vergleich: Weltförderung von technischen Energieträgern [E. in comparison: mining of technical energy sources] [89] (Bundesanstalt für Geowissenschaften und Rohstoffe. Jahresbericht 2013, www.bgr.bund.de)

	Jahr 2012	Weltreserven
Steinkohle	683,5 Mio. t	769 Mrd. t
Braunkohle	110,6 Mio. t	283 Mrd. t
Erdöl	4137 Mio. t	331,4 Mrd. t
Erdgas	3389 Mrd. Nm^3	196.173 Mrd. Nm^3
Uran	58,4 kt	2167 kt

7 Stoffkreisläufe in der Natur, im Organismus und in der Chemiewirtschaft [E. cycles of materials in nature, organism and chemical industry]

Stoffe befinden sich in einer ständigen Umwandlung. Ihr Zyklus und ihre Umwandlungsgeschwindigkeit werden von den sie umgebenden Bedingungen bestimmt, wie z. B. Temperatur, Druck, Konzentration, Löslichkeit in flüssigen Medien und den Transportmöglichkeiten.

Reaktionsbereite Stoffe müssen zueinander geführt werden, um dann miteinander zu reagieren. Die Reaktionsprodukte werden vom Reaktionsort fortgeleitet und lösen an anderer Stelle neue Stoffveränderungen aus.

Dieser Kreislauf ereignet sich fortwährend in der mineralisierten Natur, in biologischen Organismen und in der Chemiewirtschaft. In allen drei Bereichen gehorchen diese Umwandlungen und Strömungen analogen Gesetzen:

Die Gesetze für allgemeine Ausgleichsvorgänge und für Fließgleichgewichte nach Michaelis-Menten[5]. Außerdem gilt das Prinzip vom ständig gestörten thermodynamischen Gleichgewicht (Kap. XVIII, Abschn. 2.1).

Die Antriebskräfte für Umwandlungen und Strömungen bilden sich immer wieder neu aus ortsbedingten Potenzialdifferenzen (Kap. XIV, Abschn. 7). Das können sein:

Temperaturunterschiede,
Druckunterschiede,
Konzentrationsunterschiede,
Spannungsunterschiede elektr. Ladungen,
Höhenunterschiede,

aber auch Kapital- und Informationsströme unterliegen den Potenzialdifferenzen als Antriebsfaktoren.

Ein entscheidender Motor für Potenzialdifferenzen ist die Fotosynthese als Energiepumpe, die Sonneneinstrahlung und der Zerfall radioaktiver Stoffe in der Erdkruste (Erdwärme).

Es gilt das Gesetz für allgemeine Ausgleichsvorgänge:

$$\frac{\text{treibende Kraft}}{\text{Zeit}} \sim \frac{\text{Potenzialdifferenz}}{\text{Widerstand}}$$

Fazit: Dort, wo sich Potenzialdifferenzen aufbauen, wird zugleich ein Ausgleichsstreben ausgelöst, das den Potenzialen entgegenwirkt (Kap. XIV, Abschn. 7).

[5]Siehe Fußnote Kap. XVIII, Abschn. 2.1.

7.1 Der Kreislauf des Wassers in der Natur (Abb. 5 und 6) [E. water cycle in nature]

Wasser als Lösemittel, als Transportmittel für Stoffe und Energien (elektr. Ladungen, Wärme). Wasser als Protonen- (positiv geladene Ionen) und Wasserstofflieferant für Hydrierungsreaktionen in der Natur und in der chemischen Produktion belegen die Schlüsselrolle dieses Stoffes für die Lebensbedingungen auf der Erde.

7.2 Der Kreislauf des Sauerstoffs in der Natur und in der Technik [E. cycle of oxygen in nature and technology]

Sauerstoff als Oxidationsmittel (Abb. 7 und Kap. IV)

Atmung
Toxische Wirkung des Sauerstoffs
Luftsauerstoff als Feind von anaeroben Prozessen
Kanzerogenität
Korrosion als oxidative Zerstörung von Werkstoffen

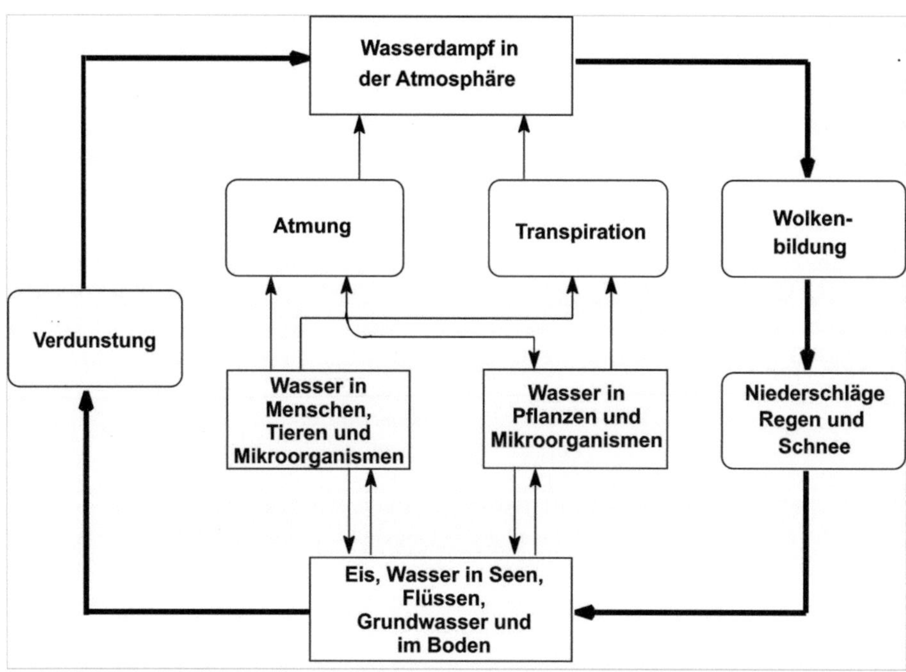

Abb. 5 Kreislauf des Wassers in der Natur [E. circulation of water in nature]

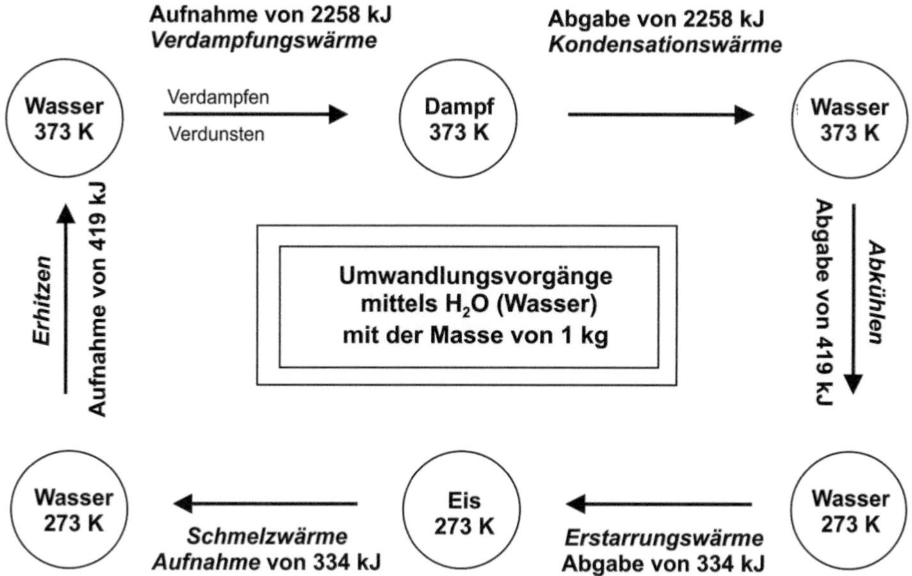

Abb. 6 Schematische Darstellung der Energieumsetzung am Beispiel Wasser (dabei auftretende Energieverluste sind nicht berücksichtigt) [E. diagrammatic figure of energy conversion e.g. water (occurring losses of energy are not considered)]

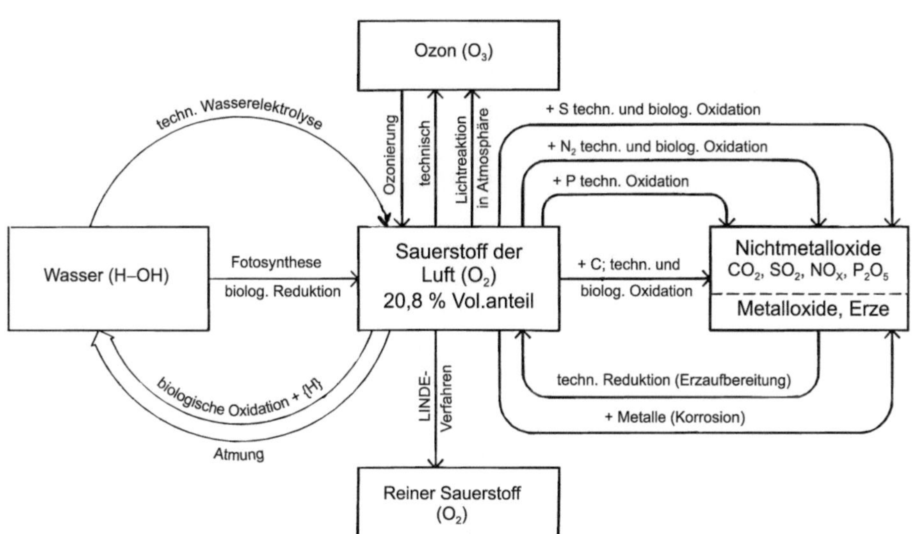

Abb. 7 Sauerstoffzyklus in der Natur und Technik [E. circulation of oxygen in nature and technique]

7.3 Der Kohlenstoffkreislauf [E. cycle of carbon]

Von der Kohle zu Kohlenwasserstoffen und hochveredelten Produkten der chemischen Industrie (Abb. 8 und Kap. IX).

Vom Kohlenstoffdioxid zu komplexen Biomolekülen (Kap. XI, Abschn. 3).

7.4 Der Stickstoffkreislauf [E. cycle of nitrogen]

Vom Stickstoff der Luft zum Ammoniak (Abb. 9).

Die Stickstofffixierung in der Natur durch Mikroorganismen, z. B. den Knöllchenbakterien, Cyanobakterien (Kap. V, Abschn. 5 und Kap. XXIV).

Der Weg vom elementaren Stickstoff über Ammoniak, stickstoffhaltigen Düngemitteln zum Pflanzeneiweiß und darüber hinaus zum tierischen Eiweiß und zum körpereigenen Protein des Menschen bestimmt den Kreislauf.

7.5 Kreislauf der Phosphate [E. cycle of phosphates]

Der Kreislauf der Phosphorsäure und ihre Phosphate in der mineralisierten und biologischen Welt (Abb. 10 und Kap. VI)

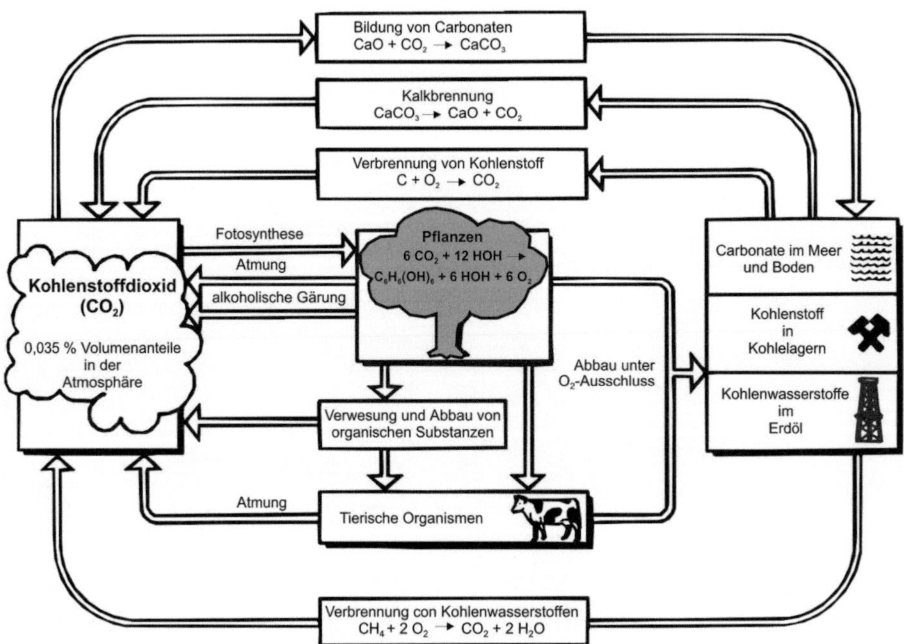

Abb. 8 Der Kohlenstoffzyklus [E. the carbon cycle]

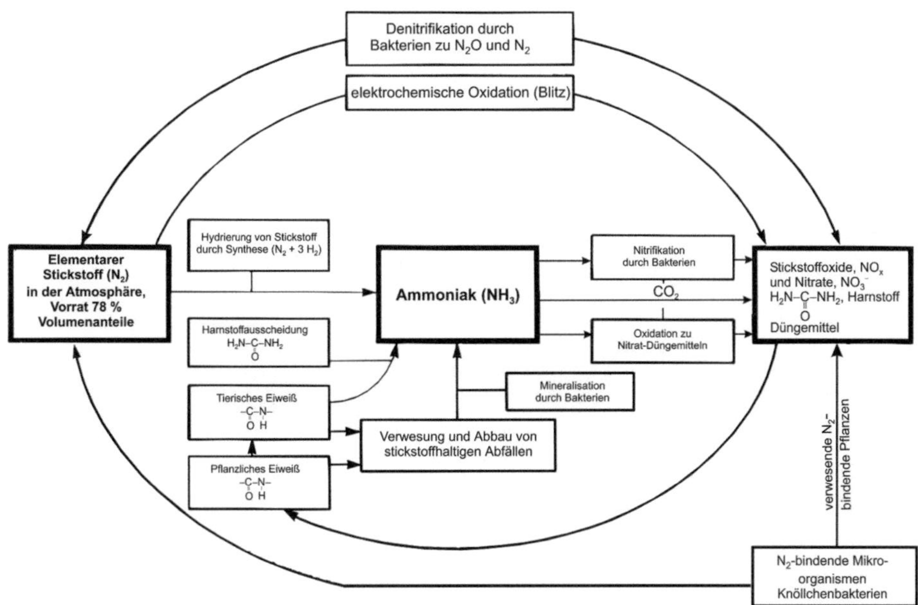

Abb. 9 Kreislauf des Stickstoffs in der Natur [E. the cycle of nitrogen in the nature]

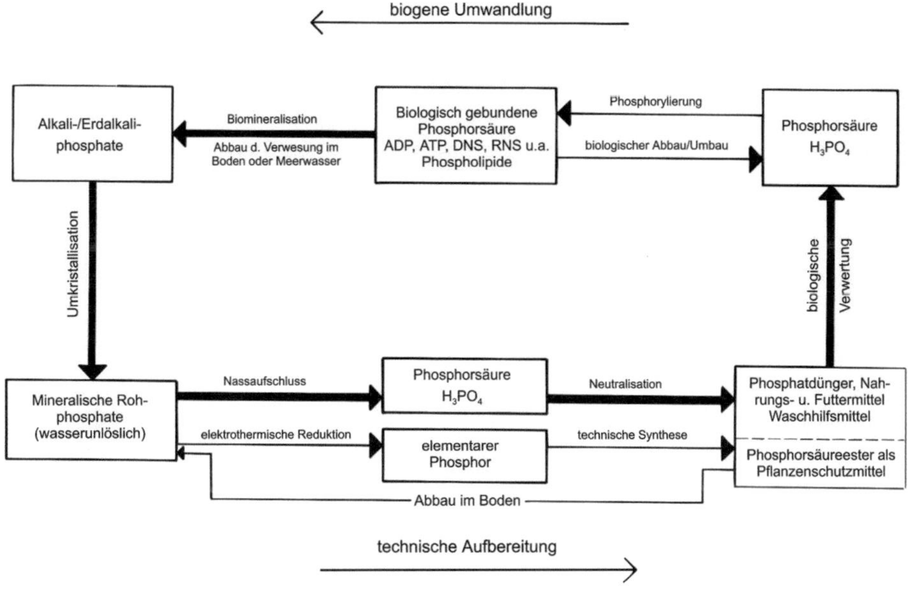

Abb. 10 Der Zyklus der Phosphate in der Biosphäre [E. the cycle of the phosphates in the biosphere]

Phosphor als Bioelement in komplexen biochemischen Molekülen spielt eine zentrale Rolle:

- in Phospholipiden als Bausubstanz für Zellmembranen,
- im Adenosintriphosphat (ATP) als Energiespeicher in den Mitochondrien der Zellen,
- als Phosphorsäureriboseester im Gerüst für die Nukleinsäuren (RNA; DNA),
- in Form von Calciumphosphaten als Knochensubstanz und
- als Phosphorsäure in Phosphorylierungsreaktionen.

7.6 Der Kreislauf des Schwefels und seine Verbindungen in der Natur (Abb. 11) [E. cycle of sulphur and its compounds in nature]

Am Kreislauf des Schwefels und seiner Verbindungen sind sowohl der elementare Schwefel, S_X, Schwefelwasserstoff, H_2S, und seine Sulfide als auch die Sulfitionen, SO_3^{2-}, und Sulfationen, SO_4^{2-}, beteiligt. Schwefelwasserstoff ist auch Wasserstofflieferant bei der Fotosynthese anstelle von Wasser zum Aufbau der Glucose.

Die HS-Gruppen (Thiolgruppen), deren Lieferant die Aminosäure Cystein ist, haben sich als Disulfidbrückenbauer bei den Proteinen spezialisiert (Kap. VII).

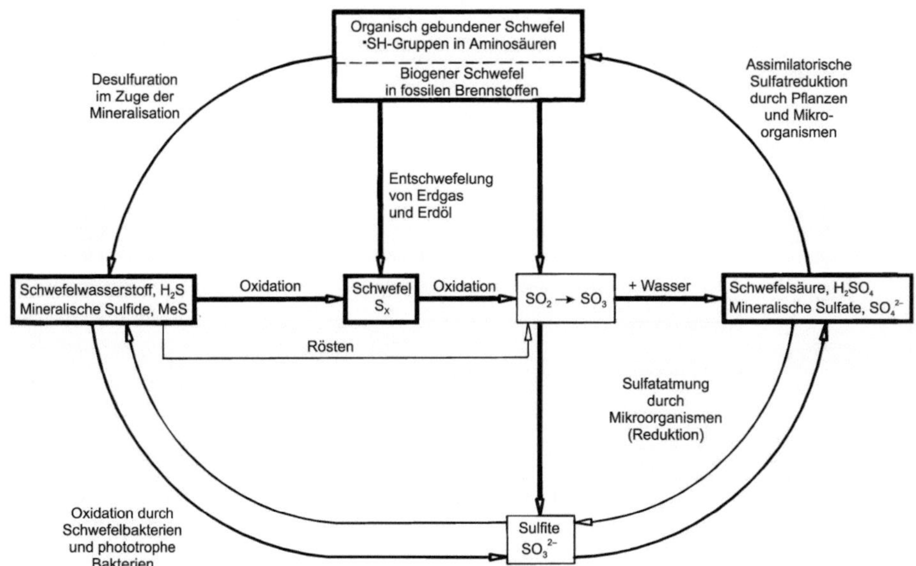

Abb. 11 Schwefel und seine Verbindungen als Zyklus in der Natur und Technik [E. the cycle of sulphur and its compounds in the nature and technique]

8 Zyklus zwischen dem Nutzungssystem der Technik und dem Regenerationssystem der Natur [E. cycle between the utilization system of technology and the regeneration system of nature]

8.1 Stoff- und Energiezyklen [E. material- and energy cycles]

Die Biosphäre, in der auch der Mensch lebt, ist im Wesentlichen von steten Energie- und Stoffzyklen bestimmt. Ihr Zusammenwirken ergibt das, was heute als Ökosystem bezeichnet wird. Die Zustände im Ökosystem sind nicht stationär, sondern fließend. Sie werden immer wieder durch mannigfaltige Teilprozesse verändert bzw. gestört. Allerdings äußern sich die Wirkungen solcher Störfaktoren in der Regel über lange Zeitabschnitte, sodass genügend Zeit für die Anpassung an die neuen Bedingungen gegeben ist. Denn die Reaktionsprodukte werden aus dem System nicht ausgeschleust. Sie können mit den ursprünglichen Reaktionspartnern weiterreagieren. Biovorgänge haben evolutionären und keinen revolutionären Charakter. Es stellen sich Fließgleichgewichte ein, deren typisches Merkmal die Veränderung ist. Eine statische Gleichgewichtssituation wird niemals erreicht. Aufgrund der thermodynamischen Gesetzmäßigkeiten wäre das auch gleichbedeutend mit dem Tod auf dem Planeten Erde. Ein entscheidender Faktor für nicht abrupte Anpassungsvorgänge ist die Zeit.

Die Menschen vermögen es noch nicht nachzuvollziehen, sich nicht als Mittelpunkt aller biologischen Systeme zu betrachten. Sie müssen ihre homozentrische Betrachtungsweise der Umwelt aufgeben, um die wirksamen Naturgesetze zu erkennen. Erst dann wird es möglich sein, ein ökonomisches System diesen biologischen Gesetzen so weit wie möglich anzupassen. Diese Umorientierung muss zuerst in der geistigen Haltung der Menschen erfolgen.

8.2 Recycling [E. recycling]

Im Recycling findet dieses Umdenken ihren Niederschlag. In der Natur gibt es keinen Abfall.

Stoffe befinden sich in den unterschiedlichen Zwischen- und Umwandlungsstufen, die je nach Bedarf und aufgrund ihrer physikalischen und chemischen Eigenschaften in Gebrauchs- und Nutzgüter umgewandelt werden können.

Genügen die physikalischen, mechanischen und chemischen Eigenschaften den Anforderungen als Gebrauchs- und Nutzgüter nicht mehr, dann werden sie aus dem „Nutzsystem“ ausgeschleust und in ein Regenerationssystem überführt. Sie werden zu Sekundärrohstoffen, die über Recyclingstufen der technischen Verwertbarkeit wieder zugeleitet werden können. Oder sie münden über natürliche Abbaustufen wieder in das Ökosystem ein (Abb. 12).

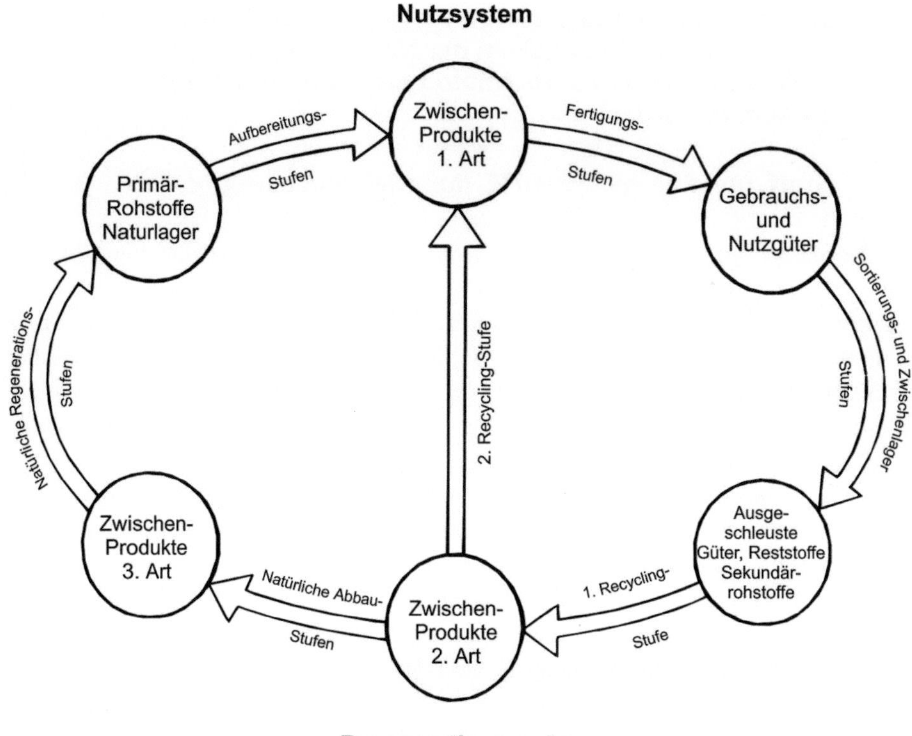

Abb. 12 Nutzsystem – Regenerationssystem [E. use system – regeneration system]

Die gegenwärtige Aufgabe besteht in der Entwicklung von ökologisch angepassten Produktions- und Fertigungsmethoden, das schließt die Erholungsfähigkeit der Natur und der landwirtschaftlich genutzten Böden mit ein.

Reststoffe können nicht beseitigt werden, sondern nur in andere Zustandsformen umgewandelt werden, die die Umwelt nicht belasten. Das sind einfache Folgerungen aus den Hauptsätzen der Thermodynamik und des Erhaltungssatzes der Masse. Umwandlungsprozesse sind Energie- und Stoffumwandlungen, die im technischen Maßstab zusätzlich mit aufwendigen Transportvorgängen verknüpft sind.

8.3 Biosphäre [E. biosphere]

Die Teile der Erdoberfläche, die von pflanzlichen und tierischen Organismen besiedelt sind und mittels ihrer Stoffwechselprozesse Biomasse und Begleitprodukte erzeugen, werden als Biosphäre zusammengefasst. Sie ist durch die Vielfalt der biologischen Systeme einschließlich der erforderlichen Umwelt charakterisiert.

Die Biosphäre umfasst Bereiche der Atmosphäre, Hydrosphäre und Lithosphäre.

Die Entwicklung und Erhaltung der Biosphäre wird global gesehen von vier Faktoren bestimmt:

- ausreichendes Angebot von Nährstoffen,
- Wasser,
- Sonnenenergie und
- Temperatur.

Das Zusammenwirken von Wasser bzw. Feuchtigkeit und Wärme bestimmt das Klima, in dem Bauelemente wie Kohlenstoff, Wasserstoff, Sauerstoff, Stickstoff, Phosphor, Schwefel und Spurenelemente über Energie- und Stoffzyklen in der Biosphäre zu Bioverbindungen reagieren können.

Der Motor dieser ständigen Energie- und Stoffumwandlungen ist, wie erwähnt, die Fotosynthese, die durch Lichtquanten der Sonnenenergie im Wellenlängenbereich von 400 nm bis 700 nm[6] gesteuert wird. Die Fotosynthese treibt diese dynamischen Kreisprozesse als Energiepumpe an.

$$\text{Sonnenenergie + Kohlenstoffdioxid + Wasser} \xrightarrow[\text{Enzyme}]{\text{Chlorophyll}} \text{organische Polymere}$$

Die Fotosynthese überführt oxidierten Kohlenstoff, d. h. (CO_2), in die reduzierte Form von Cellulose, Stärke und über hydrierten Stickstoff in Proteine u. a. organische Polymere. Hierbei wird Sonnenenergie als chemische Energie gespeichert. Die Fotosynthese spielt sich sowohl im Wasser in phytogenen Mikroorganismen als auch auf dem Festland in Pflanzen ab (Kap. XI, Abschn. 3).

Über die Nahrungskette werden pflanzliche Kohlenhydrate, wie Cellulose und Stärke sowie Proteine und Fett, von den tierischen Organismen zur Aufrechterhaltung ihres Betriebsstoffwechsels wieder in Wasser, Kohlenstoffdioxid, Harnstoff, Harnsäure, andere Stickstoffverbindungen, Phosphate u. a. zurückgeführt oder in arteigene Biomasse für den Baustoffwechsel umgewandelt.

Pflanzliche und tierische Organismen können nach dem Absterben aerob, d. h. in Gegenwart von Luftsauerstoff, oder anaerob, das bedeutet unter Luftausschluss, abgebaut werden.

Bei aeroben Vorgängen handelt es sich ausschließlich um oxidative Prozesse. In der Endstufe liegt der gesamte Kohlenstoff der Biomasse wieder als Kohlenstoffdioxid vor, das entweder an die Erdatmosphäre abgegeben oder in Wasser gelöst wird und sich dort zu wasserlöslichen Hydrogenkarbonaten umsetzt bzw. als unlösliches Karbonat niederschlägt.

---

[6] 1 nm = 1 nm = 10^{-9} m = 1 milliardstel Meter

Bei Prozessen, die unter Luftausschluss (anaerob) ablaufen, wird ebenfalls ein Teil des Kohlenstoffs in Kohlenstoffdioxid umgesetzt. Der Sauerstoff stammt hier aus den Biopolymeren selbst.

Bei biologischen Prozessen wird für viele Lebensvorgänge der Begriff „Zyklus“ verwendet, worunter im Allgemeinen die rhythmische Wiederholung von Lebensvorgängen zu verstehen ist, so zum Beispiel die tägliche Wiederholung von Nahrungsaufnahme und Verdauung. Der Begriff Zyklus gibt in solchen Fällen allerdings den Sachverhalt nicht ganz korrekt wieder, denn der Parameter Zeit ist dabei nicht berücksichtigt. Dies bedarf einer genaueren Erklärung: Da biologische Prozesse zeitabhängig ablaufen, kann kein periodischer Prozess an seinen ursprünglichen Ausgangspunkt zurückkehren. Insofern muss man von „offenen Zyklen“ sprechen, die als Aneinanderreihung von Schwingungen wiedergegeben werden, die als Fließgleichgewichte beschrieben werden können (Kap. XVIII, Abschn. 2.1). Fließgleichgewichte schließen eine Reversibilität aus. Es sind einseitig gerichtete fluide Systeme. Sie bedingen offene Systeme. Auch ein biologisches Recyclingsystem ist zeitlich einer ständigen Veränderung unterworfen. Nichts ist stationär, alles ist im Fluss. Biologische Systeme bzw. deren Individuen entwickeln und verändern sich in Generationsfolgen (Kap. XXVIII, Mathematische Funktionen zur Beschreibung von Vorgängen in Natur und Technik).

Prozesse einer steten, ununterbrochenen Stoff- und Energieumwandlung können nur erfolgen, wenn sich kein thermodynamisches Gleichgewicht einstellt. In der Tat gehorchen die in der Natur ablaufenden Vorgänge einem Prinzip der steten Gleichgewichtsstörung.

Auch in der chemischen Produktion macht man sich diesen Effekt zunutze. Eine wirtschaftlich vertretbare Stoffausbeute wird nur erreicht, wenn bei thermodynamischen Gleichgewichtsreaktionen das Reaktionsprodukt dem Reaktionssystem entzogen wird. Einerseits wird das Gleichgewicht ständig gestört, andererseits versucht es sich immer wieder von Neuem einzustellen. Das ist das Prinzip von kontinuierlich arbeitenden chemischen Produktionsverfahren.

In ähnlicher Weise verlaufen die Bioprozesse in den Ökosystemen. Auch hier werden Gleichgewichtseinstellungen durch Störungen verschiedenster Art verhindert. Die Reaktionsprodukte werden allerdings aus dem System „Natur“ nicht vollständig ausgeschleust. Sie können mit anderen Reaktionspartnern weiterreagieren und auf mehr oder weniger „verschlungenen“ Wegen ins Ausgangsprodukt zurückverwandelt werden. Dann entsteht ein Kreislauf, der durch Störfaktoren sich anpassend verändern kann. Oder sie reagieren mit dem ursprünglichen Reaktionspartner weiter. Dann bilden sich immer neue Reaktionsprodukte, die zugleich auch die Reaktionsbedingungen beeinflussen.

Derzeit ist die Energie- und Rohstoffsituation dadurch gekennzeichnet, dass sich der Produktionszyklus wegen des raschen Bevölkerungswachstums und der hohen Bevölkerungsverdichtung schneller dreht als der Regenerationszyklus. Die hohe Umweltbelastung besteht in den immer kürzeren Erholungs- und Regenerationsphasen für die Natur im Allgemeinen und für den Menschen im Speziellen.

8.4 Versorgung und Entsorgung [E. providing and disposal]

Mit zunehmender Weltbevölkerung erhält die Entsorgung von Reststoffen und von nicht mehr benötigten Gebrauchs- und Nutzgütern neben der Versorgung eine gleichrangige Bedeutung. Diesen Zusammenhang lehrt uns der *Erhaltungssatz von der Masse.* Er besagt, dass in einem isolierten System[7] die Summe aller Massen der vorhandenen Stoffe konstant ist.

D. h., es kann keine Masse verloren gehen oder neu geschaffen werden, obwohl die Stoffe chemisch umgewandelt oder physikalisch verändert werden können.

Der Massenerhaltungssatz ist ein Erfahrungssatz. Betrachtet man die *Lithosphäre, Hydrosphäre* und *Atmosphäre* der Erdoberfläche als ein isoliertes System, dann darf für mittelfristige Betrachtungen für die globalen natürlichen und technischen Versorgungs- und Entsorgungsprozesse der Satz von der Erhaltung der Massen zugrunde gelegt werden. Wird der Massenerhaltungssatz auf die Stoffgruppen angewendet, die die Grundlage der menschlichen Ernährung sind, dann wird die Gleichrangigkeit von Versorgung und Entsorgung besonders deutlich. Werden beispielsweise in Tab. 6 die Massen der verschiedenen physiologischen Energieträger addiert, dann verzehren bzw. verbrauchen die 7,3 Mrd. Menschen ca. 3,7 Mrd. t Grundnahrungsmittel.

Da nicht alle geernteten Nahrungsprodukte erfasst werden, wird in der folgenden Rechnung von 5,7 Mrd. t ausgegangen. Diese Zahl lässt folgende Schlussfolgerungen zu:

1. Der Nahrungsmittelbedarf der Weltbevölkerung ist nicht gesichert. Pro Person stehen jährlich $\frac{5{,}7\,\text{Mrd. t Nahrungsst offe}}{7{,}3\,\text{Mrd. Personen}} = 780\left[\frac{\text{kg}}{\text{Person} \times \text{Jahr}}\right]$ zur Verfügung, unter Berücksichtigung von ca. 20 % Feuchtigkeitsgehalt sind das 624 kg Nahrungsstoffe als Trockensubstanz. Pro Tag sind das $\frac{624\,\text{kg}}{365\,\text{Tage}} = 1{,}7\,\text{kg}/\text{Tag} = 1700\,\frac{\text{g}}{\text{Tag}}$ • 1,7 kg entsprechen einem Nährwert von $1{,}7\,\frac{\text{kg}}{\text{Tag}} \times 17000\,\frac{\text{kJ}}{\text{kg}} = 29.094\,\text{kJ}/\text{Tag}$. Ihr mittlerer Nährwert wird mit 17 000 kJ/kg angesetzt (Kap. XIV, Abschn. 4)[8].

   Der tägliche physiologische Energiebedarf wird laut Weltgesundheitsorganisation, WHO, mit 11.300 kJ angenommen. Theoretisch müssen für die Menschen genügend Nahrungsmittel vorhanden sein. Berücksichtigt man aber die Verluste durch Schädlinge

[7]Im thermodynamischen Sinne versteht man unter einem System eine durch gedachte Wände abgeteilte Stoff- bzw. Materieeinheit. Die außerhalb dieser Wände vorhandenen Stoffe werden als Umwelt bezeichnet. Sind die Wände der Stoffeinheit so beschaffen, dass das System mit seiner Umwelt weder im Stoffaustausch noch Energieaustausch steht, dann liegt ein isoliertes System vor. Isolierte Systeme sind für biologische Prozesse ungeeignet.

[8]Es werden nur die Kohlenhydrate- und Proteinbrennwerte berücksichtigt, da der Fettanteil am gesamten Nahrungsmittelaufkommen mit knapp 10 % vernachlässigbar ist (Kap. XXIV, Abb. 1). Der Nährwert von 1 g Kohlenhydrate bzw. Eiweiß beträgt 17 kJ, von 1 kg also 17.000 kJ.

während der Lagerung, des Transports und der Verarbeitung, die mit 40 % in dieser Rechnung niedrig angesetzt werden, dann verbleiben täglich für jeden Menschen noch 17.456 kJ. Dieser physiologische Energiewert ist ausreichend, um jeden Menschen auf der Erde angemessen zu ernähren. Dabei sind die lebenswichtigen essenziellen Aminosäuren, Vitamine und Mineralien nicht berücksichtigt.

Da sowohl die Nahrungsmittelproduktion und die Weltbevölkerung nicht gleichmäßig über die Kontinente verteilt sind, ergibt sich die Hungernotlage, wie sie heute bekannt ist.

2. Als Verstärkungseffekt des Hungers ist die zunehmende Bevölkerungsverdichtung auszumachen. Damit ist die Urbanisierung der Weltbevölkerung gemeint. Immer mehr Menschen siedeln sich in den Städten und den sie umgebenden Regionen an. Damit verschärfen sich die Probleme der Nahrungsmittelbeschaffung, -verteilung und auch -lagerung (Kap. XV, Abschn. 1). Der Begriff der *Nahrungsmittellogistik* wird in Zukunft einen hohen Stellenwert erhalten.
3. Eine Versorgung mit Nahrungsmitteln ist wegen der Urbanisierung zugleich an eine effiziente Entsorgung gekoppelt. Makroskopisch betrachtet müssen jährlich weltweit ca. 5,7 Mrd. t umgewandelte und teilweise abgestorbene pflanzliche, menschliche und tierische Biomasse, Reststoffe bzw. Fäkalien entsorgt werden. Vor allem in dicht besiedelten Regionen wird dieses immer größere Anstrengungen bedürfen, wenn sich die Menschen mangels Hygiene und verseuchtem Wasser nicht zugrunde richten wollen (Kap. VIII, Abschn. 5).

9 Vom Prinzip der Wechselwirkungen [E. about the principle of reciprocal action]

Die Lebens- und Überlebensbedingungen für die Menschen werden von dem Energie- und Stoffumsatz sowie den Energie- und Stoffströmen zwischen den Besiedlungsregionen der Menschen bestimmt. Mit zunehmender Weltbevölkerung (Kap. I, Abb. 1) tritt der Kreislaufverbund der zu entsorgenden Reststoffe gleichbedeutend neben die Erschließung und Förderung von immer neuen Energie- und Rohstoffquellen (Kap. XV, Abb. 1 und 2).

Regeneration und Erhaltung der Erholungsfähigkeit der landwirtschaftlich genutzten Böden, der schon erwähnten industriellen Ressourcen und aller Lebensquellen wie Wasser und Luft, erfordern immer besser angepasste umweltfreundliche Aufbereitungs- und Herstellungstechnologien.

Neben Energie-, Stoff- und Nahrungsmittelsicherung verlangt ein 3. Phänomen immer stärker nach einer Lösung. Es sind die Wechselwirkungen zwischen den Menschen selbst und den Gruppen, in denen sie gemeinschaftlich leben.

Sie sind gleichbedeutend den Wechselwirkungen zwischen Kräften und Energien sowie zwischen Stoffen und Energien.

Wie kommen die Menschen in Zukunft in den immer dichter besiedelten Lebensräumen miteinander aus? Gefragt werden muss in diesem Fall nach den psychologischen und soziologischen Wechselwirkungen zwischen den Individuen und Gruppen (Abb. 13).

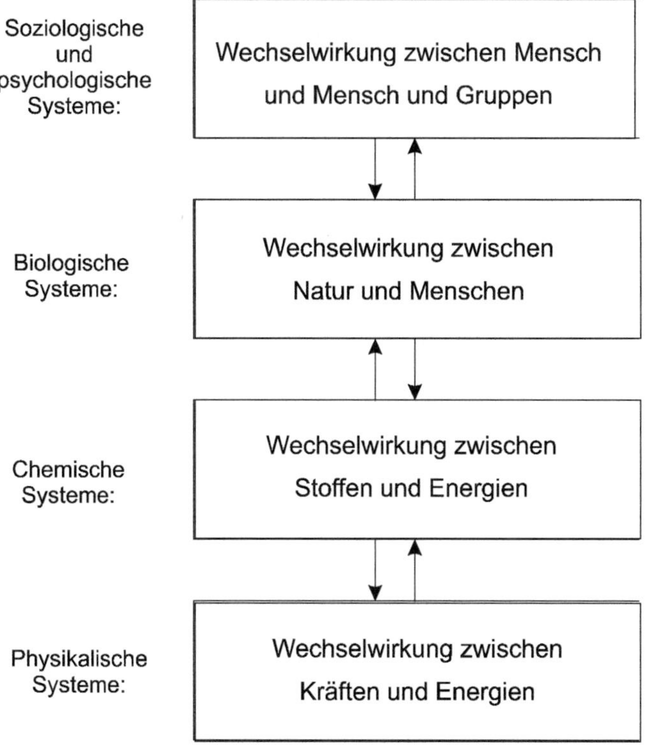

Abb. 13 Prinzip der Wechselwirkungen verschiedener Systemebenen [E. principle of the reciprocal action of the different system levels]

Die physikalische *Wirkung „S"* ist definiert als das Produkt aus *Impuls „p"* und dem *Weg „l"*. Sie beschreibt die Wechselwirkungen zwischen agierenden Teilchen eines Systems oder verschiedener Systeme.

$$\text{Wirkung} = \text{Impuls} \times \text{Weg}$$
$$S[J \cdot s] = p[N \cdot s] \times l[m]$$

Die Wirkung ist eine skalare[9] Größe und damit unabhängig von Ort und Zeit. Der *Impuls „p"* ist wiederum das Produkt aus *Kraft „F"* und Zeit (gemeint ist die Zeitdauer „ΔT", in der eine Kraft auf einen Körper einwirkt.

$$\begin{aligned} \text{Impuls} &= \text{Kraft} \times \text{Zeit} \\ p[N \cdot s] &= F\left[\frac{kg \cdot m}{s^2}\right] \times \Delta t[s] \\ p[N \cdot s] &= F[N] \times \Delta t[s] \end{aligned}$$

[9]skala (lat.) – Treppe, abgeleitet von scandere (lat.) – steigen.

Der Impuls hängt wie die Geschwindigkeit von der Wahl des Bezugssystems ab.

Bei einer entsprechenden (analogen) erweiternden Betrachtung kann das Gesetz von der physikalischen Wirkung auch auf biologische, psychologische und soziologische Systeme übertragen werden.

Anstelle der physikalischen Impulse treten in biologischen Systemen die sensorischen, psychologischen und soziologischen Impulse.

Das *Prinzip der Wechselwirkungen* erweist sich somit über den physikalischen Rahmen hinaus als allgemein gültiges *Naturgesetz.*

Fazit:

- Die Biosphäre ist der Lebensraum aller biologischen Systeme einschließlich des Menschen. Sie setzt sich aus Teilen der Lithosphäre (Bereich der Gesteine), der Hydrosphäre (Bereich des Wassers) und der Atmosphäre (Lufthülle) zusammen.
- Das Zusammenwirken dieser Sphären mit den Lebewesen bezeichnet man als Ökosystem. Ökosysteme bleiben praktisch niemals unverändert. Die Zustände darin sind nicht statisch, sondern fließend.
- Stoffe befinden sich in einer ständigen Umwandlung. Ihre offenen Zyklen und Umwandlungsgeschwindigkeiten werden von den sie umgebenden Bedingungen bestimmt, wie z. B. Temperatur, Druck, Konzentration, Löslichkeit in flüssigen Medien und Transportmöglichkeiten.
- Die Stoff- und Energieströme fließen in der mineralisierten Natur, in den Organismen und in der Chemiewirtschaft. In allen drei Bereichen gehorchen diese Umwandlungen und Ströme gleichen Gesetzen. Das sind die Erhaltungssätze von Masse, Energie, Impuls und elektrischen Ladungen, das sind die thermodynamischen Hauptsätze, die der Kinetik und die des fließenden Gleichgewichts.
- In den Begriffen Regeneration und Umwelt steckt die Wirkung der Wechselbeziehungen zwischen der mineralischen, biologischen und klimatischen Welt der Erdoberfläche. Der Mensch registriert mit Erstaunen und Sorge, wie sich die Welt um ihn herum stark unter seinem Einfluss verändert.
- Versorgung und Entsorgung sind unausweichlich eng miteinander gekoppelt. Produktionsstandorte bedürfen Entsorgungsstandorte. Im Zusammenwirken ergänzen sie sich im Recycling und stützen die Regeneration.

10 Die Chemie der Halbleiterbauelemente und Informationsübertragung [E. chemistry of elements for semiconductors and information transfer]

10.1 Halbleitermetalle [E. semi-conductor metals]

Unter Halbleiter versteht man im Allgemeinen kristalline Festkörper, deren elektrische Leitfähigkeit eine Zwischenstellung zwischen elektrischen Leitern (den Metallen) und den idealen Nichtleitern (Dielektrika, Isolatoren) einnimmt. Die am häufigsten verwendeten

Ausgangsmaterialien für die Erzeugung von halbleitenden Materialien sind Germanium, Ge, und Silizium, Si, sowie einige der Seltenerdmetalle. Die elektrische Halbleiterfähigkeit kann auch erreicht werden durch Kombination von zwei Elementen aus der III. und V. Gruppe des Periodensystems, z. B. Ga/As. Germanium und Silizium sind als chemisch reine Substanzen Isolatoren. Durch den Einbau von Fremdatomen aus der III. und V. Hauptgruppe des PSE in deren Kristallgitter werden sie zu guten Halbleitern.

10.2 Energie-, Stoff- und Kapitalströme [E. energy-, material- and capitalstreams]

Stoff-, Energie- und Kapitalströme mit den erforderlichen Transportsystemen können nur durch einen schnellen und fehlerfreien Informationsfluss aufrechterhalten werden.

Die Mikroelektronik mit den Halbleiterbauelementen hat in den letzten Jahrzehnten Mikroprozessoren und integrierte Schaltungen entwickelt, welche die Signal- und Prozesssteuerung, Datenerfassung und Datenverarbeitung auf eine völlig neue Grundlage gestellt haben. Auslösende Innovationen waren die von G. W. Leibniz[10], K. Zuse, Schottky und Shockley.

Chips auf Siliciumbasis, die höchsten technischen Anforderungen im mikroskopischen Bereich genügen, haben das ermöglicht. Der Werkstoff ist Reinstsilicium in Einkristallform mit einem Reinheitsgrad von 99,9999999 %.

Den Chips entsprechen im Biologischen die Phosphorsäureriboseester als Träger der heterozyklischen Aminobasen. Biomonomere und -polymere liefern die Werkstoffe für den Aufbau von tierischen und pflanzlichen Organismen sowie von Mikroorganismen.

Beispiele:

Informationssysteme in der Technik und Reizleitungssysteme im Menschen.
Integrierte Schaltelemente in der Mikroelektronik und komplexe Verknüpfungen im mikrobiologischen Bereich.
Zusammenwirken von Mikroelektronik und Molekularbiologie in der Biosensorik.

Speicherung von Informationen [E. storage of informations]
Veränderungen in Technik und Natur beruhen auf Informationsübertragung durch Signale. Im kulturell-sprachlichen Bereich liegen die Informationen in Wort, Sätzen, Schriften und Bibliotheken gespeichert vor.

[10]Leibniz, Gottfried Wilhelm (1646–1716), dt. Mathematiker, entwickelt das Binärsystem und die Infinitesimalrechnung,
Zuse, Konrad (1910–1995), dt. Ingenieur,
Schottky, Walter (1886–1976), dt. Physiker, Univ. Rostock,
Shockley, William (1910–1989), amerik. Physiker.

Komplexe Systeme

Zunahme der Verdichtung

Zunahme der Quantität und Qualität

	Gesamtes Wissen	Wissen aus Wirtschaft und Technologie	Biologisches Speichersystem	Biologisch-chemische Bausteine
Text	Bücher Bibliotheken	Programme Dateien	DNS (Erbinformation)	Organismus (Komplexe Zellstrukturen)
Satz	Sprache und Schrift	Programmiersprache Datensatz	Gen (Teil der DNS)	Zellstrukturen (Organelle: Mitochondrien, Chloroplasen)
Wort	Variabel lang	Befehlswort Daten	Strukturgen (Teil eines Gens)	Biopolymere Nukleinsäuren, ATP, Proteine, Kohlenhydrate, Fette
Silben	Variabel lang Kombination aus 36 Zeichen Unendlich viele Möglichkeiten	Einheitliche Länge 8 Zeichen (1 Byte) 2^8 = 256 Möglichkeit. z. B.: 00110101 / AABBABAB	Einheitliche Länge 3 Zeichen (Triplett) 4^3 = 64 Möglichkeit. ACG, ACC, CGT usw. AS_1, AS_2, AS_3 *	Biomonomere Aminobasen, Einfachzucker, Phosphorsäure, Aminosäuren, Essigsäure, Porphyrin
Code	36 Zeichen 26 Buchstaben A – Z 10 Ziffern 0 – 9 Sonderzeichen	2 Zeichen (Binärsystem) z. B. A und B usw. 0 und 1	4 Zeichen (Aminobasen) A T C G	Urbausteine CH_4; NH_3; H_2S; H_2O; CO_2 Elemente H; C; N; O; P; S; Elektrolyte

Symbole und Bauelemente

Komplexe Systeme

Zunahme der inneren Energie

Abnahme der Entropie

Symbole und Bauelemente

Abb. 14 Analogien zwischen Alphabet, Binärsystem und biologisch-chemischem Informationssystem; AS* = Aminosäure [E. analogies to the alphabet, binary number system and the biological-chemical information system]

Im stofflichen Bereich sind die Informationen durch die Struktur der Moleküle und Molekülverbände verschlüsselt. Für die gesamte derzeitig überschaubare Materie gibt es dafür 109 Elemente, d. h. Informationssymbole.

Die moderne Technik bedient sich des Binärcodes und verschafft sich wegen der einheitlichen Wortlänge schnell verschlüsselbare Informationen.

Analog verfahren biologische Systeme mit dem Triplettcode. Die Vielfalt der Kombinationen ist durch ein Triplettcode erheblich größer als bei einem Binärcode. Das ist auch notwendig, um die biologische Komplexität von einer Generation zur anderen weiter zu vermitteln (Abb. 14).

Fazit: Im Mikrokosmos, d. h. im molekularen, atomaren und im Bereich der elektrischen Elementarladungen, gibt es zwischen den technischen und biologischen Vorgängen keinen Unterschied, hier haben sich die Arbeitsfelder der *Nanotechnologie* angesiedelt.

10.3 Nanowissenschaft [E. nano-science]

Was bedeutet Nanotechnologie?

Nanotechnologie ist die Nutzung und Anwendung der Eigenschaften von Stoffen im Nanobereich auf den Gebieten der Ingenieurtechnik, der Kommunikation, der Biologie, Landwirtschaft und Medizin (1 nm ≡ 1 nm = 10^{-9} m, Abb. 15 und 16).

Die Grenzen der klassischen Naturwissenschaften verschwinden auf molekularer Ebene.

Die verschiedenen physikalischen, chemischen und biologischen Eigenschaften verschmelzen zu einem neuen Profil von Eigenschaften des gegenseitigen Ergänzens und Zusammenwirkens.

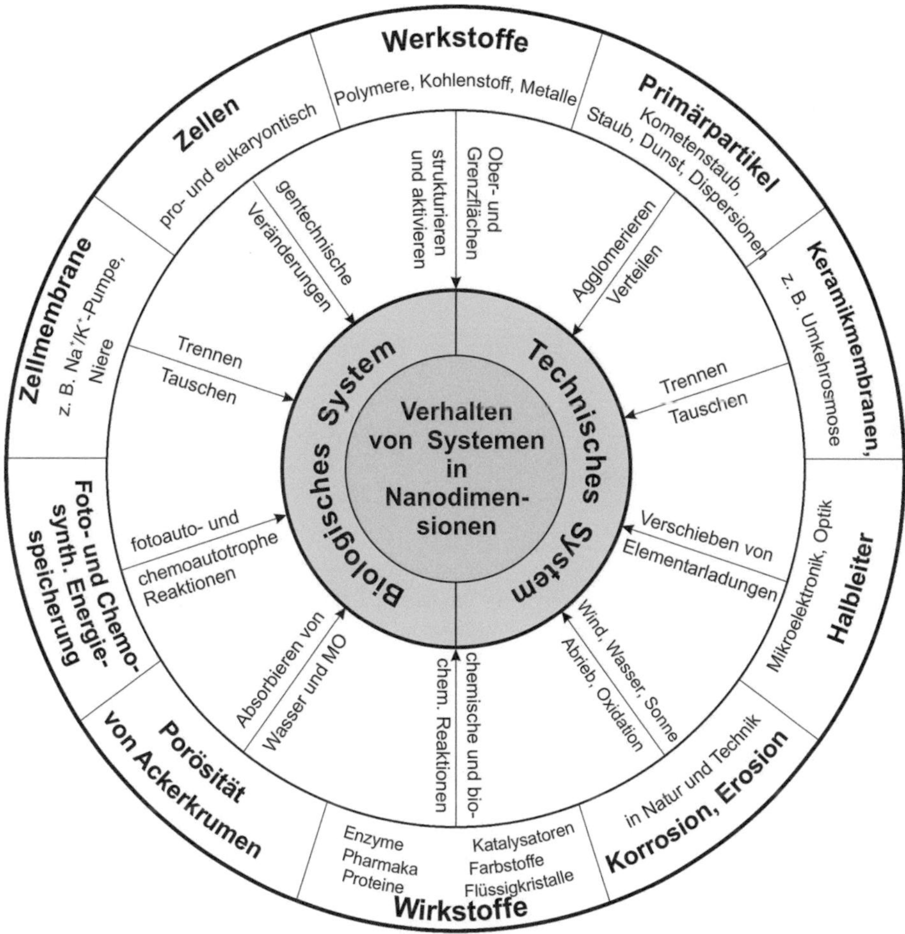

Abb. 15 Nanowissenschaft – eine interdisziplinäre Grundlagenwissenschaft [E. nano-science; an interdisziplinary fundamental science]

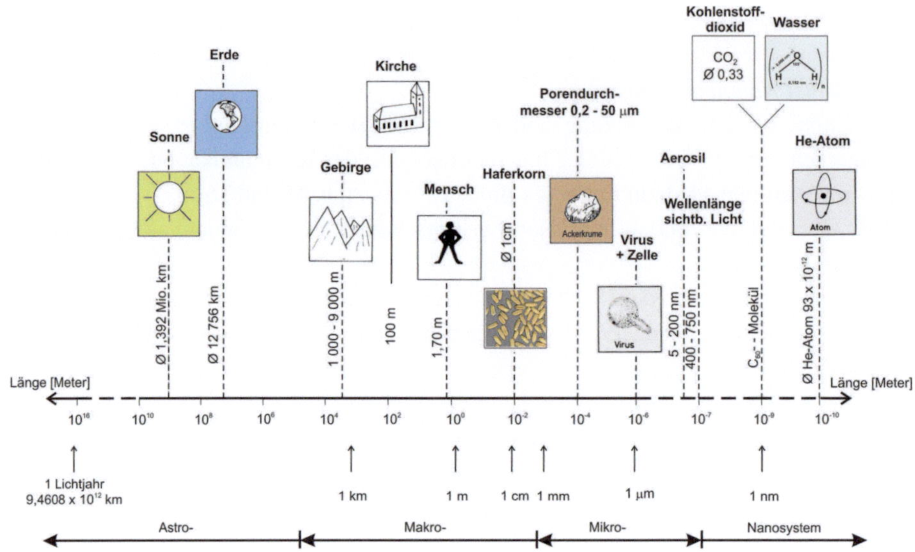

Abb. 16 Dimensionen von Astro-, Mikro- und Nanosystemen [E. dimensions of astro-, micro- and nanosystems]

Literatur [E. references]

Situationsbericht 2013/14, Trends und Fakten zur Landwirtschaft, Deutscher Bauernverband, 10117 Berlin.

Weiterführende Literatur

Eigen, M. u. Winkler, R. (1981), Das Spiel, Naturgesetze steuern den Zufall, R. Piper & Co. Verlag, München/Zürich.

Franz, M.-L. (1980), Zahl und Zeit, Suhrkamp Taschenbuch, 602.

Fricke, J. (1988), Modell zur Seuche Aids, Physik in unserer Zeit, 19. Jg., Nr. 3.

Frieden, E. (1975), Zur biochemischen Evolution essentieller Elemente, Mannheimer Forum 74/75, Hrsg. Boehringer Mannheim GmbH, Mannheim.

Fuchs, G. (2014), 9. Aufl., begründet von Hans G. Schlegel, Allgemeine Mikrobiologie, Thieme Verlag, Stuttgart – New York.

Gould, St. J. (1998), Illusion Fortschritt – Die vielfältigen Wege der Evolution, S. Fischer Verlag GmbH, Frankfurt am Main.

Mineralstoffe und Spurenelemente (1992), Hrsg. Bertelsmann Stiftung, Verlag Bertelsmann Stiftung, Gütersloh.

Nachtigall, W. (1977), Funktionen des Lebens, Physiologie und Bioenergetik von Mensch, Tier und Pflanzen, Hoffmann und Campe Verlag, Hamburg.

Quadbeck-Seeger, H.-J. (1998), Faszination Innovation – Wichtiges und Wissenswertes von A bis Z, Wiley-VCH Verlag GmbH, Weinheim.

Schuster, P. (1999), Künstliche Evolution – von der Theorie zur Erzeugung neuer Biomoleküle mit vorherbestimmbaren Eigenschaften, erschienen in *Gene, Neurone, Quibits u. Co.,* Hrsg. Ganten, D. u. a., Gesellschaft Deutscher Naturforscher und Ärzte, S. 147 ff., Wiss. Verlags. Gesellsch., Stuttgart.

Senckenberg – Natur – Forschung – Museum (2015), Lebensraum Boden – Bodenfunktionen, 145, Nr. 13/14.

Sukatsch, D. A. und Driengel, A. (1984), Biotechnica, Formelsammlung Biotechnologie, Medizin. Verlagsgesellschaft mbH, Melsungen.

Wasser [E. water]

1 Wasserkreislauf im menschlichen Körper [E. water circulation in human body]

1.1 Wasseranteil [E. water rate]

Der Wasseranteil aller Lebewesen, der Mikroorganismen, Pflanzen, Tiere und des Menschen ist im Vergleich zu den übrigen biochemischen Stoffen sehr hoch.

Kein Lebewesen kann ohne Wasser leben. Die meisten von ihnen bestehen zu 50 bis 99 % ihrer Biomasse aus Wasser. Da die Molmassen der häufigsten Biomoleküle in den Organismen ca. 100 und mehr betragen, sind weit mehr als 90 % der Biomoleküle Wassermoleküle.

Der Wasseranteil im menschlichen Körper ist unterschiedlich und hängt vom Geschlecht und Alter ab. Mit zunehmendem Alter verringert sich der Wassergehalt (Tab. 1).

Neben der Glykolisation (Kap. XIII) ist das Altern auch ein Austrocknungsvorgang.

Bei Frauen ist der Wassergehalt erheblich niedriger als bei Männern, weil bei Frauen das Fettgewebe wesentlich stärker ausgebildet ist. Fettgewerbe enthält aufgrund seiner Hydrophobie (wasserabstoßenden Wirkung) nur 10 bis 30 % Wasser.

Wird jedoch der Wassergehalt des menschlichen Organismus auf die fettfreie Körpersubstanz bezogen, so ergibt sich für beide Geschlechter ein fast konstanter Wasseranteil von 73 %. Das Wasser in lebenden Organismen im Allgemeinen und im menschlichen Körper im Besonderen erfüllt vielfältige Aufgaben.

Wasser dient als

- Lösemittel für die Elektrolyte und die Nährstoffe.
- Transportmittel für die stoffliche Versorgung und die Entsorgung von Abbauprodukten und nicht verwertbaren Reststoffen.

V. Hopp, *Chemische Kreisläufe in der Natur*,
https://doi.org/10.1007/978-3-662-55860-7_3

Tab. 1 Wassergehalt des Menschen im Körper [E. percentage of water in the human body]

Alter		Wassergehalt [% des Körpergewichts]
Säugling	1.Tag	75–80
Säugling	3 Monate	ca. 70
Erwachsener	25 Jahre	ca. 60
Senioren	85 Jahre	ca. 50

- Medium für den Wärmetausch zur Konstanthaltung der Körpertemperatur.
- Reaktionskomponente innerhalb des Stoffwechselprozesses, d. h. der Abbau der Nährstoffe und des Aufbaus der körpereigenen Biomassen. Wasser ist der Wasserstofflieferant für Hydrierungsvorgänge und der Wasserstoffbrückenbildner innerhalb der Biopolymere[1] (Kap. IX, Abschn. 4.6).

1.2 Wasserbilanz [E. water balance]

Ein 70 kg menschlicher Körper enthält ca. 43,5 kg Wasser, das sind 62 %.

Unter den mitteleuropäischen klimatischen Bedingungen beträgt der tägliche Wasserumsatz 2,5 L. Von diesen werden in der Regel 1,3 L durch Trinken und 1 L durch die Nahrung aufgenommen. Weitere 0,3 L entstehen als Oxidationswasser während des Stoffabbaus innerhalb der Zellen bzw. an den Mitochondrien. Da es sich um ein Fließgleichgewicht handelt (Kap. XVIII, Abschn. 2), müssen auch wieder 2,6 L Wasser ausgeschieden werden, und zwar

0,1 L mit den Fäzes,
1,6 L über die Niere und Harn,
0,2 L über die Lunge mit der ausgeatmeten Luft und
0,7 L durch die Haut in Form von Schweiß und Verdampfung (Abb. 1).

2 Wasser und Wasserstoffbrückenbindungen – ein Beispiel für Wechselwirkungen zwischen Stoffen und Energien [E. water and hydrogen bondings – an example for interactions between matters and energies]

Wasser, ein Oxid des Wasserstoffs, H—O—H, ist in reinem Zustand eine klare, farblose, geruchs- und geschmacklose Flüssigkeit. In dicker Schicht schimmert es wie Eis bläulich. Seine Dichte ist bei 4 °C mit D = 1 am größten, danach nimmt sie mit fallender

[1]Lit.: Mutschler, E. und Schäfer-Korting, M. (1997), Arzneimittelwirkungen, Wissenschaftliche Verlagsgesellschaft mbH, Stuttgart.

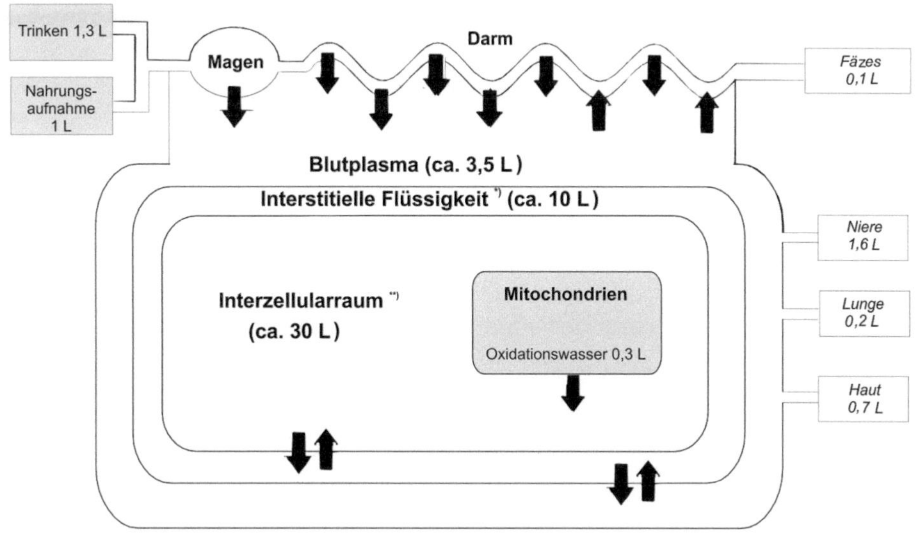

Abb. 1 Wasserhaushalt des menschlichen Körpers bezogen auf einen 70 kg schweren Mann [E. water balance of a human body based on a man of 70 kg body weight]

und steigender Temperatur wieder ab. Es erstarrt bei 0 °C = 273,15 K und siedet bei 100 °C = 373,15 K unter Normdruck von 1013 mbar. Die physikalischen Daten des Gefrierens und Verdampfens dienten zur Definition der Temperaturskala.

Seine Molmasse ist 18,02. Eine Reihe von Eigenschaften des Wassers weicht von denen der übrigen Nichtmetallwasserstoffverbindungen ab, z. B. sind Methan, CH_4, Schwefelwasserstoff, H_2S, Ammoniak, NH_3, Phosphin, PH_3, sowie die Halogenwasserstoffe, HF, HCl, HBr, HJ, bei Normbedingungen Gase. Nur Wasser ist flüssig. Während sich alle Flüssigkeiten während des Gefrierens zusammenziehen und sich dadurch ihre Dichte erhöht, dehnt sich Wasser beim Erstarren aus. Diese Erscheinung erklärt, dass Eis auf flüssigem Wasser schwimmt. Aufgrund der geringen Wärmeleitfähigkeit des Eises gefrieren die Gewässer von der Oberfläche her und selten vollständig bis zum Grund. Daraus leiten sich die Überlebenschancen für Wasserorganismen in gefrorenem Oberflächengewässer ab.

Wasser weist gegenüber den vergleichbaren Nichtmetalloxiden eine relativ große exotherme Erstarrungsenthalpie $\Delta_E H = -6{,}01$ kJ/mol und hohe Verdampfungsenthalpie $\Delta_V H = +40{,}7$ kJ/mol auf (Abb. 9).

Die wenigen hier kurz beschriebenen außergewöhnlichen Eigenschaften des flüssigen Wassers sind auf die räumliche Struktur seines Moleküls zurückzuführen. Sie besteht aus einem leicht verzerrten Tetraeder mit dem Sauerstoffatom im Mittelpunkt, zwei Wasserstoffkernen an zwei Ecken (1) und (2) sowie Wolken negativer Ladungen an den beiden anderen Ecken (3) und (4) (Abb. 2a).

Die ungleichen Ladungsverteilungen haben ihre Ursache in dem stärkeren Bestreben des Sauerstoffs gegenüber dem Wasserstoff, die Elektronen zu sich heranzuziehen. Sauerstoffatome sind Elektronenaufnehmer, also Akzeptoren. Das hängt mit seiner höheren Protonenanhäufung im Kern (8 an der Zahl) zusammen. Sie verleihen dem Sauerstoffkern ein stärkeres positives Ladungspotenzial gegenüber dem Wasserstoffkern mit nur 1 Proton. Den positiven Sauerstoffkern umgeben 8 negativ geladene Elektronen, 2 befinden sich auf dem K-Orbital[2], das damit abgesättigt ist. Die übrigen 6 bewegen sich auf dem L-Orbital, und zwar 4 als 2 Elektronenpaare und 2 als Einzelelektronen. Das äußere L-Orbital hat aber noch Platz für 2 weitere Einzelelektronen, denn es ist erst mit 4 Elektronenpaaren gesättigt.

Da 1 Wasserstoffatom nur über 1 Elektron verfügt, vermag ein Sauerstoffatom sich 2 Einzelelektronen von 2 Wasserstoffatomen einzuverleiben und sich zum Wassermolekül zu verbinden, z. B.

$$H\cdot + \cdot\ddot{\underset{\cdot\cdot}{O}}\cdot + \cdot H \longrightarrow H\rightarrow:\ddot{\underset{\cdot\cdot}{O}}:\leftarrow H \longrightarrow H-\underline{\overline{O}}-H$$

$\Delta BH = -683,7$ kJ7mol

Diese hohe Reaktionsenthalpie wird freigesetzt, da hier von den atomaren Reaktionspartnern ausgegangen wird und nicht von den molekularen, wie sonst üblich. In jenem Fall ist $\Delta_B H = -285,8$ kJ/mol.

Die beiden Wasserstoffelektronen halten sich bevorzugt in der Nähe des Sauerstoffatoms auf und erzeugen dort im zeitlichen Mittel einen leichten Überschuss an negativer Ladung, während die Wasserstoffatome durch die Elektronenentblößung ein leichtes positives Ladungsumfeld auszeichnet.

Dieser Umstand verleiht dem Wassermolekül polare Eigenschaften (Abb. 2b und 2c).

2.1 Wasserstoffbrückenbindungen [E. hydrogen bridge linkages]

Im Einzelnen Wassermolekül sind die beiden Wasserstoffatome im Winkel von 150° angeordnet. Wegen der unterschiedlichen Elektronennegativitäten ist die Sauerstoff-Wasserstoff-Bindung, O–H, polarisiert, d. h., das vom Wasserstoffatom, H, eingebrachte Elektron ist stärker zum Sauerstoffatom hingezogen. Auf diese Weise bildet sich im Wassermolekül ein Dipol, und die negativen und positiven Ladungszentren sind ungleich verteilt (Abb. 2b).

Die Polarität der Wassermoleküle löst eine elektrostatische Wechselwirkung aus zwischen dem positiv geladenem Umfeld des Wasserstoffatoms eines Wassermoleküls und dem negativen Umfeld des Sauerstoffatoms eines anderen Wassermoleküls. Es bilden sich Wasserstoffbrückenbindungen aus. Wegen der tetraedrischen Struktur der Wassermoleküle

[2]orbis (lat.) – Kreis. Orbital ist die gedachte kugelförmige oder elliptische Schale, in deren Bereich sich die dem Atomkern umkreisenden Elektronen am wahrscheinlichsten aufhalten.

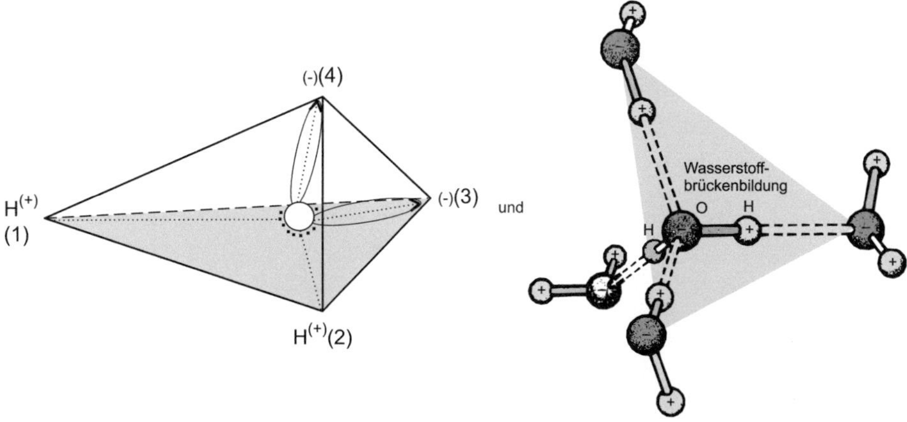

Abb. 2a Das Wassermolekül als verzerrtes Tetraeder mit einem angeregten Sauerstoffkern in der Mitte [E. water molecule as a dipole molecule, it is a distorted tetra hedron with an excited oxygen atom in the centre]

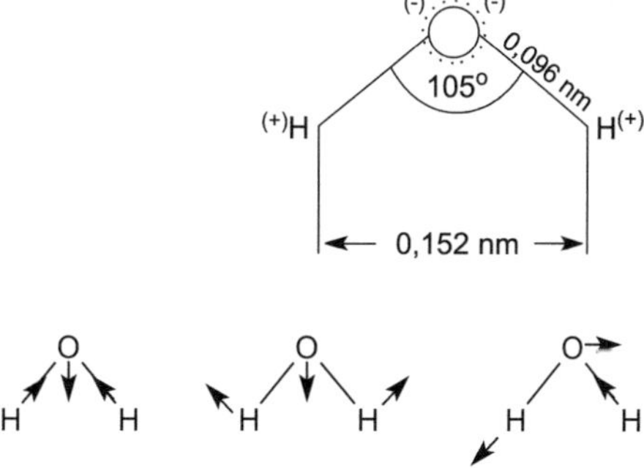

Abb. 2b Verteilung der Elektronennegativitäten im gewinkelten Wassermolekül [E. distribution of negative electron charge in an angular molecule of water]

Abb. 2c Normalschwingungen des nichtlinearen 3-atomigen Wassermoleküls [E. normal oscillations of a non-linear tri-atomic molecule of water]

ist jedes Molekül befähigt, vier Wasserstoffbrücken mit benachbarten Wassermolekülen herzustellen (Abb. 3).

Sowohl die Struktur eines einzigen Wassermoleküls als auch der Wasserstoffbrückenverbund im flüssigen Wasser sind nicht statisch, sondern dynamisch. Die Wasserstoff- und Sauerstoffatome in einem Wassermolekül befinden sich in ständiger Schwingung mit unterschiedlichen Frequenzen[3] und Wellenzahlen[4], deren Überlagerungen sich aber immer wieder auf drei Schwingungsformen zurückführen lassen (Abb. 2c).

---

[3]frequentare (lat.) – häufig besuchen; Frequenz bedeutet im physikalischen Sinne die Anzahl der Schwingungen in der Zeiteinheit, z. B. in der Sekunde. Je höher die Frequenz, desto energiereicher die Strahlung.

[4]Wellenzahl gibt die Anzahl der Schwingungen an, die ein Licht einer bestimmten Wellenlänge entlang einer Strecke von 1 cm vollführt.

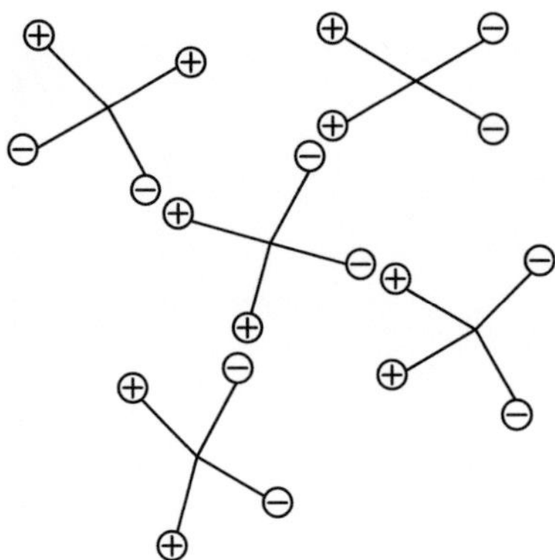

Abb. 3 Wasserstoffbrückenverbund von tetraedrisch strukturierten Wassermolekülen (in die Fläche projiziert) [E. network of hydrogen bridge linkage of tetrahedral structured molecules of water (projected into the plane)]

Die Pfeile in der Abb. 2c sollen die einzelnen möglichen Translationsschwingungen[5] andeuten. Unabhängig von diesen vollziehen die Atome selbst noch Schwingungen um ihre eigene Achse, die Rotationsschwingungen.

Bei diesem Schwingungssystem können sich auch die positiven und negativen Ladungsschwerpunkte zueinander verschieben.

Während die Wassermoleküle im Eis in der Regel in einem Gitter mit perfekter tetraedrischer Struktur angeordnet sind, unterliegen sie im flüssigen Wasser einer ständigen dynamischen Veränderung. Die Wasserstoffbrücken wechseln fortlaufend ihre Partner. Sie werden immer wieder gelöst und mit anderen Wassermolekülen neu verknüpft. Der Wechsel pro Molekül kann zwischen 2 und 6 benachbarten Wassermolekülen liegen, im Mittel beträgt er 4,5. Bei dieser Dynamik bleibt der Dipolcharakter jedes Wassermoleküls erhalten. Die verwinkelte stereometrische Struktur des Tetraeders lässt andererseits keinen häufigeren Molekülwechsel zu, da sie sich durch die Verwinkelung zugleich behindern. Durch die tetraedrisch ausgerichteten Wasserstoffbrücken hat Wasser eine offene lockere Struktur. Da es sich bei Wasserstoffbrückenbindungen um Anziehungskräfte entgegengesetzter Ladungen handelt, ist ihre Reichweite innerhalb des molekularen Bereiches recht groß.

2.1.1 Wasserstoffbrückenbindungen in Biomolekülen [E. hydrogen bridge linkages in biomolecules]

Die Entwicklung von Leben auf dem Planeten Erde beruht nicht zuletzt auf der Ausbildung von Wasserstoffbrückenbindungen zwischen Wassermolekülen einerseits und andererseits polaren Molekülen, wie z. B. Säuren, Salze, Biomonomere und -polymere, das sind Zuckerbausteine, kurzkettige Fettsäuren, Aminosäuren, Kohlenhydrate, Proteine und Nukleinsäuren.

[5]translatio (lat.) – fortschreitende geradlinige Bewegung von Körpern.

Auf der Polarität des Wassers beruht auch seine Grenzflächenaktivität. Es tritt mit wasserfreundlichen (hydrophilen) Stoffen, z. B. Tensiden, Zuckern, Alkoholen, in Wechselwirkung, dagegen mit Fetten kaum wegen ihres wasserabweisenden (hydrophoben) Verhaltens. Biopolymere enthalten sowohl hydrophile als auch hydrophobe Bereiche.

Die Stärke der Wasserstoffbrückenbindungen schwankt zwischen 4 bis 40 kJ/mol. Die mittlere kinetische[6] Translationsenergie beträgt bei der Körpertemperatur des Menschen ca. 4 kJ/mol. Viele Wasserstoffbrückenbindungen sind deshalb stabil genug, um den fortwährenden Stößen der benachbarten Moleküle zu widerstehen.

Wird ihre Energie geringfügig verändert, dann werden sie gespalten, aber auch wieder neu gebildet. Dieses ständige Spalten und Wiederverknüpfen der Wasserstoffbrückenbindungen ist das bedeutendste Wechselspiel in den Stoffwechsel- und sonstigen physiologischen[7] Prozessen.

Bindungsenergien werden bei höheren Temperaturen leichter gespalten als bei niederen.

Wenn die Wasserstoffbrückenbindungen schwächer wären, als oben angegeben, dann müssten viele Organismen bei tieferen Temperaturen leben, oder sie würden sich sonst wegen der höheren Temperaturen bzw. Wärmeenergien zersetzen. Wären die Wasserstoffbrückenbindungen wesentlich stärker, dann würden die Stoffwechselprozesse und sonstigen biologischen Funktionen so langsam ablaufen, dass die Organismen unbeweglich und reaktionsunfähig bleiben.

Von allen molekularen stofflich-energetischen Wechselwirkungen besitzen nur die Wasserstoffbrückenbindungen die entsprechende Bindungsstärke und den zielorientierten Charakter, um die komplexen Molekülstrukturen aufrechtzuerhalten und zugleich den schnellen Strukturwechsel bei der jeweiligen Körpertemperatur zu erlauben.

2.1.2 Wasserstoffbrückenbindungen zwischen Wasser und Harnstoff – ein Beispiel [E. hydrogen bridge linkages between water and urea – an example]

Harnstoff ist ein Abbauprodukt des Proteinstoffwechsels, als solcher wird er mit Urin ausgeschieden. Seine chemische Struktur gleicht einem Ypsilon, Y.

Am Kohlenstoff einer Carbonylgruppe, ·C· (=O) hängen zwei Aminogruppen, NH_2 hamstoff ist polar und hydrophil:

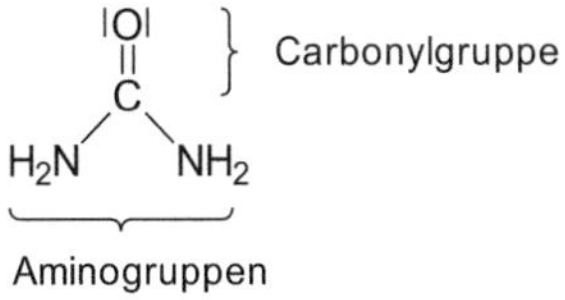

|O|
||
C } Carbonylgruppe
H_2N NH_2
Aminogruppen

[6]kinein (gr.) – bewegen; kinetische Energie ist die der Bewegung.

[7]physis (gr.) – Natur; Physiologie ist die Lehre von den Funktionen und Reaktionen der Zellen, Gewebe und Organen der Lebewesen.

Abb. 4 Wasserstoffbrückenbindung zwischen Harnstoff- und Wasserstoffmolekülen [E. hydrogen bridge linkages between urea and water molecules]

Wassermoleküle treten mit Harnstoff in direkte Wechselwirkung, indem sie sowohl mit dem Sauerstoff der Carbonylgruppe als auch mit den Aminogruppen Wasserstoffbrückenbindungen bilden (Abb. 4).

2.1.3 Wasserstoffbrückenbindungen in Proteinen [E. hydrogen bridge linkages in proteins]

Biopolymere wie Proteine und Nukleinsäuren enthalten innerhalb ihrer Makromolekülketten hydrophile und hydrophobe Bereiche.

Die dreidimensionale Gestalt der Proteine hängt davon ab, wie sich die Ketten zu kompakteren Einheiten falten.

Ein Grundprinzip ist, dass sich bei einer Faltung und der Bildung einer Helixstruktur die hydrophilen Gruppen an der Oberfläche anordnen. Dort können sie mit Wasser wechselwirken. Die hydrophoben sind dem Inneren der Kette zugekehrt und somit vom Wasser abgewandt (Kap. V). Nach Computermodellen von Biomolekülen in wässriger Lösung[8] muss zwischen drei Arten von Wassermolekülen unterschieden werden:

1. die sich unmittelbar an der Oberfläche des Biopolymers befinden und durch die starke Wechselwirkung mit dem hydrophilen Bereich einen hohen Ordnungsgrad aufweisen,
2. die sich in der eigentlichen wässrigen Flüssigkeit aufhalten und nicht in Wechselwirkung mit dem Biopolymer stehen,
3. die möglicherweise im Inneren des Biomoleküls eingeschlossen sind.

Dies hat zur Folge, dass jede biologische Zelle viele Milliarden Wassermoleküle enthält. Sie nehmen fast den gesamten Zellraum ein. Überall dort, wo sich keine organischen Biomoleküle befinden, sind Wassermoleküle. Wie schon erwähnt, bestehen die lebenden Organismen von 50 bis zu 99 % aus Wasser. Der Wasseranteil des menschlichen Körpers beträgt je nach Alter und Geschlecht 60 bis 70 %.

Die Charakteristischen Peptidbindungen, $\cdot\underset{O}{\underset{\|}{C}}-\underset{H}{\underset{|}{N}}\cdot$ entstehen durch die Verknüpfung zweier Aminosäuren unter Wasserabspaltung Sie bilden das Rückgrat einer Proteinkette.

Die unterschiedlichen Seitenreste, R, geben jeder Proteinkette ihren eigenen Charakter.

[8]Lit.: Richards, M. (1991), Spektrum der Wissenschaft, Heft 3, S. 72.

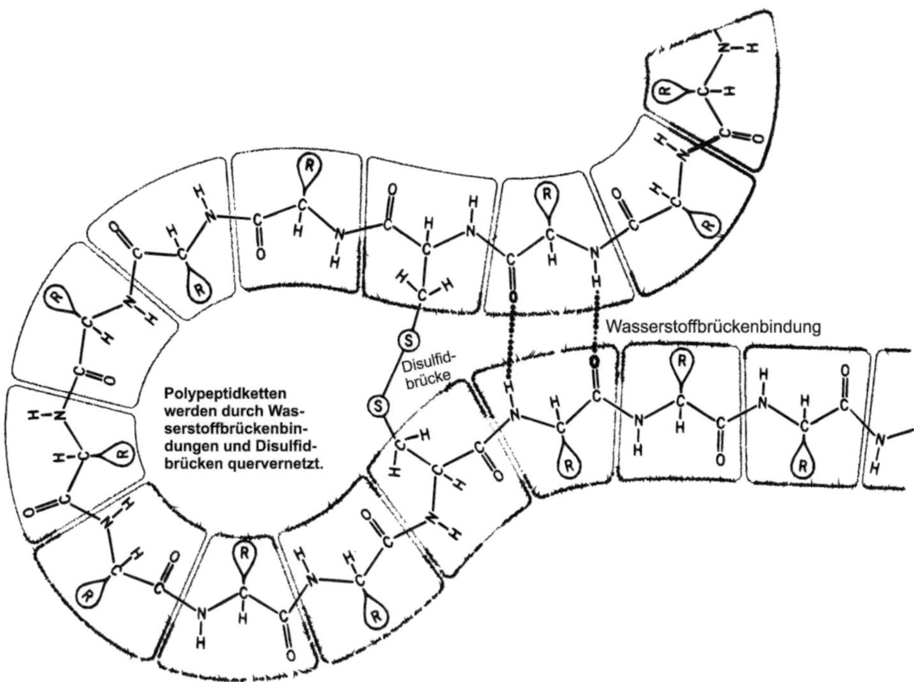

Abb. 5 Modell einer Peptidkette mit Wasserstoffbrückenbindungen und Disulfidbrücken [E. model of a polypeptide chain with hydrogen bridge linkages and disulfid bridges]

Die räumliche Struktur eines Proteins wird von zwei Faktoren entscheidend beeinflusst:

1. von der Helixdrehung, Verbiegung der Polypeptidkette und der Faltung des Polypeptids (Kap. V, Abb. 4).
2. von den Wasserstoffbrückenbindungen zwischen den Polypeptidabschnitten (Abb. 5 und 6).

Insektenspinnfäden wie Seide sind antiparallele längs gestreckte Proteinketten, die durch Wasserstoffbrückenbindungen zu Schichten verbunden werden und eine räumliche Struktur aufbauen.

2.1.4 Wasserstoffbrückenbindungen in Nukleinsäuren [E. hydrogen bridge linkages in nucleic acids]

Die Nukleinsäuren sind Biopolymere, deren Ketten Phosphorsäureriboseester sind (Kap. VI, Abb. 9).

Jeder Riboserest ist mit einer heterozyklischen Base verknüpft. Diese sind Adenin, Cytosin, Guanin, Thymin und Uracil. Je drei von ihnen stellen den Code für eine Aminosäure

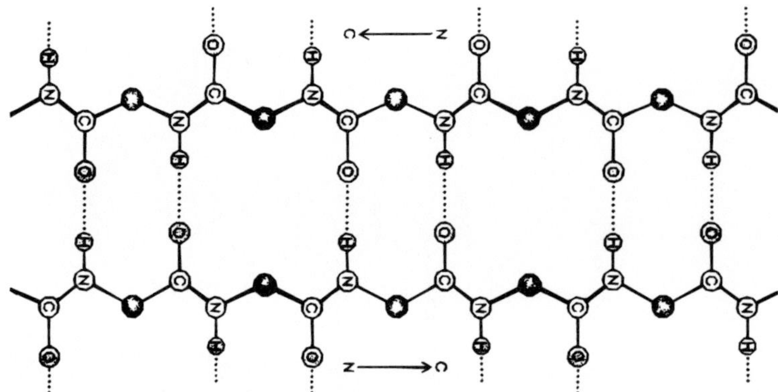

Abb. 6 Wasserstoffbrückenbindungen im Seidenprotein [E. hydrogen bridge linkages in silk protein]

dar. Die lineare Abfolge von je drei kombinierten Basen in den Desoxyribonukleinsäuren, DNS, bestimmt auch die lineare Sequenz der Aminosäuren. Doch diese Sequenzanordnung erfolgt indirekt über die Ribonukleinsäure, die anstelle der Pyrimidinbase Thymin und Uracil enthält und im Gegensatz zur Helix-Doppelstrangstruktur nur einsträngig vorliegt. Die DNS wirkt also nicht unmittelbar bei der Proteinsynthese mit, sondern sie überschreibt ihre Information (transkribiert)[9] auf die RNS, und diese steuert die genetische Information über die Reihenfolge der Aminosäuren in ein Polypeptid.

Es gilt also folgender Informationsablauf:

DNS —Transskription→ RNS —Aminosäureverknüpfung→ Polypeptid

Die Konformation[10] der aktiven RNS ist von großer Bedeutung für die ständig unveränderliche Wiederholbarkeit der Polypeptidsynthese.

Ihre Struktur wird stabilisiert, indem bestimmte Abschnitte der Polynukleotidkette (Kap. VI) durch Wasserstoffbrückenbindungen stabilisiert werden. Sie bilden sich zwischen den Purin- und Pyrimidin-Basen, die sich in ihrer Flächenstruktur ergänzen und gegenüberliegen (Abb. 7).

2.1.5 Wasserstoffbrückenbindungen in Cellulose [E. hydrogen bridge linkages in cellulose]

Cellulose ist ein Biopolymer, das die Gerüstsubstanz der pflanzlichen Zelle bildet. Ihr monomerer Baustein ist Glucose. Sie verleiht u. a. dem Holz die mechanische Stabilität. Baumwolle besteht fast aus reiner Cellulose und zeichnet sich durch hohe Flexibilität

[9] transcribere (lat.) – lautgetreue Übertragung in eine andere Schrift.

[10] conformis (lat.) – übereinstimmende gleichförmige Form, chemisch bedeutet die Konformation eines Moleküls diejenige räumliche Anordnung dieses Moleküls, die sich nicht zur Deckung bringen lassen.

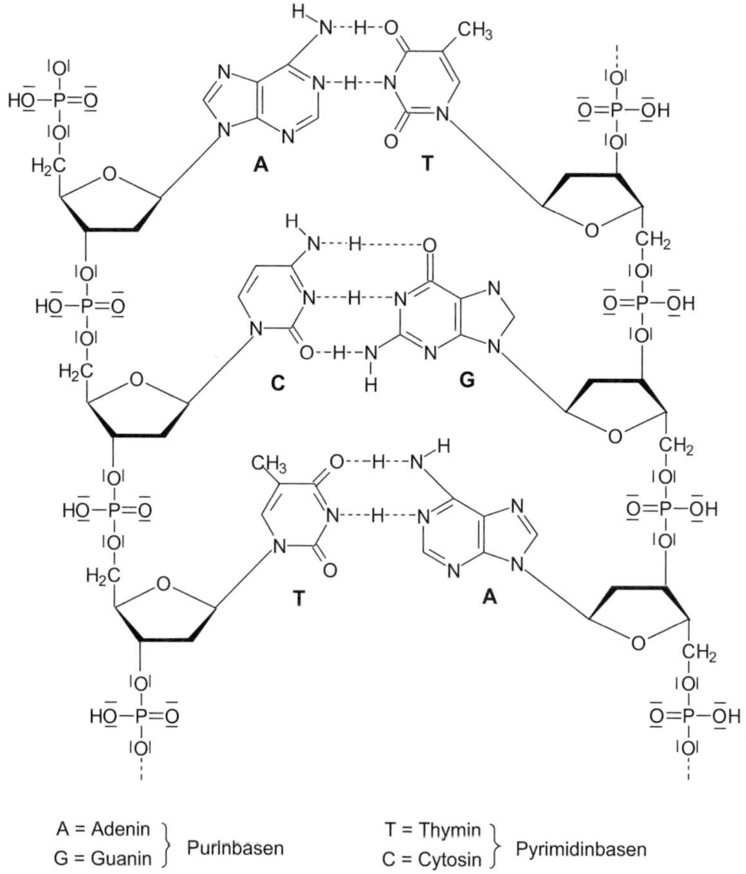

A = Adenin, G = Guanin } Purinbasen

T = Thymin, C = Cytosin } Pyrimidinbasen

Abb. 7 Wasserstoffbrückenbindungen zwischen Nukleinsäurekettenausschnitten [E. hydrogen bridge linkages between sections of nucleic acids]

aus. Den Wiederkäuern ist sie als Gras ein wertvolles Futtermittel (Kap. XII, Abschn. Der Pansen als Permenter).

Die Festigkeit der Cellulosekette beruht auf der Verknüpfung der Glucosebausteine untereinander über die Etherverbindungen, d. h. Kohlenstoff-Sauerstoff-Kohlenstoff-Bindungen.

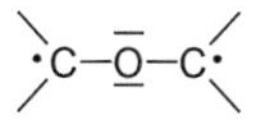

$$\cdot C-\overline{O}-C\cdot$$

Die Verknüpfung und damit eine zusätzliche Stabilisierung zwischen den Polymerketten erfolgt wieder über die Wasserstoffbrückenbindungen (Abb. 8).

Die Festigkeit von Cellulosewerkstoffen und Hilfsstoffen kann durch eine Veränderung des Umfangs der Wasserstoffbrückenbindungen gesteuert werden, z. B. lassen sich Cellulosefasern durch Wasser aufweichen, dabei lösen sich die ursprünglichen Wasserstoffbrückenbindungen, und die polaren Wassermoleküle schieben sich dazwischen.

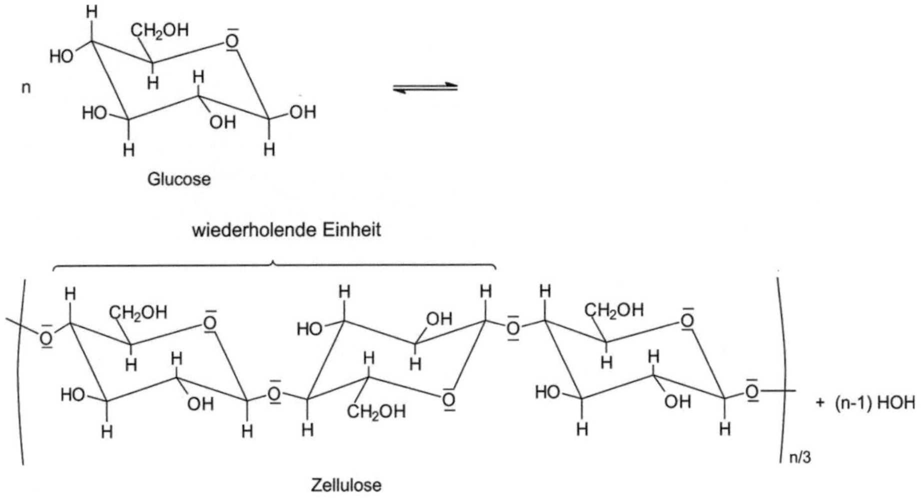

Abb. 8 Zusammenhang zwischen Glucose und Cellulose
In der Cellulose sind die D-Glucosemoleküle ß(1,4)-glucosidisch verknüpft. Zu beachten ist, dass die sich wiederholende Einheit aus zwei Glucoseresten besteht und nicht aus einem
[E. connection between glucose and cellulose, in cellulose the D-glucose molecules are linked to ß(1,4)-glycosides units, the fact is that the repeating unit consists of two glucose molecules and not only one]

In einem Cellulosemolekül sind ca. 500 bis 5000 Glucosemonomere unverzweigt miteinander verbunden. Diese Cellulosepolymere machen je nach Baumart 40 bis 50 % der Holzmasse aus. Mittels Wasserreststoffbrücken werden die wasserunlöslichen Polysaccharidketten versteift. Nach diesem Prinzip werden 50 bis 100 solcher Makromoleküle parallel angeordnet. Solche teilkristallinen Strukturen sind sehr fest.

3 Wasserverteilung in der Natur [E. distribution of water in nature]

3.1 Chemische und physikalische Eigenschaften [E. chemical and physical properties]

Wasser ist eine Verbindung, die aus einem Massenanteil von 0,889 (88,9 %) Sauerstoff (O_2) und einem Massenanteil von 0,111 (11,1 %) Wasserstoff (H_2) besteht. Es entsteht beim Verbrennen von Wasserstoff oder wasserstoffhaltigen Verbindungen in sauerstoffhaltiger Atmosphäre.

Wasserstoff		Sauerstoff		Wasser
$2\,H_2$	+	O_2	$\longrightarrow$	$2\,H_2O$
4 g		32 g		36 g
				$\Delta H = -571{,}6$ kJ/mol

Bei Neutralisationsreaktionen und vielen anderen chemischen Reaktionen entsteht ebenfalls Wasser:

Säure		Lauge		Salz		Wasser
HCl	+	NaOH	$\xrightarrow{\text{Neutralisation}}$	NaCl	+	H_2O
				$\Delta H = -56{,}1$ kJ/mol		

Beide Reaktionen, sowohl die Verbrennung des Wasserstoffs als auch die Neutralisation, verlaufen exotherm, d. h., es wird Energie freigesetzt. Das Reaktionsprodukt, in diesem Fall Wasser, ist energieärmer als die Ausgangsprodukte.

Wasser ist eine chemisch stabile Verbindung. Man muss Energie aufwenden, um Wasser in seine Elemente Wasserstoff und Sauerstoff zu zerlegen. Aufgrund ihres höheren Energiegehaltes sind Wasserstoff und Sauerstoff sehr reaktionsfähige Stoffe (s. Abb. 9).

Reines Wasser ist eine geruchs- und geschmackslose, durchsichtige, in dicker Schicht bläulich schimmernde Flüssigkeit.

Physikalische Daten bei Normdruck, 1,013 bar (Kap. II, Abb. 5):

Erstarrungspunkt	0 C
Siedepunkt	100 °C
Erstarrungspunkt	0 °C
Schmelzwärme	334,96 kJ/kg
Verdampfungswärme	2256,8 kJ/kg
Größte Dichte (bei 4 °C)	1 kg/dm^3
Volumenausdehnung am Gefrierpunkt	
Bei Umwandlung von Wasser in Eis ≙	9 % Massenanteil,
	d. h., Eis ist leichter als flüssiges Wasser.

Die meisten Stoffe nehmen in fester Form an ihrem Gefrierpunkt ein kleineres Volumen ein als in flüssiger Form. Beim Wasser ist das umgekehrt, man spricht daher von der *Anomalie des Wassers.* Wasser hat bei Normdruck bei +4 °C seine größte Dichte.

3.2 Vorkommen [E. occurence]

Wasser gehört zu den *Hauptbestandteilen* der uns umgebenden belebten und unbelebten Natur.

Es bedeckt 4/5 der *Erdoberfläche* in Form von Meeren, Seen und Flüssen; der *menschliche Körper* besteht zu einem Massenanteil von 0,6 bis 0,7 (60 bis 70 %) aus Wasser. *Früchte* und *Gemüse* enthalten oftmals einen Massenanteil an Wasser, der größer als 0,9 (90 %) ist. In geringen Erdtiefen findet man es als Grundwasser.

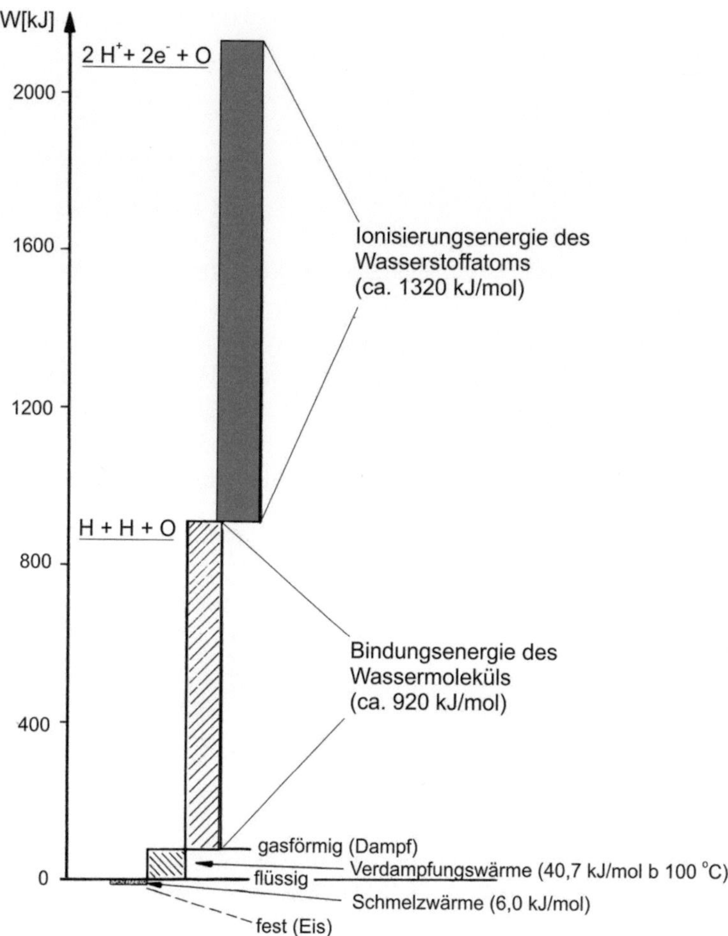

Abb. 9 Energieaufwand zur stufenweisen Spaltung von 1 Mol Wasser in seine Elemente [E. the necessary required energy to split 1 mol water]

Die Atmosphäre kann Volumenanteile bis zu 0,04 (4 %) an Wasser als Dampf aufnehmen und es bei Druck- oder Temperaturänderungen in Form von *Niederschlag* abgeben (Regen, Wolken, Nebel, Reif, Schnee, Hagel).

Mineralien enthalten oft chemisch gebundenes Wasser als Kristallwasser.

Das Gesamtwasservolumen unserer Erde beträgt 1,384 Mrd. km^3. Davon sind 97,4 %, das sind 1,348 Mrd. km^3, in den Weltmeeren, die wegen ihres hohen Salzgehaltes nicht so ohne Weiteres als Trinkwasser oder industrielles Nutzwasser geeignet sind (Abb. 10).

2,65 % bzw. 0,036 Mrd. km^3 liegen als Süßwasser vor. Sie verteilen sich in unterschiedlichen Mengen auf das Polareis und die Gletscher, das sind 2,0 %, auf das Grundwasser und die Bodenfeuchte 0,58 % und auf die Seen und Flüsse 0,02 %. Von den gesamten Wassermengen befinden sich 0,073 % bzw. 1,0 Mio. km^3 im ständigen

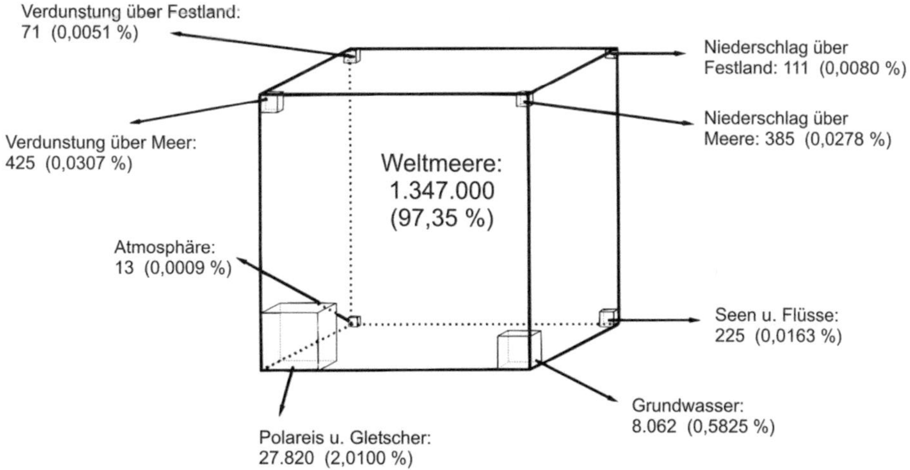

Abb. 10 Die Wasserbilanz der Erde – Einheiten in 10^3 km^3 (Daten nach Baumgartner, Reichel: Wasserkalender 1975) [E. water balance of the Earth – units in 10^3 cubic kilometre]

Umwandlungsprozess zwischen Verdunstung, Kondensation (Niederschläge) und atmosphärischem Bestandteil.

Der Anteil der Wasservorräte, der mit ca. 1 Mio. km^3 am ständigen Zyklus des Verdampfens, Kondensierens, Erstarrens und Schmelzens teilnimmt, ist sehr klein. Aber gerade dieser Teil beeinflusst das Klima auf der Erde entscheidend. Ein weiterer Klimafaktor sind die Weltmeere selbst, die sich durch eine hohe Speicherkapazität für die Wärmeenergie auszeichnen. In den Kap. II, Abb. 5 und Kap. III, Abb. 9 sind die Energiemengen schematisch einander zugeordnet, die beim Wechsel des Wassers von Flüssigkeit, Dampf und Eis umgesetzt werden.

4 Natürliche Wasserarten und ihre Inhaltsstoffe [E. native types of water and its ingredients]

Süßwasser [E. fresh water]

Süßwasser zeichnet sich durch einen Salzgehalt von weniger als 0,02 % aus. In der Natur kommt es als Gewässer der Seen oder als Flusswasser vor, aber auch als Grundwasser. Es kann unmittelbar oder mittelbar nach entsprechender Aufbereitung als Trinkwasser oder Brauchwasser verwendet werden.

Über Meerentsalzungsanlagen kann aus Ozeanwasser ebenfalls Süßwasser gewonnen werden.

Regenwasser [E. rain water]

Es ist unter den natürlichen Wässern das relativ reinste, da es einem natürlichen Destillationsprozess unterzogen wird. Es enthält Staubteilchen und gelöste Gase.

Quell- und Flusswasser [E. spring and river water]
Der gelöste Feststoffanteil von 0,01 bis 0,2 % besteht größtenteils aus Calcium- und Magnesiumverbindungen, welche für die Wasserhärte ausschlaggebend sind.

Mineralwasser [E. mineral water]
Unter Mineralwasser versteht man Quellwasser, das größere Mengen an Gasen, insbesondere Kohlenstoffdioxid, CO_2, oder gelösten Feststoffen enthält. Mineralquellen weisen zuweilen Temperaturen bis zu 100 °C auf.

Meerwasser [E. sea water]
Es enthält ca. 3,5 % gelöste Salze, von denen durchschnittlich 3,0 % Kochsalz sind. Die restlichen 0,5 % bestehen aus Verbindungen von etwa 50 verschiedenen Ionen.

Das Wasser in der Natur kommt mit der Luft, den Gesteinen und dem mit Pflanzen bewachsenen Boden in Berührung.

In seinem natürlichen Kreislauf nimmt es dabei eine Reihe von Stoffen in suspendierter, kolloider und gelöster Form auf.

Die suspendierten und kolloiden „Frachtstoffe" sind fein verteilte mineralische oder organische Feststoffe, abgestorbene Mikroorganismen, Humusstoffe u. a.

Gelöst kommen im Wasser im Wesentlichen die Gase der Luft, wie Stickstoff, Sauerstoff und Kohlenstoffdioxid, vor. Zu den gelösten Stoffen zählen weiterhin die Salze. Das sind insbesondere die Calcium- und Magnesiumhydrogencarbonate, $Ca(HCO_3)_2$ bzw. $Mg(HCO_3)_2$, als Härtebildner, die Natrium- und Magnesiumchloride, NaCl bzw. $MgCl_2$, und die Sulfate des Kaliums und Magnesiums, K_2SO_4 bzw. $MgSO_4$.

Gelöste organische Verbindungen stammen aus den biologischen Abbauvorgängen der im Wasser lebenden tierischen und pflanzlichen Organismen.

Je nach dem Ursprung und dem Vorkommen des Wassers sind die „Frachtstoffe" unterschiedlich zusammengesetzt. Der Salzgehalt z. B. reicht von wenigen Milligramm/L bis zu 270 g/L im Toten Meer.

5 Aufbereitung von Wasser [E. dressing, regeneration of water]

Wasser wird im eigentlichen Sinne nicht verbraucht, sondern nur gebraucht. In der Natur nimmt es an einem ständigen Kreislauf teil. Dieser besteht aus folgenden Vorgängen:

Verdunstung, Kondensation (Wolken, Niederschläge) und die teils parallel, teils nacheinander ablaufenden Vorgänge wie Nutzung des Wassers durch Pflanzen, Tiere und Menschen, Sammeln der Niederschläge in Flüssen, Seen, Meeren und als Grundwasser und die abermalige Verdunstung.

Die mittlere Niederschlagsmenge in der Bundesrepublik Deutschland beträgt etwa 800 mm/m^2 im Jahr[11].

Um das in der Natur vorkommende Wasser für Trinkwasser oder für Industriezwecke zu nutzen, muss es von den Begleitstoffen ganz oder teilweise befreit werden. Völlig entfernt werden müssen die suspendierten und kolloiden Schwimm-, Schwebe- und Sinkstoffe. Wasser für die Industrie, insbesondere für die Dampferzeugung, ist immer zu enthärten. Trinkwasser dagegen muss einen bestimmten Anteil an gelösten Mineralsalzen enthalten.

Für die Wasseraufbereitung ist eine Reihe von technischen Verfahren entwickelt worden, die jeweils nach der Zusammensetzung der Begleitstoffe angewendet werden.

Suspendierte und kolloide Verunreinigungen können durch

- Sieben,
- Klären,
- Ausflocken,
- Flotieren,
- Filtrieren,
- Entölen

beseitigt werden.

Gelöste Salze lassen sich ebenfalls auf verschiedene Weise entfernen. Gängige Methoden sind die

- Entcarbonisierung,
- Enthärtung mittels Fällungsreaktionen und Ionenaustausch,
- Entsalzung durch
  - Ionenaustausch,
  - Destillation,
  - Elektrolyse,
  - Umkehrosmose.

Die Entfernung von Gasen gelingt nach dem Prinzip der Verdrängung durch andere Gase, durch thermische Entgasung, indem Wasser zum Sieden erhitzt wird oder durch chemische Umsetzungen. Beispielsweise kann das Kohlenstoffdioxid im Wasser durch Luft ausgetrieben werden, indem diese dem Wasser über Rieselvorrichtungen entgegengeleitet wird.

[11] 1 mm/m^2 Niederschlag entspricht 1 L Wasser.

Sauerstoff kann aus dem Wasser durch Reaktion mit Hydrazin gebunden werden.

Hydrazin		Sauerstoff		Stickstoff		Wasser
$N_2H_{4(aq)}$	+	O_2	$\longrightarrow$	N_2	+	$2\,H_2O$

$$\Delta H = -508{,}7\ \text{kJ/mol}$$

Stickstoff ist ein inertes[12] Gas und belastet das Wasser für die Dampferzeugung nicht.

Trinkwasser [E. drinking water]
Als Trinkwasser ist Quellwasser am besten geeignet. In Ermangelung dessen unterwirft man Grund- und Flusswasser einer Aufbereitung. Sie besteht aus einer mechanischen Filtration, häufig auch einer chemischen Reinigung und vor allem einer gründlichen Entkeimung des Wassers.

Bei der Trinkwasseraufbereitung werden keinesfalls alle gelösten Stoffe aus dem Wasser entfernt, denn völlig reines Wasser schmeckt außerordentlich fade, und viele der im Wasser gelösten Salzspuren sind für die menschliche Ernährung lebensnotwendig.

An das Trinkwasser werden in Deutschland höchste Anforderungen gestellt. Der Anschlussgrad an Kläranlagen liegt über 90 %.

Andererseits verfügt die Hälfte der Weltbevölkerung nicht über angemessene Sanitäranlagen und damit nicht über die Voraussetzungen für eine gesunde Lebensweise. 80 % aller Krankheiten in den Entwicklungsländern sind auf verunreinigtes Wasser zurückzuführen.

In über 80 Ländern der Welt leiden die Menschen unter Wasserknappheit. Obwohl die Natur ausreichend Wasser bereithält, ist es ungleichmäßig über die Erdoberfläche verteilt.[13]

Zum Beispiel sind in Israel, Jordanien, Syrien und im Libanon 40 Mio. Einwohner von den gleichen Quellen abhängig.

Wasser, Nahrung und Energieträger sind die drei Grundstoffe, die zum Überleben der Menschheit von gleichrangiger Bedeutung sind. Allen gemeinsam ist, dass sie nicht für alle Menschen im gleichen Maße zugängig sind.

Versorgung mit Wasser und Entsorgung von Abwässern bzw. ihre Reinigung müssen zu großen Verbundsystemen zusammengeschlossen werden. Neben dem Energie- und Nahrungsmittelmarkt wird es einen Wassermarkt geben, der vom Bewusstsein jedes einzelnen Menschen wahrgenommen wird.

---

[12]iners (lat.) – untätig, unbeteiligt, reaktionsträge.

[13]Quelle: VDI-Nachrichten (1999, Nr. 18, S. 48).

Literatur [E. references]

Mutschler, E. und Schäfer-Korting, M. (1997), Arzneimittelwirkungen, Wissenschaftliche Verlagsgesellschaft mbH, Stuttgart.
Richards, M. (1991), Spektrum der Wissenschaft, Heft 3, Spektrum der Wissenschaft Verlagsgesellschaft mbH, Heidelberg
VDI-Nachrichten (1999), Nr. 18, S. 48

Weiterführende Literatur

Campbell, J. A. (1975), Allgemeine Chemie: Energetik, Dynamik und Struktur chemischer Systeme, Verlag Chemie GmbH, Weinheim
Dickerson, R. E. u. Geis, J. (1990), Chemie – eine lebendige und anschauliche Einführung, VCH-Verlagsgesellschaft mbH, Weinheim
Gerstein, M. u. Levitt, M. (1999), Die Simulation von Biomolekülen in Wasser, Spektrum der Wissenschaft, Heft 2, Spektrum der Wissenschaft Verlagsgesellschaft mbH, Heidelberg
Greiner, G. (1993), Grundlagen der industriellen Wasserbehandlung, Hrsg. Drew Ameroid Deutschland GmbH, Vulkan Verlag, Essen
Hopp, V. (2016), Wasser und Energie – ihre zukünftigen Krisen, 2. Aufl., Springer Spektrum, Springer Verlag, Berlin, Heidelberg
Karplus, M. u. Mc Cammon, J. A. (1986), Das dynamische Verhalten von Molekülen, Spektrum der Wissenschaft, Heft 6, Spektrum der Wissenschaft Verlagsgesellschaft mbH, Heidelberg
Lehninger, A. L. (2010), Biochemie, 4. Aufl., Wiley-VCH Verlag GmbH u. Co KGaA, Weinheim
Römpps Chemie-Lexikon, Bd. 6 (2002), Hrsg. Falbe, J. u. Regnitz, M., 10. Aufl., Georg Thieme Verlag, Stuttgart – New York
Sell, J. u. Zimmermann, T. (1997), Werkstoff Holz, Spektrum der Wissenschaft, Heft 4, Spektrum der Wissenschaft Verlagsgesellschaft mbH, Heidelberg

Mineralien und Nährstoffe [E. minerals and nutrients]

IV

1 Oxide [E. oxides]

Der weitaus größte Teil der in der unbelebten und belebten Natur vorkommenden Stoffe sind *Oxide,* die daraus entstehenden *Salze* und andere sauerstoffhaltige Verbindungen.

Die Ursache ist darin zu suchen, dass Sauerstoff mit 49,5 % Massenanteilen das weitverbreitetste Element ist. Außerdem ist Sauerstoff recht aggressiv und reaktionsfreudig, sodass er sich mit jedem anderen Element zu einem Oxid verwandeln kann.

Oxide sind Verbindungen zwischen Elementen und Sauerstoff, wobei der Sauerstoff den elektronegativen Bestandteil liefert, z. B.

Kohlenstoffdioxid $\overset{(-)}{|\overline{\underline{O}}} \leftarrow \overset{(+)}{\underset{(+)}{C}} \rightarrow \overset{(-)}{\overline{\underline{O}}|}$; $\overline{\underline{O}}=C=\overline{\underline{O}}$; CO_2

Wasser $H \cdots \overset{(-)}{\overline{\underline{O}}} \cdots H$ (H→O←H, (+)) ; $H-\overline{\underline{O}}-H$; H_2O

Magnesiumoxid $\overset{(+)}{Mg} \longrightarrow \overset{(-)}{\overline{\underline{O}}|}$; $Mg=\overline{\underline{O}}$; MgO

Die Reaktion, Oxidation genannt, zwischen Sauerstoff und den Elementen bzw. anderen Verbindungen sind exotherm bzw. exergonisch, d. h., bei Oxidationen wird in der Regel Energie freigesetzt. Die entstandenen Oxide befinden sich in einem energieärmeren Zustand als der elementare Sauerstoff und die jeweiligen Elemente, aus denen die Oxide zusammengesetzt sind. Sie sind sehr stabil.

V. Hopp, *Chemische Kreisläufe in der Natur,*
https://doi.org/10.1007/978-3-662-55860-7_4

Beispiele:

Wasserstoff		Sauerstoff		Wasser		
H_2	+	$\frac{1}{2}O_2$	$\longrightarrow$	H—OH		; $\Delta H = -285{,}8$ kJ/mol $\Delta G = -237{,}2$ kJ/mol
Kohlenstoff				Kohlenstoff-dioxid		
C	+	O_2	$\longrightarrow$	CO_2		; $\Delta H = -393{,}5$ kJ/mol $\Delta G = -395{,}2$ kJ/mol
Magnesium				Magnesium-oxid		
Mg	+	$\frac{1}{2}O_2$	$\longrightarrow$	MgO		; $\Delta H = -601{,}6$ kJ/mol $\Delta G = -569{,}6$ kJ/mol
Aluminium				Aluminium-oxid		
4 Al	+	$3\,O_2$	$\longrightarrow$	$2\,Al_2O_3$		; $\Delta H = -3351$ kJ/mol $\Delta G = -3165$ kJ/mol
Eisen				Eisenoxid		
4 Fe	+	$3\,O_2$	$\longrightarrow$	$2\,Fe_2O_3$		; $\Delta H = -1648{,}6$ kJ/mol $\Delta G = -1484{,}5$ kJ/mol
Glucose				Wasser	Kohlenstoff-dioxid	
$C_6H_6(OH)_6$	+	$6\,O_2$	$\longrightarrow$	6 HOH +	$6\,CO_2$	; $\Delta H = -2820$ kJ/mol $\Delta G = -2876$ kJ/mol

Entsprechende Energiebeträge müssen aufgewendet werden, wenn aus den Oxiden die reinen Elemente gewonnen werden sollen. Bei der Umkehrung der *Oxidation* handelt es sich um *Reduktionen.*

Reduktionsmittel in der industriellen Technik sind elementarer Kohlenstoff in Form von Kohle oder Wasserstoff. Wasserstofflieferant ist häufig Methan, CH_4. Bei biologischen Reduktionen ist Wasserstoff das Reduktionsmittel, der aus dem Wasser, H_2O, aber auch aus Schwefelwasserstoff, H_2S, Methan, CH_4, oder Ammoniak, NH_3, stammt. Als Wasserstoffüberträger wirken die Thiolgruppen in der α-Liponsäure, das Dihydro-Nicotinamid-adenindinukleotid, $NADPH+H^+$, das Dihydro-Flavin-adenindinukleotid, $FADH_2$, oder das Dihydroriboflavin-5-phosphat (Kap. VI, Abb. 7). Sowohl in der Natur als auch in der Technik verlaufen Oxidationen in der Regel exotherm bzw. exergonisch und Reduktionen endotherm bzw. endergonisch.

Nach ihrem Verhalten der Oxide gegenüber Wasser lassen sie sich in vier Gruppen unterteilen:

Oxide,

1. die mit Wasser zu Säuren reagieren oder
2. Laugen bilden,
3. die sich gegenüber Wasser amphoter[1] verhalten,
4. die gegenüber Wasser indifferent sind, d. h. mit ihm kaum reagieren.

Zur *1. Gruppe* zählen im Wesentlichen die Nichtmetalloxide.

Kohlenstoffdioxid → Kohlensäure

$$CO_{2(g)} + H_2O \longrightarrow H_2CO_{3(aq)} \rightleftharpoons 2\,H^+ + CO_3^{2-}{}_{(aq)}$$

$\Delta H = -20{,}5$ kJ/mol ; $\Delta G = +9{,}2$ kJ/mol ; $\Delta H = +15{,}6$ kJ/mol $\Delta G = +95{,}3$ kJ/mol

---

Stickstoffdioxid → Salpetersäure

$$4\,NO_{2(g)} + 6\,H_2O_{(fl)} + O_{2(g)} \longrightarrow 4\,HNO_3 \cdot H_2O_{(fl)}$$

$\Delta H = -308{,}4$ kJ/mol
$\Delta G = -95{,}2$ kJ/mol

Phosphoroxid → Phosphorsäure

$$P_4O_{10(f)} + 6\,H_2O_{(fl)} \longrightarrow 4\,H_3PO_{4(aq)}$$

$\Delta H = -368{,}6$ kJ/mol
$\Delta G = -451{,}0$ kJ/mol

Schwefeldioxid → schweflige Säure

$$SO_{2(g)} + H_2O_{(fl)} \longrightarrow H_2SO_{3(aq)}$$

$\Delta H = -26{,}4$ kJ/mol
$\Delta G = -0{,}6$ kJ/mol

Schwefeltrioxid → Schwefelsäure

$$SO_{3(g)} + H_2O_{(fl)} \longrightarrow H_2SO_{4(fl)}$$

$\Delta H = -132{,}6$ kJ/mol
$\Delta G = -81{,}8$ kJ/mol

---

[1] amphoteros (gr.) – beides; chemisch bedeutet amphoter; teils sauer, teils basisch reagierend.

Der 2. *Gruppe* gehören Alkali- und Erdalkalimetalle an sowie Metalle in den niederen Wertigkeitsstufen.

Natriumoxid		Wasser		Natriumhydroxid
$Na_2O_{(f)}$	+	$H{-}OH_{(fl)}$	$\longrightarrow$	$2\ NaOH_{(aq)}$
				$\Delta H = -237{,}5$ kJ/mol $\Delta G = -224{,}6$ kJ/mol
Kaliumoxid				Kaliumhydroxid
$K_2O_{(f)}$	+	$H{-}OH_{(fl)}$	$\longrightarrow$	$2\ KOH_{(aq)}$
				$\Delta H = -317{,}8$ kJ/mol $\Delta G = -322{,}7$ kJ/mol
Magnesiumoxid				Magnesiumhydroxid
MgO	+	$H{-}OH_{(fl)}$	$\longrightarrow$	$Mg(OH)_{2(f)}$
				$\Delta H = -37{,}1$ kJ/mol $\Delta G = -26{,}9$ kJ/mol
Calciumoxid (gebrannter Kalk)				Calciumhydroxid (gelöschter Kalk)
$CaO_{(f)}$	+	$H{-}OH_{(fl)}$	$\longrightarrow$	$Ca(OH)_{2(aq)}$
				$\Delta H = -88{,}5$ kJ/mol $\Delta G = -26{,}2$ kJ/mol
Eisen-II-oxid				Eisenhydroxid
$FeO_{(f)}$	+	$H{-}OH_{(fl)}$		$Fe(OH)_{2(gefällt)}$
				$\Delta H = -16{,}9$ kJ/mol $\Delta G = -4{,}3$ kJ/mol

Beispiele für die 3. *Oxidgruppe* mit amphoterem Verhalten gegenüber Wasser sind Aluminiumoxid, Al_2O_3, Boroxid, B_2O_3, Siliciumdioxid, SiO_2, Zinnoxid, SnO_2, u. a.

(Diaspor)		Aluminiumoxid (Korund)		Aluminiumhydroxid (Hydrargillit)
$2\ HO{-}Al{=}O$	$\xleftarrow{HOH}$	$Al_2O_{3(f)}$	$\xrightarrow{3\ HOH}$	$2\ Al(OH)_3$
$\Delta H = +861{,}5$ kJ/mol $\Delta G = +899{,}1$ kJ/mol				$\Delta H = -30{,}1$ kJ/mol $\Delta G = +6$ kJ/mol

Das amphotere Verhalten des Aluminiumoxids spielt eine wichtige Rolle bei der Bodenstruktur, Krumenbildung, dem Bindungsvermögen von Bodenfeuchte, dem pH-Wert u. a. Eigenschaften von bewirtschafteten Äckern.

Die Bildungsenthalpien belegen, dass die stabilste Form der Korund, d. h. das Aluminiumoxid, $\Delta_B H = -1675{,}7$ kJ/mol, ist. Nach dem Diamant bildet Korund auch die härteste Kristallstruktur. Die Reaktion des Al_2O_3 mit Wasser zum Aluminiumhydroxid zeigt den basischen Charakter und die Bildung von Diaspor den sauren, der aber nur schwach ausgeprägt ist.

Siliciumdioxid, SiO_2, ist die häufigste anorganische Verbindung unserer Biosphäre. Es ist praktisch unlöslich in Wasser und Säuren. Deshalb sind die Umsetzungen mit Wasser und sein nur schwach ausgeprägtes amphoteres Verhalten Langzeitreaktionen.

Die sehr unstabile schwache Kieselsäure[2] liefert die Grundstruktur für alle in der Natur vorkommenden Silicate, das sind die Salze der Kieselsäure.

$$\mathrm{HO{-}Si(OH)_2{-}OH} = Si(OH)_4 = H_4SiO_4 \quad \text{Orthokieselsäure}$$

$$\mathrm{(OH)_2Si{=}O} = (HO)_2Si{=}O = H_2SiO_3 \quad \text{Metakieselsäure}$$

Die Säure-Base-Eigenschaften der Silicate sind sehr unterschiedlich und hängen vom Verhältnis der Alkalimetall-Ionen zu den Siliciumatomen ab.

Siliciumdioxid → Orthokieselsäure

$$SiO_{2(f)} + 2\,H_2O_{(fl)} \longrightarrow H_4SiO_{4(f)}$$

$\Delta H = +0{,}8$ kJ/mol
$\Delta G = +338{,}6$ kJ/mol

Na-Metasilicat → Metakieselsäure + Natronlauge

$$Na_2SiO_{3(f)} + 2\,H_2O_{(fl)} \longrightarrow H_2SiO_{3(f)} + 2\,NaOH_{(aq)}$$

$\Delta H = -38{,}9$ kJ/mol
$\Delta G = -29{,}7$ kJ/mol

Die Änderungen des Säuregrades bzw. des pH-Wertes aufgrund der unterschiedlichen Zusammensetzungen der Silicate beeinflussen die Verwitterungsreaktionen an der Erdoberfläche. Die Silicate sind sehr gute Adsorptions- und Absorptionsmittel für Mineralien, in denen Säure-Base- oder Redoxreaktionen anderer Elemente stattfinden, wie z. B. Magnesium, Mg, Aluminium, Al, Eisen, Fe, u. a.

In der *4. Oxidgruppe* werden die Oxide zusammengefasst, die mit dem Wasser nicht reagieren. Sie verhalten sich indifferent[3]. Das sind z. B. Kohlenstoffmonoxid, CO, Stickstoffmonoxid, NO, Distickstoffoxid, N_2O.

---

[2]silex (lat.) – Kieselstein.

[3]indifferens (lat.) – gleichgültig, auf keinen Einfluss ansprechend.

Als *5. Gruppe* mögen noch die Oxide der Edelmetalle erwähnt werden. Sie sind sehr schwer herzustellen und zerfallen beim Erwärmen sehr leicht. Das Charakteristikum der Edelmetalle ist eben, dass sie in der Mineralienlandschaft elementar gediegen gefunden werden, z. B. Gold, Au, Platin, Pt, Palladium, Pa, Silber, Ag.

1.1 Sauerstoff [E. oxygen][4]

Sauerstoff ist ein molekulares Gas, O_2, das chemisch sehr reaktionsfähig ist und sich mit fast allen Elementen in der Natur zu den entsprechenden Oxiden umsetzt. In der Nähe des Meeresspiegels ist er mit 20,946 % Volumenanteilen an der Luftzusammensetzung beteiligt. Mit zunehmender Höhe nimmt der Sauerstoffgehalt ab.

Im Wasser ist Sauerstoff relativ wenig löslich. Unter Normdruck von 1,0133 bar sind bei 20 °C in einem Liter Wasser 31,3 mL gelöst. Diese Menge reicht aus, um im Wasser Lebensvorgänge mit oxidativen Stoffwechselprozessen zu ermöglichen. Die Lithosphäre besteht zu 49,5 % Massenanteilen aus Sauerstoff (Kap. II, Tab. 2a, b und 3).

Der elementare Sauerstoff in der Luft und in gelöster Form im Wasser wurde durch die Spaltung des Wasserdampfes mittels Solarenergie während der Uratmosphäre vor einigen Milliarden Jahren freigesetzt. Gegenwärtig ist er ein Parallelprodukt fotosynthetischer Reaktionen der grünen Pflanzen und einiger Mikroorganismen. Er wird durch diese aus dem Wasser freigesetzt (Kap. XI, Abschn. 3).

Kohlenstoff-dioxid		Wasser		Glucose		Wasser		Sauerstoff
$6\,CO_2$	+	$12\,HOH$	$\longrightarrow$	$C_6H_6(OH)_6$	+	$6\,HOH$	+	$6\,O_2$
				$\Delta G = +2876$ kJ/mol				

Elementarer Sauerstoff kondensiert bei –182,97 °C und 1,013 bar Normdruck zu einer hellblauen Flüssigkeit. Bei –218,78 °C erstarrt er zu festen rhomboedrischen Kristallen.

Unter Einwirkung von Strahlungsenergie oxidiert der molekulare Sauerstoff zu Ozon, mit Wasserstoff wird er zu Wasser reduziert.

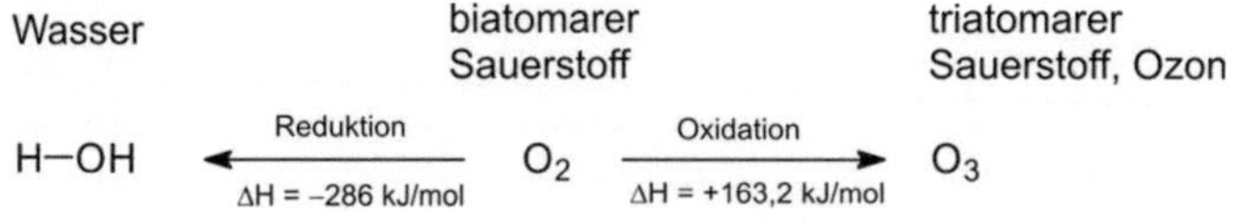

Die Wasserbildung ist ein exothermer Vorgang, es wird viel Energie freigesetzt. Wasser ist eine an innere Energie arme Verbindung und deshalb sehr stabil.

[4] oxys (gr.) – sauer.

1.2 Ozon [E. ozone][5]

Ozon bildet sich nur unter Energieaufwand. Es handelt sich bei ihm um eine recht labile Verbindung, die leicht wieder in biatomaren und monoatomaren Sauerstoff zerfällt, wobei sich der monoatomare untereinander zu biatomaren Sauerstoff vereinigt.

Ozon ist ein 3-atomiges Molekül des elementaren Sauerstoffs. Es ist neben Fluor das stärkste bekannteste Oxidationsmittel. Als farbloses, äußerst giftiges Gas ist sein MAK-Wert auf 0,2 mg/m^3 festgelegt. Es wird heute angenommen, dass Ozon geruchlos ist und die noch in Verdünnungen bis zu 1:1 Mio. feststellbare Geruchswahrnehmung auf die begleitenden Stickstoffoxide, NO_x, zurückzuführen ist. Ozon kann in mehreren Molekülstrukturen (Resonanzstrukturen)[6] auftreten:

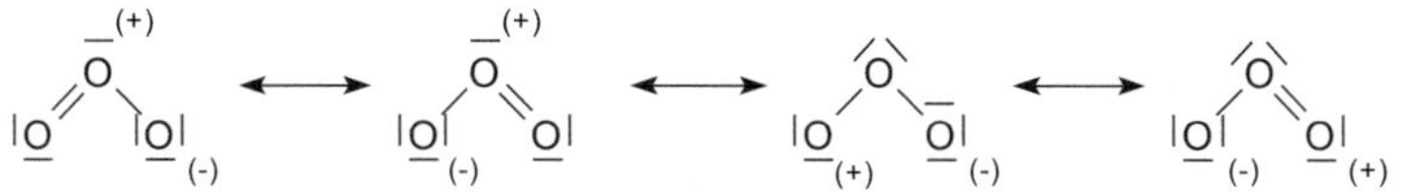

Bei –119 °C und Normdruck verdichtet sich Ozon zu einer tiefblauen Flüssigkeit, die bei weiterem Abkühlen ab –251 °C zu blauschwarzen oder dunkelvioletten Kristallen erstarrt.

In Wasser ist Ozon löslicher als der biatomare Sauerstoff. Unter Normbedingungen[7] werden fast 0,5 L Ozon in 1 L Wasser gelöst.

In der Atmosphäre hat sich Ozon bevorzugt in einer Schicht zwischen 20 und 30 km mit einem Volumenanteil von $2 \cdot 10^{-6}$ % bzw. mit einem Massenanteil von $3{,}3 \cdot 10^{-6}$ % angereichert. Dieser Bereich wird Ozonosphäre genannt.

In der *Ozonosphäre* wird der molekulare Sauerstoff durch den kurzwelligen Teil der Sonnenenergie, z. B. durch die ultravioletten Strahlen mit einer Wellenlänge unterhalb 300 nm ($1\ nm = 10^{-9}\ m$), in atomaren Sauerstoff gespalten. Dabei handelt es sich um eine Fotodissoziation.

Der atomare Sauerstoff reagiert mit dem molekularen Sauerstoff zum Ozon, Gl. 2. Die Energiebilanz der zusammengefassten Reaktionsgleichung (3) ist positiv. Für diesen Prozess wird Energie, in diesem Fall Solarenergie, gebunden.

Die vereinfachten Reaktionsgleichungen zeigen, dass die harte kurzwellige Strahlung absorbiert wird und in chemische Energie, Gl. 1, und in Wärmeenergie, Gl. 2, umgewandelt wird. Deshalb steigt in der Ozonosphäre die Temperatur gegenüber den unteren Atmosphärenschichten wieder an. Die Ursache dafür ist die exotherme Reaktion zwischen dem

[5]ozein (gr.) – nach etwas riechen.

[6]resonare (lat.) – widerhallen, mitschwingen. Resonanzstrukturen übertragen die Schwingungen von Elektronen zwischen zwei Atomen, auf die Elektronen zwischen zwei anderen benachbarten Atomen, sodass keine eindeutige Strukturformel angegeben werden kann, sondern nur deren Grenzstrukturen.

[7]Normbedingungen sind als Temperatur von 20 °C und Druck von 1,01.325 N/m^2 festgelegt.

aktiven atomaren Sauerstoff und dem molekularen (biatomaren) Sauerstoff, s. Gl. 2. Die Reaktionen (1), (2) und (3) verlaufen auch in umgekehrter Richtung. In der Ozonosphäre hat sich über die Fotodissoziation ein relativ stabiles thermodynamisches Gleichgewicht zwischen Sauerstoff und Ozon eingestellt. Die Ozonspaltung wird im Gegensatz zu der des Sauerstoffs nicht nur von der UV-Strahlung initiiert, sondern auch vom Licht des sichtbaren Bereiches unter 1200 nm.

Durch vertikale Luftströmungen gelangt das Ozon manchmal bis in die Nähe der Erdoberfläche. Hier wird es durch die katalytischen Wirkungen der Luftverunreinigungen zersetzt. Die Reaktionsabläufe zwischen Sauerstoffatomen und -molekülen sind dafür verantwortlich, dass die UV-Strahlungen nicht mit hoher Intensität bis zur Erdoberfläche durchdringen, mit der sie die biologischen Systeme in ihrer Existenz bedrohen würden. Die Ozonschicht mit ihren komplexen Reaktionen bildet ein Schutzschild gegen die harte aus dem Weltraum zur Erde gelangende Strahlungsenergie.

Neben der Fotosynthese ist der Ozonzyklus in der Ozonosphäre die 2. Schlüsselreaktion zur Entfaltung der biologischen Systeme auf der Erdoberfläche.

molekularer Sauerstoff (biatomarer) → atomarer Sauerstoff

$$\underset{\text{molekularer Sauerstoff (biatomarer)}}{O_2} \underset{}{\overset{\lambda < 242\,\text{nm}}{\rightleftharpoons}} \underset{\text{atomarer Sauerstoff}}{2\,O} \quad ;\ \Delta H = +495\ \text{kJ/mol} \qquad (1)$$

$$\underset{\text{Sauerstoff atomarer}}{2\,O} + \underset{\text{molekularer}}{2\,O_2} \underset{\lambda < 1200\,\text{nm}}{\rightleftharpoons} \underset{\text{Ozon}}{2\,O_3} \quad ;\ \Delta H = -206\ \text{kJ/mol} \qquad (2)$$

$$3\,O_2 \underset{\lambda < 1200\,\text{nm}}{\overset{\lambda < 242\,\text{nm}}{\rightleftharpoons}} 2\,O_3 \quad ;\ \Delta H = +289\ \text{kJ/mol} \qquad (3)$$

2 Über das Ökosystem[8] des Bodens [E. about the ecological system of the soil]

Definitionen [E. definitions]

- *Ökologie* ist die Lehre von den Wechselwirkungen zwischen den Organismen, wie z. B. Menschen, Tieren, Pflanzen, Mikroorganismen und ihrer Umwelt.
  Dieser Begriff wurde schon von Ernst Haeckel[9] geprägt.
- *Ökosysteme* sind nach bestimmten Kriterien abgegrenzte biologische und chemisch-physikalische Systeme innerhalb der Gesamtheit aller Organismen und ihrer Umwelt,

[8] oikos (gr.) – Haus; systema (gr.) – zusammengesetztes Ganzes.

[9] Haeckel, Ernst (1834–1919), dt. Zoologe und Naturphilosoph.

wie z. B. Wüsten, Flüsse, Sümpfe, Seen, Steppen, Meere u. a. Sie werden häufig auch als Biotope bezeichnet, wenn die Lebensräume eng begrenzt und nur auf wenige Organismen bezogen sind.

- *Mineralien*[10] sind in der festen Erdkruste entstandene oder in Meteoriten auftretende kristalline Stoffe von meist einheitlicher chemischer Zusammensetzung, deren Bildung nicht an Stoffwechselprozesse irgendwelcher Lebewesen gebunden ist.
- Der *Boden* ist das mehr oder weniger stark belebte Umbildungsprodukt der Verwitterungsrinde der Erdkruste.

Der felsige Untergrund besteht aus Graniten, Gneisen, Kalk-, Sand- oder Tongesteinen.

Durch physikalische, chemische und biologische Verwitterung wird das anstehende Gestein in mineralische und organische Bestandteile unterschiedlicher Körnungsgröße gespalten. Es bilden sich Hohlräume, die Wasser und Luft aufnehmen können (s. Abb. 2).

Granit [E. granites]
ist ein Tiefengestein und in etwa 5 bis 10 km Tiefe der oberen Erdschicht bei allmählicher Abkühlung unter Luftabschluss aus dem Magma[11] auskristallisiert. Das Magma ist eine Silikatschmelze und setzt sich aus den Oxiden des

Siliciums, SiO_2;	Aluminiums, Al_2O_3,
Eisens, Fe_2O_3;	Calciums, CaO,
Natriums, Na_2O;	Kaliums, K_2O,

sowie Wasser und Wasserdampf und den Gasen Kohlenstoffmonoxid, CO, Fluor, F_2, und Chlor, Cl_2, zusammen.

Granit besteht aus den Bestandteilen *Quarz*, Siliciumdioxid, SiO_2; *Feldspäte* und *Glimmer*.

Feldspäte [E. mica, feldspars]
sind Salze der Ortho- und Metakieselsäure H_4SiO_4 bzw. H_2SiO_3, z. B.

Natriumfeldspäte (Albite)	$Na[AlSi_3O_8]$
Kaliumfeldspäte (Orthoklase)	$K[AlSi_3O_8]$
Kalkfeldspäte (Anorthite)	$Ca[Al_2Si_2O_8]$

Bei den Glimmern handelt es sich chemisch um hydroxidhaltige Silicate, die vorwiegend Kalium, Lithium oder Magnesium enthalten. Sie kristallisieren in anderen Strukturen als die Feldspäte und unterscheiden sich in einer abgewandelten Zusammensetzung.

---

[10]mina (lat.) – Schacht.

[11]massein (gr.) – kneten; Magma ist eine glutflüssige gashaltige Gesteinsschmelze.

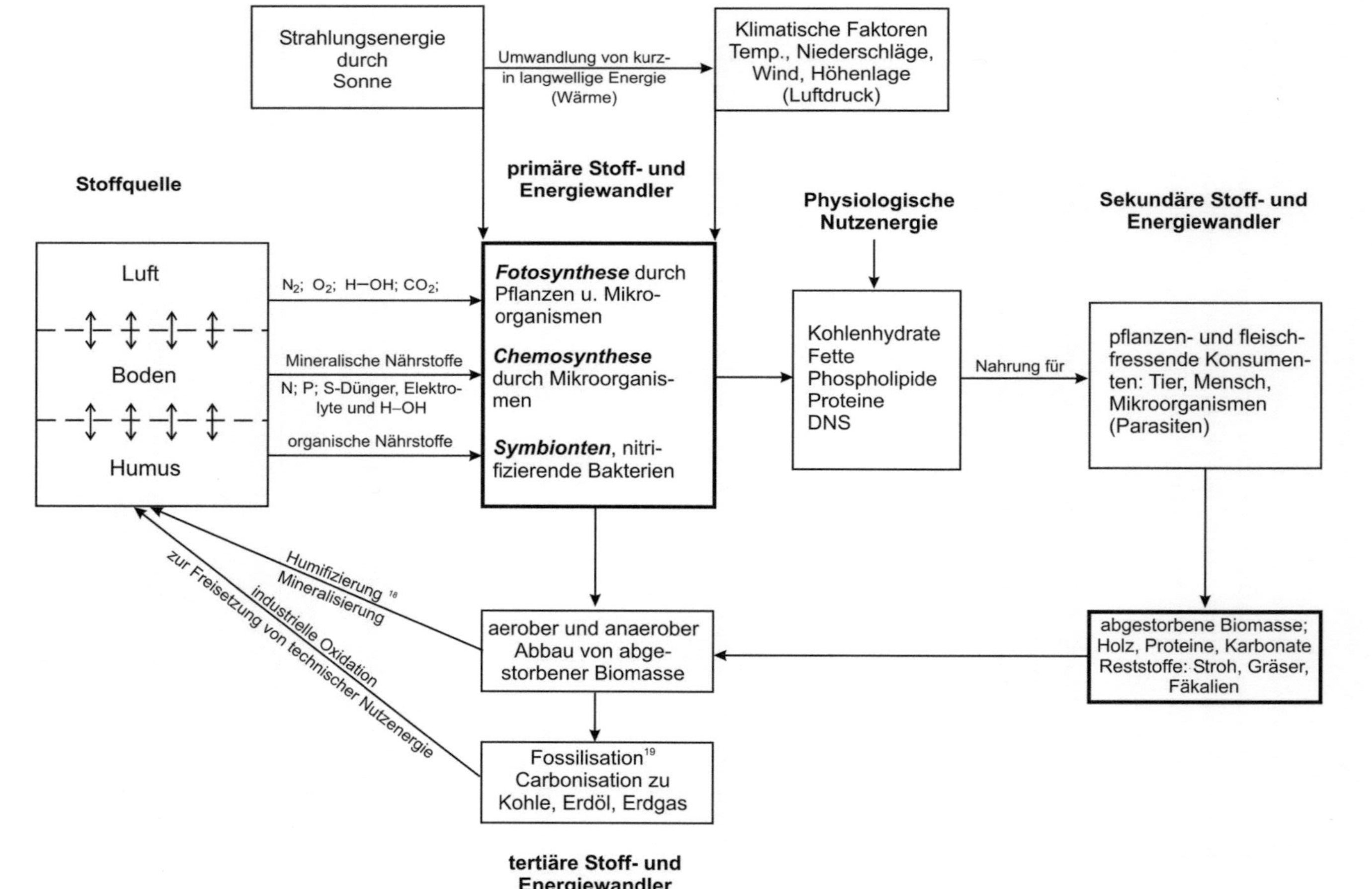

Abb. 1 Das Fließgleichgewicht im Ökosystem Boden, in Mikroorganismen, Pflanzen, Tieren, Menschen und fossilen Rohstoffen [E. the equilibrium of flow between the ecosystems of soil, microorganisms, plants, animals and fossil raw materials]

Beispiele für Glimmer sind:

Kaliumglimmer	$K\,Al_2\,(OH, F)_2[Al\,Si_3O_{10}]$	(Muskovit)
Magnesiumglimmer	$K(Mg\,Fe^{II})_3(OH)_2[Al\,Fe^{III}Si_3O_{10}]$	(Biotit)

Quarz ist nach den Feldspäten das am häufigsten verbreitete Mineral.

Bei der Verwitterung entstehen aus den Feldspäten durch Verlust der alkalischen Bestandteile wie Natrium-, Kalium-, Calciumionen, Na^+, K^+, Ca^{2+}, Ton, Lehm und schließlich Ackererde.

Neben den Tiefengesteinen, die auch Eruptiv-[12] oder magmatische Gesteine genannt werden, wird die Zusammensetzung des Bodens von den *Sediment-*[13] *(Ablagerungs- bzw. Schicht-)Gesteinen* bestimmt. Sie sind hauptsächlich entstanden im Meerwasser der flachen Kontinentalränder (Schelfgebiete), in der Tiefsee oder aus den Korallen, Muscheln, Foraminiferen und aus den auf dem Meeresgrund angehäuften kalkigen Schalenreste und zoogenen[14] Kalkgesteinen. Auch die mächtigen Ablagerungen der Schreibkreide und die ungeschichteten riffbildenden Korallenkalke sind der Ursprung von Sedimentgesteinen.

Den organischen Schichtgesteinen sind die Diatomeenerde[15], manche Phosphorite und nicht zu vergessen die salpeterhaltigen Guanolager[16] an den Küsten Chiles und Perus hinzuzurechnen.

Eine 3. große Gesteinsgruppe, die am Aufbau und der Beschaffenheit des Bodens beteiligt ist, ist die der *Umwandlungsgesteine* (metamorphe[17] Gesteine).

Im weitesten Sinne sind sie *Tiefengesteine.* Sie sind durch physikalische Einwirkungen wie Druck, durch Gebirgsfaltung, durch nachträgliche hohe Erwärmung in der Tiefe, durch mechanische Drehung von Gesteinsmassen oder durch Absetzen in Sammelmulden vor den Gebirgen, aus Flüssen oder Schmelzwässern entstanden. Die Sedimente bilden die ebenso weltweit vorhandene wie dünne Oberflächenbedeckung des eruptiven Felsgerüstes der Erdkruste. Ihr Hauptmerkmal ist ihre Schichtung. Wie die Blätter eines Buches haben sich plattenförmige Lagen übereinander geschichtet und zeichnen sich durch eine geringe Kristallstruktur aus.

Zu den *Sedimentgesteinen* zählen Sand- und Tongesteine, Kaolin, Phosphorite, Kalk, Marmor und Dolomit.

Organische Schichtgesteine sind auf die Lebenstätigkeit von Pflanzen, Tieren und Mikroorganismen zurückzuführen, wie die Gesteine der Kohlenreihe: Torf, Braunkohle, Steinkohle, Anthrazit und die Bitumina: Asphalt und Erdöl. Zu diesen Letzteren gehören auch die, die eine Veränderung ihrer Form und kristallinen Gefüges erfahren. Sie weisen

[12]eruptio (lat.) – Ausbruch.

[13]sedere (lat.) – sitzen, sich absetzen.

[14]zoon (gr.) – Tier, zoogen bedeutet tierischen Ursprungs.

[15]diatome (gr.) – Trennung.

[16]Guano (altperuanisch) – Vogelmist.

[17]metamorphosis (gr.) – Umgestaltung.

häufig eine faserige Struktur oder schiefrige Textur auf. Die wichtigsten Vertreter der kristallinen Schiefer sind die Gneise[18].

3 Kurzbeschreibung einiger Gesteine und Böden [E. short description of some rocks and soils]

Apatit [E. apatite]
ist ein für die Phosphatdüngemittelherstellung sehr wichtiges Phosphatmineral der chemischen Zusammensetzung

$Ca_5[(F,Cl)(PO_4)_3]$ für Fluorapatit
oder $Ca_5[(OH)(PO_4)_3]$ für Hydroxylapatit.

Große Apatitlager befinden sich in Russland auf der Halbinsel Kola, in Marokko, Florida und Kanada.

Apatite finden sich im Eruptivgestein und haben durch Druck oft kristalline Umwandlungen erfahren.

Phosphorite [E. phosphorites]
sind Verwitterungsprodukte von primären magmatischen Apatiten und sind als solche in den Sedimentgesteinen anzutreffen.

Asphalte [E. asphalts]
sind Gemische aus Bitumen und Mineralstoffen. Naturasphalte entstehen durch Verdunstung leichtflüchtiger Bestandteile des Erdöls und oxidative Polymerisation der schwerflüchtigen Rückstände. Mineralstoffe können Kalk- und Sandsteine sein.

Basalte [E. basalts][19]
sind dunkle feinkörnige Erstarrungsgesteine verschiedenster Kristallstrukturen. Sie sind magmatischen Ursprungs und haben sich rasch abgekühlt, und deshalb konnten sich keine großen Kristalle ausbilden. Ein Plagioklasbasalt[20] aus Hawaii hat beispielsweise folgende chemische Zusammensetzung: 50 % Siliciumdioxid, SiO_2; 12,1 % Aluminiumoxid, Al_2O_3; 10 % Eisen-II-oxid, FeO; 9,6 % Magnesiumoxid, MgO; 2,5 % Titandioxid, TiO_2; 2,1 % Eisen-III-oxid, Fe_2O_3; 0,16 % Manganoxid, MnO.

[18]Gneis, hergeleitet aus einem alten Wort sächsischer Bergleute; damit wurde das taube, feste Gestein zwischen den Erzgängen bezeichnet.

[19]Der Name ist von dem syrischen Ort Basan hergeleitet, wo riesige Vorkommen dieses Eruptivgesteins entdeckt worden sind schon zur Zeit der alten Römer

[20]plagios (gr.) – schief; klasis (gr.) – Spaltung; Plagioklasbasalte sind eine Feldspatgruppe mit einer triklinen Kristallstruktur.

Bitumen (plural Bitumina) [E. bitumen]
sind dunkelfarbige, halbfeste bis springharte, schmelzbare, hochmolekulare Kohlenwasserstoffgemische. Sie sind kolloidale Systeme, die in einer öligen Grundmasse dunkle harz- bis kohlenartige kohlenstoffreichere Teilchen von der mittleren Molmasse 300 bis 3000 enthalten.

Diatomeen [E. diatoms]
sind einzellige in Süß- und Salzwasser lebende Kieselalgen, die mannigfaltig geformte Kieselsäuregerüste bilden. Diese Diatomeenskelette bestehen aus 70 bis 90 % amorpher Kieselsäure $-(SiO_2)-_n$, 3 bis 12 % Wasser und geringen organischen Beimengungen.

Calciumcarbonate [E. calcium carbonates]
$CaCO_3$, gehören neben Feldspat und Quarz zu den verbreitesten Mineralien der Erde. 4,8 % aller Eruptivgesteine und 5,4 % der Sedimentgesteine bestehen aus Kalksteinen.

In allen Erdzeitaltern lagerten sich in den Flach- und Randmeeren dicke Kalkschichten von mehreren Hundert bis Tausend Metern ab.

In den Urgesteinsgebieten verwittern fortwährend Kalkfeldspäte (Anorthit), deren Calciumoxid, CaO, sich mit dem Kohlenstoffdioxid der Luft zu Kalk verbindet.

Calciumoxid		Kohlenstoff-dioxid		Kalkstein
CaO	+	CO_2	⟶	$CaCO_3$
				$\Delta H = -177{,}8$ kJ/mol

Die stabilste und häufigste Kristallform des Kalks ist der Calcit. In reinem Zustand ist er ein farbloser, klar durchsichtiger, gut spaltbarer Kristall mit der Härte 3. Wegen seiner leichten Spaltbarkeit wird er auch Kalkspat genannt. Die unterschiedlichen Färbungen des Calcits rühren von geringen Beimengungen der Fe-, Mn-, Mg-, Zn-, Ba-, Sr-, Pb- und Co-Ionen her.

Kalkstein [E. limestone]
wird auch als Sammelbegriff für weitere Carbonatmineralien verwendet: Dolomit, Jura, Kreide, Marmor, Mergel u. a.

- *Dolomit* [E. dolomite], benannt nach dem französischen Mineralogen D. G. Dolomieu[21], ist ein Calcium-Magnesiumcarbonat, $CaCO_3 \cdot MgCO_3$, von wasserklarem Aussehen und einer Härte 3,5 bis 4.
- *Jura* [E. jura] sind unregelmäßige massige Kalksteinblöcke aus $CaCO_3$. Brauner Jura[22] ist durch Eisen-III-oxid-Beimengungen braun gefärbt.

---

[21] D. Gratet de Dolemieu (1750–1801), frz. Mineraloge.

[22] s. Tab. 3.

- *Kalkschiefer* [E. chalk slate] sind Plattenkalke, die in verschiedenen Erdzeitaltern entstanden sind. Berühmt sind die Solnhofener Platten.
- *Kalktuff* [E. chalk tufa] ist ein leichter poröser, löcheriger Kalkstein, der sich durch Ausscheidung von Kalk aus kohlensäurehaltigem Wasser an Pflanzenteilen bildet (vgl. z. B. Travertin).
- *Kreide* [E. chalk] sind in der Kreidezeit aus Kalkschalen, $CaCO_3$, von Kleinlebewesen gebildete weiße Kalke, die im Gegensatz zu dichten Kalksteinen abfärben und deshalb als Schreibkreide verwendet werden.
- *Marmor* [E. marble] ist ein reiner weißer Kalkstein aus gröberen richtungslos gruppierten Calcitkristallen. Weltberühmt sind die Marmore aus Carrara (Oberitalien) und den griechischen Inseln.
- *Mergel* [E. marl] sind Kalksteinablagerungen aus der Tertiär- und Alluvialzeit[23], also erdgeschichtlich jüngeren Datums, d. h. ca. 25 Mio. bis 10.000 Jahre vor unserer Zeitrechnung. Ihnen ist 10 bis 30 % Ton beigemengt.

Feldspäte [E. feldspars]
sind Aluminium-Silicatverbindungen und gehören zur Gruppe der Erstarrungsgesteine. 60 % aller in der Natur vorkommenden Mineralien sind Feldspate[24]. Sie sind mit anderen magmatischen Tiefengesteinen innig verwachsen. Härte = 6[25].

Gips [E. gypsum]
ist chemisch betrachtet Calciumsulfat, $CaSO_4 \cdot 2\,H_2O$, mit Kristallwasser. Wasserfreier Gips wird als Anhydrit bezeichnet. Alabaster z. B. ist ein schneeweißer körniger Gips. Ähnlich wie Kalk und Steinsalz wurde Gips in verschiedenen geologischen Epochen am Boden von eintrocknenden Flachmeeren ausgeschieden. Das geschah besonders im Perm, Trias und Tertiär (s. Tab. 3).

Glimmer [E. mica]
sind helle bis dunkle, nach einer Fläche ausgezeichnet spaltbare hydroxid-alkali- und oft auch fluorhaltige Tonerdesilicate (s. Abs. 2 dieses Kap. IV).

Gneis [E. gneiss]
ist eine Gruppe von Schiefern, die ähnlich wie Granit aus Glimmer, Feldspat und Quarz bestehen. Vom Granit unterscheiden sie sich durch eine dünne Schieferschichtung. Ein graugefärbter Gneis besteht z. B. aus 68 % Siliciumdioxid, SiO_2; 15,2 % Aluminiumoxid, Al_2O_3; 4,23 % Kaliumoxid, K_2O; 3,17 % Eisen-III-oxid, Fe_2O_3; 2,9 % Natriumoxid, Na_2O;

---

[23]s. a. Hopp, V. (1997), Stoff- und Energieumsatz, S. 430 ff., VCH-Verlag, Weinheim.

[24]Namensherleitung: Feld = Fels = hart und spat = gut spaltbar.

[25]Die Härte nach Vickers = HV ist ein Maß für die Kraft (Last), mit der eine Diamantpyramide mit einem Flächenöffnungswinkel von 136° auf die Eindruckoberfläche bis zum Eindringen wirkt. Sie wird als Druck in N/mm^2 angegeben.

1,86 % Calciumoxid, CaO; 1,15 % Eisen-II-oxid, FeO; 0,91 % Wasser und 0,1 % Phosphorpentoxid, P_2O_5.

Je nach ihrer Textur wird zwischen körnigem Gneis, Streifen-, Schuppen-, Stängelgneis u. a. unterschieden.

Kaoline [E. kaolin][26]
sind weiße Tone, chemisch sind sie hydratisierte Aluminiumsilicate der allgemeinen Formel

$$Al_2O_3 \cdot 2\ SiO_2 \cdot 2\ H_2O \quad \text{oder} \quad Al_4(OH)_8Si_4O_{10}.$$

Kaoline sind neben Kieselsäure, H_4SiO_4, Quarz, SiO_2, und Kalk die Hauptbestandteile des Bodens. Reiner Kaolin ist der Hauptrohstoff für die keramische Industrie, insbesondere für Feuerfesterzeugnisse.

Lehm [E. loam]
ist ein durch feinstes Brauneisenerz, FeO(OH), gelb oder bräunlich gefärbter Ton mit mehr oder weniger angereicherten Quarzkörnern oder -staub. Weitere Beimengungen können Kalk, Glimmerblättchen oder andere anorganische oder organische Stoffe sein.

Brauneisenerz ist ein Eisen-III-oxidhydrat und unter den Eisenerzen eines der wichtigsten und in Europa häufigsten. Sein Eisengehalt variiert zwischen 20 und 55 %.

Quarz [E. quartz]

ist exakt betrachtet ein Polymerisat des Siliciumdioxids mit räumlicher Vernetzung $\left(SiO_2 \right)_n$

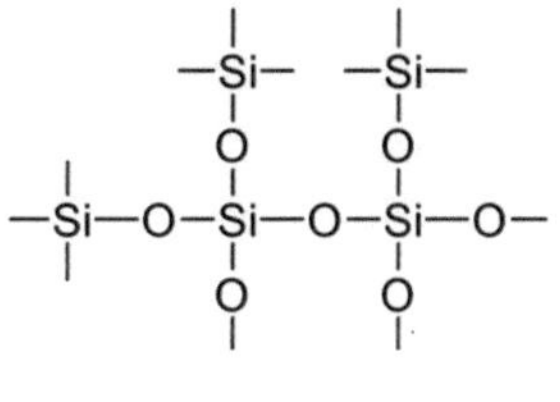

```
        |      |
      —Si—   —Si—
        |      |
        O      O
  |     |      |
—Si—O—Si—O—Si—O—
  |     |      |
        O      O
        |      |
```

Seine Härte ist 7. In Wasser, Salzsäure, Schwefelsäure und anderen Mineralsäuren ist er unlöslich, dagegen löst er sich leicht in Flusssäure.

Siliciumdioxid		Flusssäure		Fluorkieselsäure		Wasserstoff-Ionen		Wasser
$SiO_{2(f)}$	+	$6\ HF_{(fl)}$	$\longrightarrow$	$SiF_6^{2-}{}_{(aq)}$	+	$2\ H^+_{(aq)}$	+	$2\ H{-}OH_{(fl)}$

$$\Delta H = -251{,}0\ \text{kJ/mol}$$

Auf diese Eigenschaft ist auch die Löslichkeit von Gläsern in Flusssäure (Fluorwasserstoffsäure) zurückzuführen.

[26]Kao ling (chin.) – hoher Hügel, nach einem Fundort in China so benannt.

Bergkristall ist als farbloses, durchsichtiges Siliciumdioxidkristall wohlbekannt.

Am Aufbau der Erstarrungsgesteine ist Quarz mit 12 % beteiligt. In großen Mengen findet er sich in Gneisen, Glimmerschiefer und auch Sedimentgesteinen, wie z. B. den Sandsteinen.

Sandsteine [E. sandstones]
Unter diesem Begriff wird eine formenreiche Gruppe von Quarzsanden zusammengefasst. In der Regel wird ein Quarzsand feinster Körnung, SiO_2, mit natürlichen Bindemitteln aus Kieselsäure, Ton, Mergel oder Eisenoxiden verkittet. Je nach metalloxidischen Beimengungen sind sie unterschiedlich gefärbt. Der gelbe, braune oder rote Bundsandstein verdankt seine Einfärbung den Eisenoxiden und -hydroxiden.

Sand [E. sand]
bezeichnet man die durch Verwitterungseinflüsse und Erosion[27] entstehenden, weitertransportierten und wieder abgelagerten lockeren mineralischen Sedimentgesteine. Sie sind eine Anhäufung von gröberen, feineren, abgerundeten oder eckigen Körnchen. Der größte Anteil der Sande sind Quarzteilchen, begleitet von Feldspat, Glimmer, Kalk u. a. Mineralien.

Schluff [E. silt]
ist ein Mehlsand der Korngröße 0,02 bis 0,002 mm, und *Kiese* sind Sande mit einer Körnung von größer als 2 mm.

Schiefer [E. slate]
sind Gesteine, die sich durch eine stark ausgeprägte ebene Spaltbarkeit auszeichnen, die durch deren spezielle Lagenstruktur bedingt ist.

Kristalline Schiefer wie Glimmer und Gneis sind regional metamorphe Gesteine (Umwandlungsgesteine).

Tonschiefer sind klastische Sedimentgesteine, d. h. Trümmergesteine, die durch mechanische Zerstörung anderer Gesteine in Form von Geröllen, Sand, Schlamm, Gehängeschutt, Vulkanauswürfen u. a. entstanden sind.

Die Grundsubstanz der Tonschiefer sind blaugrau, schwarz oder rot gefärbter Kaolinit (Aluminiumsilicate) oder andere Tonmineralien sowie Quarz. Er ist als Material zum Dachdecken und Wandverkleidungen von Häusern gut geeignet.

Bituminöse Schiefer sind biogenen Ursprungs und können aus langkettigen Fettsäuren, Kohlenwasserstoffen – vermischt mit Kalk, Quarz und Aluminiumsilicaten – bestehen. Der *Solnhofener Schiefer* ist in diesem Sinne kein Schiefergestein, sondern ein Kalksediment.

---

[27]erosio (lat.) – Zernagung; Erosion ist die Abtragung der oberen Erdschichten durch physikalische Einflüsse.

Tone [E. clays]
sind ein feinkörniges klastisches Gestein, das den bindigen Böden zugerechnet wird. 70 % aller Sedimentgesteine bestehen aus Tonen. Sie sind durch Verwitterung der Erstarrungsgesteine in der Tertiär- und Quartärzeit entstanden. Ausgangsmineralien waren die aluminiumoxidhaltigen Feldspäte und Glimmer der Zusammensetzung $K_2O \cdot Al_2O_2 \cdot 6\ SiO_2$ oder $K[AlSi_3O_8]$. Durch Herauslösen der Kaliumoxidbestandteile gehen sie z. B. in den reinen Ton (Kaolin) $Al_2O_3 \cdot 2\ SiO_2 \cdot 2\ H_2O$ über. Die Tone sind dadurch gekennzeichnet, dass sie in feuchtem Zustand quellen und plastisch verformbar werden, aber nach dem Trocknen ihre Form beibehalten und beim Brennen bei höheren Temperaturen erhärten. Im Wesentlichen bestehen Tonböden, zu denen auch Lehm und Mergel zählen, aus Teilchen, die nicht größer als 2 μm (Mikrometer 10^{-6}) sind. Aufgrund ihrer Kohäsionskraft[28] vermögen sie auch Sande und Schluffe zu binden.

4 Lithosphäre[29] [E. lithosphere]

ist die ca. 16 km dicke obere Erdkruste, sie besteht zu 95 % aus magmatischen Erstarrungsgesteinen wie z. B. Quarz, SiO_2, 4 % Tongesteinen, Al_2O_3, 0,75 % Sandgesteinen und 0,25 % Kalkgesteinen, $CaCO_3$.

5 Biosphäre [E. biosphere]

Unter Biosphäre[30] werden die Bereiche der Erdoberfläche zusammengefasst, die von pflanzlichen und tierischen Organismen besiedelt sind, welche mittels ihrer Stoffwechselprozesse Biomasse erzeugen.

Diese Bereiche befinden sich sowohl in der Atmosphäre, Hydrosphäre als auch in der Lithosphäre.

Die von Pflanzen und Tieren besiedelte Bodenschicht der Lithosphäre wird häufig auch *Pedosphäre* genannt. Von Ausnahmen abgesehen reicht sie bis zu einer Bodentiefe von ca. 5 m.

Vergegenwärtigt man sich, wo Biosphäre auf unserer Erdoberfläche fast nicht existiert bzw. wo es sehr schwer ist, dass sie sich ausbreitet, nämlich in den Wüsten- und Polargebieten, dann wird einem bewusst, wie empfindlich sie reagiert, wenn die Wachstumsbedingungen nicht mehr optimal erfüllt sind. Zu diesen zählen die primären Bauelemente

[28] cohaerer (lat.) – zusammenhängen. Kohäsion ist der durch Anziehungskraft bewirkte Zusammenhalt von Teilchen.

[29] lithos (gr.) – Stein; sphaira (gr.) – Kugel.
Lithosphäre ist die ca. 16 km dicke Gesteinskruste der Erde.

[30] bios (gr.) – Leben.

Sauerstoff, Stickstoff, Schwefel, Phosphor sowie die Biomoleküle Wasser, Kohlenstoffdioxid und Sonnenenergie. Die Luftbestandteile und Verbindungen des Schwefels und Phosphors sind gleichmäßig über den Erdball verteilt. Die neuralgischen Komponenten sind das Wasser und die Energie, in diesem Falle die Sonnenenergie.

Wo kein Wasser ist, entwickelt sich keine Biosphäre. Entsprechendes gilt, wenn die Energiestrahlung zu schwach ist, wie in den arktischen Trockenzonen, oder zu stark, wie die Bildung der subtropischen Wendekreiswüsten, Küstenwüsten und Reliefwüsten beweisen.

30 % der gesamten Festlandfläche zählen heute zu Wüsten und Wüstensteppen. Afrika ist ein ausgetrockneter Kontinent. 50 % seiner Oberfläche bestehen aus Wüste und wüstenartiger Trockensteppe. Wie bekannt ist, dehnen sich die Trockengebiete mehr und mehr aus. Eine Produktion von Biomasse kann nicht mehr erfolgen.

Die Entwicklung und Erhaltung unserer gegenwärtigen Biosphäre wird global gesehen von vier Faktoren bestimmt:

1. Wasser
2. Sonnenenergie
3. Temperatur
4. Ausreichendes Angebot an Nährstoffen

Das Zusammenwirken von Wasser (Feuchtigkeit), Wärme und Temperatur bestimmt das Wetter, indem die Bauelemente in Form von Nährstoffen zu Bioverbindungen reagieren können. Das Kohlenstoffdioxid ist Kohlenstofflieferant als Bauelement aller organischen Molekülgerüste. Ebenso liefert es den Sauerstoff bei der Fotosynthese zum Aufbau von Pflanzensubstanz. Wasser ist als Löse- und Transportmittel nötig, und bei der Fotosynthese bringt es außerdem den Wasserstoff unter Abspaltung von Sauerstoff ein.

Eine für die Fotosynthese optimale Sonnenenergieaufnahme durch das Blattgrün, Chlorophyll, kann nur in bestimmten Temperaturbereichen erfolgen. Die Lebensformen, die unsere derzeitige Biosphäre kennzeichnen, sind von insgesamt 25 in der Natur vorkommenden chemischen Elementen abhängig. Diese sogenannten essenziellen Elemente lassen sich in drei Gruppen mit charakteristischen Aufgaben ordnen.

1. Gruppe

Das sind die sechs Elemente der primären Bausteine. In der Reihenfolge ihrer prozentualen Häufigkeit nach Massenanteilen sind das Sauerstoff, Wasserstoff, Phosphor, Kohlenstoff, Schwefel und Stickstoff (Kap. II, Tab. 4). Es sind dieses alles Nichtmetalle.

2. Gruppe

Es sind sechs Elemente, die das elektrolytische Milieu einer Zelle bestimmen: Kalium, Natrium, Magnesium, Calcium, Eisen und Chlor. Die Kationen gehören zu den Alkali- und Erdalkalimetallen bzw. Eisen. Das Chloridion übernimmt die Funktion des Anions (Kap. II, Tab. 4). Diese Elektrolyte besorgen den Energietransport durch die Zellmembran in die Zelle.

3. Gruppe
Die übrigen 14 Elemente sind nur in Spuren erforderlich. Sie sind deshalb aber nicht weniger wichtig. Unter ihnen befinden sich Kobalt, Kupfer, Zinn, Mangan und Molybdän. Sie sind vielfach an Enzyme gebunden und an den Vorgängen der biochemischen Hydrolyse, Oxidation und Reduktion beteiligt. (Kap. XI, Abschn. 4 und Kap. XVIII).

6 Energiedichte [E. energy density]

Der Anteil der Sonnenenergie, der von der Fotosynthese zum Aufbau von Biopolymeren und damit pflanzlicher Biomasse als Basis für tierisches Leben genutzt wird, ist sehr gering und liegt unter 0,1 % der auf der Erdoberfläche eingestrahlten Energie. An der äußeren Grenze unserer Erdatmosphäre wird pro Minute und Quadratzentimeter von der Sonne eine Energie von $8{,}16\ J \cdot min^{-1} \cdot cm^{-2}$ eingestrahlt. Dieser Wert wird als *Solarkonstante* bezeichnet. Aus ihr lässt sich errechnen, dass die Sonne in jeder Minute Strahlungsenergie von $229 \cdot 10^{26}$ J aussendet. Auf unsere äußere Erdatmosphäre treffen davon auf jeden Quadratzentimeter jährlich 1072 kJ auf. Davon erreichen nur 565,6 kJ, also nur 52,7 %, die Erdoberfläche (Kap. XIV und XV).

Ein Vergleich der Werte in Kap. II, Tab. 4 mit denen in Kap. II, Tab. 2a, b zeigt die starke Anreicherung der Elemente Kohlenstoff, Wasserstoff, Stickstoff, Phosphor und Schwefel im menschlichen Körper. Diese Anreicherung erfolgt über die Fotosynthese der Pflanzen und der anschließenden Nahrungskette.

7 Pedosphäre [E. pedosphere][31]

Die Pedosphäre ist der oberste Bereich der festen Erdkruste, d. h. der Lithosphäre, der von Mikroorganismen, Pflanzen, Tieren und Menschen besiedelt ist. Durch ihre anaeroben und aeroben Stoffwechselprozesse, aufbauende und verwesende Biomasse, beeinflussen und bestimmen sie die Gerüststruktur der Pedosphäre. In der Regel reicht die belebte Schicht bis zu 5 m Tiefe, wenn man die Höhlen unberücksichtigt lässt.

In der Pedosphäre werden der mineralische und biologische Bereich auf dem Festland miteinander verknüpft. Das erfolgt über die Chemo- und Fotosynthese der Mikroorganismen einerseits und die Fotosynthese der Pflanzen andererseits. Aus den anorganischen Stoffen, z. B. Wasser, H–OH, Schwefelwasserstoff, H–SH, Ammoniak, NH_3, Phosphate, PO_4^{3-}, und Kohlenstoffdioxid, CO_2, bauen sie die energiereichen Bioverbindungen auf, wie z. B. Kohlenhydrate, Fette, Proteine, Nukleinsäuren (Abb. 1).

Die von der Landwirtschaft genutzten und kultivierten Böden – häufig auch Acker genannt – erfassen in der Regel nur Tiefen von maximal 50 cm. In Ausnahmefällen je nach den angebauten Pflanzen und ihrer Fruchtfolge erreichen sie Tiefen bis zu 1 m.

[31] pedo (gr.) – Boden.

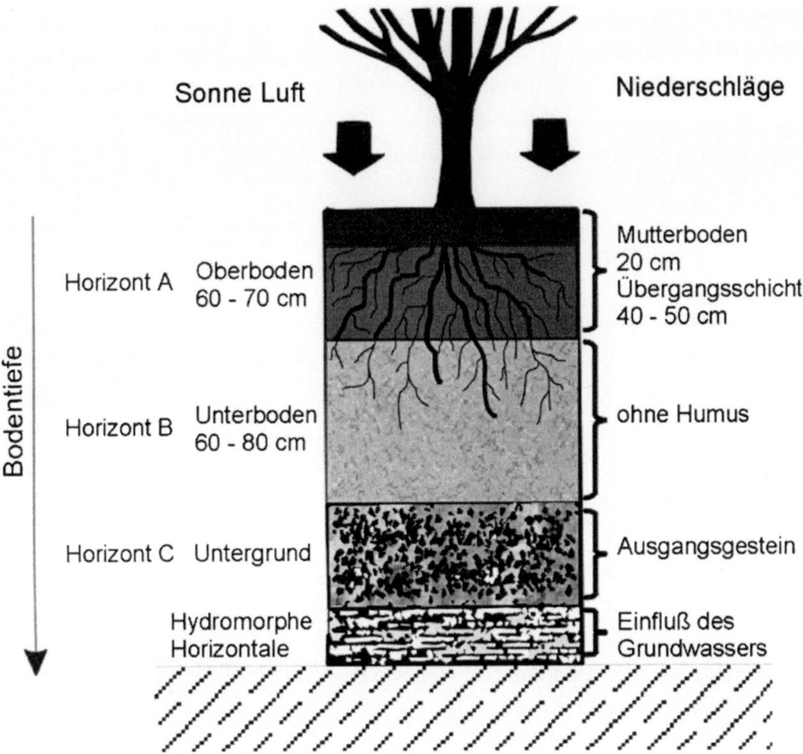

Abb. 2 Die Schichten des Ackerlandes [E. layers of arable land]

Von entscheidendem Einfluss auf die Bodenbildung und die Ackerkrumen sind das Ausgangsgestein und sein Profil[32] bzw. Relief[33], das Wasser, das Klima, die Bodenmikroorganismen, die allgemeine Vegetation[34], der Zeitfaktor und die Bearbeitung des Bodens durch die Menschen. Die Böden werden in *Bodenarten* und *Bodentypen* unterteilt.

Die *Bodenart* ist definiert durch die Körnung der Gesteine, die Skelettstruktur, wie z. B. Kiese, Steine, Blöcke aus Schluff, Sand, Ton und Lehm.

Die treibende Energie dieses Energie- und Stoffumwandlungssystems ist die Sonnenenergie über die Fotosynthese und Reduktionsprozessen der Chemosynthese. [E. the driving energy of this system of conversion of energy and material is the solar energy by the photosynthesis and the redox-processes of the chemical synthesis]

[32]profilare (ital.) – aufzeichnen; Profil wird hier im Sinne von Seitenansicht verstanden.

[33]relever (frz.) – höher machen; Relief bedeutet hier die Höhengestaltung der Bodenoberfläche.

[34]vegetus (lat.) – belebt.

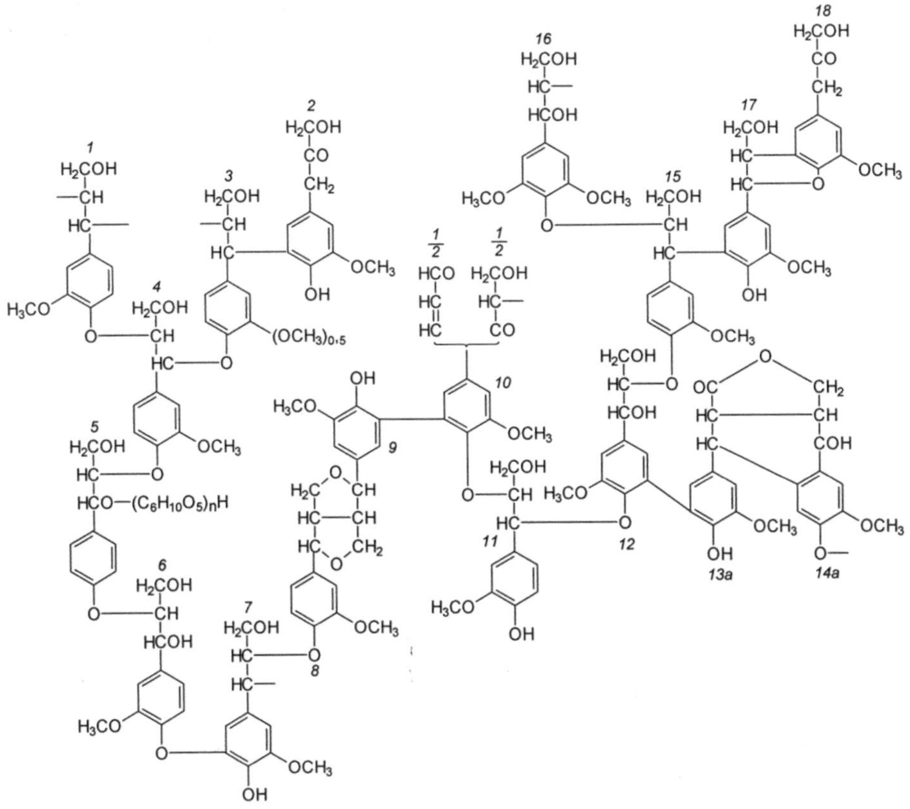

Abb. 3 Ausschnitt aus der Polymerstruktur eines Fichtenholz-Lignins. (Quelle: Römpps Chemie-Lexikon,1997, Bd. 3, Stichwort Lignin) [E. section of a polymer structure of a spruce wood lignin]

Die *Bodentypen* sind durch vertikale Abfolge von horizontalen Bodenschichten und deren Eigenschaften charakterisiert. Unterschiedliche klimatische Einflüsse können bei der gleichen Bodenart verschiedene Bodentypen schaffen.

In der Bodenkunde wird zwischen vier Bodenhorizontalen unterteilt (Abb. 2).

8 Humus [E. humus][35]

Humus ist die Gesamtheit aller im Boden organischen Substanzen, die als Zwischen- und Endprodukte aus dem mikrobiellen enzymatischen Abbau von abgestorbenen tierischen und pflanzlichen Bestandteilen hervorgegangen sind. Er ist amorph und braun bis dunkel gefärbt und enthält im Wesentlichen die organischen Stoffe, die durch Mikroorganismen

[35]humus (lat.) – Boden.

und Kleinstlebewesen nur sehr schwer abzubauen sind. Im Wesentlichen besteht der Humus aus Huminsäuren, die mit mineralisierten Bestandteilen durchsetzt sind.

Die Umwandlung und den Abbau der polymeren Ausgangsstoffe wie Cellulose, Kohlenhydrate, Fette, Lignin und Proteine in Humus bezeichnet man als *Humifizierung.*

Huminsäuren [E. humic acids] sind eine Gruppe von hochmolekularen, stark adsorbierenden Hydroxy- und Polyhydroxycarbonsäuren.

Eine besondere Rolle bei der Humusbildung spielt als Ausgangsprodukt *Lignin*[36] [E. lignin] (Abb. 3). Lignin ist bis zu 30 % Bestandteil des Holzes, weiterhin sind im Holz 40 bis 50 % Cellulose und 25 bis 30 % Hemicellulosen enthalten.

Lignin ist als Oxidationsprodukt des Coniferylalkohols aufzufassen:

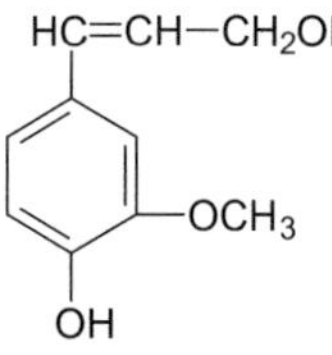

$HC{=}CH{-}CH_2OH$

$-OCH_3$

OH

Conferylalkohol
ein Phenylpropanol-
baustein

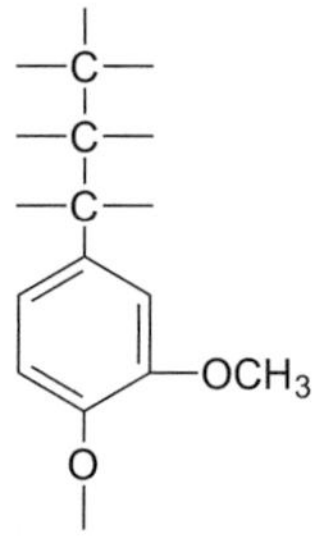

$-OCH_3$

O

Auf die Doppelbindung und die phenolische Gruppe, ·OH, ist die Vielfalt der Verknüpfungsmöglichkeiten zu einem hochmolekularen Polymerisat zurückzuführen. Die aromatischen Kerne des Coniferylalkohols finden sich vernetzt im Lignin wieder. Als Zersetzungsbestandteil lassen sie sich in den Huminsäuren nachweisen.

Ein typisches Kriterium für die Humifizierung ist die Verschiebung des Kohlenstoff-Stickstoff-Verhältnisanteils zugunsten der Stickstoffkomponente. In den Pflanzenrückständen beträgt das Verhältnis Kohlenstoff : Stickstoff = 40:1 und im Humus Kohlenstoff : Stickstoff = 10:1.

Daraus folgt zum einen, dass die Humifizierung ein oxidativer Vorgang ist, denn ein Teil des Kohlenstoffs wird zu Kohlenstoffdioxid oxidiert und entweicht als solches. Zum anderen folgt daraus, dass Lignin eine starke stickstoffbindende Fähigkeit besitzt. Es bindet den Stickstoff als Lignoproteine und heterozyklisch in den aromatischen Molekülteilen. Während der Humifizierung werden in den organischen Verbindungen zahlreiche Carboxylgruppen freigelegt oder neu gebildet, z. B. lassen sich die alkoholischen Gruppen, $\cdot CH_2 \cdot OH$, der Cellulose oder des Lignins leicht zu Carboxylgruppen oxidieren.

[36] lignin (lat.) – Holz.

Für die Qualität und den pH-Wert des Humus sowie seine Bildungsgeschwindigkeit ist u. a. auch die Konzentration der vorhandenen positiv geladenen Elektrolyte verantwortlich. Das sind in der Regel Natrium-, Na^+, Kalium-, K^+, Magnesium-, Mg^{2+}, Calcium-, Ca^{2+}, Eisen-, Fe^{2+}/Fe^{3+}, Ionen. Sie stammen aus den verwitterten Natrium- und Kaliumfeldspäten, dem Kalk und Dolomit. Bei Kationenmangel entsteht ein saurer Humus, sind ausreichend basische Mineralstoffe vorhanden, bilden sich mit Kationen abgesättigte Humuskolloide[37]. Zusammen mit Tonkolloiden machen sie den wünschenswerten Sorptionskomplex[38] des Bodens aus. Dieser Sorptionskomplex hat Ionenaustauscheigenschaften. Er sorgt für ein zuträgliches Ionengleichgewicht, in dem Mikroorganismen (Bakterien und Pilze), Kleinlebewesen des Bodens und die Pflanzen gut gedeihen.

Pilzhyphe[39] und Schleime[40] halten die Bodenteilchen zusammen und verursachen die erwünschte Krümelstruktur für einen fruchtbaren Boden.

Der Humus ist ein im *Fließgleichgewicht* befindliches *Ökosystem.* Er wird durch die aus tierischen und pflanzlichen Rückständen stammenden organischen teilabgebauten Zwischenstoffe ständig ergänzt und mit Verzögerung zu Endprodukten weiteroxidiert. Dieser Vorgang ist irreversibel.

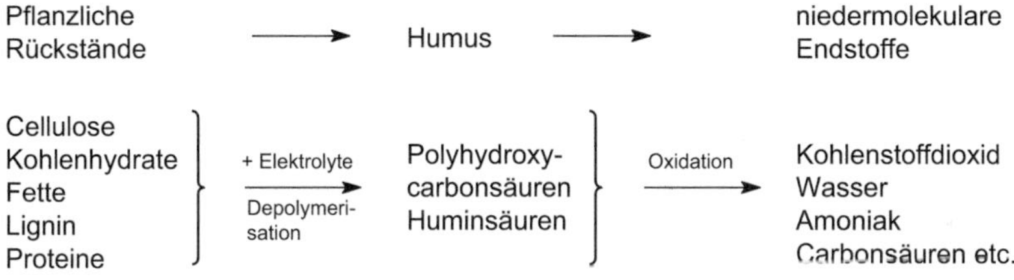

Auf diese Weise ist die Steppenschwarzerde in Gebieten mit lang anhaltenden kalten Wintern und trocknen Sommern entstanden. Das Schwarzerdegebiet der Ukraine hat meterdicke dunkle Humusböden. In einer 25 cm dicken Bodenschicht entfallen je Hektar 40 bis 300 t Humusstoffe (angegeben als Trockensubstanz).

[37]kolla (gr.) – Leim; Kolloide sind fein verteilte Stoffe.

[38]sorbere (lat.) – schlucken; Sorption ist die Eigenschaft von Stoffen, andere mit diesem in Berührung kommende Stoffe ausgewählt (selektiv) durch zwischenmolekulare Kräfte an sich zu binden oder zu verschlucken.

[39]Pilze sind Einzeller mit einem ausgeprägten Zellkern, der mittels einer Zellkernmembran gegenüber dem Zellplasma isoliert ist. Ihre Zellen können fadenähnliche Formen annehmen, die Hyphen genannt werden. Sie zählen zur Gruppe der Eukaryonten.

[40]Schleime sind dickflüssige Kolloide pflanzlichen, tierischen oder mikrobiellen Ursprungs, die aus Polysacchariden zusammengesetzt sind.

Der niedere Humusgehalt tropischer Humusböden beruht auf der raschen Zersetzung jeglicher organischer Substanz durch die im feuchtwarmen Tropenklima begünstigten Kleinlebewesen. Es findet eine Mineralisierung des Humus zu

Kohlenstoffdioxid, CO_2, Wasser, H—OH, Ammoniak, NH_3, und niederen organischen Säuren, $R-C(=O)-OH$, und Mineralsalzen statt.

Die Menge des sich anhäufenden Humus ist vom Klima, von den bodenbedingten Einflüssen und der Art der Pflanzensubstanzen abhängig.

Das Stroh der Getreidegräser und Steppenpflanzen liefert einen leicht zersetzlichen Humus, das Laub der Waldbäume, insbesondere die Nadelstreu, ergibt einen schwer abbaubaren Humus.

Die reinen Mineralböden sind arm an Mikroorganismen. In einem humusangereicherten Boden erhält sich eine artenreiche Mikroflora.

Die Ursache der stabilisierenden Humusschicht auf die Bodendynamik beruht auf der sich durch das Fließgleichgewicht immer wieder erneuernde und sich erhaltende komplexe Mikroflora.

8.1 Einfluss von Humusstoffen auf die physikalischen und chemischen Bodeneigenschaften [E. influence of humic substances on the physical and chemical properties of soil]

1. Humusstoffe verbessern die *Bodenstruktur* durch:
   - direkte Lockerung schwerer Böden durch sperrige Humusteilchen (eine zu starke Lockerung kann allerdings nachteilig sein)
   - indirekt bessere „Lebendverbauung“ des Bodens, z. B. stärkere Produktion bakterieller „Klebstoffe“ (Feinpartikel werden zu Krümeln verbunden), oder durch aggregatstabilisierende Humate (Salze und Huminsäuren).
2. Humusstoffe erhöhen die *Wasserkapazität* des Bodens durch:
   - direkte Bindung von Wasser an die organische Substanz,
   - indirekte Strukturverbesserung.
3. Humusstoffe verbessern die *Durchlüftung* (eine gute Krümelstruktur bedeutet mehr größere Poren) und damit
   - die Luftsauerstoffzufuhr, O_2, zu den Wurzeln,
   - das Entweichen des Kohlenstoffdioxids, CO_2, aus dem Wurzelgeflecht.
4. Humusstoffe erhöhen die *Bodentemperatur:*
   - direkt über ihre dunkle Farbe, die eine bessere Wärmeabsorption des Bodens bewirkt,
   - indirekt über bessere Struktur, da z. B. eine schnellere Beseitigung des Überschusswassers im Frühjahr eine schnellere Erwärmung ermöglicht.
5. Humusstoffe *speichern Nährstoffe* an ihrer Oberfläche in austauschbarer Form, was vor allem für tonarme Böden bedeutsam ist.

6. Humusstoffe *liefern Nährstoffe* und Energie durch Abbau von Nährhumus, es handelt sich um exergonische Vorgänge. Sie liefern:
   - Kohlenstoffdioxid für die Fotosynthese,
   - ionisierte *mineralische Nährstoffe,* vor allem mit den Elementen Stickstoff, Phosphor und Schwefel, aber auch den übrigen Elektrolyten wie z. B. Na^+, K^+, Ca^{++}, Mg^{++} einschließlich der Spurenelemente,
   - *organische Nährstoffe* (z. B. Zucker, Aminosäuren, Acetylreste, d. h. C_2-Bausteine, die als Zwischenprodukte beim Abbau entstehen und von Pflanzen verwertet werden können.
7. Humusabbau *mobilisiert mineralische Nährstoffe* aus anorganischen Reserven:
   - direkt durch den „Humateffekt", bei dem z. B. mikrobielle Ausscheidungen von Säuren oder Komplexbildner Nährstoffe aus den Reserven freisetzen und damit verfügbar machen.
   - indirekt durch den Angriff der beim Humusabbau entstehenden Säuren auf die Reserven oder durch Senkung des Redoxpotenzials, wobei unter reduzierenden Bedingungen einige Nährstoffe mobilisiert werden, z. B. Eisen, Fe^{2+}/Fe^{3+}, Mangan, Mn^{2+}, indirekt aber auch Phosphat, PO_4^{3-}, und Molybdat, MoO_4^{3-}.
8. Humusabbau fördert die *Bindung des Luftstickstoffs,* N_2. allerdings nur, wenn den N-Bindenden Mikroorganismen besonders N-arme Humussubstanz angeboten wird.
9. *Immobilisierung* von Nährstoffen durch Humusstoffe:
   Für diese überwiegend nachteilige Wirkung gibt es zwei Möglichkeiten, nämlich
   - die kurzfristige *Nährstoffsperre,* bei der Mikroorganismen verfügbare mineralische Nährstoffe vorübergehend in ihren Körpern speichern und damit für die Pflanzenwurzeln „sperren". Bedeutsam ist besonders die Stickstoff-Sperre beim Abbau von organischer Substanz mit einem C/N-Verhältnis von über 25:1; aber auch eine Phosphat-Sperre, Sulfat-Sperre oder sogar Sauerstoff-Sperre kann sich negativ auswirken.
   - langfristige *Nährstofffestlegung* in Huminstoffe, z. B. durch Einbau in Dauerhumus oder durch sehr feste Komplexbindung in unbeweglichen und damit nicht aufnehmbaren Komplexen. Beispiele: Cu-Fixierung durch humusreiche, schwach moorige Böden ohne Torfschicht; durch verstärkte Humusdüngung absichtlich herbeigeführte Verringerung des Gehalts an verfügbarem Kupfer in Kautschukplantagen (da ein höherer Cu-Gehalt im Rohgummi nachteilig ist).
10. Organische Düngung und *Wirkstoffe* im Boden
    Organische Dünger können, wie auch die Böden, zahlreiche Wirkstoffe enthalten bzw. deren mikrobielle Produktion anregen. Wirkstoffe sind als Wachstumsfaktoren für Pflanzen von unterschiedlicher Bedeutung:
    - *Wuchsstoffe* oder „Stoffe mit Wuchsstoffcharakter" (z. B. Vitamine, Chinone) können vor allem für keimende Pflanzen, die noch nicht über eine genügende Eigenproduktion verfügen, fördernd sein (Kap. XVII).
    - *Hemmstoffe,* die bereits in kleinsten Mengen das Pflanzenwachstum hemmen, bewirken bei verstärktem Vorkommen gelegentlich erhebliche Schäden (vor allem in bestimmten Monokulturen).

- *Resistenzstoffe (Antibiotika),* die z. B. in vielen Komposten und auch in fruchtbaren Böden in geringen Mengen vorkommen, z. B. Streptomycin (5 ppm)[41], Terramycin (0,1 ppm). Diese Antibiotika werden von den Pflanzen aufgenommen und dürften für die Erhöhung ihrer Resistenz gegen manche Bakterienkrankheiten von Bedeutung sein.

9 Degradation und Regeneration von Böden [E. degradation and regeneration of soils]

Definitionen [E. definitions]

Degradation[42]

ist der irreversible (unumkehrbar) Fruchtbarkeitsverlust von überbeanspruchten Kulturböden. Aufgrund mechanischer, physikalischer, chemischer und biologischer Einwirkung durch die landwirtschaftliche Nutzung verändern sich das Bodenprofil und die Bodenstruktur in der Weise, dass sich die Ernteerträge ständig mindern.

Regeneration[43] [E. regeneration]

eines Bodens ist die Wiederherstellung seiner optimalen Fruchtbarkeitseigenschaften. Diese kann durch natürliche Erholungsphasen wie z. B. Brache oder durch gezielte Maßnahmen einer Rekultivierung erfolgen.

Bodenerosion[44] [E. soil eroding]

ist die Abtragung der Erdoberfläche durch fließendes Wasser, Schneeschmelze und Wind. Das Verwitterungsmaterial verändert seinen Standort, wenn es nicht durch eine dichte Vegetationsdecke festgehalten wird. Während der Erosion werden die Bodenschichten an Nährstoffen und Humus ausgelaugt. Dichtes Wurzelwerk von Pflanzen und Bäumen halten die lockeren Verwitterungsgesteine und den Humus beisammen.

Versalzung von Böden [E. oversalting soils]

Durch die ständige Bewässerung von trocknen Böden nimmt die Versalzung von landwirtschaftlich genutzten Äckern besorgniserregend zu. Ein Drittel der bewässerten Ackerflächen vor allem in den Entwicklungsländern subtropischer Regionen sind davon betroffen. Sie großflächig zu entsalzen, hat sich bisher als sehr schwierig erwiesen.

---

[41]ppm = parts per million, das ist eine häufig verwendete Konzentrationsangabe für niedere Konzentrationen, z. B. 1 Teil Wirkstoff auf 1 Mio. Verdünnungsanteile.

[42]degradare (lat.) – herabsetzen.

[43]regenerare (lat.) – wiedererzeugen. Unter Regeneration wird allgemein die Wiederherstellung bzw. Reaktivierung eines Stoffes oder eines biologischen, technischen Systems verstanden.

[44]erodere (lat.) – abnagen.

Eine Maßnahme besteht darin, Pflanzen mit hoher Salztoleranz zu züchten, die also auch auf versalzten Böden gut gedeihen. Dieses ist einem Forscherteam um Professor Moris Apse an der Universität in Toronto/Kanada gelungen. Sie haben in den Zellkernen der Pflanzen jenes Gen des Erbgutes aktiviert, das für den Transport von Natriumionen in die Vakuolen der Zelle verantwortlich ist. Die Vakuolen dienen als Zwischenlager für die Na^+-Ionen. Ihre Lagerkapazität wird durch eine Genaktivierung erhöht. Die Pflanze *Arabidopsis* gedeiht noch in einer 0,2 molaren NaCl-Lösung, das entspricht 11,6 g Salz/L Wasser. Meerwasser enthält 27 g/L, das sind knapp 3 %.

Diese Versuche mit Genveränderungen werden auf eine ganze Reihe von landwirtschaftlichen Nutzpflanzen ausgedehnt.[45]

Eine ausreichende und bessere Ernährung der Menschen kann erreicht werden durch immer höhere Ernteerträge. Wissenschaftliche Methoden und Erkenntnisse haben in den letzten Jahrzehnten vieles vermocht, z. B. durch Züchten neuer Saatgutsorten, Entwickeln schädlingsresistenter Pflanzen, durch gentechnische Veränderungen einiger physiologischer Eigenschaften, durch selektiv wirkende und biologisch abbaubare Pflanzenschutzmittel (Kap. XXIII). Nicht zu vergessen sind die nach Wachstumsphasen der Pflanzen und Dosiermengen gezielten Düngergaben (Kap. VIII).

Diese Maßnahmen alleine reichen nicht aus, wenn nicht genügend fruchtbare Ackerflächen vorhanden sind. Der Flächenerweiterung von Kulturböden sind Grenzen gesetzt.

Die Erdoberfläche umfasst knapp 510 Mio. km^2. Davon sind 70,8 % von den Weltmeeren bedeckt. Die Landmassen nehmen mit 29,2 % 149 Mio. km^2 ein, das entspricht 14,9 Mrd. ha[46].

Von den 149 Mio. km^2 sind ca. 19 Mio. km^2 von Dauereis bedeckt, sodass theoretisch nur 130 Mio. km^2 landwirtschaftlich genutzt werden könnten.

Von den 130 Mio. $km^2 = 13$ Mrd. ha Anbauflächen sind inzwischen knapp 20 Mio. $km^2 = 2$ Mrd. ha, das sind 15,5 %, heruntergewirtschaftet worden, d. h. degradiert, sodass sie nur langfristig mit hohen Investitionen und Arbeitsaufwand rekultiviert werden können (Tab. 1).

Die Gefahr einer weiteren Verringerung der kultivierten Böden droht von der steigenden Weltbevölkerung. 1950 wurden ca. 2,54 Mrd. Menschen auf der Erde gezählt. Die landwirtschaftliche Nutzfläche betrug

$$\frac{1,3\,\text{Mrd. ha}}{2,54\,\text{Mrd. Personen}} \approx 0,51\,\text{ha pro person}$$

1975 betrug die Weltbevölkerung 3,83 Mrd. Menschen, das entspricht

$$\frac{1,3\,\text{Mrd. ha}}{3,82\,\text{Mrd. Personen}} \approx 0,34\,\text{ha pro person}$$

[45]Lit.: Überleben in der Wüste, Agrikultur: Pflanzen toleranter gegenüber salzhaltigen Böden, VDI-Nachrichten (1999), Nr. 34, S. 15.

[46]1 Hektar [ha] = 10.000 $m^2 = 0{,}01$ km^2.

Tab. 1 Die Bodendegraduierung auf den einzelnen Kontinenten [E. the degradation of soil on the individual continents]

Kontinent	Gesamtfläche	Nicht nutzbar		Nicht degradiert		Degradiert	
	[Mio. km^2]	[Mio. km^2]	%	[Mio. km^2]	%	[Mio. km^2]	%
Europa	9,50	0,01	•	7,30	77	2,19	23
Asien	42,56	4,85	11	30,23	71	7,48	18
Afrika	29,66	7,32	25	17,40	59	4,94	16
Australien	8,82	0,95	11	6,84	77	1,03	11
Nordamerika	18,85	0,75	4	17,15	91	0,95	5
Mittelamerika	3,06	0,53	17	1,90	62	0,63	20
Südamerika	17,86	0,28	2	14,97	85	2,43	13
Landfläche (72° N bis 57° S)[a]	130,31	14,69	11	95,79	74	19,65	15,5

[a]Breitengrade

2017 beträgt die Weltbevölkerung 7,3 Mrd. Menschen, das entspricht

$$\frac{1,3\,\text{Mrd. ha}}{7,3\,\text{Mrd. personen}} \approx 0,18\,\text{ha pro person}$$

Für das Jahr 2025 wird die Weltbevölkerung auf ca. 8,7 Mrd. Menschen geschätzt. Wenn die kultivierten Ackerflächen nicht drastisch erweitert werden, dann stehen nur

$$\frac{1,3\,\text{Mrd. ha}}{8,7\,\text{Mrd. person}} \approx 0,15\,\text{ha pro person zur Verfügung.}$$

Das ist zu wenig, um die Menschen auf dieser Erde angemessen zu ernähren.

Die Ursachen der Degradierung von kultiviertem Acker liegen in der falschen Behandlung durch die Menschen, diese sind z. B. zu suchen in einer

- fortschreitenden Entwaldung,
- ständigen Überweidung durch Massentierhaltung,
- falschen Bewirtschaftung, z. B. durch Anbau von Monokulturen, keinen Wechsel in der Fruchtfolge, keine Brache,
- Überdüngung insbesondere durch Gülle (Kap. VIII, Abschn. 5.1) und einer Überdosierung von Schadstoffen wie Pflanzenschutzmittel.

Analysiert man die Ergebnisse der Tab. 1, dann ist schockierend, dass Europa als dicht besiedelte Region, aber mit dem höchsten Wissenschafts- und Technologiestand, den umfangreichsten Degradierungsanteil aufweist, gefolgt von Mittelamerika, Asien und

Afrika. Nordamerika liegt mit nur 5 % Degradierungsquote am Schluss dieser Skala. Die Kontinente mit der höchsten Bevölkerungsdichte und mit hoher Bevölkerungszunahme haben auch am stärksten unter der Degradation zu leiden.

Die Entwaldung leistet einer Bodenerosion großen Vorschub.

Seit 1960 ist die Waldfläche weltweit pro Kopf um die Hälfte zurückgegangen: von 1,2 ha/Person auf 0,6 ha/Person (1995). Bis 2025 wird sie auf 0,4 ha/Person gesunken sein. Mehr als 1,7 Mrd. Menschen leben gegenwärtig in 40 Ländern mit einer Waldfläche von weniger als 0,1 ha pro Kopf. Der hohe Holzverbrauch in den Industrieländern stellt den geringsten Teil des Waldverlustes in der Welt dar (Tab. 2).

Die dramatische Zunahme des Holzverbrauches erfolgt in den Entwicklungsländern selbst. Seit 1980 nahm der Industrieholzverbrauch am stärksten in Südamerika zu, in Asien ist es der Papierverbrauch, der den Holzbedarf in die Höhe schnellen ließ, und in Afrika der Brennholzverbrauch.

Die Erholungsfähigkeit der fruchtbaren Böden muss erhalten bleiben und nicht wegen kurzfristiger Spitzen-Ernteausbeuten aufs Spiel gesetzt werden.

Ein Grundprinzip biologischer Systeme ist, dass sie sich vorübergehend zu Höchstleistungen aktivieren lassen. Danach ist aber wieder eine Phase der Erholung notwendig. Das gilt auch für die Menschen. Über kurze Zeiten vermögen sie über ihre normalen Kräfte hinaus hohe körperliche, geistige, seelische und damit auch innovative Leistungen zu vollbringen. Über eine längere Zeit allerdings wirkt ein solcher Leistungsschub nachhaltig gesundheitsschädigend, wenn nicht rechtzeitig Erholungs(Schlaf)-Phasen, d. h.

Tab. 2 Waldverluste und Holzverbrauch in der Welt (Quelle: DSI news letter (1999), Nr. 4, Deutsche Stiftung Weltbevölkerung) [E. decrease in forest land and the consumption of wood in the world]

Jahr	1960	1995	2015
Weltbevölkerung	3 Mrd.	5,7 Mrd.	7,3 Mrd.
Waldfläche in Hektar [ha]	davon Industrieländer Entwicklungsländer	3,45 1,49 1,96	
Waldfläche pro Kopf [ha]	1,2	0,6	0,4 (geschätzt)
Holzverbrauch, insgesamt [m^3]	2,2 Mrd. 0,7 m^3/Kopf	3,3 Mrd. 0,6 m^3/Kopf	

Waldverluste von 1990 bis 1995 56,3 Mio. ha
–65,1 Mio. ha. in Entwicklungsländern
+8,8 Mio. ha in Industrieländern

In den Industrieländern haben die Waldbestände um 10 Mio. ha in den letzten 10 Jahren zugenommen

Regenerationsphasen eingelegt werden. Das gilt auch für Wirtschafts- und soziologische Prozesse.

Unter diesem Aspekt sollte anstelle von *Umweltschutz* von der Erhaltung der *Regenerationsfähigkeit* gesprochen werden. Regeneration schließt den Rhythmus zwischen Leistung und Erholung mit ein, der die Prozesse der biologischen Systeme bestimmt und antreibt.

Die rhythmischen Abläufe und ihre Gesetzmäßigkeiten binden auch die in der Natur bestehenden Fließgleichgewichte mit ein (Kap. XVIII, Abschn. 2.1).

Die Degradation wird einerseits durch den Eingriff der Menschen in die Böden wegen ihrer landwirtschaftlichen Nutzung und auch durch die Industrialisierung ausgelöst.

Andererseits sind auch die Wirkungen des Wetters, die Erosion und die Beschaffenheit der Bodenoberflächen als Faktoren mit zu berücksichtigen, um Degradierungen zu verhindern bzw. degradierte Böden zu rekultivieren.

Mit der zunehmenden Bevölkerungsdichte haben sich auch die Anforderungen an die Ertragskraft der Böden geändert. Auf extreme Klimaschwankungen sind sie empfindlich geworden. In der vorindustriellen Zeit wurde eine vieharme und auf Getreideanbau gerichtete Landwirtschaft betrieben. In heißen und trockenen Sommern waren in der Regel die höchsten Erträge an Getreide und Wein zu erwarten. Durch die hohen Viehbestände mit dem Beginn der Industrialisierung und der einhergehenden Bevölkerungszunahme bedeutete Trockenheit Wasserverknappung für Vieh und deren Weideflächen. Das Viehfutter wurde knapp, die Weideflächen erschöpften sich, und die Fleischproduktion ging zurück. In früheren Jahrhunderten waren die Landschaften noch nicht so stark entwaldet und was noch wichtiger ist, sie waren nicht so dicht kanalisiert. Das Wasser konnte nicht so schnell ablaufen, und die Bodenfeuchte hielt sich länger in den landwirtschaftlich genutzten Flächen. Diese stärkte die zusätzliche Fruchtbarkeit in trocknen regenarmen Sommern.

Tab. 3 Überblick über die Erdzeitalter [E. a survey of the geologic time scale]

Zeitalter	Z = Jahre vor der Jetztzeit (etwa) / D = Zeitdauer (etwa) [Jahre]	Zeitabschnitte (Formationen)	Abteilungen und Stufen	Geschichte der Erde und des Lebens: Wichtige erdgeschichtliche Vorgänge	Geschichte der Erde und des Lebens: Tierwelt- und Menschheitsentwicklung	Entwicklung der Pflanzenwelt	
Neuzeit (Neozoikum)	Z = 8000	**Quartär**	*Holozän* (Alluvium)	Letzte Ausgestaltung der Erdoberfläche. Bildung von Gesteinsablagerungen in Flusstälern und Meeren. Vulkanismus.	Herrschaft des *Kulturmenschen.* Heutige Tierwelt (Haustiere).	Heutige Pflanzenwelt, Kulturpflanzen.	Zeitalter der *"Bedecktsamer"* (Angiospermen)
	Z = 1 Mio.		*Pleistozän* (Diluvium)	Vereisung Norddeutschlands in mehreren Vorstößen mit Zwischeneiszeiten. Eiszeitliche Ablagerungen. Lößbildungen. Schwacher Vulkanismus.	*Reste des Menschen* (Vormensch, Neandertaler), große Säuger (Mammut, Nashorn, Riesenhirsch, Moschusochse, Rentier, Raubtiere).	Kältesteppe im Wechsel mit üppigem Pflanzenwuchs.	
	Z = 25 Mio.	**Tertiär**	*Jungtertiär* { Pliozän, Miozän	Vor- und Zurückweichen des Meeres. Bildung von Braunkohlenflözen. Starker Vulkanismus. Diabas. Tropisches, später kälter werdendes Klima. Herausbildung der heutigen Kontinente, Klimazonen, -floren und -faunen. } *Alpidische Faltung*	*Erscheinen des primitiven Menschen. Herrschaft der Säuger* (große Rüsseltiere und Raubtiere) und *echter Vögel,* Insekten, *Uraffen.* Überwiegen von Muscheln, Schnecken, Foraminiferen. Aussterben von Ammoniten und Belemniten.	Starke Entwicklung der *diktotylen Laubbäume.*	
	D = 35 Mio. Z = 60 Mio.		*Alltertiär* { Oligozän, Eozän, Pläozän				
Mittelzeit (Mesozoikum)	D = 40 Mio.	**Kreide**	*Obere Kreide* { Dan, Senon, Emscher, Turon, Cenoman	Weltweite Meeresrückzüge und Überflutungen. Bildung der Schreibkreide.	*Erstes Auftreten der höheren Säugetiere* (ursprünglichste Raub- und Huftiere). Zahlreiche Knochenfische. Aussterben der riesigen Reptilien (Dinosaurier), zahntragender Vögel, Ammoniten und Belemiten. Viele Schwämme, Echiniden und Muscheln (Inocceamen).	Rückgang der Nacktsamer	
	D = 30 Mio. Z = 130 Mio.		*Untere Kreide* { Gault, Neokom, Wealden	Beginn von Meerestransgressionen. Bildung von Steinkohlenflözen (Deister).		*Erscheinen der Bedecktsamer*	Zeitalter der *"Nacktsamer"* (Gymnospermen)
	D = 55 Mio. Z = 155 Mio.	**Jura**	*Oberer Jura* { weißer Jura oder Malm *Mittlerer Jura* { brauner Jura oder Dogger *Unterer Jura* { schwarzer Jura oder Lias	Vorwiegend Ablagerungen des Meeres. Schwacher Vulkanismus.	Blütezeit der Ammoniten, Belemniten. Kriechtiere auf dem Land (Saurier), Dinosaurier im Wasser. *Erste Vögel* und Flugsaurier.	Blütezeit der Zykadeen, Ginkgo- und Nadelbäume (Nacktsamer)	
	D = 50 Mio. Z = 200 Mio.	**Trias**	*Oberer Trias* Keuper *Mittlerer Trias* Muschelkalk *Unterer Trias* Buntsandstein	Wechsel von Festland- und Meeresablagerungen bei meist warmem Klima.	*Erste primitive Säuger* (Beuteltiere). Knochenfische und Dinosaurier.	Verschwinden der baumförmigen Sporenpflanzen.	

(Fortsetzung)

Tab. 3 (Fortsetzung)

Zeitalter	Z = Jahre vor der Jetztzeit (etwa) D = Zeitdauer (etwa) [Jahre]	Zeitabschnitte (Formationen)	Abteilungen und Stufen	Geschichte der Erde und des Lebens: Wichtige erdgeschichtliche Vorgänge	Geschichte der Erde und des Lebens: Tierwelt- und Menschheitsentwicklung	Entwicklung der Pflanzenwelt	
Altzeit (Palaeozoikum)	D = 35 Mio. Z = 220 Mio.	**Perm** (Dyas)	*Zechstein* *Rotliegendes*	Binnenmeerbildungen mit mächtigen Salzlagern in trockenem Klima. Bildung von Wüstenklima. Starker Vulkanismus.	Brachiopoden, ganoide Fische und Reptilien. Blütezeit d. Amphibiengruppe durch Panzerlurche (Stegozephalen). Aussterben der Trilobiten.	*Erstes Erscheinen der Samenpflanzen und Blütenpflanzen.* (Ginkgo)	Zeitalter der *"Sporenpflanzen"* (Pteridophyten)
	D = 70 Mio. Z = 290 Mio.	**Karbon**	*Oberkarbon* { Stefan, Westfal, Namur *Unterkarbon* Diamant	Bildung von Steinkohlenflöten auf dem Festland. Meeresüberflütungen und -absätze. *Variszische Faltung in Mitteleuropa*	*Erste Reptilien und geflügelte Insekten* (Urlibellen). Hauptentwicklung der Crinoiden. Reichtum an Brachiopoden und Goniatiten, Foraminiferen, Muscheln (auch nichtmarine Muscheln).	Kräftige Entwicklung der Pteridophyten (Farne, Bärlapp-, Schachtelhalmgewächse und Gymnospermen).	
	D = 50 Mio. Z = 340 Mio.	**Devon**	*Oberdevon* { Famenne, Frasue *Mitteldevon* { Givet, Eifel *Unterdevon* { Ems, Siegen, Gedinne	Meeres - und Festlandbildungen. Vulkanische Tätigkeit.	Reiche Meeresfauna. Blütezeit der Goniatiten. Formenreiche Knorpelfische (Panzerfische, Schmelzschupper u. a.). Aussterben der Graphtolithen	Erste Landpflanzen (erst blattlose Sporenpflanzen, dann spärliche Belaubung).	Zeitalter der *"Nacktgewächse"* (Psilophyten)
	D = 20 Mio. Z = 360 Mio.	**Silur**	*Obersilur* (Gotlandium)	Meeresablagerungen	Erste Wirbeltiere (Panzerfische). Hauptentwicklung der Trilobiten, Nautileen und *Graptolithen*, Riesenkrebse, Korallen, Muscheln.	*Erste Gefäßpflanzen* (Psilophyten)	Zeitalter der *"Algen"*
	D = 80 Mio. Z = 440 Mio.	**Ordovicium**	*Untersilur*	Kräftiger Vulkanismus.			
	D = 50 Mio. Z = 520 Mio.	**Kambrium**	*Oberkambrium* *Mittelkambrium* *Unterkambrium* } Grönlandium	Meeresablagerungen	Herrschaft wirbelloser mariner Tiere, insbesondere der Dreilapper (*Trilobiten*). Brachiopoden, Mollusken und Würmer. Weitere Entwicklung der Lebewelt.	*Erste Pflanzenreste* in Form von Meeresalgen.	
Urzeit (Praekambrium)	D = 580 Mio. Z = 1000 Mio.	**Algonkium**	*Oberes Algonkium* Jotnium *Unteres Algonkium* Karelium	Ablagerungen in warmen Meeren, aber auch Vereisungsvorgänge.	*Entstehung der Lebewesen* in Form von einfachen *wirbellosen Meerestieren* (Einzeller).	*Pflanzenspuren* (Kalkalgen)	
	D = 5000 Mio	**Archaikum**	*Kristalline Schiefer* } Huronium, Laurentium	Entstehung der *Urkontinente* und *Urozeane*. Bildung der Erdkruste als Erstarrungskruste. Entwicklung der Erde aus dem Sternstadium.	Organische Reste nicht nachweisbar.		

Literatur [E. references]

DSI news letter (1999), Nr. 4, Entwaldung schreitet rapide voran, Deutsche Stiftung Weltbevölkerung.

Hopp, V. (1997), Stoff- und Energieumsatz, Praktisches Chemiewissen für Ingenieure, S. 65 ff, VCH-Verlag, Weinheim

VDI-Nachrichten (1999), Nr. 34, S. 15, Überleben in der Wüste, Agrikultur: Pflanzen toleranter gegenüber salzhaltigen Böden.

Weiterführende Literatur

Atlas der Globalisierung (2006), Nahrung und Energie aus den Weltmeeren; Lemonde de diplomtique/taz Verlags und Vertriebs GmbH, 10969 Berlin.

Büchel, K. H., Moretto, H.-H. u. Woditsch, P. (1999), Industrielle Anorganische Chemie, Wiley-VCH, Weinheim.

Ditfurth von, H. (2007), Im Anfang war der Wasserstoff, 18. Aufl., Deutscher Taschenbuch-Verlag, München.

Grossarth, Jan (2017), Die Farm der Zukunft braucht Phantasie, Frankfurter Allgemeine Zeitung, Nr. 16 vom 19.01.2017.

Hennig, E. (1983), Der Lebenskreislauf im Boden, Verlag T. Marczell, München

Kukuk, P. (1969), Geologie, Mineralogie und Lagerstättenlehre, Springer-Verlag, Berlin – Göttingen – Heidelberg

Michaeli-Ackmühle, P. (1990), BLV Gartenlexikon, BLV Verlagsgesellschaft mbH, München – Wien – Zürich

Reuter, F., Klengel, J. K., Paśek, J. (1980), Ingenieurgeologie, VEB Deutscher Verlag für Grundstoffindustrie, Leipzig

Richter, G. Hrsg. (1998), Bodenerosion, Wissenschaftl. Buchges., Darmstadt

Römpps-Chemielexikon (2002), Hrsg. Falbe J. u. Regnitz, M., 10. Aufl., Bd. 1, Thieme Verlag, Stuttgart, New York.

Schlegel, H. G., Zaborosch, Ch. (1992), Allgemeine Mikrobiologie, Georg Thieme Verlag, Stuttgart – New York

Schreiner, Klaus (1999), Das Jahrtausend, Dreizehntes Jahrhundert, FAZ, Nr. 95-I, 24.04.99

Sell, J. und Zimmer, T. (1997), Werkstoff Holz, Spektrum der Wissenschaft, Heft 4, Akademischer Verlag Heidelberg

Welternährung (1997), Spektrum der Wissenschaft, Dossier Nr. 2, Akademischer Verlag Heidelberg.

Vom Stickstoff über die Aminosäuren zu den Proteinen [E. from nitrogen to amino acids and proteins]

V

1 Stickstoff, N_2 [E. nitrogen][1]

1.1 Chemische und physikalische Eigenschaften [E. chemical and physical properties]

Im Periodensystem der Elemente ist Stickstoff an 1. Stelle in der 5. Hauptgruppe eingeordnet. In der äußeren Elektronenschale befinden sich fünf Elektronen, davon ein Elektronenpaar und drei Einzelelektronen, deshalb kann Stickstoff in den Oxidationsstufen zwischen −3 und +5 auftreten. Z. B. im Ammoniak, NH_3, beträgt die Oxidationsstufe −3 und im Nitration, NO_3^-, +5. Die Atommasse ist 14,00674. Andererseits haben Einzelelektronen mit entgegengesetztem Spin[2] das Bestreben, sich zu Elektronenpaaren zu vereinigen.

Unter Spin wird die Eigenrotation von Elementarteilchen verstanden:

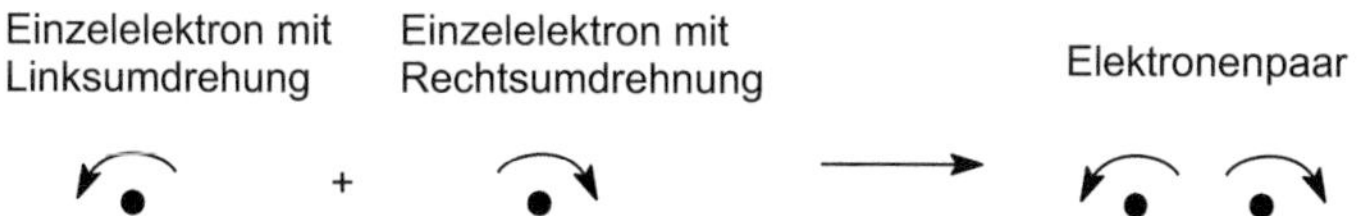

Die Vereinigung von Einzelelektronen zu dem energieniederen Zustand von Elektronenpaaren ist der Grund dafür, dass elementarer Stickstoff molekular vorliegt.

[1]Nitrogenium (lat.) – Salpeterbildner.

[2]spin (engl.) – sich drehen.

V. Hopp, *Chemische Kreisläufe in der Natur,*
https://doi.org/10.1007/978-3-662-55860-7_5

atomarer Stickstoff		atomarer Stickstoff		molekularer Stickstoff
$|\dot{\underset{\cdot}{N}}\cdot$	+	$\cdot\dot{\underset{\cdot}{N}}|$	$\longrightarrow$	$|N\equiv N|$
				$\Delta H = -941{,}4$ kJ/mol

Die *Bindungsenergie* des molekularen Stickstoffs ist sehr hoch. Das erklärt die relativ große Reaktionsträgheit des molekularen Stickstoffs.

Die Bindungsenergie ist derjenige Energiebetrag, der beim Entstehen oder bei der Spaltung einer chemischen Bindung freigesetzt oder aufgewendet werden muss.

Im Falle des molekularen Stickstoffs bedeutet das, dass bei seiner Bildung sehr viel Energie freigesetzt wird. N_2 befindet sich somit in einem energieniedrigen, d. h. reaktionsträgen Zustand. Ein entsprechender Energiebetrag muss also aufgewendet werden, um Stickstoff vom molekularen in den atomaren, d. h. reaktionsbereiten Zustand zu überführen.

Unter den Bedingungen unserer Umwelt ist Stickstoff ein farb- und geruchloses, geschmackfreies nicht brennbares Gas.

1 L Stickstoff wiegt bei 20 °C und 1013 mbar 1,251 g, er hat bei −210 °C seinen Schmelzpunkt und bei −196 °C seinen Siedepunkt.

Flüssiger Stickstoff ist farblos, hat bei −195,8 °C eine Dichte von 0,808 $\frac{g}{cm^3}$ und wird nach dem Lindeverfahren[3] durch Luftverflüssigung und anschließender Rektifikation, d. h. Trennung durch wiederholte Destillation, gewonnen. 1 L Wasser nimmt bei 20 °C 12,76 mL Stickstoff gelöst auf.

1.2 Vorkommen [E. occurence]

In der Erdatmosphäre ist Stickstoff mit 78,09 % Volumenanteilen vertreten. Das sind die größten natürlichen Stickstoffvorkommen. Wie Sauerstoff und Kohlenstoffdioxid ist Stickstoff allgegenwärtig, ubiquitär. Als essenzielles Bioelement für die Eiweißsynthese in der Natur ist das von großer Bedeutung. Lebende Systeme können sich auf der Erde überall entwickeln, sofern Wasser zugegen ist.

Als Mineral kommt Stickstoff chemisch gebunden nur als Nitratsalze vor. Kaliumnitrat, KNO_3, auch als Salpeter oder Felsensalz bekannt, findet sich mit anderen Alkalinitraten vermischt dort, wo pflanzliche und tierische Proteine auf kaliumhaltigem Boden in Gegenwart von Luft und nitrifizierenden Bakterien verwesen. Die auf diese Weise entstandenen Alkalimetallnitrate gelangen bei Trockenperioden mit der Feuchtigkeit durch Kapillaraktivität an die Oberfläche des Bodens und kristallisieren aus.

Anorganische Stickstoffverbindungen entstehen außerdem bei elektrischen Entladungen (Blitz) in der Atmosphäre aus Stickstoff, Sauerstoff und Wasserdampf. Es bildet sich

[3]Carl von Linde (1842–1934), dt. Ingenieur und Unternehmer.

Salpetersäure, HNO_3, die auf der Erdoberfläche mit Alkalien, z. B. Soda, Na_2CO_2 und anderen basischen Salzen zu Alkali- und Calciumnitraten, $Ca(NO_3)_2$, reagiert.

In den mittleren und nördlichen Teilen Europas findet man vorwiegend Kalksalpeter, $Ca(NO_3)_2$. In Spanien, Ungarn, Galizien und weiten Teilen der Ukraine bestehen die Lagerstätten hauptsächlich aus Kali- und Natronsalpeter, KNO_3 und $NaNO_3$. Die Lagerstätten in Ägypten und im Zweistromland des Euphrats und Tigris sowie in Bengalen sind Ablagerungen mit hohem Kaliumnitratanteil. Während der Regenperioden wurden die Täler regelmäßig überschwemmt und mit einer Schlammschicht überdeckt. Unter den klimatisch sehr günstigen Bedingungen zersetzte sich der organische Teil oxidativ zu Kalisalpeter.

1830 wurden die riesigen Natronsalpetervorkommen, $NaNO_3$, in der Atacama-Wüste Chiles entdeckt. Durch die geologische Hebung der Anden wurde Meeresgrund mit reichen pflanzlichen und tierischen Ablagerungen abgesondert und unter günstigen Bedingungen einer oxidativen Nitrifikation ausgesetzt. Der organisch gebundene Stickstoff wurde durch nitrifizierende Bakterien zu Nitrit, NO_2^-, und Nitrat, NO_3^-, umgewandelt. Die bis zu 5 m mächtigen Schichten haben einen Natriumnitratgehalt bis zu 65 und 95 %. In den Salpeterkriegen von 1879 bis 1883 gegen Bolivien und Peru hat Chile sich den Besitz dieser Salpeterlandschaft vertraglich zugesichert. Nun begannen die großen Salpeterfahrten nach Europa und USA, um den Stickstoffdüngemittelbedarf der landwirtschaftlich genutzten Ackerflächen zu befrieden.

Zusammenfassend darf festgestellt werden, dass alle Stickstoffverbindungen, außer denen, die bei Blitzentladungen in der Erdatmosphäre entstehen, biogenen Ursprungs sind.

Dazu sind auch die Stickstoffoxide im weiteren Sinne zu rechnen, die sich bei den hohen Verbrennungstemperaturen von ca. 1000 °C und höher in den Kraftwerken, Flugzeugen und Autos aus dem elementaren Stickstoff und Sauerstoff bilden:

Stickstoff (molekular) → Stickstoff (atomar)

$$N_2 \longrightarrow 2\,N; \qquad \Delta H = +946\ \text{kJ/mol}$$

Stickstoff + Sauerstoff → Stickstoffmonoxid

$$2\,N + O_2 \longrightarrow 2\,NO; \qquad \Delta H = +90{,}25\ \text{kJ/mol}$$

Stickstoffmonoxid → Distickstoffdioxid

$$2\,NO \longrightarrow N_2O_2; \qquad \Delta H = -190{,}75\ \text{kJ/mol}$$

Distickstoffdioxid + Sauerstoff → Stickstoffdioxid

$$N_2O_2 + O_2 \longrightarrow 2\,NO_2; \qquad \Delta H = +76{,}61\ \text{kJ/mol}$$

Stickstoffdioxid + Wasserdampf → Salpetersäure + Stickstoffmonoxid

$$3\,NO_{2(g)} + H_2O_{(l)} \longrightarrow 2\,HNO_{3\,(l)} + NO_{(g)}$$

$$\Delta H = -71{,}6\ \text{kJ/mol}$$

Die zunehmende Belastung der Umwelt durch die Stickstoffoxide entwickelte sich, seitdem es James Watt[4] 1789 gelungen war, eine Dampfmaschine auf der Basis von Kohleverbrennung technisch zu nutzen. Bei den relativ hohen Verbrennungstemperaturen verbindet sich der sonst reaktionsträge Stickstoff mit Sauerstoff zu Stickstoffoxiden.

2 Aminosäuren [E. amino acids]

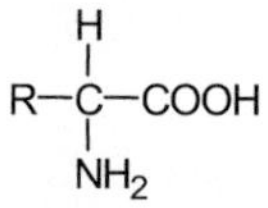

$$R-\overset{\displaystyle H}{\underset{\displaystyle NH_2}{C}}-COOH$$

2.1 Chemische Eigenschaften [E. chemical properties]

Aminosäuren, korrekter Aminocarbonsäuren, sind organische Säuren, die im Molekül zusätzlich eine Aminogruppe, $-NH_2$, enthalten. Je nach der Stellung der Aminogruppe zur Carboxylgruppe, –COOH, wird zwischen den α-, β-, γ-, ε- usw. Aminosäuren unterschieden, z. B.

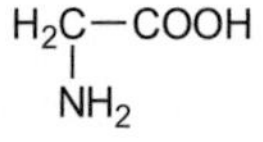

$$\underset{\displaystyle NH_2}{H_2C}-COOH \quad \text{α-Aminoessigsäure}$$

$$\underset{\displaystyle NH_2}{H_2C}-CH_2-COOH \quad \text{β-Aminopropionsäure}$$

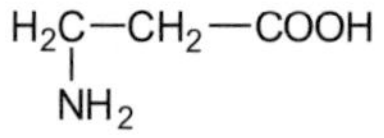

$$\underset{\displaystyle NH_2}{H_2C}-CH_2-CH_2-COOH \quad \text{γ-Aminobuttersäure}$$

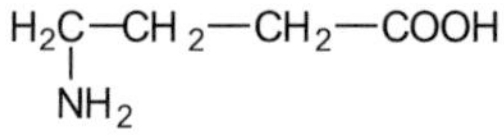

$$\underset{\displaystyle NH_2}{H_2C}-CH_2-CH_2-CH_2-CH_2-COOH \quad \text{ε-Aminocapronsäure}$$

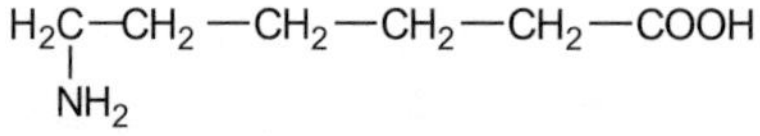

Die Aminosäuren sind kristalline, relativ hochschmelzende Substanzen von leicht süßlichem Geschmack. Aufgrund ihrer Carboxyl- und Aminogruppen in einem Molekül haben sie sowohl saure als auch basische Eigenschaften.

Verbindungen, die in saurer Lösung Kationen und in alkalischer Anionen bilden, heißen amphotere Elektrolyte oder Ampholyte[5].

[4]James Watt (1736–1819), engl. Ingenieur, er baute die 1. praktikable und einsetzbare Dampfmaschine.

[5]amphi (gr.) – als Vorsilbe doppel-, beid-, zweiseitig, nach zwei entgegengesetzten Richtungen hin.

Folgendes Gleichgewicht besteht zwischen den ampholytischen Zuständen in wässriger Lösung.

$$\underset{\text{Anion}}{R{-}CH(NH_2){-}COO^{(-)}} \underset{-H^+}{\overset{+H^+}{\rightleftharpoons}} \underset{\text{Zwitterion}}{R{-}CH(NH_3^{(+)}){-}COO^{(-)}} \underset{-H^+}{\overset{+H^+}{\rightleftharpoons}} \underset{\text{Kation}}{R{-}CH(NH_3^{(+)}){-}COOH}$$

Die Aminosäuren liegen in den meisten Fällen als Zwitterion, das ist ein inneres Salz, vor. Dieses entsteht, indem sich das Proton (Wasserstoffion) der Carboxylgruppe an das einsame Elektronenpaar des Stickstoffatoms der Aminogruppe anlagert. Auch kristallisiert liegen die Aminosäuren als Zwitterionen vor. Der neutrale ungeladene Zustand kommt nicht vor.

Bis auf Glycin sind alle Aminosäuren optisch aktiv und gehören ausnahmslos der L-Reihe an. Nur die L-Form ist biologisch für die Synthese von Peptiden und Proteinen wirksam (Abb. 1).

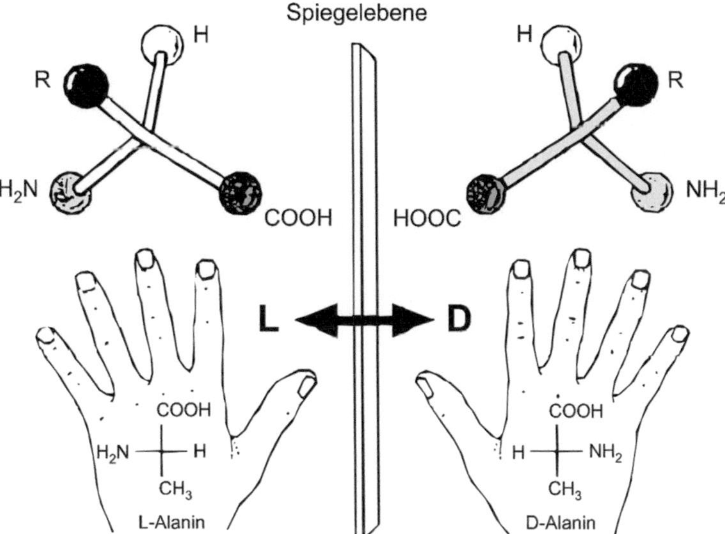

Abb. 1 L- und D-Form von Aminosäuren im Tetraedermodell und in der Fischer-Projektion [E. L-aevorotatory, L-form and dextrorotatory, D-form of amino acids in the tetrahedron model and in the Fischer-projection]

2.2 Einteilung der Aminosäuren [E. classification of amino acids]

In der Natur sind bisher über 100 Aminosäuren identifiziert, aber nur 20 von ihnen sind am Aufbau der Proteine der pflanzlichen, tierischen und mikroorganischen Systeme beteiligt. Für sie sind im genetischen Code die Informationen in Form der DNS(Desoxiribonukleinsäuren)-Sequenzen zur Biosynthese der Proteine gespeichert (Kap. XXIII, Abschn. 8 und 9).

Die 20 Aminosäuren werden einmal nach ihrer chemischen Zusammensetzung und damit nach ihrem Verhalten unterteilt und dann nach ihrer für den Menschen biologischen Verfügbarkeit.

Nach ihrer chemischen Zusammensetzung sind vier Aminosäuretypen voneinander zu unterscheiden (Tab. 1):

Tab. 1 Wichtige Aminosäuren [E. important amino acids]

Typ	Name			C-Atome	Bemerkung	% des Eiweißes *)	
						Gliadin (Weizen)	Leukosin (Weizen)
Monoamino-monocarbonsäuren (neutral)	Glykokoll (Glycin)	Gly	$\underset{NH_2}{\underset{\vert}{CH_2}}-COOH$	C_2		-	1
	Alanin	Ala	$CH_3-\underset{NH_2}{\underset{\vert}{CH}}-COOH$	C_3		2	4,5
	Serin	Ser	$HO-CH_2-\underset{NH_2}{\underset{\vert}{CH}}-COOH$	C_3		5	-
	Cystein bzw.	Cys	$HS-CH_2-\underset{NH_2}{\underset{\vert}{CH}}-COOH$ bzw.	C_3	S-haltig	2,5	1,5
	Cystin		$HOOC-\underset{NH_2}{\underset{\vert}{CH}}-CH_2-S-S-CH_2-\underset{NH_2}{\underset{\vert}{CH}}-COOH$	C_6		2,5	1,5
	Tyrosin	Tyr	$HO-C_6H_4-CH_2-\underset{NH_2}{\underset{\vert}{CH}}-COOH$	C_9		3	3,5
	Phenylalanin	Phe	$C_6H_5-CH_2-\underset{NH_2}{\underset{\vert}{CH}}-COOH$	C_9	essenziell	6	4
	Threonin	Thr	$CH_3-\underset{OH}{\underset{\vert}{CH}}-\underset{NH_2}{\underset{\vert}{CH}}-COOH$	C_4	essenziell	2	-
	Methionin	Met	$CH_3-S-CH_2-CH_2-\underset{NH_2}{\underset{\vert}{CH}}-COOH$	C_5	S-haltig essenziell	1,5	-
	Valin	Val	$CH_3-\overset{CH_3}{\overset{\vert}{CH}}-\underset{NH_2}{\underset{\vert}{CH}}-COOH$	C_5	essenziell	2,5	< 0,5
	Leucin	Leu	$CH_3-\overset{CH_3}{\overset{\vert}{CH}}-CH_2-\underset{NH_2}{\underset{\vert}{CH}}-COOH$	C_6	essenziell	12	11
	Isoleucin	Ile	$CH_3-CH_2-\overset{CH_3}{\overset{\vert}{CH}}-\underset{NH_2}{\underset{\vert}{CH}}-COOH$	C_6	essenziell	12	11

(Fortsetzung)

Tab. 1 (Fortsetzung)

Typ	Name			C-Atome	Bemerkung	% des Eiweißes *)	
						Gliadin (Weizen)	Leukosin (Weizen)
Diamino-monocarbon-säuren (basisch)	*Arginin*	Arg	$H_2N{-}C({=}NH){-}NH{-}CH_2{-}CH_2{-}CH_2{-}CH(NH_2){-}COOH$	C_5	semiessenziell	2,5	6
	Lysin	Lys	$H_2N{-}CH_2{-}CH_2{-}CH_2{-}CH_2{-}CH(NH_2){-}COOH$	C_6	essenziell	0,5	3
	Ornithin	Orn	$H_2N{-}CH_2{-}CH_2{-}CH_2{-}CH(NH_2){-}COOH$	C_5			
Monoamino-dicarbon-säuren (sauer)	Asparaginsäure	Asp	$HOOC{-}CH_2{-}CH(NH_2){-}COOH$	C_4			
	Asparagin	Asn	$H_2N{-}C({=}O){-}CH_2{-}CH(NH_2){-}COOH$	C_4	Säureamid	1,5	3,5
	Glutaminsäure	Glu	$HOOC{-}CH_2{-}CH_2{-}CH(NH_2){-}COOH$	C_5		-	-
	Glutamin	Gln	$H_2N{-}C({=}O){-}CH_2{-}CH_2{-}CH(NH_2){-}COOH$	C_5	Säureamid	45	7
Hetero-zyklische Aminosäuren	Prolin	Pro	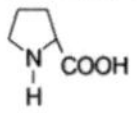 (Pyrrolidinring, N–H) –COOH	C_5	neutral	13	3
	Tryptophan	Trp	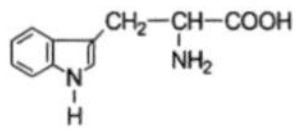 (Indolring, N–H) $-CH_2{-}CH(NH_2){-}COOH$	C_{11}	neutral/essenziell semiessenziell	0,5	1
	Histidin	His	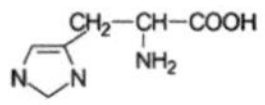 (Imidazolring, N N) $-CH_2{-}CH(NH_2){-}COOH$	C_6	basisch	2	3

1. Neutrale Monoaminomonocarbonsäuren
2. Basische Diaminomonocarbonsäuren
3. Saure Monoaminodicarbonsäuren
4. Heterozyklische Aminosäuren

Nach ihrer für den Menschen biologischen Verfügbarkeit ist zwischen den essenziellen und nichtessenziellen Aminosäuren zu differenzieren.

Als *essenzielle Aminosäuren* werden diejenigen zusammengefasst, die nicht vom menschlichen Organismus synthetisiert werden können, aber dringend für den Stoffwechsel benötigt werden und deshalb mit der Nahrung in ausreichenden Mengen zugeführt werden müssen. Für erwachsene Menschen sind das Leucin, Phenylalanin, Methionin, Lysin, Valin, Isoleucin, Threonin und Tryptophan. Im Kindesalter kommt noch Histidin hinzu. Arginin und Histidin sind semiessenziell[6]. Das bedeutet, dass die Syntheseleistung in sehr beanspruchten Stoffwechselsituationen nicht ausreicht, um den Bedarf zu decken. Das ist z. B. bei schweren Erkrankungen und Verletzungen der Fall.

[6]semi (lat.) – als Vorsilbe „halb“.

Bei Neugeborenen gelten in den ersten Lebenstagen auch Cystein bzw. Cystin und Tyrosin als essenzielle Aminosäuren, da bei ihnen noch nicht alle Enzyme voll funktionsfähig sind, um diese Aminosäuren aufzubauen.

2.3 Peptidbindungen [E. peptide linkages]

Die Aminosäuren sind alle nach dem gleichen Prinzip aufgebaut. Sie besitzen eine endständige Carboxylgruppe, und unmittelbar benachbart am zweiten Kohlenstoffatom befindet sich eine Aminogruppe. Aminosäuren sind bifunktional.

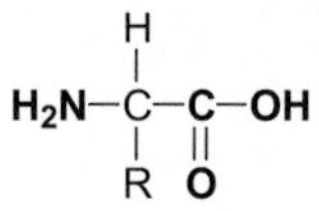

$$H_2N{-}CH(R){-}C({=}O){-}OH$$

Zwei Aminosäuren verknüpfen sich unter Wasseraustritt über die Amino- und Carboxylgrppe zu einem Dipeptid.

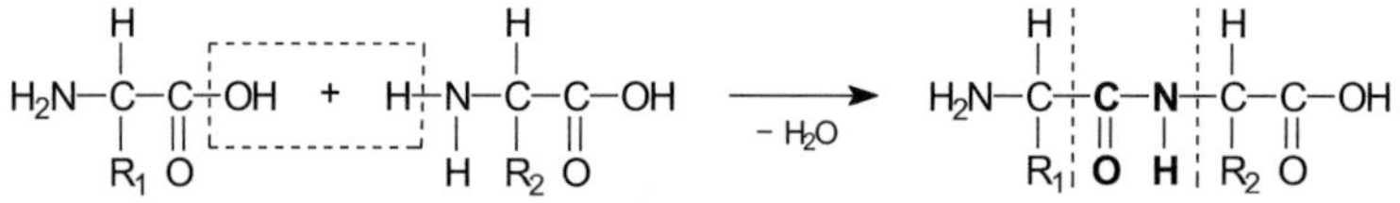

$$H_2N{-}CH(R_1){-}C({=}O){-}OH + H{-}NH{-}CH(R_2){-}C({=}O){-}OH \xrightarrow{-H_2O} H_2N{-}CH(R_1){-}C({=}O){-}NH{-}CH(R_2){-}C({=}O){-}OH$$

Drei Aminosäuren vereinigen sich zu einem Tripeptid. Bei einer Verknüpfung von 2 bis 9 Aminosäuren spricht man von *Oligopeptiden,* bei 10 bis 100 Aminosäuren von Polypeptiden. Proteine bestehen aus 100 bis 30.000 und mehr Aminosäuren, sie werden Makropeptide genannt (Abb. 2).

Aus der gefalteten, in einer Ebene liegenden Peptidkette ragen die Seitenketten der jeweiligen Aminosäure (R_1 bis R_n) sowie die endständige Amino- und Carboxylgruppe alternierend heraus:

Trotz der beschränkten Anzahl der am Aufbau beteiligten Aminosäuren ergeben sich durch die unterschiedliche Anordnung in der Kette sehr zahlreiche Variationsmöglichkeiten.

Das Kennzeichen einer Peptidkette und damit auch aller Proteine sind die Peptidbindung

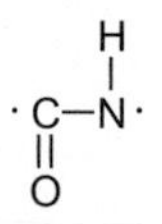

$$\cdot C({=}O){-}N(H)\cdot$$

und das einheitliche Kettengerüst, das abwechselnd aus je zwei C-Atomen und einem Stickstoffatom aufgebaut ist. Sowohl Peptide als auch Proteine unterscheiden sich untereinander durch die Reihenfolge der Aminosäuren in der Kette, durch die Seitengruppen R_X, durch die Kettenlängen und durch die räumlichen Strukturen der Peptidketten.

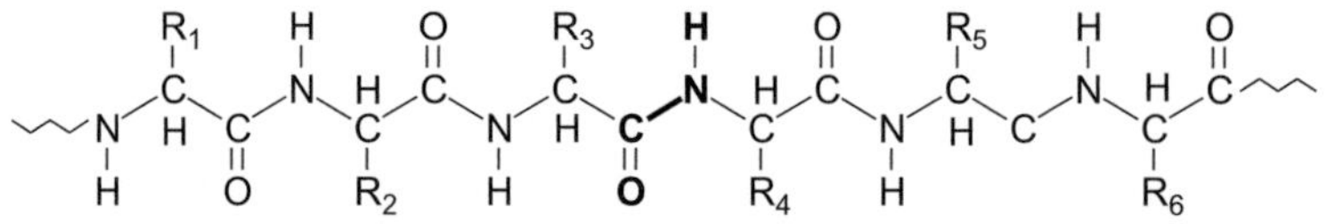

Abb. 2 Peptidkette [E. peptide chain and linkage]

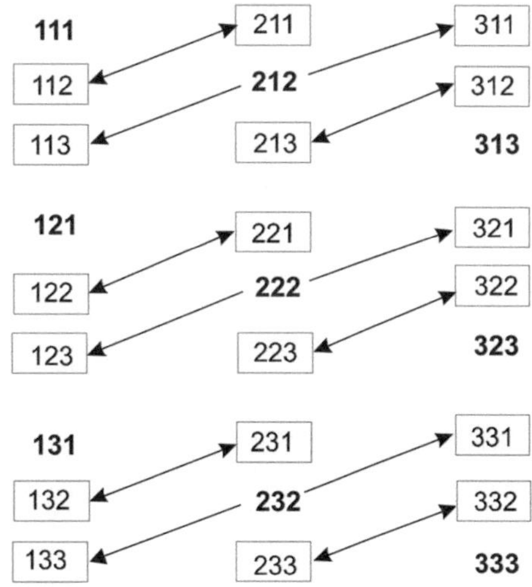

Abb. 3 Dreierkombination von drei Peptiden [E. threefold combination of three peptides]

Die Aufeinanderfolge der Aminosäuren innerhalb einer Kette wird auch Sequenz[7] genannt.

Beispiel:
Ein einfaches Tripeptid soll aus drei verschiedenen Aminosäuren, AS_1, AS_2 und AS_3 bestehen. Der Einfachheit halber werden sie mit 1, 2 und 3 durchnummeriert. Aus ihnen lassen sich $3 \times 3 \times 3 = 3^3 = 27$ Dreierkombinationen, d. h. 27 Tripeptide realisieren (Abb. 3).

Die eingerahmten, durch Pfeile miteinander verbundenen Tripeptide gleichen einander spiegelbildlich, das sind $2 \times 9 = 18$ Kombinationen. Da aber nur die L-Aminosäuren biologisch aktiv sind, fallen von diesen 9 als Bausteine für die Proteinsynthese heraus. Zusammen mit den nicht eingerahmten Kombinationen verbleiben nur 18 verschiedene Variationen. Das ist immer noch eine große Vielfalt. Übertragen wir dieses Denkmodell auf die 20 verschiedenen Aminosäuren, aus denen ein Polypeptid aus 100 Aminosäureresten aufgebaut werden soll, dann gibt es mathematisch nach der Kombinatorik $20^{100} = 10^{134}$ verschiedene Möglichkeiten, unterschiedliche Peptide zu konstruieren. In der Tat arbeitet die Natur nach diesem Modell. Das erklärt auch die unbegrenzte Möglichkeit, biologische Systeme und Individuen zu schaffen.

3 Proteine [E. proteins][8]

Proteine ist die Sammelbezeichnung für die Stoffgruppe der Biopolymeren, die aus den Aminosäuren als Monomere aufgebaut sind. Sie werden auch unter dem Begriff der Eiweiße zusammengefasst.

---

[7]sequi (lat.) – folgen.

[8]protenein (gr.) – der Erste sein.

Der Begriff wurde erstmalig von dem schwedischen Chemiker Jöns Jakob Berzelius (1779–1848) geprägt und eingeführt.

Ursprünglich wurde unter Eiweiß der nicht gefärbte Inhalt des Hühnereis verstanden. Hühnereiweiß ist im ungekochten Zustand eine fast klare halbflüssige Substanz, die sich leicht zu Fäden ausziehen lässt. Sie fühlt sich klebrig an und ist nicht sehr haltbar. Auch die übrigen Eiweiße in der Natur sehen ähnlich aus und verhalten sich so. In jeder lebenden Zelle machen sie den Hauptbestandteil des Protoplasmas[9] aus.

Neben der sequenziellen Anordnung der Aminosäuren innerhalb einer Proteinkette können die Ketten sehr verschiedene Raumstrukturen annehmen. Sie können lang gestreckt (linear), gefaltet, aufgerollt geknäult strukturiert sein oder noch kompliziertere Raumanordnungen einnehmen.

Je nach ihrer Strukturkomplexität werden die Polypeptide bzw. die Proteine einer Primär-, Sekundär-, Tertiär- oder Quartärstruktur zugeordnet.

Die *Primärstruktur* beschreibt die Sequenz der Aminosäuren, d. h. die Aufeinanderfolge in einer linearen Polypeptidkette. Sie ist durch die Nukleotidsequenz der DNS festgelegt. Dieses Prinzip gilt für alle lebenden Organismen, von den einfachen Bakterien bis hin zum Menschen. Auch gilt es für Viren, denen eine Übergangsposition zwischen belebter und unbelebter Natur zugeordnet wird (Kap. II, Abb. 2).

Die *Sekundarstruktur* ist die regelmäßige, sich wiederholende räumliche Anordnung der Polypeptidkette in einer Richtung. Sie ist besonders bei Faserproteinen, dem Kollagen der Muskeln, als Wendelform (Helix) ausgeprägt.

Die Polypeptidkette ist regelmäßig wie ein Faden um einen Stab gewunden, wobei der Stab als Hohlraum zu denken ist (Abb. 4 und 5).

Bei der *α-Helix* verteilen sich auf 10 Umdrehungen 37 Aminosäurereste, auf einen Umgang bezogen sind das 3,7 Aminosäurereste.

Bei der *β-Helix* verteilen sich 51 Aminosäurereste auf 10 Wendeln, auf einem Umgang befinden sich somit 5,1 Aminosäurereste.

Die β-Helix ist gegenüber der α-Helix dichter gepackt, die Wendelabstände sind geringer. Je nach Größe und Form ragen die Seitengruppen in das Innere oder Äußere der Wendeln. Zwischen den Wendelabständen können sich auch Wasserstoffbrücken ausbilden. Sie dienen u. a. zur Stabilisierung der Struktur.

Die α-Helix- und β-Helixform lassen sich reversibel ineinander überführen. Solche Verkürzungen und Verlängerungen bzw. die Umwandlung von der lockeren α-Helix in die enge β-Helix spielen bei der Muskelkontraktion eine große Rolle.

In der *Tertiärstruktur* werden die dreidimensional gefalteten Polypeptidketten zusammengefasst. Sie bilden die kompakten festen Strukturen der globulären[10] Proteine.

Ebenso wie die Primärstruktur nicht immer gestreckt ist, sondern in einer Ebene gefaltet, bildet auch die Helix als Sekundärstruktur nicht immer einen geraden Hohlzylinder.

Anstelle einer Helix kann eine Peptidkette regelmäßig nach dem Prinzip eines Faltblattes strukturiert sein (Abb. 6).

[9]plasma (gr.) – das Geformte, Gebildete; Protoplasma ist die Grundsubstanz jeder lebenden Zelle.

[10]globus (lat.) – Kugel.

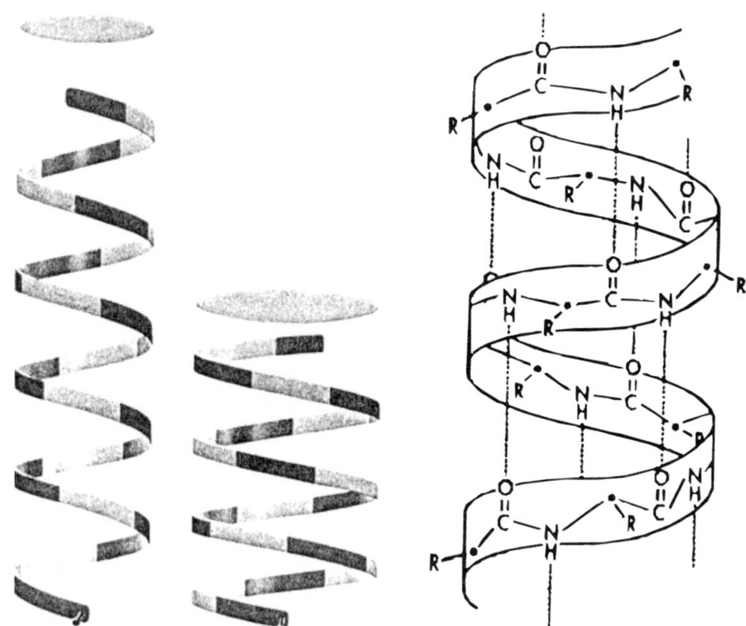

Abb. 4 α- und β-Helix-Struktur eines Proteinmoleküls mit Wasserstoffbrückenbindungen [E. α and β-helix structure of a protein molecule and its hydrogen bonds]

Abb. 5 Helixstruktur eines Tropokollagens des Muskels als Beispiel [E. helix structure of tropocollagen in muscle]

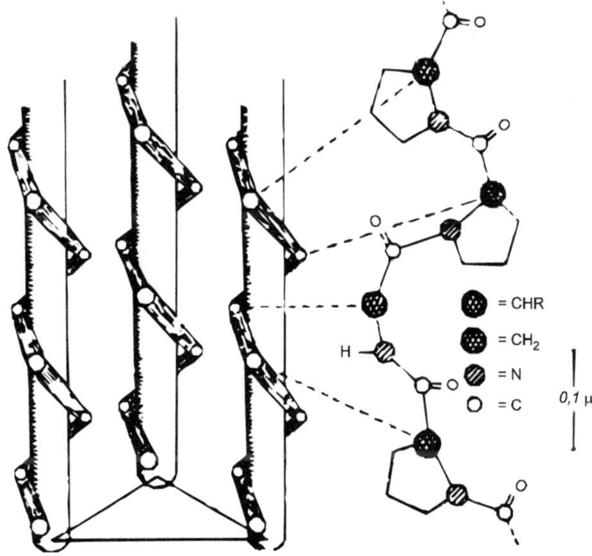

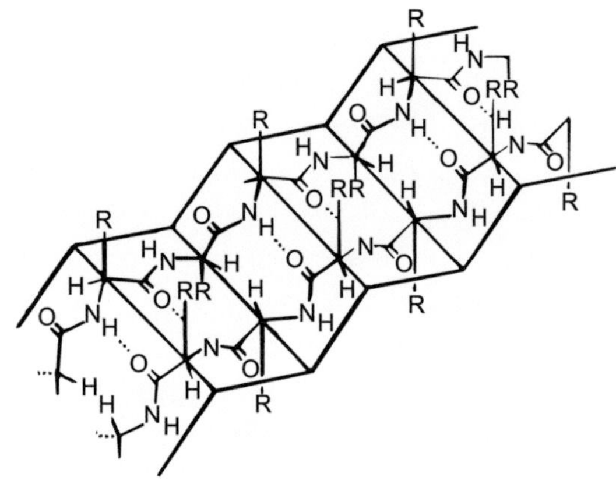

Abb. 6 Faltblattstruktur [E. leaflet structure]

Fibroine sind Strukturproteine und bilden die Seide der Seidenraupen und die Gewebe von Spinnweben. Sie liegen vorwiegend als Faltblattstrukturen vor, die durch Wasserstoffbrücken zwischen den einzelnen Polypeptidketten verbunden sind. Die Seitenketten liegen oberhalb oder unterhalb der Zickzackebene. Die Faltblattstruktur wurde im Fibroin gefunden, das die Seidenraupen (Bombyx mori) ausscheiden. In den meisten Fibroinen ist jede zweite Aminosäure ein Gylcin (α-Aminoessigsäure), sodass alle Seitengruppen auf der einen Seite der Faltblattstruktur Wasserstoffatome enthalten. Alanin macht fast den übrigen Rest der Aminosäuren aus. Die Methylseitengruppen befinden sich folgerichtig auf der anderen Seite des Fibroins.

Von einer *Quartärstruktur* wird gesprochen, wenn Proteine aus zwei oder mehr Kettenverzweigungen bestehen und sich zu Überstrukturen organisieren.

Proteine aus zwei oder mehr Polypeptidketten heißen auch oligomere Proteine. Die Einzelketten bilden in diesem Fall die Untereinheiten, Protomere. z. B. ist Hämoglobin ein oligomeres Protein, das aus vier Polypeptidketten besteht, die eine feste kompakte globuläre Einheit bilden (Abb. 7)

Haare, Fingernägel und Hornsubstanzen nehmen die Formen von Strängen und Seilen an (Abb. 8).

Durch Aufbrechen der Wasserstoffbrückenbindungen zwischen den Helixsträngen lässt sich das Haar auf das Doppelte seiner natürlichen Länge dehnen (Kap. III, Abschn. 2).

3.1 Konformationen[11] der Proteine [E. conformations of proteins]

Im nativen (natürlichen) Zustand hat jedes Proteinmolekül eine arteigene typische Gestalt, die als Konformation bezeichnet wird. Aufgrund ihrer Konformation werden die Proteine in zwei große Klassen eingeteilt, in *Skleroproteine*[12] und in *Sphäroproteine*[13].

[11]conformis (lat.) – übereinstimmend, gleichförmig.

[12]skleros (gr.) – als Vorsilbe hart, trocken. Sklerose ist die krankhafte Verhärtung oder Verkalkung eines Gewebes.

[13]sphaira (gr.) – Himmelskugel – gewölbt, als Vorsilbe häufig als „kugelig" verwendet.

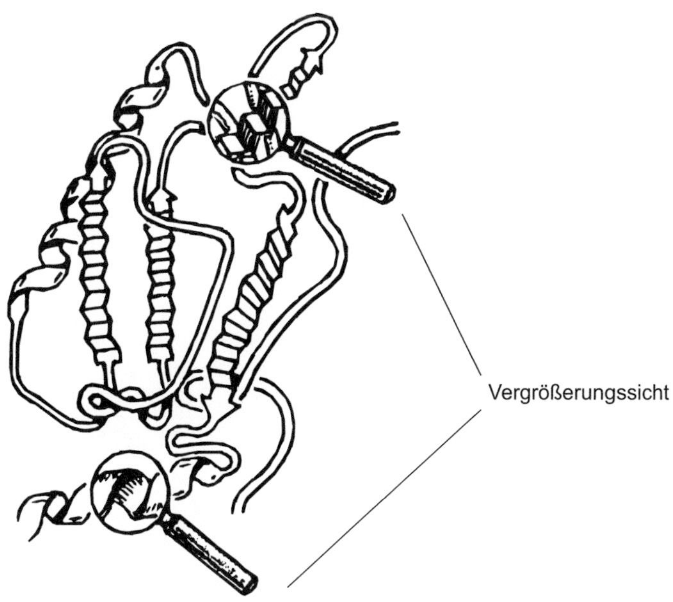

Abb. 7 Modell eines Hämoglobinmoleküls [E. model of a haemoglobin molecule]

Skleroproteine sind die Gerüst- und Faserproteine. Sie sind wasserunlöslich und dienen als Gerüstsubstanzen im tierischen Gewebe, wie z. B. das Kollagen der Sehnen, die Gerüststruktur der Knochen, das Myosin der Muskeln, das Fibroin der Seide. Auch die Proteine der tierischen Wolle, das Keratin der Haut, Haare, Federn und des Horns sind Skleroproteine.

Die Moleküle dieser Proteinklasse sind lang und fadenförmig. Sie sind bevorzugt parallel geordnet, werden durch Wasserstoffbrückenbindungen zusammengehalten und bilden Fasern.

Sphäroproteine sind zu dichtgepackten Einheiten gefaltet, die häufig einer Kugelform nahekommen.

Die Polypeptide falten sich in der Weise, dass ihre hydrophoben Molekülteile nach innen gerichtet sind, das sind z. B. die Seitenreste „R" der Peptidgruppen. Damit sind sie dem Wasser abgewendet, das die Sphäroproteine von außen benetzen kann. Die hydrophilen Molekülteile, die sowohl aus den nicht miteinander verknüpften Amino- und Carboxylgruppen und anderen elektrische Ladungen tragenden Atomen bestehen, sind nach außen des Moleküls gerichtet. Sie besetzen die Oberfläche des kugeligen Moleküls.

Die molekulare und intermolekulare Struktur bestimmt nicht nur die Löslichkeit eines Proteins, sondern auch seine allgemeine Funktion. Zu den Sphäroproteinen zählen die Enzyme, Hormone (Kap. XVIII und XIX), Antikörper, das Hämoglobin u. a.

Abb. 8 Das Haar als Beispiel einer Quartärstruktur für Faserproteine [E. the hair as an example of a quaternary structure for fibrous proteins]

3.2 Denaturierung von Proteinen [E. denaturation of proteins]

Denaturierung ist die irreversible Ausfällung von Proteinen.

Die Stabilität der natürlichen Eiweißstrukturen und die biologische Aktivität sind nur in bestimmten Temperatur- und pH-Bereichen gewährleistet. Temperaturen von 60 bis 70 °C und extreme pH-Werte bewirken eine hydrolytische und thermolytische Spaltung der Sekundär-, Tertiär- und Quartärstruktur. Es lösen sich die Wasserstoffbrückenbindungen innerhalb der Proteinketten und zwischen diesen. Auch die zwischen dem Cystein gebildeten Disulfidbrücken können dabei aufgebrochen werden (Kap. VII, Abschn. 10). Die Primärstruktur der

Polypeptidketten, d. h., die Aminosäuresequenzen bleiben erhalten. Der Effekt ist, dass die löslichen oder globulären Proteine koagulieren[14] und denaturieren. Sie ballen sich zu weißen Niederschlägen zusammen und verlieren ihre biologische Aktivität, z. B. wird die katalytische Eigenschaft der Enzyme durch Erhitzen oder durch Säure- bzw. Alkalieinwirkung zerstört.

Andererseits macht man sich die thermische Empfindlichkeit der Proteine bei der Sterilisierung und Pasteurisierung zwecks besserer Haltbarkeit von Nahrungsmitteln oder zur Abtötung von Keimen zunutze, die oberhalb 100 °C erfolgt. Bakterien und Pilze bestehen im Wesentlichen aus Proteinen, wie z. B. ihre Zellwände und das Protoplasma, die dann sozusagen denaturieren.

Die 1. Stufe der Käseherstellung beruht ebenfalls auf einer Denaturierung des Milcheiweißes. Durch Ansäuern koaguliert das Milcheiweiß zu Quark und weiter zu Casein, das dann abgetrennt wird von der Molke. Erst danach beginnt die eigentliche Käsezubereitung mittels fermentativer Behandlung.

Die Gerinnung des Hühnereiweißes ist ebenfalls auf eine thermische Denaturierung zurückzuführen.

4 Proteide, konjugierte[15] Proteine [E. proteids[16], conjugated proteins]

Konjugierte Proteine setzen sich aus einem Eiweißanteil und einer nichtproteinogenen Stoffgruppe zusammen.

Glykoproteine, wie z. B. *Murein* [E. murein], enthalten in ihrem Molekül noch eine Kohlenhydratkomponente. Sie tragen am Proteingerüst Seitenketten, die entweder O-glykosidisch mit OH-Gruppen vom Serin oder Threomin verknüpft sind (O-Glykoproteine) oder N-glykosidisch mit den Amidgruppen des Asparagins (N-Glykoproteine), z. B. ist Murein ein Disaccharid, das peptidartig mit verzweigten Peptiden verbunden ist, die aus L-Alanin, D-Alanin, D-Glutaminsäure und L-Lysin aufgebaut sind. Murein ist ein wesentlicher Bestandteil der Bakterienzellwände.

Das Grundgerüst der bakteriellen Zellwand besteht aus Murein [E. Peptido glycan], das bei den grampositiven[17] Keimen als ein einziges Makromolekül in Form eines dreidimensionalen Netzwerkes, des Mureinsakkulus, das gesamte Bakterium umgibt.

Bei den grampositiven Keimen macht Murein ca. 50 %, bei den gramnegativen Keimen dagegen nur 5 bis 10 % der Zellwand aus. Die Grundbausteine sind Aminozuckerketten (Glycane) und Oligopeptide, die die Glycanstränge miteinander verbinden.

[14]coagulare (lat.) – gerinnen.

[15]coniugatio (lat.) – Vereinigung.

[16]proteidos (gr.) – Gestalt, Form.

[17]Gram, H. C. J. (1853–1938), dän. Pathologe und Bakteriologe, er entwickelte Anfärbemethoden zur Unterscheidung von Bakterien mithilfe des Karbolgentianaviolettfarbstoffs. Bakterien, die sich mit diesem Farbstoff bleibend dunkelblau bis blauschwarz anfärben, heißen grampositiv, diejenigen, die nur eine Rotfärbung zeigen, heißen gramnegativ.

Die glykosidischen Bindungen zwischen den Zuckermonomeren werden durch Lysozym gespalten.

Die Biosynthese des Mureins in Bakterien wird durch Penicillin gehemmt, darauf beruht seine antibiotische Wirkung.

In den *Phosphoproteinen* ist die Phosphorsäure an einer freien OH-Gruppe einer Aminosäure innerhalb der Peptidkette verestert.

Ein weitverbreitetes Phosphoprotein ist Casein, das als lösliches Calciumsalz in der Milch enthalten ist.

In *Chromoproteinen* sind die Proteine mit einem Farbstoff verbunden. Das sind beispielsweise die tierischen Atmungspigmente Hämoglobin, Myoglobin, die Cytochrome und auch Enzyme mit häminartiger Wirkung.

Hämoglobin zählt zu den Sphäroproteinen (Abb. 7) und ist aus 4 Polypetidketten und 4 Hämgruppen (den farbgebenden Komponenten) aufgebaut. Die 4 Peptidgruppen bestehen aus je zwei identischen A- und B-Ketten. Sie werden über Wasserstoffbrücken und Ionenbindungen zusammengehalten und stabilisiert.

Die A-Kette enthält 141 und die B-Kette 146 Aminosäurereste, deren Sequenzen vollständig aufgeklärt sind.

Lipoproteine sind Anlagerungsverbindungen von Lipid-Protein-Komplexen, insofern sind sie im strengen Sinne nicht chemisch miteinander verknüpft. Diese Proteidgruppe ist im Blutplasma, in den Mitochondrien und im Eidotter anzutreffen. Das Protein übernimmt in diesem Fall die Rolle eines Transporters (Carrier) der wasserunlöslichen Neutralfette (Kap. XVI, Abschn. 5), Phospholipide und des Cholesterins.

Neutralfette sind unter der Haut gespeicherte physiologische Depot-Energien. Phospholipide sind der Hauptbestandteil der Zellmembranen. *Cholesterin* spielt im Stoffwechsel der Nervenzellen eine Rolle.

Cholesterin ist ein 1-wertiger *sekundärer* Alkohol, der in Nadeln vom Schmelzpunkt 150 °C kristallisiert, in Wasser unlöslich, dagegen in Alkohol, Ether und Chloroform löslich ist. Aufgrund der 8 asymmetrischen C-Atome (*) ist Cholesterin *optisch aktiv,* es besitzt ferner eine Doppelbindung im Ring B. Cholesterin (Cholesterol), $C_{27}H_{45}OH$, das am längsten bekannte Steroid, bildet den Hauptbestandteil der Gallensteine und wurde daraus isoliert (Abb. 9). Diesem Vorkommen verdankt es auch seinen Namen (*Cholesterin* = feste Galle). Als primärer Zellbestandteil findet sich Cholesterin frei oder verestert in allen tierischen Organen und Flüssigkeiten, besonders reichlich im Gehirn und Rückenmark sowie in den Nebennieren, im Lebertran und im Wollfett (Lanolin).

Alle diese Körperfette sind so gut wie wasserunlöslich und können somit im Blutplasma nicht transportiert werden, wenn sie nicht mit Proteinen eine Kombination eingehen würden und dadurch transportabel würden (Abb. 10).

Weitere konjugierte Proteine sind *Enzyme,* deren aktive Gruppe, das Coenzym, aus einem Nichtprotein besteht, z. B. aus Vitaminen des B-Komplexes (Kap. XVIII).

Nukleoproteine sind zusammengesetzt aus Nukleinsäuren (DNS; RNS) und Polypetidketten.

Diese wenigen Beispiele mögen zeigen, welche große Bedeutung den konjugierten Proteinen in den biologischen Systemen zukommt.

Abb. 9 Cholesterinmolekül (a) und ein Cholesterinester (b) [E. cholesterol molecule (a) and a cholesteryl esters (b)]

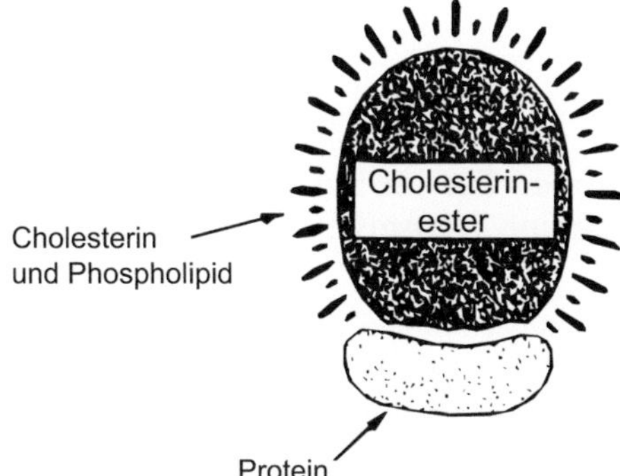

Abb. 10 Transportable Kombination zwischen einem Phospholipid und einem Protein (low density lipoprotein, LDL) [E. transportable combination between a phospholipoid and a low density lipoprotein, LDL]

4.1 Konjugierte Proteine als Trägersysteme, Carrier[18] [E. conjugated proteins as carrier]

Biochemisch sind Carrier am aktiven Transport durch die Zellmembran beteiligte Trägermoleküle. Bei den Carriern handelt es sich sehr häufig um Proteine und Peptide. Nach der Art ihrer Substrate kann man diese Carrier-Systeme in Ionenpumpen, in Aminosäure- und Zuckerpumpen und in Peptid-Carrier unterteilen.

Biologische Zellen müssen Nahrungssubstanzen aus der „Außenwelt" in das Zellinnere schleusen und Stoffwechselschlacken hinaus. Das ist kein Problem, solange hinter der Wanderung von Stoffen durch die Biomembran ein hohes Konzentrationsgefälle

[18] Carrier (engl.) – Träger.

steht. Dann findet ein „passiver Transport" statt – „passiv" deshalb, weil die Zelle nichts dazutun muss, um die konzentrationsbedingte Diffusion der Moleküle durch die Membran möglich zu machen. Sehr häufig aber steht die Zelle vor der Aufgabe, Stoffe *gegen* ein Konzentrationsgefälle durch die Membran zu befördern, gewissermaßen „bergauf". Für solche Fälle besitzt die Zelle Mechanismen des „aktiven Transports". Das sind Transportsysteme in bzw. an der Biomembran, die unter Energieaufwand für die Moleküle des Zellstoffwechsels als Träger fungieren. Diese Trägersysteme tragen meist die angelsächsische Bezeichnung *Carrier.*

Dieser Carrier muss die Eigenschaft besitzen, auf der einen Seite der Biomembran ein herandiffundierendes Molekül aufzunehmen, es durch die Membran hindurchzuschleusen und es auf der anderen Seite der Membran wieder abzugeben. Beim Transport durch die Membran sind Carrier und das zu transportierende Substrat als Komplex aneinandergebunden. Um den nach abgeschlossenem Transportvorgang inaktiven Carrier wieder für einen neuen Stofftransport bereit zu machen, muss die Zelle Stoffwechselenergie aufwenden.

4.2 Die verschiedenen Carrier-Systeme [E. different carrier-systems]

Fünf Carriertypen lassen sich nach ihrer Funktionsweise unterscheiden.

Der *„diffundierende Carrier"* ist ein innerhalb der Membran hin- und herschwimmendes Molekül, das den zu befördernden Stoff an der einen Wandseite abholt und ihn nach der Diffusion durch die Lipiddoppelschicht an der anderen Seite wieder freisetzt.

Zweitens existiert der Typ der *Drehtür in der Zellwand.* Das Carrier-Molekül rotiert buchstäblich wie eine Drehtür in der Membran und nimmt das Substrat bei der Rotationsbewegung mit.

Der *pendelnde Carrier* verhält sich wie eine Kette von aneinandergelegten Münzen, an deren einem Ende man eine weitere Münze stößt; nach dem Gesetz der Impulserhaltung bewegt sich am anderen Ende der Kette eine Münze von der Kette fort. Natürlich ist dieses Analogbeispiel nicht exakt übertragbar, da es sich bei dem Münzenexperiment um einen physikalischen Vorgang handelt. Immerhin funktioniert dieser Carrier insofern ähnlich wie die Münzenkette, da das Substrat, das auf die eine Membranwand auftrifft, durch seine Bindung an ein Rezeptorsystem ein Signal zur anderen Seite hin auslöst. Dort sind bereits Moleküle derselben Sorte an der Membran-Wand gebunden; beim Eintreffen der Information: „auf der drüben gelegenen Membranseite hat sich ein Molekül Y angelagert" wird von der diesseitigen Membranwand ein Molekül Y abgestoßen.

Als 4. Typ gibt es den des *kontraktilen* oder *expansiven Carriers,* der „Pore" in der Membran: Hier ändert die Membran in der Art einer „Schluckbewegung" ihre räumliche Struktur und befördert dadurch die um eine „Pore" angeordneten Substratmoleküle durch die Wand.

Tab. 2 Ionenkonzentration innerhalb, ICR (ICR = **Intrac**ellulärer **R**aum), und außerhalb, ECR (ECR = **Extrac**ellulärer **R**aum), einer Säugetiermuskelzelle [E. concentration of ions inside, ICR and outside, ECR of a mammalian muscle cell]

Ionenart	Ionenkonzentration $\left[\frac{\text{mmol}}{\text{L}}\right]^{a}$	
	Intrazelluäre	Extrazelluläre
Natrium, Na^{+}	12	145
Kalium, K^{+}	155	4
Andere Kationen,	4	5
z. B. Calcium, Ca^{2+}	8	120
Chlorid, Cl^{-}	155	27
Bicarbonat, HCO_3^-		
Polyanionen, z. B.		
Peptide und Aminosäuren		

[a]mmol = Millimol = 1 Tausendstel Mol

4.3 Die Ionenpumpe als 5. System [E. ion pump as 5th system]

Von einer *Ionenpumpe* im speziellen Sinn spricht man bei der Atmungsketten-Phosphorylierung, dem energiegewinnenden Prozess der Zellatmung (Kap. VI, Abschn. 7). Dabei scheinen die Oxidationsprozesse an der Außenwand des Mitochondriums, des „Kraftwerks der Zelle", einen Protonenstrom *(Protonenpumpe)* quer durch die Mitochondrienmembran zu pumpen. Der Rückstrom dieser Protonen treibt dann energetisch die Synthesemechanismen für Adenosin-triphosphat an.

Ionenpumpen im allgemeinen Sinn sind die *Natriumpumpe* und die *Calciumpumpe.* Biomembranen sind prinzipiell für Natrium- und Kaliumionen vollkommen durchlässig, für Calcium, Ca^{++}, -Ionen in eingeschränktem Maß. Da die Zellfunktionen unabdingbar spezifische Natrium, Na^{+}-, Kalium, K^{+}- und Calcium, Ca^{++}-Konzentrationsunterschiede zwischen Zellinnerem und „Außenwelt" erfordern, besitzt die Zelle „Lenzpumpen"[19] in ihrer Membran (Tab. 2).

Das sind Pumpsysteme, die ständig arbeiten und lediglich nach Bedarf in ihrer Leistung „gedrosselt" oder „auf vollen Touren" betrieben werden.

Die *Natriumpumpe* ist mit der Kaliumpumpe direkt gekoppelt, da ohnehin beide Systeme als „Einwegventile" arbeiten: Die Zelle pumpt ständig Kaliumionen in ihr Inneres hinein, da der Bedarf dort höher liegt als das Diffusionsangebot in der extrazellulären

[19]Lenzpumpen ist die Bezeichnung für physiologische Ionenaustauschpumpen, die die Elektronenneutralität zwischen Zellinnenraum und Außenraum aufrechterhalten entgegen dem Konzentrationsgefälle. Die Energie für solche Transportvorgänge liefert das hochenergetische ATP (Adenosintriphosphat).

Flüssigkeit; dagegen ist das Natriumangebot im umgebenden Medium immer weit höher, als für die Zelle nützlich ist – daher läuft die Natriumpumpe als „Einwegventil" mit Richtung nach draußen (Abb. 11).

Die extrazelluläre Konzentration der K^+-Ionen ist wesentlich niedriger als ihre interzelluläre Konzentration. Bei den Na^+-Ionen ist es umgekehrt. Polyanionen, wie z. B. bestimmte Proteinmoleküle bzw. deren Teilstücke, sind im Inneren der Zelle stärker angereichert als außerhalb von ihr (Tab. 2).

Die Konzentrationsunterschiede zwischen den einzelnen Ionen bewirken die elektrischen Biopotenziale und sind für den Energietransport durch die Biomembranen der Zelle bzw. den Zellorganellen verantwortlich (Abb. 12).

Der Carrier lagert an der zum Zellinneren hin gerichteten Membranseite ein Natriumion an, transportiert es durch die Membran zur Außenwand und gibt es dort ab; dann „verwandelt" sich der Carrier in einen Kaliumtransporter, lagert ein Kaliumion an, transportiert es durch die Membran nach der Innenseite der Zellwand, gibt dort das Kaliumion ab, „verwandelt" sich wieder in einen Natrium-Carrier, und der Vorgang beginnt von Neuem. Diese „Verwandlung" des Carriers läuft offenbar unter Beteiligung eines Enzymsystems und unter ATP-Verbrauch ab. Die Calciumpumpe bezieht ihre Energie ebenfalls aus der Umwandlung des energiereichen Phosphats ATP (Adenosintriphosphat) in ADP (Adenosindiphosphat) (Kap. VI, Abschn. 6).

Für die Herstellung der zellulären Proteine müssen die dafür benötigten Aminosäuren ständig in genügend hoher Konzentration bereitgehalten werden. Damit die Zelle für diese Bedingung zum Überleben nicht auf zufällige Diffusionsprozesse angewiesen sein muss, besitzt sie Aminosäurepumpen in der Membran. Diese Transportsysteme sind nicht mit den *Peptid-Carriern* identisch – sie befördern spezifisch nur Peptide, bis hinauf zu Pentapeptiden. Um durch die Membran geschleust zu werden, müssen die Peptidmoleküle über eine freie α-Aminogruppe verfügen.

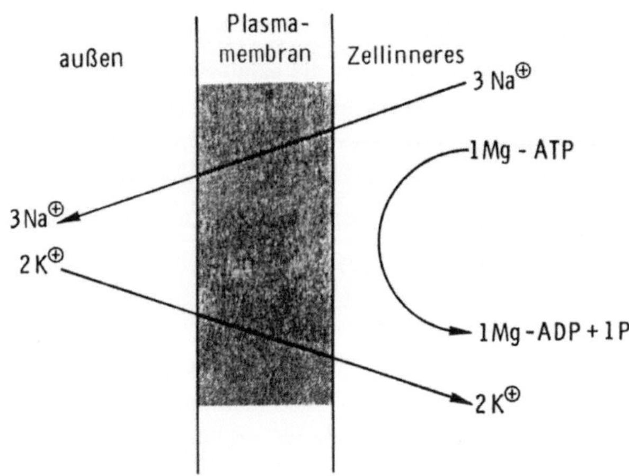

Abb. 11 Schema des gekoppelten Transportes von Na^+- und K^+-Ionen aus der Zelle heraus und hinein [E. scheme of the coupled transport of Na^+ and K^+-ions out the cell and into the cell]

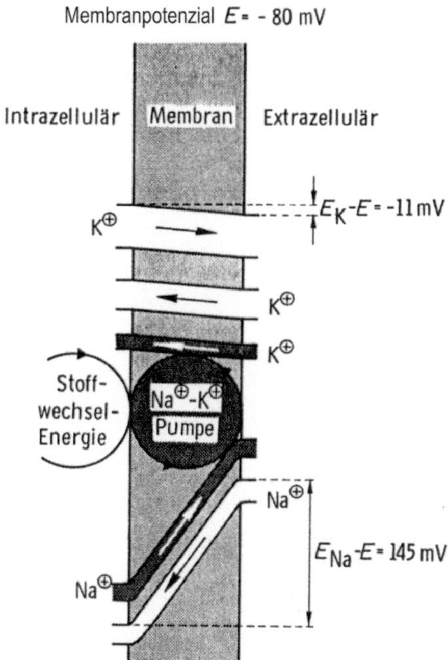

Abb. 12 Schematische Darstellung des Membranpotenzials [E. schematic reprensentation of the membran potential]

5 Stickstofffixierung [E. fixation of atmospheric nitrogen]

Das essenzielle Bioelement der Proteine ist der Stickstoff.

Als solches ist er von den höheren Pflanzen und auch Tieren nicht zum Aufbau ihrer spezifischen eiweißhaltigen Zellmasse verwertbar. Stickstoff muss immer erst in die kationogene Form des Ammoniums[20], NH_4^+, oder die anionogene Nitratform, NO_3^-, überführt werden. Als Schlüsselverbindung dient häufig Ammoniak, NH_3.

Alle Stickstoffverbindungen der industriellchemischen und der biochemischen Prozesse leiten sich vom Ammoniak ab. Der Luftstickstoff muss immer erst zum NH_3 hydriert werden. Deshalb ist Ammoniak eine der wichtigsten chemischen Schlüsselverbindungen. Ihr Bedarf steigt mit der Zunahme der Weltbevölkerung, da die Eiweißversorgung unmittelbar mit der ausreichenden Ammoniakproduktion gekoppelt ist (Abb. 13). Im Jahr 2015 wurden weltweit 146 Mio. t Ammoniak hergestellt.

Eine Vorstufe der Proteine sind die Peptide, an deren Aufbau in lebenden Organismen 20 Aminosäuren beteiligt sind.

Nicht alle Aminosäuren können von den höheren lebenden Organismen synthetisiert werden. Sie müssen als Nahrungsstoffe von diesen aufgenommen werden. Von den 20 Aminosäuren kann der Mensch nur 12 selbsttätig innerhalb des Stoffwechselprozesses

[20]Benannt nach der Fundstelle „Oase Ammon", Stadtgott von Theben, Ägypten.

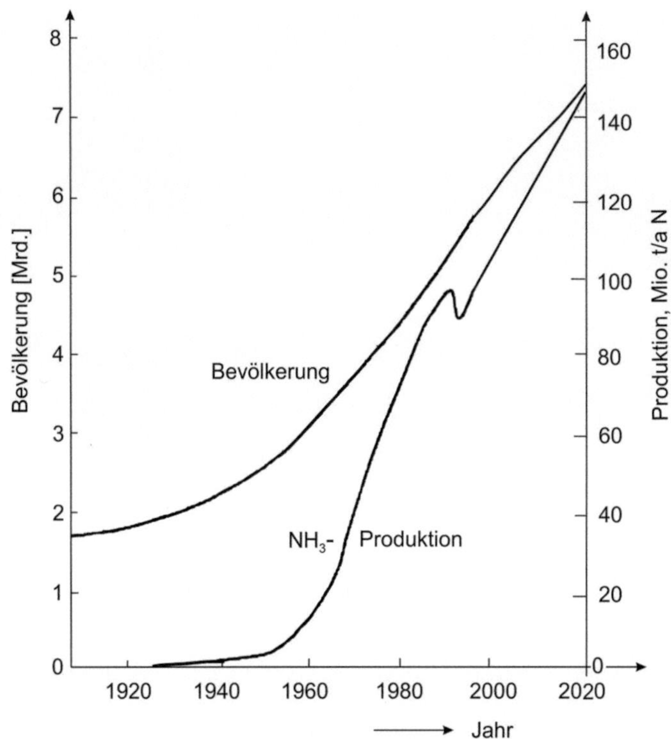

Abb. 13 Weltbevölkerung und Ammoniakproduktion [E. world population and production of ammonia]

aufbauen, die übrigen müssen als essenzielle Aminosäuren aus Pflanzen oder Bakterien aufgenommen werden (s. Tab. 1).

Höhere Tiere und der Mensch können auf Ammoniumionen als Stickstoffquelle zur Synthese der nichtessenziellen Aminosäure zurückgreifen. Dagegen sind sie nicht in der Lage, Nitrite, NO_2^-, Nitrate, NO_3^-, oder elementaren Stickstoff, N_2, der Atmosphäre auszunutzen.

Die *höheren Pflanzen* vermögen alle 20 Aminosäuren, die sie zum Aufbau des Struktur- und Funktionseiweißes benötigen, selbst zu synthetisieren. Als Stickstoffquelle dienen die Ammonium-, Nitrit- und Nitrationen. Doch nicht jedes Pflanzeneiweiß enthält alle essenziellen Aminosäuren.

Am anspruchslosesten sind bestimmte Bakterien, die unmittelbar vom atmosphärischen Stickstoff ausgehend, Eiweiß aufbauen können.

Es sind dies die stickstoffbindenden *Knöllchenbakterien (Rhizobien)*[21], die mit den Wurzelfasern der Schmetterlingsblätter (Leguminosen) in Symbiose leben. Durch die

[21]Knöllchenbakterien leben als knöllchenartige Anschwellungen in der Wurzelrinde. Die Pflanze versorgt die Bakterien über die Fotosynthese mit Glucose und der notwendigen Energie, um den Luftstickstoff als Ammoniumion zu binden und daraus Aminosäuren und Proteine aufzubauen.

stickstofffixierenden Mikroorganismen werden schätzungsweise ca. 200 Mio. t Luftstickstoff jährlich im Boden gebunden und den Pflanzen auf diese Weise zugänglich gemacht.

Andere Bakterien wie z. B. die Escherichia coli, die auch im Verdauungstrakt des Menschen, im Darm, angesiedelt sind, können aus Ammoniak Aminosäuren aufbauen.

In der Tab. 3 sind die Fixierungsfähigkeiten einzelner biologischer Systeme als Übersicht zusammengefasst. Je komplexer die biologischen Strukturen, desto geringer wird die Fähigkeit, Stickstoffverbindungen jeder Art zu fixieren. Die größte Vielfalt zeigen die Bakterien, die geringste der Mensch, der nur noch einen Teil der benötigten Aminosäuren selbst aufzubauen vermag – und das auch nur aus dem reduzierten Stickstoff seiner Ammoniumverbindungen.

Die Tab. 3 zeigt, dass der Mensch und die Albino-Ratte am wenigsten befähigt sind, Stickstoff und seine Verbindungen unmittelbar zu fixieren. Am flexibelsten sind die Bakterien. Nicht zufällig zeichnen sie sich mit einer hohen Überlebenskraft aus.

Die am verbreitesten autarken Zellen sind die N_2-fixierenden und fotosynthetisch aktiven Blaualgen. Sie gehören zu den Prokaryonten und kommen in den Meeren, in Süßwasser und im Boden vor.

Ihre Energie beziehen sie aus dem Sonnenlicht, die Kohlenstoffquelle als CO_2 und der Stickstoff stammen beide aus der Luft. Die Elektronen und den Wasserstoff für die CO_2-Hydrierung liefert das Wasser (Kap. XI, Abschn. 3). In den Blaualgen werden diejenigen Mikroorganismen vermutet, die im Verlauf der Evolution als Erste das Festland besiedelten.

Diese Hypothese wird durch eine Beobachtung eines vulkanzerstörten Gebietes gestützt. 1883 erfolgte eine gewaltige Eruption des zwischen Sumatra und Java gelegenen Vulkans Mont-Krakatau. Innerhalb eines großen Meeresbereiches war alles Leben vernichtet. Nach einigen Jahren konnten sich als erste Mikroorganismen die stickstoffbindenden Blaualgen behaupten.

Tab. 3 Fixierung von Stickstoff und seinen ionischen Verbindungen durch verschiedene Organismen – Grobübersicht [E. fixation of nitrogen and its ionic compounds by different organisms] (an overall view)

Mensch und Albino-Ratte:	NH_4^+ nur für nichtessenzielle Aminosäuren aus abgebauten tierischen und pflanzlichen Proteinen
Höhere Tiere:	NH_4^+ und Harnstoff $H_2N{-}C({=}O){-}NH_2$
Höhere Pflanzen:	NH_4^+; NO_2^-; NO_3^-
Pilze:	NH_3; NH_4^+; NO_2^-; NO_3^-
Bakterien, Algen:	N_2; NH_3; NH_4^+; NO_2^-; NO_3^-

Im Stickstoffkreislauf sind Hydrierungs- und Nitrifizierungsprozesse miteinander gekoppelt. Es sind Reduktionsvorgänge, die den elementaren Stickstoff in Ammoniak und seine Abkömmlinge überführen. Bei den Nitrifizierungen handelt es sich um die Oxidationen der Aminogruppe aus den Aminosäuren und des aus Abbauprozessen freigesetzten Ammoniaks (Abb. 14).

Zwischen den Hydrierungen und Nitrifizierungen des Stickstoffs liegen die Verknüpfungsreaktionen zwischen den Kohlenstoff- und Stickstoffatomen. Sie führen zu den C-N-Bindungen und sind die Basis für die Synthese von Aminosäuren. Sowohl Mikroorganismen als auch die fotosynthetisierenden Pflanzen sind dazu befähigt.

Die Aminosäuren selbst entstehen durch reduktive Aminierung von Oxosäuren, auch Ketosäuren genannt.

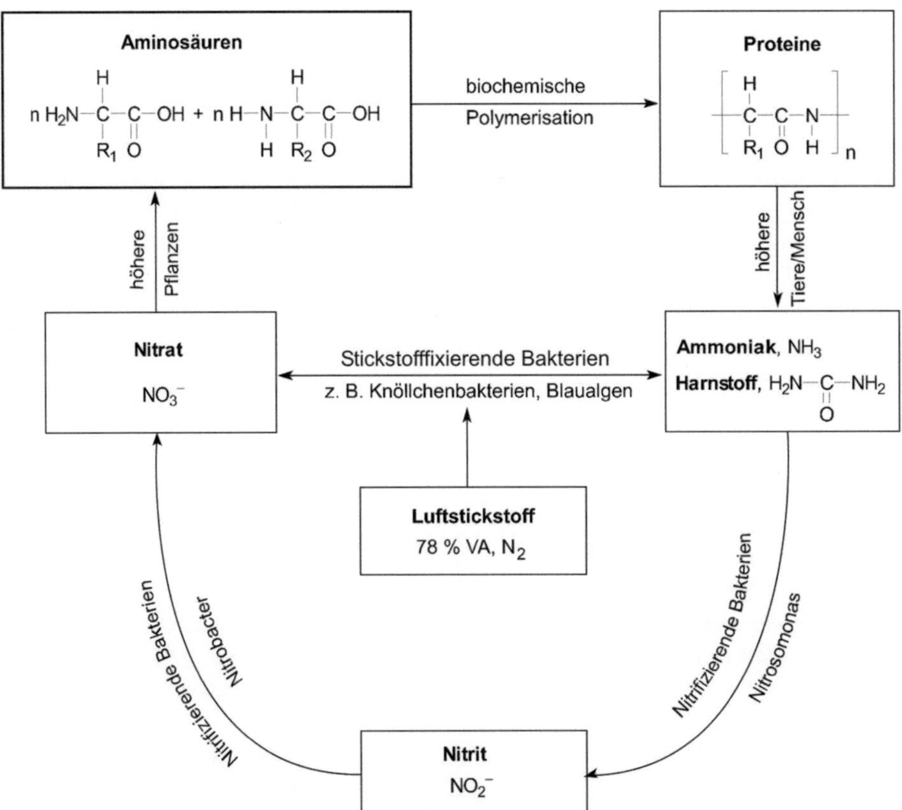

Abb. 14 Der Stickstoffkreislauf in der Biosphäre [E. the nitrogen cycle in the biosophere]

α-Ketosäure → Iminosäure → α-Aminosäure

$$R{-}C(=O){-}COOH \xrightarrow[-H_2O]{NH_3} R{-}C(=NH){-}COOH \xrightarrow{+H_2} R{-}CH(NH_2){-}COOH$$

Oxalessigsäure → Oxaliminoessigsäure → Asparaginsäure

$$HO{-}C(=O){-}CH_2{-}C(=O){-}C(=O){-}OH \xrightarrow[-H_2O]{NH_3} HO{-}C(=O){-}CH_2{-}C(=NH){-}C(=O){-}OH \xrightarrow{+H_2} HO{-}C(=O){-}CH_2{-}CH(NH_2){-}C(=O){-}OH$$

Die Oxosäuren werden als Zwischenprodukte aus dem Zitronensäurezyklus erhalten, z. B. (Abb. 15).

5.1 Hypothetischer Mechanismus der Stickstofffixierung [E. hypothetic mechanism of nitrogen fixation]

Stickstoff		Protonen		Adenosin-triphosphat		Wasser		Elektronen
N_2	+	$6\,H^+$	+	12 ATP	+	$12\,H_2O$	+	$6\,e^-$

↓

Ammoniak		Adenosin-diphosphat		Phosphat	
$2\,NH_3$	+	12 ADP	+	12 Pi	$\Delta G = -419$ kJ/mol

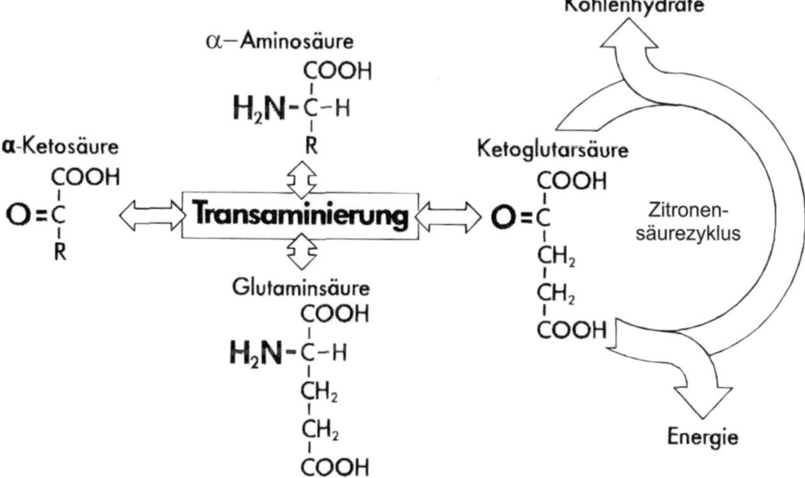

Abb. 15 Wechselspiel zwischen α-Ketosäuren und Aminosäuren [E. interplay between ketonic acids and amino acids]

Als Elektronendonator dient reduziertes Ferredoxin. Es werden sechs Elektronen zur Reduktion eines N_2-Moleküls zu zwei Molekülen benötigt.

Stickstoff		Elektronen		Protonen		Ammoniak
:N⁝⁝N:	+	$6\,e^-$	+	$6\{H.\}^+$	⟶	2 :N(H)(H)··H

Zwei ATP-Moleküle werden für die Übertragung von je einem Elektron gebraucht.

Ferredoxine sind Eisen-Schwefel-Proteine, die Eisen und Schwefel in äquimolaren Mengen enthalten. Sie wirken als Elektronenüberträger, indem zwischen den Fe^{2+}- und Fe^{3+}-Ionen ein umkehrbarer Redoxprozess abläuft.

$$Fe^{2+} \underset{\text{Reduktion}}{\overset{\text{Oxidation}}{\rightleftharpoons}} Fe^{3+} + e^-$$

5.2 Stickstofffixierung durch Knöllchenbakterien – eine Symbiose zwischen Pflanze und Bakterien [E. fixation of nitrogen by nodula bacteria – a symbiosis between plant and bacteria]

Eine stoffaufbauende Reaktion in den Pflanzen ist die Synthese von Eiweiß. Das charakteristische Element des Proteins ist der Stickstoff, N_2. Stickstoff kann auch als gasförmiges Verdünnungsmittel in Bezug auf den reaktionsaggressiven und im gewissen Sinne auch toxisch zu nennenden Sauerstoff angesehen werden. Eine reine Sauerstoffatmosphäre wäre für das Gedeihen von lebensspezifischen Vorgängen nicht förderlich.

Es gibt eine Reihe von Pflanzen, die den reaktionsträgen Luftstickstoff direkt aufnehmen und ihn dann in Pflanzeneiweiß umwandeln können. In unseren Breitengraden sind das die Erbsen, Bohnen, Soja, Lupinen, Klee etc. Diese Pflanzen sind unter dem Namen Leguminosen (Schmetterlingsblütler) zusammengefasst.

Die Reispflanze und auch einige Baumsorten vermögen mithilfe von Bakterien, den Luftstickstoff direkt als Bioelement zu verwenden. Alle übrigen Pflanzen nehmen Stickstoff nur als Ammoniak- oder Nitratverbindungen aus dem Boden auf. Das sind Verbindungen, die im natürlichen Stickstoffkreislauf nicht in der Menge und Konzentration angeboten werden, um eine ausreichende Ernährung für die Menschen sicherzustellen. Diese Lücke wird durch die Düngemittelindustrie geschlossen.

Die Fähigkeit, direkt den Luftstickstoff in Eiweiß umzuwandeln, hat die Reispflanze unentbehrlich für die menschliche Nahrung werden lassen. Dank besonderer stickstoffbindender Mikroorganismen in Boden und Wasser der Felder bringt Reis auch ohne zusätzliche Düngung regelmäßig einen Hektarertrag von fast 2 t pro Ernte (Kap. XXIV, Abschn. 6) (Abb. 16).

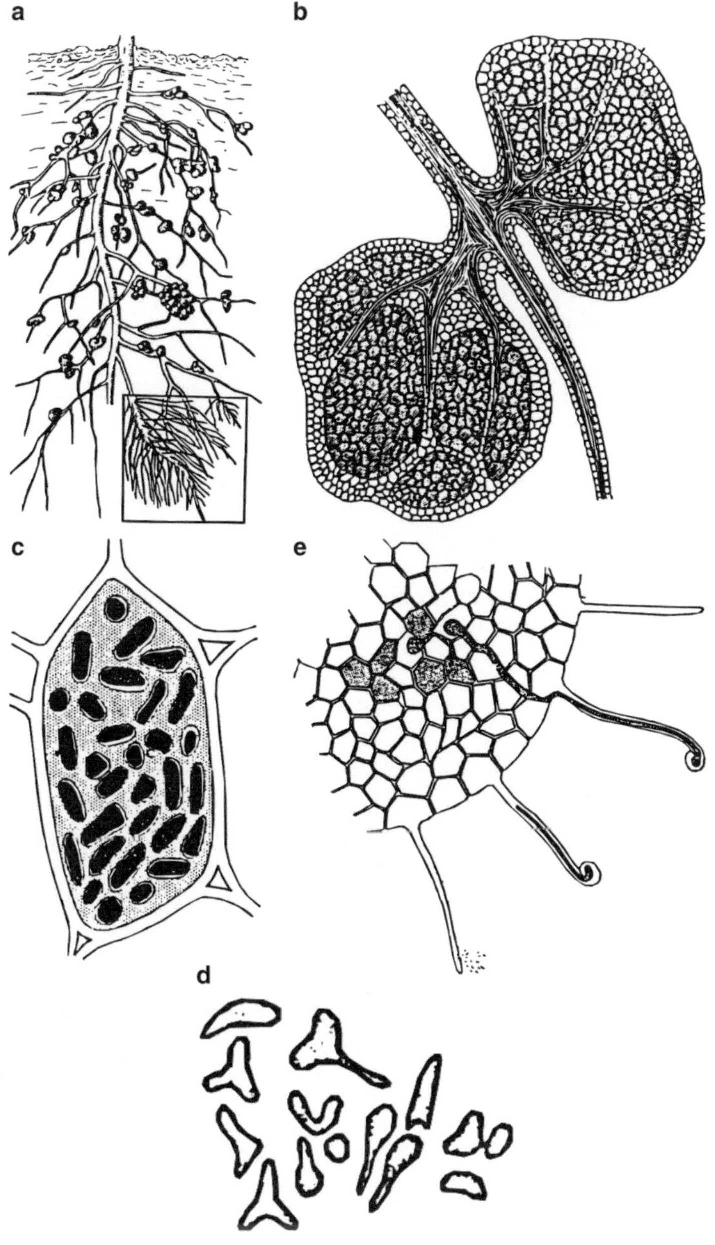

Abb. 16 Schematische Darstellung der symbiontischen Stickstofffixierung in den Wurzelknöllchen der Leguminosen [E. schematic representation of the symbiotic fixation of nitrogen in the root bacteria of the legumes] **a** Erbsenwurzel mit den Knöllchen; **b** Schnitt durch ein fertig ausgebildetes Knöllchen; **c** Schnitt durch eine mit Rhizobien angefüllte Zelle; **d** die in den Zellen enthaltenen Bakterien haben verschiedene Formen (Bacteroide, Involutionsformen); **e** Eindringen der Bakterien an der Spitze der Wurzelhaare und Wachstum des Infektionsschlauches durch die Wurzelrinde

$$\text{Luftstickstoff} \xrightarrow[\text{Bakterien}]{\text{Knöllchen-}} \text{Nitrate} \xrightarrow{\text{Pflanze}} \text{Pflanzeneiweiß}$$

$$N_2 \longrightarrow NO_3^- \longrightarrow \left[-\overset{H}{\underset{}{N}}-\overset{H}{\underset{R_1}{C}}-\underset{O}{\overset{}{\mathbf{C}}}-\underset{H}{\mathbf{N}}-\overset{H}{\underset{R_2}{C}}-\underset{O}{C}- \right]_n$$

6 Pflanzeneiweiß und tierisches Eiweiß [E. plant proteins and animal proteins]

Da der Mensch nicht alle Aminosäuren in seinem Organismus aufbauen kann, muss er die fehlenden essenziellen Aminosäuren in Form von Fremdeiweiß als Nahrung in sich aufnehmen.

Fleisch, Fisch, Eier, Milch, Milchprodukte und Pflanzen sind die Eiweißquellen für die Ernährung des Menschen (Tab. 5). Sie unterscheiden sich in der prozentualen Anteiligkeit der Aminosäuren. Während die tierischen Eiweißprodukte die gesamte Aminosäurenpalette enthalten, sind in den Pflanzenproteinen nicht alle Aminosäuren vertreten. Es fehlen oft einige der essenziellen Aminosäuren. Das ist der Grund, warum eine ausgeglichene vollwertige Ernährung immer tierische Proteine enthalten soll, um den Bedarf an essenziellen Aminosäuren zu decken. Wird der menschliche Organismus nicht ausreichend mit diesen versorgt, dann treten Krankheiten als Folge einer Mangelernährung auf.

Wichtige Pflanzeneiweißlieferanten sind Getreide, Reis, Hülsenfrüchte und Soja (Tab. 4).

Ein Vergleich der in der Tab. 4 aufgeführten biologischen Inhaltsstoffe zeigt, dass die Sojabohnen bzw. das Sojaschrot den höchsten Proteingehalt aufweisen, gefolgt von den

Tab. 4 Zusammensetzung einiger Pflanzenprodukte von biologischen Inhaltsstoffen [E. composition of some plant products of biological ingredients]

Produkte	100 g essbare Substanz enthalten				
	Wasser [%]	Proteine [%]	Kohlenhydrate [%]	Fette [%]	Physiologische Energie [kJ]
Haferflocken	10,3	13,8	67,6	6,6	1628
Mais, Vollmehl	12,0	7,8	76,8	2,6	1631
Vollreis	12,0	7,9	77,4	1,9	1520
Roggen (Vollmehl)	14,3	10,8	71,8	1,5	1460
Weizen (Vollmehl)	12,6	12,1	71,5	2,1	1498
Kartoffeln	79,8	2,1	17,7	0,1	340
Erbsen (getrocknet)	9,3	24,2	62,7	1,0	1514
Bohnen (weiße getrocknet)	11,6	21,3	61,6	1,6	1468
Pferdebohnen (getrocknet)	12,6	24,0	58,2	2,2	1479
Sojabohnen (getrocknet)	10,0	34,1	33,5	17,7	1690

Tab. 5 Aminosäurezusammensetzung (Quelle: Fonds der Chemischen Industrie, Informationsserie Nr. 11, Aminosäuren – Bausteine des Lebens) wichtiger Nahrungsmittel [E. composition of amino acids of important food]

Aminosäure	Kuhmilch	Hühnerei	Rindfleisch	Kartoffel	Weizen
Proteingehalt in % GA*	3,5	12,5	18,0	2,0	12,0
L-Alanin	3,4	5,7	6,0	5,7	3,7
L-Arginin	3,2	5,9	6,5	6,4	4,8
L-Asparaginsäure + L-Asparagin	7,4	9,3	9,3	15,8	5,1
L-Cystin	0,8	2,4	1,3	0,8	2,6
L-Glutaminsäure + L-Glutamin	21,5	12,4	15,7	13,0	30,9
Glycin	1,9	3,2	5,0	4,8	4,1
L-Histidin	2,6	2,4	3,5	1,9	2,4
L-Isoleucin	4,6	6,1	5,0	4,6	3,4
L-Leucin	9,2	8,5	8,4	7,7	6,9
L-Lysin	7,5	6,8	9,2	6,1	3,0
L-Methionin	2,4	3,3	2,8	1,6	1,6
L-Phenylalanin	5,2	5,6	4,5	5,1	4,7
L-Prolin	8,8	4,0	3,9	4,8	10,2
L-Serin	5,6	7,4	4,2	5,3	4,8
L-Threonin	4,3	5,0	4,7	4,8	3,0
L-Tryptophan	1,4	1,4	1,2	2,1	1,1
L-Tyrosin	4,6	4,0	3,7	3,5	3,1
L-Valin	5,6	6,6	5,1	6,0	4,6

* in % Gewichtsanteile = % GA bezogen auf Protein

Hülsenfrüchten Erbsen und Bohnen. Der Eiweißgehalt der Kartoffeln ist extrem niedrig. Die Sojabohnen zeichnen sich außerdem noch durch ihre hohen Fettanteile aus, die fast zu zwei Dritteln aus den wertvollen ungesättigten Fettsäuren zusammengesetzt sind. Sojaeiweiß ist für die menschliche Ernährung ein fast vollwertiges Eiweiß. Es enthält alle essenziellen Aminosäuren, wobei das Methionin als essenzielle Aminosäure mit nur 1,7 g pro 16 g Stickstoff gering vertreten ist.

Diese wenigen Daten zeigen, warum Sojaschrot weltweit an die Spitze der Eiweiß- und Öllieferanten sowohl für die unmittelbare menschliche Ernährung als auch für Tiermast getreten ist.

6.1 Die Sojabohne – ein pflanzlicher Eiweißlieferant [E. soya beans – producer of plant proteins]

Die *Sojabohne* (lat. Soja hispida, Fabaceae) gehört zur Familie der Hülsenfrüchte, der Leguminosen. Das Knöllchenbakterium Rhizobium japonicum, das an den Nebenwurzeln der bis zu 2 m langen Soja-Pfahlwurzeln sitzt, sorgt für die Hydrierung des atmosphärischen Stickstoffs zum Ammoniak und dessen Ammoniumkation, NH_4^+.

Oberirdisch ist die Sojapflanze ein 30 bis 50 cm hoher Busch mit stark behaarten dreiteiligen Blättern und Stängeln. Die Büsche können bis zu 2 m lange Ranken hervorbringen. In den Blattachseln sitzen 3 bis 20 kleine 5 bis 7 mm lange Blüten mit blass violetten, rötlichen oder weißen Blütenblättern. Aus ihnen bilden sich die Hülsen, die 1 bis 6 olivgelbe, braune, schwarze, weiße oder marmorierte Bohnen enthalten. Sie sind entweder rund, nierenförmig oder flach und enthalten die ernährungsphysiologisch bedeutenden Inhaltsstoffe.

Neben den in der Tab. 5 aufgeführten Inhaltsstoffen ist die Sojabohne reich an Vitaminen der wasserlöslichen und fettlöslichen Kategorie (Tab. 6) und Kalium (Tab. 7).

Sojabohnen enthalten kein Vitamin C (Ascorbinsäure).

Fettlösliche Vitaminvorkommen (mg pro 100 g Sojaschrot) sind:

α- und β-Carotin 110 IE, internationale Einheiten; Tocopherole (Vitamin E).

Soja gehört zu den ältesten Nutzpflanzen der Menschheit. Schon vor ca. 4000 Jahren wurde sie in China und Japan kultiviert. Ihre Wildform ist in Nordostchina bis Taiwan, Korea, Japan und im asiatischen Russland beheimatet.

Nach Europa gelangte sie erst vor 150 Jahren in die botanischen Gärten. Die ersten landwirtschaftlichen Anbauversuche erfolgten in Frankreich, Ungarn, Oberitalien und in der Ukraine. In Deutschland hat sich die landwirtschaftliche Hochschule Stuttgart-Hohenheim um die Züchtung geeigneter Sojasorten verdient gemacht.

Produktionsmengen von Sojabohnen im Jahr 2013/2014 (Mio. t) [E. production quantities of soya beans in 2013/2014 (Mio. tons)]

Produktionsmenge weltweit:		283,5
davon in	USA	89,0
	Brasilien	88,0
	Argentinien	54,0
	China und Indien je	12,0
	EU-27	1,0

Auch die Sojapflanzen müssen gegen Schädlinge und Unkrautkonkurrenz geschützt werden, um Ertragseinbußen zu verhindern. Dies wird bisher durch eine vorbeugende Herbizidbehandlung erreicht. Um die Sojapflanzen durch Herbizide nicht zu schädigen, sind inzwischen Sojasorten mit gentechnisch eingebauten Herbizidtoleranzen gezüchtet worden. (Kap. XXIII, Abschn. 8).

Tab. 6 Wasserlösliche Vitaminvorkommen (mg pro 100 g Sojaschrot) [E. soluble in water vitamins in 100 g soya meal (mg)]

Thiamin, B_1	Riboflavin, B_2	Vitamin, B_6	Niacin	Pantothensäure	Biotin
0,85	0,31	0,66	2,1	1,68	70 μg

Tab. 7 Mineralstoffgehalt (mg pro 100 g Sojaschrot) [E. the content of mineral salts in 100 g soya meal (mg)]

Kalium	Calcium	Magnesium	Mangan	Eisen	Zink	Phosphor
1660	199	235	4	8,4	0,9	558

Verwendung [E. application]
Sojaschrot wird wegen des hohen Protein- und Fettgehaltes direkt als Nahrungs- und Futtermittelrohstoff eingesetzt. In Asien werden aus Sojamehl Suppen und Soßen zubereitet. Auch wird es den Brot- und Backwaren zugesetzt.

Durch Gärung werden aus Sojaeiweiß Milchersatzprodukte hergestellt, wie z. B. Sojabutter und Sojakäse (Tofu).

Sojaproteine können zu Fäden versponnen werden, die durch Aromatisierung fleischähnliche Produkte liefern, genannt „textured vegetable proteins (TVP)".

7 Essenzielle Aminosäuren und ihre wirtschaftliche Verwertung [E. essential amino acids and their economic utilization]

Dic essenziellen Aminosäuren (AS) haben als Zusätze in Nahrungs- und Futtermitteln eine große Bedeutung erlangt. Sie dienen dazu, die pflanzlichen Proteine in ihrem Nährwert für die Menschen aufzubessern und vollwertige Futtermittel für Hühner, Schweine und Rinder zusammenzustellen (Tab. 8).

Synthetisch oder fermentativ industriell gewonnene Aminosäuren sind Methionin, Lysin, Threonin, Tryptophan und L-Glutaminsäure bzw. Mono-Natrium-Glutamat. Unter den nichtessenziellen Aminosäuren hat L-Glutaminsäure als Vorprodukt von

Tab. 8 Der Tagesbedarf an essenziellen Aminosäuren erwachsener Menschen mit einem durchschnittlichen Gewicht von 70 kg. Empfehlung nach FAO, WHO, UNO (1985) (FAO ≡ **F**ood and **A**griculture **O**rganization; WHO ≡ **W**orld **H**ealth **O**rganization; UNO ≡ **U**nited **N**ations **O**rganization) [E. daily demand of essentiell amino acids for adults with a body weight of 70 kg (reference FAO, WHO, UNO)]

Name der Aminosäure	Leucin	Phenylalanin + Tyrosin	Methionin + Cystin	Lysin	Isoleucin	Valin	Threonin	Tryptophan
Tagesbedarf [g]	1	1	0,9	0,85	0,7	0,7	0,5	0,25

Mono-Natriumglutamat mit einem Bedarf von 1,7 Mio. Jato die größte Bedeutung. Ohne Glutaminsäure und Glutamate werden zurzeit weltweit ca. 3,5 Mio. t essenzielle Aminosäuren produziert.

L-Methionin [E. L-methionine]

$$H_2C(-S-CH_3)-CH_2-CH_2-CH(NH_2)-COOH$$, 2 Amino-4-(methylthio)-buttersäure

In der Natur kommt Methionin in der L-Form vor und bildet farblose Kristalle. Sie ist löslich in Wasser und verdünntem Ethanol. Schmelzpunkt 280 bis 281 °C. In pflanzlichen Proteinen ist diese essenzielle Aminosäure nur zu 1 bis 2 % enthalten. Sie nimmt als Proteinbaustein eine Schlüsselstellung ein. Methioninmangel führt bei Jungtieren zu Stoffwechselstörungen, vermindertem Wachstum, Leberverfettung, Haarwuchs- und Hautschäden u. a. Sein größtes Einsatzgebiet ist das als Zusatzmittel für eine ausgewogene Ernährung und ein optimales Wachstum von Geflügel, Schweinen und Milchkühen. 90 % des Gesamtverbrauchs von Methionin wird im Futter für Hähnchen (Broiler) und Legehennen verarbeitet, 5 bis 8 % im Schweinefutter.

Es wird sowohl synthetisch als auch fermentativ hergestellt. Evonik Industries AG geht bei der Synthese von Methylmercaptan, $H_3C\text{–}SH$ (E. methanethiol], und Acrolein, $H_2C{=}CH\text{–}C(H){=}O$ [E. acrolein] aus.

Dabei fällt in gleichen Anteilen die D- und L-Form an. Beide Formen werden von den Tieren verwertet. In der Regel werden von den übrigen Aminosäuren nur die L-Formen vom Organismus biologisch genutzt. Die wichtigste natürliche Methioninquelle ist das Fischmehl von Sardinen. Der Bedarf des Menschen beträgt täglich 0,2 bis 0,4 g, der der älteren Männer 2,4 bis 3,0 g.

Produzenten [E. producers]

Mit 580000 Jato ist Evonik Industries AG der größte DL-Methionin-Hersteller der Welt. Das sind 53 % Marktanteile von 1,1 Mio. t der Weltproduktion.

Weitere Produzenten sind Rhône Poulence in Frankreich, Nippon Soda in Japan, Chocolate Bayou USA u. a.

L-Lysin [E. L-lysine]

$$H_2C(NH_2)-CH_2-CH_2-CH_2-CH(NH_2)-COOH$$, L-α-ε-Diaminocapronsäure

Vorkommen in der Natur als L-Form. L-Lysin schmilzt bzw. zersetzt sich bei 224 °C, ist in Wasser leicht löslich und in Ethanol kaum. Es kristallisiert in farblosen Nadeln oder hexagonalen Blättchen. In vielen tierischen Proteinen, besonders im Fischmehl, ist es reichlich vertreten, weniger dagegen in pflanzlichen. Getreideproteine und damit auch das Brot sind arm an dieser essenziellen Aminosäure. Sojaproteine enthalten viel Lysin. Steigt der Preis für Soja, dann nimmt der Bedarf an Lysin als Futterzusatz in anderen

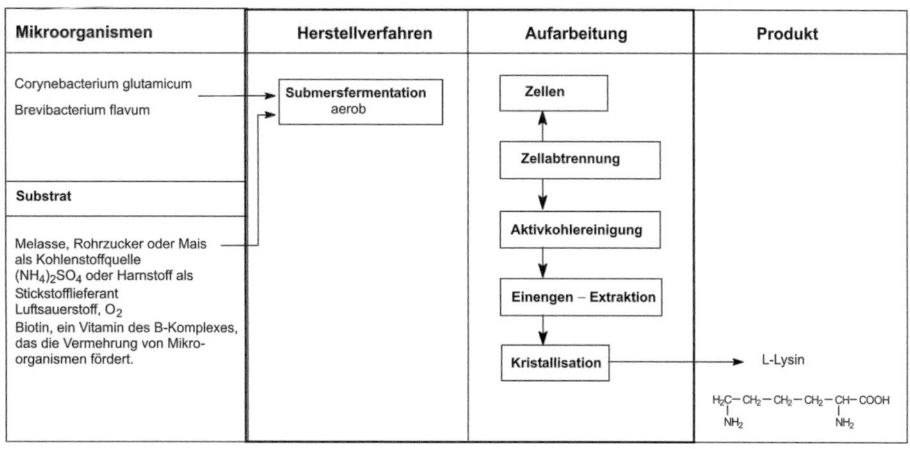

Abb. 17 Schema einer L-Lysin-Herstellung [E. scheme of a L-lysine production]

Pflanzenproteinen zu. Wegen seiner zwei Aminogruppen kann Lysin nicht nur Peptidbindungen, sondern auch Isopeptidbindungen eingehen, das ist z. B. im Kollagen und Elastin der Fall, die beide wesentlich am Knochen- und Muskelaufbau beteiligt sind. Lysin ist oft im aktiven Zentrum von Enzymen anzutreffen. Es fördert die Knochenbildung und auch die Verknöcherung, regt die Zellteilung sowie die Nukleosidsynthese[22] an. Mit Hitze behandelte Nahrungsmittel verarmen an Lysin aufgrund der Maillard-Reaktion (Kap. XIII, Glykolisation). Der Tagesbedarf erwachsener Menschen liegt bei ca. 1,6 g. Lysin wird vorzugsweise fermentativ auf Basis von Glucose hergestellt (Abb. 17). Es dient sowohl als Zusatzmittel für die menschliche Nahrung als auch für Futtermittel von Tieren. Es wird den Getreidemehlen beigemischt und ist Bestandteil von diätetischen Lebensmitteln. 1 kg Lysin im Nahrungsmittel ersetzt 35 kg Sojaschrot.

Produzenten[23] [E. producers]
Lysinhersteller sind die Evonik Industries AG und Rhône Poulence, Frankreich. 55 bis 60 % des Lysins werden dem Schweinefutter zugesetzt und 35 bis 40 % dem Hühnerfutter für Broiler.

L-Threonin [E. L-threonine]

$$\underset{\substack{|\\ OH}}{H_3C-CH}-\underset{\substack{|\\ NH_2}}{CH}-COOH \; ; \; \text{2-Amino-3-hydroxybuttersäure}$$

[22]Nukleoside sind Bestandteile der Nukleinsäuren und bestehen aus einer heterozyklischen Base und einem Ribosezucker.

[23]Quelle: Chemical Market Reporter, Ausgabe 3, 21.07.1997 und Chemische Rundschau 1999, Nr. 3 und jüngste mündliche Auskünfte.

Die in der Natur verbreitete aktive Form ist das L-Threonin. Sie bildet farblose süß schmeckende Kristallblättchen, schmilzt bei 255 bis 257 °C und ist in Wasser leicht löslich, in Ethanol unlöslich. Die Säurehydrolyse des Threonins führt zur 3-Oxobuttersäure.

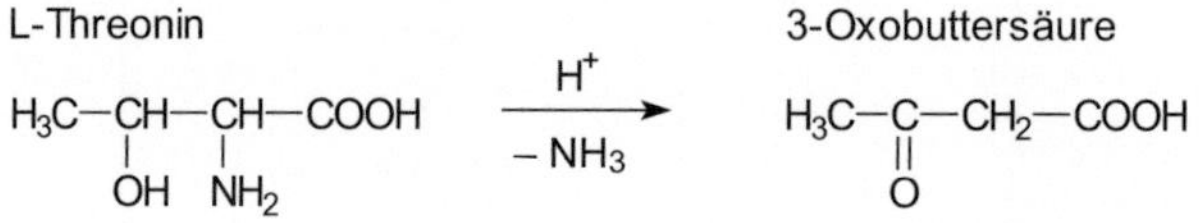

$$\underset{\text{L-Threonin}}{H_3C-\underset{OH}{\underset{|}{CH}}-\underset{NH_2}{\underset{|}{CH}}-COOH} \xrightarrow[-\,NH_3]{H^+} \underset{\text{3-Oxobuttersäure}}{H_3C-\underset{O}{\underset{\|}{C}}-CH_2-COOH}$$

3-Oxobuttersäure ist für das Aroma von Fleischbrühen verantwortlich.

L-Threonin ist für das Wachstum und den Aufbau des menschlichen und auch tierischen Organismus unentbehrlich. Ein Mangel führt als Erstes zur Leberverfettung. Erwachsene Menschen benötigen täglich 0,5 g. Auf 100 g Reinprotein bezogen enthält Eiereiweiß 5,3 g, Fleischprotein 4,5 g, Milcheiweiß 4,6 g, Hülsenfrüchte ca. 4 g, aber Mehlproteine nur 2,9 g.

Die Herstellung kann sowohl auf synthetischem Weg als auch fermentativ erfolgen. Bevorzugt wird die Fermentation.

L-Threonin ist besonders geeignet für die Aufwertung von Getreidefuttermittel mit niedrigem Proteingehalt. Für die Viehmast, für die Aufzucht von Ferkeln und zur Fütterung von Mastschweinen hat sich L-Threonin gut bewährt.

Produzenten [E. producers]
Evonik Industries AG, Essen, ist nach Ajinomoto, Frankreich, der zweitgrößte L-Threoninhersteller der Welt. Weltweit werden ca. 60.000 t (2014) produziert. Ihre Marktstärke ist, dass sie die vier wichtigsten essenziellen Aminosäuren in ihrem Produktionsprogramm hat, nämlich DL-Methionin, L-Lysin und L-Threonin, dazu auch noch L-Tryptophan.

L-Tryptophan [E. L-tryptophan]

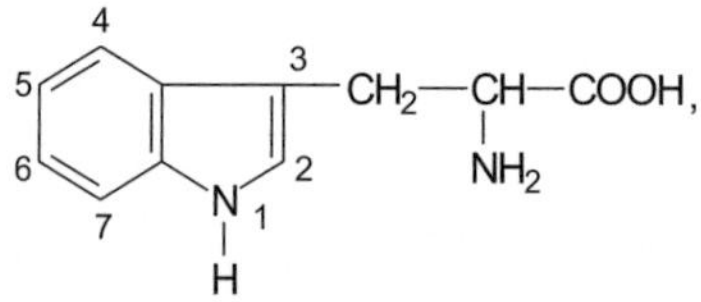

(Indol-Strukturformel, Positionen 1–7, N-H in Position 1, Seitenkette an Position 3:) $-CH_2-\underset{NH_2}{\underset{|}{CH}}-COOH$, α-Aminoindol-3-propionsäure

Wie die übrigen hier besprochenen essenziellen Aminosäuren kann L-Tryptophan nicht vom menschlichen Organismus synthetisiert werden. Der tägliche Mindestbedarf wird mit 0,2 g angegeben.

100 g Reinprotein von Blumenkohl, grünen Bohnen, Kartoffeln, Mais, Vollkornmehl und Kuhmilch enthalten 1,3 g L-Threonin, Proteine vom Vollei 1,8 g.

L-Tryptophan ist ein farbloses kristallines Pulver, das sich zwischen 290 bis 295 °C zersetzt, in kaltem Wasser oder Ethanol wenig, in heißem Wasser aber gut löslich ist. L-Tryptophan wird nach einem fermentativen Verfahren gewonnen.

Produzenten [E. producers]
Führende Produzenten von L-Tryptophan sind Ajimonoto, Frankreich, mit einem Weltmarktanteil von ca. 80 %, gefolgt von Evonik Industries AG, Essen, und Amino GmbH, Frellstedt.

Als weiterer Tryptophanhersteller wird ADM, USA, auf den Markt als Anbieter drängen.

L-Glutaminsäure [E. L-glutamic acid]

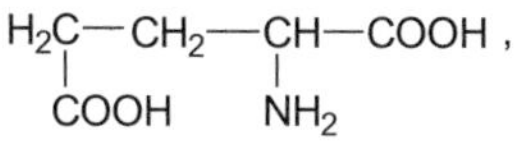

$$\begin{array}{l} H_2C-CH_2-CH-COOH \text{, 2-Aminoglutarsäure} \\ \;\;| \qquad\qquad\quad | \\ COOH \qquad NH_2 \end{array}$$

Glutaminsäure zählt nicht zu den essenziellen Aminosäuren und ist fast in allen Eiweißstoffen reichhaltig vorhanden, z. B. im Weizenprotein 31,4 %, Casein 23,6 %, Pepsin 19,8 % und Fleischprotein 14,6 %.

Die Kristalle der L-Glutaminsäure sind farblos, schmelzen unter Zersetzung bei 247 bis 249 °C, sind in Wasser wenig und in Ethanol schwer löslich.

Die Salze und Ester der Glutaminsäure heißen Glutamat, z. B. Mono-Natrium Glutamat:

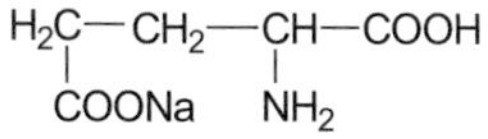

$$\begin{array}{l} H_2C-CH_2-CH-COOH \\ \;\;| \qquad\qquad\quad | \\ COONa \qquad NH_2 \end{array}$$

Glutamin ist ein Säureamid der Glutaminsäure

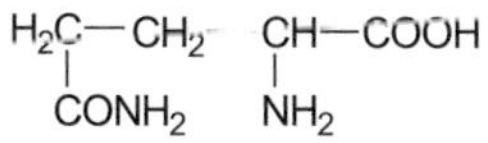

$$\begin{array}{l} H_2C-CH_2-CH-COOH \\ \;\;| \qquad\qquad\quad | \\ CONH_2 \qquad NH_2 \end{array}$$

und kommt in keimenden Samen vor, ist wesentlicher Bestandteil im Muskeleiweiß, im Klebereiweiß der Getreidekörner und im Sojaprotein. L-Glutaminsäure spielt im Stoffwechselprozess eine zentrale Rolle. Sie zählt zu den wenigen Aminosäuren, die durch direkte Aminogruppenübertragung, $\cdot NH_2$, (Aminierung) aus den α-Ketosäuren des Zitronensäurezyklus gebildet werden können (Kap. XVII, Abb. 1). Das sind Transaminierungsreaktionen, denn umgekehrt können Aminosäuren wie Glutaminsäure, Asparaginsäure und Alanin direkt ohne große Seitenwege in den Zitronensäurezyklus eingeschleust und weiter zu Kohlenstoffdioxid, CO_2, und Wasser, H–OH, abgebaut werden.

Bei der Synthese von Aminosäuren aus den α-Ketosäuren fungiert im tierischen und menschlichen Organismus die L-Glutaminsäure als Stickstoffüberträger. Eine entsprechende Funktion übt die L-Asparaginsäure in Pflanzen aus.

Eine Transaminierung verläuft sehr schnell. Die Wechselzahl für die Umwandlung von Brenztraubensäure in L-Alanin beträgt 60.000 Moleküle/min.

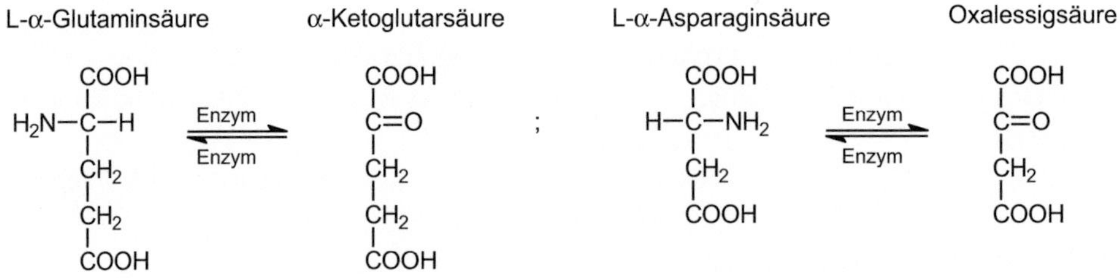

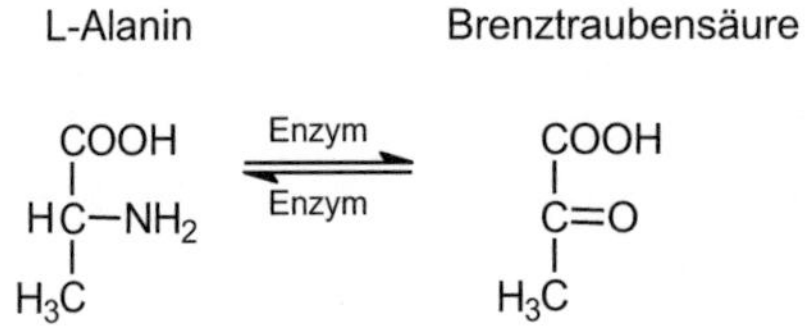

L-α-Glutaminsäure ⇌ α-Ketoglutarsäure ; L-α-Asparaginsäure ⇌ Oxalessigsäure

$$\begin{array}{c} COOH \\ | \\ H_2N-C-H \\ | \\ CH_2 \\ | \\ CH_2 \\ | \\ COOH \end{array} \underset{\text{Enzym}}{\overset{\text{Enzym}}{\rightleftharpoons}} \begin{array}{c} COOH \\ | \\ C=O \\ | \\ CH_2 \\ | \\ CH_2 \\ | \\ COOH \end{array} \quad ; \quad \begin{array}{c} COOH \\ | \\ H-C-NH_2 \\ | \\ CH_2 \\ | \\ COOH \end{array} \underset{\text{Enzym}}{\overset{\text{Enzym}}{\rightleftharpoons}} \begin{array}{c} COOH \\ | \\ C=O \\ | \\ CH_2 \\ | \\ COOH \end{array}$$

L-Alanin ⇌ Brenztraubensäure

$$\begin{array}{c} COOH \\ | \\ HC-NH_2 \\ | \\ H_3C \end{array} \underset{\text{Enzym}}{\overset{\text{Enzym}}{\rightleftharpoons}} \begin{array}{c} COOH \\ | \\ C=O \\ | \\ H_3C \end{array}$$

Die Desaminierungen sind deshalb so interessant, da die Aminogruppen immer auf andere Ketoverbindungen übertragen werden, ohne dass freier Ammoniak auftritt. Aminierungen und Desaminierungen sind reversibel und verlaufen immer unter Mitwirkung von Enzymen, den Transaminasen und den Dehydrogenasen als Dehydrierungsenzyme.

Glutaminsäure ist im Gehirnstoffwechsel am Transport der sehr wichtigen Kaliumionen, K^+, beteiligt. Außerdem führt sie zu einer allgemeinen Leistungssteigerung, indem sie das Leberglykogen mobilisiert und die Adrenalinausschüttung anregt. Dadurch kommt es zu einer Blutzuckererhöhung und zu höherem Energieangebot für den allgemeinen Stoffwechsel. Parallel dazu nimmt der Blutdruck zu, und die Pulsfrequenz wird schneller.

Alle diese Gründe haben zu dem breiten Anwendungsspektrum der L-Glutaminsäure in der Medizin und als Nahrungsmittelzusatzstoff geführt. Sie wird in Form von Ampullen, Tabletten, Granulaten, Dragees und als Nährlösung gegen Neurosen, Erschöpfungszustände, Konzentrationsschwäche u. a. verordnet.

Das Natriumsalz der Glutaminsäure (Natriumglutamat) dient in großen Mengen als Aromastoff für Fleischerzeugnisse und als Geschmacksverstärker in Suppenkonzentraten, besonders in asiatischen Ländern. Der größte Teil der Glutaminsäureprodukte wird auf mikrobiologischem Weg, d. h. fermentativ, hergestellt.

L-Asparaginsäure, L-Phenylalanin, L-Glycin [E. L-aspartic acid, L-phenylalanine, L-glycine]

Neben den drei großen Bulkprodukten Glutaminsäure, Lysin und Methionin werden in geringeren Mengen noch andere Aminosäuren angeboten. Sie werden zur Herstellung von Pharmazeutika und als Zusätze für Lebensmittel oder Futtermittel benötigt. Häufig werden sie auch als Feinchemikalien gehandelt. Von diesen sind die mengenmäßig bedeutendsten Produkte

L-Asparaginsäure $\begin{array}{c} H \\ | \\ HOOC-C-CH_2-COOH \\ | \\ NH_2 \end{array}$

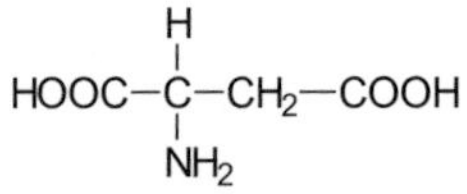

mit einen globalen Marktvolumen von 12.000 Jato und

$$\text{Phenylalanin}\quad C_6H_5{-}CH_2{-}\underset{\displaystyle NH_2}{\underset{|}{C}H}{-}COOH,$$

von dem ebenfalls jährlich 15.000 Jato hergestellt werden.

Beide Aminosäuren sind Vorprodukte für den Synthesesüßstoff Aspartam (Kap. XXII, Abschn. 2.3).

Glycin, $H_2\underset{\displaystyle NH_2}{\underset{|}{C}}{-}COOH$, wird in der Pharmaindustrie als pH-Refulator verwendet.

In Fernost ist es ein Additiv für Sojasaucen. Jährlich werden weltweit 12.000 bis 15.000 t hergestellt.

Zusammenfassung – Landwirtschaft und Ernährung [E. summary – agriculture and nutrition]

Zu Futtermittelzusätzen zählen neben Aminosäuren die Stoffgruppen Vitamine, Konservierungs- und Säuerungsmittel, Carotinoide, Spurenelemente, Enzyme, Probiotika, Aromen, Antioxidantien, Kokzidiostatika, Emulgatoren.

Nach einem Bericht der Ernährungs- und Landwirtschaftsorganisation der Vereinten Nationen hatte 2015 weltweit fast 1 Mrd. Menschen nicht genug zu essen. Ein weiterer Teil ist zwar an Kohlenhydraten gesättigt, leidet aber unter Eiweißmangel, d. h., er ist mit essenziellen Aminosäuren unterversorgt. Es sollte ein Weg gefunden werden, der die Nahrungskette *Pflanze* → *Tier* → *Mensch* in seiner jetzigen Folge unterbricht.

Die industrielle Synthese von essenziellen Aminosäuren, um sie den Nahrungsmitteln für die Menschen unmittelbar beizugeben, käme zwar einer ernährungsphysiologischen Revolution gleich. Es wäre in der Landwirtschaft und in der Ernährung dann die Dritte. Die Erste wurde ausgelöst durch das von Justus von Liebig (1803–1873) ausgesprochene Minimumgesetz. Die Zweite wurde eingeleitet durch die Ammoniaksynthese nach Fritz Haber (1868–1934) und Carl Bosch (1874–1940). Sie schufen die Voraussetzung für eine ausreichende Stickstoffdüngung der Äcker. Der jetzige Weg, die gesamte Menschheit zu einem erhöhten Fleischverzehr zu verführen, angeleitet durch Ernährungsgewohnheiten westlicher Industrienationen, führt zu einem Ernährungskollaps. Die Süßwasserbeschaffung für die Bewässerung von Ackerflächen und für die Massentierhaltung und die Entsorgung der Gülle stoßen schon heute an Grenzen.

Der gegenwärtige große Fehler in der Landwirtschaft ist, dass der enge Verbund zwischen Viehhaltung und Ackerwirtschaft aufgehoben worden ist. Beide Teilbereiche wirtschaften getrennt und ergänzen sich nicht mehr. Das Stroh vom gedroschenen Getreide wird abgefahren und gelangt über die Viehwirtschaft nicht mehr als Dung mit seinen Nährstoffen auf den Acker zurück. Pro Tonne Stroh werden dem Acker ca. 250 kg Mineralstoffe entzogen. Sie können durch Industriedünger ergänzt werden. Rinder werden als Wiederkäuer, die sich gut von Zellulosefutter wie Gras und Stroh ernähren können, mit Getreidekorn, das die für die menschliche Nahrung wichtige Stärke enthält, gefüttert. 60 % des in Deutschland geernteten Getreides werden zur Fütterung der Tiere wie Rinder, Schweine und Geflügel eingesetzt, 30 % dienen der Bevölkerung als Nahrung, und 10 % werden zu Ethylalkohol vergoren und dem Kraftstoff zugesetzt. Im Jahr 2013 wurden in Deutschland 47,4 Mio. t Getreide geerntet, davon 4,1 Mio. t Mais[24]. In der Massentierhaltung erhalten die Tiere keinen Auslauf auf Wiesen. Diese lebenden Systeme müssen in den sehr engen Stallungen ohne Bewegungsfreiheit vor Infektionskrankheiten geschützt werden. Fast 10.000 t Antibiotika werden in der EU jährlich dafür eingesetzt.

Der Pharmaindustrie und den Ärzten ist es im Laufe eines Jahrhunderts gelungen, Weltepidemien einzudämmen und die Lebenserwartung der Menschen beträchtlich zu erhöhen. Die Bereitstellung von hygienisch einwandfreiem Süßwasser und die Entwicklung von Arzneimitteln waren die wesentlichen Ursachen dafür.

Nun sollte ein zweiter Anlauf vonseiten der chemischen Industrie und der Landwirtschaft unternommen werden, die Ernährungsgrundlage für die Menschheit einerseits zu sichern und andererseits als Vorsorge für deren Gesundheit aufzufassen. Auch hier gilt wieder der enge Verbund zwischen Süßwasser und Energie, nämlich der von physiologischer Energie, d. h. Nahrungsmittel unter besonderer Berücksichtigung der essenziellen Aminosäuren.

8 Harnstoffzyklus [E. urea cycle]

Der Harnstoffzyklus dient zur Ammoniakentgiftung der ureotelytischen[25] Organismen.

Ammoniak ist ein Abbauprodukt der Proteine bzw. deren Bausteine, der Aminosäuren, $\mathrm{R{-}\underset{\underset{NH_2}{|}}{C}H{-}COOH}$, und auch einiger heterocyclischer Basen wie Cystosin, Thymin, Uracil (Abb. 18).

Da Ammoniak für den Organismus giftig ist, muss er unmittelbar nach seiner Entstehung während des Eiweißabbaus entgiftet und ausgeschleust werden. Das erfolgt durch eine Bindung an das ebenfalls während des Stoffwechselprozesses freigesetzte Kohlenstoffdioxid, CO_2. Kohlenstoffdioxid entsteht als Decarboxylierungsprodukt der organischen Säuren innerhalb des Zitronensäurezyklus (Kap. XVII, Abb. 1).

$$\underset{\text{Kohlenstoffdioxid}_{(aq)}}{\mathrm{O{=}C{=}O}} + \underset{\text{Ammoniak}_{(aq)}}{\mathrm{2\,H{-}NH_2}} \longrightarrow \underset{\text{Harnstoff}_{(aq)}}{\mathrm{H_2N{-}\overset{\overset{O}{\|}}{C}{-}NH_2}} + \underset{\text{Wasser}_{(f)}}{\mathrm{HOH}} \qquad (1)$$

$$\Delta_B G_{298}\left[\frac{kJ}{mol}\right] \quad -386{,}23 \quad 2(-26{,}61) \qquad -203{,}84 \quad -237{,}2$$

$$\Delta_R G_{298} = -1{,}59\ \mathrm{kJ/mol}$$

[24]Lit.: Situationsbericht 2013/2014 des Deutschen Bauernverbandes, 10117 Berlin.

[25]uron (gr.) – Harn; Ureoteliern sind Harnstoff erzeugende Lebewesen z. B. Säugetiere.

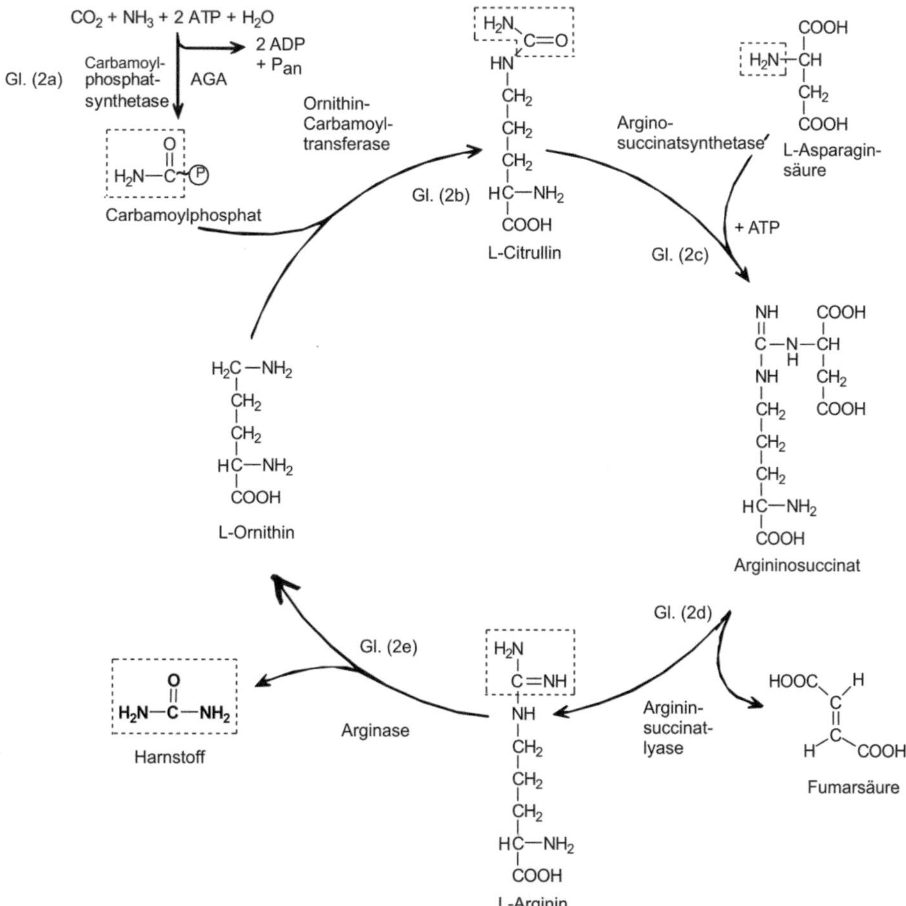

Abb. 18 Der Harnstoffzyklus nach Krebs und Henseleit [E. the urea-cycle by Krebs and Henseleit]

Die Reaktion ist schwach exergonisch und verläuft im Organismus nicht so unmittelbar ab, wie in der Reaktionsgleichung (1) formuliert ist. Außerdem ist ein ständiger Energieschub durch den ATP-Energielieferanten notwendig (Gl. 2). Sie ist wieder in kleinen Schritten als Zyklus, dem Harnstoffzyklus, unterteilt (Abb. 19). So wie der Calvin-Zyklus[26] den kontinuierlichen Stoffaufbau während der Fotosynthese stabilisiert und der Zitronensäurezyklus den oxidativen Abbau der Zuckermonomeren nach der Glykolyse steuert, so sorgt der Harnstoffzyklus für eine stetige Ammoniakentgiftung. Den inneren Mechanismus haben 1933 H. A. Krebs[27] und K. Henseleit[28] aufgeklärt.

---

[26]Melvin Calvin (1911–1997), amerik. Chemiker, er formulierte den Fotosynthesezyklus (genannt nach ihm als Calvin-Zyklus).

[27]Hans Adolf Krebs (1900–1981), Schüler von Warburg, engl. Biochemiker.

[28]Kurt Henseleit (1907–1973), Universität Freiburg.

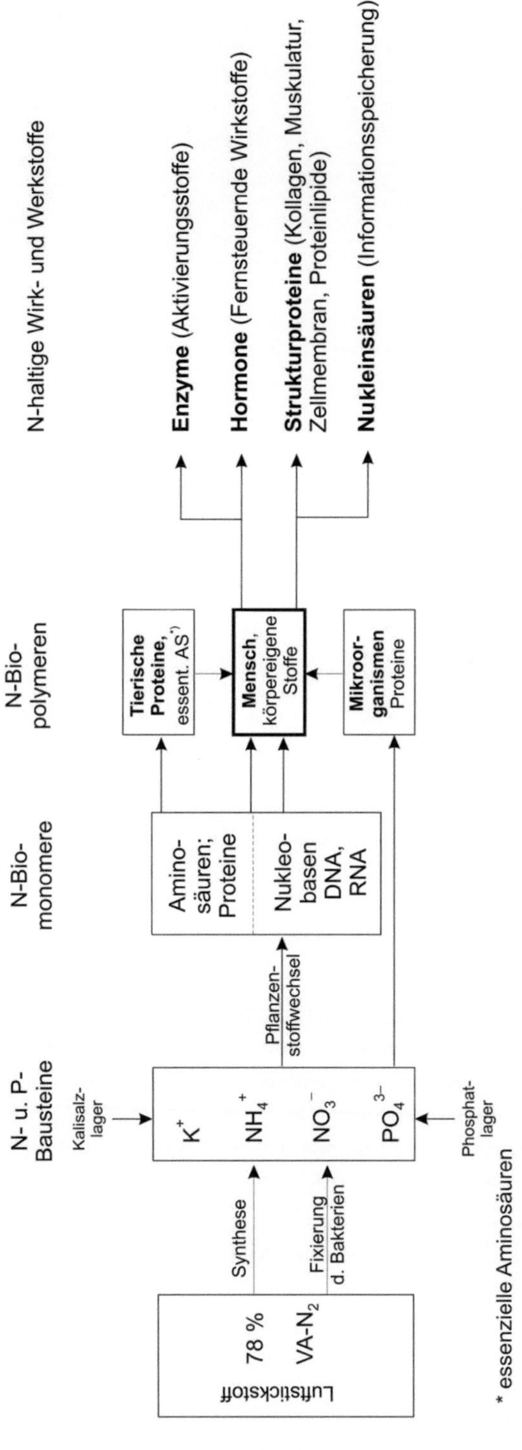

Abb. 19 Stoffwechsellinie vom Stickstoff zum Protein und den Nukleinsäuren – N-haltige Werk- und Wirkstoffe in lebenden Systemen [E. the line of metabolism from nitrogen to the proteins and nucleic acids – nitrogenous biological materials and biological active substances in living systems]

Die Summenreaktionsgleichung der einzelnen Teilreaktionen lässt sich wie folgt zusammenfassen:

Kohlenstoff-dioxid $_{(aq)}$		Ammoniak $_{(aq)}$		Harnstoff $_{(aq)}$		Wasser		Energie
CO_2	+	$2\ NH_2$	$\longrightarrow$	$H_2N{-}C({=}O){-}NH_2$	+	$H{-}OH$	+	1,59 kJ

Adenosin-triphosphat		Wasser		Adenosin-diphosphat		Phosphorsäure		Energie
2 ATP	+	2 HOH	$\longrightarrow$	2 ADP	+	$2\ HO{-}P({=}O)(OH){-}OH$	+	61 kJ

Adenosin-triphosphat		Wasser		Adenosin-monophosphat		Pyrophosphor-säure		Energie
ATP	+	HOH	$\longrightarrow$	AMP	+	$HO{-}P({=}O)(OH){-}O{-}P({=}O)(OH){-}OH$	+	41,9 kJ

Pyrophosphor-säure		Wasser		Phosphorsäure		Energie
$HO{-}P({=}O)(OH){-}O{-}P({=}O)(OH){-}OH$	+	HOH	$\longrightarrow$	$2\ HO{-}P({=}O)(OH){-}OH$	+	19,2 kJ

$$CO_2 + 2\ NH_3 + 3\ ATP + 3\ HOH \longrightarrow H_2N{-}C({=}O){-}NH_2 + 2\ ADP + AMP + 4\ H_3PO_4$$

$$\Delta_R G = -123{,}69\ \text{kJ/mol} \qquad (2)$$

Unter Berücksichtigung der ATP-Energiewerte wird der exergonische Charakter dieser Entsorgungssummengleichung deutlich. Das ATP hält diesen Energieumsatzzyklus aufrecht.

Harnstoff besteht aus 2 Am inogruppen, $H_2N\cdot$, und einer Carbonylguppe $\cdot C({=}O)\cdot$, die aus dem Kohlenstoffdioxid stammt.

Der Einstieg in den Harnstoffzyklus erfolgt durch das Carbamoylphosphat, das sich aus einem freien H_3N -Molekül und Kohlenstoffdioxid bildet:

Kohlenstoff-dioxid		Ammoniak		Wasser		Adenosin-triphosphat	
CO_2	+	NH_3	+	HOH	+	2 ATP	$\xrightarrow[\text{phosphatsynthetase}]{\text{Carbamoyl-}}$

Carbamoylphosphat		Adenosindi-phosphat		Phosphorsäure
$H_2N{-}C({=}O){-}O{-}P({=}O)(OH){-}OH$	+	2 ADP	+	$HO{-}P({=}O)(OH){-}OH$

(2a)

Diese Reaktion verläuft streng irreversibel in den Mitochondrien. Das wirksame Enzym ist Carbamoylphosphatsynthetase, AGA[29]. Das Ammoniak wird z. B. bei der oxidativen Desaminierung der Glutaminsäure freigesetzt:

Glutaminsäure		Nicotinamiddinukleotidphosphat		Wasser
$HO-C(=O)-CH_2-CH_2-CH(NH_2)-C(=O)-OH$	+	$NADP^+$	+	HOH
		⇅		
α-Ketoglutarsäure		hydriertes Nicotinamiddinukleotidphosphat		Ammoniak
$HO-C(=O)-CH_2-CH_2-C(=O)-C(=O)-OH$	+	$NASPH + H^+$	+	NH_3

In der nächsten Stufe wird im Cytosol[30] die Carbamoylgruppe an das Ornithin übertragen. Das geschieht in Gegenwart des Enzyms Ornithincarbamoyltransferase:

Carbamoylphosphat		L-Ornithin		L-Citrullin		Phosphorsäure
$H_2N-C(=O)-O-PO_3H_2$	+	$H_2C(NH_2)-H_2C-H_2C-C(H)(NH_2)-COOH$	$\xrightarrow{\text{Transferase}}$	$H_2C(-NH-C(=O)-NH_2)-H_2C-H_2C-C(H)(NH_2)-COOH$	+	H_3PO_4

(2b)

Die 2. Aminogruppe des Harnstoffs wird von der Asparaginsäure geliefert, die mit dem Carbamoylrest des Citrullins unter Mitwirkung von ATP und der Argininsuccinatsynthetase zu L-Arginin-Bernsteinsäure reagiert:

[29] Die Carbamoylphosphatsynthetase wird durch AGA = N-Acetylglutamat aktiviert.

[30] kytos (gr.) – Höhlung; Cytosol = Zellplasma = Protoplasma.

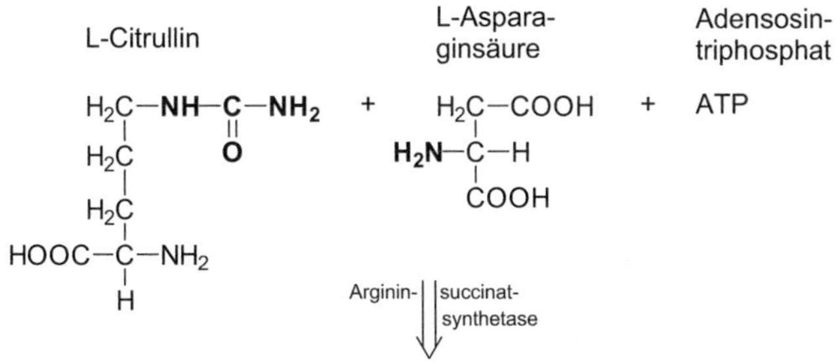

L-Citrullin + L-Asparaginsäure + Adensosintriphosphat

$H_2C-NH-C(=O)-NH_2$
H_2C
H_2C
$HOOC-C(H)-NH_2$

\+ $H_2C-COOH$ / H_2N-C-H / $COOH$ + ATP (2c)

Arginin-succinat-synthetase

L-Arginin-Bernsteinsäure + Pyrophosphorsäure + Adenosinmonophosphat

$H_2C-NH-C(=NH)-NH-C(COOH)(H)-CH_2-COOH$
H_2C
H_2C
$HOOC-C(H)-NH_2$

\+ $HO-P(=O)(OH)-O-P(=O)(OH)-OH$ + AMP

Lyase

Die L-Arginin-Bernsteinsäure spaltet in einem weiteren Schritt Fumarsäure ab unter Bildung von L-Arginin. Als Enzym wirkt Argininsuccinatlyase.

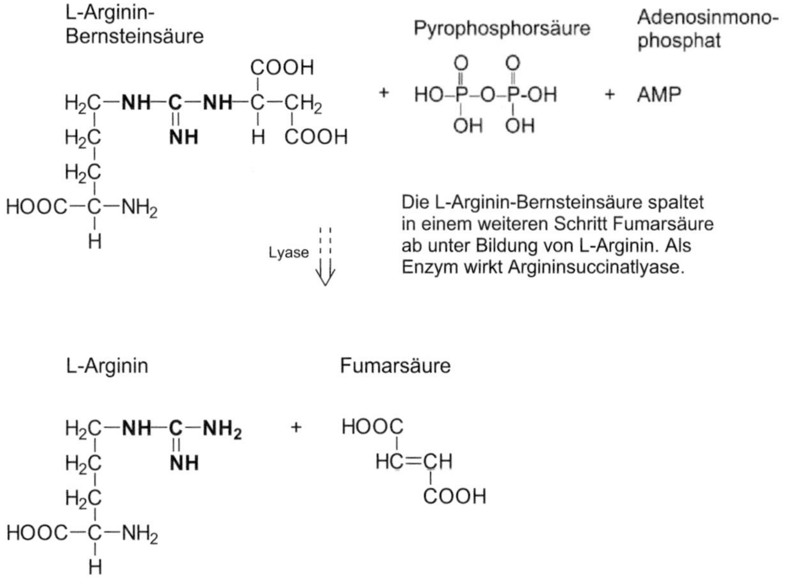

(2d)

L-Arginin + Fumarsäure

$H_2C-NH-C(=NH)-NH_2$
H_2C
H_2C
$HOOC-C(H)-NH_2$

\+ $HOOC-HC=CH-COOH$

Im L-Arginin ist im Guanidylrest $H_2N-C(=NH)-N(H)-R$ die Harnstoffmolekülstruktur schon vorgegeben.

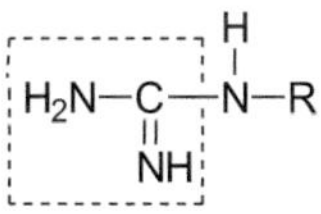

Eine enzymatische Spaltung durch Arginase ist der letzte Schritt innerhalb des Harnstoffzyklus. Es wird Harnstoff gespalten, der als nichttoxische Verbindung über den Blutstrom zur Niere transportiert wird und von dort über die Harnleiter als Urin ausgeschieden wird.

Eine Addition der Teilgleichungen (2a) bis (2c) zeigt, dass zur Synthese eines Moleküls Harnstoff drei energiereiche ATP-Moleküle erforderlich sind. Zwei von diesen hydrolisieren zu ADP unter Abspaltung von je einer Phosphatgruppe, und ein ATP hydrolysiert zu AMP und zwei Phosphatgruppen.

Der Harnstoff ist die wichtigste Stickstoffverbindung des Säugetierurins. Der Mensch scheidet täglich 20 bis 30 g Harnstoff aus. Bei gemischter Nahrung werden 80 bis 90 %

des mit dem Eiweiß aufgenommenen Stickstoffs als Harnstoff ausgeschieden. Für die Harnstoffsynthese sind die Zellen in der Leber verantwortlich.

Im Pflanzenreich kommt der Harnstoff ebenfalls vor, und zwar im Zellsaft der höheren Pflanzen, in vielen Pilzen wie *Aspergillus niger, Penicilliumglancum,* Bovist, Champignon und anderen.

8.1 Eigenschaften des Harnstoffes [E. properties of urea]

Harnstoff, das Diamid der Kohlensäure, hat die chemische Formel

$$H_2N{-}\underset{\underset{O}{\|}}{C}{-}NH_2.$$

Seine molare Masse beträgt 60 g/mol. Es handelt sich um eine feste, geruch- und farblose Verbindung, die bei 132,7 °C schmilzt. Harnstoff löst sich leicht in Wasser und reagiert neutral. Bei 17,1 °C lösen sich 10 g Harnstoff in 100 g Wasser auf. Aufgrund seiner chemischen Konstitution und Eigenschaften ist er eine Brücke zwischen anorganischen und organischen Verbindungen.

Harnstoff ist ein Amiddünger. Amidstickstoff kann von den Pflanzen nicht direkt aufgenommen werden. Er wandelt sich aber im Boden zu Ammonium- und Nitratverbindungen um. Dieser Vorgang verläuft relativ langsam. Harnstoffdünger sind deshalb eine Grundlage für Depotdünger.

Harnstoff ist ein natürliches Abbauprodukt des tierischen und menschlichen Eiweißstoffwechsels und wird mit dem *Urin* ausgeschieden. Eine Synthese gelang erstmals Friedrich Wöhler im Jahr 1828.[31]

8.2 Herstellung von Harnstoff [E. production of urea]

Für die großtechnische Synthese des Harnstoffes geht man direkt vom flüssigen *Ammoniak* und gasförmigen *Kohlenstoffdioxid* aus. Die Herstellung erfolgt aus diesem Grund direkt im Verbund mit der Ammoniaksynthese. Sie stellt, von den Rohstoffkomponenten her betrachtet, eine ideale Nutzung billiger und leicht zugänglicher Ausgangsmaterialien dar.

Bei der *Harnstoffsynthese* handelt es sich um eine Druckreaktion. Sie wurde erstmals 1914 bei der BASF durchgeführt, ausgehend vom Kohlenstoffdioxid, CO_2, und Ammoniak, NH_3.

Die Synthese verläuft in zwei Teilreaktionen. Während der *1. Teilreaktion* bildet sich aus Ammoniak und Kohlenstoffdioxid Ammoniumcarbaminat. Dieser Teil der Reaktion

---

[31]Friedrich Wöhler (1800–1882), dt. Chemiker.

verläuft exotherm, d. h., bei der Bildung von 78 g (1 mol) Ammoniumcarbaminat werden 159,7 kJ an Wärme frei.

Ammoniak		Kohlenstoffdioxid		Ammoniumcarbaminat
$2\,NH_{3\,(g)}$	+	$CO_{2\,(g)}$	$\longrightarrow$	$H_2N{-}C({=}O){-}ONH_{4\,(s)}$
34 g		44 g		78 g
				$\Delta H = -159{,}7$ kJ/mol

In der *2. Teilreaktion* spaltet sich aus dem Ammoniumcarbaminat unter Harnstoffbildung Wasser ab. Dieser Reaktionsverlauf ist endotherm, es wird Energie gebunden. Die Bildung von 1 mol, d. h., 60 g Harnstoff aus 1 mol Ammoniumcarbaminat, erfordert 41,43 kJ.

Ammoniumcarbaminat		Harnstoff		Wasser
$H_2N{-}C({=}O){-}ONH_{4\,(s)}$	$\longrightarrow$	$H_2N{-}C({=}O){-}NH_{2\,(aq)}$	+	$H_2O_{(l)}$
78 g		60 g		18 g
		$\Delta H = +\,41{,}43$ kJ/mol		

Die Synthese lasst sich durch Zusammenfassen der beiden Teilreaktionen mit nachstehender chemischer Reaktionsgleichung beschreiben:

Ammoniak		Kohlenstoffdioxid		Harnstoff		Wasser
$2\,NH_{3\,(g)}$	+	$CO_{2\,(g)}$	$\longrightarrow$	$H_2N{-}C({=}O){-}NH_{2\,(aq)}$	+	$H_2O_{(l)}$
34 g		44 g		60 g		18 g
				$\Delta H = -\,118{,}27$ kJ/mol		

Beide Teilreaktionen verlaufen in flüssiger Phase in einem Temperaturbereich von 170 bis 190 °C und bei einem Druck von 130 bis 200 bar. Der Gesamtreaktionsverlauf ist exotherm. Pro Mol Harnstoff, das sind 60 g, werden 118 kJ Wärme freigesetzt. Die Reaktionswärme wird durch Dampferzeugung aus dem System abgeführt.

Die 2. Teilreaktion ist der geschwindigkeitsbestimmende Reaktionsschritt. Sie verläuft langsamer als die 1. Teilreaktion.

8.3 Wirtschaftliches [E. economic]

Harnstoff besteht zu 46,7 % Massenanteilen aus Stickstoff und hat als Stickstoffdünger im letzten Jahrzehnt zunehmend an Bedeutung gewonnen. Auch wird er als eiweißaufbauendes Viehfutter für Wiederkäuer verwendet.

Im Harnstoff ist die typische Peptidbindung der Proteine vorgegeben.

$$\cdot\underset{\underset{\displaystyle O}{\|}}{C}-\overset{\overset{\displaystyle H}{|}}{N}\cdot \qquad \text{Peptidbindung}$$

$$\overset{\overset{\displaystyle H}{|}}{HN}-\underset{\underset{\displaystyle O}{\|}}{C}-\overset{\overset{\displaystyle H}{|}}{N}-H \qquad \text{Harnstoff}$$

Die Harnstoffproduktion in der Welt wird mit über 140 Mio. Jato angegeben. Aufgrund der zunehmenden Weltbevölkerung wird diese Menge steigen. Denn 80 % davon werden als Düngemittel, 11 % als eiweißspendendes Futtermittel und 9 % als Komponente im Sektor der Harnstoff-Formaldehyd-Harze eingesetzt. Aus Harnstoffdünger werden auch die stickstoffhaltigen Langzeit(Depot)-Dünger durch Zugabe von Abbauverzögerern hergestellt. Harnstoffproduzenten sind in Deutschland

- SKW Stickstoffwerke Piesteritz GmbH, 06886 Lutherstadt Wittenberg,
- Agro Baltic GmbH, 18107 Rostock,
- Büfa Chemikalien GmbH & Co. KG, 27798 Hude-Altmoorhausen,
- Yara GmbH & Co. KG, 58249 Dülmen,
- IG Chemicals GmbH, 32107 Bad Salzuflen.

9 Stoffwechselreaktionen von Aminosäuren [E. metabolisms of amino acids]

Aminierung ist eine Einführung von Aminogruppen in eine Kohlenwasserstoffverbindung, z. B.

$$\underset{\text{Ketosäure}}{R-\underset{\underset{\displaystyle O}{\|}}{C}-COOH} + \underset{\text{Ammoniak}}{NH_3} \xrightarrow[-\,NADP^+]{+\,NADPH\,+\,H^+} \underset{\text{Aminosäure}}{R-\underset{\underset{\displaystyle NH_2}{|}}{CH}-COOH} + \underset{\text{Wasser}}{HOH}$$

Desaminierung ist die Abspaltung einer Aminogruppe aus einer chemischen Verbindung als Ammoniak.

$$\underset{\text{Aminosäure}}{R-\underset{\underset{\displaystyle NH_2}{|}}{CH}-COOH} \xrightarrow[-\,2H]{} \underset{\text{Iminosäure}}{R-\underset{\underset{\displaystyle NH}{\|}}{C}-COOH} \xrightarrow{+\,HOH} \underset{\text{Ketosäure}}{R-\underset{\underset{\displaystyle O}{\|}}{C}-COOH} + \underset{\text{Ammoniak}}{NH_3}$$

Transaminierung ist die enzymatische reversible Übertragung einer Aminogruppe zwischen zwei Aminosäuren. Sie ist die wichtigste Gruppenübertragungsreaktion im Aminosäurestoffwechsel.

$$\underset{\text{Aminosäure 1}}{R_1-\underset{\underset{NH_2}{|}}{C}H-COOH} + \underset{\text{Ketosäure 2}}{R_2-\underset{\underset{O}{\|}}{C}-COOH} \rightleftharpoons \underset{\text{Ketosäure 1}}{R_1-\underset{\underset{O}{\|}}{C}-COOH} + \underset{\text{Aminosäure 2}}{R_2-\underset{\underset{NH_2}{|}}{C}H-COOH}$$

Decarboxylierung ist die Abspaltung der Carboxylgruppe einer Carbonsäure unter Freisetzung von Kohlenstoffdioxid. Sie ist eine wichtige Abbaureaktion der Monomeren von Nahrungsstoffen innerhalb des Zitronensäurezyklus (Kap. XVII, Abb. 1).

Z. B.

1. Stufe Desaminierung

$$\underset{\text{Alanin}}{H_3C-\underset{\underset{NH_2}{|}}{C}H-COOH} \xrightarrow[-2H]{} \underset{\alpha\text{-Iminopropionsäure}}{H_3C-\underset{\underset{NH}{\|}}{C}-COOH} \xrightarrow{+HOH} \underset{\text{Brenztraubensäure}}{H_3C-\underset{\underset{O}{\|}}{C}-COOH}$$

2. Stufe Decarboxylierung

$$\underset{\text{Brenztraubensäure}}{H_3C-\underset{\underset{O}{\|}}{C}-COOH} \longrightarrow \underset{\text{Acetaldehyd}}{H_3C-\underset{\underset{O}{\|}}{C}-H} + \underset{\text{Kohlenstoffdioxid}}{CO_2}$$

Die Acetylgruppe ist ein wichtiger C_2 -Baustein innerhalb des Fettsäureabbaus und -aufbaus und als Acetly-Coenzym A, $H_3C-\underset{\underset{O}{\|}}{C}-SCoA$, der Einstiegsbaustein in den Zitronensäurezyclus (Kap. XVII, Abb. 1).

Abb. 19 zeigt gestrafft den Weg vom elementaren Luftstickstoff über seine Salze zu den komplexen stickstoffhaltigen biochemischen Wirkstoffen wie Enzyme, Hormone und Nukleinsäuren. Die Strukturproteine nehmen die Aufgabe der Werkstoffe wahr.

In der Tab. 9 ist die Bedeutung des Stickstoffs als wichtiges Bioelement in seinen komplexen Biomolekülen in Form einer Hierarchie herausgestellt worden.

10 Die Wirkung von Nitraten im Blutgefäßsystem [E. effect of nitrates in blood vessels]

Schon 1867 hatte der Arzt Thomas Lauder Brunton herausgefunden, dass Amylnitrit (korrekter chemischer Name: Salpetrigsäureamylester), $H_2C-(CH_2)_4-O-NO$, bei Angina pectoris[32] die auftretenden Brustschmerzen rasch und wirksam linderte. Die

[32]Angina, angere (lat.) – beengen; pectus (lat.) – Brust; Angina pectoris – Enge der Brust. Diese Brustenge bzw. Brustschmerz tritt auf, wenn das Sauerstoffangebot nicht dem Sauerstoffbedarf der Herzmuskel entspricht.

Tab. 9 Hierarchie von Stickstoffverbindungen [E. hierarchy of nitrogen compounds]

Proteine

- Strukturproteine (Werkstoffe) z. B. Kollagen, Wolle, Seide
- Funktionsproteine (Wirkstoffe) z. B. Enzyme, Hormone z. B. Insulin

Nucleinsäuren

- Ribonukleinsäuren, RNA
- Desoxyribonukleinsäuren, DNH
- Mononukleotide (ATP, GTP)
- Vitamine ß-Komplex

Aminosäuren

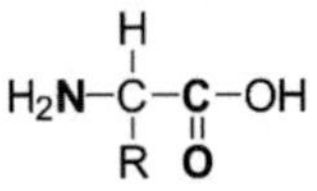

$H_2N{-}CH(R){-}C({=}O){-}OH$

Nahrungsmittel

Heterozyklische Basen der Pyrimidin- und Purinreihe, z. B.

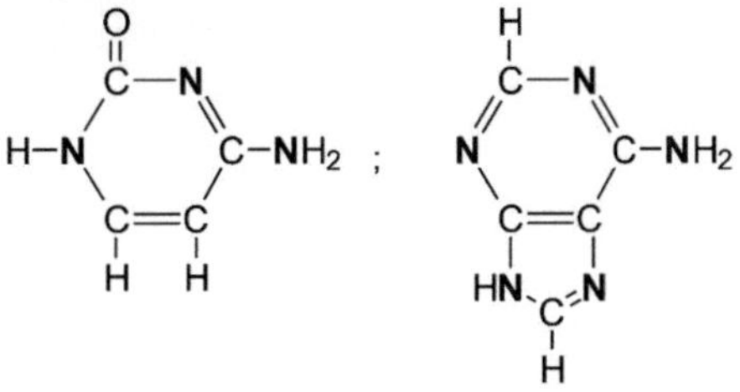

Cytosin ; Adenin

Harnstoff	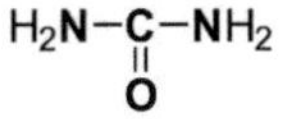 $H_2N{-}C({=}O){-}NH_2$	Futtermittel, Düngemittel
Isocyansäure	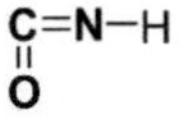 $O{=}C{=}N{-}H$	Fasern
Calciumcyanamid (Kalkstickstoff)	$Ca{=}N{-}C{\equiv}N$	Düngemittel
Blausäure	$H{-}C{\equiv}N$	zur essentiellen Aminosäure Methionin
Nitrate	NO_3^-	Düngemittel
Ammoniak	NH_3	Düngemittel
Stickstoff	$N{\equiv}N$	

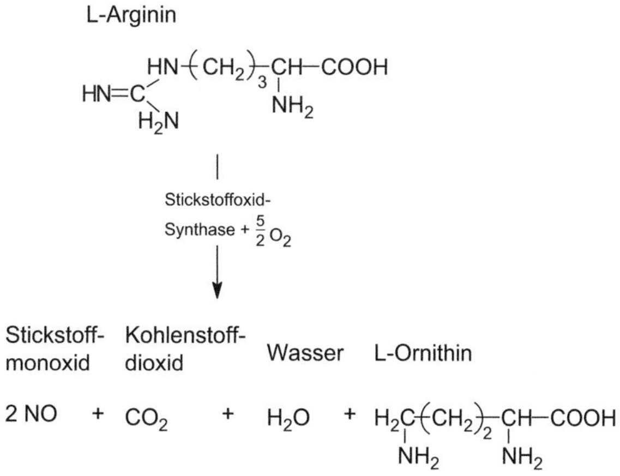

Abb. 20 Vom L-Arginin zum Stickstoffmonoxid [E. from L-arginine to nitrogen monoxide]

aus den Nitraten oder Nitriten freigesetzten Stickstoffoxidradikale, •N=O, greifen die Venenmuskulatur an und leiten eine Venenerweiterung ein. Das führt zu einem vermehrten Blutdurchfluss in den Venen und einer verstärkten Sauerstoffversorgung des Herzens und des Organismus. Außerdem wird die diastolische[33] Gefäßwandspannung erniedrigt. Eine kurzfristige Ausdehnung (Dilatation[34]) der Aorta senkt den Aortendruck. Der äußere (periphere) Gefäßwiderstand und damit auch die Wandspannung während des Zusammenziehens, Systole, nimmt ab. Der Wirkungsmechanismus des Stickstoffmonoxids ist eine Kettenreaktion in mehreren kleinen Stufen. Im Organismus wird es in den Innenschichten der Gefäße (Endothele[35]), in den Nerven- und Blutzellen gebildet und freigesetzt.

Stickstoffmonoxid wird durch das Enzym *Nitric Oxide Synthase* aus der Aminosäure L-Arginin gebildet. Es ist eine enzymatische Oxidation (Abb. 20 und 21).

Stickstoffmonoxid aktiviert in den Zellen der Gefäßmuskeln das Enzym *zytosolische Guanylatcyclase,* welches für die Synthese des zyklischen Guanosinmonophosphat, cGMP, aus Guanosintriphosphat, GTP, zuständig ist. Das cGMP fungiert hier als Botenstoff (Abb. 21).

Beim zyklischen GMP hat die eine Hydroxylgruppe der Ribose mit der OH-Gruppe des Phosphorsäurerestes unter Wasseraustritt reagiert. Das zyklische GMP bewirkt wiederum eine Abnahme der intrazellulären Calciumionen, Ca^{2+}, -konzentration. Dadurch wird eine Erniedrigung des Druckes auf die Gefäßwände erreicht, physikalisch

[33]diastole (gr.) – Ausdehnung; systole (gr.) – zusammenziehen.

[34]dilatare (lat.) – ausdehnen; Dilatation – Ausdehnung, Erweiterung eines Hohlorgans.

[35]thele (gr.) – Mutterbrust, Endothel ist die zellschichtige Auskleidung von Gefäßen und Körperhöhlen.

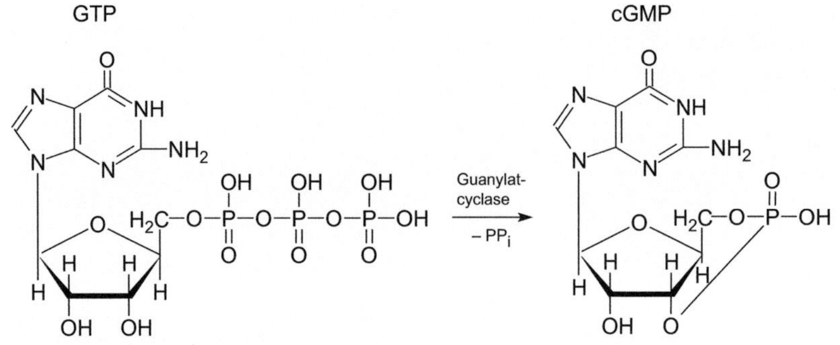

Abb. 21 Vom GTP zum cGMP [E. from guanosine triphosphate to guanosine monophosphate]

betrachtet wird der osmotische Druck reduziert. Ebenfalls wird der Thrombozytenverklumpung[36] entgegenwirkt.

Die Umwandlung von GTP in cGMP ist exergonisch, es wird Energie freigesetzt, die dem Organismus zur Aufrechterhaltung seiner Funktionen dient.

Angina pectoris und ein *Herzinfarkt* zeigen Signale an für eine akute unzureichende Sauerstoffversorgung im Blutgefäßsystem und als Folge davon ein Defizit an physiologischer Energie für alle Lebensfunktionen.

Ein Mangel an körpereigener Stickstoffmonoxidproduktion kann verheerende Folgen haben. Vom NO hängen nicht nur eine angemessene Gefäßerweiterung ab, sondern ebenfalls die Erhaltung der Nierenfunktion und die Durchblutung des Herzens.

Das Stickstoffmonoxid beeinflusst die Vorgänge im Gehirn, die Funktion des Gedächtnisses und die mentale Aggressivität des Menschen.

NO fördert außerdem die Bildung von weißen Blutzellen und steigert die Immunität gegen eingedrungene Mikroorganismen im Körper, d. h. gegen Infektion.

Wie schon erwähnt, wird Stickstoffmonoxid auch in den Nervenzellen gebildet. Es konnte nachgewiesen werden, dass der Penis mit nitrergenen Nerven versehen ist, die nach Stimulation und Reizung in ihren Enden im Penis NO freisetzen. Dadurch werden die zuführenden Gefäße erweitert und die *Corpora cavernosa*[37] füllen sich mit Blut und das Glied versteift sich. Dieses Zusammenspiel zwischen dem im Endothel der Gefäße freigesetzten Stickstoffmonoxid und dem Botenstoff des zyklischen Guanosinmonophosphats, cGMP, und allen ihren Auswirkungen wurde von den Forschern Robert F. Furchgott, Louis J. Ignarro und Ferid Murad in allen seinen Einzelheiten aufgeklärt. Dafür erhielten sie den Medizin-Nobelpreis 1998.

[36]thromo (gr.) – Klumpen; kytos (gr.) – Zelle. Thrombozyten sind Blutplättchen, die die Blutgerinnung einleiten; Thrombose ist die Blutgefäßverstopfung.

[37]corpora (lat.) – Körper; cavernose (lat.) – Höhlung; Corpora cavernose sind Schwellkörper, blutreiche schwammige Gebilde des Geschlechtstraktes.

Diese Erkenntnisse ausnutzend, hat die amerikanische Firma *Pfizer* ein Präparat entwickelt, das den Abbau des Botenstoffes cGMP hemmt und damit zur Behandlung einer erektilen[38] Dysfunktion[39] geeignet ist. Dieses Präparat ist auf dem Markt unter dem Namen *Viagra* eingeführt.

11 Zusammenfassung über die Rolle des Stickstoffs als Bioelement [E. summary about the role of nitrogen as bioelement]

Nachdem der Stickstoff als das essenzielle Bauelement aller Proteine und anderer bedeutsamer Bioverbindungen identifiziert worden war, war der Schlüssel zum Verständnis der Nahrungskette zwischen Luftstickstoff, Mikroorganismen, Pflanzen, Tieren und Menschen gefunden (Abb. 22). Es handelt sich um ein globales Fließgleichgewicht in der Natur (Kap. XVIII, Abschn. 2.1).

Die Umwandlung von elementarem Stickstoff über Ammoniak und Nitrat zu den Aminosäuren bzw. Proteinen verdeutlicht die Schwachstelle in der Nahrungsmittelversorgung der Menschheit. Denn nur das tierische Eiweiß (Milch, Eier, Fleisch) enthält alle für die menschliche Ernährung so wichtigen essenziellen Aminosäuren.

Die erdnahe Atmosphäre, d. h. unsere Luft, setzt sich zusammen aus

78,09 % Volumenanteilen Stickstoff, N_2,
20,95 % Volumenanteilen Sauerstoff, O_2,
0,943 % Volumenanteilen Argon, Ar,
0,04 % Volumenanteilen Kohlenstoffdioxid, CO_2,

u. a. Gasen (s. Kap. II, Tab. 3). Von diesen Elementen sind die Edelgase, Stickstoff und Kohlenstoffdioxid sehr reaktionsträge.

Sie müssen erst durch eine hohe Energiezufuhr aktiviert werden, um z. B. mit Sauerstoff zu reagieren:

$$946\ \text{kJ} + N_2 \longrightarrow 2\,N$$
$$1523\ \text{kJ} + Ar \longrightarrow Ar^+ + e^-\text{, Ionisierung von Argon}$$

Im Kohlenstoffdioxid liegt der Kohlenstoff in seiner höchsten Oxidationsstufe vor. Um dieses Molekül reaktionsfähig zu machen, muss es zu Kohlenstoffmonoxid reduziert werden. Wie z. B. bei der Fotosynthese (s. Kap. XI, Abschn. 3) und den Synthesegasreaktionen.

[38]erigere (lat.) – aufrichten, einer Erektion fähig.

[39]dys (gr.) – als Vorsilbe miss-, nicht-.

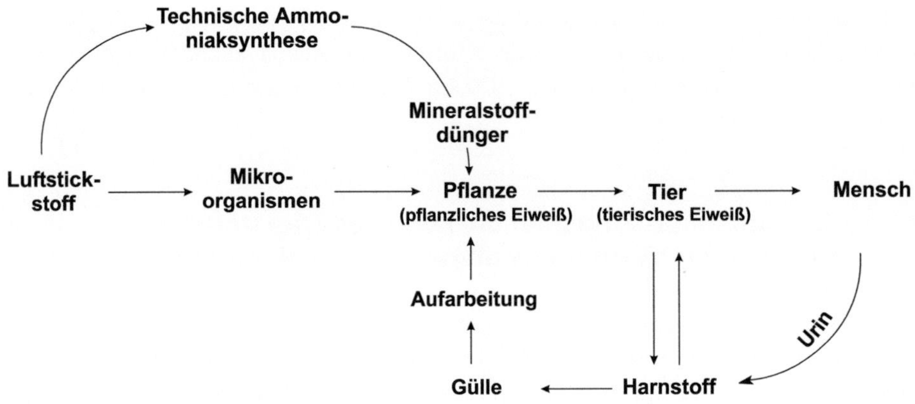

Abb. 22 Nahrungsmittel- und Entsorgungskette [E. food and disposal chain]

$$CO_2 \longrightarrow CO + \tfrac{1}{2}O_2\,; \quad \Delta_R H = +282{,}92$$

Bei der Fotosynthese wird dieser endotherme Energiebetrag durch die Sonne geliefert.

Der molekulare Stickstoff wird in der Natur durch wetterbedingte Blitze während der Gewitter in atomaren Stickstoff gespalten und in höheren Atmosphärenschichten von kurzwelligen, d. h. energiereichen Solarstrahlen.

Der atomare Stickstoff reagiert dann mit dem atmosphärischen Sauerstoff zu den Stickstoffoxiden (s. Abschn. 1.2 in diesem Kapitel).

Die Stickstoffoxide reagieren mit der Feuchtigkeit der Atmosphäre zu Salpetersäure, zum Beispiel:

Stickstoffdioxid bzw. -monoxid		Wasser		Salptersäure		Wasserstoff	
NO_2	+	H–OH	$\longrightarrow$	HNO_3	+	$\frac{1}{2}\,H_2$;	$\Delta H = +117{,}9$ kJ/mol
NO	+	2 H–OH	$\longrightarrow$	HNO_3	+	$\frac{3}{2}\,H_2$;	$\Delta H = +347{,}1$ kJ/mol

Beide Reaktionen verlaufen endotherm, ihnen muss Energie zugeführt werden, die wieder durch Solarstrahlung vorhanden ist.

Diese in starker Verdünnung in der atmosphärischen feuchten Luft vorliegende Salpetersäure wird mit dem Regen ausgewaschen und gelangt auf den Erdboden. Dort reagiert sie exotherm mit den vorhandenen Alkali- und Erdalkalisalzen. Es bilden sich die entsprechenden Nitrate, die für die Pflanzen wichtige stickstoffhaltige Nährstoffe sind. Folgende Reaktion ist ein Beispiel dafür:

Salpetersäure		Kalium-carbnat		Kalium-nitrat		Wasser		Kohlenstoff-dioxid	
2 HNO_3	+	K_2CO_3	$\longrightarrow$	2 KNO_3	+	H–OH	+	CO_2;	$\Delta H = -125{,}36$ kJ/mol

Diese Nitrate sind die Quelle für die Proteinbildung in den Pflanzen. Die kennzeichnende Gruppe für die Proteine ist die Aminogruppe, $-NH_2$, die sich mit den

Carboxylgruppen der α-Aminosäuren, $R{-}\underset{\displaystyle NH_2}{\underset{|}{C}H}{-}COOH$ über die Peptidbindungen,

$-\underset{\displaystyle O}{\underset{\|}{C}}-\underset{\displaystyle H}{\underset{|}{N}}-$, zu den Proteinpolymeren verknüpfen (s. Abb. 2).

In den lebenden Systemen mikroorganischer, pflanzlicher, tierischer und menschlicher Art gibt es 20 Aminosäuren unterschiedlicher Strukturen, aus denen die Proteine aufgebaut sind.

Um die Aminogruppen für die Aminosäuren zu erhalten, müssen die Nitrate reduziert bzw. hydriert werden. Der dafür notwenige Wasserstoff wird aus dem Wasser während der Fotosynthese in den Pflanzen freigesetzt:

$$n \cdot 241\ \text{kJ} \begin{pmatrix}\text{Sonnen-}\\ \text{energie}\end{pmatrix} + 2\,n\ \text{H–OH} \xrightarrow{\text{Enzym}} n\,\{2\,\text{H}\cdot + 2\,\text{H}\cdot\} + n\,O_2$$

Es gibt Pflanzen, die vermögen unmittelbar den elementaren Luftstickstoff in Aminogruppen, den Aminosäuren und in die entsprechenden Struktur- und Funktionsproteine umzuwandeln. Sie leben mit Bakterien, z. B. den Knöllchenbakterien (Rhizobien) in Symbiose.

Knöllchenbakterien leben als knöllchenartige Anschwellungen in der Wurzelrinde von Erbsen, Bohnen, Lupinen, Klee und Soja. Aber auch einige Bäume wie Erle nutzen den Luftstickstoff unmittelbar zur Proteinsynthese. Die Pflanze versorgt die stickstofffixierenden Bakterien über die Fotosynthese mit Glucose und der notwendigen Energie, um den Luftstickstoff als Ammoniumionen zu binden und daraus Aminosäuren und Proteine aufzubauen. Es gibt ca. 250 luftstickstoffbindende Pflanzen.

Durch die stickstofffixierenden Mikroorganismen werden schätzungsweise ca. 200 Mio. t Luftstickstoff jährlich weltweit im Boden gebunden und sind den Pflanzen auf diese Weise zugängig. *Escherichia Coli,* die u. a. im Verdauungstrakt des Menschen, im Darm, angesiedelt sind, können aus Ammoniumionen Aminosäuren aufbauen.

Chemisch lassen sich diese Ausführungen wie folgt zusammenfassen:

Auf unserem Erdplaneten pendelt der Stickstoff zwischen den Wertigkeiten −3 und +5. Dazwischen kommt er als elementarer Luftstickstoff in der Stufe 0 (null) vor.

Die Wertigkeitsstufe +5 erreicht er durch Oxidation zu Stickstoffoxiden während der elektrischen Entladungen in Gewittern und der weiteren Umsetzung zu Nitraten. Auch bei technischen Prozessen (ab Temperaturen von ca. 800 °C) entstehen Verbindungen der Wertigkeitsstufe +5.

Im Ammoniak, NH_3, den Amminogruppen, $-NH_2$, und den Peptidbindungen innerhalb der Proteine, $-\underset{\displaystyle O}{\underset{\|}{C}}-\underset{\displaystyle H}{\underset{|}{N}}-$, liegt die Wertigkeitsstufe −3 vor.

Aus diesen Überlegungen folgt, dass die Stickstoffoxide im Stickstoffkreislauf der Natur eine zentrale Rolle spielen (Kap. II, Abb. 9). Ohne sie gäbe es für den größten Teil der Pflanzen keine Möglichkeit, elementaren Stickstoff für den Proteinaufbau zu aktivieren.

Eine weitere Erkenntnis aus diesen chemischen Betrachtungen ist, dass überall dort, wo technische Prozesse bei hohen Temperaturen (ab ca. 800 °C) in Gegenwart von Luft ablaufen, auch Stickstoffoxide entstehen, z. B. durch Beheizen von Häusern mit fossilen Brennstoffen, durch Kraftstofffahrzeuge, Flugzeuge, Kalkbrennen für den Bausektor, Stahlherstellung und viele andere Prozesse.

Schlussbemerkung

Die Fähigkeit der biologischen Systeme kann nicht hoch genug bewertet werden, wie sie aus den reaktionsträgen Ausgangsstoffen der Natur wie

Kohlenstoffdioxid, CO_2,
Stickstoff, N_2,
Phosphate, $Ca_3(PO_4)_2$,
Schwefel, S_X,

zusammen mit dem reaktionsfreudigen Wasser und Sauerstoff die biopolymeren Produkte Kohlenhydrate, Cellulose, Fette und Proteine sowie die Wirkstoffe Vitamine, Enzyme und Hormone synthetisieren. In diesen Stoffen ist die Sonnenenergie als chemische Energie gespeichert, die dann während der Stoffwechselprozesse als physiologische Energie genutzt wird.[40]

Literatur [E. references]

Situationsbericht (2013/14), Trends und Fakten zur Landwirtschaft, Deutscher Bauernverband, 10117 Berlin.

Weiterführende Literatur

Aminosäuren – Bausteine des Lebens (1993), Folienserie des Fonds der Chemischen Industrie, Textheft 11, Hrsg. Fonds der Chemischen Industrie, Karlstr. 11, Frankfurt am Main.

Appl, M. (1998), Ammoniak, Eine wichtige Grundchemikalie, CITplus, Heft 7.

[40]Folgende Bildungsenthalpien wurden verwendet:
$\Delta_B H = -285{,}9$ kJ/mol für Wasser, H_2O
$\Delta_B H = -393{,}51$ kJ/mol für Kohlenstoffdioxid, CO_2
$\Delta_B H = +90{,}3$ kJ/mol für Stickstoffmonoxid, NO
$\Delta_B H = +33{,}6$ kJ/mol für Stickstoffdioxid, NO_2
$\Delta_B H = -1148{,}6$ kJ/mol für Kalumcarbonat, K_2CO_3
$\Delta_B H = -494{,}4$ kJ/mol für Kalumnitrat, KNO_3.

Burkowski, A. u. Krämer, R. (1999), Mikrobielle Produktion von Aminosäuren, Bioforum, Heft 6.

Europa-Chemie vom 6.9.97

industry stock.com, Deutscher Medien Verlag GmbH, 03046 Cottbus.

Laskowski, W. u. Pohlit, W. (1974), Biophysik, Georg Thieme Verlag, Stuttgart.

Lehninger, A. L. (2010), Biochemie, 4. Auflage, Wiley-VCH Verlag GmbH u. Co. KGaA, Weinheim.

Lüscher, Th. F., Zum Nobelpreis für Medizin und Physiologie 1998, Neue Zürcher Zeitung, Nr. 286, S. 38, 9.12.98

Mutschler, E. und Schäfer-Korting, M. (2012), 10. Aufl., Arzneimittelwirkungen, Wissenschaftliche Verlagsgesellschaft mbH, Stuttgart.

Nelson, D. L. U. Cox, M. (2010), Biochemie, überarbeitete und erweiterte Auflage, korrigierter Nachdruck, Springer Verlag, Berlin.

Peredeira, P. J. B.; Bergner, A.; Macedo-Ribeiro, S., Huber, R., Matchiner, G., Fritz, H., Sommerhoff, Ch. P. u. Bode, W. (1998), Human β-tryptase is a ring – like tetramer with active sites facing a cental pore, Bd. 392, S. 306.

Tögel, A. (1999), Industrielle Tierernährung peitscht Verbrauch in die Höhe, Chemische Rundschau Nr. 3.

Phosphorsäure, Phosphate – ihre Bedeutung im Stoffwechselprozess [E. phosphoric acid and phosphates in metabolism]

1 Chemische Eigenschaften der Phosphorsäure [E. chemical properties of phosphoric acid]

$$HO-P(=O)(OH)-OH,\ H_3PO_4;\ \text{Molmasse: 98; Dichte: 1,88.}$$

Phosphorsäure, auch Orthophosphorsäure genannt, bildet in reinem Zustand harte, wasserklare an der Luft zerfließende rhombische Säulen mit einem Schmelzpunkt 42,3 °C. Sie ist in Wasser in jedem beliebigen Verhältnis löslich. Die Phosphorsäure ist 3-basig, deren Wasserstoffionen im wässrigen Medium mit unterschiedlicher Stärke stufenweise dissoziieren.

1. Dissoziationsstufe

Phosphorsäure		Wasser		Dihydrogenphosphation		Hydroniumion
H_3PO_4	+	$H-\overline{\underline{O}}H$	$\longrightarrow$	$H_2PO_4^-$	+	$\left[H-\overset{(+)}{\underline{O}}(H)-H\right]^+$

$\Delta H = -1289{,}5$ kJ/mol

2. Dissoziationsstufe

Dihydrogenphosphation		Wasser		Hydrogenphosphation		Hydroniumion
$H_2PO_4^-$	+	$H-\overline{\underline{O}}H$	$\longrightarrow$	HPO_4^{2-}	+	$[H_3O]^+$

$\Delta H = -1302{,}5$ kJ/mol

V. Hopp, *Chemische Kreisläufe in der Natur*,
https://doi.org/10.1007/978-3-662-55860-7_6

3. Dissoziationsstufe

Hydrogen-phosphation		Wasser		Phosphation		Hydronium-ion
HPO_4^{2-}	+	$H-\overline{\underline{O}}H$	⟶	PO_4^{3-}	+	$[H_3O]^+$

$\Delta H = -1298{,}7$ kJ/mol

Die angegebenen Enthalpiewerte beziehen sich auf 1 molare wässrige Phosphorsäurelösung und auf die reine Dissoziation[1] und Hydratation[2] der Ionen.

Je nach Dissoziationsgrad wird ein Teil der freigesetzten Energie wieder genutzt und gebunden durch die Zunahme des Ordnungsgrades der dissoziierten Ionen. Denn ionisierte Teilchen ordnen sich mit Vorliebe nach bestimmten Strukturen aufgrund der zwischen ihnen herrschenden Anziehungs- und Abstoßungskräfte.

Die Phosphorsäure ist eine mittelstarke Säure und vermag wegen ihrer Dreibasigkeit drei Reihen von Salzen zu bilden, die als Phosphate bezeichnet werden, z. B.

$Na^+[H_2PO_4]^-$ primäres Natriumphosphat (Natriumdihydrogenphosphat),
$Na_2^{2+}[HPO_4]^{2-}$ sekundäres Natriumphosphat (Natriumhydrogenphosphat),
$Na_3^{3+}[PO_4]^{3-}$ tertiäres Natriumphosphat (Trinatriumphosphat)

Die primären Phosphate wie z. B. Natriumdihydrogenphosphat oder Calciumdihydrogenphosphat $Ca[H_2PO_4]_2$ sind in Wasser alle löslich, ihre wässrigen Lösungen reagieren sauer.

Von den sekundären Phosphaten lösen sich nur die Alkalisalze wie z. B. Natriumhydrogenphosphat leicht in Wasser. Die Lösungen reagieren neutral. Calciumhydrogenphosphat $Ca[HPO_4]$ ist schwer löslich.

Mit Ausnahme der Alkalisalze sind alle tertiären Phosphate im Wasser schwer- oder unlöslich. Sie sind nur in starken Säuren löslich.

Das ist einer der Gründe, warum die in der Natur vorkommenden Rohphosphate aus tertiären Calciumphosphaten, $Ca_3[PO_4]_2$, bestehen.

Die Dissoziation der Phosphorsäure verläuft exotherm, d. h., das System $H_2PO_4^-/H_3O^+$ ist energieärmer gegenüber dem System H_3PO_4/H_2O, und zwar um den Betrag $\Delta H = -1289{,}5$ kJ/mol.

Diese Erscheinung ist bei der Energiespeicherung im ATP (Adenosintriphosphat) und der Energiefreisetzung bei dessen Umwandlung z. B. in ADP oder AMP von großer Bedeutung (Tab. 1).

---

[1]dissociare (lat.) – trennen; Dissoziation ist die Spaltung bzw. der Zerfall von Molekülen, z. B. dissoziieren Elektrolyte wie Säuren, Laugen und Salze in ihre positiven Kationen und negativen Anionen.

[2]hydro (gr.) – Wasser; Hydratation ist die Anlagerung von Wassermolekülen an Ionen in wässriger Lösung.

Tab. 1 Standardwerte der freien Energien für die Hydrolyse des ATP = Adenosintriphosphat, ADP = Adenosindiphosphat und AMP = Adenosinmonophosphat [E. free standard energies of reaction for the hydrolysis of adenosine triphosphate, adenosine diphosphate and adenosine monophosphate]

ATP	$\overset{H_2O}{\rightleftharpoons}$	ADP + P_i;	$\Delta G^0 = -30{,}5\ kJ \cdot mol^{-1}$
ADP	$\overset{H_2O}{\rightleftharpoons}$	AMP + P_i;	$\Delta G^0 = -30{,}5\ kJ \cdot mol^{-1}$
ATP	$\overset{H_2O}{\rightleftharpoons}$	AMP + PP_i;	$\Delta G^0 = -41{,}9\ kJ \cdot mol^{-1}$
AMP	$\overset{H_2O}{\rightleftharpoons}$	Adenosin + P_i;	$\Delta G^0 = -14{,}24\ kJ \cdot mol^{-1}$
PP_i	$\overset{H_2O}{\rightleftharpoons}$	2 P_i;	$\Delta G^0 = -19{,}2\ kJ \cdot mol^{-1}$

P_i = Phosphorsäure; PP_i = Diphosphorsäure

Die Moleküle von Orthophosphorsäure neigen zur Vereinigung zu größeren Molekülen unter Abscheidung von Wasser (Kondensation):

Orthophosphorsäure → Diphosphorsäure

$$HO{-}P(=O)(OH){-}OH + HO{-}P(=O)(OH){-}OH \xrightarrow[-H_2O]{} HO{-}P(=O)(OH){-}O{-}P(=O)(OH){-}OH;\ H_4P_2O_7$$

Bei der Bildung von AMP, ADP und ATP findet sich dieser Effekt wieder:

$$\text{Adenosin}{-}O{-}P(=O)(OH){-}OH \quad ; \text{ Adenosinmonophosphat, AMP}$$

$$\text{Adenosin}{-}O{-}P(=O)(OH){-}O{-}P(=O)(OH){-}OH \quad ; \text{ Adenosindiphosphat, ADP}$$

$$\text{Adenosin}{-}O{-}P(=O)(OH){-}O{-}P(=O)(OH){-}O{-}P(=O)(OH){-}OH \quad ; \text{ Adenosintriphosphat, ATP}$$

Berücksichtigt man in der strukturellen Schreibweise alle Außenelektronen der am Aufbau des Triphosphats beteiligten Atome, dann wird deutlich, dass durch die Häufung negativer Ladungen in diesem Molekül sehr viel potenzielle Energie gespeichert ist, mit der Bereitschaft, durch geringe äußere Anregung unter Energiefreisetzung in einen stabileren und energieärmeren Zustand überzugehen, z. B.

Adenosintriphosphat

$$\left[\text{Adenosin}-\underline{O}-P(=O)(O^{(-)})-\underline{O}-P(=O)(O^{(-)})-\underline{O}-P(=O)(O^{(-)})-\underline{O}|^{(-)}\right]^{4-} Na_4^{4+} \xrightarrow[-\,HOH]{+\,2\,Na^{+}OH^{-}}$$

Adenosindiphosphat

$$\left[\text{Adenosin}-\underline{O}-P(=O)(O^{(-)})-\underline{O}-P(=O)(O^{(-)})-\underline{O}|^{(-)}\right]^{3-} Na_3^{3+} + \left[{}^{(-)}|\underline{O}-P(=O)(O^{(-)})-\underline{O}|^{(-)}\right]^{3-} Na_3^{3+}$$

$$\Delta G = -30{,}5\ \text{kJ/mol}$$

Die Eigenschaften befähigen die Adenosinphosphate, innerhalb der Stoffwechselprozesse in den eukaryontischen[3] Zellen als Energiespeicher- und -überträger zu fungieren. Sie sind in den Mitochondrien[4] lokalisiert (Tab. 1).

In der physikalischen Chemie ist es dagegen üblich, als Standard pH = 0,0 festzulegen; das entspricht einer Wasserstoffionenkonzentration von 1 mol/L.

Standardbedingungen: Konzentration der Reaktionskomponenten ist 1 mol.; T = 298 K; p = 1 atm; pH = 7,0 für biochemische Energetik [E. standard conditions: the concentrations of the reacting substances are 1 mol; T = 298 K; p = 1 atm; pH = 7,0 for biochemical energetic]

---

[3]karyon (gr.) – Kern, Nuss; eu (gr.) – gut; Eurokaryonten sind Zellen, die einen ausgeprägten Zellkern mit Membran enthalten, z. B. Pilze und höhere Organismen.

[4]Mitos (gr.) – Faden, Schlinge; chondrien (gr.) – Körnchen; Mitochondrien sind Energiespeicherstationen der Zellen.

2 Calciumphosphate als mineralischer Bestandteil der Knochen [E. calcium-phosphates as a mineral component of bones]

Knochen sind ein hartelastisches Stützgewebe, die in ihrer Gesamtheit als Skelett den Körper der Wirbeltiere tragen. Sie bestehen aus den aus Proteinen aufgebauten Kollagenfasern und einer mineralischen Grundsubstanz.

Innerhalb des Knochens sind drei Schichten zu unterscheiden: die äußere gefäßführende *Knochenhaut,* die darunterliegende Knochensubstanz mit dem von ihr umschlossenen Knochenmark. Die Knochensubstanz enthält im Wesentlichen den hohen Anteil an Calciumphosphaten und Calciumcarbonaten. Sie stellt sich nach der äußeren Seite als kompakte Schicht und zum Inneren hin als schwammartiges Netz aus Knochenbälkchen dar. Der Knochen eines Menschen enthält 50 bis 60 % Mineralien, ca. 25 % aus Kollagen bestehendem Knochenknorpel, aus dem die Gelatine durch Auskochen gewonnen werden kann, 13 bis 16 % Fett und ca. 10 % Wasser.

Die mineralischen Salze bestehen aus ca.

80,0 % Hydroxylapatit, $3\ Ca_3[PO_4]_2 \cdot Ca(OH)_2$,

1,4 % Magnesiumphosphat, $Mg_3[PO_4]_2$,

6,6 % Calciumcarbonat, $CaCO_3$, und

0,5 % Calciumfluorid, CaF_2

Im lebenden Knochen besteht der mineralische Aufbau aus einer amorphen Calciumphosphatphase und einer kristallisierten Calciumcarbonatphase.

Mit zunehmendem Alter steigt die kristallisierte Phase bis auf 90 % der mineralischen Knochensubstanz an. Dieser Vorgang ist unter dem Begriff *Verkalkung* bekannt.

Die Calciumphosphate und -carbonate des Knochens haben Ionenaustauschereigenschaften. Somit können die Anionen wie Hydroxylionen, HO^-, Carbonationen, CO_3^{2-}, und Hydrogenphosphationen, HPO_4^{2-} leicht mit den im Plasma zirkulierenden Ionen ausgetauscht werden. Dasselbe gilt für die Calciumionen des Knochens, Ca^{2+}.

Beim Menschen wird täglich eine Knochenmenge, die einem Calciumgehalt von 0,5 g entspricht, abgebaut und wieder frisch aufgebaut. Dieser Ionenaustausch lässt es auch zu, dass calciumähnliche Ionen wie die des Bleis, Pb^{2+}, und Strontiums, Sr^{2+}, in die Knochen eingebaut werden können, um ihre toxischen Wirkungen auszuüben.

Der Zahnschmelz enthält ebenfalls hohe Hydroxylapatitanteile, in 100 g Zahnschmelz sind das 36 g Calcium und 17 g Phosphor in Form von Phosphaten, 3 g Wasser u. a. Mineralien.

Ca. 98 % des Körpercalciums und ca. 66 % des Körperphosphats sind in den Knochen angereichert. Der gesamte Calciumgehalt des menschlichen Körpers wird mit ca. 1,2 kg angegeben.

3 Phosphonsäure [E. phosphonic acid]

Die Struktur der Orthophosphorsäure ist die stabilste aller Phosphorsäuren, sie ist der Grund, warum der größte Teil der Phosphorverbindungen die Orthophosphorsäurestruktur einnehmen, sowohl im mineralischen als auch im biologischen Bereich (Abb. 1).

Das belegen auch die entsprechenden Bildungsenthalpien:

$$\text{Phosphorpentoxid, } P_2O_5 \text{ bzw. } P_4O_{10}: \quad \Delta_B H = -2984{,}0 \text{ kJ/mol.}$$

Mit Wasser reagiert P_4O_{10} zu Orthophosphorsäure

Phosphorpentoxid		Wasser		Orthophosphorsäure
$(P_2O_5)_2$	+	$6\ H_2O$	⟶	$4\ H_3PO_4$

$$\text{Reaktionsenthalpie}: \quad \Delta_R H = -377 \text{ kJ/mol}$$

Die Bildungsenthalpie des Phosphations PO_4^{3-} beträgt

$\Delta_B H$ = –1257,5 kJ/mol.

Der Betrag der negativen Bildungsenthalpie von Phosphortrioxid P_2O_3 bzw. $(P_2O_3)_2$ ist geringer als der von Phosphorpentoxid $\Delta_B H_{P_2O_3}$ = –1640,1 kJ/mol.

Das zeigt die geringere Stabilität von P_2O_3, $\Delta_B H_{P_2O_5}$ = –2984,0 kJ/mol.

Entsprechend niedriger im Vergleich zum Phosphatanion, PO_4^{3-}, ist auch die Bildungsenthalpie des Phosphitanions, HPO_3^{2-}, bzw. des Phosphonitanions mit

$\Delta_B H_{HPO_3^{2-}}$ = –999,4 kJ/mol,

$\Delta_B H_{PO_4^{3-}}$ = –1257,4 kJ/mol.

```
     O                                                  H
     ||                                                 |
HO—P—OH ;        HO—P—OH      ⇌       |O̲← P—OH ;
     |                  |                               |
     OH                 OH                              OH
```

Orthophosphorsäure (stabil) — phosphorige Säure (instabil) — Phosphonsäure (stabil)

Abb. 1 Strukturenvergleich zwischen drei verschiedenen Phosphorsäuren [E. comparison of sturctures between three different phosphoric acids]

Die freie phosphorige Säure H_3PO_3 ist instabil und steht mit der tautomeren[5] Form der Phosphonsäure im Gleichgewicht, wobei dieses Gleichgewicht sehr weit nach rechts verschoben ist.

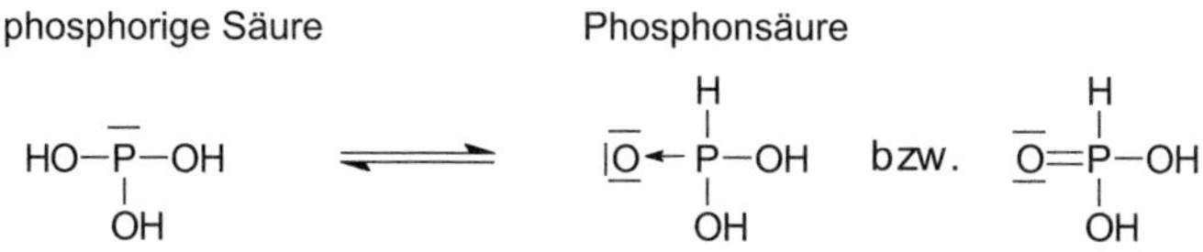

phosphorige Säure ⇌ Phosphonsäure

HO–P–OH (OH) ⇌ |O←P(H)(OH)–OH bzw. O=P(H)(OH)–OH

Die Phosphonsäure ist 2-basig. Sie bildet farblose, sehr hygroskopische Salze, ist in Wasser leicht löslich, und ihre Salze heißen Phosphonate. Durch Wasserentzug erhält man die Diphosphonsäure:

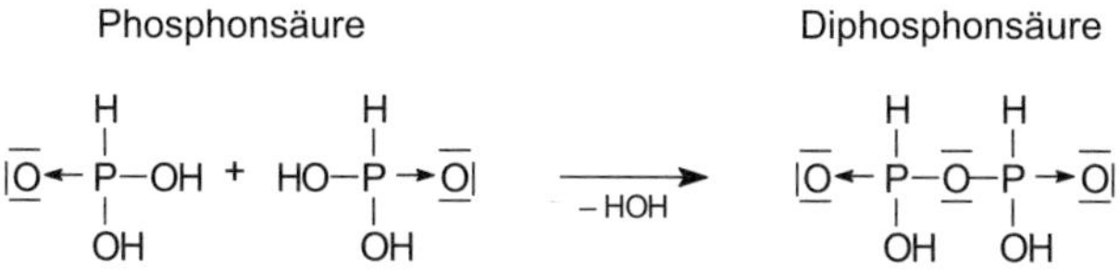

Phosphonsäure → Diphosphonsäure

|O←P(H)(OH)–OH + HO–P(H)(OH)→O| —(–HOH)→ |O←P(H)(OH)–O–P(H)(OH)→O|

Von großer Bedeutung sind die organischen Abkömmlinge (Derivate) mit einer Kohlenstoff-Phosphorbindung, **C–P**.

Sie sind interessante Ausgangsstoffe zur Herstellung von Wasserenthärtern, Flotationsmitteln bei der Erzanreicherung, von Flammschutzmitteln und auch für Pharmaka.

Wird Phosphonsäure beispielsweise mit Acetanhydrid umgesetzt, so gelangt man über mehrere Zwischenstufen zu einer **P–C–P**-Verbindung. Diese Bindung ist sehr beständig.

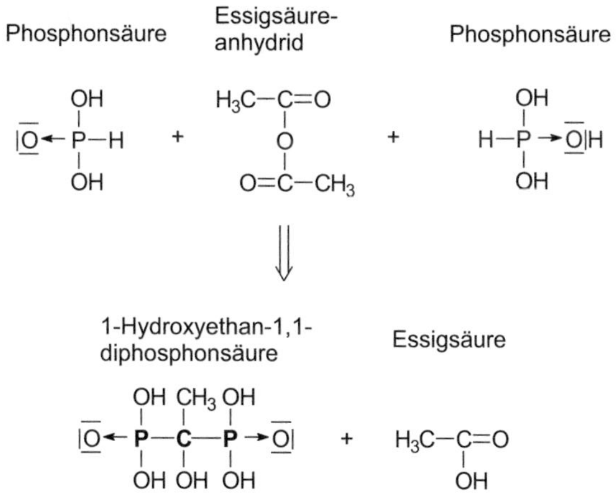

Phosphonsäure + Essigsäure-anhydrid + Phosphonsäure

|O←P(OH)(OH)–H + H_3C–C(=O)–O–C(=O)–CH_3 + H–P(OH)(OH)→O|H

⇓

1-Hydroxyethan-1,1-diphosphonsäure + Essigsäure

|O←**P**(OH)(OH)–**C**(CH_3)(OH)–**P**(OH)(OH)→O| + H_3C–C(=O)–OH

[5]to auton meros (gr.) – der gleiche Anteil; Tautomerie ist die Eigenschaft einer Substanz, in zwei unterschiedlichen Strukturen zu erscheinen, die sich reversibel ineinander umzulagern vermögen, wobei häufig eine Form die stabilere ist.

Bisphosphonate mit ihrer **P–C–C–P**-Struktur greifen in mehrfacher Weise in den Calciumstoffwechsel ein und werden deshalb therapeutisch bei einer Störung des Calciumstoffwechsels genutzt. Zum Beispiel verhindern sie die Calciumfreisetzung aus dem Knochen und den Knochenabbau. Sie hemmen die Bildung von Calciumhydroxylapatitkristallen 3 $Ca_3(PO_4)_2 \cdot Ca(OH)_2$ in Weichteilen und damit auch, dass sie unelastisch werden. Außerdem stehen sie in wechselseitiger Beziehung mit dem Calciumioneneinbau, Ca^{2+}, und mit der Mineralisation der Knochen.

Phosphonate sind ausgezeichnete Komplexbildner. Ein Molekül der Diphosphonsäure ist in der Lage, bis zu 10.000 Calciumionen an der Ausfällung im Wasser zu hindern. Diese Erscheinung heißt Threshold-Effekt[6]. Er ist dadurch charakterisiert, dass schon geringe unterstöchiometrische Mengen von wenigen Milligramm pro Liter die Ausfällung von Härtebildnern erheblich verzögern oder verhindern. Diese Zusätze bewirken außerdem, dass die Härtebildner nicht kristallin, sondern amorph ausgeschieden werden. Flockig amorphe Ausscheidungen bilden keinen Kesselstein.

Polyphosphate mit Threshold-Effekt sind nur bis 60 °C wärmestabil, dann hydrolysieren sie. Komplexbildende Phosphonsäuren sind noch oberhalb 100 °C hydrolysestabil.

Phosphonate sind heute feste Bestandteile von Waschmitteln. Sie werden als Kalklöser in Rohrleitungen verwendet und bei der Erdölförderung den Bohrflüssigkeiten zugesetzt. Sie tragen nicht zur Überdüngung von Gewässern bei, da sie von Pflanzen und Mikropflanzen nicht als Nährstoff angenommen werden.

Ausgewählte Hydroxy- und Aminoalkandiphosphonsäuren werden erfolgreich als Calciumstoffwechselregulatoren bei Knochenerkrankungen, z. B. Hyperkalzämie (erhöhter Calciumionengehalt im Blut und Urin), Tumor-Osteolyse (Knochenmetastasen), Osteoporose (Knochenschwund), Morbus Paget (krankhafte Verformung von Schädel- und Röhrenknochen) und Ossifikation (Verknöcherung) eingesetzt.

Die auf dem Markt angebotenen Pharma-Bisphosphonate haben die gleiche Grundstruktur und unterscheiden sich im Wesentlichen durch die am C-Atom gebundenen Seitengruppen, z. B.

$$\begin{array}{ccccc} & OH & R_1 & OH & \\ & | & | & | & \\ O= & P & - C - & P & =O \\ & | & | & | & \\ & OH & R_2 & OH & \end{array}$$

Namen von Handelspräparaten:

$R_1 = \cdot CH_3$	$\cdot Cl$	$\cdot CH_2 - CH_2 - NH_2$
$R_2 = \cdot OH$	$\cdot Cl$	$\cdot OH$
Diphos, Jenapharm, Etidronat	Bonefos, Ostac	Aredia

[6]threshold (engl.) – Schwelle, im übertragenen Sinne Härteschwelle von Wasser.

Als Anti-Osteoporosemittel[7] haben die Bisphosphonate auf dem Arzneimittelmarkt Eingang gefunden.

Sie lassen sich in ihrem Wirkungsspektrum noch weiter ausbauen. Sie verhindern oder verzögern eine Demineralisierung des Knochengerüstes.

$$O{=}P(ONa)(OH){-}C(OH)(R_1){-}P(OR_2)(OH){=}O$$

R_1 und R_2 stehen für verschiedene Substituenten, z. B. (Tab. 2).

Die in Tab. 2 aufgeführten Firmen sind mit ihren Produkten und Forschungsaktivitäten in diesem Sektor der Phosphonate sehr engagiert.

Tab. 2 Beispiele einiger Bisphosphonate als Arzneimittel [E. examples of some bisphosphonates as pharmaceuticals]

R_1	R_2	Markenname	Herausgebracht von Firma
$H_3C\bullet$	Na^+	Etidronat	Procter & Gamble
$H_2C(NH_2){-}CH_2{-}CH_2\cdot$	H•	Alendronat	Merck
$H_2C(NH_2){-}CH_2\cdot$	H•	Panidronat	Novartis
Pyridin-3-yl–$CH_2\cdot$	H•	Risedronat	Procter & Gamble
Imidazol-1-yl (HC=CH, N=CH)–N(H)–C·	H•	Zoledronat	Novartis

[7]osteon (gr.) – Knochen; poros (gr.) – Durchgang.

Osteoporose ist eine in ihren Ursachen noch nicht aufgeklärte Calciumstoffwechselstörung, die zu einer lokalen oder allgemeinen Verminderung von Knochengeweben führt, ohne die Gesamtform zu verändern. Sie äußert sich in einer Minderung der mechanischen Belastbarkeit, Neigung zu Knochenbrüchen und Spontanverformungen sowie zu einer geringeren Knochendichte.

Als Kombinationspräparate spielen die Bisphonate auch in der Aids-Therapie eine hoffnungsvolle Rolle. *Henkel KGaA*, Düsseldorf, bietet mit dem *Chlorambucylhydroxy-diphosphonat-tetra-Natriumsalz* ein Präparat mit cancerostatischer Wirkung an. Es kalzifiert Primärtumore und verhindert Lungenmetastasen.

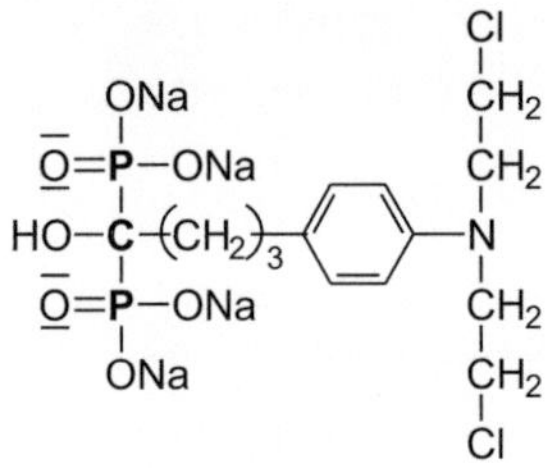

4 Pentanatriumtriphosphat, $Na_5P_3O_{10}$ [E. pentasodiumtriphosphate]

Es ist ein technisch bedeutsames Kondensationsprodukt der Phosphorsäure.

Man erhält es, indem Phosphorsäure mit Natronlauge nach der Reaktion durch Versprühen bei erhöhter Temperatur entwässert wird.

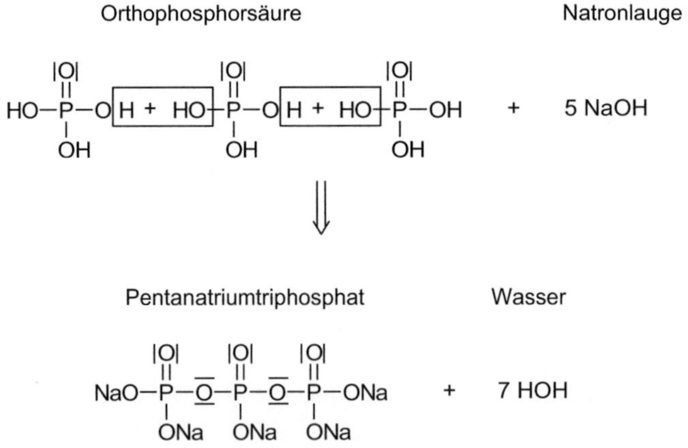

Orthophosphorsäure + Natronlauge: $3\ H_3PO_4 + 5\ NaOH$

⇓

Pentanatriumtriphosphat + Wasser: $Na_5P_3O_{10} + 7\ HOH$

Das Pentanatriumtriphosphat löst Metallverbindungen und auch Kalkseifen. Es bindet die für die Wasserhärte verantwortlichen Magnesium(Mg^{2+})-Ionen und Calcium(Ca^{2+})-Ionen als Komplexsalze, die auch während des Erhitzens der Waschflotte wasserlöslich bleiben. Als ideale Enthärter werden sie den Industriereinigern zugesetzt.

5 Eutrophierung[8] von Gewässern [E. eutrophication of rivers and seas]

Eutrophierung ist ein überhöhtes Wachstum von Pflanzen und eine gesteigerte Vermehrung von Mikroorganismen in Oberflächengewässern durch Überdüngung mit Pflanzennährstoffen und der dadurch hervorgerufenen Störung des biologischen Fließgleichgewichtes (Kap. XVIII, Abschn. 2.1).

Entrophierung auslösende P flanzennährstoffe sind in der Regel die hydrogenphos-phathaltigen, HPO_4^{2-}, stickstoffhaltigen, NO_3^-, NH_4^+, $H_2N{-}\underset{\underset{\displaystyle O}{\|}}{C}{-}NH_2$, und kaliumh altigen, K^+, Düngemittelsalze.

Sie können von überdüngten Äckern, Jauchen und Güllen sowie von menschlichen Fäkalien stammen. Überdüngte Gewässer bieten ein ideales Nährmedium für die Wasserpflanzen und die Welt der Mikroorganismen.

Pflanzliche Mikroorganismen wie Algen und Phytoplankton[9] dienen als Nahrung für tierische Mikroorganismen, z. B. Zooplankton.[10]

Bei gesteigerter Nährstoffzufuhr vermehren sie sich stärker, als es dem eingespielten Fließgleichgewicht des wässrigen Ökosystems[11] dienlich ist.

Sterben die Wasserpflanzen, die tierischen und pflanzlichen Mikroorganismen ab, dann sinken sie in die tieferen Wasserschichten oder gar auf die Seen- und Flussgründe, die in der Regel sauerstoffärmer sind als die oberen Wasserschichten. Die abgestorbenen Organismen werden vorerst noch oxidativ, d. h. aerob durch Bakterien abgebaut, dazu benötigen sie den im Wasser gelösten Sauerstoff.

Die Endstufen dieses aeroben Abbaus sind im Wesentlichen Wasser, H–OH, Kohlenstoffdioxid, CO_2, und Mineralsalze. Die stickstoffhaltigen Mineralsalze und eiweißhaltigen Bestandteile werden von den Bakterien in bakterieneigenes Eiweiß umgewandelt und stellen im gewissen Sinne die bakterielle Biomasse dar.

Übersteigt das Angebot abgestorbener Biomasse als Folge einer zusätzlichen Nährstoffversorgung, insbesondere durch die wasserlöslichen Hydrogenphosphate, den Sauerstoffvorrat, dann wird dieser vollständig aufgebraucht. Das Gewässer ist tot. Wegen des Sauerstoffmangels kommt es zum zusätzlichen Sterben von Kleinstlebewesen und Fischen, deren organische Substanzen ebenfalls nicht mehr oxidativ abgebaut werden können. Die aeroben Abbauvorgänge schlagen in bakterielle anaerobe Prozesse um. Fäulnis und Verwesung treten an die Stelle eines oxidativen Stoffabbaus. Das sind Reduktionsreaktionen,

---

[8]eutroph (gr.) – nährstoffreich, eutrophia (lat.) – Wohlgenährtheit.

[9]phytos (gr.) – Pflanze; planktos (gr.) – Umhergetriebenes.

[10]zoon (gr.) – Lebewesen, Tier.

[11]oikos (gr.) – Haus, Wohnung; Ökologie ist die Lehre von den Beziehungen der Lebewesen zu ihrer Umwelt.

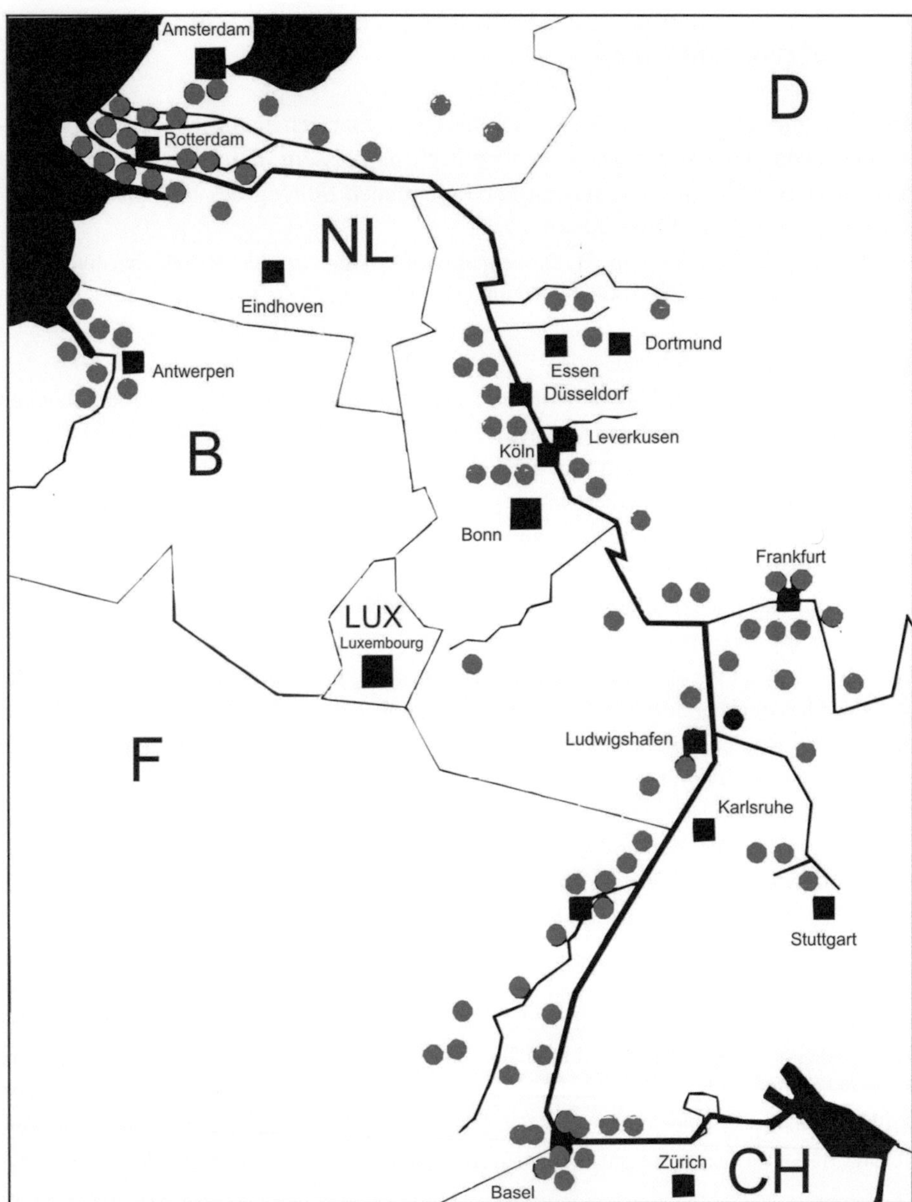

Abb. 2 Standorte von biologischen und mechanischen Abwasserreinigungsanlagen der europäischen chemischen Industrie entlang des Rheins und seinem Einzugsbereich [E. locations of biological and mechanical waste water treatment plants of the European chemical industry along the Rhine and its regions]

an deren Ende Schwefelwasserstoff, H_2S, Methan, CH_4, Ammoniak, NH_3, u. a. freigesetzt werden. Sie sind für ein aerobes Biosystem toxisch und wirken auf die Vermehrung derjenigen Fischarten nachteilig, wenn nicht tödlich, deren Laich auf dem Gewässergrund abgelegt wird. Fäulnis findet bevorzugt in stehenden Gewässern statt. Flüsse erfahren eine stärkere Umwälzung des Wassers und erleiden deshalb nicht so schnell Sauerstoffmangel.

Phosphathaltige Abwässer aus Kommunen und Industrie müssen deshalb erst biologisch und chemisch gereinigt und geklärt werden, bevor sie wieder den Flüssen und Seen zugeleitet werden (Abb. 2). Fäkalien enthalten einen relativ hohen Anteil an Hydrogenphosphaten.

Auf einer Strecke von ca. 832 km zwischen Basel und Rotterdam werden von der chemischen Industrie Europas 76 biologische Abwasserreinigungsanlagen betrieben. Einschließlich der Anlagen am internationalen petrochemischen Standort Antwerpen sind es 83 Einrichtungen.[12]

6 Phosphate im Stoffwechselprozess [E. phosphates in metabolism]

Verbindungen des Phosphors sind, besonders in Form der löslichen Phosphate, wichtige Bestandteile der tierischen und pflanzlichen Organismen. Dort sind sie in der Knochen-, Nerven- und Zellsubstanz zu finden.

Phosphate sind deshalb für die Ernährung von Mensch, Tier und Pflanze nötig und damit eine wichtige Düngemittelkomponente (Kap. VIII, Tab. 1, 2 und 3).

Aus der Phosphorsäure werden durch Neutralisation mit Calciumhydroxid, $Ca(OH)_2$, Natronlauge, NaOH, oder Soda, d. h. Natriumcarbonat, Na_2CO_3, die verschiedensten Phosphate erhalten, z. B.

Phosphorsäure + Calciumhydroxid → Calciumhydrogenphosphat + Wasser

$$\mathrm{HO{-}P(=O)(OH){-}OH} + Ca(OH)_2 \longrightarrow CaHPO_4 + 2\,H{-}OH$$

Calciumdihydrogenphosphat

$$2\,\mathrm{HO{-}P(=O)(OH){-}OH} + Ca(OH)_2 \longrightarrow Ca(H_2PO_4)_2 + 2\,H{-}OH$$

Ammoniumhydroxid → Ammoniumdihydrogenphosphat

$$\mathrm{HO{-}P(=O)(OH){-}OH} + NH_4OH \longrightarrow NH_4(H_2PO_4) + HOH$$

[12] Hopp, V. (2016), Wasser und Energie, 2. Aufl., Springer Spektrum, Springer Verlag, Berlin, Heidelberg.

Von den Phosphaten sind die Dihydrogen- und Hydrogenphosphate von besonders großer Bedeutung. Sie sind die Hauptbestandteile einer Reihe von Düngemitteln. Über 85 % der geförderten Rohphosphate werden nach dem Nassaufschlussverfahren für Düngemittel aufbereitet.

Ammoniumphosphate $NH_4(H_2PO_4)$ werden vielfach zur Herstellung von Mehrnährstoffdüngern eingesetzt, z. B. als N–P–K-Dünger, das sind stickstoff-, phosphor- und kaliumhaltige Mineraldünger. Die restlichen 15 % der Rohphosphate wandern nach ihrer Umwandlung in wasserlösliche Salze in die Nahrungs- und Futtermittelindustrie u. a. industrielle Anwendungsgebiete (Abb. 6).

Das Calciumhydrogenphosphat-Dihydrat $Ca(HPO_4) \cdot 2\ H_2O$ hat sich als wertvolle Ergänzung zur Tierernährung erwiesen, aber auch Magnesium- und Natriumhydrogenphosphate, ($MgHPO_4$, Na_2HPO_4), eignen sich gut dafür. Natriumphosphat, Na_3PO_4, und Calciumdihydrogenphosphat $Ca(H_2PO_4)_2$, sind wesentliche Komponenten von diätetischen Nahrungs- und Stärkungsmitteln. Im technischen Sektor hat sich das Pentanatriumtriphosphat, $Na_5P_3O_{10}$, als Wasserenthärter in Industriereinigern ein großes Anwendungsgebiet erworben. Phosphathaltige Industrieabwässer müssen sorgfältig entsorgt werden.

6.1 Adenosinphosphate [E. adenosinephosphates]

Die Adenosintri-, -di- und -monophosphate sind die Energiespeicher und -überträger in den Mitochondrien der Zellen (Tab. 1). Die Mitochondrien sind somit als die Kraftwerkstationen der Zellen anzusehen. Im Stoffwechselprozess werden aus AMP und Orthophosphat das energiereichere ADP und das noch energiereichere ATP synthetisiert. Die dazu notwendige Energie stammt aus dem Kohlenhydrat- und Fettabbau der Nahrungsstoffe.

Der menschliche Körper enthält ca. 35 g ATP. Im Säugetiermuskel sind ca. 350 bis 400 mg/100 g enthalten. 1 Mol ATP ≡ 507,21 g setzt bei einer Hydrolyse in ADP 30,5 kJ/mol frei.

$$\text{ATP} + \text{H–OH} \longrightarrow \text{ADP} + \text{HO–P(=O)(OH)–OH} + 30{,}5\ \text{kJ}$$

Ein Umsatz von 35 g ATP im menschlichen Organismus liefert aber nur 2,1 kJ, die sich aus nachstehender Proportionsgleichung errechnen.

$$507,2\text{g} : 35\text{g} = 30,5\text{kJ} : \text{xkJ}$$

$$\text{xkJ} = \frac{35\text{g} \cdot 30,5\text{kJ}}{507,2\text{g}} = 2,1\text{kJ}$$

Der mittlere tägliche physiologische Energiebedarf eines Menschen beträgt aber 12.000 kJ. Da 1 Mol ATP aber nur 30,5 kJ bereitstellt, müssen für 12.000 kJ ca. 200 kg ATP umgesetzt werden lt. folgender Verhältnisgleichung:

$$507{,}2\ \text{g}:30{,}5\ \text{kJ} = \text{x g}:12.000\ \text{kJ}$$

$$\text{x g} = \frac{507,2\ \text{g}\cdot 12000\ \text{kJ}}{30,5\ \text{kJ}} \approx 200\ \text{kg}$$

Das entspricht dem 2,6-Fachen eines Menschen von 75 kg Körpergewicht. Da im Körper aber nur 35 g ATP präsent sind, müssen diese 5 700-mal pro Tag umgesetzt werden, d. h., pro Minute müssen 35 g ATP 4-mal umgesetzt werden, das sind 140 g/min.

Der Calciumstoffwechsel, der der Phosphate und des Vitamin D (Kap. XVIII, Abschn. 1.2) sind eng aneinandergekoppelt. Alle drei Komponenten bedürfen einander.

6.2 Inosinsäure[13], IMP [E. inosine-5'-monophosphate]

Sie dient im Nukleinsäurestoffwechsel als Vorstufe für die Biosynthese von AMP (Adenosinmonophosphat) und GMP (Guanosinmonophosphat) (Kap. V, Abschn. 10). Inosinsäure kommt frei im Muskel vor, wo sie unter dem Einfluss einer Desaminase (ein aminogruppenabspaltendes Enzym) besonders bei Übermüdung aus AMP gebildet wird. 1847 wurde von Justus v. Liebig die Inosinsäure erstmalig im Fleischextrakt nachgewiesen (Abb. 7a).

Phosphorsäure ist in den Nukleinsäuren mit den Ribosemolekülen über Esterbindungen verknüpft. Sie übernimmt hier die Rolle eines monomeren Bausteins. Zusammen mit der Ribose bildet sie eine stabile Biopolymerkette als Träger für die Erbinformationen und physiologischen Funktionen durch die Nukleobasen (Abb. 7a). Die Nukleinsäuren, RNA und DNA, sind in den Zellkernen bzw. zellkernähnlichen Konglomeraten wie in den Bakterien sowie Plasmiden lokalisiert. Ihre Informationen sind durch die Sequenzen von Triplettcodes, das sind Dreierkombinationen von Nukleobasen aus jeweils vier Möglichkeiten, verschlüsselt (Abb. 7a und Abb. 9).

6.3 NAD, Nicotinamidadenindinukleotid und FAD, Flavinadenindinukleotid als Wasserstoffüberträger [E. nicotinamide-adenine dinucleotide and flavine adenine dinucleotide as hydrogen carrier]

NAD ist ein Dinukleotid und besteht aus zwei Teilen. Beiden gemeinsam ist, dass sie sowohl die Ribose und die Phosphorsäure enthalten. Dagegen ist der eine Teil mit dem Adenin verknüpft und der andere mit dem Nicotinsäureamid. Beide Nukleotide sind über die Phosphorsäurekondensation zu einem Dinukleotid verbunden (Abb. 7b, c).

[13]inos (gr.) – Faser, Muskel.

Die Wasserstoff aufnehmende (Akzeptor)[14] und abgebende (Donator)[15] Komponente ist das Nicotinsäureamid:

$$\begin{array}{ccc} H_2\text{-Akzeptor} & & H_2\text{-Donator} \\ NAD^{(+)} + 2\,H & \underset{\text{Dehydrierung}}{\overset{\text{Hydrierung}}{\rightleftharpoons}} & NADH + H^+ \end{array}$$

Das NADP, Nicotinamidadenindinukleotid enthält eine zusätzliche Phosphorsäuregruppe an der C-2'-Hydroxylgruppe der Ribose. Für die Reduktionsoxidationsreaktionen bzw. der Hydrierung und Dehydrierung gilt analog wie beim NAD

$$\begin{array}{ccc} H_2\text{-Akzeptor} & & H_2\text{-Donator} \\ NADP^{+} + 2\,H & \underset{\text{Dehydrierung}}{\overset{\text{Hydrierung}}{\rightleftharpoons}} & NADPH + H^+ \end{array}$$

FAD, Flavinadenindinukleotid spielt ebenfalls die Rolle eines Wasserstoffüberträgers. Die beiden Teilnukleotide sind wieder aus Ribose und je einem Phosphorsäurerest aufgebaut, die miteinander zu einem Dinukleotid verbunden sind. An dem einem Riboserest hängt das Adenin und an dem anderen das Riboflavin als Vitamin B_2. In diesem Fall ist das Riboflavin der Wasserstoff aufnehmende bzw. abgebende Teil (Abb. 7b)

$$\begin{array}{ccc} H_2\text{-Akzeptor} & & H_2\text{-Donator} \\ NAD^{(+)} + 2\,H & \underset{\text{Dehydrierung}}{\overset{\text{Hydrierung}}{\rightleftharpoons}} & NADH + H^+ \end{array}$$

$$\begin{array}{ccc} H_2\text{-Akzeptor} & & H_2\text{-Donator} \\ FAD^{(+)} + 2\,H & \underset{\text{Dehydrierung}}{\overset{\text{Hydrierung}}{\rightleftharpoons}} & FADH + H^+ \end{array}$$

NAD, NADP und FAD und entsprechende Abwandlungen wirken als Coenzyme und Cosubstrate. In dieser Rolle nehmen sie die Aufgabe wahr von Wasserstoffüberträgern, aber auch von Überträgern funktioneller Gruppen wie

Carboxyl-, $\cdot C(=O)-OH$, Amino-, $\cdot NH_2$, Methyl-, $H_3C\cdot$,

Acetyl-, $H_3C-C(=O)\cdot$, Acyl-, $H_3C-(CH_2)_x-C(=O)\cdot$.

[14] acceptio (lat.) – Annahme.

[15] donatio (lat.) – Schenkung.

Sie gehen mit diesen Gruppen vorübergehend eine Zwischenbindung ein und transportieren diese an einen anderen Reaktionsort, wo diese abgestoßen bzw. auf ein anderes Zwischenprodukt des Stoffwechselprozesses übertragen werden. Sie wirken in diesem Sinne als aktivierende Coenzyme und Cosubstrate, d. h. als Transportmittel (Carrier) (Kap. V, Abschn. 4.1).

Unter chemischen Gesichtspunkten handelt es sich bei den stofflichen Aufbau- und Abbauvorgängen um Hydrierungs- und Dehydrierungsprozesse. Die dazu notwendige Energiebereitstellung, d. h., Energiezufuhr, Energiespeicherung und Energiefreisetzung sowie Energietausch besorgen das ATP, ADP und AMP.

Die bedeutendste Hydrierungsreaktion in der Natur ist die Fotosynthese. Sie ist eine Stoffaufbaureaktion verbunden mit einer Speicherung von chemischer Energie in Form von Kohlenhydraten, Fetten und Proteinen (Kap. XI). In umgekehrter Richtung verlaufen die Dehydrierungsreaktionen anaerober und aerober Natur.

Mittels der Glykolyse (anaerob) und der anschließenden Atmungskette einschließlich des Zitronensäurezyklus (Kap. XII, Abb. 1) werden die hydrierten energiereichen Biopolymere und Biomonomere, z. B. Stärke und Glucose, sowie Fette und Aminosäuren wieder stufenweise unter Energiefreisetzung bis zum Kohlenstoffdioxid und Wasser dehydriert (Kap. X, Abschn. 2.2).

Interessant bei der Betrachtung dieser Stoffwechselreaktionen ist, dass das Phosphat- bzw. Phosphorsäuremolekül prinzipiell unverändert bleibt und als solches wieder neben Kohlenstoffdioxid und Wasser vom Organismus ausgeschieden wird.

Ähnliches gilt für die Aminogruppen der Aminosäuren und Proteine. Bei den Säugetieren, einschließlich des Menschen, werden sie am Kohlenstoffdioxid, CO_2, gebunden und als Harnstoff, $H_2N{-}C({=}O){-}NH_2$, entsorgt.

Der Stickstoff der Purinbasen der Nukleotide und Nukleinsäuren wird als Harnsäure ausgeschieden (Abb. 3).

Aus den Nukleotiden werden durch die Enzyme der Nukleotidasen, die Phosphorsäurereste hydrolytisch als Phosphate oder Phosphorsäure abgetrennt. Zurück bleibt ein Nukleosid, das aus der Ribose und einer Nukleobase zusammengesetzt ist. Für eine Trennung dieser beiden Moleküle sorgen die Enzyme der Nukleosidasen. Die ursprünglichen Nukleotidspaltprodukte der Nukleinsäure liegen nun in den Einzelbestandteilen Ribose, Nukleobasen und Phosphorsäure vor. Die Ribose wird dann als Pentose so wie die Hexosen (Glucose, Fructose) über den Weg der Glykolyse und des Zitronensäurezyklus bis zum Kohlenstoffdioxid und Wasser dehydriert, d. h. oxidativ abgebaut (Kap. XVII, Abb. 1).

Die Phosphorsäure wird als solche über den Harn oder als Phosphat über die Fäkalien ausgeschieden, wenn sie von der Zelle nicht wieder als Baustein für die Synthese von ATP, Nukleotiden, Phospholipiden u. a. phosphathaltigen Stoffen genutzt wird.

Die Nukleobasen werden teilweise ebenfalls wieder als Bausteine für neu zu bildende Nukleotide und Nukleinsäuren verwendet. Ein geringer Teil verlässt den Organismus. Adenin und Guanin werden vorher zu Harnsäure über den Purinstoffwechsel umstrukturiert. Letztere ist in Wasser gut löslich, während Adenin und Guanin in kaltem Wasser schwer löslich sind. Die Harnsäure wird dann ausgeschieden. Ein Zuviel an Harnsäure im Organismus führt zur Harnsteinbildung und als Folge davon zu Gicht.

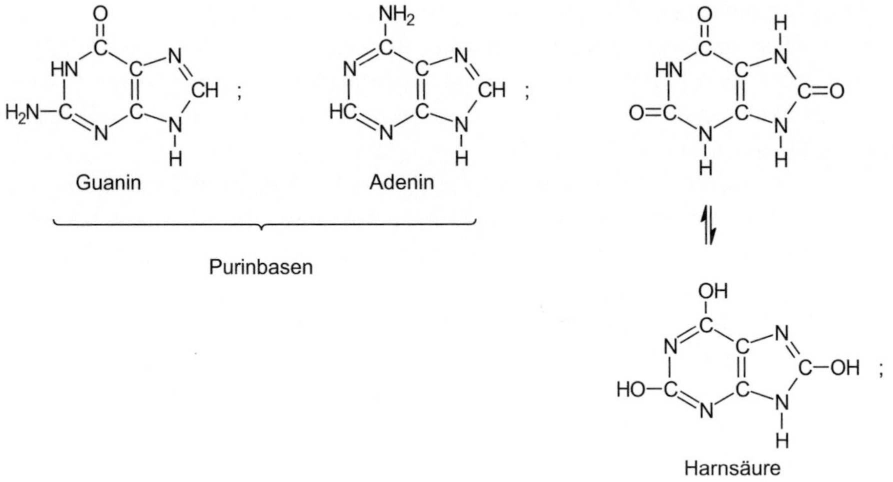

Guanin ; Adenin ;

Purinbasen

⇌

Harnsäure

Abb. 3 Vergleich analoger Strukturen zwischen Purinen [E. comparison of analogous structures between purines]

Die Nukleobasen der Pyrimidinreihe wie Cytosin, Uracil und Thymin werden über den Pyrimidinstoffwechsel abgebaut, und zwar das Cytosin und Uracil zum

β-Alanin $H_2C(NH_2){-}CH_2{-}COOH$ (β-Aminopropionsäure)

und Kohlenstoffdioxid und Ammoniak, dieser wird wieder als Harnstoff gebunden und als solcher mit dem Harn ausgeschleust (Kap. V, Abschn. 8).

Thymin wird in ß-Aminoisobuttersäure, $H_2C(NH_2){-}CH(CH_3){-}COOH$, und ebenfalls zu Kohlenstoffdioxid und Ammoniak abgebaut. ß-Aminosäuren eignen sich nicht als Bausteine für Proteine. ß-Alanin ist ein Baustein des Coenzyms A. Verstoffwechselt wird sie durch Desaminierung, Abspaltung der Aminogruppe und einer Decarboxylierung zur Essigsäure. Die Essigsäure wird durch das Coenzym A aktiviert und über den Zitronensäurezyklus zu Kohlenstoffdioxid und Wasser oxidiert.

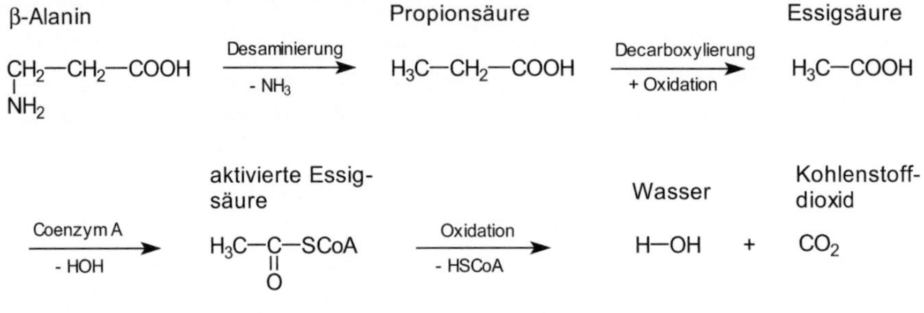

β-Alanin $CH_2(NH_2){-}CH_2{-}COOH$ $\xrightarrow[-\,NH_3]{\text{Desaminierung}}$ Propionsäure $H_3C{-}CH_2{-}COOH$ $\xrightarrow[+\,\text{Oxidation}]{\text{Decarboxylierung}}$ Essigsäure $H_3C{-}COOH$

$\xrightarrow[-\,HOH]{\text{Coenzym A}}$ aktivierte Essigsäure $H_3C{-}C({=}O){-}SCoA$ $\xrightarrow[-\,HSCoA]{\text{Oxidation}}$ Wasser $H{-}OH$ + Kohlenstoffdioxid CO_2

Entsprechend wird auch die β-Aminoisobuttersäure über eine Desaminierung und Decarboxylierung mit anschließender Einschleusung in den Zitronensäurezyklus zu Wasser und CO_2 zerlegt (Kap. XVII, Abb. 1).

6.4 Acetyl-Coenzym A und ACP (Acyl-Carrier-Protein) [E. acetyle coenzyme A and acyl-carrier-protein]

Das Acetyl-Coenzym A, $H_3C{-}\overset{\displaystyle O}{\overset{\|}{C}}{-}SCoA$ isteinDerivat der Essigsäure, $H_3C{-}\overset{\displaystyle O}{\overset{\|}{C}}{-}OH$.

Der Acetylrest der Essigsäure ist energiereich an die freie Sulfhydrylgruppe, •SH, des Coenzyms A gebunden. Die Essigsäure ist dadurch aktiviert worden (Abb. 7c und Kap. XVIII, Abschn. 1).

Energie		Essigsäure	Coenzym A		Aktivierte Essigsäure
34,3 kJ	+	$H_3C{-}C({=}O){-}$[OH	+ H]$S{-}CoA$	$\xrightarrow[-\,HOH]{}$	$H_3C{-}C({=}O){-}SCoA$

Bei der aktivierten Essigsäure handelt es sich um einen sehr reaktionsfähigen Thioester, der ein hohes Gruppenübertragungspotenzial besitzt. Die aktivierte Essigsäure ist in diesem Sinne ein universelles Zwischenprodukt, das den Acetylrest als C_2-Baustein für zahlreiche Biosynthesen zur Verfügung stellt bzw. diesen aus Abbauvorgängen der Glucose und Fettsäuren freisetzt.

Und zwar kann sowohl die Carboxylgruppe, $\cdot C({=}O){-}OH$, als auch die Methylgruppe, $\cdot CH_3$ reagieren.

Eine überragende Bedeutung innerhalb des Stoffwechselprozesses haben die oxidative Decarboxylierung der Brenztraubensäure, der Abbau der Fettsäuren durch die ß-Oxidation und der Abbau einzelner Aminobasen (Kap. XVI, Abschn. 3), z. B.

Brenztraubensäure		Wasserstoffüberträger		Coenzym A
$H_3C{-}C({=}O){-}C({=}O){-}OH$	+	NAD^+	+	HSCoA
		↓		
aktivierte Essigsäure		Kohlenstoffdioxid		hydriertes NAD
$H_3C{-}C({=}O){-}SCoA$	+	CO_2	+	$NADH + H^+$

Nach der Desaminierung erfolgt der weitere Abbau der Aminosäuren über den Zitronensäurezyklus, wobei die desaminierten Aminosäuren in den Zitronensäurezyklus auch direkt eingebracht werden können (Kap. XVII, Abb. 1).

Das Acetyl-Coenzym A nimmt eine Schlüsselstellung im gesamten Stoffwechselgeschehen ein. Über ihn werden die Zwischenprodukte des Kohlenhydrat-, Fett- und Proteinstoffwechsels in den oxidativen Abbau über den Zitronensäurezyklus eingeschleust. Auch ist das Coenzym A eine bedeutende Ausgangsverbindung für biosynthetische Aufbaureaktionen (Abschn. 8).

Eine Schlüsselreaktion ist die Biosynthese von Fettsäuren aus Acetylresten und die Umwandlung von Kohlenhydraten in Fette (Kap. XVI, Abschn. 3). Ebenso geht die Isoprenoidsynthese (z. B. Carotin, Vitamin A, Kap. XVII, Abschn. 1.1) über die Mevalonsäure von aktivierter Essigsäure aus.

$$H_2C(OH)-CH_2-C(OH)(CH_3)-CH_2-COOH$$ Mevalonsäure

Mevalonsäure ist ein wichtiges Zwischenglied bei der enzymgesteuerten Biosynthese von Isoprenoiden.

Das Coenzym A setzt sich zusammen aus den Bausteinen *Adenin* als Nukleobase, *D-Ribose* als Fünfzucker und *Phosphorsäure* auf der einen Seite sozusagen als Nukleotid, der andere Teil besteht aus dem *Cysteamin* mit der *Thiolgruppe* und der Pantothensäure aus dem Vitamin-B-Komplex. Beide Teile sind über eine Diphosphorsäurebrücke als Ester miteinander verknüpft (Abb. 7c).

Das *Acyl-Carrier-Protein* ist ein niedermolekulares schwefelfreies Protein, bestehend aus 77 Aminosäuren, und ist über die Hydroxylgruppe des

Serins (L-α-Amino-ß-hydroxpropionsäure) $H_2C(OH)-CH(NH_2)-COOH$,

mit Phosphopantethein über die Phosphorsäuregruppe verestert. Der Serinrest in der Proteinkette steht in Position 37.

Das Phosphopantethein enthält am Kettenende das Cysteamin mit der aktiven Thiolgruppe (Abb. 7c). Wie beim Coenzym A vermag der Thiolrest mit Acylradikalen Thioester zu bilden. Beim Coenzym A ist die Fähigkeit nur auf die Acetylgruppe beschränkt (Kap. XVI, Abschn. 3).

Acylradikal → aktivierter Acylrest

$$H_3C-(CH_2)_x-C(=O)-OH + HS-ACP \xrightarrow[-HOH]{} H_3C-(CH_2)_x-C(=O)-S-ACP$$

Alle während der Fettsäurebiosynthese entstehenden Acylreste sind als Thioester an die SH-Gruppe dieser prosthetischen Gruppe gebunden.

ACP ist im Fettsäuresynthetasekomplex von *Escherichia coli* und anderen Bakterien, in Hefe sowie Pflanzen enthalten und ist Träger der während der Fettsäurebiosynthese aufgebauten Fettsäurekette.

6.5 Phospholipide als Werkstoff von Zellmembranen [E. phospholipids as materials in cellmembranes]

Phospholipide bilden das Grundgerüst für die Zellmembranen. Sie sorgen mit ihrem hydrophilen (wasserfreundlichen) und hydrophoben (wasserabweisenden) Verhalten für eine Abschirmung des Zellinneren von der extrazellulären Umgebung (Abb. 4 und Kap. XVI, Abb. 3). Andererseits ermöglichen sie auch die Durchlässigkeit der Stoffwechselend- und -zwischenprodukte der Zelle von innen nach außen und von außen nach innen.

Der hydrophile Teil der Phospholipide wird von dem anionaktiven Phosphorsäurerest gestellt. Häufig ist er noch mit einer stickstoffhaltigen kationaktiven Verbindung verknüpft.

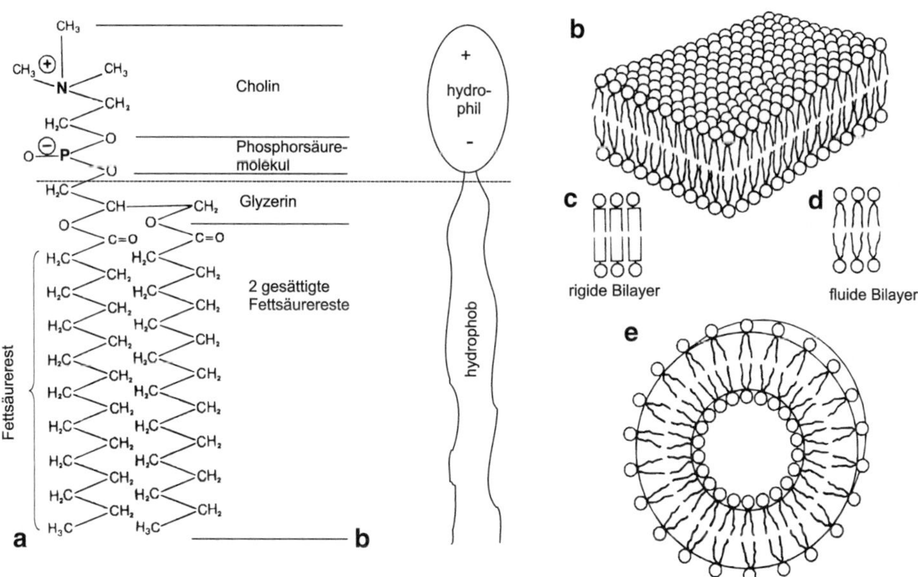

Abb. 4 Phospholipide als Bausteine von Biomembranen [E. phopholipids as building elements of biomembranes]
Teilbild **a** zeigt die chemische Struktur eines Lecithinmoleküls. Die Lipiddoppelschicht in Teilbild **b** ist schematisch wiedergegeben. Teilbild **c** und **d**: „rigide“ und „fluide“ „Bilayer“-Struktur. Teilbild **e** zeigt schließlich eine Lipidvesikel mit 200 bis 300 Å Durchmesser.

Beim Lecithin und Sphingomyelin ist das ein Cholinrest, beim Kephalin und Plasmalogen ein Ethanolaminrest (Abb. 10).

Fettsäurereste und die Phosphorsäure sind mit dem Glycerin verestert, beim Sphingomyelin mit einem Sphingosinrest. Das Plasmalogen, ein Acetalphospholipid, weist einige Abweichungen gegenüber den übrigen Phospholipiden auf. Die aliphatischen Kohlenwasserstoffreste enthalten Doppelbindungen, außerdem sind es Fettaldehyd- und nicht Fettsäurereste.

7 Phosphorylierung [E. phosphorylation]

Phosphorylierung ist die Veresterung von Orthophosphorsäure, H_3PO_4, oder Pyrophosphorsäure, $HO{-}P(=O)(OH){-}O{-}P(=O)(OH){-}OH$, $H_4P_2O_7$, mit Hydroxylgruppen, •OH, enthaltenden organischen Verbindungen, wie z. B. Kohlenhydrate, Glycerin, Amine, Nukleoside u. a. Dabei wird die Atomgruppierung

$$HO{-}P(=O)(OH){-}O\cdot$$

in das jeweilige organische Molekül eingeführt unter Ausbildung eines Esters.

Phosphorylierungen haben eine außerordentliche Bedeutung innerhalb der Fotosynthese, d. h. beim Stoffaufbau in Pflanzen, aber ebenso beim Stoffabbau in pflanzlichen und tierischen Zellen sowie wieder bei der Biosynthese von körpereigenen Stoffen (Abb. 5a und 5b). Die Phosphorylierung ist ein endothermer, energiebindender Vorgang. Die notwendige Energie liefert das ATP. Hier wird die Doppelfunktion des ATP deutlich, als Energielieferant für endotherme Prozesse und auch als Stofflieferant, d. h. Lieferant der Phosphorsäure, die in andere organische Verbindungen übertragen werden soll.

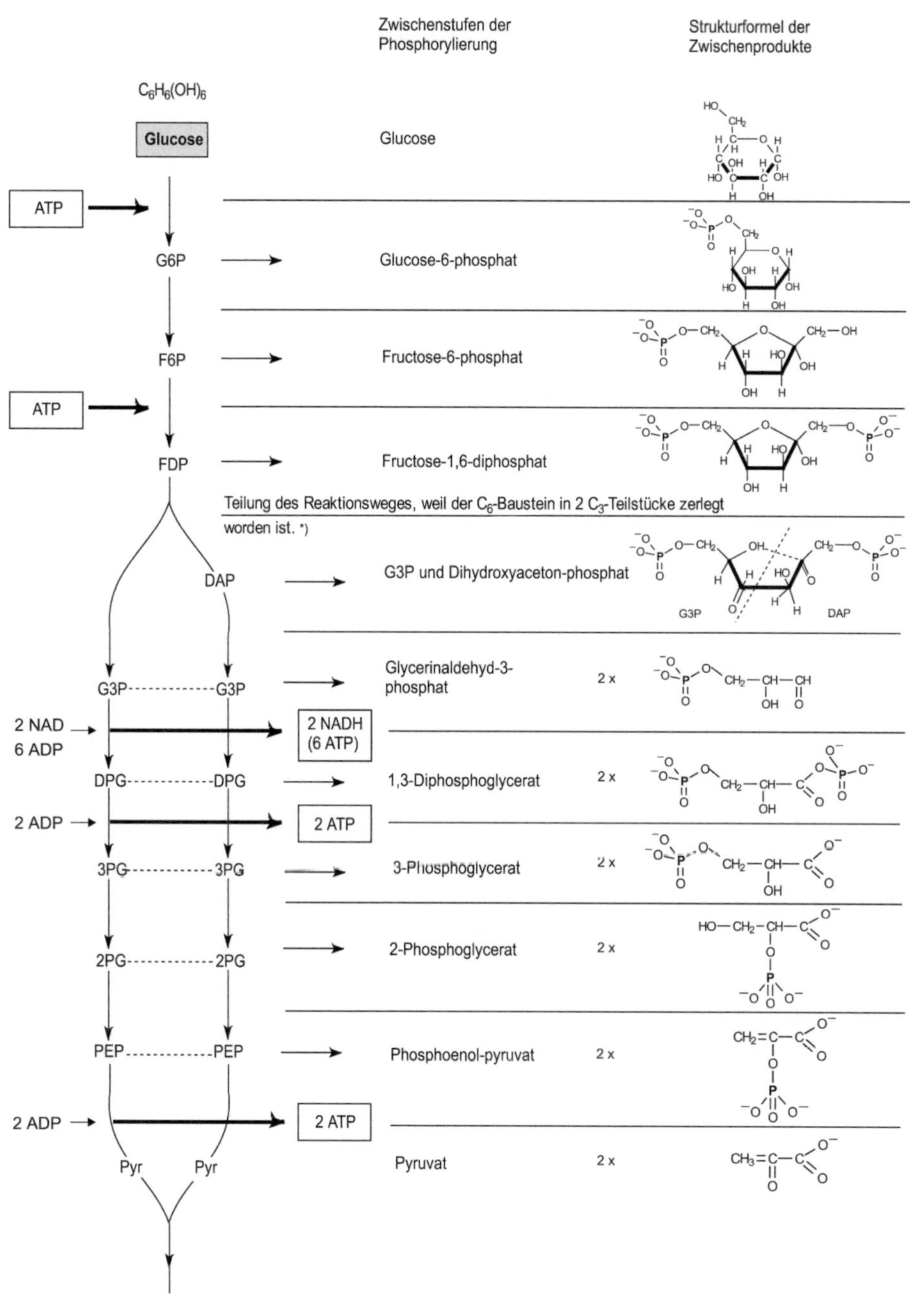

Abb. 5a Phosphorylierungen während der Glykolyse [E. phosphorylation during the glycolysis]

Glucose-6-phosphat (70 %) ⇌ (Phosphohexose-isomerase) Fructose-6-phosphat (30 %) ⇌ (Phosphofructokinase) ATP / ADP Fructose-1,6-biphosphat ⇌

(Aldolase)

Phosphotriose-isomerase

Glycerinaldehyd-3-phosphat (3 %) + Dihydroxy-aceton-phosphat (97 %)

Glycerinaldehyd-3-phosphat ⇌ $NAD^{\oplus}$ / H_3PO_4, NADH + $H^{\oplus}$ 1,3-Biphosphoglycerinsäure ⇌ ADP / ATP 3-Phosphoglycerinsäure ⇌ (Phosphoglycerat-mutase) 2-Phosphoglycerinsäure

2-Phosphoglycerinsäure ⇌ $-H_2O$ / $+H_2O$ Phospho-*enol*-brenztraubensäure ⇌ ADP / ATP Brenztraubensäure → (Pyruvat-decarboxylase) $-CO_2$ Acetaldehyd ⇌ NADH + $H^{\oplus}$ / $NAD^{\oplus}$ Ethanol

H_3C-CH_2OH ; Ⓟ ≡ $\cdot P(=O)(OH)-OH$

Abb. 5b Beispiele einer Phosphorylierung – alkoholische Getränke [E. examples of a phosphorylation – alcoholic fermentation]

Die Phosphorsäurerestübertragungen verlaufen immer unter Beteiligung von Enzymen, den Phosphorylasen, z. B.

Glucose + ATP → Glucose-6-phosphat + ADP

$$C_6H_6(OH)_6 + HO-\underset{OH}{\overset{O}{P}}-O-\underset{OH}{\overset{O}{P}}-O-\underset{OH}{\overset{O}{P}}-O-\mathbf{A} \xrightarrow[-\,HOH]{\text{Hexokinase}} C_6H_6(OH)_5-O-\underset{OH}{\overset{O}{P}}-OH + HO-\underset{OH}{\overset{O}{P}}-O-\underset{OH}{\overset{O}{P}}-O-\mathbf{A}$$

$\Delta G = -16{,}76$ kJ/mol
A = Adenosin

Glucose-6-phosphat ist um den Betrag von innerer Energie reicher gegenüber der Glucose, und das ATP ist um diesen Betrag ärmer an innerer Energie bei der Umwandlung in ADP. Phosphorylierungen dienen in diesem Sinne zur Aktivierung der reaktionsträgen Glucose oder allgemeiner formuliert: Phosphorylierungen sind Aktivierungsreaktionen.

Die Glykolyse erfolgt in 10 Teilschritten, und zwar im Zytoplasma, in der Zellflüssigkeit.

Jeder Schritt wird von einem speziellen Enzym aktiviert. Die erforderliche Energie wird vom ATP eingebracht und ist im G3P gespeichert.

Die beiden G3P-Moleküle, die aus der Glucose entstehen, befinden sich auf dem höchsten Energieniveau.

In den folgenden fünf Teilschritten, nämlich vom G3P bis zum Pyruvat, wird die in den G3P-Molekülen gebundene Energie freigesetzt, indem ATP aus ADP und NADH aus NAD synthetisiert werden:

G3P, Glycerinaldehyd-3-phosphat | Nicotinamiddinukleotid | Adenosindiphosphat

$$2\ {}^{-}O-P(=O)(O^{-})-O-CH_2-CH(OH)-C(=O)-H \quad + \quad 2\ NAD^+ \quad + \quad 2\ ADP^{3-}$$

$$\Downarrow$$

Brenztraubensäure | reduziertes Nicotinamiddinukleotid | Adenosintriphosphat

$$2\ H_3C-C(=O)-C(=O)-OH \quad + \quad 2\ NADH \quad + \quad 2\ ATP^{4-}$$

$$\Delta G = -75{,}52\ kJ/mol$$

Es handelt sich, wie zu erwarten, um einen exergonischen Prozess.

In der Abb. 5b ist formelschematisch die Phosphorylierung der alkoholischen Gärung skizziert, um nochmals die Bedeutung der Phosphorylierung als Aktivierungsreaktion herauszuheben. Die alkoholische Gärung verläuft anaerob. Die notwendigen Enzyme werden von der Hefe (Pilze) Saccharomyces cerevisiae geliefert. Neben dem Ethanol entsteht Kohlenstoffdioxid, CO_2.

8 Phosphate, ihre Strukturen, chemotechnischen und biochemischen Funktionen – eine Übersicht [E. survey of structures, chemical and biochemical functions of phosphates]

Phosphationen

Die zentrale Funktion dieser Coenzyme besteht in der *reversiblen Wasserstoffübertragung* in Form eines Hydridions, wobei der Pyridinring reduziert wird und der Stickstoff seine positive Ladung verliert.

$$NAD^{\oplus} \ (\text{Pyridinring mit } CONH_2, \text{ Position 4}, N^{\oplus}-R) \quad \xrightarrow[\ (+H^{\oplus} + 2e)\ ]{+H^{\ominus}} \quad NADH \ (\text{C-4 mit } H_a, H_b; \ N-R)$$

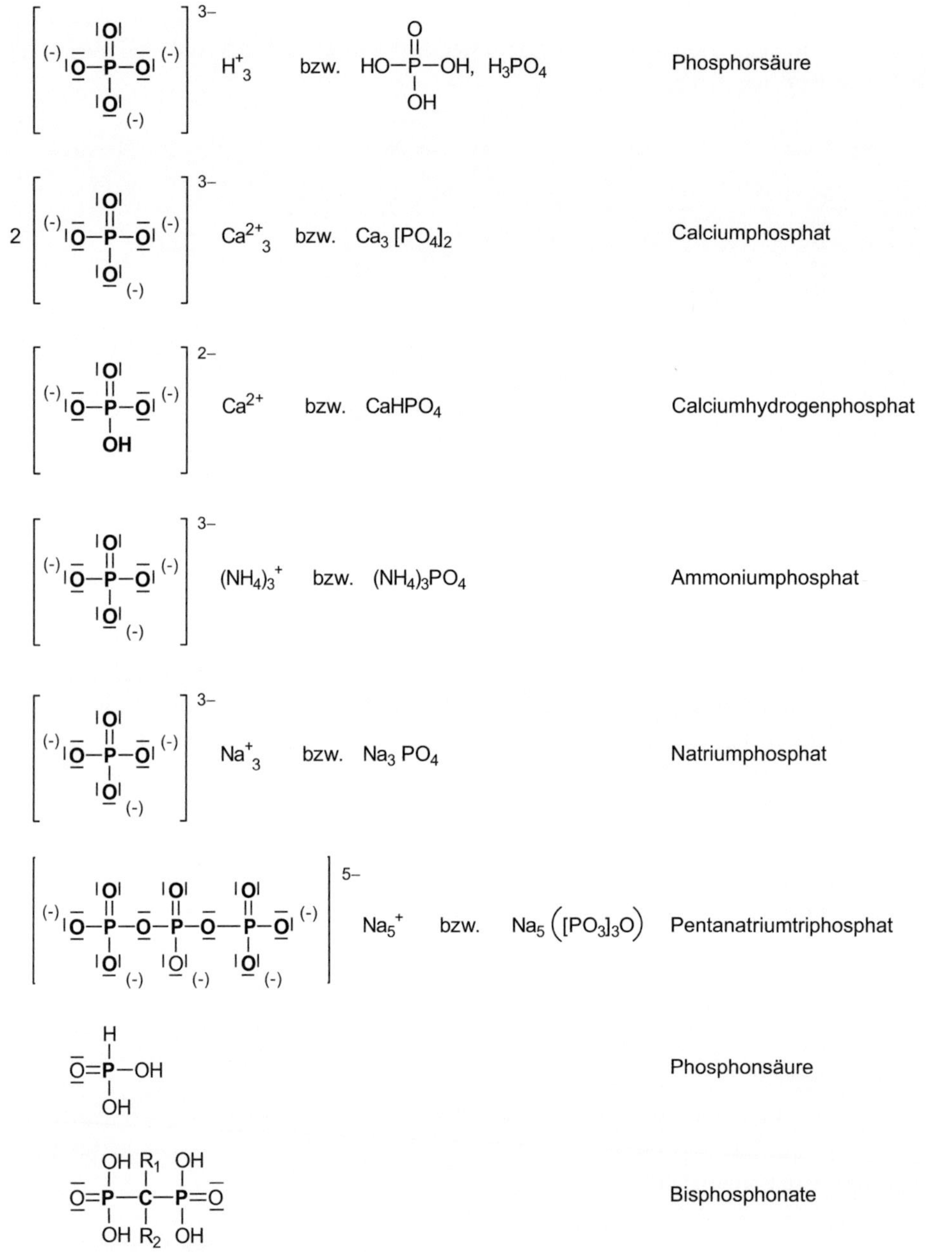

$\left[{}^{(-)}O{-}P(=O)(O^{(-)}){-}O^{(-)}\right]^{3-}$	H^+_3	bzw. HO–P(=O)(OH)–OH, H_3PO_4	Phosphorsäure
$2\left[{}^{(-)}O{-}P(=O)(O^{(-)}){-}O^{(-)}\right]^{3-}$	Ca^{2+}_3	bzw. $Ca_3\,[PO_4]_2$	Calciumphosphat
$\left[{}^{(-)}O{-}P(=O)(OH){-}O^{(-)}\right]^{2-}$	Ca^{2+}	bzw. $CaHPO_4$	Calciumhydrogenphosphat
$\left[{}^{(-)}O{-}P(=O)(O^{(-)}){-}O^{(-)}\right]^{3-}$	$(NH_4)_3^+$	bzw. $(NH_4)_3PO_4$	Ammoniumphosphat
$\left[{}^{(-)}O{-}P(=O)(O^{(-)}){-}O^{(-)}\right]^{3-}$	Na^+_3	bzw. $Na_3\,PO_4$	Natriumphosphat
$\left[{}^{(-)}O{-}P(=O)(O^{(-)}){-}O{-}P(=O)(O^{(-)}){-}O{-}P(=O)(O^{(-)}){-}O^{(-)}\right]^{5-}$	Na_5^+	bzw. $Na_5\left([PO_3]_3O\right)$	Pentanatriumtriphosphat
$O{=}P(H)(OH){-}OH$			Phosphonsäure
$O{=}P(OH)_2{-}C(R_1)(R_2){-}P(OH)_2{=}O$			Bisphosphonate

Abb. 6 Phosphationen als Bausteine [E. phosphate ions as building elements]

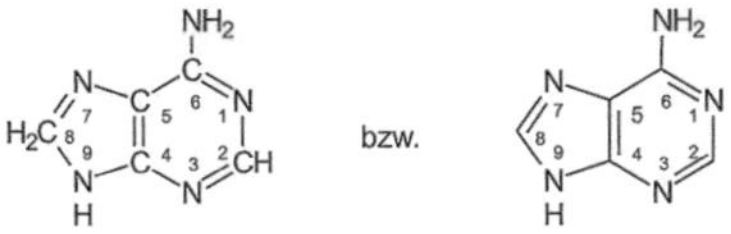

Nukleobase Adenin (2 unterschiedliche Schreibweisen)

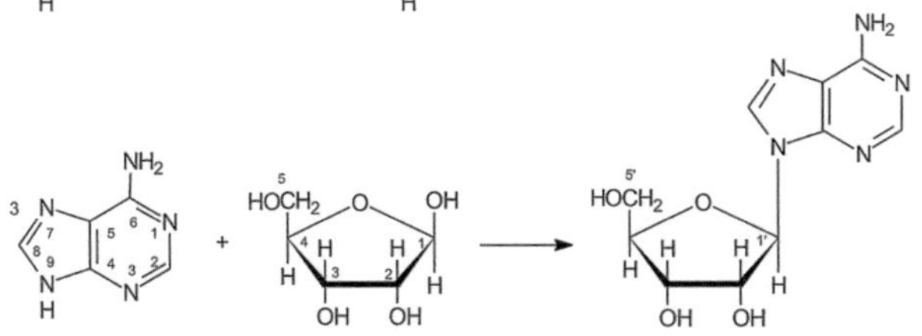

Adenin (RNA, DNA) D-Ribose (β-Form) Adenosin

Beispiel eines Nukleosids

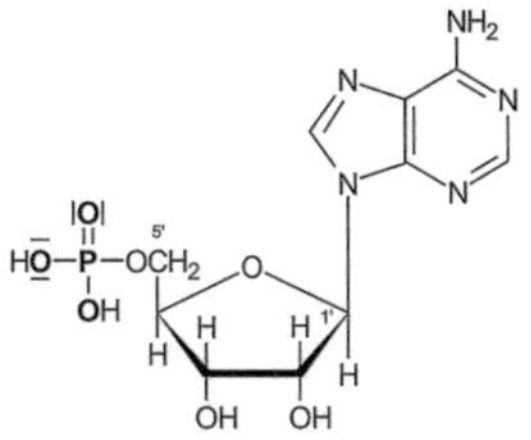

Muskel-Adenylsäure oder Adenosin-5'-monophosphat (AMP)

Nukleosid-5'-phosphat ist ein Nukleotid der Nukleinsäuren, d. h. ein Monomer.

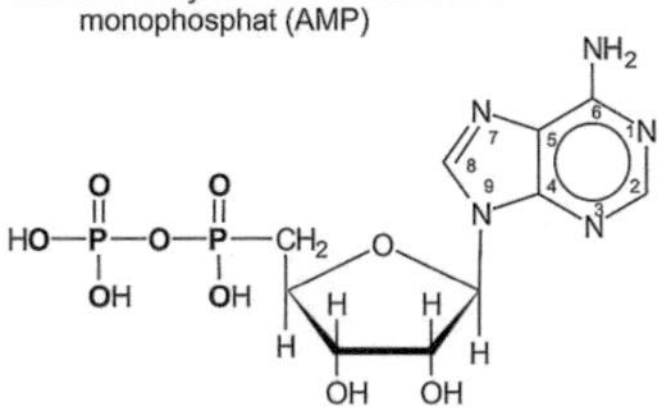

Adenosindiphosphat (ADP)

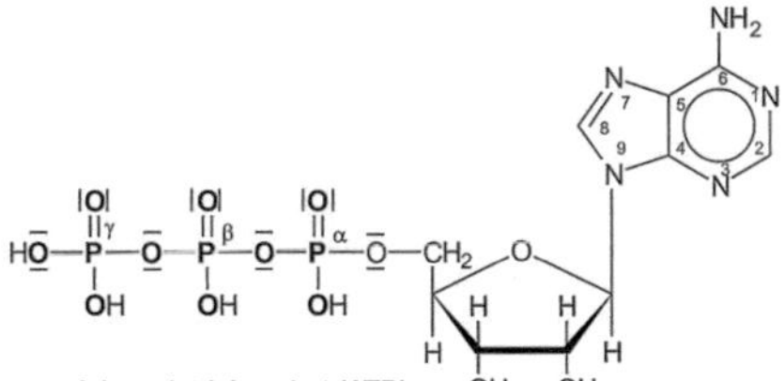

Adenosintriphosphat (ATP)

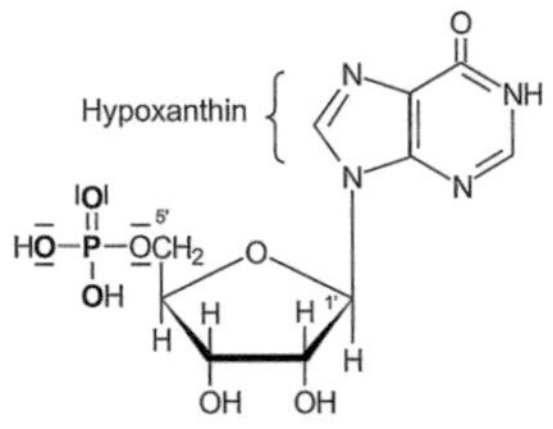

Inosinsäure (IMP)

Ist die Nukleobase Adenin im AMP durch Hypoxanthin ersetzt, dann liegt die Inosinsäure vor.

Abb. 7a Wasserstoffüberträger, Wasserstoffakzeptoren und -donatoren [E. carrier of hydrogen, hydrogen acceptors and hydrogen donors]

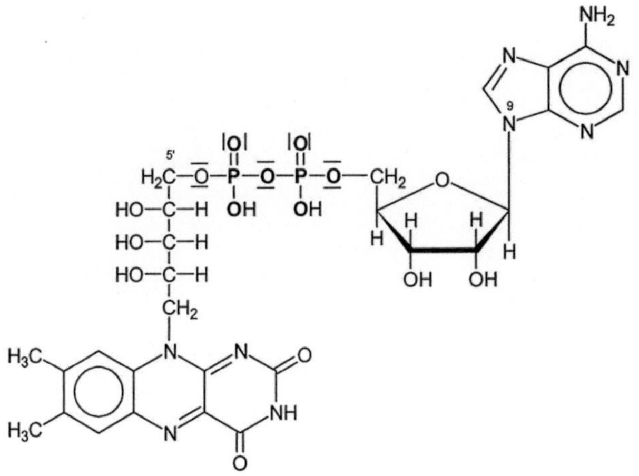

Flavin-adenin-dinukleotid (FAD)

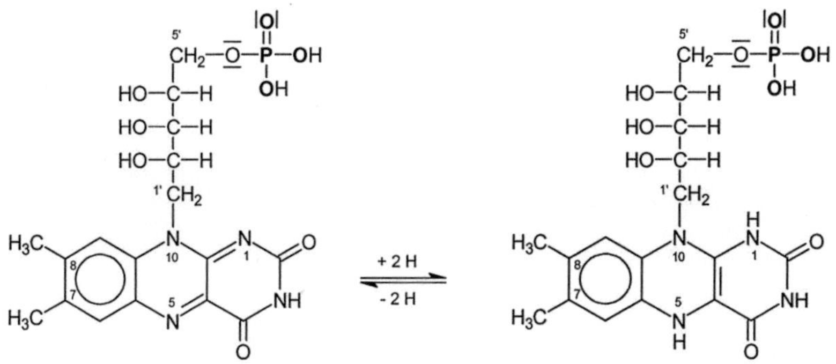

Riboflavin-5'-phosphat (FMN)
(gelb)

+ 2 H
- 2 H

Dihydro-riboflavin-5'-phosphat
($FMNH_2$) (farblos)

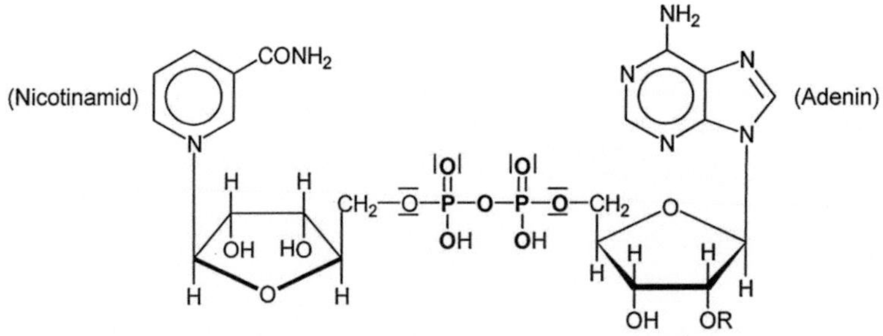

(Nicotinamid)

(Adenin)

(D-Ribose)

(D-Ribose)

Nicotinamid-adenin-dinukleotid ($NAD^{\oplus}$) R = H

Nicotinamid-adenin-dinukleotid-phosphat ($NADP^{\oplus}$) R = $PO(OH)_2$

Abb. 7b Wasserstoffüberträger, Wasserstoffakzeptoren und -donatoren [E. carrier of hydrogen, hydrogen acceptors and hydrogen donors]

R symbolisiert den Molekülrest des Adeninukleotids. Die *hydrierten Coenzyme* werden mit NADH bzw. NADPH bezeichnet.

Coenzymgruppen

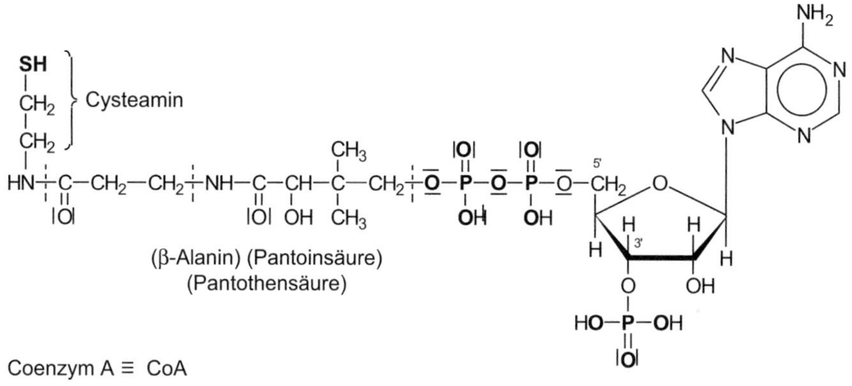

Coenzym A ≡ CoA

Struktur der aktiven Gruppe des **A**cyl-**C**arrier-**P**roteins (ACP). Die Sulfhydrylgruppe bildet mit der Fettsäure einen Thioester (Abb. 8a).

Pyridoxalphosphat (Abb. 8b) wirkt als Coenzym von Aminotransferasen (Kap. XVII, Abschn. 2.4).

Durch Biopolymerisation bilden sich aus den Nukleotiden, den Biomonomeren, die Nukleinsäuren.

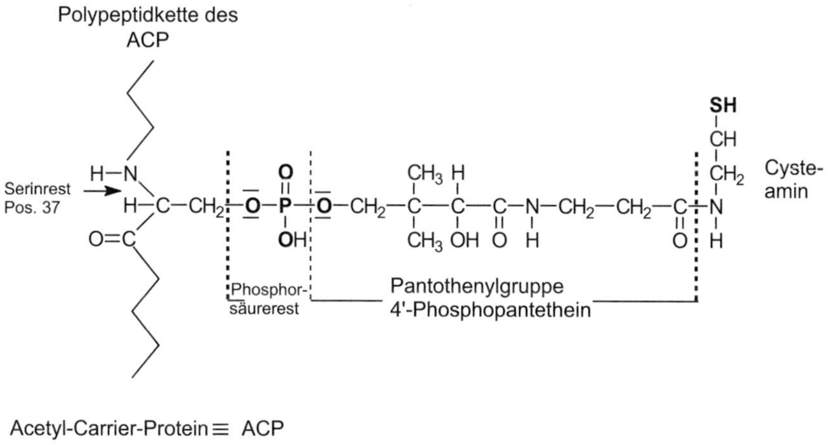

Acetyl-Carrier-Protein ≡ ACP

Abb. 7c Überträger von Acetylgruppen (aktivierte Essigsäure) [E. carrier of acetyl groups (activated acetic acid)]

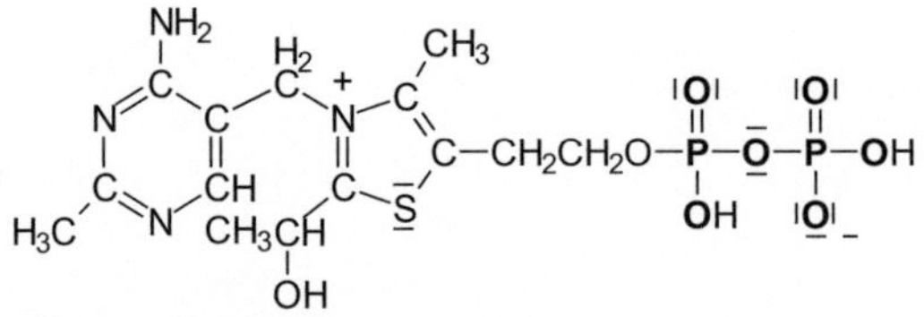

Abb. 8a Acetyl-**T**hiami**d**iphos**p**hat, TDP bzw. 2-(α-Hydroxyethyl)-TDP, aktiver Acetaldehyd [E. acetyl **t**hiamide **d**iphosphos**p**hate, TDP]

Abb. 8b Pyridoxalphosphat [E. Pyridoxal phosphate]

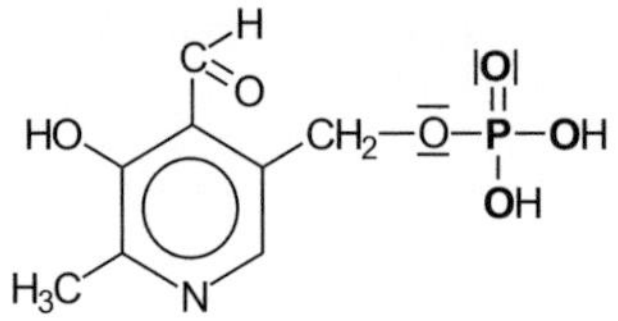

9 Phosphate als Nährsubstanz für Pflanzen – Düngemittel [E. phosphates as nutrients for plants – fertilizer]

Für ein normales Pflanzenwachstum enthält der Boden ausreichende Phosphate, die von den Pflanzen absorbiert werden können. Mit der notwendigen Steigerung der Getreide- und Hackfruchternten mussten dem Boden die fehlenden Phosphate als Düngemittel zugesetzt werden. Insbesondere auch deshalb, weil die organischen Phosphorverbindungen der Pflanzen als Erntegut dem Acker verloren gehen. Der Regenerationsprozess durch Recycling wird hier durch das Abernten vermindert.

Eine gute Getreideernte mit durchschnittlich 35 dz = 3,5 t/ha = 10 000 m^2 entzieht dem Boden u. a.

ca	30 bis 50 kg	P_2O_5/ha,
ca	80 bis 160 kg	N/ha,
ca	90 bis 140 kg	K_2O/ha.

Die Rohphosphate sind wasserunlöslich. Auch organische Säuren, wie die Huminsäure des Bodens, vermögen sie nicht in eine für Pflanzen resorbierbare Form zu überführen.

Die Abb. 11 gibt noch einmal einen straff zusammengefassten Überblick über die Rolle der Phosphorsäure bzw. der Phosphate innerhalb des Stoffwechselprozesses aller biologischen Systeme. Phosphorsäure zählt somit zu den Schlüssel-Biomolekülen.

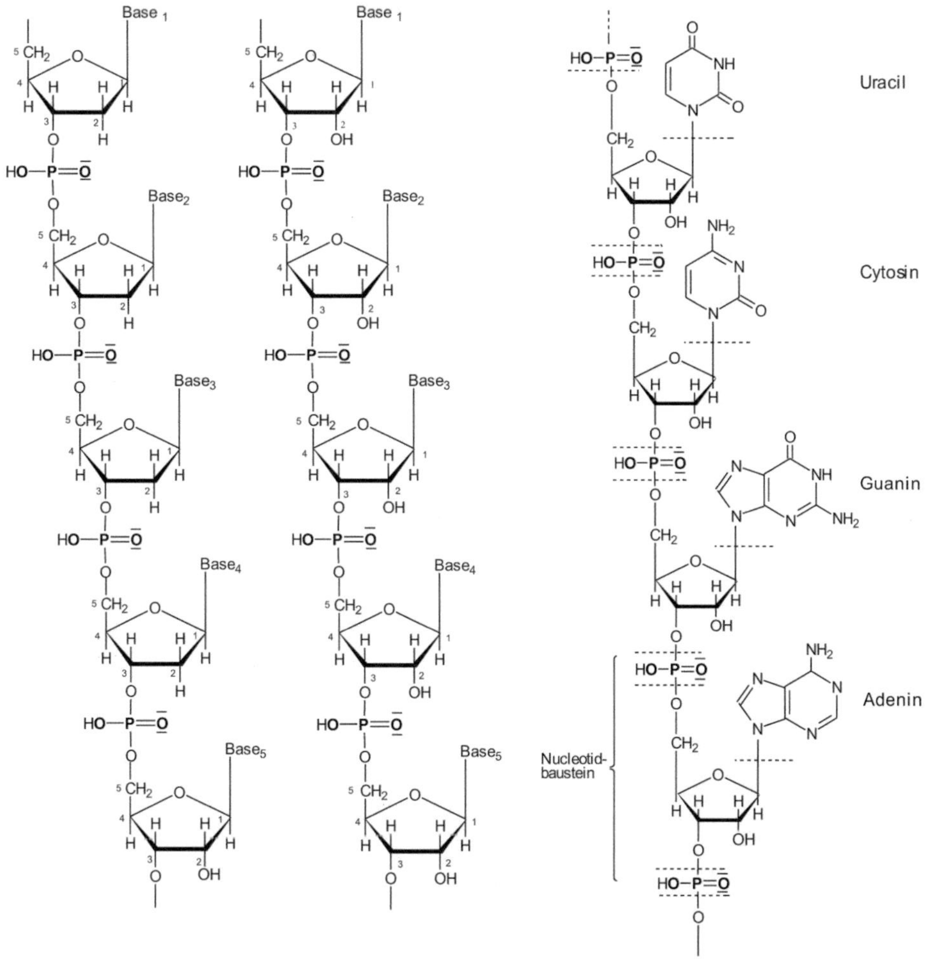

Abb. 9 Desoxyribonukleinsäure, DNS; Ribonukleinsäure, RNS; RNS mit Nukleinbasensequenz [E. deoxyribonucleic acid; ribonucleid acid; RNA with a sequence of nucleic bases]

Desoxyribonukleinsäure, DNS, in Stellung 2 befindet sich ein H-Atom (Aminobasen: G = Guanin, C = Cytosin, A = Adenin und T = Thymin)	Ribonukleinsäure, RNS, in Stellung 2 befindet sich eine OH-Gruppe	RNS mit Nukleinbasensequenz
[E. deoxyribonucleic acid, DNA, in position 2 there is a H-atom]	[E. ribonucleic acid, RNA, in position 2 there is a hydroxide group]	[E. RNA with a sequence of nucleic bases]

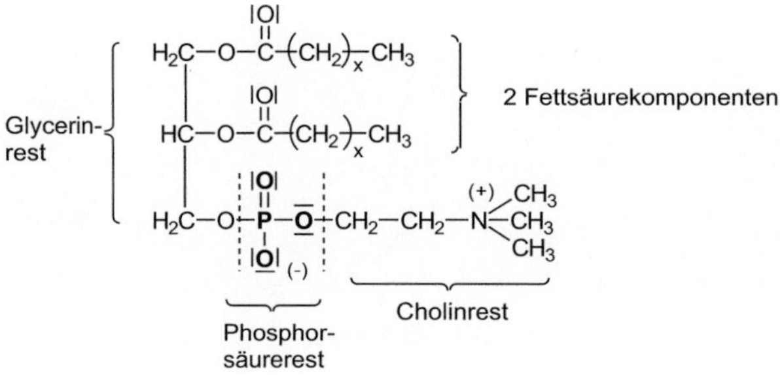

Glycerinrest

$H_2C-O-CO-(CH_2)_x-CH_3$

$HC-O-CO-(CH_2)_x-CH_3$

$H_2C-O-PO(O^{(-)})-O-CH_2-CH_2-N^{(+)}(CH_3)_3$

2 Fettsäurekomponenten

Phosphorsäurerest

Cholinrest

Lecithin (O-Phosphatidylcholin)

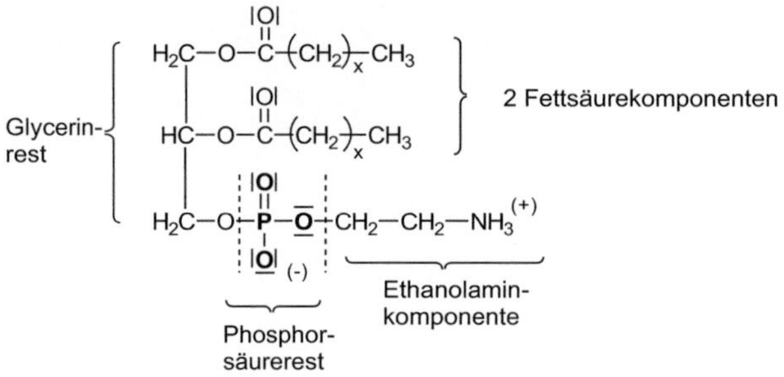

Glycerinrest

$H_2C-O-CO-(CH_2)_x-CH_3$

$HC-O-CO-(CH_2)_x-CH_3$

$H_2C-O-PO(O^{(-)})-O-CH_2-CH_2-NH_3^{(+)}$

2 Fettsäurekomponenten

Phosphorsäurerest

Ethanolaminkomponente

Kephalin (O-Phosphatidylethanolamin)

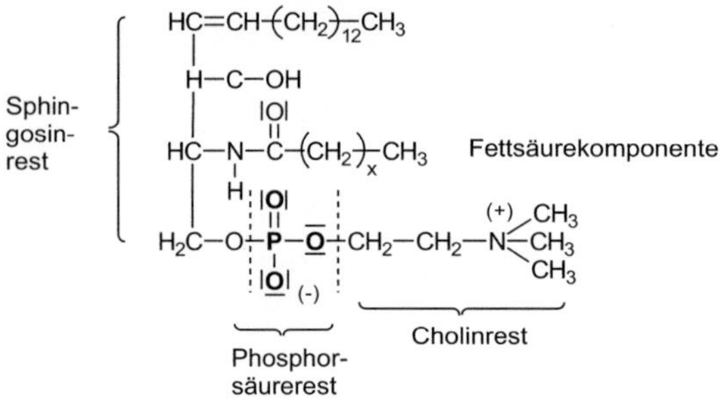

Sphingosinrest

$HC=CH-(CH_2)_{12}-CH_3$

$H-C-OH$

$HC-NH-CO-(CH_2)_x-CH_3$

$H_2C-O-PO(O^{(-)})-O-CH_2-CH_2-N^{(+)}(CH_3)_3$

Fettsäurekomponente

Phosphorsäurerest

Cholinrest

Sphingomyelin

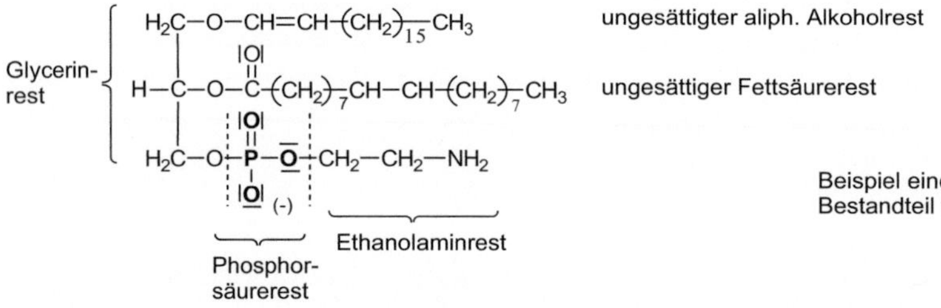

Glycerinrest

$H_2C-O-CH=CH-(CH_2)_{15}-CH_3$

$H-C-O-CO-(CH_2)_7-CH-CH-(CH_2)_7-CH_3$

$H_2C-O-PO(O^{(-)})-O-CH_2-CH_2-NH_2$

ungesättigter aliph. Alkoholrest

ungesättiger Fettsäurerest

Phosphorsäurerest

Ethanolaminrest

Beispiel eines Plasmalogen als Bestandteil von Biomembranen

Abb. 10 Phospholipide bzw. Phosphoglyceride [E. phospholipids or phosphoglycerides]

10 Wirtschaftliches [E. economic]

10.1 Rohphosphatvorkommen [E. occurence of phosphate minerals]

Die Weltvorräte an Rohphosphaten werden gegenwärtig auf 66,8 Mrd. t geschätzt. Riesige Vorräte lagern in Marokko und Spanisch-Marokko. Weitere bedeutende Lagerstätten liegen in den USA und in Südafrika. In der GUS gibt es ebenfalls große Vorkommen. Auch in der VR China sind große Phosphatlager entdeckt worden. Die Phosphatdüngemittelproduktion belief sich im Jahr 2016 auf 44 Mio. t, bezogen auf die Grundsubstanz P_2O_5.

Marokko ist der größte Rohphosphatexporteur der Welt. Die marokkanischen Vorkommen zeichnen sich durch große Reinheit aus, werden aber von bestimmten Lagerstätten auf der Halbinsel Kola noch übertroffen. Westeuropa verfügt nur über sehr geringe Vorkommen.

Ein bekanntes Phosphatmineral ist der Apatit, ein Eruptivgestein. Es besteht aus fluorhaltigem Calciumphosphat $Ca_5(PO_4)_3$ F und ist vorwiegend auf der Halbinsel Kola in Russland anzutreffen. Durch Verwitterung entstehen daraus Phosphorite, das sind Anhäufungen von Calciumphosphaten, die mit zunehmenden Lagerzeiten kristallin wurden. Die Vorkommen in Marokko und den USA (Tennessee, Florida, Idaho) bestehen im Wesentlichen aus Phosphoriten.

Rohphosphate sind nicht nur die Ausgangsmaterialien für Phosphor und dessen Verbindungen, sondern auch für Uran. Der Urangehalt des marokkanischen Rohphosphates beträgt, wie auch der der Phosphatlager aus Florida, 150 bis 200 g/t. Amerikanische Phosphorsäurehersteller haben ausgerechnet, dass jährlich weltweit bis zu 44.600 t Uran durch die Phosphatanlagen treiben $\left(2 \cdot 10^{-4}\frac{\text{t}}{\text{t}} \times 223 \cdot 10^6\,\text{t} = 44.600\,\text{t}\right)$.

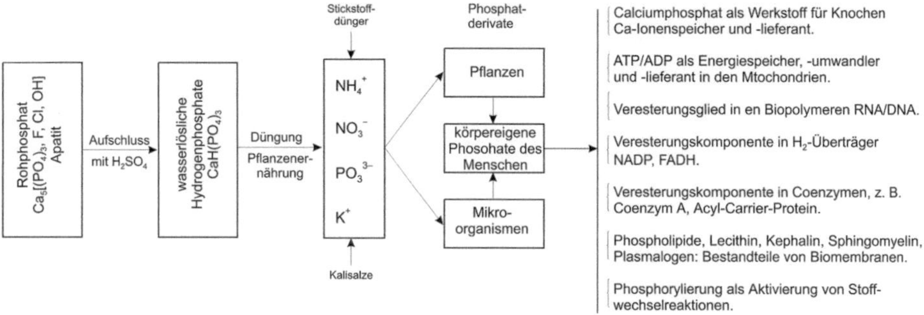

Abb. 11 Stoffwechsellinie vom Rohphosphat zu biochemischen Phosphatverbindungen [E. line of metabolism from raw phosphate to biochemical phosphate compounds]

10.2 Förderung der Rohphosphate [E. mining of phosphate minerals]

Die Rohphosphate werden in den *Phosphatminen* mit *Großschaufelradbaggern* gelockert und gefördert, deren Tagesleistung bis zu 100 000 m^3 und mehr beträgt. Es sind dieses die gleichen Bagger, wie sie bei der Schürfung von Braunkohle im Revier Köln-Aachen oder von Ölsand in Kanada eingesetzt werden. Das gebrochene Rohphosphatmineral wird auf eigens dafür errichteten Förderbändern, wie z. B. in Marokko, über Hunderte von Kilometern über Land zur Verladestation der Phosphathäfen transportiert. Ein weiteres klassisches Transportmittel ist die Eisenbahn. Häufig werden die Rohphosphate in der Nähe der Häfen schon zu Phosphorsäure aufgeschlossen. Phosphorsäurefabriken sind in der Regel mit Schwefelsäureanlagen kombiniert, um den Bedarf an Schwefelsäure ohne Transportaufwand zu decken (Abb. 12).

10.3 Herstellung von Phosphorsäure nach dem Nassaufschlussverfahren [E. production of phosphoric acid by a wet process with sulphuric acid]

Die Herstellung von Phosphorsäure, H_3PO_4, durch Nassaufschluss erfolgt aus Rohphosphaten mit Schwefelsäure, H_2SO_4. Die Rohphosphate (Phosphorite) sind wasserunlösliche Substanzen mit vielen Begleitstoffen. Als Begleitstoffe sind vor allem Silikat- und Fluorverbindungen des Calciums, Magnesiums, Aluminiums und Eisens anzutreffen.

Abb. 12 Rohphosphattransportband in Marokko [E. conveyer for raw phosphate in Morocco]

Die Herstellung von Phosphorsäure erfolgt häufig schon in den Phosphatförderländern, die dann die Phosphorsäure ungereinigt in die Chemieländer exportieren. Dort wird sie dann gereinigt. In Deutschland werden keine nennenswerten Mengen an Phosphorsäure mehr hergestellt.

Das chemische Prinzip des Nassaufschlussverfahrens besteht darin, dass die im Rohphosphat als Salz gebundene mittelstarke Phosphorsäure durch die starke Schwefelsäure freigesetzt wird und dann abgetrennt werden kann. Die Schwefelsäure wird zu fast unlöslichem Calciumsulfat, $CaSO_4 \cdot 2\,H_2O$, gebunden.

Calcium-phosphat		Schwefelsäure		Calcium-sulfat		Phosphor-säure
$Ca_3(PO_4)_2$	+	$3\,H_2SO_4$	$\longrightarrow$	$3\,CaSO_4$	+	$2\,H_3PO_4$

Die komplexen Vorgänge während der technischen Herstellung lassen sich vereinfacht durch nachstehende Reaktionsgleichung zusammenfassen:

Rohphosphat		Schwefel-säure		Wasser		Gips		Phosphor-säure		Fluorwasser-stoff
$Ca_5(PO_4)_3F$	+	$5\,H_2SO_4$	+	$10\,HOH$	$\longrightarrow$	$5\,CaSO_4 \cdot 2\,H_2O$	+	$3\,H_3PO_4$	+	HF
						$\Delta H = -2959$ kJ/mol				

Der Fluorwasserstoff wird als Silikatverbindung abgefangen.

Silicium-dioxid		Fluorwasser-stoff		Hexafluor-kieselsäure		Wasser
SiO_2	+	$6\,HF$	$\longrightarrow$	$H_2[SiF_6]$	+	$2\,H{-}OH$

Diese Prozesse sind exotherm. Die freiwerdenden Wärmemengen müssen abgeführt werden.

Die moderne Landwirtschaft ist von Phosphat in Form von Mineraldünger abhängig. Die zugrunde liegenden Phosphorverbindungen werden meistens aus Phosphorit gewonnen, ein Gestein, dessen Vorräte, wie die Tabelle zeigt, wie viele andere Rohstoffe begrenzt sind. Die meisten Phosphoritvorkommen sind mit Schwermetallen verunreinigt (s. Kap. IV, Abschn. 3).

In Europa sind Russland und Finnland die einzigen Phosphorit fördernden Länder (Tab. 3). Europa muss seinen Phosphatbedarf für Düngemittel, Nahrungs- und Futtermittel sowie als Enthärter für Reinigungsmittel importieren. Die deutsche Landwirtschaft setzte im Jahr 2012/13 280.000 t Phosphatdünger ein, berechnet auf P_2O_5. Die Zunahme der Weltbevölkerung auf 7,4 Mrd. Menschen und der steigende Phosphatbedarf hängen, wie auch

Tab. 3 Die derzeitig geschätzten Vorkommen von Phosphoriten, $Ca_5(PO_4)_3F$, in den größten Lagerstätten der Welt (2016) und die jährliche Fördermenge (2013) [E. the present estimated amount of phosphorites, $Ca_5(PO_4)_3F$, in the largest deposits in the world (2013) and the yearly output)

Rohstoff- und Förderland	Vorkommen in Lagerstätten, Mrd. t	Fördermenge pro Jahr, Mio. t
Marokko (Westafrika)	50,0	28,0
China	3,7	97,0
Algerien	2,2	1,5
USA	1,1	32,3
Russland	1,3	12,5
Syrien	1,8	0,5
Südafrika	1,5	1,3
Jordanien	1,3	7,0
Übrige Welt	3,9	42,5
Gesamt	66,8	$\approx$223,6

die Ammoniakproduktion, eng miteinander zusammen. Im Jahr 1950 betrug die Weltbevölkerung ca. 2,5 Mrd. Menschen und die Rohphosphatgewinnung ca. 12 Mio. t. Die Weltbevölkerung hat sich verdreifacht, die Rohphosphatbereitstellung ist fast um das 19-Fache gestiegen, nämlich auf 223,6 Mio. t.

Weiterführende Literatur

Büchel, K. H., Moretto, H.-H. u. Woditsch, P. (1999), Industrielle Anorganische Chemie, Wiley-VCH, Weinheim.

Chemiewirtschaft in Zahlen – Ausgabe 2015, Hrsg. Verband der Chemischen Industrie e. V., Karlstraße 21, Frankfurt am Main.

Fertilizer Yearbook (1996), FAO Statistics Series No. 136, Vol. 46, Statistical Analysis Service, Statistics Division FAO, Rome, Italy.

Le Monde diplomatique (2015), Atlas der Globalisierung – Weniger wird mehr, taz Verlags- und Vertriebs GmbH, Berlin.

Meilenstein für die Medizin in Forschung und Entwicklung bei Henkel, heute für morgen, Heft 6, Hrsg. Henkel KGaA, Düsseldorf.

Mutschler, E. u. Schäfer-Korting, M. (2012), Arzneimittelwirkungen, 10. Auf., Wissenschaftliche Verlagsgesellschaft mbH, Stuttgart.

Neues Bisphosphonat Risedronat verhindert osteoporotische Frakturen effektiv, (1999), Ärzte Zeitung vom 14./15.5., S. 13.

Phosphorchemie, Molekülmodifikation, verbreitetes Einsatzspektrum, ein Überblick über Phosphate, Chem. Rundschau (1998), Nr. 22, 11.12.98.

Roche Lexikon Medizin (2006), 5. Aufl., Hrsg. Hoffmann-La-Roche AG und Urban und Schwarzenberg, Verlag Urban und Schwarzenberg, München, Wien, Baltimore.

Römpps Chemie-Lexikon (2002), 10. Aufl., Bd. 1–6; Hrsg.: Falbe, J. und Regnitz, M., Georg Thieme Verlag, Stuttgart – New York, online version.

Schirmeister, T., Schmuck, C. u. Wich, P. R., gegründet von Bayer, H. u. Walter, W. (2015) 25. Aufl., Lehrbuch.

Sheldon, R. P. (1982), Phosphat der unentbehrliche Rohstoff, Spektrum der Wissenschaft, Nr. 7.

Statistisches Bundesamt (2001), Fachserie 19, Reihe 21, Öffentliche Wasserversorgung und Wasserbeseitigung.

Winnacker-Küchler, Chemische Technologie (2006), 5. Aufl., Hrsg. Harnisch, H., Steiner, R., Winnacker, K., Bd. 2, Carl Hanser Verlag, München, Wien.

Wissenschaftliche Tabellen Geigy (1981), Hrsg. Ciba-Geigy AG, Basel, 8. Aufl., Teil-Bd. Einheiten im Meßwesen, Körperflüssigkeiten, Organe, Energiehaushalt, Ernährung, Ciba-Geigy AG, Basel.

Wolf, E. (1999), Knochenarbeit, Pharm. Ztg. 144 Jg., Nr. 31.

Schwefel und seine biochemischen Verbindungen [E. sulphur, its biochemical compounds]

1 Vorkommen [E. occurrence]

Am Aufbau der 16 km dicken Erdrinde ist Schwefel mit nur 0,048 % Massenanteilen beteiligt. Dort ist er in elementarer und gebundener Form anzutreffen. Sein Anteil an körpereigener menschlicher Biomasse beträgt 0,25 %, das ist eine 5-fache Konzentration gegenüber der unbelebten Natur (Kap. II, Tab. 2a und 4). Der Bedarf an schwefelhaltigen Verbindungen wird vom Menschen durch seine Nahrung gedeckt, von der die Proteine im Wesentlichen die Lieferanten sind. Der Bestand an Schwefel in gebundener Form beträgt im menschlichen Körper 150 g. Pflanzen und spezielle Bakterien vermögen, unmittelbar anorganisch gebundenen Schwefel für ihren Stoffwechselprozess zu nutzen.

Schwefelwasserstoff, H_2S, und die Sulfate, das sind die Salze der Schwefelsäure, H_2SO_4, sind die bedeutendsten Ausgangsstoffe für die biochemischen Verbindungen, wie z. B. für die Aminosäuren

$$\text{Cystein, } \underset{HS}{\underset{|}{H_2C}}-\underset{NH_2}{\underset{|}{CH}}-COOH, \quad \text{Homocystein, } \underset{HS}{\underset{|}{H_2C}}-CH_2-\underset{NH_2}{\underset{|}{CH}}-COOH,$$

$$\text{Methionin, } \underset{H_3C-S}{\underset{|}{H_2C}}-CH_2-\underset{NH_2}{\underset{|}{CH}}-COOH \text{ u. a.}$$

Größere Mengen sulfidischen Schwefels sind in den fossilen Rohstoffen Kohle, Erdöl und Erdgas enthalten. Sie stammen im Wesentlichen aus pflanzlichem und tierischem Zellmaterial, aus dem sich im Laufe von mehreren Hundertmillionen Jahren Kohle bzw. Erdöl und Erdgas gebildet hat. In diesen Zellen ist der Schwefel als Schwefelwasserstoffrest in einigen Aminosäuren – Methionin, Cystein und Homocystein – gebunden. Bei der anaeroben Zersetzung von biologischen Stoffen wird der sulfidische Schwefel als Schwefelwasserstoff abgespalten. Dies ist die Ursache dafür, dass Erdöl und Erdgas vor der Weiterverarbeitung entschwefelt werden müssen.

V. Hopp, *Chemische Kreisläufe in der Natur*,
https://doi.org/10.1007/978-3-662-55860-7_7

Viele Erze werden als Sulfide wie Glanze, Blenden oder Kiese gefördert, z. B. Bleiglanz, PbS, Zinkblende, ZnS, Kupferkies, $CuFeS_2$, oder auch Pyrit (Eisensulfid), FeS_2. Bekannte und häufige Sulfate sind Gips, $CaSO_4 \cdot 2\,H_2O$, Anhydrit, $CaSO_4$, Magnesiumsulfat, $MgSO_4$, Bariumsulfat, $BaSO_4$, und Natriumsulfat, Na_2SO_4.

Die Weltvorräte des Schwefels in seinen verschiedenen Verbindungen, berechnet auf elementaren Schwefel, werden nach Wagner[1] auf 25 Mrd. t geschätzt.

1.1 Geochemische Bildung von elementarem Schwefel [E. geochemical formation of elementary sulphur]

Der in der Natur vorkommende elementare Schwefel ist vulkanischen Ursprungs. Noch heute werden jährlich aus den 500 aktiven Vulkanen ca. 40 Mio. t Schwefeldioxid in die Atmosphäre emittiert[2].

Während des Entgasungsprozesses der Erdkrustenbildung sind aus den unzähligen Vulkanen und Erdrissen riesige Mengen Schwefelwasserstoff und Schwefeldioxid entwichen. Als ideale Reduktions- und Oxidationspartner reagierten sie zu elementarem Schwefel. Es entstanden dichte Schwefelwolken, die dann allmählich auf der Erdoberfläche sedimentierten[3]. Auf Unterwasservulkane sind die tiefer liegenden Schwefellager zurückzuführen.

$$\underset{\text{Schwefelwasserstoff}}{2\,H_2S} + \underset{\text{Schwefeldioxid}}{SO_2} \xrightarrow{\text{Oxidation}} \underset{\text{Schwefel}}{3\,S} + \underset{\text{Wasser}}{2\,H_2O}\ , \quad \Delta H = -\,233{,}57\ \text{kJ/mol}$$

1.2 Mikrobiologische Bildung von elementarem Schwefel [E. microbiological formation of elementary sulphur]

Die Bildung von elementarem Schwefel ist auch auf chemotrophe[4] Reaktionen von Mikroorganismen zurückzuführen. Dabei ist Schwefelwasserstoff zugleich der chemische Energielieferant. Anstelle von Wasser übernimmt der Schwefelwasserstoff die Rolle des Wasserstofflieferanten, um Kohlenstoffdioxid zu Glucose zu reduzieren. Dieser Prozess

[1]Wagner, Wasserkalender (1980, 14, S. 163–170).

[2]emittere (lat.) – aussenden.

[3]sedere (lat.) – sitzen, sich setzen.

[4]trophe (gr.) – Nahrung; Chemotrophie ist die Fähigkeit von Zellen und Mikroorganismen, ihren Energiebedarf ausschließlich durch Oxidation chemischer Verbindungen zu decken; im Fall der Schwefelbakterien wird Schwefelwasserstoff als Energielieferant zu elementarem Schwefel oxidiert und Kohlenstoffdioxid zur Glucose reduziert.

zum Glucoseaufbau als Schlüsselmolekül innerhalb der biologischen Systeme ist weniger energieaufwendig als die Fotosynthese auf der Basis von Wasser.

Kohlenstoffdioxid		Schwefelwasserstoff		Glucose		Wasser		Schwefel
$6\,CO_2$	+	$12\,H_2S$	$\longrightarrow$	$C_6H_6(OH)_6$	+	$6\,H_2O$	+	$12\,S$

$$\Delta G = -\,432{,}6\ \text{kJ/mol}$$

1.3 Mikrobiologische Wechselbeziehungen zwischen Sulfiden und Sulfaten [E. microbiological interactions between sulphides and sulphates]

Der unter anaeroben Bedingungen entstandene Schwefelwasserstoff ist unter aeroben Gegebenheiten, d. h. in Gegenwart von Luftsauerstoff, nicht beständig. Er wird durch die chemotrophen Schwefelbakterien und spezielle fototrophe Bakterien über die Stufen des elementaren Schwefels und des Sulfits zu Sulfaten oxidiert; dabei wird Energie freigesetzt.

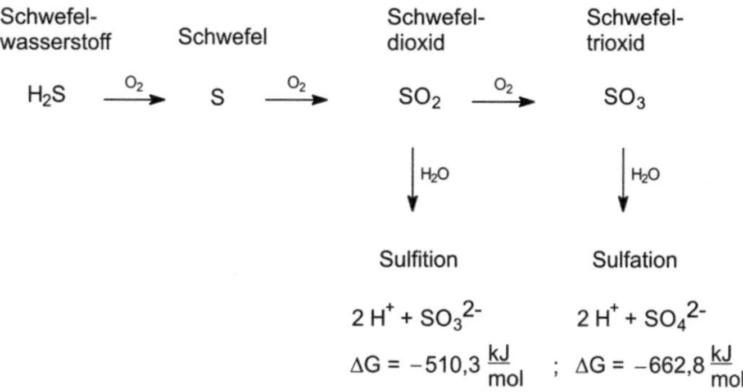

Bei den fototrophen[5] Bakterien handelt es sich um Organismen, die als Energiequelle Licht benötigen.

Umgekehrt werden mineralische Sulfate durch bestimmte Mikroorganismen anaerob zu Schwefelwasserstoff reduziert. Die Sulfate übernehmen hier die Rolle des Sauerstofflieferanten. Auf diese Weise können Mikroorganismen mittels Sulfatatmung Substrate weitgehend oxidieren und die dabei freigesetzte Energie für ihre Lebenstätigkeit einsetzen. So bleibt mithilfe von Sulfaten die Atmungskette funktionsfähig. Der Sulfatschwefel wird dabei zu sulfidischem Schwefel reduziert, der sich u. a. mit Metallen zu den entsprechenden Sulfiden umsetzt.

[5]phos (gr.) – Licht, phototrophe Reaktionen laufen nur unter Zufuhr von Lichtenergie ab.

Die Sulfatreduktion wird in der Zelle mit einer recht energieaufwendigen Sulfataktivierung eingeleitet. Das erfolgt durch das Enzym ATP-Sulfurylase. Die Reduktion des Sulfats verläuft über die Stufe des Sulfits bis zum Sulfid. Als Oxidationsprodukt entsteht Wasser (s. Gl. 1 bis Gl. 3).

Sulfat	intermediärer Wasserstoff		Sulfit	Wasser		
SO_4^{2-} +	2 {H}	$\longrightarrow$	SO_3^{2-} +	H_2O	$\Delta H = -414{,}1$ kJ/mol	(1)

Sulfit	intermediärer Wasserstoff		Sulfid	Wasser		
SO_3^{2-} +	6 {H}	$\longrightarrow$	S^{2-} +	3 H_2O	$\Delta G = -1444{,}02$ kJ/mol	(2)

$$SO_4^{2-} + 8\,\{H\} \xrightarrow[\text{rase}]{\text{Sulfu-}} S^{2-} + 4\,H_2O \qquad \Delta G = -1858{,}16\ \text{kJ/mol} \tag{3}$$

Bestimmte Bakterien verschaffen sich die freie Energie, ΔG, die sie zum Aufbau von Glucose aus Kohlenstoffdioxid benötigen, mittels Oxidation von Sulfiden, z. B. Kupfersulfid zu Sulfaten (s. Gl. 4 und Gl. 5) oder von Eisen(II)-Verbindungen zu Eisen(III)-Verbindungen (s. Gl. 4 und Gl. 5 dieses Kap. VII.).

Kupfersulfid		Sauerstoff		Kupfersulfat		Energie	
CuS	+	2 O_2	$\xrightarrow{\text{Bakterien}}$	$CuSO_4$	+	608,4 kJ	(4)
				$\Delta G = -608{,}4$ kJ/mol			

Energie		Kohlenstoffdioxid		Wasserstofflieferant		Glucose		Wasser	
2583 kJ	+	6 CO_2	+	24 H^+	$\longrightarrow$	$C_6H_6(OH)_6$	+	6 H_2O	(5)
						$\Delta G = +2583$ kJ/mol			

Bei Temperaturen von 25 bis 37 °C und einem pH-Wert von ca. 2 oxidieren die Bakterienarten *Thiobacillus ferrooxidans, Ferrobacillus ferrooxidans* Fe(II)-Verbindungen und Sulfide sowie elementaren Schwefel.

Um den Energiebetrag von $\Delta G = 2583$ kJ für die bakterielle Biosynthese von 1 mol Glucose bereitzustellen, müssen mindestens 5 mol CuS zu $CuSO_4$ oxidiert werden. Dabei wird der Energiebetrag von $5 \times (-608{,}4)$ kJ $= -3042{,}0$ kJ freigesetzt. Das ist mehr als für die Glucosesynthese notwendig ist. Aber die Natur arbeitet häufig mit einem großen Überschuss.

Diesen biologischen Stoffwechselprozess nutzt man beim *Bioleaching* von sulfidischen Erzen, insbesondere bei Kupfererzen aus.

Das erhaltene Kupfersulfat ist wasserlöslich und wird dann mit salzhaltigen wässrigen Lösemitteln aus der Gangart ausgelaugt. Als gewünschter Nebeneffekt wird der Kupfergehalt in der Lösung kräftig konzentriert.

Anschließend kann durch Elektrolyse aus der Kupfersulfatlösung metallisches Kupfer gewonnen werden.

Bei vielen Pflanzen und Mikroorganismen dienen Sulfate als Schwefelquelle zum Aufbau von Zellmaterial, z. B. zur Synthese von schwefelhaltigen Aminosäuren. Die Sulfate werden hierbei unter Beteiligung anderer Enzyme und Reaktionswege als beim vorgenannten Energiestoffwechsel bis zur Stufe des Sulfids reduziert (s. Gl. 6).

$$\underset{\text{Sulfat}}{SO_4^{2-}} \xrightarrow{4\,\{H\}} \underset{\text{Sulfid}}{S^{2-}} + \underset{\text{Wasser}}{2\,H_2O} \qquad \Delta G = -1858{,}2\ \text{kJ/mol} \tag{6}$$

2 Bioleaching von Erzen [E. bioleaching of ores]

Definition [E. definition]
Leaching[6] ist das Auslaugen eines Stoffes aus festen Gemengen durch geeignete Lösemittel. Auslaugungsverfahren werden häufig beim Aufschluss von Erzen mit niedriger Metallkonzentration (Armerze) angewendet. Erfolgt der Auslaugungsprozess unter Mitwirkung von Bakterien[7], dann spricht man von Bioleaching.

Mithilfe geeigneter Bakterien können durch Auslaugen auch sehr arme Erze noch wirtschaftlich genutzt werden, wie z. B. zur Anreicherung von Gold-, Kupfer-, Nickel-, Uran- und Eisenerzen. Bekannte geeignete Bakterienstämme sind *Thiobacillus ferrooxidans, Thiobacillus thiooxidans, Thiobacillus organoparus, Leptospirillium ferrooxidans, Thermothrix thiopara, Sulfolobus brierleyi, Sulfolobus caldarius* u. a.

2.1 Eigenschaften von erzlaugenden Bakterien [E. properties of ores leaching bacteria]

Die erzlaugenden Bakterien haben mehrere Eigenschaften gemeinsam:

- Sie leben in einer für andere Mikroorganismen lebensfeindlichen Umgebung.
- Ihre zum Leben notwendige Energie beziehen sie aus der Oxidation von anorganischen Substanzen, wie z. B. Metalloxide und Schwefelverbindungen.

[6]leaching (engl.) – auslaugen.
[7]bakterion (gr.) – Stäbchen.

- Den zum Aufbau ihrer zelleigenen Biomasse erforderlichen Kohlenstoff entnehmen sie dem Kohlenstoffdioxid der Luft und nicht den pflanzlichen oder tierischen organischen Stoffen. Erzlaugende Bakterien sind damit *autotroph*[8].
- Sie sind *chemolithotroph*[9], da sie ihre Energie nicht vom Sonnenlicht, sondern aus Oxidationsvorgängen erhalten und ihre Kohlenstoffquelle, CO_2, anorganischer Natur ist.
- Viele Arten sind *thermophil*[10], d. h., sie bevorzugen höhere Temperaturen zur Vermehrung, häufig oberhalb 50 °C bis knapp unter dem Siedepunkt des Wassers.
- Viele von ihnen sind *acidophil*[11], sie lieben eine Umgebung mit niedrigem pH-Wert.
- Laugungsaktive Bakterien sind aerob. Für ihren Stoffwechselprozess benötigen sie Luftsauerstoff. Neben den autotrophen Bakterien wirken am Laugungsprozess auch heterotrophe[12] Mikroorganismen mit. Das sind Bakterien und Pilze, die sich von Spuren organischen Materials oder von organischen Stoffwechselprodukten der autotrophen Mikroorganismen ernähren. Zu diesen zählen u. a. die gewöhnliche Bierhefe *Saccharomyces cerevisiae* und der Pilz *Rhizopus arrhizus.* Beide vermögen, aus Abwässern Uransalz zu absorbieren.

Der *Thiobacillus ferrooxidans* ist ein acidophiles (säureliebendes) Bakterium, das ein stark schwefelhaltiges Milieu bevorzugt, wie es in heißen Quellen, vulkanischen Spalten und Lagerstätten von sulfidischen Erzen herrscht. Der Temperaturbereich für ein optimales Gedeihen liegt zwischen 25 und 35 °C. Seine Energie bezieht es aus der Oxidation von Metallionen, z. B. 2-wertige Eisenionen zu 3-wertigen Eisenionen (s. Gl. 7).

Eisen-II-sulfat		Luftsauer-stoff		Schwefel-säure		Eisen-III-sulfat		Wasser

$$4\,FeSO_4 + O_2 + 2\,H_2SO_4 \xrightarrow{T.\ ferrooxidans} 2\,Fe_2(SO_4)_3 + 2\,H_2O \qquad (7)$$

$$\Delta G = -485{,}8\ \text{kJ/mol}$$

Die Thiobacilli können in Wasser lösliche oder unlösliche Verbindungen, wie z. B. Sulfide, angreifen. Dabei werden ebenfalls Oxidationsenergien für den Stoffwechsel zur Verfügung gestellt. Folgende Oxidationskette läuft über Zwischenstufen vom 2-wertig negativen Sulfidion zum 6-wertig positiven Sulfation ab (s. Gl. 8).

[8]autos (gr.) – selbst; trophe (gr.) – Nahrung. Autotrophe Lebensweise heißt, dass diese Mikroorganismen unabhängig von organischen Nahrungsquellen sind, denn CO_2 gibt es überall verteilt in der Lithosphäre und Atmosphäre.

[9]lithos (gr.) – der Stein, Gesteine.

[10]therme (gr.) – Wärme; philos (gr.) – Freund, liebend, freundlich; thermophil: wärmeliebend.

[11]acidus (lat.) – sauer.

[12]heteros (gr.) – verschieden, anders. Heterotrophe Lebensweise bedeutet, dass die Mikroorganismen ihren Kohlenstoff aus den verschiedensten organischen Stoffen beziehen, wie z. B. tierischer, menschlicher, pflanzlicher oder mikroorganischer Herkunft.

Sulfidion 2-wertig-negativ		elementarer Schwefel ± nullwertig		Sulfation 6-wertig positiv	Wasserstoffion
$S^{2-} + 2\,H^+$	$\xrightarrow{\frac{1}{2}O_2}$	$S + H_2O$	$\xrightarrow{\frac{3}{2}O_2}$	SO_4^{2-} +	$2\,H^+$
				$\Delta G = -\,830{,}1$ kJ/mol	

(8)

Eisensulfid	Luftsauerstoff	Wasser		Eisen-II-sulfat	Schwefelsäure
$2\,FeS_2$ +	$7\,O_2$ +	$2\,H_2O$	$\xrightarrow{T.\ ferrooxidans}$	$2\,FeSO_4$ +	$2\,H_2SO_4$
				$\Delta G = -\,1116{,}9$ kJ/mol	

(9)

Der *Thiobacillus thiooxidans* ähnelt als stäbchenförmiges Bakterium dem *Thiobacillus ferrooxidans* sehr. Es wächst auf elementarem Schwefel sowie einigen löslichen Schwefelverbindungen. Mischkulturen aus *Thiobacillus ferrooxidans* und *thiooxidans* sind in der bakteriellen Laugung von Metallen viel wirksamer als jeder Bakterienstamm für sich allein (s. Gl. 9).

Der elementare Schwefel ist in diesem Falle Elektronendonator. Die Rolle eines Elektronenakzeptors kann auch 3-wertiges Eisen, Fe^{3+}, oder 6-wertiges Molybdän, Mo^{6+}, übernehmen (s. Gl. 10).

Schwefel als Elektronendonator

$$S \longrightarrow S^{6+} + 6\,e^- \quad \text{Oxidation}$$

Sauerstoff als Elektronenakzeptor

$$2\,O_2 + 8\,e^- \longrightarrow 4\,O^{2-} \quad \text{Reduktion} \tag{10}$$

$$S + 2\,O_2 + 2\,e^- \longrightarrow SO_4^{2-} \quad \text{Redoxvorgang}$$

2.2 Direkte und indirekte Laugung [E. direct and indirect leaching]

Die mikrobielle Laugung lässt sich aufgrund der unterschiedlichen Reaktionsmechanismen in das direkte und indirekte Leaching unterteilen. Bei dem direkten bakteriellen Leaching werden die oxidierbaren Bestandteile der Mineralien durch Enzyme der Mikroorganismen angegriffen. Der Reaktionsmechanismus beruht auf der Elektronenübertragung von Eisen oder Schwefel auf Sauerstoff mithilfe membrangebundener Enzyme (s. Gl. 7 bis Gl. 9). Die Oxidation der Eisen-II-Ionen zu Eisen-III-Ionen, die chemisch sehr langsam verläuft (s. Gl. 7), wird durch die Bakterienenzyme erheblich beschleunigt.

Dabei ist zu bemerken, dass die organischen Ionen nicht in das Innere der Zelle – das Zytoplasma[13] – gelangen.

Die bei der Oxidation frei werdenden Elektronen werden über ein Proteinsystem durch die Zellmembran befördert und bei aeroben Organismen von dort auf den Sauerstoff übertragen. Dabei entsteht als Endstufe Wasser. Die übertragenen Elektronen geben Energie ab. Diese Energie wiederum wird genützt, um aus dem Adenosindiphosphat das energiespeichernde Adenosintriphosphat aufzubauen, das im Stoffwechselprozess als Energietransformator eine zentrale Rolle spielt (s. Gl. 11).

$$\underset{\text{Adenosindiphosphat}}{ADP} + \underset{\text{Phosphorsäure}}{HO{-}P(=O)(OH)_2} \longrightarrow \underset{\text{Adenosintriphosphat}}{ATP} + \underset{\text{Wasser}}{H{-}OH}\;;\quad \Delta G = +30{,}5\ \text{kJ/mol} \tag{11}$$

Bei indirektem bakteriellem Leaching ist ein direkter Kontakt zwischen Bakterien und Erzen nicht notwendig. Die eigentliche Leaching-Komponente sind die Eisen-III-Ionen als starkes Oxidationsmittel. Das 3-wertige Eisen wird von Bakterien erzeugt, indem sie lösliches 2-wertiges Eisen oxidieren (s. Gl. 12).

$$Fe^{2+} \xrightarrow{\text{Oxidation}} Fe^{3+} + e^- \tag{12}$$

Beim Leaching von Uransalzen verläuft demnach folgender Redoxvorgang:

$$\underset{\text{Uran-IV-oxid}}{UO_2} + \underset{\text{Eisen-III-sulfat}}{Fe_2(SO_4)_3} \longrightarrow \underset{\text{Uranyl-VI-sulfat}}{UO_2SO_4} + \underset{\text{Eisen-II-sulfat}}{2\,FeSO_4} \tag{13}$$

Die Eisen-II-Ionen, die nach der Oxidation des Urans (s. Gl. 13) entstehen, werden durch *Thiobacillus ferrooxidans* wieder zu Eisen-III-Ionen regeneriert. Bei diesen Redoxvorgängen können innerhalb der Erzhalden bei pH-Werten unter 2 und Temperaturen von bis zu 70 °C Metallionenkonzentrationen entstehen, die für die Bakterien toxisch wirken.

2.3 Mikroorganismen als Metallsammler [E. microorganisms as metal collectors]

Mit den Mikroorganismen, die zum Auslaugen von metallarmen Erzen eingesetzt werden, lassen sich auch metallverseuchte Industrieabwässer reinigen. Auf diese Weise werden nicht nur die Industrieabwässer gereinigt, sondern es werden auch wertvolle Metalle zurückgewonnen, die nach entsprechender Aufarbeitung wieder verwendet werden.

[13] kyto (gr.) – Höhlung; plassein (gr.) – bilden. Zytoplasma ist der Zellsaft, der unstrukturierte Teil einer Zelle, in dem Stoffwechselreaktionen ablaufen.

Die Sammlung bzw. Anreicherung der positiv geladenen Metallionen erfolgt durch Adsorption[14] an der Oberfläche der Mikroorganismen. Denn die meisten Mikroorganismen sind gegenüber ihrer Umgebung negativ geladen. Die Zellwände und Zellmembranen sind mit negativ geladenen Molekülgruppen behaftet, z. B. mit Phosphationen, PO_4^{3-}, Carboxylionen, $R{-}COO^-$, Hydrogensulfidionen, HS^-, und Hydroxidionen, HO^-.

Die Pilze *Saccharomyces cerevisiae* und *Rhizopus arrhizus* absorbieren aus Abwässern Uransalze. Dabei werden die positiv geladenen Uranionen von der negativ geladenen Oberfläche der Hefen angezogen.

Eine andere Verfahrensweise der Metallsammlung durch Mikroorganismen besteht darin, dass diese bestimmte Metallionen in das Zellinnere aufnehmen, die sie für ihren Zellstoffwechsel benötigen, z. B. Na^+-, K^+-, Ca^{2+}-, Mg^{2+}- und SO_4^{2-}-Ionen. Aber auch Chromationen, $Cr_2O_4^{2-}$, Selenationen, SeO_4^{2-}, Vanadationen, VO_4^{2-}, und Wolframationen, WO_4^{2-}, werden im Zellinnern gesammelt.

Durch die weitere Entwicklung der mikrobiellen Auslaugung und die Reinigung von Industrieabwässern mithilfe von Metallsammlern können einerseits bisher nicht genutzte Rohstoffreserven erschlossen werden und andererseits Metalle recycelt werden.

3 Schwefel, seine biochemischen und technischen Eigenschaften [E. sulphur, its biochemical and technical properties]

Schwefel ist ein nichtmetallisches Element mit dem Symbol S. Mit der Ordnungszahl 16 steht es zusammen nach dem Sauerstoff in der 6. Hauptgruppe des Periodensystems. In derselben Gruppe stehen Selen, Se, Tellur, Te, und das radioaktive Element Polinium, Po.

Die wichtigsten Verbindungen des Schwefels sind

die der Oxidationsstufe (-2), wie z. B. Schwefelwasserstoff und der Sulfide;

H–S–H

die der Oxidationsstufe (+4), wie z. B. Schwefeldioxid und schweflige Säure sowie der Sulfite;

O=S=O

|O|
||
HO –S–OH

die der Oxidationsstufe (+6), wie z. B. Schwefeltrioxid und Schwefelsäure sowie der Sulfate.

|O|
||
O=S=O

|O|
||
HO –S–OH
||
|O|

[14] adsorbere (lat.) – anlagern, aufnehmen.

Die Atommasse ist 32,006. Bei Normtemperatur liegt der elementare Schwefel als gelber Cyclooctaschwefel, S_8, vor. Er bildet ein stabilen kronenförmigen 8-gliedrigen Ring (Abb. 1).

Der Cyclooctaschwefel kann bei Raumtemperatur in zwei kristallinen Modifikationen auftreten, und zwar in der rhombischen Form, α-Schwefel genannt, und in der monoklinen Form, dem β-Schwefel (Abb. 2).

Bei 95 °C wandelt sich der rhombische Schwefel langsam unter geringer Wärmeabgabe in monoklinen um. Dieser Vorgang ist reversibel.

Der rhombische Schwefel (α-Schwefel) ist zitronengelb, hat eine Dichte von 2,07. Seine festen Stangen oder Brocken verwandeln sich bei 110 °C bis 119 °C in eine hellgelbe dünnflüssige Schmelze. Dabei brechen teilweise die S_8-Ringe auf. Je nach der Geschwindigkeit des Erhitzens erstarrt die Schmelze wieder bei 114 bis 115 °C. Deshalb spricht man auch von einem natürlichen Schmelzpunkt von 114 °C und einem idealen von 119 °C.

Schwefel ist in Wasser unlöslich, nur wenig löslich in den meisten organischen Lösemitteln, gut löslich dagegen ist er in Schwefelkohlenstoff, $\mathbf{CS_2}$.

Bei 444,6 °C siedet Schwefel. Außer dem α- und β-Schwefel gibt es auch noch andere Modifikationen.

Gießt man eine dünnflüssige Schwefelschmelze in kaltes Wasser, so entstehen elastische Fäden und Häute. Dieser elastische Schwefel ist ein Polymer, das aus Ketten mit 2000 bis 5000 Schwefelatomen besteht. Nach einigen Stunden wandelt er sich von selbst wieder in den gewöhnlichen spröden α-Schwefel um.

Der Schwefel vermag mit sich selbst Bindungen einzugehen wie im 8-gliedrigen Ring des S_8-Schwefels oder im elastischen Kettenpolymerschwefel schon angedeutet worden ist.

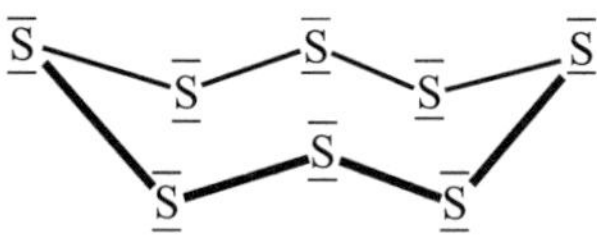

Abb. 1 8-gliedrige Ringstruktur des Schwefels (Cyclooctaschwefel, S_8) [E. eight divided ring structure of the sulphur]

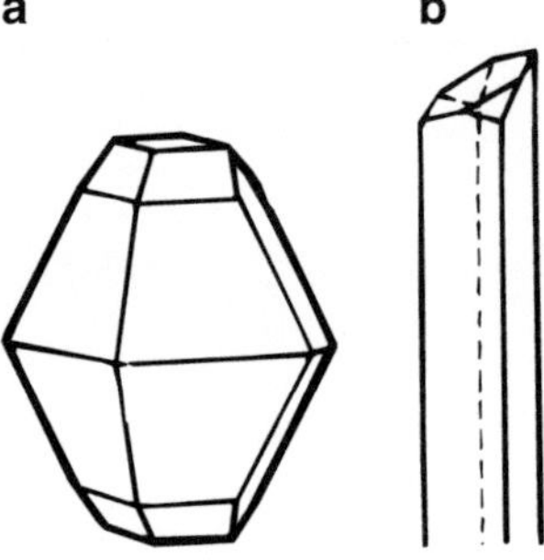

Abb. 2 Rhombische (a) und monokline (b) Kristallstrukturen des Schwefels [E. rhombic (a) and monoclinic (b) crystall structure of the sulphur]

Die Schwefel-Schwefel-Bindungen, $\cdot\overline{\underline{S}}-\overline{\underline{S}}\cdot$, sind sehr stabil. Die Bindungsenergie[15] beträgt $\Delta H = -263\,kJ/mol$.

Vergleicht man sie mit einer Sauerstoff-Sauerstoff-Bindung in Peroxiden, z. B. Wasserstoffperoxid, HO – O – H, dessen Bindungsenergie nur 138 kJ/mol beträgt, so wird das offensichtlich.

Besonders fest sind die Bindungen beispielsweise zwischen Kohlenstoff und Wasserstoff, C—H, im Methanmolekül, CH_4 (H—C—H mit je einem H darüber und darunter), mit 435 kJ/mol oder zwischen Kohlenstoff und Kohlenstoff, C—C, im Ethanmolekül, $H_3C{-}CH_3$, mit 368 kJ/mol.

Kohlenstoff-Wasserstoffbindungen und Kohlenstoff-Kohlenstoffbindungen zeichnen sich generell durch eine hohe Festigkeit aus.

Die Stabilität von Schwefel-Schwefel-Bindungen ist von großer Bedeutung für die richtige Orientierung der Aminosäuren in den Polypeptidketten der Enzyme. Wenn die zwischenmolekularen Schwefelbrückenbindungen aufgebrochen werden, verlieren die Enzyme ihre spezielle Konformation (Struktur) und damit in der Regel auch ihre Fähigkeit, biochemische Reaktionen zu aktivieren und einzuleiten.

Entsprechendes gilt auch für Hormone, die Disulfidbrücken enthalten, z. B. Insulin (Kap. XIX, Abschn. 3).

Disulfidbrückenbildende Aminosäuren sind Cystein und Methionin (Abb. 3).

3.1 Physiologische Wirkungen von elementarem Schwefel [E. physiological activities of elementary sulphur]

Schwefelpulver erzeugt auf der Haut erst nach längerer Einwirkung eine leichte Reizung. Aus diesem Grund wird Schwefel gelegentlich zur Reizkörpertherapie genutzt, ebenso hat Schwefel auf niedere Tiere und Pflanzen anfänglich keine negative Wirkung.

In feinster Verteilung eignet sich Schwefel zur Bekämpfung von Pilzkrankheiten und Spinnmilben im Wein-, Obst- und Gartenbau. Für diese Zwecke wird speziell aufbereiteter Netzschwefel verwendet. Das ist ein fein pulverisierter Schwefel, der mit Netzmitteln, das sind grenzflächenaktive Stoffe, innig vermischt wird und in starker Verdünnung als fungizides[16] Spritzmittel gegen Mehltau, einige Milbenarten und Fusicladiumschorf[17]

---

[15]Die chemische Bindungsenergie [E. chemical bond energy] ist diejenige Energie, die aufgewendet werden muss, um eine chemische Bindung zwischen zwei Atomen zu spalten bzw. diese Verknüpfung herzustellen. Sie ist ein Maß für die Stärke des Zusammenhalts der Atome.

[16]fungus (lat.) – Pilz;

Fungizide sind Pflanzenschutzmittel, die zur Pilzabtötung dienen (Kap. XXIII, Pflanzenschutz).

[17]Fusicladium ist eine Pilzgattung der Ordnung moniliales imperfecte, Nebenfruchtform von venturia (Schlauchpilzen) und Erreger der Schorfkrankheit bei Kern- und Steinobst.

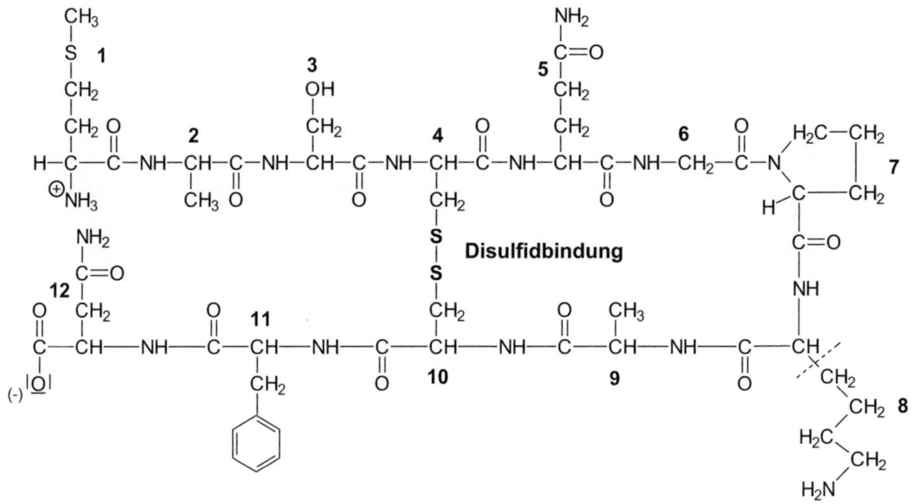

Abb. 3 Beispiel einer doppelsträngigen Polypeptidkette aus 12 Aminosäuren, deren beide Stränge über eine Disulfidbrücke miteinander verknüpft sind [E. an example of a twin threaded polypeptide chain composed of 12 amino acids. Both chains are linked by disulfide bridges]

verwendet wird. Reibt man bei Krätze eine 5 %ige Schwefelsalbe in die Haut ein, so entwickeln sich Spuren von Schwefelwasserstoff, der die Krätzmilben abtötet.

Schwefelpuder und Schwefelsalben zeigen eine desinfizierende Wirkung.

Durch den Mund eingenommener Schwefel passiert unverändert den Magen und wird im Darm teilweise in Schwefelwasserstoff umgewandelt und als solcher ausgeschieden.

3.2 Schwefelwasserstoff und seine Eigenschaften [E. hydrogen sulfide and its properties]

Schwefelwasserstoff, H_2S, ist ein farbloses, brennfähiges, übelriechendes, stark giftiges Gas, dem faule Eier ihren typischen Geruch verdanken. Die Molmasse beträgt 34,08. Er schmilzt bei −85,5 °C und siedet bei 61 °C. In der Natur kommt er als Fäulnisprodukt eiweißhaltiger Stoffe, in Schwefelwässern, wo er durch bakterielle Reduktion von Sulfaten entsteht, und in vulkanischen Gasen vor. Schwefelwasserstoff lässt sich leicht zu einer farblosen Flüssigkeit verdichten, D = 0,993. In den Grenzen zwischen 4,3 und 45,5 % Volumenanteilen bildet H_2S mit Luft explosionsfähige Gemische. Die Zündtemperatur liegt bei 270 °C. Flüssiger Schwefelwasserstoff löst viele organische Verbindungen, aber nur wenige anorganische. In 1 L Ethylalkohol lösen sich ca. 11 bis 12 L gasförmiger H_2S und in 1 L Wasser bei 20 °C nur 2,6 L.

Wie Wasser hat Schwefelwasserstoff eine asymmetrische Struktur, aber keinen entsprechenden Dipolcharakter,

$$\overset{(-)}{\overline{\underline{O}}} \quad H \cdots\cdots H \;(+) \qquad \ominus\!-\!\oplus \;;\qquad \overline{\underline{S}} \quad H \quad H$$

wässriger Schwefelwasserstoff ist eine schwache 2-basige Säure.

Bei Raumtemperatur ist sie nur zu 0,13 % in Wasserstoff- und Hydrogensulfidionen dissoziiert (gespalten), 1. Dissoziationsstufe:

Schwefelwasserstoffsäure		Wasser		Hydrogensulfidionen		Hydroniumionen
H–SH	+	H–OH	⇌	$H{-}S^-$	+	$[H{-}\overset{(+)}{O}(H){-}H]^+$

Das Dissoziationsgleichgewicht ist sehr weit nach der linken Seite verschoben.

Die 2. Dissoziationsstufe ist noch schwächer ausgeprägt.

Hydrogensulfidionen		Wasser		Sulfidionen		Hydroniumionen
$H{-}S^-$	+	H–OH	⇌	S^{2-}	+	$[H{-}\overset{(+)}{O}(H){-}H]^+$

Schwefelwasserstoffsäure vermag aufgrund ihrer Zweibasigkeit zwei Reihen von Salzen zu bilden. Das sind die sauren Hydrogensulfide der allgemeinen Formel, MeHS, wobei in diesem Fall Me für ein 1-wertiges Metallion steht. Von großer Bedeutung sind die Sulfide wie z. B. Natriumsulfid, Na_2S, Silbersulfid, AgS, oder die Blenden, Glanze und Kiese.

Der Schwefelwasserstoff ist für Pflanzen, Mensch und Tiere fast so giftig wie die Blausäure (Cyanwasserstoff, H–C≡N|). Die **m**aximale **A**rbeitsplatz**k**onzentration ≡ MAK[18] ist mit 15 mg/m^3 festgelegt worden, für Blausäure mit 11 mg/m^3.

[18]Die maximale Arbeitsplatzkonzentration (MAK) ist die höchstzulässige Konzentration eines Arbeitsstoffes als Gas, Dampf oder Schwebstoff in der Luft an einem Arbeitsplatz, die nach dem gegenwärtigen Stand der Kenntnis auch bei wiederholter und langfristiger, in der Regel täglich 8-stündiger Einwirkung, jedoch bei Einhaltung einer durchschnittlichen Wochenarbeitszeit von 40 h (in Vierschichtbetrieben 42 h je Woche im Durchschnitt von vier aufeinanderfolgenden Wochen) im Allgemeinen die Gesundheit der Beschäftigten nicht beeinträchtigt und diese nicht unangemessen belästigt.

Quelle: MAK- und BAT-Werte-Liste 1999, Deutsche Forschungsgemeinschaft, Wiley VCH Verlag GmbH, Weinheim 1999.

Die Geruchsschwelle des H_2S liegt mit 0,15 mg/m³ sehr niedrig, d. h., geringe Mengen sind durch den Geruch sehr leicht wahrzunehmen.

Luft mit 0,035 % Volumenanteilen Schwefelwasserstoff wirkt bei längerer Einatmung lebensgefährlich, mit mehreren Prozentanteilen führt sie innerhalb weniger Sekunden zum Tode.

Das Einatmen geringer Mengen H_2S-Gase ruft Schwindel, Atemnot, taumelnden Gang und nervöse Erregungszustände hervor. Unter dem H_2S-Einfluss wird das Hämoglobin des Blutes in ein Addukt (Zusammenlagerung) aus H_2S und Hämoglobin, dem *Sulfhämoglobin,* überführt. Die Folge ist eine Lähmung des Atemzentrums im Gehirn.

Wie schon erwähnt, tritt Schwefelwasserstoff als Fäulnis- und Stoffwechselprodukt in Aborten, Kläranlagen, Kloaken und in Darmgasen auf. Er ist ein Abbauprodukt anaerober Prozesse auf Basis von Schwefelverbindungen enthaltender Proteine.

3.3 Schwefelsäure und ihre Eigenschaften [E. sulphuric acid and its properties]

|O|
||
HO—S—OH
||
|O|

Neben dem Schwefelwasserstoff spielt von den Schwefelverbindungen die Schwefelsäure innerhalb der Stoffwechselprozesse biologischer Systeme eine große Rolle.

Die Schwefelsäure ist eine klare, farb- und geruchlose, ölige und stark wasseranziehende Flüssigkeit mit einem Schmelzpunkt von 10 °C und einer Dichte von 1,8454. 100 %ige Schwefelsäure ist also schwerer als Wasser. Ihre Molmasse ist 98,98.

Leitet man in 100 %ige Schwefelsäure Schwefeltrioxidgase, SO_3, ein, dann löst sich dieses unter Bildung von Oleum, das auch rauchende Schwefelsäure genannt wird.

Schwefelsäure zählt zu den starken Säuren. Ihr Dissoziationsgrad[19] ist $\alpha = 0{,}51$, d. h., in einer 1 molaren Äquivalentkonzentration wässriger Schwefelsäure sind bei 18 °C 51 % dissoziiert. Die Schwefelsäure ist 2-basig und dissoziiert in zwei Stufen.

[19]Der Dissoziationsgrad ist das Maß für die Stärke einer Säure und gibt das Verhältnis der Anzahl dissoziierter Säuremoleküle oder auch der Wasserstoffionenkonzentration $C(H^+)$ zur Gesamtzahl der gelösten Säuremoleküle bzw. der Konzentration $C_{\text{Säure}}$ in einer Lösung an, $\alpha = \frac{C(H^+)}{C_{\text{Säure}}}$. Der Dissoziationsgrad α gilt für die Temperatur 18 °C und für eine Säurekonzentration von 1 mol/L, c(eq) = 1 mol/L.

Schwefelsäure		Wasser		Hydrogen-sulfation		Hydronium-ion
H_2SO_4	+	HOH	$\rightleftharpoons$	HSO_4^-	+	$[H-\overset{(+)}{O}(H)-H]^+$

Hydrogen-sulfation		Wasser		Sulfation		Hydronium-ion
HSO_4^-	+	HOH	$\rightleftharpoons$	SO_4^{2-}	+	$[H-\overset{(+)}{O}(H)-H]^+$

Entsprechend bildet die Schwefelsäure zwei Reihen von Salzen, die Hydrogensulfate, HSO_4^-, und Sulfate, SO_4^{2-}.

Eine 93 %ige und noch stärker konzentrierte Schwefelsäure ist nur ganz schwach in ihre Wasserstoff- und Sulfationen dissoziiert. Deshalb wird Eisen von diesen hoch konzentrierten Schwefelsäuren nicht angegriffen, und für den Transport sowie die Lagerung können gusseiserne Gefäße verwendet werden.

Wirtschaftliches und Verwendung [E. economic and application]
Schwefelsäure und Ammoniak sind die Massenchemikalien der chemischen Industrie mit den höchsten Produktionsmengen. Jährlich (2015) werden weltweit bis zu 231 Mio. t Schwefelsäure hergestellt. An 2. Stelle der Massenchemikalien steht Ammoniak mit mehr als 146 Mio. Jato (Kap. V, Abb. 13)[20].

Der größte Teil der Schwefelsäure wird beim Nassaufschlussverfahren für Rohphosphate, d. h. zur Bereitstellung von Phosphatdüngemittel und zur Herstellung von Ammoniumsulfatdüngern, eingesetzt. Pflanzen nehmen die Sulfate aus dem Boden auf, reduzieren diese und bauen den Schwefel in Form von Sulfhydrylgruppen, HS•, in den Aminosäuren Cystein und Methionin ein.

Zwei große Anwendungsgebiete der *Lebenswissenschaften* sind die Sulfonierungsprodukte, wie z. B. die hydrophilen Gruppen der Tenside und die Sulfonamide als Antibiotika.

So wie Kohlenstoff, Sauerstoff, Wasserstoff und Stickstoff gehört auch Schwefel zu den essenziellen Bioelementen. Ohne Schwefel ist auf dieser Erde kein Leben möglich. Die Bedeutung dieser Bioelemente zeigt sich in den Disulfidbrückenbindungen der Proteine. Auch die hohen Produktionszahlen der entsprechenden Düngemittelsalze belegen die Bedeutung des Schwefels als Bioelement, um die Pflanzen optimal für die menschliche Ernährung gedeihen zu lassen (Kap. VIII, Tab. 1 und 2).

[20]http://www.essentialchemicalindustry.org/chemicals/sulfric-acid.html.
http://www.essentialchemicalindustry.org/chemicals/ammonia.html.

4 Schwefeloxide und ihre Eigenschaften [E. sulphur oxides and their properties]

Die verbreitetsten Schwefeloxide sind Schwefeldioxid [E. sulphur dioxide], SO_2, und Schwefeltrioxid [E. sulphur trioxide], SO_3. Letzteres ist auch unter der Bezeichnung Schwefelsäureanhydrid bekannt, d. h. Schwefelsäure, der das Wasser entzogen ist, $H_2SO_4 = H_2O + SO_3$.

Schwefeldioxid ist hoch toxisch. Eine Konzentration in der Luft von 0,04 % Volumenanteile ruft Hornhauttrübung, Atemnot und sonstige Entzündungen hervor. Größere Mengen können tödlich sein.

Wässrige SO_2-Lösungen im Verhältnis 3:1000 verätzen die Magenwände.

Giftig wirkt Schwefeldioxid auch auf Pflanzen, insbesondere auf Nadelhölzer. Ein höherer Schwefeldioxidgehalt in der Luft wird deshalb für Waldschäden verantwortlich gemacht. Besonders empfindlich gegenüber Schwefeldioxid sind Moose und Flechten. Sie dienen deshalb auch als Bioindikatoren für SO_2-Anwesenheit in der Umgebung.

Andererseits fördern geringe Mengen SO_2 das Wachstum von Pflanzen. Sie absorbieren das Schwefeldioxid, reduzieren dieses zu Sulfhydrylgruppen, HS•, die als schwefelhaltige Bestandteile für die Aminosäuren Cystein und Methionin charakteristisch sind. Ein anderer Teil des Schwefeldioxids wird zu Sulfaten, SO_4^{2-}, oxidiert.

Schwefeltrioxid kommt als Gas und in fester Form in drei Modifikationen vor, die alle bei 44,8 °C sieden. Die Molmasse ist 80,06. Gasförmiges Schwefeltrioxid enthält einzelne SO_3-Moleküle, ist also monomer.

4.1 Schweflige Säure [E. sulfurous acid]

ist eine farblose, 2-basige Säure, die stechend nach Schwefeldioxid riecht. Von ihr sind nur die Salze beständig, wie zum Beispiel

Natriumhydrogensulfit,	$NaHSO_3$,
Natriumsulfit oder	Na_2SO_3,
Calciumsulfit,	$CaSO_3$.

Die Natriumsulfite werden beim Holzaufschluss zur Gewinnung von Cellulose eingesetzt.

4.2 Thioschwefelsäure [E. thiosulfuric acid]

Wird formal in der Schwefelsäure ein Sauerstoffatom durch ein Schwefelatom ersetzt, dann erhält man die Formel für Thioschwefelsäure.

Schwefelsäure	Thioschwefelsäure
HO–S(=O)₂–OH ; H_2SO_4	HO–S(=O)₂–SH ; $H_2S_2O_3$

Sulfation	Thiosulfation
$[O–S(=O)_2–O]^{2-}$	$[O–S(=O)_2–S]^{2-}$

Die Molmasse beträgt 114,15. Die Thioschwefelsäure ist eine ölige farblose Flüssigkeit, die nur unterhalb −30 °C stabil ist. Ihre Salze heißen Thiosulfate. Das wichtigste Thiosulfat ist das Natriumsalz, $Na_2S_2O_3$. Es wird als *Fixiersalz* beim Entwickeln von belichteten Filmen benutzt, da es mit Silberionen, Ag^+, einen leichtlöslichen Dithiosulfatokomplex bildet und dadurch unbelichtetes Silbersalz aus der fotografischen Schicht herauslösen kann.

Thiosulfat tritt als Zwischenprodukt bei der Oxidation von H_2S zu Sulfaten, SO_4^-, während der bakteriellen Chemosynthese (Abb. 4) auf.

In tierischen und menschlichen Geweben und Körperflüssigkeiten kommen Thiosulfate in geringen Mengen vor. Im normalen Harn werden täglich ca. 3,6 bis10,0 mg pro 100 mL nachgewiesen.

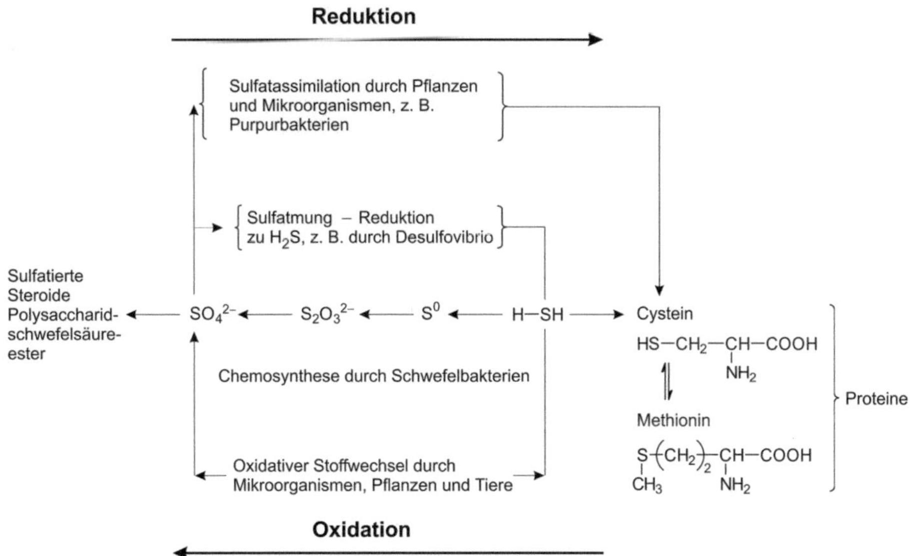

Abb. 4 Schematische Darstellung der Redoxvorgänge im Schwefelstoffwechsel [E. key plan of the redox processes in sulphur metabolism]

4.3 Sulfonsäuren [E. sulfonic acids]

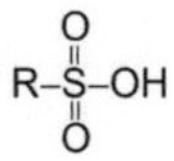

$$R-SO_2-OH$$

Sulfonsäuren sind organische Verbindungen mit der funktionellen Sulfonsäuregruppe, z. B.

para-Dodecylbenzolsulfonsäure

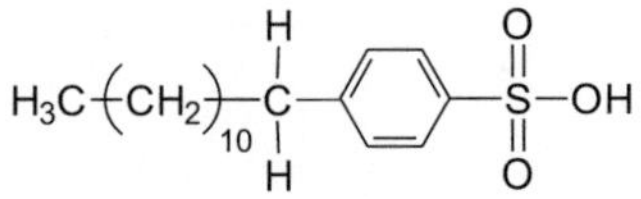

Dodecylsulfonsäure

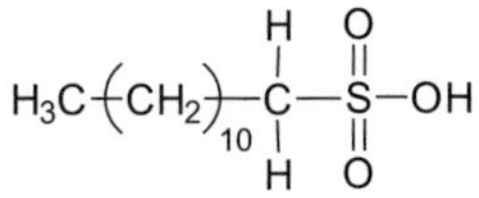

$$H_3C-(CH_2)_{10}-CH_2-SO_2-OH$$

para-Aminobenzolsulfonsäure

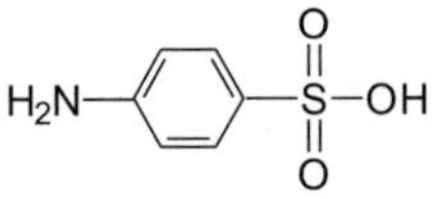

Charakteristisch für die Sulfonsäuren ist die direkte Verknüpfung zwischen dem Kohlenstoff- und Schwefelatom. Je nach der Art des organischen Restes unterscheidet man zwischen aliphatischen, aromatischen und heterozyklischen Sulfonsäuren. Die Salze der Sulfonsäuren heißen Sulfonate. Für die oben erwähnten Beispiele lauten die Namen für die Natriumsalze:

Natrium-p-Dodecylbenzolsulfonat

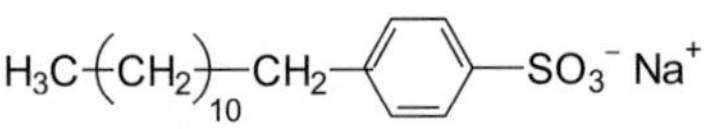

Natrium-Dodecylsulfonat

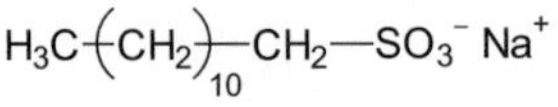

$$H_3C-(CH_2)_{10}-CH_2-SO_3^-\ Na^+$$

Natrium-p-Aminobenzolsulfonat

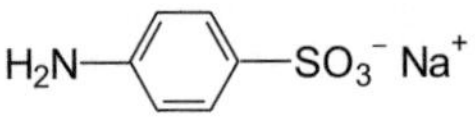

Die freien Sulfonsäuren sind farblose, kristalline, hygroskopische Substanzen. In Wasser lösen sie sich mit saurer Reaktion leicht, sie liegen als Sulfonatanion und Wasserstoffion dissoziiert vor.

$$R{-}SO_2{-}OH \xrightleftharpoons{HOH} R{-}SO_2{-}O^- + H_3O^+$$

Mit steigender Molmasse, d. h. mit größerem Anteil des organischen Molekülrestes, nimmt die Wasserlöslichkeit ab.

Umgekehrt können organische Verbindungen durch Einführen einer Sulfonsäuregruppe = Sulfogruppe wasserlöslich bzw. wasserlöslicher gemacht werden. Diesen Effekt nutzt man bei der Herstellung von grenzflächenaktiven Substanzen aus. Die Sulfogruppe verleiht in diesem Fall dem organischen Molekül die hydrophilen (wasserfreundlichen) Eigenschaften.

4.4 Sulfonierung [E. sulfonation]

Lässt man auf aromatische Verbindungen, z. B. auf Benzol, *Schwefelsäure* einwirken, so erfolgt eine Reaktion unter Bildung von Benzolsulfonsäure und Wasser.

Benzol Schwefelsäure Benzolsulfonsäure Wasser

$$C_6H_5{-}H + HO{-}SO_3H \longrightarrow C_6H_5{-}SO_3H + H_2O$$

Diese Reaktion ist eine *Substitutionsreaktion.* Ein Wasserstoffatom des Benzols wird durch eine Sulfonsäuregruppe ersetzt. Dabei entsteht eine direkte chemische Bindung zwischen *Kohlenstoff* und *Schwefel.*

Den chemischen Vorgang, bei dem eine Sulfogruppe in ein organisches Molekül eingebaut wird, nennt man *Sulfonierung* oder auch *Sulfierung.*

4.5 Anionenaktive Substanzen [E. anionic surfactants]

Ist die hydrophile Gruppe eine Säuregruppe, wie die Sulfonsäuregruppe $-SO_3H$, so bildet diese Salze, die in wässriger Lösung in Säurerestionen und Metallionen zerfallen.

$$R{-}SO_3Na \longrightarrow R{-}SO_3^- + Na^+$$

Da der waschaktive Teil, das Säurerestion, ein Anion ist, werden solche Substanzen *anionenaktiv* genannt.

Symbol — Das (–) symbolisiert die negative Ladung des Anions.

Die Natrium- und Kaliumsalze der anionenaktiven Verbindungen haben als waschaktive Substanzen (WAS) weite Verbreitung gefunden, weil sie in wässriger Lösung in größerem Umfang in Ionen zerfallen als die vergleichbaren Sulfonsäuren und die sich einstellende Alkalität der Waschflotte[21] die Waschwirkung günstig beeinflusst.

Die ältesten anionenaktiven Substanzen sind die Seifen.

Die Kernseife besteht aus den Natriumsalzen, die Schmierseife aus den Kaliumsalzen der Stearin- und Palmitinsäure. Diese werden durch Verseifung von Fetten gewonnen (Kap. XVI, Abschn. 11 und 12).

$CH_3-(CH_2)_{16}-COO^-Na^+$ Natriumstearat

$CH_3-(CH_2)_{14}-COO^-K^+$ Kaliumpalmitat

Zu den wichtigsten synthetischen anionenaktiven Substanzen zählen

$CH_3-(CH_2)_n-CH_2-C_6H_4-SO_3^-\,Na^+$ Natriumalkylbenzolsulfonat

$CH_3-(CH_2)_n-CH_2-SO_3^-\,Na^+$ Natriumalkylsulfonat

$CH_3-(CH_2)_n-CH_2-O-SO_3^-\,Na^+$ Natriumalkylsulfat

„n“ gibt die Zahl der CH_2-Gruppen im Kohlenwasserstoffrest an.

Nur in den Sulfonaten besteht eine Kohlenstoff-Schwefelbindung.

Die Natriumalkylsulfonate und mehr noch die Natriumalkylsulfate sind besonders umweltfreundlich. Sie überbieten in ihrer biologischen Abbaubarkeit alle anderen Tensidklassen.

[21] Wasser mit einem Waschmittel versetzt, ergibt die sogenannte Waschflotte.

5 Sulfonamide [E. sulfonamides]

Die Stoffklasse der Sulfonamide umfasst eine bedeutsame Gruppe von antibakteriell (mikrobizid) wirksamen Arzneimitteln.

Kennzeichnend für sie ist die para-Aminobenzolsulfonamid-Gruppe

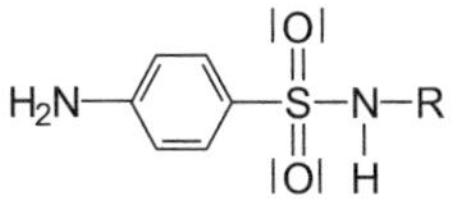

$$H_2N-C_6H_4-SO_2-NH-R$$

5.1 Sulfonamide als Chemotherapeutika [E. sulfonamides as chemotherapeutic agents]

Von den aromatischen Sulfonsäuren haben deren Derivate, die Sulfonamide, in der Chemotherapie große Bedeutung erlangt. Unter *Chemotherapie* versteht man die Behandlung von Krankheiten mit antimikrobiellen, d. h. gegen Mikroorganismen wirkenden, Chemikalien. Die Wirkung kann sowohl eine Abtötung als auch eine Wachstums- und Vermehrungshinderung sein.

Meistens wirken *Chemotherapeutika* bakteriostatisch, d. h. wachstumshemmend. Sie erleichtern dadurch den natürlichen Abwehrkräften des Körpers die Vernichtung der Bakterien.

Die wirksamsten Sulfonamide sind Abkömmlinge des Sulfanilamids, bei denen die am Stickstoff gebundenen Wasserstoffatome durch organische Reste substituiert sind.

Sulfanilamid

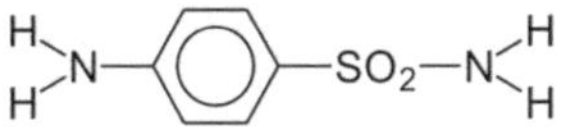

$$H_2N-C_6H_4-SO_2-NH_2$$

Man bezeichnet den Rest $H_2N-C_6H_4-SO_2-$ mit der Silbe Sulfa-.

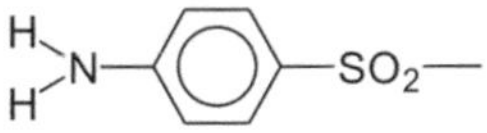

Dementsprechend werden die Namen der N-substituierten Sulfonamide aus der Vorsilbe Sulfa- und dem am N-Atom haftenden Amin oder Amid gebildet.

Einige therapeutisch wirksame Sulfonamide sind:

Sulfaguanidin

$H_2N-C_6H_4-SO_2-NH-C(=NH)-NH_2$

Substituent: Guanidin

$NH_2-C(=NH)-NH_2$

Sulfacetamid

$H_2N-C_6H_4-SO_2-NH-C(=O)-CH_3$

Substituent: Acetamid

$NH_2-C(=O)-CH_3$

Sulfathioharnstoff

$H_2N-C_6H_4-SO_2-NH-C(=S)-NH_2$

Substituent: Thioharnstoff

$NH_2-C(=S)-NH_2$

Die Wirkung der Sulfonamide kann beispielhaft an der strukturellen Ähnlichkeit mit der p-Aminobenzoesäure erklärt werden.

p-Aminobenzoesäure, abgekürzt PABS genannt, ist ein Baustein des Wachstumsvitamins Folsäure. Auch bestimmte bakterielle Krankheitserreger benötigen für ihre Vermehrung Folsäure. Werden anstelle von PABS Verbindungen ähnlicher chemischer Struktur in das Molekül eingebaut, entstehen folsäureähnliche Substanzen, die jedoch die spezifischen Eigenschaften der Folsäure nicht mehr aufweisen. Das Wachstum der Bakterien wird unterbrochen (Kap. XVII, Abschn. 2.6)

p-Aminobenzoesäure

$H_2N-C_6H_4-COOH$

Sulfanilamid

$H_2N-C_6H_4-SO_2-NH_2$

6 Sulfonylharnstoffe als Antidiabetika [E. sulfonylureas as antidiabetic agents]

Die Zuckerkrankheit beruht auf Insulinmangel. Insulin ist ein Hormon der Bauchspeicheldrüse (Kap. XIX, Abschn. 3 und 10).

Der Insulinmangel kann zweierlei Ursachen haben:

1. Die Insulin**produktion** der Bauchspeicheldrüse ist vermindert oder unterbrochen.
2. Die Ausschüttung des Insulins, also die Insulin**abgabe** der Bauchspeicheldrüse, ist blockiert, dies ist der typische Altersdiabetes.

Im 1. Fall muss dem Körper ständig Fremdinsulin, das aus tierischen Bauchspeicheldrüsen oder gentechnisch gewonnen wird, zugeführt werden. Dies geschieht durch tägliches Spritzen von Insulin.

Für den 2. Fall, also der Blockade der Insulinausschüttung, hat man in den *Sulfonylharnstoffen* Substanzen gefunden, welche die Ausschüttung des in der Bauchspeicheldrüse produzierten und gespeicherten Insulins bewirken und die Neuproduktion des Insulins anregen.

Sulfonylharnstoffe können zudem in Tablettenform verabreicht werden, ohne im Magen-Darm-Trakt abgebaut zu werden (Kap. XIX, Abschn. 10).

Ein Sulfonylharnstoff hat die allgemeine Formel

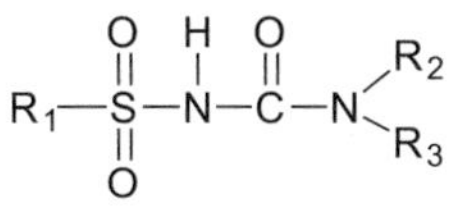

$$R_1{-}SO_2{-}NH{-}C(=O){-}NR_2R_3 \qquad \text{Sulfonylharnstoff}$$

$$H_2N{-}C(=O){-}NH_2 \qquad \text{Harnstoff}$$

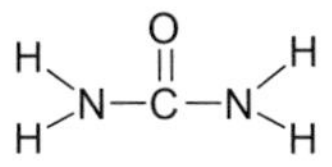

wobei die Struktur der Reste R_1, R_2 und R_3 für die blutzuckersenkende Wirkung maßgebend ist.

Ein als Antidiabetikum verwendeter Sulfonylharnstoff hat z. B. die Strukturformel

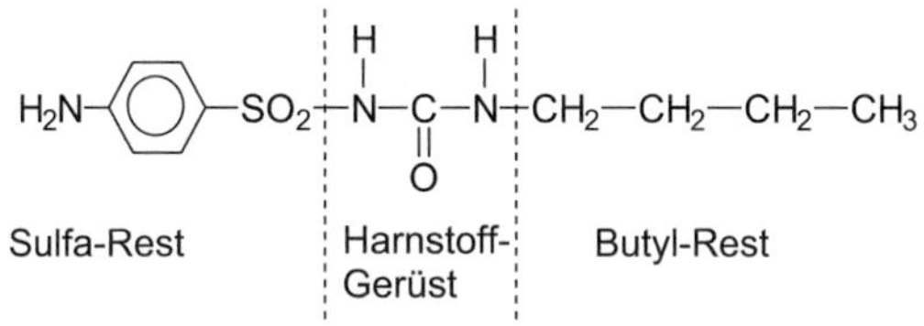

$$H_2N{-}C_6H_4{-}SO_2{-}NH{-}C(=O){-}NH{-}CH_2{-}CH_2{-}CH_2{-}CH_3$$

Sulfa-Rest | Harnstoff-Gerüst | Butyl-Rest

Er trägt den Namen Carbutamid und stellt ein Derivat des Sulfonamids Sulfanilamid (Sulfaharnstoff) dar.

Ein anderes, sehr ähnliches Antidiabetikum ist Tolbutamid.

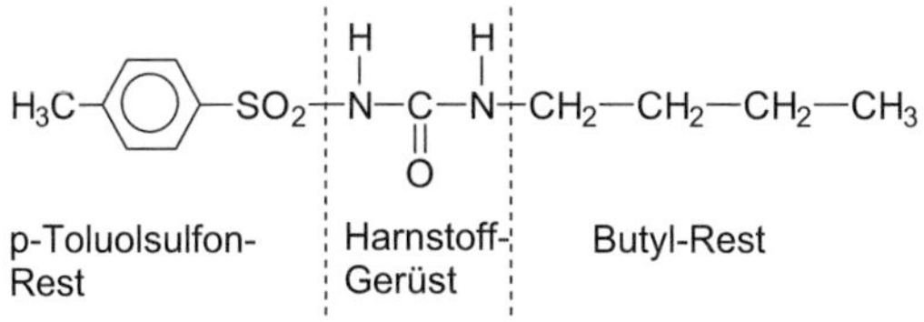

$$H_3C{-}C_6H_4{-}SO_2{-}NH{-}C(=O){-}NH{-}CH_2{-}CH_2{-}CH_2{-}CH_3$$

p-Toluolsulfon-Rest | Harnstoff-Gerüst | Butyl-Rest

Herstellung von Sulfonylharnstoffen [E. production of sulfonylureas]
Die Herstellung der Sulfonylharnstoffe erfolgt in zwei Stufen aus den Sulfonamiden.

1. Stufe
   Das Sulfonamid wird mit Phosgen zum Sulfonylisocyanat umgesetzt.

Sulfonamid + Phosgen ⟶ Sulfonylisocyanat + Chlorwasserstoff

$$R_1{-}SO_2{-}NH_2 + Cl_2C{=}O \longrightarrow R_1{-}SO_2{-}N{=}C{=}O + 2\,HCl$$

2. Stufe
   Das Isocyanat wird mit einem Amin umgesetzt.

Sulfonylisocyanat + Amin ⟶ Sulfonylharnstoff

$$R_1{-}SO_2{-}N{=}C{=}O + H{-}NR_2R_3 \longrightarrow R_1{-}SO_2{-}NH{-}C({=}O){-}NR_2R_3$$

7 Thiole, Mercaptane [E. thiols, mercaptans]

Thiole sind schwefelhaltige Verbindungen mit der funktionellen Gruppe, HS•. Sie leiten sich formal vom Schwefelwasserstoff, H–S–H, ab, in dem ein Wasserstoffatom z. B. durch eine Alkylgruppe ersetzt worden ist. Man gelangt zum Ethanthiol, $H_3C{-}CH_2{-}SH$. Zu derselben Verbindung kommt man, wenn im Ethylalkohol, $H_3C{-}CH_2{-}OH$, der Sauerstoff der Hydroxylgruppe durch ein Schwefelatom, $H_3C{-}CH_2{-}SH$, ausgetauscht wird. Ethanthiol ist eine leichtflüchtige Flüssigkeit mit einem Siedepunkt von 37 °C und sehr unangenehmen Geruch. Der Siedepunkt von Ethylalkohol liegt bei 78 °C. Hierin äußert sich die nahe Verwandtschaft zum Schwefelwasserstoff, der ebenfalls flüchtiger als Wasser ist. Im Schwefelwasserstoff und auch in den Thiolgruppen ist der Dipolcharakter kaum ausgeprägt anders als im Wasser. Zum Vergleich:

Ethylalkohol: $H_3C{-}CH_2{-}OH$

Wasser: H_2O (O (-), H···H (+); Dipol ⊖/⊕)

Ethanthiol: $H_3C{-}CH_2{-}SH$

Schwefelwasserstoff: H_2S

Die Thiolgruppen werden oft auch als Sulfhydrylgruppen bezeichnet. Auch sind diese Verbindungen unter dem Namen Mercaptane bekannt.

Alkanthiole, $H_3C{-}(CH_2)_x{-}SH$, und Alkenthiole, $H_3C{-}CH{=}CH{-}(CH_2)_y{-}SH$, treten als Geschmacks- und Geruchskomponenten in Zwiebeln, Knoblauch, Milch, Käse, Kohl u. a. Nahrungsmitteln auf. Sie werden durch die enzymatische Spaltung von Sulfiden, Disulfiden u. a. schwefelhaltigen Verbindungen freigesetzt.

Thiageraniole[22] bestimmen die Fruchtnoten der Erdbeeren und des Buccu[23]:

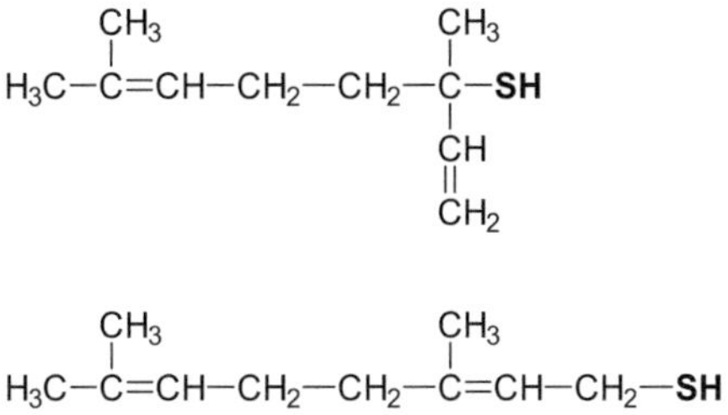

$$H_3C{-}C(CH_3){=}CH{-}CH_2{-}CH_2{-}C(CH_3)(\mathbf{SH}){-}CH{=}CH_2$$

$$H_3C{-}C(CH_3){=}CH{-}CH_2{-}CH_2{-}C(CH_3){=}CH{-}CH_2{-}\mathbf{SH}$$

Allicin, ein Diallyl-disufid ist die geruchsbestimmende Verbindung des Knoblauchs

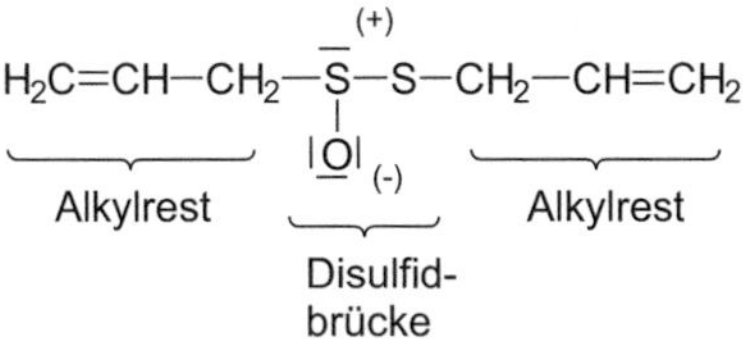

$$H_2C{=}CH{-}CH_2{-}\overset{(+)}{S}(\overline{\underline{|O|}}^{(-)}){-}S{-}CH_2{-}CH{=}CH_2$$

Alkylrest – Disulfid-brücke – Alkylrest

Propanthial-S-oxid (Thiopropanal-S-oxid)

$$H_3C{-}CH_2{-}CH{=}\overline{\underline{S}}{=}\overline{\underline{O}} \rightleftharpoons H_3C{-}CH{=}CH{-}\overline{\underline{S}}{-}OH$$

ist die tränenreizende Substanz der Zwiebel. Sie wird durch das Enzym Alliinase aus

S-(1-Propenyl)-cysteinsulfoxid $H_3C{-}CH{=}CH{-}S({=}O){-}CH_2{-}CH(NH_2){-}COOH$

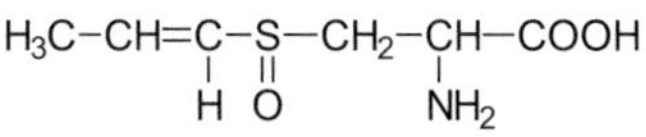

freigesetzt.

Knoblauch (lat. Allium sativum) und Zwiebeln (lat. Allium cepa) gehören, wie auch die Tulpen, zu den Liliengewächsen (lat. Lilium). Typisch sind für sie die untererdigen knolligen, vielschaligen Pflanzenorgane, die aus dem fleischigen Blattgrund von nach oben abgestorbenen Blättern gebildet werden.

---

[22]Die Geraniole bilden den Hauptbestandteil des Geranium- und Rosenöls.

[23]Buccu sind getrocknete Blätter verschiedener südafrikanischer Barosmaarten.

Die Knoblauch- und Zwiebelsäfte zeichnen sich durch milde antibiotische Wirkungen[24] aus. Das konnte durch zahlreiche wissenschaftliche Untersuchungen auch in jüngster Zeit bestätigt werden.

Louis Pasteur[25] berichtete schon 1858, dass Knoblauch antibakteriell wirkt.

Albert Schweitzer[26] soll in Afrika die Amöbenruhr mit Knoblauch bekämpft haben. Während des 1. Weltkrieges (1914–1918) und auch während des 2. Weltkrieges (1939–1945) wurde Knoblauch als Antiseptikum gegen Wundbrand verwendet. In Laboruntersuchungen konnte gezeigt werden, dass Knoblauchsaft in einer Verdünnung von 1 zu 125.000 das Wachstum von Bakterien hemmt, und zwar die von Staphylokokken, Streptokokken, Vibrionen, darunter die Cholera-Erreger, und auch die Erreger von Typhus, Ruhr und Darmkatarrh. Knoblauchsaft besitzt ein breites Wirkungsspektrum gegen tierpathogene[27] Pilze und gegen viele Hefestämme, darunter einige, die Scheidenkatarrh (Vaginitis) verursachen.

Knoblauch- und Zwiebelsäfte wirken auch antithrombotisch[28]. In Frankreich wurden an Pferde, die an Blutgerinnseln in den Beinen litten, Knoblauch und Zwiebeln verfüttert.

In den Stoffwechselprozessen spielen die Thiolgruppen eine sehr bedeutende Rolle. Sie sind häufig die aktiven Stellen der Enzyme.

Genannt seien

- Das Coenzym A als Überträger der

$$\text{Acetylgruppe}\quad H_3C-\underset{\underset{O}{\|}}{C}-SCoA$$

  (s. Kap. VI, Abschn. 6.4)
- Das Acyl-Protein-Carrier ACP als Überträger von aktivierten Acylresten innerhalb des Fettstoffwechsels

$$H_3C\left(CH_2\right)_x\underset{\underset{O}{\|}}{C}-SACP$$

In beiden Fällen ist der Cysteaminrest der Träger der Thiolgruppe $R-\underset{\underset{H}{|}}{N}-CH_2-CH_2-SH$, der aus dem Cystein stammt.

---

[24]Lit. Bloc, E. (1985), Die Chemie von Knoblauch und Zwiebeln, Spektrum der Wissenschaft, Heft 5.

[25]Louis Pasteur (1822–1895), frz. Mikrobiologe.

[26]Albert Schweitzer (1875–1965), dt. Arzt, ev. Theologe, Philosoph und Musiker, Missionsarzt im Tropenhospital Lambarene in Gabun.

[27]patho (gr.) – Leiden; pathogen – krankheitserregend.

[28]thrombos (gr.) – Klumpen.

Thrombose ist eine Blutpfropfenbildung im Kreislaufsystem sowohl in Arterien, Venen und Herzklappenwände.

- Die Thioredoxine als Wasserstoffdonatoren und -akzeptoren.
  Thioredoxine sind hitzestabile Polypeptide aus 85 bis 100 Aminosäuren. Allen gemeinsam ist ein aktives Tetrapeptid aus den Aminosäuren
  Cystein, Glycin, Prolin und Cystein, · Cys(SH)—Gly—Pro—Cys(SH) ·
  Die Thioredoxine enthalten zwei freie Thiolgruppen, die von zwei Cysteinresten herrühren.
  Im oxidierten Zustand bilden sie eine Disulfidbrücke

$$\cdot\,\underset{\text{SH}}{\text{Cys}}\text{—Gly—Pro—}\underset{\text{HS}}{\text{Cys}}\,\cdot \;\underset{+2H}{\overset{-2H}{\rightleftharpoons}}\; \cdot\,\underset{\text{S}}{\text{Cys}}\text{—Gly—Pro—}\underset{\text{S}}{\text{Cys}}\,\cdot \quad (\text{S—S})$$

Der Wasserstoffbedarf wird allerdings wieder vom NADPH gespeist.

$$\text{Thioredoxin}\text{—}(\text{SH})_2 + \text{NADP}^+ \underset{\text{Thioredoxin-reductase}}{\rightleftharpoons} \text{Thioredoxin}\text{—}(\text{S—S}) + \text{NADPH} + \text{H}^+$$

Diese Reaktion ist reversibel und wichtig für die Reduktion der Ribose zu Desoxyribose in den Nukleotiden. Dieser Mechanismus spielt in den Escherichia coli, zu denen auch die Darmbakterien zählen, eine bedeutende Rolle.

▪ Die α- Liponsäure als ein Wasserstoff und Acylgruppen, $H_3C\text{—}(CH_2)\text{—}\underset{\|}{C}(=O)\cdot$, übertragendes Coenzym (Kap. XVII, Abschn. 3)
Liponsäure und Dihydroliponsäure bilden ein biochemisch wichtiges Redoxpaar.

Dihydroliponsäure | Liponsäure

$$H_2\underset{\text{HS}}{C}\text{—}CH_2\text{—}\underset{\text{SH}}{CH}\text{—}(CH_2)_4\text{—}COOH \;\underset{+2H}{\overset{-2H}{\rightleftharpoons}}\; H_2C\text{—}CH_2\text{—}CH\text{—}(CH_2)_4\text{—}COOH \quad (\text{Ring: } H_2C\text{—S—S—}CH)$$

Liponsäure wirkt als eines der Coenzyme bei der oxidativen Decarboxylierung von Pyrivat (Brenztraubensäure) und anderen α-Ketosäuren mit.
Die freie Carboxylgruppe der Liponsäure bzw. Dihydroliponsäure, $\cdot C(=O)\text{—}OH$, ist amidartig mit einem Protein verbunden.

Liponsäure | Protein

$$\underset{(SH)_2}{\text{Lip}}\text{—}C(=O)\text{—}OH + H_2N\text{—Proteinrest} \longrightarrow \underset{(SH)_2}{\text{Lip}}\text{—}C(=O)\text{—}\underset{H}{N}\text{—Proteinrest}$$

Die amidartige Verknüpfung mit dem Protein erfolgt über die Aminosäure Lysin

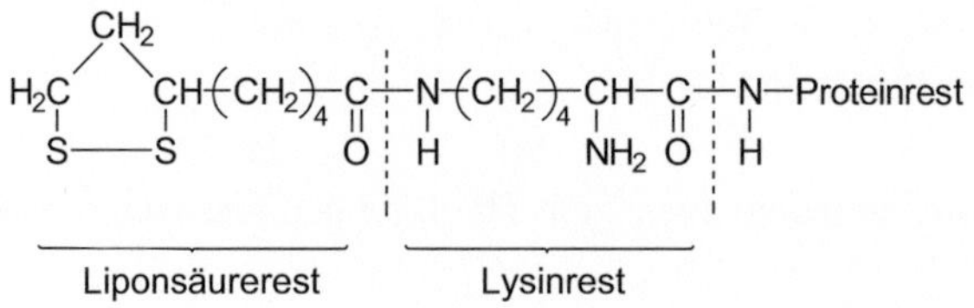

Proteinrest

Liponsäurerest

Lysinrest

α-Liponsäure ist ein wichtiger Wuchsstoff für bestimmte Mikroorganismen (Kap. XVII, Abschn. 3).

8 Schwefel in Heterozyklen (Thiamin, Vitamin B_1) [E. sulphur in heterocyclic compounds (thiamine)]

Vitamin B_1 ist ebenfalls ein wichtiges Wuchsstoffmittel für viele Mikroorganismen (Kap. XVII, Abschn. 2.2). Große Bedeutung hat Thiamindiphosphat als Coenzym des bei der alkoholischen Gärung wirksamen Enzyms Pyruvatdecarboxylase (Kap. VI, Abb. 8a).

8.1 Biotin (D-cis-Hexahydro-2-oxothieno[3,4-d]-imidazol-4-valeriansäure) [E. biotin]

(Kap. XVII, Abschn. 2)

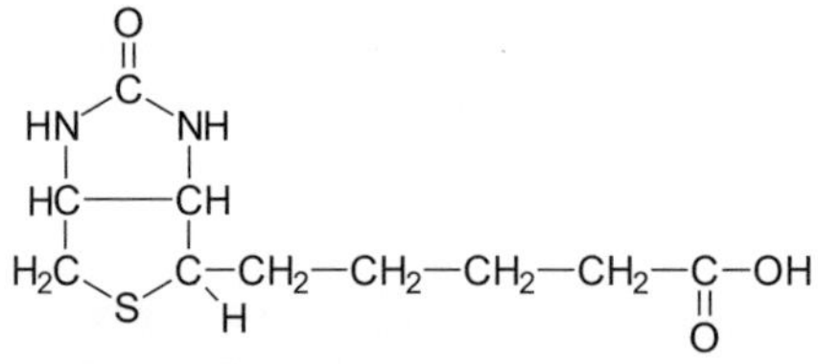

Das Formelbild des 8-gliedrigen Ringes mit der inneren Kohlenstoff-Kohlenstoff-Brücke kann man sich formal als Anlagerungsprodukte des 2,5 Dihydrothiophen und Harnstoff entstanden denken.

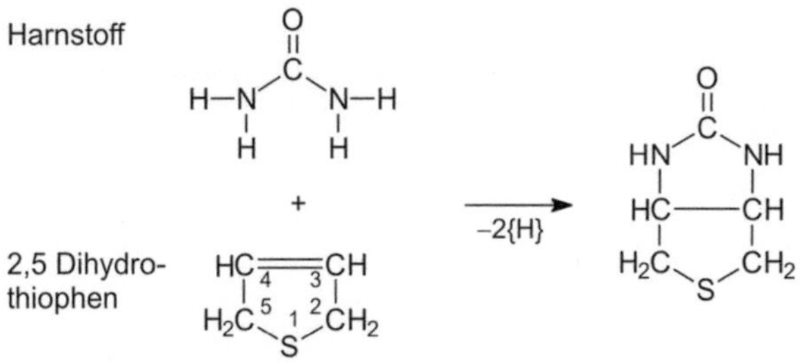

Harnstoff

2,5 Dihydro-thiophen

Der Schwefel ist ein Bestandteil des Dihydrothiophenringes.

Biotin hat eine Molmasse von 244,31, kristallisiert in farblosen Nadeln, schmilzt bei 232 bis 233 °C und löst sich gut in heißem Wasser und verdünnten Alkalien, dagegen löst es sich schwer in kaltem Wasser, verdünnten Säuren und in Ethanol.

Im weiteren Sinne wird Biotin zur Gruppe der B-Vitamine gezählt, und als solches ist es gegen Luft und Hitze stabil. Neutrale Lösungen sind bis zu 100 °C beständig.

Biotin, oft auch Vitamin H genannt, ist ein unentbehrlicher Faktor für die Wachstumsregulierung der Zellen und für die Vermehrung der Hefe und anderer Mikroorganismen.

In den Tieren und Pflanzen kommt es nur in geringen Konzentrationen vor. Im Organismus des Menschen ist es für die normale Funktion des Stoffwechsels verantwortlich.

Seine bedeutendste Rolle nimmt es als prosthetische Gruppe (Coenzym) der Enzyme für Carboxylierungen und Decarboxylierungen des Zellstoffwechsels wahr.

Das Biotinmolekül ist als substituiertes Amid mit der ε-Aminogruppe eines spezifischen Lysinrestes mit dem Enzymprotein verbunden.

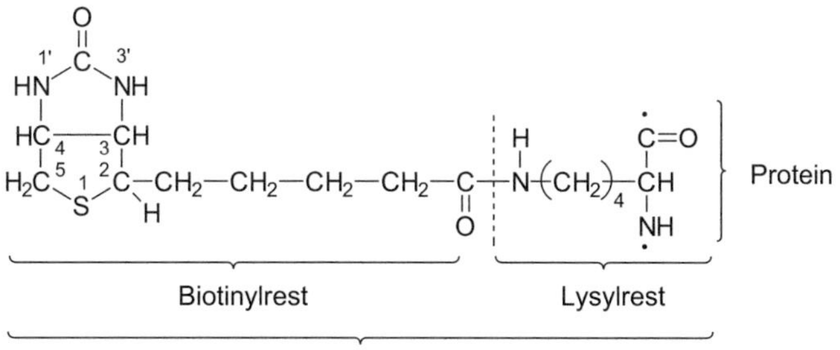

Biotin = Biotinylenzym

Bei der Übertragung von Carboxylgruppen, d. h. von aktiviertem Kohlenstoffdioxid, CO_2, erfolgt die Fixierung am N^1-Atom. Die Beladung verläuft als endergone Reaktion nur in Gegenwart von ATP ab.

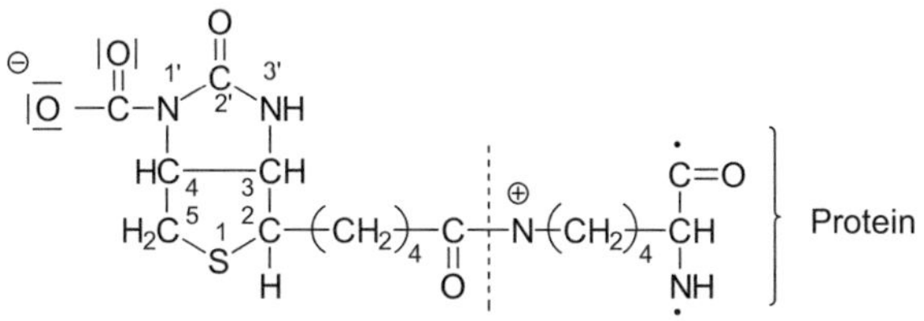

Carboxylbiotinylenzym

Die CO_2 aktivierende Reaktion lässt sich grob schematisch durch nachstehende Gleichung beschreiben:

Adenosintriphosphat		Hydrogencarbonat				Adenosindiphosphat		Phosphorsäure		
ATP	+	HCO_3^-	+	Biotinylenzym	$\rightleftharpoons$	ADP	+	P_i	+	Carboxybiotinylenzym

Das Carboxylbiotinylenzym vermag nun das aktivierte CO_2 auf ein Substrat zu vertragen:

$$\text{Carboxybiotinylenzym} + \text{Substrat} \rightleftharpoons \text{Biotinylenzym} + \text{carboxyliertes Substrat}$$

Z. B. beim Fettsäureabbau mit ungerader Anzahl von C-Atomen wird die Carboxylierung des Propionyl-S–CoA zum Methylmalonyl-S–CoA durch die Propionyl-CoA–Carboxylase aktiviert.

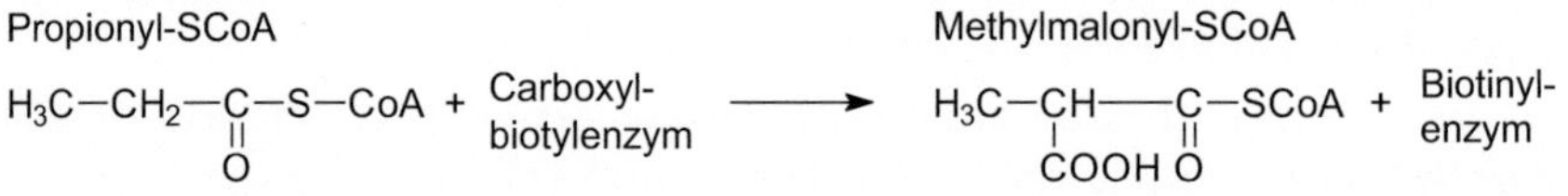

Propionyl-SCoA → Methylmalonyl-SCoA

$$H_3C{-}CH_2{-}\underset{\underset{O}{\|}}{C}{-}S{-}CoA + \text{Carboxyl-biotylenzym} \longrightarrow H_3C{-}\underset{\underset{COOH}{|}}{CH}{-}\underset{\underset{O}{\|}}{C}{-}SCoA + \text{Biotinyl-enzym}$$

Die Biotinylsynthase aktiviert die Carboxylierungen und Decarboxylierungen des Fettsäureauf- und -abbaus in den Organismen.

Bei der Bildung der Zitronensäure, C_6-Baustein, innerhalb des Zitronensäurezyklus, aus Oxalessigsäure, C_4-Baustein, und dem aktivierten Acetyl-Coenzym A, C_2-Baustein, werden die erforderlichen Carboxylierungen und Decarboxylierungen durch die Biotinylenzyme bzw. Carboxylbiotinylenzyme katalysiert.

Es sind dieses die Einstiegsreaktionen der Acetylreste aus den Fettsäuren in den Zitronensäurezyklus. Sämtliche C-Atome der Fettsäuren werden als Acetyl-Coenzym A in den Zyklus eingebracht (Kap. XVI, Abschn. 3 und 5).

Die gleichen Aktivierungsreaktionen treten beim Abbau verzweigter Aminosäuren nach ihrer Desaminierung auf, wie

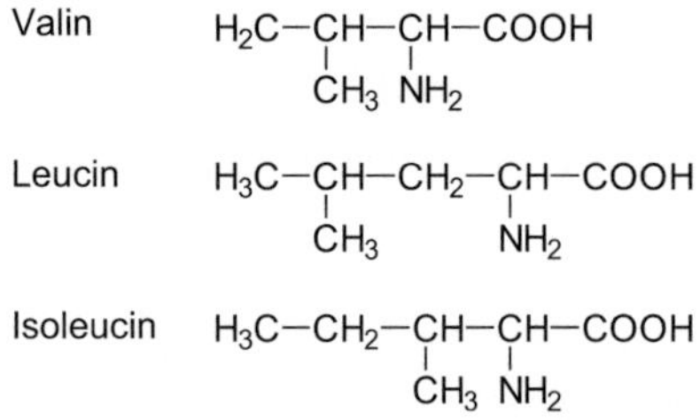

Valin $$H_2C{-}\underset{\underset{CH_3}{|}}{CH}{-}\underset{\underset{NH_2}{|}}{CH}{-}COOH$$

Leucin $$H_3C{-}\underset{\underset{CH_3}{|}}{CH}{-}CH_2{-}\underset{\underset{NH_2}{|}}{CH}{-}COOH$$

Isoleucin $$H_3C{-}CH_2{-}\underset{\underset{CH_3}{|}}{CH}{-}\underset{\underset{NH_2}{|}}{CH}{-}COOH$$

8.2 Schwefelhaltige Heteroaromaten [E. sulphur containing heteroaromates]

Thiophen [E. thiophene]

Molmasse 84,44

HC——CH
|| ||
HC S CH

Thiophen ist eine farblose, leicht bewegliche und entflammbare Flüssigkeit mit benzolähnlichem Geruch. Dichte 1,0573. Schmelzpunkt; −38 °C, Siedepunkt 84 °C, Flammpunkt[29] −9 °C.

Thiophen ist unlöslich in Wasser, leicht löslich in Ethanol, Benzol, Ether u. a. organischen Lösemitteln und ist giftig. Es kommt vor im Erdöl und im Steinkohlenteer. Thiophenabkömmlinge haben große Bedeutung für die Synthese von Arznei- und Pflanzenschutzmitteln. Sie sind auch in zahlreichen natürlichen Aromen vorhanden, insbesondere in gekochten und gerösteten Nahrungsmitteln.

Thiazole [E. thiazoles]
Die Thiazole sind ebenfalls heterozyklische Fünfring-Aromaten, die neben dem Schwefelatom noch ein Stickstoffatom enthalten

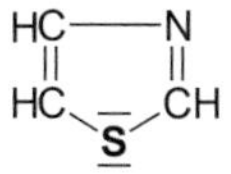

HC—N
HC S CH

Thiazol, Molmasse 85,13, ist eine farblose bis schwach gelbe Flüssigkeit von charakteristischem fauligem Geruch.

Natürliche Thiazolderivate sind eine Reihe von Antibiotika der Penicilline von Lebensmittelaromen und der Leuchtstoff der Glühwürmchen, Luciferin.

Das Grundgerüst aller Penicilline ist die 6-Amino-penicillansäure (Formelbild 1).

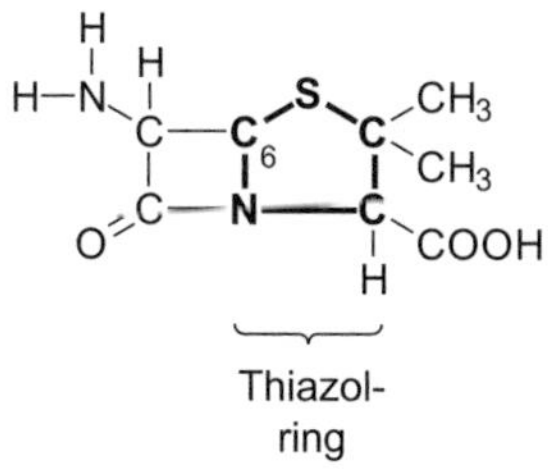

H H
H—N C—C S C CH_3
6 CH_3
O C—N—C COOH
H

Thiazol-
ring

Formelbild 1: 6-Amino-penicillansäure

Das eine H-Atom an der NH_2-Gruppe wird durch einen anderen Rest (R) ersetzt. So kommt man zu den verschiedenen Penicillinen mit der allgemeinen Formel gemäß Formelbild 2.

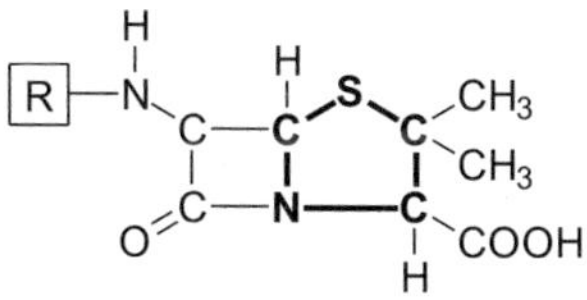

H H
R—N C—C S C CH_3
CH_3
O C—N—C COOH
H

[29]Nach DIN 51376 und 51581 ist der Flammpunkt die niedrigste Temperatur bei einem Luftdruck von 1013 mbar, bei der sich aus einer Flüssigkeit Dämpfe in solchen Mengen entwickeln, dass mit der über dem Flüssigkeitsspiegel stehenden Luft ein durch Fremdzündung entflammbares Gemisch entsteht.

Formelbild 2: Penicillingrundstruktur

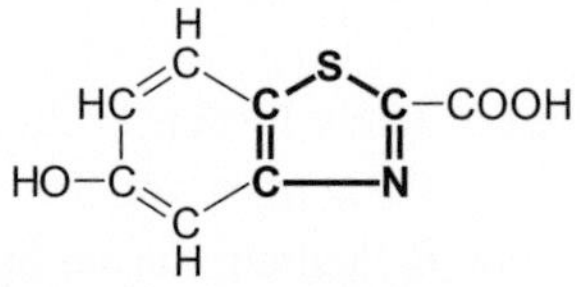

Formelbild 3: Luciferin-Leuchtstoff der Glühwürmchen

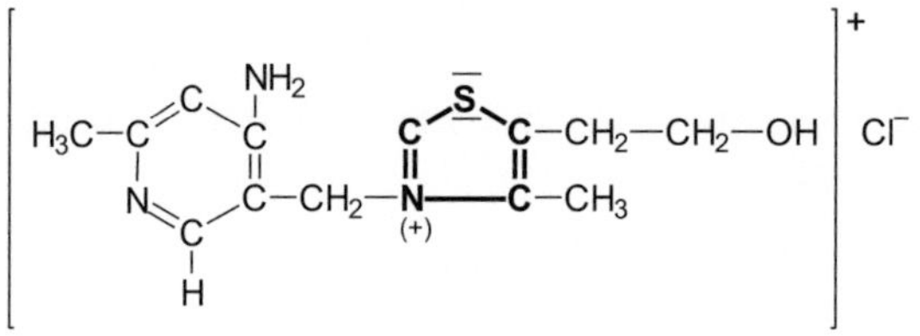

Formelbild 4: Thiamin (Vitamin B_1)

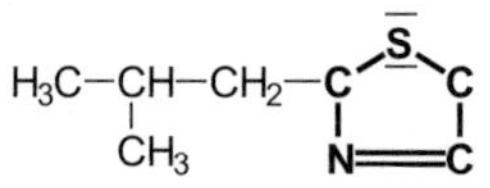

Formelbild 5: 2-Isobutyl-3-thiazolin ist ein nach Peperoni duftendes Aroma

9 Der Schwefelstoffwechsel in der Biosphäre[30] [E. sulphur metabolism in the biosphere]

Unter Biosphäre werden die Bereiche der Erdoberfläche zusammengefasst, die von pflanzlichen und tierischen Organismen besiedelt sind und welche mittels ihrer Stoffwechselprozesse Biomasse erzeugen. Zu diesen Bereichen zählen die Atmosphäre, Hydrosphäre und Lithosphäre.

Der Schwefelstoffwechsel ist ein Oxidationsreduktionsprozess zwischen den Sulfiden und Sulfaten über die möglichen Zwischenstufen des elementaren Schwefels, des Schwefeldioxids und des Thiosulfats.

Die Reduktion des elementaren Schwefels zum negativen 2-wertigen Schwefelwasserstoff ist exergonisch, $\Delta G = -33{,}56$ kJ/mol.

Die Oxidation des Schwefels zum positiven 6-wertigen Sulfation verläuft erheblich stärker exergonisch.

$$S + 2\,O_2 + e^- \rightleftharpoons SO_4^{2-} + 744{,}6\,\text{kJ}$$

[30] bios (gr.) – Leben; sphäros (gr.) – Kugel.

Der Schwefel wird in seinen verschiedenen Oxidations- bzw. Reduktionsstufen von allen Organismen zum Aufbau von Biomolekülen benötigt. Viele Mikroorganismen vermögen anorganische Schwefelverbindungen wie Sulfide, S^{2-}; Sulfite, SO_3^{2-}; Sulfate, SO_4^{2-}; Thiosulfate, $S_2O_3^{2-}$, und in einigen Fällen sogar elementaren Schwefel, S_x, aufzunehmen und zu verstoffwechseln, d. h. zu assimilieren[31].

Pflanzen assimilieren anorganische Sulfate. Deshalb müssen sulfatarme Böden durch sulfathaltige Dünger aufgebessert werden. Bis zu einem bestimmten Umfang nehmen Pflanzen auch Schwefeldioxid, SO_2, direkt aus der Luft auf. Das Schwefeldioxid wird allerdings erst in den Blättern der Pflanzen zu Sulfaten oxidiert und dann durch die Pflanze assimiliert und durch den Pflanzenkörper tranportiert. Nach entsprechender Reduktion der Sulfate (Sulfatreaktion) zu den Thiolgruppen, HS•, entstehen die Aminosäuren Cystein und Methionin, die in die Proteine eingebaut werden.

Sulfate werden aus dem Boden durch die Wurzeln resorbiert.

Die Sulfide, wie z. B. Eisensulfide, FeS und FeS_2, werden durch rein chemische Prozesse zu elementarem Schwefel oxidiert und als solcher von Bakterien zu Sulfaten weiter oxidiert.

Zu dieser Oxidationsleistung sind u. a. Bakterien der Gattung *Thiobacillus,* das *Thiomicrospira* und das unbewegliche thermophile[32] Bakterium *Sulfobolus* befähigt.

Die meisten Thiobacilli sind auf eine CO_2-Fixierung angewiesen.

Das Thiobacillus thioxidans z. B. produziert große Mengen Schwefelsäure und hat sich einem niederen pH-Wert speziell angepasst. Es erträgt sogar eine 1-normale Schwefelsäurelösung.

Diese Ansäuerung macht man sich zur Entalkalisierung von Kalkböden zunutze. Den kalkreichen Böden wird elementarer Schwefel aufgetragen. Die durch Thiobacilli gebildete Schwefelsäure überführt Calciumcarbonat, $CaCO_3$, in das leichter lösliche Calciumsulfat, $CaSO_4$, das dann von dem Regen ausgewaschen wird.

Calcium-carbonat		Schwefel-säure		Calcium-sulfat		Wasser		Kohlenstoff-dioxid
$CaCO_{3(f)}$	+	$H_2SO_{4(aq)}$	$\longrightarrow$	$CaSO_{4(f)}$	+	$H_2O_{(fl)}$	+	$CO_{2(g)}$

$$\Delta H = -584{,}3\ \text{kJ/mol}$$

Auf ähnliche Weise kann der säureempfindliche Erreger des Kartoffelschorfs bekämpft werden.

Die Reduktion von Sulfaten ist eine Eigenschaft von speziellen Mikroorganismen, sie wird als *Sulfatatmung* bezeichnet.

Wie schon erwähnt, die Pflanzen assimilieren Sulfate und reduzieren diese zu Cystein und Methionin.

[31]assimilatio (lat.) – Angleichung, Anpassung.

Assimilation ist die Umwandlung anorganischer Stoffe in körpereigene Verbindungen.

[32]therme (gr.) – Wärme; thermophil – wärmeliebend, hitzeresistent.

Tiere, und auch die Menschen, sind dagegen auf organische Schwefelverbindungen in der Nahrung angewiesen, um ihren Proteinschwefelbedarf von Cystein und Methionin zu decken (Abb. 4).

Polysaccharidschwefelsäureester sind Ester zwischen der Schwefelsäure $HO-SO_2-OH$ und den Hydroxylgruppen der Glucosemoleküle.

Die Zellwandbestandteile der Algen bestehen aus Polysaccharidschwefelsäureester. Sie geben dem Vegetationskörper Halt und schützen ihn vor Austrocknung. Das ist für die Algen in der Ebbe-Flut-Zone von Meeren und bei einer Lebensweise auf dem Land von besonderer Bedeutung.

Polysaccharidschwefelsäureester sind Bestandteile von Carrageenschleim und Agar Agar. Letzteres dient auch zur Verfestigung von Nährböden bei der Sterilkultur von Mikroorganismen.

9.1 Aerobe und anaerobe Prozesse innerhalb des Schwefelstoffwechsels [E. aerobic and anaerobic processes in metabolism of sulphur]

Innerhalb unseres gesamten biologischen Systems kommt der Glucosesynthese aus Kohlenstoffdioxid, CO_2, und wasserstoffliefernden Reaktionskomponenten wie Methan, CH_4, Ammoniak, NH_3, Schwefelwasserstoff, H_2S, oder Wasser, H_2O, eine Schlüsselfunktion zu. Glucose, $C_6H_6(OH)_6$, ist eine Substanz, die einerseits chemische Energie gespeichert hat und somit als Energielieferant innerhalb biochemischer Vorgänge auftritt, andererseits ein Baustein für die Biopolymere Stärke, Zellulose oder in leicht abgewandelter Form für Pektine, Alginate u. a. ist. Diese Biopolymere bilden die Gerüst- und Stützstrukturen pflanzlicher und tierischer Systeme.

Bevor die Lichtenergie der Sonne die Wasserdampfdecke um die Erde durchdringen konnte, wurde die Glucose auf chemosynthetischem Weg aufgebaut. Es war die Zeit der Reduktionsatmosphäre bzw. der dominierenden anaeroben Vorgänge.

Beispiele für die Synthese von Glucose in der Reduktionsatmosphäre: Die Glucosesynthese ist eine endergonische Reaktion. Es wird Energie benötigt, um Kohlenstoffdioxid mithilfe von Wasserstoff zu hydrieren. Kohlenstoffdioxid ist vorwiegend die Kohlenstoffquelle und damit auch der Wasserstoffakzeptor (Aufnehmer). Als Wasserstofflieferanten (Donatoren) dienen anorganische Verbindungen, z. B. *Wasserstoff,* H_2, *Ammoniak,* NH_3, *Schwefelwasserstoff,* H_2S, oder organische Verbindungen, wie z. B. *Methan,* CH_4, *Isopropylalkohol* u. a.

Als Energiequelle dient die chemische Energie aus den Reduktionsoxidationsprozessen oder die Lichtenergie. Reaktionen, bei denen die Lichtenergie mitwirkt, heißen Fotosynthese, diejenigen, die ihre Energie aus den chemischen Stoffen beziehen, werden als Chemosynthesen zusammengefasst.

Wasserstoff-Akzeptor | **Wasserstoff-donator** ⟶ **Hydrierungsprodukt**

Kohlenstoffdioxid $_{(g)}$ + Wasserstoff $_{(g)}$ ⟶ Glucose $_{(s)}$ + Wasser $_{(l)}$

$$6\,CO_2 + 12\,H_2 \longrightarrow C_6H_6(OH)_6 + 6\,H_2O \qquad (1)$$

$\Delta G = +30{,}8$ kJ/mol

Kohlenstoffdioxid $_{(g)}$ + Ammoniak $_{(g)}$ ⟶ Glucose $_{(s)}$ + Wasser $_{(l)}$ + Stickstoff $_{(g)}$

$$6\,CO_2 + 8\,NH_3 \longrightarrow C_6H_6(OH)_6 + 6\,H_2O + 4\,N_2 \qquad (2)$$

$\Delta G = +162{,}6$ kJ/mol

Kohlenstoffdioxid $_{(g)}$ + Schwefelwasserstoff $_{(g)}$ ⟶ Glucose $_{(s)}$ + Wasser $_{(l)}$ + Schwefel $_{(s)}$

$$6\,CO_2 + 12\,H_2S \longrightarrow C_6H_6(OH)_6 + 6\,H_2O + 12\,S \qquad (3)$$

$\Delta G = +432{,}6$ kJ/mol

Kohlenstoffdioxid $_{(g)}$ + Wasser $_{(l)}$ ⟶ Glucose $_{(s)}$ + Wasser $_{(l)}$ + Sauerstoff $_{(g)}$

$$6\,CO_2 + 12\,H_2O \longrightarrow C_6H_6(OH)_6 + 6\,H_2O + 6\,O_2 \qquad (4)$$

$\Delta G = +2876$ kJ/mol

Kohlenstoffdioxid $_{(g)}$ + Methan $_{(g)}$ ⟶ Glucose $_{(s)}$

$$3\,CO_2 + 3\,CH_4 \longrightarrow C_6H_6(OH)_6 \qquad (5)$$

$\Delta G = +420{,}6$ kJ/mol

Kohlenstoffdioxid $_{(g)}$ + Isopropylalkohol $_{(l)}$ ⟶ Glucose $_{(s)}$ + Aceton $_{(l)}$ + Wasser $_{(l)}$

$$6\,CO_2 + 12\,H_3C{-}\underset{\displaystyle OH}{\underset{|}{C}H}{-}CH_3 \longrightarrow C_6H_6(OH)_6 + 6\,H_3C{-}\underset{\displaystyle O}{\underset{\|}{C}}{-}CH_3 + 6\,H_2O \qquad (6)$$

$\Delta G = +1263{,}4$ kJ/mol

Vergleicht man die freien Reaktionsenthalpien, d. h. die bei der Glucosesynthese aufgewendeten Energien, so ist der Energieaufwand bei den Synthesen der Gl. 1 bis 6, außer Gl. 4 am niedrigsten. Das bedeutet, dass der Energieaufwand zur Wasserstoffspaltung, H_2; bzw. Wasserstoffabspaltung aus den Verbindungen Methan, Ammoniak, Isopropylalkohol und Schwefelwasserstoff relativ gering ist. Die erforderliche Hydrierungsenergie haben Wasserstoff und die Wasserstoffverbindungen, Methan, Ammoniak, Isopropylalkohol und Schwefelwasserstoff beigesteuert, denn Wasserstoff und Wasserstoffverbindungen haben einen hohen inneren Energieinhalt und sind somit auch reaktionsfreudig. Ihre Energie reicht aus, um das reaktionsträge Kohlenstoffdioxid zu hydrieren.

So war es für zahlreiche anaerobe Mikroorganismen auch ohne Sonnenenergie und Wasser als Wasserstofflieferant möglich, die lebenswichtige Glucose als Schlüsselprodukt für viele weitere Folgeprodukte aufzubauen.

Als vor ca. 3,5 Mrd. Jahren der Wasserdampf der Atmosphäre zu Wasser kondensiert war, war der Weg für die Strahlungsenergie der Sonne geöffnet, aus dem sehr stabilen Wasser Wasserstoff abzuspalten und um aus dem Kohlenstoffdioxid Glucose aufzubauen (s. Gl. 6). Der Sauerstoff unserer Atmosphäre stammt aus dem Wasser[33].

Wasser als Quelle des atmosphärischen Sauerstoffs [E. water als primary product for atmospheric oxgen]
Die Uratmosphäre der abkühlenden und damit erstarrenden Erdkruste vor ca. 4 Mrd. Mrd. Jahren bestand im Wesentlichen aus Methan, CH_4; Kohlenstoffdioxid, CO_2; Stickstoff, N_2; Ammoniak, NH_3; Wasserdampf, H_2O; Schwefeldioxid, SO_2, und Wasserstoff, H_2. Diese Gase wurden neben den mineralischen Lavamassen durch Vulkane in die Uratmosphäre ausgespien. Die Vulkane sind in diesem Sinne als Poren der Erdoberfläche aufzufassen. Mit fortschreitender Abkühlung der Erdkruste unter 100 °C kondensierten die riesigen Wasserdampfmengen zu flüssigem Wasser. Es bildeten sich die Urozeane. Die energiereichen kurzwelligen UV-Strahlen hatten nun die Möglichkeit, die Uratmosphäre zu durchdringen und dabei die Wassermoleküle in ihre Elemente Sauerstoff und Wasserstoff zu spalten.

Energie

UV-Strahlung		Wasser		Sauerstoff		Wasserstoff
571 kJ	+	2 H–OH	$\longrightarrow$	O_2	+	$2\ H_2$
		2 x 18 g		32 g		4 g

Der freigesetzte Wasserstoff stieg als das leichteste aller Elemente in die Atmosphäre und weiter in das Weltall.

Der Sauerstoff verblieb als relativ schweres Element in der erdnahen Atmosphäre und reicherte sich dort an. Ab einer bestimmten Sauerstoffkonzentration kam dieser Prozess der Fotodissoziation zum Erliegen, da der Sauerstoff zugleich als abschirmender Filter gegenüber der UV-Strahlung wirkt. Doch dieser freigesetzte elementare Sauerstoff oxi-

---

[33]Literaturquelle: Ditfurth von, H. (2007), Im Anfang war der Wasserstoff, 18. Aufl., Deutscher Taschenbuch-Verlag, München.

dierte seine Umwelt, z. B. wurden die Eisen(II)-oxide in Eisen(III)-oxide umgewandelt und auch viele andere metallischen Elemente wurden oxidiert.

Eisen(II)-hydroxid Wasser Eisen(III)-hydroxid Eisen(III)-oxid Wasser

$$8\,Fe(OH)_2 + 4\,H{-}OH + 2\,O_2 \longrightarrow 4\,Fe(OH)_3 + 2\,Fe_2O_3 + 6\,H_2O$$

Durch die Umweltoxidation verringerte sich der Sauerstoffgehalt der Atmosphäre wieder, sodass die Fotodissoziation des Wassers wieder einsetzte.

Durch diese Rückkopplungseffekte, auch Urey-Effekte genannt, konzentrierte sich der atmosphärische Sauerstoffgehalt über die verschiedenen geologischen Zeitphasen [Harald Clayton Urey (1893–1981), Professor der Chemie in USA, Nobelpreisträger].

Der durch die geologisch später einsetzende Fotosynthese freigesetzte Sauerstoff spielt als Bestandteil des atmosphärischen Sauerstoffanteils nur eine geringe Rolle. Denn er dient wieder als Oxidationsmittel aller fotosynthetisierten organischen Substanzen, die mithilfe von Sauerstoff über die verschiedenen Nahrungsketten (Mikroorganismen, Pflanzen, Tiere, Mensch) wieder zu Kohlenstoffdioxid abgebaut werden, z. B.

Energie Wasser Kohlenstoffdioxid Glucose Wasser Kohlenstoffdioxid

$$2879\,kJ + 12\,H{-}OH + 6\,CO_2 \underset{\text{aerober Abbau}}{\overset{\text{Fotosynthese}}{\rightleftharpoons}} C_6H_6(OH)_6 + 6\,H{-}OH + 6\,CO_2$$

Die Tab. 1 und 2 geben einen Überblick über den Stoffwechsel von Bakterien. Die Fähigkeit zur Fotosynthese besitzen drei Gruppen von Bakterien: die grünen, die Purpur- und die Cyanobakterien. Einige von ihnen sind zudem imstande, Sauerstoff zu atmen. Bei den nicht fototrophen Bakterien, die nur zur Atmung fähig sind, unterscheidet man solche, die Sauerstoff atmen, und solche, die Sulfat benutzen, um die Nahrungsstoffe zu „verbrennen".

9.2 Thiomargarita namibiensis – eine neu entdeckte Art von Schwefelbakterien [E. thiomargarita namibiensis – a new discovered species of sulphur bacteria]

Eine besondere Art von Schwefelbakterien hat kürzlich die Biologin *Heide Schulz vom Max-Planck-Institut für marine Mikrobiologie in Bremen* entdeckt. Auf dem Meeresgrund vor der Küste Namibiens fand ein Wissenschaftlerteam in Sedimenten Bakterien von einer bis dahin noch nicht gekannten Größe mit einem Durchmesser von 0,75 mm. Sie sind mit dem bloßen Auge zu erkennen. Sie bilden unverzweigte Ketten aus ca. zwölf lose miteinander verbundenen Zellen. Sie erhielten den wissenschaftlichen Namen *Thiomargarita namibiensis,* das heißt Schwefelperle von Namibia (Abb. 5). Im Stoffwechsel zeigt die Thiomargarita sehr viel Ähnlichkeit mit *Thioploca.*

Tab. 1 Beispiele für Fotosynthese und Chemosynthese betreibende Bakterien [E. examples of photosythezising and chemosynthezising bacteria]

– **Grüne fototrophe Bakterien**
1. Grüne Schwefelbakterien *(Chlorobiaceae),* Kohlenstoffquelle: CO_2 Ein fotoaktives Zentrum.
Wasserstoffquelle: Schwefelwasserstoff, H_2S, Thiosulfat, $S_2O_3^{2-}$, oder Wasserstoffgas, H_2.
Scheiden als Abfallprodukt Sulfat SO_4^{2-} aus.
Streng anaerob; unfähig zur Atmung.
2. Fädige grüne Bakterien *(Chloroflexaceae),* Kohlenstoffquelle: CO_2 Ein fotoaktives Zentrum.
Wasserstoffquelle: Schwefelwasserstoff und organische Moleküle.
Aerob; atmen Sauerstoff.
– **Purpurbakterien**
1. Schwefelhaltige Purpurbakterien *(Chromatiaceae),* Kohlenstoffquelle: CO_2 Ein fotoaktives Zentrum.
Wasserstoffquelle: Schwefelwasserstoff, Thiosulfat oder Wasserstoffgas, teilweise auch organische Moleküle.
Anaerob, können jedoch auch atmen.
2. Schwefelfreie Purpurbakterien *(Rhodospirillaceae),* Kohlenstoffquelle: CO_2 und organische Moleküle
Ein fotoaktives Zentrum.
Wasserstoffquelle: hauptsächlich organische Moleküle, teilweise auch Schwefelwasserstoff.
Anaerob, können jedoch auch atmen.
– **Cyanobakterien (Blaualgen),** Kohlenstoffquelle: CO_2
Zwei fotoaktive Zentren.
Wasserstoffquelle: Wasser.
Scheiden als Abfallprodukt Sauerstoff aus.
Aerob; atmen Sauerstoff.

Tab. 2 Beispiele chemoorganotrophe Bakterien [E. examples of chemoorganictrophic bacteria]

– **Bakterien mit Sulfatatmung** (*Desulfovibrio* und andere), Kohlenstoffquelle: organische Moleküle Reduzieren Sulfat zu Schwefelwasserstoff, anaerob.
Sind möglicherweise nur entfernt mit den fototrophen Bakterien verwandt.
– **Beispiele für chemolithotrophe Bakterien,** Kohlenstoffquelle: CO_2
1. Thiobacillus
Wasserstoffdonator; H_2S, S, $S_2O_3^{2-}$, aerob, Wasserstoffakzeptor: Sauerstoff, O_2.
2. Thiobacillus ferrooxidans
Elektronenlieferant: Fe^{2+}, Elektronenakzeptor: O_2, aerob.
3. Thiobacillus denitrificans
Wasserestoffdonator; S, $S_2O_3^{2-}$,
Wasserstoffakzeptor; NO_3^-, anaerob.

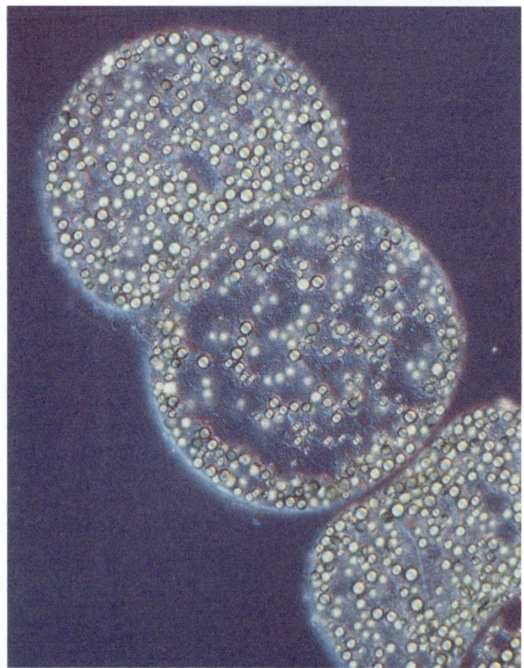

Abb. 5 Thiomargarita namibiensis [E. Thiomargarita namibiensis]. (https://sciencepolicyivh.wordpress.com/2015/02/24/bacterial-giants-the-pearl-of-namibia/)

Beide Arten besiedeln Sedimente, die arm an Sauerstoff, aber reich an Sulfiden sind. Ihre Energie beziehen sie aus einem Reduktionsoxidationssystem zwischen Sulfiden und Nitraten.

Sulfidion		Nitration		Sulfation		Nitrition
5^-	+	$4\ NO_3^-$	$\longrightarrow$	SO_4^-	+	$4\ NO_2^-$
				$\Delta G = -534{,}3$ kJ/mol		

Die Sulfide fallen im Sediment in ausreichenden Mengen aus der Zersetzung organischen Materials an. Aber die notwendigen Nitrate zur Oxidation befinden sich nicht in unmittelbarer Nähe, sondern vor allem in der darüberliegenden Wasserschicht.

Das Problem vergrößert sich noch dadurch, dass die Thiomargaritabakterien sich nicht fortbewegen können. Sie müssen also abwarten, bis die nitrathaltigen Wasserschichten in tiefere Schichten vordringen. Diese Chance nutzen die Thiomargarita und legen sich im Zellinneren einen großen Vorrat an Nitraten an. Dieser Vorrat ist in Vakuolen gespeichert und reicht für einige Monate. Immer wenn durch Meeresströmungen nitrathaltiges Wasser in die Sedimente gelangt, tanken die Thiomargaritabakterien wieder auf. Sie stellen somit ein wichtiges Glied dar zwischen der Koppelung eines Schwefel- und Stickstoffkreislaufes.

9.3 Vergleich zwischen der Fotosynthese und Chemosynthese der Kohlenstoffdioxidreduktion zu Glucose [E. reduction of carbon dioxide to glucose by photosynthesis and chemosynthesis – a comparison]

Der Calvin-Zyklus[34] ist ein Reduktionszyklus. Kohlenstoffdioxid wird in mindestens 15 enzymatischen Teilreaktionen über Ribulose-1,5-diphosphat zu einer Hexose, z. B. Glucose oder Fructose reduziert. Dieser Zyklus läuft 6-mal um, bis aus 6 Molekülen Kohlenstoffdioxid 1 Molekül Hexosephosphat entstanden ist (Kap. XI, Abschn. 3.4). Dafür sind 12 Moleküle NADPH als Wasserstofflieferanten und 18 Moleküle ATP als Energiespender pro Molekül Hexosephosphat nötig. Wie beim *Zitronensäurezyklus* (Abb. 1) und auch Harnstoffzyklus wird im *Calvinyklus* das Prinzip der kleinen Reaktionsstufen verwirklicht. Während der Zitronensäurezyklus eine stufenweise Oxidation des Acetyl-Coenzyms A zu CO_2 anzeigt, d. h., wenn es sich um eine Dehydrierung handelt, wird im Calvin-Zyklus die stufenweise Reduktion des CO_2, d. h. seine Hydrierung verfolgt.

Der *Harnstoffzyklus* sorgt für die Ausschleusung des bei den Desaminierungen der Aminosäuren frei werdenden Ammoniaks aus dem Organismus (Kap. V, Abschn. 8).

Im Calvin-Zyklus sind vier Reaktionsphasen auszumachen:

1. *Carboxylierungsphase:* Das ist die Aufnahme des Kohlenstoffdioxids von dem Ribulose-1,5-diphosphat unter der enzymatischen Wirkung der Ribulosediphosphat-Carboxylase.
2. *Reduktionsphase:* Es wird die aus dem CO_2 stammende Carbonsäuregruppe der 3-Phosphoglycerinsäure zu 3-Phosphoglycerinaldehyd reduziert.

   Dabei muss die Carboxylgruppe durch ATP aktiviert werden, bevor das NADPH den Wasserstoff als Reduktionsmittel übertragen kann.

   Bei der Fotosynthese ist die 3-Phosphoglycerinsäure das Primärprodukt der Dunkelreaktion.
3. *Regenerationsphase:* Der Akzeptor des CO_2, nämlich das Ribulose-1,5-diphosphat aus der Carboxylierungsphase, wird kontinuierlich zurückgebildet.
4. *Synthesephase:* aus Fructose und Glucose bildet sich Saccharose. Glucose polymerisiert zu Stärke oder Cellulose.

[34]Melvin Calvin (1911–1997), amerik. Chemiker, formulierte den Fotosynthesezyklus (Calvinzyklus).

Die Bilanzierung der einzelnen Teilschritte des Calvin-Zyklus führt zu folgender Summenreaktionsgleichung:

Kohlenstoffdioxid		Adenosintriphosphat		Nicotinamid-dinukleotidphosphat		Wasserstoffionen		Wasser
$6\,CO_2$	+	18 ATP	+	12 NADPH	+	$12\,H^+$	+	12 H–OH

$$\Downarrow$$

Hexose		Adenosindiphosphat		Phosphorsäure		Nicotinamid-dinukleotidphosphat
$C_6H_6(OH)_6$	+	18 ADP	+	$18\,HO{-}P(=O)(OH){-}OH$	+	$12\,NADP^+$

Ein Vergleich zwischen Fotosynthese und Chemosynthese zeigt, dass nur die Energiequellen verschieden sind, während der Umwandlungsprozess und die Endprodukte übereinstimmen. Bei der Fotosynthese absorbieren die Chloroplasten der Pflanzen Sonnenenergie und treiben damit den Calvin-Zyklus an; er dient der Assimilation von Kohlenstoff und liefert Zucker, Fette und Aminosäuren, die in die Nahrungskette wandern und vom Pflanzenfresser zum Fleischfresser gelangen. Bei der Chemosynthese dient die innere chemische Energie des Schwefelwasserstoffs, der aus den Schloten auf dem Meeresgrund stammt. Er wird von frei lebenden Bakterien aufgenommen, aber auch von Schlotbewohnern wie dem Röhrenwurm, die sich Schwefelbakterien als Endosymbionten einverleibt haben. Die Bakterien oxidieren den Schwefelwasserstoff und setzen damit die Energie für den Calvin-Zyklus frei. Die Endprodukte treten in die Nahrungskette ein, indem sie direkt von Fleischfressern niederer Ordnung zu den fleischfressenden Tieren höherer Ordnungen wandern (Abb. 6).

10 Disulfidbrückenbindungen [E. disulfide bridges linkages]

Disulfidbrücken bestehen aus zwei miteinander verknüpften Schwefelatomen, die die Verbindung zwischen zwei Polypeptidketten herstellen.

```
         R1    O  H  H
         |     ‖  |  |
~~ C — C — N — C — C — N — C ~~      Polypeptidkette
   ‖   |   |       |       ‖
   O   H   H      CH2      O
                   |
                   S   }
                   |   }  Disulfidbrücke
                   S   }
                   |
      H   H       CH2      O
      |   |        |       ‖
~~ C — C — N — C — CH — N — C ~~     Polypeptidkette
   ‖   |       ‖        |
   O   R2      O        H
```

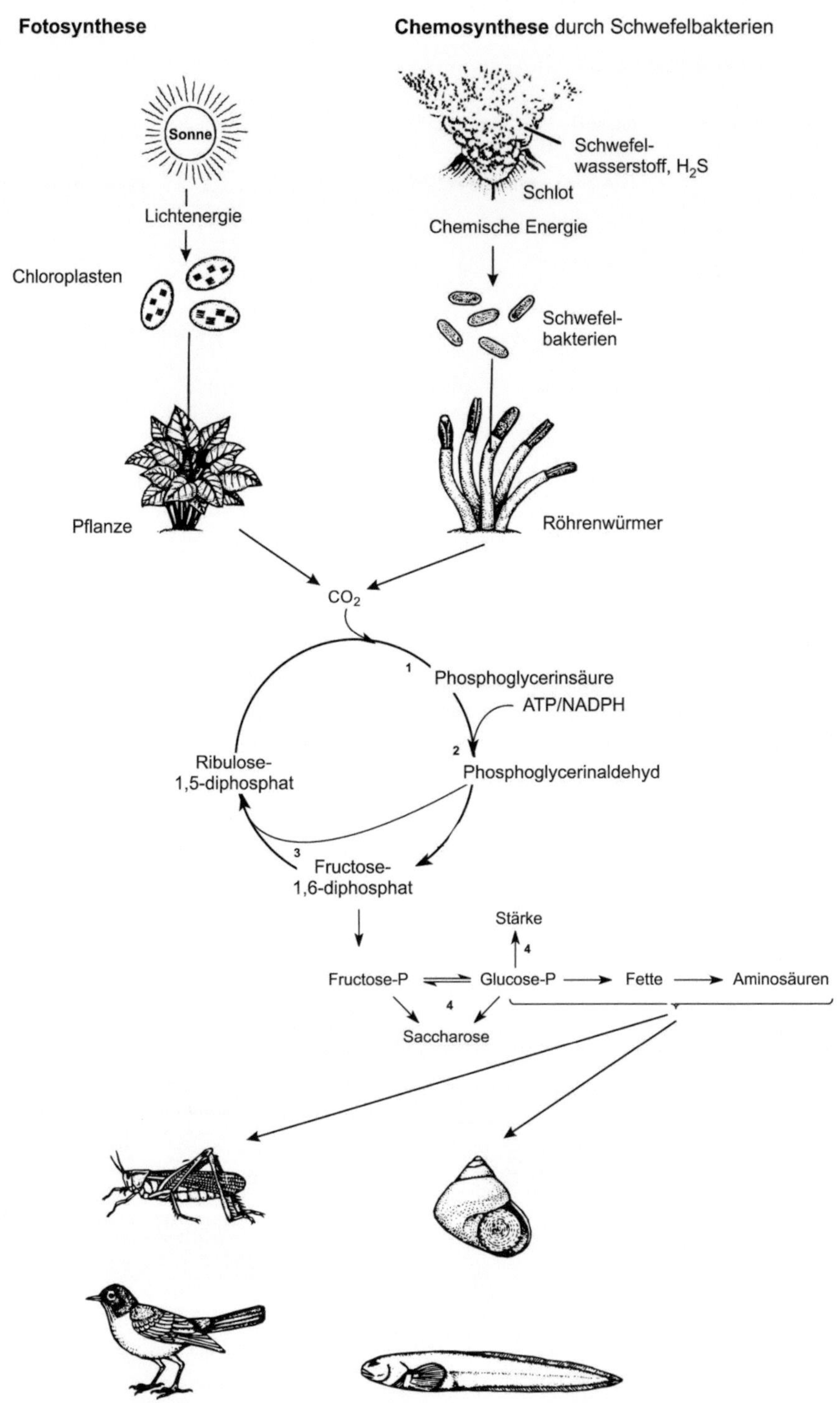

Abb. 6 Der Calvin-Zyklus als Verknüpfungszyklus zwischen Fotosynthese und Chemosynthese. (Quelle: Childress et al. (1987), Symbiose in der Tiefsee, Spektrum der Wissenschaft, Heft 7) [E. the Calvincycle as linkage cycle between photosynthesis and chemosynthesis]

Die Disulfidbrücken werden von dem Cystein gebildet. Das ist eine Aminosäure, die eine endständige Thiolgruppe hat.

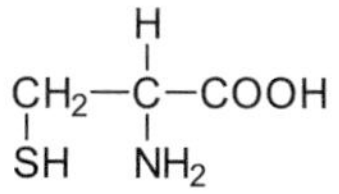

$$\begin{array}{ccc} & & H \\ & & | \\ CH_2 & - & C-COOH \\ | & & | \\ SH & & NH_2 \end{array}$$

Cystein (α-Amino-β-mercapto-propionsäure)

Die Bildung der Disulfidbrücken im Organismus ist eine enzymatische Oxidation. Sie ist verantwortlich für die sehr stabile Quervernetzung der einzelnen Polypeptide und Proteine und der Aufrechterhaltung ihrer Sekundärstruktur (Kap. V, Abschn. 2, 3 und Kap. III, Abb. 5).

Die Disulfidbindungen können sich zwischen zwei Cysteinresten innerhalb der Polypeptidkette bilden, z. B. wie beim Insulin in der A-Kette oder zwischen zwei Cysteinresten, von denen je ein Rest einer anderen Peptidkette angehört, z. B. die Verknüpfung der A- und B-Betten des Insulinmoleküls (Kap. XIX, Abb. 4).

Insulin ist ein Polypeptidhormon, das nur dann blutzuckersenkend wirkt, wenn alle drei Disulfidbrücken ausgebildet sind. Es wird in den Betazellen der Langerhans'schen Inseln der Bauchspeicheldrüse produziert und bei Bedarf an das Blutgefäßsystem abgegeben.

Die Bauchspeicheldrüse (Pankreas) ist auch der Ort, in dem die eiweißspaltenden Enzyme *Elastase* [E. elastase], *Chymotrypsin* [E. chymotrypsin] und *Trypsin* [E. trypsin] synthetisiert werden. Sie werden dort in ihrer inaktiven Vorstufe der Proenzyme bzw. Zymogene[35] hergestellt (Abb. 7, 8 und 9).

Diese drei Enzyme wirken zusammen im Team als ein Verdauungsenzymsystem. In ihrer inaktiven Vorstufe werden sie in den Verdauungstrakt des Zwölffingerdarms abgesondert, d. h. sekretisiert[36] und kurz vor ihrem Einsatz aktiviert. Diese Maßnahme ist notwendig, da sie sonst als eiweißspaltende Enzyme sich selbst als Eiweißsubstanz und gar auch die Pankreas verdauen würden. Gemeinsam spalten sie die Nahrungsproteine in Aminosäuren, die anschließend von der Darmwand resorbiert werden. Jedes dieser drei Enzyme greift das Protein an einer anderen Stelle der Polypeptidkette an. Die Angriffsstellen werden von den jeweiligen Seitenketten und ihrer elektrischen Ladungen vorgegeben.

Oxytocin gehört zu den wichtigsten Hormonen des Hypophysen[37]hinterlappens. Es regelt die Uteruskontraktion[38] und die der glatten Muskeln der Milchdrüsen. Auch ist es an dem Eintreten des Sättigungsgefühls bei der Nahrungsaufnahme beteiligt. Oxytocin ist ein Peptid, das aus 9 Aminosäuren besteht, die sich auf 2 Ketten verteilen (Abb. 10).

---

[35]zyme (gr.) – Sauerteig; Enzyme sind Substanzen, die die biochemische Spaltung von Stoffen bewirken, z. B. alkoholische Gärung, Brotbacken und dergleichen.

[36]secretus (lat.) – gemein, abgesondert, ausgeschieden.

[37]phyein (gr.) – wachsen lassen; Hypophyse = Hirnanhangdrüse.

[38]uterus (lat.) – Mutterleib, Gebärmutter.

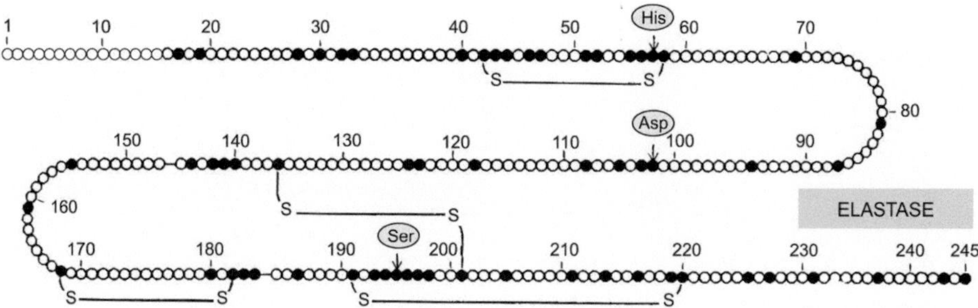

Abb. 7 Aminosäuresequenz und Disulfidbrücken der Elastase [E. amino acid sequence and the disulfide bridges of the elastase]

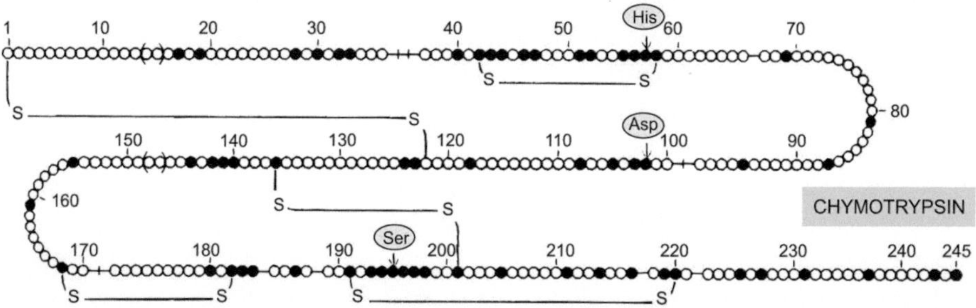

Abb. 8 Aminosäuresequenz und Disulfidbrücken des Chymotrypsins [E. amino acid sequence and the disulfide bridges of the chymotrypsin]

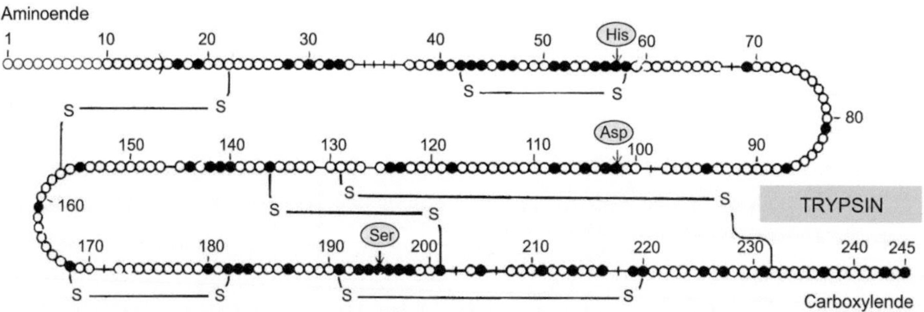

Abb. 9 Aminosäuresequenz und Disulfidbrücken des Trypsins [E. amino acid sequence and the disulfide bridges of the trypsin]

Die Stabilisierung der Doppelkettenanordnung wird durch die Disulfidbrücke des Cysteins erreicht.

Elastase spaltet das Elastin, der Hauptbestandteil der elastischen Fasern des Bindegewebes von Organen mit hoher Elastizität, wie Herz, Blutgefäße, Lunge u. a., ist. Die Proteine des Elastins gehören zu den Skleroproteinen. Nicht zu verwechseln ist

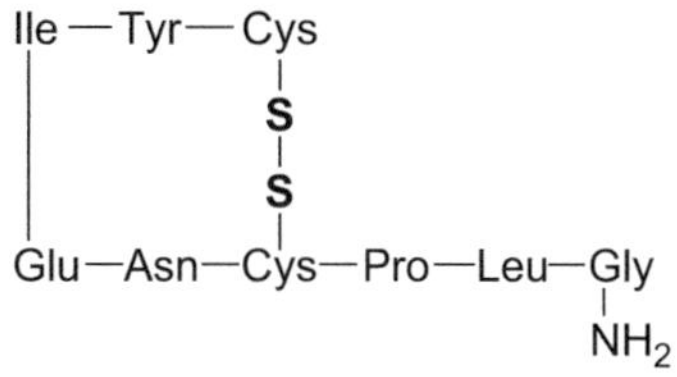

Abb. 10 Oxytocin; von gr. oxys – schnell: tokos – Gebären [E. oxytocin]

Ile—Tyr—Cys
S
S
Glu—Asn—Cys—Pro—Leu—Gly
NH_2

Elastin mit dem Kollagen als Muskel bildendes Protein. Elastin lässt sich auch nicht in die quellfähige Gelatine überführen. Substrate der Elastase sind auch die Peptidketten im Fibrin, Hämoglobin, Albumin und Casein.

Angriffspunkte der Elastase sind die Aminosäuren mit den hydrophoben nicht aromatischen Seitenketten, z. B. Leucin, Isoleucin, Valin.

Elastase selbst ist aus 251 Aminosäuren aufgebaut.

Elastase enthält eine zwei Peptidstränge verbindende 1. Disulfidbrücke, und zwar zwischen den Aminosäuren 136 und 201 (Abb. 7).

Dieselbe Disulfidbrücke tritt auch im Chemotrypsin auf, das aber noch um eine 2. Disulfidbrücke zwischen den Aminosäuren 120 und 122 verstärkt worden ist.

Im Chymotrypsin sind neben den drei Endopeptiddisulfidbrücken zusätzlich zwei Disulfidbindungen eingeführt, die die gegenüberliegenden Ketten miteinander verstärkend verknüpfen.

Die 3. Disulfidbrücke ist beim Trypsin zwischen der Stellung 22 und 157 geschlagen worden.

Beim *Chymotrypsin* ist zwischen den Typen A, B und C zu unterscheiden, und zwar in Bezug auf ihre Kettenlänge, Aminosäuresequenz und auch in der Substratspezifität der aktivierten Formen (Abb. 8).

Chymotrypsin A besteht aus 245, Typ B aus 248 und Typ C aus 281 Aminosäuren. Allen gemeinsam ist die bevorzugte Hydrolyse von Phenylalanyl-, Tyrosyl- und Tryptophanylpeptidbindungen. Das sind Aminosäurereste mit aromatischen Seitenketten.

Trypsin hat von allen Verdauungsendopeptidasen[39] die ausgeprägteste Substratspezifität.

Es werden ausschließlich nur die Peptidbindungen des Lysins und Arginins hydrolysiert. Das sind Aminosäuren mit basischem Charakter. In ihren Seitenketten befinden sich kationische Ladungen, die mit dem anionischen Charakter des Trypsins in Wechselwirkung treten (Abb. 9). Die Sequenz wird von 223 Aminosäuren gebildet.

Allen Enzymen dieses eiweißspaltenden und sich ergänzenden Teams gemeinsam sind die Disulfidbindungen. Sie bewirken eine hohe Strukturstabilität und damit sowohl die Substratspezifität als auch die Aminosäurenspezifität.

---

[39]endon (gr.) – innen, innerhalb; Endopeptidasen sind eiweiß-(peptid-)spaltende Enzyme, die die Peptidbindungen innerhalb der Kette aufspalten, im Gegensatz zu den Exopeptidasen, die die Peptidkette vom Kettenende angreifen.

Wie aus den Abb. 7, 8 und 9 zu erkennen, weist die Elastase drei Disulfidbrücken auf, die innerhalb der Peptidkette angeordnet sind. Dasselbe gilt für Trypsin und Chymotrypsin.

Die Disulfidbindungen dienen nicht nur zur Verstärkung von Polypeptidketten und zur Stabilisierung der entsprechenden Tertiär- und Quartärstrukturen, sondern sie unterhalten reversible Redoxsysteme. Ein Beispiel dafür ist die α-Liponsäure [E. α-lipoic acid], auch 6,8-Thioctinsäure genannt.

$$\underset{\text{S}\text{———}}{\overset{8}{H_2C}}\!-\!\overset{7}{CH_2}\!-\!\underset{\text{S}}{\overset{6}{CH}}\!-\!\overset{5}{CH_2}\!-\!\overset{4}{CH_2}\!-\!\overset{3}{CH_2}\!-\!\overset{2}{CH_2}\!-\!\overset{1}{C}(=O)\!-\!OH$$

6,8-Thioctinsäure

Als Coenzym wirkt Liponsäure bei der oxidativen Decarboxylierung von

Ketoglutarsäure $HOOC-CH_2-CH_2-C(=O)-COOH$ und Brenztraubensäure $H_3C-C(=O)-COOH$

Die zyklische Disulfidgruppe lässt sich leicht oxidativ aufspalten

α-Liponsäure $\quad$ Dihydro-α-liponsäure

$$H_2C(-S-)-CH_2-CH(-S-)-(CH_2)_4-COOH \underset{-2\,H}{\overset{+2H}{\rightleftharpoons}} H_2C(SH)-CH_2-CH(SH)-(CH_2)_4-COOH$$

Die freie Carboxylgruppe ist meist amidartig mit einem Protein verbunden.

$$\text{Liponsäurerest}-\underbrace{C(=O)-N(H)}_{\text{Amidgruppe (Peptidbindung)}}\sim\text{Proteinrest}$$

Die α-Liponsäure vermag enzymatisch den Wasserstoff des aktivierten Acetaldehyds zu übernehmen. Dabei bilden sich Acetyl-Thiamindiphosphat, TDP, (Kap. VI, Abb. 8a) und Dihydro-α-Liponsäure.

aktiviertes Acetaldehyd + α-Liponsäure ⟶ Acetyl-TDP + Dihydro-α-liponsäure

$$H_3C-CH(OH)-TDP + H_2C(-S-)-CH_2-CH(-S-)-R \longrightarrow H_3C-C(=O)-TDP + H_2C(SH)-CH_2-CH(SH)-R$$

Anschließend überträgt das Acetyl-TDP seine Acetylgruppe auf die Dihydro-α-Liponsäure.

Acetyl-TDP + Dihydro-α-liponsäure ⟶ 5-Acetyl-dehydro-α-liponsäure + TDP

$$H_3C{-}C({=}O){-}TDP + H_2C(SH){-}CH_2{-}CH(SH){-}R \longrightarrow H_3C{-}C({=}O){-}S{-}CH_2{-}CH_2{-}CH(SH){-}R + TDP$$

Die energiereiche 5-Acetyl-Dihydro-α-Liponsäure reagiert in einer weiteren Acyltransfer-Reaktion mit Coenzym A unter Bildung von Acetyl-Coenzym A und Dihydro-α-Liponsäure.

5-Acetyl-Dihydro-α-Liponsäure + Coenzym A ⟶ Acetyl-Coenzym A + TDP

$$H_3C{-}C({=}O){-}S{-}CH_2{-}CH_2{-}CH(SH){-}R + HSACo \longrightarrow H_3C{-}C({=}O){-}S{-}ACo + TDP$$

Die Oxidation der Dihydro-α-Liponsäure zu α-Liponsäure wird durch Nicotinamid-dinukleotid, NAD, katalysiert.

Dihydro-α-Liponsäure + Nicotinamid-dinukleotid ⟶ α-Liponsäure + Dihydro-Nicotinamiddinukleotid

$$H_2C(SH){-}CH_2{-}CH(SH){-}R + NAD^+ \longrightarrow H_2C{-}CH_2{-}CH{-}R\ (S{-}S) + NADH + H^+$$

10.1 Antikörper [E. antibodies]

Antikörper sind Schutzstoffe, die sich im menschlichen und tierischen Blut nachweisen lassen, wenn Substanzen, d. h. Antigene, direkt in den Organismus gelangen.

Gegen diese Antigene bildet der befallene Organismus die Antikörper in den Plasmazellen des lymphatischen Gewebes, d. h. in den Lymphknoten, der Milz und im Knochenmark. *Antigene* sind für den Organismus fremde Substanzen, die im Blut und im Gewebe immunologische[40] Abwehrmaßnahmen hervorrufen, indem sie mit den gegen sie gerichteten Abwehrstoffen eine reversible Antigen-Antikörper-Reaktion eingehen können.

Antikörper werden auch als Immunoglobuline bezeichnet. Sie bestehen aus symmetrischen Molekülen, die aus zwei leichten und zwei schweren Peptidketten, die ypsilonähnlich über Disulfidbrücken miteinander verbunden sind (Abb. 11).

[40]immun (lat.) – frei, unberührt; Immunologie ist die Lehre von den körpereigenen Abwehrmaßnahmen und der durch sie vermittelten Abwehrkräfte (Immunität).

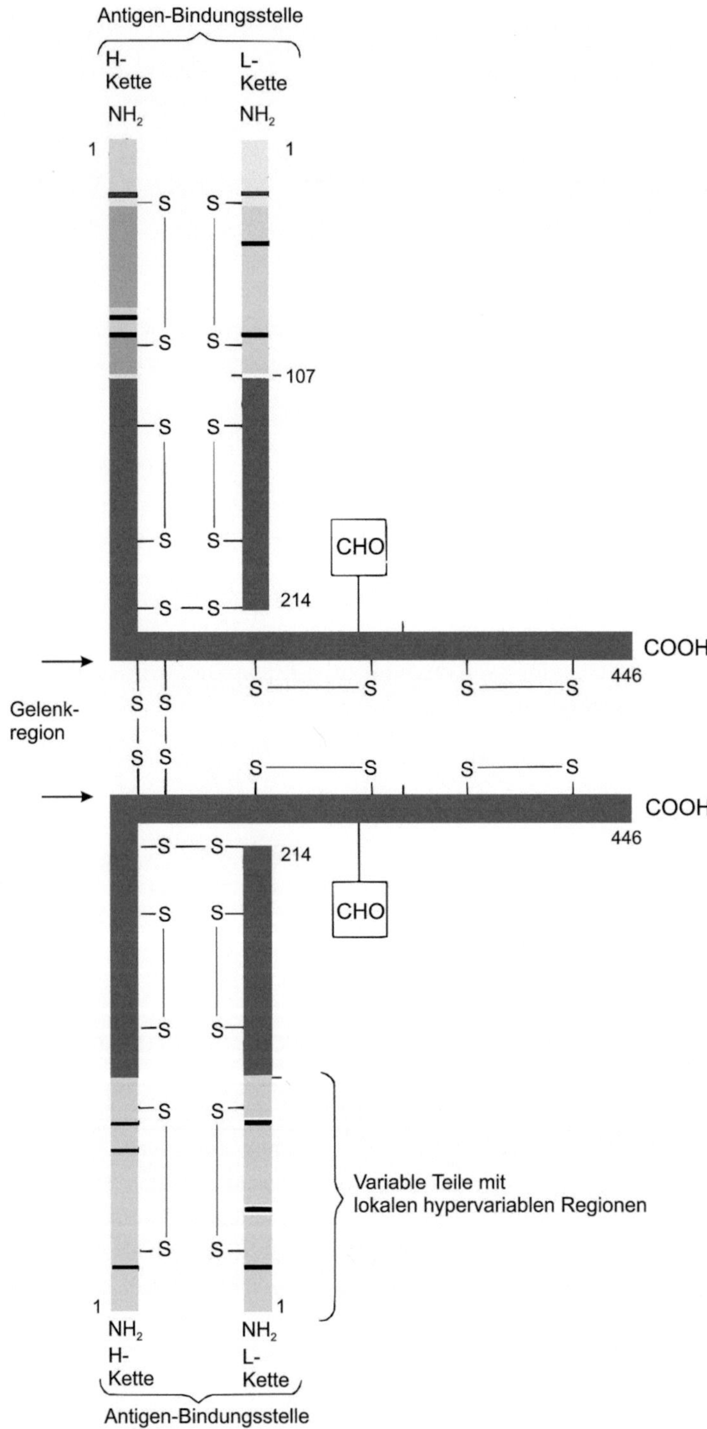

Abb. 11 Schematische Struktur eines Antikörpermoleküls [E. diagrammatic structure of an antibody molecule]

Die Immunoglobuline im menschlichen Blutplasma setzen sich aus vier Polypeptidketten zusammen, und zwar aus zwei identischen schweren (engl. heavy) H-Ketten mit 430 Aminosäureresten und zwei identischen leichten (engl. light) L-Ketten mit 214 Aminosäuren. Diese Ketten werden durch Disulfidbindungen als flexible Struktur zusammengehalten. Die H-Ketten enthalten zusätzlich noch Polysaccharidanteile als Seitenketten. Jede der Peptidketten besitzt einen Bereich mit konstanter Aminosäuresequenz und einen mit variabler. Im Antikörpermolekül sind zwei Bildungsstellen für das Antigen vorgesehen. Das sind die variablen Aminosäuresequenzbereiche der H- und L-Ketten.

Die variablen Bereiche, in denen der Austausch von Aminosäuren besonders einfach und hoch ist, werden als hypervariable Regionen bezeichnet. Sie sind für die differenzierte Spezifität des Antikörpermoleküls zuständig.

10.2 Keratine[41] [E. keratins]

α-Keratine sind unlösliche cysteinreiche Strukturproteine im Epithelgewebe der Landwirbeltiere. Zu ihnen zählen Haare, Wolle, Federn, Nägel, Klauen, Hufe, Krallen, Hörner, Gehörn, Geweih, Vogelschnäbel, Schuppen, u. a.

Die Grundstruktur der stabilen und zugleich stark dehnbaren Keratine ist eine rechtsläufige helikale Polypeptidkette mit einer α-Helixstruktur und einer Molmasse von 10.000 bis 50.000.

Ihre Elastizität und Festigkeit erhalten sie durch intramolekulare Wasserstoffbrücken zwischen den Amino- und Carbonylgruppen innerhalb der Peptidkette und den Disulfidbrücken zwischen den einzelnen Polypeptiden. Nur die Keratine mit einer α-Helix enthalten die schwefelhaltigen Aminosäuren. Die harten und spröden Keratine wie Hörner und Nägel können einen Cysteingehalt bis zu 22 % aufweisen, der von Haaren und Wolle liegt unterhalb 14 %.

Für die Formgebung des Keratins in der Wolle oder im Haar nützt man die reversible Reduktionsoxidationsfähigkeit der Disulfidbrücken zwischen den Polypeptidketten aus

Peptidkette — Peptidkette — Peptidkette — Peptidkette

$$HC{-}CH_2{-}\underbrace{S{-}S}_{\text{Disulfidbrücke}}{-}CH_2{-}CH \xrightarrow[\text{Oxidation}]{\text{Reduktion}} HC{-}CH_2{-}\underbrace{SH + HS}_{\text{Thiolgruppen}}{-}H_2C$$

Durch Reduktionsmittel oder Heißbehandlung mit Wasserdampf über 100 °C gelingt es, die quervernetzenden Disulfidbrücken in Thiolgruppen zu spalten. Dadurch werden die Keratine weich und plastisch-mechanisch verformbar. Auf zylindrisch runde Körper wird

[41]keras (gr.) – Horn.

das Haar nun aufgewickelt. Es nimmt die vorgegebene Kräuselung an, die mit Oxidationsmitteln, wie z. B. Peroxid, fixiert wird, d. h., die Disulfidbrücken bilden sich wieder zurück.

Ein ähnlicher Vorgang vollzieht sich beim Bügeln von Wolle. Bei Wasserdampfbehandlung erfolgt eine Spaltung eines Teils der Disulfidbrücken. Durch das Bügeln erhält der Wollstoff seine Form, die sich durch Abkühlen und neuer Quervernetzung stabilisiert.

Vulkanisation[42] [E. vulcanization; cure]
Vulkanisation im weitesten Sinne sind Vernetzungsreaktionen von Natur- und Synthesekautschuk zu dreidimensionalen Polymerstrukturen. Dabei wandelt sich der Kautschuk[43] vom plastischen in den elastischen Zustand um. Als Vernetzungsmittel werden elementarer Schwefel, Selen, Peroxide, Metalloxide u. a. geeignete Zusatzstoffe verwendet. Das bedeutendste Vernetzungsmittel ist der Schwefel. Durch Anlagerung von Schwefel an den Doppelbindungen der Isoprenbausteine des Kautschuks bilden sich Polysulfidbrücken zwischen den einzelnen Polymerketten aus.

Isopren (2-Methyl-1,3-butadien) → Polyisopren natürlicher Kautschuk

$$n\ H_2C{=}\underset{\displaystyle CH_3}{C}{-}CH{=}CH_2 \xrightarrow{\text{Polymerisation}} \left[{-}H_2C{-}\underset{\displaystyle CH_3}{C}{=}CH{-}CH_2{-}\right]_n$$

$$\left[{-}H_2C{-}\underset{\displaystyle CH_3}{C}{=}CH{-}CH_2{-}CH_2{-}\underset{\displaystyle CH_3}{C}{=}CH{-}CH_2{-}\right]_x + \left[{-}H_2C{-}\underset{\displaystyle CH_3}{C}{=}CH{-}CH_2{-}CH_2{-}\underset{\displaystyle CH_3}{C}{=}CH{-}CH_2{-}\right]_y + n\ S_x$$

warme ⇓ Katalys.

vulkanisierter Kautschuk[43]

$$\left[{-}HC{-}\underset{\displaystyle CH_3}{C}{-}\underset{\displaystyle S}{CH}{-}CH_2{-}CH{-}\underset{\displaystyle CH_3}{CH}{-}\underset{\displaystyle S{-}S_x}{CH}{-}CH_2{-}\right]_x$$

$$\qquad\qquad\quad \underset{\displaystyle S}{|} \qquad\qquad\qquad\qquad\qquad \underset{\displaystyle S}{|}$$

$$\left[{-}HC{-}\underset{\displaystyle CH_3}{C}{-}CH{-}CH_2{-}CH_2{-}\underset{\displaystyle CH_3}{C}{-}CH{-}CH_2{-}\right]_y$$

[42]Der Ausdruck Vulkanisation ist von dem Gott des Feuers und Schwefels *Vulcanus* abgeleitet.

[43]Cahuchu (Inkasprache) – fließendes Holz; caa – Holz; ochu – fließen.

Abb. 12 Schwefelvernetzung von Polyisoprenketten [E. sulphur linking of polyisoprene chains]

Vernetzter Kautschuk ist nicht mehr klebrig, er ist härter, seine Abrieb- und Reißfestigkeit wird je nach dem Schwefelanteil, der zwischen 1 % und mehr als 20 % betragen kann, kräftig erhöht (Abb. 12).

Die Vernetzung erfolgt über eine Kohlenstoffschwefelbindung, und zwar an den Kohlenstoffatomen, die an den Doppelbindungen beteiligt sind, insofern ist die Vulkanisation mit Schwefel eine Additionsreaktion. Sie kann sich aber auch an gesättigten Kohlenstoffatomen vollziehen.

Zusammenfassung [E. summary]

In Abb. 13 ist noch einmal die Bedeutung des Schwefels und seiner Verbindungen aus biochemischem Gesichtspunkt besonders hervorgehoben. Diese knappe Zusammenfassung zeigt, dass ein Leben mit seinen gesamten Stoffwechselprozessen ohne spezielle Schwefelverbindungen nicht denkbar ist.

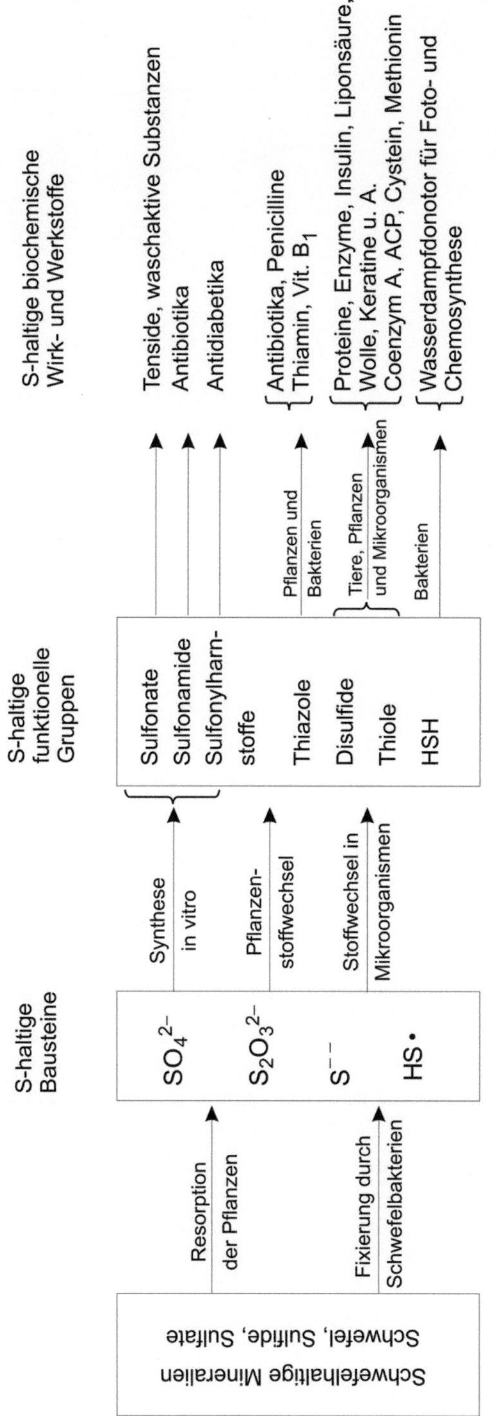

Abb. 13 Stoffwechsellinie von schwefelhaltigen Mineralien zu S-haltigen Werk- und Wirkstoffen [E. the steps of the metabolism from sulphur containing minerals to sulphur containing materials and active substances] (vitrum (lat.) – Glas, d. h. im Reaktionsbehälter)

Literatur [E. references]

Bloc, E. (1985), Die Chemie von Knoblauch, Spektrum der Wissenschaft, Heft 5.

Childress, J., Felbeck, H. u. Sumero, G. N. (1987), Symbiose in der Tiefsee, Spektrum der Wissenschaft, Heft 7.

Ditfurth von, H. (2007), Im Anfang war der Wasserstoff, 18. Aufl., Deutscher Taschenbuch-Verlag, München.

Wagner, Wasserkalender (1980) 14, S. 163–170.

Weiterführende Literatur

Brockhaus, abc-Biochemie (1980), Hrsg. Jakubke, H.-D., Jeschkeít, H., VEB. F.A., Brockhaus Verlag, Leipzig.

Büchel, K. H., Moretto, H.-H. u. Woditsch, P. (1999), Industrielle Anorganische Chemie, Wiley-VCH Verlagsgesellschaft, Weinheim.

Chemiewirtschaft in Zahlen (2015), Hrsg. Verband der Chemischen Industrie, Frankfurt am Main.

Deutsche Forschungsgemeinschaft (2017); MAK und BAT-Liste 2017: Ständige Senatskommission zur Prüfung gesundheitsschädlicher Arbeitsstoffe, Mitteilung 53, Wiley-VCH Verlag GmbH u. Co. KGaA, Weinheim Germany.

Fuchs, G. (2014), Allgemeine Mikrobiologie, 9. Aufl., Thieme Verlag, Stuttgart – New York.

Hopp, V. (2016), Wasser und Energie – Ihre zukünftigen Krisen, 2. Aufl., Springer Spektrum, Springer Verlag Berlin, Heidelberg.

May, O. (1980), Molekülvariationen, Basis für therapeutischen Fortschritt, MPS, Mainz.

Quinkert, G. (1999), Kombinatorische Chemie – ein Paradigmenwechsel in der chemischen Synthese, erschienen in *Gene, Neurone, Quibits u. Co.,* Hrsg. Ganten, D. u. a., Gesellschaft Deutscher Naturforscher und Ärzte, S. 163 ff., Wiss. Verlags-Gesellsch. Stuttgart.

Römpps Chemie Lexikon, Bd. 5 (2002), Hrsg. Falbe, J., und Regnitz, M.,10 Auflage, Georg Thieme Verlag, Stuttgart, online version.

Thömel, F. (1983), Über Riechstoffe mit fruchtigem, blumigen und grünen Duftnoten; Chemikerzeitung 107. Jg. Nr. 11.

Düngemittel und Düngung [E. fertilizers and fertilization]

Definitionen [E. definitions]
Düngemittel sind anorganische und organische Stoffe, welche die für die Pflanzen notwendigen Nährstoffe in einem aufnahmebereiten und dosierfähigen Zustand enthalten und auf den Acker als ergänzende Nährstoffquelle aufgebracht werden können.

Generell ist zwischen *wirtschaftseigenen Düngern* und *Handelsdüngern* zu unterscheiden (Tab. 1). Die wirtschaftseigenen Dünger sind in der Regel organische Dünger und fallen im landwirtschaftlichen Betrieb als wertvolle Nebenprodukte beim *Ackerbau* oder als Reststoffe der *Viehmast* und *Viehzucht* an. Zu ihnen gehören innerhalb des Ackerbaus *Getreidestroh* und die stickstoffbindenden Knöllchenbakterien (Leguminosen). Bei der Viehhaltung fallen *Stalldünger* (Mist), *Jauche* und *Gülle* an. Die Gülle ist in den landwirtschaftlich geprägten Regionen mit einer Massentierhaltung zu einem ernsten Entsorgungsproblem geworden; z. B. in den Niederlanden, Dänemark, Schweden und Norddeutschland.

An Stalldünger werden pro Tier und Jahr vom Rind 1150 kg, Pferd 500 kg, Schwein 200 kg und Schaf 70 kg abgegeben. Im Vergleich zu den Handelsdüngern ist ihr Nährstoffgehalt relativ gering.

Anorganische Handelsdünger sind anorganische Salze, die auch als Mineraldünger bezeichnet werden (Tab. 1).

1 Bedarf der Pflanzen an Nährelementen [E. consumption of plants for nutrients]

Zum stofflichen Aufbau benötigen die Pflanzen eine Reihe von chemischen Elementen, die sogenannten Nährelemente. Sie sind bei dem Pflanzenwachstum lebensnotwendig und unentbehrlich und können durch keine anderen Elemente ersetzt werden. Neben den Nichtmetallen Wasserstoff H, Bor B, Kohlenstoff C, Stickstoff N, Sauerstoff O,

V. Hopp, *Chemische Kreisläufe in der Natur*,
https://doi.org/10.1007/978-3-662-55860-7_8

Tab. 1 Auflistung einiger wichtiger Mineralstoffdünger [E. listing of some important mineral fertilizers]

Handelsübliche Bezeichnung	Wertbestimmender Nährstoffteil in %	Formel	Chemische Bezeichnung
Stickstoffdünger			
Kalkammonsalpeter	26 % N	$NH_4NO_3 + CaCO_3$	Ammoniumnitrat + Calciumkarbonat
			Ammoniumsulfat
Schwefelsaures			Ammoniumsulfatsalpeter
Ammoniak	21 % N	$(NH_4)_2SO_4$	Calciumnitrat
Ammonsulfatsalpeter	26 % N	$2\,NH_4NO_3 \cdot (NH_4)_2SO_4$	Calciumcyanamid
Kalksalpeter	15,5 % N	$Ca(NO_3)_2$	
Kalkstickstoff	20 % N	$Ca{=}N{-}C{\equiv}N$	
Harnstoff	46 % N	$O{=}C(NH_2)_2$	Carbamid
Ammonnitrat-Harnstofflösung	28 % N	s. o.	s. o.
Ammoniakgas	82 % N	NH_3	Ammoniak
Phosphatdünger			
Superphosphat	18 % P_2O_5	$Ca(H_2PO_4)_2$	Monocalciumphosphat, Calciumsulfat
Rhenaniaphosphat	29 % P_2O_5	$CaNaPO_4$	Alkalicalciumphosphat, Calciumsilikat
Thomasphosphat	15 % P_2O_5	$Ca_3(PO_4)_2$	Calciumsilikophosphat
Hyperphosphat	29 % P_2O_5	$CaH(PO_4)$	Tricalciumphosphat, Calciumcarbonat
Novaphos (Gemisch aus Ca-Phosphaten)	22 % P_2O_5	$Ca_3(PO_4)_2$	Mono-, Tricalcium-phosphat

Fortsetzung Tab. 1 [E. continuation of table 1]:

Name	Wertbestimmende Bestandteile in %	Chemische Bezeichnung
Kali- und Magnesiadünger		
40er-Kali	40 % K_2O	Kaliumchlorid
50er-Kali grob	50 % K_2O	Kaliumchlorid
Kaliumsulfat	50 % K_2O	Kaliumsulfat
Korn-Kali mit MgO	40 % K_2O 5 % MgO	Kaliumchlorid/Magnesiumsulfat
Kalimagnesia grob	30 % K_2O 10 % MgO	Kaliumsulfat/Magnesiumsulfat
Magnesia-Kainit grob	12 % K_2O 6 % MgO	Kaliumchlorid/Magnesiumsulfat
Kieserit	27 % MgO	Magnesiumsulfat
Kalkdünger		
Branntkalk[a]	70–95 % CaO	Calciumoxid
Kohlensaurer Kalk[a]	80–95 % $CaCO_3$	Calciumcarbonat
Mischkalk[a]	60–65 % CaO	Calciumoxid
Hüttenkalk	45 % CaO + 5 % MgO	Calcium-Magnesium-Silikat
Konvertkalk mit Phosphat	42 % (CaO + MgO) mind. 3,5 % P_2O_5	Calcium-Magnesium-Silicophosphat

[a]diese Sorten auch mit garantiertem Magnesiumgehalt von 15 bis 40 % MgO bzw. $MgCO_3$

Mehrstoffdünger		
Art	Wertbestimmende Bestandteile	Handelsnamen
NP-Dünger z. B	20 % N + 20 % P_2O_5	Complesal, Nitrophos, Rustica, Enpeka-, Kampka, Cederan-Stickstoffphosphat, Enpe-Mais-Standard-Ammonphosphat u. a.
NK-Dünger z. B	16 % N + 24 % P_2O_5	Rustica-Stickstoffkali
PK-Dünger z. B	10 % P_2O_5 + 15 % K_2O	Thomasphosphatkali
	16 % P_2O_5 + 16 % K_2O	Phosphatkali R
	15 % P_2O_5 + 20 % K_2O	Rhe-Ka-Phos
	20 % P_2O_5 + 30 % K_2O	Peka-Phosphatkali
NPK-Dünger z. B	12 % N + 12 % P_2O_5 + 17 % K_2O + 2 % MgO + Spurennährstoffe	Complesal Typ Blau, Enpeka, Kampka, Nitrophoska, Rustica, Cederan
NPK-Dünger	13 % N + 13 % P_2O_5 + 21 % K_2O	Complesal Typ Rot; s. o.
NPK-Dünger	15 % N + 15 % P_2O_5 + 15 % K_2O	Complesal Typ Gelb; s. o.

Schwefel S, Phosphor P und Chlor Cl zählen folgende Metalle dazu: Magnesium Mg, Kalium K, Calcium Ca, Mangan Mn, Eisen Fe, Kupfer Cu, Zink Zn und Molybdän Mo. Durch Versuche an Hydrokulturen ist für höhere Pflanzen die Unentbehrlichkeit dieser 16 Nährelemente eindeutig nachgewiesen worden. Je nach ihrer spezifischen Funktion im pflanzlichen Stoffwechselprozess werden die Nährelemente von der Pflanze in unterschiedlichen und in zueinander ausgewogenen Mengen gebraucht und aufgenommen. Die Nährelemente C, O und H bezieht die Pflanze aus den Verbindungen CO_2 und H_2O, die mittels der Fotosynthese zu Kohlenhydraten aufgebaut werden. Das Element Stickstoff ist der Baustein für die große Stoffklasse der Proteine und Nukleinsäuren. Das Wachstum und der Ertrag von Pflanzen richten sich nach dem Nährelement, das im Verhältnis zum Bedarf in geringster Menge zur Verfügung steht. Diesen Zusammenhang hat zuerst Justus von Liebig[1] durch sein Minimumgesetz ausgesprochen. Später wurde es ergänzt durch das Gesetz vom abnehmenden Ertragszuwachs nach Eilhard Alfred Mitscherlich[2] (Abb. 1). Abnehmender Ertragszuwachs heißt, dass trotz gleichmäßiger Düngemittelsteigerung die Ertragszunahme immer kleiner wird (Abb. 2).

Die Mitscherlich-Kurve $y = A(1 - e^{-cx})$ entspricht einer limitierenden Wachstumsfunktion, wie sie bei biologischen Prozessen häufig anzutreffen ist.

[1]von Liebig, Justus (1803–1873), dt. Chemiker, formulierte u. a. das Minimumgesetz bei der Pflanzenernährung.

[2]Mitscherlich, Eilhard Alfred (1874–1956), dt. Landbauwissenschaftler, formulierte das Gesetz vom abnehmenden Ertragszuwachs.

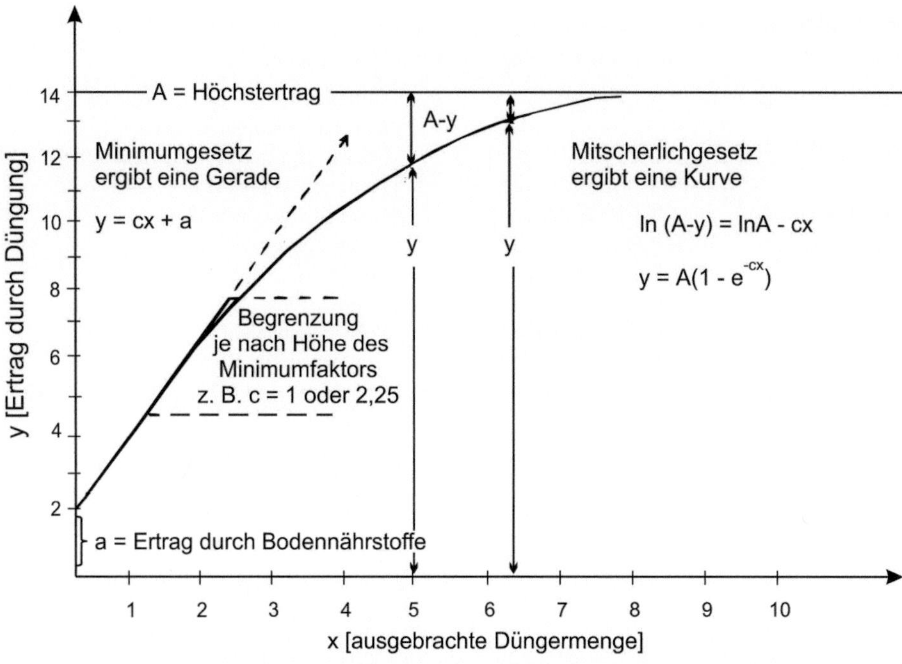

Abb. 1 Diagramm des Liebig'schen Minimumgesetzes und des Mitscherlich'schen Gesetzes vom abnehmenden Ertragszuwachs [E. diagram of the law of the minium stated by Liebig and of the Mitscherlich-law of the decreasing production growth]

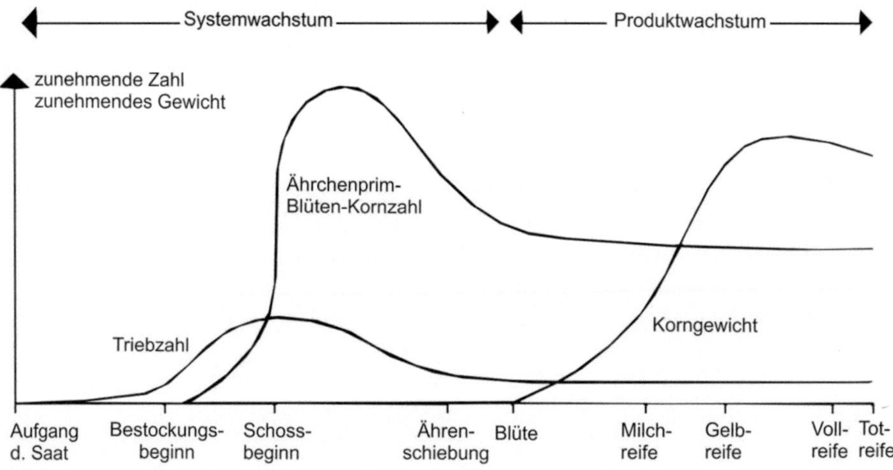

Abb. 2 Verlauf der Ertragsbildung bei Getreide. (Lit.: Stickstoffdüngung des Getreides, Informationsschrift des Fachverbandes der Stickstoffindustrie e. V., Düsseldorf) [E. diagram of the produce development of cereals]

Das Minimumgesetz gilt im Bereich von hohem Nährstoffmangel, in dem bei zusätzlicher Dosierung die Ernteerträge linear proportional steigen. Bei fast abgesättigtem Nährstoffgehalt lassen sich mit hohen Düngemittelgaben nur relativ niedrige Erntezuwachsraten erzielen. Die Erntesteigerungen nähern sich einem Grenzwert. Es handelt sich um eine Funktion des limitierenden Wachstums.

Die Rationalisierungen in der Landwirtschaft haben es erforderlich gemacht, durch einen einmaligen Streuvorgang möglichst viele Nährstoffkomponenten im optimalen Verhältnis den Pflanzen anzubieten. Dafür wurden die Mehrnährstoffdünger entwickelt, die in entsprechender Kombination im Allgemeinen Stickstoff-, Phosphor- und Kaliverbindungen enthalten, häufig unter Zugabe von Spurenelementen. Sie sind unter dem Namen N-P-K-Dünger bekannt. Das Verhältnis beträgt in der Regel:

$$\text{Stickstoff}:\text{Phosphor}:\text{Kali} = 1:1:(0,8-1,6)$$

Es sind aber auch stark abweichende Typen in Gebrauch, wie z. B. mit dem Verhältnis 3:1:1 und 2:1:2.

Guano[3] [E. guano]
sind nitrat- und phosphathaltige Exkremente von Seevögeln und Fledermäusen, die sich seit vielen Jahrhunderttausenden an den trockenen Küsten Perus und Chiles in Schichten bis zu 5 m Dicke angehäuft haben. Der Chilesalpeter besteht vorwiegend aus Natriumnitrat, $NaNO_3$, und ist durch Mineralisierung von Vogel- und Fledermausexkrementen entstanden. Er ist somit biogenen Ursprungs und wird heute noch bergmännisch im großen Stil als wertvolles Düngemittel abgebaut und verwendet (Kap. V, Abschn. 1.2).

Organische Dünger [E. organic fertilizers]
Organische Handelsdünger sind Torf, Kompost mit und ohne Mineraldüngerzusatz, außerdem Horn-, Knochen- und Fischmehl, um die wichtigsten zu nennen. Ihr Nährstoffwert besteht im Wesentlichen in ihrem Gehalt an Stickstoffverbindungen wie Harnstoff, abgebautes Protein, Keratin und Aminosäuren. Ihre Anwendung beschränkt sich auf Gärten und Rasen.

Auf die landwirtschaftseigenen Dünger Mist, Jauche und Gülle wird im Abschn. 5 eingegangen.

[3]huano (peruan.) – Mist.

2 Düngung [E. fertilization]

Düngemittel dienen zur Ergänzung der dem Boden durch die Kulturpflanze entzogenen Nährstoffvorräte, insbesondere sind dies Stickstoff, Phosphor, Kalium und Magnesium. Hohe Ernteerträge setzen verstärkte Düngergaben voraus (Tab. 2).

Das optimale Wachstum einer Pflanze kann mittels Düngung durch drei Faktoren beeinflusst werden:

1. durch die Ergänzung notwendiger Nährstoffreserven,
2. durch die Regulierung des pH-Wertes im Boden,
3. durch die Aufbesserung der Bodenstruktur.

Von besonderer Bedeutung neben Kohlenstoff und Sauerstoff ist für die Pflanze als essenzieller Bestandteil *Stickstoff.* Er ist für den Aufbau des Pflanzeneiweißes notwendig. Nur wenigen Mikroorganismen ist es möglich, den elementaren Stickstoff direkt aus der Luft zum Eiweißaufbau in sich aufzunehmen. Bekannt sind die Leguminosen (Schmetterlingsblütler) wie Lupinen, Erbsen, Bohnen, Wicken, Luzerne und Klee. Sie leben in Symbiose mit Knöllchenbakterien, die den Stickstoff für den Pflanzenaufbau direkt der Luft entziehen. Ein gutes Luzerne- oder Kleefeld bindet pro Hektar und Jahr 200 kg Stickstoff. Das ist der Grund, warum Leguminosen untergepflügt und auf diese Weise als Gründung beliebt sind (Kap. V, Abschn. 5).

Als Nicht-Leguminose ist die Erle zu erwähnen. Sie lebt mit dem Bakterium Frankia alni in Symbiose und kann deshalb ebenfalls Luftstickstoff fixieren.

Alle anderen Pflanzen müssen den Stickstoff in chemisch gebundener Form aufnehmen. Dies geschieht über die stickstoffhaltigen Mineraldünger in Form des Nitrats NO_3^-, Ammoniums NH_4^+ oder Amids $-NH_2$.

Welche Form von den Pflanzen bevorzugt aufgenommen wird, hängt vom pH-Wert des Bodens ab. Im Neutralbereich pH 6,8 bis 7,0 werden die NO_3^-- und NH_4^+-Bindungen des Stickstoffs gleichwertig aufgenommen. Dagegen ist die Aufnahme von Nitrationen im sauren Bereich höher als die von Ammoniumionen.

Eine zunehmende Bedeutung in der Versorgung der Pflanzen mit Stickstoffdüngern wird in Zukunft der biologischen Stickstofffixierung beizumessen sein. Auf der Welt werden ca. 120 Mio. t Stickstoff jährlich durch Rhizobiumbakterien von Leguminosen gebunden. Sollte die Einführung von stickstoffbindenden Genen in wichtige Nahrungspflanzen, wie z. B. Getreide, gelingen, könnte die Stickstoffdüngemittelversorgung weltweit bei erheblich niedrigerem Energieaufwand verbessert werden. Ob solche Getreidearten den Menschen als Nahrungsmittel langfristig gesundheitlich nicht schaden, muss sorgfältig geprüft werden.

1972 ist es erstmalig gelungen, stickstoffbindende Knöllchenbakterien mit normalen Bodenbakterien so zu kreuzen, dass das gewünschte Merkmal, nämlich Luftstickstoff den Pflanzen zugänglich zu machen, auf Bodenbakterien übertragen wird. Derartige Verfahren sind Gegenstand intensiver Forschung.

Die ersten systematischen Freilandversuche wurden schon vor 1881 von dem märkischen Rittergutsbesitzer Schultz-Lupitz erfolgreich durchgeführt. Seine Mitteilungen über die erfolgreichen Ergebnisse erregten damals großes Aufsehen. In einer Publikation der „Farbwerke vorm. Meister Lucius und Brüning", Hoechst am Main, aus dem Jahre 1897 steht Folgendes geschrieben:

> Namentlich erregten die im Jahre 1881 erfolgten Mittheilungen des Märkischen Rittergutsbesitzers Schultz-Lupitz das größte Aufsehen, da derselbe rechnerisch nachwies, dass der Boden seiner Lupinenwiesen, auf denen unter Düngung mit Kali und Kalk, aber ohne jegliche Stickstoffzugabe, 15 Jahre hintereinander Lupinen gebaut worden, im Laufe dieser langen Zeit nicht stickstoffärmer, sondern stickstoffreicher geworden war.
>
> Auch Professor P. Wagner – Darmstadt fand bald darauf durch exacte Versuche bestätigt, dass die Leguminosen bezüglich ihrer Stickstoffernährung eine Ausnahmestellung unter allen Kulturpflanzen einnehmen, ohne dass es ihm vergönnt war, eine vollkommen befriedigende Erklärung für diesen Befund darzubieten.
>
> Doch sollte es eine solche nicht lange mehr auf sich warten lassen.
>
> Im Jahre 1885 gelang es dem durch seine gründlichen und scharfsinnigen Forschungen rühmlichst bekannten Professor H. Hellriegel in Bernburg und seinem langjährigen Mitarbeiter Wilfahrt, durch nahezu unwiderlegliche Experimente die Umstände aufzudecken, unter denen eine Verwerthung des freien Bodenstickstoffs durch die Leguminosen zu Stande kommt. Die Veröffentlichung dieser Entdeckung rief unter den Landwirthen wie Agrikulturchemikern ein berechtigtes, grosses Aufsehen hervor.
>
> Seitdem ist von den verschiedensten Seiten die Hellriegel'sche Entdeckung weiter verfolgt und ausgearbeitet worden. Insbesondere hat die pflanzenphysiologische Versuchsstation zu Tharand (Sachsen) seit dem Jahre 1889 durch zahlreiche Versuche in Vegetationsgefässen die nach Hellriegel zunächst noch von verschiedenen Seiten angezweifelte oder selbst in Abrede gestellte biologische Rolle der Leguminosenknöllchen auf das Unwiederleglichste nachgewiesen.

Aufgrund dieser Freilandversuche wurde von den Farbwerken Meister Lucius und Brüning ein wirksames Handelsprodukt *Nitragin* auf Basis rein kultivierter Stickstoffbakterien auf den Markt gebracht.

Eine Weiterentwicklung dieser Erfolg versprechenden bakteriellen Düngung kam dann 20 Jahre später durch die Nitratdünger als Folge der Ammoniaksynthese nach Haber-Bosch[4] zum Erliegen.

---

[4]Haber, Fritz (1868–1934), dt. Chemie-Technologe, entwickelte 1909 die Ammoniaksynthese, Haber-Bosch-Verfahren.

Bosch, Carl (1874–1940), dt. Chemiker bei BASF AG. Technische Durchführung und Bau der ersten Ammoniaksyntheseanlage (1913), Haber-Bosch-Verfahren.

Verbindungen des *Phosphors* gehören zu den lebenswichtigen Bestandteilen der Pflanzenzellen und deren Zellkernen. Sie spielen auch im Energie- und Stoffwechselhaushalt eine entscheidende Rolle. Am Aufbau des Lecithins und Phytins ist Phosphor maßgeblich beteiligt. Phytinsäure ist ein Hexaphosphorsäureester des myo-Inosits und der Hexaphosphorsäure:

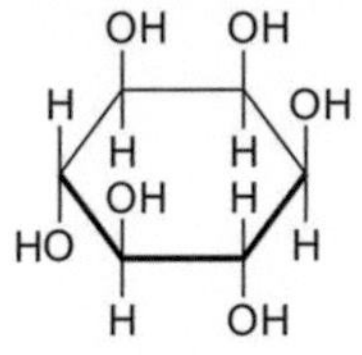

myo-Inpsit

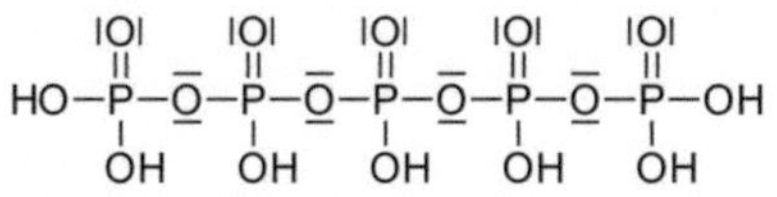

Hexaphosphorsäure

Die Calcium-Magnesium-Salze heißen Phytin, das in pflanzlichen Organen und insbesondere in Samen zu finden ist. Das Phytin erfüllt u. a. eine Phosphatspeicherfunktion.

Der Phosphor wird von den Pflanzen dem Boden als Phosphation entnommen. Der Wert eines phosphathaltigen Düngemittels richtet sich aber nicht nur nach dem berechneten P_2O_5-Gehalt, sondern auch nach seiner Citrat- und Wasserlöslichkeit, d. h. seiner Löslichkeit im Boden.

Die Wirkung des *Kaliums* reguliert den Wasserhaushalt der Pflanzen und fördert ihren Kohlehydratstoffwechsel, insbesondere die Glykolyse und Phosphorylierung. Die Kalidünger enthalten das Kaliumion K^+ in wasserlöslicher Form. Es handelt sich um aufbereitete Kalirohsalze, die von Begleitstoffen befreit worden sind. Kaliumionen aktivieren das Enzymsystem und halten das elektrophysiologische Potenzial zwischen den extrazellulären und interzellulären Räumen aufrecht (Kap. V, Abb. 12).

Die *Kalkdünger* haben eine Doppelfunktion zu erfüllen. Sie bestehen chemisch aus den Carbonaten, Oxiden, Chloriden und Silikaten des Calciums und werden begleitet von Magnesiumcarbonat $MgCO_3$. Ihre Wirkung beruht auf der pH-Wert-Erhöhung des Bodens, Verbesserung der Bodenstruktur und auf der Nährstoffversorgung der Pflanzen mit Ca^{2+}- und Mg^{2+}-Ionen. Die Ackerkulturen in Deutschland neigen leicht zu hohen Auswaschungsverlusten an Calciumverbindungen. Sie können bis zu 300 kg/ha im Jahr betragen. Die Böden geraten in die Gefahr zu versauern und müssen zur Aufrechterhaltung des für die Pflanzen optimalen pH-Bereichs von 6 bis 7 ständig mit Kalk versorgt werden. Ein Calciummangel hat eine geringe Bewurzelung zur Folge.

Magnesiumionen sind für den Aufbau des Blattgrüns Chlorophyll unerlässlich.

Tab. 2 Übersicht über die Wirkungen wichtiger Nährstoffelemente [E. overall view of the actions of important nutrients]

Nährstoffe	• Einfluss auf die Pflanzen • Symptome bei Mangel des jeweiligen Nährstoffes
Stickstoff als NH_4^+; NO_3^-	Bestandteil der Aminosäuren zum Aufbau der Proteine. Hauptbedarf zu Beginn der Pflanzenentwicklung bis zum Beginn der Einlagerung der Reservestoffe (Samen/Kornbildung). *Mangelsymptome:* Blätter gelb bis weiß, Kümmerwuchs
Phosphor als PO_4^{3-}	Bestandteil der Desoxyribonukleinsäure (DNS). Energieträger im Adenosintriphosphat (ATP) bei der Umwandlung der Sonnenenergie in biochemische Energie. Wichtig für die generativen Vermehrungsvorgänge. *Mangelsymptome:* mangelhafte Samenanlage, Blattfärbung violett
Schwefel als SO_4^{2-}	Fördert den Aufbau der schwefelhaltigen Aminosäuren Cystein und Methionin und damit spezieller Proteine, Enzyme und Vitamine des B-Komplexes. *Mangelsymptome:* Chlorose[a]
Kaliumionen K^+	Hauptbedarf während der Blattentwicklung. Kalium hält das elektrophysiologische Potenzial zwischen dem extrazellulären, ECR, und interezellulären, ICR, zusammen mit Magnesium aufrecht. Wichtiges Element zur Regenerierung des gesamten Stoffwechsels in der Pflanze und zur Aufrechterhaltung des Quellungszustandes des Plasmas und der Osmolalität zwischen dem ECR und ICR (Kap. V, Abb. 12). *Mangelsymptome:* Blätter sterben vom Rand her ab, geringe Standfestigkeit
Calciumionen Ca^{2+}	Entquellende Wirkung auf das Plasma, daher im Antagonismus zu K^+, als Baustein von Pektin in Mittellamelle der Zellwand. *Mangelsymptome:* Schädigung der Bildungsgewebe, z. B. in den Vegetationspunkten. Chlorose jüngerer Blätter
Magnesiumionen Mg^{2+}	Beeinflusst Quellungszustand der Plasmakolloide. Baustein von Chlorophyll und Pektin. Regulator einige Stoffwechselvorgänge. *Mangelsymptome:* Chlorose zwischen den Blattadern älterer Blätter
Natriumionen Na^+	Stark quellende Wirkung, Notwendigkeit nur für wenige Pflanzen nachgewiesen, aber für die Ernährung von Tier und Mensch wichtig

(Fortsetzung)

Tab. 2 (Fortsetzung)

Nährstoffe	• Einfluss auf die Pflanzen • Symptome bei Mangel des jeweiligen Nährstoffes
Eisenionen Fe^{2+}/Fe^{3+}	Bestandteil von Enzymen des Atmungsstoffwechsels, über Enzymreaktionen notwendig für Synthese von Chlorophyll und Eiweiß. *Mangelsymptome:* Chlorose jüngerer Blätter, besonders auf kalkreichen Böden, da hier das Eisen durch Calciumcarbonat ausgefällt und dadurch unresorbierbar gemacht wird
Manganionen Mn^{2+}	Bestandteil von Enzymen, dadurch u. a. beteiligt an Chlorophyllsynthese und Fotosynthese. *Mangelsymptome:* Dörrfleckenkrankheit bei Getreide und anderen Nutzpflanzen, besonders bei Hafer
Kupferionen Cu^{2+}	Bestandteil von Enzymen, dadurch u. a. beteiligt an Chlorophyllsynthese und Fotosynthese. *Mangelsymptome:* Chlorose junger Blätter, diese auf sauren Heide- und Moorböden, Hauptsymptom der „Urbarmachungskrankheit" bei Getreide
Zinkionen Zn^{2+}	Aktivierung von Enzymen, Förderung der Wuchsstoffbildung, als Bestandteil von Enzymen an Chlorophyllsynthese beteiligt, besonders hoher Gehalt in einigen Pflanzen, die auf zinkreichen Böden (Galmeiböden)[b] vorkommen, diese Pflanzenarten werden als Galmeiflora bezeichnet. *Mangelsymptome:* Chlorose jüngerer Blätter bei einigen Nutzpflanzen, Bildung kleiner Blattrosetten bei Obstbäumen. Kohlenhydrat- und Eiweißbildung verringert

[a]chloros (gr.) – gelbgrün; Chlorose ist die Bezeichnung für eine gelbliche Verfärbung von Blättern. Sie beruht häufig auf einem Nährstoffmangel. Bei ausreichenden Gaben dieser Nährstoffe geht die Gelbfärbung wieder zurück

[b]kalemine (mhdt.) aus kadmeia (gr.) – Zinkerz

Tab. 3 Entzugsmengen wichtiger Nährstoffe durch landwirtschaftliche Kulturpflanzen in Kilogramm pro Erntemenge (Quelle: Grundlagen der Düngung (1994), Hrsg. Bundesarbeitskreis Düngung, Frankfurt am Main, Karlstr. 21) [E. consumption of nutrients by agricultural plants in kilogram per yield]

Fruchtart	Erntemengen in Dezitonnen, 1 dt = 100 kg		Nährstoffe in kg pro Erntemenge				
			N	P_2O_5	K_2O	CaO	MgO
Roggen	10 dt	Körner m. Stroh	20–30	7–15	20–30	6–10	2–5
Weizen	10 dt	Körner m. Stroh	25–35	7–14	20–25	4–8	2–5
Wintergerste	10 dt	Körner m. Stroh	20–25	8–12	20–30	8–12	2–4
Triticale	10 dt	Körner m. Stroh	15–25	8–15	20–25	4–6	2–6
Hafer	10 dt	Körner m. Stroh	20–30	10–15	30–40	4–8	3–5
Körnermais	10 dt	Körner m. Stroh	25–30	10–15	30–40	6–10	6–10
Raps	10 dt	Körner m. Stroh	33–50	20–25	30–40	70–90	7–12
Spätkartoffeln	100 dt	Knollen m. Kraut	60–90	22–36	100–130	15–40	18–35
Zuckerrüben	100 dt	Rüben m. Blatt	40–55	15–20	70–90	100–200	10–20
Rotklee	10 dt	Heu (20 % TM)	44–66[a]	10–16	50–70	20–35	8–16
Silomais	100 dt	Grünmasse	25–35	15–20	35–45	12–18	5–10
Senf	100 dt	Grünmasse	40–50	6–10	35–45	35–45	2–5
Markstammkohl	100 dt	Grünmasse	60–70	18–23	70–80	40–45	10–15
Stoppelrüben	100 dt	Grünmasse	20–30	10–20	50–60	20–40	8–12
Wiesen (25 % TM)	100 dt	Heu	15–18	15–18	49–52	10–25	5–11

[a]Ein Teil des Stickstoffs durch Knöllchenbakterien (Leguminosen) aus der Luft

2.1 Nährstoffentzug durch landwirtschaftliche Kulturpflanzen [E. consumption of nutritions by agricultural plants]

Alle Nährstoffe, die eine Pflanze zum Gedeihen braucht, entnimmt sie dem Erdboden – mit Ausnahme von Sauerstoff und Kohlenstoffdioxid, deren Quelle die Luft ist. Stickstoff aus der Luft kann nur von Pflanzen fixiert werden, die mit Knöllchenbakterien in Symbiose leben. Durch die Pflanzen werden dem Boden Nährstoffe entzogen, umso mehr, je größer die erbrachten Ernten sind (Tab. 1 und 3).

3 Kalkstickstoff [E. lime nitrogen]

In seiner chemischen Zusammensetzung ist Kalkstickstoff ein Calciumcyanamid Ca=N–C≡N. Er ist ein Düngemittel, der für die Pflanze wertvolle Nährstoffe liefert, die Ackerstruktur verbessert und durch seine fungiziden und herbiziden Eigenschaften als Pflanzenschutzmittel wirkt.

In diesen Eigenschaften stellt der Kalkstickstoff als anorganische Substanz eine Brücke zwischen den stickstoffhaltigen Düngemitteln und den Pflanzenschutzmitteln (Kap. XXIII) her. Darin besteht auch der besondere Wert des Calciumcyanamids.

3.1 Herstellung [E. production of calciumcyanamide]

Für die Verfahren nach A. Frank und N. Caro[5] sind leicht zugängliche Rohstoffe nötig, nämlich Kalk (Calciumcarbonat, $CaCO_3$), Kohlenstoff in Form von Kohle, C_x, und der aus der Luft nach dem Linde-Verfahren gewonnene Stickstoff, N_2. Der Prozess selbst ist endotherm, also sehr energieaufwendig.

Schematisch lässt sich das Verfahren in drei große Teilschritte unterteilen, die ersten beiden sind endotherm.

1. Kalkbrennen bei Temperaturen von ca. 1400 °C.

Kalk → Branntkalk (Calciumoxid) + Kohlenstoffdioxid

$$CaCO_{3(s)} \xrightarrow{1400\,^{o}C} CaO_{(s)} + CO_{2(g)}$$

$$\Delta H = +177{,}8\ \text{kJ/mol}$$

2. Carbidherstellung im Elektroofen

Calciumoxid + Kohlenstoff → Calciumcarbid + Kohlenstoffmonoxid

$$CaO_{(s)} + 3\,C_{(s)} \xrightarrow{ca.\ 2000\,^{o}C} Ca{<}\overset{C}{\underset{C}{|||}}_{(s)} + CO_{(g)}$$

$$\Delta H = +465\ \text{kJ/mol}$$

3. Calciumcyanamidstufe im Azotierofen und mit Elektrobeheizung. Dieser Teilschritt verläuft exotherm. Die Heizung ist notwendig, um die Temperatur auf hohem Niveau zu halten.

Calciumcarbid + Stickstoff → Calciumcyanamid + Kohlenstoff

$$Ca{<}\overset{C}{\underset{C}{|||}}_{(s)} + N_{2(g)} \xrightarrow{1100\,^{o}C} Ca{=}N{-}C{\equiv}N_{(s)} + C_{(s)}$$

$$\Delta H = -289\ \text{kJ/mol}$$

$$CaCO_3 + N_2 + 2\,C \longrightarrow Ca{=}N{-}C{\equiv}N + CO_2 + CO$$

$$\Delta H = +354{,}1\ \text{kJ/mol}$$

[5] Frank, Adolph (1834–1916), dt. Chemietechnologe und Industrieller, begründete die mit N. Caro die Kalkstickstoffindustrie im Jahre 1895. Er entdeckte die Kalisalzlager in Staßfurt.

Caro, Nikodem (1871–1935), dt. Chemiker, entwickelte zusammen mit A. Frank das Verfahren zur Herstellung von Kalkstickstoff.

Die *Bruttoreaktionsgleichung* ergibt sich aus der Summierung der drei Teilreaktionsgleichungen und drückt mit dem Enthalpiewert von +354,1 kJ/mol den hohen Energiebedarf dieses Prozesses aus.

3.2 Verhalten im Boden [E. chemical behaviour in soil]

Der Kalkstickstoff wird im Boden über mehrere Stufen zum Harnstoff, einem Amidstickstoff, abgebaut.

Amidstickstoffverbindungen und ihre Zwischenprodukte können zwar direkt als Nährstoffe von den Pflanzen aufgenommen werden, in der Regel werden sie aber zu einfachen Nährstoffen umgewandelt, wie Ammonium, NH_4^+, und Nitraten, NO_3^-. Das sind länger andauernde Zeitreaktionen. Amiddünger haben Depotwirkung.

In der *ersten Stufe* unterliegen sie einer anorganischen Hydrolyse:

Kalkstickstoff + Wasser ⟶ Cyanamid + Calciumhydroxid

$$Ca{=}N{-}C{\equiv}N_{(s)} + H{-}OH_{(l)} \longrightarrow H_2N{-}C{\equiv}N_{(s)} + Ca(OH)_{2(aq)} \qquad \Delta H = -308{,}2\ \text{kJ/mol} \quad \Delta G = -205{,}9\ \text{kJ/mol}$$

In der *zweiten Stufe* findet eine enzymatische Reaktion zu Harnstoff statt, die von Eisen- und Manganionen katalysiert wird.

Cyanamid + Wasser ⟶ Harnstoff

$$H_2N{-}C{\equiv}N_{(s)} + H{-}OH_{(l)} \longrightarrow H_2N{-}C({=}O){-}NH_{2(s)} \qquad \Delta H = -105{,}8\ \text{kJ/mol} \quad \Delta G = -82{,}4\ \text{kJ/mol}$$

Außerdem bilden sich aus Cyanamid durch Dimerisation geringe Mengen Dicyandiamid.

Cyanamid ⟶ Dicyandiamid

$$H_2N{-}C{\equiv}N_{(s)} + N{\equiv}C{-}NH_{2(s)} \longrightarrow (H_2N)(N{\equiv}C{-}NH){-}C{=}NH_{(s)} \qquad \Delta H = -92{,}8\ \text{kJ/mol} \quad \Delta G = -61{,}6\ \text{kJ/mol}$$

Dicyandiamid wird unter dem Handelsnamen DIDIN von der AlzChem AG in Trostberg/Bayern als als Nitrifikationshemmer auf den Stickstoffdüngemittelmarkt gebracht. Es sorgt für einen langsameren Aufschluss des Harnstoffs im Boden.

Kalkstickstoff ist außerdem ein interessantes Ausgangsprodukt für eine Reihe wertvoller stickstoffhaltiger Zwischenprodukte.

In der *dritten Stufe* wird der Harnstoff mithilfe der von Bodenmikroorganismen ausgeschiedenen Urease enzymatisch in Ammoniak und Kohlenstoffdioxid bzw. Ammoniumcarbonat gespalten.

$$\underset{\text{Harnstoff}}{H_2N{-}\overset{\overset{}{}}{\underset{\underset{O}{\|}}{C}}{-}NH_{2(s)}} + \underset{\text{Wasser}}{2\,H{-}OH_{(l)}} \xrightarrow{\text{Urease}} \underset{\text{Ammoniumcarbonat}}{(NH_4)_2{-}CO_{3(s)}} \qquad \Delta H = -21{,}24\ \text{kJ/mol}$$

Auch sie ist eine Mehrstufenreaktion.

Zum Beispiel:

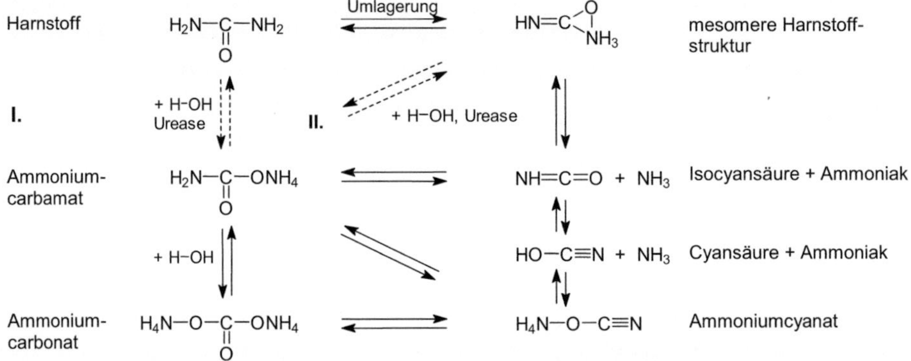

Nach eingehenden Untersuchungen der Reaktionsgeschwindigkeiten konnte von Elke Kuchlbauer[6] plausibel bewiesen werden, dass nur die Stufen I und II enzymatisch hydrolysiert werden.

Verwendete Werte der Bildungs- und freien Bildungsenthalpien:

Bildungsenthalpien $\Delta_B H_{298}$ von

Cyanamid, $H_2N{-}C{\equiv}N$: 58,827 kJ/mol; Calciumcyanamid, $Ca{=}N{-}C{\equiv}N$: –350,62 kJ/mol; Dicyandiamid: +24,9 kJ/mol; Harnstoff: –332,9 kJ/mol; Ammoniumcarbonat $(NH_4)_2CO_3$: –925,9 kJ/mol.

Freie Bildungsenthalpien $\Delta_B G_{298}$ von

Cyanamid: +121,76 kJ/mol; Calciumcyanamid: –303,76 kJ/mol; Dicyandiamid: +181,95 kJ/mol; Harnstoff: –196,8 kJ/mol.

Das Ammonium, NH_4^+, ist von den Pflanzen direkt resorbierbar. Aber es wird im Gegensatz zum Nitration, NO_3^-, als Kation von den negativ geladenen Kolloiden des Bodens festgehalten. Seine Mobilität ist erheblich geringer.

---

[6]Kuchlbauer, E. (1990), Diplomarbeit im Fachbereich Chemie und Pharmazie der Universität Regensburg unter Ltg. von Prof. Dr. K. Heckmann, Thema: Aufarbeitung von Gülle.

Erst nach Überführung in die Nitratform erreicht es die gleiche Beweglichkeit und damit Wirkungsgeschwindigkeit wie Nitrate.

Die Umwandlung von Ammonium zu Nitrat erfolgt durch die Nitrifizierung von Bodenbakterien. Sie gewinnen aus dieser Umsetzung physiologische Energie für ihren Stoffwechselprozess.

	Ammoniumion		Hydroxidion		Sauerstoff		Nitrition		Wasserstoffion		Wasser
	$NH_4^+{}_{(aq)}$	+	OH^-	+	$\frac{3}{2}O_2$	$\xrightarrow{\text{Nitrosomonas}}$	$NO_2^-{}_{(aq)}$	+	$H^+{}_{(aq)}$	+	2 H–OH
$\Delta_B G \left[\frac{kJ}{mol}\right]$:	–79,4		–137,3		0	$\longrightarrow$	–37,2		0		2(–236,2)

$$\Delta G = -37{,}2 - 472{,}4 - [-79{,}4 - 137{,}3] = \underline{-292{,}9\ \text{kJ/mol}}$$

	Nitrition		Sauerstoff		Nitration
	$NO_2^-{}_{(aq)}$	+	$\frac{1}{2}O_2$	$\xrightarrow{\text{Nitrobacter}}$	$NO_3^-{}_{(aq)}$
$\Delta_B G \left[\frac{kJ}{mol}\right]$:	–37,2		0	$\longrightarrow$	–111,3

$$\Delta G = -111{,}3 - [-37{,}2] = \underline{-74{,}1\ \text{kJ/mol}}$$

Die Nitrifizierung wird von zwei verschiedenen Bakterienarten initiiert. Es handelt sich um eine enzymatische Oxidation.

Die erste Oxidationsstufe vom Ammonium zum Nitrition wird von den *Nitrosomonas*-Bakterien besorgt. Dabei wird ein Betrag von freier Energie $\Delta G = -292{,}9$ kJ/mol für den bakteriellen Stoffwechsel bereitgestellt. Die zweite Oxidationsstufe bewirkt das *Nitrobacter*-Bakterium. Die frei werdende Energie ist mit $\Delta G = -74{,}1$ kJ/mol erheblich niedriger. Das Oxidationsniveau vom Ammonium zum Nitrit ist größer als vom Nitritniveau zum Nitrat. Die Ursache ist im hohen Wasserstoffanteil im Ammoniummolekül begründet.

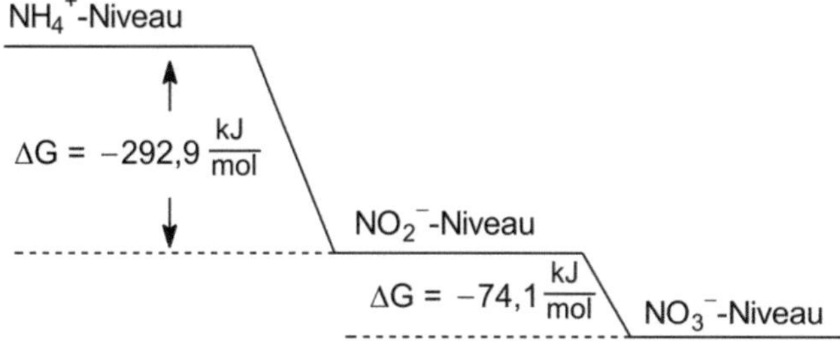

Der im Kalkstickstoff vorhandene Calciumanteil wird im feuchten Boden als Calciumhydroxid freigesetzt. Er hat alkalische Wirkung und verhindert eine Versäuerung der Ackerkrume. In Verbindung mit den Stickstoffderivaten fördert er die Entwicklung der Bodenmikroorganismen, die Krümelstruktur und die Gare des Bodens. Rechnerisch beträgt der Ca-Gehalt im Kalkstickstoff 50 %.

Beim Ausbringen des Kalkstickstoffs reichert sich nach der anorganischen Hydrolyse in den oberen Bodenschichten von 1 bis 4 cm das herbizid und fungizid wirkende

Cyanamid, $H_2N{-}C{\equiv}N$, an. Es tötet die flachwurzelnden und keimenden Wildpflanzen. In den tieferen Lagen befinden sich die düngenden Umwandlungsprodukte des Kalkstickstoffs, die von den tiefer wurzelnden Nutzpflanzen aufgenommen werden.

Auch lässt sich Kalkstickstoff zur Bekämpfung der Wildpflanzen über deren Blätter verwenden. Das ist die Blattwirkung.

Kalkstickstoff wirkt gegen viele pilzliche Erkrankungen wie z. B. gegen den Schadpilz Cercosporella herpotrichoides, der für die Halmbruchkrankheit des Getreides verantwortlich ist.

Auch tierische Schädlinge lassen sich mit Kalkstickstoff bekämpfen. Zu nennen sind die Zwergschlammschnecke, der Zwischenwirt des Leberegels, einige Magen- und Darmparasiten von Haustieren sowie die Salmonellen in Flüssigmist und die Erreger der Forellen-Drehkrankheit.

4 Zusammenhang zwischen Düngung und Nahrungsmittelproduktion [E. connection between fertilization and production of foodstuffs]

Eine Vielzahl von Düngungsversuchen hat gezeigt, dass bei ausreichender Volldüngung zur rechten Zeit. d. h. bei aufeinander abgestimmten Gaben von Stickstoff-, Phosphor-, Kalisalzen und Spurenelementen 1 kg Stickstoff/ha Anbaufläche zu folgenden Mehrerträgen führt (Abb. 2):

16–20 kg/ha Getreidewerten (Weizen, Gerste, Roggen, Reis u. a.),
90 kg/ha Kartoffeln,
90 kg/ha Rüben.

Eine merkliche Auswaschung an Düngemittelsalzen beginnt erst nach dem Ertragsoptimum. Vorher wird der größte Teil von den Pflanzen aufgenommen.

Die Welterzeugung an stickstoffhaltigen Düngemitteln für das Jahr 2014/2015 betrug ca. 95 Mio. t, berechnet auf 100 % N. Werden diese Mengen nur zur Intensivierung des Getreideanbaus eingesetzt, so bedeutet das eine zusätzliche Erzeugung von 1,8 Mrd. t Getreidewerten.

Unter Berücksichtigung eines Feuchtigkeitsgehaltes von ca. 20 % sind dies 1,44 Mrd. t nutzbare Getreidenährwerte mit einem physiologischen Brennwert von mindestens

$1{,}44 \cdot 10^{15}\,\mathrm{g}\frac{\text{Getreidewerte}}{\text{Jahr}} \times 17{,}2\frac{\mathrm{kJ}}{\mathrm{g}}$ physiologische Nutzenergie von KH bzw. Protein $= 24{,}768 \cdot 10^{15}$ kJ $= 24.768 \cdot 10^{12}$ kJ/Jahr.

Pro Tag stehen der Menschheit somit zusätzlich

$$\frac{24.768 \cdot 10^{12}\,\mathrm{kJ}}{365\,\text{Tage}} \approx 68 \cdot 10^{12}\left[\frac{\mathrm{kJ}}{\text{Tag}}\right]$$

zur Verfügung.

Wird der tägliche physiologische Energiebedarf eines erwachsenen Menschen bescheiden mit 11.300 $\left[\frac{\text{kJ}}{\text{Tag}}\right]$ angesetzt, können aus dieser Mehrproduktion von Getreide gegenüber dem Nichteinsatz von Mineraldüngern täglich 6 Mrd. Menschen versorgt werden.

11.300 kJ/Tag dividiert durch 17,2 kJ/g ergeben ca. 657 g Getreidewerte, die der Mensch täglich in Form von Brot, Fladen, Gebäck oder anderen Speisen zu sich nehmen kann[7]. Diese entsprechen etwa 1 kg Brot mit einem Feuchtigkeitsgehalt von ca. 35 %. Es handelt sich hier um eine theoretische Modellrechnung. Berücksichtigt man die Ernteverluste durch Ungeziefer, mangelnde Ernteeinbringung und unvollkommene Lagerung, die weltweit mit ca. 40 % geschätzt werden, dann sinkt der nutzbare Mehrertrag auf ca. $40{,}8 \cdot 10^{12} \left[\frac{\text{kJ}}{\text{Tag}}\right]$. Der reicht aus, um 3,6 Mrd. Menschen täglich mit 657 g Getreidewerten zu versorgen.

Diese Überschlagsrechnung soll verdeutlichen, wie unmittelbar eine ausreichende Nahrungsmittelversorgung von der Ammoniakproduktion abhängt. Genügende Düngemittel bereitzustellen ist der erste Schritt zur Beseitigung des Hungers in der Welt. Länder, die mit ihrer Industrialisierung beginnen, bauen häufig erst Ammoniak- und Düngemittelfabriken. Vor allem solche Länder, die leichten Zugang zur Wasserstoffkomponente haben. Sei es, dass sie über große Erdöl- oder Erdgasvorkommen oder über billige elektrische Energie für eine Wasserelektrolyse verfügen.

Neben einer ausreichenden Süßwasserversorgung ist die schwächste Stelle in der Bereitstellung von Nahrungsmitteln, eine genügende Menge an stickstoffhaltigen Düngemitteln zu produzieren (Kap. XI, Abschn. 1).

Für die Erzeugung von 1 kg Weißbrot (der Feuchtigkeitsgehalt wird mit 35 % angenommen) mit einem physiologischen Nutzenergiewert von 11.180 kJ müssen in den Industrienationen 0,48 kg Erdöl, die einem Heizwert von 20.400 kJ entsprechen, aufgewendet werden. Es gilt

$$
\begin{aligned}
11.180\,\text{kJ}:20.400\,\text{kJ} &= x:1 \\
x &= \frac{11.180\,\text{kJ}}{20.400\,\text{kJ}} \\
x &\approx 0{,}55, \text{ der Wirkungsgrad beträgt nur } 55\,\%.
\end{aligned}
$$

[7]Der physiologische Brennwert von 1 g Getreide i. Tr. S. entspricht etwa (zusammengesetzt aus Stärke und Eiweiß):

$$17{,}2\left[\frac{\text{kJ}}{\text{g}}\right];\ 11.300\left[\frac{\text{kJ}}{\text{Tag}}\right]:\ \frac{11.300\left[\frac{\text{kJ}}{\text{Tag}}\right]}{17{,}2\left[\frac{\text{kJ}}{\text{g}}\right]} \approx 657\left[\frac{\text{g}}{\text{Tag}}\right]\text{Getreidewerte.}$$

Das Verhältnis von nutzbarer physiologischer Energie zu eingesetzter technischer Energie beträgt also nur 0,55[8]. Länder, die nicht langfristig ihren technischen Energiebedarf sichern, programmieren den Hunger für die nächsten Jahrzehnte.

Die Nährstoffversorgung, insbesondere die des Stickstoffangebotes für die Getreidepflanze, muss sich ihren Entwicklungsstadien anpassen. Die Kornbildung – also der Ertrag – wird durch drei Ertragsfaktoren bestimmt. Im Einzelnen sind dies:

1. die Anzahl der Pflanzen pro Flächeneinheit,
2. die Anzahl der Körner in der Ähre pro Pflanze,
3. das Korngewicht.

Der Verlauf der Ertragsbildung bei Getreide gliedert sich, wie Abb. 2 zeigt, in ein System- und Produktwachstum. Mit Beginn der Bestockung nehmen die Anzahl der Triebe pro Einzelpflanze und die Ährchenanlagen (Blüten, Kornzahl) rasch zu. Der Höhepunkt der Triebbildung ist mit Beginn des Schosses erreicht und geht danach wieder zurück. Das Maximum der Ährchenanlagen wird kurz nach dem Schossen erreicht und nimmt dann aber infolge der Konkurrenzverhältnisse der einzelnen Pflanzenteile untereinander wieder bis zum Zeitpunkt der Blüte ab. Unmittelbar nach der Blüte beginnt mit der Ausbildung der Einzelkörner die Zunahme des Korngewichtes, welches dann rapide zu einem Maximum zwischen dem Zeitpunkt der Gelb- und Vollreife ansteigt.

Für die Stickstoffdüngung des Getreides sind die einzelnen Entwicklungsstadien von grundlegender Bedeutung, weil durch gezielte Düngung mit anderen Pflege- und Pflanzenschutzmaßnahmen der Ernteertrag auf ein Maximum gesteigert werden kann. Um eine Überdüngung mit ihren negativen Folgen für die Umwelt zu vermeiden, ist es wichtig, die Zusammensetzung des Ackerlandes und seine Porenstruktur zu kennen. Ebenso sollte die Nährstoffaufnahmefähigkeit in den einzelnen Wachstumsphasen der Kulturpflanzen bekannt sein.

Werden bei dem Mehrertrag von 1 kg Getreide die zusätzlichen Kosten für die möglichen eingesetzten Phosphat-, Kalk- und Kalisalzdünger in diese Grobkalkulation mit einbezogen, dann vermindert sich der Wirkungsgrad zwischen gewonnener physiologischer Nutzenergie (Getreidekorn, Brot) und der eingesetzten technischen Nutzenergie (Kraftstoff, fossile Energieträger) unterhalb von 55 %. Daraus folgt, dass die Herstellung von Bioethanol und Biodiesel zum Einsatz als Kraftstoffe energetisch nicht zu rechtfertigen ist. Unabhängig von dieser Überschlagrechnung ist, dass die Verwendung von Biokraftstoffen eine Sünde an den fast 2 Mrd. hungernden und durstenden Menschen dieser Welt ist.

[8]Bei der Berechnung wurde für Weißbrot ein Wassergehalt von 35 % angenommen und 0,48 kg Erdöl als 0,48 Öleinheiten gleichgesetzt, 1 OE = 42.498 kJ. 1 g Stärke und 1 g Eiweiß entsprechen einem physiologischen Brennwert von 17,2 kJ.

5 Stallmist, Jauche und Gülle – wirtschaftseigene organische Dünger [E. dung, liquid manure – organic fertilizers from the farms]

Stallmist [E. dung] ist der in der Landwirtschaft aus der Tierhaltung anfallende Kot, der mit Jauche (Harn) und Stroh vermischt als Düngemittel dient.

Kot [E. faeces] ist ein komplexes Gemisch aus Nahrungsmittelreststoffen, abgestoßenen Zellen des Verdauungstraktes, Bestandteilen der Darmflora und Verdauungssekreten, das aus dem Darm durch den After von Mensch und Tier ausgeschieden wird.

Die Zusammensetzung des Kotes ist von der Ernährungsweise, dem Alter des Tieres und der Tierart sehr unterschiedlich.

In der Regel besteht er zu 75 % aus Wasser, aus organischen Anteilen wie Cholesterin (Kap. V, Abschn. 5), Aminosäuren aus den Proteinen stammend, aus Purinbasen der Nukleinsäuren, unvollständig abgebauten Fettsäuren u. a. anaeroben Abbauprodukten des Darms. Anorganische Bestandteile des Kotes sind Natrium-, Kalium-, Magnesium-, Calcium-, Eisen-, Phosphat- und Chloridionen. Die Farbe des Kotes hängt von den Farbstoffanteilen der Nahrung und den Fäkalpigmenten ab. Letztere entstehen durch den bakteriell-enzymatischen Abbau der Gallenfarbstoffe.

Der penetrante[9] unangenehme Geruch ist auf die Anwesenheit von Indol und Skatol zurückzuführen.

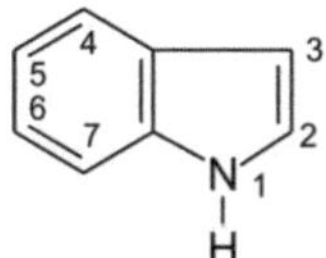

Indol ist formal betrachtet ein Additionsprodukt aus Benzol und dem 5-ringigen heterozyclischen Pyrrol.

Es entsteht neben Skatol, ein 3-Methylindol, als biochemisches Abbauprodukt die in den meisten Proteinen enthaltene Aminosäure Tryptophan.

Skatol (3-Methylindol) ; Tryptophan (3-Indolylalamin)

Die Verwandtschaft zwischen dem chemischen strukturellen Aufbau des Indols, Skatols und Tryptophans ist offensichtlich.

[9]penetrare (lat.) – durchdringen.

Tab. 4 Zusammensetzung verschiedener Güllearten [E. composition of different liquid manure]

Güllearten	Tr. S.[a] [% Massen-anteile]	Nährstoffanteile					
		N $[\frac{g}{L}]$	P_2O_5 $[\frac{g}{L}]$	K_2O $[\frac{g}{L}]$	CaO $[\frac{g}{L}]$	MgO $[\frac{g}{L}]$	Cu $[\frac{g}{L}]$
Rindergülle	8	4,2	2,0	5,5	–	0,8	0,005
Schweinegülle	6	5,1	3,3	3,3	–	1,0	0,023
Hühnergülle	14	8,7	7,3	5,1	16	1,7	0,009
Kälbergülle	3	3,6	1,5	4,0	–	0,6	0,004

[a]Tr. S. = Trockensubstanz

Jauche [E. liquid manure][10]
ist eine bei der Stalltierhaltung anfallende flüssige und halbflüssige Suspension[11]. Sie besteht aus mikrobiell umgesetztem Harn von Haustieren mit beigemischten Kotteilchen, z. T. aus Sickersaft des Stallmistes und Regenwasser.

Gülle, auch Flüssigmist genannt [E. liquid manure]
ist ein verdünntes Flüssig-Feststoff-Gemisch aus Kot und Harn mit geringen Einstreu(Stroh)-Anteilen. Zum besseren Abfließen aus den Stallungen wird sie mit Wasser verdünnt (Tab. 4).

Gülle enthält große Mengen nicht abbaubare Schleimstoffe, die nach dem Ausbringen auf die Äcker die Pflanzenwurzeln verkleben und das Versickern der Gülle in den Boden behindern. Deshalb bleibt der Güllegeruch nach dem Antrocknen lange am Boden und Futter haften. Weiden- und Grünfutter werden dadurch oft abstoßend für das Vieh, und die Grundfutterversorgung bzw. -leistung wird beeinträchtigt.

Die ausgeschiedenen Harnmengen betragen

beim Rind	ca.	15 kg/Tag,
beim Schwein	ca.	4 kg/Tag

Das entspricht einer Harnmenge von ca. 5 bis 6 m^3 Jauche pro Großvieheinheit [GVE] und Jahr. 1 GVE entspricht dem Lebendgewicht von einem Tier oder mehreren Tieren von 500 kg. Diese Einheit dient zum Vergleich der Güllemengen von Tieren unterschiedlichen Gewichts und Größe.

Bei einer Rindviehhaltung von 500 Tieren fällt täglich eine Harnmenge von 7,5 bis 10 m^3 an. Unter Berücksichtigung von sonstigen Verunreinigungen wie Kot, Einstreuanteilen (Stroh) und Wasser als Verdünnungs- und Reinigungsmittel der Ställe ist nach bisheriger praktischer Erfahrung mit einer täglichen Güllemenge von ca. 25 bis 30 m^3 zu rechnen.

---

[10]*Jauche* ist von dem westslawischen Ausdruck *juche* = trübe, stinkende Flüssigkeit hergeleitet.

[11]suspendere (lat.) – aufhängen, schwebend haltend. Suspension ist ein Mischsystem von Feststoffteilchen in Flüssigkeiten, aber kolloidaler Teilchengröße, d. h. größer als eintausendstel Millimeter.

Der Gülleanfall wurde für Deutschland (2010) auf 130 Mio. Jato geschätzt.[12] In der Tat ist der Anfall viel höher, wenn der gesamte Rinderbestand und die Schweinegülle erfasst werden könnte.

Seit der Einführung der Mineralstoffdünger vor fast 130 Jahren mit dem Import des Chilesalpeters und später der Ammonium-, NH_4^+, und Nitratdünger, NO_3^- sowie nach Entwicklung der Ammoniaksynthese wurden die Vor- und Nachteile der landwirtschaftseigenen organischen Dünger immer wieder infrage gestellt. Ein Vorteil der Mineralstoffdünger ist ihre konstante Zusammensetzung, bessere und dosierbare Aufbringung auf die Äcker und gute Lagerfähigkeit als Reserve.

Dagegen fördert der Stallmist die Humusbildung, die andererseits wieder sehr vom Klima und Boden abhängig ist. Je wärmer es ist, desto schneller wird organische Substanz im Boden von Mikroorganismen abgebaut. Dies ist jedoch nur bei ausreichender Feuchtigkeit möglich. Trocknet der Acker im Sommer vollständig aus, wie das in den Mais- und Sojaanbaugebieten der USA der Fall ist, werden Erntereste oder Viehmist kaum von Mikroorganismen verwertet. In Nordeuropa sind die Böden nach der Ernte erheblich feuchter. Unterstützt durch Stallmist werden Stroh- und Stoppelreste gut abgebaut, und es entwickelt sich allmählich eine stabile Humusschicht.

Andere Bewertungskriterien für den landwirtschaftseigenen Dünger müssen herangezogen werden, wenn es um eine optimale Nährstoffversorgung geht. Zum Beispiel hängt nach Untersuchungen des Instituts für Pflanzenbau und Pflanzenzüchtung der Universität Kiel (Prof. Dr. Herbert Hanus) die Stickstoffausnutzung von der Art der Pflanzen und dem Zeitpunkt der Düngung ab.

Es wurde durch Freilandversuche nachgewiesen, dass ein im Herbst mit Gülle gedüngter Raps nur 5 % des eingebrachten Stickstoffs verwertet. Wird der Raps im Frühjahr mit Gülle gedüngt, werden immerhin 24 % ausgenutzt.

Besser wurden die Stickstoffnährstoffe vom Weizen und der Gerste aufgenommen. Allerdings war die höchste Nährstoffaufnahme, nämlich bis zu 70 %, die von den Mineralstoffdüngern.[13]

---

[12]Die in der Literatur zitierten anfallenden Güllemengen weichen oft stark voneinander ab. Mit der Einführung der arbeits- und kostensparenden Spaltenböden in den einstreuarmen oder einstreulosen Ställen bei einer modernen Massentierhaltung werden die Stallböden mit Wasser ausgespritzt und gereinigt. Nicht immer wird mit dem Wasser entsprechend sparsam umgegangen. Die Güllemengen sind je nach der Menge des eingesetzten Wassers größer oder geringer bzw. ihre Konzentrationen stärker oder schwächer.

[13]Lit.: Journal of Agricultural Science, Bd. 130 p. 165.

Vom *Rodal Institute in Pennsylvania* (Lauric Drinkwater) wurden 15 Jahre lang die Wirkungen einer Stallmist- und mineralischen Düngung auf die Maiserträge verfolgt. Der Stallmist stammte aus der Rinderhaltung. Als dritte Variante wurde noch die Stickstoffversorgung durch Leguminosen herangezogen. Vergleicht man die Ernteergebnisse als Summe über 10 Jahre, dann konnte bei mineralischer Düngung in 6 von 10 Jahren Mais mit guten Ernteausbeuten angebaut werden. Während dies bei Stallmist oder mit Leguminosen nur jedes 3. Jahr möglich war.[14]

Ein besonderes Problem birgt die Gülledüngung in sich. Eine schlechte Ausnutzung der stickstoffhaltigen Gülleinhaltsstoffe wirkt sich auch nachteilig auf die Umwelt aus. In manchen Jahren wurden in der Zeit zwischen Weizenernte und Frühjahr bis zu 80 kg je Hektar stickstoffhaltige Substanzen ausgewaschen. Bei einer mäßigen mineralischen Düngung waren es in gleicher Zeit nur 32 kg. Die Gülle optimal als Nährstofflieferant zu nutzen, gelingt nur dann, wenn sie im Frühjahr zu der Zeit ausgebracht wird, in der die Pflanzen am schnellsten wachsen.

Da bei der Massentierhaltung zur Deckung des tierischen Eiweißes für die menschliche Ernährung riesige Mengen Gülle anfallen, erfordert das eine große Lagerhaltung. Denn die Gülle fällt das ganze Jahr über regelmäßig an. Eine Güllelagerhaltung ist immer der Gefahr einer anaeroben Zersetzung (Fäulnis) ausgesetzt, die den Stickstoffgehalt der Gülle und damit ihren Düngewert mindert. Bei der Fäulnis werden u. a. Kohlenstoffdioxid, CO_2, elementarer Stickstoff, N_2, Ammoniak, NH_3, Schwefelwasserstoff, H_2S, und Methan, CH_4, freigesetzt, die als Gase entweichen. Außerdem werden diese Prozesse von unangenehm durchdringenden Gerüchen begleitet. Das mit dem Kot in die Gülle gelangte *Enzym Urease* zersetzt zusätzlich den mit dem Rinderurin ausgeschiedenen Harnstoff in Kohlenstoffdioxid und Ammoniak, die als Gase entweichen.

$$\underset{\text{Harnstoff}}{H_2N{-}C({=}O){-}NH_2} \xrightarrow[+\,H{-}OH]{\text{Urease}} \underset{\text{Ammoniak}}{2\,NH_3} + \underset{\text{Kohlenstoffdioxid}}{CO_2} \quad ;\ \Delta G = -231{,}4\ \text{kJ/mol}$$

Der Harnstoff als wertvoller Nährstoff ist dann verloren.

Gelagerte Gülle enthält eine Vielfalt wurzelschädigender Stoffe, die das Wachstum von flachwurzelnden Untergräsern, Leguminosen und Neuansaaten, aber auch von Getreide beeinträchtigen. Bekannt ist der sogenannte Gülleschock der Pflanzen nach dem Ausbringen der Gülle.

Während der Güllelagerung können Sinkschichten und Schwimmdecken entstehen, die sich durch Entmischen der Gülle während der Lagerung bilden. Durch Elektromotoren angetriebene Rotoren und Rührer wird in modernen Großlagern die Gülle ständig bewegt.

[14]Nature, Bd. 396, p. 263.

Besondere Aufmerksamkeit ist der Gülle zu widmen, die aus mit Antiinfektiva und Antibiotika behandelten Viehbeständen (Rindern, Schweinen, Federvieh) stammt. Diese Chemotherapeutika werden teils unverändert wieder ausgeschieden und inaktiviert, teils aber auch reaktiviert. Je nach Substanz und Güllelagerungsbedingungen werden sie durch Mikroorganismen unterschiedlich schnell abgebaut. Bisher konnten keine nachteiligen Folgen für die Bodenmikroflora und Pflanzen nachgewiesen werden. Aber es ist angebracht, bei industriellen Aufarbeitungs- und Entsorgungsverfahren mögliche Auswirkungen von Antiinfektivarückständen in der Gülle zu beachten und neue Forschungserkenntnisse zu berücksichtigen.

5.1 Gülleentsorgung, eine Quelle für recycelten Dünger [E. disposal of liquid manure – a resource for recycled fertilizer]

Der Maßnahme, die Gülle unmittelbar als Nährstoffspender auf Acker und Weiden zu bringen, sind also sehr enge Grenzen gesetzt.

Belastungssymptome sind:

- Schlechte Absorbierbarkeit der Gülle durch den Boden.
- Möglichkeit einer starken Grundwasserverseuchung.
- Penetrante Geruchsbelästigung für die Umgebung, d. h. Mensch und Tier, sowie Geruch beim Kochen der tierischen Produkte (Fleisch).
- Hoher Mengenanfall an Gülle bei einer Massentierhaltung und damit verbunden eine aufwendige Lagerung, Korrosion von Lagertanks.
- Antiinfektiva.

Diese Belastungen erfordern Maßnahmen für eine kontinuierliche nachhaltige Gülleentsorgung in der Landwirtschaft.

Belastungsregionen [E. regions of environmental pollution]
Überall dort, wo sich eine intensive Viehmasthaltung entwickelt hat, sind Güllebelastungsregionen entstanden, z. B. England, Niederlande, Dänemark, Schweden, Norddeutschland, inzwischen auch in den mitteleuropäischen Ländern. In den Niederlanden müssen die Landwirte und Viehmäster schon 10 EUR/m^3 Gülle bezahlen, damit sie entsorgt werden kann. Dänemark und Schweden haben ähnliche Probleme.

In Niedersachsen ist die Aufnahmefähigkeit der Äcker oder anderer Landflächen für die Gülleentsorgung überschritten.

Andererseits lohnt es sich, die wertvollen Stic kstoffverbindungen wie Nitrat-, NO_3^-, und Ammonium-, NH_4^+, -Ionen, Harnstoff, $H_2N{-}C({=}O){-}NH_2$, sowie Phosphate wieder unmittelbar dem Acker zuzuführen. Denn synthetisch können diese Produkte nur aus dem Luftstickstoff, N_2, über die Ammoniaksynthese, $N_2 + 3\,H_2 \xrightarrow{\text{Kat.}} 2\,NH_3$, gewonnen werden, wobei schon allein die Wasserstoffgewinnung aus dem Methan ein energieaufwendiger Prozess ist, abgesehen von den weiteren technischen Verfahrensschritten. Stickstoffdünger herzustellen ist energieaufwendig und kapitalintensiv. Eine Gülleentsorgung muss technisch einfach handbar sein, wenig Energie erfordern, Umweltbelastungen vermeiden und wirtschaftlich vertretbar sein.

Die entstehenden Kosten müssen ausgeglichen werden durch zwei nutzbringende Endprodukte

1. sauberes Wasser, das zum Bewässern wiederverwendet werden kann,
2. zurückgewonnene marktfähige Düngemittelprodukte. Sie müssen dosier- und streufähig sein.

Auf diese Weise kann ein Teil von Mineraldünger durch Recycle-Dünger ersetzt werden. Den Vertrieb übernehmen die Mineraldüngerunternehmen. Dieses Konzept wäre nach der Fällungsdekantiermethode zu entwickeln.

Wiederaufarbeitung von Gülle nach der Fällungsdekantiermethode [E. recycling of liquid manure by the precipitation-decantationmethod]

1. Reinigungsstufe – Filtration
   Abtrennung der Grobfeststoffe wie Stroh- und Kotbestandteile u. a. durch Filtration. Um mögliche Steine und Metallteile zu entfernen, wird das Flüssig-Feststoff-Gemisch vorher durch ein grobmaschiges Siebnetz geleitet, das die unerwünschten Hartbestandteile zurückhält.
2. Reinigungsstufe – Fällung bzw. Ausflocken, Klären und Filtrieren
   Die vorgereinigte Gülle wird in Klärbecken zur Entfernung der Schwebstoffe und der ionisierten Mineralien wie Nitrate, Sulfate, Phosphate, Ammoniumverbindungen und Harnstoff mit einem Flockungs- und Fällungsmittel versetzt, das die Schwebstoffe und Elektrolyte mit zu Boden reißt und sich dort absetzt. Nach einer bestimmten Absetzzeit wird der Klärschlamm bodenseitig abgezogen und über Filterpressen von der Flüssigphase getrennt. Das geklärte Wasser aus der Gülle verlässt die Klärbecken nach dem Überlaufprinzip.
   Als Fällungsmittel sollen biologisch abbaubare Polyelektrolyte eingesetzt werden.
3. Endprodukte
   Streufähiger Dünger mit bekannter Feststoffzusammensetzung und geklärtes Gebrauchswasser.

6 Zusammenspiel im Ökosystem [E. connection in the ecosystem]

In Kap. IV, Abb. 1 ist das Zusammenspiel der Stoff-Energie- und biologischen Systeme gestrafft skizziert worden. Es ist kein stationäres Gleichgewicht, sondern ein Fließgleichgewicht. Alles befindet sich in einer ständigen Veränderung. Dieses Fließgleichgewicht vermag alle äußeren Einflüsse aufzufangen und sich diesen auch anzupassen, wenn sie nicht abrupt unter hohen Potenzialverschiebungen verlaufen. Ökosysteme sind fließende Systeme innerhalb von kalkulierbaren Toleranzen.

Noch vor einigen Jahrzehnten bildeten in der Landwirtschaft die Acker- und Viehwirtschaft einen sich ergänzenden Verbund. In den letzten Jahrzehnten seit dem Ende des 2. Weltkrieges 1945 sind große Bereiche der Landwirtschaftsbetriebe in Deutschland, Europa und in den USA in selbstständige unabhängige Wirtschaftsbetriebe getrennt worden. Es gibt die Unternehmen der Ackerwirtschaft und die der Massentierhaltung.

Die nachteiligen Folgen haben Langzeitcharakter: Mit überschweren Mähdreschern wird das Getreide auf den Feldern geerntet. Korn und Stroh werden getrennt abgefahren. Das Stroh gelangt nicht wieder über die Viehwirtschaft als Dung (Dünger) auf die Felder zurück. Mit jeder Tonne Stroh werden dem Acker ca. 250 kg Mineralsalze wie z. B. Nitrate, Phosphate, Carbonate u. a. entzogen. Diese müssen in Form von Kunstdünger ersetzt werden. Das Aufbringen von Kunstdünger führt oft zur Überdüngung, die sich nachteilig auf den Grundwasserkreislauf auswirkt.

Das zellulosehaltige Stroh wird teilweise fermentiert, um kurzkettige Kohlenwasserstoffe und Alkohole zu gewinnen.

Wiederkäuer, wie z. B. Rinder, Schafe, Ziegen vermögen, Zellulose zu verdauen und somit als physiologische Energiespender auszunutzen. In Deutschland wurden im Jahr 2015 12,7 Mio. Rinder gezählt, davon waren 4,3 Mio. Milchkühe. Die Anzahl der Schafe betrug 2014 1,6 Mio. und die der Schweine 28,1 Mio.

Es wäre besser, den Wiederkäuern die Fermentation zu überlassen, d. h. sie mit zellulosehaltigem Futter zu versorgen. Damit könnte eine weitere Fehlentwicklung gestoppt werden, nämlich die Fütterung von Wiederkäuern in der Massentierhaltung mit hochwertigem Getreide und Sojamehl. Letztere wären für die menschliche Ernährung nützlicher eingesetzt.

Zwei Drittel der Getreideernten werden zurzeit in Deutschland als Tierfuttermittel verbraucht, darunter befindet sich auch der Anteil, der zu Bioethanol als Kraftstoffzusatz umgesetzt wird.

2014 wurden in Deutschland 1,484 Mio. t Getreide und 2,6 Mio. t Zuckerrüben für die Bioethanolproduktion verwendet. Daraus wurden ca. 726.881 t Bioethanol erhalten.

Parallel zu dieser Entwicklung hat auch die Aussaat von Monokulturen zugenommen. Sie führen zu einer einseitigen Verarmung des Ackers an Mineralien.

Entsprechende Mengen Getreide für die menschliche Ernährung müssen eingeführt werden.

Die Massentierhaltung auf engstem Raum, wie sie derzeitig bei Rindern, Schweinen und dem Federvieh gehandhabt wird, ist mit einem weiteren Problem verbunden. Das ist die Verhinderung von Infektionskrankheiten. Je dichter biologische Systeme auf engem Raum angesiedelt sind, je höher ist die Gefahr von äußeren bakteriellen Infektionen.

In der EU werden jährlich ca. bis zu 9000 t Antibiotika eingesetzt, um solchen Infektionen vorzubeugen. Inwieweit Antibiotika über die Gülle in den natürlichen Wasserkreislauf gelangen, darüber wird geschwiegen. Auch die Gülleentsorgung in der Massentierhaltung ist aufwendig. Sie kann nicht zu jeder Jahreszeit auf die Äcker gebracht werden. Lange Lagerzeiten in Reservebehältern führen zu einer Zersetzung des wertvollen Harnstoffes in Ammoniak und Kohlenstoffdioxid:

$$H_2N{-}\underset{\underset{O}{\|}}{C}{-}NH_2 \xrightarrow{+H-OH} 2\,NH_3 + CO_2$$

Ob es einen Zusammenhang zwischen dem Einsatz von Antibiotika in der Massentierhaltung und dem Auftreten von resistenten Bakterien in den Krankenhäusern gibt, darüber sollte nachgedacht werden.

Wirtschaftliches [E. economic]
Im Düngejahr[15] 2014/2015 wurden in Deutschland eingesetzt[16]:

2,76 Mio. t Kalk bezogen auf $CaCO_3$,
1,82 Mio. t stickstoffhaltige Düngemittel bezogen auf N,
0,46 Mio. t Kalisalze als Düngemittel bezogen auf K_2O und
0,3 Mio. t phosphathaltige Düngemittel bezogen auf P_2O_5.

Der Phosphatdüngerverbrauch in der Welt betrug im Jahr 2016 44 Mio. t bezogen auf P_2O_5.
Bekannte Düngemittelproduzenten sind:
Norsk Hydro, Norwegen
Kemira, Finnland
Enichem, Italien
BASF, Deutschland
Grand Paroisse, Frankreich
DSM N. V., Dutch States Mines
SKW Piesteritz GmbH, Lutherstadt Wittenberg Deutschland
AlzChem Trostberg GmbH, Deutschland

[15]Ein Düngejahr erstreckt sich vom 1.7. des Vorjahres bis zum 30.6. des folgenden Jahres.

[16]Quelle: Chemiewirtschaft in Zahlen, 2015, Hrsg. Verband der Chemischen Industrie e. V., Frankfurt am Main.

Deutscher Bauernverband, 10.117 Berlin (2015/2016), Situationsbericht, Trends und Fakten zur Landwirtschaft (2014/2015).

Le Monde diplomatic (2015), Atlas der Globalisierung, taz Verlags- und Vertriebs GmbH, Berlin.

In der Europäischen Union werden auf 144 Mio. ha Ackerland Düngemittel ausgetragen. Davon sind 9,8 Mio. t stickstoffhaltige Düngemittel, berechnet als N; 3,6 Mio. t Phosphate, berechnet als P_2O_5, und 4,2 Mio. t Kalisalze, berechnet als K_2O.

Literatur [E. references]

Deutscher Bauernverband, 10117 Berlin (2015/16 und 2012/13), Situationsbericht, Trends und Fakten zur Landwirtschaft.

Farbwerke vorm. Meister Lucius u. Brüning, Hoechst am Main (1897), Die Boden-Impfung für Leguminosen mit reinkultivierten Bakterien, Druck von A. A. Wagner in Höchst am Main.

Grundlagen der Düngung (1994), Hrsg. Bundesarbeitskreis Düngung (BAD), Karlstraße 21, Frankfurt am Main.

Le Monde diplomatic (2015), Atlas der Globalisierung, taz Verlags- und Vertiebs GmbH, Berlin.

Situationsbericht 2015/16 und 2014/15, Trends und Fakten zur Landwirtschaft, Deutscher Bauernverband, 10117 Berlin.

Weiterführende Literatur

Al-Ahmad, A., Daschner, F. D., Kümmerer, K., Biodegradability of Cefotiam, Ciprofloxacin, Meropenem, Penicillin G. and Sulfamethoxazole and Inhibition of Waste Water Bacteria, Arch. Environ. Toxicol. 37; 158–163.

AGRIBEN (1987), Gülle-Fibel, Wie Gülle wurzel- und pflanzenverträglich wird, Hrsg. Süd-Chemie AG, München

Böhm, R. (1996), Auswirkungen von Rückständen von Antiinfektiva in tierischen Ausscheidungen auf die Güllebehandlung und den Boden, Dtsch. tierärztl. Wschr. 103, Heft 7, 237–284.

Breßler, E. (1994), Physikalisch-chemische Methoden zur Gülleentsorgung, Dissertation an der Naturwissenschaftlichen Fakultät IV, Chemie und Pharmazie der Universität Regensburg.

Büchel, H. (1983), Die Zukunft der Chemie in der Landwirtschaft, Bericht über Landwirtschaft, Bd. 61, Heft 3, S. 382–399, Verlag Paul Parey, Hamburg und Berlin

Büchel, K. H., Moretto, H.-H. u. Woditsch, P. (1999), Industrielle Anorganische Chemie, Wiley-VCH Verlagsgesellschaft, Weinheim.

Düngung 1998, bearbeitet von Schweder, P., Kape, E. u. Neubauer, W. (1998), Hrsg. Ministerium für Landwirtschaft und Fischerei, Mecklenburg-Vorpommern, Schwerin.

Einsatz von Abfällen zur Verwertung in der Düngung (1996), Hrsg. Bundesarbeitskreis Düngung, Karlstr. 21, Frankfurt am Main.

Fink, A. (1992), Dünger und Düngung, VCH-Verlag, Weinheim, New York

Gebel, J. (1992), Gülle-Aufbereitung: umweltgerecht und wirtschaftlich, WLB Wasser, Luft, Boden, Heft 6

Goldbach, H., Thaler, Ch., Wünsch, A. u. Amberger, A. (1988), Decomposition of ^{14}C-labelled Cyanamide in Vitis viniferee cuttings, J. Plant Physiol Vol. 133, pp. 299–303.

Gülleverwertung – Neue Ansätze für die Landwirtschaft (1999), Publikationsreihe: DECHEMA-Fachgespräche Umweltschutz, Hrsg. Kreysa, G. u. Wiesner, J. DECHEMA, Frankfurt am Main.

KTBL-Arbeitspapier 272 (1999), Umweltverträgliche Gülleaufbereitung und –verarbeitung, Hrsg. Kuratorium für Technik und Bauwesen in der Landwirtschaft e. V., Darmstadt.

Kuchbauer, E. (1990), Aufarbeitung von Gülle, Diplomarbeit am Fachbereich Chemie und Pharmazie der Universität Regensburg.

Kulicke, W.-M., Lenk, S., Detzner, H.-D., Weiß, Th. (1993), Anwendung von Polyelektrolyten bei der mechanischen Fest/Flüssig-Trennung, Chem.-Ing.-Techn. 65, Nr. 5, S. 541–552

Lang, J. u. Moussallem, J. (2016), Düngen mit Wind, Elements, Nr. 55, Das Innovationsmagazin, Evonik Industries AG, 45128 Essen.

Müller, F. (1999), ed. Agrochemicals, – Composition, Production, Toxicology, Applications, Wiley-VCH Verlag GmbH, Weinheim.

Munack, A. u. Hellebrand, H. J.(1999), Emissionen und Immissionen im Agrarbereich, Jahrbuch 1999/2000, VDI-Koordinieurngsstelle Umwelttechnik (KUT), 7. Jg., VDI Verlag GmbH, Düsseldorf.

Profil, Magazin der Pflanzenschutz- und Düngemittelindustrie (1998), Heft 4, Hrsg. Industrieverband Agrar e. V., Frankfurt am Main

Schillock, P.(1992), Ergebnisse mit dem bentonitmontmorillonithaltigen Güllezusatz AGRIBEN in Exakt- und Praxisversuchen, Hrsg. Süd-Chemie AG, München

Solle, A. (1995), Stabilisierte N-Dünger, Neue Landwirtschaft, Heft 1.

Stabilisierte Düngemittel – Ein Baustein zur Verringerung der Nitratbelastung, Hrsg. SKW-Piesteritz und Trostberg, Geschäftsbereich Agro- und Industriechemie der SKW-Trostberg Gruppe.

Suchomel, F. (1994), Physikalisch-chemische Methoden zur Aufarbeitung von Gülle, Diplomarbeit an der Fakultät für Chemie und Pharmazie IV der Universität Regensburg.

Verband der Chemischen Industrie (2015), Frankfurt am Main, Chemiewirtschaft in Zahlen.

Wagner, K. (1995), Abfall- und Kreislaufwirtschaft – Erläuterungen zu deutschen und europäischen (EU) Regelwerken, VDI-Verlag, Düsseldorf.

https://www.susonline.de/meldungen/management/NL-Kubikmeter-Guelle-kostet-17-…27.10.2017.

Von den Stoff- und Energiequellen [E. resources of minerals and energy]

1 Fotosynthese [E. photosynthesis]

Der Ursprung aller stofflichen Energieträger ist die Fotosynthese. Durch sie wird Sonnenenergie in chemische Energie umgewandelt und als solche in den Syntheseprodukten wie Pflanzen und deren Früchte gespeichert.

Die Fotosynthese ist eine energiespeichernde Hydrierungsreaktion, durch die sie aus dem Kohlenstoffdioxid der Luft und dem Wasser mithilfe der Sonnenenergie Glucose aufbaut. Eine Schlüsselverbindung unter den Kohlenhydraten ist die Glucose. Sie ist unter anderem der Baustein für Stärke und Cellulose.

Lichtenergie		Kohlenstoff-dioxid		Wasser	$\xrightarrow{\text{Enzyme}}$	Glucose		Wasser		Sauerstoff
2876 kJ	+	$6\ CO_2$	+	$12\ H_2O$		$C_6H_6(OH)_6$	+	$6\ H_2O$	+	$6\ O_2$
6 x 44 g		12 x 18 g				180 g		6 x 18 g		6 x 32 g
						$\Delta G = +2876$ kJ/mol				

Die Synthese findet in den Zellorganellen der fotosynthetisierenden grünen Pflanzen, den Chloroplasten[1] statt. Sie enthalten das Chlorophyll[2] als Blattpigment, welches die Lichtstrahlen absorbiert. Zur Fotosynthese sind nicht nur Pflanzen, sondern auch Algen, Flechten, Plankton[3] und zahlreiche Bakterien befähigt (Abb. 1).

[1]chloros (gr.) – gelbgrün; plassein (gr.) – formen.

[2]phyllon (gr.) – Blatt.

[3]planktos (gr.) – umherirrend; Plankton sind im Meer- und Süßwasser mikroskopisch kleine pflanzliche (Phytoplankton) oder tierische (Zooplankton) Organismen ohne oder mit geringfügiger Eigenbewegung.

V. Hopp, *Chemische Kreisläufe in der Natur*,
https://doi.org/10.1007/978-3-662-55860-7_9

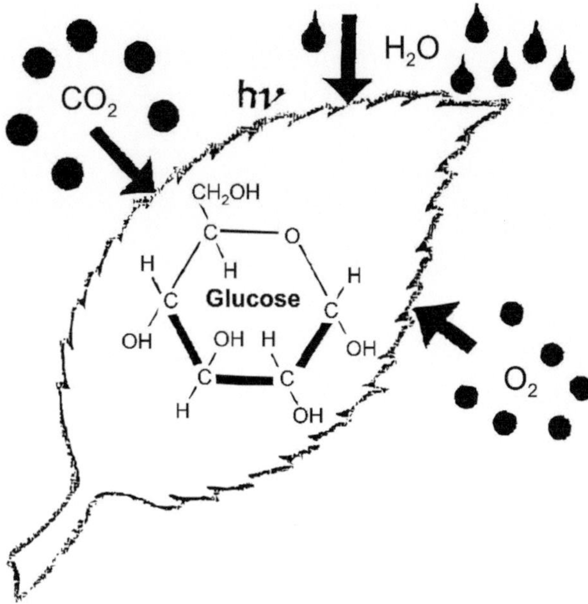

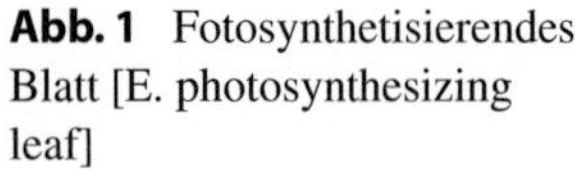
Abb. 1 Fotosynthetisierendes Blatt [E. photosynthesizing leaf]

Eine 115-jährige Buche mit ca. 200.000 Blättern, das entspricht einer Oberfläche vom 1200 m^2, nimmt am Tag 9,4 m^3 CO_2 auf und synthetisiert daraus 12 kg Kohlenhydrate. Als Begleitprodukt entstehen aus dem Wasserstoff liefernden Wasser 9,4 m^3 Sauerstoff.

Damit die wasserlösliche Glucose gespeichert werden kann, polymerisiert sie unter geringem Energieaufwand zur Stärke oder auch zu Cellulose, die als Werkstoff die Stütz- und Gerüstsubstanz für Form und Gestalt der Pflanze dient.

$$\underset{\text{Energie}}{n \cdot 16{,}7\ \text{kJ}} + \underset{\text{Glucose}}{n\ C_6H_6(OH)_6} \xrightarrow{\text{Biopolymerisation}} \underset{\text{Cellulose/Stärke}}{[C_6H_5(OH)_5]_n} + \underset{\text{Wasser}}{(n-1)H_2O}$$

$$\Delta G = +16{,}7\ \text{kJ/mol}$$

Diese Stoffumwandlungsgleichung belegt, dass der innere Energiegehalt der Cellulose, Stärke oder auch der des Glykogens höher ist als der der Glucose, aus der die Polymerisate aufgebaut sind. Das beweisen auch die Heizwerte[4] dieser Stoffe. Der theoretische obere Heizwert H_0 errechnet sich für Glucose (Traubenzucker) mit 15.695 kJ/kg und der für Cellulose (Holz) mit 17.572 kJ/kg (Kap. XVI, Tab. 3).

[4]Der Heizwert ist diejenige Wärmemenge, die bei der Verbrennung eines Brennstoffes von 1 kg frei wird. Sie errechnet sich aus der Verbrennungsenthalpie. Man unterscheidet zwischen einem unteren, H_u, und oberen, H_o. Der untere Heizwert gibt die Wärmeenergie pro kg Brennstoff an, bei der das Wasser noch als Dampf vorliegt. Der obere Heizwert ist auf Wasser bei 298 °K bezogen. Er ist im Wert höher und unterscheidet sich von H_u um den Wert der Verdampfungsenthalpie.

Höhere und niedere Pflanzen waren im Devon, Karbon und Perm vor 300 bis 350 Mio. Jahren für die Steinkohle die biologischen Ausgangsmaterialien. Die Braunkohlenlager entstanden im Tertiär vor ca. 80 Mio. Jahren (s. Kap. IV, Tab. 3).

2 Biologische und technische Prozesse – ein Vergleich [E. biological and technical processes – a comparison]

2.1 Der Mensch [E. man]

Auch der Mensch braucht zur Erhaltung seines Organismus, seiner Muskeltätigkeit und zur Fortbewegung Energie, ebenso wie das Auto und die Heizung. Diese Energie nimmt der Mensch in Form von Nahrung auf, und zwar durch

- Stärke, z. B. Kartoffeln, Mehl, Brot, Zucker,
- Fette, z. B. Butter, Margarine, Speiseöl,
- Eiweiß, z. B. Fleisch, Fisch, Milchprodukte.

Diese Produkte baut der Mensch in seinem Körper ab. Das ist zu vergleichen mit der Verbrennung im Zylinder des Autos und der Brennkammer der Heizung. Kohlenhydrate, Fette und auch Eiweiß sind ebenfalls Kohlenwasserstoffverbindungen. Vom Kraftstoff und vom Heizöl unterscheiden sie sich dadurch, dass Fette und Kohlenhydrate in ihrer Struktur komplizierter aufgebaut sind und auch etwas Sauerstoff gebunden enthalten. Die eiweißhaltigen Nahrungsmittel heben sich von den Kohlenhydraten und Fetten durch den in Form von Eiweiß bzw. Aminosäuren gebundenen Stickstoff ab (Abb. 2).

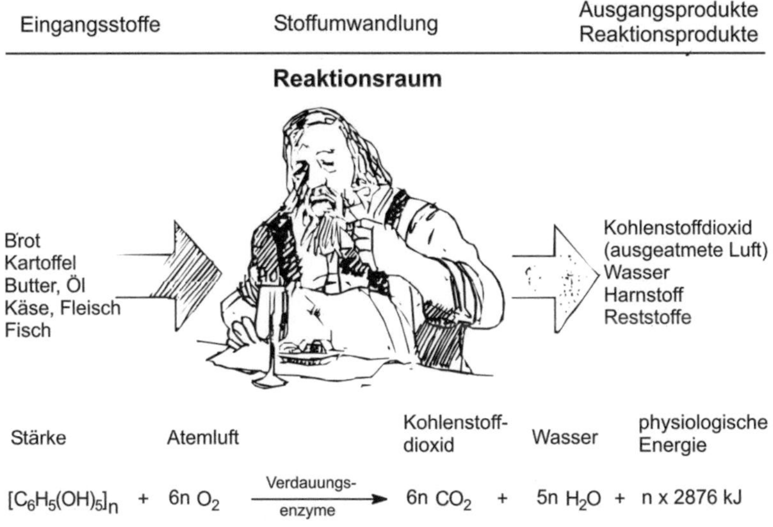

Abb. 2 Der Mensch als Reaktor [E. man as reactor]

Mit dem eingeatmeten Luftsauerstoff wird die Nahrung wieder zu Kohlenstoffdioxid und Wasser oxidiert. Der Stickstoff im Eiweiß wird über Ammoniak zu

Harnstoff, $H_2N{-}\overset{\overset{\displaystyle O}{\|}}{C}{-}NH_2$, umgesetzt.

Alle drei Abbauprodukte Kohlenstoffdioxid, CO_2, Wasser H_2O und Harnstoff werden regelmäßig vom Körper ausgeschieden. Bei diesem Abbauprozess wird wieder die Energie freigesetzt, die als Sonnenenergie über die Fotosynthese in Form von chemischer Energie gespeichert worden ist und die für die Aufrechterhaltung der Lebensfunktionen des Menschen notwendig ist.

2.2 Alkoholische Gärung, ein anaerober Abbau [E. alcoholic fermentation; an anaerobic catabolism]

Bier-, Wein- und Hefekuchenherstellung beruhen ebenfalls auf dem Abbau von kohlenwasserstoffähnlichen Verbindungen.

Beim Wein ist die Nahrungsquelle für die Mikroorganismen der Traubenzucker. Beim Bier ist das aus der Gerste gewonnene Malz die Nahrungsquelle, beim Hefekuchen ist es das stärkehaltige Mehl.

Die Hefe Saccharomyces cerevisiae verwandeln diese Produkte in Ethylalkohol, $H_3C{-}CH_2{-}OH$, und Kohlenstoffdioxid. Auch bei diesem Prozess wird wieder Energie freigesetzt, die den Lebensfunktionen der Mikroorganismen dienen. So wie beim Menschen die Abbauprodukte Wasser, Kohlenstoffdioxid und Harnstoff abgeführt werden müssen, um nicht an seinen eigenen „Abfällen“ zu ersticken, muss bei den Mikroorganismen der Alkohol und das Kohlenstoffdioxid entweichen können.

Es ist bekannt, dass die alkoholische Gärung bei einem bestimmten Alkoholgehalt zum Erliegen kommt. Das ist im Allgemeinen bei ca. 15 % Volumenanteile Ethylalkohol im Nährmedium der Fall.

Gegenüber dem vollständigen aeroben Abbau wie z. B. bei der Verdauung im menschlichen Organismus ist der anaerobe, d. h. ohne Beteiligung von Luftsauerstoff, nur unvollständig, entsprechend gering ist die freigesetzte Energie, die noch nicht freigesetzt ist, noch im Alkohol gespeichert (Abb. 3).

2.3 Die Heizung im Haushalt [E. heating in houses]

Die meisten Heizungen in den Wohnungen sind Ölheizungen. In diesen Ölöfen wird in der Brennerkammer Heizöl, auch das sind Kohlenwasserstoffverbindungen, mit Luftsauerstoff verbrannt. Es entsteht wieder Kohlenstoffdioxid und Wasser.

Auch bei der Verbrennung, der Oxidation, wird Wärmeenergie freigesetzt. Die heißen Verbrennungsgase umstreichen mit Wasser gefüllte Rohrleitungen und erwärmen dabei

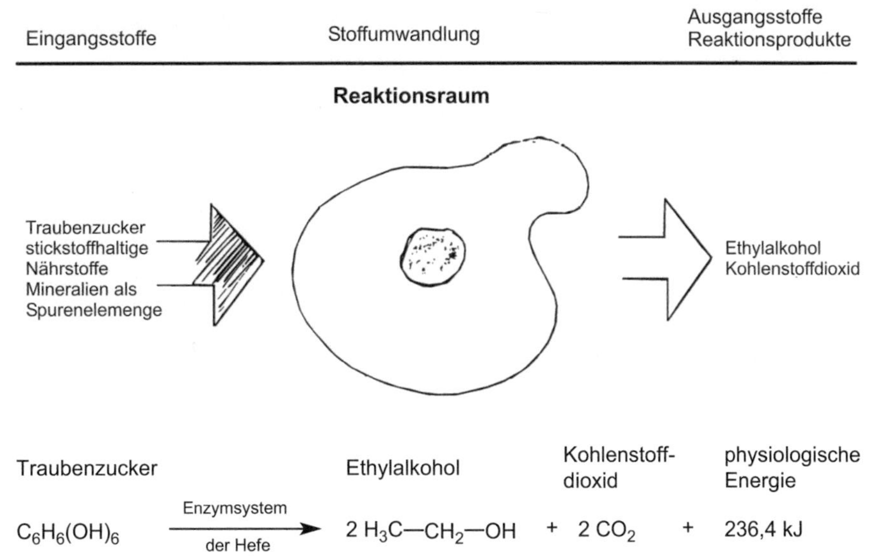

Abb. 3 Die Zelle als Reaktor [E. the cell as reactor]

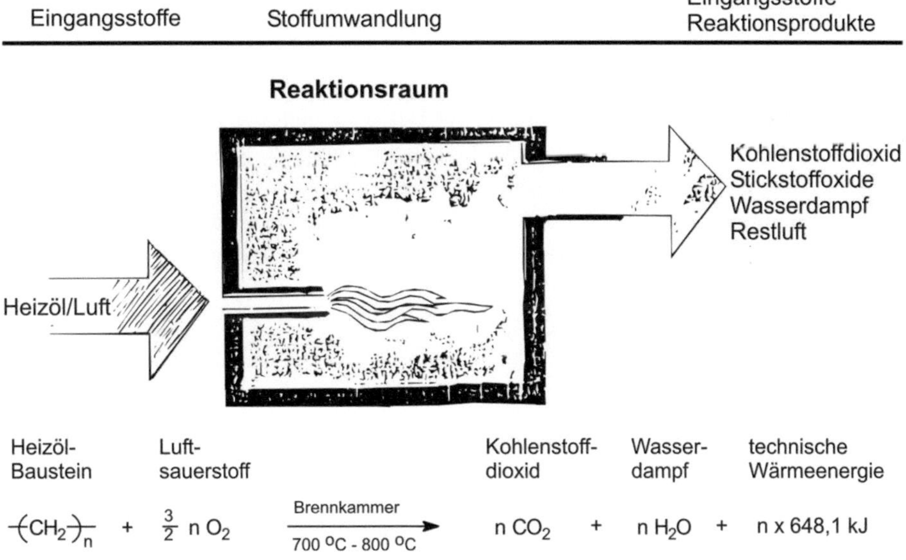

Abb. 4 Die Heizung als Reaktor [E. heating installation as reactor]

das Wasser, welches dann in die einzelnen Heizkörper der Wohnräume geleitet wird. Die freigesetzten Reaktionsprodukte, wie Wasserdampf und Kohlenstoffdioxid, werden über den Schornstein abgeführt (Abb. 4).

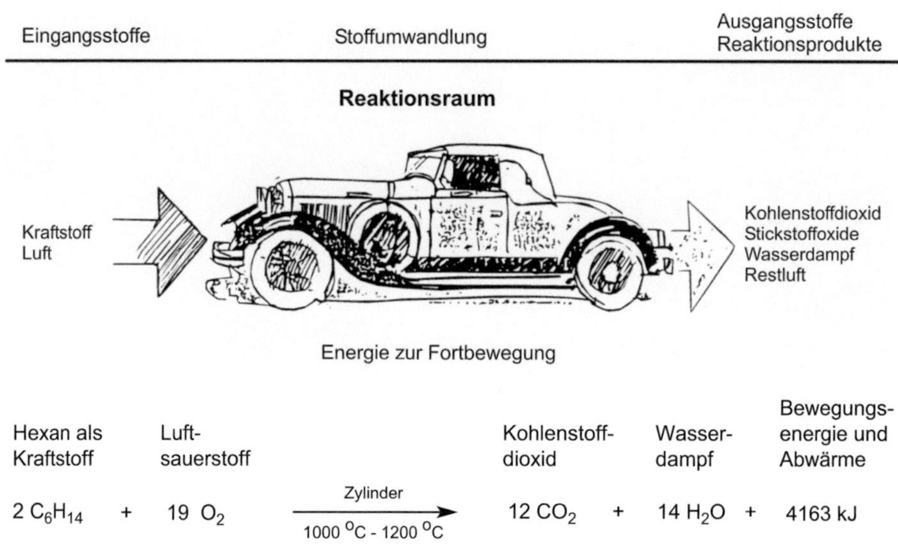

$$2\,C_6H_{14} + 19\,O_2 \xrightarrow[1000\,^{\circ}C\,-\,1200\,^{\circ}C]{\text{Zylinder}} 12\,CO_2 + 14\,H_2O + 4163\text{ kJ}$$

Abb. 5 Das Auto als Reaktor [E. the car as reactor]

2.4 Funktionsweise von Autos [E. function of cars]

Damit ein Auto fährt, benötigt es Kraftstoff. Dieser Kraftstoff besteht aus Kohlenwasserstoffverbindungen. Mit dem Sauerstoff der Luft verbrennt der Kraftstoff im Zylinder zu Wasserdampf und Kohlenstoffdioxid. Die dabei freigesetzte Wärmeenergie erhitzt die Verbrennungsgase, die das Auto in Bewegung setzt. Das entstehende Kohlenstoffdioxid, der Wasserdampf und die Restluft werden über den Auspuff abgeführt. Die Abgase werden nochmals katalytisch nachverbrannt, um die Umwelt belastenden Bestandteile der Abgase zu reduzieren (Abb. 5).

3 Energie- und Stoffumwandlungen als Aufbau- und Abbauprozesse [E. energy and material conversions as metabolisms]

Allen vier Prozessen ist gemeinsam, dass die Verdauungsorgane des Menschen, die Zellen der Pilze, die Brennkammer des Heizofens und der Zylinder des Autos als chemische Reaktionsbehälter betrachtet werden können. Diesen Reaktoren werden Stoffe zugeführt, d. h., sie haben einen Eingang. Bei den Zellen sind es die aus den Phospholipiden und von speziellen Proteinen durchsetzten Zellmembranen (Kap. XVI, Abb. 3). Im Reaktor selbst finden die stofflichen Veränderungen statt.

Damit der Reaktor keinen Defekt erleidet, müssen die Umwandlungsprodukte ständig abgeführt werden. Er muss somit mit entsprechenden Ausgängen versehen sein. Weiterhin ist allen Prozessen gemeinsam, dass Energien freigesetzt werden, die entweder in Form von physiologischer Energie, Wärmeenergie oder Bewegungsenergie genutzt werden.

Diese Beispiele zeigen weiterhin, dass Stoffumwandlungen unter den verschiedensten Bedingungen ablaufen können.

In der Brennkammer des Heizofens und im Zylinder des Autos vollziehen sich die Umsetzungen bei hohen Temperaturen, im Organismus des Menschen und der Mikroorganismen dagegen bei den jeweiligen Körpertemperaturen, d. h. unter milden Bedingungen. Das ist nur in Gegenwart von Enzymen möglich! Die Reaktionsendprodukte sind aber jedes Mal, bei gleichen oder ähnlichen Ausgangsstoffen, dieselben, mit ihnen ist der niedrigste Energiezustand des Reaktionssystems erreicht. Unterschiede bestehen im Abbau von stickstoffhaltigen Biopolymeren. Während des biologischen Abbaus werden sie als amino- oder ammoniumhaltige Verbindungen ausgeschieden, bei technischen Verbrennungen entstehen die umweltbelastenden Stickstoffoxide, NO_x (Kap. V, Abschn. 1.2).

Im Verhältnis zu biologischen Reaktionen verlaufen technische Reaktionen spontan und werden von großen Energieumsätzen begleitet, wie z. B. beim Heizofen oder Auto.

Biochemische Reaktionen ähneln Kaskaden. Kleine Stoffportionen und kleine Energiepakete wandeln sich über eine Vielzahl von Stufen um. Deshalb vollziehen sie sich über längere Zeiten, und ihre Stoffausbeute sowie ihr Wirkungsgrad sind optimal:

Will man beispielsweise einen Höhenunterschied zwischen dem Dach eines Hauses und seinem Parterre überwinden, dann gibt es zwei Möglichkeiten:

- Man kann vom Dachfirst in das Erdgeschoss springen mit allen Folgen der Verletzungen und Zerstörung. Dieser Vorfall würde einer technischen Reaktion entsprechen, trotz aller Sicherungsmaßnahmen.
- Man kann aber auch die Stufen einer Treppe benutzen. Dabei wird das Ziel mit Verzögerung erreicht. Die Versuchsperson und die unmittelbar betroffenen Gegenstände sind unbeschädigt (Abb. 6).

Biologische Reaktionen sind makroskopisch betrachtet Langzeitreaktionen, wobei jede Stufenreaktion, d. h. jeder Treppenschritt, als mikroskopischer Verlauf, sehr schnell erfolgen kann.

$$\Delta h = \Delta h_1 + \Delta h_2 + \Delta h_3 + \Delta h_4$$

Der gesamte Höhenunterschied Δh ist gleich der Summe der Teilhöhenunterschiede Δh_x. Wobei die zurückgelegten Weglängen Δg_x über die Treppe erheblich größer sind und somit mehr Zeit in Anspruch nehmen zu ihrem Überwinden.

$$\Delta g = \Delta g_1 + \Delta g_2 + \Delta g_3 + \Delta g_4$$

oder

$$\Delta h < \Delta g$$

$$\Delta h = \Delta g - \Delta q$$

$$\Delta q = \Delta g - \Delta h$$

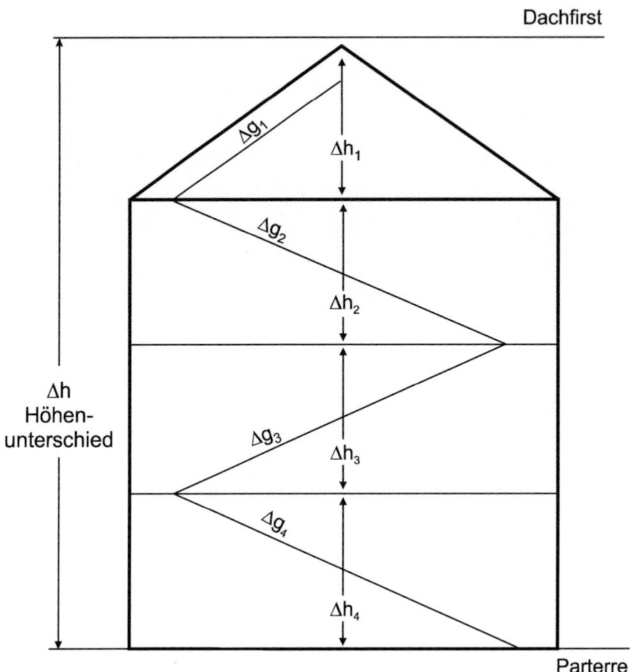

Abb. 6 Vergleichende Modellbetrachtung zwischen Höhen- und Energieunterschieden [E. comparative contemplation of a model between the differences of levels and energy]

Zwischen den Wegstrecken Δh und Δg gibt es einen Unterschied von Δq. Ordnet man den Wegdifferenzen Energiepakete zu, so entspricht als analoge Betrachtung Δq der Energie, die beim Aufprall des Körpers als Zerstörungsenergie bzw. Wärmeenergie auftritt und nicht mehr zurückgewinnbar ist (sie muss negativ sein, da sie vom System abgegeben wird).

Bei der Verbrennung des Heizöls in der Brennkammer einer Heizung, des Kraftstoffes im Zylinder eines Autos, der aeroben Verdauung von Speisen im Speiseröhren-Magen-Darm-Trakt eines Menschen und des anaeroben Abbaus von Zucker zu Ethylalkohol durch Pilze handelt es sich um Abbauvorgänge. Aus Großmolekülen und Zwischenmolekülen (analog den Zwischenprodukten in der chemischen Technik) mit einer komplizierten Struktur entstehen Stoffe, deren Moleküle klein und von relativ einfacher Bauart sind. Bei Abbauprozessen werden in der Regel Energien freigesetzt.

Würde es nur Abbaureaktionen in der Natur und Technik geben, dann wäre die Existenz der Welt in ihrer derzeitigen Form mit ihren vielfältigen Lebensvorgängen nicht möglich. Die Fotosynthese als bedeutendste Aufbaureaktion schlechthin steuert diesen entgegen. Aus energiearmen und chemisch sehr einfach gebauten Molekülen schafft sie es, Biopolymere und komplex strukturierte Stoffe mit hohem inneren Energiegehalt herzustellen. Das gelingt nur durch Zufuhr von Energie. Bei der Fotosynthese ist das die Sonnenenergie. Aufbau- und Abbauprozesse bedingen sich einander und sind die Reaktionswege zwischen den polaren Zustandsformen Leben und Tod (Abb. 7).

Abb. 7 Der Reaktor als Ort aller chemischen und biochemischen Prozesse [E. the reactor as location of all chemical and biochemical processes]

4 Reaktionskomponenten der biochemischen Aufbau- und Abbaureaktionen [E. reacting substances of catabolisms and anabolisms]

Aufbau- und Abbaureaktionen in der Natur sind konkurrierende, aber auch sich ergänzende Prozesse. Sie bestimmen den Lebenszyklus und Lebensrhythmus aller Organismen.

Von einfachen Bioelementen ausgehend über die Biomoleküle, Biomonomere, Biooligomere zu den Biopolymeren entstehen für das Leben typische organische Wirkstoffe (Vitamine, Enzyme, Hormone u. a.) und Werkstoffe wie z. B. Stärke, Cellulose, Fette (Lipide), Proteine, Nukleinsäuren und Kombinationen aus diesen. Außerdem kommen ihnen die Eigenschaften von Energiespeicherstoffen zu.

Die Bioelemente der Biosphäre[5] befinden sich energetisch auf einem relativ niedrigen Niveau. Sie sind reaktionsträge und müssen zu einer chemischen bzw. biochemischen Reaktion durch Energiezufuhr erst aktiviert und reaktionsbereit gemacht werden.

Zu den Bioelementen zählen der Wasserstoff, H_2, Sauerstoff, O_2, Kohlenstoff $[C_6]_n$, Stickstoff, N_2, Phosphor, P_x, und Schwefel, S_x. Der prozentuale Massenanteil am Aufbau der Erdrinde (Schichtdicke 16 km) der Hydrosphäre und Atmosphäre ist in Tab. 2 aufgeführt, siehe auch Kap. II, Tab. 2, 3 und 4.

[5]Als Biosphäre (sphäros (gr.) – Kugel) gelten die Bereiche der Erdoberfläche, die von pflanzlichen, tierischen Organismen sowie Mikroorganismen besiedelt sind und mittels ihrer Stoffwechselprozesse Biomasse erzeugen. Dazu gehören Schichten der Atmosphäre, Hydrosphäre und Lithosphäre.

Tab. 1 Häufigkeiten der in der Erdrinde (16 km Schichtdicke), Hydrosphäre und Atmosphäre meistverbreiteten Elemente [E. frequency distribution of the elements in the Earth's crust (layer thickness 16 km), hydrosphere and atmosphere, which are spreaded mostly]

Lfd. Nr.		Symbol	Häufigkeit der Elemente (Atom-%)
1	Sauerstoff	O	55,00
2	Silicium	Si	16,33
3	Wasserstoff	H	15,52
4	Aluminium	Al	4,99
5	Natrium	Na	2,03
6	Calcium	Ca	1,50
7	Eisen	Fe	1,496
8	Magnesium	Mg	1,436
9	Kalium	K	1,096
10	Titan	Ti	0,192
11	Kohlenstoff	C	0,152

Wichtig für die Reaktivität zwischen den einzelnen Elementen ist ihre Häufigkeit. Denn je häufiger sie vorhanden sind, desto höher ist die Wahrscheinlichkeit eines Zusammenstoßes und damit auch die einer Reaktion. In Tab. 1 sind einige Elemente in ihrer Häufigkeit angegeben. Auffallend ist, wie der Wasserstoff in seiner Häufigkeit an 3. Stelle steht, in seiner Massenhäufigkeit steht er mit 0,88 an 9. Stelle (s. Kap. II, Tab. 2).

Die am Aufbau körpereigener menschlicher Biomasse beteiligten Elemente sind in Massenanteilen [%] in Kap. II, Tab. 4 aufgelistet.

Von diesen Elementen kommen in der Natur nur Sauerstoff, Stickstoff und Schwefel elementar vor. Alle übrigen Elemente sind als Oxide, Hydride oder Salze gebunden.

Neben diesen Bioelementen sind einige aus ihnen gebildete Biomoleküle als Ausgangsprodukte für die Synthesen von Biomonomeren von großer Bedeutung. Das sind Wasser, H_2O, Methan, CH_4, Schwefelwasserstoff, H_2S, und Ammoniak, NH_3, als Wasserstofflieferanten (Wasserstoffdonatoren) sowie das Kohlenstoffdioxid, CO_2, als maßgeblicher Kohlenstoffspender für alle Biomonomere und Biopolymere.

Als Stickstofflieferanten gelten Ammoniak, NH_3, und Nitrate, NO_3^-, und als Phosphatlieferant sind die Phosphate, PO_4^{3-}, die wichtigste Stoffklasse.

Schwefellieferanten, S_x, sind neben den elementaren Vorkommen die Schwefelwasserstoffe bzw. seine Salze, die Sulfide, S^{2-}, und die Sulfate, SO_4^{2-}.

In der Tab. 2 sind diese Biomoleküle mit ihren Bildungsenthalpien aufgeschrieben. Je negativer die Werte, desto energieärmer und chemisch iler ist das jeweilige Molekül.

In der nachfolgenden Tab. 3 sind die Verbindungen nach ihren fallenden negativen Bildungsenthalpien geordnet. Stoffe mit einer hohen negativen Bildungsenthalpie sind chemisch stabil und relativ arm an innerer Energie, je niedriger die Werte, desto stabiler die Stoffe.

Die Erfahrung mit dem Umgang dieser Verbindungen hat gelehrt, dass es sich um sehr stabile Stoffe handelt. Sehr viel Energie muss aufgewendet werden, um sie zu einer Reaktion zu bewegen. Somit ist es auch kein Zufall, dass sie über die ganze Erdoberfläche verteilt sind:

Tab. 2 Oxidations- und Reduktionsverbindungen von Bioelementen [E. oxidation and reduction compounds of bioelements]

$\left[\frac{KJ}{mol}\right]$ Reduzierte Form	←	Elementare Form	→	Oxidierte Form
Wasser $H_2O_{(l)}$ $\Delta_B G$: −237,2 $\Delta_B H$: −285,8	←	Sauerstoff $O_{2(g)}$ ±0 ±0	→	Ozon $O_{3(g)}$ +163,18 +142,67
Methan $H_4C_{(g)}$ $\Delta_B G$: −50,75 $\Delta_B H$: −75,8	←	Graphit $[C_6]_{n(s)}$ ±0 ±0	→	Kohlenstoffdioxid $CO_{2(g)}$ −394,4 −393,5
Schwefelwasserstoff $H_2S_{(g)}$ $\Delta_B G$: −33,56 $\Delta_B H$: −20,62	←	Schwefel $S_{x(rh)}$ ±0 ±0	→	Schwefeltrioxid $SO_{3(g)}$ −371,1 −395,7
Ammoniak $H_3N_{(g)}$ $\Delta_B G$: −16,48 $\Delta_B H$: −46,1	←	Stickstoff $N_{2(g)}$ ±0 ±0	→	Stickstoffdioxid $NO_{2(g)}$ +51,3 +33,18
Phosphin $PH_{3(g)}$ $\Delta_B G$: +13,39 $\Delta_B H$: +5,44	←	Phosphor (weiß) $P_{(s)}$ ±0 ±0	→	Phosphorpentoxid (hexagonal) $P_4O_{10(f)}$ −2.697,8 −2.984,0
Chlorwasserstoff $HCl_{(g)}$ $\Delta_B G$: −95,3 $\Delta_B H$: 92,3	←	Chlor $Cl_{2(g)}$ ±0 ±0	→	Chloride $ClO_2/Cl_2O_{(g)}$ +120,5/+97,9 +102,5/+80,3

Tab. 3 Beispiele einiger Biomoleküle geordnet nach fallenden negativen Bildungsenthalpien [E. examples of some biomolecules according to decreasing negative enthalpies of formation]

Verbindung	Phosphorpentoxid $(P_2O_5)_2$	Kohlenstoffdi-oxid CO_2	Schwefeltrioxid SO_3	Wasser H – OH
Bildungsenthalpie $\Delta B^G \left[\frac{kJ}{mol}\right]$	−2697,8	−394,4	−371,1	−237,2
$\Delta B^H \left[\frac{kJ}{mol}\right]$	−2984,0	−393,5	−395,7	−285,8

4.1 Phosphate, PO_4^{3-} [E. phosphates]

Phosphorpentoxid ist die Basis für die riesigen Phosphatfelder ($Ca_3(PO_4)_2$ = Calciumphosphat) in der Welt, z. B. Marokko, Halbinsel Kola. Sie liefern die Rohstoffe für die Phosphatdüngemittelindustrie. 40 Mio. t werden jährlich weltweit als Phosphatdüngemittel (bezogen auf P_2O_5) für die Landwirtschaft bereitgestellt.

Die Nukleinsäuren als Speichersubstanzen der Erbanlagen, das ATP (**A**denosin**t**ri**p**hosphat) als Energiespeicher in den Zellen, die Phospholipide für die Zellmembranen und Calciumphosphat als wesentlicher Bestandteil der Knochen bedürfen des Phosphatmoleküls zum Aufbau ihrer chemischen Struktur, und zwar bauen sie es fast unverändert in ihrem Molekülverbund ein.

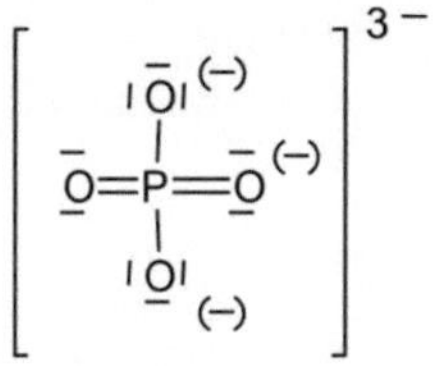

Phosphation im Phosphatdüngemittel

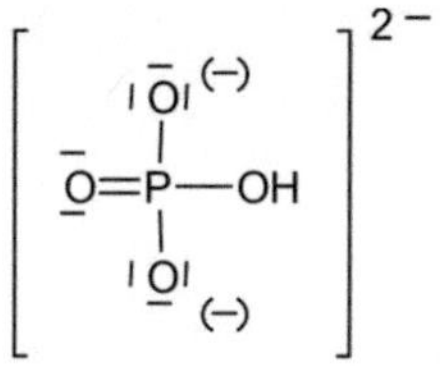

Phosphationstruktur in Nukleinsäuren und im ATP

Entsprechendes gilt für die Phosphorylierungsreaktionen. In diesen übernimmt das Phosphat die Aktivierung von relativ reaktionsträgen Biomolekülen während ihres Abbaus, z. B. Glucose, Fructose oder Glycerin (Kap. VI, Abschn. 7).

Der Grund für die geringe Veränderung der chemischen Struktur liegt in der hohen Bildungsenthalpie und damit des niedrigen inneren Energieinhaltes und der geringen Reaktionsbereitschaft.

4.2 Schwefel, S_x [E. sulphur]

Schwefel kommt in der Natur elementar in riesigen Schwefellagern vor, gebunden als Schwefelwasserstoff in den Vulkangasen und als deren Sulfide sowie als Sulfatsalze. Viele Metalle sind in Erzlagern als Sulfide anzutreffen, z. B. Eisensulfide, Fe_2S_3, Kupfersulfide, CuS, und viele andere mehr. Das verbreitetste Sulfat ist das Calciumsulfat, $CaSO_4$, allgemein als Gips bekannt. SO_3 ist das Schwefeltrioxid, aus dem Sulfate entstehen. Der elementare Schwefel, die Sulfide und Sulfate sind energetisch sehr stabile Stoffe, die erst durch thermische Energie, technische Katalysatoren oder unter Einfluss von Mikroorganismen enzymatisch aktiviert werden können (Kap. VII).

Umfangreiche Schwefellager gibt es z. B. im Weichselbogen, in Polen, Texas, Louisiana, USA und in Mexiko. Die grünen Schwefelbakterien (Chlorobiaceae) vermögen Schwefelwasserstoff, H_2S, oder Thiosufat, $S_2O_3^{2-}$, fotosynthetisch zu nutzen. Als Stoffwechselprodukt scheiden sie Sulfat, SO_4^-, aus. Vergleichbares leisten auch die schwefelhaltigen Purpurbakterien (Chromatiaceae). Beide Bakterienarten verfügen über ein fotoaktives Zentrum. H_2S und $H_2S_2O_3$ spielen die Rolle als Wasserstofflieferanten. Ihr Unterschied liegt in den Abbaureaktionen. Die grünen Schwefelbakterien sind streng anaerob und können nicht atmen, während die schwefelhaltigen Purpurbakterien atmen können und somit sowohl im anaeroben als auch aeroben Medium anzutreffen sind (Kap. VII, Abschn. 9.1).

Eine 3. Gruppe von Schwefelbakterien versteht sich sogar auf eine Sulfatatmung. Durch Reduktion des Sulfatmoleküls zu Schwefelwasserstoff aktivieren sie den im Sulfat gebundenen Sauerstoff für ihren Stoffwechsel.

Sulfation		Wasserstoffionen		Schwefelwasserstoff		Sauerstoff
SO_4^{--}	+	$2\{H^+\}$	$\xrightarrow[\text{bakterien}]{\text{Schwefel-}}$	H_2S	+	$2\,O_2$

$\Delta G = +711{,}07$ kJ/mol

Der Schwefel bzw. seine Sulfhydrylgruppen, HS•, sind für die Ausbildung von Disulfidbrücken zur Verknüpfung von langen Peptid- und Eiweißketten sehr entscheidend, z. B. in den tierischen Wollfasern, der Seide, den Haaren, dem Insulinmolekül (Kap. VII) und dem Acetyl-Coenzym (Kap. XVIII, Abschn. 1.1).

Von den 20 Aminosäuren als Bausteine (Monomere) der Proteine ist Cystein

$$HS-CH_2-\underset{NH_2}{\overset{H}{C}}-COOH$$

der Träger der für die Vernetzung von Biopolymeren so unentbehrlichen Sulfhydrylgruppen.

Proteinkette		Proteinkette		Disulfidbrücke		physiologisch gebundener Wasserstoff
	2 x Cystein					
R–SH	+	HS–R	$\underset{\text{Reduktion}}{\overset{\text{Oxidation}}{\rightleftharpoons}}$	R–S–S–R	+	2 {H}

Eine weitere schwefelhaltige Aminosäure ist das Methionin,

$$H_3C-S-(CH_2)_2-\underset{NH_2}{\overset{H}{C}}-COOH.$$

Als Futterzusatzmittel hat es große Beachtung erlangt. Die Evonik Industries AG, Essen, ist der Weltmarkführer in der Herstellung von Methionin. Ihre Kapazitäten weitet sie aus. Die Produktion in der gesamten Welt ist steigend.

Cystein und Methionin sind auch die Verursacher für die hohen Schwefelbestandteile der Kohle und des Erdöls, da beide pflanzlicher bzw. mikroorganismischer Herkunft sind. Sie erfordern die aufwendige Entsorgung und Reinigung der Abgase während der Verbrennung dieser fossilen Rohstoffe.

4.3 Stickstoff, N_2 [E. nitrogen]

Stickstoff ist neben den Edelgasen das einzige Element, dessen Rohstoffquelle nur die Luft ist. Mit 78,09 % Volumenanteilen ist es an deren Zusammensetzung beteiligt. Es gibt keine weiteren Stickstoffquellen auf der Erde. Diese Feststellung gilt auch, wenn man den Chilesalpeter mit einbezieht. Das ist in gewissem Sinne gerechtfertigt. Die Kalium-, KNO_3, und Natriumnitrate, $NaNO_3$, der Salpeterwüste im nördlichen Chile sind biogenen[6] Ursprungs, d. h., sie sind ein Abbauprodukt der stickstoff- und phosphathaltigen Exkremente, Guano[7] genannt, von Seevögeln und Fledermäusen, die in vielen Jahrtausenden an den trockenen Küsten Perus und Chiles bis zu 80 m Schichtdicken angehäuft worden sind. Die ursprüngliche Quelle ist der Luftstickstoff, der über die Nahrungskette von Pflanzen und Tieren in den Guano gelangt ist (Kap. V).

Stickstoff ist ein sehr reaktionsträges Gas von niedrigem innerem Energieinhalt. Er kann von den Pflanzen nicht so ohne Weiteres aufgenommen und für die biologische Eiweißsynthese verwendet werden. Sie absorbieren den Stickstoff nur in Form von Nitrationen, NO_3^-, oder Ammoniumionen, NH_4^+.

Die Knöllchenbakterien (Rhizobiumbakterien), die an den Wurzeln der Schmetterlingsblütler (Leguminosen) haften, sind eine Ausnahme. Sie leben mit diesen in Symbiose und setzen den elementaren Luftstickstoff in Nitrat- und Ammoniumverbindungen um. Dafür profitieren die Bakterien von der überschüssigen Energie aus der Fotosynthese der Pflanzen. Um für die menschliche Ernährung ausreichend Pflanzenproteine bereitzustellen, müssen Pflanzen ausreichend stickstoffhaltige resorbierbare Nährstoffe in Form von Düngemitteln angeboten werden. Das sind in der Regel Ammonium- und Nitratverbindungen sowie Harnstoff

$$H_2N-\underset{\underset{O}{\|}}{C}-NH_2$$

Weltweit wurden 2014/2015 146 Mio. t Ammoniak großtechnisch hergestellt, aus denen ca. 95 Mio. t stickstoffhaltige Düngemittel, bezogen auf N, produziert wurden. Ist die Fotosynthese die bedeutendste Hydrierungsreaktion in der Natur, so kann die Ammoniaksynthese nach Haber-Bosch[8] als die wichtigste und größte Hydrierungsreaktion der Technik eingestuft werden.

4.4 Sauerstoff, O_2 [E. oxygen]

Sauerstoff ist mit 49,5 % Massenanteilen das am häufigsten vertretene Element in der Lithosphäre, Hydrosphäre und Atmosphäre. An Letzterer ist er mit 20,947 % Volumenanteilen beteiligt und ist wie Stickstoff, N_2, molekular, O_2. Einerseits ist der molekulare

---

[6]Bios (gr.) – Leben; gennan (gr.) – erzeugen.

[7]huano (peruan.) – Mist.

[8]Haber, Fritz (1868–1934) dt. Chemie-Technologe; Bosch, Carl (1874–1940) dt. Chemiker bei BASF.

Sauerstoff relativ reaktionsträge, dagegen sind seine atomare Zustandsform und das triatomare Ozon, O_3, hoch reaktionsaggresiv. Das gilt allerdings auch für Stickstoff (Kap. V).

molekularer Sauerstoff → atomarer Sauerstoff   ΔH = +495 kJ/mol

$$O_2 \xrightleftharpoons{\text{Licht, Energie}} 2\,O$$

Ozon   ΔH = –206 kJ/mol

$$2\,O + 2\,O_2 \rightleftharpoons 2\,O_3$$

molekularer Stickstoff → atomarer Stickstoff   ΔH = +472,7 kJ/mol

$$N_2 \rightleftharpoons 2\,N$$

Beide Gleichungen zeigen, dass erst beträchtliche Energiebeträge aufgewendet werden müssen, um die gasförmigen molekularen Elemente in Reaktionsbereitschaft zu versetzen.

Das ist einerseits der Grund dafür, dass molekularer Stickstoff und Sauerstoff in der Luft so reaktionsfriedlich nebeneinander existieren. Sobald aber von außen Energien an sie herangeführt werden, z. B. durch Blitz oder intensive Sonnenstrahlung in den höheren Schichten der Atmosphäre, reagieren sie miteinander z. B. zu Stickstoffoxiden unter Abgabe von Wärmeenergie (Kap. V, Abschn. 2 und Abschn. 2.3):

atomarer Stickstoff + atomarer Sauerstoff → Stickstoff-monoxid

$$N + O \longrightarrow NO \quad ; \quad \Delta H = -877{,}5\ \text{kJ/mol}$$

Stickstoffmonoxid ist nicht beständig und setzt sich über Distickstoffdioxid sofort in das stabile Stickstoffdioxid um:

Stickstoffmonoxid → Distickstoffdioxid

$$2\,NO \rightleftharpoons N_2O_2 \quad ; \quad \Delta H = -190{,}75\ \text{kJ/mol}$$

Distickstoffdioxid → Stickstoffdioxid

$$N_2O_2 + O_2 \longrightarrow 2\,NO_2 \quad ; \quad \Delta H = +76{,}61\ \text{kJ/mol}$$

$$2\,NO + O_2 \longrightarrow (2\,N_2O_2) + O_2 \longrightarrow 2\,NO_2$$

$$\Delta H = -114{,}14\ \text{kJ/mol}$$

Diese atmosphärische Reaktion ist deshalb von großer Bedeutung, weil das Stickstoffdioxid durch Regen ausgewaschen bzw. mit Wasser zu Nitraten, NO_3^-, reagiert und den absorbierbaren Stickstoffdünger für die Pflanzen liefert, die nicht in Symbiose mit Knöllchenbakterien leben.

Stickstoffdioxid		Wasser		Nitrat-Nitritgemisch
$2\,NO_2$	+	H_2O	⟶	$NO_3^- + NO_2^- + 2\,H^+$

Die Gesamtmenge an gebundenem und freiem Sauerstoff auf der Erde wird auf $3{,}2 \cdot 10^{22}$ g geschätzt, das sind $3{,}2 \cdot 10^{16}$ t bzw. $3{,}2 \cdot 10^4$ Bio. t: Davon befinden sich 4 %, das sind $1{,}3 \cdot 10^{21}$ g in der Atmosphäre. Die restlichen 96 % sind auf der Erdoberfläche als Wasser und in der Erdoberfläche als Metalloxide, Silikate, Sulfate und Carbonate gebunden. Das erklärt, warum großtechnische Verfahren zur Gewinnung von Metallen aus ihren Erzen Reduktionsprozesse sind.

Denkt man sich die gesteinsbildenden Minerale als dicht gepackte Gitter von kugelförmigen Sauerstoffatomen, so wird das Volumen der Lithosphäre aufgrund des Sauerstoffatomradius zu 99 % vom Sauerstoff ausgefüllt. Die anderen mineralbildenden Elemente wie Eisen, Silicium, Aluminium und Calcium befinden sich in den Lücken zwischen den Kugelpackungen. Sauerstoff ist überfall (ubiquitär)[9] zugegen. Wir leben in einer oxidativen Umwelt, zusammen mit Wasser sind alle Stoffe einer langsamen Korrosion unterworfen (Kap. IV, Abschn. 1).

Im Wasser ist Sauerstoff relativ wenig löslich. Unter Normdruck lösen sich bei 20 °C in 1 L Wasser 31,3 cm^3, das sind ca. 3 % Volumenanteile.

4.5 Kohlenstoffdioxid, CO_2 [E. carbon dioxide]

Kohlenstoffdioxid ist, wie schon mehrfach erwähnt, der einzige Kohlenstofflieferant für die Fotosynthese von Glucose und ihren Derivaten, aber auch für die biochemischen Synthesen im mikrobiellen Bereich, wenn man vom Methan, CH_4, absieht, das bei der Chemosynthese zusätzlich als Wasserstofflieferant fungiert (Kap. XI).

Aber auch dabei ist CO_2 zugegen, z. B.

Kohlenstoffdioxid		Methan		Glucose
$3\,CO_2$	+	$3\,CH_4$	⟶	$C_6H_6(OH)_6$; $\Delta G = +420{,}6$ kJ/mol

Kohlenstoffdioxid ist ein Gas, und sein Volumenanteil in der Luft wird heute mit 0,04 % angegeben. In Wasser ist es gut löslich. Bei Normdruck und 20 °C lösen sich 1 L CO_2.

[9]ubique (lat.) – überall.

Ein Beispiel ist der CO_2-Gehalt im Mineralwasser. 0,1 % des gelösten CO_2 reagiert mit dem Wasser zu Kohlensäure:

$$\underset{\text{Kohlenstoffdioxid}}{CO_2} + \underset{\text{Wasser}}{3\,HOH} \rightleftharpoons \overbrace{2\,H_3O^+ + CO_3^{--}}^{\text{dissoziierte Kohlensäure}}$$

Chemisch gebunden liegt Kohlenstoffdioxid in riesigen Mengen in den Kalksteinen als Calciumcarbonat, $CaCO_3$, und im Dolomit als Doppelsatz, $MgCO_3 \cdot CaCO_3$ (Magnesium-Calciumcarbonat) vor. Kohlenstoffdioxid zählt zu den stabilsten und energieärmsten Verbindungen. Alle kohlenstoffhaltigen Verbindungen enden bei Abbaureaktionen unter Energiefreisetzung auf der Stufe des Kohlenstoffdioxids, unabhängig davon, ob dieser Abbau biochemisch, d. h. enzymatisch, aerober oder anaerober Natur ist oder über eine technische Oxidation, d. h. Verbrennung, erfolgt.

Andererseits muss viel Energie aufgewendet werden, um Kohlenstoffdioxid mit anderen Stoffkomponenten zur Reaktion zu aktivieren. Unter „wirtschaftlich optimalen" Bedingungen schafft das nur die Fotosynthese (Tab. 4).

Tab. 4 Einige berechnete und geschätzte Daten der Kohlenstoffdioxid-(CO_2) bzw. Kohlenstoffemissionen bzw. Absorptionen in der Natur und Technik [E. some calculated and estimated quantities of the emissions and absorptions of carbon dioxide or rather carbon in the nature and technology]

CO_2-freisetzende Vorgänge (Emissionen)	Freigesetzte Mengen in 10^9 Tonnen pro Jahr	
	CO_2	C_x
• Verbrennung von fossilen Energieträgern in 2010	43,2	11,8
• Gewinnung von Eisen und Stahl durch Reduktion mit Koks im Hochofen (weltweite Produktion 1,414 Mrd. t in 2009)	0,584	0,159
• Gewinnung von Aluminium aus Bauxit durch Schmelzflusselektrolyse (weltweite Produktion 37 Mio. t in 2009)	0,024	0,0066
• Industrielle Produktion von Wasserstoff in 2010 876.000 t	ca. 0,0096	0,0026
• Industrielle Produktion von Ammoniak ($153 \cdot 10^6$ t in 2009)	0,297	0,081
• Produktion von Bioethanol (in 2010 60 Mio. t)	0,063	0,017
• Produktion von Zement (on 2010 3,16 Mrd. t)	1,39	0,380
• Nitroglycerin als Sprengstoff; 1 Tonne liefert: Die Produktion von Nitroglycerin und Nitrocellulose wird noch ermittelt	581,5 kg	158,6 kg
• Vulkanische Eruption aus aktiven Vulkanen der Erde, jährlich sehr schwankend	ca. 0,055	0,015
• Aufsteigen des Wassers aus tiefen Schichten, z. B. am Äquator und an den Kontinentalrändern	385,0	105,5
• Freisetzung von CO_2 durch warmes Oberflächenwasser der Meere	366,6	100,0

(Fortsetzung)

Tab. 4 (Fortsetzung)

CO_2-freisetzende Vorgänge (Emissionen)	Freigesetzte Mengen in 10^9 Tonnen pro Jahr	
	CO_2	C_x
• Atmung mariner Organismen und schneller Zerfall toter Organismen in kaltem Oberflächenwasser der Ozeane	51,0	14,0
• Atmung mariner Organismen und schneller Zerfall toter Organismen in warmem Oberflächenwasser der Ozeane	95,3	26,0
• Atmung der Mikroorganismen im Boden unter Freisetzung von CO_2 in die Atmosphäre (Pedosphäre)	216,3	59,0
• Atmung der Landorganismen einschl. der Rinder (1,5 Mrd. weltweit); unter Berücksichtigung des Methans CH_4 ($84 \cdot 10^6$ t)	183,3 0,620	50,6 0,169 0,063
• Atmung der Weltbevölkerung, 7,3 Mrd. Menschen in 2017	2,1	0,572
• Freisetzung von CO_2 durch Brandrodung	5,5	1,5
• Blattfall und Verwesung pflanzlicher Wurzeln in den Böden	220,0	60,0
• Termiten	46,0 CO_2 0,15 CH_4	12,5 0,04
CO_2-bindende Vorgänge (Absorptionen)		
• Aufnahme von CO_2 durch die kalte Oberfläche der Meere	366,6	100,0
• Ablagerung von toten Meeresorganismen von der Wasseroberfläche in die tiefen Ozeanschichten (anorganische und organische) Kohlenstoffverbindungen)	73,3	20,0
• Absinken des kalten Oberflächenwassers, meist nahe dem Nord- und Südpol	353,0	96,2
• Sedimentation auf dem Meeresgrund (anorganische und organische) Kohlenstoffverbindungen	2,2	0,6
• Horizontaltransfer von warmem Oberflächenwasser	36,7	10,0
• Transport von Kohlenstoffverbindungen durch die Flussmündungen in die Ozeane	2,26	0,6
• Produktion von Harnstoffdünger 174 Mio. t in 2014 weltweit[a]	0,128	0,0348
• Fotosynthese mariner Organismen in kaltem Oberflächenwasser der Meere	29,0	8,0
• Fotosynthese mariner Organismen in warmem Oberflächenwasser	117,3	32,0
• Fotosynthese durch Phytoplankton	378,0	103,3
• Fotosynthese von Landpflanzen	450,0	123,0
• Summe der durch Fotosynthese gebundenen CO_2-Mengen	974,3	266,3

[a]US Geological Survey (2016), Mineral Commodity Summaries, January

4.5.1 Berechnung der Masse des Kohlenstoffdioxids (CO_2) in der Erdatmosphäre [E. calculation of the carbon dioxide mass in the Earth's atmosphere]

$$\text{Die Beziehung} \quad \text{Druck (p)} = \frac{\text{kraft (F)}}{\text{Fläche (A)}}; \quad \text{pressure (p)} = \frac{\text{force (F)}}{\text{area (A)}}; \tag{1}$$

stellt den Zusammenhang zwischen *Masse* und *Druck* (in diesem Fall Atmosphärendruck) her. Denn die Kraft ist physikalisch definiert als das Produkt aus Masse (m) und Beschleunigung (a).

$$\text{Kraft (F)} = \text{Masse (m)} \cdot \text{Beschleunigung(a)}; \quad \text{Force} = \text{mass} \cdot \text{acceleration} \tag{2}$$

Gl. 2 in Gl. 1 eingesetzt,

$$\text{daraus folgt} \quad \text{Druck} = \frac{\text{Masse} \cdot \text{beschleunigung}}{\text{Fläche}}$$

$$\text{Masse der Erdatmosphä re} = \frac{\text{Druck} \cdot \text{Fläche}}{\text{Erdbeschleunigung}} \tag{3}$$

Es gelten weiterhin:

- Einheit des Druckes ist 1 Pascal[10] = 1Pa; $\quad 1\text{pa} = \frac{1\text{N}}{\text{m}^2}$

$$1\,\text{pa} = \frac{1\,\text{kg} \cdot \text{m}}{\text{m}^2 \cdot \text{s}^2} \quad 1\,\text{pa} = \frac{1\,\text{kg}}{\text{m} \cdot \text{s}^2}; \quad 1\,bar = 10^5\,\text{pa} = \frac{10^5\text{kg}}{\text{m} \cdot \text{s}^2}$$

- Erdradius $r_E = 6370\,\text{km}$
- Erdoberfläche $A_E = 4\,\pi \cdot r_E^2 = 4 \cdot 3{,}14\,(6370 \cdot 10^3\,\text{m})^2 = 5{,}1 \cdot 10^{14}\,m^2$
  $A_E = 5{,}1 \cdot 10^{14}\,\text{m}^2$
- Erdbeschleunigung $g = 9{,}806\,m/s^2$
- Masse der Erdatmosphäre siehe Gl. 3

$$\text{m}_\text{E} = \frac{10^5\,\text{kg} \cdot 5{,}1 \cdot 10^{14}\,\text{m}^2 \cdot \text{s}^2}{\text{m} \cdot \text{s}^2 \quad 9{,}806\,\text{m}} \tag{4}$$

$$\text{m}_\text{E} = 0{,}520 \cdot 10^{19}\,Kg = 520 \cdot 10^{16}\,Kg$$

- Der prozentuale Massenanteil des Kohlenstoffdioxids in der Erdatmosphäre wird mit

$$\text{mCO}_2 = 0{,}053\,\%\ \text{Massenanteile angegeben.} \tag{5}$$

Dieser kann experimentell ermittelt werden.

[10]Pascal, Blaise (1623–1662), frz. Mathematiker, Physiker und Religionsphilosoph.

Daraus errechnet sich eine Kohlenstoffdioxidmasse in der Erdatmosphäre nach folgender Proportionsgleichung:

100 % Gesamterdatmosphäre: 0,053 % CO_2 Massenanteil in Erdatmosphäre
$= 520 \cdot 10^{16}$ kg Erdatmosphäre: × kg CO_2 Masse in der Erdatmosphäre

$$100\,\% : 0,053\,\% = 520 \cdot 10^{16} \mathrm{Kg_{atm}} : \times\, \mathrm{kgCO_2}$$

$$\times\, \mathrm{kgCO_2} = \frac{0,053\,\% \cdot 520 \cdot 10^{16}\, \mathrm{kg_{atm}}}{100\,\%}; \tag{6}$$

$$\times\, kgCO_2 = 2756 \cdot 10^{12}\, kg\, CO_2 \mathrel{\hat{=}} 2756 \cdot 10^{9}\, \mathrm{t\ CO_2}$$

In der Erdatmosphäre sind ca. $2756 \cdot 10^{12}$ kg Kohlenstoffdioxid, CO_2, vorhanden, diese entsprechen an Kohlenstoff, x_c:

$2756 \cdot 10^{12} : x_C = 44:12$		Molmasse von CO_2:44
$x_C = \frac{12 \cdot 2756 \cdot 10^{2}}{44}$		Molmasse von C:12
$x_C = 752 \cdot 10^{12}\, kg\ Kohlenstoff$	$\hat{=}$ **$752 \cdot 10^{9}$ t C**	

4.5.2 Berechnung der täglich ausgeatmeten CO_2-Menge eines Menschen und der Weltbevölkerung [E. calculation of the daily exhaled amount of CO_2 of a man and the world population]

Der physiologische Energiebedarf (PAL = physiological activity level) eines Menschen wird mit 11.300 kJ/Tag angenommen[11], obwohl der Energieumsatz der Menschen erheblich schwankt. Unter Berücksichtigung des Alters und Klimas, der Freizeiten, Sportarten und den Arbeitseinsätzen ergibt sich ein Mittelwert für den täglichen physiologischen Energiebedarf eines Menschen von 11.300 kJ. Dieser Energiemenge entsprechen 657 g Stärke oder Eiweiße, denn der physiologische Brennwert von 1 g Kohlenhydrate wie auch für 1 g Eiweiß beträgt 17,2 kJ/g.[12]

Deshalb wird bei folgenden Rechnungen immer alles auf Kohlenhydrate bezogen. Die Brennwerte der Fette bleiben unberücksichtigt. Sie sind mit 39 kJ/g zwar mehr als doppelt so hoch wie die der Kohlenhydrate und Eiweiße, doch den größten Teil der Nahrung nimmt der Mensch in Form von Kohlenhydraten und Eiweiß auf, der Fettanteil ist diesen Stoffen gegenüber gering und fällt in die Schwankungsbreite der physiologischen Nutzenergie.

[11]Wissenschaftliche Tabellen Geigy (1985), 8. Aufl., Hrsg. Ciba-Geigy Ltd. Basel, Schweiz.

[12]D-A-CH Referenzwerte für die Nährstoffzufuhr (2015), 1. Ausg.

Der Energiemenge von 11.300 kJ entsprechen 657 g Stärke/Tag.

Stärke (polymerisierte Glucose)		Sauerstoff		Kohlenstoffdioxid		Wasser	
$[C_6H_5(OH)_5]_n$	+	$6n\ O_2$	$\longrightarrow$	$6\ n\ CO_2$	+	$5\ n\ H_2O$	(1)
n · 162 g		n · 192 g		n · 264 g		n · 90 g	

Aus dieser Reaktionsgleichung (1) folgt nachstehende Verhältnisgleichung:

657 g Stärke setzen während des oxidativen Katabolismus 1071 g CO_2 frei.

$$162:264 = 657:x; \quad x = \frac{264 \cdot 657}{162} = 1071\,g\,CO_2.$$

Davon werden ca. 795 g $CO_2 \triangleq 405$ L ausgeatmet. Der Rest von 276 g CO_2 dient u. a. zur Bildung von Harnstoff, um den lebenden Organismus vom giftigen Ammoniak zu befreien.

Kohlenstoffdioxid		Ammoniak		Harnstoff		Wasser		physiologische Energie
CO_2	+	$2\ NH_3$	$\longrightarrow$	NH_2–C(=O)–NH_2	+	H–OH	+	123,69 kJ

Die Weltbevölkerung von 7,3 Mrd. Menschen atmet jährlich aus:

$795\ g \cdot 365\ Tage \cdot 7{,}3 \cdot 10^9\ Menschen \approx 2{,}1 \cdot 10^9$ t/Jahr

2,1 Mrd. t CO_2 entsprechen 572 Mio. t Kohlenstoff $[C_x]$.

Das sind 5,3 % derjenigen Kohlenstoffdioxidmengen, die bei der Verbrennung von fossilen Rohstoffen (39,6 Mrd. t) in Industrie und Haushalten anfallen.

4.5.3 Berechnung der gespeicherten Energie durch die Fotosynthese der Landpflanzen (s. Kap. XI, Abschn. 3) [E. calculation of the stored energy by the photosynthesis of the land plants]

Der Reaktionsgleichung für die Fotosynthese ist zu entnehmen, dass für die chemische Speicherung von 2876 kJ in Glucose als ein Kohlenhydratbaustein $6 \times CO_2$ Moleküle erforderlich sind. Die Molmasse ist $6 \times 44\ g = 264\ g$.

Folgende Proportionsgleichung kann aufgestellt werden, um die Energiespeicherung durch den Umsatz von $450 \cdot 10^9$ t CO_2 zu errechnen (s. Tab. 4):

$$2876\ kJ:0{,}264\ kg\ CO_2 = x\ kJ:450 \cdot 10^{12}\ kg\ CO_2$$

$$x\,kJ = \frac{2876\,kJ \cdot 450 \cdot 10^{12}\,kg\ CO_2}{0,264\,kg\,CO_2}$$

$$= 4.902.272,727 \cdot 10^{12}\,KJ$$

$$= 4,9 \cdot 10^6 \cdot 10^{12}\,kJ$$

$$= \mathbf{4,9 \cdot 10^{12}\ GJ}$$

4.6 Wasser, H–OH [E. water]

Wasser, ein Oxid des Wasserstoffs, ist mit seiner freien Bildungsenthalpie $\Delta_B G = -237{,}2$ kJ/mol ebenfalls ein stabiles und außerdem ein bipolares Molekül (Abb. 9). Für biochemische Reaktionen ist er sowohl der Wasserstoff- als auch Sauerstoffabgeber (Donator). Neben dem Kohlenstoffdioxid ist Wasser die zweite Abbaukomponente kohlenwasserstoffhaltiger Stoffe als niedrigste Energiestufe.

Wasser zählt zu den Hauptbestandteilen der uns umgebenden belebten und unbelebten Natur und bedeckt vier Fünftel der Erdoberfläche als Meere, Seen und Flüsse (Kap. III, Abschn. 3).

Die Eigenschaften des Wassers als

- Lösemittel
- Transportmittel
- Reaktionskomponente
- Wasserstoff- und Sauerstoffquelle
- Dipolverbindung
- Wärmespeicher und
- anomales Verhalten

erklären, warum Wasser das Lebensmedium schlechthin ist (Kap. III, Abschn. 3).

Wasserstoff selbst kommt in der Natur nicht elementar vor, sondern nur im gebundenen Zustand mit anderen Elementen. Das liegt einerseits an seiner Reaktionsfreudigkeit, andererseits aber auch an seiner Leichtigkeit als Molekül. Er entweicht in ungebundenem Zustand sofort in die Atmosphäre. Wasserstoff benötigt somit immer spezielle Überträger (Carrier), um ihn biochemisch von einem Molekül auf ein anderes zu übertragen.

Die Fotosynthese des Kohlenstoffdioxids und Wassers zu Biopolymeren ist der Motor des derzeitigen Lebens auf der Erde. Sie spielt sich sowohl im Wasser in phytogenen Mikroorganismen als auch auf dem Festland in den Pflanzen ab.

Über die *Nahrungskette* werden die pflanzlichen Kohlenhydrate, wie Cellulose und Stärke, sowie Proteine und Fette von den tierischen Organismen zur Aufrechterhaltung ihres Betriebsstoffwechsels wieder in Wasser und Kohlenstoffdioxid zurückgeführt oder in arteigene Biomasse für den Baustoffwechsel umgewandelt.

Pflanzliche und tierische Organismen können nach dem Absterben aerob, d. h. in Gegenwart von Luftsauerstoff, oder anaerob, das bedeutet unter Luftsauerstoffausschluss, abgebaut werden.

Bei aeroben Vorgängen handelt es sich ausschließlich um oxidative Prozesse. In der Endstufe liegt der gesamte Kohlenstoff der Biomasse wieder als Kohlenstoffdioxid vor, der entweder an die Erdatmosphäre abgegeben wird oder sich in Wasser löst und sich dort zu wasserlöslichen Hydrogencarbonaten umsetzt oder sich als unlösliche Carbonate niederschlägt.

Bei Prozessen, die unter Luftausschluss ablaufen, wird ebenfalls ein Teil der Biopolymere in Kohlenstoffdioxid umgesetzt. Der Sauerstoff stammt hier aus den Biopolymeren selbst. Ein anderer Teil aber kann unter geologisch günstigen Voraussetzungen zu

Kohlenwasserstoffen, wie Erdöl und Erdgas, überführt oder in den teilweise grafitähnlichen Zustand verschiedenster Torf- und Kohlearten umgewandelt werden.

Der Entzug des Kohlenstoffs aus dem Kreislauf – Fotosynthese ⟶ Bildung von Biomasse ⟶ aerober und anaerober Abbau der Biomasse zu Kohlenstoffdioxid – durch die Bildung von Torf-, Kohle-, Erdöl- und Erdgaslagern erfolgte im Verlauf von vielen Hunderten Millionen Jahren der Erdgeschichte und findet auch heute noch statt.

Durch den zunehmenden Bedarf von Primärenergien begann in den letzten 150 Jahren die Wiedereinschleusung des Kohlenstoffdioxids in den Naturkreislauf. Immer mehr des in Lagerstätten gebundenen Kohlenstoffs wird über die Verbrennung in Form von Kohlenstoffdioxid freigesetzt (Abb. 10).

Der Zuwachs der Erdbevölkerung und die damit verbundene Bevölkerungsverdichtung in den nächsten 10 Jahren auf über 8 Mrd. Menschen lässt erahnen, in welcher Weise dieser Prozess zur Energiegewinnung noch zunehmen wird (Kap. XV).

Neben dem Problem von der Sicherung ausreichender Energien für die Menschheit muss die Frage nach den Auswirkungen des steigenden Kohlenstoffdioxidgehalts in der Atmosphäre objektiv beantwortet werden. Das ist sehr wichtig, da die diskutierten angenommenen CO_2-abhängigen Einflüsse auf das Klima noch sehr unterschiedlich bewertet werden (s. Literaturhinweise Hug, H.; Hopp, V. und Raschke, E. et al. in diesem Kap. IX).

Im Laufe der Erdgeschichte haben sich der Sauerstoff- und Kohlenstoffdioxidgehalt in der Atmosphäre verändert. Man nimmt an, dass er in der Karbonzeit (Kap. IV, Tab. 3), einer Zeit der optimalen Pflanzenvegetation, am höchsten war und seitdem bis zur Gegenwart in ständigem Abnehmen begriffen ist. Die relativen quantitativen Zusammenhänge werden durch Abb. 8 veranschaulicht.

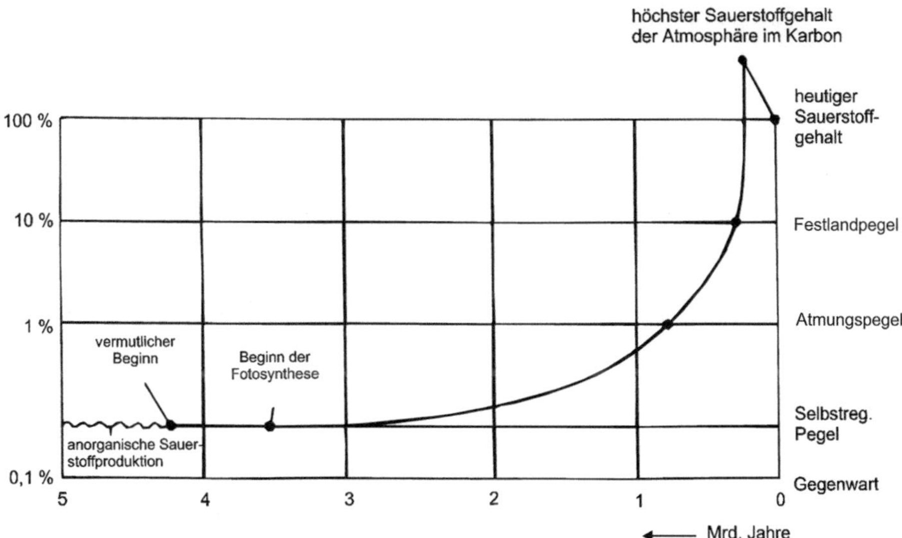

Abb. 8 Die Änderung des Sauerstoffgehaltes in der Atmosphäre im Laufe der Erdgeschichte [E. alteration of the oxygen content during the geological history]

Diese Veränderungen erfolgten über lange Zeitspannen, sodass die Lebensformen Zeit genug hatten, sich ständig diesen neuen Bedingungen anzupassen. Das ökologische Fließgleichgewicht konnte sich entsprechend den wechselnden Bedingungen langsam immer wieder einstellen.

4.7 Die fossilen Rohstoffreserven [E. the reserves of fossile raw materials]

Zu den bestätigten „sicheren Erdölreserven“ zählen nur die Funde, die bereits durch Bohrungen genutzt werden und mit heutiger Technik wirtschaftlich förderbar sind. Dazu sind nicht die Mengen eingerechnet, deren Lage und Mächtigkeit man zwar genau kennt, die aber zu heutigen Preisen noch nicht rentabel abgebaut werden können.

Die Zahlen der Tab. 6a und 6b beziehen sich auf die *wirtschaftlich gewinnbaren Vorräte.*

Tab. 5 zeigt, dass die wirtschaftlich gewinnbaren Steinkohlereserven das 2,4-Fache der Braunkohlenreserven sind. Die Förderung ist 7-mal so hoch.

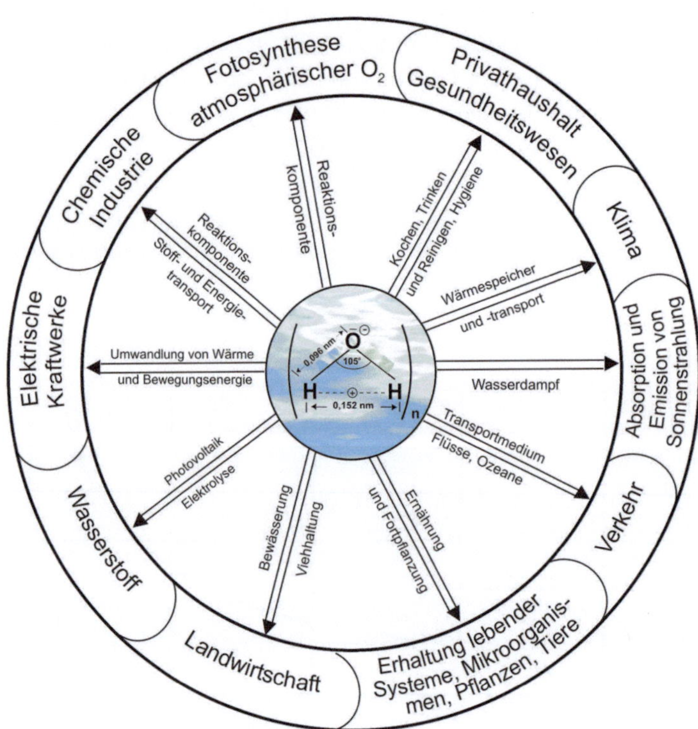

Abb. 9 Wasser, ein System von vernetzten Molekülen und Schlüsselprodukt in Natur und Technik [E. water, a system of linking molecules and key-product in nature and technology]

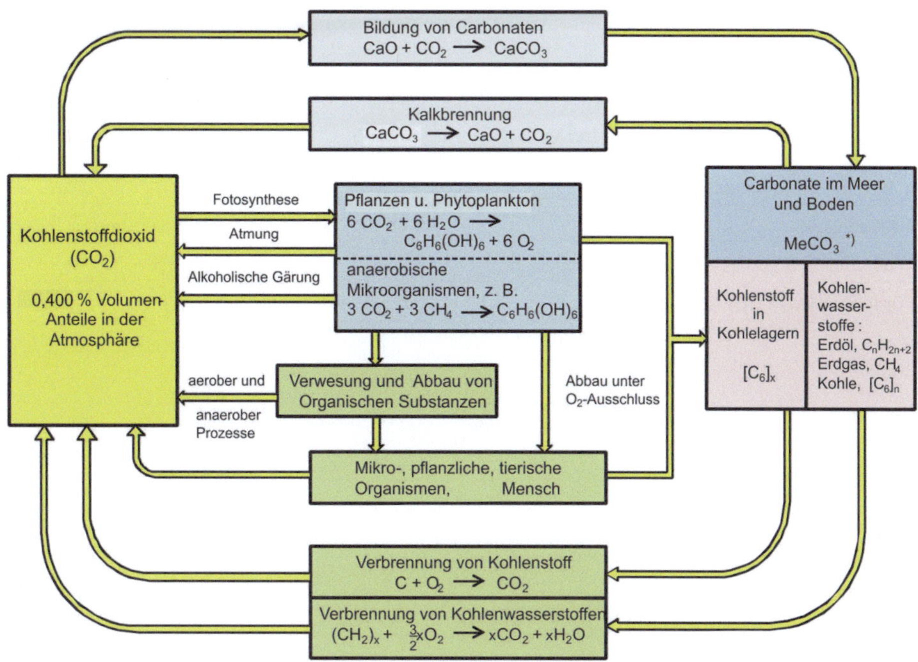

Abb. 10 Der Kohlenstoffzyklus in der Natur und Technik [E. the carbon cycle in the nature and technology]

Die geologischen Vorräte der Steinkohle sowie der Braunkohle sind nach heutigem Wissensstand 10-mal so groß wie die der wirtschaftlich nutzbaren.

In Bezug auf die Steinkohle- und Braunkohlevorkommen in der Welt zählen die GUS (Russland als Gemeinschaft unabhängiger Staaten), die USA und China zu den energiereichsten Ländern. In diese Betrachtung müssen die Erdöl- und Erdgasreserven mit einbezogen werden, dann sind neben der GUS, USA, die Arabischen Emirate und Golfstaaten und China diejenigen Länder mit den größten Energiereserven (Tab. 7, 7a, 7b, 7c, 7d). Dieses Bild verschiebt sich etwas, wenn man die Energiereserven auf die Anzahl der Bewohner des jeweiligen Landes umrechnen würde. Immerhin würden die GUS, die arabischen Staaten auch dann die Energie-Weltrangliste anführen. China und die USA würden aber noch unter den ersten 10 energiereichsten Ländern der Welt zu finden sein. Deutschland verfügt nur mit der Braunkohle über ein nennenswertes Energiepolster. Die Förderung der noch vorhandenen wirtschaftlich nutzbaren Steinkohlereserven ist technisch schon sehr aufwendig geworden.[13]

[13]Quelle: Bundesamt für Geowissenschaften und Rohstoffe (2015) Energiestudie; Reserven, Ressourcen und Verfügbarkeit von Energierohstoffen, 30655 Hannover.

Tab. 5 Steinkohle- und Braunkohlenreserven sowie deren Förderung, 2014 [E. reserves of hard and brown coal and their drawing]

Steinkohle	Welt	Deutschland
Wirtschaftlich gewinnbare Reserven [Mio. t]	698.660	21
Förderung [Mio. t]	7153	8,3
Braunkohle	Welt	Deutschland
Wirtschaftlich gewinnbare Reserven [Mio. t]	285.964	36.300
Förderung [Mio. t]	1023,4	178,2

Tab. 6a Die 10 an Steinkohle reichsten Länder (2014) [Mio. t] [E. the ten top countries with reserves of hard coal]

1	USA	222.641
2	China	124.059
3	Indien	85.562
4	Russland	69.634
5	Australien	62.095
6	Ukraine	32.039
7	Kasachstan	25.605
8	Indonesien	17.394
9	Polen	16.203
10	Südafrika	9893

Tab. 6b Die 10 an Braunkohle reichsten Länder (2014) [Mio. t] [E. the ten top countries with reserves of brown coal]

1	Russland	90.730
2	Australien	44.164
3	Deutschland	36.300
4	USA	30.483
5	Türkei	12.466
6	Indonesien	8274
7	China	7555
8	Serbien	7112
9	Neuseeland	6750
10	Polen	5429

Tab. 7 Erdöl- und Erdgasreseven und ihre Förderung (2015) [E. the reserves of crude oil and natural gas and their drawing]

Erdöl	Welt	Deutschland
Gewinnbare Reserven	343,3 Mrd. t	30 Mio. t
Förderung	4240,7 Mio. t	2,1 Mio. t
Erdgas		
Gewinnbare Reserven, Mrd. Nm^3	197.841	89
Förderung, Mrd. Nm^3	3483	10,5

Tab. 7a Die 10 ölreichsten Länder (2015) [Mio. t] [E. the ten top countries with the riches reserves of crude oil] (Datenquelle für Tab. 9-bis Tab. 12: OPEC Secretariat, World Oil, Oil and Gas Journal)

1	Venezuela	47.000
2	Saudi-Arabien	36.600
3	Kanada	27.800
4	Iran	21.700
5	Irak	19.300
6	Kuwait	14.000
7	Russland	14.000
8	Arabische Emirate	13.000
9	USA	6600
10	Libyen	6300

Tab. 7b Die 10 größten Erdölförderer (2015) [Mio. t] [E. the ten top countries with the most drawing of crude oil]

1	Saudi-Arabien	568,5
2	USA	567,2
3	Russland	540,7
4	Kanada	215,5
5	China	214,6
6	Irak	197,0
7	Iran	182,6
8	Arabische Emirate	175,5
9	Kuwait	149,1
10	Venezuela	135,2

Tab. 7c Die 10 größten Erdgasförderer [Mrd. Nm^3] (2015) [E. the ten top countries with the most drawing of natural gas]

1	USA	767,3
2	Russland	573,3
3	Iran	192,9
4	Katar	181,4
5	Kanada	163,5
6	China	138,0
7	Norwegen	117,2
8	Saudi-Arabien	106,4
9	Algerien	83,0
10	Indonesien	75,0

Tab. 7d Die 10 an Erdgas reichsten Länder [Mrd. Nm^3] (2015) [E. the ten top countries with reserves of natural gas]

1	Iran	34.020
2	Russland	32.300
3	Katar	24.528
4	Turkmenistan	17.500
5	USA	10.400
6	Saudi-Arabien	8300
7	Vereinigte Arabische Emirate	6100
8	Venezuela	5600
9	Nigeria	5100
10	Algerien	4504

Literatur [E. references]

D-A-CH Referenzwerte für die Nährstoffzufuhr (2015), 1. Ausg.
US Geological Survay (2016), Mineral Commodity Summaries, January.

Weiterführende Literatur

Bundesanstalt für Geowissenschaft und Rohstoffe (2016), Reserven, Ressourcen und Verfügbarkeit von Energierohstoffen, 30655 Hannover.
Closs, H., Giese, P. u. Jakobshagen, V. (1980), Alfred Wegeners Kontinentalverschiebung aus heutiger Sicht, Spektrum der Wissenschaft, Nr. 10.
Ditfurth von, H. (2007), Im Anfang war der Wasserstoff, 18. Aufl., Deutscher Taschenbuch Verlag, München.

Harjes, H,-P. u. Walter, R. Hrsg. (1999), Die Erde im Visier, Die Geowissenschaften an der Schwelle zum 21. Jahrhundert, Springer Verlag, Heidelberg.

Hausen, G. (1975), Steinöl und Brunnenfeuer, Hrsg. Wintershall Aktiengesellschaft, Kassel.

Hopp, V. (1980), Der Kohlenstoff, seine Verbindungen als Rohstoffquelle und Energieumwandler, Hrsg. DECHEMA, Frankfurt am Main.

Hopp, V. (2001), Stallmist, Jauche und Gülle, Chemie Ingenieur Technik, CIT-Plus, Heft 3

Hopp, V.; Stehlik, G.; Thüne, W. u. Wagner, E. (2012), Atmosphäre, Wasser, Sonne, Kohlenstoffdioxid, Wetter, Klima, Leben – einige Grundbegriffe, 2. Aufl., VDI-Verlag, Düsseldorf.

Huber, R. (1989), Eine strukturelle Grundlage für die Übertragung von Lichtenergie und Elektronen in der Biologie (Nobel-Vortrag), Angew. Chemie, Jg. 101, Heft 7, S. 849–998.

Hug, H. (1998), Klimakatastrophe, ein spektroskopischer Artefakt, Chem. Rdsch. Nr. 4, S. 9 v. 20.02.98.

Hug, H. (1999), Zusätzlicher Treibhauseffekt ist ein kleines Peakflankenphänomen, Chem. Rdsch. Nr. 4, S. 17 v. 19.02.99 sowie: Gleichung gilt nur beschränkt, Chem. Rdsch. Nr. 5, S. 10 v. 05.03.99.

Jahrbuch Bergbau, Erdöl und Erdgas, Petrochemie, Elektrizität, Umweltschutz (1998), Verlag Glückauf GmbH, Essen.

Raschke, E. et al. (1999), Den zusätzlichen Treibhauseffekt gibt es doch, Chem. Rdsch. Nr. 19, S. 9 v. 23.10.98.

Roper, David (2016), World Ammonia Production, http://mineralsusgs.gov/minerals/pubs/commodity/nitrogen/

Thüne, Wolfgang (2002), Freispruch für CO_2! Edition steinherz, Wiesbaden, ISBN 3-9807378-1-0), 102 ff. Das „Treibhaus“ hat offene Fenster zum Weltall.

VDI-Nachrichten (1999), Braunkohle gerät zunehmend unter Druck, Nr. 41 vom 15.10.99.

Wegener, A. (1929), Die Entstehung der Kontinente und Ozeane, 4. Aufl., Vieweg Verlag, Braunschweig.

Schlüsselprodukte der organischen Chemie und ihre Rohstoffquellen [E. keyproducts of the organic chemistry and their resources]

X

1 Technische Schlüsselprodukte [E. technical keyproducts]

Nur wenige Schlüsselprodukte sind es, von denen die organisch-chemotechnische Synthese und die Synthesewege in der Natur ausgehen, um die Vielzahl der chemotechnischen Industrieprodukte bzw. der Naturstoffe aufzubauen.

Ihnen allen gemeinsam ist die einfache durchschaubare chemische Struktur und die Variationsmöglichkeit der möglichen Reaktionen, die zu komplexen Verbindungen, z. B. Stoffe mit Stütz- und Wirkfunktionen führen. Für den organisch-chemotechnischen Sektor sind dieses

das Acethylen (Ethin) $H{-}C{\equiv}C{-}H$

die BTX-Aromaten (Benzol, Toluol, Xylole)

C_6H_6 ; $C_6H_5{-}CH_3$; $C_6H_4(CH_3)_2$

das Ethylen (Ethen) $H_2C{=}CH_2$

für den Naturstoffsektor sind es

die Glucose (C_6-Zucker, Traubenzucker, $C_6H_6(OH)_6$),

die Aminosäuren (20 an der Zahl, $R{-}CH(NH_2){-}COOH$).

V. Hopp, *Chemische Kreisläufe in der Natur*,
https://doi.org/10.1007/978-3-662-55860-7_10

Verknüpfende Schlüsselprodukte zwischen den chemotechnischen Sektoren und dem Naturstoffsektor sind

das Wasser (Hydrogeniumoxid), H_2O,
der Schwefelwasserstoff, H_2S,
das Ammoniak, NH_3, und
die Phosphorsäure, H_3PO_4.

1.1 Acetylen, H–C≡C–H [E. acetylene]

In der ersten Phase der industriellen Chemie, der Kohlechemie, die von der Mitte des 19. Jahrhunderts bis zur Mitte des 20. Jahrhunderts währte (Abb. 1, 2, 3, 4, 5), wurde Acetylen aus Kalk, Koks und Wasser gewonnen über die Zwischenstufe Calciumcarbid. Das war ein sehr energieaufwendiges Verfahren (Kap. VIII, Abschn. 3).

Die energie-, stoff- und transportaufwendige Prozedur war in der Phase der Kohlechemie der einzige Zugang zum Acetylen und den daraus gewonnenen aliphatischen Kohlenwasserstoffen.

In den Abb. 1, 2, 3, 4, 5, 6, 7, 8, 9, 10 ist die historische Entwicklung von der Kohlechemie bis zur Gentechnik im Zusammenhang mit den wissenschaftlichen Entwicklungen und der industriellen Nutzung skizziert.

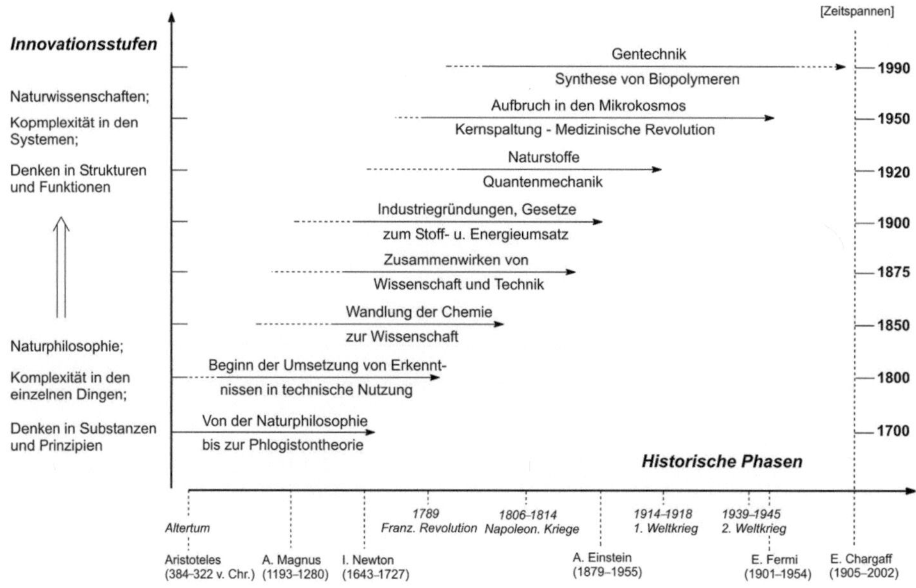

Abb. 1 Die Chemie vom Altertum bis zur Gegenwart – Übersicht [E. the chemistry from the antiquity till to the present time – a survey]

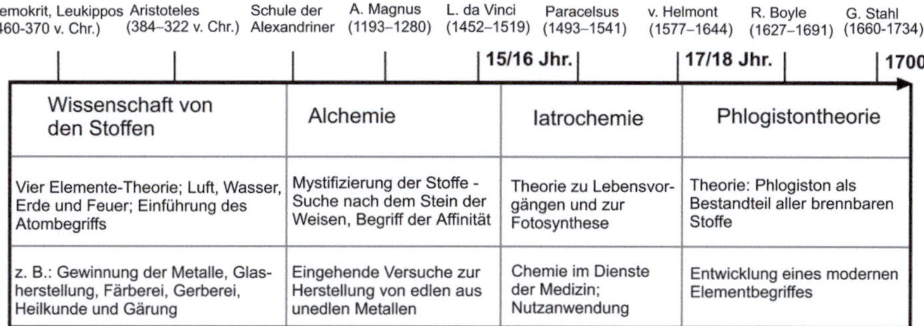

Abb. 2 Von der Naturphilosophie des Altertums bis zur Phlogistontheorie [E. from the philosophy of nature of the antiquity to the phlogiston theory]

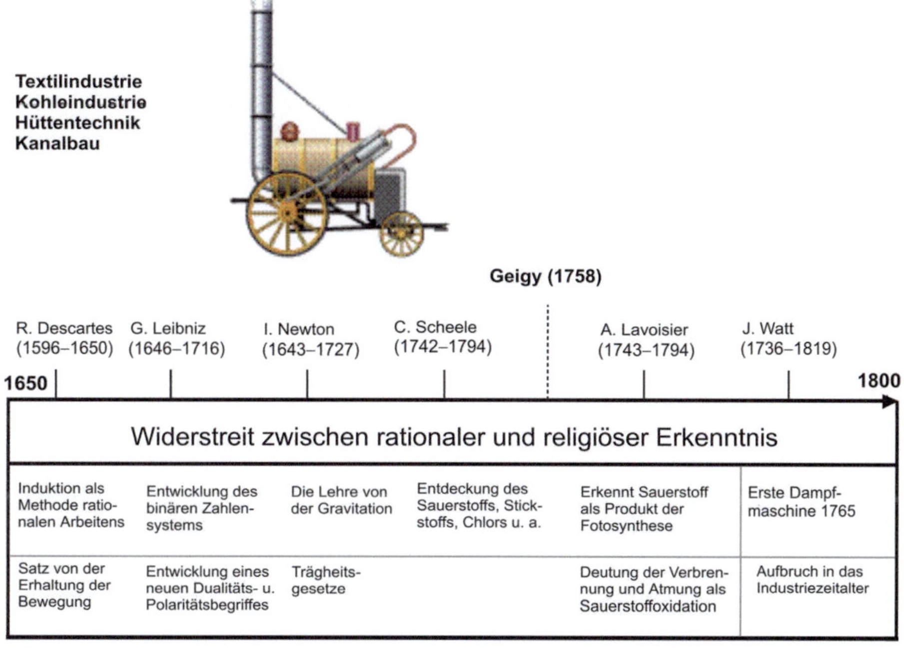

Abb. 3 Beginn der Umsetzung von Erkenntnis in technische Nutzung [E. the conversion of knowledge in technical application]

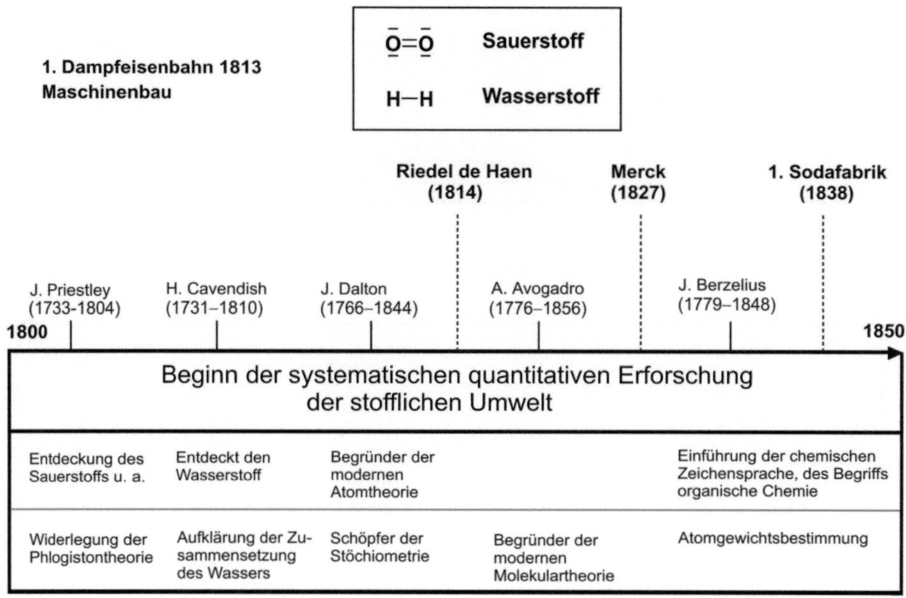

Abb. 4 Die Wandlung der Chemie zur Wissenschaft [E. the change of the chemistry to a science]

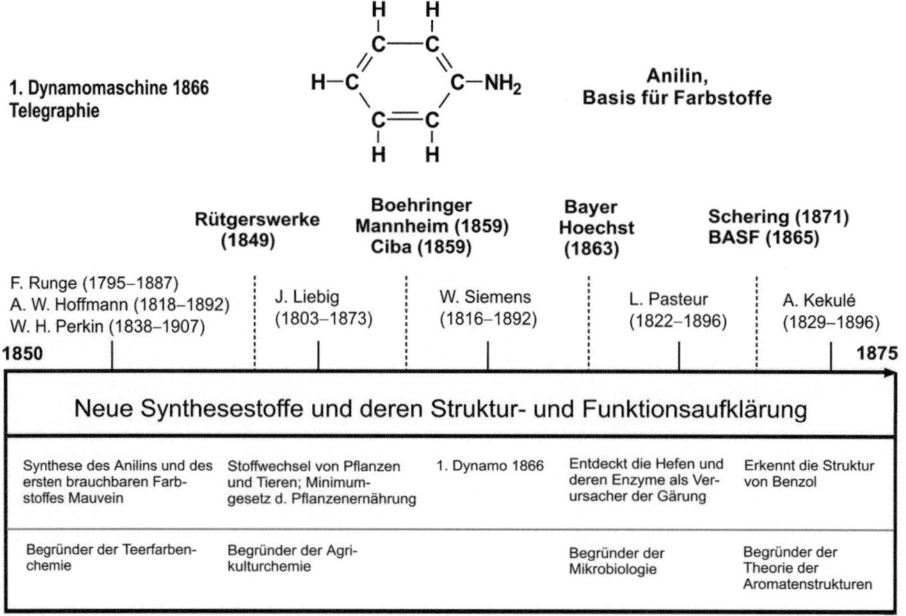

Abb. 5 Zusammenwirken von Wissenschaft und Technik; Beginn von Industriegründungen [E. cooperation of natural science and technology; the beginning of foundations of industry companies]

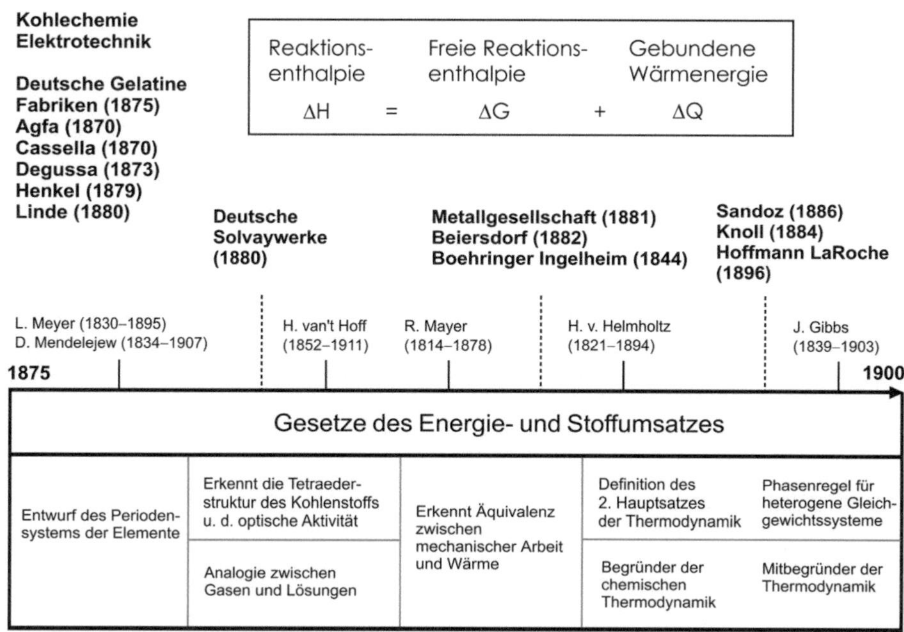

Abb. 6 Industriegründungen [E. foundations of industry plants]

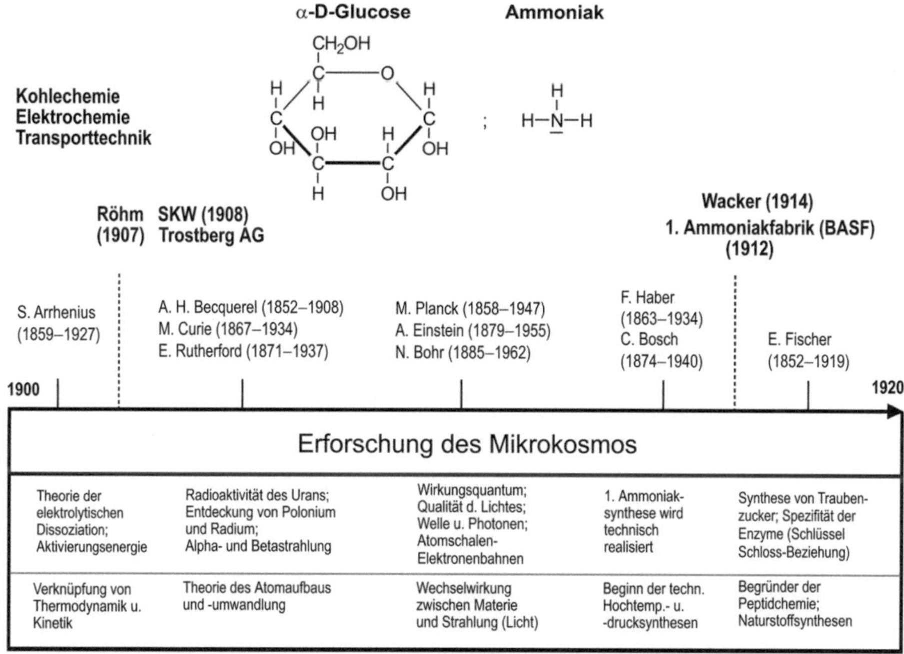

Abb. 7 Naturstoffe – Quantenmechanik [E. natural materials – quantum mechanics]

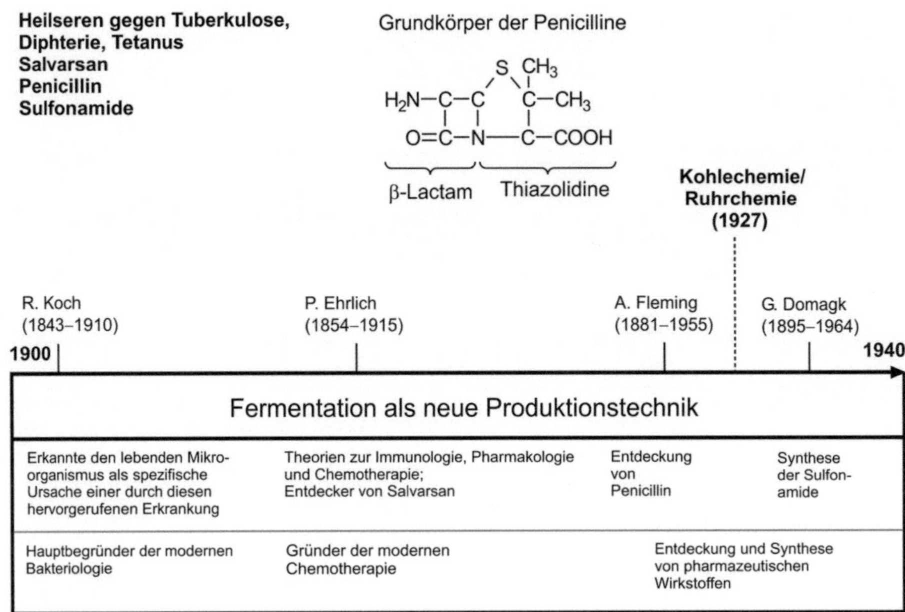

Abb. 8 Aufbruch in den Mikrokosmos – Medizinische Revolution [E. the start into the microcosmos – medical revolution]

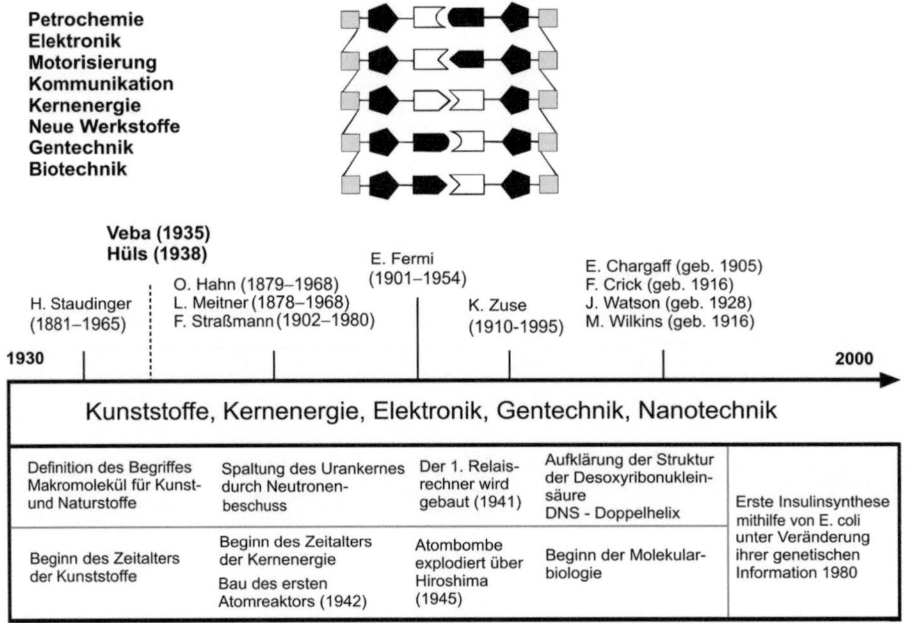

Abb. 9 Von den Makro- zu den Mikrosystemen [E. from the macrosystems to the microsystems]

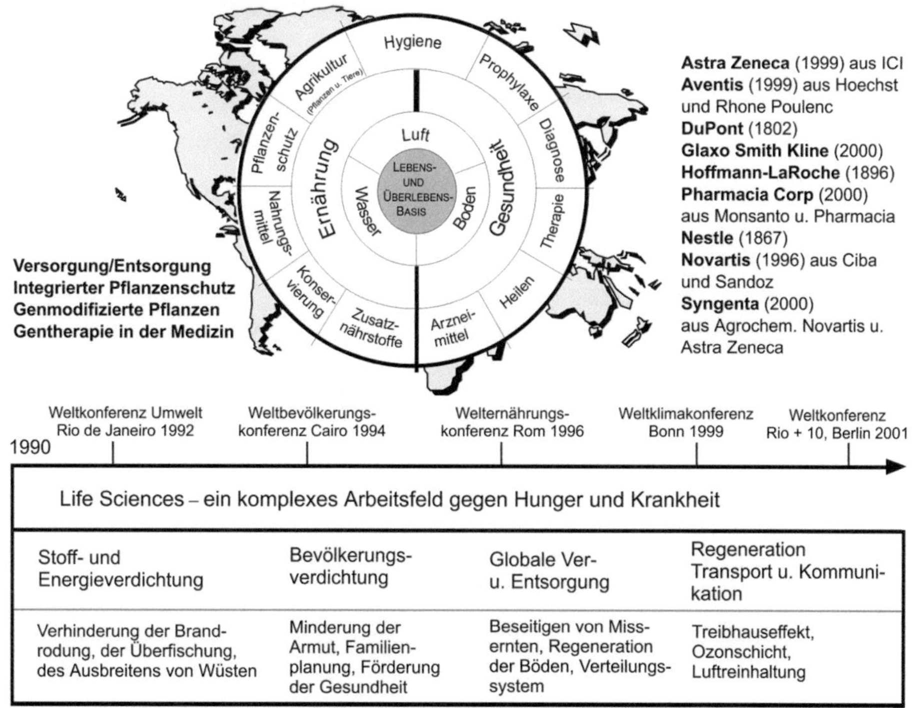

Abb. 10 Von den naturwissenschaftlichen Einzeldisziplinen zu komplexen Prozessen und Produkten [E. from the natural science individual disciplines to the complex processes and products]

Heute wird Acetylen durch endotherme Dehydrodimerisierung von Methan hergestellt, wobei das Methan überwiegend aus dem Erdgas stammt.

$$2\ CH_{4(g)} \xrightarrow[2000\ ^{\circ}C]{\text{elektr. Lichtbogen}} HC{\equiv}CH_{(g)} + 3\ H_{2(g)}$$

$$\Delta H = +377\ \text{kJ/mol}$$

Das Acetylen entsteht im elektrischen Lichtbogen – oder im Flammverfahren.

Im Lichtbogen erfolgt eine endotherme Wasserstoffabspaltung. Beim Flammverfahren wird Methan mit einer begrenzten Luftmenge teilweise verbrannt.

Gegenüber dem Carbidverfahren ist der Energieaufwand längst nicht so hoch. Der Transport von Gasen gestaltet sich gegenüber von Feststoffen in Pipelines erheblich einfacher und kostengünstiger, und dieser Prozess kann kontinuierlich gefahren werden.

1.2 B-T-X-Aromaten [E. b-t-x-aromatics][1]

B-T-X-Aromaten, (Benzolring mit R) ; R = · CH_3

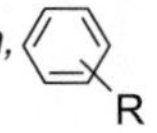

Während der Zeit der Kohlechemie waren der Steinkohleteer und dessen Destillate die Quellen für Benzol, Toluol, Xylole und Phenol. Sie waren die Ausgangsstoffe für die Farbmittel, für Styrol (Polystyrole), für die Nylonsynthese, für die Pikrinsäure als Sprengstoffmittel auf Phenolbasis und TNT (Trinitrotoluol) auf Toluolbasis.

Gegenwärtig werden die immer noch sehr bedeutenden aromatischen Schlüsselprodukte aus den Reformatbenzinen des Erdöls gewonnen, aber auch das Kokereirohbenzol spielt noch eine Rolle dort, wo Steinkohle als Energieträger verwendet wird. Katalytische Crackprozesse sind besonders geeignet, um aus Mineralölfraktionen Aromate zu gewinnen.

1.3 Ethylen, $H_2C{=}CH_2$ [E. ethylene]

Nach dem Ende des 2. Weltkrieges (1945) verdrängte das leichter handhabbare Erdöl die Kohle und seine Folgeprodukte als Rohstoffquelle vollends aus dem Verbundsystem der chemischen Industrie. Die Olefine, Kohlenwasserstoffe mit Doppelbindungen, insbesondere Ethylen und Propylen, stellten sich als die bedeutendsten Schlüsselprodukte der gesamten technischen organischen Industrie heraus. Sie werden erhalten durch thermisches Cracken von Mineralölfraktionen (Pyrolyse) im Mitteltemperaturbereich. Dabei fallen Ethylen und Propylen,

$$H_2C{=}CH{-}CH_3,$$

als Koppelprodukte an.

Weiterführende Literatur:

Arpe, H.-J. (2010), Industrielle Organische Chemie, Industrial organic chemistry, Wiley-VCH-Verlagsgesellschaft, D-69451 Weinheim.

Franck, H.-G. u. Stadelhofer, J. W. (2012), Industrial aromatic chemistry, Springer Verlag, Berlin-Heidelberg.

Hopp, V. (1993), Grundlagen der chemischen Technologie, 3. Aufl., VCH-Verlagsgesellschaft mbH, D-69451 Weinheim.

Hopp, V. (1997), Stoff- und Energieumsatz, VCH-A. Wiley Company-Verlagsgesellschaft, D-69541 Weinheim.

[1] b-t-x. **b**enzene, **t**oluene, **x**ylenes.

2 Biochemische Schlüsselprodukte [E. biochemical keyproducts]

2.1 Glucose, $C_6H_6(OH)_6$ als Schlüsselprodukt [E. glucose as key product]

Glucose ist ein Naturstoff und auch unter der Bezeichnung Traubenzucker oder Dextrose bekannt. Sie ist die häufigste verbreitete Verbindung aller organisch-chemischen Stoffe auf der Welt und tritt in mehreren Modifikationen, d. h. chemischen Strukturformen, auf, z. B. in α-D-Glucose und β-D-Glucose.

Die α-D-Glucose hat als Monohydrat einen Schmelzpunkt von 83 bis 86 °C.

Die β-D-Glucose schmilzt erst bei 148 bis 150 °C. In Wasser ist Glucose sehr leicht löslich, in Alkoholen nur wenig. Beide Glucosen sind optisch aktiv[2].

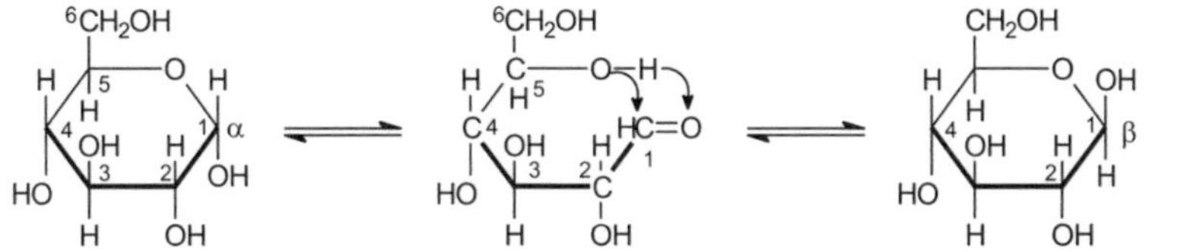

α-D-Glucose (36 %)
(Schmp. 146 °C [419 K],
$[a]_0$ = +112,2 °)

D-Glucose (< 0,1 %)
al-Form

β-D-Glucose (64 %)
(Schmp. 150 °C [423 K],
$[a]_0$ = +18,7 °)

Gleichgewicht in Wasser $[a]_0$ = +52,7 °

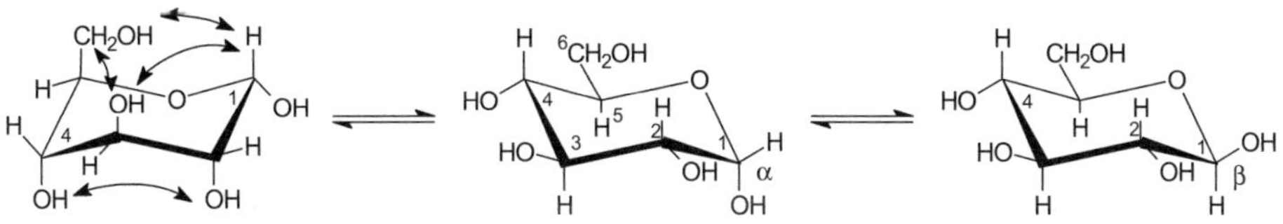

α-D-Glucose($^1C_4$)

α-D-Glucose ($^4C_1$)

β-D-Glucose ($^4C_1$)

---

[2]Optische Aktivität einer organischen Verbindung ist ihr Vermögen, die Schwingungsebene von polarisiertem Licht um ihre Achse um einen bestimmten Winkel zu drehen. Polarisiertes Licht ist ein Licht einer bestimmten Wellenlänge (monochromatisch), das in einer Ebene schwingt.

Die optische Aktivität [α] wird quantitativ als spezifische Drehung $[\alpha]_D^{25}$ ausgedrückt:

$$[\alpha]_D^{25} = \frac{\text{beobachtete Drehung} \cdot 100}{\text{optische Wellenlänge (dm)} \cdot \text{Konzentration (g/ 100 ml)}}$$

D = D-Linie des Natriums; λ = 589,3 dm; Temperatur: 25 °C.

(Lit.: Hopp, V. u. Herbert, H. (1994), Das chemisch-technische Praktikum, VCH-Verlagsgesellschaft mbH, D-69451 Weinheim).

Als Monosaccharid ist Glucose der Baustein oder ein Bestandteil für Disaccharide wie Saccharose (Rüben- und Rohrzucker), Maltose, Cellobiose, Milchzucker u. a. Glucose polymerisiert zu Glykogen (Energiedepot in der Leber), Stärke (Amylose und Amylopektin im Getreide- und Kartoffelmehl) und Cellulose (Stützsubstanz der Pflanzen). Glucose selbst, ihre Abkömmlinge und Polymerisationsprodukte wie Di-Oligo- und Polysaccharide haben einen relativ hohen inneren Energieinhalt. Sie enthalten chemische Energie gespeichert, die sowohl technisch als Wärmeenergie, z. B. durch Verbrennen von Holz, genutzt wird als auch in Form von physiologischer Energie während des Stoffwechsels in Mikroorganismen, Pflanzen, Tieren und Menschen.

Aufgrund seiner chemischen Strukturvariabilität leiten sich von der Glucose viele wichtige Naturstoffzwischen- und -endprodukte ab, weil sie über mehrere reaktionsbereite funktionelle Gruppen verfügt. Sie vermag 5- und 6-gliedrige Heterozyklen[3] zu bilden. Ihre Chiralitätszentren[4] lösen spiegelbildliche Strukturisomere aus (Abb. 11 und 12).

Die Beispiele in den Abb. 11 und 12 sind nur ein geringer Ausschnitt über die Stoffverwandlung der Glucose.

Die Glucose als Schlüsselprodukt wird als Ausgangsmolekül für neue Wirkstoffe mittels Chemo- oder Biosynthese noch manche wertvolle Überraschungen bereithalten.

2.2 Der aerobe und anaerobe Kohlenhydratabbau [E. aerobic and anaerobic catabolism[5] of carbohydrates]

Die Stärke, ein Produkt der Fotosynthese, ist ein Energiespeicher. Soll die in ihr gespeicherte chemische Energie für biologisch notwendige Funktionen freigesetzt werden, dann muss die Stärke mithilfe von Enzymen abgebaut werden. Das erfolgt in drei Stufen:

1. Spaltung der polymeren Stärke in ihre Glucosebausteine. Das ist ein energieaufwendiger Vorgang. Pro Glucosebaustein müssen $\Delta G = +3{,}1$ kJ/mol eingesetzt werden.
2. Die Glucose, ein C_6-Baustein, wird durch Glykolyse in zwei C_3-Bausteine, die Brenztraubensäure, gespalten. Bei diesem Abbau werden außerdem $\Delta G = -32{,}2$ kJ/mol an physiologischer Energie freigegeben, die die Zellen der Mikroorganismen, der Pflanzen, Tiere und des Menschen für die Aufrechterhaltung ihrer Lebensfunktionen verwerten.
3. Die Brenztraubensäure kann auf drei verschiedenen Reaktionswegen weiter zu kleineren C-Einheiten unter Energiefreisetzung abgebaut werden.

---

[3]Heterozyklen sind Ringverbindungen, die in ihrem Ring außer Kohlenstoffatomen auch andere Elemente wie Sauerstoff, Stickstoff oder Schwefel enthalten.

[4]Chiralität ist ein spiegelbildlicher Unterschied in der Struktur.

cheir (gr.) – Hand.

[5]kataballein (gr.) – niederschlagen; Katabolismus ist der biologische Abbau von höher molekularen Stoffen zu niedermolekularen unter Energiefreisetzung innerhalb der Stoffwechselvorgänge.

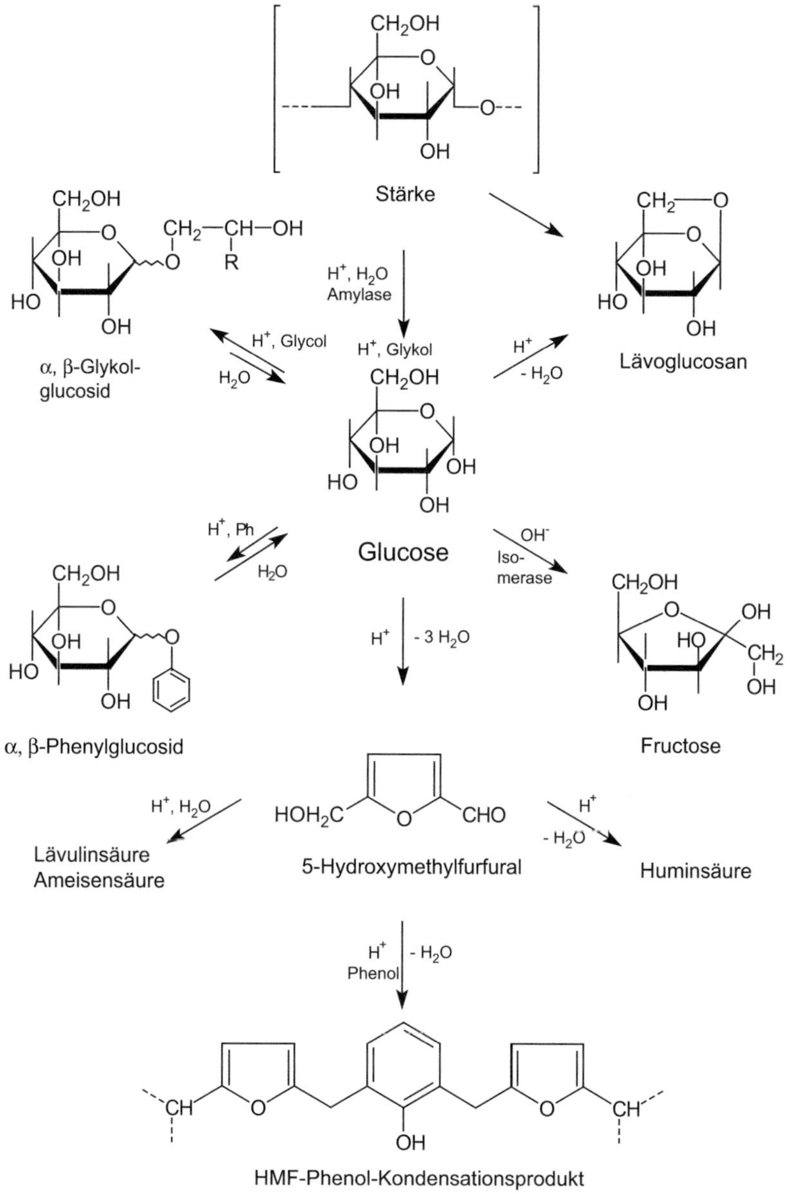

Stärke

H^+, H_2O
Amylase

Lävoglucosan

H^+, $-H_2O$

α, β-Glykol-glucosid

H^+, Glycol

H_2O

H^+, Glykol

Glucose

H^+, Ph

H_2O

α, β-Phenylglucosid

OH^-
Iso-merase

Fructose

H^+ $-3\ H_2O$

5-Hydroxymethylfurfural

H^+, H_2O

Lävulinsäure
Ameisensäure

H^+ $-H_2O$

Huminsäure

H^+ $-H_2O$
Phenol

HMF-Phenol-Kondensationsprodukt

Abb. 11 Umglucosidierungs- und Dehydratisierungsprodukte von Stärke. (Lit.: Nachrichten aus Chemie, Technik u. Laboratorium, Heft 2/1992), Ph = Phenol [E. products of starch by reglucosidation and dehydration, Ph = phenol]

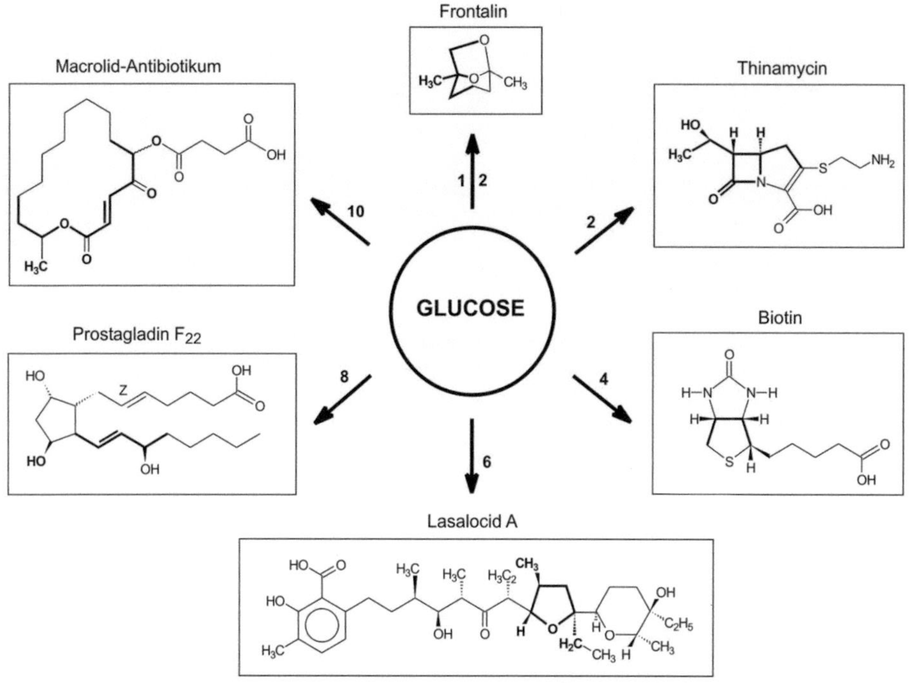

Abb. 12 Die „Glucoseuhr" zeigt enantiomerenreine Zielverbindungen aus diversen Naturstoffklassen, die aus D-Glucose aufgebaut wurden. (Quelle: G. Quinkert, Professor, Universität Frankfurt am Main) [E. the cycle of glucose demonstrates enantiometric pure target-compounds of sundries classes of natural materials, which are composed of glucose]
12. *Frontalin* ist ein Insektenpheromon. Pheromone werden von einem Tier nur in geringsten Mengen ausgeschieden. Einige von ihnen sind als Schädlingsbekämpfungsmittel sehr wirksam, und deshalb ist eine Chemosynthese von Interesse.
2. *Thienamycin* ist ein β-Lactam-Antibiotikum mit einem außergewöhnlich breiten Wirkungsspektrum. Es zählt zur Gruppe der Penicilline und Cephalosporine.
4. *Biotin* ist ein Hefewuchsstoff und kommt in geringen Mengen in allen Zellen vor. Beim Menschen wird es in den Darmzellen gebildet. Biotin ist Bestandteil von Multivitaminpräparaten.
6. *Lasalocid A* ist ein ionophores Antibiotikum und transportiert bestimmte Metallionen durch die Zellmembranen.
8. *Prostaglandin F_{22}* zählt zu den lokalwirksamen Bioregulatoren, die in den menschlichen Zellen aus Fettsäure-Vorprodukten synthetisiert werden. Nach kurzer Zeit werden sie enzymatisch wieder abgebaut.
10. Das *Macrolid-Antibiotikum* ist antibakteriell wirksam. Zur Synthese dieser 16-gliedrigen heterozyklischen Verbindung wurde D-Glucose 2-mal als optisch-aktives Rohmaterial verwendet.

- Der eine Weg ist die Oxidation mittels Luftsauerstoff. Das ist die Atmung. Der C_3-Baustein Brenztraubensäure wird aerob in drei C_1-Bausteine Kohlenstoffdioxid zurückgeführt. Der freigesetzte physiologische Energiebetrag beträgt $\Delta G = -2843{,}8$ kJ/mol. Das ist der höchste Energiewert, der überhaupt aus Brenztraubensäure bzw. der Glucose abgegeben werden kann. Unter Einbeziehung der Glucose müssen noch $\Delta G = -32{,}2$ kJ/mol hinzugerechnet werden. Glucose enthält damit 2876 kJ/mol an Energie gespeichert. Diese Basis ist erforderlich, um die hohen biologischen komplexen Vorgänge beim Menschen zu ermöglichen.

- Der zweite Weg ist die anaerobe alkoholische Gärung durch die *Saccharomyces*. Bei dieser biochemischen Reaktion wird die Brenztraubensäure (C_3-Baustein) zu dem C_2-Baustein Ethanol und dem C_1-Baustein Kohlenstoffdioxid zerlegt. An physiologischer Energie werden $\Delta G = -204{,}3$ kJ/mol freigegeben.
- Der dritte Weg ist im biochemischen Sinne kein Abbauvorgang, sondern eine Umstrukturierung des Brenztraubensäuremoleküls zu Milchsäure. Das ist eine Reduktion, den die *Lactusbacilli* (Milchsäurebakterien) bewerkstelligen. Der freigesetzte Energiebetrag ist von allen drei aufgezeigten Reaktionswegen am niedrigsten, $\Delta G = -96{,}6$ kJ/mol. Diese Bioreaktion tritt verstärkt im menschlichen Muskel bei körperlicher Überanstrengung (Muskelkater) auf. Ein solcher Fall tritt immer dann ein, wenn der Reaktionsweg von der Glucose im Blut über die Brenztraubensäure zum Kohlenstoffdioxid zu lang ist. Die Körperzellen wählen dann den Kurzweg von der Glucose über Brenztraubensäure zur Milchsäure. Die gebildete Milchsäure im Muskel verursacht die bekannten Schmerzen. In der Abb. 13 sind die geschilderten aeroben und anaeroben Bioreaktionen zusammengefasst. Diese Darstellung zeigt insbesondere die Schlüsselstellung der Brenztraubensäure bei den Stoff- und Energieumwandlungen in den lebenden Organismen.

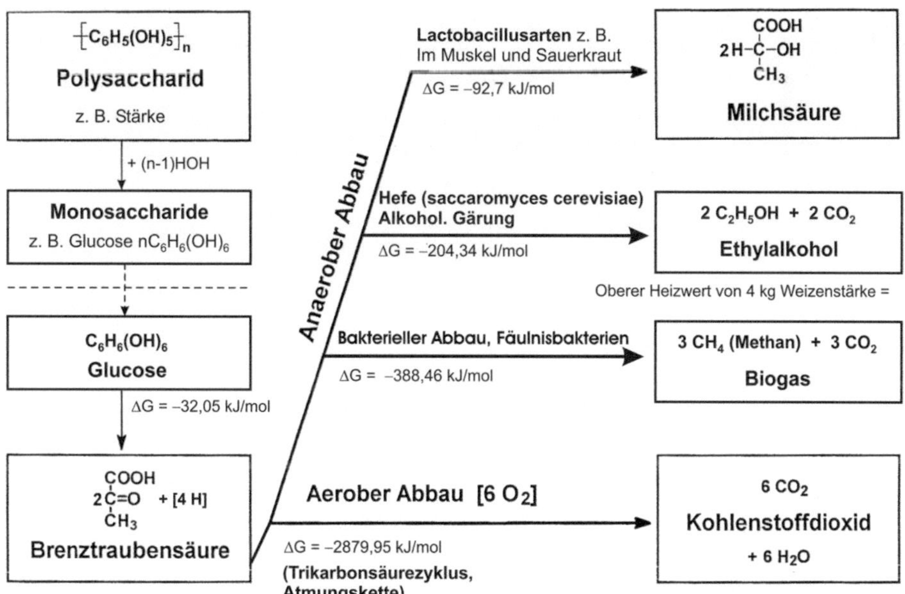

Abb. 13 Aerober und anaerober Abbau von Polysacchariden [E. aerobic and anaerobic degradation of polysaccharides]

2.3 Disaccharide [E. disaccharides]

In der Natur gibt es nur wenige Disaccharide, die frei vorkommen. Die bekanntesten sind Rohr- bzw. Rübenzucker, Malz- und Milchzucker.

Der *Rohrzucker*, chemisch Saccharose [E. saccharose] genannt, besteht aus je einem Molekül D-Glucose[6] und D-Fructose, die beide mit ihrer halbacetalischen Hydroxylgruppe acetalartig verknüpft sind.

Zwischen dem C-Atom-1 der Glucose und dem C-Atom-2 der Fructose hat sich eine Sauerstoffbrücke ausgebildet, die auch als Etherbindung betrachtet werden kann. Saccharose ist ein nichtreduzierender Zucker.

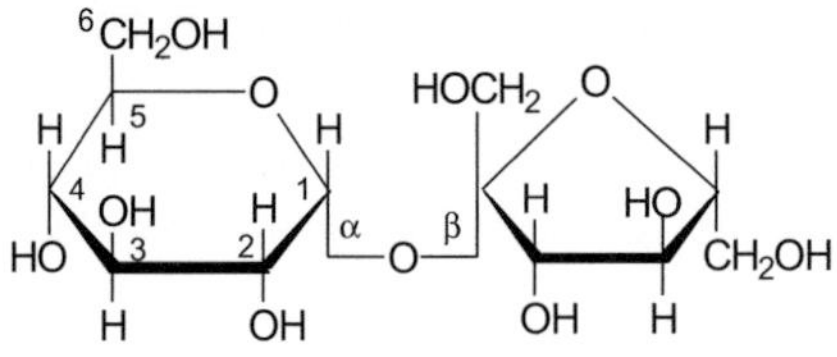

α-D-Glucopyranose β-D-Fructofuranose

Rohrzucker (Saccharose)

Durch die Sauerstoffbrücke sind die Carbonylfunktionen der Aldehydgruppe in der Glucose und die Ketogruppe in der Fructose blockiert. Damit sind die reduzierenden Eigenschaften der Glucose und Fructose blockiert.

Saccharose ist das am häufigsten vorkommende Disaccharid der Pflanzenwelt. Es findet sich in allen Früchten und vielen Pflanzensäften, vor allem in der Zuckerrübe mit 16 bis 20 % und im Zuckerrohr mit 14 bis 16 %. Saccharose ist leicht wasserlöslich, in Ethanol schwer löslich und kristallisiert in monokline Prismen.

Durch verdünnte Mineralsäuren wird der Rohrzucker in je 1 Molekül D-Glucose und D-Fructose gespalten:

Saccharose		Wasser		D-Glucose		D-Fructose
$O\langle{C_6H_6(OH)_5 \atop C_6H_6(OH)_5}$	+	H–OH	$\xrightarrow{H^+}$	$C_6H_6(OH)_6$	+	$C_6H_6(OH)_6$
$[\alpha]_D = +66{,}5^{\circ}$				$[\alpha]_D = +52{,}5^{\circ}$		$[\alpha]_D = -92^{\circ}$

Endwert in wässriger Lösung $[\alpha]_D = -20^{\circ}$

Die Fructose zeigt im polarisierten Licht eine stärkere Linksdrehung als die Rechtsdrehung der Saccharose vor der Hydrolyse.

[6]glykos (gr.) – süß, davon abgeleitet die Begriffe Glucose, Glucagon, Glycogen, Glyzerin, Glycin (Glykokoll).

Die Hydrolyse kann also über die Veränderung der optischen Drehung verfolgt werden. Aufgrund dieses optischen Verhaltens wird ein hydrolysierter Rohr- oder Rübenzucker auch als Invertzucker bezeichnet, weil die optische Drehung vom positiven Bereich in den negativen wechselt.

Bienenhonig ist ein natürlicher Invertzucker. Kunsthonig besteht aus invertierter Saccharose.

Maltose *(Malzzucker)* [E. maltose] ist ein wasserlösliches Zwischenprodukt beim biochemischen Abbau der Stärke, z. B. bei der Herstellung von Bier. Die Stärke wird enzymatisch mittels Diastase gespalten. Frei kommt sie in keimenden Samen vor.

Maltose besteht aus 2 Molekülen Glucose, die wieder über eine Sauerstoffbrücke etherartig miteinander verbunden sind, und zwar vom C-Atom-1 des einen Glucosemoleküls mit dem C-Atom-4 des zweiten. Dabei bleibt die halbacetalische Hydroxylgruppe am C-Atom-1 des zweiten Glucosemoleküls unverändert. Maltose ist somit ein reduzierendes Disaccharid.

Beispiel: 2 Glucose ⟶ 1 Maltose (1,4–α–Glucopyranyl-Glucose)

1,4–α–Glykosidbindung

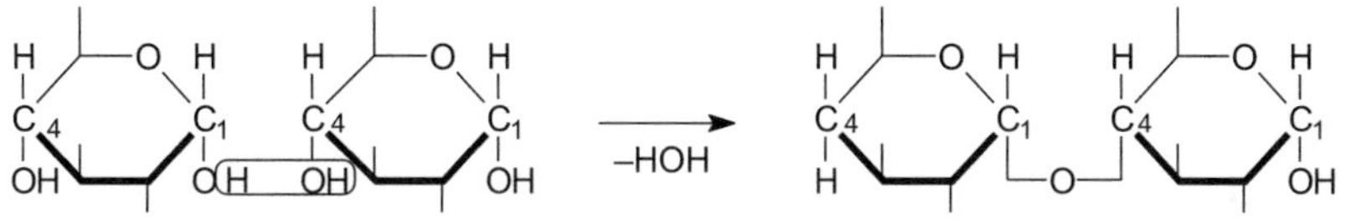

Maltose kristallisiert in Nadeln, die in Wasser leicht und in Ethanol schwer löslich sind.

Milchzucker [E. lactose] ist aus je einem Molekül D-Galactose[7] und D-Glucose zusammengesetzt. Die glykosidische Verbindung erfolgt am C-Atom-1 der Hydroxylgruppe der Galactose mit der Hydroxylgruppe am C-Atom-4 der Glucose.

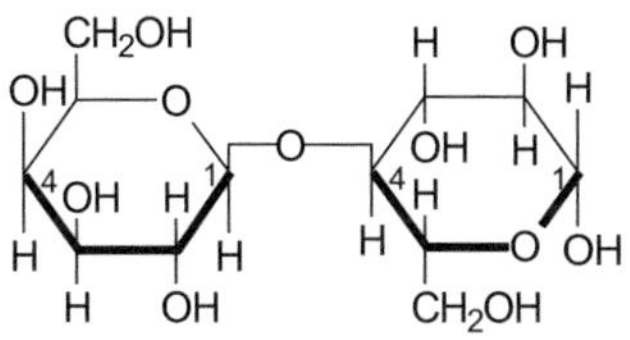

Lactose (Milchzucker)

[7]galaktikos (gr.) – milchig.

Da am C-Atom-1 der Lactose eine halbacetalische Hydroxylgruppe vorliegt, hat die Lactose reduzierende Eigenschaften.

Cellobiose [E. cellobiose] ist ein Abbauprodukt der Cellulose und ein gut kristallisierendes, farbloses, geschmackloses Disaccharid. Es löst sich in Wasser leicht, in Ethanol nur wenig. In der Natur kommt Cellobiose nicht frei, sondern nur als Baustein der Cellulose und des Lichenins[8] vor. Wie die Maltose ist sie aus 2 Molekülen D-Glucose aufgebaut, liegt aber β-glucosidisch gebunden vor und hat ebenfalls reduzierende Eigenschaften. Bakterien im Pansen von Wiederkäuern verwandeln Cellulose mit dem Enzym Cellulase in Cellobiose um. Damit ist Cellulose als energiespendendes Futtermittel für Wiederkäuer zugängig.

Durch das Enzym Emulsin, eine β-Glucosidase, wird Cellobiose in 2 Moleküle Glucose gespalten, die dann über den Zitronensäurezyklus und die Atmungskette bis zum Wasser und Kohlenstoffdioxid unter Freisetzung von physiologischer Energie oxidiert werden.

Konformationsvergleich einiger Disacharide [E. conformations of some disaccharides, a comparison]
Die Konformation [E. conformation] eines Moleküls definierter Konstitution (Atomanordnung) sind diejenigen räumlichen Anordnungen des Moleküls, die sich nicht zur Deckung bringen lassen.

Die Konformation ist u. a. durch einen ganz bestimmten Energieinhalt bestimmt. Ein Molekül strebt immer die Konformation an, bei der sein innerer Energieinhalt am niedrigsten ist, damit seine Struktur am stabilsten ist.

Bei den Kohlenhydraten, den Mono-, Di-, Oligo- und Polysacchariden ist häufig die Sessel- und Wannenform anzutreffen.

[8]Lichenin ist ein unverzweigt und celluloseähnlich aufgebautes Polysaccharid aus 60 bis 200 Glucoseresten und ist besonders in Moosen, Flechten, aber auch im Hafer als schleimbildendes Polymer anzutreffen.

Beispiele:

Rohrzucker (Saccharose)

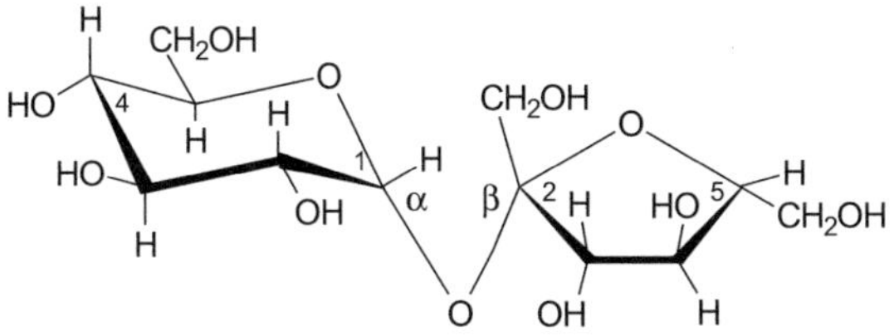

Malzzucker (Maltose) α-Form

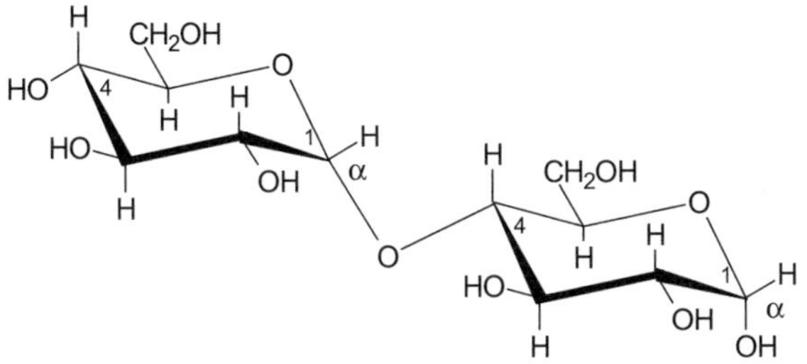

Milchzucker (Lactose) β-Form

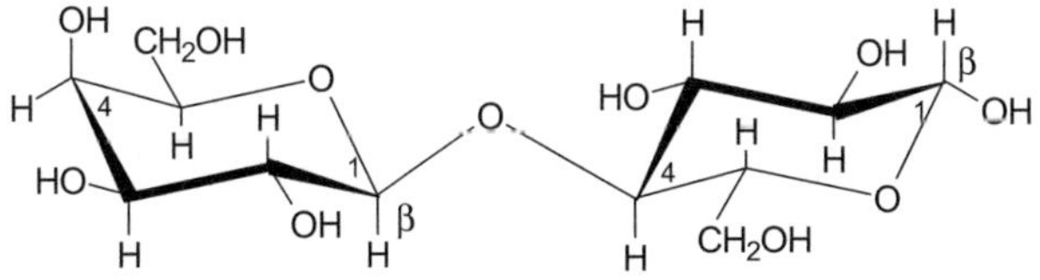

Cellobiose, β-Form

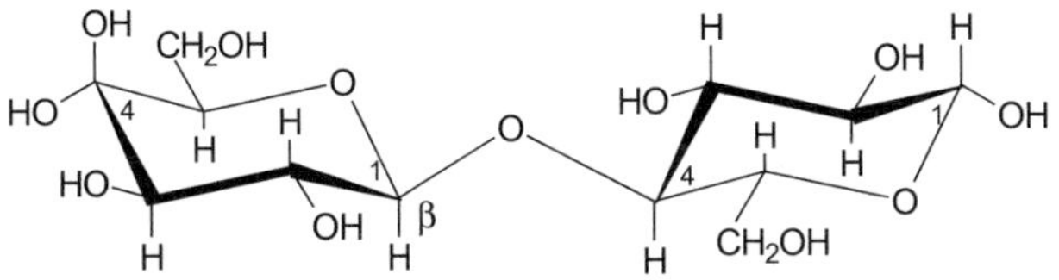

Milchzucker ist in der Frauenmilch zu 5 bis 7 %, in der Kuhmilch zu 4 bis 5 % enthalten. Milchzucker wird aus tierischer Milch gewonnen. Zuerst wird das emulgierte Fett als Rahm durch Zentrifugieren entzogen, dann ein Teil des Milcheiweißes (Casein) durch Ausfällung (Koagulation). Die zurückbleibende Molke wird vorsichtig eingedampft. Zuerst scheidet sich das noch lösliche Lactalbumin aus, dann der Milchzucker.

Wie Rohrzucker und Malzzucker ist Milchzucker eine farblose kristalline Substanz. Er löst sich leicht in Wasser und schmeckt schwach süß. Durch eine enzymatische Spaltung mittels des Enzyms Lactase wird er zu gleichen Teilen in D-Galactose und D-Glucose gespalten. Große Teile der erwachsenen Weltbevölkerung besitzen keine Lactase. In diesen Fällen ist Milchpulver als Nahrungsmittel nur für Kinder geeignet. Für Sauermilch und Joghurt besteht diese Einschränkung nicht, da der Milchzucker durch Milchsäurebakterien (Lactobacilli) zu Milchsäure abgebaut wird.

2.4 Milchsäure [E. lactic acid]

$$H_3C-\overset{H}{\underset{OH}{C}}-\underset{O}{\overset{\|}{C}}-OH \quad \text{(2-Hydroxypropionsäure)}$$

Sie wird technisch durch enzymatischen Abbau von Kohlenhydraten wie Kartoffel- oder Getreidestärke über Maltose mittels Diastase und weiter in Gegenwart von Lactobacillus delbruckii über Glucose erhalten (Abb. 14).

$$\underset{\text{Stärke}}{[C_6H_5(OH)_5]_n} \xrightarrow[+\frac{n}{2}\,HOH]{\text{Diastase}} \underset{\text{Maltose}}{\frac{n}{2}\,O\!\begin{smallmatrix}C_6H_6(OH)_5\\ C_6H_6(OH)_5\end{smallmatrix}} \xrightarrow[+\frac{n}{4}\,HOH]{\text{Maltase}} \underset{\text{Glucose}}{n\,C_6H_6(OH)_6} \xrightarrow{\text{Lactase}} \underset{\text{Milchsäure}}{2n\ H_3C-\overset{H}{\underset{OH}{C}}-COOH}$$

Dieser anaerobe Gärprozess wird bei der Konservierung von Melasse, Rübenblättern und anderem Grünfutter während der Silierung in der Landwirtschaft ausgenutzt. Der Konservierungseffekt liegt in der pH-Werterniedrigung. Fäulnisbakterien lieben keine zu

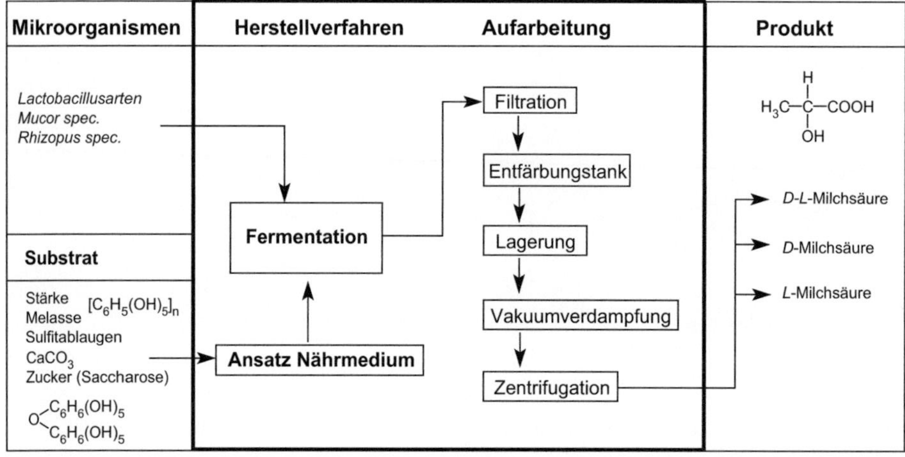

Abb. 14 Schema einer Milchsäuregärung [E. scheme of a lactic acid fermentation]

hohe Wasserstoffionenkonzentration. Die Milchsäurebakterien produzieren außerdem noch Vitamine des B-Komplexes und erhöhen den Nährwert der Silage.

Auch im arbeitenden Muskel vollzieht sich bei Überbeanspruchung eine Milchsäureanreicherung. Sie ist das Ergebnis des Glykogenabbaus. Anstelle der Diastase wirkt die Phosphorylase durch Phosphorylierung Glucose abspaltend. Sie wird dann über die Brenztraubensäure in Milchsäure umgewandelt.

Umgekehrt wird in der Leber unter dem Einfluss der Atmung erneut Glykogen aus L(+)-Milchsäure, der Fleischmilchsäure, gebildet, dieser Vorgang wird als Glykogenese bezeichnet.

Glykogen / Brenztraubensäure

$$[C_6H_5(OH)_5]_n \underset{-(n-1)\,H_2O}{\overset{\text{Phosphorylase}}{\rightleftharpoons}} n\,C_6H_6(OH)_6 \overset{\text{Lactase}}{\rightleftharpoons} 2n\,H_3C{-}C({=}O){-}COOH$$

$$\text{NADH} + H^+ \rightleftharpoons \text{NAD}^+$$

L(+)-Milchäure

$$2n\,H_3C{-}CH(OH){-}COOH$$

$\Delta G_{Glykogen} = 3{,}1$ kJ/mol; $\Delta G_{Glucose} = -32{,}1$ kJ/mol; $\Delta G_{Brenztraubensäure} = -96{,}6$ kJ/mol; $\Delta G_{Summe} = 3{,}1 - 32{,}1 - 96{,}6 = -125{,}6$ kJ/mol.

Die Depolymerisation des Glykogens zu Glucose ist endergonisch, d. h. noch geringfügig energieaufwendig. Der weitere Abbau der Glucose zur Milchsäure über Brenztraubensäure ist exergonisch.

Der Betrag von $\Delta G = -125{,}6$ kJ/mol ist die Energiemenge, die freigesetzt wird, wenn der menschliche Organismus bei spontaner körperlicher Überanstrengung sehr schnell physiologische Energie benötigt. Die entstehende Milchsäure führt zum sogenannten Muskelkater (Abb. 13).

Eigenschaften der Milchsäure [E. properties of lactic acid]
Es wird zwischen einer *Gärungsmilchsäure* und *Fleischmilchsäure* unterschieden.

Die Gärungsmilchsäure ist ein Stoffwechselprodukt der Milchsäurebakterien auf der Grundlage von zuckerhaltigen Substraten, z. B. Rohrzucker, Rübenzucker, Milchzucker, Traubenzucker u. a. Das Sauerwerden von Milch, das ein Ausflocken des Caseins (Milcheiweiß) bewirkt, die Sauerkrautherstellung und die von Salzgurken und das Silieren von Grünfutter beruhen auf einer Milchsäuregärung.

Die Fleischmilchsäure ist ein Produkt der Glykolyse, d. h. des anaeroben Teils des Abbaus von Monosacchariden im tierischen Organismus, dessen Gewebe und Muskulatur. Unter Adrenalineinwirkung erhöht sich der Milchsäuregehalt im Muskelgewebe

(Kap. XIX). Durch verstärkten Glykogenabbau im arbeitenden Muskel wird der Milchsäurespiegel im Blut von 5 auf 100 mg % angehoben. In einer sich anschließenden Erholungsphase (Schlaf) wird der größte Teil der Milchsäure wieder zum Glykogenaufbau genutzt.

In den Pflanzenkeimlingen ist die Milchsäure weitverbreitet. In reiner Form ist Milchsäure eine farblose bis schwach gelbliche sauer schmeckende Substanz. Je nach Umgebungstemperatur bildet sie Kristalle oder sie ist eine viskose Flüssigkeit.

Aufgrund ihrer hydrophilen Carboxylgruppe, $\cdot\underset{\underset{O}{\|}}{C}{-}OH$, und Hydroxylgruppe, OH, ist sie in Wasser und Ethanol leicht löslich. Sie ist eine schwache Säure, trotzdem ätzt sie als Konzentrat Haut und Schleimhäute.

Die Salze der Milchsäure heißen Lactate,

$$\text{z.B. Natriumlactat, } H_3C{-}\underset{\underset{OH}{|}}{\overset{\overset{H}{|}}{C}}{-}\underset{\underset{O}{\|}}{C}{-}ONa.$$

Die Milchsäure ist eine optisch aktive Substanz[9]. Die Racematform (±) schmilzt bei 10 °C. und siedet bei 122 °C unter einem Druck von 20 mbar. Ihre Dichte ist 1,206.

Die reinen (+) und (–) Formen schmelzen dagegen erst bei 25 bis 26 °C.

2.5 Polymilchsäure als Werkstoff [E. poly-lactic acid as material]

Brenztraubensäure [E. pyruvic acid], Milchsäure [E. lactic] und die Aminosäure Alanin [E. alanine] sind C_3-(bestehend aus 3 Kohlenstoffatomen)Bausteine, die im aeroben und anaeroben Stoffwechselprozess von Organismen als Zwischenprodukte eine Schlüsselstellung einnehmen. Sie stehen miteinander in Wechselbeziehung.

$$\underset{(\alpha\text{-Hydroxypropionsäure})}{\text{Milchsäure}} \underset{\text{Oxidation}}{\overset{\text{Reduktion}}{\rightleftharpoons}} \underset{(\alpha\text{-Ketopropionsäure})}{\text{Brenztraubensäure}} \underset{\text{Desaminierung}}{\overset{\text{Aminierung}}{\rightleftharpoons}} \underset{(\alpha\text{-Aminopropionsäure})}{\text{Alanin}}$$

$$H_3C{-}\underset{\underset{OH}{|}}{\overset{\overset{H}{|}}{C}}{-}COOH \underset{-2H}{\overset{+2H}{\rightleftharpoons}} H_3C{-}\underset{\underset{O}{\|}}{C}{-}COOH \underset{-NH_3/+O}{\overset{+NH_3/-O}{\rightleftharpoons}} H_3C{-}\underset{\underset{NH_2}{|}}{\overset{\overset{H}{|}}{C}}{-}COOH$$

[9] Optische Aktivität ist die Fähigkeit vieler Stoffe, die Schwingungsebene von linear polarisiertem Licht entweder nach der einen bzw. anderen Seite, d. h. nach der linken oder rechten Seite, um einen bestimmten Winkel zu drehen (Drehungswinkel). Die Linksdrehung und Rechtsdrehung wird nach IUPAC durch die Zeichen (−) bzw. (+) ausgedrückt. Liegt ein Gemisch aus der links- und rechtsdrehenden Molekularstruktur vor, dann wird das Zeichen (±) verwendet. Solche Gemische heißen Racemate, sie setzen sich aus gleichen Teilen der links- und rechtsdrehenden Komponenten zusammen.

Sie sind alle bifunktionell, d. h., sie verfügen über zwei funktionelle Gruppen, von denen die Carboxylgruppe als Säuregruppe ihnen allen gemeinsam ist. Dagegen ist die zweite funktionelle Gruppe der Brenztraubensäure eine Ketogruppe, die sich durch Reduktion leicht in die Hydroxylgruppe der Milchsäure umwandeln lässt. Diese Decarbonylierung bzw. Carbonylierung ist reversibel. Oxidativ kann sich aus der Milchsäure wieder Brenztraubensäure bilden.

Insbesondere beim Kohlenhydrate- und Fettabbau wird die zentrale Stellung der Brenztraubensäure ersichtlich.

Mittels Aminierung[10], damit ist die Einführung einer Aminogruppe, $\cdot NH_2$, gemeint, entsteht aus der Brenztraubensäure eine α-Aminopropionsäure. Das ist eine α-Aminosäure, die Alanin genannt wird.

Moleküle mit zwei unterschiedlichen funktionellen Gruppen können häufig leicht mit sich selbst oder miteinander reagieren. Typische Reaktionen sind die Polykondensationen. Die bifunktionellen Moleküle fungieren dann als Monomere (Ein-Bausteine), z. B. polymerisieren Aminosäuren zu Polypeptiden und den längeren Proteinketten unter Ausbildung von Peptidbindungen.

```
Aminosäure AS1              Aminosäure AS2                       Dipeptid

     H                           H
     |                           |
H2N—C—C—OH        +        H—N—C—C—OH      ——————>     H2N—C—C—N—C—C—OH
     |  ||                     |  |  ||        –HOH          |  ||  |  |  ||
     R1 O                      H  R2 O                       R1 O   H  R2 O
```

Analog vermag Milchsäure zum Dilactid zu dimerisieren und weiter zum Polylactid (Polymilchsäure).

```
Milchsäure 1              Milchsäure 2                       Dilactid

    H                          H                            H          H
    |                          |                         4  |3  2   1  |6  5
HO—C—C—OH        +        HO—C—C—OH      ——————>      HO—C—C—O—C—C—OH
    |  ||                      |  ||         –HOH            |  ||     |  ||
    CH3 O                      CH3 O                         CH3 O     CH3 O

                                                                 |
                                                                 | –HOH
                                                                 v

In Wirklichkeit entstehen allerdings          H3C       O
ringförmige Lactide.                              \   /  1 \
                                               H — C 6     2 C=O
                                                   |           |
                                              O=C 5   4   3 C — CH3
                                                    \   /     \
                                                      O         H
```

---

[10]Aminierung ist die innerstoffliche Einführung von Aminogruppen bei Stoffwechselprozessen, ohne dass freies Ammoniak, NH_3, auftritt. Desaminierung ist die gegenläufige Reaktion, sie dient der Abspaltung von Aminogruppen. Beides sind enzymatische Prozesse, die durch die Aminotransferasen bewerkstelligt werden.

In der Polymilchsäure sind die Milchsäuremonomere über eine Esterbindung verknüpft, dabei wird Wasser abgeschieden.

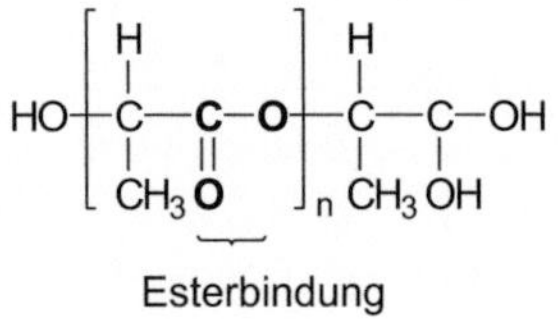

$$HO{+}\left[CH(CH_3){-}\underbrace{C({=}O){-}O}_{\text{Esterbindung}}\right]_n{-}CH(CH_3){-}C(OH)_2{-}OH$$

Polymilchsäure ist ein Polyester.

Herstellung von Polymilchsäure [E. production of polylactid-acid]
Großtechnisch gewinnt man Milchsäure durch enzymatische Verzuckerung von stärkehaltigen Produkten wie Kartoffeln, Getreide, Mais, aber auch von Melasse, ein Reststoff, der bei der Zuckerrübenaufarbeitung zu Rübenzucker (Saccharose) anfällt. Als Enzym wird Diastase zugesetzt. Die anfallenden Disaccharide wie Maltose oder Saccharose aus den Zuckerrüben werden bei 35 bis 45 °C in Gegenwart des Bakteriums Lactobacillus delbrueckii über Glucose zu Milchsäure anaerob vergoren. Nach entsprechender Reinigung lässt sich die Milchsäure unter speziellen Bedingungen kontrolliert polymerisieren (Abb. 14).

Eigenschaften [E. properties]
Die Polymilchsäure hat als Werkstoff ähnliche mechanische und physikalische Eigenschaften wie die Kunststoffe

Polypropylen, PP, $\left[H_2C{-}CH(CH_3)\right]_n$

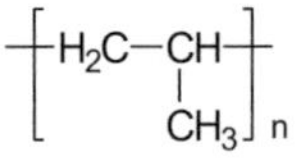

Polystyrol, PS, $\left[H_2C{-}CH(C_6H_5)\right]_n$

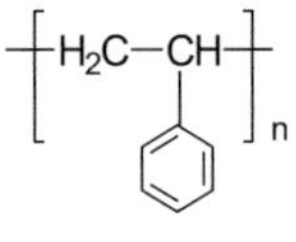

und Polyethylenterephthalat, PET, $\left[O{-}CH_2{-}CH_2{-}O{-}C({=}O){-}C_6H_4{-}C({=}O)\right]_n$

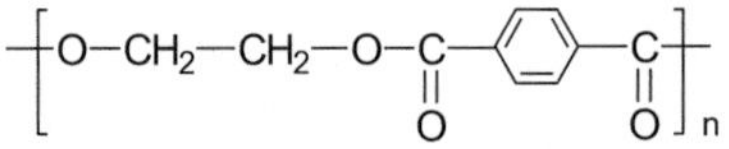

Sie besitzt als Verpackungsmaterial hohe Aromen- und Gasbarrieren, d. h., die Geschmacks- und Geruchsstoffe von Nahrungsmitteln bleiben erhalten. Die Polymilchsäure ist sowohl hoch feuchtigkeits- als auch fett- und ölbeständig. Ihre Wärmebeständigkeit liegt bei 55 °C. Um den Lichtschutz des Füllgutes zu wahren, werden diesem Becherwerkstoff anorganische Pigmente beigefügt.

Die Dichte der Polymilchsäure entspricht der des Polyethylenterephthalats.

Eine weitere vorteilhafte Eigenschaft der Polymilchsäure als Werkstoff für spezielle Verpackungsmaterialien ist ihre Kompostierbarkeit. Ab 55 °C und bei hoher Luftfeuchtigkeit und in Gegenwart von Luftsauerstoff sowie Mikroorganismen wird die Polymilchsäure in zwei Stufen innerhalb von 60 Tagen zersetzt.

Zunächst wird die Polymilchsäure zu der monomeren Milchsäure hydrolysiert und anschließend zu Kohlenstoffdioxid und Wasser bakteriell abgebaut.

Polymilchsäure (Polylactid) — Milchsäure — Wasser — Kohlenstoffdioxid

$$\left[-\underset{CH_3}{\overset{H}{\overset{|}{\underset{|}{C}}}}-\underset{O}{\underset{\|}{C}}-O-\right]_n \xrightarrow[+\,n\,H\text{–}OH]{\text{Hydrolyse}} n\,HO-\underset{CH_3}{\overset{H}{\overset{|}{\underset{|}{C}}}}-\underset{O}{\underset{\|}{C}}-OH \xrightarrow[\text{Abbau, }3\,O_2]{\text{bakteriell}} 3n\,H\text{–}OH + 3\,n\,CO_2$$

Die Nutzung der Milchsäure aus nachwachsenden Rohstoffen als Verpackungsmaterial und anschließende Verwertung zu wertvollem Humus nach der Kompostierung ist ein idealer biologischer Kreislauf.

Wirtschaftliches [E. economic]
Die Polykondensation von Milchsäure hat in den letzten zwei Jahrzehnten für technische Zwecke große Bedeutung erlangt. Polymilchsäure eignet sich als Werkstoff für Verpackungsmaterial von Lebensmitteln und ist in kurzer Zeit biologisch abbaubar.

Die weltweit operierenden Unternehmen Cargill Dow Polymers (USA) und Danone (Frankreich) haben aus der Polymilchsäure biologisch abbaubare Joghurtbecher entwickelt, die seit 1998 eingesetzt werden.

Weiterführende Literatur

Arpe, H.-J. (2010), Industrial organic chemistry, Wiley-VCH Verlagsgesellschaft, D-69451 Weinheim.

Fierz, M. (1988), Naturwissenschaft und Geschichte, Birkhäuser Verlag, Basel, Schweiz.

Frank, H. G. U. Stadelhofer, J. W. (2012), Industrial aromatic chemistry, Springer Verlag, Berlin – Heidelberg.

Michalik, D. u. Peseke, K. (1999), Synthesis of push-pull butadienes on the basis of hexose, J. Carbohydr. Chem. (im Druck).

Quinkert, G. (1999), Kombinatorische Chemie – ein Paradigmenwechsel in der chemischen Synthese, erschienen in *Gene, Neurone, Qubits u. Co.,* Hrsg. Ganten, D. u. a., Gesellschaft Deutscher Naturforscher und Ärzte, S. 163 ff., Wiss. Verlags-Gesellsch., Stuttgart.

Tamm, Ch. (1994), Chemie der Kohlenhydrate, der Pflanzeninhaltsstoffe und der mikrobiellen Stoffwechselprodukte im Spiegel der Helvetica Chemica Acta 1918–1992, erschienen in *Highlights of Chemistry,* Hrsg. Kisakürek, M. V. u. Heilbronner, E., S. 409 ff., Verlag Helvetica Chimica Acta, Basel und VCH-Verlagsgesellschaft, Weinheim.

Wulff, G. (1993), Übersicht über neu polymere Materialien auf Basis nachwachsender Rohstoffe, erschienen in *Nachwachsende Rohstoffe,* Hrsg. Eggersdorfer, M., Warwel, S. u. Wulff, G., S. 281 ff., VCH-Verlagsgesellschaft, Weinheim.

Die Hydrierung [E. hydrogenation]

1 Hydrierung von elementarem Stickstoff [E. hydrogenation of nitrogen]

Die Hydrierung von Kohlenstoffdioxid und Stickstoff wird vergleichend betrachtet, da sie zwei der wichtigsten Reaktionen zur Erhaltung des Lebens bzw. zur Sicherung der menschlichen Ernährung dienen.

Die Umwandlung von Kohlenstoffdioxid in Glucose ist die bedeutendste biochemische Reaktion auf unserer Erdoberfläche überhaupt:

$$\underset{CO_2}{\text{Kohlenstoffdioxid}} \xrightarrow{H_2} \underset{C_6H_6(OH)_6}{\text{Glucose}}$$

$$\underset{N_2}{\text{Stickstoff}} \xrightarrow{H_2} \underset{NH_3}{\text{Ammoniak}}$$

Die Hydrierung von elementarem Stickstoff hat seit ihrer technischen Entwicklung im Jahr 1913 mit der immer noch steigenden Weltbevölkerung große Bedeutung erhalten. Sie liefert Ammoniak, das dann als Ammonium-, NH_4^+, und Nitrationen, NO_3^-, den wertvollen Stickstoffdünger ergibt. Auf diese Weise kann der Eiweißbedarf der Menschen über die Nahrungskette.

$$\text{pflanze} \rightarrow \text{Tier} \rightarrow \text{Mensch}$$

befriedigt werden. Die Ammoniaksynthese ist die wichtigste großtechnische Chemosynthese. Indirekt unterstützt sie die biochemische Eiweißsynthese der Pflanzen. In Bezug auf die Sicherung der menschlichen Nahrung ist sie eine die Fotosynthese ergänzende Reaktion.

Hydrierungsreaktionen benötigen Wasserstoff. Der Wasserstofflieferant für die Fotosynthese der Pflanzen ist das Wasser, H–OH; der für die Ammoniaksynthese ist Methan.

V. Hopp, *Chemische Kreisläufe in der Natur*,
https://doi.org/10.1007/978-3-662-55860-7_11

Wasserstoff aus Wasser abzuspalten, ist kostspielig. Die Natur vermag das mittels der Sonnenenergie leicht zu bewerkstelligen, obwohl der Energiebetrag recht hoch ist.

$$\underset{\text{Wasser}}{H{-}O{-}H} \longrightarrow \underset{\text{Wasserstoff}}{H_2} + \underset{\text{Sauerstoff}}{\tfrac{1}{2}\,O_2} \quad ;\ \Delta H = +285{,}8\ \text{kJ/mol}$$

Während der Kohlechemiephase war dieses allerdings die einzige Möglichkeit, zu elementarem Wasserstoff zu gelangen. Seit die Erdgasvorkommen als Energie- und Rohstoffquellen zugängig geworden sind, wird für technische Hydrierungen Methan, CH_4, als Wasserstofflieferant ausgiebig eingesetzt. Aufgrund seiner im Vergleich zum Wasser niedrigen Bildungsenthalpie lässt sich aus Methan leicht Wasserstoff abspalten.

$$\underset{\text{Methan}}{CH_4} \longrightarrow \underset{\text{Wasserstoff}}{2\,H_2} + \underset{\text{Kohlenstoff}}{C} \quad ;\ \Delta H = +75{,}8\ \text{kJ/mol} \qquad (1)$$

Die Energie zur Spaltung des Methans in seine Elemente beträgt nur 27 % von der zur Wasserspaltung, $\Delta H = +285{,}82$ kJ/mol.

Großtechnisch für die Ammoniaksynthese geht man allerdings anders vor. Es gibt mehrere Möglichkeiten. Eine wird beispielhaft nur skizziert.

Es wird Methan mit Wasser katalytisch bei 300 bis 350 °C umgesetzt.

$$\underset{\text{Methan}}{CH_4} + \underset{\text{Wasserdampf}}{H_2O} \longrightarrow \underset{\text{Wasserstoff}}{3\,H_2} + \underset{\text{Kohlenstoffmonoxid}}{CO} \quad ;\ \Delta H = +205{,}9\ \text{kJ/mol} \qquad (2)$$

Obwohl die aufzuwendende Energie größer ist als bei einer unmittelbaren Methanspaltung (vgl. Gl. 1 mit Gl. 2), so fällt bei der Reaktion (2) kein fester Kohlenstoff an. Das Begleitprodukt Kohlenstoffmonoxid ist sehr reaktionsfreudig und kann für andere Synthesen, z. B. als Synthesegaskomponente zur Herstellung von Methanol oder in der Oxosynthese weiterverwendet werden. Die endotherme Reaktionsenthalpie geht also stöchiometrisch nur zu 75 % zulasten der Wasserstoffgewinnung, das sind 154,4 kJ/mol. Eine Energie- und Stoffbilanzierung führt zu folgendem Ergebnis:

molekularer Stickstoff → atomarer Stickstoff

$$|N{\equiv}N| \longrightarrow 2\,|\dot{\underset{\cdot}{N}}\cdot \quad ;\ \Delta H = +472{,}7\ \text{kJ/mol}$$

$$CH_4 + H_2O \longrightarrow 3\,H_2 + CO \quad ;\ \Delta H = +205{,}9\ \text{kJ/mol}$$

molekularer Wasserstoff → atomarer Wasserstoff

$$3\,H{-}H \longrightarrow 6\,H\cdot \quad ;\ \Delta H = +645{,}0\ \text{kJ/mol}$$

$$2\,|\dot{\underset{\cdot}{N}}\cdot + 6\,H\cdot \longrightarrow 2\,NH_3 \quad ;\ \Delta H = -92{,}0\ \text{kJ/mol}$$

$$N_2 + \{CH_4 + H_2O\} + 3\,H_2 \xrightarrow{\text{Katalys.}} 2\,NH_3 + \{CO\} \quad ;\ \Delta H = +1229{,}6\ \text{kJ/mol}$$

Unter dem Aspekt des Stoffumsatzes muss vor der unmittelbaren katalytischen Ammoniaksynthese im Röhrenreaktor das Kohlenstoffmonoxid, CO, abgetrennt werden, was auch geschieht. Der Kohlenstoff des Methans steckt im Kohlenstoffmonoxid und der Sauerstoff des Wassers ebenfalls. Unter Berücksichtigung aller Reaktionsenthalpien ist die Hydrierung von elementarem Stickstoff aus der Luft zu Ammoniak eine stark endotherme Reaktion. Die Molmasse des gasförmigen Ammoniaks ist M = 17, d. h., für $2 \times NH_3$ bei M = 34 müssen für 34 g Ammoniak mindestens 1231,6 kJ aufgewendet werden. Hinzu kommen die Energien für die technischen Operationen z. B. Transport, Geräte, Apparaturen, Reinigung, Kompression, Katalysatoren u. a. Diese Bilanzierung zeigt, dass Hydrierungen unter Berücksichtigung der Wasserstoffgewinnung und deren Spaltung in reaktionsfreudige Wasserstoffatome energiebindende Prozesse sind.

Das gilt sowohl für die Hydrierungen in der Natur als auch in der chemischen Technik. Die Bruttoreaktionsgleichung für die Fotosynthese von Glucose lautet:

Kohlenstoff-dioxid		Wasser		Glucose		Wasser		Sauerstoff
$6\,CO_2$	+	$12\,H_2O$	$\xrightarrow{\text{Chlorophyll}}$	$C_6H_6(OH)_6$	+	$6\,H_2O$	+	$6\,O_2$

$$\Delta G = +2876\ \text{kJ/mol}$$

Für die Synthese von 180 g Glucose (M = 180) sind 2876 kJ erforderlich. Für die Stickstoff-Fixierung in Form von 17 g Ammoniak, NH_3, $\Delta H = +615{,}8$ kJ.

Dieser hohe Energieaufwand wird durch die Sonnenenergie abgedeckt. Kohlenstoffdioxid und Wasser stehen kostenfrei zur Verfügung. Der größte Teil der Lichtenergie ist für die Wasserstoffabspaltung aus dem Wasser nötig.

Glucose und ihre Polymerisate in Form von Stärke und Cellulose gibt es für die Menschen in ausreichender Menge.

Kosten und Energien müssen erst nach der Fotosynthese zusätzlich aufgewendet werden, um die Syntheseprodukte zu ernten, zu Nahrungsmitteln aufzuarbeiten und in die Ballungsgebiete der Bevölkerung zu transportieren, zu lagern und zu verteilen.

Um auch in Zukunft die Menschen mit ausgewogenen Nahrungsmitteln in Form von Kohlenhydraten, Fetten und Proteinen angemessen zu versorgen, ist neben der Hydrierung von CO_2 zu Glucose auch die von elementarem Stickstoff zu Ammoniak von gleicher Bedeutung. Für die Chemotechnik der Lebenswissenschaften heißt das, eine effiziente Düngung der landwirtschaftlich und forstwirtschaftlich genutzten Kulturflächen in alle Betrachtungen miteinzubeziehen.

2 Kohlenstoffdioxid als Wasserstoffakzeptor für die Glucosesynthese in der Natur [E. carbon dioxide as hydrogen acceptor for the synthesis of glucose in nature]

Die Natur hat sich mehrere Wege offen gehalten, um aus Kohlenstoffdioxid Glucose herzustellen. Vergleicht man die Summenformel der Glucose mit der des Kohlenstoffdioxids, so unterscheiden sie sich im Wasserstoffgehalt.

$$\underset{\text{Kohlenstoffdioxid}}{CO_2} \xrightleftharpoons{\text{Hydrierung}} \underset{\text{Glucose}}{C_6H_6(OH)_6}$$

Als Wasserstofflieferanten kommen mehrere Stoffquellen infrage, z. B. der Wasserstoff selbst, der oft bei Fäulnis und anderen anaeroben Vorgängen entsteht und sofort wieder gebunden wird. Sonstige Lieferanten sind Ammoniak, Schwefelwasserstoff, Methan, Isopropylalkohol und andere organische Produkte, die leicht Wasserstoff abgeben (Kap. VII, Abschn. 9.1).

Die Ursache für die unterschiedlichen Reaktionsenthalpien bei den einzelnen CO_2-Hydrierungen liegt in den verschiedenen freien Bildungsenthalpien der Wasserstoffdonatoren (Kap. IX, Tab. 2).

3 Die Fotosynthese [E. photosynthesis]

Grüne Pflanzen und einige Bakterien vermögen auf der Basis von Kohlenstoffdioxid und Wasserstofflieferanten, Glucose zu synthetisieren. Sie alle benutzen das Sonnenlicht als Energiequelle.

Die einfachste Form ist bei den grünen und purpurnen Schwefelbakterien anzutreffen. Als Hydrierungsmittel verwenden sie Schwefelwasserstoff. Die Lichtenergie wird von verschiedenen Sensibilisatormolekülen absorbiert und auf Bakteriochlorophyllmoleküle in Form von elektronischer Anregungsenergie übertragen.

Der Schwefelwasserstoff wird zu Schwefel oder gar zu Sulfat oxidiert.

$$\underset{\text{Kohlenstoffdioxid}}{6\,CO_2} + \underset{\text{Schwefelwasserstoff}}{12\,H_2S} \longrightarrow \underset{\text{Glucose}}{C_6H_6(OH)_6} + \underset{\text{Wasser}}{6\,H_2O} + \underset{\text{Schwefel}}{12\,S}$$

$$\Delta G = +432{,}6\ \text{kJ/mol}$$

$$6\,CO_2 + 3\,H_2S + 6\,H_2O \longrightarrow C_6H_6(OH)_6 + \underset{\text{Sulfat}}{3\,H_2SO_{4\,aq}}$$

$$\Delta G = +743{,}9\ \text{kJ/mol}$$

Eine schon elegantere Form der Fotosynthese haben die Purpurbakterien entwickelt. Sie benötigen kein H_2S mehr als Reduktionsmittel als Wasserstofflieferant, aber sie besitzen schon einen Zitronensäurezyklus und damit einen Atmungsapparat.

Das innerhalb des Zitronensäurezyklus frei werdende NADH (**N**icotinsäureamid**a**de-nin**d**inukleotid) übernimmt die Rolle des Wasserstofflieferanten und damit die der reduzierenden Komponente (Kap. XVII, Abb. 1).

Die Blaualgen haben die Entwicklung noch weiter getrieben. Ihnen ist es gelungen, Wasser als Reduktionsmittel und Wasserstoffdonator zu aktivieren. Der Schlüssel hierfür war die Ausbildung zweier Fotosysteme. In dem Fotosystem I werden Elektronen für die Reduktion von NAD^+ angeregt, und im Fotosystem II wird die Energie bereitgestellt, um Wassermolekülen Elektronen zu entziehen, sodass Wasserstoffionen und elementarer Sauerstoff übrig bleiben:

$$3\,H{-}O{-}H \xrightarrow{\text{Lichtenergie}} 2\,\{H_3O^+\} + 2\,e^- + \tfrac{1}{2}O_2; \quad \Delta G = +708{,}8\ \text{kJ/mol}$$

$$NAD^+ + H{-}OH \xrightarrow{\text{Reduktion}} NADH + H^+ + \tfrac{1}{2}O_2; \quad \Delta G = +220{,}5\ \text{kJ/mol}$$

Nicotinsäureamidrest (oxidiert) → Nicotinsäureamidrest (reduziert)

$$\text{Nicotinsäureamidrest (oxidiert, } N^{(+)}{-}R) + H{-}OH \longrightarrow \text{Nicotinsäureamidrest (reduziert, mit zusätzlichem H)} + H^+ + \tfrac{1}{2}O_2$$

R steht hier für den Molekülrest des Adeninnukleotid (Abb. 1).

Ein oxidiertes NAD^+-Molekül wird durch zwei Wasserstoffatome aus dem Wasser reduziert. Eines von ihnen wird an den Nicotinsäureamidring gebunden, und das Elektron des anderen wird in das delokalisierte Elektronensystem überführt.

Das Fotosystem II entspricht dem Fotosystem der Bakterien. Hier befinden sich Bakteriochlorophyllmoleküle, die Licht mit der Wellenlänge von $\lambda = 700$ nm absorbieren.

Die grünen Pflanzen haben die durch zwei Fotozentren gekennzeichnete Methode der Blaualgen übernommen. Wasser liefert den Wasserstoff und Sauerstoff wird abgegeben. Mithilfe von zwei Photonen gelingt es, aus einem reaktionsträgen Reduktionsmittel wie Wasser ein reaktionsfreudiges Mittel zu aktivieren.

So sind die grünen Pflanzen mit ihren Chloroplasten als Lichtenergieabsorber und dem Wasser als Elektronenspender zu einer immerwährenden Energiepumpe geworden, in der das ATP (Adenosintriphosphat) die absorbierte Sonnenenergie als chemische

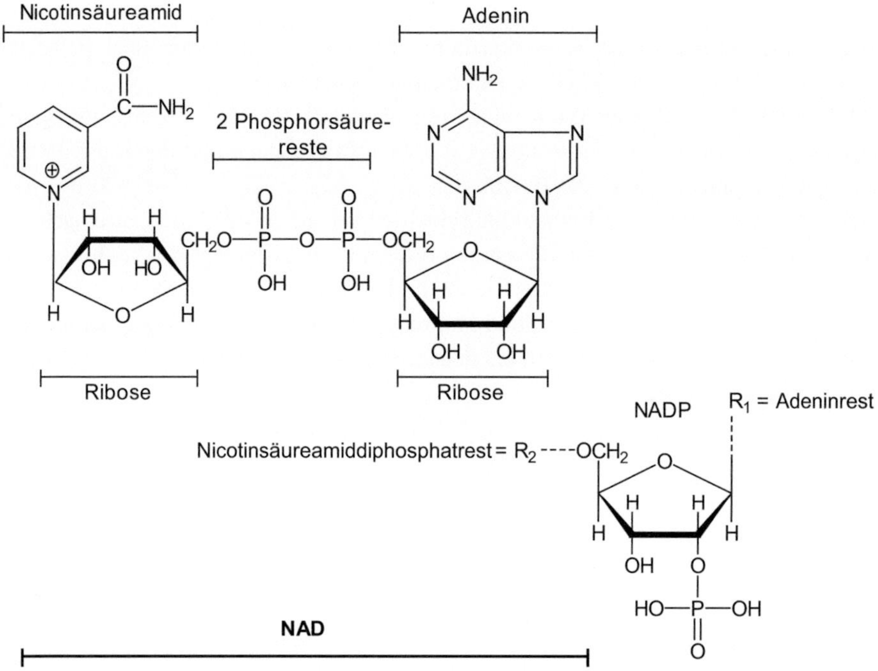

Abb. 1 Nicotinsäureamidadenindinukleotid (Kap. XXV, Abschn. 4.2) [E. Nicotinic acid amide dinucleotide]

Energie speichert und sie je nach Bedarf wieder in die einzelnen Stoffwechselprozesse einspeist (Kap. VI, Tab. 1).

Adenosintri-phosphat		Adenosindi-phosphat		freie physiologische Energie
ATP	$\xrightarrow[-\text{ Phosphat}]{+\,H_2O}$	ADP	+	30,5 kJ/mol

Die Fotosynthese ist die bedeutendste Hydrierung bzw. Reduktion in der Biosphäre.

Reaktionsorte sind die Zellen einiger fotosynthetisierender Prokaryonten und die von speziellen Eukaryonten.

Prokaryonten[1] sind Zellen mit Kernäquivalenten ohne echten Zellkern. Zu ihnen zählen die Bakterien, Archaebakterien und Cyanobakterien. Fotosynthetisierende Prokaryonten sind die grünen Schwefelbakterien, Purpurbakterien und Blaualgen. Sie enthalten zum Unterschied der Eukaryonten keine Chloroplasten.

Eukaryonten[2] sind Zellen mit einem ausgeprägten Zellkern. In diese Gruppe gehören die Pilze, Algen, Protozoen und alle Zellen der Pflanzen und Tiere.

---

[1] karyon (gr.) – Nuss, Kern; pro (lat.) – vor, vorher.

[2] eu (gr.) – gut, ausgeprägt.

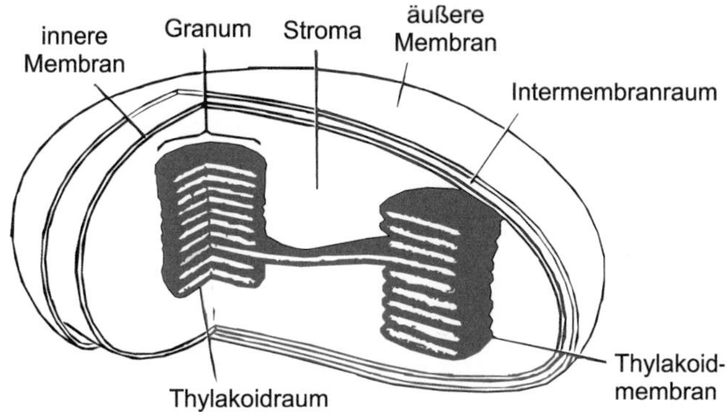

Abb. 2 Skizze eines Chloroplasten (plassein (gr.) – formen) [E. sketch of a chloroplast]

Die Hälfte des gesamten Fotosyntheseumsatzes der Erdoberfläche erfolgt durch die Mikroorganismen.

Lichtabsorbierende Pigmente sind erforderlich, um das Sonnenlicht durch die Zellen einzufangen.

Bei den prokaryontisch fotosynthetisierenden Zellen sind dies das Bakteriochlorophyll a oder b. Sie erzeugen keinen Sauerstoff. Grüne Bakterien enthalten das Chlorobium-Chlorophyll.

Die Hauptpigmente der eukaryontischen Pflanzenzellen sind das Chlorophyll a und b sowie Carotinoide und Phycobiline. Sie befinden sich in den Chloroplasten der Zellen, sind 5 μm lang und von einer äußeren und inneren Membran umgeben, die einen dazwischenliegenden Intermembranraum umgeben (s. Abb. 2).

Die innere Membran umgibt eine Stroma[3], das Enzyme und die Thylakoide enthält. Die Letzteren bilden abgeflachte Säcke. Ein Stapel Thylakoide[4] wird als Granum bezeichnet. In den Thylakoidmembranen befinden sich die lichtsammelnden Proteine (Pigmente), die Reaktionszentren, die Elektronentransportketten und die ATP-Synthase, das sind Enzyme, die das ATP als Energiespeicher aufbauen aus ADP. Das Stroma enthält die löslichen Enzyme, die das von den Thylakoiden synthetisierte NADPH und ATP zur Umwandlung von CO_2 in Monosaccharide benutzen.

Rot- und Blaualgen beispielsweise besitzen relativ wenig Chlorophyll, aber erhebliche Mengen von Erythrobilin.

Carotinoide sind lange Kohlenwasserstoffmoleküle mit konjugierten Doppelbindungen aus Isoprenbausteinen. Die beiden Molekülenden bestehen meist aus je einem ungesättigten substituierten Cyclohexanring (Kap. XVII, Abschn. 1).

[3]stroma (gr.) – Decke.

[4]thylakoid (gr.) – säckchenförmig.

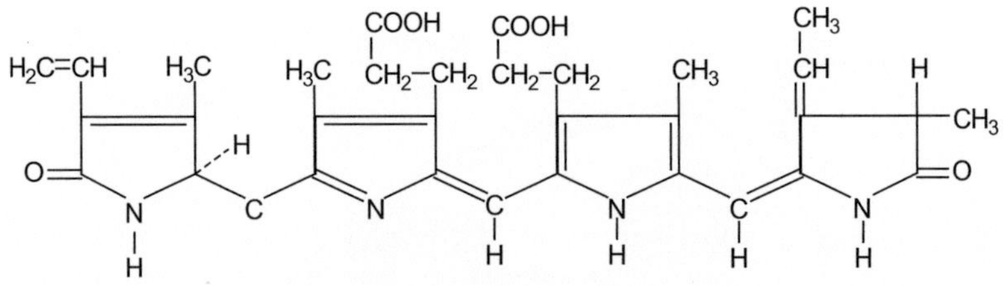

Abb. 3 Formel des roten Fotosynthesepigments Phycoerythrobilin [E. formula of the red photosynthesis pigment phycoerythrobilin]

Phycobiline sind offenkettige Tetrapyrrole (s. nachfolgende Abb.), die an spezielle Proteine gebunden sind (Abb. 3).

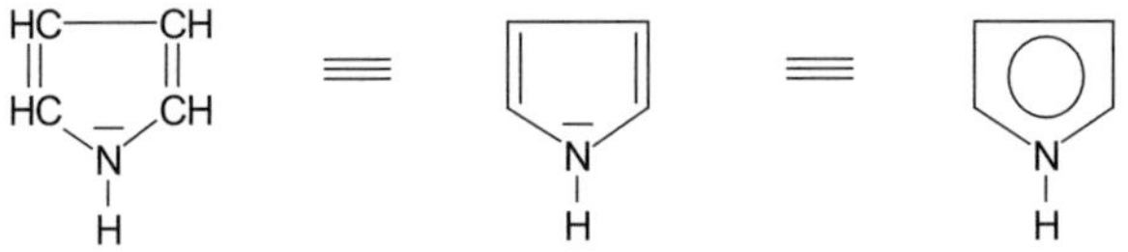

Pyrrolformel in unterschiedlicher Schreibweise

Während die Thylakoidmembranen für die meisten Moleküle und Ionen undurchlässig sind, ist die äußere Membran eines Chloroplasten für kleine Moleküle und Ionen äußerst durchlässig.

Den lichtabsorbierenden Substanzen ist eines gemeinsam, sie besitzen ein ausgeprägtes System von konjugierten Doppelbindungen und damit über eine Vielzahl von nicht ortsgebundenen (delokalisierten) Elektronen. Durch diesen lichtinduzierten Elektronenstrom wird Energie transportiert, die zum Schluss als chemische Energie in der Glucose gespeichert wird.

An dem Chlorophyll, den Carotinoiden wie auch den Phycobilinen schließen sich weitere Verbindungen mit delokalisierten Elektronen an, z. B. die Plastochinone.

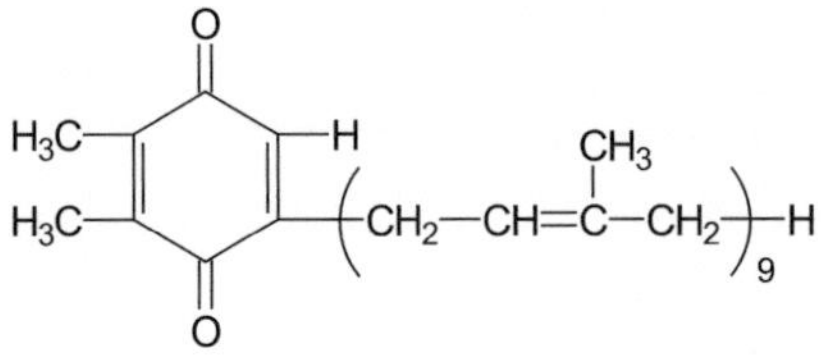

Plastochinon A

3.1 Licht- und Dunkelreaktionen [E. photochemical and dark reactions]

Wie bei den meisten biologischen Energie- und Stoffumwandlungen erfolgt auch die Fotosynthese in zahlreichen kleinen Reaktionsschritten, sie vollzieht sich in einer kontinuierlich ablaufenden Kaskadenreaktion.

Grob schematisch ist die Fotosynthese in die Stufen der Lichtreaktionen und die der Dunkelreaktionen zu unterteilen.

Während der *Lichtreaktionen* wird das Licht von den Farbpigmenten resorbiert, d. h., die Elektronen des Chlorophylls werden aktiviert. Chlorophyll spielt hier die Rolle eines Photonenrezeptors (Abb. 4). Die Photonen[5] des Lichts bewirken einen Elektronenfluss zum Wasser, das in Hydroniumionen, Elektronen und Sauerstoff gespalten wird. Dieser Vorgang wird Fotolyse und nach seinem Entdecker Robert Hill[6] auch Hill-Reaktion genannt (s. Gl. 1 bis 3).

Wie bekannt, ist die Fotolyse eine energieaufwendige Reaktion. Sie ist endergonisch. Werden diese beiden Teilreaktionsgleichungen bilanziert, dann sind zur Spaltung von 36 mol Wasser (=648 g) in 24 mol Hydroniumionen (=456 g), 24 Elektronen (deren Masse vernachlässigbar ist) und 6 mol Sauerstoff (=192 g=134,4 L/mol)[7] 8503,2 kJ nötig (s. Gl. 1 bis 3 dieses Abschn. 3.1).

Der über die Fotolyse des Wassers fortgesetzte Elektronenfluss wird vom $NADP^+$ (Nicotinsäureamid**<u>adenin</u>**dinu**<u>k</u>**leotidphosphat) übernommen, das zugleich durch die Hydroniumionen zum ($NADP+H^+$) reduziert wird (s. Gl. 4).

($NADP+H^+$) wird zum Wasserstoffüberträger und Ladungstransporteur für die spätere Reduktion bzw. Hydrierung des CO_2 während der Dunkelreaktion. Auch dieser Vorgang ist endergonisch, also energieaufwendig (s. Gl. 4 dieses Abschn. 3.1).

Parallel werden durch die ATP-Synthasen unter Ausnutzung der Lichtenergie ADP in ATP umgesetzt und als chemische Energie gespeichert (s. Gl. 5 dieses Abschn. 3.1).

---

[5]phos (gr.) – Licht, abgeleitete Vorsilbe, die Beziehungen zum Licht ausdrücken soll. Photonen sind Licht- bzw. Strahlungsquanten. Sie sind als die kleinsten Energieeinheiten eines Lichtteilchens definiert. Die Beziehung zwischen Photonenmasse m und Energiequanten stellte Einstein her durch die Gleichung $E=m\cdot c^2$; c=Lichtgeschwindigkeit, E=Energie.

Nach Max Planck ist $e=h\cdot \nu$; ν=Frequenz des jeweiligen Lichts, h=Planck'sches Wirkungsquantum (s. Anhang SI-Einheiten).

[6]Robert L. Hill (1899–1991) britischer Biochemiker,
Hartmut Michel, MPI für Biophysik, Frankfurt,
Johann Deisenhofer. zz USA,
Robert Huber, MPI für Biochemie, Martinsried.

[7]1 mol eines Gases, in diesem Fall 32 g Sauerstoff, nimmt unter Normbedingungen 24,4 L ein.

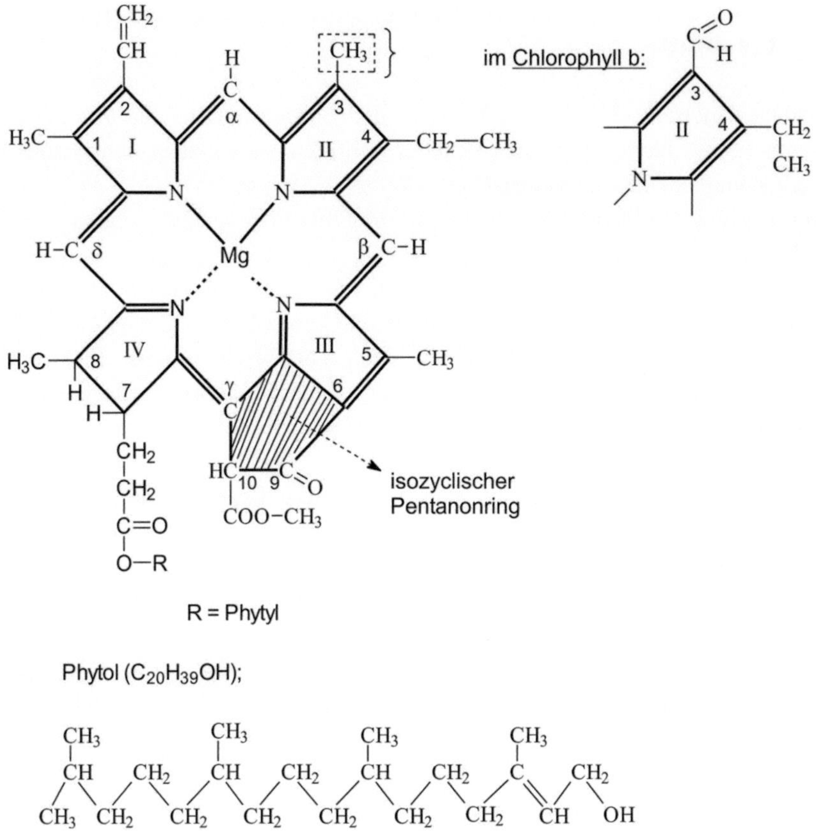

im Chlorophyll b:

isozyclischer Pentanonring

R = Phytyl

Phytol ($C_{20}H_{39}OH$);

Abb. 4 Struktur des Chlorophylls a und b [E. structure of the chlorophyll a and b]

Aus Gl. 5 folgt, dass die Summe der aufzunehmenden Energien, des Ladungs- und Wasserstoffionentransports sowie für die Energiespeicherung.

$$\Delta G = 26460\text{kJ} + 549,0\text{kJ},$$
$$\underline{\underline{\Delta G \; = 3195,0 \text{ kJ/mol}}}$$

beträgt.

Während der *Dunkelreaktionen* erfolgt die eigentliche Hydrierung des Kohlenstoffdioxids zu den Zuckern, in diesem Beispiel zur Glucose. Es stehen der aktivierte Wasserstoff in Form von $NADPH^+$ und ausreichend chemische Energie ebenfalls gebunden im $NADPH^+$ und im ATP bereit (s. Gl. 6 und 7 dieses Abschn. 3.1).

Die Hydrierung von 6 mol Kohlenstoffdioxid zu Glucose erfordern 2876 kJ/mol an chemischer Energie (s. Gl. 8 des Abschn. 3.1 und Gl. 9 Abschn. 3.2).

Lichtreaktionen [E. photochemical reactions]

- Fotolyse (Hill-Reaktion), Wasserspaltung, Lichtreaktion I

$$\underset{\text{Lichtenergie}}{7562{,}6\ \text{kJ}} + \underset{\text{Wasser}}{48\ \text{H–OH}} \xrightarrow{\text{Chlorophyll}} \underset{\text{Hydroniumionen}}{24\left(\text{H–}\underset{\text{H}}{\underset{|}{\text{O}}}\text{H}\right)^{+}} + \underset{\text{Hydroxidionen}}{24\ \text{HO}^{-}} \quad (1)$$

$$940{,}6\ \text{kJ} + 24\ \text{HO}^{-} \longrightarrow 12\ \text{H–OH} + \underset{\text{Elektronen}}{24\ e^{-}} + \underset{\text{Sauerstoff}}{6\ O_2} \quad (2)$$

$$8503{,}3\ \text{kJ} + 36\ \text{H–OH} \longrightarrow 24\left(\text{H–}\underset{\text{H}}{\underset{|}{\text{O}}}\text{H}\right)^{+} + 24\ e^{-} + 6\ O_2 \quad (3)$$

$$\Delta G_3 = \Delta G_1 + \Delta G_2 = +7562{,}6\ \text{kJ/mol} + 940{,}6\ \text{kJ/mol}$$

$$\underline{\Delta G_I = +8503{,}2\ \text{kJ/mol}}$$

- Ladungstransport, Lichtreaktion II

$$\underset{\text{Lichtenergie}}{2646{,}0\ \text{kJ}} + \underset{\text{Nicotinsäureamiddinucleotid}}{12\ \text{NADP}^{+}} + \underset{\text{Hydroniumionen}}{24\left(\text{H–}\underset{\text{H}}{\underset{|}{\text{O}}}\text{H}\right)^{+}} + \underset{\text{Elektronen}}{24\ e^{-}} \longrightarrow \underset{\text{hydriertes (NADPH + H}^{+}\text{)}}{12\ (\text{NADPH} + \text{H}^{+})} + \underset{\text{Wasser}}{24\ \text{H–OH}} \quad (4)$$

- Energieumwandlung von Lichtenergie in chemische Energie und deren Speicherung

$$\underset{\text{Lichtenergie}}{549{,}0\ \text{kJ}} + \underset{\text{Adenosindiphosphat (ADP)}}{18\ \text{A}^{*}\text{–O–}\overset{\text{OH}}{\underset{\text{O}}{\text{P}}}\text{–O–}\overset{\text{OH}}{\underset{\text{O}}{\text{P}}}\text{–OH}} + \underset{\text{Phosphat}}{18\ \text{HO–}\overset{\text{OH}}{\underset{\text{O}}{\text{P}}}\text{–OH}} \longrightarrow$$

$$\underset{\text{Adenosintriphosphat (ATP)}}{18\ \text{A}^{*}\text{–O–}\overset{\text{OH}}{\underset{\text{O}}{\text{P}}}\text{–O–}\overset{\text{OH}}{\underset{\text{O}}{\text{P}}}\text{–O–}\overset{\text{OH}}{\underset{\text{O}}{\text{P}}}\text{–OH}} + \underset{\text{Wasser}}{18\ \text{H–OH}} \quad (5)$$

$$\Delta G_4 + \Delta G_5 = +2646\ \text{kJ/mol} + 549{,}0\ \text{kJ/mol}$$

$$\underline{\Delta G_{II} = +3195{,}0\ \text{kJ/mol}}$$

Dunkelreaktionen (Hydrierung) [E. dark reactions (hydrogenation]

Reduktion des Kohlenstoffdioxids

- Wasserstoffübertragung

$$\underset{\text{Chemische Energie}}{2646\ \text{kJ}} + \underset{\text{hydriertes (NADPH + H}^{+}\text{)}}{12\ (\text{NADPH} + \text{H}^{+})} + \underset{\text{Kohlenstoffdioxid}}{6\ CO_2} \longrightarrow \underset{\text{Glucose}}{C_6H_6(OH)_6} + \underset{\text{Nicotinsäureamiddinucleotid}}{12\ \text{NADP}^{+}} + \underset{\text{Wasser}}{6\ \text{H–OH}} \quad (6)$$

- Freisetzung und Übertragung von chemischer Energie [8]

Chemische Energie		Adensosintriphosphat (ATP)		Wasser		Adenosindiphosphat		Phosphat
549 kJ	+	18 A*–O–P(OH)(=O)–O–P(OH)(=O)–O–P(OH)(=O)–OH	+	18 H–OH	⟶	18 A*–O–P(OH)(=O)–O–P(OH)(=O)–OH	+	18 HO–P(OH)(=O)–OH

(7)

$$3195\,\text{kJ} + 12\,NADP(H{+}H^+) + 18\,ATP + 18\,H{-}OH + 6\,CO_2 \longrightarrow C_6H_6(OH)_6 + 12\,NADP^+ + 18\,ADP + 18\,H_3PO_4 + 6\,HOH \quad (8)$$

3.2 Stoffbilanz [E. material balance]

Aus den Gl. 3, 4, 5 und 8 des Abschn. 3.1 folgt:

Chemische Energie		Kohlenstoffdioxid		Wasser		Glucose		Wasser		Sauerstoff	
2876 kJ	+	$6\,CO_2$	+	$12\,H_2O$	⟶	$C_6H_6(OH)_6$	+	$6\,H_2O$	+	$6\,O_2$	(9)
		6 x 44 g		12 x 18 g		180 g		6 x 18 g		6 x 32 g	

Die Stoffbilanz zeigt, dass aus 264 g Kohlenstoffdioxid und 216 g Wasser, 180 g Glucose, wieder 108 g Wasser und 192 g Sauerstoff unter dem Aufwand von 2876 kJ gebildet werden. Die durch die Fotosynthese auf der Erde jährlich gespeicherte Energiemenge wird auf 10^{12} kJ geschätzt. Das entspricht dem Einbau von mehr als 10^{10} (10 Mrd.) t Kohlenstoff in Kohlenhydraten und anderen daraus abgeleiteten organischen Substanzen. Im Prinzip ist das diejenige Energiemenge, die jährlich an technischer und physiologischer Energie in Form von Kohle, Erdöl, Erdgas und Getreide von den Menschen zum Leben bereitstehen muss.

Es müssen 12 mol Wasser für die Hydrierung eingesetzt werden, nämlich 12 Wasserstoffatome für die Hydrierung des CO_2 und die übrigen 12 für die restlichen Sauerstoffatome des CO_2, die nicht für die Glucose benötigt werden

$$6\ \overline{O}{=}C{=}\overline{O} \longrightarrow \langle\, 6\ \dot{\underset{\cdot}{C}}{=}\overline{O} + 6\cdot\overline{O}\cdot \,\rangle$$
$$12\ H{-}\overline{O}{-}H \longrightarrow \langle\, 12\ H\cdot + 12\ H\cdot \,\rangle + 6\,O_2$$

$$6\,CO_2 + 12\,HOH \longrightarrow C_6H_6(OH)_6 + 6\,H_2O + 6\,O_2$$

Diese Stoffverteilungsbilanz belegt, dass der Sauerstoff der Fotosynthese aus dem Wasser stammt und das neu gebildete Wasser eine Hydrierung des aus dem Kohlenstoffdioxid stammenden Sauerstoffs ist.

[8] A ≡ Adenosin ≡ Adenylribose (s. Reaktionsgleichung (7)).

3.3 Energiebilanz [E. energy balance]

Den Gl. 1, Gl. 2 und Gl. 3 des Abschn. 3.1 ist zu entnehmen, dass für die Wasserspaltung, der Fotolyse, der höchste Energiebetrag von $\Delta G_I = +8503{,}2$ kJ aufgewendet werden muss. Ein weiterer Energiebetrag ist für den Ladungs- und Wasserstoffionentransport nötig (s. Gl. 4 und 5). Er beträgt $\Delta G_{II} = +3195{,}0$ kJ. Die durch die Lichtreaktion II gespeicherte chemische Energie dient zur Hydrierung des Kohlenstoffdioxids während der Dunkelreaktion, davon werden 2646 kJ/mol von (NADPH + H^+) eingebracht und 549 kJ vom ATP. In der Summe sind das $\Delta G = +3195$ kJ/mol (s. Gl. 4 und 5) bzw. Gl. 6 und 7 des Abschn. 3.1).

Für die Hydrierung als endergonischer Prozess sind aber nur 2876 kJ/mol Glucose einzubringen (Gl. 9). Es verbleibt ein Überschuss von $\Delta G = -319$ kJ/mol, der sich aus der Differenz

$$+3195 - (+2876) = +319\,\text{kJ bzw.} \; -549\,\text{kJ} - (+230\,\text{kJ}) \;=\; +319\,\text{kJ}$$

errechnet.

Die Differenz von 230 kJ errechnet sich aus 2876 kJ und 2646 kJ. Diese 230 kJ müssen als Energie aus dem ATP zur Verfügung gestellt werden, um den Energiebedarf von 2876 kJ zu decken.

Die Natur arbeitet gerne im Energieüberschuss. In Bezug auf die durch das ATP eingespeiste genutzte chemische Energie von 230 kJ für die Hydrierung beträgt der Wirkungsgrad $\eta = \frac{230}{549} \cdot 100\,\% \approx 42{,}0\,\%$, denn nur 230 kJ werden von den 549 kJ (Gl. 5) für die Hydrierung während der Dunkelreaktion noch benötigt (Gl. 6 und 7). Streng betrachtet stehen die Lichtreaktionen nur mittelbar mit der Hydrierung des Kohlenstoffdioxids im Zusammenhang. In den Lichtreaktionen, wie sie in den Gl. 1 bis 5 des Abschn. 3.1 beschrieben worden sind, wird Lichtenergie, die von Chlorophyll oder anderen Pigmenten eingefangen worden ist, als Quelle für freie Energie zur ATP-Synthese und zur Reduktion von $NADP^+$ verwendet (s. Gl. 4 und 5). Diese energiereichen Moleküle versorgen die Dunkelreaktionen mit der notwendigen Energie mit einem Wirkungsgrad von ca. 42 % (s. Gl. 6, 7 und 8 des Abschn. 3.1 und Gl. 9 des Abschn. 3.2).

Die Lichtreaktionen sind indirekt eine stetig nie versiegende Quelle für die Bildung des energiereichen ATP und (NADPH + H^+) (s. Gl. 4 und 5 des Abschn. 3.1).

3.4 Calvin-Zyklus[9] – Aufbau von Glucose [E. cycle of Calvin – synthesis of glucose]

Die besprochenen Gleichungen für den Energie- und Stoffumsatz der Fotosynthese geben Hinweise auf den Mechanismus der CO_2-Einbindung zum Glucose-C_6-Baustein.

[9]Calvin, Melvin (1911–1997), amerik. Chemiker in Berkeley. Es gelang ihm, unter Ausnutzung von Kohlenstoffisotopen den Mechanismus des pflanzlichen CO_2-Einbaus bis in die Einzelheiten aufzuklären.

Die Pflanzen arbeiten wieder nach dem Prinzip der kleinen Schritte, dem der Kaskade. Es sind enzymatische Reaktionen, bei denen die Ribose, ein C_5-Zucker, die Rolle des Kohlenstoffdioxidakzeptors spielt (Kap. VII, Abschn. 9.3).

Im Einzelnen lässt sich folgende Reaktionskaskade formulieren.

1. Ribose wird durch Phosphorsäure zu Ribulose-5-phosphat (Ru-5-P) phosphoryliert, d. h. aktiviert.

   Wie bei vielen anderen biochemischen Aufbau- und Abbaureaktionen aktiviert die Phosphorsäure die oft reaktionsträgen Moleküle. Überträger der Phosphorsäurereste ist häufig das ATP (Adenosintriphosphat) (Kap. VI, Abschn. 7).

   Das Ribulose-5-phosphat wird weiter zu Ribulose-1,5-diphosphat (RuDP)[10] phosphoryliert.

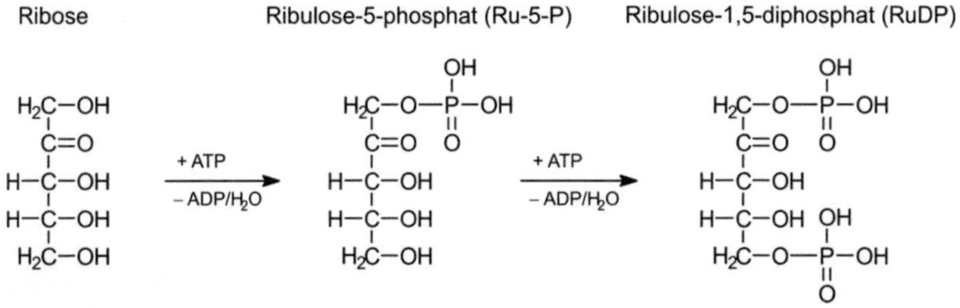

Ribose → (+ ATP, – ADP/H_2O) → Ribulose-5-phosphat (Ru-5-P) → (+ ATP, – ADP/H_2O) → Ribulose-1,5-diphosphat (RuDP) (1)

2. Ribulose-1,5-diphosphat (RuDP) bindet in Gegenwart des Enzyms Ribulose-1,5-diphosphat-Carboxylase das CO_2 als Carboxylgruppe. Als Zwischenstufe entsteht eine reaktionsfähige Doppelbindung.

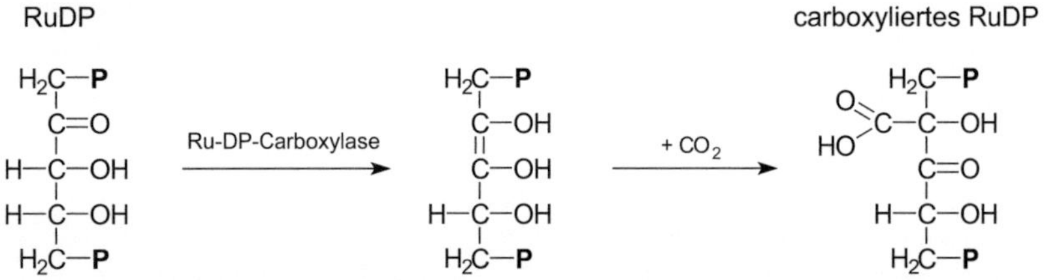

RuDP → (Ru-DP-Carboxylase) → Zwischenstufe → (+ CO_2) → carboxyliertes RuDP (2)

3. Während der Carboxylierung durch CO_2 setzt sofort die Spaltung des Ru-DP ein in 2 Moleküle 3-Phosphoglycerinsäure.

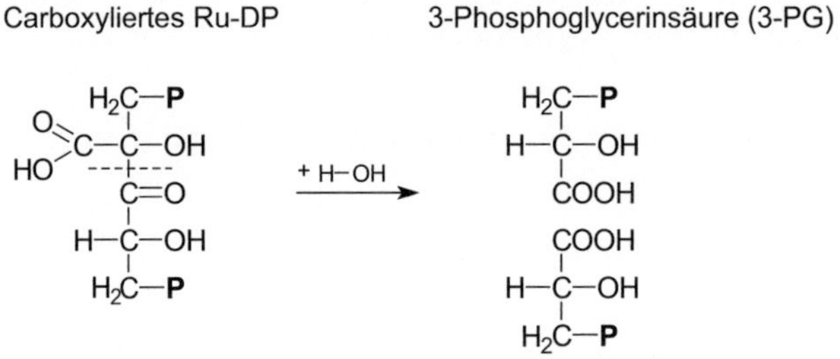

Carboxyliertes Ru-DP → (+ H–OH) → 3-Phosphoglycerinsäure (3-PG) (3)

[10]Bei allen weiteren Reaktionsgleichungen wird anstelle von.

4. An diese Carboxylierung und Spaltung zu 3-Phosphoglycerinsäure (3 PG) schließt sich die Reduktion zu Glycerinaldehyd-3-phosphat an.

$$\begin{array}{ccc} \text{3 PG} & & \text{Glycerinaldehyd-3-phosphat} \\ \begin{array}{c} H_2C-\mathbf{P} \\ | \\ H-C-OH \\ | \\ COOH \end{array} & \xrightarrow[-\,H\text{-}OH]{+\,H_2} & \begin{array}{c} H_2C-\mathbf{P} \\ | \\ H-C-OH \\ | \\ H-C=O \end{array} \end{array} \qquad (4)$$

Diese Triosephosphate (Glycerinaldehyd-3-phosphat) stehen mit Fructose-1,6-diphosphat im Gleichgewicht, aus dem sich Glucose bildet.

$$\begin{array}{ccccc} 2 \times \text{3 PG} & & \text{Fructose-6-phosphat} & & \text{Glucose-6-phosphat} \\ \begin{array}{c} H_2C-\mathbf{P} \\ | \\ H-C=OH \\ | \\ H-C=O \\ \\ H-C=O \\ | \\ HO-C-H \\ | \\ H_2C-\mathbf{P} \end{array} & \underset{+\,P/-\,HOH}{\overset{-\,P/+\,HOH}{\rightleftharpoons}} & \begin{array}{c} H_2C-P \\ | \\ C=O \\ | \\ HO-C-H \\ | \\ H-C-OH \\ | \\ H-C-OH \\ | \\ H_2C-\mathbf{P} \end{array} & \longrightarrow & \begin{array}{c} H-C=O \\ | \\ H-C-OH \\ | \\ HO-C-H \\ | \\ H-C-OH \\ | \\ H-C-OH \\ | \\ H_2C-\mathbf{P} \end{array} \end{array} \qquad (5)$$

Stoffbilanzierung [E. balance of materials]
Es wird ein CO_2-Molekül an Ribulose-1,5-diphosphat fixiert, das in 2 Moleküle 3-Phosphoglycerinsäure (3 PG) gespalten wird (Gl. 2 und 3).

Zur Produktion von einem Glucosemolekül, einem C_6-Zucker, müssen also 6 CO_2-Moleküle mit 6 RuDP-Molekülen (Ribulosediphosphat), einem C_5-Zucker, vereinigt werden. Daraus entstehen nach der Carboxylierung und Spaltung 12 Moleküle 3-Phosphoglycerinsäure. Das sind insgesamt $12 \times 3 = 36$ Kohlenstoffbausteine.

Nach experimentellen Ergebnissen werden aber nur zwei der 12 (3 PG-Moleküle) in ein Glucosemolekül, C_6-Baustein, umgewandelt. Die übrigen 10×3 PG-Moleküle mit ihren insgesamt 30 Kohlenstoffatomen zirkulieren im Kreislauf und bilden wieder 6 Moleküle RuDP mit je 5 Kohlenstoffatomen, die zur erneuten Bindung des Kohlenstoffdioxids C_1-Baustein dienen.

Zusammenfassung des Calvin-Zyklus:

Ribulosediphosphat		Kohlenstoffdioxid		3-Phosphoglycerinsäure
$6 \times C_5$-Bausteine	+	$6 \times C_1$-Bausteine	=	$12 \times C_3$-Bausteine
30	+	6	=	36
3-Phosphoglycerin-säure		Glucose		Ribulosediphosphat
$12 \times C_3$-Bausteine	=	$1 \times C_6$-Bausteine	+	$6 \times C_5$-Bausteine
36		6		30

3.5 C_3- und C_4-Pflanzen [E. C_3- and C_4-plants]

Pflanzen, die CO_2 an einem C_5-Baustein, dem Ribulose-1,5-diphosphat, fixieren, werden als C_3-Pflanzen bezeichnet, da das CO_2-fixierende Ribulose-1,5-diphosphat sogleich in zwei C_3-Bausteine zerfällt.

Nun gibt es auch Pflanzen, die das CO_2 in der ersten Stufe durch einen C_3-Baustein, nämlich Brenztraubensäure, fixieren. Als Zwischenprodukte entstehen C_4-Dicarbonsäuren. Diese Pflanzen werden C_4-Pflanzen genannt. Zu ihnen gehören der Mais, das Zuckerrohr, Wüstenpflanzen, Bluthirse, Bermudagras, Sorghum u. a.

Folgende Dicarbonsäuren können gebildet werden:

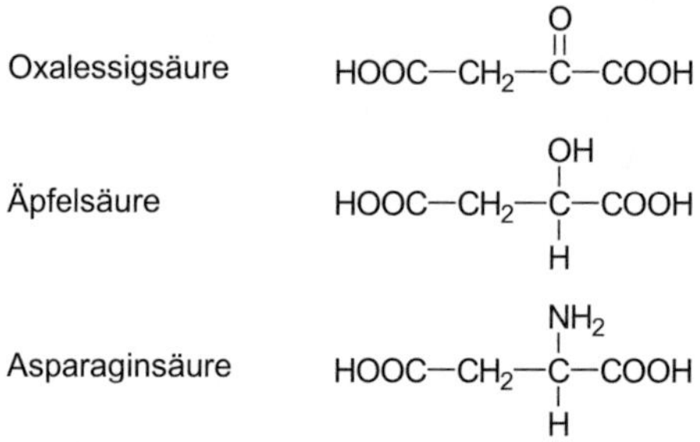

Oxalessigsäure $\quad HOOC{-}CH_2{-}C({=}O){-}COOH$

Äpfelsäure $\quad HOOC{-}CH_2{-}CH(OH){-}COOH$

Asparaginsäure $\quad HOOC{-}CH_2{-}CH(NH_2){-}COOH$

Die CO_2-Fixierung über die Dicarbonsäuren ist im gewissen Sinne ein Umweg. Denn die letzte Stufe führt wieder zum Ribulose-1,5-diphosphat, das das von einer C4-Dicarbonsäure abgegebene CO_2 fixiert. Dieser Zyklus ist unter dem Namen Hatch-Slack-Zyklus bekannt. Folgendes Schema möge die einzelnen Reaktionsstufen grob skizzieren:

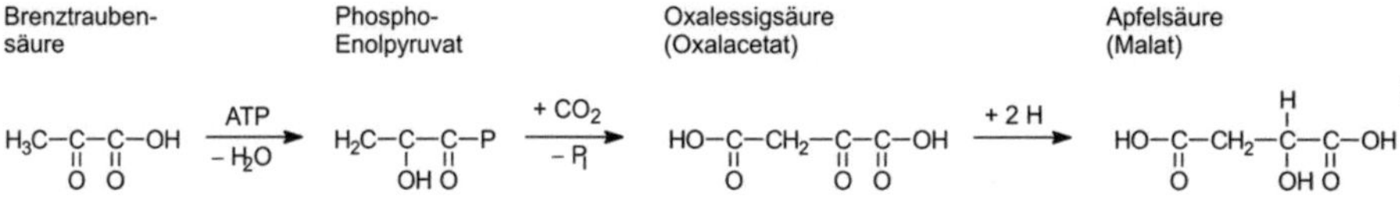

Brenztraubensäure — Phospho-Enolpyruvat — Oxalessigsäure (Oxalacetat) — Apfelsäure (Malat)

$$H_3C{-}C({=}O){-}C({=}O){-}OH \xrightarrow[-H_2O]{ATP} H_2C{=}C(OH){-}C({=}O){-}P \xrightarrow[-P_i]{+CO_2} HO{-}C({=}O){-}CH_2{-}C({=}O){-}C({=}O){-}OH \xrightarrow{+2H} HO{-}C({=}O){-}CH_2{-}CH(OH){-}C({=}O){-}OH \quad (6)$$

Die Carboxylierung des Pyruvats zum Malat ist eine exergonische Reaktion, d. h. eine Energie freisetzende und damit freiwillig ablaufende Reaktion, $\Delta G = -27{,}2$ kJ/mol.

Das Malat decarboxyliert wieder zum Pyruvat, und das CO_2 wird von dem Ribulose-1,5-phosphat aufgenommen und wie bei den C_3-Pflanzen zur Glucose nach dem Calvin-Zyklus aufgebaut.

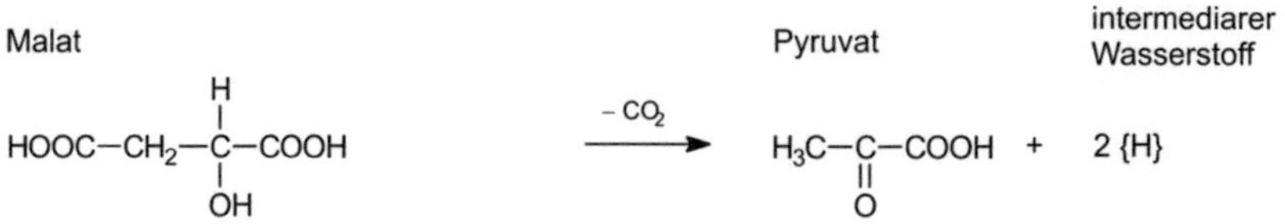

Malat — Pyruvat — intermediarer Wasserstoff

$$HOOC{-}CH_2{-}CH(OH){-}COOH \xrightarrow{-CO_2} H_3C{-}C({=}O){-}COOH + 2\,\{H\} \quad (7)$$

$$\text{(RuDP) Ribulose-1,5-diphosphat} + CO_2 \xrightarrow{H-OH} \text{(3 PG) 3-Phosphoglycerinsäure}$$

Die Affinität des Enzyms Ribulosediphosphat-Carboxylase im Calvin-Zyklus ist nicht so stark wie die des Enzyms Phosphoenolpyruvat-Carboxylase im C_4-Zyklus, die ein Mehrfaches beträgt.

Durch diese intensive CO_2-Affinität der Phosphoenolpyruvat-Carboxylase wird eine hohe lokale CO_2-Konzentration in den entsprechenden fotosynthetisierenden Zellen erreicht. C_4-Pflanzen vermögen pro Blattfläche sehr viel schneller C_6-Zucker aufzubauen als die C_3-Pflanzen. Allerdings benötigen sie pro C_6-Einheit mehr ATP.

Das zeigt auch der Vergleich zwischen den C_3- und C_4-Pflanzen.

Für den Calvin-Zyklus (C_3-Pflanzen) gilt:

$$6CO_2 + 18\,\text{ATP} + 12\,\text{NADPH} + 12\,\text{H}^+ + 12\text{H}{-}\text{OH}$$
$$\rightarrow \quad C_6\,\text{Zucker} + 18\,\text{P}_\text{i} \quad + 18\,\text{ADP} + 12\,\text{NADP}^+$$

Für den Hatch-Slack-Zyklus (C_4-Pflanzen) gilt:

$$6\,CO_2 + 30\,\text{ATP} \ + 12\,\text{NADPH} + 12\,\text{H}^+ \ + 24\,\text{H} - \text{OH}$$
$$\rightarrow \quad C_{6-}\text{Zucker} + 30\,\text{P}_\text{i} \quad + 30\,\text{ADP} + 12\,\text{NADP}^+$$

Bei den C_3-Pflanzen werden für eine Hexoseeinheit 18 ATP benötigt,

$$\text{das sind} \qquad \Delta G = 18 \times (-30{,}5) = -549\ \text{kJ/mol},$$
$$\text{bei } C_4\text{-Pflanzen sind das} \quad \Delta G = 30 \times (-30{,}5) = -915\ \text{KJ/mol}.$$

Tropenpflanzen sind einer höheren Lichtintensität ausgesetzt und wachsen deshalb auch schneller als die C_3-Pflanzen in den gemäßigteren Zonen.

4 Stärke – ein Polymerisationsprodukt [E. starch, a product of polymerisation]

Stärke, Glykogen und Cellulose sind Polysaccharide und zählen zur Gruppe der Glucane. Ihr Baustein ist Glucose, deren Moleküle allerdings unterschiedlich miteinander verknüpft sind. In der Stärke sind die Glucosemonomere α-1,4-glykosidisch verbunden. In der Natur setzt sich Stärke aus zwei unterschiedlichen Komponenten zusammen, der Amylose und dem Amylopektin.

Bei der Amylose handelt es sich um ein lineares Polysaccharid mit einer α-1,4-glykosidischen Bindung. Circa 300 bis 1200 Glucosemoleküle bilden eine Amylosekette, die sich zu einer schraubenförmigen Struktur windet (Abb. 5).

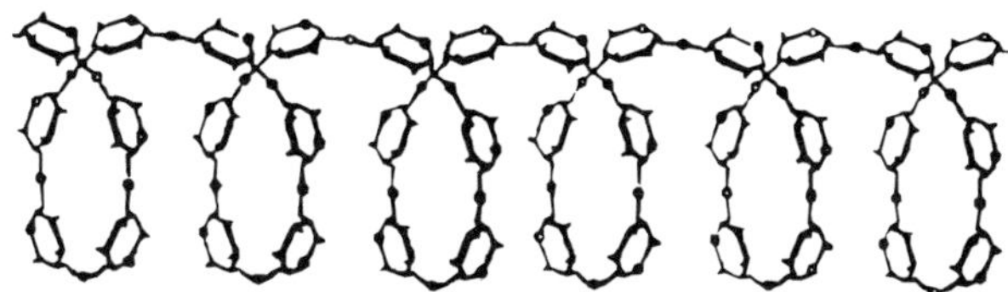

Abb. 5 Modell einer Amylosestruktur [E. model of an amylose structure]

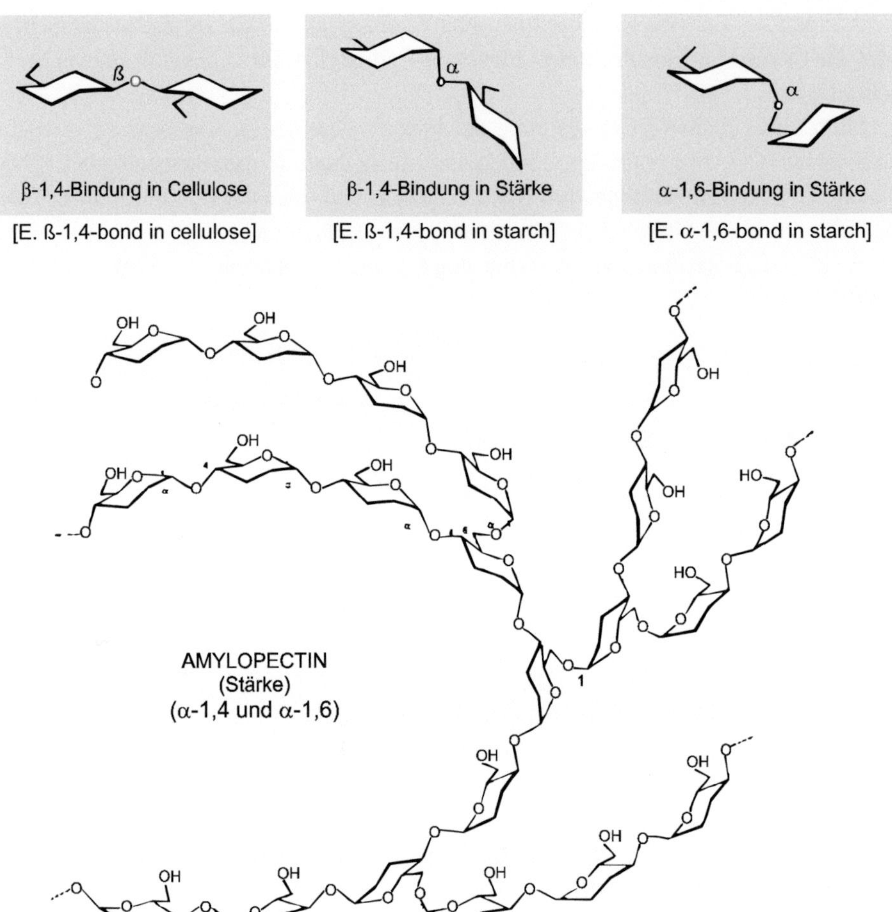

Abb. 6 Modell einer Amylopektinstruktur [E. model of an amylopectin structure]

Amylopektin ist kettenverzweigt. An dem Amylosemolekül sind in Abständen von 20 bis 25 Glucoseeinheiten über eine α-1,6-glykosidische Bindung weitere Amyloseketten angeordnet (Abb. 6).

Die native[11] Stärke besteht zu 20 bis 30 % aus geradkettiger Amylose mit einer Molmasse von 50 000 bis 150 000 und 70 bis 80 % verzweigtkettigem Amylopektion, dessen Molmasse von 300 000 bis 2 000 000 variieren kann.

[11]nativus (lat.) – natürlich entstanden, angeboren.

Die Stärke ist eine weiße Substanz mit der Dichte 1,5, sie ist in kaltem Wasser unlöslich, ebenso in Ethanol. In heißem Wasser entsteht eine kollodiale Lösung, die beim Abkühlen als Gel erstarrt und als Kleister[12] (Klebstoff) geeignet ist.

Stärkemoleküle sind lang gestreckt. Ihre Gestalt nimmt eine Mittelstellung zwischen den in der Leber vorkommenden kugelförmigen Glykogenmolekülen und der fadenförmigen Cellulose ein. Als Reservekohlenhydrat wird Stärke von vielen Pflanzen in Form von 5 μm bis 200 μm [1 Mikrometer $= 10^{-6}$ m] in großen Mengen gespeichert. Noch vor dem Fett ist sie die wichtigste energiespendende Nahrungsmittelquelle.

Stärkelieferende Kulturpflanzen sind die

1. Knollen- und Wurzelfrüchte: Kartoffeln, Maniok, Maronta, Batate.
2. Getreidekörner: Weizen, Mais, Reis, Roggen, Gerste, Hafer, Hirse.
3. Hülsenfrüchte: Linsen, Erbsen, Bohnen, Eicheln, Kastanien.

Auch die Bananen sind zu einem stärkeliefernden Grundnahrungsmittel geworden.

Als nativer Energiespeicher ist Stärke deshalb so interessant, weil sie biochemisch einfach auf- und abzubauen ist. Eine einzige Reaktionsstufe genügt, nämlich die der Polymerisation, um die Glucosemoleküle zur Stärke zusammenzufügen bzw. die Stärke enzymatisch wieder in Glucosemonomere zu zerlegen. Das prädestiniert sie geradezu zum bevorzugten Energielieferanten für den Stoffwechselprozess bei Tieren und Pflanzen, bzw. die Natur hat es mit der Stärke so eingerichtet, dass mit ihr eine unkomplizierte Energieumwandlung möglich ist.

4.1 Glykogen [E. glycogen]

Glykogen ist das wichtigste Reservepolysaccharid tierischer Zellen. Im Aufbau ähnelt es dem Amylopektin der Stärke, die ein Energiespeicher der Pflanzen ist. Wie Amylose und Amylopektin ist Glykogen aus Glucose aufgebaut, deren Moleküle glykosidisch über α-1,6-Bindungen miteinander verknüpft sind. Bis zu 100.000 Glucoseeinheiten können auf diese Weise miteinander polymerisiert sein. Die Molmasse kann bis 16 Mio. betragen. Es zählt neben dem Amylopektin zu den bekannten größten Molekülen.

Glykogen ist ein weißes geschmackfreies Pulver, das in kaltem Wasser aufquillt und dann eine opaleszierende[13] kolloidale Lösung bildet. Beim Erwärmen mit verdünnten

[12]Kleister ist ein Klebstoff, der als wässriges Quellungsprodukt schon in geringer Grundstoffkonzentration eine hochviskose nichtfadenziehende Masse bildet.

[13]oppallios (gr.) – ein bunt schillerndes Mineral, z. B. Opal.

Säuren zerfällt es in Glucose. Durch das Enzym α- und β-Amylase wird es zu Maltose und Glucose abgebaut.

$$\underset{\text{Glykogen}}{[C_6H_5(OH)_5]_n} \xrightarrow{\frac{n-1}{2}\,HOH} \underset{\text{Maltose}}{\frac{n}{2}\,[C_6H_5(OH)_5]_2} \xrightarrow{\frac{n-2}{2}\,HOH} \underset{\text{Glucose}}{n\,C_6H_6(OH)_6}$$

Glykogen ist stärker verzweigt als das Amylopektin und auch kompakter. Es kommt besonders reichlich in der Leber in großen Granula vor, wo es bis zu 10 % des Frischgewichts ausmachen kann. In den Muskeln ist es bis zu 1 und 2 % enthalten, ebenso in den Zellen von Hefen und Pilzen. Glykogen hat eine Energiespeicherfunktion. Speicherung und Abbau vollziehen sich in einer Verlängerung oder Verkürzung der Ketten. Niemals wird ein Molekül vollständig abgebaut. Auf diese Weise bleibt immer ein Grundbestand an Glykogen bzw. physiologischer Energiereserve bewahrt, es sei denn, der Organismus wird einer längeren Hungerphase ausgesetzt. Das Enzym Phosphorylase spielt dabei eine Schlüsselrolle. Sie wird durch die Hormone Adrenalin und Glucagon aktiviert (s. Kap. XIX).

4.2 Dextrine[14] [E. dextrins, starch gum]

Dextrine sind Bruchstücke von Stärke, die durch saure Hydrolyse der Amylose und des Amylopektins entstehen. Das wird durch Kochen mit verdünnten Säuren erreicht. Wirken Hitze und Säure lange genug ein, kann die Stärke teilweise bis zur Glucose abgebaut werden. Beim Brotbacken bilden sich die Röstdextrine, die aus Glucoseketten bestehen. Enzymatisch wird die Stärke durch α- und β-Amylase gespalten. Während die α-Amylase die α-1,4-glykosidischen Bindungen wahllos innerhalb der Polymerkette angreift, baut die β-Amylase die α-1,4-glykosidischen Bindungen systematisch vom Kettenende her ab. So wird Amylose durch β-Amylase vollständig zur Maltose, einem Disaccharid aus zwei Glucosebausteinen, *verzuckert.* Sie kann anschließend zum Ethlylalkohol vergoren werden.

$$\underset{\text{Amylose}}{[C_6H_5(OH)_5]_n} \xrightarrow[(n\text{-}1)H{-}OH]{\beta\text{-Amylase}} \underset{\text{Maltose}}{\frac{n}{2}\; O\!<\!\begin{smallmatrix}C_6H_7(OH)_4\\ C_6H_7(OH)_4\end{smallmatrix}} \xrightarrow{\text{Maltase}} \underset{\text{Glucose}}{n\,C_6H_6(OH)_6} \xrightarrow{\text{Hefe}} \underset{\text{Ethylalkohol}}{\frac{n}{3}\,H_3C{-}CH_2{-}OH} + \underset{\text{Kohlenstoffdioxid}}{\frac{2}{3}\,n\,CO_2}$$

Die β-Amylase kommt u. a. vorwiegend in keimenden Pflanzensamen (Getreide) vor und spielt bei der Bierherstellung aus Stärke eine bedeutende Rolle.

Die α-Amylase ist Bestandteil des Speichels und Pankreassaft und leitet die Verdauung der Stärke schon während des Kauens im Mund ein.

[14] dexter (lat.) – rechts, die wässrigen Lösungen sind optisch aktiv und drehen polarisiertes, d. h. in einer Ebene schwingendes Licht rechts herum.

Im Gegensatz zur Amylose, ein lineares Polysaccharid, wird Amylopektin, ein verzweigtkettiges Polysaccharid, durch β-Amylase nur bis zu 60 % zu Maltose unter Zurücklassen der *Grenzdextrine* abgebaut. Sie vermögen die α-1,6-glykosidischen Verzweigungsstellen nicht aufzuschließen. Dazu ist die α-Amylase notwendig, die die Grenzdextrine zu Maltose, einem vergärbaren Disaccharid spaltet.

Amylo-pektin —β-Amylase→
- 40 % Grenzdextrine (α-1,6-glykosidisch) —α-Amylase→ Maltose
- \+
- 60 % Maltose (a-1,4-glykosidisch)

Dextrine sind farblose bis leicht gelbe amorphe Substanzen, die sich in Wasser kolloid lösen und in Alkohol (Ethanol) fast unlöslich sind. Je nach Herstellungsverfahren liegen ihre Molmassen zwischen 2000 und 30000. Technisch werden Dextrine aus Mais- oder Kartoffelstärke gewonnen. Als Klebstoffe, Appreturmittel[15] und Verdickungsmittel finden sie ein vielfältiges Anwendungsgebiet.

4.3 Cyclodextrine [E. cyclodextrins]

Cyclodextrine sind Ringverbindungen, die aus Glucosebausteinen gebildet werden. Diese Cycloamylosen können aus 6, 7 oder 8 Glucosemolekülen bestehen. Nach ihrem Entdecker werden sie auch Schardinger-Dextrine genannt.

Entsprechend unterscheidet man zwischen den α-Cyclodextrinen (Cyclohexaamylose), die aus 6 Glucosemonomeren bestehen; den β-Cyclodextrinen, mit 7 Glucosemonomeren (Cycloheptaamylose) und den γ-Cyvclodextrinen mit 8 Glucosemonomeren (Cyclooctaamylose) (Abb. 7 und 8).

Die Cxclodextrine werden beim Stärkeabbau durch den *Bacillus macerans* erhalten und sind α-1,4-glykosidisch ringförmig verknüpft. Es entsteht ein Gemisch von α-, β- und γ-Cyclodextrinen, die schwer voneinander zu trennen sind. Die Wacker GmbH, München, hat ein Verfahren mit selektiv wirkenden Enzymen, den CG Tasen ≡ Cyclo-Glucosyl-Transferasen, entwickelt, nach dem gezielt nur α-, β- oder γ-Cyclodextrine erhalten werden.

Sie haben eine wohldefinierte hydrophobe (wasserabweisende) innere Oberfläche und bieten wertvolle Modelle für Hohlraumstrukturen (Kavitäten[16]) mit interessanten Innenoberflächen.

---

[15]apprêter (frz.) – zubereiten, Appreturmittel sind Textilzusatzsubstanzen, die die Griffigkeit, insbesondere von Baumwollgeweben verbessern und damit auch knitterarm machen.

[16]cavus (lat.) – hohl, Kavitäten sind hohlraumbildende Eigenschaften.

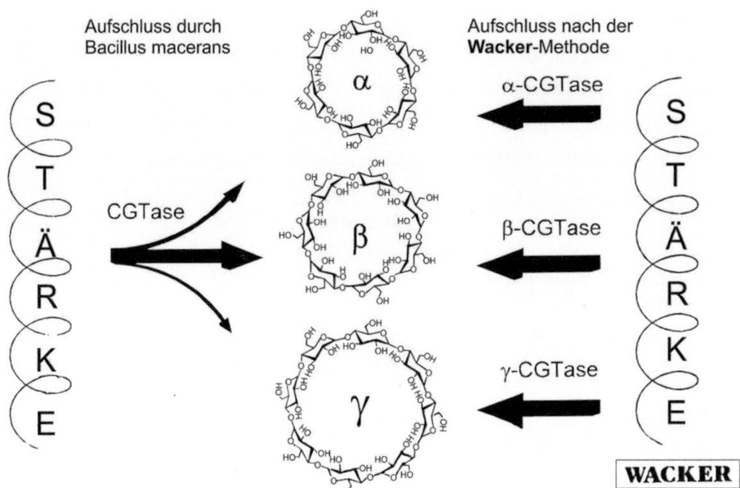

Abb. 7 Formelstrukturen der α-, β- und γ-Cyclodextrine (Cyclohexa, -hepta- und octaamylose). (CG Tase ≡ **C**yclo-**G**lucosyl-Transferase, ein Enzym für die Übertragung von ringbildender Glucose) [E. structures of the formulae of the α-, β- and γ-cyclodextrins]

Abb. 8 Prinzip der enzymatischen Umwandlung von Stärke in Cyclodextrine mit **C**yclo**g**lucosyl**t**ransferase (CGT). (Quelle: Starch-CH4, GB.L.S-BAT, K. Wimmer 10.95 in Wacker Chemie GmbH, München) [E. principle of the enzymatic conversion of starch in cyclodextrins with cycloglucosyl transferase]

Die Cycloamylosen sind im Kristallgitter so aufeinandergeschichtet, dass sie durchgehende innermolekulare Kanäle bilden. In diesen können sie fremde Moleküle in wechselnden Mengen bis zur Sättigung einschließen. Die Außenwand hat durch die Hydroxylgruppen der Glucose hydrophilen Charakter (Abb. 9 und 10).

Das Gastmolekül muss eine geeignete geometrische Form besitzen, um in die Kavität zu passen. Zwischen dem Gastmolekül und dem Cyclodextrin muss eine intermolekulare Wechselwirkung möglich sein, und schließlich muss eine geringe Menge Wasser vorhanden sein.

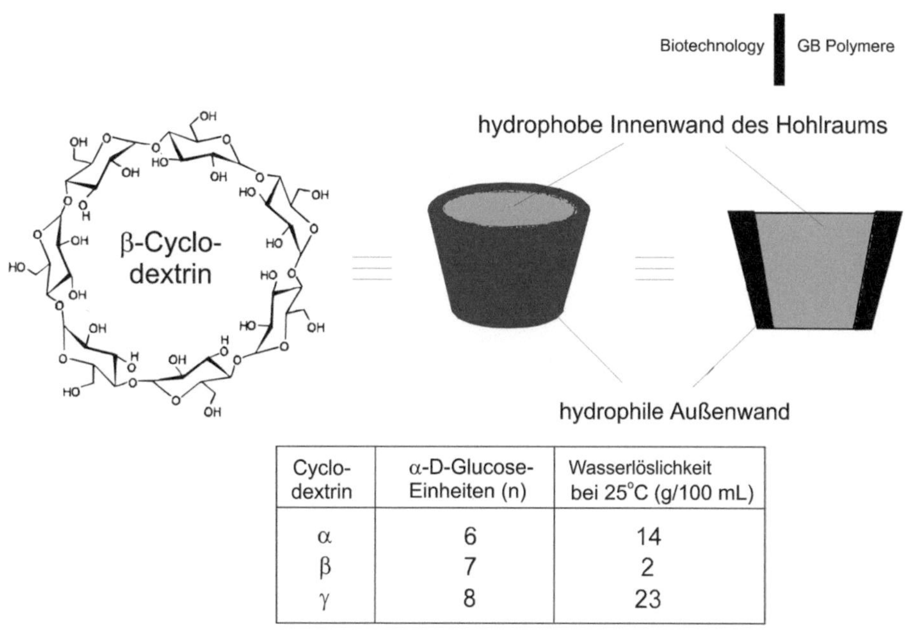

Cyclo-dextrin	α-D-Glucose-Einheiten (n)	Wasserlöslichkeit bei 25°C (g/100 mL)
α	6	14
β	7	2
γ	8	23

Abb. 9 Modell von hohlraumbildenden Strukturen der Cyclodextrine [E. model of a cavitation structure of cyclodextrins] (Lit.: Quelle: Starch-CH4, GB.L.S-BAT, K. Wimmer 10.95 in Wacker Chemie GmbH, München)

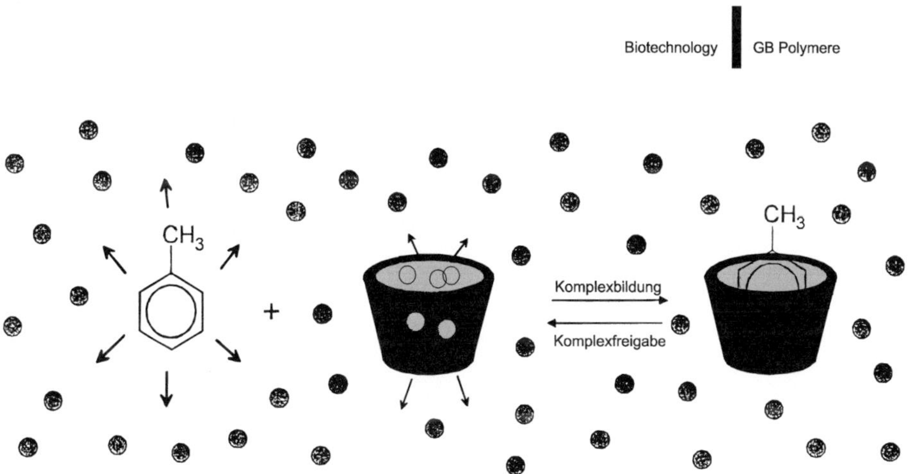

Abb. 10 Schematische Darstellung für eine Cycoldextrin-Komplexbildung zwischen dem Cyclodextrin-Hohlraum und Toluol, C_6H_5–CH_3 [E. diagrammatic figure of a formation of a cyclodextrin complex formation between the cavity of cyclodextrin and toluene] (Lit.: Quelle: Starch-CH4, GB.L.S-BAT, K. Wimmer 10.95 in Wacker Chemie GmbH, München)

4.4 Einige Eigenschaften der Cyclodextrine [E. some properties of cyclodextrins]

Eine der wichtigsten und typischen Eigenschaften der Cyclodextrine ist es, aufgrund ihrer dreidimensionalen Struktur Hohlräume (Kavitäten) zu bilden. Sie sind hydrophober Natur. In den Hohlräumen können feste, flüssige oder gasförmige Stoffe als Fremdmoleküle bzw. Gastmoleküle eingeschlossen, aber auch wieder freigegeben werden (Abb. 11). Es handelt sich hierbei um ein reversibles Wirt-Gast-Verhältnis. Die Fremdmoleküle bilden im Zentrum des Hohlraums einen Cyclodextrinkomplex und sind im wahrsten Sinne des Wortes verkapselt, d. h. nach außen hin abgeschirmt.

Die Eigenschaften spezieller Cyclodextrine sind in den Abb. 12, 13 und 14 dargestellt (s. auch Tab. 1).

Das Eigenschaftsspektrum kann verstärkt und erweitert werden, wenn anstelle der Wasserstoffatome der Glucosehydroxylgruppen andere Restgruppen (Radikalgruppen) eingeführt werden, z. B.

Methylgruppen, $H_3C\cdot$ (Abb.12), Acetylgruppen, $H_3C{-}C(=O)\cdot$ (Abb. 13) oder

Triazinylgruppen, $\cdot C{=}N{-}C(Cl){=}N{-}C(ONa){=}N{-}$ (Ring), (Abb. 14).

Eigenschaften spezieller Cyclodextrine sind in den Abb. 12, 13 und 14 dargestellt.

4.5 Anwendungsgebiete der Cyclodextrine [E. applications of cyclodextrins]

Die Palette der Einsatzgebiete begann mit der *Pharmazie,* die sich im Laufe der Jahre erweiterte und heute die *Kosmetik,* den *Lebensmittel- und Landwirtschaftsbereich* sowie den *Textil-, Papier- und Anstrichfarbensektor* umfasst.

Die *α-Cyclodextrine* (6 Glucoseeinheiten) eignen sich besonders zum Einschluss von Gasen, Ölen und kleinen aliphatischen Kohlenwasserstoffverbindungen (Abb. 11).

Die *β-Cyclodextrine* (7 Glucoseeinheiten) und ihre Derivate (Abb. 12 bis 14) vermögen Komplexverbindungen mit Aromaten, Heterocyclen und anderen organischen Stoffen niederen Molekulargewichts zu bilden.

Die *γ-Cyclodextrine* (8 Glucoseeinheiten) haben sich besonders in der Kosmetik als Zusatzmittel bei Selbstbräunungspräparaten bewährt.

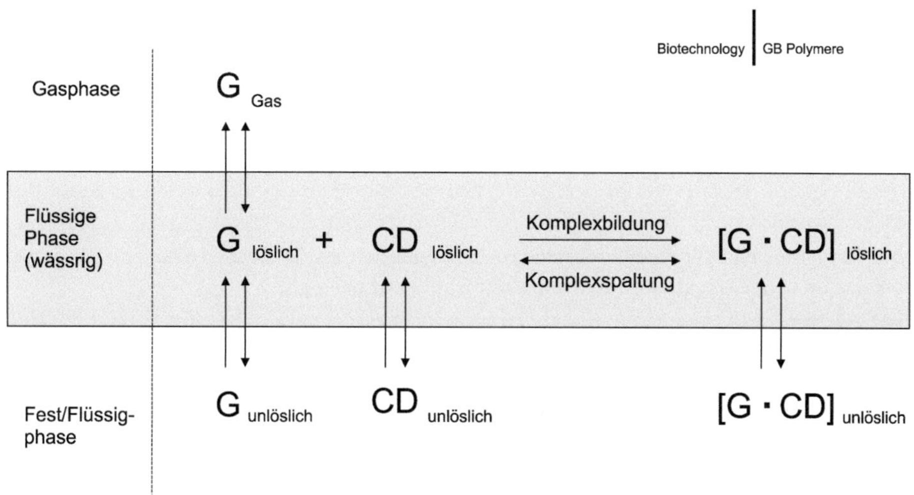

Abb. 11 Modell einer Komplexbildung als dynamisches Gleichgewichtssystem
G ≡ Gastmolekül; CD ≡ Cyclodextrin
[G-CD] ≡ Komplex aus Gastmolekül und Cyclodextrin
[E. model of a formation of a complex compound as dynamic system equilibrium]
(Lit.: Quelle: Starch-CH4, GB.L.S-BAT, K. Wimmer 10.95 in Wacker Chemie GmbH, München)

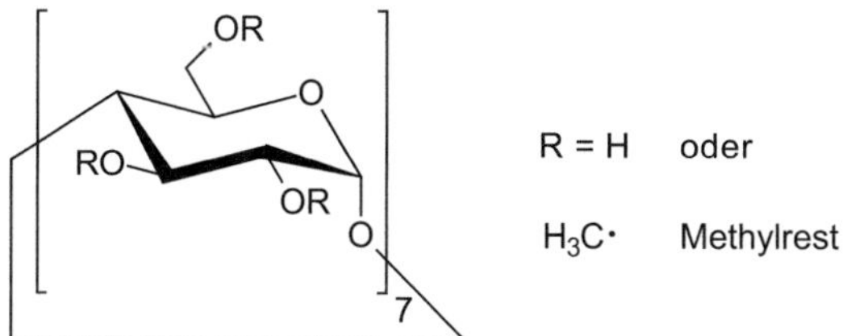

Abb. 12 Formelbild für Methyl-β-cyclodextrin. (Quelle für Kap. XI, Abb. 12, Kap. X, Abb. 13, Kap. XI, Abb. 14: Starch-CH4, GB.L.S-BAT, K. Wimmer 10.95 in Wacker Chemie GmbH, München) (bestehend aus 7 Glucoseeinheiten) [E. graphic formulae for methyl-ß-cyclodextrin (composed of 7 glucose units)]
Eigenschaften:
- sehr hohe Wasserlöslichkeit (> 50 %)
- sehr hohe Kapazität für Komplexbildung
- Bildung von wasserlöslichen Komplexen
- löslich in polaren Lösemitteln, z. B. Alkalien, organischen Säuren
- verfügbar in technischen Mengen

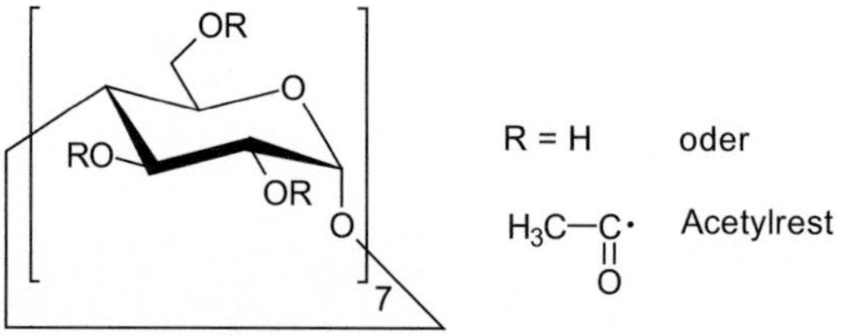

Abb. 13 Formelbild für Acetyl-β-cyclodextrin (bestehend aus 7 Glucoseeinheiten) [E. graphic formulae for acetyl-ß-cyclodextrin (composed of 7 glucose units)]
Eigenschaften:
- hohe Wasserlöslichkeit (> 50 %)
- hohe Kapazität für Komplexbildung
- biologisch abbaubar

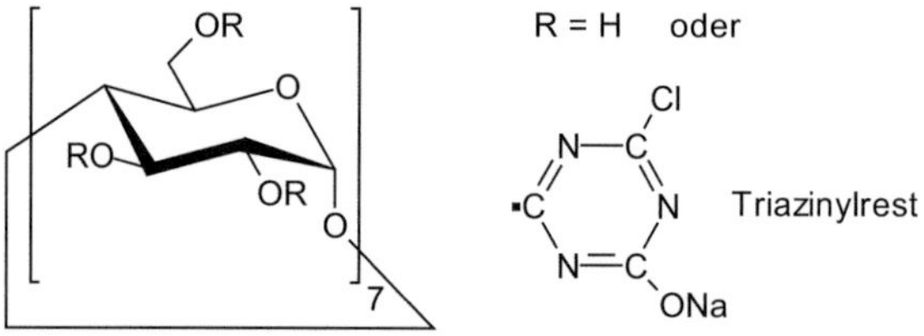

Abb. 14 Formelbild für Monochlortriazinyl-β-cyclodextrin (bestehend aus 7 Glucoseeinheiten) [E. E. graphic formulae for monochlortriazinyl-ß-cyclodextrin (composed of 7 glucose units)]
Eigenschaften:
- Bildung von reaktionsfähigen Derivaten (Abkömmlingen)
- kovalente Bindungen zu oberflächenaktiven Substanzen
- gute Wasserlöslichkeit (> 30 %)
- molare Substitution 0,4 pro Glucoseeinheit

Pharmazie [E. pharmacy]
Die Pharmazie ist das älteste und klassische Anwendungsgebiet der Cyclodextrine. Sie sind bewährte Formulierungshilfsstoffe, um das physikalische Verhalten von Wirkstoffen so zu verändern, dass sowohl die Herstellung eines Arzneimittels aus dem jeweiligen Wirkstoff, die Haltbarkeit und Bioverfügbarkeit als auch die Einnahme durch den Patienten (Applikation) optimiert werden.

Kosmetik [E. cosmetics]
Die γ-Cyclodextrine haben sich ihren Platz erobert bei der Herstellung von Parfüms, Lotions, Cremes, Lippenstifte, Sonnenbräunungsmittel u. a. Durch die Cyclodextrin-Komplexbildung mit den duft- und geschmackstragenden Wirkstoffen tragen sie wesentlich zur Stabilisierung der Duft- und Geschmackskomponenten bei. Sie werden langsam an die Umwelt, den Körper, die Textilfasern oder Waschflotte abgegeben. Dadurch wird eine Langzeitwirkung erreicht.

In Sonnenbräunungsmitteln steuern sie den Prozess der Selbstbräunung und maskieren dabei möglich auftretende unangenehme Begleitdüfte.

Tab. 1 Allgemeine Eigenschaften von Cyclodextrinen für interessante Anwendungsgebiete [E. general properties of cyclodextrins for interesting applications]

Löslichkeit	• Verbesserung der Wasserlöslichkeit • Beeinflussung der rheologischen[a] Eigenschaften • (Fließeigenschaften) • Zunahme der Bioverfügbarkeit
Stabilisierung gegen	• Lichteinwirkung, ultraviolette Strahlung • Wärme • Oxidation • Hydrolyse • Verringerung der Flüchtigkeit
Maskierung von	• Schlechtem Geschmack • Unangenehmem Geruch
Kontrollierte und gezielte langsame Freigabe von aktiven Wirkstoffen	
Selektive Extraktion von Wirkstoffen	

[a]rheos (gr.) – Fluss, Rheologie ist die Lehre von den Fließeigenschaften von Flüssigkeiten und Gasen

Lebensmittel [E. food]
Spezielle Verwendung finden die Cyclodextrine zur Geruchsmaskierung und Stabilisierung von Nahrungsmitteln, z. B. Fischölen, aber auch allein zur Frischhaltung. Ein breites Feld eröffnet sich für die Verkapselung von Aromen, um sie vor Oxidation oder zu schnellem Verflüchtigen zu schützen.

In Lebensmittelverpackungen übernehmen sie die Aufgabe, die Wasserfestigkeit zu erhöhen, gleichzeitig aber die Wasserdampfdurchlässigkeit zu regulieren. Auch vermögen sie eine Geruchsbarriere gegen äußere Einflüsse zu bilden.

Textilveredlung [E. textile finishing]
In der Textilausrüstung und -veredlung haben sich besonders die Cyclodextrine mit Monochlortriazinylsubstituenten durchgesetzt. Mit der Triazinylgruppe verankern sie sich chemisch mit der Textilfaser und haften gut an deren Oberfläche. Auf diese Weise verleihen sie der Textilie völlig neuartige Eigenschaften wie Griffigkeit, Knitterarmut, Fülligkeit etc. Auch vermögen sie, andere Textilausrüstungsmittel durch Verkapseln vor einem zu schnellen Auswaschen zu bewahren.

Sehr gute Fixierergebnisse werden mit Mischgeweben wie Baumwolle/Polyurethan und Baumwolle, Polyurethan/Polyamid erzielt.

Anstrichstoffe [E. coating materials]
Anstrichfarben enthalten Pigmente, Füllstoffe, Bindemittel, Verdickungsmittel und andere Zusätze. Mit den Verdickungsmitteln werden die Fließeigenschaften der Anstrichmittel während der Verarbeitung beeinflusst.

Außerdem werden zunehmend geruchsarme und lösemittelfreie, d. h. nur wässrige, Farbmitteldispersionen gefordert.

Cyclodextrine haben sich bei der Steuerung der Fließeigenschaften und der Herstellung von geruchsarmen wässrigen Konzentraten hervorragend bewährt. Die reversible Verkapselung von Wirkstoffen durch die Cyclodextrine ist dabei eine hervorstechende Eigenschaft in diesem Sektor. Dasselbe gilt auch für die Entwicklung von Oberflächenbehandlungsmitteln (Coatings).

Formulierung von technischen Konservierungsmitteln [E. formulation of technical preservatives]
Konservierungsmittel (Biozide[17]) (s. Kap. XX) sind erforderlich, um Kühlschmiermittel und Bohremulsionen gegen ein Wachstum von Mikroorganismen, wie z. B. Bakterien, Pilze oder Algen zu schützen, da sie die Mineralöle oder auch Syntheseöle zersetzen und obendrein noch unangenehm riechende Stoffe freisetzen. Mithilfe der β-Cylodextrine ist es gelungen, die Biozidwirkstoffe so zu verkapseln, dass sie als stabile Formulierung in Pulverform vorliegen. Das Pulver wird in wasserlösliche Beutel aus Polyvinylalkohol eingeschweißt.

Diese wenigen Beispiele zeigen das weite Anwendungsspektrum der Cyclodextrine. Es ist noch lange nicht erschöpft. Insbesondere in den Life-Sciences-Gebieten wie Arzneimittel, Kosmetik, Nahrungsmittel, Pflanzenschutzmittel und im weitesten Sinne auch Textilhilfsmittel, Waschmittel und Hygiene werden die Cyclodextrine eine bedeutende Rolle spielen.

Wirtschaftliches [E. economic]
Bedeutender Produzent von Cyclodextrinen auf dem Weltmarkt ist die Wacker-Chemie GmbH, München.

5 Polyfructosane [E. polyfructosans]

Polyfructosane sind pflanzliche Reservekohlenhydrate. Sie werden auch vereinfacht Fructosane bzw. Fructane genannt. In der Regel bestehen sie aus 10- bis 40 D-Fructosemonomeren, sind β-1,2-glykosidisch miteinander verbunden und bilden weiße, mehlige, nicht süß schmeckende Pulver. Die Fructosane befinden sich vorwiegend in den in der Bodenkrume befindlichen Teilen von Gräsern, Getreide und Compositen[18]. Roggen enthält Graminin, ein Trifructosan aus 10 Fructoseeinheiten, dessen Anwesenheit im Weizenmehl eine Verfälschung durch Roggenmehlzusatz anzeigt.

---

[17]bios (gr.) – Leben, Biozide sind im weitesten Sinne pflanzliche und tierische Mikroorganismen sowie Bakterien tötende Wirkstoffe.

[18]Compositae ist die Bezeichnung für die Pflanzengruppe der Korbblütler, z. B. Kamille, Sonnenblume, Gänseblümchen, Löwenzahn, Zichorie, Beifuß, Astern, Chrysanthemen, Artischocken u. v. a. Als Reservekohlenhydrate speichern sie Polyfructosane, insbesondere Inulin.

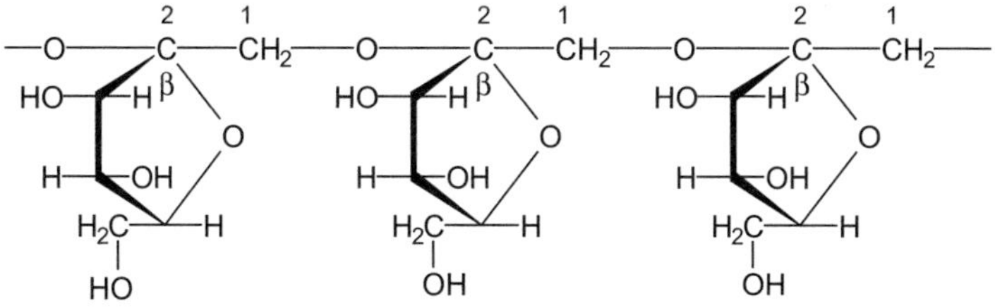

Abb. 15 Inulin, eine Polyfructose (Poly-β-1,2-fructofuranosan) [E. Inulin, a polyfructose]

Inulin ist ein weitverbreiteter Vertreter der Fructosane. Seine Polymerkette besteht aus 30 Fructoseeinheiten mit einem Glucosemolekül am Ende. Seine Molekülmasse beträgt annähernd 5 200. Es kommt sehr konzentriert in den Wurzelknollen der Dahlien und Artischocken vor (Abb. 15).

6 Cellulose [E. cellulose]

Cellulose ist ein Polysaccharid mit dem Baustein Glucose. Die einzelnen Glucosemoleküle sind β-1,4-glykosidisch verbunden. Sie ist die in der Natur verbreitetste Kohlenstoffverbindung, gefolgt von den Xylanen, die auch als Hemicellulosen bezeichnet werden.

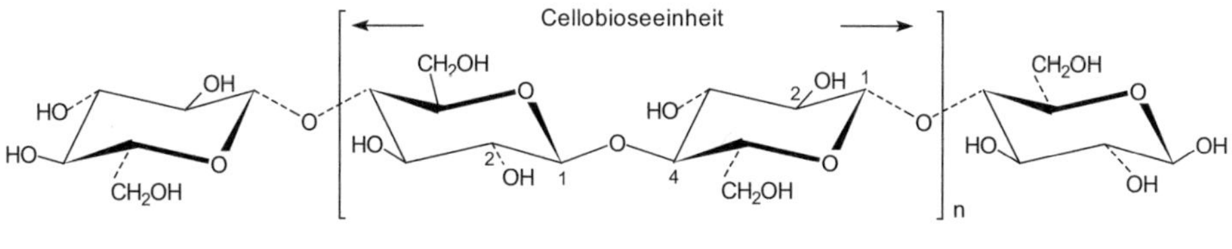

Cellulose enthält 300 bis 10 000 und mehr Glucoseeinheiten. Die relative Molmasse nimmt Werte zwischen 50 000 und 1,6 an.

Baumwolle besteht zu 90 % aus Cellulose. Holz und die Stützsubstanzen von Pflanzen und Blättern, die Zellwände von Algen, außer den Blaualgen, sind vorwiegend aus Cellulosestrukturen.

Baumwollcellulose enthält in einem Molekül ca. 10 000 bis 14 000 Glucoseeinheiten mit einer Molmasse von 1,6 bis 2,3 Mio.

Gereinigte Cellulose ist eine farblose, in Wasser und Ethanol unlösliche Substanz mit einer Dichte von 1,5. Cellulose der verwesenden Pflanzenteile wird durch Bakterien und Kleinpilze zu Kohlenstoffdioxid und Wasser abgebaut. Die Menschen vermögen, Cellulose nicht als Nährstoff auszunutzen. Ihnen fehlt das Enzym Cellulase, um die Cellulose in Glucose aufzuspalten. Dagegen ermöglichen die Bakterien in den Wiederkäuermägen einen vollständigen Celluloseaufschluss (Kap. XII).

7 Xylane und Hemicellulose [E. xylans and hemicelluloses]

Die Hemicellulosen sind stets mit Cellulose vergesellschaftet und treten vor allem in den Zellwänden auf. Ihre Hauptbestandteile sind die *Pflanzengummen,* die aus einem Gemisch verschiedener Polysaccharide bestehen und bei der Hydrolyse *D*-Xylose (aus Xylan), *D*-Mannose (aus Mannan), D-*Glactose* (aus Galactan) und *D-Glucuronsäure* liefern (Abb. 16). Stroh und Bast bestehen zu 30 % aus Xylanen, die Bagasse (Pressrückstände des Zuckerrohrs) enthält ebenfalls 30 % Xylane, das Laubholz 20 bis 25 % und das Koniferenholz 7 bis 12 %. Der Polymerisationsgrad ist erheblich geringer als der der Cellulose. In der Pflanze nehmen sie die Funktion von Stützsubstanzen wahr, sie dienen aber auch als Energiereservestoffe. Je nach Polymerisationsgrad sind sie zum Teil wasser- oder alkalilöslich (Abb. 17).

Im Xylan sind die X-Xylose β-1,4-glykosidisch miteinander verknüpft:

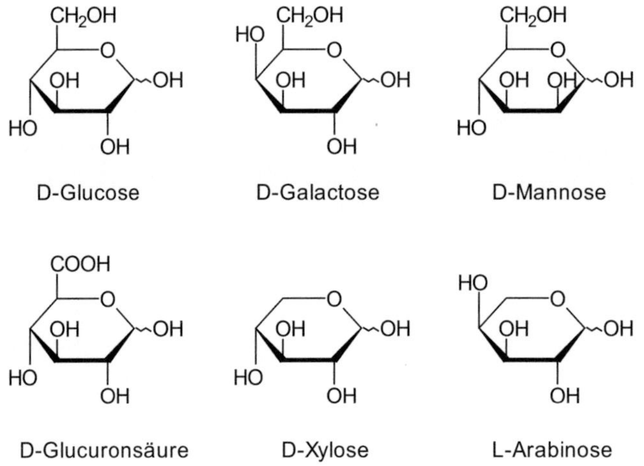

D-Glucose D-Galactose D-Mannose

D-Glucuronsäure D-Xylose L-Arabinose

Abb. 16 Einige Monomere als Bausteine für Xylane und Hemicellulosen [E. some monomers as building elements for xylanes and hemicelluloses]

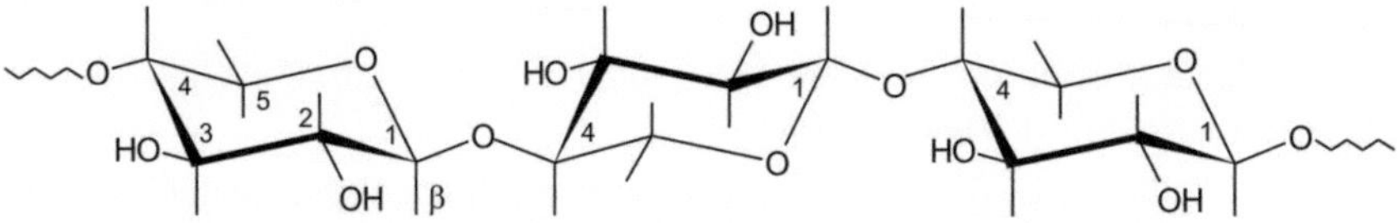

Abb. 17 Ausschnitt aus einer Xylankette [E. section of a xylane chain]

Weiterführende Literatur

Berndt, D. (1998), Öko-Cup baut sich in 60 Tagen natürlich ab, VDI-Nachrichten, Nr. 33 v. 14.08.1998.

Calvin, H. C. (1994), Der Strom, der bergauf fließt – eine Reise durch die Evolution, Carl Hanser Verlag, München – Wien.

Eschenmoser, A. (1991), Warum Pentose- und nicht Hexose-Nukleinsäuren, Nachr. Chem. Tech. Lab. 39, 795.

Fuchs, G. (2014), 9. Aufl., begründet von Hans G. Schlegel, Allgemeine Mikrobiologie, Thieme Verlag, Stuttgart – New York.

Heimgartner, H. u. Hansen, H. J. (1994), Organische Photochemie im Spiegel von Helvetica Chimica Acta, erschienen in *Highlights of Chemistry,* Hrsg. Kisakürek, M. V. u. Heilbronner, E., S. 409 ff., Verlag Helvetica Chimica Acta, Basel und VCH-Verlagsgesellschaft, Weinheim.

Huber, R. (1989), Eine strukturelle Grundlage für die Übertragung von Lichtenergie in der Biologie (Nobel Vortrag), Angew. Chemie, Jg. 101, Heft 7, S. 849–898.

Moldenhauer, J. P., Regiert, M. u. Wimmer, Th. (1998), Die Chemie vom Wirt und Gast, Wacker Werk + Wirken, Zeitschrift der Wacker Chemie GmbH, München.

Quinckert, G. (1991), Brückenschlag zwischen Chemie und Biologie, Nachr. Chem. Tech. Lab. 39, 788.

Tamm, Chr. (1994), Chemie der Kohlenhydrate, der Pflanzeninhaltsstoffe und der mikrobiellen Stoffwechselprodukte im Spiegel der Helvetica Chimica Acta, 1918–1992, in Highlights of Chemistry, Hrsg. Kisakürek, M. V. u. Heilbronner, E., Verlag Helvetica Chimica Acta, Basel.

The cyclodextrin expert (1998), Informationsblätter der Wacker Chemie GmbH, München.

Thiem, J. (1989), Energiespeicher des Lebens, Kohlenhydratchemie heute, Hoechst High Chem-Magazin, Heft 8, Hrsg. Hoechst AG. Frankfurt am Main.

Verdauung [E. digestion]

1 Beim Menschen [E. in human digestion]

Verdauung ist ein mechanischer und enzymatisch-chemischer Abbauprozess im Verdauungstrakt von Menschen und Tieren. Durch ihn werden Nahrungs- und Futtermittel so weit aufgeschlossen, dass sie von der Darmwand resorbiert werden und in die Blutbahnen geschleust werden können. Die verdaulichen Polymere werden dabei in wasserlösliche Verbindungen überführt: die Kohlenhydrate zu Monosacchariden wie Glucose, Fructose, Ribose u. a.; die Proteine zu Aminosäuren; die Fette nach einer Teilhydrolyse (Partialhydrolyse) als kolloidale Dispersionen von Fettsäuren und Mono-, Di- und Triglyceriden (Kap. XVI), die Nukleinsäuren zu den heterozyklischen Basen der Pyrimidin- und Purinreihe, der D-Ribose oder 2-Desoxy-D-Ribose und der Phosphorsäure. Die Verdauung ist ein Teil des Metabolismus[1], nämlich des Stoffabbaus (Katabolismus)[2].

Diese niedermolekularen Bruchstücke dienen dem *Energiestoffwechsel* zur Aufrechterhaltung der Lebensfunktionen und dem Baustoffwechsel zum Aufbau körpereigener Stoffe (Anabolismus)[3].

Unverdauliche Reststoffe und Rückstände werden mit dem Kot ausgeschieden.

In ihm sind u. a. die für den Menschen unverdaulichen cellulose- und hemicellulosehaltigen Pflanzenfasern enthalten. Als Peristaltik anregende Ballaststoffe kommt ihnen auch im menschlichen Darmkanal eine wichtige Funktion zu.

Eine Verdauung ist neben der mechanischen Zerkleinerung, Vermischung und des Transportierens ein enzymatischer Vorgang, um die Inhaltsstoffe von Nahrungs- und Futtermitteln in von Zellen resorbierbare Moleküle zu zerlegen.

[1]metabole (gr.) – Veränderung; Metabolismus ist der Stoffwechselprozess, die Stoffe verändern sich.

[2]Katabolismus ist der biologische Stoffabbau.

[3]Anabolismus ist der biologische Stoffaufbau.

V. Hopp, *Chemische Kreisläufe in der Natur,*
https://doi.org/10.1007/978-3-662-55860-7_12

Die Verdauungsenzyme sind Hydrolasen. Sie aktivieren die hydrolytischen Spaltungen. Im Speichel sind es die α-Amylasen, früher auch Ptyalin[4] genannt. Sie leiten die Hydrolyse der Stärke ein, die in Dextrinbruchstücke, das sind aus mehreren Glucoseeinheiten bestehende Oligosaccharide, und Maltose aufgespalten werden. Der pH-Wert des Speichels beträgt im Mittel 6,4. Im Magensaft wird bei einem pH-Wert von 0,8 bis 1,5 durch Pepsin[5] und Kathepsin der enzymatische Abbau fortgesetzt. Das sind eiweißspaltende Hydrolasen, die die Proteine in Peptidbruchstücke überführen mit einer Molmasse von 600 bis 3000. Nur wenige Proteine sind gegen die Einwirkung des Pepsins völlig resistent. Ausnahmen sind das Fibroin (Kap. V, Abschn. 3) als wasserunlösliches fadenbildendes Skleroprotein und die Mucine[6] der Magenschleimhaut, die dadurch gegen eine Selbstverdauung des Magens geschützt sind.

Die Aktivität des Pepsins ist sehr hoch. Es genügen z. B. nur 500 g Pepsin, um in wenigen Stunden 20 t Fleisch zu verdauen oder in wenigen Minuten 4 Mio. L Milch zum Gerinnen zu bringen.

Pepsinpräparate werden häufig bei Verdauungsschwäche und Appetitlosigkeit infolge einer Unterfunktion der Magenschleimhaut verabreicht. Zu den Peptidhydrolasen zählen auch Chemotrypsin aus der Pankreas und der Enzymkomplex Kathepsin. Letzterer ist interzellular in tierischen Geweben, Zellkernen und Organen wie Milz, Niere, Leber und Lunge wirksam.

Die Enzyme der Dünndarmwand und Pankreas setzen den Abbau der Oligosaccharide, Disaccharide und Oligopeptide fort bis zu den entsprechenden Monomeren wie Monosaccharide und Aminosäuren. α- und β-Amylasen, Maltasen, Peptidasen und Lipasen wirken hier zusammen. Der pH-Wert im Darm liegt zwischen 4 und 8. Er reicht vom schwach sauren Wert im Zwölffingerbereich bis zum schwach alkalischen in unteren Darmabschnitten. Es liegen in diesen Abschnitten ausreichende Anteile von nichtdissoziierten Säuren bzw. Basen in resorbierbarer Form vor. Im menschlichen Darm befinden sich ca. 1 kg Bakterien, die als Symbionten und Enzymlieferanten die Verdauung unterstützen. Lipasen sind die fettspaltenden Enzyme. Für die Fettemulgierung und den -transport sorgen die von der Galle ausgeschiedenen Sekrete. Das sind die Gallensäure, z. B. Cholsäure-Gallenfarbstoffe, z. B. Bilirubin und Cholesterin (Kap. XVI, Abschn. 7.1; Kap. XXV, Abschn. 7.1).

Als Verdauung im weitesten Sinne wird auch der biologische Aufschluss und Abbau von Zellorganellen, Blutkörperchen und Bakterien verstanden. Das besorgen die sogenannten Fresszellen (Makrophagen)[7] mit ihren Lysosomen. Makrophagen sind lebende Zellen, die feste belebte und unbelebte Bestandteile wie Zelltrümmer sich einverleiben und mithilfe eines Enzymkomplexes *verdauen.*

---

[4]ptyalon (gr.) – Speichel.

[5]pepsis (gr.) – Verdauung.

[6]mucus (lat.) – Schleim.

[7]phagein (gr.) – essen; makro (gr. Vorsilbe) – groß.

Lysosomen enthalten hydrolytisch wirksame Enzyme, wie z. B. Glykosidhydrolasen, Esterasen, Proteasen insbesondere Kathepsine, Phosphatasen, Kollagenasen u. a.

Mit dieser Enzymausstattung gelten die Lysosomen als wichtige Organellen der intrazellulären Verdauung von Fremdstoffen (Kap. XVIII, Tab. 2 und 3).

Nukleinsäure spaltende Enzyme sind die Nukleasen. Unter ihnen spielen die Phosphohydrolasen eine dominierende Rolle. Sie treten in fast allen lebenden Zellen auf und trennen aus Nukleotiden, Phosphatiden und Zuckerphosphaten die esterartig gebundene Phosphorsäure ab. Bei den Nukleinsäuren leiten sie die erste Trennstufe des Polynukleotids, d. h. der Nukleinsäure, ein an der Stelle der Phosphorsäure-Riboseester-Verknüpfung (Kap. VI, Abb. 9 und Kap. XXIII, Abb. 12).

Die Sekretion der Enzyme wird durch Hormone gesteuert (Kap. XIX).

2 Bei Wiederkäuern – der Pansen als Fermenter [E. in ruminants – the rumen as fermenter]

Wiederkäuer sind eine Familie von Säugetieren, die als Hauptnahrungsquelle Cellulose in Form von Gras, Heu und Stroh verwerten.

Sie sind Paarhufer mit den Familien Zwergböckchen, Hirsche, Giraffen, Gabelhorntiere und Horntiere. Für die landwirtschaftliche Viehzucht sind die Rinder, Schafe und Ziegen von besonderem Interesse, auch die Kamele.

Die Wiederkäuer besitzen eine vierteilige fermentative Aufschlusskaskade anstelle des Magens, wie er bei Menschen und Tieren anzutreffen ist, die keine Cellulose abzubauen vermögen.

Diese Fermentationskaskade besteht aus Pansen (1), Netzmagen (2), Blättermagen (3) und Labmagen (4).

Pansen und Netzmagen stellen eine große Gärkammer dar, und je nach Tier beträgt ihr Volumen bis zu 100 und 250 L. In ihr herrschen ideale Bedingungen für das Wachstum von Mikroorganismen, die die cellulosespaltenden Enzyme produzieren. Die Temperatur liegt bei 37 bis 39 °C und der pH-Wert zwischen 5,8 und 7,3, der durch Bicarbonate, $NaCO_3^-$, und Phosphate, $H_2PO_4^-$, gut abgepuffert wird. (Abb. 1).

Je nach Größe des Pansens werden täglich 100 bis 200 L Sekrete abgesondert.

Unter den Pansenmikroorganismen überwiegen die Bakterien und die zu den Protozoen[8] gehörenden Ciliaten. In 1 mL Pansensaft sind mehrere Millionen Protozoen insbesondere Ciliaten enthalten. Ihr gewichtsmäßiger Anteil am Panseninhalt beträgt 6 bis 10 %. Ein Teil von ihnen besteht aus gespeicherten Polysacchariden. Wenn auch die

[8]pro (gr.) – vor; zoon (gr.) – Lebewesen. Protozoen sind vorwiegend im Wasser lebende Urtierchen (Protisten). Das sind tierische Einzeller, die in die Gruppen der Geißeltierchen (Flagellaten), Wurzelfüßler (Rhizopoden), Sporentierchen (Sporozoen) und Wimpertierchen (Ciliophoren oder Ciliaten) eingeteilt sind. Cilium (lat.) – Wimper.

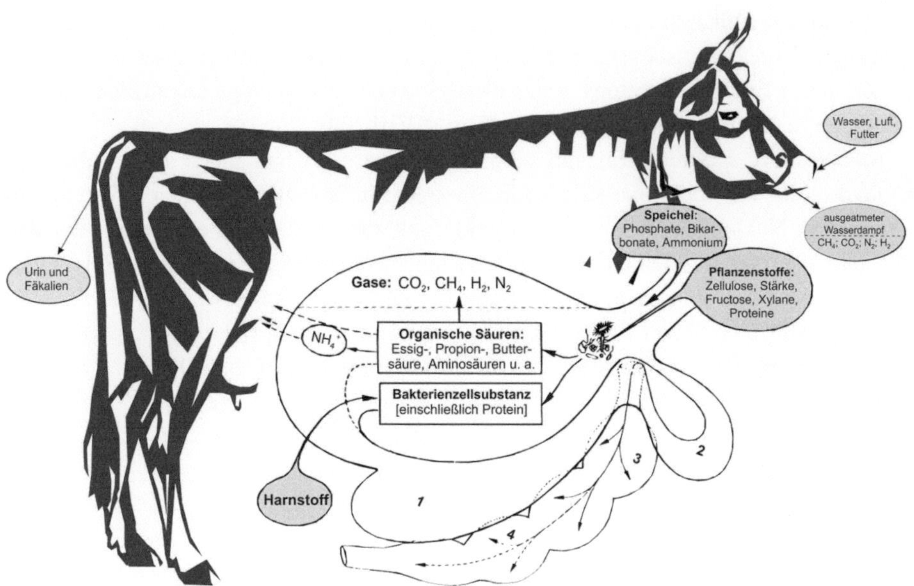

Abb. 1 Verdauung in einem Wiederkäuermagen, ein Beispiel für einen lebenden Fermenter [E. digestion in rumen – an example for living fermenter] ®Pansen [E. rumen], © Netzmagen [E. second stomach of ruminants], ™Blättermagen [E. third stomach of ruminants], Σ Labmagen [E. rennet stomach]

Rolle der Ciliaten beim Celluloseabbau noch ungeklärt ist, vermutlich wirken sie nicht dabei mit, so sind sie an der Eiweißsynthese stark beteiligt. Die Fermentationsbedingungen im Pansen und Netzmagen sind für eine Vermehrung der Ciliaten sehr günstig. Als Biomasse enthalten sie sehr viel Eiweiß, die dazu erforderlichen Stickstoffquellen sind die Pflanzenproteine der cellulosehaltigen Gräser, andere verzehrte Ammoniumsalze und Harnstoff. Diese Ciliaten werden vom Tier im Blätter- und Labmagen verdaut. Die Aminosäuren werden zu körpereigenem Eiweiß polymerisiert.

Das Futter der Wiederkäuer an ihren natürlichen Standorten in den Savannen und Steppen ist sehr stickstoff- und proteinarm. Um die Proteinsynthese durch die Pansensymbionten zu ermöglichen, hat sich bei den Wiederkäuern ein Zyklus entwickelt. Der im Zuge der Ammoniumentgiftung in der Leber synthetisierte Harnstoff wird nur teilweise ausgeschieden. Ein Teil des Harnstoffs gelangt durch Sekretion über die Speicheldrüsen und durch die Pansenwand in die Vormägen und wird der Proteinsynthese durch die Pansenflora zugänglich gemacht.

Für die Celluloseverdauung sind die Bakterien die wichtigste Pansenflora. 1 mL Pansensaft enthält 1 bis 10 Mrd. Bakterien, und ihr Anteil an der Trockenmasse des Panseninhalts ist mit 5 bis 10 % ebenso hoch wie die der Ciliaten. Die polymeren Kohlenhydrate der Futtermittel wie Cellulose, Xylan, Stärke oder Fructosane werden von den Bakterien anaerob aufgeschlossen. Als Abbauprodukte entstehen kurzkettige Fettsäuren

wie	Essigsäure als Acetat,	$H_3C{-}COOH$,	50 bis 70 %,
	Propionsäure als Propionat,	$H_3C{-}CH_2{-}COOH$,	17 bis 21 %,
	Buttersäure als Butyrat,	$H_3C{-}CH_2{-}CH_2{-}COOH$,	14 bis 20 %.

Ameisensäure als Formiat, $H{-}COOH$, und Valeriansäure als Valerat, $H_3C{-}CH_2{-}CH_2{-}CH_2{-}COOH$, treten nur in geringen Mengen auf. Im Rinderpansen werden täglich bis zu 900 L Gas gebildet, das sich aus 65 % Volumenanteilen (VA) Kohlenstoffdioxid, CO_2; 27 % VA Methan, CH_4; 7 % VA Stickstoff, N_2; 0,18 % VA Wasserstoff, H_2, und aus Spuren von Schwefelwasserstoff, H_2S, zusammensetzt.

Als Gärprodukt fehlt die Milchsäure,

$$H_3C{-}\underset{\displaystyle OH}{\underset{|}{CH}}{-}COOH$$

Auch Methan entsteht nicht unmittelbar während des anaeroben Celluloseabbaus. Erst in der zweiten Stufe verwerten methanogene Bakterien den Wasserstoff und die Fettsäuren als energieliefernde Stoffe. Je nach dem Ausgangssubstrat sind die freien Reaktionsenthalpien unterschiedlich hoch.

Einige Reaktionsbeispiele sind hier aufgeführt:

Wasserstoff Kohlenstoff-dioxid → Methan Wasser Kohlenstoff-dioxid

$4H_2 + CO_2 \rightarrow CH_4 + 2H_2O$

$\Delta G° = -138{,}8$ kJ/mol

Ameisensäure, $4HCOOH \rightarrow CH_4 + 2H_2O + 3CO_2$

$\Delta G° = -119{,}5$ kJ/mol

Methanol, $4H_3C{-}OH \rightarrow 3CH_4 + 2H_2O + CO_2$

$\Delta G° = -310{,}5$ kJ/mol

Essigsäure, $H_3C{-}COOH \rightarrow CH_4 + CO_2$

$\Delta G° = -27{,}5$ kJ/mol

Kohlenstoffmonoxid

$(3CO + 2H_2O) \rightarrow CH_4 + 3CO_2$

$\Delta G° = -185{,}6$ kJ/mol

Methylamin Ammoniak

$(4H_3C{-}NH_2 + 2H_2O) \rightarrow 3CH_4 + 4NH_3 + CO_2$

$\Delta G° = -225{,}7$ kJ/mol

Dimethylamin

$(2(H_3C)_2\text{–}NH + 2H_2O) \rightarrow 3CH_4 + 2NH_3 + CO_2$

$\Delta G^o = -220{,}0$ kJ/mol

Trimethylamin

$(4(H_3C)_3\,N + 6H_2O) \rightarrow 9CH_4 + 4NH_3 + 3CO_2$

$\Delta G^o = -659{,}8$ kJ/mol

Die hohe Eiweißproduktivität der Wiederkäuer ist auf ihre Symbiose mit den Mikroorganismen im Pansen und Netzmagen zurückzuführen. Die vorgekauten und zerkleinerten kohlenhydrathaltigen Pflanzenbestandteile sind die physiologischen Energiequellen für die Ciliaten und Bakterien. Die Bakterien schließen die Cellulose zu Zuckermonomeren und Fettsäuren auf, die wiederum die Mikroorganismen zu ihrem eigenen Stoffwechsel und ihrer Vermehrung benötigen. Mit den Pflanzen gelangen auch Pflanzenproteine und andere stickstoffhaltige Verbindungen wie Harnstoff und Ammoniumsalze in den Pansen. Zusammen mit den aufgeschlossenen und teilabgebauten Kohlenhydraten, den Nährsalzen sowie bei optimalen Temperatur- und pH-Werten liefern sie ein hervorragendes Nährmedium für das Wachstum der Mikroorganismen im Pansen und Netzmagen. Die Ciliaten gelangen über den Blättermagen in den Labmagen, werden dort verdaut und dienen als Grundlage für körpereigenes Eiweiß. Die überschüssigen Bakterien gehen denselben Weg, werden aber erst im Darm verdaut, um ebenfalls in körpereigenes Eiweiß umgewandelt zu werden.

Im Einzelnen lässt sich der Weg der Nahrungsaufnahme, -zerkleinerung, des Nahrungsaufschlusses folgendermaßen stichwortartig beschreiben:

Die vorgekauten Pflanzenstoffe werden über die Speiseröhre in den Pansen transportiert, wo die Cellulose und auch Stärke durch die Enzyme der symbiontischen Bakterien, z. B. Cellulase, Amylase, gespalten werden. Vom Pansen gelangt die Nahrung in den Netzmagen und wird *aufgestoßen.* Beim Verdauen stellt sich das Aufstoßen ca. eine halbe bis eine Stunde nach der Nahrungsaufnahme ein. Beim Befördern der Nahrung zurück in das Maul unterscheidet man eine Ansaug- und eine Auspressphase. Das je nach Sperrigkeit mehrfach gekaute Pflanzenmaterial gelangt wieder in den Pansen und Netzmagen. Feines Material wird im Pansen aussortiert und unter Mitwirkung des Blättermagens angesaugt. Dabei öffnet sich die zwischen Netz- und Blättermagen befindliche Pforte unter Beteiligung der Schlundrinne.

Im Blättermagen wird Wasser abgepresst und zusammen mit wasserlöslichen Bestandteilen resorbiert. Dann gleitet die vorverdaute Nahrung in den Labmagen, wo die eigentliche Verdauung beginnt. Nur der Labmagen gleicht in seinen Funktionen dem Magen der übrigen Säugetiere, wie z. B. auch dem des Menschen.

Die Zeit des Wiederkauens beträgt beim Rind 5 bis 7 h/Tag.

Lab ist ein eiweißspaltendes Enzym, wie Pepsin, Trypsin, Chemotrypsin und der Enzymkomplex Kathepsin.

Es ist auch unter der Bezeichnung Rennin [E. rennet] bekannt und wird in den Labmägen der Wiederkäuer gebildet. Es gehört zu den proteolytischen Hydrolasen und bricht die aus Kohlenstoff- und Stickstoffatomen zusammengesetzte Proteinkette an den C–N–Verbindungsstellen auf.

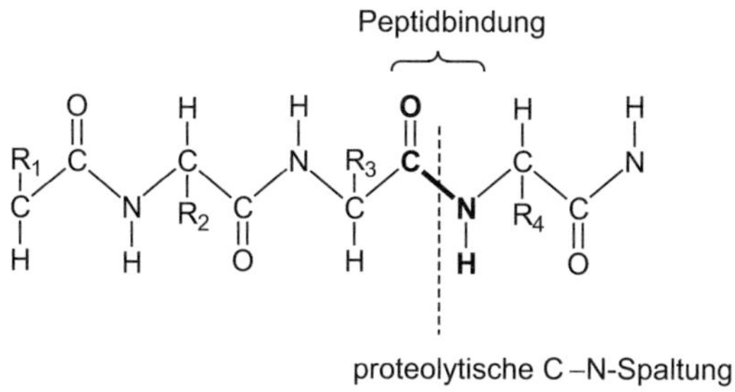

Peptidbindung

Peptidkette

proteolytische C –N-Spaltung

In Käsereien wird das Lab einer 20 bis 30 °C warmem Milch zugesetzt, worauf Casein (Milcheiweiß) in wenigen Minuten zu Labbruch gerinnt, um dann zu Käse verarbeitet zu werden.

Die Produktion von Lab aus Kälbermagen mittels Extraktion oder auf mikrobiellem Weg wird weltweit zurzeit auf ca. 25 t geschätzt.

3 Methanabbau durch Bakterien [E. methane catabolism by bacteria]

Ob Methan neben Kohlenstoffdioxid, Fluorchlorkohlenwasserstoffen, FCKW, Kohlenstoffmonoxid und Stickstoffoxiden zu den Treibhauseffekt verstärkenden Gasen in der Atmosphäre zählt, darüber wird zurzeit in den wissenschaftlichen Gremien kontrovers diskutiert (Lit.: VDI Fortschrittberichte, Reihe 15, Nr. 255 (2012), VDI-Verlags GmbH, Düsseldorf). Andere methanfreisetzende Quellen sind Moore, aber insbesondere Deponien für organische Altlastenablagerungen. Methan entsteht überall dort, wo organische Substanzen anaerob, d. h. ohne Anwesenheit von Luftsauerstoff, abgebaut werden. Die aus Deponien freigesetzten Methanmengen werden derzeit weltweit auf 40 bis 60 Mio. t pro Jahr geschätzt.

Andererseits ist die Natur befähigt, Methan mithilfe methanotropher Bakterien aerob wieder zu Kohlenstoffdioxid und Wasser abzubauen.

Methan Luftsauerstoff Wasser Kohlenstoffdioxid

$$CH_4 + 2\,O_2 \xrightarrow[\text{enzyme}]{\text{Bakterien-}} 2\,H_2O + CO_2$$

$$\Delta G = -\,818{,}85\ \text{kJ/mol}$$

In den Sümpfen Floridas sind diese Bakterien entdeckt worden. Sie finden sich vorwiegend in den sauerstoffreichen Schichten nahe den Sumpfoberflächen.

In Laborversuchen in der Abteilung Abfallwirtschaft für Bodenkultur an der Universität Wien[9] konnten diese Abbaufähigkeiten der methanotrophen Bakterien nicht nur bestätigt, sondern unter Abwandlung der Lebensbedingungen sogar optimiert werden. Entsprechende Versuche wurden im Großmaßstab auf der Mülldeponie in St. Pölten/ Österreich weitergeführt.

Diese Experimente können von großer Bedeutung für die Minderung des Methanausstoßes in Deponien sein. Eine Reduktion der Methanentwicklung bei den wiederkäuenden Rindern wird kaum möglich sein. Ihr Fleisch ist für die Eiweißversorgung, d. h. eine Versorgung mit essenziellen Aminosäuren, der Bevölkerung in der Welt wichtig. Eine Massentierhaltung auf engstem Raum ist damit nicht gerechtfertigt. Fleisch von Weidetieren ist von erheblich besserer Qualität.

4 Der Treibhauseffekt [E. greenhouse effect]

Der Treibhauseffekt ist die Erwärmung von geschlossenen Räumen, deren Wände bzw. Hüllen Lichtenergie hindurchlassen, Wärmeenergie aber nur verzögernd. Dieser Effekt wird z. B. bei Gewächshäusern, den sogenannten Treibhäusern, deren Wände aus Glas bestehen, ausgenutzt.

Kurzwelliges Sonnenlicht durchdringt die Glaswände eines Treibhauses. Dabei wandelt sich die Lichtenergie in die langwelligen und damit auch energieärmeren Wärmestrahlen um, die die Glaswände vom Innenraum her nur langsam zu durchdringen vermögen.

Auf diesem Energieumwandlungsprinzip beruht auch der atmosphärische Treibhauseffekt. Die kurzwelligere Sonnenstrahlung dringt durch die Luftschichten der Erdatmosphäre wie durch das Glasdach eines Treibhauses. In den unteren erdnahen Luftschichten wandelt sich Lichtenergie in langwelligere Wärmeenergie um, die sich u. a. in einer erhöhten Bewegung der Gasteilchen (Luft) äußert.

Lichtenergie → Wärmeenergie → kinetische Energie
(Bewegungsenergie)

Im thermodynamischen Sinne handelt es sich um die Umwandlung einer hochintensiv gebündelten Energie zu einer weniger intensiven, dafür aber stärker verteilten (dissipativen) Energie. Der energetische Qualitätsfaktor nimmt ab zugunsten des energetischen Quantitätsfaktors. Da Sonnenenergie in Wärmeenergie umgewandelt wird, ist dieser Vorgang irreversibel, die Entropie nimmt zu (Kap. XIV, Abschn. 5).

[9]Prof. Dipl.-Ing. Dr. Peter Lechner und Dipl.-Ing. Marion Humer, Lit.: Ökoenergie, Augustheft 1998.

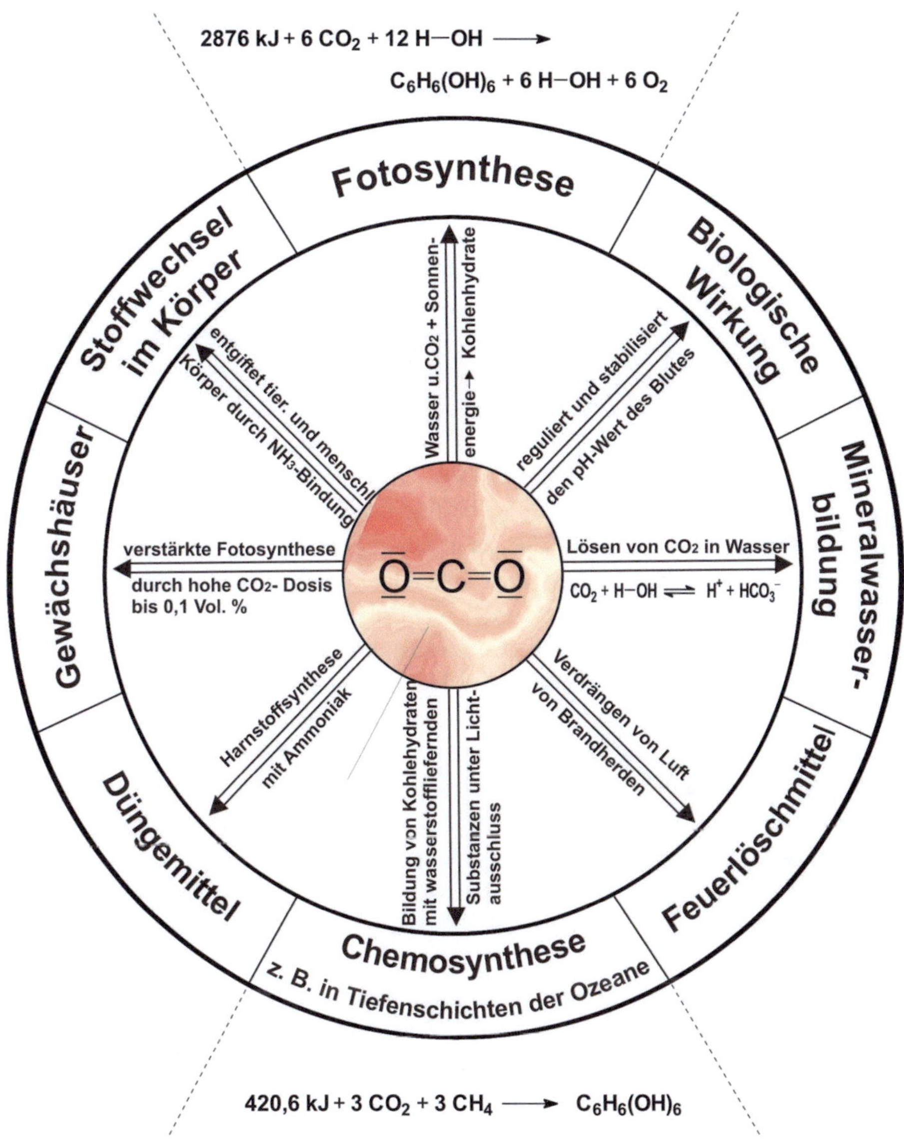

Abb. 2 Die Rolle des Kohlenstoffdioxids in der Natur und in der täglichen Nutzung [E. the role of carbon dioxide in nature and in the daily using]

Eine Rückstrahlung in die Atmosphäre wird durch die sogenannten *Treibhausgase* verzögert. Diese erfüllen also dieselbe Funktion wie das Glasdach eines Treibhauses.

Durch diesen Effekt wärmt sich die mittlere Temperatur der Biosphäre auf ca. +15 °C. Ohne diese gewünschte Treibhauswirkung würde man in der Biosphäre nur eine mittlere Temperatur von −15 °C messen. Mehr als zwei Drittel des natürlichen Treibhauseffektes gehen auf den Wasseranteil in der Atmosphäre zurück, der dort gasförmig, tröpfchenförmig und kristallin vorliegen kann.

Treibhausgase sind notwendig. Sie regeln den Wärmehaushalt der Atmosphäre und der Erdoberfläche. Sie nehmen die Rolle eines Thermostaten wahr. Ohne Kohlenstoffdioxid gibt es kein Leben auf dieser Erde (Abb. 2).

5 Koprophagen[10] [E. coprophages]

Koprophagen sind jene Pflanzenfresser, die sich von Laub und Gras ernähren. Zu ihnen gehören z. B. Kaninchen, Hasen, Meerschweinchen und Ringelschwanzbeutler. Sie verzehren große Mengen Cellulose. Die Verdauungsenzyme der Koprophagen vermögen zwar die Fette, Kohlenhydrate und Proteine, die im Inneren der Pflanzenzellen stecken, angreifen, aber nicht die Cellulosefasern der Zellwände. Diese sind gegen die Verdauungsenzyme resistent. Doch die Enzyme bestimmter Darmbakterien können die langen Cellulosepolymere in Glucosemoleküle aufspalten.

Die oben genannten Grasfresser leben mit celluloseaufspaltenden Bakterien in Symbiose. Sie sind im geräumigen Blinddarm und Dickdarm untergebracht. Beim Kaninchen nehmen diese Gärkammern fast 75 % des Darmvolumens ein. Die Bakterienflora vergärt die Cellulose anaerob. Es entstehen wie im Pansen von Wiederkäuern kurzkettige Fettsäuren, die das Kaninchen über seine Darmwand aufnehmen kann. Einen nicht geringen Teil der Nährstoffe zweigen die Bakterien für ihren eigenen Bedarf ab und vermehren sich fleißig. Die überschüssigen Bakterien schleust z. B. das Kaninchen in den Enddarm. Sie enthalten hochwertiges Eiweiß, Fette und Kohlenhydrate und können vom Dickdarm nicht vollständig verdaut und genutzt werden.

Zu diesem Zweck produzieren die Koprophagen zwei Sorten Kotpillen. Die eine Sorte sind die schwärzlich aussehenden Kügelchen, die im Park und auf Feldern die Anwesenheit dieser Tiere anzeigen.

Die andere Sorte ist fein säuberlich in eine schleimige Hülle verpackt. Sie enthalten relativ viel Wasser und einen großen Anteil Bakterien aus dem Blinddarm. Wenn das Kaninchen diese ausscheidet, verzehrt es sie sofort und schickt sie noch einmal durch den Magen-Darm-Kanal und verdaut sie zum zweiten Mal. Mit diesem Recycling verdauter Nahrung verschaffen sich die koprophagen Pflanzenfresser nicht nur zusätzliches Eiweiß. Der australische Ringelschwanzbeutler gewinnt etwa 10 % mehr Stoffwechselenergie aus den schwer verdaulichen Eukalyptusblättern, wenn er sie 2-mal durch Magen und Darm schleust.

Der europäische Feldhase verdaut bis zu 25 % mehr von seiner Nahrung, wenn er sie noch einmal durch den Magen-Darm-Trakt passieren lässt. Für diesen zweiten Durchgang nutzen die Tiere ihre Ruhepause. Damit jedoch immer zur rechten Zeit recyclingfähiges Material anfällt, müssen sie Verdauung und Pausen aufeinander abstimmen.

[10]phageein (gr.) – essen, Koprophagen sind eigenen Kot verzehrende Pflanzenfresser.

Literatur [E. references]

VDI Fortschrittberichte, Reihe 15, Nr. 255, Hopp, V., Stehlik, G., Thüne, W. und Wagner, E., (2012), 2. Aufl., Atmosphäre, Wasser, Sonne, Kohlenstoffdioxid, Wetter, Klima, Leben – einige Grundbegriffe. VDI-Verlags GmbH, Düsseldorf.

Weiterführende Literatur

Alexander, R. McN. (1993), Energetic of coprophages, Journal of Zoology, Bd. 230, S. 629–637.

Fuchs, G. (2014), begründet v. Schlegel, H. G.; Allgemeinde Mikrobiologie, 9. Aufl., Thieme Verlag, Stuttgart – New York.

Kirchgeßner, M. (1997), Tierernährung, Leitfaden für Studium, Beratung und Praxis, 10. Aufl., Deutsche Landwirtschaftsgesellschaft-Verlag GmbH, Frankfurt am Main.

Mutschler, E. und Schäfer-Korting, M. (2012), 10. Aufl., Arzneimittelwirkungen, Wissenschaftliche Verlagsgesellschaft mbH, Stuttgart.

Thüne, W. (2002), Freispruch für CO_2! edition steinherz, Wiesbaden.

Glykolisation als Ursache des Alterungsprozesses im menschlichen Organismus [E. glycolisation as reason for ageing in human organism]

Der *Alterungsprozess* ist eine Veränderung der Zellen und des Gewebes im Organismus.

Das Gewebe wird unelastisch und verliert die Fähigkeit, sich selbst zu reparieren, wenn es geschädigt worden ist, z. B. dehnen sich *Lunge* und *Herz* nicht mehr vollständig aus. Die Blutgefäße werden unnachgiebig und starr. Die einzelnen Organe lassen in ihrer Funktionsfähigkeit nach. Die Wahrscheinlichkeit, im höheren Alter an grauem Star (Katarakt), Arteriosklerose, Venenveränderungen, Arthritis[1] (Gelenkentzündung) zu erkranken, wird größer.

Glykolisation ist die Reaktion von reduzierenden Zuckern, wie Glucose und Fructose, mit Proteinen und Nukleinsäuren ohne Beteiligung von Enzymen zu quervernetzten hochpolymerisierten Verbindungen.

Typisch für die nichtenzymatische Glykolisation ist die willkürliche, d. h. unspezifische und ungesteuerte Verknüpfung zwischen Glucose und irgendeiner Stelle des Protein- bzw. Nukleinsäuremoleküls.

1 Chemismus der Glykolisation [E. chemical process of glycolisation]

Die Aldehydgruppe der Glucose

```
 O   OH H   OH OH
 ||  |  |   |  |
H—C—C—C—C—C—CH2—OH
     |  |   |  |
     H  OH  H  H
```

[1]arthron (gr.) – Gelenk.

V. Hopp, *Chemische Kreisläufe in der Natur*,
https://doi.org/10.1007/978-3-662-55860-7_13

und die Aminogruppe der Aminosäure

$$H_2N-\underset{R}{\overset{H}{C}}-COOH$$

ziehen sich gegenseitig an und vereinigen sich nach dem Mechanismus einer Schiff'schen Base[2].

Bei der Kondensation aromatischer Aldehyde mit primären Aminen entstehen Azomethine, die sogenannten Schiff'schen Basen:

Benzaldehyd + Ammoniak → Benzylidenimin

$$C_6H_5-\underset{H}{C}=O + H_2N-H \xrightarrow[-H_2O]{} C_6H_5-\underset{H}{C}=N-H$$

Benzaldehyd + Anilin → Benzylidenanilin

$$C_6H_5-\underset{H}{C}=O + H_2N-C_6H_5 \xrightarrow[-H_2O]{} C_6H_5-\underset{H}{C}=N-C_6H_5$$

Das Benzylidenimin reagiert mit dem Benzaldehyd zu Hydrobenzamid.

Benzylidenimin + Benzaldehyd → Hydrobenzamid

$$\begin{matrix} C_6H_5-\overset{H}{C}=NH \\ C_6H_5-\underset{H}{C}=NH \end{matrix} + O=\underset{H}{C}-C_6H_6 \xrightarrow[-H_2O]{} \begin{matrix} C_6H_5-\overset{H}{C}-N \\ C_6H_5-\underset{H}{C}-N \end{matrix}\!\!\!>\underset{H}{C}-C_6H_5$$

Die Bildung der Schiff'schen Basen entsprechenden Reaktion ist im Organismus noch reversibel, da es sich um instabile Verbindungen handelt. Sie lagern sich anschließend in eine stabile Struktur um, wobei der 1. Schritt dem Amadori-Mechanismus gehorcht und der auch noch reversibel ist.

Die Amadori-Umlagerung ist eine säurekatalysierte Isomerisierung des N-Glykosids einer Aldose in das N-Glykosid der entsprechenden Ketose.

[2] Hugo Schiff (1834–1915), Professor der Chemie in Turin und Florenz.

z. B.

Isomersierung [H^+]

N-Glykosid einer Aldose

N-Glykosid der entsprechenden Ketose

z. B. $CH_3—CH_2—CH_2—CH_2—CH—COOH$ ≡ Lysinrest R

Bei unsachgemäßer Lebensmittelzubereitung wird durch diese Reaktion eine essenzielle Aminosäure irreversibel entwertet.

2 Die Maillard[3]-Reaktion [E. Maillard-reaction]

Reduzierende Zucker wie Glucose, Fructose, Maltose reagieren mit der Aminogruppe von Aminosäuren unter Braunfärbung.

Dabei bilden sich Stoffe, die für die Back-, Brat- und Kocharomen von Lebensmitteln charakteristisch sind, z. B. Brotrinde, Bratenkrusten. Auch die Hautbräunung durch Sonnenlicht wird auf diese Reaktion zurückgeführt, ebenfalls die Trübung der Augenlinse.

z. B.

Aldose eines Monozuckers (Glucose)

$H_2N–R$, $– H_2O$

Ring-bildung

N-Glykosid einer Aldose (Glucose)

N-Glykosid einer Ketose (Fructose)

R = Aminosäurerest

[3]L. C. Maillard (1878–1936), frz. Mediziner und Chemiker.

Die Maillard-Reaktion setzt sich fort als Wasserabspaltungen, Ringschlüssen und dem Strecker[4]-Abbau.

Beim Strecker-Abbau wird die Aminosäure oxidativ desaminiert zum Aldehyd. Das freigesetzte Ammoniak reagiert mit Ninhydrin zu einem blauen Reaktionsprodukt (Nachweisreaktion für Eiweiß).

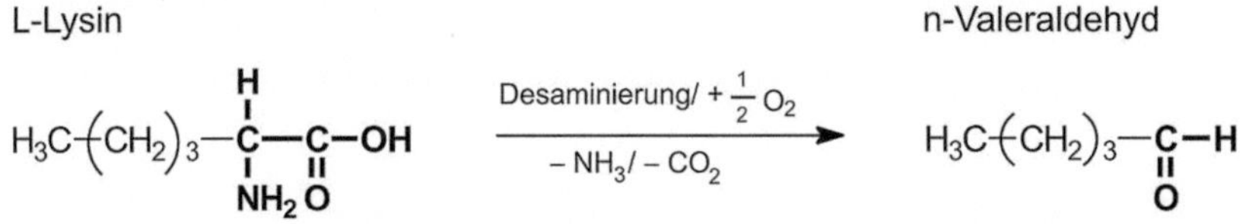

L-Lysin → n-Valeraldehyd

$$H_3C{-}(CH_2)_3{-}CH(NH_2){-}C({=}O){-}OH \xrightarrow[-NH_3/-CO_2]{\text{Desaminierung}/+\frac{1}{2}O_2} H_3C{-}(CH_2)_3{-}C({=}O){-}H$$

Die Anlagerung von Glucose an Nukleinsäuren schädigt generell die DNS und damit die Steuerungsfunktionen für alle Stoffwechsel- und Regenerierungsprozesse.

3 Folgereaktionen der Amadori-Umlagerung [E. consequent reactions of Amadori-change]

Fortgeschrittene Glykolisation [E. advanced glycolisation]
Wenn ein Protein monate- oder jahrelang im Körper verweilt, verlieren einige seiner Amadori-Produkte Wasser und bilden neue Strukturen, die sich aus Glucose herleiten.

Diese Folgeprodukte können sich dann mit verschiedenen Arten von Molekülen zu irreversiblen Strukturen verbinden. Die Endprodukte fortgeschrittener Glykolisation (advanced glycolysation end products, AGEs) sind irreversibel und gelblich braun gefärbt.

Eine isolierte beispielhafte Verbindung ist 2-Furanyl-4(5)-2 furanyl)-1 H imidazol, abgekürzt FFI. Diese Verbindung wurde im Labor aus einem Gemisch Lysin, Albumin und Glucose synthetisiert. Sie wurde auch im Organismus nachgewiesen.

Imidazol Furan

Imidazol und Furan sind aromatische Fünfring-Heterozyklen. Im Ring sind anstelle von Kohlenstoffatomen Stickstoff bzw. Sauerstoff getreten.

[4] Adolf Strecker (1822–1871), Professor der Chemie an den Universitäten Oslo, Tübingen und Würzburg.

4 Hämoglobin A_{1C} im Blut von Diabetikern [E. hemoglobin A_{1C} in blood of diabetics]

Bei Menschen, die an Diabetes mellitus erkrankt sind, befindet sich im Blut eine 2- bis 3-fach größere Menge an Hämoglobin A_{1C} als bei gesunden Menschen. Hämoglobin A_{1C} ist eine Variante des Hämoglobins.

Hämoglobin A_{1C} ist ein Amadori-Produkt, dessen Menge mit der Höhe des Blutzuckerspiegels zunimmt. Inzwischen sind mehr als 20 Amadori-Proteine im menschlichen Organismus identifiziert worden, deren Menge von der Höhe des Blutzuckerspiegels abhängt.

Glucose ist der reaktionsträgste Zucker im Organismus, hat aber wegen seiner großen Mannigfaltigkeit der Molekülstruktur den größten Effekt auf Proteine. Die Ringstruktur der Glucose öffnet sich oft genug, um Amadori-Produkte und Folgeprodukte entstehen zu lassen (Reaktionsgleichungen s. Kap. XIII, Abschn. 1 und 2).

4.1 Alterungsvorgang und Spätfolgen des Diabetes mellitus [E. ageing and late complications of diabetes mellitus]

Alterungsvorgänge im menschlichen Organismus und Spätfolgen bei Diabetes mellitus sind auf ein und dieselbe Ursache zurückzuführen.

Nämlich auf die nichtenzymatische Glykolisation zwischen Glucose und Proteinen bzw. den Folgeprodukten der Amadori-Umlagerung.

Spätfolgen von Diabetikern:

- Grauer Star
- Versteifen der Gelenke
- Arteriosklerose
- Niereninsuffizienz[5]

Beim Diabetiker treten diese Missbildungen schneller auf als bei einem gesunden Menschen.

5 Laborversuche mit kristallinen Proteinen der Augenlinse [E. experiments in laboratory with crystalline proteins of the lens of the eye]

1. Glucose kann einen kataraktähnlichen[6] Zustand in Peptidlösungen erzeugen.
2. Kristalline aus Rinder-Augenlinsen bleiben ohne Glucosebehandlung klar. In Anwesenheit von Glucose verklumpen diese, brechen das Licht, und die Lösung wird trüb.

[5]sufficere (lat.) – darreichen, genügen; insuffizient bedeutet unzulänglich.

[6]kararraktes (gr.) – Wasserfall, stromschnell, kataraktähnlicher Zustand bedeutet wasserausscheidend.

Die Analyse der Quervernetzungen bestätigte, dass sowohl Disulfidbindungen aus den Sulfhydrylgruppen beteiligt waren als auch Endprodukte fortgeschrittener Glykosylation, z. B. FFI (Furanyl-Furanyl-Imidazol).

3. Die Vernetzung erfolgt in zwei Schritten:
   - Glucose verändert die Konformation der Proteine derart, dass zuvor nichtexponierte Sulfhydrylgruppen dazu angeregt werden, sich mit Gruppen benachbarter Moleküle zu verbinden (Kap. VII, Abschn. 10).
   - Es entstehen Disulfidbindungen, die die Anhäufung von Proteinen initiieren. Die Amadori-Produkte ordnen sich auf den Proteinen neu und bilden dann FFI und andere pigmentierte Querverbindungen.

     Die Augenlinse wird trüb und verfärbt sich.

6 Laborversuche mit Kollagen [E. experiments in laboratory with collagen]

Kollagen ist ein langlebiges extrazelluläres Protein, welches die Zellen vieler Organe zusammenhält (Kap. V, Abschn. 3).

Es ist ein Gerüstprotein, das Gefäßwände formt und stützt und Bestandteil

der Knochen,
der Sehnen,
des Knorpels,
der Haut

und anderer Bindegewebe ist.

Es wurde herausgefunden, dass die „Dura mater“[7], eine aus Kollagen bestehende Haut, die das Gehirn von der knöchernen Schädelkapsel trennt, Endprodukte fortgeschrittener Glykosylation enthält. Bei älteren Menschen und bei Diabetikern weist die Dura mater gelblich-braune Pigmente auf.

Diabetiker haben mehr pigmentierte Proteine als Nichtdiabetiker.

Glucose initiiert das Kollagen nicht nur zur Bildung von AGEs (advanced glycosylation endproducts), sondern auch zu Quervernetzungen.

[7]Dura mater ist die äußere Hüllhaut des Zentralnervensystems, die aus kollagenem Bindegewebe und einer niedrigen inneren einschichtigen Epithelschicht besteht.

6.1 Weitere Laborergebnisse [E. others results of experiments in laboratory]

Fasern aus Schwanzsehnen älterer Ratten sind dehnungsfester als die von jüngeren Ratten.

Unter Zugabe von Glucose zum Sehnenmaterial kann der Effekt der Glykosylation gefördert werden.

Gleiche Effekte wurden am Kollagen aus der Aorta bei diabetischen Tieren festgestellt und mit Kollagen im Reagenzglasversuch bei Glucosezugabe.

7 Arteriolosklerose[8] [E. arteriolosklerosis]

Diabetiker und ältere Menschen neigen zur Arteriosklerose. In der Arterienwand bilden sich „Plaques“. Die Gefäßwandverdickung wird beeinflusst durch Cholesterin, Fett und der Glykolisation.

Auch ist bei Diabetikern eine Verdickung der Basalmembran von Kapillaren festzustellen, z. B. bei Nieren, außerdem Taubheitsgefühl in Füßen und Beinen durch Quetschen von Nerven.

8 Veränderungen an den DNA [E. variation of DNA]

(Kap. VI, Abb. 9)

- In ruhenden Zellen ist die DNA langlebig.
- Sie kann deshalb Endprodukte fortgeschrittener Glykosylation akkumulieren.

  Die AGEs könnten dann an den bekannten altersbezogenen Anstieg chromosomaler Veränderungen mitwirken oder an der Abnahme von Reparationsvorgängen, der Replikation[9] und Transkription[10] der DNA.

  Dadurch wird die Fähigkeit des Organismus vermindert, Proteine zu ersetzen, die für die Zellfunktionen erforderlich sind.
- Nichtenzymatische Glykosylation verursacht Mutationen, die das Immunsystem betreffen und Krebsarten hervorrufen.

[8]Arteriolosklerose ist eine Arterienverkalkung, die häufigste Systemerkrankung der Arterien.

[9]replicare (lat.) – Schriften entfalten, Replikation ist die identische Neusynthese von DNA.

[10]trans (lat.) – jenseits, über (häufig als Vorsilbe gebraucht).
transcriptio (lat.) – laut- oder wortgetreue Übertragung, im Falle der DNA codegetreue Übertragung.

- Bei der DNA verläuft die AGE-Bildung nicht so schnell wie bei den Proteinen, da die Aminogruppen der Nukleinsäuren nicht so reaktiv sind wie bei den Proteinen. Sie sind in den Heterozyklen eingebunden.
- Versuche mit Escherichia coli und Bakteriophagen durch Zugabe von Glucose.

  Die Infektiosität der Bakteriophagen wurde vermindert. Eine Mischung von Lysin, Glucose und DNA setzt die virale Aktivität herab.

  Zucker verursacht eine Mutation der DNA, noch schneller verläuft der Prozess durch Zugabe von Glucose-6-phosphat.

9 Aminoguanidin gegen das Altern [E. aminoguanidine aginst ageing]

Aminoguanidin, $HN{=}C(NH_2)-NH-NH_2$

reagiert mit Amadori-Produkten. Es bindet sich an deren Carbonylgruppen und verhindert, dass aus den Amadori-Produkten Endprodukte fortgeschrittener Glykosylation, AGEs, entstehen.

Weiterführende Literatur

Baltes, P. u. Mayer, K.-U. (1999), The Berlin Aging Study, Aging from 70 to 100, Cambridge University Press, Cambridge.

Carami, A., Vlassara, H. u. Brownlee, M. (1987), Glucose und Altern, Spektrum der Wissenschaft, Heft 17.

Energie [E. energy]

Beschreibung und Definition [E. description and definition]
Der Begriff Energie leitet sich von dem griechischen Wort *energeia* = *Tatkraft* ab.

In der chemischen Literatur taucht der Begriff zum ersten Mal in dem vom Andreas Libavius[1] verfassten Werk *Alchemia* auf. Er unterscheidet hier schon zwischen der Stofflehre (Chymia), der Handgriffs- bzw. Prozesslehre (Encheria, Encheiresis (gr.) – Handhabung, Verfahren) und der Apparatekunde (Ergalia (lat.) – Ergologie, ist die Lehre von den Apparaten) sowie der Feuerkunde (Pyronomia, pyros (gr.) – Feuer). Diese Beschreibung ist fast identisch mit der modernen Definition der chemischen Prozesstechnik (Abb. 1).

In exakter wissenschaftlicher Form wurde der Energiebegriff 1851 von William Thomson (Lord Kelvin, s. Fußnote Nr. 6) und 1853 von William John Macquorn Rankine[2] eingeführt. Es war Rankines Aufsatz „On the general law of the transformation of energy", der den modernen Ausdruck Energie an die Stelle der üblichen Bezeichnung „lebendige Kraft" treten ließ.

Seit die Menschen das Feuer entdeckt und für ihre Zwecke zu nutzen gelernt haben, haben sie auch erfahren, dass Feuer die Dinge verwandeln. Sie erkannten, dass Feuer feste Stoffe zum Schmelzen bringt und Flüssigkeiten zum Verdampfen. Während der Alchemie erfuhren die Menschen, dass Feuer chemische Reaktionen einleitet und Brennstoffe zum Verbrennen anregt. Dabei wird Wärme freigesetzt, die eine Volumenänderung von Körpern bewirkt und im Besonderen eine Gasausdehnung herbeiführt, nachdem Luft

[1]Libavius, Andreas, *eingedeutscht Libau,* (geb. in Halle 1550–1616), er wirkte als Arzt und Chemiker in Ilmenau, Coburg und Jena.

[2]Rankine, William John Macquorn (1820–1872), schott. Ingenieur, lieferte Beiträge zur Wärmelehre und zur Theorie der Dampfmaschine.

V. Hopp, *Chemische Kreisläufe in der Natur,*
https://doi.org/10.1007/978-3-662-55860-7_14

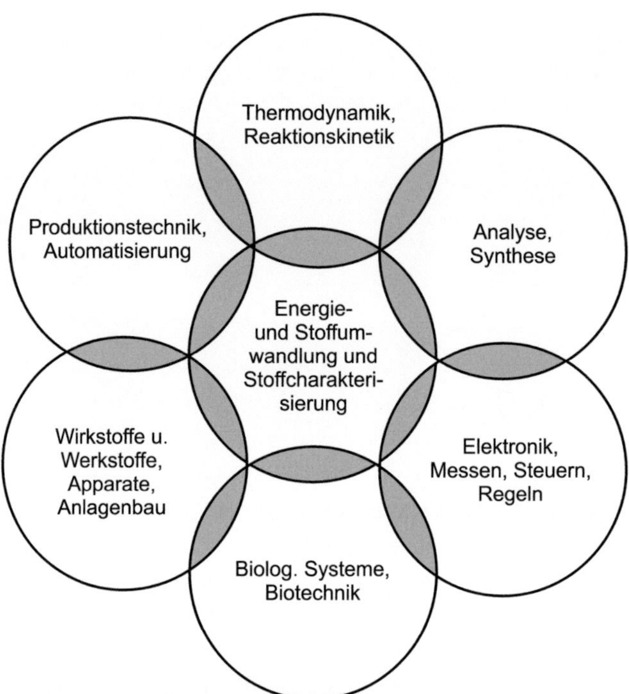

Abb. 1 Der Energie- und Stoffumsatz in der chemischen und biologischen Prozesstechnik [E. the conversion of energy and matter in the chemical an biological process technique]

als Gasgemisch identifiziert worden ist. Volumenänderung durch Gasexpansion liefert Arbeit, indem Kolben angetrieben werden. Es war eine Verbindung zwischen

$$\text{Feuer} \rightarrow \text{Verbrennung} \rightarrow \text{Wärme} \rightarrow \text{Arbeit}$$

hergestellt. Auf dieser Grundlage konnte James Watt[3] 1769 eine technisch verwendungsfähige Niederdruckdampfmaschine (Arbeitsmaschine) bauen (engl. Patent Nr. 913). Das Industriezeitalter brach an, weil Wärme in Arbeit umgewandelt werden konnte.

Joule[4] stellte als Erster eine Beziehung zwischen Wärme und mechanischer Arbeit her. Er bestimmte die Wärmemenge, die erforderlich ist, um eine bestimmte Wassermenge um ein Grad zu erhöhen.

Aufgrund vieler nachträglich später durchgeführter Messungen sind zum Erwärmen von 1 kg Wasser um 1 K bzw. um 1 °C von 14,5 auf 15,5 °C eine Wärmemenge (Wärmeenergie) von 1 kcal = 4,1868 kJ erforderlich. Zur Bestimmung dieser Werte war eine

[3]Watt, James (1736–1819), engl. Techniker und Ingenieur.

[4]Prescott Joule, James (1818–1889), engl. Brauereibesitzer, Autodidakt als Naturforscher, arbeitete auf dem Gebiet der Wärme und Wärmeumwandlung.

Festlegung der Temperatur als Bezugsgröße notwendig. Der von Celsius[5] definierte Temperaturbereich ist durch den Schmelzpunkt und Siedepunkt des Wassers bei Normdruck von 1 bar $= 10^5$ Pa $= 0{,}9892$ atm vorgegeben. Sie wurde in 100 Teile skaliert.

Die Temperatur kann auch als Warmheitsgrad umschrieben werden und ist auf die Körperempfindungen heiß und kalt zurückzuführen.

Heute wird die Temperatur als Maß der kinetischen Energie aufgefasst, d. h., die Temperatur ist direkt proportional der kinetischen Energie eines Gases:

$$T = \frac{2}{3}\frac{N}{R} \cdot \overline{E}_{kin} \tag{1}$$

Hierin bedeutet T die absolute Temperatur in Kelvin[6]. $N = 6{,}022169 \cdot 10^{23}\ \mathrm{mol}^{-1}$ ist die Avogadrokonstante, sie gibt die Anzahl der Moleküle bzw. Atome oder Ionen in einem Mol eines Stoffes an.

$R = 8{,}31143\ \mathrm{J} \cdot \mathrm{mol}^{-1}\ \mathrm{K}^{-1}$, das ist die universelle Gaskonstante. Sie gibt den Wärmeenergiebetrag an, der notwendig ist, um 1 mol eines Gases um 1 K zu erwärmen.

Die mittlere kinetische Energie $\overline{E}_{kin}$ ist der Masse eines Gasteilchens sowie dem halben Quadrat der mittleren Geschwindigkeit *u* dieses Gasteilchen direkt proportional.

$$\overline{E} = \frac{m \cdot u^2}{2} \tag{2}$$

m steht für die Masse eines Gasteilchens.

$$T[K] = 273,15[K] + t\left[{}^{\circ}C\right] \tag{3}$$

In Gl. 2 wird der Zusammenhang zwischen Geschwindigkeit (Bewegung) und kinetischer Energie sehr deutlich.

Gl. 3 stellt die Beziehung zwischen der absoluten Temperaturskala in Kelvin und der Temperaturskala in Celsius her. 0 °C entspricht somit 273,15 K.

Die Wärme ist eine physikalische Erscheinung, die in ihrer Wirkung erfassbar und spürbar ist. Die Temperatur dagegen ist nur eine Messgröße, mit deren Hilfe die Wärme quantitativ bestimmt werden kann. Im Prinzip ist sie eine willkürliche, nach Zweckmäßigkeitsgesichtspunkten festgelegte Bezugsgröße, um eine Messskala für die Wärmemenge zu schaffen. Temperaturmessung beruht auf der Volumenausdehnung von festen, flüssigen oder gasförmigen Stoffen. Denn dass sich Körper bei Erwärmung ausdehnen, wurde schon sehr früh erkannt. Dass auf diese Weise auch mechanische Arbeit verrichtet wird, damit haben sich im 19. Jahrhundert neben anderen J. P. Joule, H. Helmholtz[7],

[5]Celsius, Anders (1701–1744), schwed. Professor für Astronomie.

[6]Lord Kelvin of Largs, vor der Adelung William Thomson (1824–1907), engl. Physiker, formulierte mit R. J. E. Clausius den 2. Hauptsatz der Thermodynamik.

[7]Helmholtz, Hermann Ludwig Ferdinand (1821–1894), dt. Physiker, Mitbegründer der Thermodynamik, führte den Begriff der freien Energie ein.

J. R. Mayer[8] und J. von Liebig[9] ausführlich befasst. Ein ganzes Netzwerk neuer Effekte wurde entdeckt. Der elektrische Strom kann elektrolysieren, d. h. chemische Reaktionen hervorrufen, er kann Licht und Wärme erzeugen und magnetische Wirkungen induzieren. Namen wie der Italiener Alessandro Volta (1745–1827), der Engländer Michael Faraday (1791–1867) und der Däne Hans Christian Oersted (1777–1851) sind zu nennen.

Aus ihren Überlegungen heraus darf formuliert werden, dass Wärme eine Energieform ist, welche die Grenze zwischen zwei materiellen Körpern allein als Folge eines Temperaturunterschieds zwischen den beiden Körpern passieren kann.

Damit wurde als treibender Faktor für den Wärmefluss die Temperaturdifferenz ausgemacht und zugleich die Transportfähigkeit, d. h. die Ortsveränderung, erkannt.

Joule deutete den Zusammenhang zwischen Chemie, Biologie, Wärme, Elektrizität und Magnetismus als eine Umwandlung. Er definierte ein allgemeines *Äquivalent* der physikochemisch-biologischen Transformationen. Das erste Energieäquivalent, das er maß, war das zwischen mechanischer Arbeit und Wärme. In einer Broschüre aus dem Jahr 1845 hat J. R. Mayer ein Schema der Kräfte (Energien) mit fünf Hauptformen aufgestellt:

1. Fallkraft (Gravitation)
2. Lebendige Kraft
3. Wärme
4. Magnetismus, Elektrizität
5. Chemische Kraft (Affinität)

Ihm kommt der Verdienst zu, den Erhaltungssatz von der immateriellen Kraft (Energie) neben dem Erhaltungssatz der Materie postuliert zu haben. Aufgrund von Gedankenversuchen, deren Ergebnisse in den von Justus von Liebig herausgebenden *Annalen der Chemie und Pharmazie* publiziert worden sind, gibt er für die damalige Zeit einen relativ guten Wert für das mechanische Energieäquivalent an:

$$1\,kcal \cong 365\,mkp$$

In SI-Einheiten[10] ausgedrückt ist der exakte Wert heute

$$1\,\text{Joule}\,[1\,\text{J}] = 1\,\text{Newtonmeter}\,[1\,\text{Nm}] = 1\,\text{Wattsekunde}[1\,\text{Ws}].$$

Um 1 g Wasser um 1 °C von 14,5 auf 15,5 °C zu erhöhen, muss eine Wärmeenergie von 4,1868 J aufgewendet werden.

[8]von Mayer, Julius Robert (1831–1879), dt. Mediziner und Physiker, formulierte u. a. das Äquivalenzprinzip von mechanischer Energie und Wärmeenergie.

[9]von Liebig, Justus (1803–1873), dt. Chemiker, er formulierte u. a. das Minimumgesetz bei der Pflanzenernährung im Zusammenhang mit der Düngung.

[10]SI (Système international d'unites) = Internationales Einheitssystem. 1960 von allen Ländern in der Welt übernommen (Kap. XXVIII, Tab. 1).

Immer näher kam man der Vorstellung, dass das Energieäquivalent eine Art Verrechnungseinheit ist zwischen den verschiedenen energetischen Veränderungsformen chemischer, biologischer, elektrischer, magnetischer Natur sowie der Strahlung und Wärme. Durch die Energieäquivalente ist eine Vergleichbarkeit zwischen verschiedenen Umwandlungsprozessen und auch Zustandsformen möglich geworden.

1 Masse-Energie-Äquivalenz [E. mass-energy-equivalence]

Neben den Erhaltungssätzen von der Masse und der Energie ist das Gesetz von der Masse-Energie-Äquivalenz zu berücksichtigen.

Es besagt: Die innere Energie E eines ruhenden Systems, die Ruheenergie, ist gleich dem Produkt der Ruhemasse m und dem Quadrat der Lichtgeschwindigkeit c^2. Erfolgt in einem System eine Änderung der inneren Energie vom Betrag E, so ist mit ihr immer eine Änderung der Masse vom Betrag $m = E/c^2$ verbunden. Dieser Zusammenhang wird nachweislich deutlich bei Kernfusionen von Protonen, Heliumkernen und größeren Atomkernen, die unter Masseverlust – dem Massendefekt – und gleichzeitiger Freisetzung großer Energiemengen ablaufen. Entsprechende Effekte treten auf in Kernkraftreaktoren, in denen die ausgesendete Strahlungsenergie ebenfalls mit einem Massenverlust des strahlenden Materials einhergeht. Die Strahlungsenergie selbst wird in Wärmeenergie umgewandelt, um damit Wasserdampf zu erzeugen zum Antreiben der Dampfturbinen und den mit ihnen gekoppelten Generatoren und Turbinen, die die Wärmeenergie des Wasserdampfes über die mechanische Energie und in elektrische Energie (Strom) umwandeln.

Das Äquivalenzprinzip von Masse und Energie wurde 1905 von Albert Einstein[11] ausgesprochen. Die Erhaltungssätze von Masse und Energie sind auf diese Weise zu einem einzigen umfassenderen Erhaltungssatz, ebenfalls als Erfahrungssatz, zusammengefasst worden. Seit den 80er-Jahren des 19. Jahrhunderts galt der Energieerhaltungssatz als das wichtigste Naturgesetz und Höhepunkt der Physik des ausgehenden Jahrhunderts.

2 Von der Atmung und Verbrennung [E. about respiration and combustion]

H. Helmholtz, J. R. Mayer und J. von Liebig interessierten sich stark für die Physiologie der Atmung. Sie erhofften sich mit der Aufklärung der Atmungsvorgänge die Funktionsweise von Lebewesen als physikalische und chemische Prozesse exakt beschreiben und erklären zu können: die Atmung als Verbrennung (Oxidation) mit Sauerstoff unter Freisetzung von Wärme und Umsetzung in Muskelarbeit.

[11]Einstein, Albert (1879–1955), Physikprofessor in Deutschland und den USA. Begründer der Relativitätstheorie.

Bei dieser Betrachtung werden vier Phänomene deutlich, die unmittelbar miteinander zusammenhängen.

1. Die Atmung ist eine Stoffumwandlung, bei der Stoffe, d. h. Nahrungsmittel, unter milden Bedingungen oxidiert werden, es entstehen als Endprodukte im Wesentlichen Wasser und Kohlenstoffdioxid, z. B.

Glucose		Luftsauerstoff		Wasser		Kohlenstoffdioxid
$C_6H_6(OH)_6$	+	$6\ O_2$	$\longrightarrow$	$6\ H_2O$	+	$6\ CO_2$
180 g		6 x 32 g		6 x 18 g		6 x 44 g

Der Stoff Glucose ist durch Oxidation mit Luftsauerstoff in Wasser und Kohlenstoffdioxid umgewandelt worden.
2. Die Atmung ist eine Energieumwandlung.
Die Endprodukte Wasser und Kohlenstoffdioxid sind um den freigesetzten Energiebetrag von 2876 kJ ärmer als der Ausgangsstoff Glucose, z. B.

$$C_6H_6(OH)_6 + 6\,O_2 \rightarrow 6\,H_2O + 6\,CO_2 + 2876\ \text{kJ}$$

Von der in 180 g Glucose gespeicherten chemischen Energie sind also 2876 kJ freigesetzt worden. Dieser Prozess findet nach heutigen Erkenntnissen in den Mitochondrien der Zellen statt. Aber nicht die gesamte Energie steht dem Organismus für weitere Reaktionen zur Verfügung. Nur 2825 kJ können in Muskelarbeit und zum Aufbau von körpereigenen Stoffen verwendet werden. Die verbleibenden restlichen 51 kJ dienen als Wärmeenergie zur Aufrechterhaltung der Körpertemperatur (beim Menschen 36,8 °C) und zur Ausdehnung, d. h. Austreibung des Kohlenstoffdioxidgases (Kap. XIV, Abschn. 4.1).
3. Die Atmung ist eine kombinierte Energie- und Stoffumwandlung.
Die Oxidation der Glucose dient dazu, die in der Glucose gespeicherte innere Energie, in diesem Fall chemische Energie, in biologisch verwertbare Energieformen umzuwandeln. Eine Energieumwandlung ist immer mit einer Ortsveränderung (Bewegung) verbunden. Die chemische Energie kann im übertragenen Sinne als potenzielle Energie (Energie der Lage) betrachtet werden, die sich bei einer Umwandlung in andere Energieformen als kinetische Energie (Energie der Bewegung) manifestiert.
4. Die Atmung ist ein Prozess, bei dem chemische Energie in Arbeit und Wärme umgesetzt wird. Sie treibt eine physiologische Maschine an.

3 Von den Energieformen [E. about energy-forms]

Der Energieinhalt physikalischer Systeme kann sich nur dadurch ändern, dass an den Systemen Arbeit verrichtet wird. Dabei nimmt ihr Energieinhalt ab, wenn sie selbst Arbeit verrichten.

Eine Änderung des inneren Energiegehaltes führt zu einer Änderung des Bewegungszustandes der Systeme und bzw. oder zur Änderung ihrer Lage in einem äußeren Kraftfeld. Deshalb ist grundsätzlich zwischen der kinetischen[12] Energie, der Energie der Bewegung, und der potenziellen[13] Energie, der Energie der Lage, zu unterscheiden.

Beispiel [E. example]

Ein Körper mit der Masse m befindet sich in einer bestimmten Höhe h_1 über dem Erdboden. Seine potenzielle Energie beträgt E_{pot1}. Verringert der Körper seine Höhe über dem Erdboden um Δh auf die Höhe h_2, so beträgt die veränderte potenzielle Energie E_{pot2}, sie ist um den Betrag E_{kin} vermindert.

Es gilt durch die Ortsveränderung $\Delta h = h_1 - h_2$

und für die Energieveränderung

$$E_{kin} = E_{pot1} - E_{pot2}$$
$$E_{kin} = \Delta E_{pot}$$
$$E_{kin} = \Delta h \cdot m \cdot F$$

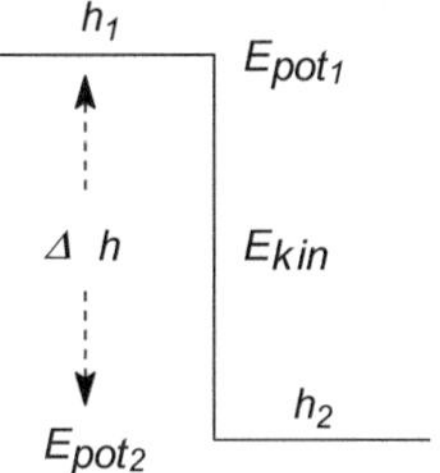

Das äußere wirksame Kraftfeld ist in diesem Fall die Gravitation (F = 9,81 N/kg). N ist die Krafteinheit in Newton[14].

Die Einheiten der Energie sind im internationalen System (SI) als Joule [J], Wattsekunde [Ws], Newtonmeter [Nm] und Elektronenvolt [eV] definiert. Sie sind einander äquivalent (Kap. XXIX).

[12]kinein (gr.) – bewegen.

[13]potens (lat.) – mächtig, potenzial ist die Möglichkeit von etwas Vorhandenem, z. B. Leistungsfähigkeit, Umwandlungsfähigkeit.

[14]Newton, Isaac (1643–1727), engl. Mathematiker, Physiker und Naturforscher. Maßeinheit für die Kraft, Newton'sche Axiome, Begründer der Infinitesimalrechnung und Reihenlehre.

Die Energieeinheit 1 eV ist die kinetische Energie, die ein Elementarteilchen (z. B. Elektron oder Photon) mit der elementaren Ladungseinheit von $1{,}6021892 \cdot 10^{-19}$ Coulomb[15] beim Passieren einer Spannungsdifferenz von 1 V im Vakuum aufnimmt. Diese kinetische Energie entspricht $1{,}602 \cdot 10^{-19}$ J.

Die Energie wird in den gleichen Einheiten gemessen wie die Arbeit. Die Energieformen können nach unterschiedlichen Gesichtspunkten eingeteilt werden. Legt man die klassische Einteilung der physikalischen Systeme zugrunde, dann ist zu unterscheiden zwischen den Energien der

- Mechanik (mechanische Energie)
- Elektrizität (elektrische Energie)
- Magnetik bzw. des Elektromagnetismus
- Chemischen Energie, das sind die verschiedenen Formen der Bindungsenergien
- Kernenergie
- Wärmeenergie, d. h. der Thermodynamik

Mechanische Energie [E. mechanical energy]
tritt als kinetische [E. kinetic energy] und potenzielle Energie [E. potential energy] wiederum in verschiedenen Formen auf, z. B. lässt sich die kinetische Energie eines starren Körpers mit der Masse *m* in die Translations- (Schwingungsenergie) und Rotationsenergie zerlegen.

Bei elastischen Körpern tritt infolge von äußerem Druck oder Zug Formänderungs(-Deformations-)Energie auf.

Schallenergie [E. sound energy]
ist eine Form der kinetischen Energie. Sie tritt sowohl in Gasen, Flüssigkeiten als auch in Festkörpern auf. Es sind in geordneter Weise schwingende Moleküle oder Atome. Insbesondere bei Gasen kann sie nur im Mittel über bekannte Volumina angegeben werden und wird von der thermischen Bewegung der Moleküle und Atome überlagert.

Elektrische und magnetische Energie [E. electrical and magnetic energy]
setzt sich aus der kinetischen Energie – das sind Ladungsträger, die sich im elektrischen und magnetischen Feld bewegen – und der gespeicherten elektromagnetischen Feldenergie zusammen.

Durch Induktion kann elektrische Energie in magnetische Energie und umgekehrt umgewandelt werden. Die elektrische und elektromagnetische Energie spielt beim Aufbau der Materie in der Natur eine entscheidende Rolle. Alle ihre Bausteine, die Elementarteilchen, erweisen sich als elektrisch geladen mit einem sie umgebenden elektromagnetischen Feld. Der Aufbau der Atome beruht im Wesentlichen auf einer Wechselwirkung der negativ geladenen Elektronen mit den positiv geladenen Atomkernen.

[15]Coulomb, Charles Auguste de (1736–1806), frz. Ingenieuroffizier, Coulomb'sches Gesetz, Gesetze der Magneto- und Elektrostatik.

Chemische Energien [E. chemical energies]
sind Bindungsenergien, die sich auf die Wechselwirkungen der o. g. elektrischen und elektromagnetischen Energien zurückführen lassen. Bindungsenergien sind Energiebeträge, die zur Bildung (Bildungsenergie) oder Spaltung der jeweiligen chemischen Verbindung erforderlich sind. Unter ihnen ist zwischen den Hauptvalenz- und Nebenvalenzbindungen sowie den zwischenmolekularen Bindungen und Ionenbindungen zu unterscheiden.

Die Hauptvalenzbindungsenergien haben eine Stärke zwischen 80 und 550 kJ/mol, die Beträge für Nebenvalenzbindungen liegen zwischen 8 und 20 kJ/mol. Die zwischenmolekularen Energien sind noch geringer.

Die Bindungsenergien bestimmen die bei exothermen Reaktionen frei werdenden und bei endothermen Reaktionen aufgenommenen chemischen Energien.

Kernenergie [E. nuclear energy]
ist die innere Energie, d. h. die Bindungsenergie von Atomkernen, die bei Kernreaktionen wie Kernverschmelzung oder Kernspaltung freigesetzt werden. Die Energiebeträge entsprechen dem bei Kernreaktionen auftretenden Massendefekt Δm, die sich aus der Einstein'schen Masse-Energie-Beziehung $\Delta E = c^2 \cdot \Delta m$ herleiten. Die innere Energie E ist für die Stabilität der Atomkerne charakteristisch. Bei der Spaltung aller Kerne von 1 kg des Uranisotops U –235 werden ca. $8 \cdot 10^{10}$ (80 Mrd) kJ freigesetzt. Das entspricht für 1 g Uran –235 einem Energieäquivalent von etwa 2,5 t Steinkohle.

Wärmeenergie (thermische Energie, auch Energie der Thermodynamik) [E. heat energy]
ist die Energie der ungeordneten Bewegungen von Atomen und Molekülen.

Bei festen Körpern ist das die Schwingungsenergie der Moleküle um ihre Gitterplätze, bei Gasen und Flüssigkeiten ist das die Translations- und Rotationsenergie der Moleküle. Bei mehratomigen Gasen ist die Schwingungsenergie aus den interatomaren Schwingungen der Einzelmoleküle zusammengesetzt.

Die Wärmeenergie wird über unsere Tastsinne und über die Temperaturänderung erkennbar. Die innere Energie eines thermodynamischen Systems ist die Summe kinetischer und potenzieller Energie aller Teilsysteme, soweit diese nicht von einer äußeren kinetischen oder potenziellen Energie des Systems als Ganzes herrühren, z. B. äußere Erwärmung, Reibung, Veränderung der Höhenlage u. a.

Nach dem 2. Hauptsatz der Thermodynamik muss bei der inneren Energie zwischen der freien Energie und der gebundenen Energie unterschieden werden (Kap. XIV, Abschn. 8):

E (innere Energie) = F (freie Energie) + Q (gebundene Energie)

Die gebundene Energie ist also die Differenz aus der inneren Energie und freien Energie.

Die Wärmeenergie ist eine gebundene Energie. Im Gegensatz zur freien Energie lässt sie sich nicht vollständig in Nutzarbeit überführen. Das ist die Besonderheit der Wärmeenergie und ihr Charakteristikum. Sie bedingt auch unser Energieproblem in der Welt.

Alle Energieformen können vollständig ineinander reversibel überführt werden. Bei der Wärmeenergie ist das nicht möglich. Sie geht zwar nicht verloren, aber ein bestimmter Anteil entzieht sich der Reversibilität. Deshalb wird die Wärmeenergie auch als Energie minderer Qualität bezeichnet. Ihre Qualität ist temperaturabhängig. Der nicht als Arbeit nutzbare Anteil der Wärmeenergie verteilt sich statistisch auf die Umgebung. Dieser Vorgang wird als Dissipation[16] bezeichnet. Es vollzieht sich ein Übergang von geordneter makroskopischer Bewegung in die ungeordnete mikroskopische Bewegung von Atomen und Molekülen, z. B. der Übergang von mechanischer Energie in Reibungsenergie, die geordnete Drehbewegung einer von Wasser angetriebenen Turbine zur Umwandlung in elektrische Energie, wobei ein Teil sich in die ungeordnete chaotische Bewegung der Wassermoleküle nach Verlassen der Turbine umsetzt.

Nach den Energiequellen können die Sonnen-, Verbrennungs-, Wind-, Gezeiten-, geothermische u. a. Energien voneinander unterschieden werden.

4 Physiologische Energie [E. physiological energy]

Physiologische Energie ist eine chemische Energie besonderer Art. Es ist diejenige Energie, die in biologischen Systemen jeglicher Art zur Aufrechterhaltung ihrer Organfunktionen und ihres Stoffwechsels benötigt wird. Sie ist stoffgebunden und wird von speziellen Stoffen gespeichert, transportiert und übertragen. Eine zentrale Rolle als energiespeichernder und übertragender Stoff kommt dem **A**denosin**t**ri-**d**i- und **m**ono**p**hosphat zu (Kap. VI, Tab. 1 und Abb. 7a).

$$\text{ATP} \underset{}{\overset{-P_i}{\rightleftharpoons}} \text{ADP} + 30{,}5\ \text{kJ} \underset{}{\overset{-P_i}{\rightleftharpoons}} \text{AMP} + 2 \times 30{,}5\ \text{kJ} \qquad \Delta G_1 = -30{,}5\ \text{kJ/mol} \qquad \Delta G_2 = -30{,}5\ \text{kJ/mol} \tag{1}$$

Weitere energieübertragende wichtige Reaktionen sind die Oxidation des **N**icotinsäureamid**a**denin**d**inukleotids (NAD) und des **N**icotinsäureamid**a**denin**d**inukleotid**p**hosphats (NADP).

$$\text{NADH} + H^+ + \frac{1}{2}O_2 \xrightarrow{-H_2O} \text{NAD}^+ + 220{,}5\ \text{kJ} \tag{2a}$$

$$\text{NADPH} + H^+ + \frac{1}{2}O_2 \xrightarrow{-H_2O} \text{NADP}^+ + 220{,}5\ \text{kJ} \qquad \Delta G = -220{,}5\ \text{kJ(mol)} \tag{2b}$$

[16]dissipatio (lat.) – Zerstreuung, Verschwendung. Dissipation ist die statistische Verteilung von Bewegungsenergie an die Umgebung.

Von gleich wichtiger Bedeutung ist die Oxidation des Flavinadenindinukleotids (FAD) (Kap. XVII, Abschn. 2.3):

$$FADH_2 + \frac{1}{2} O_2 \xrightarrow{-H_2O} FAD + 151{,}5\ kJ \qquad \Delta G = -151{,}5\ kJ/mol \tag{3}$$

Bei der Fettspaltung und der Übertragung von Acetylgruppen als C_2-Baustein spielt als Energielieferant das Coenzym A eine Schlüsselrolle (Kap. XVI, Abschn. 5):

Essigsäure		Coenzym A		physiologische Energie		Acetyl-Coenzym A
$H_2C{-}C(=O){-}OH$	+	$HS{-}CoA$	+	31,4 kJ	$\xrightarrow{-H_2O}$	$H_3C{-}C(=O){-}S{-}CoA$
						$\Delta G = +31{,}4\ kJ/mol$

(4)

Durch das Coenzym A werden die Fettsäuren mittels Energiezufuhr aktiviert.

Typisch für alle biochemischen Reaktionen ist, dass sie unter milden Bedingungen ablaufen, d. h. bei niederen Temperaturen (nicht über 50 °C), im neutralen oder schwach sauren oder alkalischen Milieu und bei nur geringen Abweichungen vom Normdruck. Dieses lässt sich nur mit Enzymen realisieren. Physiologische Energieumwandlungen sind enzymatisch aktivierte Prozesse.

Physiologische Energien sind gespeicherte potenzielle Energien. Sie lassen sich in alle Energieformen umwandeln. Sie sind damit reversibel. Allerdings sind die dabei freigesetzten Wärmeenergien nicht mehr in Nutzenergien rückwandelbar. Sie sind irreversibel. Nach dem 2. Hauptsatz der Thermodynamik darf also formuliert werden:

physiologische Energie		physiologisch nutzbare		Wärmeenergie
(potenzielle Energie)	=	Energie (Arbeitsenergie)	+	(nicht nutzbar)

$$\Delta_R H = \Delta_R G + \Delta_R Q (= T\Delta_R S) \tag{5}$$

ΔQ steht für Wärmeenergie, T für absolute Temperatur in Kelvin und S für Entropie.

4.1 Berechnung des physiologischen Brennwertes für Glucose [E. calculation of physiological gross calorific value of glucose]

Der oxidative Abbau der Glucose während des Stoffwechsels ist der Fotosynthese entgegengerichtet. Folgende Bruttoreaktionsgleichung kann für den Stoffumsatz und deren Bilanz zugrunde gelegt werden:

	Glucose		Luftsauerstoff		Wasser		Kohlenstoffdioxid	
	$C_6H_6(OH)_6$	+	$6\ O_2$	⟶	6 HOH	+	$6\ CO_2$	(6)
	180 g		192 g		108 g		264 g	
$\Delta_B G^o{}_{298}$:	−917,21 kJ		0 kJ		6 x (−237) kJ		6 x (−395,2) kJ	

Der Energieumsatz errechnet sich aus den freien Bildungsenthalpien der einzelnen Reaktionskomponenten. Die freien Bildungsenthalpien werden gewählt, da es sich um eine physiologische Reaktion handelt. Die Werte lauten:

W	≡	Wasser, HOH	$\Delta_B G^0_{298,W}$	=	–237,0 kJ/mol
KD	≡	Kohlenstoffdioxid, CO_2	$\Delta_B G^0_{298,KD}$	=	–395,2 kJ/mol
Glu	≡	Glucose, $C_6H_6(OH)_6$	$\Delta_B G^0_{298,Glu}$	=	–917,21 kJ/mol
S	≡	Sauerstoff, O_2	$\Delta_B G^0_{298,S}$	=	0 lt. Definition

Die freie Reaktionsenthalpie $\Delta_B G^0_{298}$, errechnet sich aus der Differenz der Bildungsenthalpien der entstehenden Stoffe und der Ausgangsstoffe.

$$\begin{aligned}\Delta_B G^0_{298} &= \left[6 \cdot \Delta_B G^0_{298,W} + 6\, \Delta_B G^0_{298,KD}\right] - \Delta_B G^0_{298,Glu}\\ &= [6 \cdot (-237\,\text{kJ}) + 6 \cdot (-395,2\,\text{kJ})] - (-917,2\text{kJ})\\ &= (-1422 - 2321,2 + 917,2)\ \text{KJ}/\text{mol}\\ \Delta_B G^0_{298} &= -2876\,\text{kJ}/\text{mol}\end{aligned}$$

Dieser Vorgang ist exergonisch[17].

Dividiert man $\Delta_R G = -2876$ kJ/mol durch die Molmasse der Glucose $m = 180$ g, dann erhält man den physiologischen Brennwert pro Gramm Glucose, wie er in allen Nährwertberechnungen angegeben ist.

Der physiologische Brennwert für Glucose ist

$$\Delta g = \frac{2876\,\text{KJ}/\text{mol}}{180\,\text{g}/\text{mol}} \approx 16\,\text{kJ}/\text{g Glucose}.$$

[17]Exergonische Reaktionen sind freie Energie abgebende Stoffumwandlungen.

In den Nahrungsmitteltabellen für die Kohlenhydrate wird ein etwas höherer Wert ausgewiesen, nämlich

$$\Delta g = 17{,}2\,\mathrm{kJ}\big/\,\mathrm{g\ Kohlenhydrate.}$$

Bei letzterem Wert handelt es sich um einen Mittelwert aus allen Kohlenhydratbrennwerten. Außerdem liegen die Brennwerte von polymerisierten Glucoseprodukten, wie z. B. Stärke und Glykogen, etwas höher als der Glucosebrennwert. Denn die Glucosepolymerisation ist ein leicht endergonischer Vorgang, d. h., ihr innerer Energieinhalt ist ein wenig höher als der von reiner Glucose, entsprechend wird beim oxidativen Abbau auch mehr physiologische Energie freigesetzt, das sind pro Glucoseeinheit ca. 3,1 kJ/mol (Kap. X, Abb. 13).

Die entsprechenden physiologischen Brennwerte lauten für

$$\begin{array}{ll} \text{Fette:} & \Delta \mathrm{g} \ = 39{,}0\ \mathrm{kJ/g} \\ \text{Ethylalkohol:} & \Delta \mathrm{g} \ = 29{,}5\ \mathrm{kJ/g} \\ \text{Proteine:} & \Delta \mathrm{g} \ = 17{,}2\ \mathrm{kJ/g} \end{array}$$

Zu beachten ist der hohe physiologische Brennwert des Ethylalkohols, der in jedem alkoholischen Getränk angeboten wird.

Errechnet man den oxidativen Abbau der Glucose mithilfe der Bildungsenthalpien, $\Delta_B H$, dann müssen folgende Werte verwendet werden:

$$\begin{array}{lll} \text{Wasser, HOH} & \Delta_B H^0_{298,W} & = -285{,}83\ \mathrm{kJ/mol} \\ \text{Kohlenstoffdioxid, } CO_2 & \Delta_B H^0_{298,KD} & = -393{,}51\ \mathrm{kJ/mol} \\ \text{Glucose, } C_6H_6(OH)_6 & \Delta_B H^0_{298,Glu} & = -1251{,}0\ \mathrm{kJ/mol} \\ \text{Sauerstoff, } O_2 & \Delta_B H^0_{298,S} & = \ 0\ \text{lt. Definition} \end{array}$$

Analog Gl. 6 gilt:

$$\begin{array}{llllll} & C_6H_6(OH)_6 & + \ 6\,O_2 & \longrightarrow & 6\,HOH & + \ 6\,CO_2 \\ & 180\ \mathrm{g} & 192\ \mathrm{g} & & 108\ \mathrm{g} & 264\ \mathrm{g} \\ \Delta_B H^o{}_{298}: & -1251\ \mathrm{kJ} & 0\ \mathrm{kJ} & & 6 \times (-285{,}83)\ \mathrm{kJ} & 6 \times (-393{,}51)\ \mathrm{kJ} \end{array}$$

$$\Delta_R H^o{}_{298}: = [6 \times (-285{,}83\ \mathrm{kJ}) + 6 \times (-393{,}51\ \mathrm{kJ})] - (-1251\ \mathrm{kJ})$$

$$= (-1714{,}98 - 2361{,}06 + 1251)\mathrm{kJ}$$

$$\Delta_R H^o{}_{298}: = -2825{,}04\ \mathrm{kJ/mol\ Glucose}$$

Das ist die Reaktionsenthalpie für die Oxidation von 1 mol = 180 g Glucose. Dieser Vorgang ist exotherm.

Nach dem 2. Hauptsatz der Thermodynamik, der Gibbs-Helmholtz'schen Gleichung Gl. 5, besteht zwischen der freien

$$\begin{aligned}\text{Reaktionsenthalpie } \Delta_R G^0_{298} &= -2876\ \text{kJ/mol und der}\\ \text{Reaktionsenthalpie } \Delta_R H^0_{298} &= -2825\ \text{kJ/mol eine}\\ \text{Differenz von } \Delta_R H - \Delta_R G &= \Delta_R Q\\ -2825\ \text{kJ} - (-2876\ \text{kJ}) &= +51\ \text{kJ}\end{aligned}$$

Die gesamte freie Reaktionsenthalpie errechnet sich aus:

$$\begin{aligned}\Delta_R G &= \Delta_R H - \Delta_R Q\\ -2876\ \text{KJ} &= -2825\ \text{KJ} - 51\ \text{KJ}\end{aligned}$$

Auf den biochemischen Stoffumsatz übertragen, bedeutet das, dass von der physiologisch nutzbaren Energie $\Delta_R G = -2876$ kJ der Anteil $\Delta_R H = -2825$ kJ als Bewegungsenergie und zum Aufbau körpereigener Stoffe genutzt werden. –51 kJ $= \Delta_R Q$ dienen zur Aufrechterhaltung der Körperwärme. Sie wird abgestrahlt und kann nicht für weitere energetische Prozesse in $\Delta_R G$ zurück umgewandelt werden. Die Wärmeenergie $\Delta_R Q$ ist irreversibel.

Bei diesen energetischen Betrachtungen zur Berechnung von $\Delta_R G$ und $\Delta_R H$ ist von dem Ausgangszustand vor der Reaktion und dem Endzustand nach Ablauf der Reaktion ausgegangen worden, s. Gl. 6. Die zahlreichen Zwischenreaktionsstufen mit ihren verschiedenen Energieumwandlungen, wie sie durch die Gl. 1 bis 4 skizziert wurden, sind dabei nicht mit einbezogen worden.

Nach dem Heß'schen Satz[18], dem Erfahrungssatz der konstanten Wärmesummen, ist das auch nicht nötig. Dieser Satz besagt, dass die aufgenommenen oder freigesetzten Reaktionsenergien von Stoffumwandlungsprozessen nur vom Ausgangs- und Endzustand des Stoffumsatzes abhängen und nicht von den Reaktionswegen, d. h. den einzelnen Reaktions- bzw. Energiestufen.

4.2 Berechnung der physiologischen Energie zur Ernährung der Weltbevölkerung [E. calculation of the physiological energy for the nutrition of the population in the world]

Glucose		Luftsauerstoff		Wasser		Kohlenstoffdioxid	
$C_6H_6(OH)_6$	+	$6\,O_2$	$\longrightarrow$	$6\,H_2O$	+	$6\,CO_2$	
180 g		6 × 32 g		6 × 18 g		6 × 44 g	$\Delta G = -2876$ kJ/mol

[18]Heß, Henri German (1802–1850), russ. Chemiker und Professor an der Universität Heidelberg.

Glucose ist der Baustein der Stärke. 180 g davon setzen 2876 kJ Energie frei, die für den Betriebsstoffwechsel des Menschen benötigt werden. 1 g KH entspricht einem physiologischen Brennwert[19] von 16 kJ, 1 g KH ≅ 16 kJ. Unter dem Aspekt der physiologischen Energiezufuhr braucht der Mensch täglich Nahrung mit einem Brennwert von 11.300 kJ (2 700 kcal). Dafür sind pro Person erforderlich:

$$\frac{11300\,\text{kJ}}{16\,\text{kJ}\cdot\text{g}^{-1}} = 706\,\frac{\text{g}}{\text{Mensch}\cdot\text{Tag}}\ \text{Getreide}$$

pro Jahr sind das

$$706\,\frac{\text{g}}{\text{Mensch}\cdot\text{Tag}} \times 365\ \text{Tage} = 258\,\frac{\text{kg}}{\text{Mensch}\cdot\text{Jahr}}\text{Getreide}$$

Für eine Weltbevölkerung von derzeit 7,3 Mrd. Menschen errechnet sich ein theoretischer Stärkebedarf von

$$258\,\frac{\text{kg}}{\text{Mensch}\cdot\text{Jahr}}\ 7,3\,\text{Mrd. Menschen} = 1883,4\ \text{Mrd.}\ \frac{\text{kg}}{\text{Jahr}} \approx 1,9\ \text{Mrd.}\ \frac{\text{t}}{\text{Jahr}}$$

Unter Berücksichtigung eines mittleren Feuchtigkeitsgehaltes des Getreides von ca. 20 % sind zur Deckung des Weltstärkebedarfs

$$\frac{1,9\cdot 10^{9}\,\text{t}\cdot 100\,\%}{80\,\%} = 2,37\ \text{Mrd.}\ \frac{\text{t}}{\text{Jahr}}$$

Getreide nötig.

Im Vergleich mit der Weltgetreideproduktion von ca. 2,7 Mrd. t (2013/2014) verdeutlicht der Zahlenwert für den theoretischen Stärkebedarf von 2,37 Mrd. t für 2013 die labile Nahrungsmittelversorgung in der Welt, wenn auch rechnerisch das physiologische Energieangebot ausreichen müsste. Mangelhafte Transportinfrastruktur und der hohe prozentuale Verlustanteil (bis zu 40 %) während des Transports, der Lagerung und Verarbeitung fordern Landwirtschaft und Nahrungsmittelindustrie zu weiteren Anstrengungen heraus.

Diese kurze grobe Energiebilanz zeigt zugleich den limitierenden Faktor für den Einsatz von nachwachsenden Rohstoffen für die Produktion von Bioethanol als Kraftstoff auf. Zuerst sollten die Menschen ernährt werden. Dazu müssen ausreichende Nahrungsmittel und landwirtschaftliche Anbauflächen bereitgestellt werden.

[19]Anmerkung: Der physiologische Brennwert von Stärke bzw. Kohlenhydraten und Proteinen ist fast identisch. Bei dieser Berechnung wurde der Eiweißbestandteil des Getreides als KH-Anteil mit einbezogen. Der geringe Fettanteil des Getreides wurde vernachlässigt.

5 Entropie[20] [E. entropy]

Der Wärmeenergieausdruck enthält zwei andere Zustandsgrößen verborgen. Nach dem 2. Hauptsatz der Thermodynamik, Gl. 5, ist $\Delta_R Q = T \cdot \Delta_R S$.

Die Wärmeenergie setzt sich also aus zwei Faktoren zusammen, der Temperatur als der Qualitätsfaktor, auch treibender Faktor genannt, und dem Quantitätsfaktor der Entropie (Tab. 1).

Tab. 1 Gesetze für Ausgleichsvorgänge [E.Laws for general compensatory processes]

Diffusionsgesetz nach Fick (stationär)

$$\frac{\text{Anzahl der diffundierenden Teilchen}}{\text{Zeiteinheit}} \quad \frac{\Delta n}{\Delta t} \sim \frac{\text{Konzentrationsdifferenz}}{\text{Diffusionsstrecke}} = -Dq\frac{\Delta c}{x}$$

q = Diffusionsübergangsfläche; D = Diffusionskoeffizient

Filtration (stationär)

$$\frac{\text{Filtratvolumen}}{\text{Zeiteinheit}} \quad \frac{\Delta V}{\Delta t} \sim \frac{\text{Filtrationsdruck}}{\text{Widerstand des Filtrationskuchens}} \quad \frac{\Delta p}{W_k}$$

Wärmeübergang

$$\frac{\text{Wärmemenge}}{\text{Zeiteinheit}} \quad \frac{\Delta Q}{\Delta t} \sim \frac{\text{Temperaturdifferenz}}{\text{Schichtdicke der Wärmedurchgangsfläche}} = \lambda \cdot q\frac{\Delta T}{x}$$

q = Übergangsfläche; x = Schichtdicke; λ = Wärmeleitzahl

Stromfluss (Ohmsches Gesetz)

$$\frac{\text{elektrische Ladungsmenge}}{\text{Zeiteinheit}} \quad \frac{\Delta C}{\Delta t} \sim \frac{\text{Spannungsdifferenz}}{\text{elektrischer Widerstand}} \quad \frac{\Delta U}{R} = I$$

Kapitalstrom

$$\frac{\text{Geldmenge}}{\text{Zeiteinheit}} \quad \frac{\Delta K}{\Delta t} \sim \frac{\text{Rendite}}{\text{Zinssatz}} \quad \frac{\Delta R}{q}$$

Informationsströme

$$\frac{\text{Informationsfluss}}{\text{Zeiteinheit}} \quad \frac{\Delta I_n}{\Delta t} \sim \frac{\text{Neugierde}}{\text{Trägheit + reziproke Aufnahmekapazität}} \quad \frac{\Delta Ng}{Tr + \frac{1}{AK}}$$

[20] entropein (gr.) – umkehren.

Tab. 1 (Fortsetzung)

Heat transfer (steady)

$$\frac{\text{quantity of heat}}{\text{time unit}} \; \frac{\Delta Q}{\Delta t} \sim \frac{\text{temperature gradient}}{\text{layer thickness of the heat transmission interface}} = \lambda \cdot a \, \frac{\Delta T}{x}$$

a = interface of heat; x = thickness of layer; λ = thermal conductivity

Ohm's law (transport of electric current)

$$\frac{\text{electrical current strength}}{\text{time unit}} \; \frac{\Delta C}{\Delta t} \sim \frac{\text{electrical tension}}{\text{electrical resistance}} = \frac{\Delta U}{R} = I$$

Fick's law of diffusion (steady)

$$\frac{\text{number of diffusing particles}}{\text{unit time}} \; \frac{\Delta n}{\Delta t} \sim \frac{\text{concentration gradient}}{\text{distance of diffusion}} = -Dq \, \frac{\Delta c}{x}$$

q = interface of diffusion; D = coefficient of diffusion

Filtration (steady)

$$\frac{\text{volume of filtrate}}{\text{time unit}} \; \frac{\Delta V}{\Delta t} \sim \frac{\text{filtration pressure}}{\text{restistance of the filter cake}} = k_F \, \frac{\Delta p}{W_k}$$

k_F = coefficient of filtration

Law of the material flow (solid, liquid)

$$\frac{\text{amount of substance}}{\text{time unit}} \; \frac{\Delta m}{\Delta t} \sim \frac{\text{difference of height}}{\text{properties of substance}} = k_s \, \frac{\Delta h}{S_W}$$

k_s = proportionality constant of properties of materials, e.g. density, viscosity, conditions of moving-bed.

Die Entropie gibt den Teil der Wärmeenergie an, der nicht in Nutzarbeit umgesetzt werden kann. Sie gibt den Verteilungsgrad (Dissipationsgrad)[21] oder das Bestreben von Wärmeenergie an, sich nicht zurückgewinnbar zu verteilen, d. h. einen Unordnungszustand einzunehmen. Die Zustandsgröße Entropie kann zur Beschreibung des Verteilungsgrades aller Stoffsysteme herangezogen werden.

Freiwillig verlaufende Prozesse sind immer mit einer Entropiezunahme gekoppelt. Will man die Entropie wieder senken, d. h. aus einer Verteilung wieder eine Konzentration und damit einen Ordnungsgrad erreichen, dann muss Energie aufgewendet werden.

[21]dissipatio (lat.) – Verteilung, Zerstreuung, Verschwendung.

5.1 Entropieberechnung für die Glucoseoxidation – ein Beispiel [E. calculation of the entropy for the oxidation of glucose – an example]

Für den oxidativen Glucoseabbau wurde

die freie Reaktionsenthalpie	mit	$\Delta_R G^0_{298}$ = –2876 kJ/mol und
die Reaktionsenthalpie	mit	$\Delta_R H^0_{298}$ = –2825 kJ/mol

bestimmt

Aus Gl. 5 folgt

$$\Delta_R H^0_{298} = \Delta_R G^0_{298} + T \cdot \Delta_R S^0_{298}$$

$$\Delta_R S^0_{298} = \frac{\Delta R H^0_{298} - \Delta_R S^0_{298}}{T}$$

$$T = 298\,K = 25C\ (\text{Umgebungstemperatur})$$

$$\Delta_R S^0_{289} = \frac{-2825\,KJ/mol + 2876\,KJ/mol}{298\,K} = \frac{51\,kJ/mol}{298\,K}$$

$$\Delta_R S^0_{298} = \frac{5100\,J/mol}{298\,K} = +171\,\frac{J}{mol \cdot K}$$

Die Reaktionsentropie nimmt beim Abbau zum Wasser und Kohlenstoffdioxid zu, der Verteilungsgrad an Wärmeenergie nimmt zu. Aber auch der Unordnungszustand des Stoffsystems erhöht sich.

Die Glucose als kristallisierte Festsubstanz hat einen hohen Ordnungszustand. Nimmt man die Unordnungszustände von dem Eingangsstoff Luftsauerstoff und dem des Reaktionsproduktes Kohlenstoffdioxid als annähernd gleich an – beides sind Gase –, dann ist der Unordnungsgrad des flüssigen Wassers gegenüber der kristallisierten Glucose höher. Das drückt der errechnete positive Entropiewert aus.

6 Thermogenese[22] [E. thermogenesis]

Thermogenese ist eine wärmebedingte oder Wärme freisetzende Entwicklung bei Stoffwechselprozessen. Man trifft sie z. B. im braunen Fettgewebe bei Neugeborenen und auch bei Winterschläfern an. Die aus dem Fettabbau freigesetzten Energien werden in den Mitochondrien der Zellen im ATP gespeichert. Diese im ATP gespeicherte Energie

[22]therme (gr.) – Wärme; genesis (gr.) – Entstehung; Thermogenese sind Prozesse, die auf Wärmeentwicklung zurückzuführen sind.

wird dann nicht zum Aufbau anderer körpereigener Substanzen oder zur Bewegungsenergie genutzt. Sondern sie wird im sogenannten Leerlauf in Wärmeenergie und als nicht nutzbare Energie an die Umgebung abgegeben. Sie dient lediglich zur Aufrechterhaltung der Körperwärme. Thermodynamisch betrachtet wird im ATP gespeicherte chemische (physiologische) Energie in Wärmeenergie umgewandelt.

Diesen Effekt kann man auch bei ausgewachsenen Personen beobachten. In ausgedehnten Untersuchungsreihen konnte festgestellt werden, dass Versuchspersonen ihr Körpergewicht konstant gehalten haben, obwohl sie ungleiche Nahrungsmengen mit unterschiedlichen physiologischen Brennwerten zu sich genommen haben. Umgekehrt lässt sich durch direkte kalorimetrische Messungen nachweisen, dass Testpersonen nach der Aufnahme der gleichen Menge an Nahrungsenergie unterschiedlich viel Wärme an die Umgebung abstrahlen. Übergewichtige Personen strahlen weniger Wärme ab als schlanke.

Daraus folgt, dass die Umwandlung von im ATP gespeicherter physiologischer Energie nicht bei allen Personen in gleichen Anteilen in Körperwärmeenergie, ΔQ, und weiterhin nutzbare chemische Energie, ΔG, umgewandelt wird. Der nutzbare Wirkungsgrad ist verschieden.

7 Treibende Faktoren für Ausgleichsvorgänge [E. driving factors for compensatory processes]

Welche treibenden Faktoren sind es, die die Stoff- und Energieströme im biologischen und technischen Bereich, die Kapitalströme im wirtschaftlichen Sektor und die Informationsströme innerhalb und zwischen allen Bereichen aufrechterhalten?

Die Erfahrung lehrt, dass alle Ströme durch die Potenzialunterschiede, d. h. zwischen den Unterschieden der potenziellen Energien, zustande kommen (Tab. 1).

Im weiteren Sinne sind es Unterschiede zwischen den stofflichen, energetischen, finanziellen und informatischen Zuständen.

Jedes System hat das Bestreben, diese Unterschiede auszugleichen, z. B.

1. den Temperaturausgleich herbeizuführen, indem Wärme von einem höheren Temperaturniveau zu einem niederen Niveau übergeht, z. B. Ausgleich bzw. Konstanthaltung der Körpertemperatur.
2. die Spannung zwischen zwei elektrischen Polen auszugleichen, indem elektrischer Strom fließt, z. B. Reizleitungen im Nervensystem.

Abb. 2 Irreversible (nicht umkehrbare) Strömung [E. irreversible flow]

3. Konzentrationsunterschiede vor und hinter einer Membran zu beseitigen, indem Stoffteilchen fließen, z. B. Stoffaustausch von Zellen.
4. Druckausgleich herbeizuführen, indem Stoffe wie Gase oder Flüssigkeiten von einem System mit höherem Druck in ein mit einem niederen Druck überführt werden, z. B. bei der Filtration oder beim Blutgefäßsystem.
5. Wasser kann nur aufgrund von Höhenunterschieden fließen. Werden die Höhenunterschiede eingeebnet, wird aus einem fließenden Bach ein stehendes Gewässer mit allen Nachteilen des anaeroben Stoffabbaus durch Mikroorganismen (das Wasser beginnt zu faulen).
6. Kapitelströme werden von der Rendite getrieben bzw. von Zinssätzen gebremst.

Strömende Medien sind einseitig ausgerichtet, wenn sie freiwillig verlaufen. Sie sind irreversibel, d. h. nicht umkehrbar.

Wasser fließt nicht den Berg hinauf, es sei denn, man wendet sehr viel Energie mittels Pumpen auf.

Ständig strömende Systeme sind nicht nur durch ihre Irreversibilität, sondern auch durch Fließgleichgewichte und offene Systeme charakterisiert.

Fließgleichgewicht herrscht, wenn die Eingangsgeschwindigkeit strömender Medien gleich der Austrittsgeschwindigkeit in einem offenen System ist (Abb. 2).

Ist die Eintrittsgeschwindigkeit $\frac{dm_E}{dt}$ größer als die Austrittsgeschwindigkeit $\frac{dm_A}{dt}$, dann tritt z. B. beim Bach das Wasser über die Ufer. Ist die Austrittsgeschwindigkeit größer als die Eintrittsgeschwindigkeit, dann leert sich der Bach.

Fließgleichgewicht, steady state, herrscht, wenn $\frac{dm_E}{dt} = \frac{dm_A}{dt}$ ist, unter der Bedingung der Irreversibilität (Unumkehrbarkeit).

Offene Systeme zeichnen sich durch einen ständigen Stoff- und Energietausch mit der Umgebung aus.

- Biologische Systeme gehorchen generell den Gesetzen der Fließgleichgewichte (Kap. XVIII, Abschn. 2.1). In ihrer Gesamtheit sind biologische Systeme und ihre Prozesse nicht reversibel. Ihre Erneuerung erfolgt immer über ein Absterben und eine biologische Reproduktion.
- Biologische Systeme zeichnen sich durch kontinuierliche Prozesse aus, wenn man sie auf das Individuum bezieht. Kontinuierliche Prozesse bedingen Fließgleichgewichte. Versorgung und Entsorgung müssen sich in ihrer Irreversibilität die Balance halten. Semikontinuierliche[23] Vorgänge sind dort anzutreffen, wo biologische Systeme für technische Zwecke genutzt werden, z. B. bei der Herstellung von Bioprodukten durch Mikroorganismen mittels Fermentation. In bestimmten Zeitintervallen muss ein Teil der Biomasse aus dem Nährmedium entfernt werden.

[23]semi (lat.) – halb, semikontinuierliche Prozesse sind bei einem oder mehreren Reaktionsstufen noch nicht automatisiert.

Das Gesetz für allgemeine Ausgleichsvorgänge lautet:

$$\frac{\text{fließende Menge}}{\text{Zeiteinheit}} \sim \frac{\text{treibender Gradient (Potenzial differenz)}}{\text{Widerstand}}$$

Der gemeinsame Parameter dieser Ausgleichsgesetze ist die Zeit.

The law for general compensatory processes is:

$$\frac{\text{quantity flowing}}{\text{time unit}} \sim \frac{\text{driving gradient (potential difference)}}{\text{resistance}}$$

Von besonderer Bedeutung werden in Zukunft für das Beschreiben und Erkennen von Verhaltenssystemen und soziologischen Prozessen die treibenden Faktoren der Informationsströme sein.

Auf geistige Prozesse, die Voraussetzung für eine Innovation sind, können entsprechende Zusammenhänge übertragen werden.

Einer der treibenden Gradienten ist die Neugierde.

Den Widerstand kann man sich aus der Trägheit und der reziproken geistigen Aufnahmekapazität zusammengesetzt denken. Analoge Verhältnisse sind beim elektrischen Widerstand auszumachen, der der reziproken elektrischen Leitfähigkeit entspricht.

Für geistige Zusammenhänge haben diese Proportionen nur Orientierungscharakter, da sie viel zu komplex sind, um sie auch nur annähernd unmittelbar qualitativ zu erfassen. Geistige Prozesse können nur an ihrem Ergebnis und dann auch nur nachträglich als Trend ausgemacht werden.

$$\frac{\text{Informationsfluss}}{\text{Zeiteinheit}} \sim \frac{\text{Neugierde}}{\text{Trägheit + reziproke Aufnahmekapazität}}$$

$$\text{Innovatior} \sim \frac{\text{Neugierde}}{\text{Hemmschwellegegen Informationsflut}}$$

Doch entscheidend ist die Aussage, dass alle Ströme, d. h. fließende Stoff-, Energie-, Kapital- und Informationsmengen, zum Erliegen kommen, wenn die treibenden Gradienten, die Potenzialdifferenzen immer kleiner werden (d. h. gegen null gehen). Das gilt für technische Systeme, Wirtschaftsprozesse, Sozialsysteme, biologische Systeme und für alle Vorgänge in der Natur schlechthin.

Über die Höhe der Potenzialdifferenzen im Bildungs- und Gesellschaftssystem kann gestritten werden. Unterschreitet der treibende Gradient einen bestimmten Δ-Wert, dann kommen alle Prozesse zum Stillstand. Werden allerdings die Potenzialdifferenzen sehr hoch, dann kommt es zu Eruptionen und Explosionen, Auch sie unterbrechen die fließenden Systeme. Im gesellschaftlichen Bereich entspricht das den Revolutionen. Es handelt sich hier um Gesetze der Natur, gegen die auch Bildungs- und Sozialsysteme nicht verstoßen dürfen.

8 Der thermodynamische Wirkungsgrad [E. thermodynamic efficiency]

Die in den Wärmekraftwerken eingesetzten Wärmekraftmaschinen sind physikalisch betrachtet Anlagen zur Energieumwandlung.

Auch die Chloroplasten in den Pflanzenblättern sind Wärmekraftmaschinen, in ihnen wird Lichtenergie in chemische Energie umgewandelt.

Die Mitochondrien in den Zellen nehmen eine Speicher- und Übertragungsfunktion von chemischer Energie von einem Stoff zum anderen Stoff wahr. Doch kommt ihnen auch eine Energieumwandlungsaufgabe zu, wenn chemische Energie für die Nerven als Reizleitungssystem in elektrische Energie transformiert wird.

Wie schon erwähnt, sind alle Energieformen, außer der Wärmeenergie, vollständig ineinander umwandelbar. Man sagt, ihr Wirkungsgrad ist 1 bzw. 100 %. Doch in der technischen Praxis lassen sich Energieumwandlungsmaschinen mit dem Wirkungsgrad $\eta = 1 = 100\ \%$ nicht bauen. Er liegt immer unterhalb des theoretischen. Das ist ein technisches Problem.

Bei der Umwandlung von Wärmeenergie in mechanische Energie, elektrische Energie u. a. ist ein 100 %iger Wirkungsgrad prinzipiell nicht zu erreichen. Das ist ein von der Natur vorgegebenes physikalisches Problem. Die thermodynamischen Hauptsätze bringen das als Erfahrungssätze zum Ausdruck.

Der 1. Hauptsatz besagt, dass in einem abgeschlossenen System die Summe aller Energien konstant ist. Er beinhaltet auch den Energieerhaltungssatz, der ausdrückt, dass Energien weder gewonnen noch verloren gehen, sondern nur ineinander umgewandelt werden können.

Der 1. Hauptsatz macht keine Aussage über die Beschränkung der Umwandlung von Wärmeenergie in mechanische Arbeit.

Der 2. Hauptsatz befasst sich mit der Umwandlung von Wärme in Nutzenergie (Arbeit). Er gilt auch für die Umwandlung von Wärmeenergie in andere Energieformen, z. B. elektrische Energie.

Die begrenzte Umwandlung der Wärmeenergie in andere Energien wird durch den thermodynamischen bzw. Carnot'schen Wirkungsgrad beschrieben:

$$\eta = \frac{W}{Q} = \frac{T_1 - T_2}{T_1}$$

Der Wirkungsgrad η ist das Verhältnis der theoretisch möglichen mechanischen Energie, W, zur aufgewendeten Wärmeenergie, Q.

$$\text{Wirkungsgrad } \eta = \frac{W}{Q} \tag{1}$$

$$\eta = \frac{T_1 - T_2}{T_1} \tag{2}$$

$$\eta = 1 - \frac{T_2}{T_1} \tag{3}$$

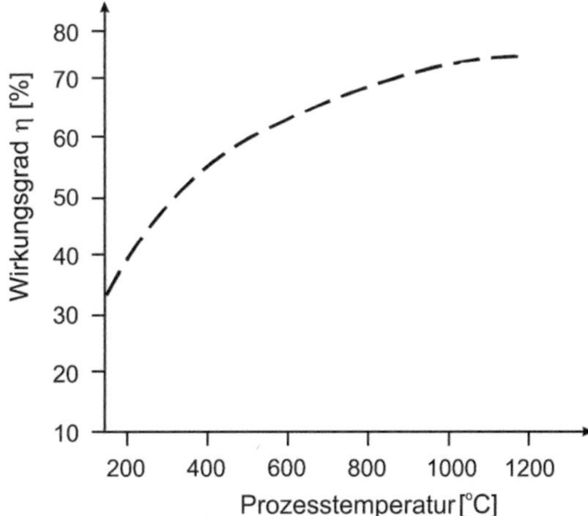

Abb. 3 Carnot-Wirkungsgrad [E. efficiency of Carnot] (unt. Temp. 20 °C)

Die Wärmeenergie wird in Temperaturgraden gemessen. Die Temperatur ist ein Maß für die Wärmeenergie.

Die Erfahrung lehrt, dass die Wärmemenge freiwillig immer vom höheren Temperaturniveau T_1 zum niederen T_2 fließt, d. h. $T_1 > T_2$; gemessen in Kelvin [K]. Die Differenz $\Delta T = T_1 - T_2$ entspricht also der in die Wärmekraftmaschine hineingesteckten Wärmemenge, dem Veränderungszustand W. T_1 ist das hohe Temperaturniveau der Wärmeenergie, entspricht also dem Ausgangszustand Q.

Beispiel:
Die Temperatur des Ausgangsdampfes sei 800 K ≅ 527 °C, die Umgebungstemperatur, auf die sich der Dampf abkühlt und kondensiert, soll 300 K ≅ 27 °C betragen.

Der theoretische Wirkungsgrad errechnet sich als

$$\eta = 1 - \frac{300\,\mathrm{K}}{800\,\mathrm{K}} = 1 - \frac{3}{8} = \frac{5}{8}$$

$$\underline{\underline{\eta = 0,625 = 62,5\%}}$$

In Bezug auf die Wärmeenergie ist das der theoretisch höchste erreichbare thermodynamische Wirkungsgrad, auch Carnot'scher[24] Wirkungsgrad genannt.

Da es in der Praxis nicht möglich ist, einen Prozess ohne Verluste durchzuführen, ist der obige Wert in den Wärmekraftmaschinen nicht zu erreichen.

Die Gl. 2 bzw. 3 zeigen, dass der thermodynamische Wirkungsgrad von der Temperaturdifferenz und der Ausgangstemperatur des Dampfes abhängig sind. Je höher die Temperaturdifferenz, desto größer der Wirkungsgrad, allerdings je höher das Temperaturausgangsniveau, desto geringer der Wirkungsgrad (Abb. 3).

---

[24]Carnot, Nicolas Leonard (1796–1832), frz. Physiker, gab als Erster an, wie der höchste thermische (thermodynamische) Wirkungsgrad einer idealen Wärmekraftmaschine innerhalb gegebener Temperaturgrenzen zu erhalten ist. Carnot'scher Kreisprozess.

9 Funktionsweise eines mit fossilen Energierohstoffen befeuerten Wärmekraftwerkes [E. function of a thermal power station on the basis of fossile energy sources]

Die wichtigste und vielfältigste Gruppe der Wärmekraftwerke sind die Dampfkraftwerke. Dazu gehören insbesondere die Kohle- und Kernkraftwerke.

Die öffentliche Stromversorgung Deutschlands wird zu ca. 44 % von Steinkohle- und Braunkohlekraftwerken abgedeckt. Zusätzlich stammen 15,9 % aus den Kernkraftwerken. Daneben gibt es Kraftwerke, die mit Wind, Sonne, Biomasse und organischem Müll (nicht mehr brauchbare Kunststoffprodukte) befeuert werden. Das sind nochmals 22,4 % an elektrischem Strom (Tab. 2).

Der Begriff *Erneuerbare Energie* ist fachlich nicht korrekt. Nach den thermodynamischen Hauptsätzen kann Energie nicht erneuert werden. Die unterschiedlichen Energieformen können nur ineinander umgewandelt werden.

Die Hauptbestandteile eines Wärmekraftwerkes sind

- der Dampferzeuger (Kessel),
- die Turbine (Schaufelrad),
- der Generator[25] (Stromerzeuger) und
- der Kondensator[26] (Abkühler).

Im Dampferzeuger wird durch Verbrennung der Energierohstoffe und die Erhitzung des Wassers chemische Energie in Wärmeenergie umgesetzt. Es bildet sich Wasserdampf mit hoher Temperatur und hohem Druck. Durch das Bewegen der Turbine wandelt sich Wärmeenergie in Bewegungsenergie (kinetische Energie) um. An dieser Stelle entstehen die größten Verluste an Nutzenergie, die durch den thermodynamischen Wirkungsgrad η ausgewiesen werden. Die Bewegungsenergie der Turbine wird auf den Generator übertragen.

Wenn der Wasserdampf die letzte Schaufel der Turbine verlassen hat, beträgt seine Temperatur nur noch 30 bis 40 °C und steht unter geringem Druck. Anschließend wird der Dampf im Kondensator zu Wasser abgekühlt und dann wieder dem Dampferzeuger zugeführt. Der Wasser-Dampf-Kreislauf beginnt von Neuem.

Unabhängig von den jeweils eingesetzten Primärenergieträgern funktioniert ein Wärmekraftwerk immer nach dem gleichen Prinzip (Abb. 4).

Primärenergieträger[27] sind die sogenannten fossilen Energierohstoffe wie Steinkohle, Braunkohle, Erdöl, Ölschiefer, Erdgas und auch radioaktive Rohstoffe, z. B. Uran-235-oxid (Tab. 2).

[25] generatio (lat.) – Zeugung.

[26] condensare (lat.) – verdichten.

[27] primarius (lat.) – zu den ersten gehörend

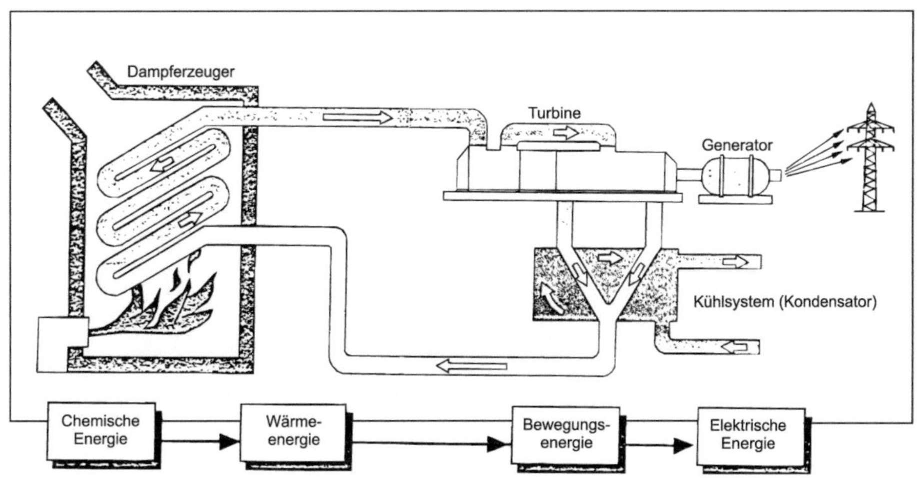

Abb. 4 Schematische Darstellung eines Wärmekraftwerkes als Energieumwandlungsmaschine [E. sketch of a heat power station as a transformation machine of energy]

Tab. 2 Anteil der Energieträger an der Stromerzeugung in Deutschland im Jahr 2014 [E. break down of energy resources of electric energy generation in Germany in 2014]

Energieträger	Anteil in [%]	kWh (in Mrd.)
Braunkohle	25,6	156,0
Steinkohle	18,0	109,9
Wasser, Wind und Fotovoltaik	17,8	108,5
Kernenergie	15,9	96,9
Erdgas	9,6	58,5
Biomasse	8,0	48,9
Sonstige	5,1	31,7
Summe	100,0	610,4

Diese Primärenergieträger müssen entsprechend gereinigt und zubereitet werden, damit sie unmittelbar als Energielieferanten eingesetzt werden können. Es entstehen die *Sekundärenergieträger*[28]. Das sind Briketts, Koks, Kohlenstaub, Benzin, Dieselöl und Heizöl sowie Fernwärme und elektrischer Strom (Abb. 5).

Die Sekundärenergie wird beim Verbraucher in *Nutzenergie* umgewandelt. Das können sein: mechanische Energie (Arbeit) zum Heben und Transportieren von Gütern, Beleuchtung, Prozesswärme für chemische Verfahren u. a. industrielle Fertigungen, Heizwärme und Kühlung.

[28]secunda (lat.) – die zweite; Sekundarenergie ist diejenige, die aus anderen Primärenergiespeicher freigesetzt wird.

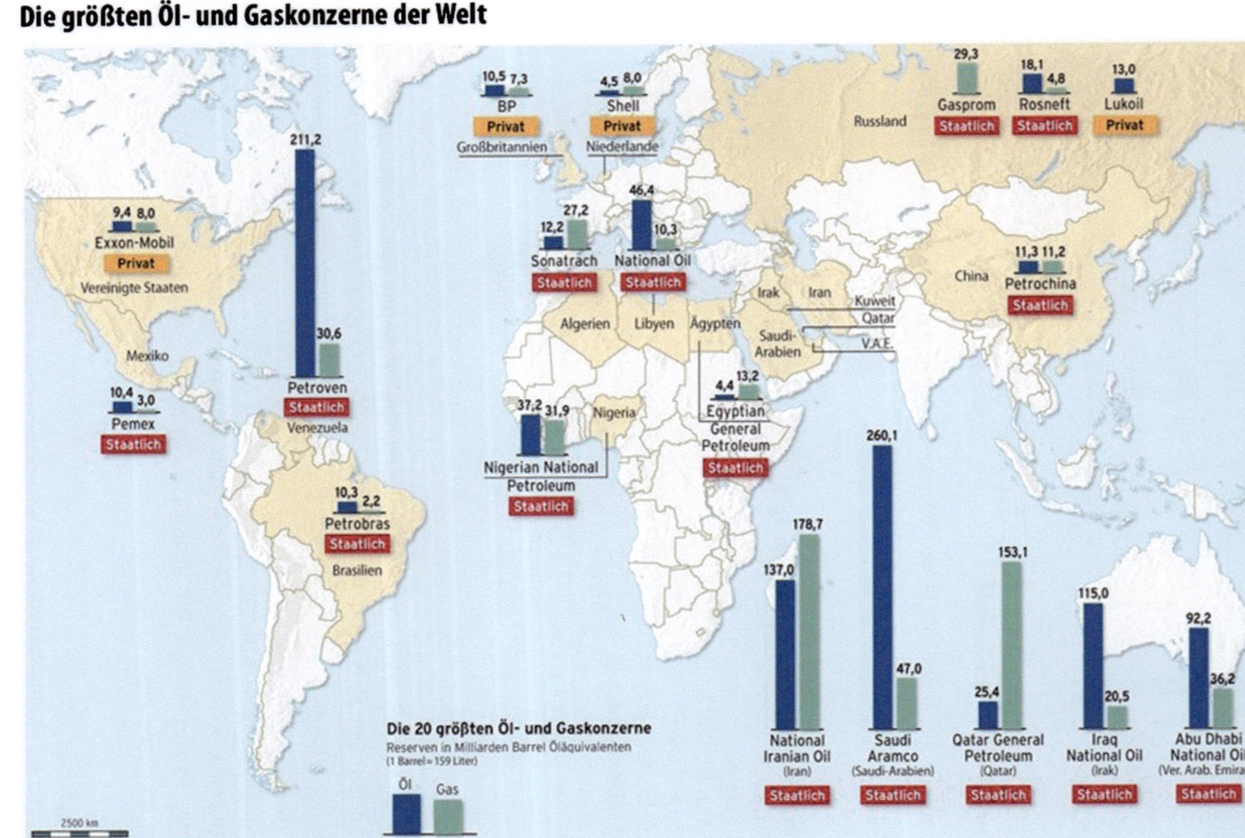

Abb. 5 Die 20 größten Öl- und Gaskonzerne in der Welt [E. the twenty biggest oil- and gas-groups in the world]. (Quelle: Eurostat, Petrostrategies, US Energy Information Administration, World Energy Outlook (WEO) 2011)

Dieses Prinzip der Energieumwandlung innerhalb eines Wärmekraftwerkes, die unmittelbar auch mit einer Stoffumwandlung verbunden ist, ist auch bei den entsprechenden Prozessen des biologischen Stoffwechsels auszumachen (Kap. XV, Abb. 10).

Biologische Stoff- und Energietransformationen und das Erschließen und Nutzen von technischen Energien haben ihre Wurzel in der Fotosynthese (Kap. XI, Abschn. 3 und Kap. XV, Abschn. 2).

Das Prinzip von der Quelle über die Umwandlung, Speicherung, wieder Umwandlung und Nutzung gilt für alle Prozesse und kann sich beliebig oft wiederholen.

Weiterführende Literatur

Chemiewirtschaft in Zahlen (2016), Verband der Chemischen Industrie (VCI), 60329 Frankfurt am Main.

Eurostat, Petrostrategies, US Energy Information, Administration, International Energy Agency, World Energy Outlook (WEO) 2011, FAZ-Karte Sieber/Theurer.

Fratscher, W. (1998), Stoff- und Energiewandlungen bei verfahrenstechnischen Prozessen, Chemie Ingenieur Technik, Heft 7.

Jürgensen, F. (1998), Ein Erklärungskonzept der Triebkraft chemischer Reaktionen, Chemikon, Heft 7.

Mewis, Dirk (2016), Energieträger Gas, Frankfurter Allgemeine Zeitung vom 13.10.2016, Verlagsspezial.

Stegmann, W. (1981), Biowissenschaften – Aktuelle Begriffe, Hrsg. Dr. Karl Thomae GmbH, Biberach an der Riss, Orbis Verlag GmbH, München.

Stromthemen (1998), Hrsg, IZE, s. o., Frankfurt am Main, Heft 9.

Stübs, R. (1998), Computergestützte Bestimmung der Brennwerte von Lebensmitteln, Chemikon, Heft 4.

Theurer, M. und Petersdorff, W. von (2012), Tanken mit Putin und Chávez, Frankfurter Allgemeine Zeitung vom 28.10.2012, Nr. 13.

Umweltreport der ABB (1998), Hrsg. Asea Brown Boveri AG, Mannheim.

Viele Wege führen zum Strom (1994), Hrsg. IZE, Informationszentrale der Elektrizitätswirtschaft e. V., Frankfurt am Main, Heft 12.

Viktorin, M. (1998), Die treibende Kraft des Feuers, Laborpraxis, Heft 6.

Weber, R. (1992), Webers Taschenlexikon – Energie und Umwelt: Fakten, Maßnahmen, Zusammenhänge, Olynthus Verlags Anstalt, Fl-9490 Vaduz.

Weber, R. (1995), Webers Taschenlexikon – Erneuerbare Energie: Energieformen, Nutzungstechniken, Umwelteinflüsse, Olynthus Verlags Anstalt, Fl-9490 Vaduz.

Bevölkerungsdichte – Stoffdichte – Energiedichte [E. density of population – density of material – density of energy]

1 Bevölkerungsdichte [E. density of population]

Die Bevölkerungsdichte wird definiert als die Zahl der Bewohner oder Siedler pro Quadratkilometer, [km^2]. Es gibt weite Landstriche auf der Erde, die wegen ihrer Lebensunfreundlichkeit von Menschen nicht besiedelt werden können. Beispiele hierfür sind die Wüsten, die Arktis und Antarktis. Aus diesem Grund sind Australien, die Sahara und Sibirien auch heute die am dünnsten besiedelten Gebiete unserer Erde. Andererseits gibt es Metropolen wie New York, Rio de Janeiro, London, Kairo, Bombay, Moskau, Shanghai, Tokio u. a., in denen sich die Bevölkerung bis zu 40.000 Einwohner/km^2 verdichtet hat.

Zurzeit leben ca. 7,3 Mrd. Menschen auf unserem Planeten. Das Bevölkerungswachstum befindet sich in einer exponentiellen Phase (Kap. I, Abb. 1).

Mit der sprunghaften Steigerung der Weltbevölkerung in den vergangenen 200 Jahren musste zwangsläufig eine Steigerung der Stoff-, Informations- und Energiedichte einhergehen.

Bevölkerungsdichte in Deutschland [E. density of population in Germany]
Deutschland erstreckt sich über eine Fläche von 356.980 km^2. Sie wird von ca. 82 Mio. Menschen bewohnt. Daraus errechnet sich eine Bevölkerungsdichte von 230 Einwohnern/km^2.

Zum Vergleich: Die Bevölkerungsdichte in Frankreich beträgt 107 Einwohner/km^2. In England entspricht sie mit 242 Einwohnern/km^2 in etwa der in Deutschland.

Nur in den Niederlanden mit 387 Einwohnern/km^2 und in Belgien mit 335 Einwohner/km^2 leben die Menschen auf einer noch engeren Fläche.

V. Hopp, *Chemische Kreisläufe in der Natur*,
https://doi.org/10.1007/978-3-662-55860-7_15

Tab. 1 Die Bodennutzung in Deutschland [E. land use in Germany]
Landesfläche Deutschland: 357 100 $km^2 = 35{,}7$ Mio. ha

Davon Anteil	in km^2	in Mio. ha	in %
Landwirtschaftlich genutzte Fläche	186.763,3	18,7	52,3
Davon Ackerfläche	119.000,0	11,9	33,3
Weide- und Grünland	67.763,0	6,77	19,0
Waldfläche	107.487,0	10,7	30,1
Wasserflächen	8.568,0	0,8568	2,4
Gebäude- und Freiflächen	24.633,0	2,46	6,9
Verkehrsflächen	17.850,0	1,79	5,0
Betriebsflächen und Flächen anderer Nutzung (Erholung)	11.784,0	1,18	3,3
Summe	357.083,3	35,7	100,0

Die Bodennutzung der 356.980 km^2 in Deutschland teilt sich wie in Tab. 1 auf.[1]

Die Bevölkerungszunahme wird in den Industrienationen von einem weltweiten Innovations- und Methodenschub begleitet. Was hier Ursache oder Folge ist, das ist schwer auszumachen. Der Innovationsschub findet in der Technik u. a. seinen Niederschlag in der Mikroelektronik, den Informationssystemen, der Lasertechnik, in Materialwissenschaften, der Erschließung von neuen Energiequellen und Werkstoffen sowie der Bio- und Gentechnik und der Digitalisierung.

Neben der Sicherung der Grundbedürfnisse, die sich mit den Stichworten Trinkwasser – Nahrung – Energie – Kleidung – Wohnung – Gesundheit zusammenfassen lassen, wird ein drittes Phänomen von großer Bedeutung, von dem es keine überlieferte Erfahrung unserer Urväter gibt, nämlich: Wie werden sich die Menschen auf sehr begrenztem Raum verhalten? Wie werden sie miteinander kommunizieren und miteinander auskommen, welche Verhaltensformen müssen sie entwickeln, um optimale Lebenschancen zu schaffen und zu bewahren? Kommunikation und Teamfähigkeit sind als Antwort darauf wichtige Schlüsselbegriffe.

Der revolutionäre Umgestaltungsfaktor durch das Bevölkerungswachstum ist nicht neu. Schon nach Beendigung des 2. Weltkrieges (1945) ist auf dieses langsam, aber umso nachhaltiger wirkende Phänomen immer wieder mit allen seinen Konsequenzen hingewiesen worden, doch von der Bevölkerung und der Führungselite der westlichen

[1]Quelle:

- Weltbevölkerung 1999, Soziale und demographische Daten zu den Ländern und Regionen der Welt, Deutsche Stiftung Weltbevölkerung, Hannover.
- Deutscher Bauernverband (2015/2016), Trends und Fakten zur Landwirtschaft, 10717 Berlin.
- LE MONDE diplomatique (2006), Atlas der Globilisierung – Die neuen Daten und Fakten zur Lage der Welt; taz Verlags und Vetriebs GmbH, Berlin.

Industrienationen nicht zur Kenntnis genommen worden. Wie über Nacht sind mit dem Stichwort Globalisierung und Internationalisierung alle Folgen sichtbar geworden.

Die treibenden Faktoren der Globalisierung sind der Bedarf nach mehr Stoffen, Nahrungsmitteln, Nutzenergien und Informationen zur Lenkung des Transportwesens.

Rohstoffquellen sind nichts anderes als verdichtete Ausgangsstoffe für Werk- und Wirkstoffe.

1.1 Ursachen der Globalisierung und ihre Folgen [E. reasons of globalization and their consequences]

Die Erde wird immer dichter von Menschen besiedelt werden. Die Regionen der Rohstoff-, Energie- und Nahrungsmittelquellen sind nicht identisch mit den Wohn- und Produktionsgebieten, die vorwiegend an Küsten, Flüssen, Flussmündungen oder fruchtbaren Tälern liegen.

Städte und Stadtregionen mit mehr als 10 bis 20 Mio. Einwohnern sind in der Welt keine Ausnahmen mehr, sondern bald die Regel (Abb. 1).

Die Zeit der Auswanderung des 18. und 19. Jahrhunderts ist wieder aktuell, als es große Menschenströme von Europa nach Nord- und Südamerika zog. Die Hungersnöte trieb sie außer Landes. Was damals für Westeuropa galt, gilt heute in zunehmendem Maße für viele Länder außerhalb Europas und Nordamerikas, wie z. B. für Länder des Vorderen Orients, große Regionen in Afrika und Indien.

Eine Zunahme der Weltbevölkerung bedeutet eine schleichende Verknappung der lebensnotwendigen Waren und Güter, der technischen und physiologischen Nutzenergien in den dicht besiedelten Gebieten, wenn nicht rechtzeitig dagegen gesteuert wird.

Die Menschen wollen satt sein und danach gesund und länger leben. Das sind die wesentlichen Herausforderungen, die an eine Globalisierung gestellt werden. Die Kap. I, Tab. 1 zeigt, dass die Energieposten die größten aller Massengüter sind und technische und physiologische Energie eng miteinander zusammenhängen.

Globalisierung bedeutet den Ausbau eines weltweiten Transportnetzes von Pipelines, von elektrischen Stromverbundnetzen, Fernstraßen, Fluss- und Eisenbahnnetzen. Sie bedeutet weiter sichere Schiffscontainer für den Transport von Massengütern über die Meere.

Von gleicher Wichtigkeit ist die Entwicklung eines internationalen Kommunikationssystems.

Der reibungslose Transport von Gütern und Informationen ist die Voraussetzung für eine erfolgreiche Globalisierung (Kap. I, Abb. 2).

Abb. 1 Die größten Metropolen, teilweise mit ihren Regionen, in der Welt (Einwohnerzahlen in Mio.) im Jahr 2010 [E. the world's biggest conurbations (inhabitants in millions) in 2010 a. D.]
Zurzeit gibt es 22 Megastädte in der Welt mit mehr als 10 Mio. Einwohnern. Ihre Zahlen variieren zwischen 34 Mio. von Tokio und 10 Mio. von Istanbul. Bei weiteren 358 Städten schwankt die Einwohnerzahl zwischen 10 Mio., z. B. in Paris, und 1 Mio. in Dublin

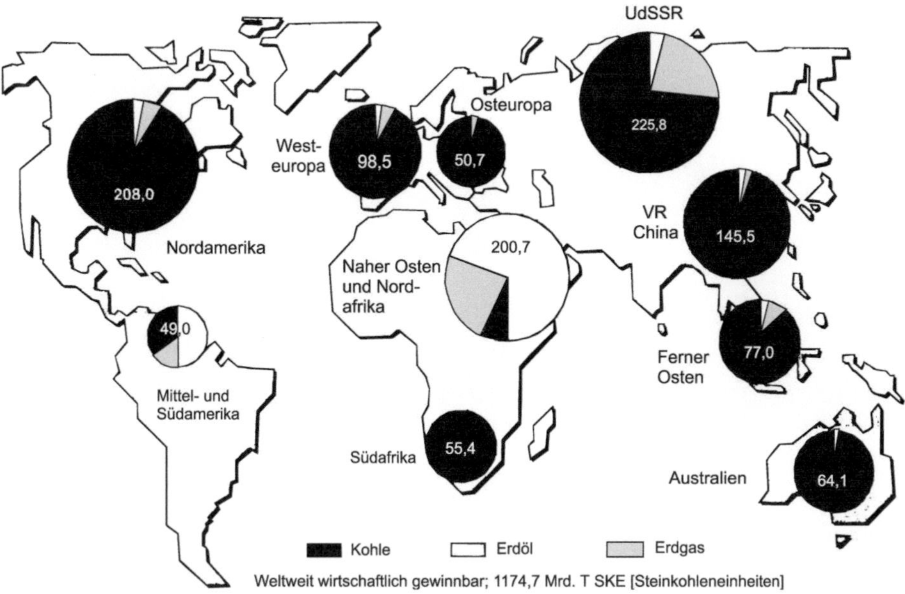

Abb. 2 Verteilung der fossilen Rohstoffe in der Welt [E. distribution of fossile materials in the world]. (Datenquellen: Oil and Gas Journal (2016) from the OPEC Secretarial. World Energy Resorces (2013) Survey World Energy Council)

2 Stoffverdichtung in Rohstoffquellen [E. compression of raw materials in sources]

Die physikalische Definition für Dichte ist $D = \frac{\text{Stoffgewicht}}{\text{Volumen}} \left[\frac{g}{cm^3}\right]$, d. h., je mehr

Masse sich in einer Volumeneinheit befindet, je höher ist die Stoffdichte und damit auch die Packungsdichte. Diese Definition lässt sich auch auf die Rohstoffe bzw. Rohstoffquellen übertragen. Eine hohe Rohstoffdichte bedeutet zugleich eine Ungleichverteilung dieser Rohstoffe gegenüber dem Umfeld bzw. in den verschiedenen Landesteilen.

Ein anschauliches Beispiel liefern die fossilen Rohstofflager der Kohle, des Erdöls und des Erdgases. Sie gehören zu den wichtigsten Schlüsselrohstoffen unserer technisierten und globalisierten Welt. Sie sind Ausgangsstoffe für die schon erwähnten Werk- und Wirkstoffe sowie die Energiespeicher mit hoher Packungsdichte. Sie enthalten ihre innere Energie als chemische Energie gebunden, die durch Verbrennung als Wärmeenergie freigesetzt werden kann (Kap. XVI, Tab. 3).

Die fossilen Rohstoffe sind über die Fotosynthese und dem nachfolgenden anaeroben Abbau und Umbau der pflanzlichen oder mikrobiellen Biopolymere verdichtet worden (Kap. IX). Diese Verdichtungen zogen sich über mehrere Hunderte von Millionen Jahre

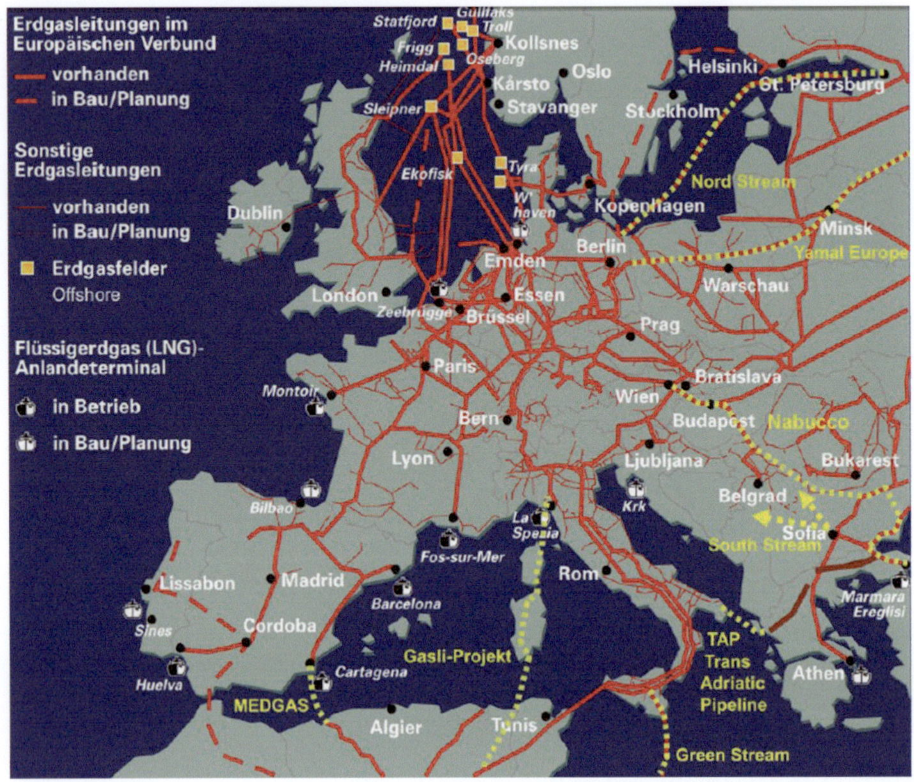

Abb. 3a Europäischer Erdgasverbund [E. European compound of natural gas]. (Quelle: BGR)

hin. In der Abb. 2 sind die Lagerstätten der verdichteten Stoffe eingezeichnet. Die Abbildung zeigt, dass

1. es sich um ungleich verteilte, aber hochverdichtete Rohstoffe handelt;
2. sie die Grundlage für eine moderne industrielle Veredlungswirtschaft sind, insbesondere für die von Landwirtschafts- und Nahrungsmittelprodukten. Erdgas ist der Wasserstofflieferant für die Hydrierung von Stickstoff zum Ammoniak, das der Ausgangsstoff für stickstoffhaltige Düngemittel ist und damit für die Eiweißversorgung;
3. ein eng vernetztes, im übertragenen Sinne ein dichtes Transportnetz notwendig ist, um diese Stoffe dorthin zu befördern, wo die urbanisierte Gesellschaft sich angesiedelt hat (Abb. 3a, 3b und 4).

Die größten Kohlevorräte befinden sich in der GUS, den USA und in China. Setzt man die Vorräte ins Verhältnis zur Einwohnerzahl, dann kann man auch Australien mit nur ca. 22 Mio. Einwohnern und Südafrika mit ca. 45 Mio. Bewohnern zu den kohlereichen Ländern rechnen (Abb. 1). Japan als sehr dicht besiedeltes Land verfügt über sehr wenig Kohle, Erdöl oder Erdgas. Es muss alle diese Energieträger importieren.

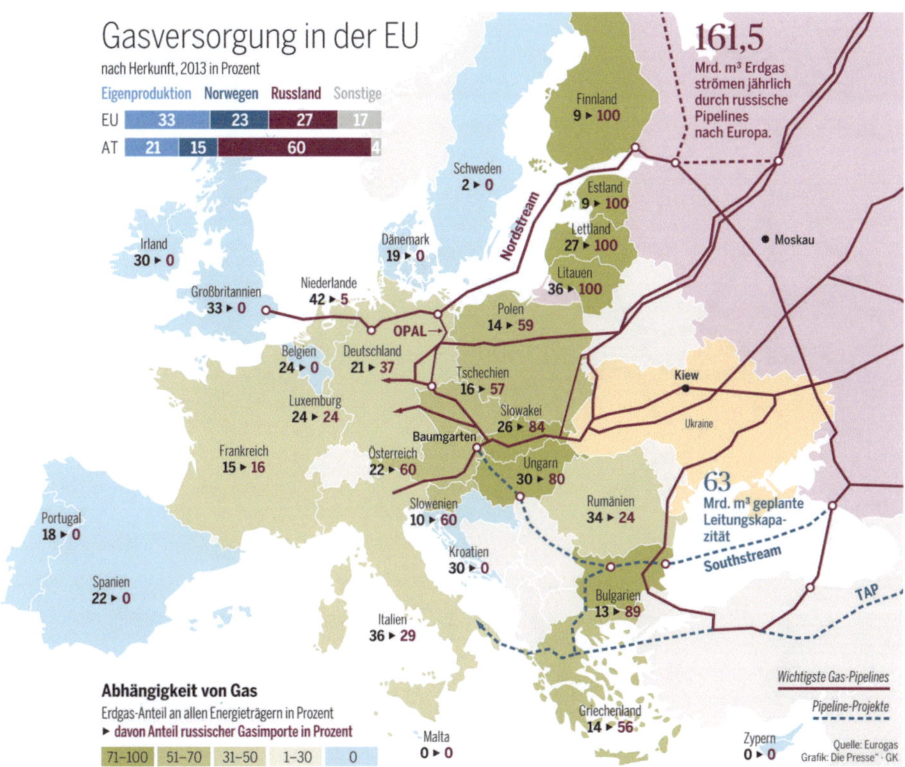

Abb. 3b Die Abhängigkeit der Erdgasversorgung der Europäischen Union von Russland [E. the dependence of the European Union on the natural gas supply of Russia]

1 SKE entspricht 29 300 Kilojoule [kJ] bzw. 8,141 Kilowattstunden [kWh] *oder* ca. 1 kg Steinkohle *oder* 1,9 kg Braunkohle *oder* 0,7 kg Heizöl *oder* 0,8 m^3 Erdgas.

Kohle steht mengenmäßig weltweit immer noch an 1. Stelle aller Massengüter, die über die Meere und Kontinente transportiert werden. Im Laufe der letzten 50 Jahre hat sich mittlerweile das Erdöl an die 2. Stelle platziert. Als Flüssigkeit lässt sich Erdöl leichter befördern. Es hat eine höhere Energiedichte als Kohle (Kap. XVI, Tab. 3) und enthält den wertvollen Wasserstoff in seinen Molekülen gebunden. Es sind die Kohlenwasserstoffe, die das Erdöl als Rohstoff für die chemische Industrie so interessant machen.

Die größten Erdölvorkommen befinden sich im Vorderen Orient mit Saudi-Arabien an 1. Stelle. Die Bedeutung dieser Rohstoff- und Energieverdichtung wird unterstrichen durch die politische Machtansammlung oder treffender gesagt, durch die Machtverdichtung. Alle mächtigen Nationen der Welt sind in irgendeiner Weise in den Regionen der arabischen Staaten präsent und versuchen, ihren Einfluss geltend zu machen.

Über die größten Erdgasreserven verfügt Russland, gefolgt vom Iran (Abb. 3b).

Die Energiedichte des Erdgases liegt noch über die des Erdöls und der Kohle (Kap. XVI, Tab. 3).

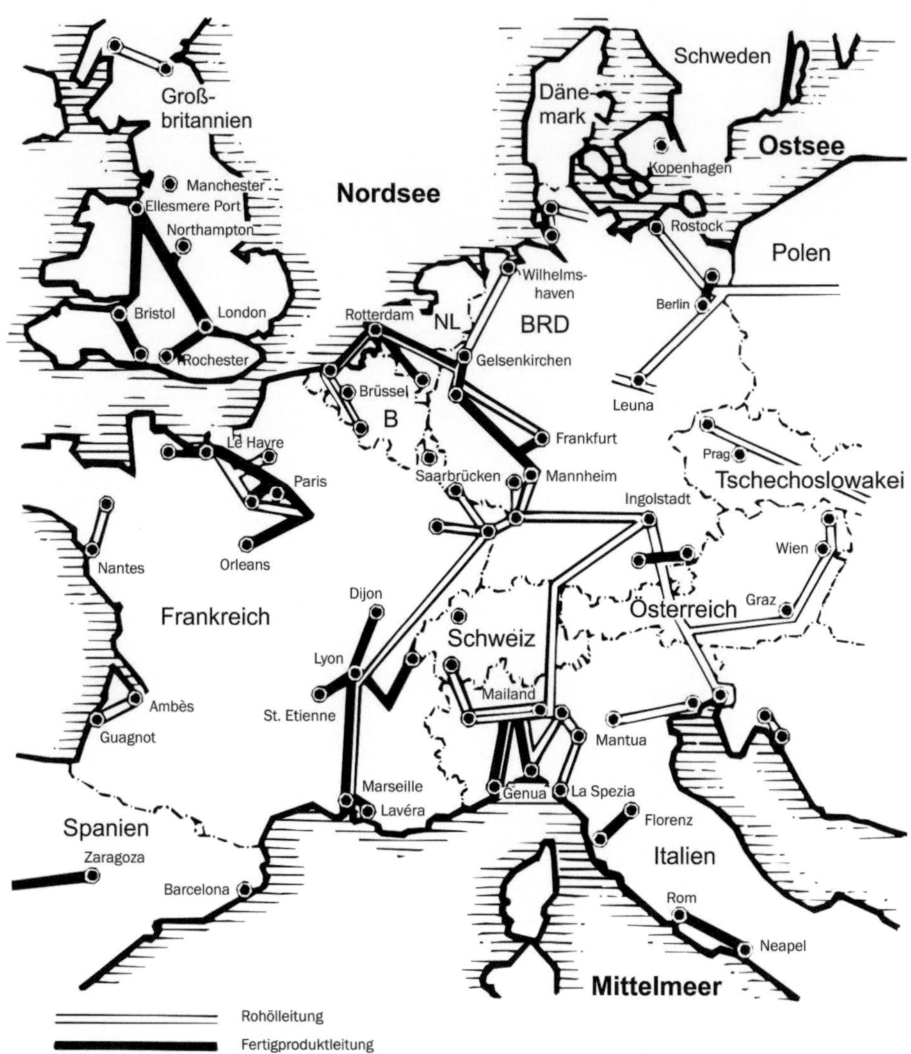

Abb. 4 Rohölleitungen in Westeuropa [E. pipelines of crude oil in West-Europe]

Für Europa und Deutschland sind die Erdgasvorkommen von besonderer Bedeutung. Sie garantieren eine gewisse Teilunabhängigkeit der Energieversorgung vom Import.

Die Versorgung mit Nahrungsmitteln hängt unmittelbar von einer ausreichenden Reserve von technischen Nutzenergien, z. B. elektrischer Strom und Wärmeenergie, ab.

Transportnetze müssen gebaut werden, um die Rohstoffe an die Orte ihrer Verarbeitung und der Verbraucher zu bringen. Für Flüssigkeiten und Gase sind weitreichende Pipelines vernetzt worden.

Abb. 3a und 3b zeigen als Beispiel den europäischen Erdgasverbund, Abb. 4 zeigt die Erdölleitungen.

Europäischer Erdgasverbund

Die Pipelines des westeuropäischen Erdgasverbunds reichen von der Nord- und Ostsee bis zum Mittelmeer und vom Atlantik bis zu den Leitungssystemen Osteuropas. Der grenzüberschreitende Verbund ist Ausdruck der engen gaswirtschaftlichen Zusammenarbeit in Westeuropa, die der Versorgungssicherheit und der wirtschaftlichen Optimierung dient.

Westeuropa und damit auch Deutschland hängt an vier Zapfsäulen des Erdgases und Erdöls. Diese kleine erdteilähnliche Halbinsel bedarf wegen ihrer starken Bevölkerungsdichte hohe Stoff- und Energiedichten sowie engvernetzte Kommunikations- und Transportsysteme.

Die vier Zapfsäulen sind fast gleichmäßig nach allen Himmelsrichtungen eingebaut und verteilt:

- Im Norden sind es die Erdgaspipelines aus der Nordsee.
- Im Nordwesten sind es die Erdölanlandungshäfen in Rotterdam, Antwerpen und Le Havre.
- Im Süden beginnen die Rohölpipelines in La Vera und Marseille sowie in Genua und Triest. Die Erdgaspipelines starten in Sevilla aus Algerien kommend und in Palermo über Tunesien aus Algerien.
- Im Osten wird Europa mit einer Erdgaspipeline aus Russland über Österreich und Tschechien nach Deutschland versorgt.

  Eine Erdölleitung aus Russland über Tschechien (Litvino) versorgt die Chemieregion Leuna, eine weitere liefert ihr Öl aus Sibirien in Schwedt an der Oder ab, von dort wird ebenfalls nach Leuna und Rostock weitergepumpt.

Eine weitere Erdgas-Pipeline, die Ostsee-Pipeline *North Stream,* wurde erst vor einigen Jahren durch die Ostsee von Russland nach Vorpommern in Betrieb genommen (Abb. 3b).

2.1 Produktionsstandorte [E. production locations]

Neu zu errichtende industrielle Produktionsstandorte werden dem Trend der Bevölkerungsverdichtung folgen, alte Produktionsstandorte werden sich in diese Regionen verlagern.

Die Auswahl von Industriestandorten wird sich an folgenden Kriterien orientieren:

- Rohstoff- und Nutzenergieversorgung – Nahrungsmittelversorgung,
- Transportmöglichkeiten wie Flüsse, Küsten, Pipelines, Schienen, Straßen etc.,
- urbanisierte Bevölkerungsdichte, d. h. zugleich Markt- und Kundennähe,
- geeignete Entsorgungs- und Wiederaufarbeitungssysteme für Rest- und Abfallstoffe,
- qualifizierte Fachkräfte, damit sind zugleich Schul- und Berufsbildungseinrichtungen erforderlich,
- entsprechende politische Rahmenbedingungen, die das Produktions-, Innovations- und Kommunikationspotenzial fördern und eine Ausplünderung der natürlichen Überlebensquellen wie Rohstoffe, landwirtschaftliche Kulturböden und Süßwasser von staatlicher und privater Seite vermeiden. Das wird eine Gratwanderung sein. Die Regenerationsfähigkeit der Ackerböden muss erhalten bleiben.

3 Energiedichten einiger Energieträger [E. energy densities of some energy carrier]

Energieträger sind Stoffe, aus denen durch chemische Umwandlung Nutzenergie freigesetzt werden kann, z. B. Kohle, Erdöl, Erdgas, Holz, Stärke, Fette und Proteine, aber auch Uran. Sie unterscheiden sich voneinander in ihrer Energiedichte.

Energiedichte ist die gespeicherte Energie pro Masseneinheit Energieträger.

Die Energiedichte ist auch ein Maß für die *Energiespeicherung* und hängt von dem chemischen Aufbau und der chemischen Zusammensetzung des Stoffes und seiner Packungsdichte ab. Wasserstoff hat nach Uran 235 den höchsten Heizwert (s. Kap. XVI, Tab. 3), weist als Gas aber eine niedere Energiedichte auf. Kernkraftwerke liefern bei geringen Stoffströmen hohe Energiedichten. Die Energiespeicherung ist bedeutsam für den Transport von Energie, z. B. Heizöl von den Raffinerien in die Öltanks der Haushalte oder Industrie, Transport von physiologischer Energie in Form von Getreide aus den Getreidesilos zu den Getreidemühlen und als Mehl in die Bäckereien für das Brot der Menschen.

Die *Energiespeicherung* ist weiterhin wichtig als Ausgleich (Puffer) zwischen Energiebedarf und Energieangebot, da beide zeitlich nicht immer zusammenfallen. Erdöl, das im Sommer in Saudi-Arabien gefördert worden ist, wird in Europa erst im Winter benötigt. Eine Vorratshaltung an elektrischem Kraftstrom ist dagegen nicht die von Nahrungsmitteln nur bedingt und begrenzt möglich.

Eine Verdichtung und Speicherung von physiologischer Energie erfordert eine ganz spezielle Nahrungsmittellogistik.

4 Einheiten zum Messen von Energie [E. units for measurments of energy]

Definition [E. definiton]

Newton[2] ist die SI-Einheit[3] der Kraft.

Kraft ist eine Folge von Wechselwirkungen der Materie. Sie ist die Ursache für die Änderung des Bewegungszustandes von Körpern, d. h. für die Beschleunigung freier bzw. für die Deformation gebundener Körper.

Kraft [F][4] = Masse [m] × Beschleunigung [a][5]

$$F = m \times a$$

1 Newton [N] ist die Kraft, die der Masse 1 [kg] die Beschleunigung 1 m/s^2 erteilt

$$1\,N = 1\,m \cdot 1\,kg \cdot s^{-2}$$

[2]Isaac Newton (1643–1722), engl. Physiker, Mathematiker, Naturforscher.

[3]SI = Système International d'Unités.

[4]force (engl.) – Kraft.

[5]acceleration (engl.) – Beschleunigung.

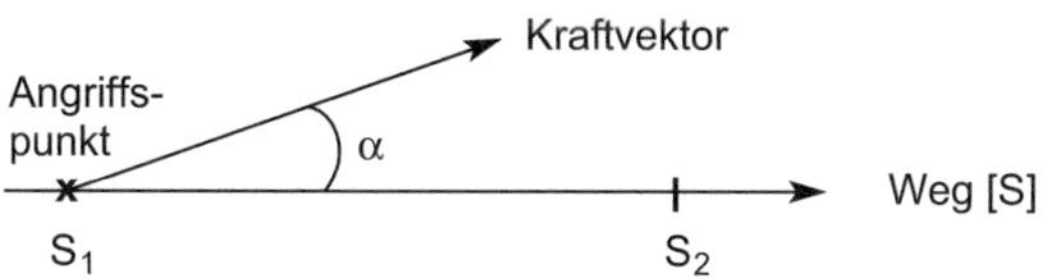

Abb. 5 Arbeit [ΔW] = Kraft [F] × Weg [ΔS] [E. work [W] = force [F] • displacement [ΔS]]
$\Delta S = S_2 - S_1$

Arbeit ist das Produkt aus der in der Wegrichtung angreifenden Kraft und den zurückgelegten Weg ds sowie dem Cosinus des Winkels zwischen der Wegstrecke und der Richtung der angreifenden Kraft (Abb. 5).

Die Formulierung $\Delta W = F \times \Delta S$ gilt nur, wenn $\alpha = 0$, d. h. $\cos \alpha = 1$ bzw. wenn die Richtung des Kraftvektors mit der Wegrichtung parallel verläuft. Joule ist die SI-Einheit für Arbeit, Energie und Wärmemenge.

1 Joule[6] ist diejenige Arbeit, die verrichtet wird, wenn sich der Angriffspunkt einer Kraft von 1 Newton [N] in Richtung der Kraft um 1 Meter [m] verschiebt.

$$\begin{aligned} 1\,\text{Joule} &= 1\,\text{Newton} \times 1\,\text{Meter} \\ 1\,\text{J} &= 1\,\text{N} \times 1\,\text{m} \end{aligned}$$

Watt[7] ist die SI-Einheit für Leistung. Es ist diejenige Leistung eines gleichmäßigen Vorganges, bei dem in der Zeit von 1 Sekunde [s] die Arbeit von 1 Joule [J] verrichtet wird. Watt ist die Einheit der Leistung, des Energie- und Wärmestroms.

$$1\,\text{Watt} = \text{J} \times \text{s}^{-1}$$

1 Watt ist auch die elektrische Leistung eines Stromes der Stärke 1 Ampere [A] in einem Leiter, an deren Enden die Spannung 1 Volt [V] herrscht.

$$1\,\text{Watt} = 1\,[\text{A}] \cdot 1\,[\text{V}] = \text{J} \cdot \text{s}^{-1}$$

Es gilt also

$$\begin{aligned} \text{Leistung} &= \frac{\text{Arbeit}}{\text{Zeit}} = \frac{1\,\text{J}}{1\,\text{s}} = 1\,\text{Watt}\,[\text{W}] \\ \text{Arbeit} &= \text{Leistung} \times \text{Zeit} \\ 1\,\text{J} &= 1\,\text{W} \cdot \text{s} \end{aligned}$$

[6] James Prescott Joule (1818–1889), engl. Physiker.

[7] James Watt (1736–1819), engl. Ingenieur.

Zusammenfassend gilt:

$$1\,\mathrm{J} = 1\,\mathrm{W}\cdot\mathrm{s} = 1\,\mathrm{V}\cdot\mathrm{A}\cdot\mathrm{s} = 1\,\mathrm{N}\cdot\mathrm{m}$$

Hieraus folgt die Umrechnung

$$\begin{aligned} 1000\,\mathrm{J} &= 1\,\mathrm{kJ} = 1000\,\mathrm{W}\cdot\mathrm{s} = 1\,\mathrm{kW}\cdot\mathrm{s} \\ 1\,\mathrm{h} &= 60\cdot 60 = 3600\,\mathrm{s} \\ 1\,\mathrm{kWh} &= 1\,\mathrm{kW}\cdot 3600\,\mathrm{s} \\ 1\,\mathrm{kWh} &= 3.600.000\,\mathrm{Ws} = 3.600.000\,\mathrm{Nm} = 3.600.000\,\mathrm{J} \\ 1\,\mathrm{kWh} &= 3,6\,\mathrm{MJ}\ (\text{Megajoule}) \\ 1\,\mathrm{kJ} &= \frac{1}{3600}\,\mathrm{kWh} \end{aligned}$$

Für Vergleiche der Energieinhalte verschiedener Brennstoffe, wie z. B. Kohle, Erdöl, Holz, Zucker u. a., dient die Steinkohleeinheit [SKE].

1 SKE ist der Heizwert von 1 kg Steinkohle definierter Qualität.

$$1\,\mathrm{kg\,SKE} = 29.308\,\mathrm{kJ} = 29.308\ \mathrm{kWs}$$

Umrechnung in Kilowattstunden:

$$1\,\mathrm{J} = 1\,\mathrm{Ws};\ 3600\,\mathrm{J} = 1\,\mathrm{Wh};\ 3600\,\mathrm{kJ} = 1\,\mathrm{kWh},$$

es gilt die Verhältnisgleichung:

$$\begin{aligned} 1\,\mathrm{kWh}{:}3600\,\mathrm{kJ} &= \mathrm{x}{:}29.308\,\mathrm{kJ} \\ \mathrm{x} &= \frac{1\,\mathrm{kWh}\cdot 29.308\,\mathrm{kJ}}{3600\,\mathrm{kJ}} = \underline{8,14\,\mathrm{kWh},} \end{aligned}$$

daraus folgt für:

$$\mathbf{1\,kg\,SKE = 29,3\,MJ = 8,14\,kWh}$$

Die ursprüngliche Definition der Einheit für die Wärmemenge war die sogenannte Wasserkalorie. 1 Kalorie ist diejenige Wärmeenergie, die erforderlich ist, um 1 g Wasser von 14,5 auf 15,5 °C unter Normdruck von 1,013 bar zu erwärmen. Nach den derzeitig gültigen SI-Einheiten entspricht dies einer Wärmemenge von 4,184 J.

5 Die Sonne als Energiequelle der Erde [E. the sun as energy source of the Earth]

Kernfusion [E. nuclear fusion]

Die Energiequelle von Fixsternen und damit auch unserer Sonne ist die Kernfusion.

Bei hohen Temperaturen verschmelzen die leichten Wasserstoffkerne zu den schweren Heliumkernen.

Bei diesen thermonuklearen Reaktionen werden große Energiebeträge unter Massenverlusten frei.

Nach spektrochemischen Untersuchungen besteht die Sonne zu

80 % aus Wasserstoffkernen,
19 % aus Heliumkernen und
1 % aus schweren Kernen wie Kohlenstoff, Neon u. a.

Je Mol, d. h. 4,0015 g Helium, werden bei der Kernfusion ca. $249 \cdot 10^7$ kJ an Energie frei.

Je Kilogramm Helium sind das $62 \cdot 10^7$ mJ.

Wollte man Heliumkerne in Protonen und Neutronen aufspalten, so müsste man dazu den Energiebetrag von 620 Mio. mJ je Kilogramm Helium aufwenden.

Dieses ist der Grund, warum beim radioaktiven Zerfall Heliumkerne und nicht dessen Bausteine ausgeschleudert werden.

Ein Zusammenschmelzen von 4 Wasserstoffkernen zu einem Heliumkern gelingt nur ab Temperaturen von ca. 10^7 K (10 Mio. K).

5.1 Berechnung der Energiestromdichte an der Sonnenoberfläche [E. calculation of the energy flow density on sun surface]

Gespeist aus der schier unversiegbaren Quelle atomarer Kernverschmelzungsprozesse schleudert die Sonne einen *Energiestrom von 22,9 · 10^{27} J/min* in den Weltraum. Diese pro Minute freigesetzte Energiemenge ist so gewaltig, dass sie den heutigen Welt-Energiebedarf für mehr als 100 Mrd. Jahre decken würde.

Da die Sonnenkugel einen Durchmesser von $D = 1{,}39 \cdot 10^{11}$ cm hat, können wir die Sonnenoberfläche mit

$$D^2 \cdot \pi = 3{,}14\left(1{,}39 \cdot 10^{11}\right)^2 = 6,07 \cdot 10^{22}\text{cm}^2$$

annehmen. Die von der Sonne pro Quadratzentimeter Sonnenoberfläche und Minute freigesetzte Energie E_S beträgt somit

$$E_S = \frac{22,9 \cdot 10^{27}\text{J} \cdot \text{min}^{-1}}{6,07 \cdot 10^{22}\,\text{cm}^2} = 377.265\,\text{J} \cdot \text{cm}^{-2} \cdot \text{min}^{-1}.$$

Die *Energiestromdichte* E_S ist also an der Sonnenoberfläche rund 377.000 J · cm^{-2} · min–[1]. Nach dem Strahlungsgesetz von Stefan-Boltzmann[8] gilt für das Strahlungsvermögen eines absolut schwarzen Körpers in Abhängigkeit von der absoluten Temperatur

[8]Ludwig Boltzmann (1844–1906), österr. Physiker;
Josef Stefan (1835–1893), österr. Physiker.

$E_S = \sigma \cdot T^4$; T ist die absolute Temperatur in Kelvin [K][9]
σ ist die Stefan-Boltzmann-Konstante[10]

$$\sigma = 5{,}669 \cdot 10^{-12}\left[\frac{J}{cm^2 \cdot s \cdot K^4}\right]$$

$$= 5{,}669 \cdot 60 \cdot 10^{-12} = 3{,}4014 \cdot 10^{-10}\left[\frac{J}{cm^2 \cdot min \cdot K^4}\right]$$

$$T = \sqrt[4]{\frac{E_S}{\sigma}}$$

Nehmen wir die Sonne als einen solchen idealen schwarzen Strahler an, so kann aus der Energiestromdichte die Oberflächentemperatur berechnet werden, die die Sonne mindestens (ideal schwarz) haben muss.

$$T = \sqrt[4]{\frac{377\,265\,J \cdot min \cdot cm^2 \cdot K^4}{cm^2 \cdot min \cdot 3{,}4014 \cdot 10^{-10} J}} = \sqrt[4]{\frac{377\,265 \cdot 10^8 \cdot 10^2}{3{,}4014}}[K]$$

$$T = 10^2 \cdot \sqrt[4]{11091\,462}\,[K] = 10^2 \cdot 57{,}7[K] \approx 6000\,[K]$$

Die Sonnenoberfläche hat also eine Temperatur von ca. 6000 K.

5.2 Die Solarkonstante [E. solar constant]

Der Energiestrom der Sonne von $22{,}9 \cdot 10^{27}\,J \cdot min^{-1}$ ist konstant. Da die Fläche, durch die dieser hindurchströmt, aber mit längerer Entfernung von der Sonne immer größer wird, erhalten wir mit zunehmender Entfernung von der Sonne eine immer geringere Energiestromdichte.

Da die Sonne als kugelförmig angenommen werden kann, sind auch Flächen gleicher Energiestromdichte konzentrische Kugelschalen um die Sonne.

Das besondere Interesse gilt nun der Energiestromdichte auf der Kugelschale, in der sich die Erde auf ihrer Kreisbahn um die Sonne bewegt (Abb. 6).

Die Solarkonstante *S* beträgt $8{,}16\,J \cdot cm^{-2} \cdot min^{-1}$.

Berechnung des Energiestroms, der von der Erdoberfläche eingefangen wird [E. calculation of the energy flow, which will be captured by the earth surface]

Solarkonstante $S = 8{,}16\,J \cdot cm^{-2} \cdot min^{-1}$

Die Erdkugel hat einen Durchmesser von $D = 1{,}274 \cdot 10^9$ cm.

---

[9]Lord Kelvin of Largs, geadelter William Thomsen (1824–1907), engl. Physiker.

[10]σ = Stefan-Boltzmann-Konstante, sie ergibt sich bei der Integration des Planck'schen Strahlungsgesetzes über die Strahlungsfrequenzen der spektralen Verteilung der Sonnenenergie.

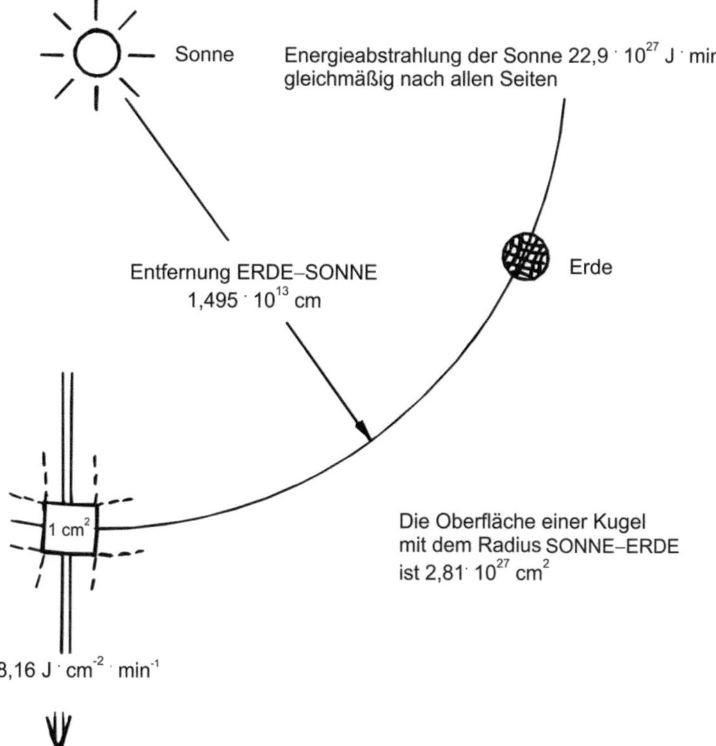

Durch diese Kugelfläche von $2{,}81 \cdot 10^{27}\ \text{cm}^2$ strömt die Energie von $22{,}9 \cdot 10^{27}\ \text{J} \cdot \text{min}^{-1}$

Das entspricht einer Energiedichte von

$$\frac{\text{ENERGIESTROM}}{\text{FLÄCHE}} = \frac{22{,}9 \cdot 10^{27}}{2{,}81 \cdot 10^{27}} = 8{,}16\ \text{J} \cdot \text{cm}^{-2} \cdot \text{min}^{-1}$$

Der Wert $8{,}16\ \text{J} \cdot \text{cm}^{-2} \cdot \text{min}^{-1}$ wird als *Solarkonstante* bezeichnet.

Abb. 6 Kreisbahn der Erde um die Sonne zur Berechnung der Kugelschalenoberfläche [E. circulation of the Earth around the sun for calculation of the spherial surface of the Earth]

Das entspricht einer Projektionsfläche von

$$A_P = \frac{\pi D^2}{4} = \frac{3{,}14\,(1{,}274 \cdot 10^9)^2}{4} = 1{,}274 \cdot 10^{18}\,\text{cm}^2$$

Der von der Erde eingefangene Energiestrom beträgt somit

$$8{,}16\,\text{J} \cdot \text{cm}^{-2} \cdot \text{min}^{-1} \cdot 1{,}274 \cdot 10^{18}\text{cm}^2 = \mathbf{10{,}49 \cdot 10^{18}J \cdot min^{-1}}$$

5.3 Energiestrom zur Erde [E. energy flow to Earth]

Mit der Solarkonstante und der Projektionsfläche der Erdkugel kann der Anteil des Energiestromes berechnet werden, der von der Erde aufgefangen wird. Mit einem Durchmesser von $1{,}274 \cdot 10^9$ cm hat die Erde eine Projektionsfläche von $1{,}274 \cdot 10^{18}$ cm^2 (Abb. 7).

Der von der Erde eingefangene Energiestrom beträgt

$$E = 10{,}49 \cdot 10^{18}\,\mathrm{J} \cdot \mathrm{min}^{-1}$$

Das ist rund der zweimilliardste Teil dessen, was die Sonne ausstrahlt.

$$\frac{10{,}4 \cdot 10^{18}}{22{,}9 \cdot 10^{27}}\left[\frac{\mathrm{J} \cdot \mathrm{min}^{-1}}{\mathrm{J} \cdot \mathrm{min}^{-1}}\right] \approx 0{,}45 \cdot 10^{-9} \approx \frac{1}{2 \cdot 10^9}$$

5.4 Mittlere Energieströme auf der Erdoberfläche [E. average energy streams on Earth surface]

Um zu einem mittleren Wert für die Energiestromdichte auf der Erde zu kommen, wird die durch die Projektionsfläche der Erdkugel aufgefangene Energie (rein rechnerisch) auf die Oberfläche verteilt. Da sich bei einer Kugel Oberfläche zu Projektionsfläche wie 4:1 verhalten, ist die mittlere Energiestromdichte gleich einem Viertel der Solarkonstante. Das sind $2{,}04\ \mathrm{J} \cdot \mathrm{cm}^{-2} \cdot \mathrm{min}^{-1}$ oder

$$\left[\frac{2{,}04 \cdot 60 \cdot 24 \cdot 365}{1000} = 1072\,\mathrm{kJ} \cdot \mathrm{cm}^{-2} \cdot \mathrm{a}^{-1}\right]$$

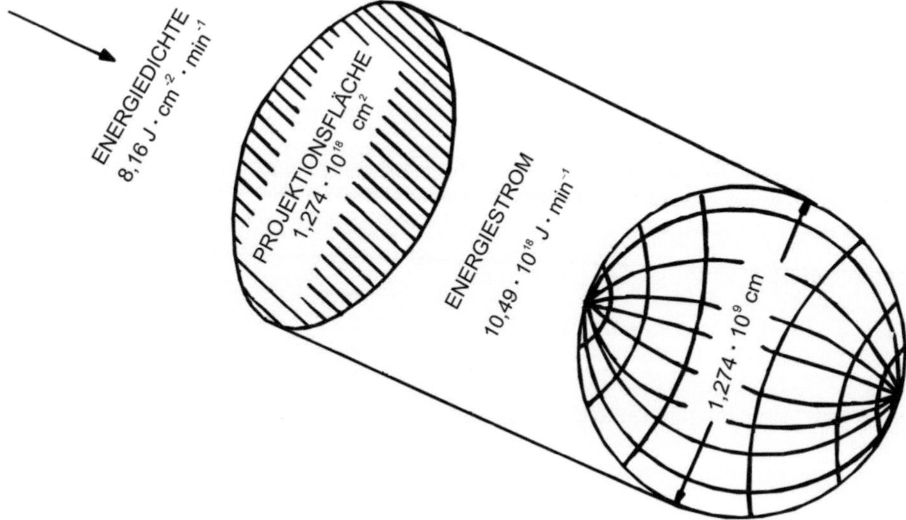

Abb. 7 Gesamtenergiestrom von der Sonne zur Erde [E. total energy flow from the Sun to Earth]

Würde also die gesamte Sonnenenergie bis auf die Erdoberfläche durchdringen, betrüge die mittlere Energiestromdichte 1072 kJ/cm^2 und Jahr (Abb. 8).

5.5 Albedo-Wert [E. Albedo-value]

Ein Teil der Sonnenenergie wird allerdings schon beim Eintritt in die Atmosphäre ($268\ kJ \cdot cm^{-2} \cdot a^{-1} = 25\ \%$) und beim Auftreten auf die Erdoberfläche ($54\ kJ \cdot cm^{-2} \cdot a^{-1} = 5\ \%$) wieder in den Weltraum reflektiert. Das Verhältnis von reflektierter zu eingestrahlter Energie in Prozent ausgedrückt, nennt man ALBEDO-Wert. Er beträgt in unserem Fall (Abb. 9)

$$\frac{268 + 54}{1072} \cdot 100 = 30\,\%$$

5.6 Energiebilanz der Erde [E. energy balance of the Earth]

Es können also nur $70\ \% = 750\ kJ \cdot cm^{-2} \cdot a^{-1}$ der Sonnenenergie in andere Energieformen umgewandelt werden.

Schon beim Durchdringen der Erdatmosphäre werden davon $184 kJ \cdot cm^{-20} \cdot a^{-1} = 17,2\%$ durch Absorption (Wolken, Staub, Aerosole usw.) in andere Energieformen

Mittlere Energiedichte

Die durch die Projektionsfläche der Erdkugel aufgefangene Energie wird (rein rechnerisch) auf die Oberfläche der Erdkugel verteilt.

$$\text{Kreisfläche} = \frac{D^2 \cdot \pi}{4}\ ; \quad \text{Kugelüberfläche} = D^2 \cdot \pi$$

Die 8,16 $J \cdot cm^{-2}\ min^{-1}$ (Solarkonstante) werden also auf die 4fache Fläche verteilt.

Es verbleiben $\frac{8,16}{4} = 2,04\ J \cdot cm^{-2} \cdot min^{-1}$

Das entspricht einer Energiemenge von $2,04 \cdot 60 \cdot 24 \cdot 365\ J \cdot cm^{-2} \cdot a^{-1}$, das sind *1072 kJ/cm^2 und Jahr.*

Abb. 8 Das Verhältnis Projektionsfläche zur Erdoberfläche [E. ratio of projection area to Earth's surface]

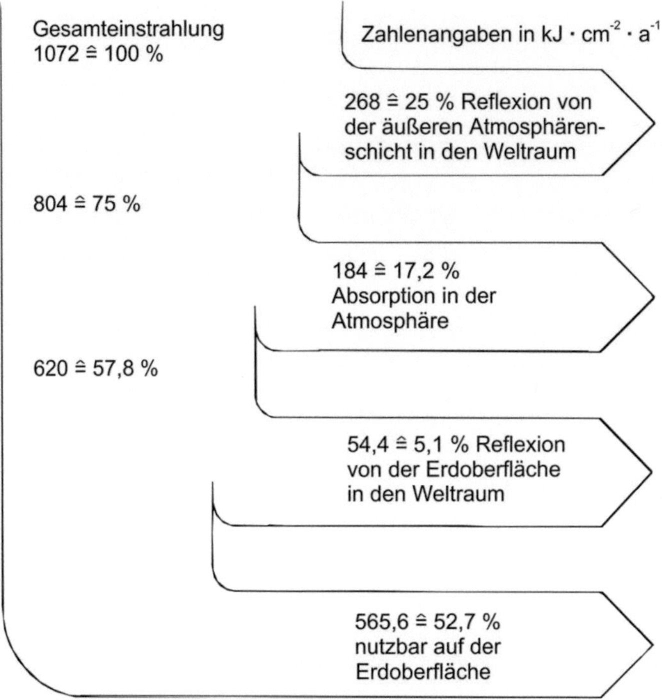

Abb. 9 Verteilung der Sonnenenergie [E. distribution oft he solar energy]

umgewandelt. Damit verbleiben nur $565,6\,\text{kJ}\cdot\text{cm}^{-2}\cdot\text{a}^{-10} = 52,7\,\%$ der Sonnenergie als nutzbarer Anteil, der von der Erdoberfläche aufgenommen wird und zum größten Teil in längerwellige Wärmestrahlung umgewandelt wird.

Ein weiterer Anteil wird direkt von der Erdoberfläche in den Weltraum abgestrahlt. Für die Fotosynthese wird nur ein sehr geringer Teil, der unter 0,1 % liegt, genutzt.

Abb. 9 veranschaulicht diese Energieaufteilung.

Bei diesen Angaben handelt es sich um auf die gesamte Erdoberfläche bezogene Mittelwerte.

Die höchste jährliche Energieeinstrahlung erhalten die Wüsten. Sie beträgt dort bis zu 920 kJ/cm^2. In den Polarzonen sinken diese Beträge bis auf 290 kJ/Jahr und cm^2. Die entsprechenden Werte für Europa liegen im Bereich von 330 bis 500 kJ.

Obwohl nur 0,1 % des Anteils der Sonnenenergie, der auf die Erdoberfläche trifft, für die Fotosynthese genutzt wird, werden riesige Energiemengen durch sie in chemische Energie umgewandelt.

5.7 Ausnutzungsgrad der Sonnenenergie durch die Fotosynthese [E. efficiency of the solar energy by the fotosynthesis]

Durch die Fotosynthese werden aus 264 g Kohlenstoffdioxid und 216 g Wasser 180 g Glucose erhalten. Auf diese Weise sind 2876 kJ als biochemische Energie gespeichert worden. Außerdem sind 192 g Sauerstoff aus dem Wasser abgespalten worden, und 108 g Wasser sind neu gebildet worden.

Kohlenstoff-dioxid		Wasser		Glucose		Wasser		Sauer-stoff
$6\,CO_2$	+	$12\,H_2O$	$\longrightarrow$	$C_6H_6(OH)_6$	+	$6\,H_2O$	+	$6\,O_2$;
264 g		216 g		180 g		108 g		192 g;

$\Delta G = +2876$ kJ/mol Glucose
$\Delta H = +2825$ kJ/mol Glucose

Daraus errechnet sich eine physiologische Verbrennungsenthalpie von $\Delta g_v = -16$ kJ pro Gramm Glucose, das ist diejenige Energie, die beim Glucoseabbau zu Wasser und CO_2 wieder abgegeben wird,

Der Zusammenhang zwischen ΔH und ΔG wird durch die Gibbs-Helmholtz'sche Gleichung hergestellt.

Reaktionsenthalpie = freie Reaktionsenthalpie + gebundene Reaktionsenthalpie

$$\Delta_R H = \Delta_R G + \Delta_R Q$$

Die gebundene Reaktionsenthalpie entspricht der nicht mehr vollständig in andere Energieformen umwandelbaren Wärmeenergie. Sie setzt sich als Produkt aus der Reaktionstemperatur T in Kelvingraden und der Reaktionsentropie zusammen.

$$\Delta_R Q = T \cdot \Delta_R S$$

$$\Delta_R H = \Delta_R G + T \cdot \Delta_R S$$

$$T \cdot \Delta_R S = 2825 - 2876\,\text{kJ/mol}$$

$$T \cdot \Delta_R S = -51[\text{kJ/mol}],\ T = 298\,\text{K} = 25\,^\circ\text{C}$$

$$\Delta_R S = -\frac{51}{298}\left[\frac{\text{kJ}}{\text{mol} \cdot \text{K}}\right] = -17\left[\frac{\text{J}}{\text{mol} \cdot \text{K}}\right]$$

Die Reaktionsentropie nimmt bei der Fotosynthese ab. Das bedeutet, der Ordnungsgrad durch die Synthese der kristallisierten Glucose nimmt zu.

Aus zwei relativ reaktionsträgen Komponenten wie Kohlenstoffdioxid als Gas und flüssiges Wasser wird die weitverteilte Sonnenenergie bzw. verdünnte Energie der Sonne mithilfe des Chlorophylls der Blätter, der Algen und einiger Bakterien wieder in Form von Kohlenhydraten, Fetten, Proteinen und anderen Biopolymeren verdichtet (konzentriert).

Die Polymerisation von Glucosemolekülen zu Stärke oder Cellulose verläuft unter Wasserabspaltung[11]

Glucose		Stärke/Glucose		Wasser
$n\ C_6H_6(OH)_6$	$\longrightarrow$	$[C_6H_5(OH)_5]_n$	+	$n\ H_2O$

Die technischen Verbrennungsenthalpien von Glucose und Stärke bzw. Cellulose wurden in den Laboratorien der Höchst Aktiengesellschaft experimentell ermittelt.

Wie nicht anders zu erwarten, wurde der für Glucose errechnete Wert bestätigt.

$$\Delta h_v = 15{,}7\,\text{kJ} \cdot g^{-1}\ \text{Glucose};\ \Delta g_r = -16\,\text{kJ} \cdot g^{-1}$$
$$\Delta h_v = 17{,}24\,\text{kJ} \cdot g^{-1}\ \text{Stärke}$$
$$\Delta h_v = 17{,}57\,\text{kJ} \cdot g^{-1}\ \text{Cellulose.}$$

Die Differenzen der Verbrennungsenthalpien zwischen der Glucose einerseits und Stärke bzw. Cellulose andererseits weisen darauf hin, dass die Verknüpfung von Glucose zu den Biopolymeren Stärke und Cellulose endotherm verläuft.

Die amerikanischen Wissenschaftler R. S. Loomis und W. A. Williams von der University of California in Davis schätzen die Sonnenenergieeinstrahlung an einem typischen Sommertag in den USA auf ein Wald- und Feldgebiet vorsichtig mit 2100 J/cm^2.

Weiterhin ermittelten sie, dass ein gut bewässertes Getreidefeld täglich $71 \cdot 10^{-4}$ g Biomasse/cm^2 produziert. Das entspricht einer Energiemenge von

$$\Delta h = 71 \cdot 10^{-4} \cdot 17.566 = +124{,}7\,\text{J.}$$

Von 2100 J sind 124,7 J durch Fotosynthese in Form von Biomasse gebunden, das sind knapp 6 %.

Dieses ist ein fast theoretischer Wert, da die Ausgangsdaten von nahezu optimalen Verhältnissen stammen. Als Mittelwert über große Vegetationsflächen wird solch ein Ausnutzungsgrad nicht erreicht. Er wird in der Regel auf 1 % geschätzt.

Andererseits verdeutlicht diese Rechnung die unmittelbare Wechselbeziehung zwischen Fotosynthese und Energiespeicherung. Den Zusammenhang zwischen der Sonne als Energiequelle, der Fotosynthese als Energieumwandlungsreaktion, den Biopolymeren als Energiespeicher und Energienutzung veranschaulicht schematisch die Abb. 10.

Die Fotosynthese erweist sich hiermit als die bedeutendste Energieverdichtungsreaktion auf der Erdoberfläche.

Wie im vorangegangenen Kapitel dargelegt, gelangen von der 6000 K heißen Sonnenoberfläche auf die Erdoberfläche jährlich nur 1072 kJ/cm^2. Das ist eine niedere Energiedichte.

---

[11] Diese Formulierung der Bruttoreaktionsgleichung gilt nur für eine große Anzahl von n.

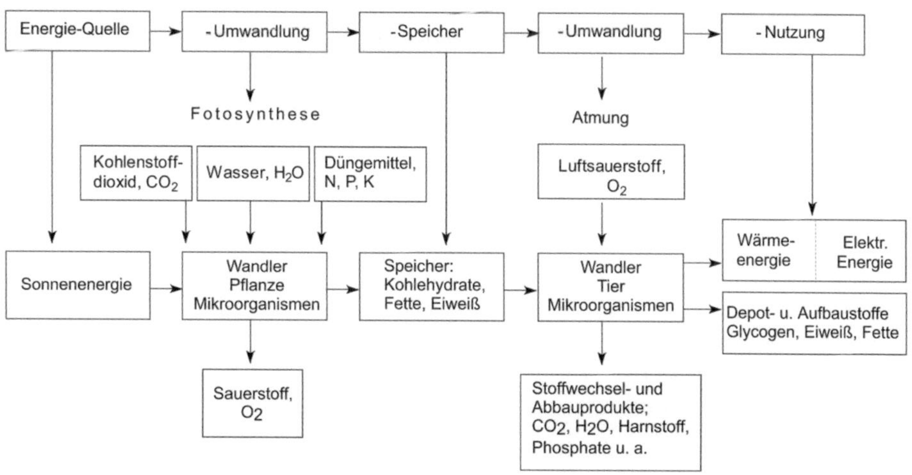

Abb. 10 Energie- und Stoffumwandlung [E. processes of energy and material conversion]

Davon werden für die Fotosynthese nur 0,1 % genutzt, d. h., der Ausnutzungsgrad ist ebenfalls gering.

Der hohe Verdichtungsgrad der Fotosynthese wird erreicht durch eine unendliche Anzahl von Solarzellen, die wir Chloroplasten nennen. Was die Sonne chaotisch und ziellos verschleudert, vermögen die Blätter, Algen und einige fototrope Bakterien geordnet und zielorientiert über die Fotosynthese wieder einzufangen, zu verdichten und als chemische Energie zu speichern.

Wollte man nur einen Bruchteil der fotosynthetisierten und gespeicherten chemischen Energie über die Solarzellen verdichten, dann müssten ganze Landregionen mit sehr vielen Quadratkilometern an Solarflächen bereitgestellt werden.

Die mittlere jährliche Sonneneinstrahlung am Erdboden liegt in Deutschland thermisch bei

$$1000\left[\frac{\text{kWh}}{\text{m}^2\cdot\text{a}}\right] = 3{,}6\,\text{Mio.}\,\frac{\text{kJ}}{\text{m}^2\cdot\text{a}}.$$

Dieser Wert ist praktisch eine Naturkonstante und kann durch keine Idee und keinen Forschungsaufwand verändert werden.

Abb. 11 zeigt, von welcher Bedeutung die horizontalen und vertikalen Luftströmungen in der erdnahen Atmosphäre sind, damit die Solarenergie und auch die Erdwärme immer gleichmäßig den Landflächen und Ozeanen zugeführt werden.

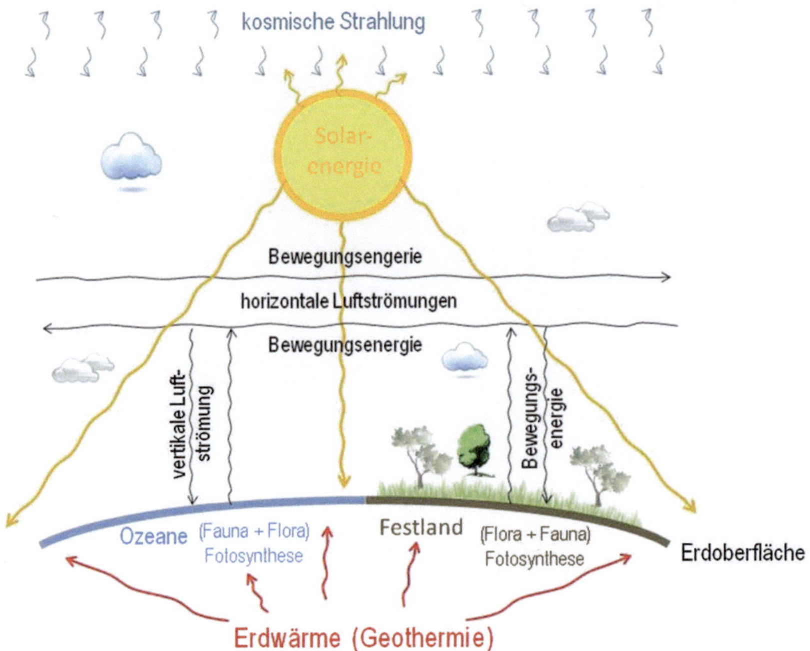

Abb. 11 Die Umwandlung von Solarenergie und Geothermie in chemische Energie über die Fotosynthese und in Bewegungsenergie [E. the conversion of solar energy and natural heat of the Earth into chemical energy by the photosynthesis and kinetic energy]

Weiterführende Literatur

Aktuelle Begriffe, Sterne und Weltall (1981), Hrsg. Dr. Karl Thomae GmbH, Biberach an der Riss.

BGR Energierohstoffe (2009).

Bernstein, St. (1998), Weltbevölkerungsbericht 1998, Hrsg. Deutsche Gesellschaft für die Vereinten Nationen e. V., Bonn, Dag Hammerskjöld-Haus.

Brockhaus Enzyklopädie (1967), Bd. 2, S. 655, F. A. Brockhaus, Wiesbaden.

Bundesanstalt für Geowissenschaften und Rohstoffe, BGR, (2015), Deutschland Rohstoffsituation 2015, Stilleweg 2, 30655 Hannover.

Cosgrove, WJ.; Rijsbeman, FR (2000) World Water vision making water everybody's business, Earthscan Publication., UK, ISBN 185 383730X.

Deutsche Stiftung Weltbevölkerung (1999), Soziale und demographische Daten zu den Ländern und Regionen der Welt, Geschäftsstelle Göttinger Chaussee 115, Hannover.

Exxon Mobil, 2010 The Outlook for Energy; A View to 2030, Corporate Headquarters, 5959 Las Colinas Blvd. Irving, Texas.

Fleischmann, R. (1980), Einführung in die Physik, Physik Verlag, Weinheim.

Gates, D. M. (1974/75), Der Energiefluss in der Biosphäre, Mannheimer Forum, Hrsg. Boehringer Mannheim GmbH, Mannheim.

Hopp, V. (2016), Wasser und Energie – ihre zukünftigen Krisen, 2. Aufl., Springer Spektrum, Springer Verlag Berlin Heidelberg.

Situationsbericht (2015/16), Trends und Fakten zur Landwirtschaft, Deutscher Bauernverband, 10717 Berlin.

Wünschmann, A. (1998), Umwelt und Verantwortung, der energetische Imperativ, Studienverlag Wünschmann.

Wünschmann, A. (1999), Das gestörte Verhältnis zur Zahl – Umweltschutz, Energiedichte, Stoffströme, Ein Vergleich der verschiedenen Energiesysteme, Gemeinschaftskraftwerk Neckar GmbH.

Fette und Öle [E. fats and oils]

Definition [E. definition]
Im chemischen Sinne sind Fette und organisch-biologische Öle Ester aus Fettsäuren mit unterschiedlich langen Kohlenwasserstoffketten und Glycerin, einem 3-wertigen Alkohol.

1 Historisches über Fette und Öle [E. history]

Schon die Steinzeitmenschen (mehr als 100.000 Jahre v. Chr. – Altpaläolithikum)[1] verwerteten tierische Fette wie z. B. als Erste den Talg von Ziegen und Schafen. Sehr früh wurde auch schon Ziegenmilch zu Butter und Käse verarbeitet.

Sesam gehört zu den ältesten Ölpflanzen. Vor ca. 3600 Jahren gelangte er aus Indien in die Euphratländer. Dort wurde er auf großen Feldern angebaut. Sesamöl wurde als Speise- und Tafelöl, Heilmittel und zu Beleuchtungszwecken verwendet, und nicht zuletzt als leicht duftendes Öl für Kultzwecke in der Mythologie.

2838 v. Chr., d. h. vor fast 5000 Jahren, werden Soja und Hanf als Ölpflanzen in China erwähnt.

Während der Jungsteinzeit (1800 v. Chr. – Neolithikum)[2] wurden fett- und ölhaltige Wildpflanzen kultiviert. Das belegen Funde von nicht vermahlenem Mohnsamen in Brotfladenresten.

In Mühlsteinen von Pfahlbauten aus der Bronzezeit (1800–700 v. Chr.) wurden Raps- und Leinsamen gefunden.

[1] palaios (gr.) – alt, ur; lithos (gr.) – Stein.
Paläolithikum – Altsteinzeit.

[2] neos (gr.) – neu, jung.

V. Hopp, *Chemische Kreisläufe in der Natur*,
https://doi.org/10.1007/978-3-662-55860-7_16

Die *Baumwollpflanze* ist eine der ältesten bekannten Kulturpflanzen. Sie ist der Lieferant für Baumwolle als Cellulosefaser und für Baumwollsamenöl, das durch Auspressen der Baumwollsamen erhalten wird. Baumwollsamenöl dient als Speiseöl sowie zur Herstellung von Margarine und Seife. Die Pressrückstände sind sehr eiweißhaltig, sie werden als Tierfutter und auch für die menschliche Ernährung genutzt. Vorher muss allerdings das giftige Gossypol[3] entfernt werden.

Baumwolle gehört zur Gruppe der gelb blühenden Malvengewächse (Gossypium) und wird seit über 5000 Jahren in tropischen und subtropischen Gegenden kultiviert. Vor 2600 Jahren besaß Indien bereits Baumwollmanufakturen.

Der Olivenbaum (Ölbaum) wurde im 3. Jahrtausend v. Chr., also schon vor der Jungsteinzeit, im südlichen Vorderasien zur Kulturpflanze gezüchtet. Die Juden fanden ihn bei der Eroberung Kanaans (um 1300 v. Chr.) schon als Kulturpflanze vor. Sie verwendeten es im Kultus zum Opfern und Salben ebenso wie als Nahrungsmittel, Brennstoff, Tausch- und Zahlungsmittel. Überschüssiges Olivenöl verkauften sie an die Phöniker und Ägypter. In der ersten Hälfte des 2. Jahrtausends v. Chr. gelangte der Olivenbaum zu den Griechen am Ägäischen Meer. Zur mykenischen Zeit (1500–1300 v. Chr.) wurde er in Griechenland und auf Kreta angepflanzt.

Homer (lebte im 8. Jahrhundert v. Chr.) zufolge salbten sich Götter und Menschen mit parfümierten Olivenöl, das aus Phönizien importiert wurde.

Im 7. bis 6. Jahrhundert v. Chr. führten griechische Kolonisten die Ölbaumkultur in Süditalien und der Provence (Massilia) ein.

Seit dem 15. Jahrhundert n. Chr. wächst der Olivenbaum auf den kanarischen Inseln und seit dem 16. Jahrhundert auch in Südafrika, Mexiko und Peru.

Ölzweige galten im Altertum als Zeichen des Sieges und namentlich bei den Juden und Christen als Zeichen des Friedens.

Die chemische Aufklärung der Fette und ihres molekularen Aufbaus leitete *Carl Wilhelm Scheele* (1742–1786) ein. Er war Apotheker in Uppsala und Köping (Schweden) und gewann 1780 aus Olivenöl Glycerin.

Auf diese Ergebnisse aufbauend fand der französische Chemiker *Michel-Eugène* (1786–1889) in Paris 1815 heraus, dass die Fette Verbindungen aus Glycerin und Fettsäuren sind. Seine Arbeitsgebiete erstreckten sich über Walrat, Wollfett, Fettalkohole, Cholesterin und Naturfarbstoffe. Er identifizierte 7 Fettsäuren und stellte Stearinkerzen her. Er ist der Begründer der wissenschaftlichen Fettchemie.

Fette und organisch-biologische Öle, Letztere werden auch als fette Öle [E. fatty oils] bezeichnet, sind *Fettsäureglycerinester* [E. fatty acid glycerol esters].

[3]Gossypol ist eine kanariengelbe giftige Substanz, die zu 1,2 % im Baumwollsamenöl und in Wurzelrinden des Baumwollstrauches vorkommt.

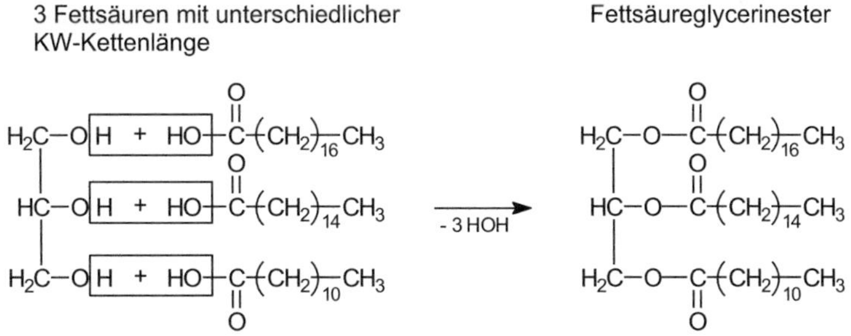

3 Fettsäuren mit unterschiedlicher KW-Kettenlänge | Fettsäureglycerinester

$$\begin{array}{l} H_2C{-}O\boxed{H + HO}{-}C(=O){-}(CH_2)_{16}{-}CH_3 \\ HC{-}O\boxed{H + HO}{-}C(=O){-}(CH_2)_{14}{-}CH_3 \\ H_2C{-}O\boxed{H + HO}{-}C(=O){-}(CH_2)_{10}{-}CH_3 \end{array} \xrightarrow[-3\,HOH]{} \begin{array}{l} H_2C{-}O{-}C(=O){-}(CH_2)_{16}{-}CH_3 \\ HC{-}O{-}C(=O){-}(CH_2)_{14}{-}CH_3 \\ H_2C{-}O{-}C(=O){-}(CH_2)_{10}{-}CH_3 \end{array}$$

Ester sind eine spezielle, aber große chemische Stoffklasse, die aus einer alkoholischen, R–**OH,** und einer sauren funktionellen gruppe, $R{-}\mathbf{C}(=\mathbf{O}){-}\mathbf{OH}$, gebildet sind.

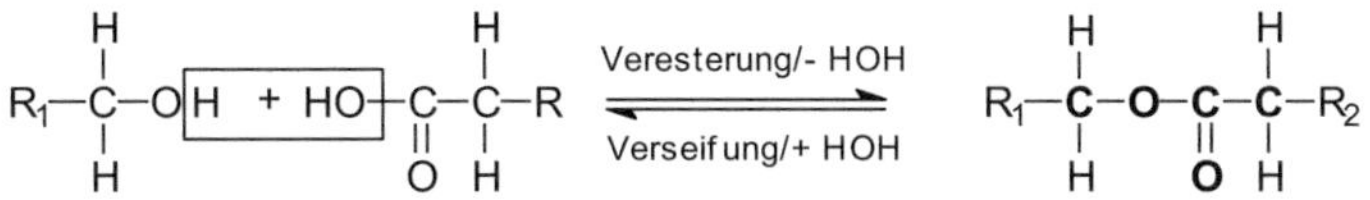

$$R_1{-}CH_2{-}O\boxed{H + HO}{-}C(=O){-}CH_2{-}R \;\underset{\text{Verseifung/+ HOH}}{\overset{\text{Veresterung/- HOH}}{\rightleftharpoons}}\; R_1{-}\mathbf{CH_2}{-}\mathbf{O}{-}\mathbf{C}(=\mathbf{O}){-}\mathbf{CH_2}{-}R_2$$

Für sie ist das Verknüpfungsglied, $\cdot C{-}O{-}C(=O)\cdot$, typisch.

Esterbindungen zeichnen sich durch eine hohe Stabilität aus. Es muss viel chemische Energie aufgewendet werden, um Esterbindungen zu spalten. Eine Spaltung gelingt technisch durch eine saure oder alkalische Hydrolyse bei erhöhtem Druck und Wärmeeinwirkung. Bei der Fettspaltung spricht man dann von einer Verseifung, bei der dann wieder Glycerin und Fettsäuren freigesetzt werden.

Esterbindungen liegen auch bei den Polynukleotiden der Nukleinsäuren vor (Abb. 1). Hier sind die Phosphorsäuremoleküle mit den Hydroxylgruppen der Ribose verbunden.

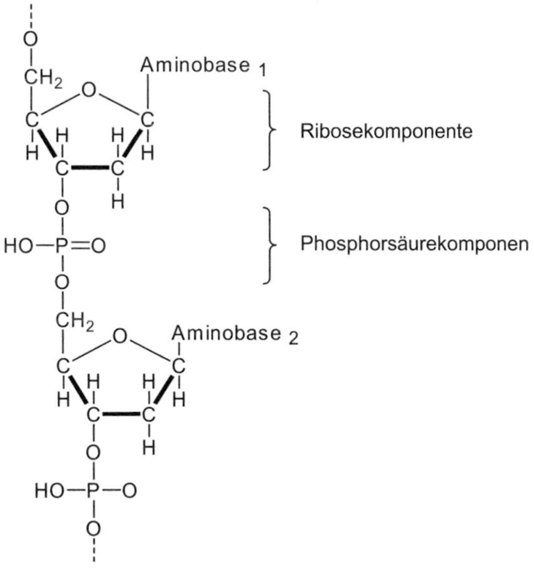

Abb. 1 Ausschnitt aus einer Nukleinsäurekette [E. section of a nucleic acid chain]

An den Ribosemolekülen hängen als Seitengruppen die heterozyklischen Basen (Aminobasen).

Phosphorsäureester spielen z. B. als Zwischenprodukte eine entscheidende Rolle bei der Aktivierung von Glucose während ihres biologischen Abbaus innerhalb des Stoffwechselprozesses und ihres fotosynthetischen Aufbaus. Phosphorylierungen sind Veresterungen (Kap. VI, Abschn. 7).

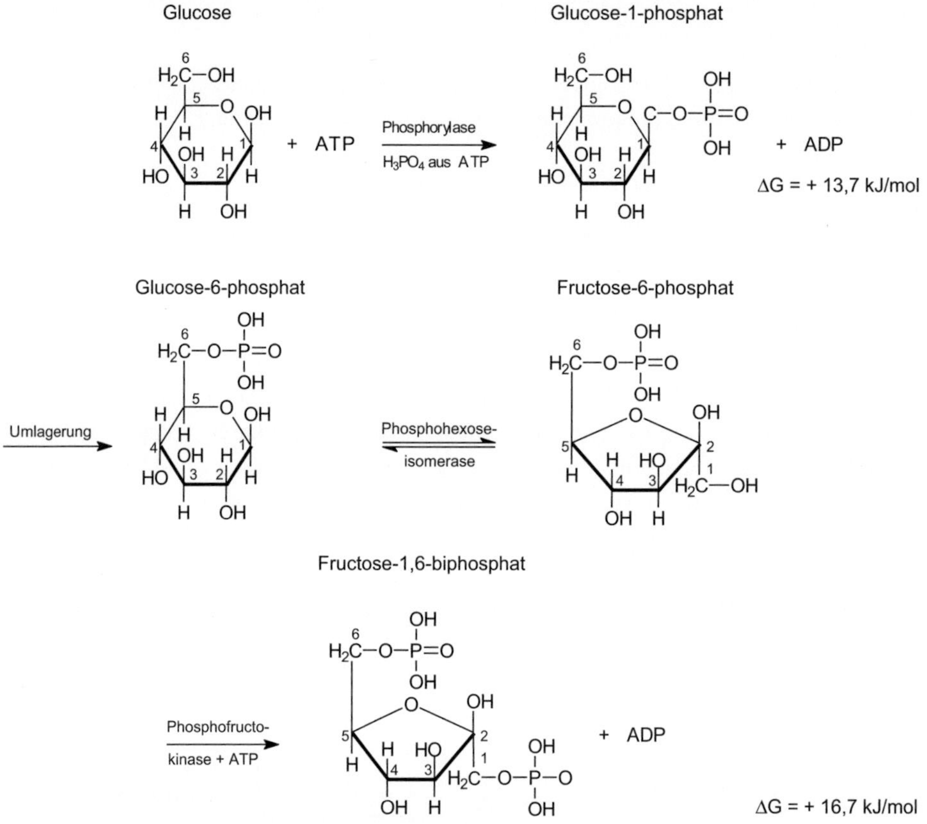

Glucose + ATP —Phosphorylase, H_3PO_4 aus ATP→ Glucose-1-phosphat + ADP

$\Delta G = + 13{,}7$ kJ/mol

—Umlagerung→ Glucose-6-phosphat ⇌Phosphohexose-isomerase⇌ Fructose-6-phosphat

—Phosphofructo-kinase + ATP→ Fructose-1,6-biphosphat + ADP

$\Delta G = + 16{,}7$ kJ/mol

Die alkoholische Gärung beginnt in der Angärungsphase mit der Phosphorylierung (Veresterung) der Glucose. Enzymatisch wird Glucose durch ATP als Phosphorsäurelieferant zu Glucose-1-phosphat aktiviert. Aus ATP wird ADP. Glucose-1-phosphat lagert sich in Glucose-6-phosphat um, das anschließend mittels der Glucose-6-phosphat-Isomerase zu Fuctose-6-phosphat umgewandelt wird. Danach entsteht unter Mitwirkung von ATP und dem Enzym Phosphofructokinase das Fuctose-1,6-biphosphat. Insgesamt sind 2 Moleküle ATP erforderlich, um 1 Glucosemolekül zum Fructose-1,6-biphosphat zu aktivieren.

Nach diesen Phosphorylierungs- bzw. Veresterungsreaktionen ist die Angärungsphase als Aktivierungsreaktion beendet. Die eigentliche Gärung beginnt mit der Spaltung des Fructose-1,6-biphosphats als C_6-Molekül in 2 Triosephosphate als C_3-Baustein, in diesem Fall 2-Phosphoglycerinsäure (Kap. VI, Abb. 5b).

Analog verläuft auch der Glykogenabbau im menschlichen Körper. Glykogen ist ein Reservekohlenhydrat, das in der Leber und im Muskelgewebe gespeichert ist. Der Abbau wird auch hier mit einer Veresterung, d. h. Phosphorylierung, eingeleitet.

Sukzessiv werden von der Polysaccharidkette des Glykogens unter Aufnahme von Phosphorsäure die Glucosebausteine abgespalten. Phosphorsäurelieferant ist wieder ATP.

$$\underset{\text{Glykogen}}{[C_6H_5(OH)_5]_n} + \text{ATP} \xrightleftharpoons{\text{Phosphorylase}} \underset{\text{Glykogenrest}}{[C_6H_5(OH)_5]_{n-1}} + \text{Glucose-1-phosphat} + \text{ADP}$$

$$\Delta G = +13{,}4\ \text{kJ/mol}$$

Der weitere Abbau des Glucose-1-phosphats vollzieht sich bis zur Brenztraubensäure, einem C_3-Baustein, analog dem Ablauf der alkoholischen Gärung. Es handelt sich um einen anaeroben Vorgang, der in diesem Fall Glykolyse genannt wird. Die während der Umwandlung von ATP in ADP freigesetzte physiologische Energie mit $\Delta G = -30{,}5$ kJ/mol wird sofort wieder von dem Glucose-1-phosphat gespeichert (Kap. VI, Abb. 5b).

$$\text{ATP} \xrightarrow[+\text{HOH}]{\text{Hydrolyse}} \text{ADP} + \{H_3PO_4\} + 30{,}5\ \text{kJ}$$

Das Gleiche gilt für die Phosphorylierung des Fructose-6-phosphats zu Fructose-1,6-biphosphat. Im Fructose-1,6-biphosphat sind gegenüber der Glucose mehr als 61 kJ innerer physiologischer Energie gespeichert, sodass es sich unter Energiefreisetzung enzymatisch leicht in 2 Moleküle Triosephosphat spaltet. Beide Moleküle haben gegenüber dem Fructose-1,6-biphosphat einen ärmeren inneren Energiegehalt.

Glycerin [E. glycerol][4], 1, 2, 3 Propantriol, ist ein 3-wertiger Alkohol. Er enthält drei Hydroxylgruppen, die alle oder nur teilweise mit Säuren zu Ester reagieren, entsprechend gibt es die

[4]glykys (gr.) – süß.

Monofettsäure-glycerinester (Monoglyceride) ; Difettsäure-glycerinester (Diglyceride) ; Trifettsäure-glycerinester (Triglyceride)

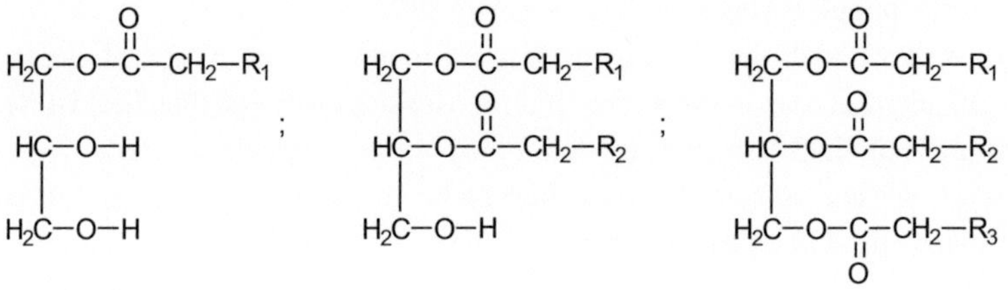

$$\begin{array}{l} H_2C-O-\overset{O}{\overset{\|}{C}}-CH_2-R_1 \\ | \\ HC-O-H \\ | \\ H_2C-O-H \end{array} ; \quad \begin{array}{l} H_2C-O-\overset{O}{\overset{\|}{C}}-CH_2-R_1 \\ | \\ HC-O-\overset{O}{\overset{\|}{C}}-CH_2-R_2 \\ | \\ H_2C-O-H \end{array} ; \quad \begin{array}{l} H_2C-O-\overset{O}{\overset{\|}{C}}-CH_2-R_1 \\ | \\ HC-O-\overset{O}{\overset{\|}{C}}-CH_2-R_2 \\ | \\ H_2C-O-\underset{O}{\underset{\|}{C}}-CH_2-R_3 \end{array}$$

Die Kohlenwasserstoffketten der Fettsäuren, R_1; R_2; R_3, können, wie schon erwähnt, unterschiedlich lang sein.

Wie bei den Polynukleotiden bzw. Nukleinsäuren zu entnehmen, bilden die alkoholischen Gruppen auch mit anorganischen Säuren Ester, z. B. Salpetersäureglycerinester, der unkorrekterweise auch als Nitroglycerin bezeichnet wird.

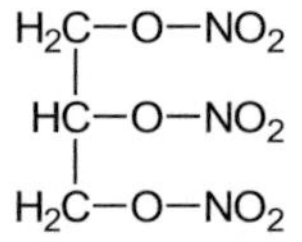

$$\begin{array}{l} H_2C-O-NO_2 \\ | \\ HC-O-NO_2 \\ | \\ H_2C-O-NO_2 \end{array}$$

Bei diesem Salpetersäureester handelt es sich um eine farblose, giftige, ölige Flüssigkeit, die bei Stoß oder Schlag heftig explodiert.

In geringsten Mengen wirkt er stark Blutgefäß erweiternd mit der Folge eines vorübergehenden Blutdruckabfalls. Diese Eigenschaft hat ihn zu einem wertvollen Wirkstoff zur therapeutischen Behandlung von herzinfarktgefährdeten Menschen werden lassen (Kap. V, Abschn. 10). Den Substanzen Wasser, Ethanol und Glycerin ist die HO-Gruppe gemeinsam, die die Verwandtschaft zum Wasser (Hydrophilie) erkennen lassen.

Wasser $H-OH$;

Ethanol H_3C-CH_2-OH ;

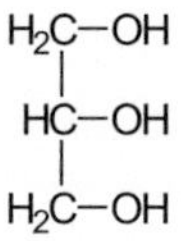

$$\begin{array}{l} H_2C-OH \\ | \\ HC-OH \\ | \\ H_2C-OH \end{array}$$ Glycerin

2 Fettsäuren – Übersicht [E. fatty acids – survey]

Fettsäuren sind aliphatische Carbonsäuren mit gesättigten oder ungesättigten und fast unverzweigten Kohlenwasserstoffketten, z. B. **gesättigte Fettsäuren** [E. e.g. saturated fatty acids]:

$H{-}C(=O){-}OH$	Ameisensäure (Methansäure)
$H_3C{-}C(=O){-}OH$	Essigsäure (Ethansäure)
$H_3C{-}CH_2{-}C(=O){-}OH$	Propionsäure (Propansäure)
$H_3C{-}CH_2{-}CH_2{-}C(=O){-}OH$	Buttersäure (Butansäure)
$H_3C{-}(CH_2)_4{-}C(=O){-}OH$	Capronsäure (n-Hexansäure)
$H_3C{-}(CH_2)_6{-}C(=O){-}OH$	Caprylsäure (n-Octansäure)
$H_3C{-}(CH_2)_8{-}C(=O){-}OH$	Caprinsäure (n-Decansäure)
$H_3C{-}(CH_2)_{10}{-}C(=O){-}OH$	Laurinsäure (n-Dodecansäure) findet sich als Glycerinester im Lorbeeröl.
$H_3C{-}(CH_2)_{14}{-}C(=O){-}OH$	Palmitinsäure (n-Hexadecansäure)
$H_3C{-}(CH_2)_{16}{-}C(=O){-}OH$	Stearinsäure (n-Octadecansäure)

z. B. **ungesättigte Fettsäuren** [E. e.g. unsaturated fatty acids]

$$\overset{12}{-C}-\overset{11}{C}-\overset{10}{C}-\overset{9}{C}-\overset{8}{C}-\overset{7}{C}-\overset{6}{C}-\overset{5}{C}-\overset{4}{C}-\overset{3}{C}-\overset{2}{C}-\overset{1}{C}(=O)-OH$$

Zur Ortskennzeichnung der Doppelbindungen oder Seitenketten wird die Kohlenstoffkette durchnummeriert. Man beginnt mit dem C-Atom der funktionellen Gruppe.

$$\overset{6}{H_3C}-\overset{5}{CH}=\overset{4}{CH}-\overset{3}{CH}=\overset{2}{CH}-\overset{1}{C}(=O)-OH$$ Sorbinsäure (Hexa-2,4-diensäure)

Sie kommt im Saft der Vogelbeere vor, hemmt das Wachstum von Hefen und Pilzen stark und wird als wichtiges Konservierungsmittel für Lebensmittel verwendet.

Ein bedeutender Produzent ist die Nutrinova GmbH, Frankfurt am Main.

$$H_3C-(CH_2)_7-CH=CH-(CH_2)_7-C(=O)-OH$$ Ölsäure (9-Octadecensäure)

Sie ist die wichtigste ungesättigte Fettsäure. Sie bildet den Bestandteil der natürlichen fettigen Öle, vor allem des Oliven- und Mandelöls, sowie Fischtrans.

$$H_3C-(CH_2)_4-CH=CH-CH_2-CH=CH-(CH_2)_7-\underset{\underset{O}{\|}}{C}-OH$$

Linolsäure (Octadeca-9,12-diensäure)

$$H_3C-CH_2-CH=CH-CH_2-CH=CH-CH_2-CH=CH-(CH_2)_7-\underset{\underset{O}{\|}}{C}-OH$$

Linolensäure (Octadeca-9,12,15-triensäure)

In der Tab. 1 wird eine Übersicht über die bekanntesten in der Natur vorkommenden Fettsäuren gegeben.

2.1 Allgemeine Eigenschaften der Fettsäuren [E. general properties of fatty acids]

Die Fettsäuren mit ein bis drei Kohlenstoffatomen im Molekül, C_1 bis C_3, sind stechend riechende Flüssigkeiten. Verbindungen mit einer Kohlenstoffkette ab C_4, d. h. ab Buttersäure bis ca. C_{10}, sind flüssige oder feste übel riechende Stoffe. Mit weiter steigender Kohlenstoffkettenlänge sind die Fettsäuren fest und geruchlos. Je höher die Kohlenstoffanzahl, umso stärker werden die Moleküle durch zwischenmolekulare Anziehungskräfte (van der Waal'sche Kräfte[5]) zusammengehalten, ihre Flüchtigkeit nimmt ab und damit auch der Geruch. Mit steigender Molmasse erhöhen sich auch die Schmelz- und Siedepunkte. Fettsäuren mit einer geraden Anzahl von Kohlenstoffatomen haben generell einen höheren Schmelzpunkt als die jeweils darauffolgenden mit einer ungeraden Kohlenstoffanzahl. In Kristallgittern sind die geradzahligen Fettsäuren dichter gepackt als die nächsthöheren ungeradzahligen (Tab. 1).

Von der Ameisensäure, C_1, bis einschließlich Buttersäure, C_4, sind die Fettsäuren in Wasser löslich und in jedem Mengenverhältnis mischbar. Valeriansäure. C_5, mischt und löst sich erst in der 27-fachen Menge Wasser. Ab Kettenlänge C_6 sind die Fettsäuren wasserunlöslich.

Im Verhältnis zu den anorganischen Säuren sind die Fettsäuren schwache Säuren, unter denen die Ameisensäure die stärkste ist.

Ameisensäure ist 12-mal stärker als Essigsäure, die nur bis zu 1 % in wässrigem Medium in Ionen dissoziiert ist.

undissoziierte Essigsäure		Wasser		Essigsäure-(Acetat)-Ion		Hydroniumion
$H_3C-\underset{\underset{O}{\|}}{C}-OH$	+	$H-OH$	$\rightleftharpoons$	$H_3C-\underset{\underset{O}{\|}}{C}-O^-$	+	$H-\overset{+}{\underset{\underset{H}{\vert}}{O}}H$

[5]Johannes Diderik van der Waals (1837–1923), niederl. Physiker, er beschreibt die Eigenschaften der Anziehungskräfte zwischen den Molekülen. Sie werden nach ihm van der Waal'sche Kräfte benannt.

Tab. 1 Fettsäuren – Übersicht [E. fatty acids – survey]

Name der Säure	Anzahl der C-Atome	Formel $R-C(=O)-OH$, R· = Rest	*F* [°C] Schmelzpunkt	*Kp.* [°C] Siedepunkt	Druck [mbar]	Vorkommen als Fette, Öle, Ester in Naturstoffen
Gesättigte, unverzweigte Fettsäuren						
Ameisen-	1	H	8	101	1013	Ameisen- und Bienengift, Brennnesseln
Essig-	2	$H_3C\cdot$	17	118	1013	Stoffwechselprod. acetogener Bakterien
Propion-	3	$H_3C–CH_2\cdot$	−22	141	1013	Schweiß, Gärungsprod., Emmentaler Käse
Butter-	4	$H_3C(CH_2)_2\cdot$	−6	164	1013	Gärungsprod., Milchfett, ranzig, Geschmack, Butter
Valerian-	5	$H_3C(CH_2)_3\cdot$	−34	186	1013	Etherische Öle, Hefe, Stallmist
Capron-	6	$H_3C(CH_2)_4\cdot$	4	205	1013	Butter, Kokosöl, Ziegengeruch
Önanth-	7	$H_3C(CH_2)_5\cdot$	−10	223	1013	Kalmusöl
Capryl-	8	$H_3C(CH_2)_6\cdot$	17	239	1013	Butter, Kokosöl, Weinfuselöl
Pelargon	9	$H_3C(CH_2)_7\cdot$	12	255	1013	Fuselöl, Pelargonium, etherische Öle
Caprin-	10	$H_3C(CH_2)_8\cdot$	31	270	1013	Butter, Kokosöl, etherische Öle
Undecan-	11	$H_3C(CH_2)_9\cdot$	30	280	1013	Kokosöl, etherische Öle
Laurin-	12	$H_3C(CH_2)_{10}\cdot$	43	225	133	Lorbeer-, Kokos- u. a. Öle, Tierfette, Raps

(Fortsetzung)

Tab. 1 (Fortsetzung)

Name der Säure	Anzahl der C-Atome	Formel $R{-}\overset{\overset{O}{\|}}{C}{-}OH$ R· = Rest	*F* [°C] Schmelzpunkt	*Kp.* [°C] Siede punkt	Druck [mbar]	Vorkommen als Fette, Öle, Ester in Naturstoffen
Tridecan-	13	$H_3C{-}(CH_2)^{\cdot}_{11}$	42	236	133	Iris- und Kokosöl (selten)
Myristin-	14	$H_3C{-}(CH_2)^{\cdot}_{12}$	54	250	133	Muskat-, Kokos- u. a. Öle, Tierfette
Pentadecan-	15	$H_3C{-}(CH_2)^{\cdot}_{13}$	54	257	133	–
Palmitin-	16	$H_3C{-}(CH_2)^{\cdot}_{14}$	63	272	133	Fette
Margarin-	17	$H_3C{-}(CH_2)^{\cdot}_{15}$	61	277	133	–
Stearin-	18	$H_3C{-}(CH_2)^{\cdot}_{16}$	71	291	133	Fette
Nonadecan-	19	$H_3C{-}(CH_2)^{\cdot}_{17}$	69	298	133	–
Arachin-[a]	20	$H_3C{-}(CH_2)^{\cdot}_{18}$	75	245	24	Erdnuss-, Rüb-, Kakao-, Raps- u. a. Öle
Behen-	22	$H_3C{-}(CH_2)^{\cdot}_{20}$	80	306	80	Rüb-, Erdnuss- u. a. Öle
Lignocerin-	24	$H_3C{-}(CH_2)^{\cdot}_{22}$	81	–		Holzteer, Carnaubawachs, Öle
Cerotin-	26	$H_3C{-}(CH_2)^{\cdot}_{24}$	88	–		Bienenwachs, Lanolin
Melissin-	30	$H_3C{-}(CH_2)^{\cdot}_{28}$	92	–		Carnaubawachs, Bienenwachs

(Fortsetzung)

Tab. 1 (Fortsetzung)

Name der Säure	Anzahl der C-Atome	Formel $R-C(=O)-OH$, R· = Rest	*F* [°C] Schmelzpunkt	*Kp.* [°C] Siedepunkt	Druck [mbar]	Vorkommen als Fette, Öle, Ester in Naturstoffen
Gesättigte, verzweigte Fettsäuren						
Isobutter-	4	$H_3C-CH(CH_3)\cdot$	−47	153	1013	Etherische Öle
Isovalerian-	5	$H_3C-CH(CH_3)-CH_3\cdot$	−29	177	1013	Baldrian, etherische Öle Delphinfett
Tuberculostearin-	19	$H_3C-(CH_2)_7-CH(CH_3)-(CH_2)_8\cdot$	13	178	0,9	Tuberkelbakterien
Einfach ungesättigte, unverzweigte Fettsäuren						
Acryl-	3	$H_2C=CH\cdot$	13	142	1013	Technische Bedeutung
Croton-	4	$H_3C-CH=CH\cdot$	72	185	1013	Crotonöl, Bakterien
Palmitolein-	16	$H_3C-(CH_2)_5-CH=CH-(CH_2)_7\cdot$	1	210	13	Meerestiere, Samenöle
Öl-(Olein-)	18	$H_3C-(CH_2)_7-CH=CH-(CH_2)_7\cdot$	16	229	20	Fette, Rapsöl, Olivenöl, Mandelöl, Fischtran
Eruca-	22	$H_3C-(CH_2)_7-CH=CH-(CH_2)_{11}\cdot$	34	225	13	Raps-, Traubenkern-, Dorschleberöl
Zweifach ungesättigte, unverzweigte Fettsäuren						
Sorbin-	6	$H_3C-CH=CH-CH=CH\cdot$	135	228	1013	Eberesche, Vogelbeeren
Linol-, essenzielle Fettsäure	18	$H_3C-(CH_2)_4-CH=CH-CH_2-CH=CH-(CH_2)_7\cdot$	−5	230	21	Pflanzenöl, tierische Fette, Vorstufe bei der Biosynthese von Prostaglandinen

(Fortsetzung)

Tab. 1 (Fortsetzung)

Name der Säure	Anzahl der C-Atome	Formel $R{-}\overset{\overset{\displaystyle O}{\|}}{C}{-}OH$ R· = Rest	*F* [°C] Schmelzpunkt	*Kp.* [°C] Siede punkt	Druck [mbar]	Vorkommen als Fette, Öle, Ester in Naturstoffen
Linolen- essenzielle Fettsäure	18	$H_3C{-}CH_2{-}CH{=}CH{-}CH_2{-}CH{=}CH{-}CH_2{-}CH{=}CH{-}(CH_2)_7{\cdot}$	−11	232	23	Pflanzenöle wie Leinöl, Nussöl, Mohnöl, Hanföl; Vorstufe der Bio-synthese von Prostaglandinen
Elästearin-	18	$H_3C{-}(CH_2)_3{-}CH{=}CH{-}CH{=}CH{-}CH{=}CH{-}(CH_2)_7{\cdot}$	49	235	16	Pflanzenöle wie Leinöl, Nussöl, Mohnöl, Hanföl
Vierfach ungesättigte, unverzweigte Fettsäuren						
Arachidon-, essenzielle Fettsäure	20	$H_3C{-}(CH_2)_4{-}CH{=}CH{-}CH_2{-}CH{=}CH{-}CH_2{-}CH{=}CH{-}CH_2{-}CH{=}CH{-}(CH_2)_3{\cdot}$	−49,5	–	–	Leber, tierische Fette, Drüsen Vorstufe bei der Biosynthese von Prostaglandinen
Fünffach ungesättigte, unverzweigte Fettsäuren						
Eicosapentaen-[b]	20	$H_3C{-}CH_2{-}CH{=}CH{-}CH_2{-}CH{=}CH{-}CH_2{-}CH{=}CH{-}CH_2{-}CH{=}CH{-}CH_2{-}CH{=}CH{-}(CH_2)_3{\cdot}$	–	–	–	Leinöl, Nussöl, Mohnöl, Hanföl, Fischöl
Clupanodon-[c]	22	$H_3C{-}CH_2{-}CH{=}CH{-}(CH_2)_2{-}CH{=}CH{-}CH_2{-}CH{=}CH{-}(CH_2)_2{-}CH{=}CH{-}(CH_2)_2{-}CH{=}CH{-}(CH_2)_2{\cdot}$	−78	330	1013	Wal-, Dorschlebertran, Fischöle

[a]arachis hypogaea (lat.) – Erdnuss
[b]eikosi (gr.) – zwanzig
[c]Clupadron (japan.) – Sardine

Das Dissoziationsgleichgewicht ist sehr weit zur linken Seite verschoben. Dieser nur schwache Dissoziierungsgrad erlaubt es, die Essigsäure in verdünnter Form als Konservierungsmittel und Geschmacksmittel im Lebensmittelsektor zu verwenden. Bakterien lieben das essigsaure Milieu nicht.

Luftsauerstoffeinwirkung auf mehrfach ungesättigte Fettsäuren löst eine Autoxidation (fortschreitende Selbstoxidation) aus. Aber auch gesättigte Fettsäuren sind gegenüber Luftsauerstoff nicht stabil, deren Autoxidation verläuft nur langsamer und unterschwelliger. Durch sie wird eine radikalische[6] Polymerisation der Fettsäuren eingeleitet. Es entstehen feste hochmolekulare Harze. Dieser Effekt ist bei den trocknenden Ölen besonders deutlich zu beobachten und wird in der Ölfarbenindustrie technisch ausgenutzt. Der gewünschte Härtungsprozess kann durch Zusatzstoffe (Sikkative) beschleunigt und gesteuert werden. Sie wirken als katalytische Sauerstoffüberträger. Es bildet sich schon innerhalb eines Tages ein fester Film. Gemische aus trocknenden Ölen und Sikkativen[7] sind unter dem Namen Firnis bekannt.

2.2 Physiologische Eigenschaften [E. physiological properties]

Essenzielle Fettsäuren sind wie essenzielle Aminosäuren oder Vitamine lebensnotwendig, die vom Organismus aber nicht aufgebaut werden können. Sie müssen mit der Nahrung zugeführt werden.

Im Säugetierorganismus können nur in Positionen zwischen C_1 und C_9 der gesättigten Fettsäuren Doppelbindungen auf biologisch-chemischem Wege eingeführt werden. Deshalb sind die mehrfach ungesättigten Fettsäuren wie Linol- und Linolensäure sowie Arachidonsäure essenziell, Ölsäure dagegen ist nicht essenziell. Andererseits können die mehrfach ungesättigten Fettsäuren zum Teil unter Kettenverlängerung im Säugetierorganismus in noch höher ungesättigte Fettsäuren umgewandelt werden. Die Doppelbindungen werden dabei stets in Richtung auf das Carboxylende, $\cdot\underset{\underset{\displaystyle O}{\|}}{C}{-}OH$, eingeführt.

Die essenziellen Fettsäuren bilden eine wichtige Vorstufe zur biochemischen Synthese der Prostaglandine (Kap. XIX, Abschn. 2.2) und der Strukturelemente an den Membranlipiden (Abschn. 9.5).

---

[6]radix (lat.) – Wurzel.

Radikale sind Molekülbruchstücke, z. B. Acetylrest $H_3C{-}\underset{\underset{\displaystyle O}{\|}}{C}\cdot$ oder Methylrest $H{-}\overset{\displaystyle H}{\overset{|}{\underset{\underset{\displaystyle H}{|}}{C}}}\cdot$

mit einsamen Elektronen, die sehr reaktionsfreudig sind und mit reaktionsbereiten Stellen anderer Moleküle, z. B. mit Doppelbindungen, reagieren.

[7]siccus (lat.) – trocken; Sikkative, Bezeichnung für Trockenstoffe.

Eine weitere Aufgabe besteht in ihrer antioxidativen Wirkung. Sie vermögen, durch ihre reaktiven Doppelbindungen den aggressiven Sauerstoff abzufangen und zu binden. Damit schützen sie andere hochempfindliche Substanzen wie die Vitamine A und E (Kap. XVII, Abschn. 1), die ebenfalls über Doppelbindungen verfügen, aber nicht durch Sauerstoff blockiert werden dürfen.

Ausschnitt einer Doppelbindung aus einer ungesättigten Fettsäure		Sauerstoff		Fettsäure mit Peroxidring
$\sim H_2C-CH=CH-CH_2\sim$	+	$\overline{O}=\overline{O}$	⟶	$\sim H_2C-CH(-O-O-)CH-CH_2\sim$

Der Sauerstoff reagiert mit den beweglichen π-Elektronen[8] der Doppelbindung zu einem Peroxidring und entzieht dem Sauerstoff seine oxidative Wirkung.

Für die Energieversorgung im Organismus spielen die Fettsäuren aus den Fetten und Ölen eine entscheidende Rolle. Der Energiebedarf des Herzens wird zu 57 % von den Fettsäuren, 20 % von der Glucose und 18 % durch Milchsäure gedeckt.

3 Fettsäuren und ihre Biosynthese [E. fatty acids and their anabolism, biosynthesis]

Wer auf einem Bauernhof oder in der Landwirtschaft gearbeitet hat oder dort aufgewachsen ist, hat beobachtet, dass die Schweine vorwiegend mit stärke- und eiweißhaltigen Produkten wie Getreide, Mais oder Reis gefüttert werden, kaum aber mit Fett. Man stellt fest, dass nach 82 Tagen Mast beim Vergleich des Fettsäuregehaltes vor und nach der Mästung die Tiere täglich 200 g Fettsäuren, z. B. während einer Reisfütterung, biosynthetisiert haben. Folgende Bilanz belegt das (Tab. 2).

Da der Anteil des Glycerins in den Fetten ca. 10 % beträgt, muss in der Fettsäurebildung dieser Betrag von dem gebildeten Fett abgezogen werden, um den wahren Fettsäuregehalt anzugeben.

Dieses experimentelle Ergebnis gibt einen Hinweis, dass die Fettsäuren nicht mit der Nahrung aufgenommen werden müssen, sondern von wenigen Ausnahmen abgesehen von den Zellen des Organismus selbst aufgebaut werden. Beim Menschen und den Säugetieren

[8] π-Elektronen, die beiden Elektronenpaare zwischen den Doppelbindungen sind in ihrer Bindungskraft nicht gleichwertig. Die stabilen σ-Elektronen sind stärker gebunden als die weniger stabilen π-Elektronen. Die π-Elektronenpaare lassen sich leichter entkoppeln und können mit anderen Radikalen neue Verbindungen eingehen. Diesem Mechanismus liegt das Bestreben von einsamen Elektronen in Radikalen zugrunde, mit einem anderen einsamen Elektron wieder ein Elektronenpaar zu bilden.

Tab. 2 Bilanz einer Fettsäuresynthese in heranwachsenden Schweinen während einer Reisfütterung [E. balance of a fatty acid synthesis in growing out pigs during the feeding with rice]

Fett, das vom Schwein in 82 Tagen angesetzt wurde:		22 200 g
Davon aus dem Fett- und Eiweißgehalt des		
Futters maximal stammend:		– 4 000 g
Fettsynthese aus den Kohlenhydraten des Futters		
Somit mindestens:		18 200 g
Davon ca. 10 % Glycerinanteil	– 1 820 g	
90 % Fettsäureanteil:		16 380 g
16 380 g: 82 Tage:		199,7 g
Tägliche Fettsäurebildung:		200 g

sind diese Ausnahmen die ungesättigten Fettsäuren Linol-, Linolen- und Arachidonsäure. Sie werden deshalb auch *essenzielle Fettsäuren* genannt (Tab. 1).

Das Ausgangsprodukt für die Fettsäuren ist die Glucose, die entweder direkt vom Organismus aufgenommen wird oder als Abbauprodukt der Kohlenhydrate entsteht, sei es aus der Stärke oder dem Glykogen.

Die Glucose, ein C_6-Baustein, wird über die Glykolyse zur Brenztraubensäure einem C_3-Baustein, gespalten, aus der durch Decarboxylierung ein C_2-Baustein, der Acetylrest der Essigsäure, entsteht.

Die C_2-Bausteine der Acetylreste können als Monomere der Fettsäuren aufgefasst werden. Aus ihnen werden Fettsäuren unterschiedlicher Kettenlänge im Organismus biosynthetisiert.

Glucose, C_6		Brenztraubensäure, C_3		Acetylrest, C_2		intermediärer Wasserstoff		Kohlenstoffdioxid, C_1
$C_6H_6(OH)_6$	$\xrightarrow[-4\{H\}]{\text{Glykolyse}}$	$2\,H_3C{-}C(=O){-}C(=O){-}OH$	$\xrightarrow{\text{Decarboxylierung}}$	$2\,H_3C{-}C^{\bullet}(=O)$	+	2 {H}	+	$2\,CO_2$

Die Acetyl-Bausteine sind im gewissen Sinne Zwischenprodukte auf dem Reaktionsweg von der Glucose zu den Fettsäuren.

Bei der Biosynthese der Fettsäuren müssen die aktivierten Acetylreste miteinander verknüpft werden. Das kann nur über eine Reihe von aufeinanderfolgenden enzymatischen Reaktionen erfolgen, und zwar muss eine 2-malige Aktivierung erfolgen. Zum einen sind jeweils ein H-Atom aus dem Methylradikal des Acetylrestes zu entfernen und zum anderen die Sauerstoffatome aus der Carbonylgruppe durch Hydrierung mittels **N**icotinsäure**a**mid**d**inukleotid**p**hosphat (NADPH + H^+).

Dieser Reaktionsprozess verläuft außerhalb des Zitronensäurezyklus (Kap. XIX, Abb. 8). Wird der Acetylrest an der Stelle des Oxalacetats in den Zitronensäurezyklus eingeschleust, erfolgt sein stufenweiser oxidativer Abbau zum Kohlenstoffdioxid und Wasser.

Die Reaktionsabläufe zeigen, dass die Fettsäurebiosynthese mittelbar von der Fotosynthese der Glucose abhängt, die wiederum aus dem Wasser und dem Kohlenstoffdioxid aufgebaut wird:

$$\underset{\text{Kohlenstoffdioxid}}{6\,CO_2} + \underset{\text{Wasser}}{12\,HOH} \longrightarrow \underset{\text{Glucose}}{C_6H_6(OH)_6} + \underset{\text{Wasser}}{6\,HOH} + \underset{\text{Sauerstoff}}{6\,O_2}$$

$$\Delta G = +2876\ \text{kJ/mol}$$

Da Kohlenstoffdioxid in der Luft und im Wasser fast überall auf der Erde ausreichend vorhanden ist, dürfte es weder eine Kohlenhydrat- noch Fettknappheit auf der Erde geben. In der Tat sind die Kohlenhydrate und Fette aus denselben Bioelementen, nämlich Kohlenstoff, C, Sauerstoff, O_2, und Wasserstoff, H_2, zusammengesetzt. Somit dürfte es keinen Mangel an physiologischer Energie für die menschliche Ernährung geben.

Die Bilanzierung der physiologischen Energie aus den Weltgetreiden belegt das auch (Kap. XIV, Abschn. 4.2).

Allerdings gibt es einen limitierenden Faktor der Kohlenhydratsynthese in den Pflanzen. Alle Pflanzen und auch das Getreide benötigen für ein optimales Wachstum eine bestimmte Menge an resorbierbarem Stickstoff. Als Stickstoffquelle steht aber nur der Luftstickstoff zur Verfügung, der nur in der Ammonium-, $-NH_4^+$, oder Nitratform, NO_3^-, von den Pflanzen aufgenommen werden kann, mit Ausnahme einiger spezieller Bakterien (Kap. V, Abschn. 5). Der Stickstoff ist für die Pflanzen ein essenzielles Bioelement, da mit ihm die Pflanzenproteine und Nukleinsäuren biosynthetisiert werden können. Proteine und Nukleinsäuren benötigen die Pflanzen zum Aufbau ihrer Zellmembranen und deren Organellen wie Chloroplasten, Mitochondrien, Nukleinsäuren in den Zellkernen, Plasmiden u. a.

Es zeigt sich, dass letzten Endes eine ausreichende Stickstoffversorgung der limitierende Faktor für Pflanzenwachstum und die menschliche Ernährung ist. Es ist kein Zufall, dass weltweit zahlreiche Ammoniakfabriken errichtet worden sind, um den zusätzlichen Bedarf für resorbierbare Stickstoffverbindungen durch die Pflanzen zu decken (Kap. V, Abb. 14).

Diese stichwortartigen Erläuterungen erklären, warum der Hunger in der Welt ein Eiweißhunger oder noch einfacher gesagt ein Stickstoffhunger ist.

Die Sicherung der Ernährung besteht nicht nur in einer optimalen Versorgung an physiologischer Energie, sondern auch in einem ausreichenden Angebot an Aminosäuren und Proteinen für die stickstoffhaltigen Wirkstoffe und Werkstoffe des tierischen und menschlichen Organismus (Kap. V, Abb. 20).

3.1 Erläuterungen zur Fettsäurebiosynthese [E. explanation for biosynthesis of fatty acids]

Essigsäure ist der biochemische Lieferant des Acetylbausteins für die Fettsäuren. Sie muss aktiviert werden. Das besorgt das Coenzym A (Kap. XVIII, Abb. 5). Charakteristisch für das Coenzym A ist die Sulfhydrylgruppe, HS·, die mit der Hydroxylgruppe der Essigsäure reagiert.

Essigsäure		Coenzym A		aktivierte Essigsäure		Wasser
$H_3C-C(=O)-OH$	+	$HS-CoA$	$\longrightarrow$	$H_3C-C(=O)-SCoA$	+	HOH

$\Delta G = +31{,}4\ kJ/mol$

Die aktivierte Essigsäure ist um den Betrag $\Delta G = 31{,}4$ kJ/mol energiereicher und damit auch reaktionsgefügiger geworden. Die Aktivierung ist eine endergomische Reaktion, sie entspricht der Phosphorylierung der Glucose durch ATP, die dadurch auch erst biochemisch reaktionsfähig wird (Kap. XI, Abschn. 3.4).

Zur Fettsäurebiosynthese reicht es nicht, den Acetylrest an dem Kopfende, der funktionellen carbonylgruppe, $\cdot C(=O)\cdot$, zu aktivieren, sondern auch der Methylrest, $H_3C\cdot$, muss in Reaktionsbereitschaft versetzt werden. Denn als C_2-Baustein, der eine Kohlenstoffkette nach folgendem Muster

$$\cdot CH_2-CH_2\cdot$$

stricken soll, müssen beide Enden der Acetylgruppe reaktionsfähig sein.

Nach der Aktivierung durch Coenzym A erfolgt die Aktivierung der Methylgruppe unter Einfügen eines Carboxylkohlenstoffs, dem aktivierten CO_2, aus der Kohlensäure und Mitwirkung des ATP als Energielieferant.

aktivierte Essigsäure		Carboxylkohlenstoff		Adenosintriphosphat		aktivierte Malonsäure		Adenosindiphosphat
$CoAS-C(=O)-CH_3$	+	$HO-C(=O)-O^{(-)}$	+ H^+ +	ATP	$\xrightarrow[\text{Enzym} \; -H_2O]{\text{Carboxybiotin-}}$	$CoAS-C(=O)-CH_2-C(=O)-OH$	+	ADP + P_i

$\Delta G = -30{,}5\ kJ/mol$

Es entsteht die aktivierte Malonsäure, auch Malonyl-Coenzym A genannt. Ihr innerer Energiegehalt ist gegenüber dem Acetyl-Coenzym A nochmals um 30,5 kJ/mol höher.

Die aktivierte Malonsäure ist energetisch so gut präpariert, dass sie sich mit einem weiteren Acetyl-Coenzym A zu einer Kettenverlängerung um 2 C-Atome verbinden kann. Dabei wird die Malonsäure dekarbonisiert, d. h., das zur Aktivierung aufgenommene Kohlenstoffdioxidmolekül wird wieder abgespalten, das Coenzym A der aktivierten Essigsäure wird freigesetzt und kann weiterverwertet werden.

aktivierte Essigsäure		aktivierte Malonylsäure		Acetoacetyl-Coenzym A		Kohlenstoffdioxid		Coenzym A
$H_3C-C(=O)-SCoA$	+	$O=C(OH)-CH_2-C(=O)-SCoA$	$\xrightarrow{\text{Fettsynthetase}}$	$H_3C-C(=O)-CH_2-C(=O)-SCoA$	+	CO_2	+	SHCoA
C_2-Baustein		C_3-Baustein		C_4-Baustein		C_1-Baustein		

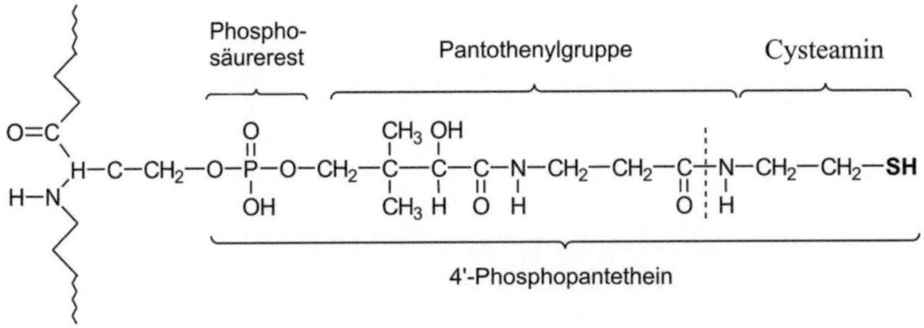

Phospho-säurerest Pantothenylgruppe Cysteamin

$$O{=}C(\ldots)-CH(NH\ldots)-CH_2-O-P(=O)(OH)-O-CH_2-C(CH_3)_2-CH(OH)-C(=O)-NH-CH_2-CH_2-C(=O)-NH-CH_2-CH_2-\mathbf{SH}$$

4'-Phosphopantethein

Abb. 2 Struktur der prosthetischen Gruppe des Acetyl-Carrier-Proteins (ACP) [E. structure of the prosthetic group of the acetyl-carrier protein]

Die bei der Abspaltung des Kohlenstoffdioxids bzw. auch des Coenzyms A freigesetzte Energie kann unmittelbar für die Verknüpfung der Essigsäure und der Malonylsäure verwendet werden.

Die Kette des Acetoacetyl-Coenzym A ist um 2 C-Atome länger als der Acetylrest der aktivierten Essigsäure von der aus gestartet wurde. Um zur Kohlenwasserstoffkette einer verlängerten Fettsäure zu gelangen, muss der Aceto-acetyl-Coenzym A-Bestandteil nur noch hydriert werden. Als Wasserstoffüberträger dient **N**icotinsäureamid**a**denin**d**inukleotid**p**hosphat, NADPH + H^+. Vorher wechselt das Enzymsystem, das Coenzym A des Acetoacetylrestes wird ersetzt durch das **A**cetyl-**C**arrier-**P**rotein (Abb. 2).

Die Sulfydrylgruppe der aktiven prosthetischen Gruppe des Enzyms bildet mit der Fettsäure einen Thioester, ähnlich wie das Coenzym A bei der aktivierten Essigsäure.

Acetoacetyl-Coenzym A + Acyl-Carrier Protein → Acetoacetyl-SPCA + Coenzym A

$$H_3C-C(=O)-CH_2-C(=O)-SCoA + HS-ACP \xrightarrow{\text{ACP-transferase}} H_3C-C(=O)-CH_2-C(=O)-SACP + CoASH$$

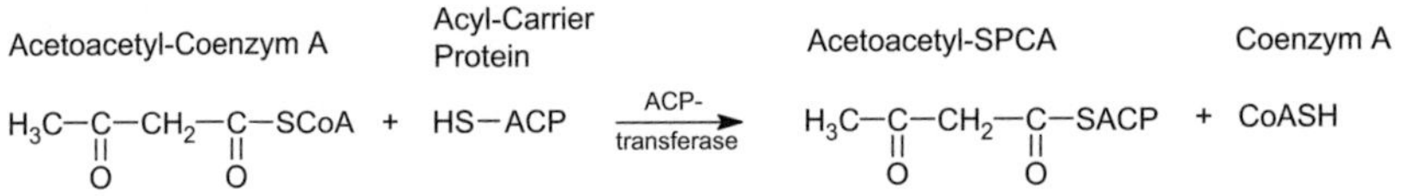

Hydriert wird die Carbonylgruppe des Acetorestes, es bildet sich eine Hydroxylgruppe des ß-Hydroxybutryl-SPCA. Das ist eine Reduktion durch Wasserstoff.

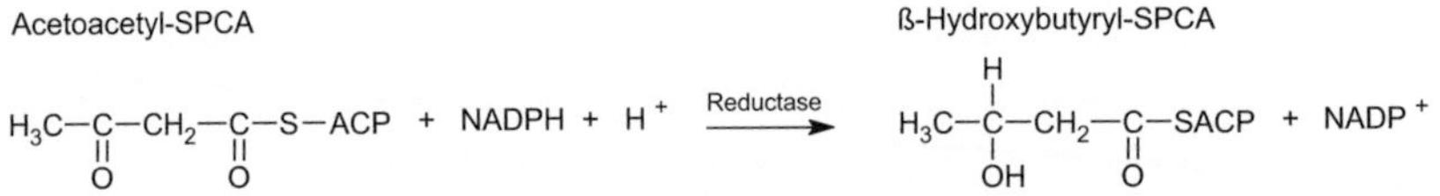

Acetoacetyl-SPCA → ß-Hydroxybutyryl-SPCA

$$H_3C-C(=O)-CH_2-C(=O)-S-ACP + NADPH + H^+ \xrightarrow{\text{Reductase}} H_3C-CH(OH)-CH_2-C(=O)-SACP + NADP^+$$

Daran schließt sich eine Dehydratisierung (Wasserentzug) zu dem ungesättigten Crotonyl-SACP an.

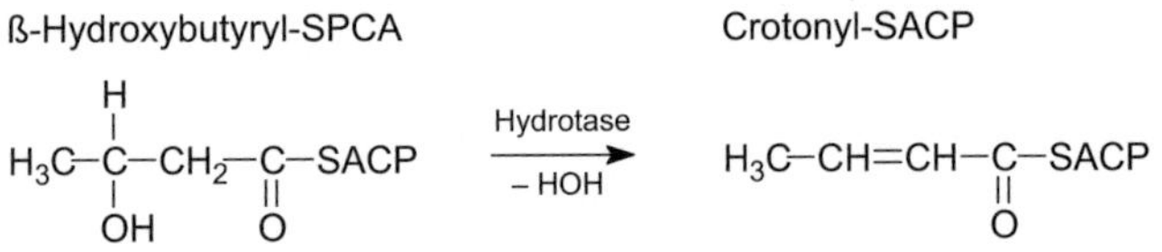

ß-Hydroxybutyryl-SPCA → Crotonyl-SACP

$$H_3C-CH(OH)-CH_2-C(=O)-SACP \xrightarrow[-\,HOH]{\text{Hydrotase}} H_3C-CH{=}CH-C(=O)-SACP$$

Eine nochmalige Hydrierung der Doppelbindung führt dann schließlich zu einer um 2 Methylenbausteine, $\cdot\overset{H}{\underset{H}{C}}\cdot$, verlängerten Fettsäure, in diesem Fall die Buttersäure (Butyryl-SACP).

$$\underset{\text{Crotonyl-SACP}}{H_3C{-}CH{=}CH{-}\underset{\underset{O}{\|}}{C}{-}SACP} + NADPH + H^+ \xrightarrow{\text{Reductase}} \underset{\text{Butyryl-SACP}}{H_3C{-}CH_2{-}CH_2{-}\underset{\underset{O}{\|}}{C}{-}SACP} + NADP^+$$

Die Fettsäurebiosynthese ist eine Abfolge von Aktivierungs-, Carbonylierungs- (Einführen einer Carboxylgruppe) und Verknüpfungsreaktionen zwischen den aktivierten Fettsäureresten mit anschließender Hydrierung und Wasserabspaltung. Diese wiederholt sich stufenweise unterschiedlich oft, je nachdem wie lang die Fettsäure werden soll.

Bei der Palmitinsäuresynthese wiederholen sich diese Zyklen 8-mal.

Folgende Summenreaktionsgleichung kann für diese C_{16}-Fettsäure zusammenfassend aufgeschrieben werden.

$$\underset{\text{aktivierte Essigsäure}}{H_3C{-}\underset{\underset{O}{\|}}{C}{-}SCoA} + \underset{\text{aktivierte Malonsäure}}{7\,CoAS{-}\underset{\underset{O}{|}}{C}{-}CH_2{-}\underset{\underset{OH}{|}}{C}{=}O} + \underset{\text{Nicotinsäureamiddinukleotid-phosphat, reduziert}}{14\,(NADPH + H^+)}$$

$$\Downarrow$$

$$\underset{\text{Palmitinsäure}}{H_3C{-}(CH_2)_{14}{-}\underset{\underset{O}{\|}}{C}{-}OH} + \underset{\text{Kohlenstoff-dioxid}}{7\,CO_2} + \underset{\text{Coenzym A}}{8\,HS{-}CoA} + \underset{\text{Nicotinsäureamiddinukleotid-phosphat, oxidiert}}{14\,NADP^+} + \underset{\text{Wasser}}{6\,HOH}$$

Das Molekül Acetyl-SCoA (aktivierte Essigsäure) dient in diesem Prozess als Starter, auch Primer genannt. Die beiden Kohlenstoffatome der Acetylgruppe tauchen an den endständigen Kohlenstoffatomen C_{14} und C_{15} der Palmitinsäure auf.

$$\underbrace{\overset{16}{H_3C}{-}\overset{15}{CH_2}}_{\text{aus Acetylgruppe}}{-}\overset{14}{CH_2}{-}CH_2{-}CH_2{-}CH_2{-}CH_2{-}CH_2{-}CH_2{-}CH_2{-}CH_2{-}CH_2{-}CH_2{-}CH_2{-}CH_2{-}\underset{\underset{O}{\|}}{\overset{1}{C}}{-}OH$$

Das Kettenwachstum beginnt bei der Fettsäurebiosynthese an der Carboxylgruppe des Acetyl-SCoA und läuft durch schrittweise Addition von Acetylresten über die aktivierte Malonsäure an das Carboxylende der wachsenden Kette weiter. Jeder nachfolgende Acetylrest stammt von 2 der 3 Kohlenstoffatome eines Malonsäurerestes ab, der in Form von Malonyl-SCoA in das System eingebracht wird. Das dritte Kohlenstoffatom der Malonsäure, d. h. dasjenige der nicht veresterten Carboxylgruppe, wird als CO_2 wieder abgespalten.

Die Fettsäuresynthese ereignet sich im Cytosol[9], dem löslichen Teil des Zytoplasmas. Hier ist der Ort des Glucosestoffwechsels, der Fettsäuresynthese, der Porphyrinbiosynthese für das Hämin und bei den Pflanzen für das Chlorophyll, der Aktivierung von Aminosäuren und deren Übertragung auf die t-RNA, des Abbaus der Aminosäuren und der Pyrimidinen (heterozyklische Aminobasen). Die Cytosolen stehen im regen Stoffaustausch über Carrier mit den Mitochondrien.

4 Pflanzenöle aus Raps [E. vegetable oils of rape]

Rapsöl besteht zu 80 % aus *Ölsäure,* eine einfach ungesättigte C_{18}-Säure. Öle, d. h., Glycerinester aus Ölsäure sind hitzebeständig und als Hydrauliköle in Motoren besonders geeignet und begehrt (Tab. 1).

Spezielle Rapssorten haben einen relativ hohen Anteil an *Erucasäure* im Pflanzenöl. Sie besteht aus einer Kohlenwasserstoffkette mit 22 C-Atomen und enthält eine Doppelbindung. Die Erucasäure hat sich als Schaumbremser in schäumenden wässrigen Produkten erwiesen und wird als solche bestimmten Waschmitteln zugegeben.

Pflanzenöle aus Raps mit einem reichen Laurinsäuregehalt sind für die Nahrungsmittel- und Faserindustrie interessant. Laurinsäure ist eine gesättigte C_{12}-Säure und wird häufig anstelle von Palmöl eingesetzt. Sie verleiht z. B. den Schokoladen-Coatings die gewünschte Festigkeit. Bei der Verarbeitung von Mikrofasern wird durch Zugabe von Laurinsäure das Abreißen des hauchdünnen Fadens verhindert.

Raps als wichtigen Pflanzenöllieferanten für mannigfaltige Ansprüche zu züchten, ist eines der Ziele von gentechnisch verändertem Raps.

5 Fette, ihr biologischer Abbau [E. fats, biological degradation, catabolism]

5.1 Vorkommen im menschlichen Organismus und Zusammensetzung [E. occurence in human body, composition]

Das Depotfett im menschlichen Körper wird vorwiegend abgelagert unter der Haut (subkutan), zwischen den Muskeln (intramuskulär), im Bauchfell (Omentum) und in der Umgebung von Hohlorganen wie Herz, Nieren, am Darm und Gekröse (Mesenterium) und um die Eierstöcke (Ovarien).

Die Hauptrolle der Fette ist die des Energiespeichers. Für die Skelettmuskulatur stellen sie die wichtigste Energiequelle dar. Bei Warmblütlern und damit auch bei Menschen

[9]cyto (gr.) – Höhlung.

isoliert das subkutan abgelagerte Fett gegen Wärmeverluste nach außen. Eine dritte Aufgabe der Fettgewebe besteht im Schutz von Organen gegen mechanische Einflüsse.

Die natürlichen Fette sind fast ausnahmslos Glycerinester der höheren geradzahligen gesättigten und ungesättigten Fettsäuren. Sie sind Triglyceride, d. h. Neutralfette. Chemisch exakter ist die Bezeichnung Acylglycerine[10]. Die meisten von ihnen bestehen aus einem Gemisch unterschiedlicher Triacylglycerine, an denen 5 bis 12 verschiedene Fettsäuren beteiligt sind.

Acylglycerine sind Ester von Glycerin mit einem Fettsäurerest, mit 2 oder 3 Fettsäureresten. Die entsprechenden aliphatischen Ester werden Mono-, Di- und Triacylglycerine genannt, z. B.

1-Acylglycerin
(α-Monoglycerid)

$H_2C-O-C(=O)-\mathbf{R_1}$
$HC-OH$
H_2C-OH

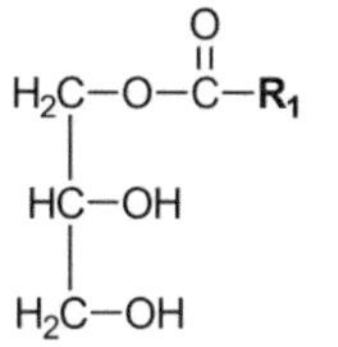

2-Acylglycerin
(β-Monoglycerid)

H_2C-OH
$HC-O-C(=O)-\mathbf{R_2}$
H_2C-OH

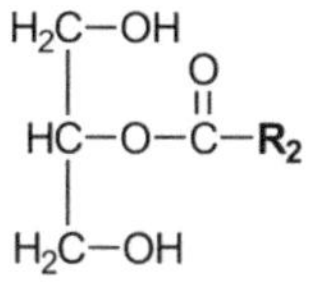

1,2-Diacylglycerin
(α-β-Diglycerid)

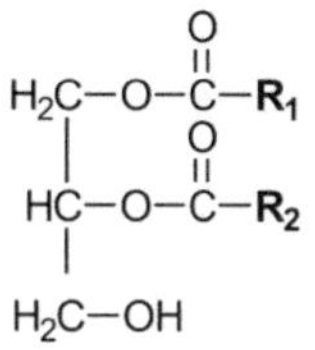

$H_2C-O-C(=O)-\mathbf{R_1}$
$HC-O-C(=O)-\mathbf{R_2}$
H_2C-OH

1,3 Diacylglycerin

$H_2C-O-C(=O)-\mathbf{R_1}$
$HC-OH$
$H_2C-O-C(=O)-\mathbf{R_2}$

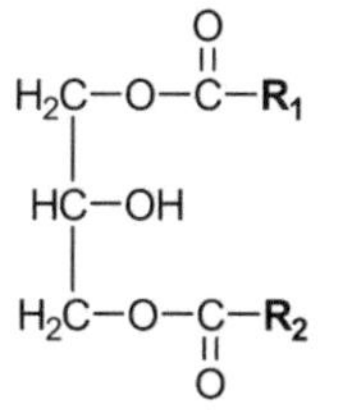

1,2,3-Triacylglycerin
(Triglycerid)

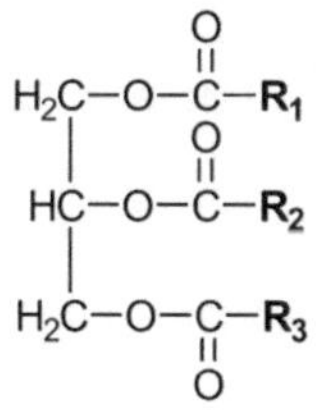

$H_2C-O-C(=O)-\mathbf{R_1}$
$HC-O-C(=O)-\mathbf{R_2}$
$H_2C-O-C(=O)-\mathbf{R_3}$

Stellung an Glycerinkohlenstoffatomen

1 C α
2 C β
3 C α'

Das menschliche Depotfett enthält zu 45 % Ölsäure, 25 % Palmitinsäure, 8 % Linolsäure, 7 % Palmitinoleinsäure und 6 % Stearinsäure.

Mono- und Diacylglycerine entstehen im Darm des Menschen und der Säugetiere während der Verdauung und Absorption. Sie sind deshalb auch als Zwischenprodukte im Stoffwechselkreislauf anzutreffen.

Im Depotfett der Landsäugetiere finden sich vorwiegend Öl- und Palmitinsäure, im Rind- und Schaffett zusätzlich Stearinsäure. Das Milchfett dieser Säugetiere enthält kürzerkettige Fettsäuren mit Kohlenwasserstoffketten von C_4 bis C_{12}.

[10]Acylgruppe ist die allgemeine Bezeichnung für aliphatische Kohlenwasserstoffreste mit einer Carbonylgruppe $R-C(=O)\cdot$ Acylrest, z. B. $H-C(=O)\cdot$ Formyl; $H_3C-C(=O)\cdot$ Acetyl; $H_3C-CH_2-C(=O)\cdot$ Propionyl usw.

Die Fette von Wassertieren sind dagegen aus mehrfach ungesättigten höheren Fettsäuren, C_{16} bis C_{22}, aufgebaut. Der Palmitinsäureanteil wechselt zwischen 10 und 18 %.

Pflanzenöle sind reich an ungesättigten C_{18}-Säuren, z. B. Ölsäure, Linolsäure, Linolensäure.

5.2 Fette als Energiespender [E. lipids as energy giver]

Fette sind eine energiereichere Quelle als die Kohlenhydrate und Proteine. Ihr physiologischer Brennwert beträgt 39,0 kJ pro 1 g Fett. Das ist mehr als doppelt so hoch als der Brennwert von den Kohlenhydraten und den Proteinen mit je 17,2 kJ/g.

Das ist ein Grund, warum tierische Organismen, die sich durch aktive Eigen- und Fortbewegung auszeichnen, vorwiegend ihre physiologische Energie als Fette gespeichert haben und Pflanzen als Kohlenhydrate. Pflanzen müssen sich nicht fortbewegen. Für sie spielt es transportökonomisch keine Rolle, ob der gespeicherte Energieinhalt pro Gewichts- und Volumeneinheit hoch ist wie bei den Fetten der sich aktiv bewegenden Tiere oder nur halb so hoch wie bei der Stärke als Energiereserve der Pflanzen.

Fette enthalten im molekularen Aufbau gegenüber den Kohlenhydraten und Proteinen weniger Sauerstoff und damit mehr oxidierbare Substanz. In der Glucose als häufigster Baustein der Kohlenhydrate, wie z. B. Stärke und Cellulose, beträgt das Verhältnis im Vergleich zu den Fettsäuren, Glycerin und Proteinen wie folgt:

Glucose, $C_6H_{12}(OH)_6$ als häufigster Bestandteil der Kohlenhydrate.

Kohlenstoff : Wasserstoff : Sauerstoff $= C_6 : H_{12} : O_6 = 1 : 2 : 1$

Capronsäure, $H_3C{-}(CH_2)_4{-}COOH$, eine Fettsäure in Milchfetten.

$= C_6 : H_{12} : O_2 = 1 : 2 : 0,3$

Palmitinsäure, $H_3C{-}(CH_2)_{12}{-}COOH$, je länger die Fettsäure, desto geringer wird der Sauerstoffanteil zu den oxidierbaren Kohlenstoff- und Wasserstoffanteilen.

$= C_{16} : H_{32} : O_2 = 1 : 2 : 0,125$

Glycerin, $H_2C(OH){-}CH(OH){-}CH_2(OH)$, als wesentlicher Bestandteil der Fette.

$= C_3 : H_8 : O_3 = 1 : 2,7 : 1$

Proteine, $\left[-CH_2-C(=O)-NH-CH_2-C(=O)-NH- \right]_n$, ein Polymerausschnitt eines Proteins.

Kohlenstoff : Wasserstoff : Sauerstoff + Stickstoff $= C_4 : H_4 : \begin{pmatrix} O_2 + \\ N_2 \end{pmatrix} = 1 : 1 : 1$

Für die Proteine wird ein Ausschnitt aus einer Proteinkette zur Berechnung des Atomverhältnisses herangezogen. Der Kettenausschnitt besteht aus 6 Atomen, und zwar alternierend (abwechselnd) aus zwei C-Atomen und einem N-Atom. Dabei ist zu berücksichtigen, dass die Aminogruppen nichts zum physiologischen Brennwert beitragen. Während des Stoffwechselprozesses bleiben sie als Aminogruppen erhalten, sie werden jeweils ausgetauscht, d. h. transferiert, insofern können die Stickstoffanteile den nichtoxidierbaren Sauerstoffanteilen zugerechnet werden. Außerdem steht der Amidwasserstoff nicht für eine Oxidation zur Verfügung. Er darf nicht in den oxidierfähigen Wasserstoffanteil einbezogen werden. Ausgeschieden werden die Aminogruppen aus dem Stoffwechselkreislauf über den Harnstoffzykclus in Form von Harnstoff, $H_2N{-}\underset{\underset{O}{\|}}{C}{-}NH_2$.

Für die Verhältnisgleichung der Proteine ist noch anzumerken, dass sie nur als Mittelwert über ein großes Proteinmolekül gelten kann. Eine exakte Angabe ist wegen der unterschiedlichen Seitenketten der beteiligten Aminosäuren und deren Häufigkeit innerhalb einer Proteinkette sehr schwierig.

Der Anteil der Kohlenstoff-, Wasserstoff- und Sauerstoffhäufigkeit im Glycerin liegt zwischen den Anteilen der Glucose und Fettsäuren. Der Wasserstoffanteil ist höher als in der Glucose. Deshalb ist der technische Brennwert (Heizwert) auch größer als der der Glucose (Tab. 3). Gegenüber den Fettsäuren weist Glycerin einen höheren Sauerstoffanteil auf. Entsprechend ist der Heizwert niedriger als der von z. B. Capronsäure und Palmitinsäure (Tab. 3). Ein Vergleich der Verhältnisgleichungen zeigt weiter, dass der Sauerstoffanteil bei den Fettsäuren am niedrigsten ist, nämlich 0,3 bzw. 0,125, und der Wasserstoffanteil als energieliefernde Element sehr hoch ist. Die Heizwerte der höheren Fettsäuren liegen fast in der Größenordnung von reinen Kohlenwasserstoffen, die als Energiespender im Heizöl oder Treibstoffen für Motoren verwendet werden (Tab. 3). Das ist mit ein Grund, warum Pflanzenöle, wie z. B. aus Raps, als Treibstoffe eingesetzt werden können.

Der Unterschied zwischen den physiologischen Brennwerten ΔG und den technischen Brennwerten ΔH wird durch die Gibbs-Helmholtz'sche Gleichung vorgegeben:

$$\Delta H - \Delta G = T\Delta S = \Delta Q.$$

Für die Glucose ist der technische Brennwert: $\Delta \mathrm{H} = -2825\ \mathrm{kJ/mol}$,

der physiologische Brennwert: $\Delta \mathrm{G} = -2876\ \mathrm{kJ/mol}$.

Die Differenz ist $\Delta \mathrm{Q} = \Delta \mathrm{H} - \Delta \mathrm{G} = (-2825 + 2876)\ \mathrm{kJ/mol}$

$$\Delta Q = +51\ kJ/mol.$$

Der technische Brennwert ist um diesen Wärmeenergiebetrag geringer als der physiologische. Er ist um den Betrag ΔQ, der als Wärmeenergie freigesetzt wird, niedriger als ΔG.

Interpretation der Verbrennungsenthalpie und Heizwerte in Tab. 3.
Alle in der Tabelle aufgeführten Brennstoffe sind weltweit die wichtigsten Energieträger. Sie decken im Wesentlichen den Energiebedarf der Menschen.

Tab. 3 Vergleich von Heizwerten einiger technischer und biologischer Energieträger [E. comparison of calorific values of some technical and biological energy carriers][a]

Brennstoff	Bildungsenthalpie, $\Delta_B H$ [kJ/mol]	Verbrennungsenthalpie, ΔH [kJ/mol]	Molmasse	Oberer Heizwert H_0 [kJ/kg] Brennstoff
Wasserstoff, H_2	–	−285,90	2	14.2950,0
Methan, CH_4	−74,8	−890,40	16	55.650,0
Hexan, C_6H_{14}	−198,8	−4163,00	86	48.407,0
Benzol, C_6H_6	−82,8	−3135,70	78	40.201,0
Polyethylen, $-[H_2C]_n-$	−31,2	−648,20	n × (14)	46.607,0
Palmitinsäure, $H_3C-(CH_2)_{14}-COOH$	−917,6	−9953,00	256	38.878,0
Capronsäure, $H_3C-(CH_2)_4-COOH$	−581,6	−3495,00	116	30.300,0
Kohlenstoff, $[C_6]_n$	–	6 n × −(393,50)	n × (72)	n × 32 792,0
Ethylalkohol, H_3C-CH_2-OH	−277,6	−1366,40	44	29.705,0
Methylalkohol, H_3C-OH	−238,7	−726,51	32	22.703,4
Alanin $H_3C-CH(NH_2)-COOH$	−556,6	−1656,00	89	18.400,0
PVC, $-[H_2C-CH(Cl)]_n-$	−36,6	−1129,60	n × (62,7)	19.000,0
Glycerin, $H_2C(OH)-CH(OH)-CH_2(OH)$	−659,8	−1664,40	92	18.091,0
Cellulose, $[C_6H_5OH_5]_n$	−943,0	n × (−2846,80)	n × 162	n × 17 572,0
Glucose, $C_6H_6(OH)_6$	−1256,0	−2825,00	180	15.667,0
Kohlenstoffmonoxid, CO	−110,5	−283,00	28	10.107,0
Hausmüll C, H, O, N, P, S	–	–	–	10.000,0

[a]Beim Polyethylen und Polyvinylchlorid, PVC, handelt es sich um Mittelwerte, da die Polymerketten nicht einheitlich lang sind. Auch beim Hausmüll ist die Zusammensetzung sehr unterschiedlich, sodass ebenfalls nur ein Richtwert angegeben werden kann

Je höher der Anteil des Wasserstoffs in einer Verbindung, desto größer ist auch die Verbrennungsenthalpie bzw. der Heizwert. Andererseits hat ein hoher Sauerstoffanteil eine niedrige Verbrennungsenthalpie bzw. niedrigeren Heizwert zufolge. Verbrennungsenthalpie heißt, dass die Werte alle auf Umsetzungen mit Sauerstoff bezogen sind.

Bei der Bestimmung der Verbrennungsenthalpie von dem stickstoffhaltigen Alanin wurde als Stickstoffoxidationsstufe, NO_2, Stickstoffdioxid angenommen.

Alanin + Luftsauerstoff ⟶ Wasser + Kohlenstoffdioxid + Stickstoffdioxid

$$H_3C{-}CH(NH_2){-}COOH + \frac{19}{4}\,O_2 \longrightarrow \frac{7}{2}\,HOH + 3\,CO_2 + NO_2$$

$$\Delta H = -18400\ \text{kJ/mol}$$

Die höhere Verbrennungsenthalpie der Cellulose gegenüber Glucose ist auf die Polymerisationsenthalpie von der Glucose → Cellulose zurückzuführen. Durch die Polymerisation wird noch zusätzlich Energie gespeichert, die bei der Verbrennung wieder freigesetzt wird.

Solarenergie und Windenergie spielen im Vergleich zu den Brennstoffen noch eine untergeordnete Rolle. Eine Ergänzung zu den kohlenstoffhaltigen Brennstoffen sind die Kernenergie (mit Ausnahme in Deutschland) und Energie aus fließenden Gewässern. Auch Kohlenwasserstoffpolymere wie Polyethylen, Polypropylen, Polyvinylchlorid u. a. sind nach ihrer Ausschleusung als Werkstoffe und Nutzgüter noch wertvolle Energieträger.

5.3 Glycerinabspaltung [E. separation of glycerine]

Der Fettabbau innerhalb des Stoffwechsels beginnt mit einer enzymatischen Hydrolyse.

Fett (Triacylglycerin) ⟶ Glycerin + Fettsäuren

$$\begin{array}{l} H_2C{-}O{-}CO{-}R_1 \\ HC{-}O{-}CO{-}R_2 \\ H_2C{-}O{-}CO{-}R_3 \end{array} \xrightarrow[+\,3\,HOH]{\text{Hydrolyse}} \begin{array}{l} H_2C{-}OH \\ HC{-}OH \\ H_2C{-}OH \end{array} + \begin{array}{l} R_1{-}CO{-}OH \\ R_2{-}CO{-}OH \\ R_3{-}CO{-}OH \end{array}$$

Glycerin zählt zu den 3-wertigen Alkoholen und ist als solcher wasserlöslich. Technisch wird die Hydrolyse im alkalischen oder sauren Medium durchgeführt. Der Prozess wird Verseifung genannt.

Durch eine hormongesteuerte Lipase wird zuerst ein Fettsäurerest abgespalten, zurück bleiben Diacylglycerine. Und zwar werden die Fette im Zwölffingerdarm (Duodenum) unter dem Einfluss der Pankreaslipase emulgiert. Zusammenfassend darf formuliert werden:

$$\text{1,2,3 Triacylglycerin} + \text{HS–CoA} \xrightarrow{\text{Lipase}} \text{1,2-Diacylglycerin} + \text{Acyl-SCoA}$$

$$\text{1,2 Diacylglycerin} + \text{2 HS–CoA} \xrightarrow{\text{Lipase}} \text{Glycerin} + \text{2 Acyl-SCoA}$$

Das Glycerin wird zu Glycerin-3-phosphat umgesetzt und weiter zu Dihydroxyaceton-phosphat.

Glycerin —Glycerinkinase→ Glycerin-3-phosphat —Glycerinphosphat-dehydrogenase→ Dehydroxyaceton-phosphat

$H_2C–OH$ / $HC–OH$ / $H_2C–OH$ $\xrightarrow[\text{– ATP}]{\text{+ ATP}}$ $H_2C–OH$ / $HC–OH$ / $H_2C–O–P$ $\xrightarrow[\text{– NADH + H}^+]{\text{+ NAD}^+}$ $H_2C–OH$ / $C{=}O$ / $H_2C–O–P$

Das Dihydroxyacetonphosphat wird als C_3-Baustein entweder in Brenztraubensäure überführt und dann über den Zitronensäurezyklus weiter unter Energiefreisetzung zum Acetylrest und Kohlenstoffdioxid abgebaut (Kap. XVII, Abb. 1).

Doch bedeutsamer ist die Rolle des Dihydroxyacetonphosphats als Zwischenprodukt für die Bildung von körpereigenen Fetten. Es lässt sich leicht zu Glycerin-3-phosphat reduzieren, das sich dann mit aktivierten Fettsäuren stufenweise zu Triacylglycerin umsetzt. Als Wasserstoffspender dient wieder $(NADH + H^+)$.

Dihydroxyaceton-phosphat + reduziertes Nicotin-säureamiddinukleotid → Glycerin-3-phosphat

$H_2C–OH$ / $C{=}O$ / $H_2C–O–P(=O)(OH)–OH$ + $(NADH + H^+)$ ⟶ $H_2C–OH$ / $HC–OH$ / $H_2C–O–P(=O)(OH)–OH$ + NAD^+

Glycerin-3-phosphat + Acyl-S–ACo, aktivierte Fettsäure → Monoacyliertes Glycerin-3-phosphat

$H_2C–OH$ / $HC–OH$ / $H_2C–O–P(=O)(OH)–OH$ + $CoA–S–C(=O)–\mathbf{R_1}$ $\xrightarrow[\text{– CoASH}]{}$ $H_2C–O–C(=O)–\mathbf{R_1}$ / $C{=}O$ / $H_2C–O–P(=O)(OH)–OH$

Nach 3-maliger Umsetzung mit aktivierten Fettsäuren wird ein Triacylglycerin erhalten, d. h. ein normaler Glycerinfettsäureester bzw. ein Fett.

5.4 Fettsäureabbau über die ß-Oxidation [E. degradation of fatty acids by ß-oxidation]

Der beta-oxidative Fettsäureabbau besteht in der Überführung des in ß-Stellung zur Carboxylgruppe stehenden Kohlenstoffatoms in eine ß-Ketosäure.

$$\underset{\beta}{R-CH_2}-\underset{\alpha}{CH_2}-\underbrace{\underset{\overset{\|}{O}}{C}-OH}_{\text{Carboxylgruppe}} \xrightarrow[-\,H-OH]{+\,O_2} R-\overset{\beta}{\underset{\overset{\|}{O}}{C}}-\overset{\alpha}{CH_2}-\underset{\overset{\|}{O}}{C}-OH$$

Aus der β-Ketosäure, $R-\overset{\beta}{\underset{\overset{\|}{O}}{C}}-\overset{\alpha}{CH_2}-\underset{\overset{\|}{O}}{C}-OH$, lässt sich dann die Acetylgruppe, $H_3C-\underset{\overset{\|}{O}}{C}\cdot$ als C_2-Rest unter Zurücklassen einer um zwei C-Atome kürzeren Fettsäure abspalten. Die Acetylgruppe kann als Baustein innerhalb des Stoffwechselprozesses verwendet werden, oder sie wird in den Zitronensäurezyklus überführt (Kap. XIX, Abb. 8).

Diese Oxidation verläuft in mehreren Stufen und beginnt mit der Aktivierung der jeweiligen Fettsäure durch das Coenzym A.

Palmitinsäureabbau als Beispiel:

1. Stufe, Aktivierung der Palmitinsäure durch das Coenzym A.

Palmitinsäure, C_{16} + Coenzym A

$$H_3C-(CH_2)_{11}-CH_2-\overset{\beta}{CH_2}-\overset{\alpha}{CH_2}-\underset{\overset{\|}{O}}{C}-OH \quad + \quad HS-CoA$$

$$\Big\Downarrow -HOH$$

aktivierte Palmitinsäure, C_{16}

$$H_3C-(CH_2)_{11}-CH_2-\overset{\beta}{CH_2}-\overset{\alpha}{CH_2}-\underset{\overset{\|}{O}}{C}-O-S-CoA$$

Das ist eine energiebindende Reaktion, d. h. endergonisch. Die notwendige Energie liefert das ATP (**A**denosin**t**ri**p**hosphat).

$$ATP \longrightarrow ADP^{11} + P_i; \quad \Delta G = -30{,}5\ kJ/mol$$
$$ATP \longrightarrow AMP + PP_i^{12}; \quad \Delta G = -61{,}0\ kJ/mol$$

Zusammenfassend kann die Aktivierung einer Fettsäure durch nachstehende Gleichung beschrieben werden:

Fettsäure, Coenzym A, Phyrophosphat, aktivierte Fettsäure

$$ATP + R{-}\overset{\overset{\displaystyle O}{\|}}{C}{-}OH + CoA{-}SH \longrightarrow AMP + PP_i + R{-}\overset{\overset{\displaystyle O}{\|}}{C}{-}SCoA$$

2. Stufe, Dehydrierung der aktivierten Palmitinsäure. Mittels der Dehydrierung bildet sich eine Doppelbindung zwischen den α- und β-ständigen C-Atomen. Als Wasserstoffaufnehmer (Akzeptor) wirkt **F**lavin-**a**denin-**d**inucleotid (FAD) (Kap. VI, Abb. 7b).

aktivierte Palmitinsäure, C_{16}

$$H_3C{-}(CH_2)_{11}{-}CH_2{-}\overset{\beta}{CH_2}{-}\overset{\alpha}{CH_2}{-}C({=}O){-}O{-}S{-}CoA + FAD$$

$$\Downarrow$$

dehydrierte aktivierte Palmitinsäure, C_{16}

$$H_3C{-}(CH_2)_{11}{-}CH_2{-}\overset{\beta}{CH}{=}\overset{\alpha}{CH}{-}C({=}O){-}O{-}S{-}CoA + FADH_2$$

3. Stufe, enzymatische Wasseranlagerung an die dehydrierte aktivierte Palmitinsäure. Es entsteht die aktivierte β-Hydroxypalmitinsäure.

$$\Downarrow + HOH$$

β-Hydroxypalmityl–S–CoAS, C_{16}

$$H_3C{-}(CH_2)_{11}{-}CH_2{-}\overset{\beta}{CH}(OH){-}\overset{\alpha}{CH_2}{-}C({=}O){-}O{-}S{-}CoA$$

[11] ADP = Adenosindiphosphat; AMP = Adenosinmonophosphat.

[12] PP_i = Pyrophosphat

$$HO{-}P({=}O)(OH){-}O{-}P({=}O)(OH){-}OH$$

4. Stufe, Dehydrierung der β-Hydroxypalmityl-S-CoA. Als Wasserstoffakzeptor tritt dieses Mal **N**icotinsäure**a**mid**d**inukleotid (NAD) auf.

$$\xrightarrow[]{+\,NAD^+ \;\; -\,(NADH + H^+)}$$

3-Ketopalmityl–S–CoA, C_{16}

$$H_3C{-}(CH_2)_{11}{-}CH_2{-}\overset{\beta}{\underset{\|\atop O}{C}}{-}CH_2{-}\overset{\alpha}{\underset{\|\atop O}{C}}{-}S{-}CoA$$

5. Stufe, Spaltung des 3-Ketopalmityl-S-CoA in ein Acetyl-SCoA und einer um 2 Kohlenstoffatome verringerten aktivierten Myristinsäure, C_{14}.

$$\xrightarrow[]{+\,HS{-}CoA}$$

aktivierte Myristinsäure, C_{14} Acetyl–S–CoA, C_2

$$H_3C{-}(CH_2)_{11}{-}CH_2{-}\overset{\beta}{\underset{\|\atop O}{C}}{-}S{-}CoA \quad + \quad H_3C{-}\overset{\alpha}{\underset{\|\atop O}{C}}{-}S{-}CoA$$

Für diese ebenfalls enzymatisch ablaufende Reaktion wird ein zweites Acetyl-S-CoA-Molekül benötigt. Das 3-Ketopalmityl-S-CoA-Molekül wird zwischen den α- und β-platzierten Kohlenstoffatomen getrennt. Aus dem β-C-Atom wird der neue um 2 C-Atome ärmere Acylrest, d. h. die aktivierte Myristinsäure, auch Myristoyl-S-CoA genannt. Das α-C-Atom taucht als Methylgruppe im abgetrennten Acetyl-S-CoA auf.

6. Stufe, Wiederholung der 2. Stufe.
Die um 2 C-Atome verkürzte aktivierte Myristinsäure wird in einer weiteren Reaktionsrunde wieder dehydriert, bis nach den anschließenden Reaktionsstufen wieder ein Acetyl-S-CoA freigegeben wird.

Es sind für die Palmitinsäure mit einer C_{16}-Kette sieben Reaktionsrunden nötig, um sie in acht Acetyl-S-CoA-Bausteine zu zerlegen. Außerdem werden 14 Paare Wasserstoffatome freigesetzt, die von FAD + NAD^+ gebunden werden. Sie gehen in die Atmungskette ein und reduzieren den eingeatmeten Sauerstoff zu Wasser.

Die Acetyl-S-CoA-Moleküle werden in den Zitronensäurezyklus eingeschleust (Kap. XIX, Abb. 8).

5.5 Stoffbilanzierung [E. material balance]

Für den Umlauf eines Fettsäure-Oxidationszyklus lässt sich am Beispiel der Palmitinsäure folgende Reaktionsgleichung zwecks Stoffbilanzierung beschreiben:

Palmityl—SCoA		Coenzym A		Flavinadenin-dinukleotid		Nicotinsäure-adenindinukleotid		Wasser
$H_3C-(CH_2)_{14}-C(=O)-S-CoA$	+	CoASH	+	FAD	+	NAD^+	+	HOH

$$\Downarrow$$

Myristoyl—SCoA		Acetyl-Coenzym A		reduziertes FAD		reduziertes NAD^+
$H_3C-(CH_2)_{12}-C(=O)-S-CoA$	+	$H_3C-C(=O)-SCoA$	+	$FADH_2$	+	$(NADH + H^+)$

Zum vollständigen Abbau der Palmitinsäure muss diese die Reaktion 7-mal umlaufen. Die Summenreaktionsgleichung für den Stoffumsatz lautet demnach

Palmityl—SCoA		Coenzym A		Flavinadenin-dinukleotid		Nicotinsäure-adenindinukleotid		Wasser
$H_3C-(CH_2)_{14}-C(=O)-S-CoA$	+	7 CoASH	+	7 FAD	+	7 NAD^+	+	7 HOH

$$\Downarrow$$

Acetyl-Coenzym A		reduziertes FAD		reduziertes NAD^+
8 $H_3C-C(=O)-SCoA$	+	7 $FADH_2$	+	7 $(NADH + H^+)$

Die an dem oxidativen Fettsäureabbau beteiligten Enzyme sind in den Mitochondrien der Zellen lokalisiert. Deshalb müssen die Fettsäuren vom Zytoplasma, dem Ort ihrer Bildung, in das Innere der Mitochondrien transportiert werden. Das ist ein mehrstufiger Vorgang, der mit der Aktivierung der Fettsäure durch das Coenzym A beginnt und sich an der äußeren Membran vollzieht, z. B.

Palmitylsäure		Coenzym A		Adenosin-triphosphat		aktivierte Palmitinsäure		Adenosin-mono-phosphat		Pyrophosphorsäure
$H_3C-(CH_2)_{14}-C(=O)-OH$	+	HS—CoA	+	ATP	$\longrightarrow$	$H_3C-(CH_2)_{14}-C(=O)-SCoA$	+	AMP	+	PP_i

Das ATP liefert die dafür erforderliche Energie von $\Delta G = -61$ kJ/mol.

$$\text{ATP} \rightarrow \text{APM} + \text{PP}_\text{i} + 61\,\text{kJ}$$

6 Einteilung der Fette nach ihrer Herkunft [E. classification of fats into groups of their occurence]

Fette und Öle sind Energie- und Stoffreservestoffe in Mikroorganismen, im tierischen und menschlichen Organismus und in Pflanzen.

Sie sind Ester aus aliphatischen Fettsäuren (Carbonsäuren) und Glycerin, einem 3-wertigen Alkohol. Je nachdem, ob sie bei Zimmertemperatur fest oder flüssig sind, spricht man von einem Fett oder Öl. Naturfette oder -öle sind somit feste oder flüssige Mischungen, die zu etwa 97 % aus Triglyceriden bestehen. Di- und Monoglyceride sind nur bis zu 3 % vertreten. Die Naturfette bzw. -öle enthalten mindestens zwei verschiedene Fettsäuregruppen. Die Fettsäuren sind überwiegend geradzahlige unverzweigte aliphatische Monocarbonsäuren mit Kettenlängen von C_4, Buttersäure, bis C_{24}, Carnaubasäure. Als Begleitstoffe enthalten sie *Kohlenwasserstoffe, freie Fettsäuren, Wachse, Sterine, Phospholipide, Vitamine (fettlösliche), Farbstoffe* u. a.

Im Tier und beim Menschen werden die körpereigenen Fette aus den Nahrungsstoffen wie Fette, Kohlenhydrate und Proteinen gebildet, indem diese Biopolymere bis zu dem Acetylrest, $H_3C{-}C(=O){\cdot}$, abgebaut werden.

Aus diesen C_2-Bausteinen, auch aktivierte Essigsäuren genannt, $H_3C{-}C(=O){-}O{-}SCoA$, erfolgt die Fettsäurebiosynthese, die mit Glycerin verestert, die körpereigenen Fette ergeben.

6.1 Milchfett - Butter [E. milk fat - butter]

Im Jahr 2015 gab es in Deutschland 4,3 Mio. Milchkühe, die ca. 34 Mio. t Milch lieferten, aus denen 490 000 t Butter hergestellt wurden; außerdem ca. 2,5 Mio. t Käse.

Butter ist ein wertvolles tierisches Fett für die menschliche Ernährung.

Die Kuhmilch setzt sich zusammen aus ca. 88,5 % Wasser, 3,2 % Proteinen, 3,7 % Fetten, 4,6 % Kohlenhydraten und den Vitaminen, z. B. Carotin, Thiamin B_1, Riboflavin B_2, Vitamin B_6, Niacin, freie Folsäure, Pantothensäure, Ascorbinsäure C, α-Tocopherol. Hinzu kommen die Mineralien an Na, K, Ca, Mg, Mn, Fe, Cu, Zn, Phosphate und Sulfate.

Je nach Region, Fütterungsart und Kuhsorte variieren die angegebenen Werte.

Entsprechend ist die Butter zusammengesetzt:

17,4 % Wasser, 81 % Fette, 0,7 % Kohlenhydrate.

Wie die Milch enthält Butter die entsprechenden Vitamine und Mineralien, außer Folsäure und nur Spuren von Pantothensäure und Vitamin C.

Butter ist ein Triglycerid (Triacylglycerin)

$$\begin{array}{ll} H_2C{-}O{-}\overset{O}{\overset{\|}{C}}{-}(CH_2)_{14}{-}CH_3 & \text{Palmitinsäure} \\ HC{-}O{-}\underset{\underset{O}{\|}}{C}{-}(CH_2)_{16}{-}CH_3 & \text{Stearinsäure} \\ H_2C{-}\underset{\underset{O}{\|}}{C}{-}(CH_2)_7{-}CH{=}CH{-}(CH_2)_7{-}CH_3 & \text{Ölsäure} \end{array}$$

Neben diesen drei genannten Fettsäuren enthält die Butter noch niedere geradzahlige Fettsäuren wie z. B.

n-Butansäure (Buttersäure)	$H_3C{-}(CH_2)_2{-}COOH$
n-Hexansäure (Capronsäure)	$H_3C{-}(CH_2)_4{-}COOH$
n-Octansäure (Caprylsäure)	$H_3C{-}(CH_2)_6{-}COOH$
n-Decansäure (Caprinsäure)	$H_3C{-}(CH_2)_8{-}COOH$

6.2 Pflanzenfette [E. Vegetable fats]

In den Pflanzensamen bildet sich das Fett aus der Stärke, die enzymatisch zu Glucose hydrolysiert wird und anschließend während der Glykolyse zu Brenztraubensäure und den Acetylresten abgebaut wird.

Stärke — Glucose — Brenztraubensäure — Acetylrest (aktivierte Essigsäure)

$$\left[C_6H_5(OH)_5\right]_n \xrightarrow{(n-1)\,HOH} n\,C_6H_6(OH)_6 \xrightarrow{ATP} H_3C{-}\underset{\underset{O}{\|}}{C}{-}COOH \xrightarrow[-\,CO_2]{} H_3C{-}\underset{\underset{O}{\|}}{C}{-}SCoA$$

Die aktivierte Essigsäure ist wieder der Baustein zu den pflanzeneigenen Fetten bzw. Ölen.

Zurzeit der Vollreife haben die Pflanzensamen den höchsten Ölgehalt, während der der Stärke am niedrigsten ist (Tab. 4).

Rizinusöl besteht zu 80 bis 85 % aus dem Glycerinester der Rizinusölsäure,

(12-Hydroxy-9-cis-octadecensäure) $H_3C{-}(CH_2)_5{-}\underset{\underset{OH}{|}}{CH}{-}CH_2{-}CH{=}CH{-}(CH_2)_7{-}COOH$.

Es handelt sich um eine Hydroxyfettsäure mit einer Doppelbindung bestehend aus 18 C-Atomen.

Rizinusöl ist ein schwach gelb gefärbtes viskoses Öl mit geringem Geruch, aber unangenehmen Geschmack, es ist brennbar. An der Luft verdickt es, ohne in dünne Filme zu erstarren, es zählt nicht zu den trocknenden Ölen. In der Human- und Veterinärmedizin wird es als Abführmittel eingesetzt. In der Kosmetik dient Rizinusöl als Additiv (Zusatzhilfsstoff), ebenso bei der Herstellung von Farben, Lacken, Kunststoffen, Polier- und Schmiermittel.

Tab. 4 Einteilung von Tier- bzw. Menschenfett und Pflanzenfetten bzw. -ölen [E. classification of animal fat or rather human fat and vegetable fats or oils]

Landtiere und Menschen

- Organfette: Nierentalg, Netz- und Herzfett
- Bauch- und Hautfett: Knochenfett, Klauenöl aus Tierklauen
- Milchfett
- Reservefett

Seetiere

- Fischöle: Sardinenöl, Heringsöl, Lebertran
- Öle mariner Säugetiere: Waltran
- Delfinfett enthält die einzige natürlich vorkommende verzweigtkettige Fettsäure, Isovalerinsäure, eine C_5-Säure, $H_3C{-}CH(CH_3){-}CH_2{-}COOH$

Pflanzenfette bzw. -öle

Samenfette:		Fruchtfleischfette:	
Sesam	50–55 %	Kokosfette der Kokospalme	
Ricinus	45–55 %	(Kopra)	60–70 %
Erdnuss	40–51 %	Olivenöl ca.	56 %
Mohn	38–50 %	Palmöl	35–45 %
Raps	33–45 %		
Leinsamen (Flachs)	30–45 %		
Rübsen	33–40 %		
Senfkörner	30–35 %		
Sonnenblumen	29–35 %		
Soja	17–21 %		
Olivenkerne	ca. 12 %		

Gewonnen wird Rizinusöl aus der Rizinusstaude, eine Ölpflanze, die vorwiegend in Indien und Brasilien wächst.

7 Wachse [E. wax]

Wachs ist eine technologische Sammelbezeichnung für ein bestimmtes werkstoffähnliches Verhalten. In diesem Sinne ist Wachs ein warenkundlicher Begriff wie Harz oder Metall.

Wachse im engeren Sinne sind Ester aus höher molekularen 1-wertigen Alkoholen (selten aus 2-wertigen) und festen Fettsäuren:

z. B. $CH_3-(CH_2)_n-\underset{\underset{O}{\|}}{C}-O-(CH_2)_m-CH_3$

Fettsäurerest — alkoholischer Rest

Bei Normaltemperatur sind Wachse weich, knetbar und klebrig. Beim leichten Reiben und Polieren wird ihre Oberfläche glänzend, z. B. Bienenwachs.

Bisher sind 250 natürliche Wachsarten bekannt. Zwei Drittel stammen aus dem Pflanzenbereich.

Technisch werden 20 Wachsarten verwendet, das sind u. a.

Tierwachse:	Bienenwachs
	Schellackwachs
	Walratwachs
	Wollfett
Pflanzenwachse:	Carnaubawachs
	Flachswachs
	Zuckerrohwachs
	Kautschuk- und
	Guttaperchawachs
Fossilienwachs:	Montanwachs aus Braunkohlenlager
	Petroleumwachs aus Erdöl und Gatsch

In den Wachsen kommen folgende Alkohole vor:

Cetylalkohol $H_3C-(CH_2)_{14}-CH_2-OH$

Cerylalkohol $H_3C-(CH_2)_{24}-CH_2-OH$

Myricylalkohol $H_3C-(CH_2)_{28}-CH_2-OH$

Cholesterin

Ferner kommen folgende höhere Fettsäuren in den Wachsen vor:

Palmitinsäure	$H_3C{-}(CH_2)_{14}{-}COOH$
Stearinsäure	$H_3C{-}(CH_2)_{16}{-}COOH$
Carnaubasäure	$H_3C{-}(CH_2)_{22}{-}COOH$
Cerotinsäure	$H_3C{-}(CH_2)_{24}{-}COOH$
Montansäure	$H_3C{-}(CH_2)_{26}{-}COOH$

Carnaubawachs ist das Wachs einer Fächerpalme in Brasilien. Er ist ein Cerotinsäuremyricylester.

$$H_3C{-}(CH_2)_{24}{-}\underset{\displaystyle \mathbf{O}}{\overset{}{\mathbf{C}}}{-}\mathbf{O}{-}CH_2{-}(CH_2)_{28}{-}CH_3$$

Cerotinyl-rest | **Ester-bindung** | Myricylrest

Bienenwachs ist eine Mischung aus

75 % Palmitinsäuremyricylester $H_3C{-}(CH_2)_{14}{-}\underset{\displaystyle \mathbf{O}}{\mathbf{C}}{-}\mathbf{O}{-}CH_2{-}(CH_2)_{28}{-}CH_3$

10 % Cerotinsäuremyricylester $H_3C{-}(CH_2)_{24}{-}\underset{\displaystyle \mathbf{O}}{\mathbf{C}}{-}\mathbf{O}{-}CH_2{-}(CH_2)_{2}{-}CH_3$

7.1 Cholesterin [E. cholesterol], $C_{27}H_{45}OH$

Die Molmasse ist 386,64, Dichte 1,052, Schmelzpunkt 148,5 °C und Siedepunkt 360 °C bei geringer Zersetzung.

Cholesterin ist in Wasser praktisch nicht löslich, in Ethanol in der Kälte wenig, in der Wärme besser löslich. In großen Mengen ist es in Gallensteinen zu finden. Als Hauptvertreter der Zoosterine ist Cholesterin auch in den übrigen Organen vorhanden, im Großhirn (etwas mehr als 10 % der Trockensubstanz), Nebennieren, Nervenzellen und auch in der Haut. Eidotter und Wollfett sind ebenfalls reich an Cholesterin. Das menschliche Blut enthält 150 bis 250 mg %, das Herz 2000 mg %. Cholesterin ist teilweise mit Fettsäuren verestert.

8 Harze [E. resins]

Harze und Balsame sind Absonderungen von Pflanzen, entweder durch normale physiologische oder pathologische (krankhafte z. B. durch Verletzungen) Stoffwechselprozesse.

Die Harze sind chemisch keine einheitilichen Stoffe, sondern ein Gemisch aus *Harz-säuren* und *Terpenen,* deren Baustein *lsopren,* $HC{=}C(CH_3){-}CH{=}CH_2$, ist.

Sie sind meistens in etherischen Ölen gelöst.

Beim Ausfließen erhärten die Harze durch Einwirken von Luftsauerstoff und durch Verdunsten flüchtiger Bestandteile, wie z. B. etherischer Öle zu spröden Harzen.

Kolophonium [E. colophonium] ist ein Hartharz, das aus dem Rohbalsam der Koniferen, z. B. Kiefernöle, dem Extrakt der Koniferenstubben, z. B. Wurzelharze, oder aus Tallöl (Tallharz) gewonnen wird. Die bedeutendste Quelle für Kolophonium ist Terpentin. Terpentin ist ein aus harzreichen Kiefern ausfließendes eingesammeltes zähflüssiges Harz, das eine mehr oder weniger verunreinigte Lösung (Balsam) von 70 bis 85 % festen Harzbestandteilen darstellt. Die festen Harzbestandteile erhält man durch Vakuum- oder Wasserdampfdestillation und werden Kolophonium genannt.

Balsame[13] [E. balsames] sind dickflüssige Säfte aus den Rinden bestimmter Bäume, z. B. Lösungen von festen Harzbestandteilen wie Harzalkohole, Harzsäuren, Harzester in etherischen Ölen, z. B. Terpentinöl.

Terpene[14] [E. terpenes] sind eine große Gruppe meist angenehm riechender organischer Verbindungen mit 10 Kohlenstoffatomen. Sie sind nach einem einheitlichen biogenetischen Prinzip aufgebaut, das der Isoprenregel gehorcht. Isopren als C_5-Baustein hat die Eigenschaft, sich mit sich selbst zu größeren Einheiten, den Isoprenoiden zu verknüpfen, noch größere Verbände werden Terpenoide genannt.

Die im Fichtenharz enthaltenen Säuren sind hydroaromatische Verbindungen, die leicht veränderlich sind, z. B. Lävopimarsäure
Abietinsäure.
Bausteine von Fichtenharz (Phenanthrenderivate)

[13]basam (hebräisch) – wohltuend, angenehm.

[14]terpein (gr.) – erfreuen.

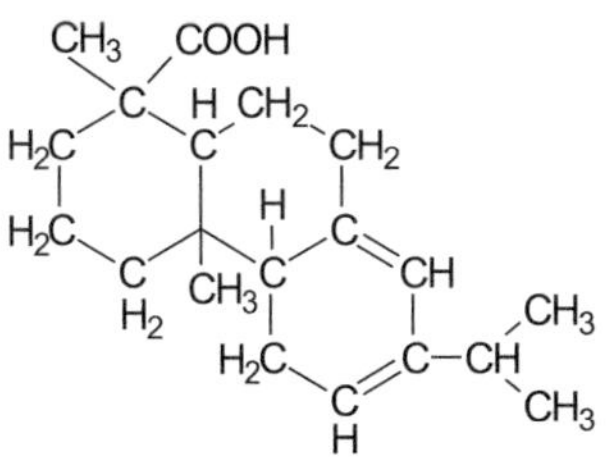

Lävopimarsäure 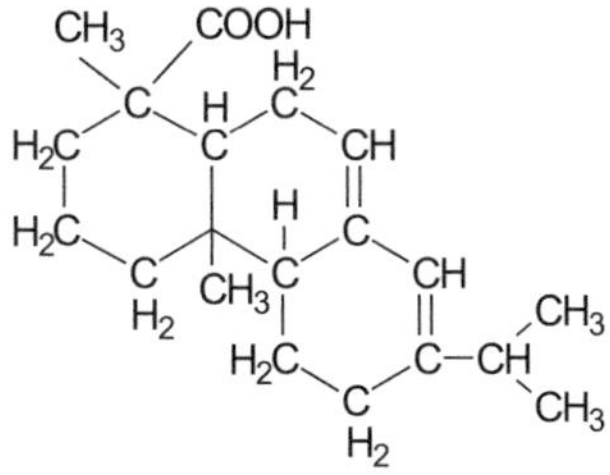 ; Abietinsäure

Pflanzengummi [E. plant gums] sind makromolekulare Polysaccharide, in denen
Hexosen,
Pentosen und
Uronsäurereste miteinander verbunden sind.

9 Phospholipide bzw. Phosphatide [E. phospholipids; phosphatides]

Phospholipide sind Phosphorsäurediester, seltener -monoester. Oft werden sie auch noch als Phosphatide bezeichnet. Die allgemeine Formel lautet:

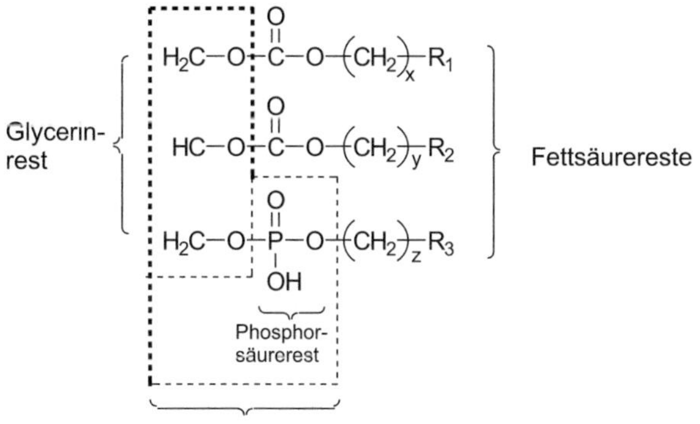

Glycerin-rest

$H_2C-O-C(=O)-O-(CH_2)_x-R_1$

$HC-O-C(=O)-O-(CH_2)_y-R_2$

$H_2C-O-P(=O)(OH)-O-(CH_2)_z-R_3$

Fettsäurereste

Phosphorsäurerest

Phosphatidylrest

Aufgrund der hydrophoben (lipohilen) und hydrophilen Komponenten werden sie wegen ihrer fettähnlichen Löslichkeitseigenschaften zu den Lipiden (Fetten) gerechnet. Sie sind am Aufbau von Zellmembranen stark beteiligt (Abb. 3). In Wasser sind die Phospholipide unlöslich. Werden sie suspendiert, so lagern sie sich aufgrund ihrer Grenzflächenaktivität

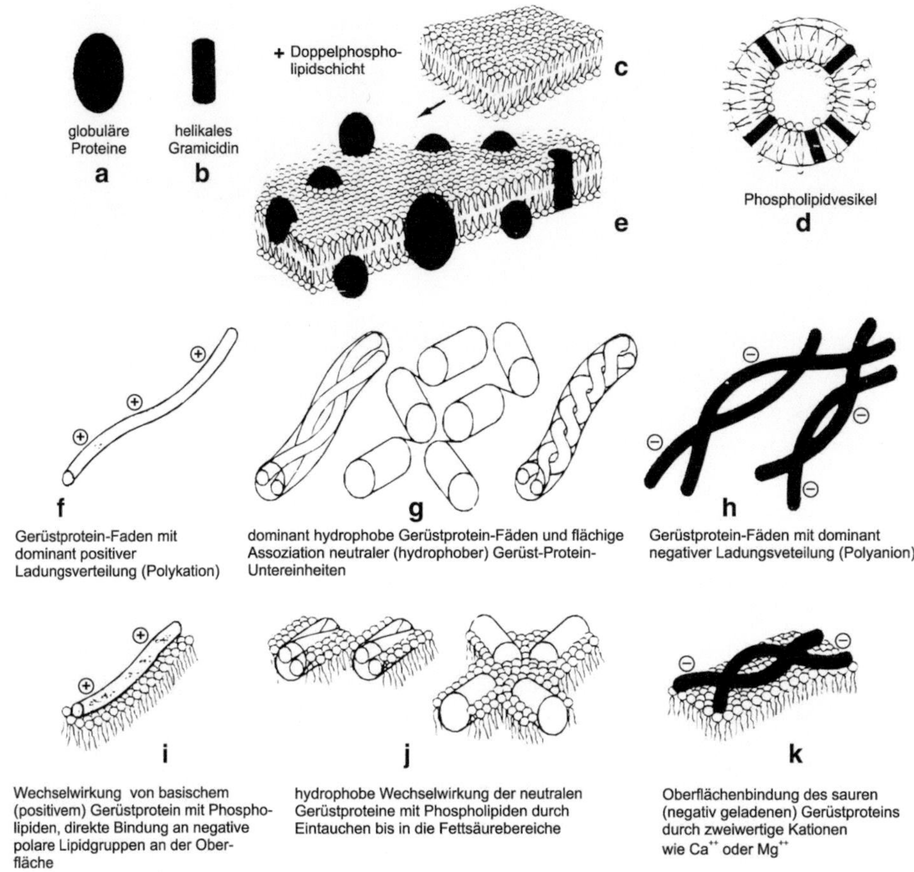

Abb. 3 Gerüstproteine und Phospholipide als Werkstoffbestandteile mit Wirkstoffeigenschaften von Zellmembranen [E. structural proteins and phospholipids as constituents of materials with properties of active substances of cell membranes]

zu geordneten Strukturen zusammen, wie man sie in Mizellen[15], Lamellen[16], Liposomen[17] und Biomembranen vorfindet.

[15]mica (lat.) – Körnchen, als Mizellen werden geordnet zusammengelagerte Molekülaggregate aus vorher löslichen Molekülen bezeichnet.

[16]lamella (lat.) – dünnes Blättchen, Folie; Scheibe, die auch einen Hohlraum zu umschließen vermag, z. B. Seifenblase.

[17]Lipos (gr.) – Speck, davon abgeleitet Fett; soma (gr.) – Körper; Liposomen sind kugelförmige Lipiddoppelschichten mit wässrigem Innenraum.

9.1 Kephaline[18] [E. cephalins]

Kephaline sind Phospholipide, d. h. Ester aus

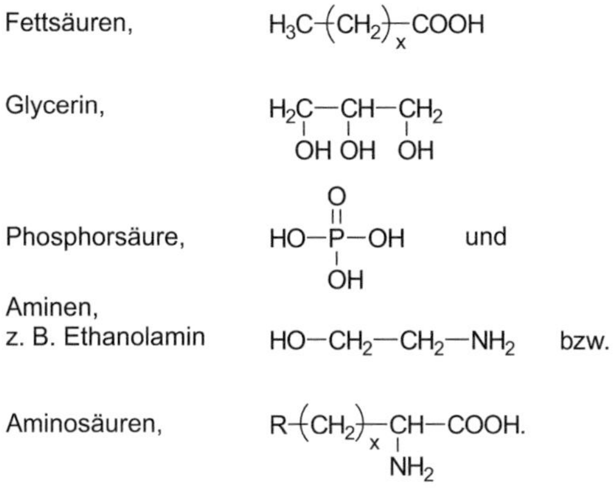

Fettsäuren,	$H_3C{-}(CH_2)_x{-}COOH$
Glycerin,	$H_2C(OH){-}CH(OH){-}CH_2(OH)$
Phosphorsäure,	$HO{-}P(=O)(OH){-}OH$ und
Aminen, z. B. Ethanolamin	$HO{-}CH_2{-}CH_2{-}NH_2$ bzw.
Aminosäuren,	$R{-}(CH_2)_x{-}CH(NH_2){-}COOH$.

Sie gehören zur Bausubstanz von Gehirn (kephale [gr.] – Kopf), Nervengewebe und Myelin, z. B.

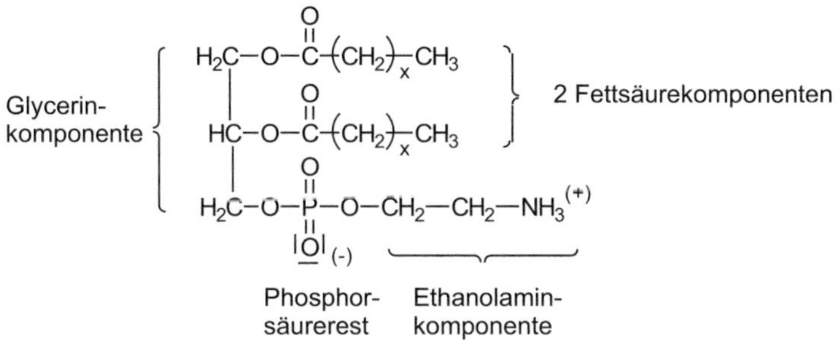

$$
\begin{array}{l}
H_2C{-}O{-}C(=O){-}(CH_2)_x{-}CH_3 \\
HC{-}O{-}C(=O){-}(CH_2)_x{-}CH_3 \\
H_2C{-}O{-}P(=O)(O^{(-)}){-}O{-}CH_2{-}CH_2{-}NH_3^{(+)}
\end{array}
$$

Glycerinkomponente; 2 Fettsäurekomponenten; Phosphorsäurerest; Ethanolaminkomponente

Kephalin (O-Phosphatidyl-ethanolamin)

Kephaline sind gelbliche amorphe Substanzen mit einem charakteristischem Geruch und Geschmack. In Wasser lösen sie sich wenig, in Ether und Chloroform gut.

Natürliche Kephaline werden aus Sojabohnen gewonnen. Sie fördern die Blutgerinnung, eignen sich als Leberfunktionstestreagenz und dienen zur Herstellung von synthetischen Membranen.

[18]kephale (gr.) – Kopf.

9.2 Sphingolipide [E. sphingolipids]

Sie gehören ebenfalls zu den Phospholipiden. Als Alkoholkomponente tritt an die Stelle des Glycerins das Sphingosin[19].

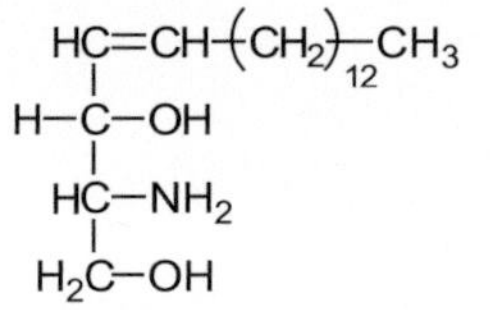

Sphingosin

Zu den Sphingolipiden gehören die Sphingomyeline, Cerebroside, Ganglioside, Sulfatide und die Blutgruppensubstanzen. Die vier Letztgenannten werden auch unter der Bezeichnung Glykosphingoside bzw. Glykolipide zusammengefasst:

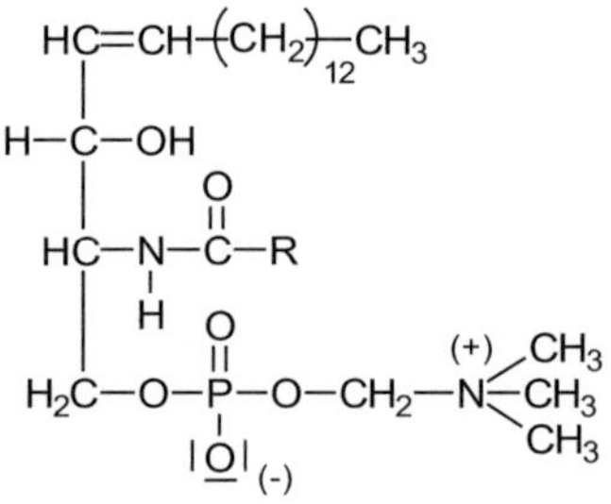

Sphingomyelin, R = Fettsäurerest

Sphingolipide sind besonders reichlich im Gehirn, im Myelin[20] des Nervengewebes vorhanden. Dort erfüllen sie wie auch in den übrigen Zellen des Körpers wichtige Funktionen innerhalb der Membranen.

9.3 Lecithin [E. lecithins]

Entsprechend mit nur geringer Abweichung von den Phospholipiden ist das Lecithin[21] (O-Phosphatidyl-cholin) aufgebaut. Anstelle des Ethanolamins tritt das basische Cholin.

[19]Sphinx (gr.) – ägyptisches Fabelwesen mit Löwenleib und Menschenkopf, Sinnbild des Unergründlichen, Rätselhaften.

[20]Myelin, von myelos (gr.) – Mark, ist eine Substanz, mit der die Nervenzellen und -stränge überzogen sind. Sie wirkt als Isolationsmaterial und besteht zu 70 % aus Sphingolipiden und Sphingomyelinen (Phospholipiden).

[21]lektikos (gr.) – Dotter.

$$\left[HO-H_2C-CH_2-\overset{+}{N}(CH_3)_3 \right] OH^-$$

Cholin

$$\begin{array}{l} H_2C-O-CO-(CH_2)_x-CH_3 \\ HC-O-CO-(CH_2)_x-CH_3 \\ H_2C-O-PO(O^{(-)})-O-CH_2-CH_2-N^{(+)}(CH_3)_3 \end{array}$$

Lecithin

Durch die Verschiedenheit der Fettsäurereste gibt es in der Natur zahlreiche unterschiedliche Lecithine. Der gebräuchlichste Rohstoff für Lecithine sind die Sojabohnen. Aus diesen werden sie extrahiert. Oft sind die Lecithine mit den strukturverwandten Kephalinen vergesellschaftet. Lecithin ist Bestandteil der Zellmembranen aller Lebewesen. Besonders reichlich ist es im Eidotter, Hirn und pflanzlichen Samenzellen vorhanden. Frisch gewonnenes Lecithin ist weiß, färbt sich an der Luft bald zu einer hygroskopischen wachsartigen Masse. Es ist in Ether, teilweise auch im Ethanol leicht löslich. Es zersetzt sich bei ca. 200 °C.

9.4 Lipoproteine [E. lipoproteins]

Bei den Lipoproteinen handelt es sich nicht um chemische Verbindungen im eigentlichen Sinn, sondern um Zusammenlagerungen von Proteinen und Lipiden, d. h. um *Protein-Lipid-Komplexe.*

Das „Neutralfett" (Triglyceride) in den Fettdepots unter der Haut ist nur eine Sorte von Lipiden in unserem Organismus; hinzu kommen beispielsweise das *Cholesterin* und die *Phospholipide* im Stoffwechsel der Nervenzellen. Allen diesen Fettstoffen ist gemeinsam, dass sie so gut wie nicht wasserlöslich sind. Das macht ihren Transport im Blutplasma eigentlich unmöglich, wenn es nicht eine besondere Transportform für sie gäbe, nämlich ihre Kombination mit Eiweißstoffen. Gäbe es diese Transportform der Lipoproteine nicht, dann würden die Lipide im Blut wie Fettaugen obenauf schwimmen.

Vier Gruppen der Lipoproteine [E. four groups of lipoproteins]
Das Verhältnis zwischen Fettstoffen und Eiweiß ist unterschiedlich. Man unterteilt die Lipoproteine in vier Gruppen:

- die *Chylomikronen*[22] mit der geringsten Dichte (99 % Lipide, 1 % Protein),
- die *VLD (Very Low Density)*-Lipoproteine mit der zweitgeringsten Dichte (90 bis 92 % Lipide, 8 bis 10 % Protein),
- die *LD (Low Density)*-Lipoproteine mit der zweithöchsten Dichte (50 % Lipide, 20 % Protein) und
- die *HD (High Density)*-Lipoproteine mit der höchsten Dichte (52 % Lipide, 48 % Protein).

Die Lipoproteine wandeln sich im Organismus durch Abbauprozesse von Partikeln niedriger Dichte zu solcher höheren Dichte um – also von den Chylomikronen in Richtung auf die HD-Lipoproteine.

Fettspaltende Enzyme – Lipasen – bewerkstelligen den Abbau, der meist in der Leber stattfindet.

9.5 Biomembrane [E. biomembranes]

Biomembranen sind formal betrachtet Trennwände, die in lebenden Organismen unterschiedliche funktionelle Räume voneinander abteilen.

Biomembranen kontrollieren die Zufuhr bzw. den Austritt von Stoffen aus bzw. in die „Außenwelt"; sie sind Werkzeuge der zellulären Energieumwandlung in Mitochondrien und Chloroplasten; und sie sind die zelluläre Plattform für die Kommunikation mit der Umwelt bzw. mit den anderen Zellen eines Organismus.

Biomembranen sind im Allgemeinen etwa einen hunderttausendstel Millimeter dick und bestehen – vergröbernd gesprochen – aus einer Doppelschicht von Lipidmolekülen. Jedes Lipidmolekül besteht aus einem hydrophilen „Kopf" und einem hydrophoben (wasserabweisenden) „Schwanz". Die Doppelschicht der Membran baut sich so auf, dass die hydrophoben „Schwänze" der beiden Lipidschichten nach innen weisen und die hydrophilen „Köpfe" nach außen bzw. ins Zellinnere. Elektromikroskopische Aufnahmen von Membranoberflächen zeigen, dass in diese Lipiddoppelschicht Proteinmoleküle eingelagert sind (Abb. 3 und Kap. VI, Abb. 4).

[22]Chylus (lat.) – Milchsaft, durch emulgierte Fette milchig getrübt; Chylomikronen sind mikroskopisch sichtbare Lipidkügelchen mit einem Durchmesser von 0,5 μm bis 1 μm. Sie entstehen in der Darmwand bei der Fettresorption.

Die Lipiddoppelschicht verhält sich ähnlich wie eine zweidimensionale Flüssigkeit. Das einzelne Lipidmolekül ist sehr mobil, es benötigt beispielsweise nur etwa eine Sekunde, um die Länge einer Bakterienzellmembran (ca. 2 µm[23]) entlangzuwandern. Damit gewinnt die Biomembran dynamischen Charakter: Innerhalb eines Proteinnetzwerks bewegen sich – innerhalb ihrer Schicht – Lipidmoleküle frei durcheinander, und in dieser Quasi-Flüssigkeit schwimmen die „großen Brocken" globulärer Proteine. Da sie weit in die Lipidschicht eingetaucht sind, vermitteln sie unwillkürlich den Eindruck von Eisbergen, die träge durch arktische Gewässer taumeln.

Ein erwachsener Mensch setzt sich aus rund 10^{14} Zellen zusammen; allein die äußeren Hüllmembranen dieser 10^{14} Einzelzellen würden, zu einer Fläche „ausgewalzt", mit knapp 50 000 m^2 drei Fußballplätze nebeneinander bedecken.

Im Inneren dieser Zellen finden sich weitere Membransysteme, die nicht in dieser Rechnung enthalten waren und die Gesamtfläche aller Biomembranen im menschlichen Körper auf ein Vielfaches dieser 50 000 m^2 bringen würden.

Ob Mitochondrien – die Kraftwerke der tierischen Zelle –, ob Chloroplasten – die Kraftwerke der Pflanzenzelle –, ob Zellkerne, Vakuolen oder Microbodies[24], auch Peroxisomen genannt, alle diese Strukturelemente der biologischen Zelle sind von Membranen umgeben. Biomembranen sind unverzichtbare Funktionsträger.

10 Nährstoffversorgung der Zellen [E. providing of the cells with nutrients]

Damit die Zelle leben kann, muss sie Nährstoffe durch die Zellmembranen hinein- und Abfallstoffe hinausschleusen. Das würde dann ausschließlich „von alleine" geschehen, wenn immer ein entsprechendes Konzentrationsgefälle herrscht: Enthält eine Zelle eine – gegenüber der „Außenwelt" – drastisch höhere Konzentration z. B. eines Schlackenstoffes, dann diffundieren diese Moleküle ohne Zutun der Zelle nach außen; zumindest so lange, bis die Innenkonzentration gleich der Außenkonzentration ist. Solche Diffusionsprozesse zählen zum „Passiven Transport": Die Zelle bzw. die Zellmembran kann dabei passiv bleiben. Doch derartige Vorgänge sind eher die Ausnahme. Meistens leitet die Membran den Stofftransport aktiv – unter Energieaufwand – in die Wege. Diese Prozesse tragen die Oberbezeichnung „Aktiver Transport" und werden mithilfe raffinierter Poren- und Schleusensysteme bewältigt

Die treibenden Potenziale sind in diesem Fall die Konzentrations- bzw. Temperaturdifferenzen (Kap. XIV, Abschn. 7, Tab. 1).

[23] 1 Mikrometer = 10^{-6} m [µm].

[24] mikro (gr.) klein; body (engl.) – Körper.

10.1 Das Membranpotenzial [E. biomembrane potential]

Das Ein- und Ausströmen von Ionen, vor allem Natrium-, Kalium- und Calciumionen, durch die Poren der Biomembranen ist die molekulare Grundlage der Reizleitung im Nervengewebe. Durch das Fließen von Ionenströmen baut die Zelle eine Potenzialdifferenz zwischen Zellinnerem und „Außenwelt" auf, das „Membranpotenzial". Als sogenanntes Ruhepotenzial bezeichnet es den Erregungszustand von Nervenzellen, die sich in Ruhe befinden.

10.2 Arzneimitteltransport [E. transport of pharmaceuticals in organism]

Biomembranen spielen eine ausschlaggebende Rolle dabei, ob und wie rasch ein Arzneimittelwirkstoff tatsächlich zur Wirkung kommt. Manche Pharmaka üben ihren Effekt durch Anlagerung an Rezeptormoleküle aus; diese Rezeptormoleküle sind – meist aus Glykoproteinen bestehende – kleine „Eisberge", die in der äußeren Lipidschicht der Zelle einzeln treiben.

Andere Pharmaka müssen zur Entfaltung ihrer beabsichtigten Wirkung die Biomembran passieren und ins Zellinnere eindringen; sind diese Arzneimittelwirkstoffe festlöslich, dringen sie zwar leicht durch die Zellmembran, doch sie werden zuvor nur sehr schlecht durch das wässrige Medium von Blut oder Lymphe transportiert – es sei denn, sie konnten sich dabei an spezifische Trägerproteine anlagern. Ist ein Pharmakon fettabweisend und stattdessen gut wasserlöslich, passiert es rasch und mit nur geringen Verlusten das Gefäßsystem des Körpers; doch dann gibt es Schwierigkeiten an der Lipidbarriere der umhüllenden Zellmembran.

Um ein wasserlösliches Pharmakon durch die Membran ins Zellinnere zu schleusen, versucht der Pharmakologe, zelleigene Protein-„Poren" oder Schleusensysteme zu nutzen; so kann ein hydrophiler Arzneimittelwirkstoff, in der Regel ist es eine schwache Säure oder eine Base, mithilfe des „Aktiven Transports" möglichst genau an den Wirkort gelangen, der jeweils verlangt wird.

10.3 Dynamik von Biomembranen [E. dynamic of biomembranes]

Die Plasmamembran mit ihren vielfältigen Funktionen ist wesentlich mehr als nur eine passive Permeabilitätsbarriere[25] zur Abgrenzung des Cytosols gegen die Umwelt. Einerseits sorgen membranständige Transportproteine oder Ionencarrier für einen „lokalen" geregelten Stoffaustausch in beiden Richtungen. Andererseits sind wichtige

---

[25]permanere (lat.) – durchgehen, durchdringend, durchlässig;
semi (lat.) – halb, semipermeabel bedeutet halbdurchlässig, einseitig für eine Teilchen-, Molekülart.

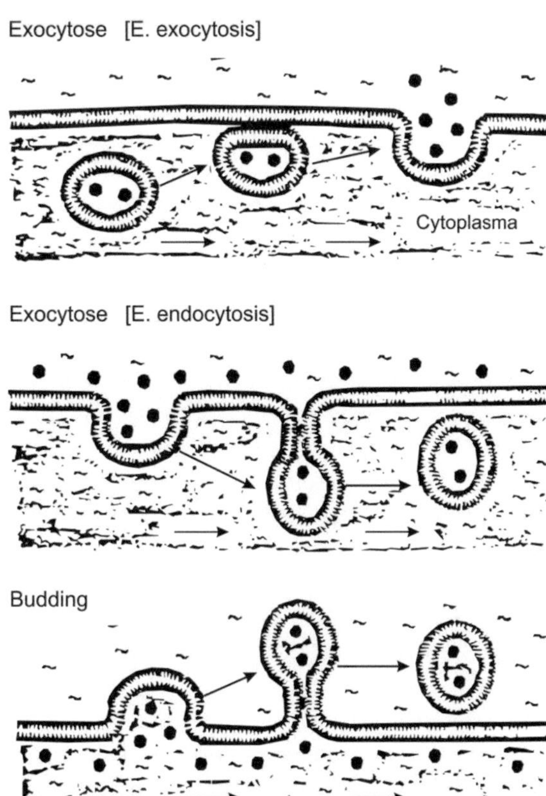

Abb. 4 Schematische Darstellung wichtiger vesikulärer Transportprozesse der Biomembran Exocytose, Endocytose und Budding [E. diagrammatic preparation of important vesicular process of transportation of the biomembrans exocytosis, endocytosis and budding] (Hoq, M. M.; Tagami, H., Yamane, T., Shimizu, S., 1985, J. Agric, Biol. Chem,. 49, p. 335. Yamaguchi, S.; Mase, T.; Asada, S., 1986, Eur. Pat. 0191217, Amano Pharmaceutical Co. Bühler, M., Schindler, J. in J.-J. Rehm, G. Reed [Hrsg.], 1984: Biotechnology, Vol. 6a, S. 329; Verlag Chemie, Weinheim.)

„großflächige“ Transportvorgänge durch die Membran dank dynamischer Prozesse möglich. Beispiele hierfür sind die Aufnahme- und Abgabeprozesse der Zelle (Abb. 4).

So können Makromoleküle durch eine Zelleinschnürung in das Zellinnere geschleust werden (Endocytose)[26]. Zur Abgabe von Stoffen des Cytosols an die Außenwelt existieren analoge Mechanismen: Bei der Exocytose wird durch Fusion kleiner Vesikel aus dem Zellinnern mit der Plasmamembran der Vesikelinhalt an das Zelläußere abgegeben. Es können jedoch auch Ausstülpungen der Plasmamembran nach außen abgeschnürt werden, sodass die abgegebene Fracht von einer Lipiddoppelschicht umhüllt bleibt. Dieses „Budding“ spielt z. B. beim Verlassen der Viren aus Wirtszellen eine Rolle.

[26]Kytos (gr.) – Höhlung; Endocytose ist die Stoffaufnahme der Zelle durch örtliche Einstülpung der Zellmembran um das Substrat und Entleerung des dadurch entstehenden Bläschen (Vesikel) in das Zellinnere. Exocytose ist das Ausschleusen gespeicherter, z. B. Enzym- oder Hormongranulat bzw. von unverdauten Restkörpern aus der Zelle. Budding ist die Knospung von Virionen an der Membran der Wirtszelle als Form der Ausschleusung von Viren. Die knospenden Viren bekommen als Hülle ein Stück der Wirtszellenmembran mit.

Alle diese Vorgänge setzen dynamische Prozesse in der Biomembran voraus, die z. B. zur lokalen Domänenbildung (Entmischung) führen. Der Mechanismus derartiger dynamischer Zellprozesse in der Membranbiologie ist äußerst komplex, er ist energieaufwendig und meistens an Proteinen als unterstützende Moleküle gebunden. Konzentrationsänderungen von Elektrolyten in den Zellen und Temperaturdifferenzen innerhalb der Lipiddoppelschichten können ebenfalls Entmischungen einleiten.

11 Tenside [E. surfactants]

Tenside sind Substanzen, die die Oberflächenspannung von Wasser herabsetzen und somit an den Grenzflächen anderer Stoffe eine Benetzung bewirken oder verstärken. Sie werden deshalb auch als grenzflächenaktive Stoffe bezeichnet.

Die Wirkstoffe der Wasch-, Reinigungs- und Emulgiermittel enthalten die hydrophilen und hydrophoben Eigenschaften in einem Molekül vereint. Das ist für sie charakteristisch.

11.1 Eiweiß-Fettsäure-Kondensate als Tenside[27] [E. protein-fatty acid-condensates as surfactans]

Eiweiß-Fettsäure-Kondensate sind Verbindungen aus Oligopeptiden und Fettsäuren.

Die Peptide und Fettsäuren sind über den N-terminalen Aminogruppen mit Carboxylgruppen der Fettsäuren verknüpft.

Peptidkomponente — Fettsäurekomponente

$$\mathrm{HO{-}C({=}O){-}CH(R){-}[N(H){-}C({=}O){-}CH(R)]_n{-}N(H){-}H \quad + \quad HO{-}C({=}O){-}(CH_2)_m{-}CH_3}$$

$$\Downarrow$$

Eiweiß-Fettsäure-Kondensat

$$\underbrace{\mathrm{HO{-}C({=}O){-}CH(R){-}[N(H){-}C({=}O){-}CH(R)]_n{-}N(H){-}}}_{\text{hydrophiler Teil}}\underbrace{\mathrm{C({=}O){-}(CH_2)_m{-}CH_3}}_{\text{hydrophober Teil}}$$

[27]tensio (lat.) – Spannung, Ausdehnung.

Die hydrolysierten Eiweißbruchstücke können mit den Carboxylgruppen der Fettsäure nicht nur über die N-terminalen Aminogruppen der Aminosäuren verknüpft sein, sondern auch mit den seitenkettigen Aminogruppen, z. B. den basischen Aminosäuren und den Sulfhydrylgruppen, SH, des Cysteins oder Methionins bzw. mit seitenkettigen Hydroxylgruppen, OH.

Der hydrophile[28] Teil der Eiweiß-Fettsäuren-Kondensate wird von den Peptidkomponenten gestellt.

Der hydrophobe[29] Teil ist aus Fettsäurenkomponenten zusammengesetzt, und zwar sind es Fettsäuren mit Kohlenstoffkettenlängen von C_8 bis C_{16}, die vorzugsweise aus Kokosöl gewonnen werden.

11.2 Herstellung von Eiweiß-Fettsäure-Kondensaten [E. production of protein-fatty acid-condensates]

Ausgangsprodukt für die Eiweiße ist das Kollagen von Häuten oder Knochen, aber auch Weizenprotein, das Gluten.

Da die Proteine wasserunlöslich sind, müssen sie durch saure, alkalische oder enzymatische Hydrolyse in kleinere Bruchstücke, d. h. Oligopeptide, gespalten werden.

Das Eiweißhydrolysat wird nach der Entfernung von unerwünschten Begleitstoffen mit Fettsäurechloriden im alkalisch-wässrigen Medium bei ca. 60 °C und einem pH-Wert von 9 bis 11 zu Eiweiß-Fettsäure-Kondensaten umgesetzt.

Natriumsalz eines Oligopeptids Fettsäurechlorid

$$NaO{-}\underset{\underset{O}{\|}}{C}{-}\left[\underset{\underset{R}{|}}{CH}{-}\overset{\overset{H}{|}}{N}{-}\underset{\underset{O}{\|}}{C}\right]_n{-}\overset{\overset{R}{|}}{CH}{-}\underset{\underset{H}{|}}{NH} + Cl{-}\underset{\underset{O}{\|}}{C}{-}(CH_2)_m{-}CH_3$$

$$\xrightarrow[-NaCl,\ HOH]{+NaOH}$$

Natriumsalz des Eiweiß-Fettsäure-Kondensats

$$NaO{-}\underset{\underset{O}{\|}}{C}{-}\left[\underset{\underset{R}{|}}{CH}{-}\overset{\overset{H}{|}}{N}{-}\underset{\underset{O}{\|}}{C}\right]_n{-}\overset{\overset{R}{|}}{CH}{-}\underset{\underset{H}{|}}{N}{-}\underset{\underset{O}{\|}}{C}{-}(CH_2)_m{-}CH_3$$

[28]hydor (gr.) – Wasser; philos (gr.) – Freund, hydrophile Substanzen zeigen ein wasserfreundliches (verwandtes) Verhalten, sie fördern die Benetzbarkeit.

[29]phobos (gr.) – Furcht, Flucht; hydrophobe Substanzen sind wasserabweisend (mit Wasser nicht verwandt), sie mindern die Benetzbarkeit.

Das Protein-Fettsäure-Kondensat lässt sich durch Ansäuern aus dem Salz gut ausfällen. Damit können der größte Teil des überschüssigen nicht umgesetzten Eiweißhydrolysats und des Natriumchlorids, NaCl, abgetrennt werden.

Bei anschließender Neutralisation mit einer gewünschten Base bildet sich dann wieder ein wasserlösliches Salz des Eiweiß-Fettsäure-Kondensats.

11.3 Eigenschaften [E. properties]

Wasserfreie Eiweiß-Fettsäure-Kondensate sind feine beige Pulver, die im Allgemeinen durch Sprühtrocknung hergestellt werden.

Als 30- bis 35 %ige wässrige Lösungen handelt es sich um klare, gelbe bis bernsteinfarbene viskose Flüssigkeiten mit einem typischen Geruch, der meist dem des Rohstoffs entspricht. Produkte aus Gluten, dem Weizenprotein, riechen brotartig.

Eiweiß-Fettsäure-Kondensate sind anionenaktiv. Als Waschmitteltenside reizen sie die Haut- und Schleimhäute nur wenig und sind biologisch gut abbaubar.

11.4 Anwendungsgebiete [E. applications]

Bei den Eiweiß-Fettsäure-Kondensaten handelt es sich um besonders milde Tenside. Die Haupteinsatzgebiete sind deshalb die Kosmetik, Spül- und Reinigungsmittel sowie Textiltechnik, Gebiete also, die unmittelbar oder mittelbar mit dem menschlichen Körper in Berührung kommen. Es sind Tenside mit einer ausgezeichneten dermatologischen[30] Verträglichkeit.

Sie werden vorwiegend in milden Dusch- und Badeprodukten, milden Shampoos, Gesichtsreinigern auf Tensidbasis, Kaltwell- und Fixiermitteln oder Tensidpräparaten für Babys eingesetzt.

Die Schutzwirkung von Eiweißhydrolysaten und Eiweiß-Fettsäure-Kondensaten beruht auf deren amphoteren[31] Charakter der Tensidmoleküle, d. h., sie können sowohl mit negativ als auch positiv geladenen Elektrolyten in Wechselbeziehung treten.

Auf diese Weise treten die eiweißhaltigen Tenside mit dem Kollagen der Haut in Wechselwirkung und bauen eine Schutzschicht auf. Dadurch wirken sie einer Entfettung der oberen Hautschichten durch anionische Einflüsse entgegen.

Die Eiweiß-Fettsäure-Kondensate sind somit echte Life-Science-Produkte, die sich im Hygienebereich einen wertvollen Platz gesichert haben.

---

[30] derma (gr.) – Haut.

[31] amphoteros (gr.) – beiderlei; amphotere Stoffe verhalten sich gegenüber stärkeren Basen wie Säuren und gegenüber stärkeren Säuren wie Basen.

12 Seifen und Verseifung [E. soaps and saponification]

Diese alkalische Verseifung wird durch Kochen bei Temperaturen bis zu 170 °C unterstützt.

Die physikalischen und chemischen Eigenschaften werden von ihren aliphatischen Kohlenwasserstoffkettenlängen und bzw. oder von der Anzahl der Doppelbindungen innerhalb der hydrophoben Kohlenwasserstoffkette bestimmt.

Fettsäuren mit C_{12}- und C_{14}-Ketten werden bevorzugt zu Tensiden verarbeitet. Bei diesen ist eine ausgewogene Balance gegeben zwischen dem wasserabweisenden (hydrophoben) und dem wasserlöslichen (hydrophilen) Anteil, der die Oberflächenspannung der jeweiligen Waschlaugen herabsetzt (*s. Hopp. V. (1997), Stoff- und Energieumsatz, S. 247 ff., VCH-Verlagsgesellschaft, Weinheim)*. Pflanzenöle dieser Art sind das Palm-, Palmkern- und das Kokosnussöl.

Einheimische Ölpflanzen wie Raps und Sonnenblumen liefern vorwiegend Öle, deren Fettsäuren längere Kohlenwasserstoffketten als C_{18} und mehr enthalten. Es wird versucht, durch katalytische Spaltung aus diesen kurzkettige Fettsäuren oder deren Derivate herzustellen, die dann als Detergenzien[32] geeignet sind. Die langkettigen Fettsäuren sind allerdings gut für biologisch abbaubare Schmierstoffe. Durch Pflanzenzüchtung wird gegenwärtig versucht, Pflanzenöle mit „maßgeschneiderten" Fettsäurekettenlängen zu gewinnen. Die Verseifung lässt sich durch nachstehende Reaktionsgleichung beschreiben.

Fett

$$H_2C-O-\overset{O}{\overset{\|}{C}}-(CH_2)_{14}-CH_3 \quad \text{Palmitinsäurekomponente}$$

$$HC-O-\overset{O}{\overset{\|}{C}}-(CH_2)_{16}-CH_3 \quad \text{Stearinsäurekomponente}$$

$$H_2C-O-\underset{O}{\underset{\|}{C}}-(CH_2)_7-CH=CH-(CH_2)_7-CH_3 \quad \text{Ölsäurekomponente}$$

Glycerinkomponente

$$\downarrow + 3\,NaOH$$

Glycerin Natriumseifen

$$H_2C-OH \qquad Na^{\oplus}\,{}^{\ominus}\overline{\underline{O}}-\overset{O}{\overset{\|}{C}}-(CH_2)_{14}-CH_3 \quad \text{Natriumpalmitat}$$

$$HC-OH \quad + \quad Na^{\oplus}\,{}^{\ominus}\overline{\underline{O}}-\overset{O}{\overset{\|}{C}}-(CH_2)_{16}-CH_3 \quad \text{Nariumstearat}$$

$$H_2C-OH \qquad Na^{\oplus}\,{}^{\ominus}\overline{\underline{O}}-\underset{O}{\underset{\|}{C}}-(CH_2)_7-CH=CH-(CH_2)_7-CH_3 \quad \text{Natriumoleat}$$

[32]detergere (lat.) – reinigen; Detergenzien sind synthetische, organische, grenzflächenaktive Substanzen, bei deren Zusatz zu Waschlaugen der Arbeitsaufwand im Reinigungsprozess verringert wird.

13 Fettalkohole [E. fatty alcohols]

Fettalkohole sind längerkettige aliphatische primäre Alkohole von C_6 bis C_{32} und mehr. Ihre allgemeine Formel lautet:

$$H_3C-(CH_2)_x-CH_2-OH$$

wobei x die Zahlenwerte 4 bis 28 und höher annehmen kann, z. B.

$H_3C-(CH_2)_4-CH_2OH$	n-Hexylalkohol
$H_3C-(CH_2)_6-CH_2OH$	n-Octylalkohol
$H_3C-(CH_2)_8-CH_2OH$	n-Decylalkohol
$H_3C-(CH_2)_{10}-CH_2OH$	n-Dodecylalkohol (Laurylalkohol)
$H_3C-(CH_2)_{12}-CH_2OH$	n-Tetradecylalkohol (Myristinalkohol)
$H_3C-(CH_2)_{14}-CH_2OH$	n-Hexadecylalkohol (Cetylalkohol)

Vorkommen im Walrat:

$H_3C-(CH_2)_{16}-CH_2OH$	n-Octadecylalkohol
$H_3C-(CH_2)_7-CH=CH-(CH_2)_7-CH_2-OH$	n-Octadecenylalkohol (Eleinalkohol)
$H_3C-(CH_2)_{22}-CH_2OH$	Lignocerylalkohol
$H_3C-(CH_2)_{24}-CH_2OH$	Cerylalkohol

Vorkommen im chinesischen Wachs:

$H_3C-(CH_2)_{28}-CH_2OH$	Myrcylalkohol
$H_3C-(CH_2)_{30}-CH_2OH$	Triacontylalkohol (Laccerol)

Die längerkettigen Fettalkohole, in der Regel ab C_{16}, werden auch als Wachsalkohole bezeichnet, weil sie mit längerkettigen Fettsäuren verestert in den Wachsen auftreten.

Die kurzkettigen Fettalkohole sind ebenfalls mit organischen Säuren verestert und sind in den Pflanzenölen anzutreffen, z. B. C_6 bis C_{12}.

Technisch werden die Fettalkohole aus den Fettsäuren durch katalytische Reduktion mittels Wasserstoff erhalten.

Fettsäure	Wasserstoff		primärer Fettalkohol	Wasser

$$H_3C-(CH_2)_x-\underset{\underset{O}{\|}}{C}-OH \quad + \quad 2\,H_2 \quad \xrightarrow[CuO/Cr_2O_3]{Kat.} \quad H_3C-(CH_2)_x-CH_2-OH \quad + \quad H-OH$$

13.1 Fettalkoholsulfate [E. fatty alkylsulfates]

Die Fettalkohole lassen sich bei tiefen Temperaturen mit überschüssiger konzentrierter Schwefelsäure leicht zu Fettalkoholsulfaten verestern.

primärer Fettalkohol	Schwefelsäure		n-Fettalkoholsulfat	Wasser

$$H_3C-(CH_2)_n-\underset{H}{\overset{H}{C}}-OH \quad + \quad HO-\underset{\underset{O}{\|}}{\overset{\overset{O}{\|}}{S}}-OH \quad \longrightarrow \quad H_3C-(CH_2)_n-\underset{H}{\overset{H}{C}}-O-\underset{\underset{O}{\|}}{\overset{\overset{O}{\|}}{S}}-OH \quad + \quad H-OH$$

Die Natriumsalze dieser n-Fettalkoholsulfate sind wasserlöslich, reagieren neutral und haben die gleiche Waschwirkung wie die Seifen, $H_3C–(CH_2)_n–CH_2–O–SO_3–Na$. Ein besonderer Vorteil ist, dass ihre Calciumsalze, die leicht im harten Wasser entstehen, in Wasser leicht löslich sind. Somit bleiben auch in hartem Wasser die Wascheigenschaften der Fettalkoholsulfate bzw. der n-Alkylsulfate unbeeinträchtigt.

14 Alkylpolyglucoside [E. alkylpolyglucosides]

Eine weitere Stoffklasse nichtionischer Tenside sind **A**lkyl**p**oly**g**lucoside (APG).

Beispiel: Hexadecyl(poly)glucosid

$$\text{(Glucose-Glucose)}-O-CH_2-(CH_2)_{14}-CH_3$$

hydrophiler Bestandteil hydrophober Bestandteil

14.1 Herstellung [E. production]

Als Beispiel wird die säurekatalysierte Synthese von Hexadecyl(poly)glucosid kurz beschrieben.

Der Prozess kann in vier Teilschritten gegliedert werden:

1. Glucose wird mit einem 4- bis 8-fachen molaren Überschluss an Hexadecanol, $H_3C–(CH_2)_{14}–CH_2–OH$, ohne Lösemittel bei 110 °C und 20 hPa[33] (hekto-Pascal) umgesetzt.
   Dabei wird das entstehende Reaktionswasser, das bei der Verknüpfung der Hydroxylgruppe, –OH, der Glucosemoleküle untereinander und der Glucosemoleküle mit dem Hexadecanol entsteht, kontinuierlich aus dem Reaktionsgemisch entfernt.
   Zu berücksichtigen ist, dass eine zu hohe Katalysatoraktitvität und eine ungenügende Entfernung des Reaktionswassers dunkle Reaktionsprodukte mit einem zu hohen Polymeranteil liefern.
2. Nach vollständiger Umsetzung, d. h. bei einem Restglucosegehalt von 2 % wird der saure Katalysator mit Magnesiumoxid, MgO, neutralisiert und das Reaktionsgemisch auf einen alkalischen pH-Wert, d. h. pH-Wert größer als 7, eingestellt.
3. Überschüssiges Hexadecanol wird anschließend abdestilliert. Dabei darf die Sumpftemperatur 185 °C nicht überschreiten.
4. Das Endprodukt fällt zunächst als Schmelze an, die während des Abkühlens zwischen 120 und 90 °C erstarrt.
   Das Endprodukt besteht zu 50 bis 60 % aus Hexadecylpolyglucosiden, zu 10 bis 20 % aus Hexadecyldiglucosiden, zu 5 bis 15 % aus Hexadecyloligoglucosiden und zu 5 bis 15 % aus Glucosepolymeren.

Im nachstehenden Formelschema ist die chemische Reaktion noch einmal zusammengefasst dargestellt.[34]

---

[33] Blaise Pascal (1623–1662), frz. Physiker. Die Bezeichnung Pascal, Pa, ist die abgeleitete SI-Einheit des Druckes: $1\ Pa = 1\ N \cdot m^{-2}$; $1\ bar = 100\,000\ Pa \approx 1\ atm$;
$1\ mbar = 100\ Pa = 1\ hPa$.

[34] Literaturhinweis: Hill, K. H., 1993, Hydrophobe Alkylglucoside – Synthese und Eigenschaften, Henkelreferate Nr. 29, Hrsg.: Henkel KGaA, Düsseldorf.

Glucose
Hexadecanol
Hexadecylmonoglucosid
Hexadecyloligoglucoside
Glucosepolymere

14.2 Eigenschaften von Alkylpolyglucosiden [E. properties of alkylpolyglucosides]

Sie sind nicht toxisch und gut biologisch abbaubar (ready biodegradable). Sie sind hautverträglich und nicht schleimhautreizend. In hoch konzentrierter Natronlauge sind sie sehr gut löslich und zeichnen sich durch eine hohe Hydrolysestabilität aus.

Ihr Grenzflächenverhalten wird von dem Polymerisationsgrad der hydrophilen Glucoseeinheiten und der Kettenlänge des hydrophoben Fettalkoholrestes bestimmt.

Sie wirken schaumstabilisierend, zeigen eine tensidverdickende Wirkung und werden deshalb auch zur Verbesserung der Konfektionierbarkeit den technischen Reinigern zugesetzt.

14.3 Verwendung [E. application]

- Als Feinwaschmittel zum Waschen von empfindlichen oder farbigen Textilien bei niedrigen Temperaturen.
- Bei der technischen Reinigung in der Nahrungsmittel- und Getränkeindustrie, da hier eine hohe Alkalität der Waschlösung erforderlich ist.
- Bei der Zubereitung von Kosmetika u. a.

15 Entschäumer [E. defoamers]

Entschäumer sind Substanzen, die an der Grenzfläche „flüssig-gasförmig" einen geschlossenen Film bilden. Dadurch ermöglichen sie dem zu entgasenden Medium, in sehr kurzer Zeit unter Zerstörung der Gasbläschen die kleinste Oberfläche zu bilden, d. h., die Schaumbläschen werden zerstört.

Entschäumer sind Mischungen aus verschiedenen Tensidetypen.

16 Glycerin [E. glycerol]

$$\begin{array}{l} H_2C-OH \\ \quad | \\ \;HC-OH \\ \quad | \\ H_2C-OH \end{array}$$

ist, wie schon erwähnt, ein 3-wertiger Alkohol, der flüssig, farblos, geruchlos, sirupös und süß schmeckt. Er ist hygroskopisch und reizt die Schleimhäute, siedet bei 290 °C und mischt sich aufgrund seiner wasserfreundlichen Hydroxylgruppen mit Wasser in jedem Verhältnis.

Die Phosphorsäureester des Glycerins treten als Zwischenprodukte innerhalb der Fotosynthese und der alkoholischen Gärung auf (Kap. VI, Abb. 5a und 5b).

Bei Fermentationen wird Glycerin häufig als kohlenstoffliefernder Substrat anstelle von Glucose oder Zuckern eingesetzt.

Großtechnisch wird Glycerin u. a. aus Propylen über die Zwischenstufen Alkylchlorid und Epichlorhydrin hergestellt[35].

Propylen — Glycerin-1,2-dichlorhydrin — Epichlorhydrin — Glycerin

$$H_2C{=}CH{-}CH_3 \xrightarrow{+\,HOCl^{*)}} H_2C(OH){-}HC(Cl){-}H_2C{-}Cl \xrightarrow[-\,HCl]{Ca(OH)_2} \text{Epichlorhydrin } (H_2C{-}O{-}HC \text{ Ring}, {-}H_2C{-}Cl) \xrightarrow{+\,NaOH\,+\,HOH} H_2C(OH){-}HC(OH){-}H_2C{-}OH$$

Glycerin wird zur Herstellung von Alkydharzen, Polyurethanschäumen und anderen Kunststoffen verwendet. Es dient zur Tabakbefeuchtung und hat ein breites Anwendungsspektrum in der Kosmetikindustrie, als Druckübertragungsmittel, Feuchthalte-, Beschlagsverhinderungs- und Gefrierschutzmittel gefunden.

17 Überblick über die Fettchemie [E. survey of the chemistry of fats]

Die Bedeutung der Fette als nachwachsender Rohstoff ist aus der Abb. 5 ersichtlich.

Es handelt sich bei den meisten Produkten, die im wahrsten Sinne der Lebenswissenschaftspalette zuzurechnen sind, z. B. Nahrungsmitteladditive, kosmetische und pharmazeutische Zusatzstoffe oder Waschmittel, um wichtige Bestandteile von Produkten, die der Hygiene förderlich sind.

18 Wirtschaftliches [E. economic]

Weltweit wurden im Jahr 2015/2016 180 Mio. t pflanzliche Öle gewonnen. Sie wurden vorwiegend aus Sojabohnen, Raps, Sonnenblumen, Baumwoll- und Erdnusssaat sowie aus Palm-, Kokos- und Olivenöl gewonnen.

China ist mit 30,6 Mio. t im Jahr 2012/2013 der größte Verbraucher an Pflanzenölen in der Welt, gefolgt von den 27 EU-Staaten mit 23,6 Mio. t.

Neben ihrer großen Bedeutung als physiologischer Energiespeicher für pflanzliche und tierische Organismen und damit auch für die menschliche Ernährung haben die Fette innerhalb der Menschheitsgeschichte schon sehr früh als technischer Rohstoff eine wichtige Rolle gespielt. Sie waren und sind auch heute noch die Ausgangsstoffe für die Seifen mit ihren grenzflächenaktiven und davon abhängig mit den waschaktiven Eigenschaften.

[35]HOCl = hypochlorige Säure.

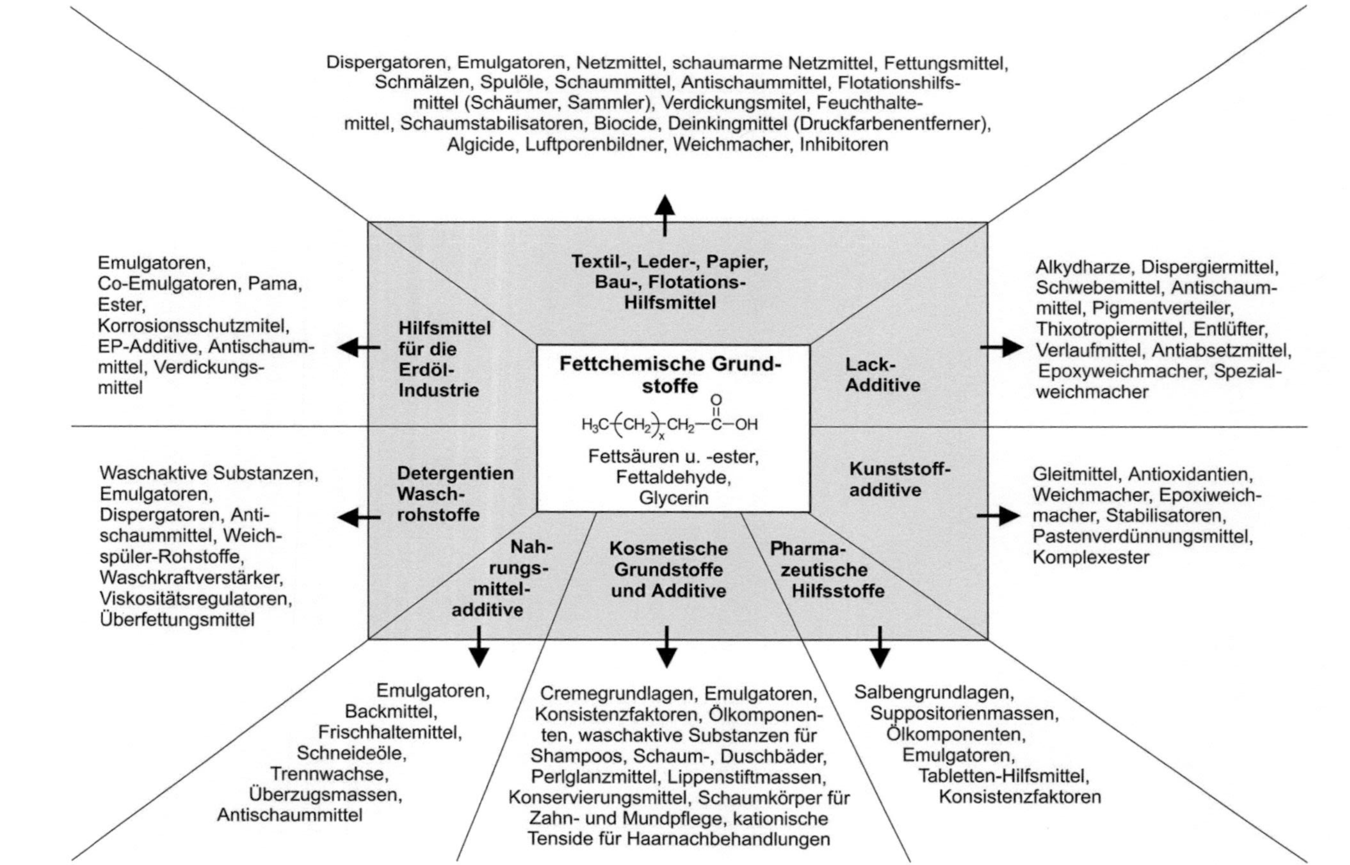

Abb. 5 Grundstoffe, Endprodukte und Anwendungsbereiche der Fettchemie [E. basic substances, endproducts and fields of application of the chemistry of fats]

Sie werden durch alkalische Verseifung als Natrium- oder Kaliumseifen gewonnen. Im Handel sind die Natriumseifen als Kernseifen und die Kaliumseifen als Schmierseifen erhältlich. Als Parallelprodukt fällt Glycerin an.

18.1 Umsatz von Tensiden [E. turnover of surfactants]

Im Jahr 2014 wurden in Deutschland insgesamt 1,128 Mio. t Tensidprodukte hergestellt, davon

im Sektor Vollwaschmittel, Universalwaschmittel	403 778 t;
im Sektor Feinwaschmittel, Spezialwaschmittel	
einschließlich Geschirrspülmittel	321 416 t
und	
im Sektor Seifen jeder Form	402 359 t

Bedeutende Produzenten von grenzflächenaktiven Substanzen sind die Unternehmen Henkel KGaA in Düsseldorf; Beiersdorf AG in Hamburg; Evonik Industries AG in Essen, ICI (Imperial Chemical Industries PLC) in London; Procter & Gamble Company, Ohio, USA; Unilever NV in Rotterdam, Niederlande u. a.

Dass in Europa, den Vereinigten Staaten von Amerika, Kanada, China und Japan die Menschen ein hohes Lebensalter erreichen, ist neben einer hoch entwickelten medizinischen Versorgung nicht zuletzt ihrer hygienischen Lebensweise zu verdanken. Sie verfügen reichlich über reines Süß- und Trinkwasser und die geeigneten Wasch- und Reinigungsmittel, um Kleidung und Wäsche zu waschen und Wohnungen zu reinigen.

Literatur [E. references]

Bühler, M., Schindler, J. in J.-J. Rehm, G. Reed (Hrsg.) (1984): Biotechnology, Vol. 6a, S. 329, Verlag Chemie, Weinheim.

Hill, K. H., (1993), Hydrophobe Alkylglucoside-Synthese und Eigenschaften, Henkelreferate Nr. 29, Hrsg. Henkel KGaA, Düsseldorf.

Hoq, M. M.; Tagami, H., Yamane, T., Shimizu, S. (1985), J. Agric, Biol. Chem., 49, S. 335.

Yamaguchi, S.; Mase, T.; Asada, S. (1986), Eur. Pat. 0191217, Amano Pharmaceutical Co.

Weiterführende Literatur

Baumann, H., Bühler, Matthias, Fochem, H., Hirsinger, F., Zoebelein, H. U. Falbe, J. (1988), Natürliche Fette und Öle – nachwachsende Rohstoffe für die chemische Industrie.

Beyer-Walter, Lehrbuch der Organischen Chemie (2015), 15. Aufl.; v. Walter, W., S. Hirzel Verlag, Stuttgart.

Biowissenschaften – aktuelle Begriffe (1981), Hrsg. Dr. Karl Thomae GmbH, Biberach an der Riss.

Böge, K. u. Tietze, L. F. (1999), Synthese von Alkylpolyglycosiden.

Uphues, G. (1999), Chemie amphoterer Tenside, Henkelreferate Nr. 35, Hrsg. Henkel KGaA, Düsseldorf.

Deutscher Bauernverband, 10117 Berlin (2015/16 und 2012/13), Situationsbericht, Trends und Fakten zur Landwirtschaft.

Dickerson, R. E. U. Irving, G. (1990), Chemie – eine lebendige und anschauliche Einführung, VCH-Verlagsgesellschaft, Weinheim.

Eggersdorfer, M., Warzel, S. u. Wulff, G. Hrsg. (1993), Nachwachsende Rohstoffe: Perspektiven für die Chemie, VCH Verlagsgesellschaft mbH, Weinheim.

Frede, W. (2013), Taschenbuch für Lebensmittelchemiker und -technologen, Bd. 1, Springer Verlag Berlin, Heidelberg, New York.

Lehninger, A. L. (2010), Biochemie, 4. Aufl., Springer Lehrbuch, Springer-Verlag, 69221 Heidelberg.

Lynen, F. U. Hartmann, G. R. (1976/77), Zur Struktur und Wirkungsweise von Enzymen, Mannheimer Forum, Hrsg. Boehringer Mannheim GmbH, Mannheim.

Mutschler, E. U. Schäfer-Korting, M. (2012), Wissenschaftliche Verlagsgesellschaft mbH, Stuttgart.

Pisan, M. (1998), Membranbioreaktoren – Kombinationsverfahren besticht durch Selektivität, Chemische Rundschau Nr. 15, S. 12.

Römpps-Chemielexikon (2002), Hrsg. Falbe, J. u. Regnitz, M., 10. Aufl., Bd. 2, Georg Thieme Verlag, Stuttgart, online version.

Sander, A., Eilers, E., Heilemann, A. U. von Kries, E. (1998), Herstellung und Anwendungsmöglichkeiten von Eiweiß-Fettsäurekondensaten, Henkel-Referate 34, Hrsg. Henkel KGaA, Düsseldorf.

Sander, A.; Eberhard, E. u. von Kries, E. (1997), Herstellung und Anwendungsmöglichkeiten von Eiweiß-Fettsäure-Kondensaten, Fett/Lipid 99, 115 sowie in Henkel-Referate (1998) Nr. 34, Hrsg. Henkel, KGaA, Düsseldorf.

VDI-Nachrichten (1998), Nr. 36, Nitschmann, A.

Verband der Chemischen Industrie (2015), Frankfurt am Main, Chemiewirtschaft in Zahlen.

Wissenschaftliche Tabellen Geigy (1982), Somatometrie, Biochemie, Hrsg. Ciba-Geigy AG, Basel.

Vitamine [E. vitamins]

Definition [E. definition]

Vitamine sind organische lebensnotwendige Wirkstoffe, die von den Pflanzen, Tieren und Mikroorganismen in kleinsten Mengen erzeugt werden und für den Energie- und Stoffumsatz in lebenden Organismen (Metabolismus) unentbehrlich sind.

Nach ihrer Löslichkeit werden sie in fettlösliche und wasserlösliche Vitamine unterschieden.

Die fettlöslichen Vitamine spielen eine große Rolle als Antioxidantien, d. h., sie schützen die lebenden Systeme vor einer zu starken Oxidationsreaktion durch den Sauerstoff.

Sie zeichnen sich durch eine hydrophobe Seitenkette aus, die Doppelbindungen enthält, auf die der antioxidative Charakter beruht.

Die wasserlöslichen Vitamine, insbesondere die des B-Komplexes, bilden bei den Enzymen die aktiven Gruppen (Coenzyme). Vitamin C wirkt im Stoffwechsel an den Reduktions- und Oxidationsprozessen und auch als Antioxidans mit.

Einen Überblick über den täglichen Vitaminbedarf der Menschen gibt Tab. 1.

1 Fettlösliche Vitamine [E. fat soluble vitamins]

Vitamin A:	Retinol, Retinal, Carotine
Vitamin D:	Proviamin D_2, Provitamin D_3, Vitamin D_2,
Vitamin E:	Tocole, Tocotrienole
Ubichinone:	Tocopherolähnliche Verbindungen

V. Hopp, *Chemische Kreisläufe in der Natur,*
https://doi.org/10.1007/978-3-662-55860-7_17

Tab. 1 Der tägliche Vitaminbedarf für Menschen [E. daily requirement of vitamins for man]

Vitamin	Empfohlene Tagesdosis[a]	Besonders ergiebige Quellen	Mangelerscheinung
– Fettlösliche Vitamine			
Vitamin A (Retinol)	Männer: 1,0–1,1 mg Frauen: 0,8–0,9 mg Schwangere: 1,1 mg Stillende: 1,8–1,9 mg	Leber, Fenchel, Feldsalat, Karotten, Aprikosen, Fisch	Nachtblindheit
Vitamin D (Calciferol)	5–10 μg	Fisch, Pilze	Rachitis
Vitamin E (Tocopherol)	12 μg	Pflanzenöle, Sojabohnen, Nüsse, Grünkohl, Schwarzwurzeln	Muskelschwäche Hämolyse
Vitamin K (Menachinon)	1,5 mg	Geflügel, Rindfleisch, Sauerkraut, Rosenkohl, Spinat	Verzögerte Blutgerinnung
Vitamin Q (Ubichinon)	0,15 mg	Eigensynthese	—
– Wasserlösliche Vitamine			
Vitamin B_1 (Thiamin)	Männer: 1,3–1,6 mg Frauen: 1,1–1,3 mg	Schweinefleisch, Weizenkeime, Haferflocken, Sojabohnen	Beriberi
Vitamin B_2 (Riboflavin)	Männer: 1,7–1,8 mg Frauen: 1,5–1,7 mg	Leber(-wurst), Vollkornprodukte, Milch, Käse, Broccoli	Dermatitis
Vitamin B_6 (Pyridoxal)	Männer: 1,8–2,1 mg Frauen: 1,6–1,8 mg	Avocados, Bananen, Fisch, Naturreis, Vollkornbrot, Geflügel	Dermatitis, psychische Störungen
Vitamin B_{12} (Cobalamin)	5 μg	Leber, Fleisch, Milchprodukte, Fisch	Perniziöse Anämie
Folsäure	160 μg	Wirsing, Endiviensalat, Pilze, Sojasprossen	Megaloblastenanämie
Pantothensäure	8 mg	Pilze, Leber, Sonnenblumenkerne, Fisch	—
Nicotinsäure (Niacin)	Männer: 18–20 mg Frauen: 15–16 mg	Fisch, Geflügel, Fleisch, Innereien, Pilze	Pellagra
Biotin	0,15 mg	Leber, Pilze	Dermatitis
Pteridin (Biopterin)	Eigensynthese	Leber, Futtersaft der Bienen, in der Haut von Fischen	—

(Fortsetzung)

Tab. 1 (Fortsetzung)

Vitamin	Empfohlene Tagesdosis[a]	Besonders ergiebige Quellen	Mangelerscheinung
Vitamin C (Ascorbinsäure)	75 mg Sportler, Raucher, Kranke, Gestresste, Frauen, die die Pille nehmen, bis zu 200 mg und mehr	Acerolakirsche[b], Hagebutten, Schwarze Johannisbeeren, Sanddorn, Petersilie, Paprika roh, Weißkohl roh, Erdbeeren, Kiwi, Orange	Skorbut

[a]Nach den Empfehlungen der Deutschen Gesellschaft für Ernährung (DGE).
1 Milligramm [mg] = 10^{-3} g = 1 tausendstel Gramm;
1 Mikrogramm [µg} = 10^{-6} g = ein millionstel Gramm.
[b]Westindische Kirsche, Vitamin-C-reichste Frucht mit 1,69 g pro 1009 g Frucht.

Vitamin K: Ist eine Sammelbezeichnung für Wirkstoffe, denen das chemische Grundgerüst des 2-Methyl-1,4-naphthochinons zugrunde liegt (Abschn. 1.5). Analog den Plastochinonen und Ubichinonen tragen sie in der 3-Stellung des aromatischen Ringes eine isoprenoide Seitenkette. Bei den Tocopherolen entspricht dies der 2-Stellung im Ring, das hat zum Teil formale Gründe, die aus der IUPAC[1]-Nomenklatur herrühren.

1.1 Provitamin A; α-, β- und γ-Carotine [E. provitamin A; α-, β- and γ-carotine]

Es handelt sich um tiefgelbe kristalline Pulver.

Struktur und Vorkommen [E. structure and occurence]

- α-Carotin, $C_{40}H_{56}$, $M = 536{,}88$ *Vorkommen:* Palmöl, Vogelbeeren. Aktivität[2]: 50

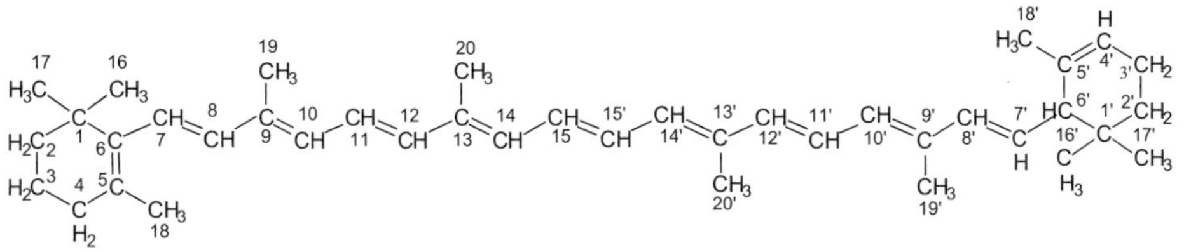

[1]IUPAC = International Union for pure and applied chemistry.

[2]Theoretische relative Aktivität auf Retinol (= 100) bezogen; unter physiologischen Verhältnissen nur ca. die Hälfte.

- β-Carotin, $C_{40}H_{56}$, $M = 536{,}88$ *Vorkommen:* Pflanzen, Früchte.
  Aktivität: 100

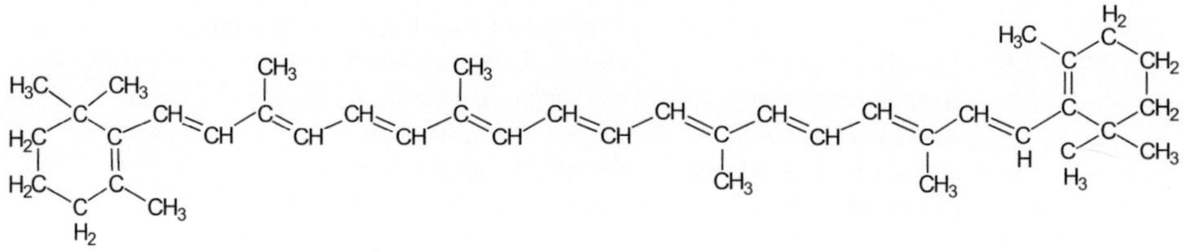

- γ-Carotin, $C_{40}H_{56}$, $M = 536{,}88$ *Vorkommen:* Bakterien, Pilze, Pflanzen.
  Aktivität: 100

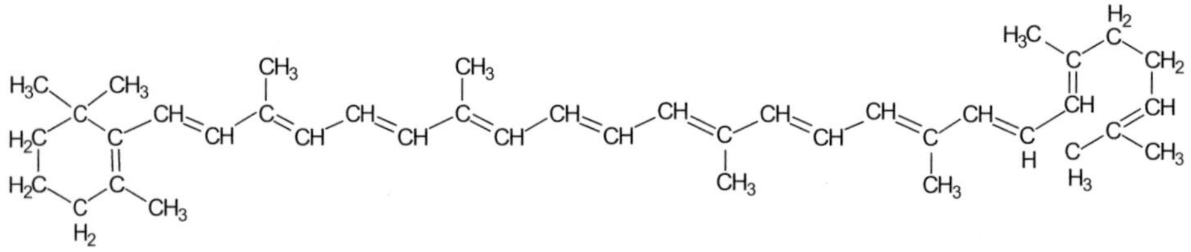

- Retinol (all-*trans)*, (Vitamin A_1, Axerophthol)
  $C_{20}H_{30}O$, $M = 286{,}46$ *Vorkommen:* Milch, Eier, Leber.
  Aktivität: 100 (vor allem Fischleber).

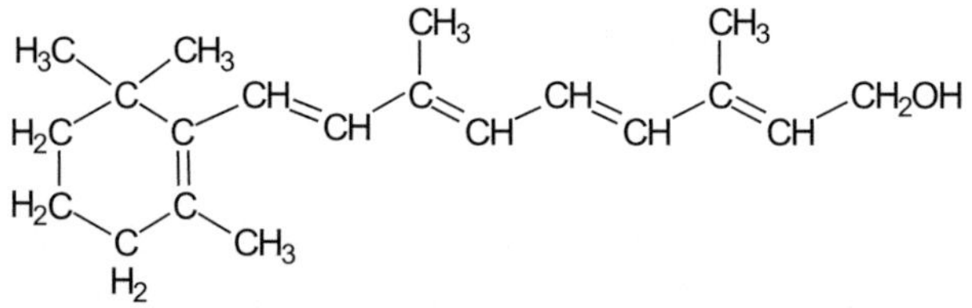

- Retinal (all-*trans)*, (Retinaldehyd, Retinen, Vitamin-A_1-aldehyd)
  $C_{20}H_{28}=$, $M = 284{,}45$ *Vorkommen:* Zitrusfrüchte, Grüngemüse, Leber,
  Aktivität: 91 Eier, Retina.

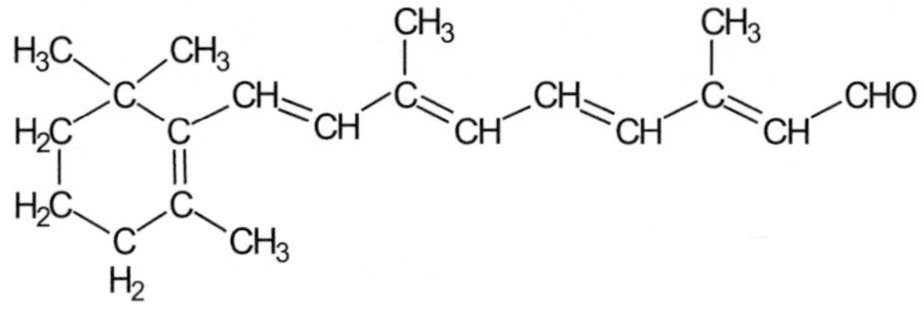

1.2 Vitamin D [E. calciferols]

Vitamin D ist ein weiß bis gelbliches kristallines Pulver.

Struktur und Vorkommen [E. structure and occurence]

- Ergosterol [Provitamin D_2, Ergosterin, 5,7,22-Ergostatrien-3β-ol],
  $C_{28}H_{44}O$, $M = 396{,}66$ *Vorkommen:* In Pilzen, auch in Hefen.
  Aktivität[3]

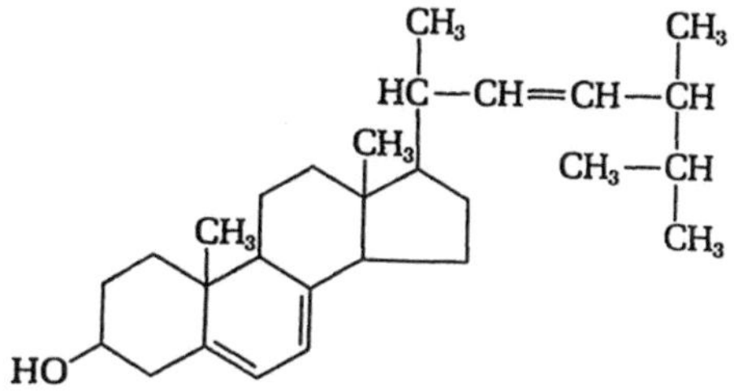

- 7-Dehydrocholesterin [Provitamin D_3, 5,7-Cholestadien-3β-ol]
  $C_{27}H_{44}O$, $M = 384{,}64$ *Vorkommen:* In Weichtieren, höheren Tieren und im Menschen; vorwiegend in Epidermis und Dermis.

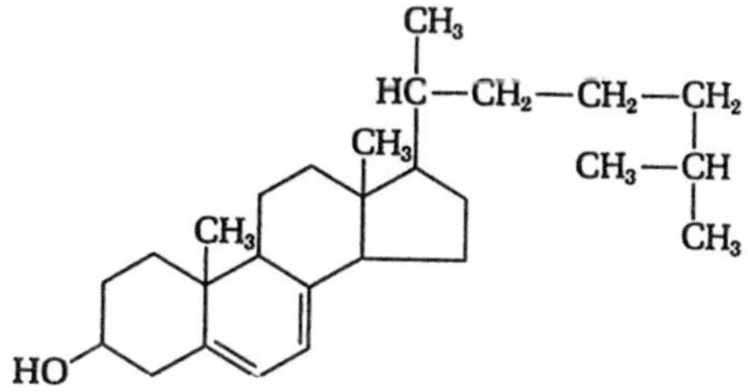

- Ergocalciferol [Vitamin D_2, 9,10-Seco-5,7,10(19)22-ergostatetraen-3β-ol]
  $C_{28}H_{44}O$, $M = 296{,}66$ *Vorkommen* In Pflanzenölen. Entsteht durch Bestrahlung von Egosterol.
  Aktivität: Antirachitische Aktivität; geringe knochenmobilisierende Aktivität.

[3]Relative Aktivität im Antisterilitätstest bei einer Ratte.

- Cholecalciferol [Vitamin D_3, 9,10-Seco-5,7,10(19)-cholestatrien-3β-ol]
  $C_{27}H_{46}O$, $M = 384{,}64$ *Vorkommen und Aktivität:* In Fischleberölen, Eigelb, Milchfett. Antirachitische und knochenmobilisierende Aktivität.

(R)

- Vitamin D_4 [9,10-Seco-24α-methyl-5,7,10(19)-cholestatrien-3β-ol]
  $C_{28}H_{46}O$, $M = 398{,}67$ *Vorkommen und Aktivität:* Bildung aus 22,23-Dihydroergosterol. Synthetisch; kommt in der Natur nicht vor. Antirachitische Aktivität.

R:
siehe Cholecalciferol

- Vitamin D_5 [9,10-Seco-24α-äthyl-5,7,10(19)-cholestatrien-3β-ol]
  $C_{29}H_{48}O$, $M = 412{,}70$ *Vorkommen und Aktivität:* Bildung aus 7-Dehydrositosterol. Geringe antirachitische Aktivität.

R:
siehe Cholecalciferol

- Vitamin D_6 [9,10-Seco-24α-äthyl-5,7,10(19)22-cholestatetraen-3β-ol]
  $C_{29}H_{46}O$, $M=410{,}68$ *Vorkommen und Aktivität:* Bildung aus 7-Dehydrositosterol. Sehr geringe antirachitische Aktivität.

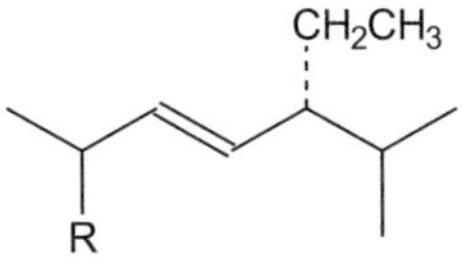

R:
siehe Cholecalciferol

- Vitamin D_7 [9,10-Seco-24β-methyl-5,7,10(19)-cholestatrien-3β-ol]
  $C_{28}H_{46}=$; $M=398{,}67$ *Vorkommen und Aktivität:* Bildung aus 7-Dehydrocampesterol.

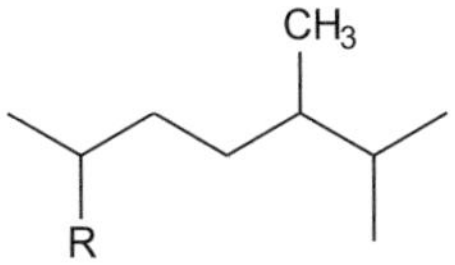

R:
siehe Cholecalciferol

1.3 Vitamin E [E. tocopherols]

Vitamin E ist ein tiefgelb gefärbtes viskoses Öl.

Struktur und Vorkommen [E. structure and coccurence]

- 1. Tocole

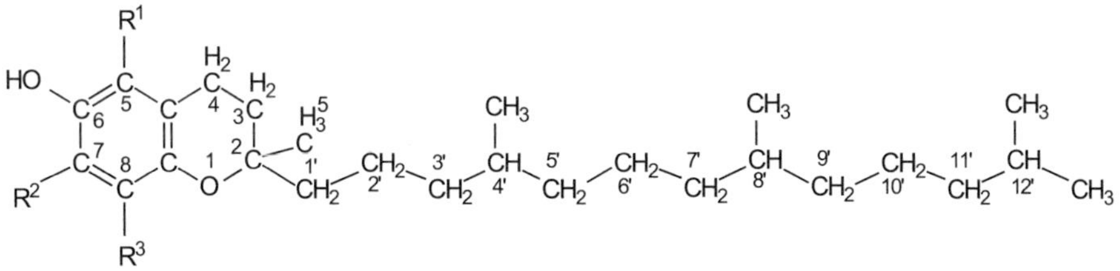

- 2. Tocotrienole

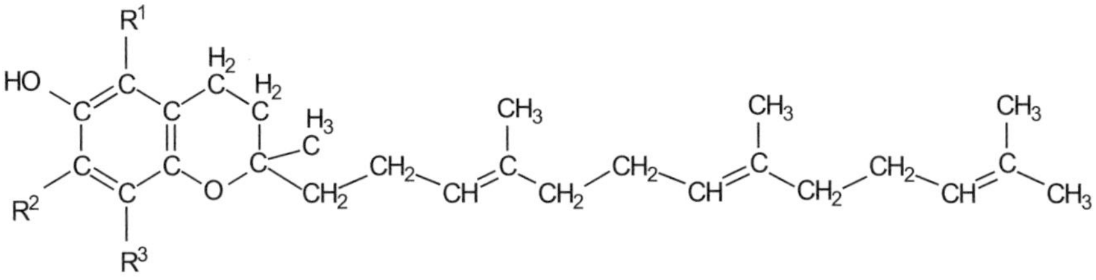

- 3. Tocopherolähnliche Verbindungen

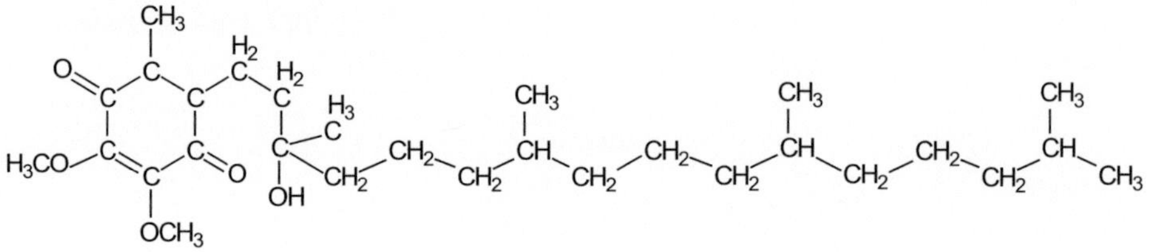

zu • 1.

Tocol, $C_{26}H_{44}O_2$, $M = 388{,}64$,

Struktur:	R^1:H	*Wichtigstes Vorkommen:*	Synthetisch
	R^2:H	*Aktivität*[4]:	Inaktiv.
	R^3:H		

8-Methyltocol (δ-Tocopherol), $C_{27}H_{46}O_2$; $M = 402{,}67$

Struktur:	R^1:H	*Wichtigstes Vorkommen:*	Sojaöl.
	R^2:H	*Aktivität*[5]:	1
	R^3:CH_3		

5,8-Dimethyltocol (β-Tocopherol), $C_{28}H_{48}O_2$, $M = 416{,}69$

Struktur:	R^1:CH_3	*Wichtigstes Vorkommen:*	Weizenkeimöl.
	R^2:H	*Aktivität:*	33
	R^3:CH_3		

7,8-Dimethyltocol (γ-Tocopherol), $C_{28}H_{48}O_2$, $M = 416{,}69$

Struktur:	R^1:H	*Wichtigstes Vorkommen:*	Maiskeimöl.
	R^2:CH_3	*Aktivität:*	10
	R^3:CH_3		

5,7,8-Trimethyltocol (α-Tocopherol), $C_{29}H_{50}O_2$, $M = 430{,}72$

Struktur:	R^1:CH_3	*Wichtigstes Vorkommen:*	Maiskeimöl, Weizenkeimöl usw.,
	R^2:CH_3		tierische Gewebe.
	R^3:CH_3	*Aktivität:*	100

[4]Relative Aktivität im Intisterilitätstest bei der Ratte.

[5]Relative Aktivität im Intisterilitätstest bei der Ratte.

zu • *2.*

8-Methyltocotrienol (δ-Tocotrienol), $C_{27}H_{40}O_2$, $M = 396{,}62$

Struktur:	R^1:H	*Wichtigstes Vorkommen:*	Palmöl.
	R^2:H	*Aktivität:*	—
	R^3:CH_3		

5,8-Dimethyltocotrienol (ε-Tocopherol, β-Tocotrienol), $C_{28}H_{42}O_2$, $M = 410{,}65$

Struktur:	R^1:CH_3	*Wichtigstes Vorkommen:*	Weizen.
	R^2:H	*Aktivität:*	5
	R^3:CH_3		

7,8-Dimethyltocotrienol (γ-Tocotrienol, Plastochromatonol-3), $C_{28}H_{42}O_2$, $M = 410{,}65$

Struktur:	R^1:H	*Wichtigstes Vorkommen:*	Reis.
	R^2:CH_3	*Aktivität:*	—
	R^3:CH_3		

5,7,8-Trimethyltocotrienol (ξ_1-Tocopherol, α-Tocotrienol, Tocochromanol-3), $C_{29}H_{44}O_2$, $M = 424{,}67$

Struktur:	R^1:CH_3	*Wichtigstes Vorkommen:*	Weizen.
	R^2:CH_3	*Aktivität:*	30
	R^3:CH_3		

zu • *3.*

α-Tocopherolchinon (α-Tocopherylchinon), $C_{29}H_{50}O_3$, $M = 446{,}72$

Wichtigstes Vorkommen:	Grüne Pflanzen. Oxidationsprodukt von α-Tocopherol.
Aktivität:	Aktiv.

1.4 Ubichinone-n(n = 6–10) (Coenzyme Q) [E. ubiquinones, coenzymes Q]

Sie sind bei 50 °C schmelzende farblose bis schwach gelblich gefärbte Feststoffe.

Struktur und Vorkommen [E. structure and occurence]

- Q_{10}: $C_{59}H_{90}O_4$; M = 863,37 *Wichtigstes Vorkommen:* Ubichinon-9 (Unichinon-45, Coenzym Q_9): Blätter Ubichinon-10 (Ubichinon-50, Coenzym Q_{10}): Leber, Hefe.

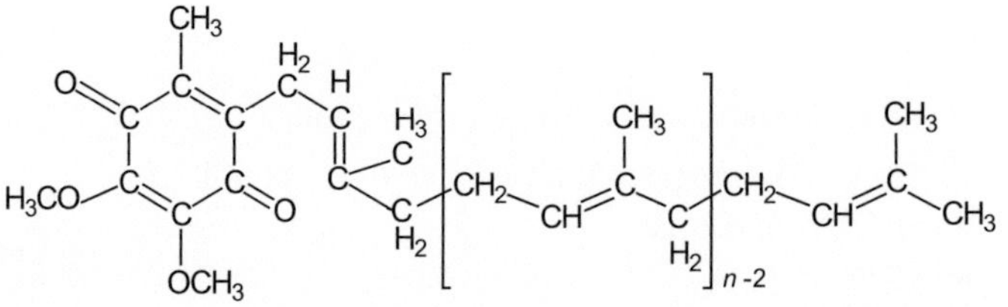

- Ubichromenol-(n-1), $n = 10$; Ubichromenol-9

Wichtigstes Vorkommen:	Wie die entsprechenden Ubichinone. Aktiv.

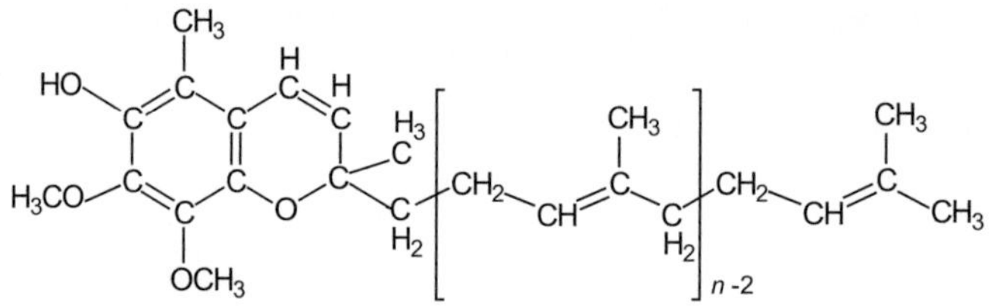

- Plastochinon-*n* ($n = 9$), $C_{53}H_{82}O_2$, $M = 751{,}23$

Wichtigstes Vorkommen:	Chloroplasten.

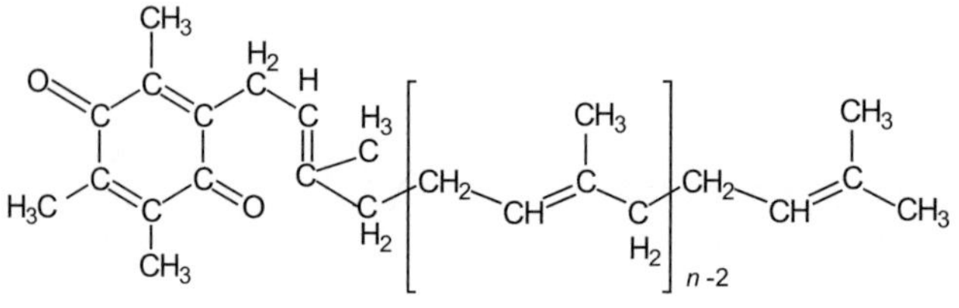

1.5 Vitamin K [E. vitamin K]

Vitamin K ist ein goldgelb gefärbtes Öl

Struktur und Vorkommen [E. structure and occurence]
Menadion [E. menadione] (Vitamin K_3, 2-Methyl-1,4-naphthochinon), $C_{11}H_8O_2$, $M = 172{,}18$

Vorkommen und Funktion:	Provitamin.
Aktivität[6]:	~100

[6]Relative Aktivität, an Vitamin-K-Mangel-Küken bestimmt.

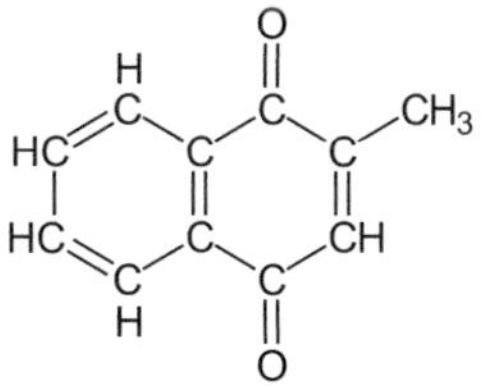

Phyllochinon [E. phylloquinone] (Vitamin K_1, 2-Methyl-3-phytyl-1,4-naphthochinon), $C_{31}H_{46}O_2$, $M = 450,70$

Vorkommen und Funktion: In grünen Pflanzen, Tomaten, Bakterienarten. Coenzym der posttranslationellen Carboxylierung von Glutaminsäure zur 4-Carboxyglutaminsäure des Prothrombins, der Gerinnungsfaktoren VII, IX und X, des Osteocalcins im Knochen sowie anderer Proteine, vor allem in der Niere.

Aktivität[6]: ~100

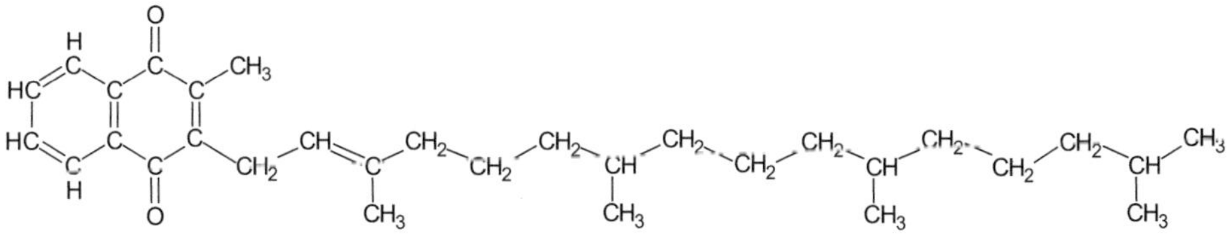

Menachinon-n [E. menaquinones] (n = 4–13),

Vorkommen und Funktion: In Tieren und Bakterien.

n = 6: Vitamin $K_2(30)$, $C_{41}H_{56}O_2$, $M = 580,89$ — Funktion wie Phyllochinon.

n = 7: Vitamin $K_2(35)$, $C_{46}H_{54}O_2$, $M = 649,01$ — Funktion wie Phyllochinon.

n = 9: Vitamin $K_2(45)$, $C_{56}H_{80}O_2$, $M = 785,25$ — In Mykobakterien.

Aktivität[6]: 100, 70, —

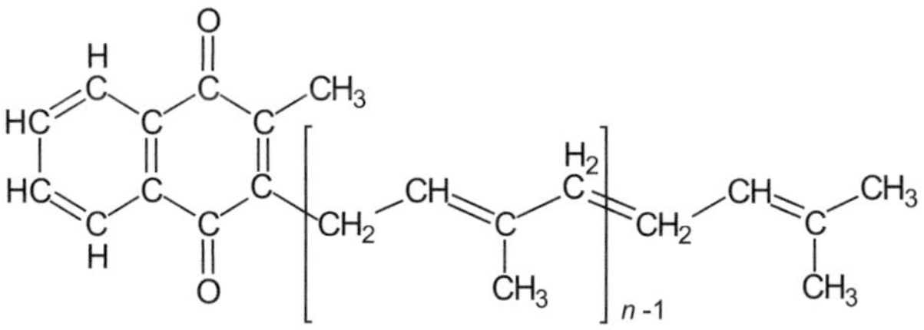

1.6 Vergleich der chemischen Grundstruktur zwischen Tocopherolen, Ubichinonen, Naphthochinonen und Plastochinonen [E. comparison of the base structure between tocopherols, ubiquinones, naphthoquinones and plastoquinones]

- *Tocopherole* [E. tocopherols]

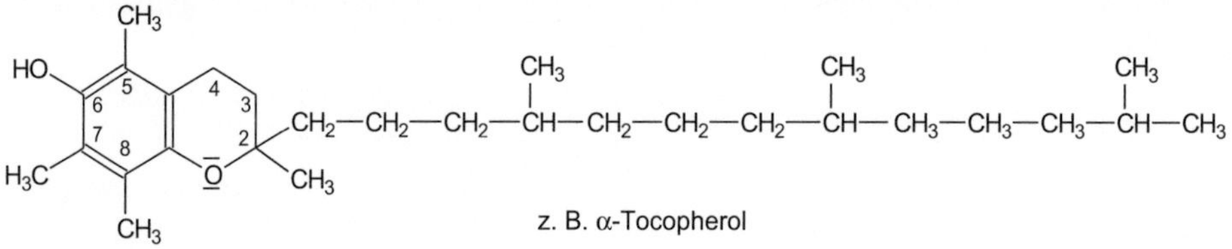

z. B. α-Tocopherol

- *Naphthochinone,* z. B. Vitamin K_2 [E. naphthoquinones]

2-Methyl-1,4-naphthochinon Vorkommen: In Bakterien und faulendem Fischmehl.

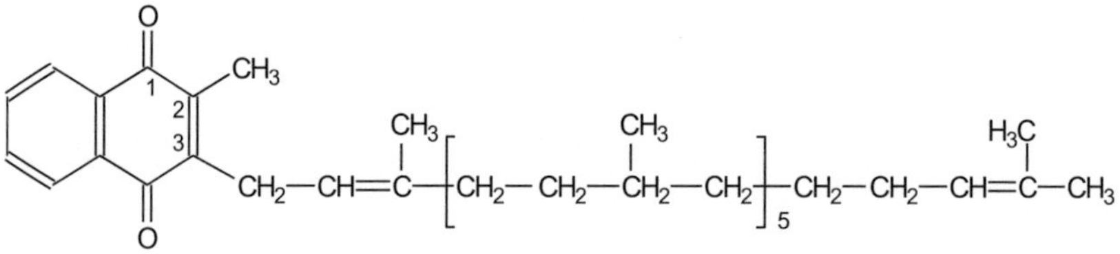

Vitamin K_2 ist ein Koagulationsvitamin. Ein Mangel führt zu Störungen der Blutgerinnung.

- *Plastochinone* (vgl. Ubichinon) unterschiedliche Seitenketten [E. plastoquinones]

Vorkommen: Chloropasten

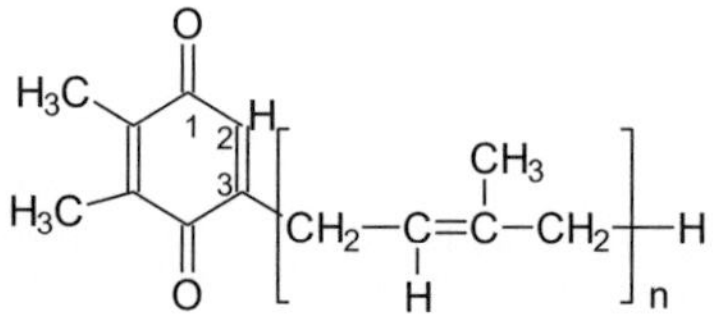

- *Ubichinone* [E. ubiquinones]

Vorkommen: Mitochondrien.

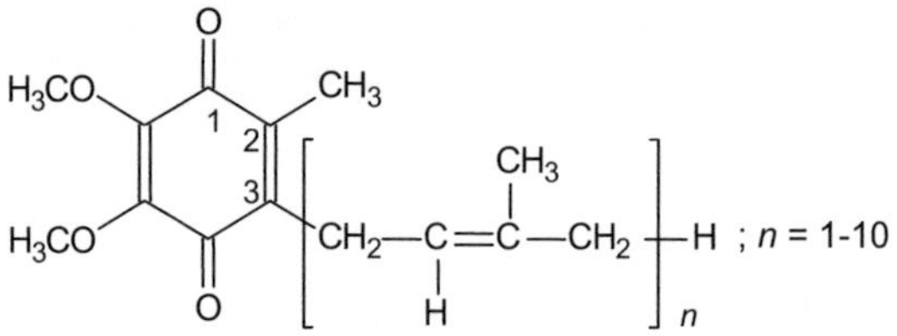

; n = 1-10

1.7 Ubichinone[7] [E. ubiquinones]

Ubichinone sind fettlösliche, in Spuren weitverbreitete Verbindungen mit einem Grundgerüst des 2,3-Dimethoxy-5-methyl-1,4-benzoechinons und einer oligomeren Isoprenseitenkette[8] mit 1 bis 10 Dihydroisopren-Einheiten, $n = 10$. Die Bezeichnung leitet sich chemisch von dem Benzochinon[9] ab.

Die Unterscheidung der einzelnen Ubichinone erfolgt entweder nach der Zahl der Isoprenreste als Coenzym Q_n oder nach der Gesamtzahl der C-Atome als U-5n (z. B. Ubichinon 50 = Coenzym Q_{10}).

Die U-30 bis U-50 sind in der Natur weitverbreitet, z. B. im menschlichen Blutserum und Harn (U-50), in Hefen, Kabeljau, Vogeleiern, Insekten, Schimmelpilzen und vor allem in den Mitochondrien. Menschen über 40 Jahre bilden nicht mehr genug körpereigenes Ubichinon.

Wirkung [E. effectiveness]

Die mit dem Plastochinonen und Tocopherolen nahe verwandten Ubichinone sind als Elektronenübertrager bei biologischen Oxidationsprozessen innerhalb des Zitronensäurezyklus[10]beteiligt und haben antioxidative Eigenschaften. Sie kommen in den Mitochondrien der Zellen vor und sind Bestandteil der inneren Membran dieser biologischen Kraftwerke. Wie ein Mikromotor geben sie in der Zelle die freien Reaktionsenthalpien weiter und fördern die Bildung des energiespeichernden ATP (Kap. XVIII, Abschn. 1).

Wirtschaftliches und Anwendung [E. economic and application]

In Deutschland wird Ubichinon am Institut für Technologie und Umweltschutz, Berlin, aus Zellkulturen durch Extraktion mit überkritischem Kohlenstoffdioxid bei 200 bar und 53 °C gewonnen. Japan ist einer der Hauptlieferanten für Ubichinon. In einigen Ländern wird es zur Therapie von Herz- und neurologischen Krankheiten sowie Haut- und Lungenkrankheiten verwendet.

---

[7]ubique (lat.) – überall.

[8]Iospren

$H_2C{=}C(CH_3){-}C(H){=}CH_2$ (1,2-Methylbutadien)

[9]Benzodimon

O=C⟨ring⟩C=O

[10]Der Zitronensäurezyklus ist Teil der Bildung des energiespeichernden ATP (Adenosintriphosphat),
(1,2 Methylbutadien).

2 Wasserlösliche Vitamine [E. water soluble vitamins]

2.1 Einige Eigenschaften [E. some properties]

Zu den wasserlöslichen Vitaminen zählen die Vitamin-B-Gruppe und das Vitamin C.

Außer dass sie alle hydrophile funktionelle Gruppen aufweisen, zeigen sie in ihrem chemischen strukturellen Aufbau keine weiteren Gemeinsamkeiten.

Ihre unterschiedlichen Rollen bei biochemischen Reaktionen innerhalb der biologischen Systeme sind in Tab. 2 aufgelistet. Bei einem Vergleich fällt auf, dass die meisten von ihnen als Coenzyme wirken. Auf diese Weise greifen sie unmittelbar in den Stoffwechselprozess ein, indem sie die Aktivierungsenergien biochemischer Reaktionskomponenten erniedrigen und damit eine Reaktion erst ermöglichen.

Riboflavin und Nicotinsäure sind die aktiven energiespeichernden und energieübertragenden Bestandteile von Dinukleotiden; das Riboflavin im **F**lavin-**a**denin-**d**inukleotid, FAD, und die Nicotinsäure im **N**icotinamid-**a**denin-**d**inukleotid, NAD. Sie sind wie das

Tab. 2 Vitamine als Coenzyme [E. vitamins as coenzymes]

Vitamintyp	Coenzym oder aktive Form	Funktion
Fettlöslich		
Vitamin A	11-*cis*-Tetinal	Sehzyklus
Vitamin D	1,25-Dihydroxycholecalciferol	Calcium- und Phosphatstoffwechsel
Vitamin E	—	Antioxidans
Vitamin K	—	Prothrombin-Biosynthese
Wasserlöslich		
Thiamin B_1	Thiaminpyrophosphat (TPP)	Aldehydgruppen-Übertragung
Riboflavin B_2	Flavinmononukleotid/FMN)	Wasserstoffatom (Elektronen)-Übertragung
Pyridoxal B_6	Pyridoxalphosphat	Aminogruppen-Übertragung
Vitamin B_{12}	Coenzym B_{12}	1,2-Verschiebung von Wasserstoffatomen
Folsäure	Tetrahydrofolsäure	C1-Gruppen-Übertragung
Pantothensäure	Coenzym A (CoA)	Acylgruppen-Übertragung
Nicotinsäure	**N**icotinamid-**a**denin-**d**inukleotid (NAD) **N**icotinamid-**a**denin-**d**inukleotid-**p**hosphat (NADP)	Wasserstoffatom-(Elektronen-)Übertragung Wasserstoffatom-(Elektronen-)Übertragung
Biotin	Biocytin	Carboxylgruppen-Übertragung
Pteridin	—	
Liponsäure	Lipoyllysin	Wasserstoffatom- und Acylgruppen-Übertragung
Ascorbinsäure	—	Cofaktor bei Hydroxylierungen

ATP und ADP in den Mitochondrien lokalisiert und maßgeblich am Zitronensäurezyklus beteiligt (Abb. 1).

FAD, NAD sind zusammen mit dem Mononukleotid des **A**denosin**t**ri**p**hosphats, ATP, die wichtigsten Energiespeicher und -überträger der chemischen freien Reaktionsenthalpie, ΔG, sie übertragen damit Reduktionspotenzial und auch funktionelle chemische Gruppen (Kap. VI, Tab. 1 und Abb. 7a).

Die Stationen des Zitronensäurezyklus

1. Pyruvat wird zu Acetat oxidiert. Energie wird einerseits in NADH gespeichert, andererseits durch Kombination von Acetat mit Coenzym A in Acetyl-Coenzym A umgewandelt.

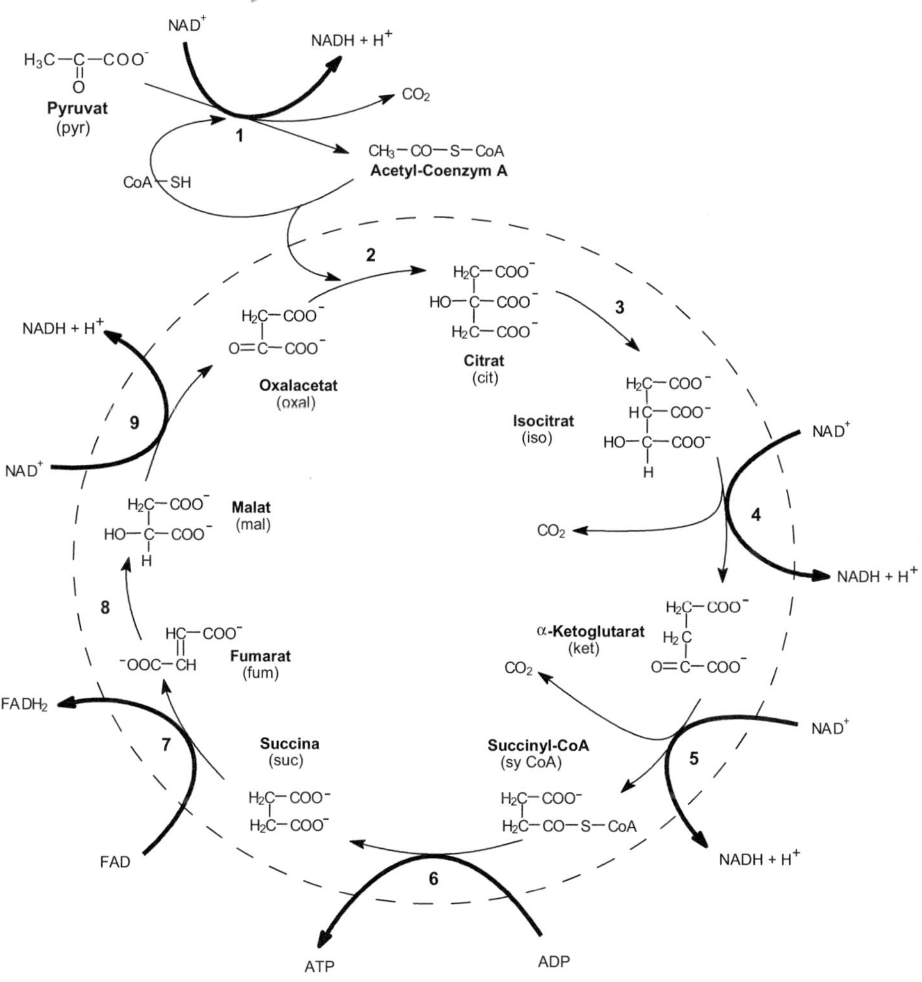

Abb. 1 Zitronensäurezyklus [E. tricarbonxylic acid cycle]

2. Acetyl-Coenzym wird mit Oxalacetat, einem Glied des Zitronensäurezyklus zu Citrat vereinigt; Coenzym A wird zur Wiederverwendung frei.
3. Citrat wird zur Vorbereitung für die Folgereaktionen zu Isocitrat umgelagert.
4. Isocitrat wird zu α-Ketoglutarat oxidiert; dabei werden CO_2 freigesetzt und Energie in Form von NADH gespeichert.
5. α-Ketoglutarat wird unter Freisetzung von CO_2 zu Succinat oxidiert. Ein Teil der Energie wird in NADH gespeichert, ein anderer Teil wird kurzfristig durch Bindung von Succinat an Coenzym A festgelegt.
6. Vom Succinyl-Coenzym A wird das Coenzym abgespalten; die frei werdende Energie wird endgültig in ATP gespeichert.
7. Succinat wird zu Fumarat oxidiert; die Energie wird in $FADH_2$ gespeichert.
8. Fumarat wird zu Malat umgelagert.
9. Malat wird zu Oxalacetat oxidiert; die Energie wird als NADH gespeichert. Oxalacetat steht nun für einen neuen Umlauf des Zyklus bereit.

2.2 Vitamin B_1, Thiamin [E. vitamin B_1, thiamine]

Vitamin B_1 Thiamin ist ein weißes kristallines Pulver.

Struktur und Vorkommen [E. structure and occurence]

- 1. Thiaminhydrochlorid

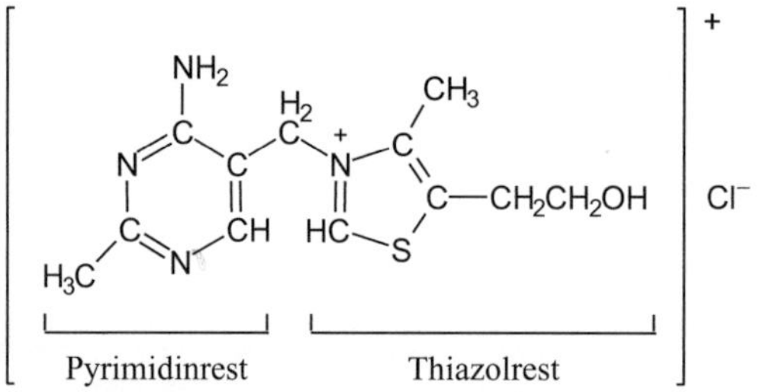
NH2
H2
CH3
N
C
CH
HC
S
C—CH2CH2OH
H3C
Cl⁻
+
Pyrimidinrest
Thiazolrest

Thiamin (Vitamin B_1, Aneurin),	Kation:	$C_{12}H_{17}N_4OS$, M = 265,36;
	Hydrochlorid:	$C_{12}H_{18}N_4OSCl_2$, M = 337,27
Vorkommen und Funktion:	In Pflanzen. Wirksam nach enzymatischer Überführung in Thiamindiphosphat.	

- 2. Thiamindiphosphat

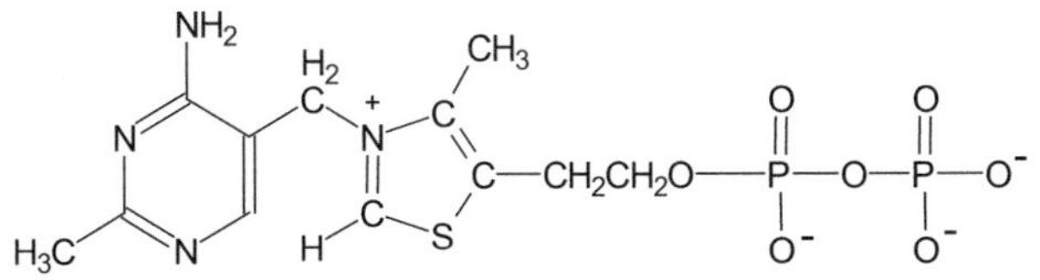

Thiamindiphosphat, $C_{12}H_{18}N_4O_7P_2S$, M = 424,31
Vorkommen und Funktion: In tierischem Gewebe. Funktion siehe Coenzymfunktion.

- 3. 2-Hydroxyethylthiamindiphosphat

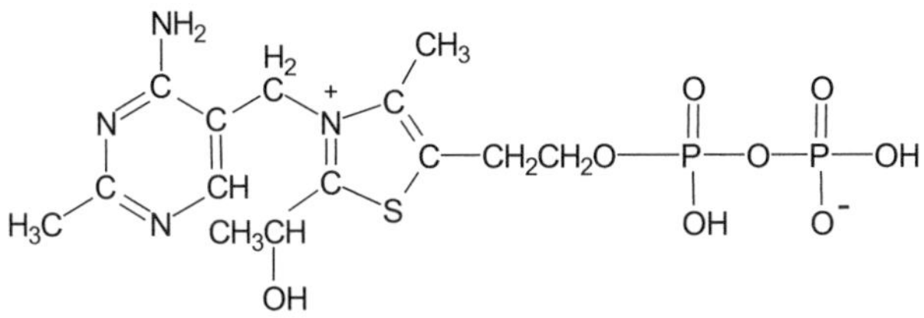

2-Hydroxyethylthiamindiphosphat, $C_{14}H_{22}N_4O_8P_2S$, M = 468,37
Vorkommen und Funktion: In Mikroorganismen; 60 % des Gesamtthiamins in *Escherichia soli.* Aktiver Acetaldehyd.

2.3 Vitamin B$_2$, Riboflavin [E. vitamin B$_2$, riboflavin]

Vitamin B_2 Riboflavin ist ein gelbes bis orangegelbes Pulver.

Struktur und Vorkommen [E. structure and occurence]

- 1. Riboflavin

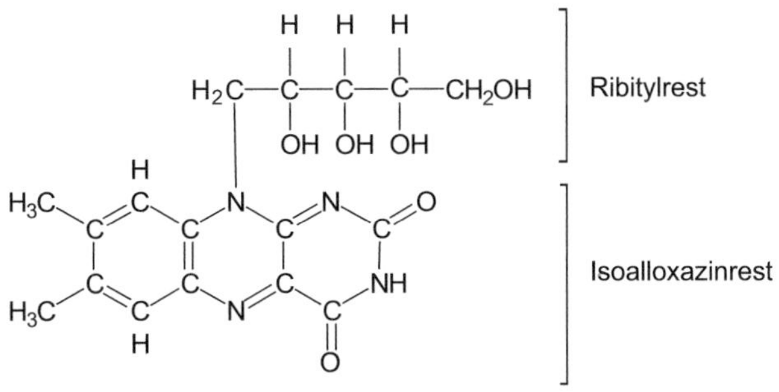

Ribitylrest

Isoalloxazinrest

- 2. Flavinmononukleotid (FMN)

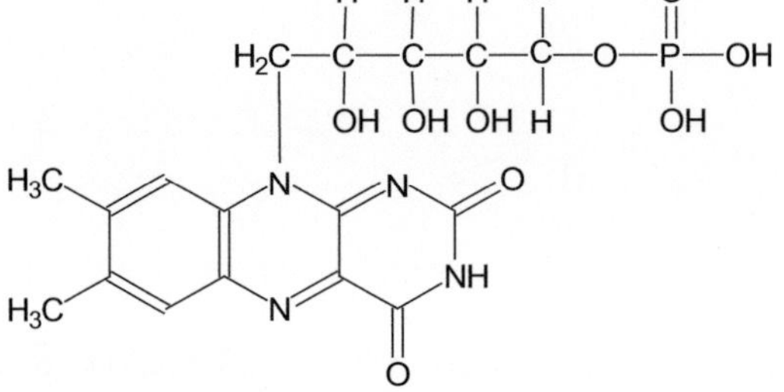

- 3. Flavinadenindinukleotid (FAD)

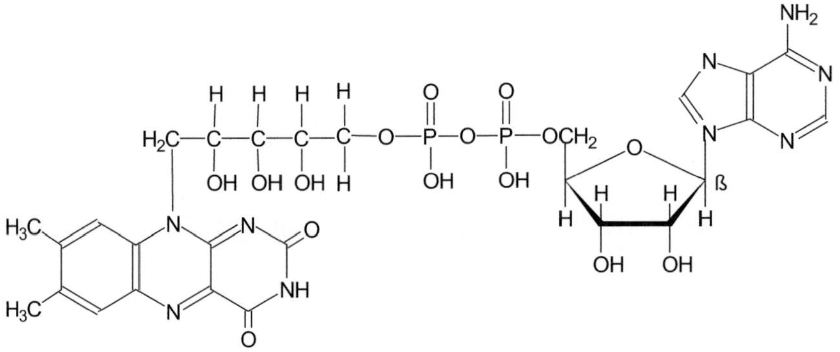

zu • 1.

Riboflavin [Vitamin B2, Lactoflavin, 7,8-Dimethyl10-(D-ribityl)-isoallocazin], $C_{17}H_{20}N_4O_6$, M = 376,37

Vorkommen und Funktion: Bestandteil von FMN[11] und FAD[12]; in freier Form bei einigen Mikroorganismen; 0,5 bis 2 % des Gesamtriboflavins in tierischen Organen

zu • 2.

Flavinmononukleotid (FMN) (Riboflavin-5'-phosphat), $C_{17}H_{21}N_4O_9P$, M = 456,35

[11]Flavin-adenin-mononukleotid.

[12]Flavin-adenin-dinukleotid.

Vorkommen und Funktion: Als Wirkgruppe von Flavoproteinen in Mikroorganismen, Pflanzen und Tieren; 5 bis 30 % des Gesamtriboflavin in tierischen Organen

zu • 3.

Flavinadenindinukleotid (FAD), $C_{27}H_{33}N_9O_{15}P_2$, M = 785,56

Vorkommen und Funktion: Als Wirkgruppe von Flavoproteinen[13] in Mikroorganismen, Pflanzen und Tieren; 70 bis 90 % des Gesamtriboflavin in tierischen Organen

2.4 Vitamin B_6 [E. vitamin B_6]

Vitamin B_6 ist ein weißes kristallines Pulver.

Struktur und Vorkommen [E. structure and occurence]

- 1. Pyridoxin [E. pyridoxin]

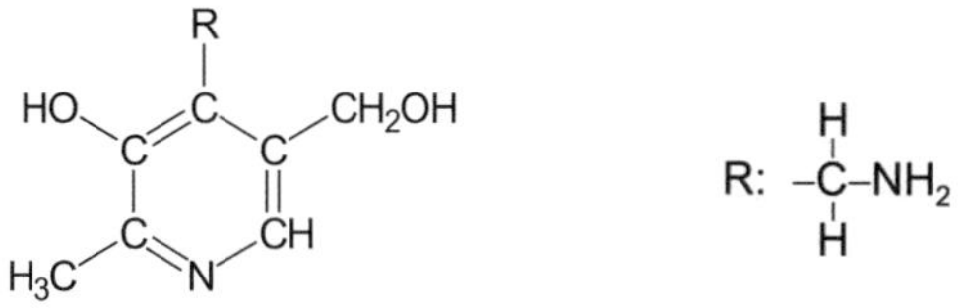

- 2. Pyridoxamin [E. pyridoxamine]

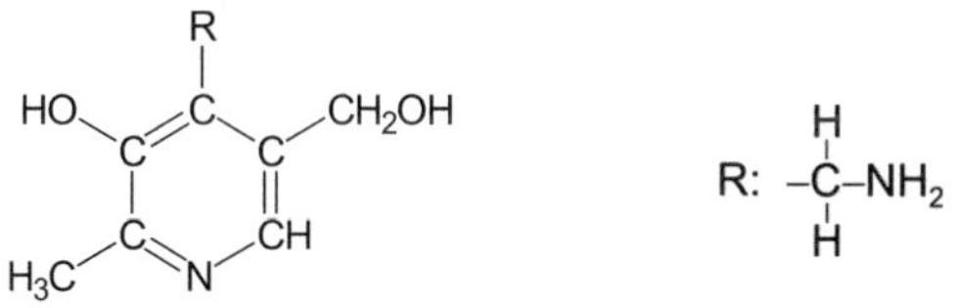

[13]Flavoproteine, auch Flavinenzyme genannt, sind die gelben Enzyme. Diese Proteine enthalten Flavinabkömmlinge wie z. B. Riboflavin im FMN, FAD, als Coenzym. Mit diesen Coenzymen vermögen sie bei biologischen Oxidationen Wasserstoff bzw. Elektronen von einem Substrat (z. B. NADPH, NADH, Aminobrenztraubensäure) auf ein nachfolgendes Enzymsystem, auf Sauerstoff oder andere Wasserstoffakzeptoren zu übertragen.

- 3. Pyridoxal [E. pyridoxal]

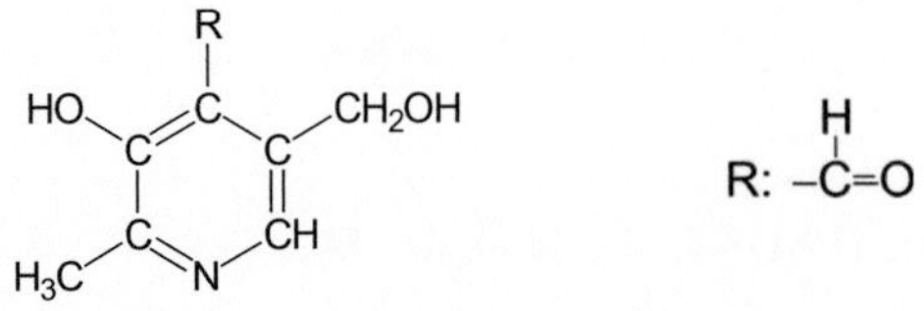

R: $-\overset{H}{C}=O$

- 4. Pyridoxaminphosphat [E. pyridoxaminephosphate]

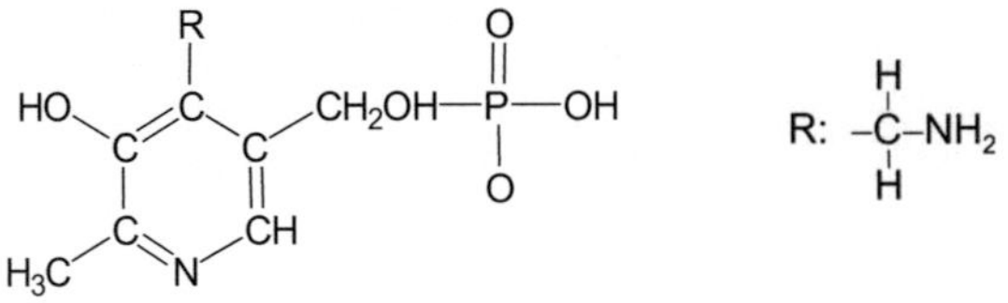

R: $-\overset{H}{\underset{H}{C}}-NH_2$

- 5. Pyridoxalphosphat [E. pyridoxalphosphate]

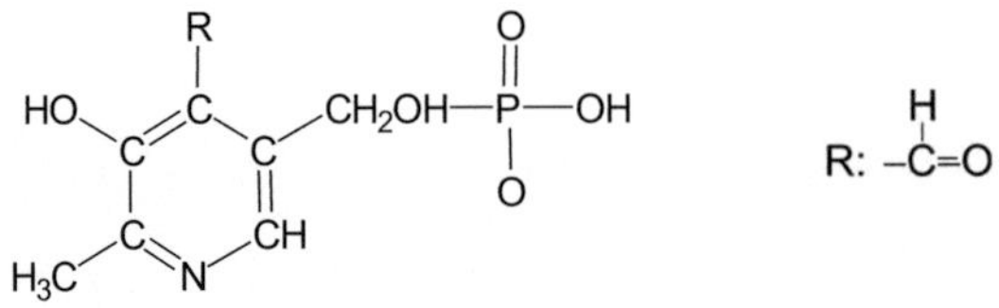

R: $-\overset{H}{C}=O$

zu • 1.

Pyridoxin (Pyridoxol, Adermin), $C_8H_{11}NO_3$, M = 169,18

Vorkommen und Aktivität: Speziell in pflanzlichem Gewebe. Vitamin-B_6-Aktivität für höhere Tiere und Hefe; nur geringe Aktivität für Bakterien

zu • 2.

Pyridoxamin, $C_8H_{12}N_2O_2$, M = 168,20

Vorkommen und Aktivität: Speziell in tierischem Gewebe. Vitamin-B_6-Aktivität für Mikroorganismen und höhere Tiere

zu • 3.

Pyridoxal, $C_8H_9NO_3$, M = 167,17

Vorkommen und Aktivität: Speziell in tierischem Gewebe. Vitamin-B_6-Aktivität für Mikroorganismen und höhere Tiere

zu • 4.

Pyridoxaminphosphat, $C_8H_{13}N_2O_5P$, M = 248,18

Vorkommen und Aktivität: Coenzym bei Transaminierungen

zu • 5.

Pyridoxalphosphat (Codecarboxylase), $C_8H_{10}NO_6P$, M = 247,15

Vorkommen und Aktivität: Speziell im Muskel. Coenzym bei Decarboxylierungen, Transaminierungen, Racemisierungen

2.5 Vitamin B_{12}, Cyanocobalamin [E. vitamin B_{12}, cyanocobalamin]

Vitamin B_{12} bildet dunkelrote hygroskopische Kristalle, die in hydratisierter[14] Form an der Luft stabil sind.

Struktur und Vorkommen [E. structure and occurence]

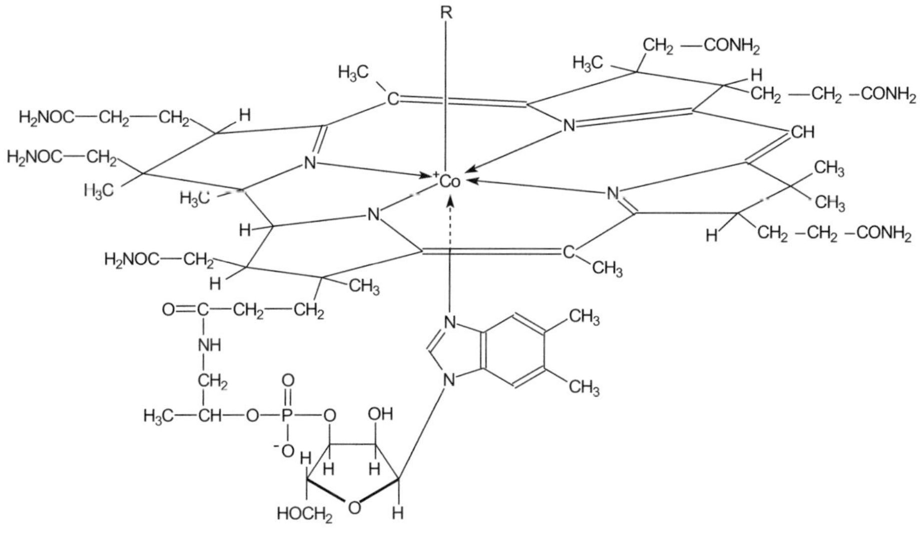

R: –CN Cyanocobalamin

–OH Hydroxocobalamin

$–CH_3$ Methylcobalamin

H_2O Aquocobalamin

[14]hygros (gr.) – feucht, flüssig.
hygroskopisch heißt wasseranziehend.

- Cyanocobalamin (Vitamin B_{12}, 5,6-Dimethylbenzimidazolcyanocobamid), $C_{63}H_{88}N_{14}O_{14}PCo$, M = 1355,40

Vorkommen und Aktivität: Isolierbar aus vielen Bakterienarten, Faulschlamm, Belebtschlamm. In dieser Form keine physiologische Bedeutung für den Menschen.

- Aquocobalamin (Vitamin B_{12b}, 5,6-Dimethylbenzimidazolaquocobamid), $C_{62}H_{90}N_{13}O_{15}PCo$, M = 1347,38

Vorkommen und Aktivität: Depotwirkung im menschlichen Organismus (Erythrozyten, Leber).

- Hydroxocobalamin (Vitamin B_{12a}, 5,6-Dimethylbenzimidazolhydroxocobamid), $C_{62}H_{89}N_{13}O_{17}PCO$, M = 1346,37

Vorkommen und Aktivität: Depotwirkung im menschlichen Organismus (Erythrozyten, Leber).

- Adenosylcobalamin (5'-Desoxyadenosylcobalamin, Coenzym B_{12}), $C_{72}H_{100}N_{18}O_{17}PCo$, M = 1579,60

Vorkommen und Aktivität: In zahlreichen Bakterienarten und in tierischem Gewebe (vorwiegend Leber). Biochemisch aktive Form des Vitamins B_{12}. Wachstumsaktivität bei Mikroorganismen und Küken; Depotwirkung im menschlichen Körper (Erythrozyten, Leber, Niere); antiperniziöse Aktivität.

- Methylcobalamin, $C_{63}H_{91}N_{13}O_{14}PCo$, M = 1344,40

Vorkommen und Aktivität: In tierischem Gewebe (Leber). Hauptanteil der Cobalamine im menschlichen Plasma. Coenzymfunktion.

2.6 Folsäure [E. folic acid]

Folsäure ist ein gelbes bis orangegelbes kristallines Pulver.

Struktur und Vorkommen [E. structure and occurence]

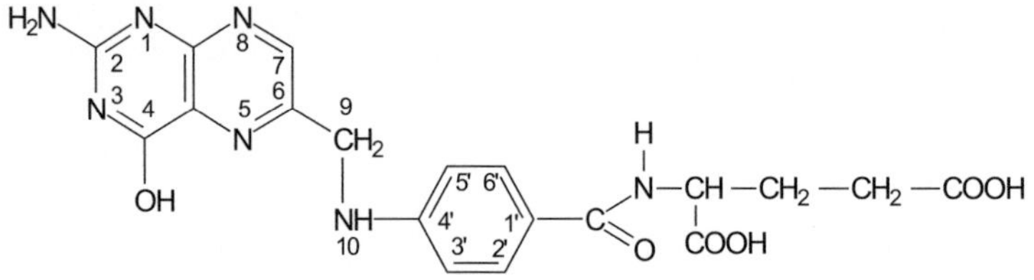

- Dihydropteroylglutaminsäure (H_2PteGlu$_n$) (Dihydrofolsäure [FH_2]), $C_{19}H_{19}N_7O_6$, M = 441,40, reduziert an den Positionen 7 und 8

Vorkommen und Aktivität: Entsteht bei der Biosynthese von Thymidinmonophosphat und wird zu FH_4 reduziert.

- Tetrahydropteroylglutaminsäure (H_4PteGlu$_n$) (Tetrahydrofolsäure [FH_4]), $C_{19}H_{19}N_7O_6$, M = 441,40, reduziert an den Positionen 5, 6, 7 und 8

Vorkommen und Aktivität: Coenzym beim Einkohlenstoffgruppentransfer.

- 4-Aminopteroylgutminsäure (Aminopterin), $C_{19}H_{20}N_8O_5$, M = 440,42, n = 1 und -NH_2-Substitution am C-4

Vorkommen und Aktivität: Folsäureantagonist; hemmt die Purinsynthese und somit die Zellteilung. Therapeutikum bei Leukämie.

2.7 Pantothensäure [E. pantothenic acid]

Pantothensäure ist als Calcium- oder Natriumsalz ein weißes kristallines Pulver.

Struktur und Vorkommen [E. structure and occurence]

- 1. Pantothensäure

$HOOCCH_2CH_2NH-C(=O)-CH(OH)-C(CH_3)_2-CH_2OH$

- 2. Pantethein

$HS-CH_2-CH_2-NH-C(=O)-CH_2CH_2NH-C(=O)-CH(OH)-C(CH_3)_2-CH_2OH$

zu • 1.

Pantothensäure [D-(+)-N-(2,4-Dihydroxy-3,3-dimethylbutyryl)-β-alanin], $C_9H_{17}NO_5$, M = 219,24

Vorkommen und Funktion: In Pflanzen und Tieren allgemein verbreitet. Wachstumsfaktor für Hefe und für viele andere Mikroorganismen sowie für alle höheren Tiere. Bestandteil von Coenzym A.

zu • 2.

Pantethein (N-Pantothenylcysteamin), $C_{11}H_{22}N_2O_4S$, M = 278,37

Vorkommen und Funktion: Wachstumsfaktor für *Lactobacillus bulgaricus,* dieses Bakterium spielt bei der Joghurtherstellung als Milchsäureproduzent eine Rolle.

2.8 Nicotinsäure [E. nicotinic acid]

Nicotinsäure ist ein weißes kristallines Pulver.

Struktur und Vorkommen [E. structure and occurence]

- 1. Nicotinsäure

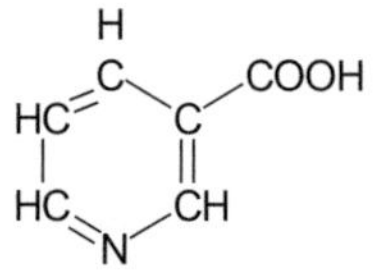

H
C COOH
HC C
HC CH
N

- 2. Nicotinamid [E. nicotinamide]

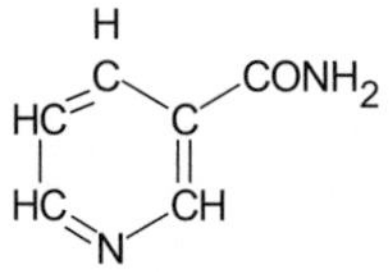

H
C $CONH_2$
HC C
HC CH
N

zu • 1.

Nicotinsäure (Niacin, 3-Pyridincarbonsäure, Vitamin PP), $C_6H_5NO_2$, M = 123,11

Vorkommen und Funktion: In pflanzlichem und tierischem Gewebe. Bestandteil von NAD[15] und NADP[16].

[15] **N**icotinamid-**a**denin-**d**inukleotid

[16] **N**icotinamid-**a**denin-**d**inukleotid-**p**hosphat

zu • 2.

Nicotinamid (Nicotinsäureamid, Niacinamid, 3-Pyridincarbonsäureamid, Vitamin PP), $C_6H_6N_2O$, M = 122,12

Vorkommen und Funktion: In pflanzlichem und tierischem Gewebe. Bestandteil von NAD und NAPD.

Nicotinamidadenindinukleotidphosphat (NAD), $C_{21}H_{27}N_7O_{14}P_2$, M = 663,43

Vorkommen und Funktion: n allen tierischen und pflanzlichen Zellen. Coenzym vieler Dehydrogenasen[17].

Nicotinamidadeninukleotidphosphat (NADP), $C_{21}H_{28}N_7O_{17}P_3$, M = 743,41

Vorkommen und Funktion: In allen tierischen und pflanzlichen Zellen. Coenzym vieler Dehydrogenasen.

2.9 Biotin [E. biotin]

Biotin ist ein weißes kristallines Pulver (Kap. VII, Abschn. 8.1).

Struktur und Vorkommen [E. structure and occurence]

- 1. Biotin (Vitamin H)

```
        O
        ||
        C
      /   \
   HN       NH
     \     /
     HC—CH
     /     \
  H2C       CH
     \     /   \
       S        CH2CH2CH2CH2COOH
```

- 2. 6-N-Biotinyl-L-lysein (Biocytin)

```
        O
        ||
        C
      /   \
   HN       NH
     \     /
     HC—CH
     /     \                            NH2
  H2C       CH                           |
     \     /   \                         |
       S        (CH2)4CONH(CH2)4C—COOH
                                         |
                                         H
```

[17]Dehydrogenasen sind Enzyme, die Wasserstoff abspalten, also oxidierende Wirkung haben.

- 3. Biotinsulfoxid (AN-Faktor)

```
          O
          ||
          C
        /   \
      HN     NH
       \     /
       HC—CH
       /     \
    H2C       CH
       \     /  \
          S      CH2CH2CH2CH2COOH
          ||
          O
```

zu • 1.

Biotin (Vitamin H), $C_{10}H_{16}N_2O_3S$, M = 244,31

Vorkommen und Aktivität: In verschiedenen Mikroorganismen (z. B. Hefe), in tierischem Gewebe (vor allem in der Leber), im Eigelb, ferner in Pflanzen. Wachstumsfaktor für viele Bakterien und Protozoen sowie wahrscheinlich für alle höheren Tiere.

zu • 2.

6-N-Biotinyl-L-lysin (Biocytin), $C_{16}H_{28}N_4O_4S$, M = 372,49

Vorkommen und Aktivität: In Hefe. Wachstumsfaktor für verschiedene Mikroorganismen.

zu • 3.

Biotinsulfoxid (AN-Faktor)[18], $C_{10}H_{16}N_2O_4S$, M = 260,31

Vorkommen und Aktivität: Kulturen von *Aspergillus niger* und *Phycomyces blakesleeanus.* Wachstumsfaktor für *Neurospora crassa. Aspergillus niger* dient als Citronensäureproduzent auf Zuckerbasis als Substrat.

2.10 Pteridine [E. pteridines]

Pteridine bilden gelbe kristalline Nadeln.

Struktur und Vorkommen [E. structure and occurence]

[18]AN-Faktor = Atrialer natriuretischer Faktor wirkt bei der Regulierung des Natriumionen(Na^+)-Haushaltes mit. Er ist ein Polypeptid aus 28 Aminosäuren.

- 1. D-*erythro*-7,8-Dihydroneopterintriphosphat

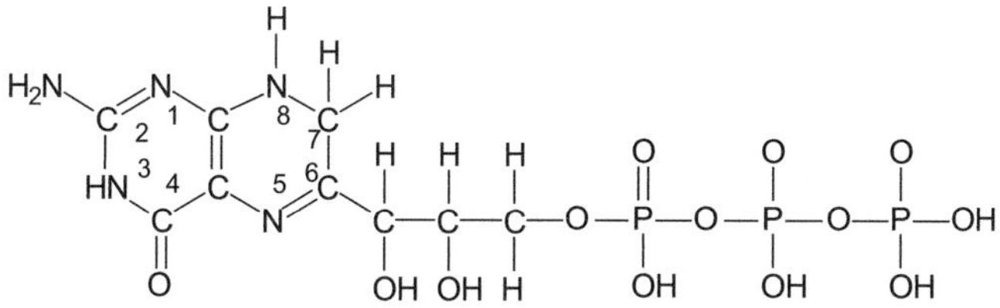

- 2. L-*erythro*-6,7-Dihydrobiopterin (chinoide Form)

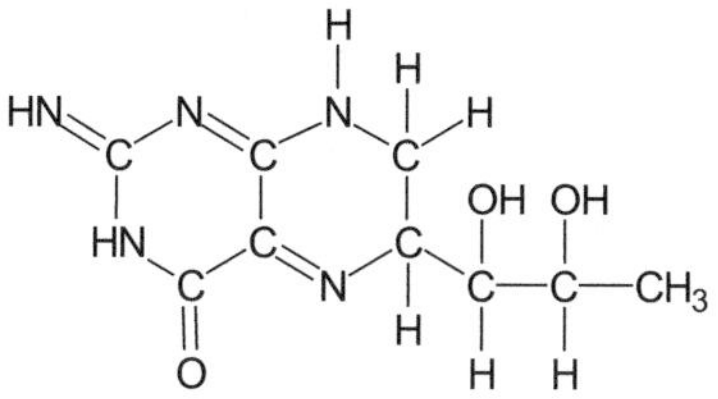

- 3. L-*erythro*-5,6,7,8-Tetrahydrobiopterin

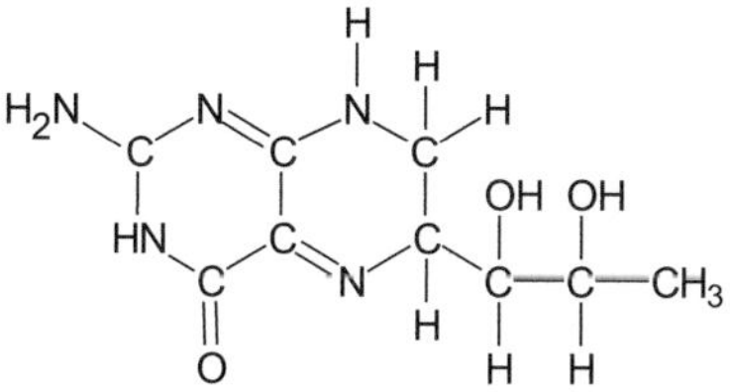

zu • 1.

D-*erythro*-7,8-Dihydroneopterintriphosphat, $C_9H_{16}N_5O_{13}P_3$, M = 495,17

Vorkommen und Aktivität:	Bildung aus Guanosintriphosphat; Vorstufe von Di- bzw. Tetrahydrobiopterin.

zu • 2.

L-*erythro*-6,7-Dihydrobiopterin (chinoide Form), $C_9H_{13}N_5O_3$, M = 239,23

Vorkommen und Aktivität:	In der Leber. Entsteht durch Oxidation von L-*erythro*-5,6,7,8-Tetrahydrobiopterin. Wird durch Dihydropteridinreduktase zu Tetrahydrobioperin regeneriert.

zu • 3.

L-*erythro*-5,6,7,8-Tetrahydrobiopterin, $C_9H_{15}N_5O_3$, M = 241,25

Vorkommen und Aktivität:	In der Leber. Wasserstoffdonor bei der Hydroxylierung aromatischer Aminosäuren.

2.11 Vitamin C, Ascorbinsäure [E. vitamin C, ascorbic acid]

Vitamin C ist ein farbloses kristallines Pulver.

Struktur und Vorkommen [E. structure and occurence]

Ascorbinsäure ist chemisch den Kohlenhydraten zuzurechnen und den Zuckersäuren sehr ähnlich, unterscheidet sich von diesen aber durch eine Endiolgruppe. In Wasser ist sie leicht löslich und schmeckt sauer (Abb. 2).

$C_6H_8O_6$; M = 176,12

Die aus der chemischen Formel der L-Ascorbinsäure ersichtliche Anordnung von zwei benachbarten Hydroxylgruppen an der 2,3 C=C-Doppelbindung bedingen den sauren Charakter des Vitamins C und ihr starkes Reduktionsvermögen. Die Endiolstruktur, d. h. 2 Hydroxylgruppen an einer Doppelbindung

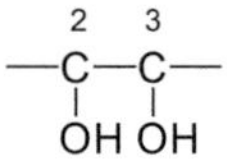

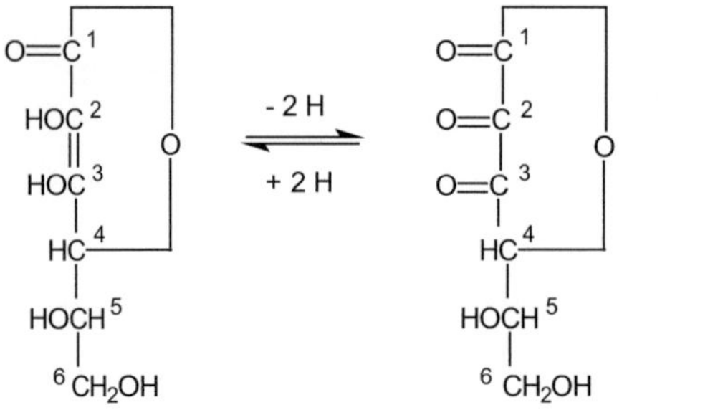

L-Ascorbinsäure ⇌ (−2 H / +2 H) L-Dehydroascorbinsäure

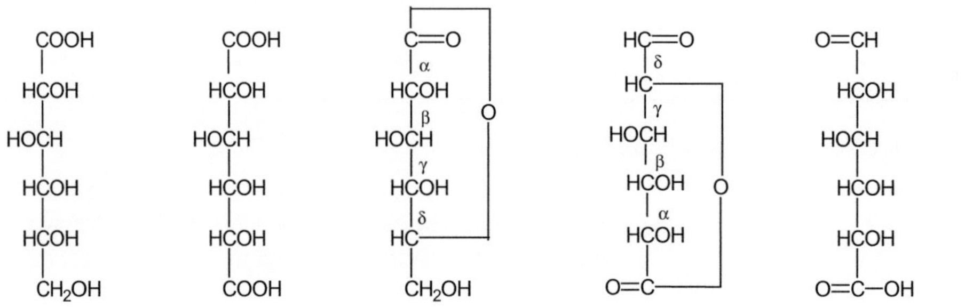

D-Gluconsäure D-Glucarsäure D-δ-Gluconolacton D-δ-Glucuronolacton D-Glucuronsäure

Abb. 2 Ascorbinsäure, ein Abkömmling der Zuckersäuren [E. ascorbic acid, a derivative of the saccharic acids]

ist recht instabil und wird leicht zu Dehydroascorbinsäure oxidiert, d. h. zu einer Diketostruktur,

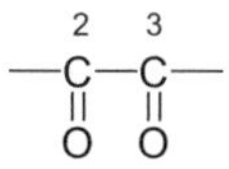

Die Dehydroascorbinsäure besitzt ebenfalls Vitamin-C-Aktivität.

Mit Ausnahme von Menschen, Affen, Meerschweinchen, fliegenden Säugetieren und Insekten wird die Ascorbinsäure von allen anderen höheren Pflanzen und Tieren synthetisiert.

Im Stoffwechselprozess nimmt sie Funktionen als Coenzym, Antioxidans und als Redoxmittel wahr.

Aufgrund ihrer antioxidativen Eigenschaften wird sie natürlichen Apfelsäften zur besseren Haltbarkeit, Fetten mit einem hohen Anteil von ungesättigten Fettsäuren und auch Brühwürsten zur Stabilisierung zugesetzt. Als Mehlzusatzmittel verbessert sie die Backeigenschaften der Kleberproteine.

3 Vitaminähnliche Wirkstoffe [E. active substances which are similar to vitamins]

myo-Inosit [E. inositol] zählt zu der Gruppe der Zuckeralkohole und wird aufgrund seiner Wirkungsweise dem Vitamin-B-Komplex zugeordnet.

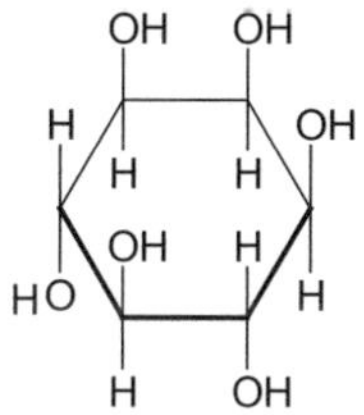

1,2,3,4,5,6-Hexahydroxycyclohexanol, $C_6H_6(OH)_6$

MG 180,16

myo-Inosit bildet weiße, in Wasser leicht lösliche Kristalle, die süß schmecken. Er kommt im Muskelgewebe, in tierischen und pflanzlichen Organen und menschlichem Körper vor. Letzterer enthält ca. 40 g. Er deckt seinen Bedarf aus Obst und Getreide. Seine Wirkung übt er als Wachstumsfaktor aus. Frei kommt es im Samenplasma sowie männlichen Geschlechtsorganen vor.

Rutin [E. rutin] wird häufig als Vitamin P bezeichnet.

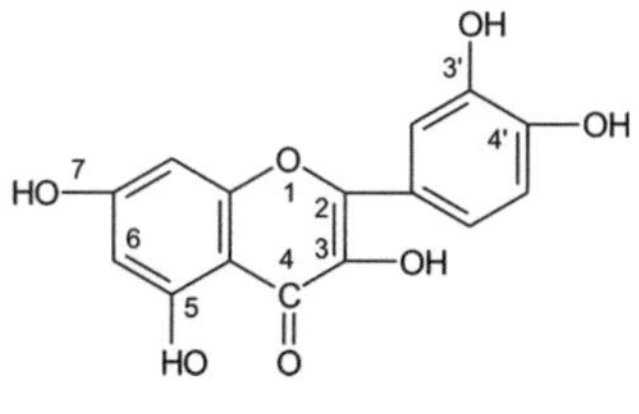

3,3‘,4‘,5‘,7-Pentahydroxyflavon-3-rutinosid[19]; $C_{27}H_{30}O_{16}$
MG = 610,51

Rutin bildet blassgelbe bis grünliche kristalline Nadeln und ist in Wasser wenig löslich, dagegen gut in Alkalilaugen. Es kommt in vielen Pflanzenarten als Begleiter des Vitamin C vor, z. B. in Zitrusfrüchten, Lindenblüten, Johanniskraut, in Blättern von Buchweizen.

Es wirkt gegen kapillare Blutungen, gesteigerte Kapillarbrüchigkeit und Membrandurchlässigkeit. Auch wird Rutin verwendet zur Behandlung von Venenerkrankungen und Durchblutungsstörungen.

Die Bezeichnung Vitamin P leitet sich aus der Wirkung als Antipermeabilitätsfaktor[20] her.

Essenzielle ungesättigte Fettsäuren [E. essential unsaturated fatty acids]
Vitamin F ist eine oft noch gebräuchliche Bezeichnung für die essenziellen ungesättigten Fettsäuren, die vom Organismus nicht in ausreichender Menge synthetisiert werden (Kap. XVI, Abschn. 2).
Linolsäure [E. linolic acid]

$$H_3C-CH_2-CH_2-CH_2-CH_2-CH{=}CH-CH_2-CH{=}CH-(CH_2)_7-COOH$$

Linolensäure [E. linoleic acid]

$$H_3C-CH_2-CH{=}CH-CH_2-CH{=}CH-CH_2-CH{=}CH-(CH_2)_7-COOH$$

Arachidonsäure [E. arachidonic acid)
(Kap. XVI, Abschn. 3 und Kap. XIX 2.2)

$$H_2C\begin{cases}CH{=}CH-CH_2-CH{=}CH-CH_2-CH_2-CH_2-COOH\\ CH{=}CH-CH_2-CH{=}CH-CH_2-CH_2-CH_2-CH_2-CH_3\end{cases}$$

α-Liponsäure (Thioctinsäure) [E. lipoic acid] (Kap. VII, Abschn. 7)
Sie ist eine gelbliche, in Nadeln kristallisierende Substanz, $C_8H_{14}S_2$, MG = 306,32.

Struktur und Vorkommen [E. structure and occurence]

H2
C
4
H
H2C 5
C3—CH2—CH2—CH2—CH2—COOH
S1—S2

[19]flavus (lat.) – gelb.

[20]permeare (lat.) – durchgehen, durchlässig.

1,2-Dithiolan-3-pentansäure

α-Liponsäure wurde früher dem Vitamin B-Komplex zugerechnet.

In Amidform ist sie in Mikroorganismen, höheren Pflanzen und Tieren, z. B. Leber, weitverbreitet.

Als Coenzym ist sie an der oxidativen Decarboxylierung von Ketoglutarsäure und Brenztraubensäure im Zitronensäurezyklus beteiligt. Dabei wird die Disulfidbrücke geöffnet, die aktivierte Essigsäure in Thioesterbindung aktiviert und an Coenzym A weitergereicht.

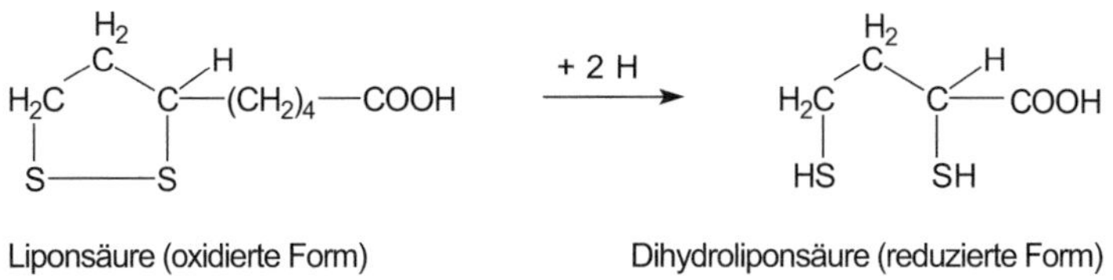

H_2C—CH_2—CH—$(CH_2)_4$—COOH (S—S) $\xrightarrow{+2\,H}$ $H_2C(SH)$—CH_2—$CH(SH)$—COOH

Liponsäure (oxidierte Form) Dihydroliponsäure (reduzierte Form)

Ein Beispiel: Decarboxylierung der Brenztraubensäure

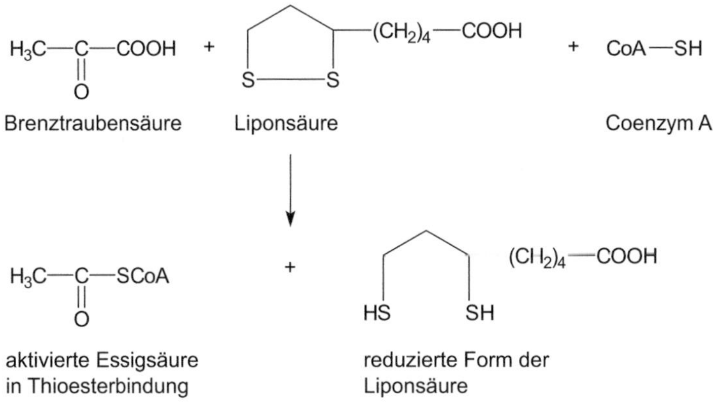

H_3C—C(=O)—COOH + Liponsäure [—$(CH_2)_4$—COOH, S—S] + CoA—SH

Brenztraubensäure Liponsäure Coenzym A

↓

H_3C—C(=O)—SCoA + HS, SH $(CH_2)_4$—COOH

aktivierte Essigsäure in Thioesterbindung reduzierte Form der Liponsäure

α-Liponsäure zeigt eine günstige Wirkung an Diabetes mellitus erkrankten Menschen. Hohe Dosen von täglich 300 bis 1000 mg reduzieren die Neuropathie, d. h. Empfindungsstörungen im peripheren Nervenbereich.

4 Antioxidantien [E. antioxydants]

Antioxidantien sind organische Wirkstoffe von unterschiedlichem chemischem Molekülaufbau, die andere Stoffe vor Reaktionen mit Sauerstoff und den daraus folgenden stofflichen Veränderungen schützen bzw. die oxidativen Prozesse verzögern.

Obwohl der Sauerstoff mit 20,946 % Volumenanteilen in der Luft fast allgegenwärtig und für die Lebensvorgänge auf der Erdoberfläche unverzichtbar ist, muss er auch als aggressives Gas angesehen werden. Er trägt nicht nur zu den Lebensabläufen entscheidend bei, sondern kann in seinen verschiedenen chemischen Erscheinungsformen und unter bestimmten Bedingungen lebensfeindlich sein.

Sauerstoff liegt in unserer Umwelt in der Regel als molekulare Verbindung, $\overline{\underline{O}}=\overline{\underline{O}}$, vor, er kommt aber in geringen Mengen atomar, d. h. in Singulettform, $\cdot\overline{\underline{O}}\cdot$, vor und schließlich triatomar als

Ozon, |O| / |O–O|

Dieser Ozon ist sehr instabil und zerfällt leicht wieder in molekularen und atomaren Sauerstoff. Von diesen drei Sauerstoffmodifikationen ist der atomare Sauerstoff der reaktionsfreudigste und damit auch der aggressivste. Aufgrund seiner beiden Einzelelektronen in der äußeren Elektronenschale (Orbital) sucht er nach Stoffpartnern ebenfalls mit Einzelelektronen, um sich wieder in die energetisch begünstigte stabilere Elektronenpaarung zu bringen. Trifft der Sauerstoff mit Einzelelektronen nicht auf geeignete Partner, dann schafft er sie sich notfalls, indem er reaktionsanfällige Elektronenpaarbindungen von intakten Molekülen durch sein aggressives Verhalten aufbricht. Reaktionsbereite und bevorzugte Angriffsbindungen sind die

Kohlenstoff – Kohlenstoffdoppelb in dungen, $R-\overset{H}{\overset{|}{C}}=\underset{H}{\underset{|}{C}}-R$,

wie sie in vielen technischen Polymerisaten und in den ungesättigten Fettsäuren, aber auch in aromatischen Bausteinen organischer Stoffe anzutreffen sind.

Der Zusammenhang zwischen dem molekularen (biatomaren), monoatomaren Ozon (triatomaren) kann durch folgende vereinfachte Reaktionsgleichungen beschrieben werden[21]:

$$\overline{\underline{O}}=\overline{\underline{O}} \xrightleftharpoons{\lambda\ <\ 242\ \text{nm}} 2\{\cdot\overline{\underline{O}}\cdot\} \qquad \Delta H = +\,495\ \text{kJ/mol} \tag{1}$$

$$2\{\cdot\overline{\underline{O}}\cdot\} + \overline{\underline{O}}=\overline{\underline{O}} \xrightleftharpoons[\lambda\ <\ 1200\ \text{nm}]{} 2\ O_3 \qquad \Delta H = -206\ \text{kJ/mol} \tag{2}$$

$$3\ \overline{\underline{O}}=\overline{\underline{O}} \xrightleftharpoons[\lambda\ <\ 1200\ \text{nm}]{\lambda\ <\ 242\ \text{nm}} 2\ O_3 \qquad \Delta H = +\,289\ \text{kJ/mol} \tag{3}$$

[21] λ bedeutet die Wellenlänge der jeweiligen Strahlung, Nanometer [nm] = 10^{-9} Meter [m].

Diese Prozesse verlaufen vorwiegend in der Ozonosphäre in einer Höhe zwischen 20 und 30 km ab unter Einfluss der energiereichen kurzwelligen ultravioletten Strahlen des Sonnenlichtes.

Die Reaktionsabläufe zwischen dem atomaren Sauerstoff und dem molekularen (biatomaren) sind einerseits dafür verantwortlich, dass die UV-Strahlungen nicht mit hoher Intensität bis zur Erdoberfläche durchdringen, andererseits richtet der dabei auftretende atomare Sauerstoff biologische Schäden an. Dieser radikalisierte Sauerstoff ist nicht lebensfreundlich (biophil).

Die Ozonschicht mit ihren komplexen chemischen Reaktionsmechanismen bildet ein Schutzschild gegen die harte atmosphärische UV-Strahlung.

Doch ganz ausgespart ist die Erdoberfläche von diesen Vorgängen nicht. Je nach Wetterlage, Dichte der Wolkendecke, Sonneneinstrahlung während der verschiedenen Jahreszeiten und der Höhenlage der Vegetationszonen dringt die UV-Strahlung bis zur Biosphäre, d. h. zu unserer belebten Erdoberfläche durch. Sie löst die Bildung von Sauerstoffradikalen aus und schafft damit ein aggressives Medium gegenüber allen lebenden Systemen.

4.1 Radikale[22] [E. radicals]

Radikale sind valenzmäßig ungesättigte, häufig sehr kurzlebige Atome und Moleküle, die in ihren äußeren Orbitalen[23] (Elektronenschalen) einsame Elektronen aufweisen. Dadurch sind sie sehr reaktionsfreudig.
Beispiele:

H., atomarer Wasserstoff

$|\dot{\underset{\cdot}{N}}\cdot$, atomarer Stickstoff,

$|\overline{\underline{Cl}}\cdot$, atomares Chlor,

oder als organische Moleküle

[22]radix (lat.) – Wurzel.

[23]orbis (lat.) – Kreis, Erdkreis.

$$(C_6H_5)_3C\cdot \quad \text{,Triphenylmethylradika}$$

$$H_3C\cdot \quad \text{, Methylradikal}$$

$$H_3C{-}CH_2\cdot \quad \text{, Ethylradikal u. a.}$$

Im biologischen Bereich sind Radikale fast überall anzutreffen. Sie sind infolge Autooxidation im ranzigen Fett nachzuweisen. Radikale haben carzinogene und mutagene Wirkung und können Krebs oder genetische Defekte in den DNS (**D**esoxyribo**n**ukleinsäuren) hervorrufen. Mithilfe von Antioxidationen lassen sich die Radikale abfangen und deaktivieren, Antioxidantien können somit vereinfacht als Radikalfänger definiert werden.

Gegen eine lebensbedrohende Reaktivität des Sauerstoffs haben die Organismen Antioxidantien entwickelt. Ihre Aufgabe besteht darin, dass sie als Radikalfänger die beim Sauerstoffangriff oder die bei einer Autooxidation auftretenden freien Radikale den weiteren Stoffwechselreaktionen entziehen.

Hydrophobe bzw. lipophile (fettlösliche) Antioxidantien sind Tocopherole und Carotine. Sie schützen die Zellmembranen, die im Wesentlichen aus Phospholipid-Doppelschichten aufgebaut sind, vor oxidativer Zerstörung (Kap. VI, Abschn. 6).

Die hydrophile (wasserlösliche) Ascorbinsäure entfaltet ihren Schutzmechanismus in der wässrigen Phase. Die Vitamine C und E wirken vorzugsweise als Radikalfänger (Abb. 3). Vitamin E wird schneller, als die Fettsäuren oxidiert. Vitamin C regeneriert das Vitamin E, indem es die Elektronen in den Zwischenstoffwechsel überführt. β-Carotin inaktiviert vorzugsweise atomaren Sauerstoff durch Quenchung[24], das bedeutet, β-Carotin zieht die Sauerstoffradikale unmittelbar aus dem Reaktionssystem.

Neben diesen niedermolekularen Antioxidantien tragen auch hochmolekulare antioxidative Wirkstoffe wie z. B. Enzyme zur Inaktivierung von aggressivem Sauerstoff bei.

Dazu zählt die Glutathionperoxidase mit der Coenzymgruppe HS-Glutathion, die an einem Protein als Trägermolekül gebunden ist. Glutathion ist ein Tripeptid und setzt sich aus den Aminosäuren Glutaminsäure, Glu, Cystein, Cys, und Glycin, Gly, zusammen.

[24]to quench (engl.) – löschen, abschrecken, aus dem Verkehr ziehen.

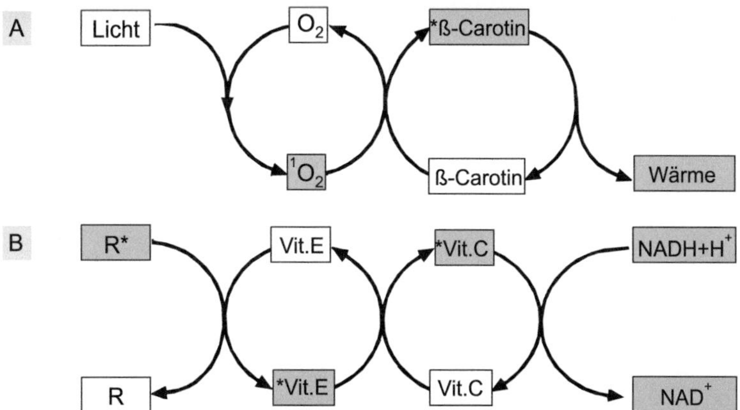

Abb. 3 Inaktivierung von atomarem Sauerstoff durch ß-Carotin, Bild A; bzw. von freien Radikalen durch das Zusammenwirken von Vitamin E und C, Bild B. [E. inactivation of atomic oxygen by carotene, fig. A; inactivation of free radicals by combined effects of vitamins E and C, fig. B.]

$$\underbrace{H_2N-\underset{}{\overset{COOH}{\overset{|}{CH}}}-CH_2-CH_2-\underset{\underset{O}{\|}}{C}}_{Glu}-\underbrace{\overset{H}{\overset{|}{N}}-\overset{CH_2-SH}{\overset{|}{CH}}-\underset{\underset{O}{\|}}{C}}_{Cys}-\underbrace{\overset{H}{\overset{|}{N}}-CH_2-COOH}_{Gly}$$

Es bildet farblose Kristalle und ist in allen lebenden Zellen neben dem Vitamin C anzutreffen. Die HS-Gruppe (Thiolgruppe) kann reversibel Wasserstoff abgeben und dann eine Disulfidbrückenbildung herstellen[25]. Es spielt somit eine wichtige Rolle in biologischen Redoxsystemen bei der Wasserstoffübertragung,

z. B.

$$\underset{\text{Thiolgruppe}}{R-SH} \underset{+2\,H}{\overset{-2\,H}{\rightleftharpoons}} \underset{\text{Disulfidbrückenbindung}}{R-S-S-R}$$

Der freigesetzte Wasserstoff vermag z. B. Sauerstoffradikale kurzfristig abzufangen unter Wasserbildung

$$2\,H\cdot + \cdot\overline{\underline{O}}\cdot \longrightarrow H_2O$$

[25]vgl. die Disulfidbrücken beim Insulin, Somatostatin, Liponsäure, (Kap. VII, Abschn. 10).

Ein weiteres hochmolekulares Antioxidans sind die Superoxiddismutasen[26].

Bei diesen antioxidativen Enzymen handelt es sich um Metallproteide. Sie sind in fast allen Organismen gegenwärtig und zerlegen das Hyperoxidion, auch Superoxid genannt, in molekularen Sauerstoff und Wasserstoffperoxid.

$$[\,|\overline{\underline{O}}=\overline{\underline{O}}\cdot \longleftrightarrow \cdot\overline{\underline{O}}=\overline{\underline{O}}|\,]^{-} + 2\,H^{+} \longrightarrow H-\overline{\underline{O}}-\overline{\underline{O}}-H + O_2$$

Hyperoxidion — Wasserstoffkation — Wasserstoffperoxid — molekularer Sauerstoff

Als aktive Zentren wurden Schwermetallionen ausgemacht, z. B. ein Kupfer- oder/und Zinkion, die in einem Proteinmolekül komplex gebunden sind und so ein Metallproteid ergeben. Die Superoxiddismutasen sind sehr stabile und wirkungsvolle Oxidoreduktasen. Die Proteine sind aus ca. 150 Aminosäureeinheiten aufgebaut.

Die Antioxidantien im biologischen Bereich sind zu vergleichen mit den Schutzmitteln gegen Korrosion jeglicher Art von Werkstoffen. Alle Werkstoffe werden mehr oder weniger schnell durch Korrosion[27], das ist die Sauerstoffreaktivität mit Werkstoffoberflächen in Gegenwart von Feuchtigkeit, zerstört. Das Rosten von Eisen ist eine allbekannte Korrosion. Vorübergehende Maßnahmen sind das Aufbringen von Schutzschichten (Coatings) mittels Farben, Lacke oder von stabilen in sich geschlossenen technisch erzeugten dichten Oxidschichten (z. B. Eloxal[28]). In zunehmendem Maß wird auch die Biokorrosion wahrgenommen, und ihre Ursachen werden erkannt. Das ist die Zerstörung von Werkstoffen durch Stoffwechselausscheidungen von Mikroorganismen, z. B. von organischen Säuren wie Essigsäure, Milchsäure, Zitronensäure u. a.

5 Wirtschaftliches und Anwendung [E. economic and application]

Der Vitaminumsatz in der Welt wird auf ca. 4 Mrd. US-$ gollar geschätzt.

Davon entfallen	ca.	55 %	auf Futtermittel für die Tierernährung,
		20 %	auf Nahrungsmittelzusätze,
		20 %	auf den Arzneimittelsektor und
		5 %	auf diverse andere Verwendungen.

[26]mutare (lat.) – wechseln, verändern.
dismutare (lat.) – zerlegen.

[27]corrodere (lat.) – zernagen.

Korrosion ist die chemische und elektrochemische qualitätsmindernde bzw. Zerstörung von Werkstoffen.

[28]Eloxal = **el**ektrolytisch **ox**idiertes **Al**uminium.

Mengenmäßig werden alleine für den Futtermittelsektor ca. 6 Mio. t Vitamine benötigt.

Der steigende Vitaminbedarf und -verbrauch hängt unmittelbar mit der Zunahme der Weltbevölkerung zusammen (Kap. I, Abb. 1). In der Tat ist ein überdurchschnittlicher Vitaminbedarf in den asiatischen und südamerikanischen Regionen zu verzeichnen, also dort, wo auch die Bevölkerung am stärksten zunimmt.

Wie schon mehrfach erwähnt, ist der Hunger in der Welt vorwiegend ein Eiweißhunger. Eine ausreichende Versorgung mit essenziellen Aminosäuren (Kap. 5. und Kap. V, Tab. 1) ist ohne tierisches Eiweiß nicht möglich. Eine umweltfreundliche und artgerechte Tierhaltung in den genannten Regionen mit hoher Bevölkerungszunahme wird immer bedeutender. Damit verbunden ist die Nachfrage nach hochwertigem Tierfutter mit einer ausgewogenen Vitaminzusammensetzung. Es ist kein Zufall, dass mehr als 50 % der Vitamine im Futtermittelsektor verwendet werden.

In Tab. 3 ist der Fleischverzehr in einigen Ländern aus den Jahren 2009/2010 aufgelistet. Er schwankt zwischen 200 und 8,5 kg/Jahr je nach Land.

In Tab. 4 ist die Fleischerzeugung weltweit, in der EU und in Deutschland aufgeführt. Im Jahr 2015 verzehrte ein deutscher Bürger 60,6 kg Fleisch, davon 38,8 kg Schweinefleisch, 11,6 kg Geflügel, 9,1 kg Rindfleisch und 1,1 kg Schaf- bzw. Ziegenfleisch (Quelle: Deutscher Bauernverband (2015/16), Situationsbericht Trends und Fakten zur Landwirtschaft).

Tab. 3 Der jährliche Fleischverzehr in Kilogramm in einigen Ländern (Jahr 2009/2010) [E. kilogramm meat consumed per person and year in different countries][a]

Land	Verzehr in kg/Jahr	Land	Verzehr in kg/Jahr
Neuseeland	200,0	Polen	84,0
Dänemark	118,3	England	80,5
Spanien	113,4	Schweden	76,7
Portugal	108,2	Tschechien	74,7
Österreich	101,0	Russland	62,9
Ungarn	100,9	Deutschland	60,5 (2013)
Italien	90,2	China	58,2
Frankreich	89,4	Indonesien	11,6
Europäische Union	84,8	Äthiopien	8,5

[a]Quelle Tab. 15: SASI Group (University of Sheffield) und Mark Newman (University of Michigan) 2006 und FAO 2010.

Deutscher Bauernverband, Situationsbericht 2011/2012 und 2013/14, Claire-Waldoff-Str. 7, 10.117 Berlin

Tab. 4 Fleischerzeugung in Mio. Tonnen [E. production of meat in mio tons]

Tierart	Welt	EU	Deutschland
Schwein	119	22,9	5,1
Geflügel	112	13,6	1,8
Rind	68	7,9	1,2
Schaf/Ziege	14	0,9	0,03
Gesamt	313	45,3	8,13

Bedeutende Vitaminproduzenten in der Welt sind:

- BASF AG, Ludwigshafen
  A, D, E, H, K_3 und B_1, B_2, B_6, B_{12} und C im Joint venture mit Merck KGaA, Darmstadt
- Takeda, Japan
- Rhone Poulenc, Frankreich
  A, E
- ADM (<u>A</u>rcher <u>D</u>aniels <u>M</u>idland), USA
  B_2, Biotin, Ascorbinsäure, A, E
- Merck KGaA, Darmstadt
  Ascorbinsäure (Cebion)
- Alusuisse-Lonza, Schweiz
  Vitamin B_6, Niacin

6 Herstellungsmethoden [E. methods of production]

Außer Vitamin B_{12}, das ausschließlich fermentativ gewonnen wird, können alle Vitamine synthetisch hergestellt werden. Vitamin B_2 und C werden sowohl synthetisch als auch fermentativ erhalten. Eine Vorstufe des Vitamin E fällt in dem Dampfkondensat von Sojaöl an.

Literatur [E. references]

Deutscher Bauernverband, Situationsbericht 2011/2012 und 2013/2014, 10117 Berlin.

SASI Group (University of Sheffield) and Mark Newman (University of Michigan) 2006 und FAO 2010.

Weiterführende Literatur

Andor, F., Brubacher, G., Meier, W. u. Ruttmann, A. (1994), Die Helvetica Chimica Acta und die Vitamine in Highlights of Chemistry, Hrsg. Kisakürek, M. V. u. Heilbronner, E., Verlag Helvetica Chemica Acta, Basel.

Asche, W. (1996), Molekül des Monats: Ubichinone, Vitaminähnlicher Energieaktivator, Chem. Rundschau, Nr. 4 v. 26.01.96.

Deifel, A. (1993), Die Chemie der L-Ascorbinsäure in Lebensmitteln, Chemie in unserer Zeit, 27. Jg., Nr. 4.

Hopp, V. (2016), 2. Aufl., Wasser und Energie – Ihre zukünftigen Krisen, Springer Spektrum, Springer Verlag Berlin, Heidelberg.

Mayer, R. (1994), Weltweites Wachstum von Vitaminen – Europäer bleiben an der Spitze, Chem. Rundschau Nr. 9 v. 04.03.94.

Mutschler, E. u. Schäfer-Korting, M. (2012), 10. Aufl., Arzneimittelwirkungen, Wissenschaftliche Verlagsgesellschaft mbH, Stuttgart.

Products for nutrition and health, Product range, Hrsg. BASF AG, Marketing Vitamine, Ludwigshafen.

Rath, M. (1998), Warum kennen Tiere keinen Herzinfarkt … aber wir Menschen, 5. Aufl., Vertrieb in Europa durch MR Verlag, Postbus 859, NL-7600 AW Almelo.

Rath, M. u. Niedzwiecki, A., Vitamintherapie stoppt Koronarsklerose bereits im Frühstadium, Journ of Applied Nutrition, Vl., 48, Numb. 3.

Roche Lexikon Medizin (2006), Hrsg. Hoffmann-La Roche u. Urban u. Schwarzenberg, 5. Aufl., Urban und Schwarzenberg, München, Wien, Baltimore.

Schlotheim von, B. (1991), Vitamine für den Weltmarkt, Chemische Industrie, Nr. 10.

Vitamin Compendium (1976), Hrsg. F. Hoffmann-La Roche u. Co., Ltd., Basle, Switzerland.

Wissenschaftliche Tabellen Geigy (1998), 8. rev. u. erweit. Auflage, Bd. Somatometrie u. Biochemie, Hrsg. Ciba-Geigy AG, Basel.

Enzyme – Biokatalysatoren [E. enzymes – biocatalyts]

Definition [E. definition]
Enzyme sind lokal wirksame Stoffe, die schon in geringsten Konzentrationen die Aktivierungsenergie eines biochemischen Reaktionssystems herabsetzen und den Reaktionsablauf erst ermöglichen bzw. beschleunigen. Sie sind in biologischen Systemen vorkommende Katalysatoren und gehören der Stoffklasse der Proteine an. Ein Enzym ist aus einer aktiven Gruppe, dem Coenzym, und einem Kontaktträger, dem Apoenzym, aufgebaut.

Das Coenzym ist häufig ein Vitamin und das Apoenzym ein Protein.

Da die Enzyme heute auch biotechnisch gewonnen werden, um sie industriell in der Pharmazie, Lebensmitteltechnik, der Futtermittelaufbereitung, der Umwelttechnik und als Waschmittelzusatzstoff zu nutzen, fasst man sie auch unter der Bezeichnung Biokatalysatoren zusammen.

Gegenüber den technischen Katalysatoren zeichnen sich die Enzyme durch drei Besonderheiten aus:

- Sie setzen die Aktivierungsenergie nur in kleinen Stufen herab. Um hohe Aktivierungsenergiepotenziale zu überwinden, wirken ganze Enzymsysteme als Kaskade zusammen, d. h., nach jeder Stufe übernimmt ein anderes Enzym die weitere Aktivierungserniedrigung (Abb. 1).
- Enzyme sind hochspezifisch und selektiv. Weil sie die Aktivierungsenergie nur in kleinen Schritten erniedrigen, wird nur ein spezieller biochemischer Reaktionstyp aktiviert. Unerwünschte Parallelreaktionen und Nebenprodukte sind nahezu ausgeschlossen.
- Während technische Katalysatoren nicht unmittelbar in die Reaktion eingreifen und am Ende eines Reaktionsablaufs häufig unverändert vorliegen, verhalten sich die Enzyme

V. Hopp, *Chemische Kreisläufe in der Natur*,
https://doi.org/10.1007/978-3-662-55860-7_18

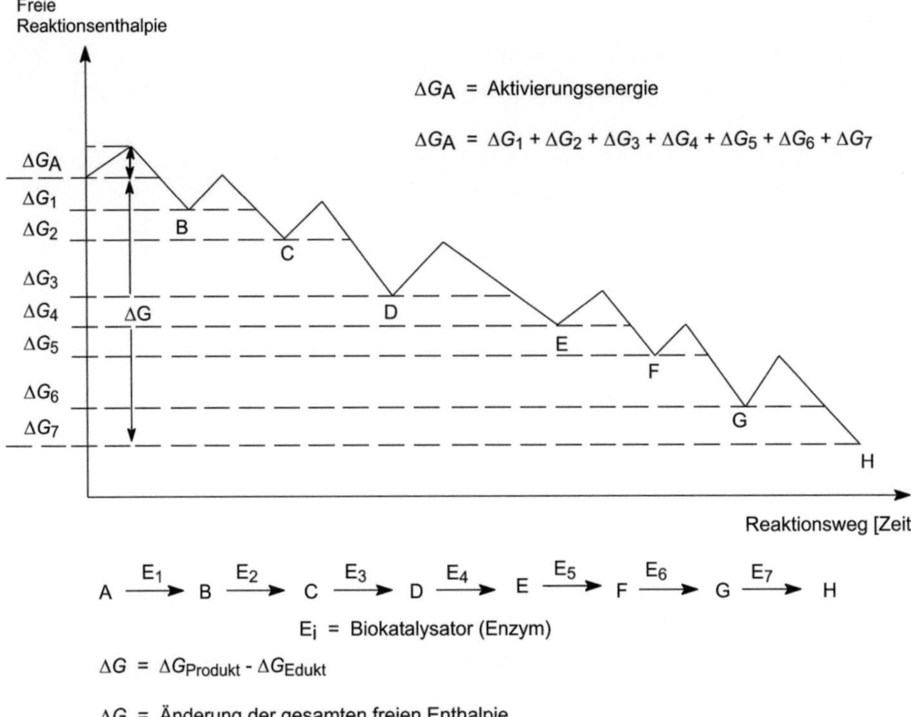

Abb. 1 Herabsetzung der Aktivierungsenergie durch ein Enzymsystem. [E. reduction of the energy of activation by a system of enzymes]

anders. Sie können während des Reaktionsverlaufs mit den Reaktionskomponenten vorübergehend Zwischenprodukte bilden, die dann zum gewünschten Endprodukt weiterreagieren. Dabei kann das Enzym (Biokatalysator) selbst auch verändert werden.

z. B.

Substrat[1]	Enzym	Enzym-Substrat-Komplex	Produkt	Enzym

$$\mathrm{S} + \mathrm{E} \underset{\text{Gleichgewicht}}{\overset{\text{vorgelagertes}}{\rightleftharpoons}} (\mathrm{ES}) \longrightarrow \mathrm{P} + \mathrm{E}$$

[1]Im biochemischen Sinne wird unter Substrat derjenige Stoff verstanden, der unter dem Einfluss eines Enzyms biochemisch umgesetzt werden soll, z. B. Stärke, Fette, Eiweiße, Nukleinsäuren bzw. deren Monomere, wie Glucose, Ribose, Acetylgruppen, Aminosäuren u. a.

Die Reaktionsgleichung bringt außerdem zum Ausdruck, dass eine enzymatische Reaktion in der Regel irreversibel verläuft. Sie ist nicht umkehrbar. Soll die Reaktion in umgekehrter Richtung verlaufen, dann muss ein anderes Enzymsystem wirksam werden. Auch hier wird die hohe Spezifität der Enzyme deutlich.

Dagegen können technische Katalysatoren das thermodynamische Gleichgewicht einer chemischen Reaktion nicht beeinflussen. Bei enzymatischen Reaktionen besteht nur ein Gleichgewicht zwischen Enzym-Substrat-Komplex und dem Substrat und Enzym. Dieses Gleichgewicht nennt man vorgelagertes Gleichgewicht.

Bei der Ammoniaksynthese wird durch den Einfluss des Katalysators das thermodynamische Gleichgewicht nicht beeinflusst. Nur seine Einstellung wird durch die Erhöhung der Reaktionsgeschwindigkeit beschleunigt.

Luftstickstoff	Wasserstoff		Ammoniak		Wärmeenergie
N_2	$3\,H_2$	$\xrightleftharpoons{\text{Kat.}}$	$2\,NH_3$	+	92 kJ

Bei der großtechnischen Ammoniaksynthese wird der Ammoniak ständig dem Reaktionssystem entzogen. Dadurch wird das thermodynamische Gleichgewicht fortwährend gestört. Es gilt in diesem Fall das „Prinzip vom ständig gestörten Gleichgewicht". Die Anwesenheit eines technischen Katalysators – in diesem Fall Eisen-/Kaliumverbindungen – fördert eine schnelle Gleichgewichtseinstellung. Es wird mit hoher Reaktionsgeschwindigkeit Ammoniak nachgebildet.

Modellversuch [E. model test]

Die Betrachtung eines Modellversuchs möge die Wirkung eines Enzymsystems verdeutlichen. Ein gut durchgebackenes mecklenburgisches Vollkornbrot, das im Wesentlichen aus Stärke, $[C_6H_5(OH)_5]_n$ und Getreideeiweiß besteht, ist in der Regel über längere Zeit haltbar, wenn es trocken gelagert wird. Während dieser Zeit reagiert es mit dem Luftsauerstoff aus seiner Umgebung nicht.

Verzehrt man dieses Vollkornbrot als Nahrungsmittel, dann reagiert die Stärke mit dem eingeatmeten Luftsauerstoff, und das Brot wird verdaut, wie man landläufig sagt.

Mithilfe eines Enzymsystems wird die Stärke bei Körpertemperatur zu Wasser und Kohlenstoffdioxid abgebaut. Dabei wird die gespeicherte chemische Energie in physiologische Energie[2] und Wärmeenergie umgesetzt, die zum Unterhalt der Lebensvorgänge des Organismus benötigt wird.

[2]Physiologische Energie ist diejenige Energie, die der Körper zur Aufrechterhaltung seiner Organfunktionen benötigt.

Stärke	Luftsauerstoff		Wasser	Kohlenstoffdioxid	Reaktionsenergie, physiologische und Wärmeenergie
$[C_6H_5(OH)_5]n$ +	$6\,n\,O_2$	$\xrightarrow[\text{system}]{\text{Enzym-}}$	$5\,n\,H_2O$ +	$6\,n\,CO_2$ +	2876 kJ

Das Enzymsystem ermöglicht diese komplexe biochemische Reaktion bei niederem Energieniveau, d. h. bei einer Körpertemperatur von 36,8 °C. Diese Enzymkaskade besteht aus ca. 30 Einzelenzymen. Sie garantieren die Spezifität und Selektivität dieses Stoffwechselprozesses.

Die bedeutendste enzymatische Reaktion auf der Erde ist die Fotosynthese. Aus Wasser und Kohlenstoffdioxid wird durch Sonnenlicht als Energiespender und dem Chlorophyll als sonnenlichtabsorbierendes Farbpigment in Gegenwart eines Enzymsystems Glucose synthetisiert. Anschließend wird sie zu Stärke, als Energiereserve der Pflanze oder Cellulose als Gerüstsubstanz für die Pflanze, polymerisiert (Kap. XI, Abschn. 3).

1 Die chemische Zusammensetzung von Enzymen – Coenzyme und Apoenzyme [E. the chemical composition of enzymes, coenzymes and apoenzymes]

Chemisch betrachtet sind Enzyme Proteine (Eiweißverbindungen), die darauf spezialisiert sind, biochemische Reaktionen zu katalysieren. Wegen ihrer außerordentlichen katalytischen Spezifität, Selektivität und Aktivität zählen sie zu den bemerkenswerten und interessantesten Biomolekülen.

Jedes Enzym verfügt über spezielle aktive Gruppen. Bei manchen Enzymen ist die aktive Gruppe eine ganz bestimmte eindeutige Molekularstruktur des Proteins.

Bei anderen Enzymen ist das Eiweißmolekül mit einer zusätzlichen Komponente ausgerüstet, die die enzymatische Wirkung ausmacht. Diese zusätzliche Komponente wird Coenzym[3], Cofaktor oder auch prosthetische[4] Gruppe genannt. Das Protein selbst ist inaktiv und fungiert nur als Träger des Coenzyms und wird als Apoenzym[5] bezeichnet. Das Apoenzym ist wie bei den technischen Katalysatoren der Kontaktträger. Coenzym und Apoenzym ergeben zusammen das Holoenzym[6]:

[3]co (lat) – Vorsilbe für „zusammen“.

[4]pro (lat) – vor, vorwärts, voransetzen.

[5]apo (gr.) – eine Vorsilbe vor Vokalen, die „zurück, fern, weg“ andeuten soll.

[6]holos (gr.) – ganz.

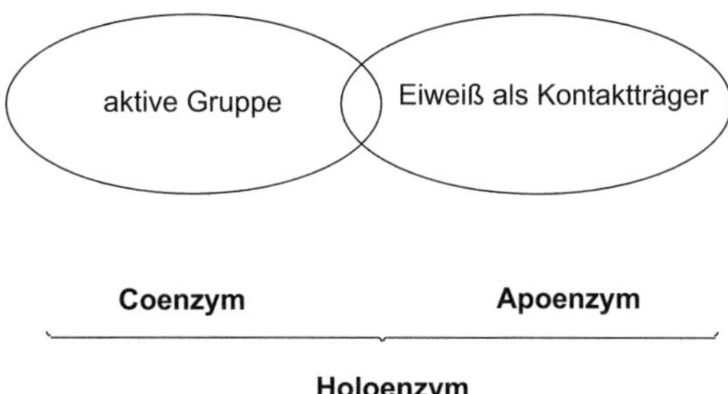

Als Coenzyme wirken bestimmte Vitamine oder Verbindungen, die über spezielle aktive funktionelle Gruppen verfügen. Auch Metallionen, die in einem Coenzym komplex gebunden sind, sind sehr wirksam, z. B. das Eisenporphyrin-Enzym (Katalase), das sehr schnell Wasserstoffperoxid in Wasser und Sauerstoff zerlegt (Tab. 1).

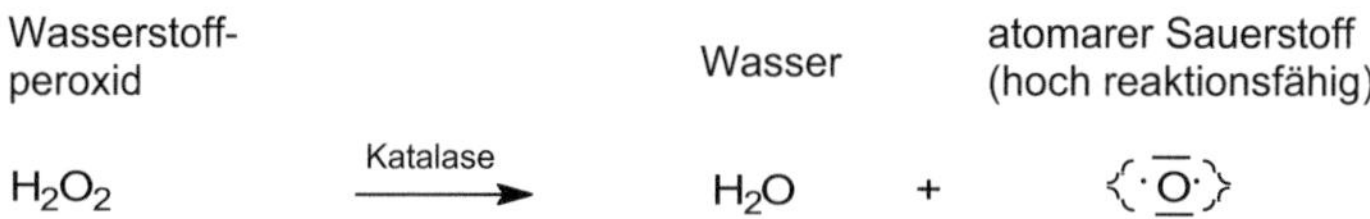

Die Enzyme sind sehr hitzeempfindlich, da die Proteinstruktur sich bei hoher Temperatur verändert. Das Eiweiß koaguliert, d. h., es gerinnt, wie man es beim Kochen eines Hühnerei-Eiweißes wahrnehmen kann. Die Coenzyme selbst sind etwas hitzestabiler. Sie sind in der Regel niedermolekular und können entweder organischer Natur oder anorganische Ionen sein (Tab. 2).

Bei den Coenzymen wird nochmals zwischen den prosthetischen Gruppen und den Cosubstraten unterschieden.

Prosthetische Gruppen wie z. B. Vitamine oder das FAD (**F**lavin-**A**denin-**D**inucleotid) sind fest mit dem Enzymprotein verbunden. Vitamine fungieren oft als aktiver Bestandteil eines Holoenzyms und auch eines Cosubstrates (Abb. 2).

FMN und FAD sind prosthetische Gruppen einer ganzen Reihe von Enzymen. Sie wirken häufig in Verbindung mit anderen Cofaktoren, wie Metallen, Nichthämeisenverbindungen, Schwefelverbindungen usw., in Form von Komplexen. Zwei oder mehr Moleküle von einem oder beiden Flavinen können in ein und demselben Enzymsystem enthalten sein.

In Tab. 3 sind Beispiele zur internationalen Klassifikation der Enzyme nach Art der katalysierten Reaktionen aufgelistet.

Tab. 1 Cosubstrate bei gruppenübertragenden Reaktionen (Transferasen) [E. cosubstrates in reactions, which transfer groups (transferases)]

Coenzym	Übertragbare Gruppen	
Nicotinamid-adenin-dinukleotid, NAD	Wasserstoffatome (Elektronen)	$H^+ + e^-$
Nicotinamid-adenin-dinukleotid-phosphat, NADP	Wasserstoffatome (Elektronen)	$H^+ + e^-$
Flavinmononukleotid, FMN	Wasserstoffatome (Elektronen)	$H^+ + e^-$
Flavin-adenin-dinukleotid, FAD	Wasserstoffatome (Elektronen)	$H^+ + e^-$
Coenzym Q	Wasserstoffatome (Elektronen)	$H^+ + e^-$
Thiaminpyrophosphat, TPP	Aldehyde	$\cdot C(=O)-H$
Coenzym A	Acyl-Gruppen	$CH_3-C(=O)\cdot$
Lipoamid	Acyl-Gruppen	$R-C(=O)\cdot$
Cobamid-Coenzyme	Alkyl-Gruppen	$R-CH_2\cdot$
Biocytin	Kohlenstoffdioxid	CO_2
Pyridoxalphosphat	Amino-Gruppen	$\cdot NH_2$
Tetrahydrofolsäure-Coenzyme	Methyl-Gruppen	$H_3C\cdot$
	Methylen-Gruppen	$\cdot CH_2\cdot$
	Formyl-Gruppen	$H-C(=O)\cdot$
	Formimino-Gruppen	$H-C(=NH)\cdot$

Bei den Cosubstraten spielen die Vitamine des B-Komplexes und einige Metallionen als aktive Zentren eine bedeutende Rolle (Tab. 1 und 2).

1.1 Cosubstrate [E. cosubstrates]

Cosubstrate sind wasserstoff- oder gruppenübertragende Cofaktoren. Ein wasserstofftransportierendes Cosubstrat ist z. B. das NADP, **N**icotinsäureamid**a**denin**d**inucleotid**p**hosphat (Abb. 3).

Ein gruppenübertragendes Cosubstrat ist das ATP (**A**denosin**t**ri**p**hosphat). Es überträgt innerhalb des Stoffwechsels die Phosphatgruppen bei entsprechender Energiefreigabe von einem Molekül auf ein anderes (Abb. 4).

Tab. 2 Einige Enzyme, die als Cofaktoren Metallionen enthalten oder benötigen [E. some enzymes, which contain or need metal ions as cofactors]

Zn^{2+}	**Fe^{2+} oder Fe^{3+}**
Alkohol-Dehydrogenase	Cytochrome
Carboanhydrase	Peroxidase
Carboxypeptidase	Katalase
Ferredoxin	
Mg^{2+}	**Cu^{2+} (Cu^{+})**
Phosphohydrolasen	Tyrosinase
Phosphotransferasen	Cytochrom-Oxidase
Mn^{2+}	**K^{+}**
Arginase	Pyruvat-Kinase
Phophotransferasen	(braucht auch Mg^{2+})
Na^{+}	
Plasmamembran-ATPase	
(braucht auch K^{+} und Mg^{2+})	

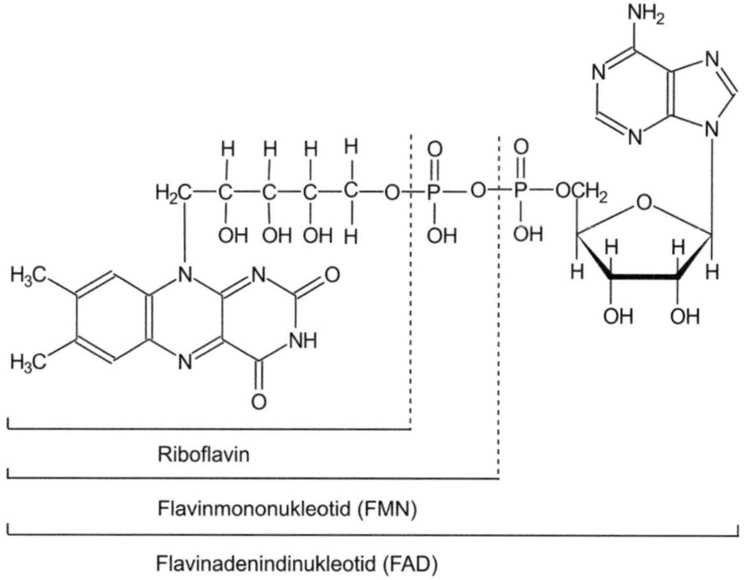

Abb. 2 Strukturformel von Flavinen [E. structural formula of flavins]

Tab. 3 Internationale Klassifikation der Enzyme (Klassennamen, Codenummern und Art der katalysierten Reaktionen) [E. international classification of the enzymes (names of classes, code character and kind of the catalytic reaction)]

1. Oxidoreduktasen	**4. Lyasen**
(Redoxreaktionen)	(Addition an Doppelbindungen)
1.1 Auf >CH-OH wirkend	4.1 >C=C<
1.2 Auf >C=O wirkend	
1.3 Auf -CH=CH- wirkend	4.2 >C=O
1.4 Auf >CH-NH_2 wirkend	
1.5 Auf >CH-NH- wirkend	4.3 >C=N-
1.6 Auf NADH; NADPH wirkend	
2. Transferasen	**5. Isomerasen**
(Übertragung funktioneller Gruppen)	(Isomerisierungen)
2.1 C_1-Gruppen	5.1 Racemasen
2.2 Aldehyd- oder Keto-Gruppen	
2.3 Acyl-Gruppen	
2.4 Glycosyl-Gruppen	
2.5 Phosphat-Gruppen	
2.6 S-haltige Gruppen	
3. Hydrolasen	**6. Ligasen**
(Hydrolytische Reaktionen)	(Ausbildung neuer Bindungen bei ATP-Spaltung)
3.1 Ester	
3.2 Glycosidische Bindungen	6.1 C-O
3.3 Peptidbindungen	6.2 C-S
3.4 Andere C-N-Bindungen	6.3 C-N
3.5 Säureanhydride	6.4 C-C

Diese Phosphattransferasen sind die wichtigste Enzymgruppe ihrer Art. Als Cosubstrate wirken das ATP, ADP und AMP. ATP ist eine sehr energiereiche Verbindung und hat ein hohes Gruppenübertragungspotenzial. Es wirkt bei fast allen Phosphorylierungen als Phosphatspender (Donator[7]). Die Transphosphorylierungen spielen bei der alkoholischen Gärung und der Atmungskettenphosphorylierung eine wesentliche Rolle. Die Cosubstrate gehen nach Art einer Zwischenreaktionskatalyse mit dem Substrat vorübergehend eine Bindung ein und transportieren es an einen anderen Reaktionsort. Dort geht es seinerseits eine chemische Bindung unter gleichzeitiger Abstoßung seines Trägers

[7]donare (lat.) – schenken.

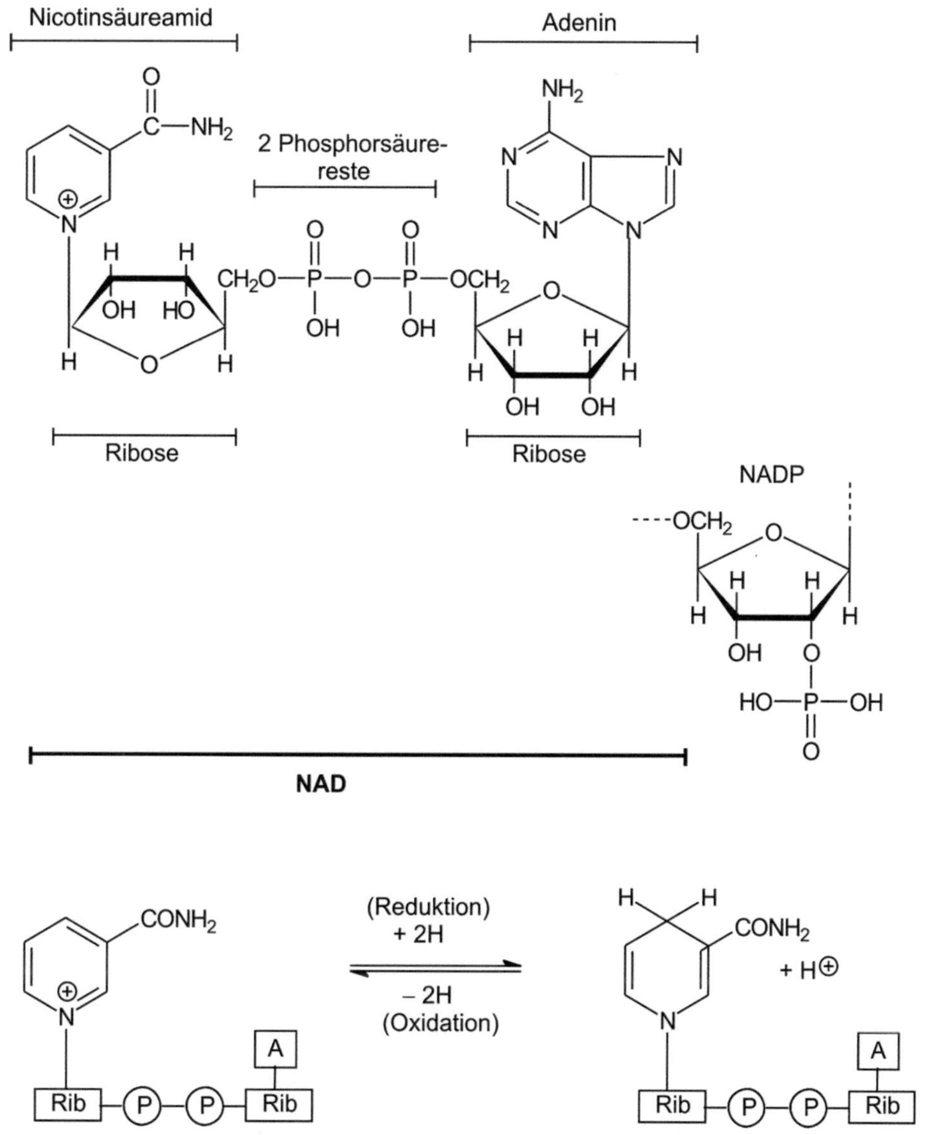

Abb. 3 Oben: Strukturaufbau des Nicotinsäureamid-adenin-dinukleotid-(Phosphat) unten: Wirkungsmechanismus des NADP bei Redoxvorgängen [E. above: structure of the nicotinic amide adenine dinucleotide phosphate; below: efficiency mechanism of the NADP during the redox reactions]

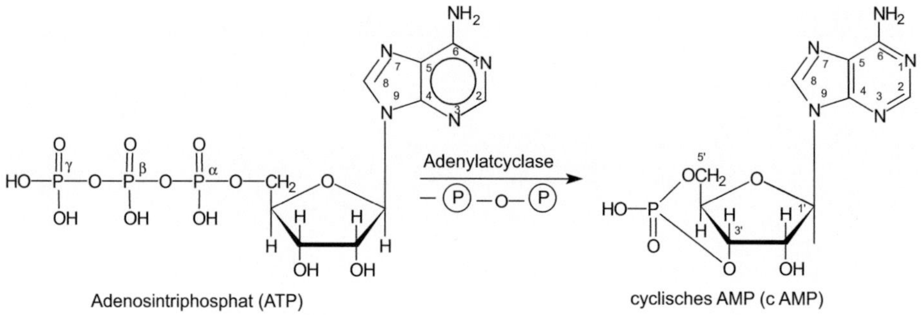

Adenosintriphosphat (ATP)

Adenylatcyclase

$-ⓅⓅ-O-Ⓟ$

cyclisches AMP (c AMP)

Abb. 4 Vom ATP zum AMP, ein Phosphatgruppen übertragender Vorgang [E. from ATP to AMP, a transfering process of phosphate groups]

(Carrier[8]- bzw. Transportmittel) ein. Die Cosubstrate sind in diesem Sinne Transferasen[9], weil sie für die Übertragung von Molekülgruppen auf ein anderes Substrat charakteristisch sind. Bekannte Cosubstrate sind z. B. (Kap. XVII, Abschn. 2)

Coenzym A	;	Biotin
NAD bzw. NADP	;	Liponsäure
FAD	;	Biopterin
FMN	;	Pyridoxalphosphat
Ubichinon	;	Thiamindiphosphat
Tetrahydrofolsäure	;	Vitamin B_{12}

Ein wichtiges Cosubstrat ist das Coenzym A, das als Acetyltransferase agiert.

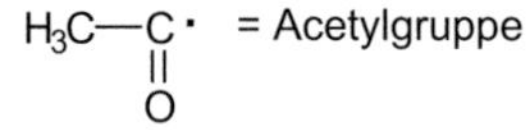

$$H_3C-\underset{\underset{O}{\|}}{C}\cdot \quad = \text{Acetylgruppe}$$

Es enthält die Bausteine Adenin, Ribose, Pantothensäure, Cysteamin und 3 Moleküle Phosphorsäure. Die Pantothensäure gehört zum Vitamin-B-Komplex (Abb. 5 und Kap. VI, Abschn. 8).

Die im Coenzym wirksame Gruppe ist der Sulfhydrylrest, H-S•, des Cysteamins. Mit den Carbonsäuren verbindet sie sich zu Thiolestern.

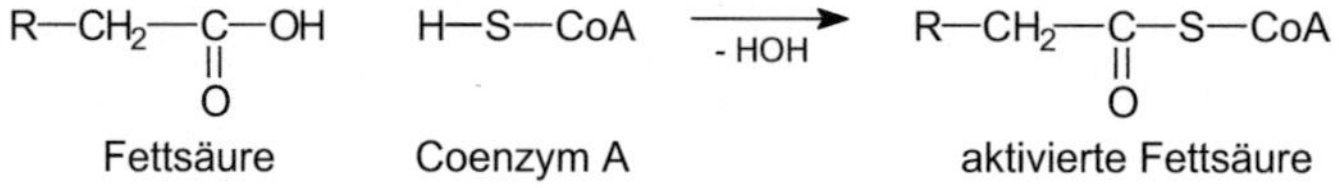

$$\underset{\text{Fettsäure}}{R-CH_2-\underset{\underset{O}{\|}}{C}-OH} \quad \underset{\text{Coenzym A}}{H-S-CoA} \xrightarrow[\text{- HOH}]{} \underset{\text{aktivierte Fettsäure}}{R-CH_2-\underset{\underset{O}{\|}}{C}-S-CoA}$$

[8]carrier (engl.) – Träger.

[9]transferre (lat.) – hinübertragen.

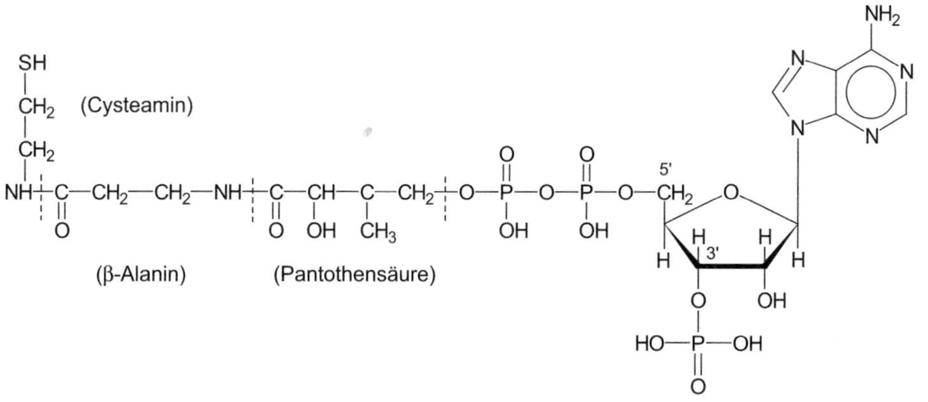

Abb. 5 Strukturformel des Coenzyms A ≡ CoA [E. structure formula of the coenzyme A ≡ CoA]

Dabei bildet sich eine energiereiche Schwefel-Kohlenstoff-Bindung (Thiolester).

Bei der hydrolytischen Spaltung in Acetyl-Coenzym A werden zugleich 34 kJ/mol an physiologischer Energie freigesetzt.

Das Coenzym A nimmt im gewissen Sinne eine Schlüsselfunktion innerhalb der Stoffwechselprozesse ein.

Es ist an der Glykolyse innerhalb des Kohlenhydratstoffwechsels, am Fettstoffwechsel (Kap. XVI, Abschn. 5.4), bei der Umwandlung von Kohlenhydraten in Fettsäuren, der Biosynthese von Terpenen (Kap. XVII, Abschn. 1) und Steroiden (Kap. XIX, Abschn. 1) beteiligt sowie bei den über die Polyketide verlaufenden Naturstoffsynthesen.

Terpene[10] und Steroide sind Kohlenwasserstoffe, deren Bausteine das Isopren

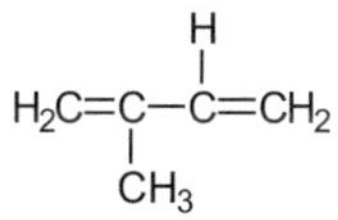

$$H_2C{=}C(CH_3){-}CH{=}CH_2$$

ist. Dieser ist auch das Monomere des Naturkautschuks. Weitverbreitete Terpene sind die Dimere des Isoprens. Eine große Gruppe C_{10}-Terpene (Dimere) duften angenehm aromatisch und finden sich in vielen Blüten und Früchten (vgl. auch den chemischen Aufbau der Vitamine A und E). Auch die Steroide im Pflanzen- und Tierreich bedienen sich zu ihrer Biosynthese des Isoprens. Der Weg zu den Isoprenmolekülen führt allerdings über die Mevalonsäure. Durch Decarboxylierung entsteht eine C_5-Isopreneinheit.

[10]terpein (gr.) – erfreuen.

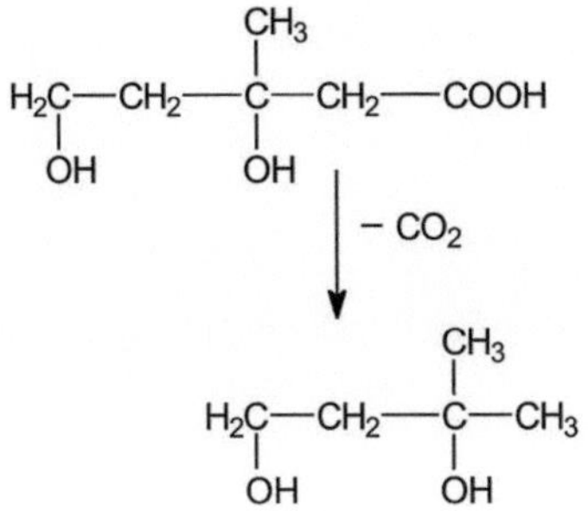

$$H_2C(OH){-}CH_2{-}C(CH_3)(OH){-}CH_2{-}COOH \quad \text{L-Mevalonsäure}$$

$$\downarrow -CO_2$$

$$H_2C(OH){-}CH_2{-}C(CH_3)(OH){-}CH_3 \quad \text{Isopreneinheit}$$

Die Mevalonsäure selbst kann man sich aus drei Acetyl-S-CoA-Molekülen aufgebaut denken.

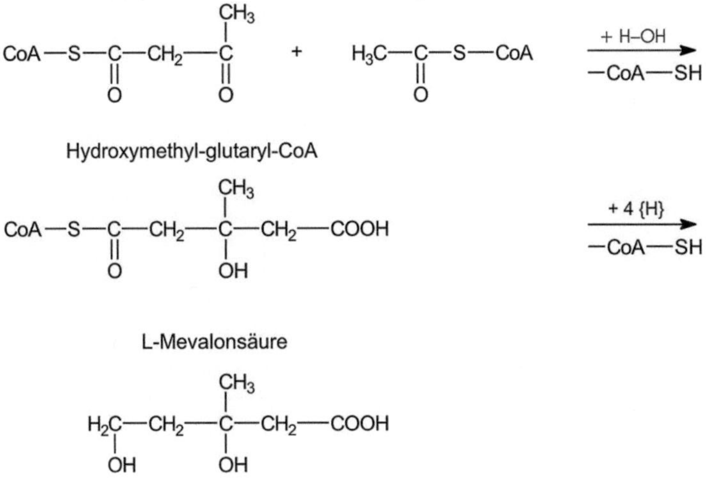

$$\underset{\text{Acetoacetyl-CoA}}{CoA{-}S{-}C({=}O){-}CH_2{-}C({=}O){-}CH_3} + \underset{\text{Acetyl-CoA}}{H_3C{-}C({=}O){-}S{-}CoA} \xrightarrow[-CoA-SH]{+H-OH}$$

$$\underset{\text{Hydroxymethyl-glutaryl-CoA}}{CoA{-}S{-}C({=}O){-}CH_2{-}C(CH_3)(OH){-}CH_2{-}COOH} \xrightarrow[-CoA-SH]{+4\,\{H\}}$$

$$\underset{\text{L-Mevalonsäure}}{H_2C(OH){-}CH_2{-}C(CH_3)(OH){-}CH_2{-}COOH}$$

Bei diesem grob beschriebenen Reaktionsablauf wird die Schlüsselrolle des Coenzyms A deutlich.

Das Basismolekül für die Steroide ist das Gonan (Kap. XIX, Abschn. 1).

1.2 Bezeichnung und Einteilung der Enzyme [E. system of notation and classification of enzymes]

Viele Enzyme werden durch Anfügen der Silbe „-ase“ an den Namen des Substrates oder der Art der ausgelösten Reaktionen benannt, die sie enzymatisch initiierten.

Z. B.: Ein Enzym, das den Harnstoff[11] in Kohlenstoffdioxid und Ammoniak in wässriger Lösung spaltet, heißt Urease.

[11]urina (lat.) – Harnstoff.

$$H_2N{-}\underset{\underset{O}{\|}}{C}{-}NH_2 + H_2O \xrightarrow[HOH]{Urease} CO_2 + 2\ NH_3$$

Harnstoff Wasser Kohlenstoff-dioxid Ammoniak

Da diese Reaktion aber eine Hydrolyse ist, d. h. eine Spaltung unter maßgeblicher Beteiligung des Wassers, zählt die Urease zur Enzymgruppe der Hydrolasen (Tab. 3).

Weitere Beispiele sind:

Fette[12] spaltende Enzyme heißen Lipasen.

Proteine[13] spaltende Enzyme heißen Proteinasen und

Stärke[14] spaltende Enzyme heißen Amylasen.

1.3 Kurze Zusammenfassung über die Eigenschaften von Enzymen [E. short summary about the properties of enzymes]

- Enzyme sind komplexe Eiweißverbindungen mit aktiven Zentren, die sich im Eiweißmolekül direkt befinden oder durch spezielle Stoffgruppen, den Coenzymen, eingefügt sind.
- Enzyme sind hochaktive Katalysatoren, die im Zusammenwirken als Enzymsystem die technischen Katalysatoren in ihrem Wirkungsgrad übertreffen.
- Enzyme katalysieren biochemische Reaktionen unter milden Bedingungen wie z. B. bei Raumtemperatur, bei Normdruck, beim physiologischen pH-Wert = 3 bis 8.
- Enzyme sind substratspezifisch und -selektiv, d. h., fettspaltende Enzyme (Lipasen) bauen nur Fette ab und nur diese, auch wenn es sich um chemische Bindungen handelt, die bei anderen Substraten, wie z. B. Glucose (Traubenzucker), ebenfalls vorkommen. Für Fette ist u. a. die Esterbindung, das ist eine Kohlenstoff-Sauerstoff-Kohlenstoff-Verknüpfung, typisch.

$$R_1{-}\overset{\downarrow}{\underset{\underset{O}{\|}}{C}}{-}O{-}\overset{\overset{H}{|}}{\underset{\underset{H}{|}}{C}}{-}R_2$$

Für die Verknüpfung von Glucosemolekülen zu einem Stärkemolekül ist eine Etherbindung, also ebenfalls eine Kohlenstoff-Sauerstoff-Kohlenstoff-Verknüpfung charakteristisch:

[12]lipos (gr.) – Fett.

[13]protenein (gr.) – der Erste.

[14]amylon (gr.) – Stärke.

CH₂-OH … CH₂OH … HO … OH … OH … H … OH … OH … O

$R_1-CH-O-CH-R_2$

Ein Lipase-Enzym z. B. richtet bei der Spaltung der -C-O-C-Verknüpfung beim Stärkemolekül nichts aus.[15]

- Enzyme sind somit auch chemoselektiv. Es gibt spezielle Enzyme, die nur Kohlenstoff-Kohlenstoff-Bindungen -C-C- spalten, andere wieder spalten nur -C-O-C-, eine dritte Gruppe greift nur Kohlenstoff-Stickstoff-Bindungen an, wie sie z. B. für eine Amidverbindung im Eiweißmolekül kennzeichnend sind.

$$-N(H)-CH(R_1)-C(=O)-N(H)-CH(R_2)-C(=O)-$$

- Enzyme sind zusätzlich noch regioselektiv. Reaktionen, bei denen eine chemische Veränderung an einer von mehreren möglichen Stellen eintritt, bezeichnet man als regioselektiv.

  Eine ungesättigte Fettsäure wie die Ölsäure enthält zwei reaktionsfähige Stellen.

$H_3C-(CH_2)_7-CH=CH-(CH_2)_7-C(=O)-OH$ Ölsäure

$-CH=CH-$ Kohlenstoff-Kohlenstoff-Doppelbindung

$-C(=O)-OH$ Carboxylgruppe

Die Ölsäure kann an diesen örtlich verschiedenen reaktionsbereiten Zentren zur chemischen Veränderung durch den Einfluss eines Enzyms veranlasst werden. Für jede Molekülregion ist ein anderes Enzym nötig.

---

[15] R_1 und R_2 stehen für Kohlenwasserstoffreste, z. B. für Alkylreste, $-C_mH_n-$, oder Ringverbindungen u. a. Der Pfeil ↓ zeigt die bei der Esterbildung der Fette vorliegende Bindung an, die durch Lipasen angegriffen wird.

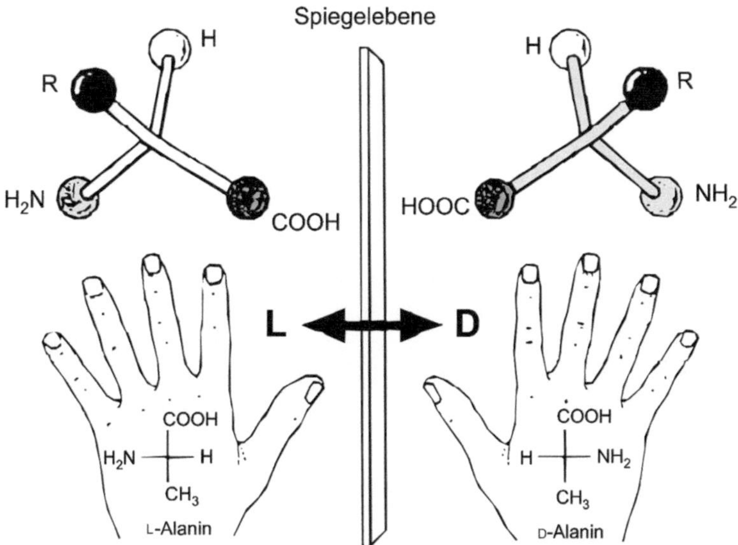

Abb. 6 Die Hand als Spiegelbild im Vergleich mit L- und D-Milchsäure [E. the hand as mirror image in comparison with L- and D-lactic acid]

- Enzyme sind auch enantioselektiv. Enantiomere[16] Moleküle sind solche mit spiegelbildlichen (chiralen)[17] Gruppen, d. h., sie verhalten sich zueinander wie Bild und Spiegelbild (Abb. 6). Um ein und dieselbe chemische Verknüpfung an einem Molekül zu verändern oder zu spalten, ist für die Bildstruktur ein anderes Enzym erforderlich als für die Spiegelbildstruktur (Kap. V, Abb. 1).
- Enzyme sind außerdem noch diastereoselektiv[18]. Diastereomoleküle enthalten chirale Gruppierungen, d. h. Gruppen, die sich wie Bild und Spiegelbild zueinander verhalten, wobei allerdings nur ein Molekülteil diese Eigenschaft besitzt, das Restmolekül hat dagegen keine spiegelbildliche Struktur.

  Besitzt dagegen die gesamte Molekülstruktur spiegelbildliche Eigenschaften, dann ist es enantiomer (Abb. 7). Diese Eigenschaften können auch nur Molekülteile (a) aufweisen.

  Enzyme, die eine enantiomere Struktur aktivieren, sind gegenüber diastereomeren Strukturen inaktiv und umgekehrt.

[16]enantion (gr.) – Gegenteil, Gegenbild (Spiegelbild).

[17]cheir (gr.) – Hand; Chiralität = spiegelbildlicher Unterschied.

[18]dia (gr.) – als Vorsilbe durch-, ent-, über-;
stereos (gr.) – starr, fest, räumlich, körperlich.

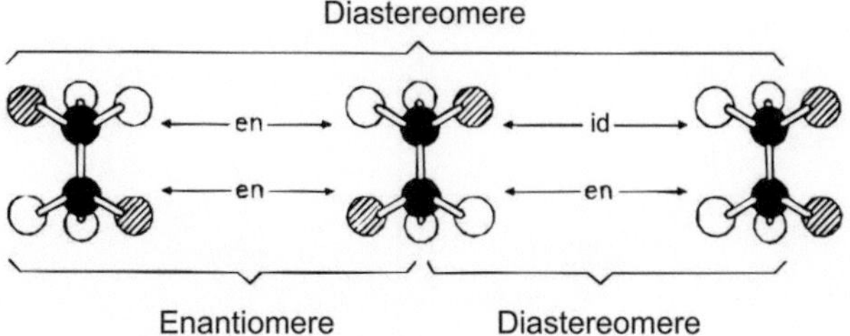

Abb. 7 Unterschied zwischen Diastereomer und Enantiomer
id = konfigurativ identisch, aber nicht spiegelbildlich
[E. difference between diastereomer and enantiomer; id = configurative identical, but not mirror-image]

2 Enzymkinetik[19] [E. kinetics of enzymes]

Die Enzymkinetik beschreibt und untersucht alle Faktoren, die die *Reaktionsgeschwindigkeit*, oft auch *Reaktionsrate* genannt, einer enzymatischen Reaktion beeinflussen.

Wesentliche Faktoren sind die Enzymkonzentration,
die Wasserstoffionenkonzentration,
die Temperatur und
die Substratkonzentration.

Die *Reaktionsgeschwindigkeiten* bzw. die Reaktionsrate ist definiert als die Konzentrationsänderung des Substrates in der Zeiteinheit.

Während die Reaktionsgeschwindigkeiten bei den klassischen chemischen Reaktionen von den Konzentrationen der jeweils beteiligten Reaktionskomponenten abhängen, wird die Reaktionsrate bei biochemischen Reaktionen ganz wesentlich von der Enzymkonzentration bestimmt.

Die Reaktionsgeschwindigkeitsgleichung für eine chemische Reaktion $A \rightarrow B$ lautet:

$$\frac{dc_A}{dt} = -kc_A$$

Für *Enzymreaktionen* kann man die Geschwindigkeitsgleichung nicht so ohne Weiteres aufschreiben, da für die Reaktionsrate die *Konzentration des Enzym-Substrat-Komplexes* der geschwindigkeitsbestimmende Schritt ist.

Enzym		Substrat		Enzym-Substrat-Komplex		Produkt		Enzym	
E	+	S	$\rightleftharpoons$	(ES)	$\rightarrow$	P	+	E	(1)
vorgelagertes Gleichgewicht					nicht umkehrbare Reaktion				

[19]kinesis (gr.) – Bewegung.

Erst der Enzym-Substrat-Komplex führt zu dem gewünschten Produkt P. Will man also etwas über die Geschwindigkeit einer enzymatischen Produktbildung aussagen, dann muss die Konzentrationsänderung von (ES) bekannt sein, die sich aus der Differenz der Bildungs- und Zerfallsrate errechnet. Diese Zusammenhänge beschreibt die Michaelis[20]-Menten-Gleichung. In vielen Fällen ist die Reaktionsrate innerhalb eines Konzentrationsintervalls der Enzymkonzentration proportional.

Die Wirksamkeit der Enzyme ist von der *Konzentration der Wasserstoffionen,* d. h. von dem pH-Wert abhängig. Die meisten Enzyme besitzen ein eindeutig definiertes pH-Optimum und sind nur in einem Bereich von 2 bis 3 pH-Einheiten aktiv. Einige Enzyme werden von Puffersubstanzen in ihrer Aktivität gehemmt.

Mit steigender *Temperatur* nimmt auch die Reaktionsgeschwindigkeit einer Enzymreaktion zu, in der Regel für 10 °C Temperaturanstieg um den Faktor 1,5 bis 3, doch nur bis zu einem bestimmten Temperaturoptimum, das in der Regel um die 50 °C liegt. Die meisten Enzyme von Säugetieren haben ihre beste und stabilste Wirksamkeit über eine längere Zeitdauer bei 37 °C. Ausnahmen bilden die extremophilen Enzyme, z. B. der Archaebakterien.

Auch die *Substratkonzentration* ist nicht ohne Einfluss auf die Reaktionsgeschwindigkeit. Bei niedrigen Substratkonzentrationen tritt mit einer Verdoppelung auch eine entsprechende Zunahme der Reaktionsrate ein. Bei höheren Substratkonzentrationen kann eine Konzentrationserhöhung völlig wirkungslos sein. Das hängt mit der Bildung der Enzymsubstrate zusammen. Wenn das gesamte vorhandene Enzym schon als Enzym-Substrat-Komplex gebunden ist, vermag eine weitere Substratzugabe nichts mehr auszurichten, da kein Enzym mehr für eine Enzym-Substrat-Komplexbildung mehr vorhanden ist.

2.1 Michaelis-Menten-Gleichung [E. Michaelis-Menten equation]

Vorgleichgewichte sind für Reaktionen in biologischen Systemen charakteristisch.

Eine allgemeine Theorie wurde 1913 von L. Michaelis und M. L. Menten aufgestellt und später von G. E. Briggs (1893–1985) und J. B. S. Haldone (1892–1964) erweitert.

Wie sich experimentell bestätigen lässt, hängt die Geschwindigkeit einer enzymatischen Reaktion bei Konstanthaltung aller übrigen Einflussgrößen wie pH-Wert, Temperatur, Substratkonzentration von der Enzymkonzentration ab. Die Reaktionsgleichung (1) lässt sich in zwei Teilschritte zerlegen:

$$\mathrm{E} + \mathrm{S} \underset{k_{-1}}{\overset{k_{+1}}{\rightleftharpoons}} (\mathrm{ES}) \qquad (2)$$

[20]Michaelis, Leonor (1875–1949), amerik. Chemiker, der 1913 zusammen mit M. L. Menten (1879–1960) für das Fließgewicht die kinetische Theorie der Enzymwirkung entwickelt hat.

$$(ES) \underset{k_{-2}}{\overset{k_{+2}}{\rightleftharpoons}} P + E \quad (3)$$

Die Anfangsgeschwindigkeit, ν_0, einer Enzymreaktion ist der Konzentration des Enzym-Substrat-Komplexes (ES) direkt proportional.

Aus der Reaktionsgleichung (3) folgt:

$$v_0 = k_{+2} \cdot c(\mathrm{ES}) \quad (4)$$

Die Reaktionsgeschwindigkeitskonstante k_{+2} und die Konzentration des Enzym-Substrat-Komplexes sind nicht direkt bestimmbar. Für ν_0 müssen andere messbare Parameter gefunden werden.

Aus Gl. (2) folgt für die Bildungsgeschwindigkeit des Enzym-Substrat-Komplexes (ES)

$$\frac{dc(\mathrm{ES})}{dt} = k_{+1}[c(\mathrm{E_T}) - c(\mathrm{ES})] \cdot c(\mathrm{S}) \quad (5)$$

$c(E_r)$ ist die totale vorliegende Enzymkonzentration, die um den Betrag c(ES) gemindert ist, mit dem sie im Enzym-Substrat-Komplex vorliegt.

Der Anteil der Enzym-Substrat-Komplex-Konzentration, der aus einer möglichen Rückreaktion

$$E + P \xrightarrow{k_{-2}} (ES)$$

gebildet wird, wird im weiteren Rechnungsgang vernachlässigt.

Das ist erlaubt, da der Beginn der Hinreaktion nach Gl. (2) unter der Voraussetzung betrachtet wird, dass die Substratkonzentration c(S) sehr hoch ist und die Endprodukt-konzentration c(P) noch nahe bei null liegt.

Außerdem soll die Reaktion nach Gl. (3) sehr langsam verlaufen.

Um die aus der Gl. (1) resultierende Zerfallsgeschwindigkeit vom Enzym-Substrat-Komplex zu bestimmen, müssen sowohl die Zerfallsreaktionen aus der Gl. (2)

$E + S \longleftarrow (ES)$ Und aus Gl. (3) (ES) $(ES) \longrightarrow P + E$ berücksichtigt werden.

$$\left[\frac{dc(\mathrm{ES})}{dt}\right]_{z_1} = -k_{-1}c(ES) \quad (6)$$

$$\left[\frac{dc(\mathrm{ES})}{dt}\right]_{z_2} = -k_{+2}c(ES) \quad (7)$$

Die Summe dieser beiden Zerfallsreaktionsgeschwindigkeitsgleichungen (6) und (7) entspricht dem totalen Zerfall des Enzym-Substrat-Komplexes.

Die entsprechende Zerfallsgeschwindigkeit für den totalen Zerfall z lautet dann:

$$\left[\frac{dc(\text{ES})}{dt}\right]_{z} = \left[\frac{dc(\text{ES})}{dt}\right]_{z_1} + \left[\frac{dc(\text{ES})}{dt}\right]_{z_2}$$
$$= -\,k_{-1}c(\text{ES}) - -k_{+2}c(\text{ES}) \tag{8}$$
$$-\left[\frac{dc(\text{ES})}{dt}\right]_{z} = -\,k_{-1}c(\text{ES}) + -k_{+2}c(\text{ES})$$

Fließgleichgewicht (steady state) herrscht aber nur dann, wenn die Bildungsgeschwindigkeit einer Substanz gleich ihrer Zerfallsgeschwindigkeit ist.

Für unser Modell bedeutet das, dass Gl. (5), die für die Bildungsgeschwindigkeit steht, und Gl. (8), die für die Zerfallsgeschwindigkeit steht, gleichgesetzt werden können.

$$k_{+1}[c(\text{E}_\text{T}) - c(\text{ES})] \cdot c(\text{S}) = k_{-1}c(\text{ES}) + k_{+2}c(\text{ES})$$
$$k_{+1}[c(\text{E}_\text{T}) - c(\text{ES})] \cdot c(\text{S}) = (k_{-1} + k_{+2}) \cdot c(\text{ES})$$

Es folgt:

$$\frac{[c(\text{E}_\text{T}) - c(\text{ES})] \cdot c(\text{S})}{c(\text{ES})} = \frac{k_{-1} + k_{+2}}{k_{+1}} = k_\text{M} \tag{9}$$

K_M Michaelis-Menten-Konstante

Gl. (9) ist die *Michaelis-Menten-Gleichung.* Sie erlaubt uns, die Gleichgewichtskonzentration eines Enzym-Substrat-Komplexes zu berechnen:

$$K_\text{M} \cdot c(\text{ES}) = c(\text{S}) \cdot c(\text{E}_\text{T}) - c(\text{ES}) \cdot c(\text{S})$$

$$c(\text{ES}) = \frac{c(\text{E}_\text{T}) \cdot c(\text{S})}{K_\text{M} + c(\text{S})} \tag{10}$$

In Gl. (10) ist die totale Enzymkonzentration $c(\text{E}_\text{T})$ bekannt. Sie wird in einem Experiment vorgegeben. Dasselbe gilt für die Substratkonzentration. Sie kann gemessen werden. Die Michaelis-Menten-Konstante K_M ist bekannt bzw. kann aus den Teilreaktionsgeschwindigkeitskonstanten berechnet werden.

Wird Gl. (10) in Gl. (4) für die Bestimmung der Anfangsgeschwindigkeit einer Enzymreaktion eingesetzt, dann ist

$$v_0 = \text{k}_{+2} \cdot \frac{c(\text{E}_\text{T}) \cdot c(\text{S})}{K_\text{M} + c(\text{S})} \tag{11}$$

Wird die Substratkonzentration in einem enzymatischen Reaktionssystem so hoch vorgegeben, dass das Enzym im Wesentlichen als Enzym-Substrat-Komplex (ES) vorliegt, d. h. das Enzym völlig mit Substrat abgesättigt ist, dann wird die maximale Anfangsgeschwindigkeit erreicht.

Aus Gl. (4)

$$v_0 = \text{k}_{+2} \cdot c(\text{ES})$$

folgt dann

$$v_{\max} = k_{+2} \cdot c(\mathrm{E_T}); \qquad c(\mathrm{E_T}) = \frac{v_{\max}}{k_{+2}} \tag{12}$$

Denn in diesem Fall ist $c(\mathrm{ES}) = c(\mathrm{E_T})$.

Wird die Gl. (12) in Gl. (11) eingesetzt, dann wird die Michaelis-Menten-Gleichung zur Berechnung der Anfangsgeschwindigkeit erhalten.

$$v_0 = \frac{v_{\max} \cdot c(\mathrm{S})}{K_\mathrm{M} + c(\mathrm{S})} \tag{13}$$

Die Michaelis-Menten-Gleichung (13) verknüpft hier mathematisch die Anfangsgeschwindigkeit v_0 mit der maximalen Reaktionsgeschwindigkeit v_{max}, der Substratkonzentration, $c(\mathrm{S})$, und der Michaelis-Menten-Konstanten, K_M.

Die totale Enzymkonzentration $c(\mathrm{E_T})$ steckt im Ausdruck $v_{\max} = k_{+2} \cdot c(\mathrm{E_T})$.

2.2 Michaelis-Menten-Konstante [E. Michaelis-Menten constant]

Für den speziellen Fall der halben maximalen Reaktionsgeschwindigkeit $\frac{v_{\max}}{2} = v_0$ lässt sich aus der Michaelis-Menten-Gleichung, Gl. (13), folgende Beziehung herleiten:

$$\frac{v_{\max}}{2} = \frac{v_{\max} \cdot c(\mathrm{S})}{K_\mathrm{M} + c(\mathrm{S})}$$

$$\frac{1}{2} = \frac{c(\mathrm{S})}{K_\mathrm{M} + c(\mathrm{S})}$$

$$K_\mathrm{M} = c(\mathrm{S}) \tag{14}$$

Hieraus folgt, dass die Michaelis-Menten-Konstante $\mathrm{K_M}$ gleich derjenigen Substratkonzentration ist, bei der die Reaktionsgeschwindigkeit halb so groß wie die maximale Reaktionsgeschwindigkeit ist. Es folgt weiter, dass der Wert der $\mathrm{K_M}$-Konstanten unabhängig von der Enzymkonzentration ist.

Ihre Einheit für eine Ein-Substrat-Reaktion ist Mol pro Liter (mol/L).

So wie die Gleichgewichtskonstante ein signifikantes Kriterium für ein thermodynamisches Gleichgewicht ist, das von Guldberg und Waage[21] durch das Massenwirkungsgesetz mathematisch formuliert worden ist, so ist analog die Michaelis-Menten-Konstante ein Kriterium für enzymatische Reaktionen, die sich durch vorgelagerte Gleichgewichte auszeichnen.

[21]Guldberg, Carl Maximilian (1836–1902), norw. Chemiker und Mathematiker, stellte zusammen mit Waage, Peter (1833–1900), das Massenwirkungsgesetz auf.

2.3 Modell einer experimentellen Bestimmung der Michaelis-Menten-Konstante [E. experimentally model for the determination of the Michaelis-Menten constant]

Experiment [E. experiment]

Die Anfangsgeschwindigkeiten, ν_0, der Enzymreaktion werden bei verschiedenen Substratkonzentrationen $c(\mathrm{S})$ bei konstanter Enzymkonzentration $c(\mathrm{E})$ gemessen.

Eine grafische Auswertung der Messdaten als Funktion $\nu_0 = \mathrm{f}[\mathrm{S}]$ ergibt nachstehende Kurve als limitierende Wachstumsfunktion (Abb. 8).

Eine exaktere Methode ist eine Linearisierung der Michaelis-Menten-Gleichung (Abb. 9). Die reziproke Form der Gl. (13) lautet

$$\frac{1}{v_0} = \frac{K_\mathrm{M} + c(\mathrm{S})}{v_{\max} \cdot c(\mathrm{S})}$$

$$\frac{1}{v_0} = \frac{K_\mathrm{M}}{v_{\max} \cdot c(\mathrm{S})} + \frac{c(\mathrm{S})}{v_{\max} \cdot c(\mathrm{S})}$$

$$\frac{1}{v_0} = \frac{K_\mathrm{M}}{v_{\max}} \frac{1}{c(\mathrm{S})} + \frac{1}{v_{\max}} \tag{15}$$

Für $\frac{1}{v_0} = 0$

$$0 = \frac{K_\mathrm{M}}{v_{\max}} \frac{1}{c(\mathrm{S})} + \frac{1}{v_{\max}} \tag{16}$$

$\frac{1}{v_0} = \mathrm{f}\left(\frac{1}{c(\mathrm{S})}\right)$ folgt als Funktionsschreibweise aus Gl. (15)

und ergibt folgenden grafischen Verlauf (Abb. 9):

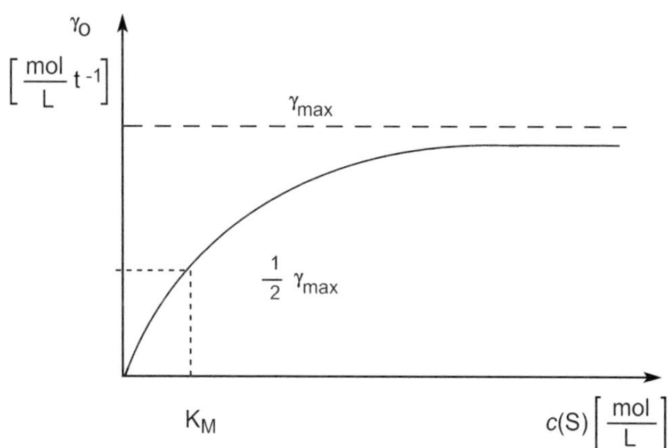

Abb. 8 Anfangsgeschwindigkeit ν_0 in Abhängigkeit der Substratkonzentration [E. initial velocity ν_0 in dependence of the substrate concentration]

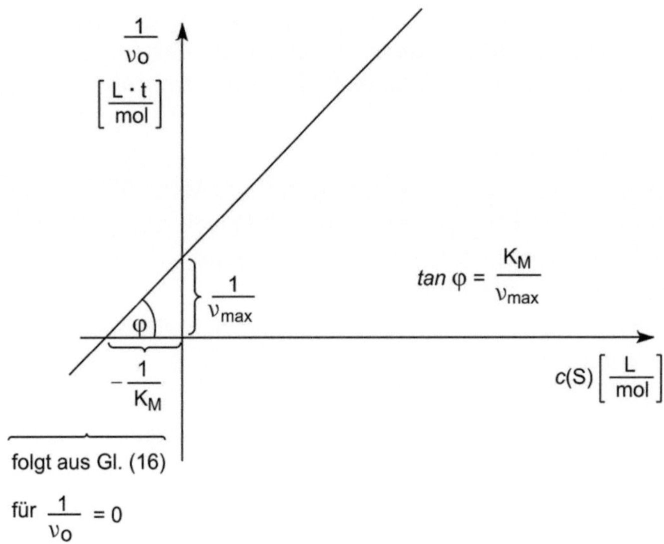

Abb. 9 Diagramm zur grafischen Ermittlung von K_M und ν_{max} [E. diagram to graphic determining of K_M and ν_{max}]

Wird die Gl. (15) mit ν_{max} multipliziert, so erhält man

$$\frac{v_{\mathrm{max}}}{v_0} = K_{\mathrm{M}} \cdot \frac{1}{c(\mathrm{S})} + 1$$

$$v_{\mathrm{max}} = K_{\mathrm{M}} \cdot \frac{v_0}{c(\mathrm{S})} + v_0$$

$$v_0 = -K_{\mathrm{M}} \left(\frac{v_0}{c(\mathrm{S})} \right) + v_{\mathrm{max}} \tag{17}$$

Wird ν_0 gegen $\frac{v_0}{c(\mathrm{S})}$ aufgetragen, so entsteht die in Abb. 9 wiedergegebene Gerade. Diese Auftragung ergibt nicht nur ν_{max} und K_M in sehr einfacher Weise, sondern lässt außerdem Abweichungen von der Linearität erkennen, d. h., sie gibt Aufschluss über die Messgenauigkeit und über die Reproduzierbarkeit[22] (Wiederholbarkeit) der Messmethode und Messergebnisse. Damit ist belegt, dass die Versuchsergebnisse keine Zufallsergebnisse sind.

Aus der Steigerung der Geraden in Abb. 9 lässt sich die Michaelis-Menten-Konstante, K_M, berechnen. Ihren reziproken Wert kann man auch als negativen Abszissenwert ablesen. Entsprechendes gilt auch für die maximale Reaktionsgeschwindigkeit ν_{max}.

[22]reproducere (lat.) – vervielfältigen.

3 Immobilisierte[23] Enzyme [E. immobilized enzymes]

Biologische Systeme wie Bakterien, Pilze, pflanzliche, tierische und menschliche Zellen produzieren die für ihren Stoffwechsel und für ihr Wachstum benötigten Enzyme in Eigensynthese ständig nach. Will man dagegen die Enzyme für die industrielle biochemische Reaktionen nutzen, dann ist es zu aufwendig und kostspielig, jedem neuen Reaktionsansatz nochmals Enzyme zuzusetzen.

Wie schon erwähnt, sind Enzyme im Reaktionsmedium homogen verteilt. Eine Trennung von diesem vor der Aufarbeitung der enzymatischen Reaktionsprodukte ist entweder nicht möglich oder technisch zu kompliziert.

Aus diesem Grunde werden heute ganze Enzymsysteme auf feste oder bewegliche Träger fixiert. Sie werden damit unbeweglich, d. h. immobil bzw. leicht abtrennbar vom Reaktionsmedium.

Über die immobilisierten Enzyme werden die Reaktionskomponenten geleitet, die dann zu den entsprechenden Reaktionen aktiviert werden. Ein derzeit interessantes Entwicklungsvorhaben ist die Fixierung von Hefezellen für die Bierherstellung, um zukünftig Bier nach kontinuierlichem Verfahren herzustellen.

Die Fixierung der Enzyme auf Trägersubstanzen erfolgt durch Adsorption oder chemische Bindungen. Mehrere Verfahren sind dafür entwickelt und industriell genutzt worden, z. B.

1. Adsorption der Enzyme an einem organischen oder anorganischen Träger (ADS = engl. adsorbence).
2. Einschluss der Enzyme in synthetische oder natürliche Polymere (ENT = engl. entrapment).
3. Einschluss der Enzyme in Mikrokapseln, die aus semipermeablen Membranen bestehen (MEC = engl. micro encapsulated).
4. Ionische Bindung der Enzyme an elektrisch geladene Oberflächen (ION = engl. ionic attraction).
5. Polymerisation von Enzymen durch Quervernetzung (CSL = engl. cross-linking).
6. Kombination der Adsorptionsmethode mit der Quervernetzungsmethode (ADS + CSL).
7. Copolymerisation – Einbinden der Enzyme als Teil eines polymeren Netzwerkes, dem sogenannten Copolymeren (COP = engl. copolymerization).
8. Bindung der Enzyme an Trägermoleküle durch kovalente Bindungen (CVB = engl. covalent bound).

Enzyme werden technisch schon in großem Maßstab rein gewonnen und eingesetzt.

In der Tab. 4 sind einige wichtige technisch eingesetzte Mikroorganismen aufgelistet, die die gewünschten Enzyme produzieren.

---

[23]immobilis (lat.) – unbeweglich.

Tab. 4 Übersicht über die Mikroorganismen, deren Enzymsysteme industriell genutzt werden [E. a view of microorganisms of which enzyme systems are used industrial]

Produktgruppe	Produkt	Organismus
Einfachtechnologien		
Lebensmittel	Saure Gemüse	*Lactobacillus*-Arten *Leuconostoc*-Arten
	Kaffee, Tee, Tabak	*Erwinia dissolvens* *Acetobacter*-Arten *Hefen*
	Backwaren mit Hefen	*Saccaromyces cerevisiae*
	Wein, Bier	*Lactobacillus*-Arten
	Milchprodukte	*Streptococcus*-Arten *Lactobacillus*-Arten
	Fleisch- und Wurstwaren	*Micrococcus*-Arten *Lactobacillus*-Arten *Penicillin*-Arten
Futtermittel	Silage	*Lactobacillus*-Arten
Fermentation unter sterilen Bedingungen		
Organische Lösungsmittel	Ethanol Butanol Aceton Glycerin	*Saccharomyces cerevisiae* *Clostridium acetobytylicum* *Clostridium acetobutylicum* *Saccharomyces rouxii*
Organische Säuren	Essigsäure Milchsäure Kojisäure Zitronensäure	*Acetobacter*-Arten *Lactobacillus*-Arten *Aspergillus flavus* *Aspergillus niger*
Polysaccharide	Dextran Xanthan Pullulan	*Leuconostoc mesenteroides* *Xanthomonas campestris* *Aureobasidium pullulans*
Aminosäuren	L-Glutaminsäure L-Lysin L-Asparaginsäure Glycin }	*Corynebacterium glutamicum* *Brevibacterium flavum*
Nukleoside	5'-IMP	*Bacillus subtilis*
Nukleotide	5'-GMP	*Brevibacterium ammoniagenes*
Vitamine	Vitamin B12 Vitamin B2 *β*-Carotinoide Ascorbinsäure	*Propionibacterium*-Arten *Candida*-Arten *Rhodotorula gracilis* *Acetobacter*-Arten

(Fortsetzung)

Tab. 4 (Fortsetzung)

Produktgruppe	**Produkt**	**Organismus**
Antibiotika	*ß*-Lactam-Antibiotika Amino- und Peptid-Antibiotika Kohlenhydrat-Antibiotika Tetracycline Nukleosid-Antibiotika Aromatische Antibiotika	*Penicillium chrysogenium* *Streptomyces*-Arten
Mutterkornalkaloide		*Clavicepes*-Arten
Enzyme	Amylase Glucose-Isomerase Protease Lipase	*Bacillus*-Arten *Aspergillus*-Arten *Streptomyces*-Arten *Bacillus*-Arten *Aspergillus*-Arten
Hormone via Steroid-Biotrans-formation	11-Hydroxyprogesteron Cortisol Prednisolon	*Rhizopus nigricans* *Curvularia lunata* *Arthrobacter simplex*
Hormone via Gegenüberführung	Insulin	*Escherichia coli K12*
Erzlaugung	Kupfer, Uran	*Thiobacillus*
Imunologie	Monoklonale Antikörper	Hybridoma-Zellen

4 Archaebakterien – extremophile[24] Bakterien und Enzyme [E. archaebacteria – extremophilic bacteria and enzymes]

Zunehmende Bedeutung für biotechnische Verfahren und Anwendungen erhalten die Enzyme von Archaebakterien. Sie entfalten noch unter für biochemische Reaktionen extremen Bedingungen eine hohe Aktivität. Archaebakterien trifft man in konzentrierten Salzlösungen, im sauren oder alkalischen Milieu an, in Umgebungen mit Temperaturen bis zu 140 °C oder in kalten arktischen Gewässern. Sie können also hitzeresistent (thermophil)[25], säureresistent (acidophil)[26] und resistent gegenüber hohen Salzkonzentraten (halophil)[27] sein. Auch höhere Drücke vermögen ihrer Vermehrung nichts anzuhaben. Die Archaebakterien werden stammesgeschichtlich als die ältesten Bakterien eingestuft. Sie sind Einzeller, werden den Prokaryonten zugerechnet und existieren auch noch unter extremen Lebensbedingungen. Sie sind extremophil. Chemisch unterscheiden sie sich

[24]archaios (gr.) – alt; extremus (lat.) – äußerst, übertrieben; philos (gr.) – Freund, extremophil, das Äußerste liebend.

[25]therme (gr.) – Wärme.

[26]acidus (lat.) – sauer.

[27]halo (gr.) – Salz.

von den übrigen Bakterien dadurch, dass sie in ihren Zellwänden als Stützsubstanz kein Murein enthalten (Kap. VI, Abb. 4 und Kap. XXIII, Abb. 2).

So wie die extremophilen Bakterien unter außergewöhnlichen Bedingungen nicht nur zu überleben vermögen, sondern sich erst richtig entwickeln und vermehren, erreichen auch ihre Enzyme erst dann ihr Aktivitätsoptimum. Bei hohen Temperaturen und Drücken verlaufen die Reaktionen schneller. Es wird eine höhere Umsatzrate erzielt.

Die aus den extremophilen isolierten Enzyme werden für die biotechnische Industrie immer interessanter.

Ein bekanntes Anwendungsgebiet ist die Erzlaugung (leaching)[28] mithilfe von Bakterien.

Mit ihren hitzestabilen Enzymen nutzen die extremophilen Bakterien Cellulose, andere Kohlenhydrate, Fette, Eiweiße und sogar Erdöl als Kohlenwasserstoff für ihren Stoffwechsel aus.

Aus in stark alkalischen Seen vorkommenden Bakterien werden Enzyme gewonnen, die Waschlaugen zugesetzt werden, um hartnäckige Eiweißverunreinigungen zu entfernen. Die Henkel KGaA, Düsseldorf, setzt dem bekannten Persil ein extremophiles Enzym zu. Das US-Unternehmen Genencor fügt seinem Waschmittel ein cellulosespaltendes Enzym bei, um so den *Stonewashed-Effekt* bei Jeansstoffen zu erreichen. Beim Waschen zersetzt es kleine Fusseln, die sich an der Oberfläche von Baumwolle gebildet haben. Der Stoff bewahrt länger sein frisches Aussehen.

Die Textilindustrie erhofft sich von den extremophilen Enzymen bessere Methoden zur Oberflächenbehandlung von hochwertigen Cellulose- und Eiweißfasern (Wolle und Seide).

Der Stoffwechselabbau von Stärke zu Monosacchariden (Glucose) oder Disacchariden (Maltose) ist ein vielstufiger enzymatischer Vorgang unter normalen Bedingungen. Bei Verwendung von extrophilen Enzymen erhofft man sich, diesen Abbauvorgang auf eine Stufe zu reduzieren.

Cyclodextrine haben als Verkapselungssubstanz von Arzneimitteln, Duftstoffen und Aromen in der Pharma-, Kosmetik- und Nahrungsmittelindustrie eine beliebte Verwendung gefunden. Mit diesen Enzymen ist es möglich, die Cyclodextrine in einem vereinfachten Verfahren zu gewinnen (Kap. IX, Abschn. 4.3).

Vielversprechende Anwendungen erhofft man sich von den Halobakterien (halophil). Sie leben in Seen mit hohen Salzkonzentrationen, einige von ihnen selbst in gesättigten Kochsalzlösungen (NaCl). Sie wachsen z. B. im Toten Meer und an salzartigen Standorten entlang den Meeresküsten. Ihnen gelingt es, vor und hinter ihrer Zellmembran ein großes Konzentrationsgefälle für bestimmte Ionen aufrechtzuerhalten. Außerdem verfügen sie über einen primitiven, aber effektiven Fotosyntheseapparat. Als fotosynthetisierend bzw.

[28]leaching (engl) – auslaugen.

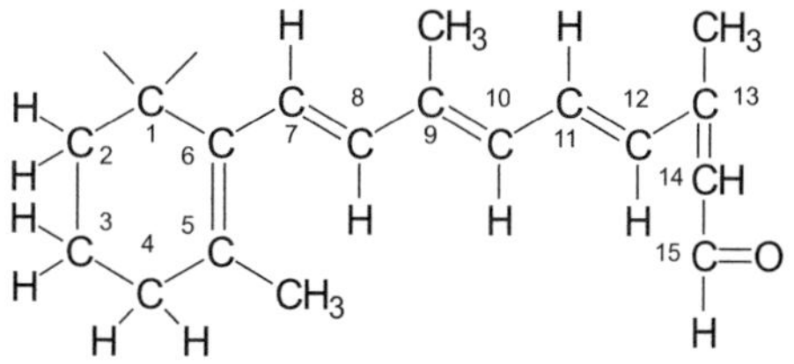

Abb. 10 Bakteriorhodopsin – Strukturformel [E. bacteriorhodopsin – structure forumula]

lichtabsorbierend wirkt ein membrangebundener Farbstoff, das *Bakteriorhodopsin.* Dieser biologische Lichtwandler wurde vom Max-Planck-Institut für Biochemie in Martinsried, Bayern, als Kristalle isoliert. Auf Lichteinfall reagieren sie mit einem zyklischen, 100-mal pro Sekunde ablaufenden Farbwechsel von violett nach gelb. Man kann sich vorstellen, dass das Bakteriorhodopsin in dünner Schicht zwischen zwei Glasplatten ein ideales Filmmaterial hergibt, wenn es um die rasche Aufzeichnung und Verarbeitung optischer Informationen und Bilder geht. Besonders erfolgreich erweist sich entsprechendes Material in der Holografie.[29]

Um Enzyme von extremophilen Bakterien zu gewinnen, werden deren Gene in Mikroorganismen übertragen, die in normalem (mildem) Milieu gedeihen. Sie produzieren dann die gewünschten Enzyme in ausreichender Menge für die industrielle Verwertung.

Rhodopsin ist aufgebaut aus dem 13-cis-Retinal, einem Oxidationsprodukt (Aldehyd) des Vitamin A und dem Protein Opsin (Abb. 10).

Wie alle Fotosynthese-Pigmente, z. B. Chlorophyll (Kap. II, Abb. 3), Bakteriochlorophyll, Carotinoide, Phycobiline (Kap. XVII, Abschn. 1), so enthält auch das Bakteriorhodopsin[30] fünf konjugierte Doppelbindungen, d. h. ein System von delokalisierten (nicht ortsgebundenen) Elektronen. Sie lassen sich leicht auf höhere bzw. andere Energieniveaus verschieben. Dadurch wandeln sie Lichtenergie in chemische Energie um, speichern diese und geben sie als chemische Energie wieder ab.

Das Sehpigment Rhodopsin befindet sich an den Außensegmenten von tierischen und menschlichen Sehzellen. Es ist für den Sehprozess unerlässlich und besteht aus der farbgebenden Komponente, dem Chromophor, Retinal als aktive (prosthetische) Gruppe und dem Trägermolekül, dem Opsin als Eiweißkomponente (Kap. XVII, Abschn. 1.1).

Das Retinal ist über seine Aldehydgruppe mit einer Aminogruppe des Proteins nach dem Prinzip der Schiff'schen Base verknüpft (Kap. XIII, Abschn. 1).

---

[29]holo (gr.) – als Vorsilbe drückt sie „insgesamt" oder „vollständig" aus.

graphein (gr.) – schreiben, Holografie ist eine fotografische Technik, die mit Laserlicht dreidimensionale Bilder erzeugt.

[30]rhodon (gr.) – Rose, abgeleitete Vorsilbe in dem Namen von Verbindungen, die auf deren rosenrote Farbe oder auf den Duft Bezug nehmen.

Proteinmolekül Aldehydgruppe des Retinals

$-NH_2$ + $O=C(H)-$ Retinalrest

$-H_2O$

Schiff'sche Basenverknüpfung des Rhodopsins

$-N=C(H)-$ Retinalrest

5 Technische Herstellung von Enzymen [E. technical production of enzymes]

Der Bedarf an Enzymen im Nahrungs- und Futtermittelsektor, für Waschmittelzusätze, in der pharmazeutischen und chemischen Industrie und im technischen Sektor allgemein wird immer größer. Der Produktionssektor für Enzyme ist ein Wachstumssektor.

Als Rohstoffquellen bedient man sich der pflanzlichen und tierischen Mikroorganismen wie Bakterien und Pilze, aber auch der Drüsen und inneren Organe von Tieren und Pflanzen.

Reine Enzyme zu gewinnen, ist sehr schwierig und aufwendig, da in den Zellen nicht nur ein Enzym, sondern eine ganze Reihe von Enzymen gebildet wird.

Das Problem der technischen Gewinnung liegt bei der Aufarbeitung und Trennung.

Die Zelle als Bioreaktor vermag die kompliziertesten Verbindungen u. a. auch die Enzyme herzustellen. Aber dieses Reaktionsgemisch sorgfältig in die verschiedensten einheitlichen Produkte zu zerlegen, stellt große Anforderungen an die Technologen und deren Trenntechniken.

Mittels Fermentation lassen sich die Mikroorganismen unter Bedingungen, die dem Bakterien- oder Pilzstamm angemessen sind, zu Massenprodukten vermehren. Nach Beendigung der Fermentation folgen zahlreiche Grundoperationen der Einengung des Fermentationsmediums, der Filtration, der Zellwandzerstörung, der Extraktion[31] oder Fällung des Zentrifugierens, Trocknens usw. Jeder Enzymtyp und gewünschter Reinheitsgrad erfordert eine ganze Reihe von speziellen Grundoperationsschritten.

Die Herstellung mikrobieller Enzyme erfolgt in der Regel in belüfteten und steril geführten konventionellen Rührkesselfermentern als Chargenbetrieb (Abb. 11 und 12).

[31] extrahere (lat.) – herausziehen.

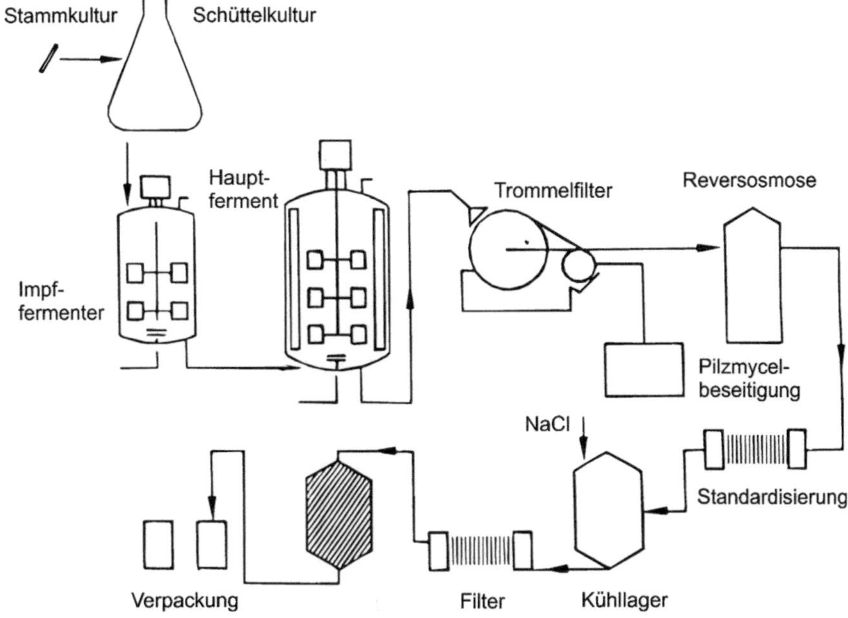

Abb. 11 Apparatefließbild einer diskontinuierlichen Enzymherstellung [E. apparatus flow chart of a discontinuous production of enzymes]

Als Substrate haben sich Stärkemehle, Schrote, Maisquellwasser, Molke und Melasse bewährt. Phosphate, Nitrate sowie Natrium und Kaliumchloride und Spurenelemente runden das nötige Nährstoffangebot ab.

Bei einem konstanten Nährstoffangebot kann die Fermentation über die Parameter pH-Wert, Temperatur und Belüftung gesteuert werden.

Extrazellulare Enzyme – solche, die sich außerhalb der Zellen im Nährmedium befinden – werden mit der Kulturlösung von der Biomasse abgetrennt durch Trommelfilter. Danach wird die Lösung mittels Verdampfung im Vakuum, durch Umkehrosmose oder Ultrafiltration konzentriert. Durch Zugabe von einem Konservierungsmittel wird die konzentrierte Lösung keimfrei gemacht und auf eine Standardaktivität eingestellt.

Trockenpräparate werden durch schonende Verfahren wie Vakuumtrocknung oder Sprühgranulation erhalten.

Intrazelluläre Enzyme müssen vor einer weiteren Aufarbeitung aus dem Zellinneren herausgeholt werden. Dazu werden sie nach dem Eindicken durch mechanischen, chemischen oder thermischen Aufschluss extrahiert.

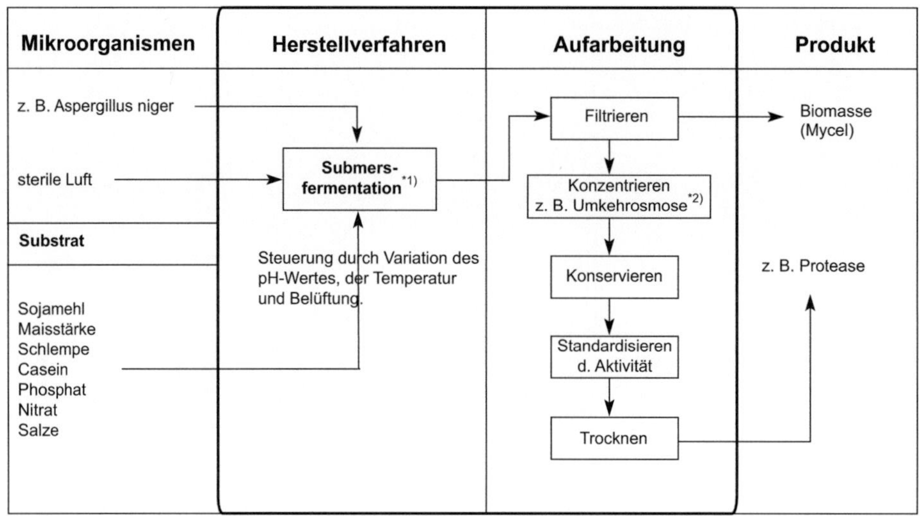

Abb. 12 Produktionsprogramm einer aeroben Enzymherstellung, ein Beispiel [E. production plan of an aerobic manufacturing of enzyme – an example]

*1) submersus (lat.) – untergetaucht, die Mikroorganismen befinden sich im Nährmedium verteilt.

*2) osmos (gr.) – Stoß, Osmose ist der Durchtritt von Flüssigkeiten durch semipermeable (halbdurchlässige) Membrane aufgrund von Konzentrationsunterschieden, d. h., ein Lösemittel tritt aus einer Lösung niederer Konzentration in die Lösung höherer Konzentrationen über. Bei der Umkehrosmose wandert das Lösemittel aus der konzentrierten in die verdünnte Lösung, wenn die konzentrierte Lösung unter einen Druck gesetzt wird, der höher ist als ihr osmotischer Druck. Umkehrosmose beruht auf Druckunterschiede.

6 Wirtschaftliches und Anwendungen [E. economic aspects and utilizations]

Die Enzyme haben sich große Anwendungsgebiete erobert. Zu nennen sind

der Nahrungsmittel-, Futtermittel- und Pharmasektor (Kap. XXI, Abb. 6),
der Waschmittelsektor,
die Holzaufbereitung, Zellstoffverarbeitung und der Papiersektor,
die Textil- und Lederherstellung,
der Bereich für die Gewinnung und den Aufschluss von Metallen und Mineralien,
die chemische Industrie und
der Energiesektor
sowie die Entsorgung von Reststoffen.

In der *Nahrungsmittel-, Futtermittel- und Pharmabranche* kann die Verwendung von Enzymen auf eine lange Tradition zurückblicken und bildet die Grundlage für die biotechnischen Verfahren.

Die Enzyme in den Waschmitteln sollen hartnäckige stärke-, fett- oder eiweißhaltige Verunreinigungen auch bei niedrigen Waschtemperaturen vollständig entfernen.

Anstelle von Chemikalien werden in der *Holzindustrie* zunehmend Enzyme verwendet (s. Kap. IV, Abschn. 8). Holz zersetzende Pilze produzieren Xylanase, ein Enzym, das das Lignin des Holzes abbaut. Die Xylanase wird nun systematisch aus den Pilzen gewonnen. Mittels der Xylanase werden die Cellulosefasern im Holz freigelegt und damit zugleich der Einsatz von chlorhaltigen Bleichmitteln um 15 % ermäßigt, dabei reduzieren sich auch die Bleichkosten erheblich.

Innerhalb der *Textilveredlung* haben sich enzymatische Methoden zunehmend durchgesetzt. Die einzelnen Veredlungsarbeiten an Textilien können sowohl an der Flocke, dem Garn als auch an der Web-, Strick- und Wirkware vorgenommen werden. Die Art der einzusetzenden Enzyme hängt davon ab, ob es sich um Cellulose- oder Proteinfasern und um Behandlungsmittel wie Schmälz- und Schlichtemittel, Mercerisierhilfsmittel, Antistatikamittel u. a. handelt.

Leder besteht aus Kollagen und kann als ein hochvernetztes Protein angesehen werden. Die *lederherstellende Industrie* setzt Enzyme ein, um aus dem Hautrohstoff wasserlösliche Eiweißstoffe abzubauen und Fette zu emulgieren und zu verseifen. Dafür verwendet sie die proteolytisch wirkenden Enzyme Trypsin, Papain und Bakterienproteinasen, als Fettspalter dienen die Lipasen.

Zahlreiche Bakterien- und Pilzstämme vermögen *Metallionen,* auch toxische, in ihren Stoffwechselprozess mit einzubauen, ohne daran zugrunde zu gehen. Diese Fähigkeit einiger Mikroorganismen wird ausgenutzt, aus metallarmen Erzen, wertvolle Metalle, z. B. nach dem Leaching-Verfahren (Auslaugung), zu gewinnen. Beispielsweise ist das Bakterium Thiobacillus ferrooxidans in der Lage, Eisen und Kupfer aus gering metallhaltigem Erzen herauszulösen. Als Stoffwechselprodukt wird von dem Bakterium Schwefelsäure ausgeschieden (s. Kap. VII, Abschn. 2).

Nach einem leicht abgewandelten Verfahren können mit denselben Bakterien aus Galvanikabwässern Kupferionenreste zurückgewonnen werden. Ein weiteres Verfahren ist die mikrobielle Auslaugung von schwermetallhaltigen Gläsern mit einem hohen Bleioxid- und Bariumoxidgehalt. Hierfür scheinen bestimmte Schimmelpilze bzw. ihre Enzyme besonders geeignet.

Eine interessante Entwicklung bahnt sich mit der Ausnutzung von *radikalisch wirkenden Enzymen der Weißfäulepilze* an. Entsprechende Versuche wurden von Biotechnologen der Technischen Universität Karlsruhe durchgeführt. Sie fanden heraus, dass die Weißfäulepilze im sogenannten Hungerzustand, d. h. beim Mangel an entsprechendem Substratangebot, ein Enzym produzieren und ausscheiden, mit dem sie in der Natur persistente[32] Schadstoffe abbauen können, sich also als Nahrungsquelle erschließen können. Diese Enzyme greifen auch die hochstabilen Kohlenwasserstoffe an.

[32]persistere (lat.) – verharrend, beharren; persistente Stoffe sind in sich biologisch so stabil, dass sie schwer oder fast nicht durch Mikroorganismen abgebaut werden könne.

Enzyme sind hitzeempfindlich. Ab ca. 50 °C verlieren sie ihre Aktivität. Deshalb sind sie für technische Prozesse oberhalb dieser Temperatur nicht einsetzbar. Daher wird nach hitzestabileren Mikroorganismen gesucht, die in Vulkanen oder Geysiren leben, von denen man erwartet, dass sie hitzeunempfindliche Enzyme produzieren.

Geysire sind heiße unter Druck stehende Wasserquellen, die in einem bestimmten Rhythmus hohe Fontänen ausstoßen. Sie finden sich nur auf vulkanischem Boden.

Weiterführende Literatur

Beyer, H., Walter. W. (2015), 25. Aufl., Lehrbuch der Organischen Chemie, S. Hirzel Verlag, Stuttgart.

Brierbey, C. L. (1984), Bakterien als Helfer im Bergbau, Spektrum der Wissenschaft, Industrielle Mikrobiologie, ISBN 3-922508-25-1, Spektrum der Wissenschaft Verlagsgesellschaft mbH u. Co., Heidelberg.

Einsele, A., Finn, R. K. u. Samhaber, W. (1985), Mikrobiologische und biochemische Verfahrenstechnik, VCH-Verlagsgesellschaft, Weinheim. a) Taschenbuch für Lebensmittelchemiker und -technologen (1991), Bd. 1, Hrsg. Frede, W., Springer-Verlag, Berlin, Heidelberg, New York u. a. b) Bd. 2, Hrsg. Osteroth, D., s. o).

Firmenschriften der Degussa AG, Geschäftsgebiet Futtermitteladditive, Postfach 13 45, D-63403 Hanau.

Folienserie des Fonds der chemischen Industrie (1993), Aminosäuren – Bausteine des Lebens, Heft 11, Hrsg. Fonds der chemischen Industrie, Karlstraße 21, Frankfurt/Main.

Frede, W. (2013), Taschenbuch für Lebensmittelchemiker u. -technologen, Bd. 1, Springer Verlag, Berlin, Heidelberg, New York.

Fuchs, G. (2014), 9. Aufl., begründet von Hans G. Schlegel, Allgemeine Mikrobiologie, Georg Thieme Verlag, Stuttgart, New York.

Jahrbuch Biotechnologie (1988/89), Bd. 2, Hrsg. Präve, P. u. a., Carl Hanser Verlag, München, Wien.

Laskowski, W. u. Pohlit, W. (1974), Biophysik, Bd. II., Georg Thieme Verlag, Stuttgart.

Lehninger – Biochemie (Springer Lehrbuch) 2010, Autoren: Nelson, D.; Cox, M; 4. Aufl., Springer Verlag, 69221 Heidelberg.

Mutschler, E. und Schäfer-Korting, M. (2012), 10. Aufl., Arzneimittelwirkungen, Wissenschaftliche Verlagsgesellschaft mbH, Stuttgart.

Negretti de Brätter, V. u. Wähnke, W. (1992), Mineralstoffe und Spurenelemente, Verlag Bertelsmann Stiftung, Gütersloh.

Richard, H. P. (1999), Geballte Kraft bei Lebensmittel- und Futterzusätzen, Danisco A/S und Cultor Oy fusionieren, Chemische Rundschau Nr. 5, 5. März.

Römpps Chemie Lexikon (2002), Hrsg. Falbe, J. und Regnitz, M., online., Georg Thieme Verlag, Stuttgart – New York.

Schiele-Trauth, U. (1998), Chemie: Industrie entdeckt die Enzyme „extremophiler" Organismen für Produktionsprozesse, VDI Nachrichten Nr. 31 vom 31.07.1998.

Smith, E. J. (1983), Einstieg in die Biotechnologie, Carl Hanser Verlag, München, Wien.

Weiden von der, S. (1998), Bio in der Fabrik – kein Bestseller, VDI-Nachrichten Nr. 36 v. 04.09.98.

Wissenschaftliche Tabellen Geigy, Bd. Somatometrie, Biochemie (1982), Hrsg. Ciba-Geigy Ltd., Basel.

Woese, C. R. (1982), Archäbakterien – Zeugen aus der Urzeit des Lebens, Spektrum der Wissenschaft, Evolution, IKSBN 3-922508-22-7, Spektrum der Wissenschaft Verlagsgesellschaft mbH u. Co., Heidelberg.

Hormone – Endokrinologie [E. hormones – endocrinology]

Definitionen [E. definitions]

Hormone[1] sind den Stoffwechsel- und Energietauschprozess und den Informationsablauf fernsteuernde systemwirksame Signalstoffe. Vom Bildungsort entfernt, lösen sie in kleinsten Mengen biochemische Primärreaktionen aus, auf die als Sekundärreaktionen physiologische Vorgänge eingeleitet werden, z. B. enzymatische Reaktionen, die sehr selektiv ausgerichtet sind.

Hormone werden von den innersekretorischen (endokrinen) Drüsen des menschlichen und tierischen Körpers gebildet und an die Blut- und Lymphbahnen aufgrund von Reizwirkungen ausgeschüttet. Ab diesem Moment sind sie ubiquitär, d. h. überall verteilt.

Diese Definition gilt sowohl für die Pflanzenhormone als auch für die der wirbellosen Tiere wie z. B. für die Insektenhormone (Bienen).

Die Endokrinologie[2] ist die Lehre und Wissenschaft von den Funktionen und der Regelung der durch innere Sekretion[3] aus speziellen Drüsen ausgeschiedenen Hormone.

1 Einteilung [E. classification]

Eine Einteilung der Hormone kann nach ihrer chemischen Struktur oder nach ihrem Bildungsort der Drüsen und Gewebe vorgenommen werden. Als Hormone im engeren Sinne werden die Signalstoffe bezeichnet, die in den endokrinen Drüsen der Wirbeltiere gebildet und von diesen ausgeschieden werden. Es werden hier nur die Hormone des Menschen kurz besprochen.

[1]hormao (gr.) – antreiben, anregen.

[2]krinein (gr.) – absondern; endon (gr.) – innen, innerhalb.

[3]secretus (lat.) – abgesondert.

V. Hopp, *Chemische Kreisläufe in der Natur*,
https://doi.org/10.1007/978-3-662-55860-7_19

Unter chemischen Gesichtspunkten können vier große Hormongruppen unterschieden werden:

1. *Hormone, denen die chemische Struktur der Aminosäure Tyrosin zugrunde liegt.* Tyrosin ist eine für die Menschen nichtessenzielle aromatische Aminosäure, die als regelmäßiger Baustein der Proteine in der Natur weitverbreitet ist.

Die Hormone des Nebennierenmarks und der Schilddrüse orientieren sich in ihrem Aufbau an dem Tyrosin, z. B.

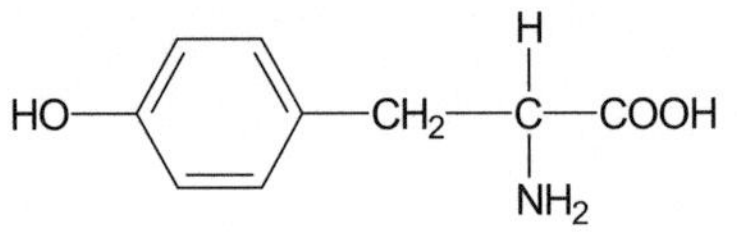

L-Tyrosin

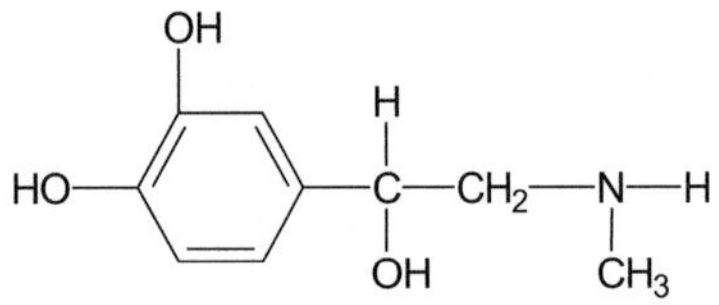

Adrenalin

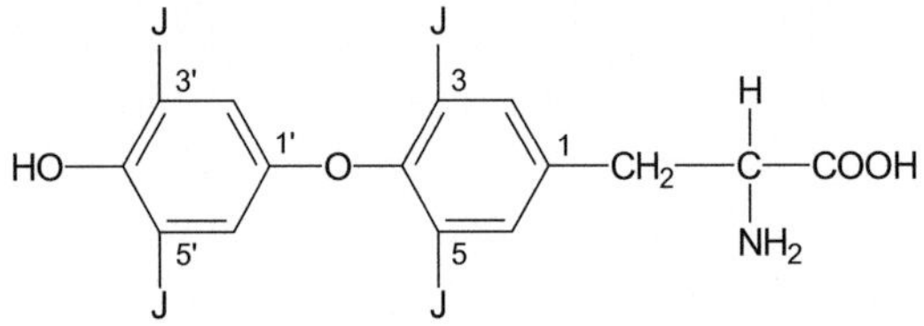

L-Thyroxin

Das L-3,5,3'-Trijodthyronin enthält gegenüber dem L-Thyroxin ein Jodatom weniger. Die Stellung 5' ist nicht durch Jod substituiert.

Ohne Jodsubstitution hat diese Verbindung keine hormonale Wirkung.

2. *Hormone, die sich von der Grundstruktur des Gonans ableiten lassen.* Das sind die Steroidhormone. Sie werden von der Nebennierenrinde und den Geschlechtsdrüsen gebildet und ausgeschüttet (Abb. 1).

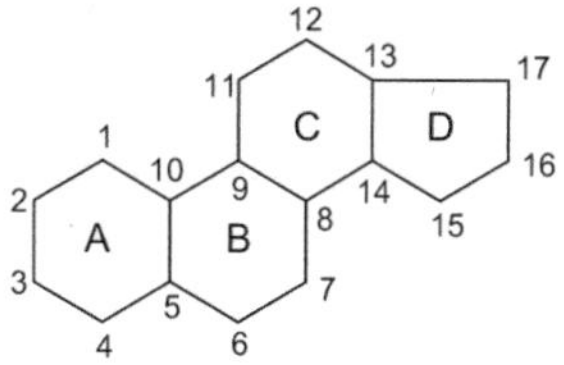

Gonan ist das Skelettgerüst eines kondensierten Ringkohlenwasserstoffs (alicyclisch) für Steroide.

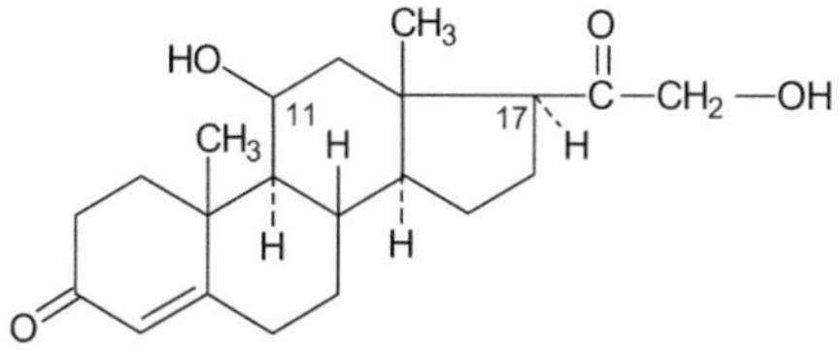

Corticosteron[a], ein Nebennieren-rindenhormon

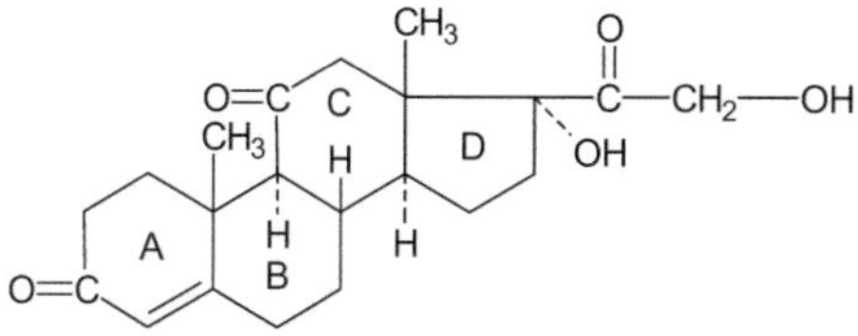

Cortison

[a]cortex (lat.) - Rinde, Schale; Cortison ist ein Hormon der Nebennierenrinde.

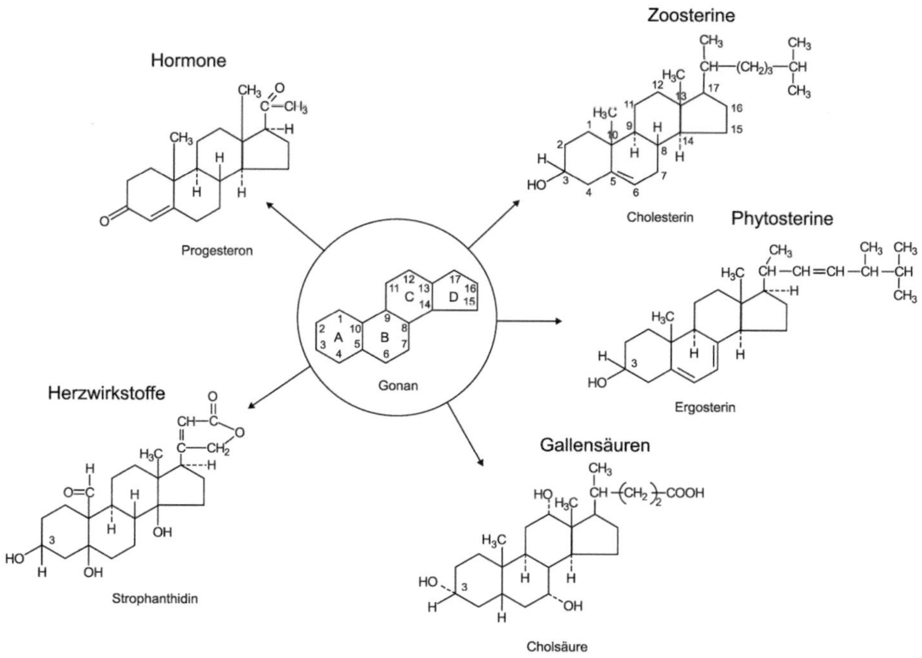

Hormone

Progesteron

Zoosterine

Cholesterin

Phytosterine

Ergosterin

Gonan

Herzwirkstoffe

Strophanthidin

Gallensäuren

Cholsäure

Abb. 1 Steroide, ein Beispiel für Wirkstoffe mit gemeinsamer chemischer Grundstruktur, aber unterschiedlichen Wirkungen [E. steroids, an example for active substances with common basic structure but different effects]

N-terminal His—Ser—Glu—Gly—Thr—Phe—Thr—Ser—Asp—Tyr—Ser—Lys—Tyr—Leu—Asp—Ser—Arg—Arg—Ala—Glu C-terminal
(10 under Tyr; 20 under Glu)
Aps—Phe—Val—Glu—Trp—Leu—Met—Asn—Thr—**Lys—Arg—Asn—Asn—Lys—Asn—Ile—Ala**
(30 under Lys)

Abb. 2 Aminosäuresequenz des Glukagons [E. sequence of amino acids of the glucagon]

Ser—Tyr—Ser—Met—Glu—His—Phe—Arg—Trp—Gly—Lys—Pro—Val
Gly—Asn—Pro—Tyr—Val—Lys—Val—Pro—Arg—Arg—Lys—Lys—Gly
(24 under Pro; 23 under Tyr)
Ala—Glu—Asp—Glu—Ser—Ala—Glu—Ala—Phe—Pro—Leu—Glu—Phe
(39 under Phe)

Abb. 3 Aminosäuresequenz des α-Corticotropin des Menschen (**A**dreno**c**ortico**t**ropen **H**ormon = ACTH) [E. sequence of the amino acids of the α-corticotropin]

3. *Hormone, die Peptidstrukturen*[4] *aufweisen.* Bei diesen wird zwischen den eigentlichen Peptidhormonen und den Proteohormonen unterschieden. Zu den Peptidhormonen rechnet man diejenigen mit wenigen Aminosäuresequenzen, während die aus vielen Aminosäuren zusammengesetzten Hormone als Proteohormone bezeichnet werden. Die Abgrenzung ist nicht eindeutig, auch ist sie für die Nomenklatur nicht bedeutend (Abb. 2 und 3).

Die Anzahl der Aminosäuren in einem Proteohormon ist nicht größer als 100. Zu dieser Gruppe werden die Hormone der Langerhans'schen Inseln in der Bauchspeicheldrüse (Pankreas), der Hypophyse[5] (Hypothalamus), der Nebenschilddrüsen, des Magen-Dünndarm-Traktes (Gastrointestinaltrakts), der Leber, der Nieren und Herzvorhöfe zusammengefasst (Kap. XXV, Abb. 7).

4. *Hormone, die sich von einem C_{20}-Kohlenwasserstoff, der Prostansäure, ableiten* (s. auch Abschn. 2.2 dieses Kap. XIX).

$$
\begin{array}{l}
\quad\ H_2\ \ H \\
\quad\ \ C-C-CH_2-CH_2-CH_2-CH_2-CH_2-CH_2-COOH \\
H_2C \qquad | \\
\quad\ \ C-C-CH_2-CH_2-CH_2-CH_2-CH_2-CH_2-CH_2-CH_3 \\
\quad\ H_2\ \ H
\end{array}
$$

[4]peptos (gr.) – verdaulich.

[5]hypo (gr.) – drunter; phyein (gr.) wachsen lassen. Hypophyse ist die Hirnanhangdrüse.

thalamos (gr.) – Sehhügel, große paarige knotenförmige Anhäufung von Nervenzellen im Stammhirn des Menschen und der Wirbeltiere. Thalamus ist eine Umschaltstation für die aus der Peripherie einströmenden Erregungen (Reize), die über den Thalamus als Tor des Bewusstseins zur Hirnrinde weitergeleitet werden.

A-Kette

Gly–Ile–Val–Glu–Gln–Cys–Cys (6, 7) … Cys–Ser–Leu–Tyr–Gln–Leu–Glu–Asn–Tyr–Cys–Asn (11, 15, 20)

Thr–Ser–Ile (8, 9, 10)

B-Kette

Phe–Val–Asn–Gln–His–Leu–Cys–Gly–Ser–His–Leu–Val–Glu–Ala–Leu–Tyr–Leu–Val–Cys–Gly–Glu (1, 5, 7, 10, 15, 19)

Thr–Lys–Pro–Thr–Tyr–Phe–Phe–Gly–Arg (30, 25)

S–S (A6–A11), S–S (A7–B7), S–S (A20–B19)

Abb. 4 Aminosäuresequenz des Insulins aus den Langerhans'schen Inseln des Menschen [E. sequence of the amino acids of the insulin from the islands of Langerhans of human]

Beispiele

Glukagon,[6] ein Peptidhormon der Langerhans'schen Inseln, ist aus 29 Aminosäuren als Einfachkette zusammengesetzt.

Molmasse: 3500

Coricotropin ist ein Peptidhormon des Hypophysenvorderlappen, bestehend aus 39 Aminosäureresten.

Insulin wird in den Langerhans'schen Inseln gebildet. 51 Aminosäurereste sind auf eine A- und B-Kette verteilt. Letztere sind über 2 Disulfidbrücken miteinander verknüpft. Die A-Kette enthält 21 Reste und die B-Kette 30 (Abb. 4).

Namensgebung

Die Namen der Hormone sind in der Regel von deren Bildungsorten abgeleitet worden (Abb. 5 und Kap. XXV, Abb. 2)

2 Beschreibung der Wirkungsweise einiger Hormone [E. description of effectiveness of some hormones]

2.1 Allgemeines [E. general]

Hormone wirken im Gegensatz zu den Enzymen nicht direkt, sondern indirekt auf Substrate. Sie verändern die relativen Konzentrationen der Enzyme und ihrer Substrate in bestimmten Organen. Dadurch beeinflussen sie die Reaktionsgeschwindigkeit biochemischer Reaktionen, deren Kinetik und damit die physiologischen Effekte.

[6] glyka (gr.) – Süßigkeit.

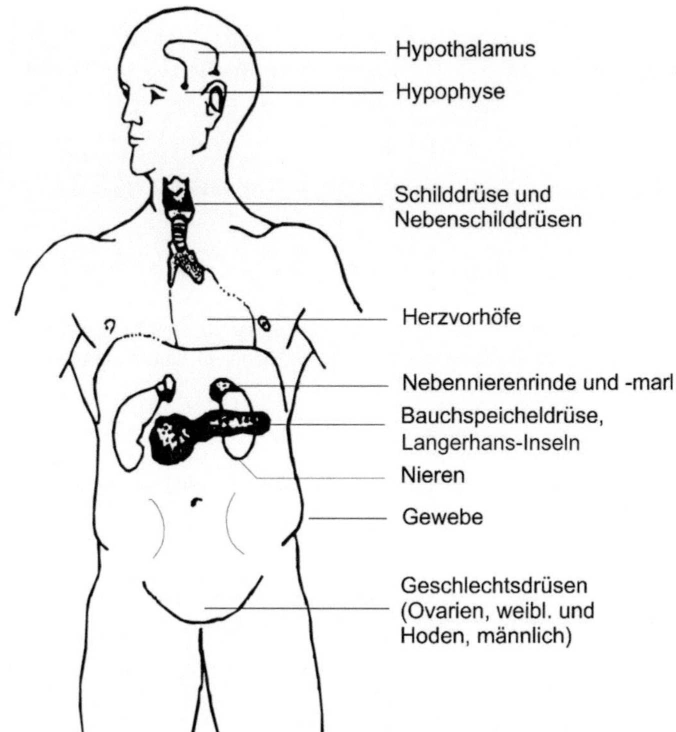

Abb. 5 Lage und Namen der hormonproduzierenden Drüsen [E. position and names of hormone producing glands]

Hormone sind hochaktiv, noch bei größten Verdünnungen entfalten sie signifikante Wirkungen.

Adrenalin im Blut erhöht den Blutdruck noch in einer Verdünnung von 1:400.000.000 (Vierhundertmillionen).

Hypophysenhormone wirken noch in Mengen von 1 bis 2 Tausendstel Milligramm [mg] (10^{-6} g bis 2×10^{-6} g).

Einerseits entfalten die Hormone direkt und unabhängig voneinander ihre physiologische Wirkung, andererseits ergänzen sie sich und stehen miteinander in Wechselbeziehung. In der Rangordnung der hormonalen Wirkungen nimmt die Hypophyse eine koordinierende Sonderstellung ein (Abb. 5).

Innerhalb der Hormone ist zwischen denen mit physiologisch hemmenden, den *Inhibiting*[7]-Hormonen, und den phyiologisch aktivierenden, den *Releasing*[8]-Hormonen, zu

[7]inhibere (lat.) – anhalten, hindern.

[8]release (engl.) – freilassen, auslösen.

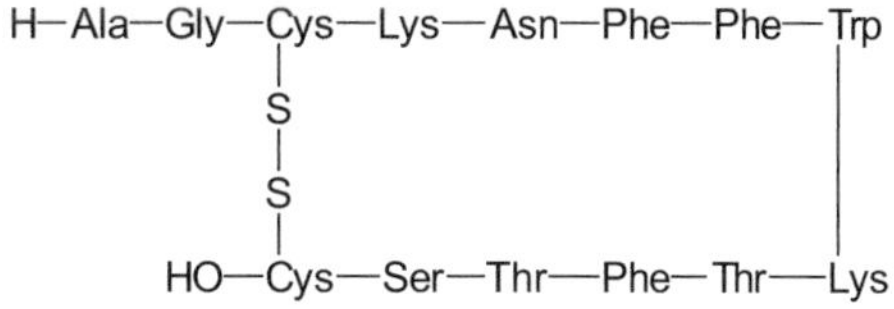

Abb. 6 Aminosäuresequenz des Somatostatin [E. sequence of amino acids of somatostatin]

```
H–Ala—Gly—Cys—Lys—Asn—Phe—Phe—Trp
           |                   |
           S                   |
           |                   |
           S                   |
           |                   |
      HO—Cys—Ser—Thr—Phe—Thr—Lys
```

differenzieren. Beide Hormontypen, die Inhibiting-Faktoren und die Releasing-Faktoren, werden im Hypothalamus gebildet.

Inhibiting-Faktoren hemmen die Hormonproduktion, während die *Releasing*-Faktoren die Hormonausschüttung begünstigen bzw. veranlassen. Somit sind beide Faktoren an der Steuerung und Regelung des Hormonspiegels im Körper beteiligt.

Die Peptidketten der Hypothalamushormone sind kürzer und werden deshalb den Oligopeptiden zugerechnet, z. B. ist das Somatostatin[9] aus 14 Aminosäuren zusammengesetzt. Es ist ein Inhibiting-Faktor und hemmt u. a. die Freigabe von Corticotropin und Somatropin (Abb. 6).

Das in den Langerhans'schen Inseln gebildete Somatostatin hemmt die Insulin- und Glukagonausschüttung, die Säureproduktion im Magen sowie die Sekretion vieler an der Verdauung beteiligter Hormone.

Die aufgeführten Beispiele tragen alle am C_3-Atom eine HO– bzw. C=O–Gruppe, sie werden deshalb auch Sterine genannt (hergeleitet vom Cholesterin) (Abb. 1).

2.2 Physikalische, biochemische und physiologische Eigenschaften [E. physical, biochemical and physiological properties]

Adrenalin [E. adrenaline] ist ein Hormon des Nebennierenmarks und kristallisiert als farblose Kristalle, die bei 211 bis 212 °C schmelzen und in Wasser nur sehr wenig löslich sind, gut aber in wässrigen Mineralsäuren und Alkalien. Die vorletzte Stufe zur natürlichen Biosynthese ist das Noradrenalin, das sich durch das Fehlen der Methylgruppe, $H_3C\cdot$, am Stickstoffatom vom Adrenalin unterscheidet:

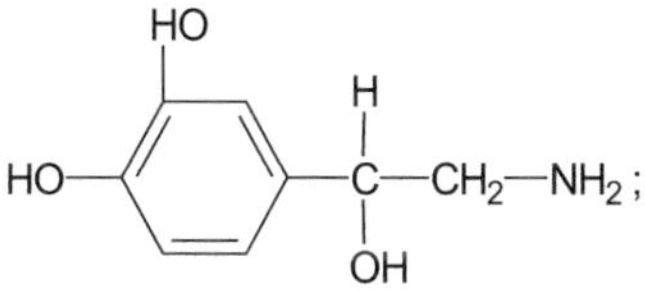

$$(HO)_2C_6H_3\text{—}CH(OH)\text{—}CH_2\text{—}NH_2\text{; Noradrenalin}$$

Adrenalin ist ein *Neurotransmitter,* d. h. ein Überträgerstoff, der an den Enden der Nervenfasern des vegetativen Nervensystems freigesetzt wird. Sowohl Adrenalin als auch

[9] Somatostatin wurde im Jahr 1973 von dem amerikanischen Endokrinologen und Nobelpreisträger Roger Guillemin aus 500.000 Schafts-Hypothalamusdrüsen in Milligramm-Mengen isoliert.

Noradrenalin steigern die Kontraktionskraft des Herzens, erhöhen die Schlagfrequenz und den systolischen Blutdruck. Als Sympathikomimetikum verengt es zugleich die Blutgefäße von Haut, Schleimhäuten und Baucheingeweiden. Dagegen werden die Blutgefäße der Skelettmuskeln und der Leber erweitert (Kap. XXV, Abb. 3).

Die wichtigste biochemische Folge einer Adrenalinausschüttung ist der erhöhte Abbau von Leberglykogen zu Glucose, das den Blutzuckerpegel steigert und den Abbau des Muskelglykogens zu Milchsäure.

Das Adrenalin aktiviert das Enzym Glykogenphosphorylase, das eine aufeinanderfolgende Abspaltung von Glucoseeinheiten aus dem Glykogen ermöglicht.

An diesem Beispiel wird das Zusammenspiel zwischen einem systemwirksamen Hormon und dem lokalwirksamen Enzym deutlich. Es kann in einem Glasreaktor experimentell belegt werden.

L-Tyroxin und Trijodidthyronin [E. thyroxine and trijodothyronine] sind die wichtigsten Hormone der Schilddrüse. Als einzige jodhaltige hormonale Wirkstoffe kristallisieren sie in farblose Blättchen, Rosetten oder Nadeln und sind optisch aktiv. L-Thyroxin schmilzt bei 235 bis 236 °C, ist unlöslich in Wasser, löslich in Alkalien und alkalischem Alkohol. In der Schilddrüse liegt Thyroxin am globulärem Eiweiß gebunden vor, von dem es bei Bedarf enzymatisch abgespalten und ins Blut ausgeschüttet wird. Der chemische Aufbau der Thyroxine leitet sich von der Aminosäure Alanin ab, s. Formel (a), (b) und (c). Im menschlichen Organismus sind ca. 10 bis 30 mg Jod enthalten, davon befinden sich 99 % in der Schilddrüse.

Thyroxin erhöht die Konzentration verschiedener Enzyme, die an der Atmung beteiligt sind.

Das Trijodthyronin kommt in viel geringeren Mengen als das L-Thyroxin vor, ist aber 3- bis 4-mal wirksamer. Seine Wirkung besteht vor allem in einer Beschleunigung des oxidativen Stoffwechselprozesses in den meisten Zellen, s. Formel (d).

(a) $C_6H_5-CH_2-CH(NH_2)-COOH$, L-Phenylalanin, eine Aminosäure

(b) $HO-C_6H_4-CH_2-CH(NH_2)-COOH$, L-Tyrosin

(c) $HO-C_6H_2I_2-O-C_6H_2I_2-CH_2-CH(NH_2)-COOH$, L-Thyroxin (Tetrajodthyronin)

(d) $HO-C_6H_2I_2-O-C_6H_3I-CH_2-CH(NH_2)-COOH$, Trijodthyronin

Eine Überfunktion der Schilddrüse beim Menschen führt zur Basedow'schen Krankheit[10] und eine Unterfunktion zum Kreatinismus.[11]

Corticosteron [E. corticosterone] ist ein Nebennierenrindenhormon und zählt zu den Steroidhormonen. Es kristallisiert in farblosen, trigonalen Blättchen, schmilzt zwischen 180 bis 186 °C, ist in Wasser nicht löslich, dagegen in organischen Lösemitteln gut. Corticosteron setzt ebenfalls aus dem Glykogen der Leber Glucose frei und wirkt dem Insulin in seiner Blutzuckersenkung entgegen, auch ist es an der Steuerung des Mineralhaushaltes beteiligt (Formel im Abschn. 1).

Cortison [E. cortisone] ist eines der wichtigsten Nebennierenrindenhormone und bildet farblose rhomboedrische Blättchen, die bei 230 bis 231 °C schmelzen, sie sind kaum löslich in Wasser, aber gut in Methanol, Ethanol und Aceton.

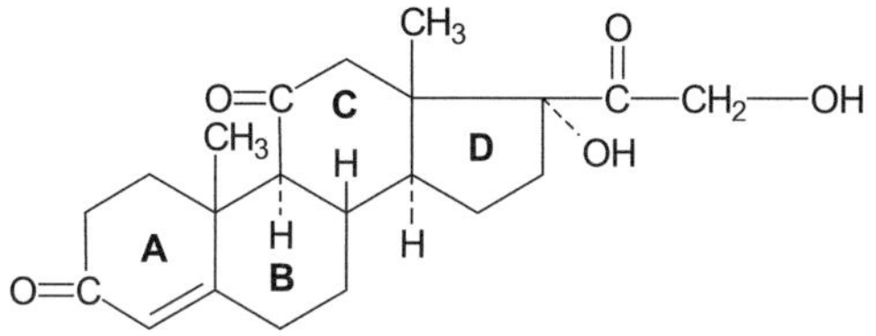

Cortison

Cortison steuert zusammen mit anderen Glucocorticosteroiden den Eiweiß- und Kohlenhydratstoffwechsel. Sie ermöglichen es, dass die aus den Eiweißabbauprodukten entstehenden Kohlenhydrate als Glykogen in der Leber gespeichert werden können.

Cortison wirkt dem Insulin entgegen, indem es die Glukagonsekretion in den A-Zellen der Langerhans'schen Inseln stimuliert und steigert, die Folge ist eine Blutzuckerzunahme.

Als Arzneimittel dient es zur Behandlung entzündlich-allergischer Zustände.

Corticotropin [E. corticotropin] ist ein farbloses wasserlösliches Pulver, abgekürzt ACTH (adrenocorticotropes Hormon). Es ist eines der zahlreichen Hormone des Hypophysenvorderlappens und regt die Nebennierenrinde zur Bildung von Corticosteroiden aus Progesteron an, von denen ca. 50 bekannt sind. Zu ihnen zählen u. a. auch das Corticosteron, Cortisol, Cortison, die Geschlechtshormone Androgene (männliche Keimdrüsenhormone) und Östrogene (weibliche Follikelhormone).

Wenn im Organismus kein ACTH gebildet wird, so verkümmert die Nebennierenrinde allmählich. Vielfältige Stoffwechselstörungen sind die Folgen.

Glukagon[12] [E. glucagon] wird wie das Insulin in den Langerhans'schen Inseln produziert. Sobald der Blutzucker des normalen Wertes von unterhalb 80 mg/100 mL fällt, wird Glukagon in die Blutbahn ausgeschüttet und veranlasst die Leber, Glykogen zu Glucose abzubauen, um den Blutzuckerspiegel auf sein normales Niveau anzuheben.

[10]Basedow, Karl-Adolf (1799–1854), dt. Arzt in Merseburg. Äußere Symptome der Basedow-Krankheit sind u. a. Kropfbildung und Glotzauge.

[11]chretien (frz.) – christlich im Sinne von unschuldig. Kretin ist ein missgebildeter Schwachsinniger.

[12]glyka (gr.) – Süßigkeit.

Insulin ist ein Gegenspieler des Glukagons und wird in das Blut abgegeben, wenn der Blutzuckerspiegel sich dem Wert von 150 mg/100 mL nähert (Abb. 4).

Es sorgt auch dafür, dass die Glucose von dem peripheren Gewebe aufgenommen wird.

Glukagon wirkt auf die Leber und hat keinen Einfluss auf den Glykogenabbau in den Muskeln, während das Adrenalin in beiden Organen wirksam ist. Ebenfalls fördert es die Eiweißspaltung (Proteolyse) zu Aminosäuren und die Gluconeogenese[13], das ist die hormonell gesteuerte Neubildung von Glucose aus nicht zu den Kohlenhydraten gehörenden Bausteinen wie Milchsäure und Aminosäuren. Die Orte hierfür sind vor allem die Leber und Nieren.

Zusätzlich wird die Lipolyse (Fettspaltung) im Fettgewebe verstärkt. Dagegen fördert Insulin die Polymerisation von Blutzucker (Glucose) zu dem speicherfähigen Glykogen und den Aufbau von körpereigenen Proteinen und Fetten. Bei unzureichender Insulinversorgung, wie das bei unbehandelten Diabetikern der Fall ist, tragen die antagonistischen Wirkungen des Glukagons kräftig zu den Stoffwechselentgleisungen mit bei.

Prostaglandine[14] [E. prostaglandins] sind Bestandteile der Gewebe und Körperflüssigkeiten von Säugetieren in einer Konzentration von ca. 1 Mikrogramm [µg] pro Millimeter.

Alle in der Natur identifizierten Prostaglandine sind Abkömmlinge des chemischen Grundgerüstes Prostansäure bestehend aus 20 Kohlenstoffatomen.

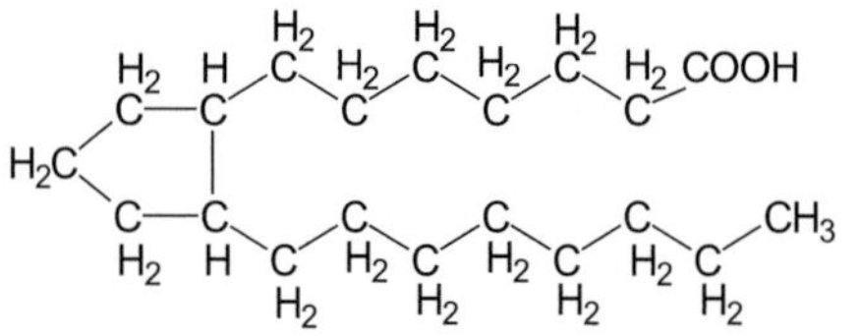

```
              H2      H2      H2
     H2  H    C   H2  C   H2  C   H2 COOH
      C — C      C       C       C
H2C       |
      C — C      C       C       C       CH3
     H2  H    C   H2  C   H2  C   H2  C
              H2      H2      H2      H2
```

Die Prostaglandine sind eine Gruppe ungesättigter Hydroxy-Ketosäuren. Sie entstehen in Leukozyten (weiße Blutkörperchen) aus essenziellen Fettsäuren wie z. B. Arachidonsäure

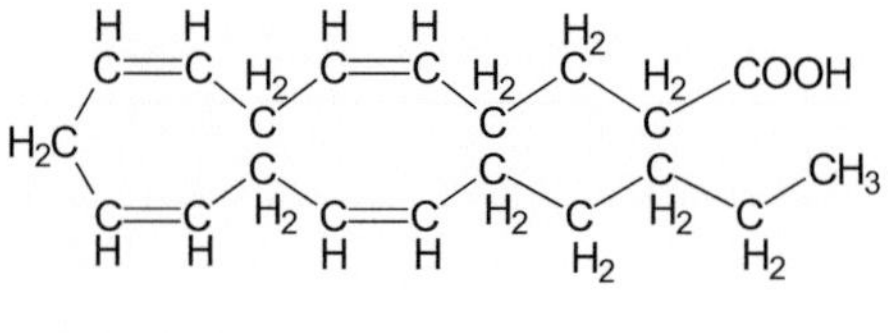

```
     H    H        H    H          H2
     C == C   H2   C == C   H2     C    H2 COOH
                C              C         C
H2C
                C              C         C        CH3
     C == C   H2   C == C   H2    C   H2    C
     H    H        H    H         H2        H2
```

Beispiel eines Prostaglandins (PGE_2)

[13]neos (gr.) – neu; genesis (gr.) – Entstehung, Entwicklung.

[14]prostates (gr.) – Vorsteher; glandula (lat.) – Drüse; Prostata ist die männliche Vorsteherdrüse.

Die Prostaglandine zeichnen sich durch zahlreiche biologische und biochemische Eigenschaften und Wirkungen aus, z. B. die Kontraktion oder Entspannung der Blutgefäß- und Bronchialmuskulatur und der Gebärmutter (Uterus). Sie hemmen die Progesteronausschüttung und beeinflussen den Blutzuckerspiegel und die Diurese (Harnbildung und -ausscheidung), die Auslösung von Migräneanfällen und vieles andere mehr. Spezielle Prostaglandine werden als Arzneimittel eingesetzt, wie z. B. PGE_2.

Arachidonsäure

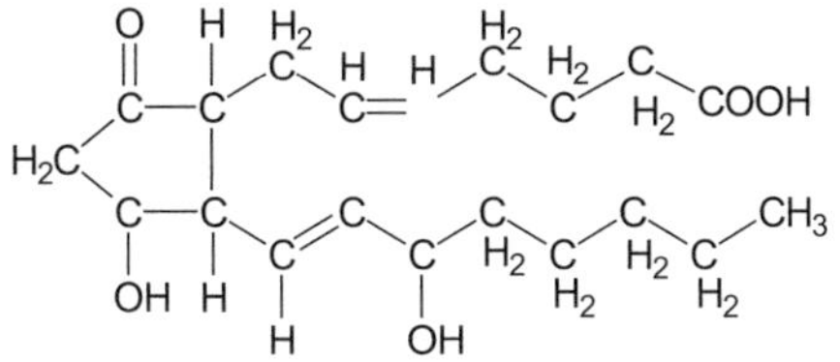

3 Insulin[15] als Therapiehormon [E. insulin as therapy hormon]

Dem Insulin wird als Hormon der Langerhans'schen[16] B-Zellen ein längerer Abschnitt als den übrigen Hormonen gewidmet. Es ist wohl das in der Bevölkerung bekannteste Hormon überhaupt, da es von vielen Menschen als therapierendes Arzneimittel gegen Diabetes mellitus[17] (Zuckerkrankheit) täglich benötigt wird. In Deutschland sind ca. 6 Mio. Menschen an Diabetes mellitus erkrankt. Mehr als die Hälfte davon benötigen Insulin als Therapiemittel. Die Symptome äußern sich in einem erhöhten Blutzuckerspiegel und einer Glucoseausscheidung im Harn. Diese Erscheinungen rühren von einer unzureichenden Insulinversorgung durch die Langerhans'schen Inseln in der Bauchspeicheldrüse (Pankreas). Werden dem Körper von außen nicht entsprechende Insulindosen zugeführt, verfällt er in allgemeine Schwächezustände und stirbt an giftigen Stoffwechselprodukten (Ketone) und physiologischem Energiemangel. Denn die Glucose als biochemischer Energiespeicher kann von den Körperzellen ohne Insulin nicht

[15] insula (lat.) – Insel, der Name Insulin nimmt Bezug auf die inselartig verteilten Drüsen innerhalb der Pankreas.

[16] Langerhans, Paul (1847–1888), dt. Pathologe, als Arzt und Schüler von R. Virchow beschrieb er in seiner Doktorarbeit den innersekretorischen Teil der Bauchspeicheldrüse.

[17] dia (gr.) – durch; baino (gr.) – gehen; mellitus (lat.) – honigsüß. Diabetes mellitus heißt, dass der Zucker nicht abgebaut durch den Organismus geschleust wird und im Harn wieder süßend auftritt.

Abb. 7 Insulinkristalle, mit einem Elektronenmikroskop aufgenommen durch Forschungslaboratorien der Sanofi in Frankfurt-Höchst [E. crystals of insulin received by an electronic microsope in the research laboratories of Sanofi in Frankfurt-Höchst]

genutzt werden. Dialectes[18] mellitus ist eine Krankheit durch unzureichende Versorgung mit physiologischer Energie.

3.1 Physikalische Eigenschaften [E. physical properties]

Die Molmasse von Humaninsulin beträgt 5807. Oberhalb und unterhalb des isoelektrischen Punktes ist Insulin im wässrigen Medium gut löslich, z. B. in saurem wässrigem 70 % Volumen anteiligem Ethanol. Der isoelektrische Punkt liegt bei pH = 5,4. Insulin kristallisiert in Prismen oder Rhomben (Abb. 7).

Der isoelektrische Punkt ist der pH-Wert einer wässrigen Lösung, bei dem amphotere Elektrolyte ungeladen erscheinen, d. h., die in einem Molekül vorhandenen entgegengesetzten Ladungen gleichen sich aus.

[18]Diabetes leitet sich von dem Griechischen Substantiv διαβήτης (diabétes) her, welches laut dem Gemoll-Wörterbuch „Zirkel“ heißt. Das Substantiv beschreibt Werkzeuge, die aus zwei Schenkeln bestehen (so der Zirkel) Das griechische Verb, welches diesem Wort zugrunde liegt, heißt διαβαίνω (diabaíno) und bedeutet übersetzt „schreiten“ oder „sich breit hinstellen“. Eine weitere Bedeutung von διαβήτης ist der „Doppelheber“, welcher dazu verwendet wird, Wein zu öffnen. Diese Bedeutung ist der Grund für unsere heutige Bezeichnung. Der Diabetiker ist jemand, der die Flüssigkeit nicht halten kann und urinieren muss. Die Flüssigkeit läuft durch ihn hindurch wie der Wein durch den Doppelheber (Kluge, Friedrich,: Etymologisches Wörterbuch der deutschen Sprache, Berlin (1999), 23. Auflage, S. 176, Sp. 2).

mellitus (lat.) – honigsüß.

Tab. 1 Zusammensetzungen einiger Insuline [E. compositions of some insulines] (s. Abb. 4 dieses Kapitels)

		A-Kette		B-Kette
Spezies	8-Stellung	9-Stellung	10-Stellung	30-Stellung
Rind	Alanin, Ala	Serin, Ser	Valin, Val	Alanin, Ala
Schwein	Threonin, Thr	Serin, Ser	Isoleucin, Ile	Alanin, Ala
Schaf	Alanin, Ala	Glycin, Gly	Valin, Val	Alanin, Ala
Pferd	Threonin, Thr	Glycin, Gly	Valin, Val	Alanin, Ala
Wal	Threonin, Thr	Serin, Ser	Isoleucin, Ile	Alanin, Ala
Mensch	Threonin, Thr	Serin, Ser	Isoleucin, Ile	Threonin, Thr

3.2 Biochemische Eigenschaften und Zusammensetzung [E. biochemical properties and composition]

Insulin findet sich in allen Wirbeltieren einschließlich Fischen und sogar in Seesternen. Je nach Tierart variiert die Zusammensetzung in einigen Aminosäureresten (Tab. 1).

Chemische Formel des Humaninsulins (Abb. 4).

Bei der Biosynthese des Insulins im Organismus entsteht zuerst ein 1-kettiges Polypeptid aus 84 Aminosäureresten, das Proinsulin. Er rollt sich so zu einer Schnecke ein, dass die Sulfhydrylgruppen, HS-, des Cysteins,

$$HS{-}CH_2{-}CH(NH_2){-}COOH,$$

der A- und B-Ketten so gegenüber zu liegen kommen, damit sich zwei Disulfidbrücken oxidativ verknüpfen können. Anschließend wird das C-Peptidstück enzymatisch herausgespalten, und das endgültige Insulin liegt in seiner aktiven Strukturform vor (Abb. 4 und 17).

Hat man bisher angenommen, dass dem C-Peptidstück keine besonderen physiologischen Funktionen zukommen, so muss diese Annahme seit Jüngstem revidiert werden.

Umfangreiche Forschungen wenden sich dem C-Peptid des Proinsulins zu.

Insulin wurde erstmalig 1921 aus tierischer Pankreas von F. G. Banting, Ch. H. Best, J. B. Collip und J. J. R. Macleod[19] isoliert.

---

[19]Frederick G. Banting (1891–1941), kan. Physiologe,
Charles H. Best (1899–1978), kan. Physiologe und Biochemiker,
James B. Collip (1892–1965), kan. Biochemiker,
John James R. Macleod (1876–1935), brit. Physiologe.

4 Insulinmangel und sein Einfluss auf den Stoffwechsel [E. deficiency of insulin and its consequences on metabolism]

Insulin wirkt blutzuckersenkend, indem es den Abbau der Glucose über Brenztraubensäure zur aktivierten Essigsäure und über den anschließenden Zitronensäurezyklus zu Wasser und Kohlenstoffdioxid steuert (Abb. 8).

4.1 Zitronensäurezyklus [E. tricarboxylic acid cycle]

Vereinfacht betrachtet ist der Glucoseabbau und die damit verbundene Energiefreisetzung eine stufenweise Rückführung der Glucose als C_6-Baustein über den C_3-Baustein der Brenztraubensäure und dem C_2-Baustein der aktivierten Essigsäure bis zum C_1-Baustein des Kohlenstoffdioxids. Die nachstehende vereinfachte Reaktionskette veranschaulicht den Prozess:

Glucose, C_6		Brenztraubensäure, C_3		aktivierte Essigsäure, C_2		Kohlenstoff dioxid, C_1		Wasser
$C_6H_6(OH)_6$	⟶	$2\ H_3C{-}C({=}O){-}COOH$	⟶	$H_3C{-}C({=}O){-}S{-}\text{Coenzym A}$	⟶	CO_2	+	H_2O

Innerhalb des Zitronensäurezyklus variieren die einzelnen Abbaustufen zwischen den C_4- und C_6-Bausteinen. Der Zyklus beginnt mit der Aufnahme eines Acetylrestes, C_2-Baustein, durch die Oxalessigsäure, C_4-Baustein, dabei entsteht dann die Zitronensäure als C_6-Baustein. In der folgenden Stufe lagert sich die Zitronensäure unter Abgabe eines Moleküls Wasser, H_2O, in die cis-Aconitsäure um.

Über die Isozitronensäure entsteht die Oxalbernsteinsäure, die als C_6-Baustein nach der Decarboxylierung, d. h. CO_2-Abgabe, in einen C_5-Baustein, der α-Ketoglutarsäure übergeht. Dieses ist auch eine Stelle der Transaminierung, die für den Auf- und Abbau der Proteine große Bedeutung hat. Hier werden die Aminogruppen an die Ketogruppen herangeführt, um Aminosäuren für die Peptidsynthese zu erhalten.

Die α-Ketoglutarsäure decarboxyliert als C_5-Baustein zur Bernsteinsäure, die ein C_4-Baustein ist. Es wird ein weiteres CO_2-Molekül ausgeschieden.

Nach weiteren Umlagerungen liegt nach dem Durchlauf eines Zyklus wieder Oxalessigsäure vor. Es sind also zwei Moleküle Kohlenstoffdioxid und 1 Molekül Wasser abgeschieden worden.

Eine weitere Einstiegstelle für die Peptide ist die Oxalessigsäure, die ebenfalls eine α-Ketosäure ist und zu einer Transaminierung geeignet ist.

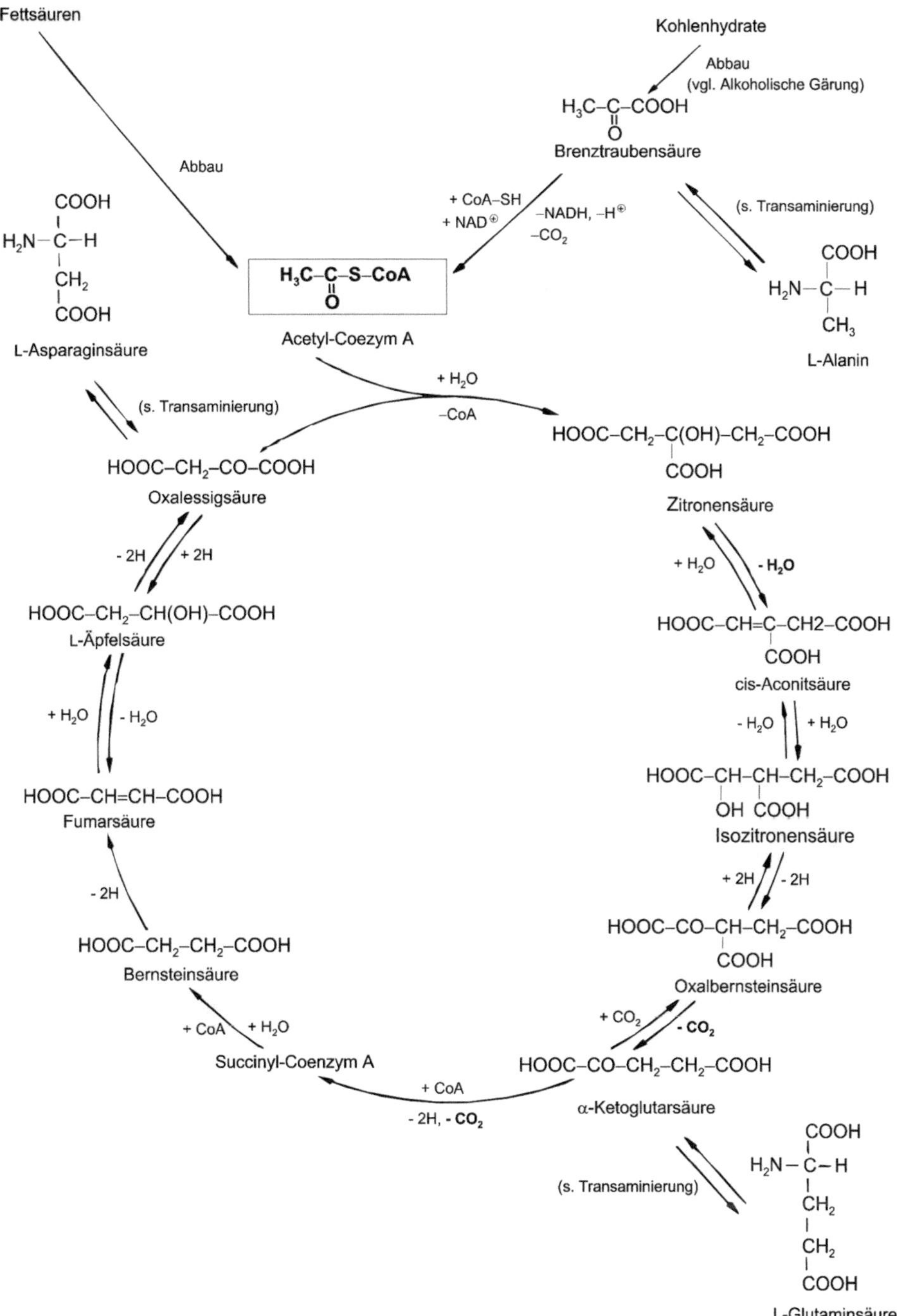

Abb. 8 Zitronensäurezyklus [E. tricarboxylic acid cycle]
Beyer, H. u. Walter, W. (2015), Lehrbuch der Organischen Chemie 15. Aufl., S. Hirzel Verlag Stuttgart

Biochemisch betrachtet ist die Störstelle bei Insulinmangel beim C_3-Abbau der Brenztraubensäure vor dem Eintritt in den Zitronensäurezyklus. An dieser Stelle sollte der oxidative Abbau der Brenztraubensäure über den Zitronensäurezyklus einsetzen. Stufenweise wird CO_2 abgespalten, und kleine Energieportionen werden freigesetzt, die wieder zum Aufbau des energiereichen ATP (**A**denosin**t**ri**p**hosphat) aus ADP (**Ad**enosindi**p**hosphat) dienen.

$$30{,}5\ \text{kJ/mol} + \text{ADP} + \text{Phosphat} \xrightarrow{\text{Enzym}} \text{ATP} + H_2O$$

$$\Delta G^o = +\ 30{,}5\ \text{kJ/mol}$$

ATP wird in den Mitochondrien[20] der Zellen gespeichert, um jederzeit für weitere Zellstoffwechselvorgänge abrufbar zu sein.

Insulinmangel bedeutet für die Zellen unzureichende Energieversorgung, der bestehende Organismus verhungert.

An der Störstelle bilden sich aus der Brenztraubensäure sogenannte Ketonkörper, d. h. organische Verbindungen, mit Carbonylgruppen $\cdot\underset{\underset{O}{\|}}{C}\cdot$

Das sind z. B. Aceton, Acetessigsäure u. a., die in größerer Konzentration sehr giftig sind. Die chemische Verwandtschaft dieser giftigen Ketonkörper möge nachstehende Übersicht verdeutlichen.

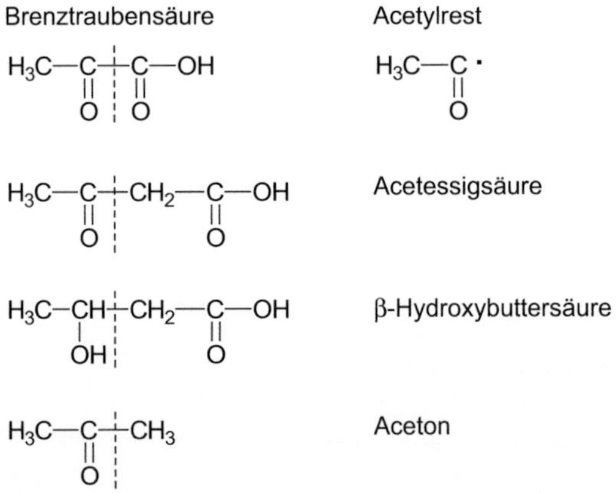

Brenztraubensäure	Acetylrest
$H_3C{-}C({=}O){-}C({=}O){-}OH$	$H_3C{-}C({=}O)\cdot$
$H_3C{-}C({=}O){-}CH_2{-}C({=}O){-}OH$	Acetessigsäure
$H_3C{-}CH(OH){-}CH_2{-}C({=}O){-}OH$	β-Hydroxybuttersäure
$H_3C{-}C({=}O){-}CH_3$	Aceton

Man kann sich leicht vorstellen, dass aus der Brenztraubensäure und dem Acetylrest die aufgeführten Ketonkörper als entgleiste Stoffwechselprodukte entstehen.

[20]mitos (gr.) – Faden, Schlinge; chondrien (gr.) – Körnchen. Mitochondrien sind die Energiespeicherstationen in den Zellen.

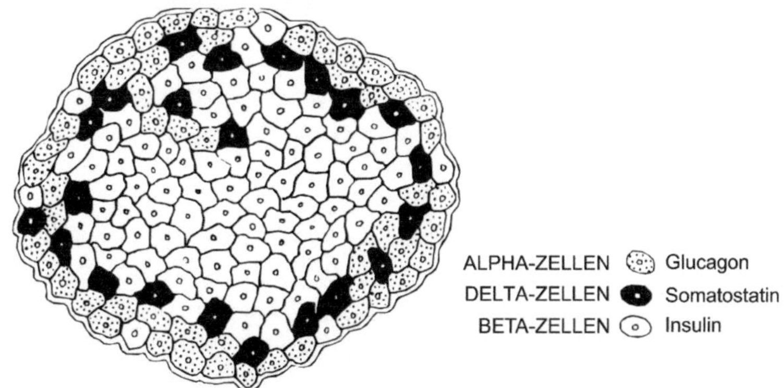

Abb. 9 Schematische Darstellung einer Langerhans-Insel [E. diagrammatic representation of an islets of Langerhans]

Insulinmangel bedeutet neben dem Hungertod auch ein Vergiftungstod und ein Eintrocknen der Zellen. Sowohl die überschüssige Glucose im Blut als auch die giftigen Stoffwechselprodukte versucht der Organismus auszuscheiden. Dazu ist für die Glucose und die Ketonverbindungen relativ viel Wasser nötig, um sie auszuschwemmen. Wenn das zwischenzelluläre Wasser nicht ausreicht, entzieht der Körper es aus dem Inneren der Zellen (intrazellulär). Physiologischer Energiemangel, Vergiftungserscheinungen und Austrocknen der Zellen schwächen den Körper so sehr, dass er über eine Phase der Bewusstlosigkeit, das Koma[21], stirbt.

Gemeinsam mit seinem Gegenspieler (Antagonisten) Glukagon hält Insulin den Blutzuckerspiegel innerhalb der Toleranzgrenzen zwischen 80 und 160 mg/100 mL konstant. Glukagon hat blutzuckeranhebende und Insulin blutzuckersenkende Wirkung.

Wie schon erwähnt, werden beide zusammen mit dem Somatostatin in den Langerhans'schen Inseln gebildet, und zwar das Glukagon in den α-Zellen, das Insulin in den β-Zellen und Somatostatin in den δ-Zellen (Abb. 9).

Die Langerhans'schen[22] Inseln bestehen nicht nur aus insulinproduzierenden Betazellen, sondern enthalten auch die glukagonbildenden Alphazellen sowie Deltazellen, die Somatostatin synthetisieren. Man kann vermuten, dass die Hormone dieser Nachbarzellen die Funktion der Betazellen beeinflussen. Tatsächlich lässt sich mit Glukagon eine Steigerung sowohl der Synthese als auch der Sekretion von Insulin erzielen, während Somatostatin die Insulinfreisetzung hemmt.

Der Hauptreiz auf die β-Zellen wird durch den Blutzucker ausgeübt. Steigt der Blutzuckerspiegel, wird die Insulinproduktion und -ausschüttung in das Blut angeregt. Zur Synthesesteigerung muss die Glucose in die β-Zelle eindringen und verstoffwechselt werden. Vorher

[21]Koma (gr.) – tiefer Schlaf.

[22]Langerhans, Paul (1847–1888), Pathologe in Berlin.

allerdings wird das intakte Glucosemolekül an einen Rezeptor an der B-Zellenmembran gebunden.

Außer Glucose und einigen weiteren Zuckerarten, wie z. B. Fructose, steigern auch bestimmte Amino- und Fettsäuren die Insulinfreisetzung, dagegen beeinflussen sie die eigentliche Hormonproduktion nicht (Abschn. 2.2).

Zusammenfassend ist festzustellen, dass Glukagon, Adrenalin und Somatostatin als die wirkungsvollsten Antagonisten des Insulins gelten (nachstehende Übersicht).

Insulin-wirkung:	Blutzuckersenkend durch Glucoseabbau, Glykogen aufbauend aus Glucose, körpereigene Fette aufbauend, synthesefördernd von körpereigenem Eiweiß aus Aminosäuren.
Glukagon-wirkung:	Blutzuckersteigernd durch Glucosefreisetzung, Glykogen abbauend zu Glucose in der Leber, Neubildung von Glucose aus Milchsäure und Aminosäuren (Gluconeogenese), Verstärkung der Fettspaltung (Lipolyse) und Eiweißspaltung (Proteolyse) mit Rückwirkung auf Gluconeogenese
Adrenalin-wirkung:	Verstärkter Glykogenabbau in Leber und Muskel
Cortison-wirkung:	Stimulierung und Steigerung der Glukagonsekretion, fördert die Blutzuckerzunahme
Somatostatin-wirkung:	Hemmt die Insulin- und Glukagonausschüttung in den Langerhans'schen Inseln

Diese kurz skizzierten Zusammenhänge zwischen den Wirkungsmechanismen einiger Hormone lassen den Diabetes mellitus als eine alle Biopolymere wie Kohlenhydrate, Fette und Eiweiß umfassende Stoffwechselkrankheit erscheinen, mit der Folge einer unzureichenden Versorgung des Körpers mit physiologischer Nutzenergie. Die Zunahme des Blutzuckers ist dafür ein sehr deutliches alarmierendes Signal.

Diese betroffenen komplexen Stoffwechselreaktionen erklären auch, warum der gesamte Organismus von dem Defekt des Insulinmangels mit einbezogen wird (Abb. 10).

Dass beim Insulinmangel so viele Organfunktionen in Mitleidenschaft gezogen werden, ist auch als positiver Aspekt zu interpretieren. Es ist das Bemühen, durch Gegenmaßnahmen des hormonalen Regel- und Steuerungssystems die Energieversorgung der Zellen kurzfristig sicherzustellen. Dabei müssen giftige Nebenstoffwechselprodukte in Kauf genommen werden, die das Gesamtenergieversorgungsnetz nachhaltig stören und zusammenbrechen lassen.

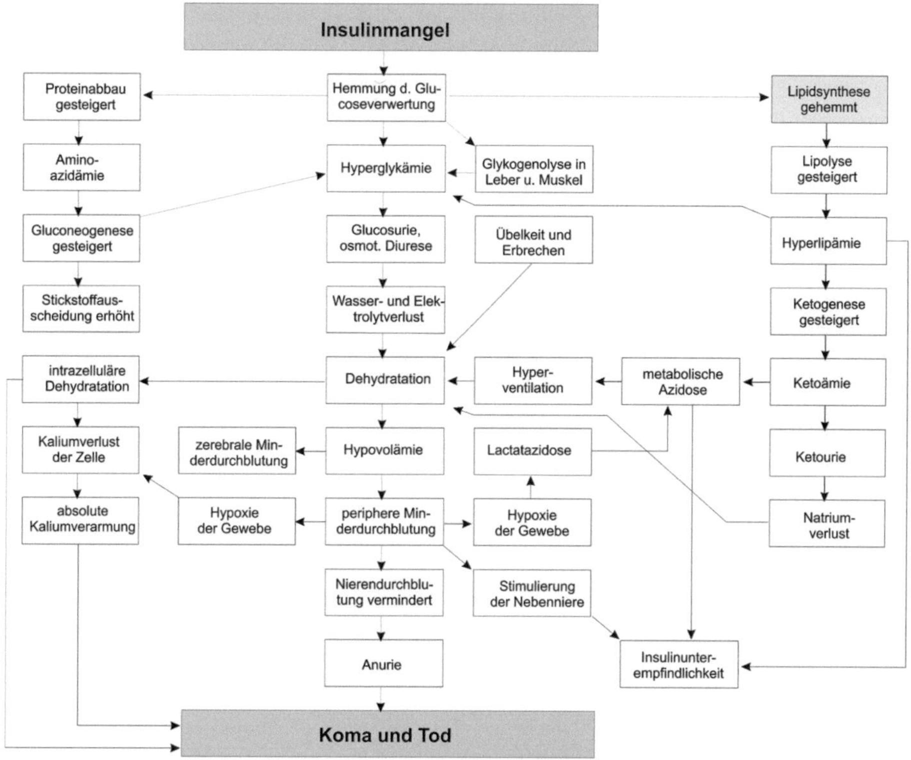

Abb. 10 Stoffwechselstörungen bei Insulinmangel – Entstehung des Coma diabeticum (nach Teppermann, Roche Lexikon, S. 323) [E. disturbances of metabolism at insulin defiency – formation of diabetic coma (ref. Teppermann, Roche Lexikon page 323)]

5 Insulingewinnung aus den Bauchspeicheldrüsen von Tieren [E. extraction of insulin from the pancreas of animals]

Das Insulin für die Behandlung der Zuckerkrankheit wird entweder durch Extraktion aus den Bauchspeicheldrüsen von Schweinen und Rindern gewonnen oder vorwiegend auf gentechnischem Weg mit den Bakteriumstamm Escherichia coli. Die Bauchspeicheldrüsen frisch geschlachteter Tiere werden auf den Schlachthöfen sofort tiefgefroren und dann mittels einer Tiefkühlkette zur Aufarbeitung in die chemisch-pharmazeutische Fabrik gebracht.

Aus 1 t Bauchspeicheldrüsen können nur 50 bis 100 g Insulin isoliert werden, 1 g Insulin entspricht etwa 27.000 Internationalen Einheiten (IE). Der Tagesbedarf von insulinpflichtigen Diabetikern liegt zwischen 20 und 80 IE pro Tag. Der Insulinbedarf eines gesunden Menschen beträgt ca. 2 mg und wird je nach Nahrungsaufnahme von den Langerhans'schen Inseln bereitgestellt. Um z. B. den Insulinbedarf eines Diabetikers in einem Jahr zu decken, ist die Aufarbeitung der Bauchspeicheldrüsen von etwa 60 Schweinen bzw. 20 Rindern erforderlich. Dieser hohe Bedarf von Tieren ist mit einer der Gründe, warum die gentechnische Produktion sich weltweit durchgesetzt hat.

Technisches Verfahren zur Insulingewinnung [E. technical process for insuline extraction]

Die Insulingewinnung gliedert sich in die fünf Stufen

- Zerkleinerung,
- Extraktion,
- Konzentrierung,
- Salzfällung,
- Reinigung.

1. Zerkleinerung [E. crushing]

Die bei −20 °C tiefgefrorenen Bauchspeicheldrüsen werden nacheinander mit einem

Walzenvorbrecher,
Fingerbrecher und
Fleischwolf

bearbeitet.

Mit dem Walzenvorbrecher werden sie auf Faustgröße gebracht, im Fingerbrecher fleischwolfgerecht gemacht und im Fleischwolf selbst auf eine Teilchengröße mit einem Durchmesser von 4 bis 5 mm zerkleinert. Der Durchsatz durch die Zerkleinerungsmaschinen beträgt 1,2 t/h.

2. Extraktion [E. extraction]

Die zerkleinerten Bauchspeicheldrüsen werden mit saurem wässrigem 70 %igem Ethanol bei pH = 3 mehrfach extrahiert. Das ethanolische Extraktionsmittel wird vorgekühlt.

Die Extraktionstemperatur darf 15 °C nicht überschreiten. Die Extraktionsbedingungen sind so gewählt, dass das Insulin von den übrigen begleitenden Pankreasenzymen möglichst wenig angegriffen wird. Ein Extraktionsvorgang dauert 2 h. Der Extrakt wird kurzzeitig auf einen pH-Wert von 7,5 umgestellt. Dabei fällt unerwünschtes Begleiteiweiß aus und wird in Vollmantelzentrifugen ausgefällt.

Der bei (1) anfallende Extraktionsabfall wird zum einen Teil mit einer 70 %igen alkoholischen Lösung in einem Schaufeltrockner getrocknet und als Futtermittelzusatz verwertet. Ein anderer Teil dient zur Gewinnung von Kreislaufmittel (Abb. 11).

Der bei (2) anfallende Extraktionsrückstand kommt in die Reststoffentsorgung.

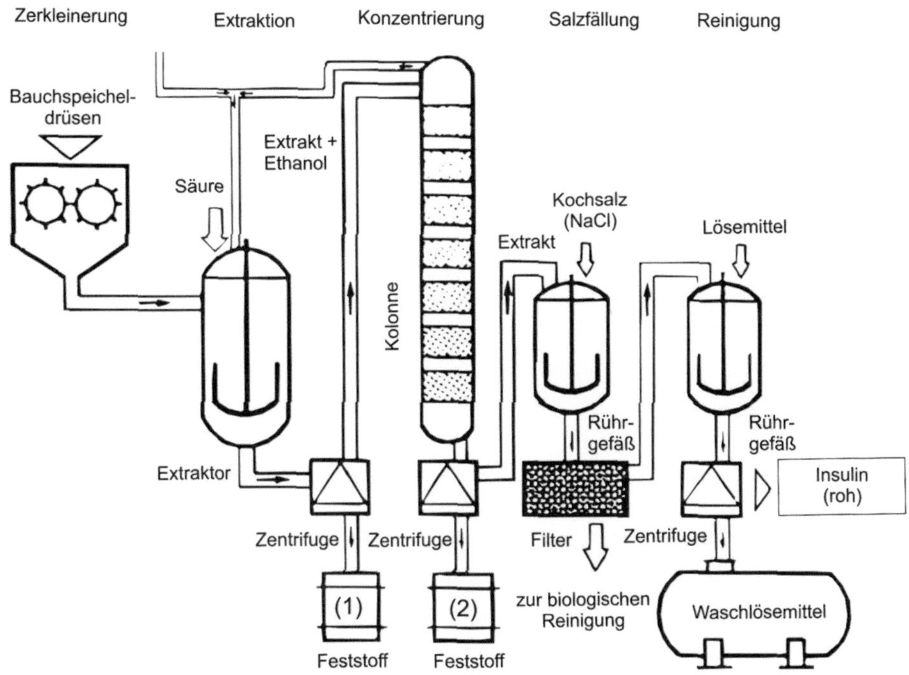

Abb. 11 Verfahrensschema zur Insulingewinnung [E. technical process for production of insulin]

3. Konzentrierung [E. concentration]

Der durch Zentrifugieren geklärte Extrakt wird wieder auf den pH-Wert 3,5 eingestellt und dann in einer Vorlage bis zur Destillation gespeichert. Die Extraktionslösung wird über eine Strippkolonne mittels Wasserdampf bei einem Druck von 33 bis 44 mbar und 30 °C ethanolfrei destilliert.

Das zurückgewonnene Ethanol wird wieder zur Extraktion eingesetzt.

Ausscheidendes Fett wird abzentrifugiert. Danach erfolgt eine nochmalige Vakuumdestillation, um restliches Ethanol und Wasser zu entfernen. Hieran ist wieder eine Fettabtrennung nachgeschaltet, um auch die geringsten Verunreinigungen zu beseitigen.

4. Salzfällung [E. salt-precipitation]

Der nun gereinigte und konzentrierte Pankreasextrakt wird mit Natriumchlorid bei pH 3 versetzt. Dabei fällt neben anderen Begleitproteinen das Insulin aus. Von 1 t Ausgangsmaterial sind nur noch 1 kg Fällungsmasse übrig geblieben, die zwischen 5 und 10 % Insulin enthalten. Anschließend werden dem Fällungsmedium Filterhilfsmittel zugegeben. Dann wird die Feststoffmasse durch Zentrifugieren abgetrennt. Der Feststoffanteil einschließlich Filterhilfsmittel beträgt nun 2 bis 3 kg. Dieser Salzkuchen wird 2-mal mit verschiedenen organischen Lösemitteln gewaschen.

5. Reinigung [E. purification]
Der Salzkuchen wird mit doppelt destilliertem Wasser angeteigt. Das Insulin geht mit zahlreichen anderen Begleitsubstanzen bei pH 3 in Lösung. Die Filterhilfsmittel können jetzt abfiltriert werden. Das Filtrat wird in ein vorbereitetes Kristallisiermedium mit pH 5,4, welcher dem isoelektrischen Punkt entspricht, gegeben. Das Insulin kristallisiert aus, während die übrigen noch vorliegenden Proteine amorph ausfällen.

Die Insulinkristallisation ist ein sorgsam vorzubereitender Verfahrensschritt, da möglichst große Insulinkristalle erwünscht sind (Abb. 7).

Während der Sedimentation setzt sich die kristalline Phase unten ab, darüber befindet sich die amorphe Phase. Die kristalline Fraktion besteht aus dem Rohkristallinsulin, das aber noch hochmolekulare Verunreinigungen enthält. Sie bestehen u. a. aus Pankreaspeptiden und Estern, die während der Ethanolextraktion entstanden sind. Diese werden bei pH 1,8 durch Behandeln mit Schwefelsäure und organischen Lösemitteln abgetrennt.

Durch weiteres Umkristallisieren, Waschen und Trocknen wird das Kristallinsulin erhalten. Es enthält noch Proinsulin und zahlreiche andere Zwischenprodukte der Biosynthese im Organismus. Bis 1972 wurde dieses Kristallinsulin zur Therapie der Zuckerkrankheit eingesetzt. Seitdem wurde eine chromatografische Reinigungsstufe angeschlossen. Durch Gelfiltration mit Polyacrylamid gelingt es, das Proinsulin und einen Teil der Biosynthesezwischenprodukte abzutrennen.

Im chromatografisch gereinigten Insulin liegen nur noch wenige Begleitstoffe vor. Eines davon ist das Desamidoinsulin, ein durch das saure Medium bedingte Desaminierungsprodukt. Es besitzt aber die volle physiologische Aktivität.

Reaktionsführung [E. reaction control]
Die Insulingewinnung ist ein semi-kontinuierliches Verfahren.

Das Ansetzen der tierischen Pankreasdrüsen mit dem Extraktionsmittel geschieht chargenweise. Der Verfahrensablauf nach der Extraktion bis zur Stufe der Salzfällung erfolgt vollkontinuierlich. Anschließend wird wieder chargenweise gereinigt.

6 Insulingewinnung durch genveränderte Escherichia coli [E. production of insulin by genetic engineering of escherichia coli]

Der Bedarf an Insulin für die Behandlung der Zuckerkrankheit ist groß und steigt durch die Vielzahl der Erkrankungen ständig.

Immer die ausreichenden Mengen an einwandfreien tierischen Bauchspeicheldrüsen von den Schlachthöfen zu erhalten, ist sehr schwierig geworden.

Mithilfe genveränderter Mikroorganismen und biotechnischer Verfahren ist man

1. von den Schlachthöfen als Rohstofflieferant unabhängig,
2. unabhängig von der Zahl der geschlachteten Tiere und
3. gelingt es, den Patienten ein noch reineres Insulin anzubieten, das dem Humaninsulin gleich ist.

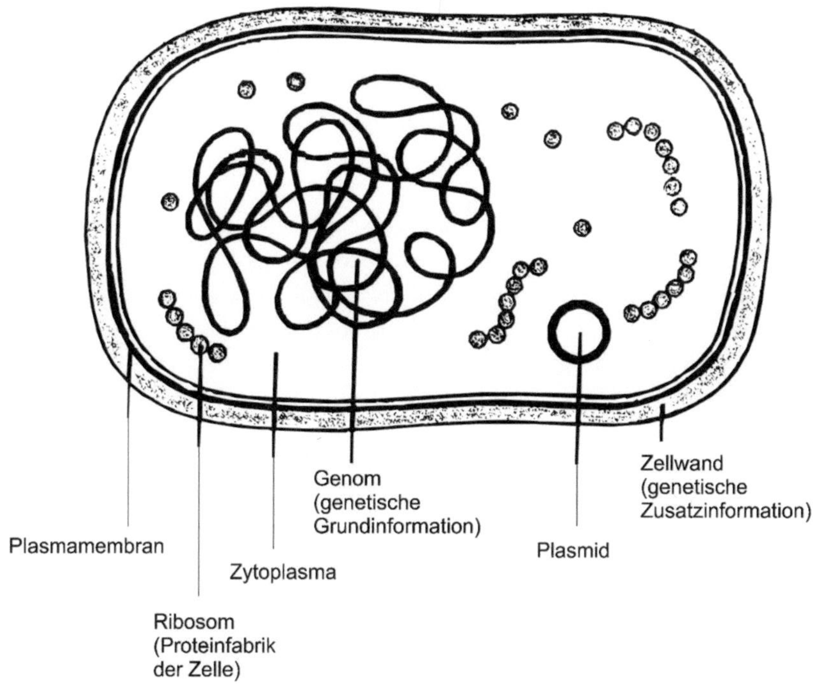

Abb. 12 Schematische Darstellung einer Bakterienzelle [E. diagrammatic preparation of a bacterial cell]

Das Prinzip, auf gentechnischem Weg Humaninsulin herzustellen, beruht auf der Möglichkeit, eine bakterielle Desoxyribonukleinsäure als Informationsträger um eine Zusatzinformation zur Insulinsynthese zu ergänzen. Bakterienzellen haben sich aufgrund ihrer übersichtlichen inneren Zellstruktur für die Einführung von zusätzlichen Erbinformationen und deren anschließende Reproduktion (Vermehrung) als besonders geeignet erwiesen. Für die Insulinsynthese konnte das Bakterium Escherichia[23] K12 als idealer Insulinreaktor selektiert werden (Abb. 12 und Kap. XXIII, Abb. 2).

Gegenüber den Pflanzen- und Tierzellen besitzen die Bakterienzellen keinen gegenüber dem Zytoplasma durch eine Membran abgeschlossenen Zellkern. Ihre genetische Information ist auf einem Chromosom gespeichert, das sich leicht verknäult im Zytoplasma befindet.

Außerdem verfügen viele Bakterien neben ihrem Chromosom über einen weiteren DNS-Informationsspeicher, das Plasmid. Plasmide sind kleine ringförmige DNS-Einheiten, die ebenfalls alle auf dem Chromosom gespeicherten Informationen enthalten und mit Letzteren in keiner Wechselbeziehung stehen.

[23]Escherich, Theodor, E. (1857–1911), österr. Kinderarzt in Wien.

Wegen ihrer geordneten Struktur und Übersichtlichkeit der DNS-Anordnung bieten sich die Plasmide geradezu an, zusätzliche Erbinformationen als Ringabschnitte einzuführen, ohne die normalen von Natur aus gegebenen Erbinformationen zu verändern. Plasmide sind relativ leicht zu isolieren und in vitro[24] zu behandeln.

Allerdings benutzen die Plasmide den Replikationsmechanismus[25] der Zelle, um Kopien von sich selbst anzufertigen.

Die Umsetzung der in den DNS verschlüsselten Informationen in unterschiedlich strukturierte Eiweißmoleküle erfolgt in allen Zellen, so auch in den Bakterienzellen an den Ribosomen. Eiweiß bzw. Proteine sind als Biopolymere die Werk- und Wirkstoffe aller Lebewesen bzw. Lebensfunktionen. Die Ribosomen[26] können als die Proteinfabriken der Zelle schlechthin aufgefasst werden.

6.1 Neukombination von DNS in Escherichia coli K12-Zellen [E. recombination of DNA in cells of escherichia coli K12]

Das für die Insulinsynthese verwendete Escherichia coli K12 ist ein Bakterium, das mit dem die menschliche Darmflora bildenden Escherichia coli verwandt ist und auch keine krankheitserregende Wirkung hat. K12 vermag als die schwächere Coliabart im Darm von Menschen und Tieren keine Kolonien zu bilden (Abb. 21).

Das Ziel ist nun, den Plasmid-DNS-Informationsspeicher so zu verändern, dass er die Bakterienzelle zur Insulinproduktion befähigt. Dazu muss in den Plasmidring ein zusätzliches DNS-Stück eingeführt werden, das für die Insulinproduktion zuständig ist.

1. Arbeitsphase [E. 1. working of operation]
Die benötigten Plasmide werden aus den Escherichia-coli-K12-Zellen isoliert, indem die schützende Hülle der Zellen zerstört wird und die Plasmide durch Zentrifugieren abgetrennt werden. Mit einer Spritze werden die Plasmid-DNS aus speziellen Kunststoff-Zentrifugen-Röhrchen abgesaugt.

Anschließend werden die Plasmidringe an einer bestimmten Stelle enzymatisch aufgespalten. Die geeigneten Enzyme heißen Restriktionsenzyme[27] oder auch Restriktionsendonukleasen. Das sind Enzyme, die spezifische Nukleotidsequenzen in der

---

[24]vitrum (lat.) – Glas, „in vitro“ heißt, alle weiteren Operationen außerhalb der Zelle oder des Organismus in einem Glasbehälter vorzunehmen.

[25]replicare (lat.) – entfalten, nachbilden. Replikation ist die biologische Nachbildung einer Urvorlage.

[26]Ribosomen sind elektronenmikroskopisch sichtbare zytoplasmatische Partikel mit einem Durchmesser von ca. 20 nm aus ribosomaler Ribonukleinsäure (rRNA) und Proteinen, an denen die Information der Boten (messenger) Ribonukleinsäure (mRNA) in die Aminosäuresequenz der Proteine übersetzt werden. Die ca. 15.000 Ribosomen eines Escherichia coli haben einen Durchmesser von ca. 20 nm = 10^{-9} m, ein MG von ca. $2{,}7 \times 10^6$.

[27]restringere (lat.) – zurückbinden, einschränken, zurückschneiden.

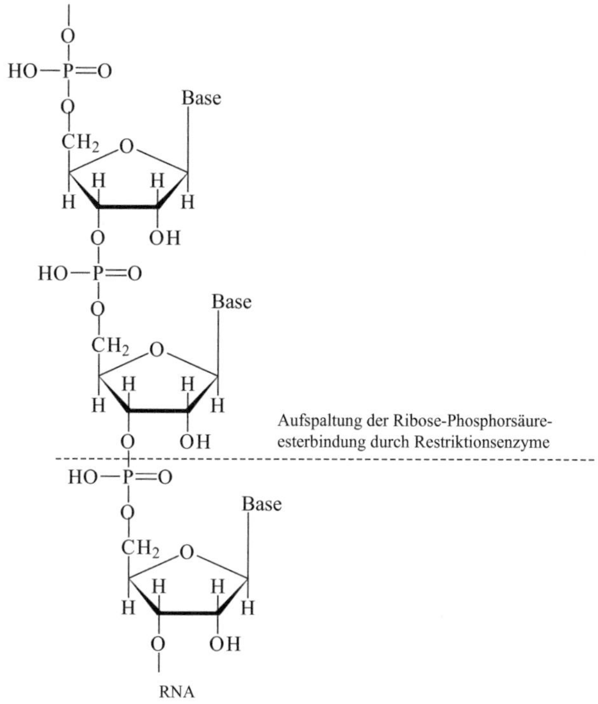

Abb. 13 Drei Nukleotidbausteine als Ausschnitt einer Ribonukleinsäure, RNS [E. three building elements of nucleotides as part of a ribonucleic acid, RNA]

Aufspaltung der Ribose-Phosphorsäureesterbindung durch Restriktionsenzyme

Desoxyribonukleinsäure, aber auch in Plasmiden erkennen und die Kette bzw. den Ring an dieser Stelle auftrennen, d. h., sie spalten die Ribose-Phosphorsäure-Ester-Bindungen (Abb. 13).

2. Arbeitsphase [E. 2. working operation]
In der nun folgenden Arbeitsphase werden den enzymatisch aufgespalteten Plasmidringen chromasomate DNS-Abschnitte zugegeben, die die Information der Insulinproduktion verschlüsselt enthalten. Sie werden aus der Erbinformation menschlicher Zellen gewonnen und können allerdings inzwischen auch komplett als Insulin-DNS synthetisch im Labor hergestellt werden.

Dieses Insulin-Strukturgen, auch Programmgeber genannt, muss nun in die vorher enzymatisch erhaltene Plasmidschnittstelle eingebaut werden. Das geschieht in Gegenwart eines anderen Enzyms, der Ligase[28]. Sie verknüpft das Strukturgen an beiden Enden mit dem Plasmidringenden. Der Plasmidring ist wieder geschlossen, enthält aber durch das Einfügen des Insulin-DNS-Abschnitts eine zusätzliche Information.

[28]ligare (lat.) – binden; Ligasen sind Enzyme, die die Verknüpfung von zwei Molekülen mit energetischer Unterstützung von Adenosintriphosphaten, ATP, katalysieren.

Um die um Insulin-DNS-Information erweiterten Plasmide später von den Bakterien zu selektieren, die keine neukombinierten Plasmidringe enthalten, wird ihnen noch eine weitere Information eingebaut. Sie sind für die Kultivierung der Bakterien notwendig. Das ist der Vektor bzw. das Gen für eine Ampicillinresistenz. Bakterien mit Ampicillinresistenz wachsen gut auf Nährboden, die mit Ampicillin geimpft worden sind. Auf diese Weise sterben die gentechnisch nicht veränderten Bakterien ab, sie vermehren sich nicht. Die anderen lassen sich nun leicht abtrennen. Ampicillin ist ein synthetisches Penicillinderivat, 6-(-)-Amino-α-(phenyl-acetoamido)-penicillansäure.

Die Ampicillinresistenz wird als Selektionsmittel ausgenutzt.

Neben dem Resistenzvektor wird den gentechnisch veränderten Plasmiden noch ein Regler eingefügt. Dieser enthält gentechnische Informationen, die für die Steuerung während der Vermehrung der Bakterienzellen deren Insulinbildung sowie der großtechnischen Fermentation von Bedeutung sind.

So ein Regler besteht aus einem Promotor[29], auch Operator genannt, und einem Terminator[30]. Der Operator empfängt ein Signal, um die Transkription der Insulin-DNS in eine Insulin-Boten-RNS einzuleiten und die Bakterienzelle zur Insulinproduktion aufzufordern. Die Signale erhält der Promotor von einer Substanz, die der Nährlösung nach ausreichender Biomassevermehrung zugegeben wird. Ausreichende Biomasse bedeutet, dass nun genug Bakterienzellen vorliegen, die Insulin zu produzieren vermögen, wenn das Startsignal gegeben wird. Der Terminator stoppt die Transkription, wenn die Insulinproduktion beendet sein soll.

3. Arbeitsphase [E. 3. working operation]

Nachdem die neukombinierten Plasmide mit dem Insulinstrukturgen, dem Vektor für eine Ampicillinresistenz, dem Promotor und Terminator versehen sind, müssen sie wieder in die Zellen des Escherichia coli K12 eingebracht werden. Dies erreicht man, indem die neukombinierten (rekombinierten) Plasmide mit den Bakterien in Gegenwart von Calciumionen vermischt werden. Die Calciumionen machen die Bakterienzellenmembran durchlässiger und begünstigen das Einschleusen (Insertion)[31] des Plasmides in die Zelle.

Die Organismen, die die rekombinierten Plasmide enthalten sollen, werden nun auf die entsprechenden Nährböden mit Ampicillin gebracht. Dort wachsen und vermehren sich nur diejenigen, die auch wirklich die rekombinierten Plasmide aufgenommen haben. Sie werden isoliert und stufenweise vom Kleinstfermenter über den Kleinfermenter zum Vorfermenter im Technikum vermehrt und zur Insulinproduktion animiert (Abb. 14).

---

[29]promovere (lat.) – vorwärts bewegen, fördern, aktivieren. Der Promotor ist ein bestimmter Abschnitt auf einem DNA-Strang, der für die Bildung (Transkription) eines Boten-RNS (mRNS) aus der entsprechenden doppelsträngigen DNS zuständig ist. Der Terminator ist der Sequenzabschnitt auf einem DNS-Molekül, der das Ende einer Transkription signalisiert.

transcriptio (lat.) – originalgetreue Übertragung, Übersetzung.

[30]terminus (lat.) – Grenzstein.

[31]inserere (lat.) – hineinfügen.

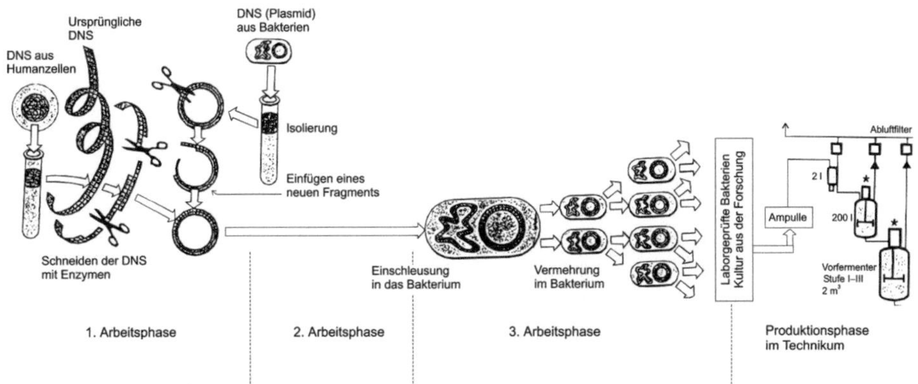

Abb. 14 Die Arbeitsphasen einer gentechnischen Humaninsulinproduktion [E. the working operations of a genetic engineering production of human insulin]

7 Großtechnische Humaninsulinproduktion [E. production of human insulin in a technical plant]

Das großtechnische Verfahren gliedert sich in drei Stufen:

1. Fermtec, 2. Chemtec und 3. Inseltec

Fermtec ist die Bezeichnung für die Fermentationsanlage. Die im Labor gentechnisch veränderten Escherichia coli K12 (Abb. 21) werden in Fermentern gezüchtet. Das sind fremdkeimfrei gehaltene Rührbehälter mit entsprechenden Ver- und Entsorgungsleitungen (Abb. 15).

Von einer tiefgekühlten Bakterien-Vorratskultur ausgehend werden die Bakterien in mehreren Stufen vermehrt. Das Kulturvolumen vergrößert sich von 2 über 200 L bis auf 2000 L. Danach erst wird der eigentliche Produktionsfermenter mit einem Arbeitsvolumen bis zu 45.000 L beimpft. Als Substrat bzw. Kohlenstoffquelle der Kulturlösung wird reine Glucose zugesetzt, die aus Maisstärke mittels enzymatischer Spaltung erhalten wird. Für die Insulinproduktion wird der Glucosegehalt auf 0,5 % vermindert. Die Bakterien werden auf Hungerkost gesetzt, vermehren sich nicht mehr, aber synthetisieren Präproinsulin.

Nach ca. 10 h Hauptfermentation, die noch der Vermehrung der Bakterien dienen und nach ca. 3 bis 5 h Fusionsproteinproduktion ist der Fermentationsprozess abgeschlossen. Der Fermenterinhalt wird in einen weiteren Behälter überführt, die Bakterien werden mit einem Desinfektionsmittel abgetötet und der chemischen Aufarbeitung zugeführt.

Das während der Fermentation erhaltene Fusionsprotein besteht aus einer langen einsträngigen Proteinkette, die aus 4 Abschnitten A, B, C und D zusammengesetzt ist (Abb. 16)

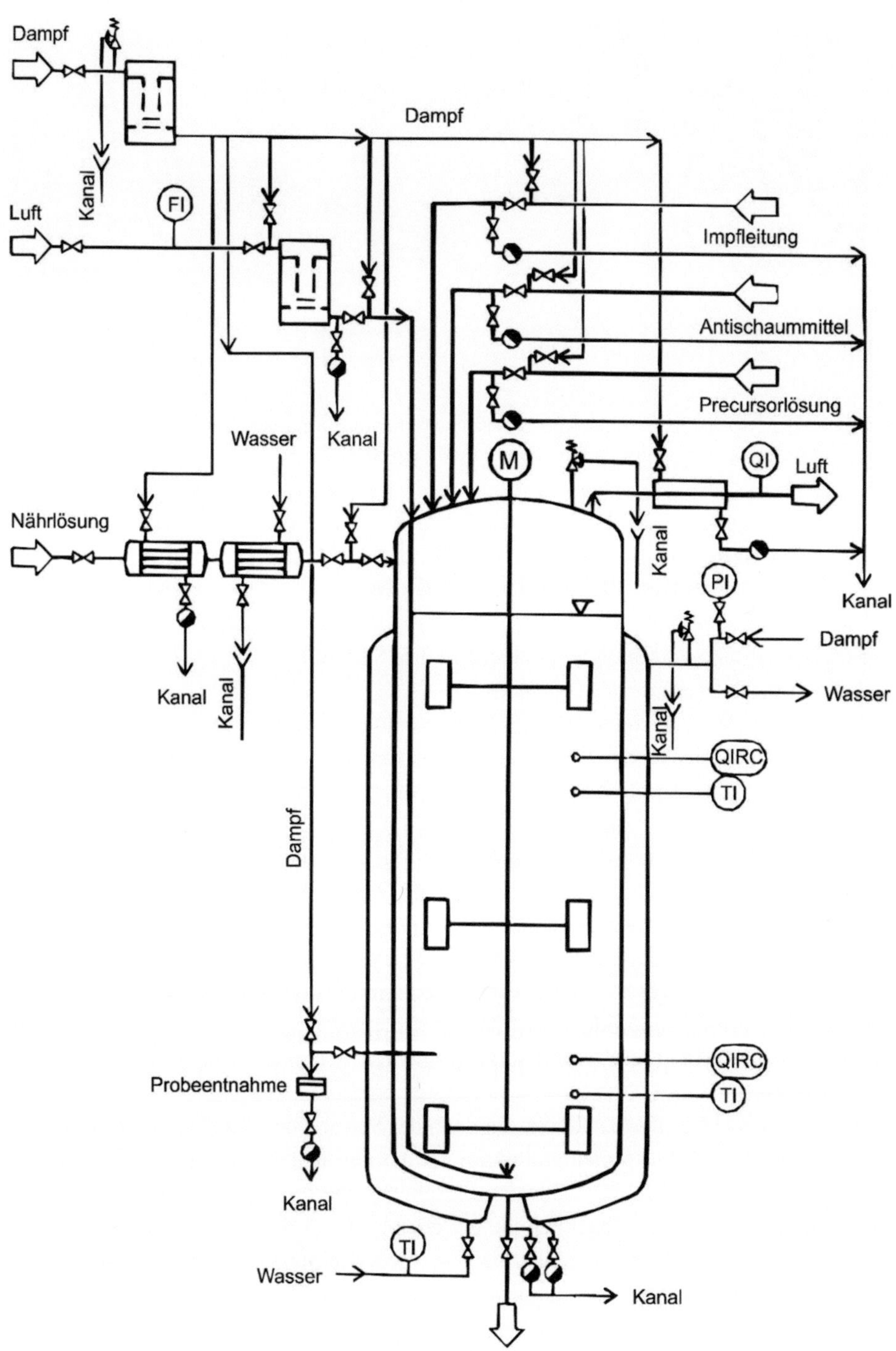

Abb. 15 Rührkesselfermenter [E. stirring apparatus for fermentation]

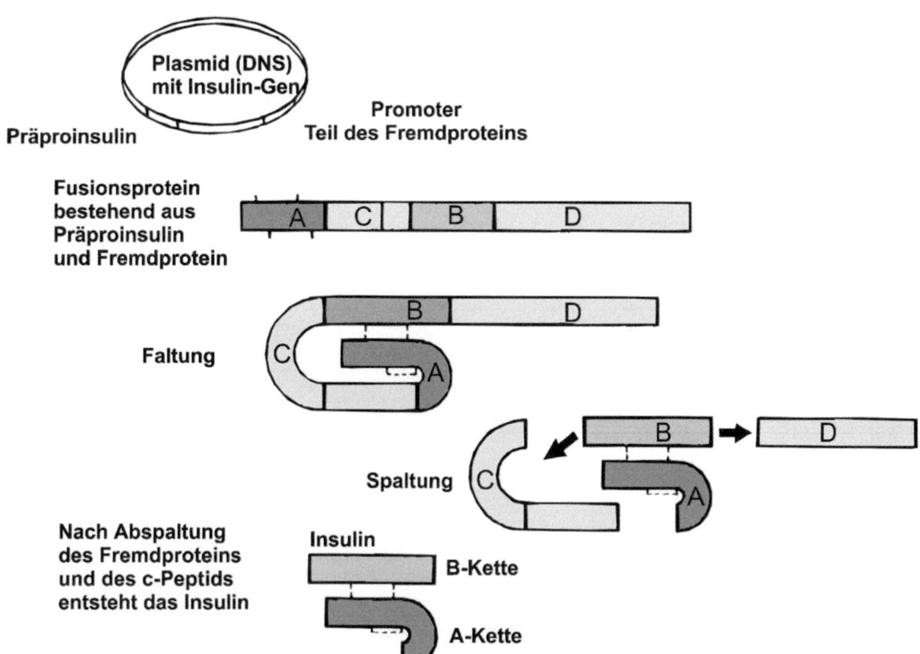

Abb. 16 Schema einer genetischen Neukombination [E. scheme of a genetic new combination]

Es handelt sich um eine einzige, fortlaufende Kette von Aminosäuren. Das D-Stück und das Verbindungsstück („C-Peptid") sind weiß gezeichnet; diese werden später (enzymatisch) herausgelöst. Dadurch entsteht das fertige Insulinmolekül (dessen A- und B-Kettenanteile schwarz gezeichnet sind). Nach Chance, Ellis und Bromer, 1968.

Die Abschnitte A und B werden nach enzymatischer Abspaltung in der „Inseltec"-Anlage so lange umgewandelt, bis sie die Struktur des menschlichen Insulins angenommen haben, d. h., dass sie über zwei Disulfidbrücken des Cysteins miteinander verknüpft werden (Abb. 17) und eine räumliche (dreidimensionale) Quartärstruktur (Kap. V, Abschn. 3) eingenommen haben (Abb. 18).

Wie schon kurz erwähnt, wird in der Inseltech-Anlage aus dem gereinigten Fusionsprotein das biologisch wirksame Insulin gewonnen.

In der Chemtech-Anlage wird das Fusionsprotein sorgfältig gereinigt (Abb. 19).

Hier werden die C- und D-Teile enzymatisch abgespalten, und die Abschnitte A und B werden über die 2 Disulfidbrücken der 4 Cysteine miteinander verknüpft. Außerdem bildet sich innerhalb der A-Kette eine innere Disulfidbrücke aus (Abb. 4).

Die Proteinteile C und D des Fusionsproteins werden über spezielle Chromatografie-Säulen sorgfältig von dem nun hochbiologisch aktiven Humaninsulin abgetrennt (Abb. 16).

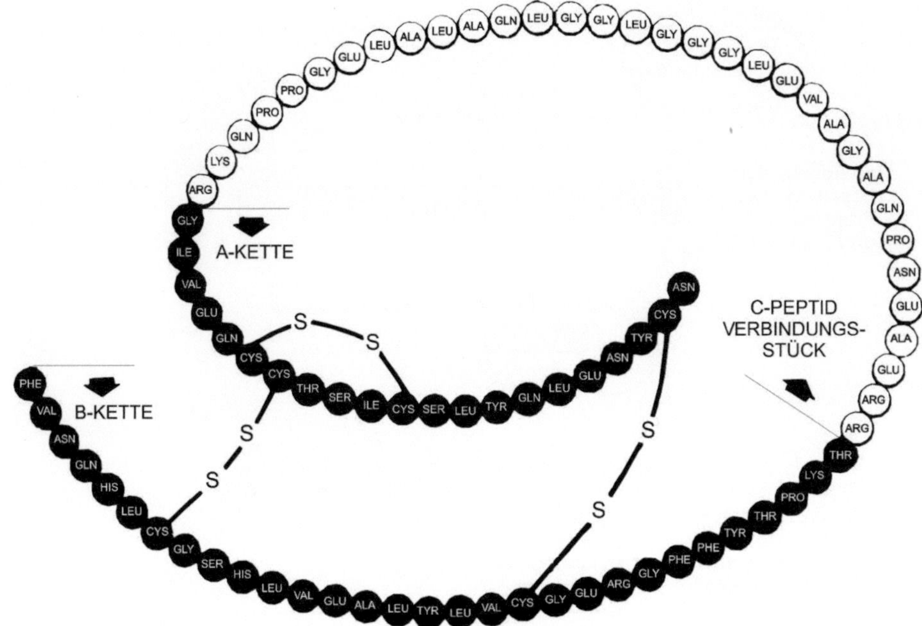

Abb. 17 Aufbau des Proinsulinmoleküls vom Menschen [E. structure of the proinsulin molecule of a human]

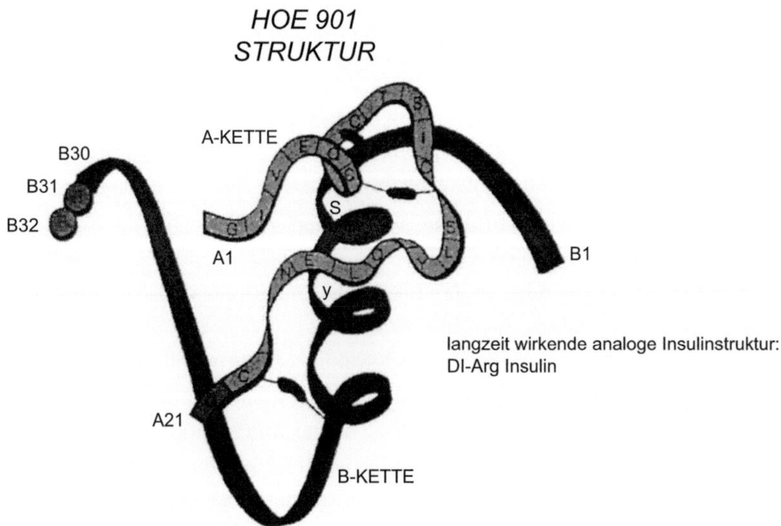

Abb. 18 Quartärstruktur von Human-Insulin [E. quarternary structure of human insulin]

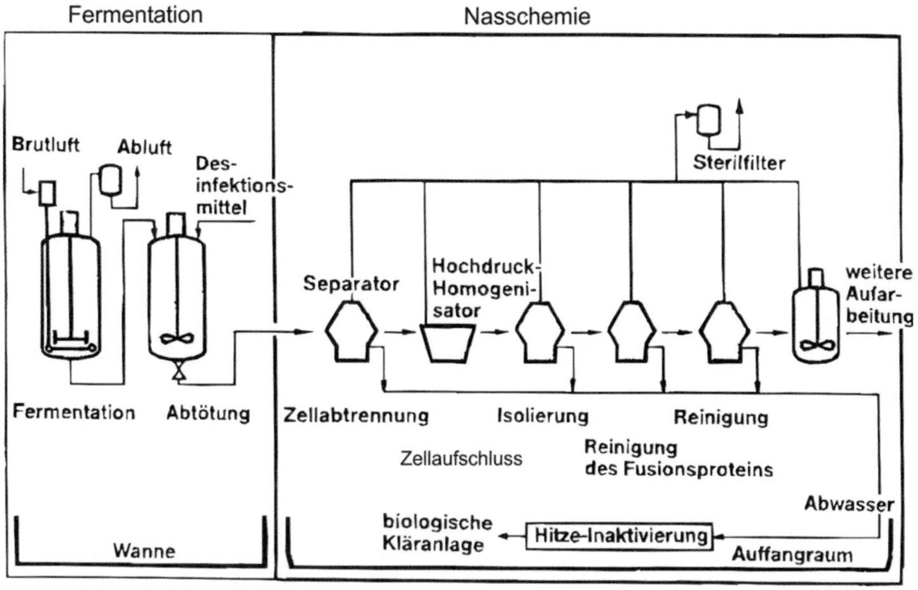

Abb. 19 Verfahrensablauf im Insulin-Downstream [E. course of the process in the Insulin Downstream]

8 Depotinsulin[32] – Langzeitinsulin [E. depotinsulin]

Depotinsulin ist ein Verzögerungsinsulin, in dem die Wirksamkeit über eine längere Zeit gestreckt wird. Das gelingt durch Kombination des schnell wirkenden Insulins mit Resorptionsverzögerern. Das können z. B. Metallionen wie Zink sein, um die mehrere Insulinmoleküle komplex gebunden sind. Diese Supermoleküle der Insulin-Zink-Suspensionen wandern sehr langsam in die Blutbahnen, um dort dann enzymatisch in die wirksamen Einzelmoleküle getrennt zu werden. Eine andere Kombination ist die mit Protaminen.

Protamine sind Polypeptide mit einem Molekulargewicht zwischen 1000 und 5000. Sie setzen sich zu 80 bis 85 % aus Arginin zusammen und reagieren stark basisch.

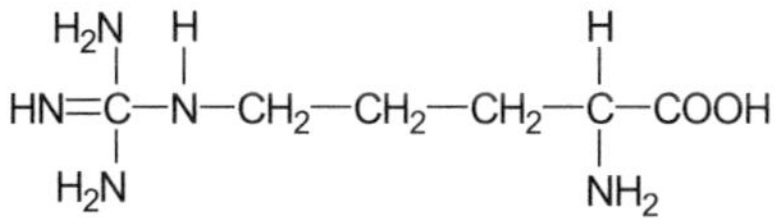

$$HN{=}C(H_2N)(H_2N){-}N(H){-}CH_2{-}CH_2{-}CH_2{-}C(H)(NH_2){-}COOH$$

L-Arginin (α-Amino-δ-guanidinovaleriansäure)

[32]deponere (lat.) – niederlegen; Depot = Lager, Speicher.

Tab. 2 Wirkungsspektrum von Normal- und Depotinsulin [E. range of action of normal- and depotinsulin]
Quelle: Humaninsulin Hoechst, Wissenschaftliche Monografie, Hoechst AG, Frankfurt

Name	Wirkungstyp	Wirkungsprofil	Spritz-Eß-Abst.	Lsg./Susp.	Zusammensetzung
H-Insulin Hoechst®	Normal-(Alt-)Insulin		15(-20) Min.	Lsg.	100 % gelöstes Humaninsulin
Depot-H-Insulin Hoechst®	Depot-ähnlich		30(-45) Min.	Susp.	25 % gelöstes Humaninsulin 75 % NPH-Humaninsulin
		12 Std. 24 Std.			

Protamine sind die einfachsten in der Natur bekannten Peptide. Durch den basischen Charakter des Protamins wird das Insulin an diesem angelagert. Diese Aggregationsmoleküle werden ebenfalls entsprechend langsam in den Blutbahnen resorbiert.

Eine dritte Möglichkeit der verzögerten Insulinresorption wird erreicht, indem eine Art synthetisches Proinsulin hergestellt wird. An der B-Kette werden an der endständigen 30. Aminosäure, dem Threonin, zwei weitere Argininmoleküle angehängt, damit wird die Insulinresorption und Aktivität geschwächt. Im Blut werden diese beiden Argininmoleküle wieder abgespalten, und das Insulin ist voll wirksam.

Die Depotwirkung besteht in einer verhaltenen Langzeitreaktion des Insulins.

Mit diesen und anderen Kombinationen kann die Wirkungsdauer von 2 bis 6 h beim Normalinsulin bis zu 16 und 24 h beim Depotinsulin gestreckt werden (Tab. 2).

9 Hyperglykämie und Hypoglykämie [E. hyperglycemia and hypoglycemia]

Hyperglykämie ist eine krankhafte Erhöhung des Glucosegehaltes im Blut. Wird diese Stoffwechselstörung nicht umgehend behandelt, führt sie langsam, aber sicher zum Hunger-, Austrocknungs- und Vergiftungstod (Abb. 10).

Hypoglykämie ist ein Absinken des Blutzuckers unter Normalwerten ≤ 70 mg/100 mL. Sinkt der Blutzucker unter diesem Schwellenwert noch weiter ab, treten Symptome auf wie innere Unruhe, verstärktes Hungergefühl, Schweißausbruch, Schwächegefühl etc. Nimmt der Patient in dieser Phase keine kohlenhydrathaltigen Speisen zu sich, dann kann Bewusstlosigkeit die Folge sein. Diese Anzeigen deuten darauf hin, dass der Organismus an dem notwendigen Betriebsstoff für die physiologische Energie verarmt ist. Durch eine Traubenzuckerinjektion kann ein betroffener Mensch relativ schnell aus der Bewusstlosigkeit zurückgeholt werden.

Hyperglykämie (Koma) und Hypoglykämie (Schock) sind die Folgen eines physiologischen Energiemangels. Bei der Hyperglykämie ist es die Folge des unvollständigen Glucoseabbaues wegen Insulinmangel. Es treten die aufgeführten Stoffwechselentgleisungen auf. Es ist ein Langzeitprozess.

Die Hypoglykämie tritt wegen unzureichendem Glucoseangebot ein und somit bei Insulinüberschuss. Glucose ist im Körper bis unter dem Schwellenwert von 40 mg/100 mL verstoffwechselt, und der Organismus schaltet alle energieverzehrenden Aktivitäten bis auf ein Mindestmaß ab, er wird bewusstlos. Dies ist ein relativer Kurzzeitprozess, der bei Glucosezufuhr ebenso kurzfristig umkehrbar ist.

10 Antidiabetika [E. antidiabetics]

Antidiabetika sind körperfremde synthetische Substanzen, die den Blutzucker zu senken vermögen. Insulin ist dagegen ein körpereigener therapierender Stoff.

Sehr bewährt als antidiabetische Arzneimittel haben sich die Stoffklassen der Sulfonylharnstoffe, Guanidine, Biguanide.

```
      H     H
      |     |
   H—N—C—N—H          Harnstoff
        ||
        O

      H     H
      |     |
   H—N—C—N—H          Guanidin (Iminoharnstoff)
        ||
        NH

      H                 H
      |                 |
   H—N—C—N—C—N—H      Biguanid
        ||  |  ||
        NH  H  NH

                  O
                  ||
   R1—N—C—N—S—R2      Sulfonylharnstoff
      |  ||  |  ||
      R3 O   H  O
```

Die Struktur der Reste R_1, R_2 und R_3 ist für die blutzuckersenkende Wirkung maßgebend, z. B.

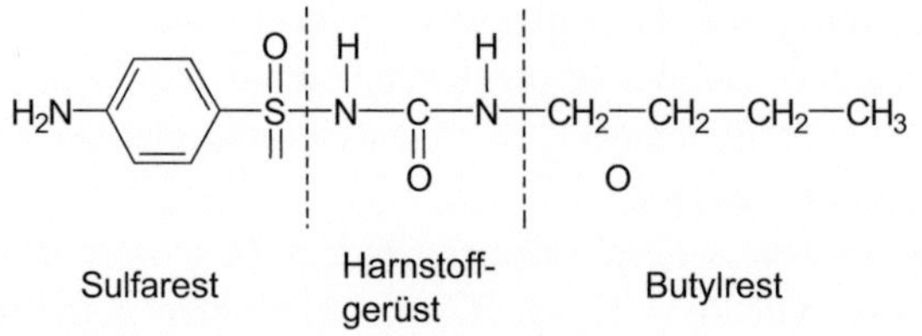

Sulfarest Harnstoff-gerüst Butylrest

Diese Verbindung ist unter dem Namen Carbutamid im Handel.

Ein ähnlicher Sulfonylharnstoff ist das Tolbutamid, das unter der Bezeichnung Rastinon von Sanofi Aventis Deutschland GmbH, Frankfurt am Main, hergestellt wird.

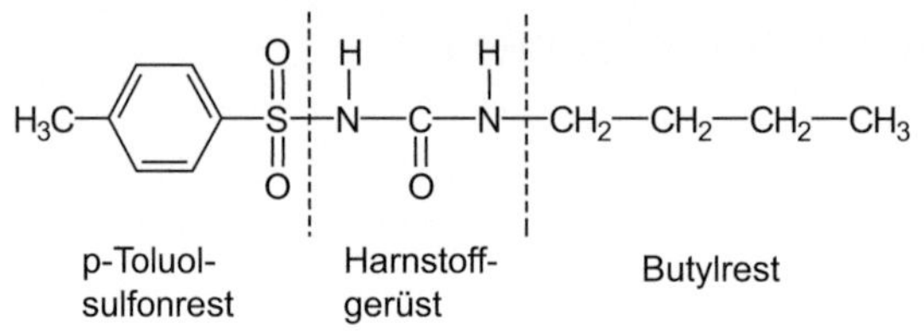

p-Toluol-sulfonrest Harnstoff-gerüst Butylrest

Ein weiterer angewandelter Sulfonylharnstoff ist das Daonil

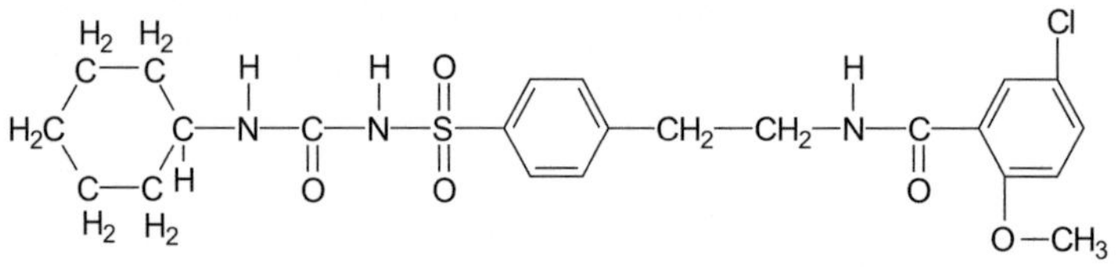

(ein Glibenclamid), welches ebenfalls aus dem Haus Sanofi Aventis stammt.

Ein Biguanid-Derivat ist das Metformin. Es ist unter dem Markennamen Gluophage S, Mediabet und Mescorit im Handel. Wie die Sulfonylharnstoffe ist das Biguanid nur in Gegenwart von Insulin aktiv, setzt aber kein Insulin aus den β-Zellen der Langerhans'schen Inseln frei. Es greift aber in Abläufe ein, die der Insulin-Rezeptor-Wechselwirkung nachgeschaltet sind. Die Glucoseverwertung im Fettgewebe und in der Muskulatur wird auf diese Weise begünstigt.

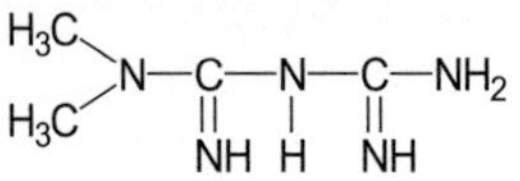

Biguanid-Derivat

Hypoglykämische Effekte sind bei dem Metformin nicht zu befürchten.

Die Sulfonylharnstoff-Antidiabetika begünstigen die Freisetzung des Insulins aus den β-Zellen der Langerhans'schen Inseln oder aus dem inaktiven Plasmaprotein des Blutes.

Die synthetischen Antidiabetika werden nur beim Diabetikertyp II wirksam, d. h. bei den Erkrankten, die noch ausreichend Insulin erzeugen, aber die Freigabe in das Blut bzw. deren Aktivierung blockiert ist.

Eine gestörte Insulinproduktion kann nur durch Insulinzugabe von außen als Injektion unter die Haut ausgeglichen werden.

Die synthetischen Antidiabetika lassen sich sehr gut als Tabletten verabreichen, da sie im Magen-Darm-Trakt nicht abgebaut werden.

Ein weiteres orales Antidiabetika ist die Acarbose. Sie hemmt die α-Glucosidasen-Enzyme im Dünndarm-Verdauungstrakt. Der Abbau der Stärke und der Saccharose (ein Disaccharid aus Glucose und Fructose = Haushaltszucker) wird nach der Nahrungsaufnahme verlangsamt. Diese Wirkung beruht auf einer 10.000-fach höheren Affinität der Acarbose zu den Glucosidoasen als Letztere zu den Substraten des Körpers (Abb. 20)

Acarbose besteht aus einem Cyclohexanamin, das mit 3 Molekülen α-Glucose α-glykosidisch verknüpft ist. Unter der Markenbezeichnung ist es ein Produkt der Bayer AG.

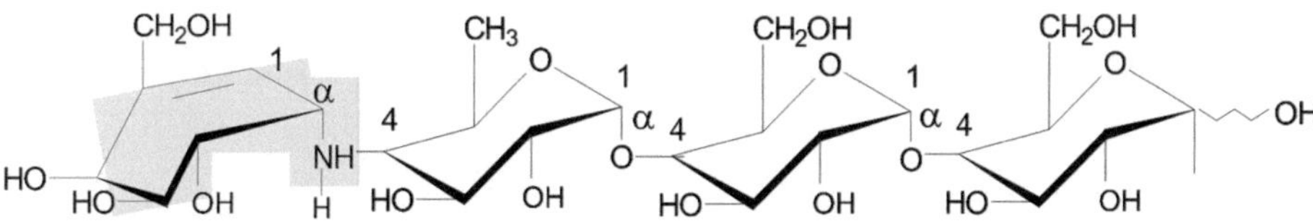

Abb. 20 Acarbose (Glucobay®) [E. acarbose (α-glucosidase)]

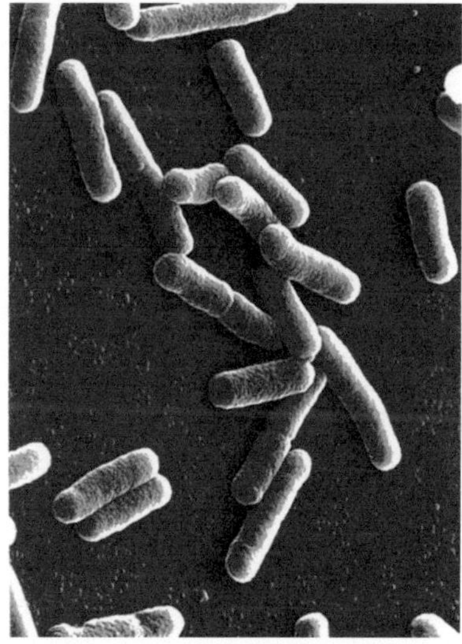

Abb. 21 Escherichia-coli-Bakterien (21.000-fache Vergrößerung) [E. escherichia coli bacteria (enlarged by a factor of 21.000)]

11 Wirtschaftliches [E. economic]

Die Zahl der an Diabetes mellitus erkrankten Menschen in der Welt wird für das Jahr 2015 mit 415 Mio. angegeben, das sind mindestens 5,7 % der Weltbevölkerung, wenn eine bestimmte Dunkelziffer nicht mit berücksichtigt wird. In Deutschland gibt es momentan 6 Mio. Diabetiker, das sind 7,5 % der Bevölkerung (Abb. 22).

Drei Pharmaunternehmen stellen in der Welt 90 % des gesamten Insulins her: In der Rangfolge sind das Novo Nodirsk, Dänemark; Eli Lilly, USA, und Sanofi Deutschland. 40 % des Insulinbedarfs in Deutschland wird von Sanofi gedeckt.

Orale Antidiabetika zur Behandlung des Diabetikertyps II werden hergestellt von der Bayer AG, Markenname Glucobay® auf Basis von Acarbose; von Roche Diabetes Care Deutschland GmbH; von Sanofi Aventis Deutschland GmbH, Frankfurt am Main, mit den Markennamen Rastinon und Daonil auf Basis von Sulfonylharnstoff; von Merck KGaA, Darmstadt, Markenname Glucophage auf Basis von Metfornin, Einem Biguanid-Derivat $(H_3C)_2N-C(=NH)-NH-C(=NH)-NH_2$.

In dieselbe Stoffklasse fällt auch das Mediabet von der Firma Medice in Iserlohn.

Durch genetische Veränderung vermögen sie, Interferon α oder Insulin zu produzieren.

Quelle: Zink, B., Gerber, F., Colombo, V. u. Ryser, St. (1991), Lebende Mikrowelt, Editiones Roche, F. Hoffmann-La Roche AG, Basel, Schweiz.

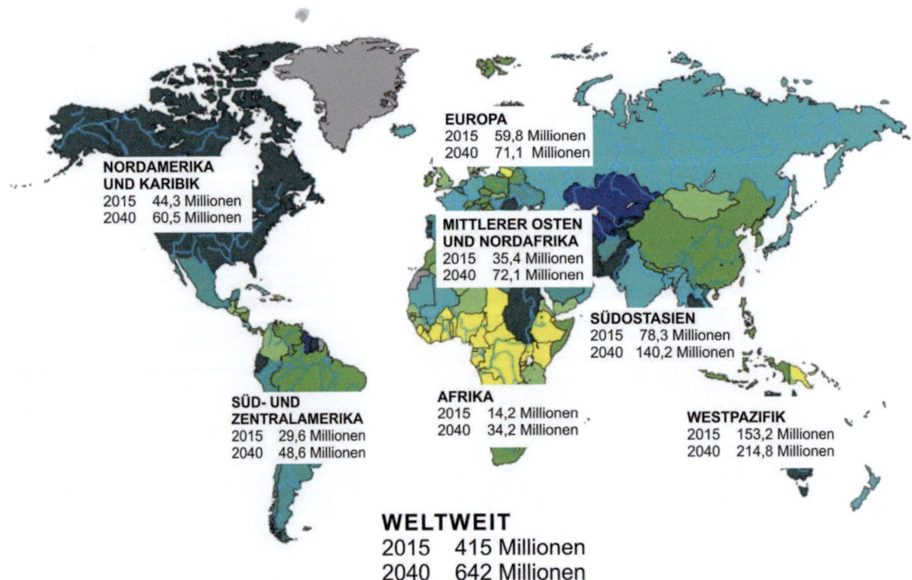

Abb. 22 Geschätzte Zahl der Menschen, die weltweit an Diabetes mellitus erkrankt sind, im Jahr 2015 und vermutlich im Jahr 2040. [E. estimated diabetics in the world in 2015 and probably in 2040]. (Lit.-Quelle: IDF Diabetes Atlas 2015, International Diabetes Federation)

Weiterführende Literatur

Badenhoop, K. (2016), Diabetes und Osteoporose: Die Rolle des Vitamin D; Frankfurter Allgemeine Zeitung, Verlagsspezial 11. November 2016.

Den Diabetes beherrschen, Hrsg. Bund diabetischer Kinder und Jugendlicher e. V., Kaiserslautern, ISBN 3-921-098-02-5.

Gallwitz, B. (2016), Diabetes in Deutschland, Frankfurter Allgemeine Zeitung, Verlagsspezial 11. November 2016.

Kaufmann, W. (1997), Internistische Differentialdiagnostik, 4. Aufl., F. K. Schattauer Verlagsgesellschaft mbH, Stuttgart.

Kössel, H. (1970), Molekulare Biologie, 2. überarbeitete Auflage, Ernst-Klett-Verlag, Stuttgart.

Lehninger, A. L. (2010), Biochemie, 4. Aufl., Springer Lehrbuch, Springer-Verlag, 69221 Heidelberg..

May, O. (1980), Molekülvariationen, MPS Medizinisch Pharmazeutische Studiengesellschaft e. V., Mainz.

Miram, W. u. Scharf, K. H. (1984), Biologia Ricerca teoria storio, Petrinieditore, Torino.

Mutschler, E. unter Mitarbeit von Schäfer-Korting, M. (2012), Arzneimittelwirkungen, 10. Aufl., Wissenschaftliche Verlagsgesellschaft mbH, Stuttgart.

Neufeldt, S.: Chronologie Chemie 1800–1970, (1977), Verlag Chemie, Weinheim, New York.

Neundörfer, B. u. Engelhardt, A. (1992), Diabetische Polyneuropathie, VCH-Verlagsgesellschaft mbH, Weinheim.

Petrides, Weiß, Löffler, Wieland (1985), Diabetes mellitus, 4. Aufl., München.

Pschyrembel, W. (2014), Klinisches Wörterbuch, Walter de Gruyter, Berlin, New York.

Roche Lexikon Medizin (2006), 5. Aufl., Hrsg. Hoffmann-La Roche-Aktiengesellschaft, Grenzach-Wylen und Urban u. Schwarzenberg, München-Wien-Baltimore.

Winnacker, E.-L. (1985), Gene und Klone, VCH-Verlagsgesellschaft mbH, Weinheim.

Wissenschaftliche Tabellen Geigy, 1979, Hrsg. Ciba-Geigy Ltd., Basel, Switzerland.

Konservierung [E. conservation]

Definitionen [E. definitions]

Konservierung im weitesten Sinne sind Maßnahmen, die verderbliche anorganische oder organische Werk- und Wirkstoffe in ihrem ursprünglichen Zustand erhalten und damit vor einer Zersetzung durch physikalische, chemische und biologische Einflüsse zu bewahren sollen[1].

Als Konservierung im engeren Sinne soll hier die Gesamtheit aller Maßnahmen bezeichnet werden, die das Verderben von Nahrungsmitteln, Futtermitteln, kosmetischen und medizinischen Präparaten verhindern bzw. verzögern.

Konservierungsmittel [E. preservatives] sind spezielle Wirkstoffe, die den natürlichen oder synthetischen leicht verderblichen und nicht zum sofortigen Verbrauch vorgesehenen Produkten zugesetzt werden, um sie vor dem Verderben zu schützen.

Soweit man die Geschichte der Menschheit zurückverfolgen kann, hat die Konservierung von Nahrungsmitteln schon immer eine große Rolle gespielt. Als die ältesten Konservierungsstoffe sind das Speisesalz, NaCl, Essig, eine verdünnte wässrige Essigsäure, $H_3C–COOH$, Honig, ein Gemisch aus Glucose, Fructose und Saccharose, Öl, ein Gemisch aus Glycerinfettsäureester, wobei die Fettsäuren teilweise ungesättigter Natur sind.

Als Konservierungsmethoden waren schon das Räuchern, d. h. Konservieren durch Desinfizieren[2], und das Trocknen, Konservieren durch Wasserentzug, bekannt.

[1]iconservare (lat.) – erhalten, bewahren.

[2]inficere (lat.) – anstecken; desinficere (lat.) – nicht anstecken. Desinfektion bedeutet das Entfernen und/oder Abtöten von Mikroorganismen.

V. Hopp, *Chemische Kreisläufe in der Natur*,
https://doi.org/10.1007/978-3-662-55860-7_20

1 Auslösende Faktoren der Zersetzung von verderblichen Stoffen [E. releasing factors of decomposition of perishable substances]

Fünf Faktoren können ausgemacht werden, die ein Zersetzen und Verwesen von verderblichen organischen Substanzen einleiten und fortführen:

1. **Mikrobielle Zersetzung** [E. microbial decomposition]
Darunter ist der mikrobiologische Abbau wie Fäulnis, Verwesung, alkoholische Gärung durch die überall (ubiquitär)[3] vorhandenen Bakterien und Pilze der Umgebung zu verstehen. Sowohl aerobe als auch anaerobe Abbaumechanismen sind hier wirksam. Es ist bekannt, dass jede Frucht bzw. ihr Fruchtsaft nach dem Anschneiden zu gären anfängt. Der auslösende Pilz *Saccharomyces cerevisiae* ist überall anwesend und fällt nach dem Öffnen einer Frucht gierig über das zuckerhaltige Substrat her und vergärt es zu Ethylalkohol. Das ist der Grund, warum jeder Obstsaft bis zu 0,3 % Volumenanteile Alkohol enthält. Absolut alkoholfreie Getränke gibt es nicht.

2. **Zersetzung durch Autolyse**[4] [E. autolysis]
Autolyse ist die Selbstauflösung von organischen Substanzen, die nach dem Tod von Organismen zu enzymatischer Zerstörung der Stoffe führt. Die in den lebenden Organismen vorhandenen Enzyme werden nach deren Absterben nicht mehr kontrollierend gesteuert. Es folgt eine Selbstzersetzung des organischen Gewebes.

3. **Kontamination**[5] [E. contamination]
Dies ist die allgemeine Verunreinigung und Verseuchung von Nahrungs- und Futtermitteln, Böden, Gewässern, Luft, Menschen und Tieren durch Schadstoffe.

Bei der Kontamination von Nahrungs- und Futtermitteln verdienen die durch pathogene[6] Keime und Mykotoxine[7], das sind Pilzgifte, ausgelösten Zersetzungen besondere Beachtung.

4. **Abiotische**[8] **Zersetzung** [E. abiotic decomposition]
Diese beruht auf weiterführenden Folgereaktionen zwischen Stoffen, die aus einer mikrobiellen Zersetzung, der Autolyse oder Kontamination als Zwischenprodukte hervorgegangen sind.

---

[3] ubique (lat.) – überall.

[4] lysis (gr.) – auflösen; autos (gr.) – selbst; Autolyse = Selbstauflösung.

[5] contaminare (lat.) – berühren, entweihen, verunreinigen.

[6] pathos (gr.) – Leiden; gennan (gr.) – erzeugen; pathogen heißt krankheitserregend, Leiden erzeugend.

[7] mykes (gr.) – Pilz; toxikon (gr.) – zum Pfeil gehörendes Gift.

[8] bios (gr.) – Leben; abiotisch ist das Gegenteil, nämlich unbelebt.

5. **Fraßschäden** [E. demage by feeding of insects and rodents]
Als 5. Gruppe der Zersetzungs- und Fäulnisfaktoren gelten die durch Insekten und Nagetiere verursachten Fraßschäden, die dann wieder die Ursache für weitere Verfallsreaktionen sind.

2 Konservierungsmethoden für Nahrungsmittel und Futtermittel [E. conservation of foodstuffs and animal feeds]

Acht verschiedene Konservierungsmethoden haben sich im Laufe der Bemühungen herausgebildet, die Nahrungs- und Futtermittel für die menschliche und tierische Ernährung vor einer vorzeitigen Zersetzung, Fäulnis oder Verwesung zu bewahren. Das ist die Konservierung durch

1. Trocknen und Wasserentzug,
2. trockene und feuchte Hitze,
3. Kälte,
4. Erhöhung des osmotischen Druckes in den Zellen,
5. chemische Verfahren,
6. Erniedrigen des pH-Wertes,
7. mikrobiologische und enzymatische Verfahren,
8. Strahlung.

2.1 Trocknen und Wasserentzug [E. drying and withdrawing of water]

Schon das einfache Trocknen von Nahrungsmitteln wirkt konservierend. Mikroorganismen, und von diesen die Bakterien, enthalten 85 % Anteile Wasser. Nur in einer entsprechend feuchten Umgebung vermögen sie zu leben. An der Sonne getrocknete Stockfische, Heu, Dörrgemüse, Dörrobst und Trockenkartoffeln enthalten in der Regel weniger als 40 % Wasser. In einem solchen wasserarmen Medium stagniert das Wachstum der Bakterien. Auch das Entwässern von Früchten, Gemüsen, Obst unter Vakuum oder das Eindampfen fällt in die physikalische Methode des konservierenden Wasserentzugs.

Trocknen als Konservierungsverfahren hat zusätzlich den Vorteil, dass die Produkte wegen des Wasserverlustes erheblich leichter werden. Das ist für die Verpackung, Lagerung und den Transport günstig. Auf diese Weise werden haltbare Nahrungsmittel von niederer Gewichtseinheit bei hohem physiologischen Nährstoffgehalt erhalten.

Die Erkenntnisse aus der Trockenfischzubereitung ausnutzend, hat der norwegische Ingenieur Hansen seit 1989 ein Drytec-Verfahren entwickelt, das es gestattet, kohlenhydrathaltige Kost wie Kartoffeln, Nudeln, Reis, aber auch Gemüse und proteinhaltige

Lebensmittel wie Fleisch und Fisch stark und schonend zu entwässern (dehydratisieren)[9]. Trotz langer Lagerzeit lassen sich die Portionen innerhalb von 5 min mit heißem Wasser zu schmackhaften Mahlzeiten bereiten.

Dieses Dehydratisierungsverfahren wurde von dem neu gegründeten Unternehmen Drytec Aksjeselskap AS, Tromsö in Norwegen zur Produktionsreife ausgebaut. Zurzeit werden jährlich 2,5 Mio. Ein-Mann-Packungen in alle Welt ausgeliefert. Abnehmer sind Grönlandfahrer, Antarktisforscher, Segelsportler, Wüstenwanderer bzw. -fahrer, Gebirgskletterer und auch das Militär.

Dieses Trocknungsverfahren ersetzt die Gefriertrocknung und spart damit Energie und Kosten.

2.2 Trockene und feuchte Hitze [E. dry and moist heat]

Pasteurisieren[10] ist eine Wärmebehandlung bei Temperaturen unterhalb von 100 °C – in der Regel zwischen 60 und 80 °C – zum Haltbarmachen von Lebensmitteln, vor allem von Milch, Fruchtsäften und Konservengemüsen. Verfahren ab 100 °C aufwärts zählen zur Sterilisation. Das Pasteurisieren (Wärmebehandlung) führt zur Inaktivierung autolytischer Enzyme. Mikroorganismen bzw. deren Sporen werden nicht abgetötet. Die Wirkung einer Pasteurisierung hängt von der stofflichen Zusammensetzung des Lebensmittels und seines pH-Wertes ab. Bei 75 °C pasteurisierte Milch ist nur wenige Tage haltbar, dagegen halten sich unter gleichen Bedingungen behandelte Fruchtsäfte jahrelang. Ihr pH-Wert ist allerdings niedriger.

Eine Sterilisierung erfolgt in der Regel zwischen 115 bis 122 °C in geeigneten Autoklaven und wird in großem Umfang bei Dosenkonserven für Fleisch und Gemüse angewendet. Die Einwirkungsdauer der Hitze beträgt bei Fleischkonserven 2 h, bei Gemüse 15 min und bei Fruchtsäften 0,7 min bei 138 °C. Bei Letzteren spricht man von der Hoch-Kurz-Sterilisation. Während des Sterilisierens werden im Gegensatz zum Pasteurisieren alle Keime der Mikroorganismen abgetötet, da bei diesen Temperaturen deren Eiweiß koaguliert[11].

2.3 Kälte [E. cold]

Während des Konservierens durch Kälte ist zwischen dem Kühlen [E. cooling] bei Temperaturen zwischen +8 und ±0 °C und dem Gefrieren unterhalb ±0 °C und der Gefriertrocknung ab –20 °C zu unterscheiden.

[9]Lit.: FAZ, 1999, Nr. 21, Seite 24.

[10]Louis Pasteur (1822–1895), frz. Biologe und Chemiker, Begründer der modernen Mikrobiologie, führte die Methoden der Wärmebehandlung und Hitzesterilisation zwecks Konservierung ein.

[11]coagulare (lat.) – gerinnen.

Bei den Kühltemperaturen wird das Wachstum der Mikroorganismen gebremst und die Enzymaktivität herabgesetzt.

Beim Gefrieren [E. freezing] werden die Inaktivierungseffekte in Bezug auf Wachstum und Enzymaktivität verstärkt.

2.4 Gefriertrocknung [E. lyophilization]

Gefriertrocknung ist das Trocknen eines tiefgefrorenen Materials bei Temperaturen unterhalb –20 °C und unter Vakuum. Bei diesen Bedingungen wird dem Material durch Sublimation[12] schonend Wasser entzogen. Unter Überspringen der flüssigen Phase verwandelt es sich vom festen Aggregatzustand in den dampf(gas)-förmigen Zustand. Für die Lebensmittel bedeutet das die Erhaltung der Zellstrukturen und Aromen.

Der verbleibende Restwassergehalt reicht für ein Weiterleben von Mikroorganismen nicht aus.

Die Gefriertrocknung wird angewendet zur Konservierung von hochempfindlichen Produkten wie Seren, Blutplasma, anderen medizinischen und pharmazeutischen Materialien, Instantprodukten[13] u. a. Die nachhaltige Wirkung der Gefriertrocknung beruht auf dem schonenden hohen Wasserentzug, auch Dehydratisierung genannt.

Die Wasseraktivität, a_W-Wert [E. activity of water, a_W-value] ist das Verhältnis zwischen dem Dampfdruck des wasserhaltigen Stoffes bzw. Mediums, P_s, und dem des reinen Wasser, P_r, $aw = \frac{P_s}{P_r}$. Da der Dampfdruck über dem reinen Wasser in der Regel immer höher ist als über dem des wasserhaltigen Stoffes, sind die a_W-Werte immer kleiner als 1; $a_W < 1$. Die Wasseraktivität gibt Auskunft über die Verfügbarkeit von Wasser für chemische und mikrobiell-enzymatische Reaktionen. Unterschreitet sie einen bestimmten Wert, dann vermögen die Mikroorganismen nicht mehr zu wachsen. Da Dampfdrücke temperaturabhängig sind, sind es die Wasseraktivitäten auch. Die a_W-Werte für Bakterien betragen 0,91, für Hefen 0,81, Schimmelpilze 0,81, wobei einige noch bei einem Wert von 0,65 gedeihen. Halophile[14] Bakterien, d. h. die noch in höheren Salzkonzentrationen überleben, haben einen a_W-Wert von 0,75. Bakterien, die einen überhöhten osmotischen Druck aushalten, d. h. die osmophilen, vermehren sich noch bei $a_W = 0{,}60$. Substanzen, die die Wasseraktivität von Lebensmitteln erniedrigen, erhöhen prinzipiell die konservierenden Eigenschaften von Stoffen. Zu ihnen zählen insbesondere Kochsalz, NaCl; Zucker (Saccharose),

[12]sublimare (lat.) – emporheben. Sublimation ist der direkte Übergang eines Stoffes von der festen in die gasförmige Phase unter Überspringen der flüssigen Phase.

[13]instant (engl.) – sofort, im Nu; Instantprodukte sind aufgrund ihrer physikalischen Zubereitung sofort verfügbar.

[14]hals (gr.) – Salz; halophil bedeutet sinngemäß salzfreundlich, salzverträglich.

$$\begin{array}{ccc} & \text{Glucoseteil} & \text{Fructoseteil} \\ C_{12}H_{22}O_{11} = & (HO)_4H_7C_6\text{—}O\text{—} & C_6H_7(OH)_4\,; \end{array}$$

Glycerin, $H_2\underset{OH}{C}\text{—}\underset{OH}{C}H\text{—}\underset{OH}{C}H_2$; oder 1,2 Propylenglycol, $H_3\underset{OH}{C}\text{—}\underset{OH}{C}H\text{—}CH_3$.

Bei diesen Verbindungen handelt es sich um hydrophile und wasseranziehende (hygroskopische) Substanzen.

Der a_W-Wert von einer gesättigten Kochsalzlösung beträgt nur 0,75. Das bedeutet, dass einige Mikroorganismen mit einem niedrigen a_W-Wert in einer gesättigten NaCl-Lösung weiterwachsen. Deshalb ist es auch nicht möglich, ein Lebensmittel mit Kochsalz 100 %ig vor mikrobiellen Verfall zu schützen.

Kochsalz hat aber noch eine andere konservierende Eigenschaft. Es setzt die Löslichkeit von Luftsauerstoff in Wasser herab. Deshalb reicht bei stark kochsalzhaltigen Lebensmitteln für aerobe Mikroorganismen der Sauerstoffgehalt für eine Vermehrung nicht aus.

2.5 Erhöhung des osmotischen Druckes [E. increasing of osmotic pressure]

Osmose[15] ist der einseitige Konzentrationsausgleich von zwei Lösungen unterschiedlicher Konzentration, die durch eine halbdurchlässige (semipermeable)[16] Wand voneinander getrennt sind. Zellmembranen sind semipermeable Trennwände. In der Regel sind sie für Elektrolyte oder andere molekulare Stoffe wie Zucker, Aminosäuren und andere Biomonomere und Biopolymere durchlässig, aber auch für Wasser, das als Lösemittel dient. Zwischen dem Inneren der Zelle und ihrer Umgebung herrscht ein dynamisches Konzentrationsgleichgewicht. Die Konzentration der gelösten Teilchen äußert sich in einem Druck, dem osmotischen Druck. Wird in der Umgebung der Zellen die Konzentration der gelösten Teilchen über Gebühr erhöht, so wird das dynamische Gleichgewicht gestört. Um dieses wieder herzustellen, wandert ein Teil des Lösemittels durch die semipermeable Zellmembran, um die Außenkonzentration zu erniedrigen. Bei diesem Verdünnungsbestreben handelt es sich um eine einsinnige Diffusion[17] von innen nach außen der Zelle. Der Effekt ist ein radikaler Wasserentzug, sodass die Zellen durch Schrumpfung im Wachstum gehindert, aller Lebensfunktionen beraubt oder abgetötet werden.

[15]osmos (gr.) – schieben, stoßen; osmophil bedeutet sinngemäß druckstabil.

[16]semi (lat.) – halb; permeare (lat.) – durchgehen; permeabel – durchlässig.

[17]diffundere (lat.) – ausbreiten; Diffusion im Allgemeinen ist die selbsttätige Vermischung von verschiedenen miteinander in Berührung befindlichen gasförmigen, flüssigen oder festen Stoffen durch ihre Eigenbewegung.

Eine Erhöhung des osmotischen Drucks bzw. das Schrumpfen und Austrocknen der Zellen wird erreicht durch Einsalzen, z. B. Einpökeln von Fleisch und Fisch, oder durch Einzuckern von Marmeladen und Früchten (kandierte Früchte), aber auch durch Eindampfen und Einzuckern von Milch zu Kondensmilch.

2.6 Erniedrigung des pH-Wertes [E. decreasing of pH-value]

Der pH-Wert ist ein Maß für die Wasserstoffionenaktivität im flüssigen Medium, in der Regel in wässrigen Lösungen, insofern ist er auch ein Maß für den Säuregrad einer Lösung.

Eine Konservierung von Lebens- und Futtermitteln nutzt den Umstand aus, dass die meisten Bakterien bei niederen pH-Werten und unter Luftabschluss sich nicht mehr vermehren bzw. abgetötet werden, z. B. keimen hitzeresistente Sporen bei pH-Werten unter 4 nicht mehr aus. Dagegen werden nichtpasteurisierte Lebensmittel in Gegenwart von Luft trotz Ansäuerung durch Pilze zersetzt.

Eine natürliche Milchsäuregärung, die anaerob, also unter Luftabschluss, verläuft, konserviert Sauerkraut, eingelegte Gurken, Grünfutter als Silage und Rohwurst wie z. B. Salami und Zervelatwurst.

Die konservierende Wirkung von Säuren kann auf zwei verschiedene Ursachen zurückgeführt werden.

Die eine ist in der Dissoziation, d. h. in der Abspaltung von Wasserstoffionen, begründet.

$$\underset{\text{Essigsäure}}{H_3C{-}\underset{\underset{O}{\|}}{C}{-}OH} + H{-}OH \xrightleftharpoons{\text{Dissoziation}} \underset{\text{Acetation}}{H_3C{-}\underset{\underset{O}{\|}}{C}{-}O^-} + \underset{\text{Hydronium-ion}}{H_3O^+}$$

Diese konservierenden Säuren müssen in einer relativ hohen Konzentration dem Lebensmittel zugegeben werden. Für eine Erniedrigung des pH-Wertes eines gepufferten Systems, wie es Lebensmittel in der Regel sind, werden Säuremengen von einem bis mehreren Prozenten benötigt.

Die andere Ursache des konservierenden Verhaltens einer Säure ist im undissoziierten Anteil zu suchen. Nur dieser wirkt in diesem Fall antimikrobiell. Ein Vertreter dieser Säuregruppe ist die Sorbinsäure, die das Wachsen von Pilzen sehr stark hemmt. Sorbinsäure (Hexa-2,4-diensäure) ist eine 2-fach ungesättigte Monocarbonsäure.

Sorbinsäure – undissoziierter konservierender Teil — Wasser

$$H_3C-CH=CH-CH=CH-\underset{\underset{O}{\|}}{C}-OH \quad + \quad H-OH$$

$$\rightleftharpoons$$

Sorbation — Hydronium-ion

$$H_3C-CH=CH-CH=CH-\underset{\underset{O}{\|}}{C}-O^- \quad + \quad H_3O^+$$

Die undissoziierten lipophilen (fettlöslichen) Anteile vermögen die semipermeable Zellmembran der Mikroorganismen zu durchdringen. Im Inneren der Zelle inaktivieren sie die Enzyme und nehmen den Mikroorganismen jegliche Überlebenschancen. Konzentrationen weit unter 1 % üben schon eine hohe Konservierung aus. Es hat sich erwiesen, dass die organischen Konservierungssäuren im neutralen pH-Bereich nur eine geringe oder gar keine Wirkung zeigen. Hier sind nur nichtdissoziierte Verbindungen brauchbar, wie z. B. para-Hydroxbenzoesäureester, $HO-C_6H_4-\underset{\underset{O}{\|}}{C}-OR$.

2.7 Sorbinsäure [E. sorbic acid]

$$H_3C-CH=CH-CH=CH-\underset{\underset{O}{\|}}{C}-OH$$

Chemische Bezeichnung [E. chemical name]
2,4 Hexadiensäure

Physikalische und chemische Eigenschaften [E. physical and chemical properties]
MG: 112,12

Sorbinsäure ist eine feste kristalline Substanz und bildet farblose Nadeln ohne Geschmack.

Schmelzpunkt: 134 °C; Siedepunkt: 228 °C (dabei zersetzend).

Sorbinsäure kann zur Gruppe der ungesättigten Fettsäuren gerechnet werden. Sie ist sehr wenig in kaltem Wasser löslich, dagegen gut in heißem Wasser, Alkoholen, Eisessig, Aceton u. a. organischen Lösemitteln.

Vorkommen [E. occurrence]
In Vogelbeeren (Sorbus aucuparia), ebenfalls im Fett einiger Blattlausarten.

Toxisch unbedenklich (Kap. XVI, Tab. 1).

Herstellung [E. production]
Ausgangskomponenten sind Crotonaldehyd und Keten, die sich in Gegenwart von Zinksalzen zu Sorbinsäure umsetzen.

Crotonaldehyd (C_4) + Keten (C_2) → Sorbinsäure (C_6)

$$H_3C{-}CH{=}CH{-}\underset{\underset{O}{\|}}{C}{-}H \;+\; H_2C{=}C{=}O \;\longrightarrow\; H_3C{-}CH{=}CH{-}CH{=}CH{-}\underset{\underset{O}{\|}}{C}{-}OH$$

Verwendung [E. application]
Sorbinsäure hemmt u. a. das Wachstum von Pilzen, sehr stark auch im starksauren Medium. Deshalb dient sie als wichtiges Konservierungsmittel für Lebensmittel und wird großtechnisch synthetisch hergestellt. Sie zeigt fungistatische Wirkung und wird als Natrium-, Kalium- oder Calciumsalz, den Sorbaten, Lebensmitteln, Getränken, Futtermitteln, pharmazeutischen und kosmetischen Präparaten zugesetzt.

Infolge ihrer Harmlosigkeit ist Sorbinsäure neben Zitronensäure als einer der wichtigsten Konservierungsstoffe für Lebensmittel in Deutschland, USA, Kanada und fast allen übrigen Ländern zugelassen.

Im pH-Bereich von pH 5 bis 6, der viele Lebens m ittel aufweisen, haben sich die Sorbinsäure und Propionsäure,
$H_3C{-}CH_2{-}\underset{\underset{O}{\|}}{C}{-}OH$,, gut bewährt

Unabhängig von einigen graduellen Unterschieden gilt, dass bei einer Veränderung des pH-Wertes eines Lebensmittels in den sauren Bereich sich die Wirkung eines Konservierungsmittels erhöht. Je stärker das saure Milieu, desto geringer sind die Vermehrungschancen von einer Vielzahl Bakterienarten. Der Dissoziationsgrad von Säuren ist vom pH-Wert abhängig. Je niedriger der pH-Wert, desto weniger neigen die Säuren zur Dissoziation, d. h., der undissoziierte Anteil ist dann sehr hoch (Tab. 1).

Eine weitere Säure hat in den letzten Jahrzehnten eine immer größere Bedeutung als Konservierungsmittel im Nahrungsmittel-, Futtermittel-, kosmetischen und pharmazeutischen Sektor erhalten. Das ist die Zitronensäure.

$$\begin{array}{ccccc} & & OH & & \\ & & | & & \\ H_2C & — & C & — & CH_2 \\ | & & | & & | \\ COOH & & COOH & & COOH \end{array}$$

Sie zeichnet sich dadurch aus, dass sie ein Zwischenprodukt des Stoffwechsels im menschlichen Körper ist (s. *Zitronensäurezyklus*) und keinen Eigengeschmack hat (Kap. XIX, Abb. 8 und Kap. XXI).

Tab. 1 Beispiele von Konservierungssäuren und deren Abhängigkeit der undissoziierten Anteile vom pH-Wert [E. examples of conservation acids for the dependence of the undissociated parts of the pH-value]

Konservierungssäuren	Undissoziierte Säureanteile in [%] bei verschiedenen pH-Werten									
	Formel	pH = 3,0	3,5	4,0	4,5	5,0	5,5	6,0	6,5	7,0
Ameisensäure	H–COOH	85	64	36	15	5	1,8	0,6	0,2	0,06
Essigsäure	H_3C–COOH	98	95	85	64	36	15	5,4	1,8	0,6
Propionsäure	H_3C–H_2C–COOH	99	96	88	71	43	19	7,0	2,3	0,8
Milchsäure	$H_3C-HC(OH)-COOH$									
Sorbinsäure	$H_3C-(CH{=}CH)_2-COOH$	98	95	85	65	37	15	5,5	1,8	0,6
Benzoesäure	⌬–COOH	94	83	61	33	13	5	1,5	0,5	0,15
Salicylsäure	⌬–COOH (OH am Ring)	48	23	9	3	1	0,3	0,1	0,03	0,01

2.8 Herleitung des pH-Wertes [E. derivation of pH-value]

Definition [E. definition]

In 10 Mio. L $= 10^7$ L Wasser ist bei Zimmertemperatur 1 mol Wasser, das sind 18 g, in Ionen gespalten (dissoziiert):

Wasser		Wasserstoffionen (Hydroniumionen)		Hydroxidionen
$H_2O + H_2O$	$\rightleftharpoons$	H_3O^+	+	OH^-
2 x18 g		19 g		17 g

18 g dissoziiertes Wasser liefert 1 g Wasserstoffionen und 17 g Hydroxidionen.

Der Doppelpfeil in der chemischen Dissoziationsgleichung deutet an, dass es sich bei der Dissoziation um ein thermodynamisches Gleichgewicht handelt. Ein chemisches Reaktionssystem befindet sich im thermodynamischen Gleichgewicht, wenn die Anzahl der dissoziierenden Wassermoleküle in der Zeiteinheit gleich der Anzahl der Hydroniumionen ist, die sich mit den Hydroxidionen zu undissoziiertem Wasser vereinigen.

Nach diesem Denkansatz ist in reinem Wasser die Konzentration der dissoziierten Wassermoleküle gleich der Konzentration der Hydronium- bzw. Hydroxidionen.

$c(H_2O)_{diss}$	$=$	$c(H^+)$	$=$	$c(OH^-)$	auf 10^7 L
bezogen gilt:	$=$	$\frac{1\,\text{mol}}{10^7\,\text{L}}$	$=$	$\frac{1}{10^7}\frac{\text{mol}}{\text{L}}$	

Im Dissoziationsgleichgewicht ist also

$$c(H_2O)_{diss} = 10^{-7}\frac{\text{mol}}{\text{L}}; \quad c(H^+) = 10^{-7}\frac{\text{mol}}{\text{L}}; \quad c(OH^-) = 10^{-7}\frac{\text{mol}}{\text{L}}$$

Daraus folgt, dass das Ionenprodukt des Wassers „k_w“ bestehend aus der Hydroniumkonzentration und der Hydroxidionenkonzentration eine konstante Größe ist:

$$\text{Ionenprodukt des Wassers } k_w = c\left(H^+\right) \cdot c(OH^-)$$

$$k_w = 10^{-7} \cdot \frac{\text{mol}}{\text{L}} 10^{-7}\frac{\text{mol}}{\text{L}}$$

$$k_w = 10^{-14}\left(\frac{mol}{L}\right)^2 = \text{konstant.}$$

Konkret heißt das, wenn zu reinem Wasser eine geringe Menge Hydroniumionen in Form einer Säure zugegeben wird, dann erhöht sich $c(H^+)$, und $c(OH^-)$ erniedrigt sich. Die wässrige Lösung wird sauer, aber das Ionenprodukt k_w ändert sich nicht.

Umgekehrt verläuft der Vorgang analog. Wird zu reinem Wasser eine geringe Menge wässrige Basenlösung (Lauge) gegeben, dann erniedrigt sich $c(H^+)$, und es erhöht sich $c(OH^-)$. Aber das Ionenprodukt bleibt konstant.

Wie schon erläutert, beträgt die Wasserstoffionenkonzentration in 1 L reinem Wasser

$$c\left(H^+\right) = 10^{-7}\frac{\text{mol}}{\text{L}}, \text{ durch Logarithmieren}$$

$$\text{erhält man } \lg c\left(H^+\right) = \lg 10^{-7}$$

$$\lg c\left(H^+\right) = -7$$

$$-\lg c\left(H^+\right) = 7$$

Der linke Ausdruck wird durch das Symbol pH abgekürzt.

$$\text{pH} = -\lg c\left(H^+\right).$$

Die mathematische Definition des pH-Wertes lautet demnach:

Der pH-Wert ist gleich dem negativen dekadischen Logarithmus der Stoffmengenkonzentration von Hydroniumionen. Bei nichtidealen Elektrolytlösungen müssen anstelle der Konzentrationen „c“ die Aktivitäten „a“ in die pH-Gleichung eingesetzt werden.

Für reines Wasser errechnet sich pH = 7.

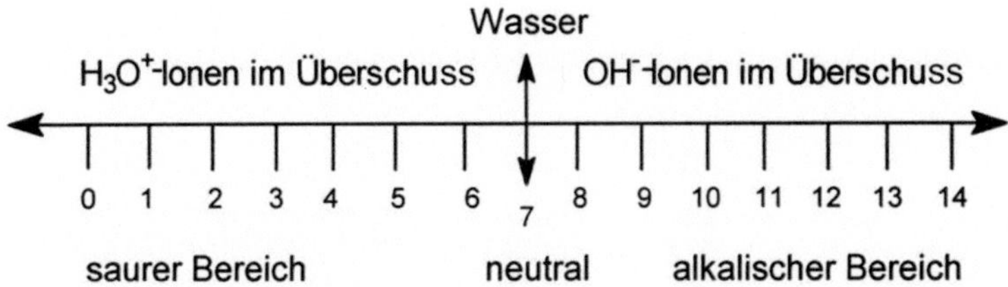

Abb. 1 pH-Wert-Skala [E. scale of pH-values]

Elektrolytlösungen mit einem pH-Wert < 7 werden als sauer bezeichnet und die mit einem pH-Wert > 7 als alkalisch (Abb. 1).

Der Einfluss der Hydronium- bzw. Hydroxid-Ionen übt auf das Verhalten von Stoffen und chemischen Reaktionen in der Natur und Technik die nachhaltigste Wirkung von allen sonstigen Einflüssen auf Stoffeigenschaften aus.

Eine Veränderung des pH-Wertes vermag, sofort die Reaktionsgeschwindigkeit eines Prozesses, den Umfang und die Art der Endprodukte, das Gleichgewichtssystem und nicht zuletzt die Reaktionsmechanismen zu ändern (Tab. 2).

Puffersysteme [E. buffers]

Pufferlösungen sind wässrige Lösungen von mindestens 2 Elektrolyten, die in einem bestimmten pH-Bereich auf die Zugabe von Säuren (H_3O^+-Ionen) oder Basen (Laugen, OH^--Ionen) nur mit einer geringfügigen Änderung des pH-Wertes reagieren.

Tab. 2 Beispiele von pH-Werten für einige Stoffe [E. examples of pH-values for some substances]

Stoff	pH-Wert
Blut bei 37 °C	7,1–7,9
Magensaft	0,9–2,2
Muttermilch	7,0
Kuhmilch	6,4–6,7
saure Milch	4,4
Weine	2,3–2,8
Apfelsaft	3,6
Coca Cola	2,8
Bier	4,4
Bohnenkaffee	5,0
Zitronensaft	2,3
Meerwasser	7,8–8,2
Seifenlauge	8,2–8,7
Ammoniakwasser	11
Gesättigtes Kalkwasser	12,3

Geringste Veränderungen der Hydroniumionen- bzw. Hydroxidionenaktivitäten beeinflussen das chemische Verhalten eines Reaktionssystems.

Sowohl bei chemisch-technischen als auch bei biochemischen Reaktionssystemen ist es von großer Bedeutung, den pH-Wert in bestimmten Grenzen zu stabilisieren, d. h. ihn gegen zusätzliche Hydroniumaktivitäten abzupuffern.

Die Wirkung der in einer Pufferlösung gelösten Puffersubstanzen beruht auf dem Abfangen von Hydronium- bzw. Hydroxidionen unter Bildung schwacher Säuren bzw. Basen aufgrund ihres Dissoziationsgleichgewichtes.

Beispiel: Die Pufferlösung besteht aus einer schwachen Säure, z. B. Essigsäure, $H_3C{-}COOH$, und einem völlig dissoziierten Neutralsalz dieser Säure, z. B. Natriumacetat, $H_3C{-}COONa$. Wird zu dieser Pufferlösung etwas Säure oder Lauge zugegeben, so ändert sich der pH-Wert nur unwesentlich.

Wird z. B. eine vollständig in Ionen dissoziierte Salzsäure hinzugefügt, so werden die Hydroniumionen der Salzsäure durch das Natriumacetat in der Weise abgefangen, indem das Natriumacetat in die schwache, kaum in Ionen dissoziierte Essigsäure überführt wird.

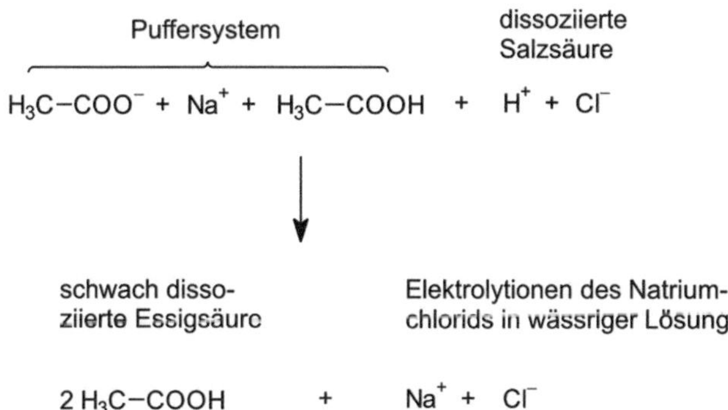

Standardpufferlösungen sind nach DIN 19266 und DIN 19267 genormt.

Eine Natrium/Essigsäure-Pufferlösung stabilisiert im pH-Bereich 3,8–5,8; eine Glycin, $H_2\underset{NH_2}{\underset{|}{C}}{-}COOH$, Natronlauge-Pufferlösung stabilisiert im pH-Bereich 8,6 bis 12,8.

3 Mikrobiologische und enzymatische Verfahren zur Konservierung [E. microbiological and enzymatic methods of conservation]

Mikrobiologische Verfahren zum Haltbarmachen von organischen Stoffen beruhen auf der konservierenden Wirkung von Stoffwechselprodukten, die geeignete Mikroorganismen ausscheiden, z. B.:

Essigsäurebakterien, *Acetobacter,* scheiden Essigsäure, $H_3C–COOH$, aus. Der pH-Wert sinkt und das wässrige Medium des Lebensmittels wirkt konservierend. Diese Wirkung wird ausgenutzt beim Essiggemüse, Essiggurken, Rote Bete, Essigfrüchten und auch Sauerteig. Häufig muss eine Essigsäurekonservierung noch durch andere Konservierungsstoffe unterstützt werden.

Milchsäurebakterien (Lactobacillaceae) produzieren Milchsaäure, $H_3C–CH(OH)–COOH$, dabei tritt eine natürliche Säuerung ein. Der pH-Wert fällt. Diese Milchsäuregärung konserviert Sauerkraut, Bohnen, auch Gurken, Silage u. a.

Andererseits gibt es Bakterien, die diesen Prozess stören und unterbrechen. Schimmelpilze bauen die Milchsäure ab.

Der Pilz *Aspergillus niger* erzeugt Zitronensäure, die stark konservierend wirkt. Der pH-Wert erniedrigt sich in Gegenwart von Zitronensäure bis zu 2 (Kap. XXI).

Mikrobiologische Verfahren sind im biochemischen Sinne enzymatische Verfahren. Denn die Enzyme ermöglichen es erst, durch ihre Herabsetzung der Aktivierungsenergie Lebensmittel gegen Verwesungs- oder Fäulnisreaktionen zu bewahren oder Letztere zu verzögern.

Auch der Ethylalkohol, $H_3C–CH_2–OH$ als Stoffwechselprodukt der alkoholischen Gärung durch den Pilz *Saccharomyces cerevisiae* gehört im weiteren Sinne zu diesen Konservierungsmitteln. Reiner Ethylalkohol ist für alle Mikroorganismen ein Gift. Er denaturiert das Protoplasmaprotein. In 70 %igem Alkohol werden alle Bakterien abgetötet oder in ihrer Entwicklung gehemmt. Der sogenannte Rumtopf im Haushalt konserviert sich durch den Alkohol und Zucker (Abschn. 5).

3.1 Chemische Verfahren [E. chemical methods]

Im weitesten Sinne sind chemische Verfahren diejenigen Konservierungen, die auf chemischen Reaktionen beruhen und durch Zusatzstoffe ausgelöst werden, wie z. B. das Salzen, Säuern, Räuchern. Die konservierende Wirkung von Nitriten, NO_2^-, Nitraten, NO_3^-, Schwefeldioxid, SO_2, Ozon, O_3, Wasserstoffperoxid, H–O–OH, u. a. beruhen auf chemische Reaktionen.

3.2 Entkeimungsfiltration [E. germ removal by filtration]

Entkeimungsfiltration ist die Entfernung von pathogenen und toten Keimen durch Sterilfiltration mittels feinporiger Schichtenfilter auf Cellulosebasis. Sie wird angewendet zur Entkeimung von Fruchtsäften, Bier, Wein, Essig, Mineralwasser und auch für spezielle Arzneimittel. Auf diese Weise wird durch eine Kombination von Zentrifugieren und Filtrieren die Weingärung in einem gewünschten Stadium unterbrochen, um eine definierte Restsüße zu erhalten.

3.3 Strahlung [E. radiation]

Die Strahlungskonservierung von Lebensmitteln und Futtermitteln ist zwar intensiv untersucht worden, hat sich aber noch nicht in der Praxis durchgesetzt. Als Strahlungsarten kommen Gamma-, Elektronen-, Röntgen- und Ultraviolettstrahlen infrage. Sie wirken antimikrobiell und auch enzyminaktivierend. Abhängig von der Strahlendosis können in dem bestrahlten Produkt unerwünschte Zersetzungen auftreten. Als Gammastrahlenquelle nutzt man das radioaktive Element Cobalt-60. Die Entkeimung der Luft in Sterilräumen der Pharmaindustrie, in lebensmittelverarbeitenden Betrieben wie Molkereien, Kühlhäusern, Schlachthäusern und Großbäckereien erfolgt mit Ultraviolettstrahlen.

Derzeit ist in Deutschland, Luxemburg und Österreich die Bestrahlung von Lebensmitteln zur Verlängerung ihrer Haltbarkeit noch verboten.

Es wird aber an einer EU-Richtlinie gearbeitet, die das Bestrahlen von Lebensmitteln einheitlich regeln soll.[18] Diese Richtlinie wird eine Positivliste enthalten, in der alle für die Bestrahlung zugelassenen Produkte aufgeführt sind.

Bisher enthält diese Liste nur getrocknete Kräuter und Gewürze zur Weiterverarbeitung, z. B. in Wurst oder Fertiggerichten.

Gewürze und Kräuter sind in der Regel stark mit Keimen belastet. Auch gibt es bei Gewürzen und Kräutern zur Abtötung von möglicherweise krankheitserregenden Mikroorganismen keine praktikable Alternative. Denn Erhitzen führt zu Aroma- und damit Geschmacksverlusten. Begasung mit Chemikalien ist mit Gesundheitsrisiken behaftet.

Die eingesetzten Strahlungsenergien sind gering. Die Strahlendosis wird in Gray [Gy] gemessen. 1 Gray entspricht der Energiedosis von 1 J/kg bestrahltes Gut.

$$1\,\mathrm{Gy} = 1\left[\frac{\mathrm{J}}{\mathrm{kg}}\right];\ 1\,\mathrm{Kilogray}\ [\mathrm{kGy}] = 1000\left[\frac{\mathrm{J}}{\mathrm{kg}}\right] = 1\left[\frac{\mathrm{J}}{\mathrm{kg}}\right].$$

Es werden drei Energiedosisbereiche unterschieden:

1. **Niedriger Bereich** bis 1000 [Gy]

In diesem Bereich kann die Bestrahlung ein Ersatz für keimtötende Chemikalien sein, z. B. reichen 1000 Gray aus zur Keimhemmung von Kartoffeln oder Zwiebeln.

2. **Mittlerer Bereich** von 1 [kGy] bis 10 [kGy]

Diese Energiedosis dient der Pasteurisierung von Gewürzen, Fisch, Fleisch oder Meeresfrüchten, die auch gefroren und verpackt bestrahlt werden können. Vor allem in Holland werden Salmonellen in Gefrierhähnchen auf diese Weise abgetötet.

---

[18]Lit.: Schulte, U. (1999), Lebensmittel unter Strahlung, VDI-Nachrichten, Nr. 4, 29.01.1999.

Lebensmittelbestrahlungsverordnung vom 14.12.2000 und EU-Richtlinien 1999/2 EG und 1999/3 EG.

3. **Hoher Bereich** von 10 [kGy] bis 75 [kGy]
Diese Strahlungsenergie eignet sich zum Sterilisieren. Dafür sind mehr als 30 [kGy] notwendig. Die niederen und mittleren Energiedosen reichen aus, um Kohlenhydrat-, Fett- oder Proteinmoleküle zu schädigen, dadurch werden vorhandene Keime desaktiviert oder abgetötet. Die Strahlenwirkung hängt von der Dosis ab, die ein Stoff (Produkt) aufnimmt.

4 Toxische Substanzen durch Mikroorganismen [E. toxic substances of microorganisms]

Lebens- und Futtermittel werden nicht nur von Mikroorganismen aerob abgebaut (Verwesung) oder anaerob zersetzt (Fäulnis), sondern von toxinbildenden[19] (Gift abscheidenden) Bakterien befallen. Diese Toxine sind für die Menschen und Tiere sehr gesundheitsgefährdend und teilweise lebensgefährlich.

Die bekanntesten Toxine produzierenden Bakterien sind *Clostridium botulinum* und einige *Staphylococcus-Arten.*

Das Erstere bildet ein hochgiftiges *Exotoxin*[20]*,* das schon in geringen Mengen das Nervensystem schädigt. Die Staphylokokken[21] scheiden ein Enterotoxin[22] ab, das auf das Darmsystem wirkt und für die typischen Symptome einer klassischen Nahrungsmittelvergiftung verantwortlich ist.

Einige Pilze bilden die *Mykotoxine,* von denen die vom Aspergillus flavus abgeschiedenen Aflatoxine am bekanntesten sind. 20 Typen sind bisher identifiziert worden.

Die **Exotoxine** [E. exotoxins] gehören zur Gruppe der toxischen Proteine. Sie sind meist niedermolekulare 1-kettige nichtenzymatische Polymere.

Bekannte Exotoxine sind die im Magen-Darm-Kanal wirksamen Exotoxine von *Staphylococcus aureus,* die Diarrhoe[23] (Durchfall) und Erbrechen verursachen. Hochtoxisch sind die Gifte vom Clostridium botulinum, die sogenannten Botulinusgifte. Sie sind starke Nervengifte (Neurotoxine). Diese stäbchenförmigen Bakterien entwickeln sich anaerob im Fleisch. Gelegentlich auch in Fisch- und Gemüsekonserven infolge zu geringer Säuerung oder zu geringen Salzzusätzen.

Das **Botulinustoxin** [E. botulinustoxin] ist ein Polypeptid mit der Molmasse 900.000. Durch 30-minütiges Erhitzen bei 95 °C werden nicht alle denaturiert und unwirksam.

---

[19]toxon (gr.) – Bogen; toxeuma (gr.) – Pfeil über toxikon = Pfeilgift.

[20]exo (gr.) – außen als Vorsilbe.

[21]staphyle (gr.) – Weintraube; kokkus (gr.) – Kern, Korn. Kokken sind kugelförmige Bakterien, Staphylokokken sind kugelförmige Bakterien, die haufen- und traubenförmig gelagert sind. Sie sind unbeweglich, leben anaerob und sind nicht sporenbildend.

[22]enteron (gr.) – Darm.

[23]diarrhoia (gr.) – Durchfluss.

Andererseits sind die Botulinustoxine resistent gegen Verdauungsenzyme. Wie beim Hormon Insulin oder den Verdauungsenzymen Chymotrypsin, Trypsin und Elastase hängt die Aktivität vieler Exotoxine von der Ausbildung von Disulfidbrücken ab (Kap. VII, Abschn. 10).

Aflatoxine [E. aflatoxins] sind von bestimmten Schimmelpilzen ausgeschiedene hochgiftige Stoffwechselprodukte. Sie gehören zu den stärksten in der Natur vorkommenden Giften und krebserregenden Substanzen (cancerogen)[24].

Es ist der Pilz Aspergillus flavus, der mit Vorliebe Mais, Reis, Brot, Getreide, Erd- und Paranüsse befällt und 8 verschiedene Aflatoxine nach der angegebenen Struktur produziert. Wie der chemische Aufbau zeigt, sind die Aflatoxine keine Proteine (Abb. 2). Sie rufen Leberkrebs und sonstige schwere Leberschäden hervor. Sie sind hitzestabil und werden beim Kochen oder Backen nur wenig zerstört. Die Aflatoxine sind schwer wasserlöslich, ihre Schmelzpunkte sind hoch und liegen zwischen 195 und 320 °C.

Chemisch betrachtet sind sie Difuran-Cumarin-Derivate. Aflatoxine verknüpfen sich mit der Desoxyribonukleinsäure des Zellkerns und hemmen das Enzym der Ribonukleinsäure(RNS)-Polymerase.

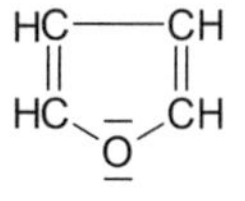

bzw.  Furan

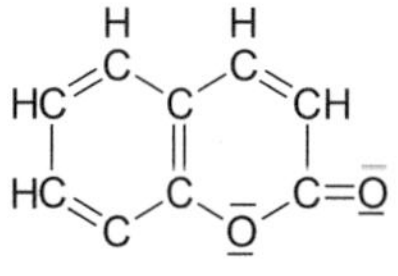

bzw. 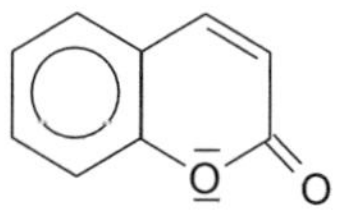 Cumarin

Furan[25] ist eine chloroformartig riechende luft- und alkalibeständige Flüssigkeit vom Schmelzpunkt 32 °C. Viele Furanderivate kommen in Aromen und Riechstoffen vor oder sind auch Bestandteil von Arzneimitteln.

Cumarin bildet farblose Prismen, die bei 70 °C schmelzen und angenehm nach Waldmeister und Heu riechen.

Vergiftungen durch die Enterotoxine der Staphylokokken sind nach den Salmonellenerkrankungen die häufigsten der Lebensmittelintoxikationen(-vergiftungen). Schon eine Dosis von 20 bis 25 μg (1 Mikrogramm [μg] $= 10^{-6}$ Gramm [g]) lösen beim Menschen Symptome der Vergiftung aus, wie Übelkeit, Erbrechen, Durchfall, Bauchschmerzen und Kreislaufbeschwerden.

---

[24]cancer (lat.) – Gitter, Krebs.

[25]furfur (lat.) – Kleie.

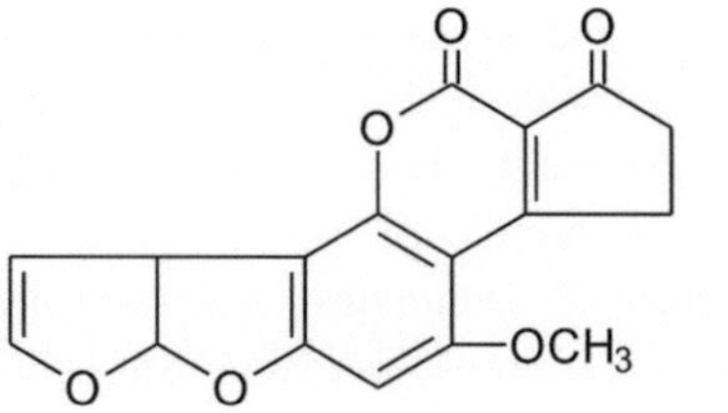

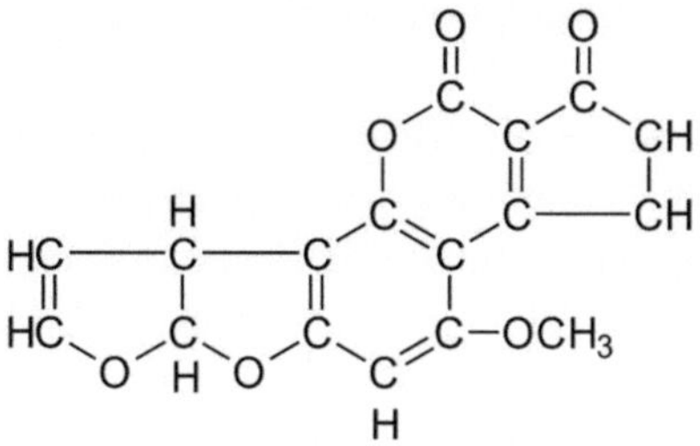

Abb. 2 Chemisches Strukturgerüst des Aflatoxin B_1 [E. chemical structure of the aflatoxine B_1]

5 Alkoholhaltige[26] Getränke als durstlöschende Flüssigkeiten [E. alcoholic beverages for thirst]

5.1 Historisches [E. history]

Soweit man in die Geschichte der Menschheit zurückdenken kann, galt ihre erste Sorge immer, sich vor dem Verhungern und Verdursten zu bewahren. Neben der ausreichenden Beschaffung von Feststoff-Nahrungsmitteln wie Getreide, Öle und Fette sowie Fleisch und Fische war für die Menschen die Versorgung mit sauberem Trinkwasser von gleichem Rang[27] (Kap. III, Abb. 10).

Obwohl in den Seen, Flüssen und Meeren genügend Wasser verfügbar ist, war und ist es nicht so ohne Weiteres genießbar. Es war häufig mit krankheitserregenden Keimen verseucht.

Schon sehr früh mussten die Menschen erfahren, dass vor allem in Wohngebieten, Siedlungen und Städten das Wasser viele Krankheiten überträgt. Nur Quellwasser und aufgefangenes Regenwasser konnte bedenkenlos genossen werden. Das reichte für den täglichen Bedarf nicht aus. So ist es nicht verwunderlich, dass seit Anbeginn der Zivilisation vor fast 10.000 Jahren Bier, Met und Wein die tagtäglichen Getränke der Ägypter, der Sumerer, Babylonier, der alten Griechen und Römer waren.

---

[26] *Alkohol,* hergeleitet aus dem Arabischen in seiner Bedeutung *das feinste und reinste Wesen einer Sache.*

[27] Lit.: Hopp, V. (2016), Wasser und Energie – Ihre zukünftigen Krisen, 2. Auflage, Springer Spektrum, Springer Verlag Berlin, Heidelberg.

Die fruchtbaren Flussdeltas von Mesopotamien[28], Euphrat und Tigris und die des Nils in Ägypten lieferten reiche Ernten an Weizen und Getreide, die die Hauptnahrung für Bauern, Arbeiter, Seeleute und Soldaten darstellte.

So manches Mal wird der Getreidebrei angegoren oder ganz gegoren gewesen sein. Diese Gärung wurde von den überall vorkommenden Hefen, die im 19. Jahrhundert als Saccharomyces cerevisiae identifiziert worden sind, hervorgerufen. Hefen, Brauhefen, treten immer dort auf, wo zuckerhaltige bzw. kohlenhydrathaltige Stoffe (Substrate) sind. Für die damaligen Menschen war es nur ein kleiner Schritt, diesen natürlichen Vorgang der Gärung nach gründlicher Beobachtung zum Herstellen von alkoholhaltigen Getränken auszunutzen. Ägypter und Babylonier tranken vor dem 3. Jahrtausend v. Chr. Gersten- und Weizenbier. Auf mehr als 6000 Jahre alten babylonischen Tontafeln sind illustrierte Rezepte zur Bierherstellung eingraviert. Die ersten Bierbrauer vor den Babyloniern waren die Sumerer. Sie sollen schon 20 verschiedene Sorten gebraut haben.

Dann machte man noch eine weitere Beobachtung. Gebrautes Bier und gekelterter Wein waren frei von gefährlichen Keimen. Außerdem wurde verschmutztes Trinkwasser durch Gärung genießbar. Denn nicht nur der Ethylalkohol wirkte keimabtötend, sondern auch die als Nebenprodukte entstehenden Säuren, die den pH-Wert senken und somit die keimtötende und konservierende Wirkung verstärken (s. Reaktionsgleichung (1) und (2)). Bier wurde auf der Grundlage von Weizen und Gerste gebraut, Wein auf der Basis von Trauben, Beerenobst, Reis oder Palmensaft. Die Germanen brauten sich Met aus einem Gemisch von Honig und Wasser. Die dazu erforderliche Hefe fiel beim Brauen und Keltern als Parallelprodukt zwangsläufig an, von dem entsprechende Mengen für einen neuen Gärungsansatz abgezweigt wurden.

$$\underset{\text{Traubenzucker}}{C_6H_6(OH)_6} \xrightarrow[\text{der Hefe}]{\text{Enzymsystem}} \underset{\text{Ethylalkohol}}{2\,H_3C{-}CH_2{-}OH} + \underset{\text{Kohlenstoffdioxid}}{2\,CO_2} \qquad \Delta G = -236{,}4\ \text{kJ/mol} \tag{1}$$

$$\underset{\text{Ehtylalkohol}}{H_3C{-}CH_2{-}OH} \xrightarrow[\text{bacter}]{\text{Aceto-}} \underset{\text{Essigsäure}}{2\,H_3C{-}COOH} + \underset{\text{Wasser}}{2\,H_2O} \qquad \Delta G = -904{,}3\ \text{kJ/mol} \tag{2}$$

Seit die alkoholische Gärung hauswirtschaftlich zum Herstellen einwandfreier Getränke genutzt werden konnte, waren Bier und Wein als Volksgetränke zum Löschen von Durst an die Stelle von Wasser getreten. Parallel dazu wurde das Züchten von geeigneten Reben vorangetrieben. Nach derzeitigem Wissen wurden die ersten Rebenkulturen um 6000 v. Chr. im Gebiet des heutigen Armeniens angelegt. Der Saft der meisten

[28]mesos (gr.) – dazwischen; potamos (gr.) – Fluss; Mesatopamia (gr.) – Zwischenstromland.

Wildfrüchte und auch die Trauben von wilden Reben enthielt nicht genügend Zucker, um ausreichende Mengen an alkoholhaltigen frischen haltbaren Getränken zu gewinnen.

Großflächige Anbaugebiete für Getreide und Reben waren für die alten sesshaften Kulturvölker gleich wichtig.

Trauben brachten zudem noch mehr Gewinn als Getreide. Somit boomte der Rebenanbau in römischer Zeit, bis der Anbau so sehr expandierte, dass um 30 v. Chr. der Wein für jedermann fast kostenlos zu haben war – ein Zeichen von Dekadenz. 81 n. Chr. wurde vom römischen Kaiser Domitian der Weintraubenanbau verboten.

Es ist nicht zufällig, dass in der Bibel und in den griechischen Epen nicht Wasser als Getränk genannt wird, sondern Wein. Im Abendmahl wird Wein gereicht und nicht Wasser. Wunden wurden mit Wein ausgewaschen. Die Gefahr einer Infektion durch Wasser wäre zu risikovoll gewesen.

Der griechische Arzt Hippokrates (ca. 460–370 v. Chr.) erwähnt ausdrücklich die Unbedenklichkeit von Wasser, wenn es nur aus Quellen, tiefen Brunnen oder aus in Zisternen gesammeltem Regenwasser stammt. Das allerdings wusste Moses auch.

Jesus verwandelte Wasser in Wein, weil er ein labendes, frisches, unbedenkliches Getränk ist. König Salomo[29] empfiehlt den Wein als Erfrischungsgetränk, aber auch als Beruhigungsmittel. Von Wasser ist in seinen Sprüchen des Alten Testaments nichts zu lesen: Der Spruch 3, Verse 8 und 9 lautet:

Ehre Jehova mit Deinem Gute und mit den Erstlingen deines Ertrages,
so werden deine Scheuern sich füllen mit Überfluss und
deine Kufen bersten von Most.

Im Spruch 31, Verse 6 und 7, heißt es:

Gebet starkes Getränk dem Verkommenen und
Wein denen, die betrübter Seele sind,
daß der trinke und seine Armut vergesse und
seiner Mühsal nicht mehr gedenke.

Die *altägyptische*[30] *Geschichte* lässt sich bis zum 5. Jahrtausend v. Chr. zurückverfolgen. Sie erlebte im Nilstromland viele Phasen der Hochkulturen.

Die Herkunft der *Sumerer* ist unbekannt. Im 3. Jahrtausend v. Chr. besiedelten sie das Land zwischen den Flüssen Euphrat und Tiger und entfalteten dort eine kulturelle Hochblüte.

[29]Salomo, König von Juda und Israel und des von David errichteten Großreiches (ca. 965–926 v. Chr.). Im Alten Testament werden Salomo die Sprüche und einzelne Psalmen zugeschrieben.

[30]aigyptos (gr.) – dunkel.

Die Geschichte der *Babylonier* schließt an die der Sumerer ab dem 2. Jahrtausend v. Chr. an. Die 1. Dynastie der Babylonier umfasste Babylon, Assyrien und Mesopotamien. Babylonien wurde zum Zentrum der gesamten vorderasiatischen Welt. Diese Periode endete mit dem Tod Alexander d. Großen 323 v. Chr.

Die Entwicklung der *griechischen Kultur* setzte im 2. Jahrtausend v. Chr. ein. Sie wurde durch die Stadtstaaten bestimmt, z. B. Athen, Sparta, Theben u. a. Sie erfuhr im Hellenismus noch einmal eine Hochblüte und befruchtete anschließend die Kultur des immer mächtiger werdenden römischen Reiches.

Die Stadt Rom wurde 753 v. Chr. gegründet. Von Rom als Stadtstaat entstand das römische Reich, dessen Ende mit der Teilung in das oströmische Reich (395) mit Konstantinopel als Hauptstadt und in das weströmische Reich mit Rom eingeleitet wurde.

Bis an das Ende des 19. Jahrhunderts blieb es eine ständige Sorge, sauberes Trinkwasser in den größeren Städten und in den Industrialisierungsgebieten bei ständig zunehmender Bevölkerung auf Vorrat zu halten. Immer noch wurden sogar in Europa und Nordamerika in Flüssen und Seen natürliches Wasser durch Abfälle aller Art, Fäkalien und Tiere verschmutzt und teilweise verseucht.

Noch im Sommer 1892 wurden in Hamburg 17.000 Menschen von der Cholera[31] heimgesucht, von denen fast die Hälfte starben. Das Wasser wurde ungefiltert aus der Elbe bezogen, in die auch die Fäkalien eingeleitet wurden.

Geschichtlichen Überlieferungen zufolge wird der römische Kaiser Probus, der von 276 bis 282 n. Chr. regierte, als der Vater des deutschen Weinbaus angesehen. Er hat das von Domitian erlassene Verbot über den Rebenanbau wieder aufgehoben. Bei den Römern galt das Bier als das Getränk der Barbaren[32], weil es bei den Germanen besonders beliebt war. In Deutschland ist der Hopfenanbau erstmals 736 bei Geisenfeld (Bayern) nachgewiesen.

Das Braurecht war im Mittelalter ein besonderes Privileg der Städte und Klöster. Bei dem hohen Bierkonsum jener Zeit war die Bierherstellung eine gute Einnahmequelle. Die erste *Brauereigerechtigkeit* wurde in Bayern 1143 dem Kloster Weihenstephan verliehen.

Das böhmische Bier wurde schon im 13. Jh. sehr gerühmt. 1516 wurde das Reinheitsgebot von dem bayerischen Herzog Wilhelm IV. erlassen. Nach diesem darf für das Bierbrauen nichts anderes verwendet werden als Gerste, Hopfen und Wasser. Dieses Gesetz gilt heute noch. Hätte man zu jener Zeit schon die Bedeutung der Hefe für die Qualität des Bieres genauer erkannt, wäre als 4. Forderung auch die Bierhefe mit dem Pilz *Saccharomyces cerevisiae* für obergäriges Bier mit einbezogen worden (Abb. 3).

---

[31]cholera (gr.) – infektiöse Darmkrankheit, ausgelöst durch Bakterien; eine mit Durchfällen und Erbrechen einhergehende Darmerkrankung, die wegen Austrocknung des Körpers zum Tod führt.

[32]barbaros (gr.) – Nichtgrieche, später waren damit auch die Rohlinge und Ungebildeten gemeint.

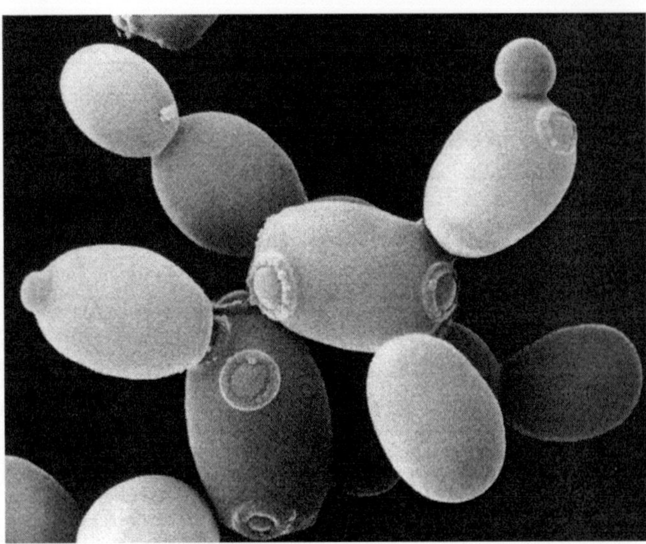

Abb. 3 Der Pilz Saccharomyces cerevisiae für die alkoholische Gärung [E. the fungus saccharomyces cerevisiae for the alcoholic fermentation]

Im Mittelalter war es schwierig, bei niederen Temperaturen zu brauen, zeitweilig im Winter. So waren die ersten gängigen Biere obergärig bei Gärtemperaturen zwischen 15 und 20 °C. Für untergärige Biere waren Temperaturen von 4 bis 10 °C erforderlich, auch musste eine andere Hefe als Enzymlieferant verwendet werden. Es ist Saccharomyces carlsbergensis. Um 1500 stellten sich die Klosterbrauereien auf die untergärigen Methoden um (s. auch Hopp, V., 1997, Vom Stoff- und Energieumsatz, S. 339 ff., VCH-Wiley, Weinheim).

Die alten Kulturvölker und später auch die in Europa haben schon sehr früh erkannt, dass Wein und Bier nicht nur gegen den Durst waren, sondern auch einen relativ hohen Nährwertgehalt haben, der im Wesentlichen vom Alkoholanteil und von nicht vergorenen Zucker- bzw. Kohlenhydratbestandteilen herrührt.

Der physiologische Brennwert für 1 g Kohlenhydrate beträgt 17,2 kJ/g und der für Ethylalkohol 29,5 kJ/g. Außerdem war der Gehalt an wasserlöslichen Vitaminen des B-Komplexes auch nicht zu unterschätzen. Doch das konnte man erst in der modernen Zeit feststellen, als man den ernährungsphysiologischen Wert der Vitamine erkannt hatte.

Wein und Bier wurden auch von den Seefahrern als von krankheitserregenden freien Getränken und Nahrungsmittel geschätzt.

Der Portugiese Christoph Columbus (1451–1506), der einen Seeweg nach Indien ergründen wollte und 1492 nach drei Monaten in Mittelamerika an Land ging, hatte eine Ladung Wein an Bord der Schiffe.

Die ersten puritanischen Kolonisten mussten 1620 in Neuengland/USA am Plymouth Rock an Land gehen, weil ihnen das Bier ausgegangen war.

Die Ursachen für ein Seuchen verbreitendes Wasser aus Flüssen und Seen konnten erst relativ spät ausgemacht werden. Als einer der ersten großen Mikroskopiker, Linsen- und Brillenglasschleifer baute der Holländer Anton von Leeuwenhoek[33] sich ein Mikroskop, mit dem er Infusorien (Mikroorganismen), Bakterien in den verschiedensten wässrigen Medien und die Blutkörperchen im Blut identifizieren konnte. Damit war der Weg zur Aufbereitung von einwandfreiem Trinkwasser bis zur heutigen Keimfiltration geebnet. Ca. 175 Jahre später klärte Louis Pasteur[34] als Begründer der wissenschaftlichen Mikrobiologie den biochemischen Mechanismus der alkoholischen Gärung als enzymatischen Prozess auf. Er fand heraus, dass es die Enzyme der Saccharomyces sind, die den Abbau der Zucker zu Ethylalkohol bewirken. Er entdeckte, dass Fremdkeime aus Hefen oder Bakterien die alkoholische Gärung beeinträchtigen können. Häufig sind Essigsäurebakterien, *Acetobacter*, zugegen, die Ethylalkohol zu Essigsäure weiter oxidativ (aerob) abbauen.

5.2 Trinkwasser durch Abkochen [E. drinking water by decoction]

Die asiatischen Kulturen kamen schon sehr früh dahinter, dass abgekochtes Wasser frei von krankheitserregenden und Seuchen auslösenden Keimen ist. Sie waren allerdings dazu auch gezwungen, diesen Weg zu gehen. Den meisten Menschen der asiatischen Völker fehlt das Enzym *Aldehydoxidase*.

In ihrem körper kann der Acetaldehyd, $H_3C{-}C({=}O){-}H$, als giftiges Zwischenprodukt nicht umgesetzt werden.

Ethylalkohol → Acetaldehyd → Essigsäure →

$$H_3C{-}CH_2{-}OH \xrightarrow[\text{dehydrogenase}]{\text{Alkohol-}} H_3C{-}\underset{\underset{O}{\|}}{C}{-}H \xrightarrow[\text{oxidase}]{\text{Aldehyd-}} H_3C{-}\underset{\underset{O}{\|}}{C}{-}OH \xrightarrow{\text{Coenzym}}$$

Acetyl-Coenzym A → Kohlenstoffdioxid + Wasser

$$H_3C{-}\underset{\underset{O}{\|}}{C}{-}SACo \xrightarrow[\text{Cyclus}]{\text{Citronensäure}} CO_2 + H{-}OH$$

[33] Anton von Leeuwenhoek (1632–1723), niederl. Linsenschleifer und Mikroskopiker.

[34] Louis Pasteur (1822–1895), frz. Mikrobiologe.

Schon geringe Mengen an alkoholischen Getränken reichen aus, um bei den Betroffenen große Übelkeit auszulösen.

Es ist deshalb naheliegend, dass die Asiaten das abgekochte fade schmeckende Wasser mit Teeblättern zu einem wohlschmeckenden aufmunternden Getränk aufbesserten.

5.3 Vom hochprozentigen Alkohol [E. high percentage alcohol]

Dass die alkoholhaltigen Getränke nach übermäßigem Genuss die Menschen in einen Rausch versetzten, war seit jeher bekannt. Da bei den Bieren und Weinen der Alkoholanteil nie besonders hoch war, kamen Vergiftungen und drogenähnliche Abhängigkeiten selten vor. Sie traten nicht als gruppen- oder gesellschaftspolitische Symptome auf. Außerdem konnte der Alkoholanteil in einem vergorenen Substrat nie 16 Vol.-% übersteigen. Bei höherem Volumenanteil waren die Hefen nicht mehr überlebens- und vermehrungsfähig.

Dieses änderte sich schlagartig, als um 700 n. Chr. arabische Alchimisten das Destillieren von Flüssigkeitsgemischen erfanden. Diese Destillierkunst gelangte über die medizinische Schule[35] in Salerno/Süditalien zwischen 1150 und 1250 nach Europa. Den hochprozentigen Alkohol nannte man *aquavitae (lat.) – Wasser des Lebens*. Einerseits hatte man mit diesem Hochprozentigen ein gutes Extraktionsmittel für Auszüge aus Pflanzen, die als Arzneien sehr begehrt waren. Auch dem Alkohol schrieb man teilweise begründet, oft auch unbegründet, medizinische Wunderwirkungen zu. Als Desinfektionsmittel war er eine große Hilfe. Allerdings verbreitete sich mit der Destillationskunst und dem unkontrollierten Genuss von *harten Alkoholika* in Europa der Alkoholismus, der bis heute noch nicht überwunden ist.

Eine Schubwirkung erfuhr der Alkoholismus zusätzlich während der Pestepidemie in Mitteleuropa, die von 1347 bis 1352 währte. Schätzungsweise 25 Mio. Menschen sind Opfer dieser Seuche geworden. Das war ein Drittel der Bevölkerung Europas. Der Alkoholgenuss stieg ins Unermessliche, in dem Glauben, dass er gegen Ansteckung schützt.

5.4 Der Wirtschaftsverbund zwischen der alkoholischen Gärung und Landwirtschaft [E. integrated system of alcoholic fermentation and agriculture]

Während der alkoholischen Gärung, ob auf der Grundlage von Getreide, Obst oder Weintrauben, entsteht neben dem Ethylalkohol eine hohe eiweißhaltige Biomasse. Das ist die Eigenmasse der während der Gärung sich vermehrenden Hefe. Als Viehfuttermittel ist sie

[35]Die medizinische Schule in Salerno hatte im 11. bis 13. Jahrhundert ihre höchste Blüte. Sie war die Pflanzstätte aller medizinischen Fakultäten Europas.

sehr begehrt, insbesondere in früheren Jahrhunderten, als man als hochwertiges Futter noch kein Sojaschrot hatte.

Mit dieser während der Gärung anfallenden Schlempe gediehen die Rinder und Schweine prächtig. Die von ihnen produzierten Fäkalien waren als Mist begehrte wertvolle Dünger, mit dem Heide oder Ödland in fruchtbares Ackerland umgewandelt wurden. Im 19. Jahrhundert wurde in Preußen die Errichtung von Brauereien in den Städten und auf den Dörfern gefördert – nur zum Zweck der eiweißhaltigen Schlempe und als Nebenprodukt bei der Viehfütterung zum Gewinnen vom düngerwirksamen Dung. Beide waren damals die natürlichen Säulen für die Versorgung der Landesbewohner mit Grundnahrungsmitteln.

Literatur [E. references]

Hopp, V. (2016), Wasser und Energie – Ihre zukünftigen Krisen, 2. Aufl., Springer Spektrum, Springer-Verlag Berlin Heidelberg.

Weiterführende Literatur

Frede, W., Hrsg. (2013), Taschenbuch für Lebensmittelchemiker, Springer Verlag, Berlin, Heidelberg, New York.

Fuchs, G. (2014), 9. Aufl., begründet von Hans G. Schlegel, Allgemeine Mikrobiologie, Georg Thieme Verlag, Stuttgart – New York.

Kunz, B. (1993), Lexikon der Lebensmitteltechnologie, Springer Verlag, Berlin, Heidelberg, New York, London, Paris, Tokyo, Hong Kong, Barcelona, Budapest.

Lück, E. (2013), 3. Aufl., Chemische Lebensmittelkonservierung, Springer Verlag, Berlin, Heidelberg, New York, London, Paris, Tokyo, Hong Kong, Barcelona, Budapest.

Osteroth, D., Hrsg. (2013), Taschenbuch für Lebensmittelchemiker und -technologen, Bd. 2, Springer Verlag, Berlin, Heidelberg, New York, London, Paris, Tokyo, Hong Kong, Barcelona, Budapest.

Römpps Chemie-Lexikon (2002), Hrsg. Falbe, J. und Regnitz, M., online, Georg Thieme Verlag, Stuttgart – New York.

Umwelt und Chemie von A – Z (1996), 10. Aufl., Hrsg. Verband der Chemischen Industrie Frankfurt am Main, Verlag Herder, Freiburg im Breisgau.

Valla, B. L. (1998), Kleine Kulturgeschichte des Alkohols, Spektrum der Wissenschaften, Heft 8, Spektrum der Wissenschaftsverlagsgesellschaft mbH, Heidelberg.

Zitronensäure: Beispiel für ein biotechnisches Produkt [E. citric acid: an example for a biotechnological product]

1 Eigenschaften und Vorkommen [E. properties and occurence]

Zitronensäure (2-Hydroxy-1,2,3 propantricarbonsäure)

```
            O
            ||
      H2C—C—OH                          H2C—COOH
       |                                 |
  HO—C—C—OH          bzw.           HO—C—COOH
       |  ||                             |
       |  O                             H2C—COOH
      H2C—C—OH
           ||
           O
```

1784 isolierte der schwedische Chemiker Carl Wilhelm Scheele (1742–1786) erstmalig Zitronensäure.

Physikalische Eigenschaften [E. physical properties]
Farblose in Rhomben kristallisierte, geschmacksbildende, aber geruchsfreie Substanz.

Monohydrat: Smp.: 100 °C und Dichte: 1542 g/cm^3.

Wasserfreie Zitronensäure: Schmelzpunkt: 153 °C und Dichte: 1665 g/cm^3.

Chemische Eigenschaften [E. chemical properties]
Zitronensäure ist eine starke Tricarbonsäure und bildet drei Reihen von Salzen, die Citrate heißen. Alkalicitrate sind wasserlöslich, die Übrigen dagegen wasserunlöslich.

In Wasser ist Zitronensäure mit saurem Geschmack und saurer Reaktion leicht löslich. Ebenfalls ist sie leicht löslich in Ethanol, in Ether dagegen schwer und in Benzol und Chloroform nicht löslich.

V. Hopp, *Chemische Kreisläufe in der Natur*,
https://doi.org/10.1007/978-3-662-55860-7_21

Mit Metallionen bildet sie – meist wasserlösliche – Komplexe. Darauf beruht ihre vielseitige technische Verwendung zur Inaktivierung von Metallionen. Ihre Säurestärke entspricht der der Phosphorsäure.

Physiologische Eigenschaften [E. physiological properties]
Im Zitronensäurezyklus des Stoffwechselprozesses werden vom Erwachsenen täglich 1500 g Zitronensäure als Zwischenprodukt gebildet und wieder abgebaut (Kap. XVII, Abb. 1 und Kap. XIX, Abb. 8).

Demgegenüber fällt die normale mit der Nahrung zugeführte (exogene) Zitronensäure kaum ins Gewicht.

Ein relativ hoher Zitronensäuregehalt findet sich im Knochensystem. Eine orale Zufuhr relativ geringer Mengen an Zitronensäure soll das Knochenwachstum fördern, während eine stärkere Zitronensäureaufnahme eine Demineralisation des Knochengewebes bewirken kann.

Weil die Zitronensäure eine Schlüsselstellung im Stoffwechselprozess und im Kreislauf der Natur einnimmt, ist sie umweltverträglich und biologisch abbaubar.

Vorkommen der Zitronensäure [E. occurence of the citric acid]
Zitronensäure gehört zu den verbreitetsten Pflanzensäuren. Sie wurde nachgewiesen in zahlreichen Früchten, im Zitronensaft (5 bis 7 %), in Milch, Nadelhölzern, Orchideen, Pilzen, Tabakblättern, im Rübensaft, Wein u. a.

Da die Zitronensäure regelmäßig als Zwischenprodukt bei der Oxidation von Fetten, Kohlenhydraten und Proteinen auftritt, ist sie in allen Organismen, sogar im Torf und in der Braunkohle in kleinen Mengen vorhanden.

Heute wird jeder Bestandteil der Zitrone aufgearbeitet und genutzt, von den Kernen bis einschließlich der Schale. Das Zitronenkernöl ist wohlriechend und wird den Seifen als Duftmittel zugesetzt. Auch speziell Diätprodukte werden damit versetzt und schmackhafter gemacht. Der bei dem Zitronenpressen anfallende Presskuchen ist ein nahrhaftes Viehfutter. Die im weißen Inneren der Schale enthaltenen Pektine sind hervorragende Geliermittel.

2 Herstellung [E. production]

Technisch wird Zitronensäure zu 90 % durch Fermentation von Zuckerlösungen bzw. kohlenhydrathaltigen Abfällen wie Melasse, Sulfitablaugen u. a. mithilfe des Pilzes *Aspergillus niger* erhalten (Abb. 1).

Der *Aspergillus niger* gedeiht im sauren Medium sehr gut. Er wächst noch in einer Lösung, die schon 25 % Volumenanteil Zitronensäure enthält.

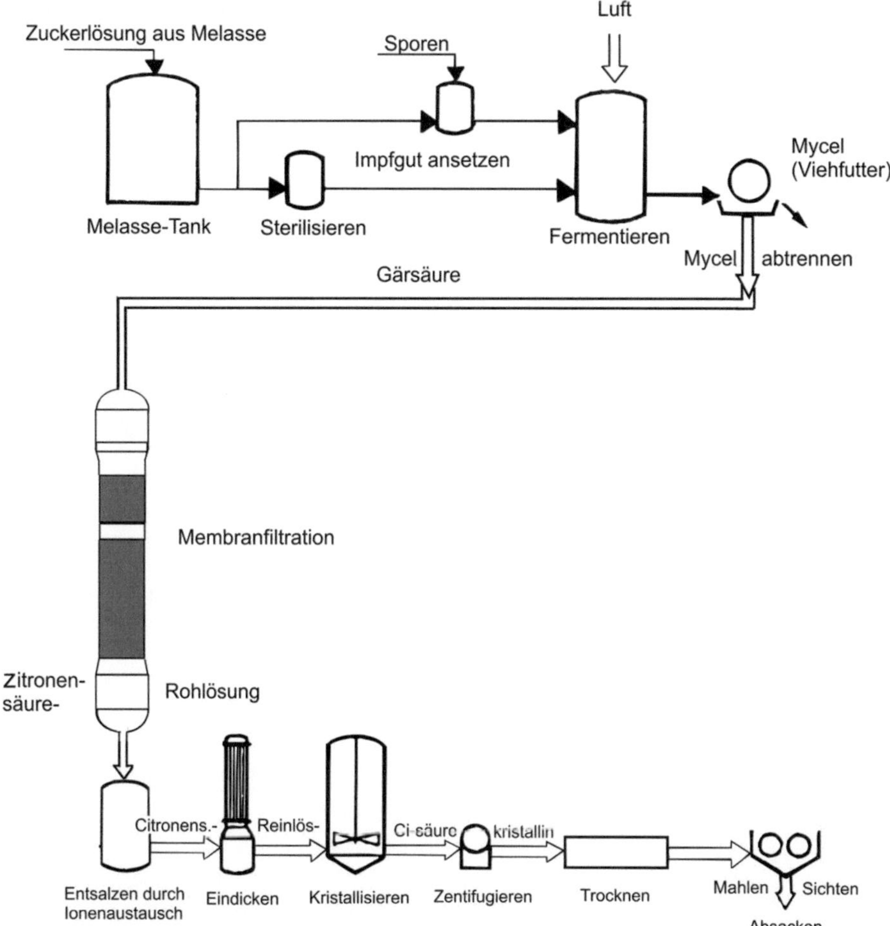

Abb. 1 Zitronensäuregewinnung nach der Submers fermentation (submersus (lat.) – untergetaucht;) [E. preparation of citric acid by submersed fermentation] Untergärige Hefen bilden im Gegensatz zu den obergärigen keine zusammenhängenden Sprossverbände. Sie zerfallen bald nach der Abtrennung der Tochterzellen in lauter Einzelzellen und setzen sich allmählich am Boden des Fermenters ab, die entstehenden CO_2-Bläschen können ungehindert nach oben steigen) -Fermentation [E. preparation of citric acid by submersed fermentation]

Die hohe Acidität der Zitronensäure verhindert auch, dass Fremdmikroorganismen die Produktion verderben bzw. nachteilig beeinflussen. Es kommt selten zu Kontaminationen[1].

[1]contaminare (lat.) – berühren.

Unter Kontamination versteht man die Verschmutzung von Substanzen (Nahrungsmittel, Arzneimittel, Kosmetika, Futtermittel u. a.) durch chemische, mikrobielle und radioaktiver Stoffe.

Ein Nachteil ist der hohe Anfall von Gips bei der Reindarstellung. Deshalb wird in modernen Anlagen Zitronensäure zunehmend durch Flüssigkeitsextraktion aus der Fermenterlösung gewonnen.

Zitronensäureanlagen werden in der Regel in der Nähe der Substratbasis errichtet, z. B. in Europa in der Nähe von Zuckerfabriken, in denen Melasse anfällt, in USA in Maisanbaugebieten und in Südamerika in Gegenden von Zuckerrohrplantagen.

Schimmelpilze zählen zu den Mehrzellern der Mikroorganismen. Ihre Zellen sind kaum länger als 25 μm (10^{-6} m), doch lässt sich das gesamte Pilzgeflecht deutlich ohne optische Hilfsmittel mit bloßem Auge erkennen (Abb. 2 und 3).

Einige Herstellungsfakten:

- Rohstoff: Melasse von Zuckerrüben,
- Pilz: Aspergillus niger – ein Schimmelpilz der Familie Penicilline
- Fermentationstemperatur: 28 bis 35 °C
- Fermentationsdauer: 3 bis 8 Tage
- pH-Wert der Nährlösung = 2 bis 4
- Gute Durchlüftung
- Werkstoff der Fermenter muss aus Edelstahl sein wegen der relativ hohen Acidität der Zitronensäure oder der mit PVC ausgekleideten Stahlbehälter.
- Ausbeute: ca. 90 % auf Saccharosegehalt bezogen, d. h., aus 1 t Melasse mit 50 % Saccharosegehalt werden bis zu 450 kg Zitronensäure erhalten.

In der *1. Phase* erfolgt gute Belüftung. Der Aspergillus niger vermehrt sich zügig. Sind genug Pilze vorhanden, wird die Sauerstoffzufuhr gedrosselt.

In der *2. Phase* fördert eine geringere Sauerstoffzufuhr die Zitronensäureproduktion durch die Pilze, da die geringere Sauerstoffzufuhr nicht mehr zur vollständigen Veratmung der Glucose ausreicht, sondern nur bis zum Abbau der Zitronensäure.

Der während der Fermentation frei werdende Energiebetrag reicht aber nicht mehr zum Pilzwachstum aus. $\Delta G = -720$ kJ/mol (Abb. 4 und 5).

3 Verwendung [E. application]

1. In der Nahrungsmittelindustrie [E. food industry] ist sie das am häufigsten verwendete Säuerungsmittel. Sie dient zur Geschmacksverbesserung und zur Ansäuerung bzw. Pufferung von Getränken, wie z. B. Brauselimonaden bzw. alle alkoholfreien Getränke, darunter auch Fruchtsäfte, Cola und Tonic Water. Im Gegensatz zur Essigsäure ist sie geruchsfrei. Die Zitronensäure trägt zur Haltbarkeit bei, weil viele Mikroorganismen in saurer Umgebung nicht gedeihen. Sie wirkt oxidationshemmend und leicht adstringierend.

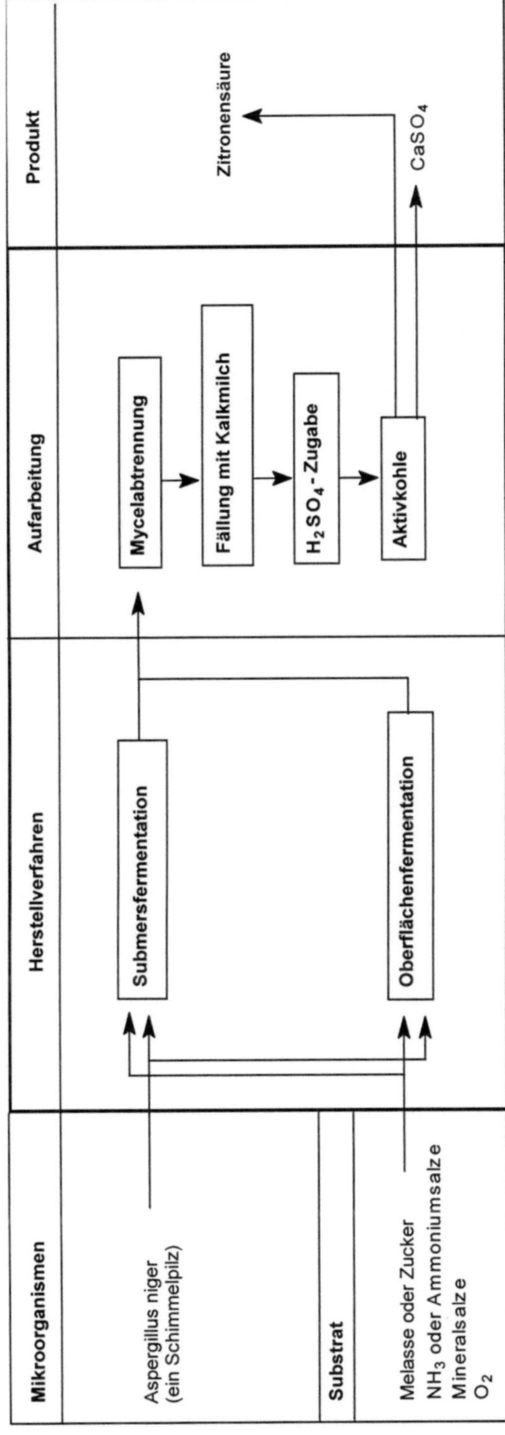

Abb. 2 Schematische Übersicht über die Zitronensäureproduktion [E. diagrammatic view of the citric acid production]

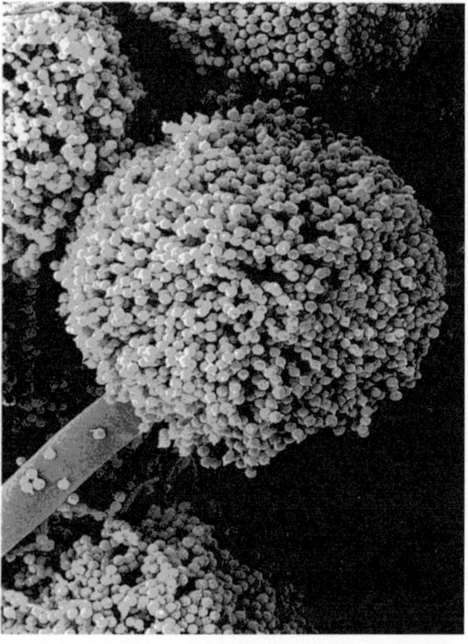

Abb. 3 Aspergillus niger (10.000-fache Vergrößerung) [E. aspergillus niger (magnification of 10.000 fold)]. Quelle: Lebende Microwelt (1991), Hrsg. Hoffmann-LaRoche AG, Basel, Schweiz

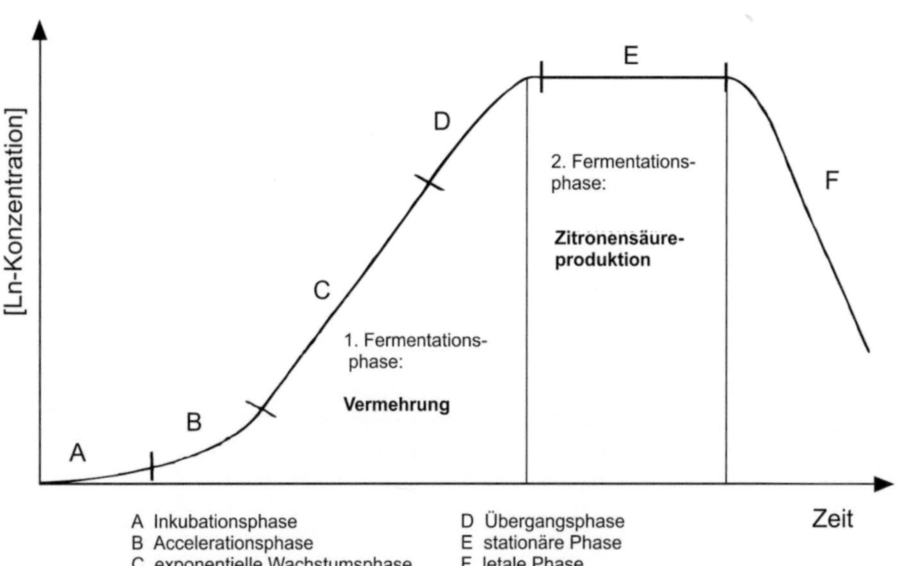

Abb. 4 Idealisierte Wachstumskurve von Mikroorganismen [E. idealized diagram of growth of microorganisms]

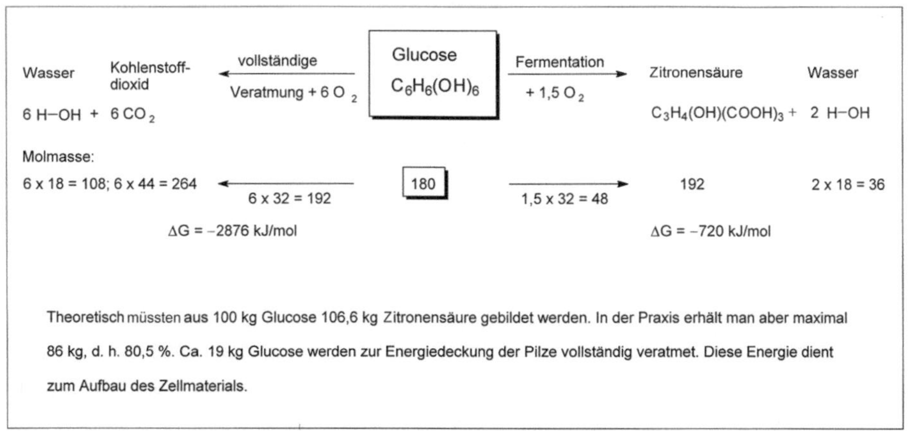

Abb. 5 Theoretischer Energie- und Stoffumsatz während der Zitronensäureherstellung [E. theoretical energy and material conversion during the production of citric acid]

Der Zusatz von Zitronensäure zu Nahrungsmitteln ist vom Gesetzgeber nicht limitiert. 60 % aller produzierten Zitronensäure werden von der Getränke- und Nahrungsmittelindustrie aufgenommen.

- Zitronensäure wird dem Backpulver zugegeben, um im feuchten Medium Kohlenstoffdioxid, CO_2, aus z. B. Soda, Na_2CO_3, freizusetzen.
- Entfärben von Olivenöl
- Zitronensäure wird zur Säuerung und Pufferung auch den Gelees, Süßigkeiten und Essenzen zugesetzt.
- Sie ist ein Synergist[2] für Antioxidantien.
- Zitronensäure wird zum Haltbarmachen von Konserven verwendet, damit man sie zum Konservieren nicht so stark erhitzen muss.
- Tiefgefrorenes Gemüse, Obst und Fertiggerichte werden durch Zitronensäure vor einem unappetitlichen Aussehen bewahrt.
- Die Säure komplexiert, d. h. bindet die für viele oxidierende Enzyme notwendigen Spurenelemente.
- Frisch gefangener auf Eis gebetteter Fisch wird ebenfalls mit Zitronensäure versetzt. Dadurch wird die optische Frische erhalten und eine niedrige Keimzahl garantiert.

[2]synergein (gr.) – zusammenarbeiten. Synergismus ist das Zusammenwirken verschiedener Stoffe oder Faktoren in solcher Weise, dass die Gesamtwirkung größer ist als die Summe der Wirkungen der Einzelkomponenten.

- Rinderhälften werden mit einem Zitronensäurespray besprüht. Früher diente dafür Essigsäure. Wegen ihres unangenehmen Geruchs ist sie von der Zitronensäure verdrängt worden.
- Zitronensäure dient als Emulgator bei der Zubereitung von Schmelzkäse und Kosmetika.

2. Kosmetika [E. cosmetics]
   Als Emulgator und Antioxidans in der Haut- und Haarkosmetik.
3. Pharmaka [E. drug substances]
   Als Emulgator und Puffer, um den für den Wirkstoff günstigen pH-Wert einzustellen. Zur Verhinderung der Blutgerinnung bei der Herstellung von Blutkonserven (ACD-Puffer).
   Gegen Verätzungen durch Kalkwasser $Ca(OH)_2$.
4. Textiltechnik [E. textiles]
   Als Citrat-Weichmacher,
   Entfernungsmittel für Tintenflecke.
   Herstellen von knitterfreien Baumwolltextilien.
   Als Puffer beim Entfärben von Jeans,
   Zusatzmittel in Waschmitteln als Komplexbildner für Metallionen.
5. Technik [E. technology]
   Zum Entrosten und Reinigen von Metalloberflächen,
   Reinigen von Automotoren,
   besserem Abbinden von Zement.
   Zitronensäureester haben als Weichmacher in den Kunststoffen, wie z. B. Polyvinylchlorid, PVC, Celluloseacetat, Polyacrylate, Polyurethane, chloriertem Kautschuk etc., Eingang gefunden.
   Neue Arbeitsgebiete werden erschlossen:
   Anstelle von Salzsäure, Phosphorsäure und Schwefelsäure findet Zitronensäure Verwendung bei der Leder- und Papierherstellung und in der Chipsproduktion für elektronische Schaltungen.
6. Prozentuale Verteilung auf die verschiedenen Einsatzgebiete [E. percentage distribution in the different fields of applications]:

60 %	Lebensmittelindustrie
15 %	Kunstharze- und Weichmacherindustrie und technische Reiniger
15 %	Pharmaindustrie und Kosmetik
10 %	Textil- und Lederindustrie

4 Zuckerrübenmelasse als Rohstoff [E. molasses of sugar beets as raw material]

Bei der Aufarbeitung von 100 kg Zuckerrüben zu Rübenzucker (Saccharose) fallen

ca.	14,0 kg	Zucker
	5,5 kg	Schnitzel
	3,0 kg	Melasse

an. Letztere dient als Rohstoff für die Zitronensäureherstellung, aus der Melasse sollte durch Extraktion der Zuckerbestandteile eine möglichst reine Zuckerlösung gewonnen werden, die dann als Ausgangssubstrat zur Vergärung mit Aspergillus niger eingesetzt wird.

Melasse ist der beim Zentrifugieren des kristallisierten Zuckers aus der sogenannten Füllmasse in der letzten Stufe anfallende Muttersirup. Der Muttersirup ist braun bis tiefbraun gefärbt. Die Rübenmelasse hat einen Trockensubstanzgehalt von 80 bis 86 %, maximal 89 %.

Wegen des Trockensubstanzgehaltes ist sie hochviskos und nur bei höheren Temperaturen (bis zu 40 °C) fließ- bzw. pumpfähig. Über 40 °C sollen Melassen nicht erwärmt werden, da dann eine Zersetzung von Zuckern eingeleitet wird. Der pH-Wert schwankt zwischen 7 und 9. Der Zuckergehalt beträgt im Mittel ca. 50 %. Der Nichtsaccharoseanteil macht ca. 30 % aus, der Wasseranteil ca. 20 %.

4.1 Haltbarkeit der Melasse [E. durability of molasses]

Aus mikrobiologisch-hygienischer Sicht ist Melasse zum Zeitpunkt ihres Anfalls praktisch steril. Der Grund liegt in dem hohen Zuckeranteil und dem damit verbundenen hohen osmotischen Druck.

Deshalb sind mikrobielle Zersetzungserscheinungen der Melasse nur bei zu starken Verdünnungen zu erwarten.

Melasse ist also gut lagerfähig.

Je nachdem, welche Bakterien und Pilze den Zucker der Melasse als Nahrungsquelle ausnutzen, entstehen unter Abwandlung der Fermentation unterschiedliche Stoffwechselprodukte bzw. nützliche Endprodukte. Die Melasse ist ein wertvoller Rohstoff für essenzielle Nährstoffe im Nahrungs- und Futtermittelsektor (Abb. 6).

1. Aspergillus niger
2. Brevibacterium flavum
   Corynebacterium glutamicum
3. verschiedene Hefen und Bakterien, z. B. Torula, Candida oder
   Methylomonas, Micrococcus
4. Alcaligenes eutrophus
5. z. B. Aspergillus-, Bacillus-, Streptomyces-Arten
6. z. B. Propionibacterium-, Candida-Arten u. a.
7. Acetobacter aceti

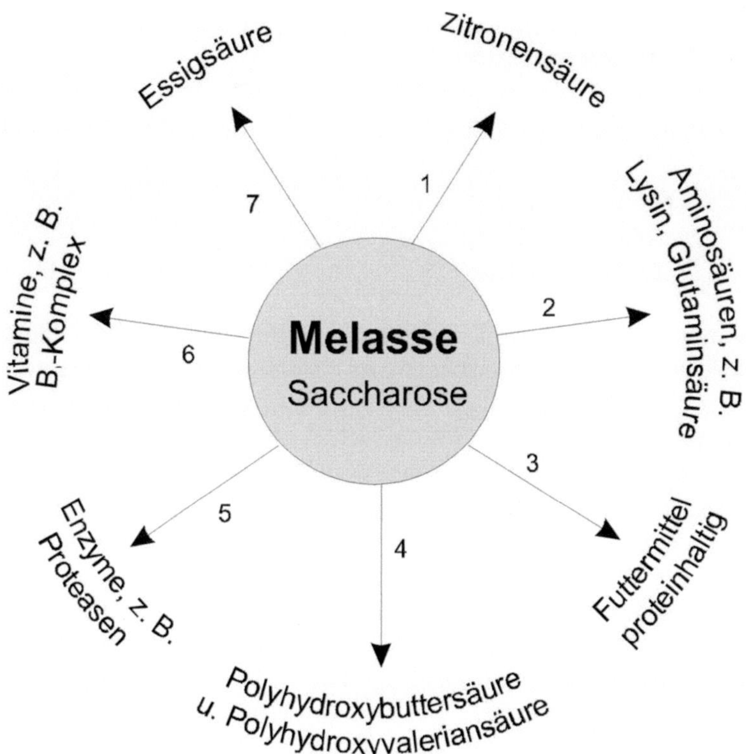

Abb. 6 Ein biotechnischer Prozessverbund auf Basis von Melasse [E. a biotechnical joint process on the basis of molasses]

Im niedersächsischen Frellstedt setzt die Amino GmbH jährlich 60.000 t Melasse als Substrat ein, um wertvolle Industriewertstoffe wie Flüssigzucker, Betaine und verschiedene Aminosäuren fermentativ zu gewinnen. Die reinen Produkte erhält sie nach dem Ionenausschluss- und Ionenaustauschverfahren.[3]

Raffinose und Serin [E. raffinose and serine]
Nicht nur als Substrat für Fermentationen ist die Melasse interessant. Sie enthält wertvolle Stoffe, die aus ihr zur weiteren Verarbeitung gewonnen werden.

Raffinose ist mit 2,5 % und die Aminosäure Serin mit 1 % in der Melasse enthalten. Raffinose ist ein Trisaccharid und besteht aus je einem Molekül D-Glucose, D-Fructose und D-Galactose. Sie sind glykosidisch miteinander verknüpft (Abb. 7).

[3]Quelle: von der Weiden, S. (1999), Enzyme bringen Industrieprozesse auf Trab, VDI-Nachrichten, Nr. 17, S. 31.

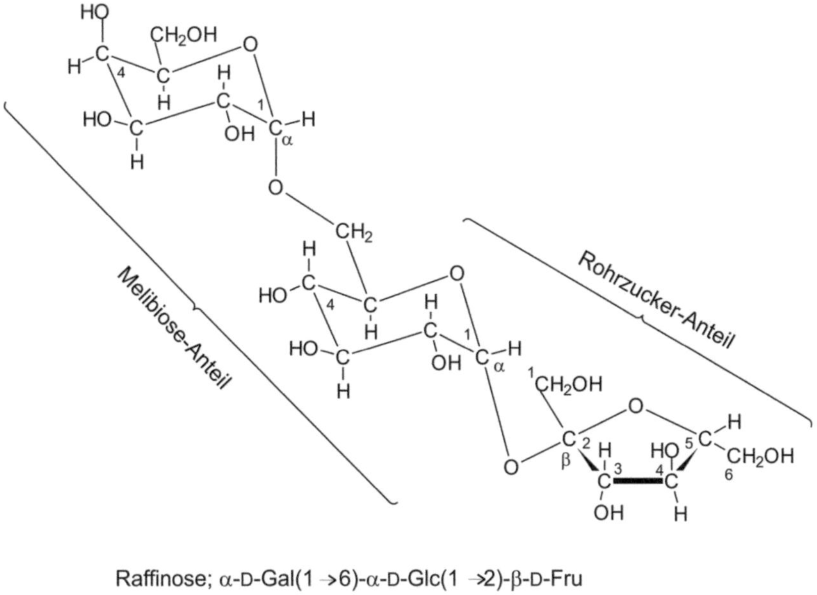

Melibiose-Anteil

Rohrzucker-Anteil

Raffinose; α-D-Gal(1 →6)-α-D-Glc(1 →2)-β-D-Fru

Abb. 7 Chemische Struktur der Raffinose [E. chemical structure of raffinose]

Die Raffinose gehört zu den nichtreduzierenden Zuckern und besitzt den in Abb. 7 dargestellten Strukturaufbau.

In der Kosmetikindustrie wird das Trisaccharid Raffinose mit Vorliebe als Feuchtigkeitshalter den Präparaten zugesetzt. Außerdem dient sie in zunehmendem Maße als Konservierungsmittel für Transplantationsorgane.

Serin ist ein wichtiges Ausgangsprodukt für die Synthese der essenziellen Aminosäure Tryptophan (Kap. V, Tab. 1 und Kap. V). Gewonnen werden die wertvollen Substanzen mittels 20 m hohen Chromatografie-Säulen, die mit einem Kationenaustauscher gefüllt sind. Die klebrige braune Melasse wird aufgegeben, die sich dann in Flüssigzucker und mit Wertstoffen angereicherten Fraktionen auftrennt.

5 Wirtschaftliches [E. economic]

Im Jahr 2014 wurden weltweit 1,6 Mio. t Zitronensäure hergestellt. Mehr als 50 % davon werden in China produziert. In Deutschland wird keine Zitronensäure mehr produziert, der nötige Bedarf wird importiert. In der EU sind es die Citrique Belge in Tinen (Belgien) und Jungbunzlauer in Dernhofen (Österreich), die zwei Produktionsstandorte für Zitronensäure unterhalten. Beide Unternehmen sind auch in China als Zitronensäureproduzenten tätig.

Weiterführende Literatur

American Journal of Food and Nutrition (2014), 2(3)pp. 43–48 https://doi.org/10.12691/AJFN-“-§-“.

Apleblat, Alexander (2014), Citric acid, Springer, ISBN 978-3-319-11232-9.

Berovic, M. Und Legisa, M. (2007), Citric acid production, Biotechnology Annual Review Volume 13.

Citrate plasticised resins in health care (Dec. 1998), Manufacturing Chemist.

Dreyer, Inga (2017), Faszination Zuckerrübe, Frankfurter Allgemeine Zeitung – Wochenende 17.06.2017.

Schilling, J. (1999), Wertstoffgewinnung aus Melasse – Biosensor sorgt für scharfen Schnitt, Chemische Rundschau Nr. 18 v. 08.10.99.

Schnitzel und Melasse, Daten, Fakten, Vorschriften, bearbeitet von Dr. Erfried Thier (1996), Hrsg. Verein der Zuckerindustrie, Am Hofgarten 8, 53113 Bonn.

Schriftenreihe Nachwachsende Rohstoffe, Band 34, Fachagentur Nachwachsende Rohstoffe e. V., (FNR), 18276 Gülzow-Prüzen.

Visser, M. (1998), Von den Erfindungen und Mythen, Verlockungen und Obsessionen, Geheimnissen und Tabus; Eichhorn Verlag, Frankfurt am Main.

Zink, B., Gerber, F., Colombo, V. u. Ryser, St., Lebende Mikrowelt, Hrsg. F. Hoffmann-LaRoche AG, Basel, Schweiz.

Süßungsmittel [E. sweeteners]

1 Beschreibung von Sinnesorganen [E. description of sensory organs]

Dem Menschen und den höheren Tieren sind Sinne gegeben worden, um sich in ihrer Umwelt zu orientieren, geeignete Nahrung zu finden, optimale Lebensbedingungen zu ergründen und sich vor Gefahren zu schützen.

Die Sinnesorgane nehmen Reize der Außenwelt (exogene Reize) und die des Körperinneren (endogene Reize) durch Reizempfänger (Rezeptoren) auf. Diese Reize lösen in den Rezeptoren Erregungszustände aus, die über die Sinnesnerven zu den gehörigen Zentren des Gehirns geleitet werden (Kap. XXV, Abschn. 7).

Nach Art der Reize kann zwischen folgenden Sinnen unterschieden werden: *Lichtsinn* (Gesichtssinn), *Gehörsinn, Geruchssinn, Geschmackssinn, Tastsinn* zur Wahrnehmung von Druck, Kälte, Wärme, *Schmerzsinn, Gleichgewichtssinn* (statischer Sinn) und der *kinästhetische*[1] *Sinn* für Kraftübertragung und Muskelbewegung.

Zur Beurteilung, ob Stoffe als Nahrung geeignet sind, spielen der Gesichtssinn, Geruchssinn und Geschmackssinn eine übergeordnete Rolle. Sie wirken als komplexes System zusammen, um die Genussqualität einer Nahrung abzuschätzen.

1.1 Der Geschmackssinn [E. taste of sensory]

Der Geschmacks- und Geruchssinn werden auch häufig als chemische Sinne bezeichnet.

Der Geschmackssinn vermag, zwischen bitter, salzig, sauer und süß zu unterscheiden. Um einen Geschmacksreiz anzuregen, müssen die Stoffe wasserlöslich sein.

[1]kinästhesie (gr.) – Bewegungswahrnehmung.

V. Hopp, *Chemische Kreisläufe in der Natur,*
https://doi.org/10.1007/978-3-662-55860-7_22

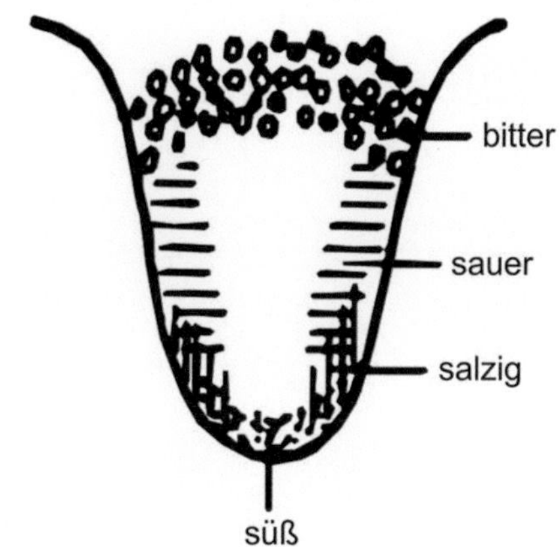

Abb. 1 Die Besetzung und Verteilung der verschiedenen Geschmackszellen auf der menschlichen Zunge [E. occupation and distribution of the different cells of taste on the human tongue]

Die Chemorezeptoren für die Geschmacksrichtungen sind in den Geschmacksknospen der Schleimhäute von Zunge, Gaumen und Kehldeckel angeordnet (Abb. 1).

Bitterstoffe [E. bitter substances] nehmen in den Speisen und Genussmitteln einen breiten Raum ein. Sie sind vorwiegend pflanzlichen Ursprungs, und ihre Bitterkeit ist noch in sehr hohen Verdünnungen herauszuschmecken. Der stärkste bekannte Bitterstoff ist das Amarogentin aus dem Enzian. Noch in einer Verdünnung von 1:60 Mio. ist der bittere Geschmack herauszuspüren.

Eine einheitliche bzw. gemeinsame chemische Struktur ist für die Bitterstoffe nicht auszumachen. Da gibt es die *Glykoside* im Enzian, Benediktenkraut, Bitterklee oder Tausendgüldenkraut. Auch Harnstoff und Thioharnstoff sind von bitterem Geschmack. Bittere *Isoprenoide* finden sich im Hopfen, Wermut (Absinthin), Löwenzahn, Schierling, Engelwurz, Zitronen (Limonin).

Manche Aminosäuren und Peptide schmecken bitter. Als *bittere Alkaloide* sind Strychnin und Chinin bekannt.

Das Chininhydrochlorid dient als Bezugssubstanz zur Standardisierung von Bitterwerten.

Formel für Chinin, ein Alkaloid in der Chinarinde [E. formula for quinine, an alkaloid in the cinchona bark].

Bei der Herstellung von Bier und Käse spielen die Bitterstoffe als Geschmacksstimulantien eine besonders wichtige Rolle.

Süddeutsche Biere haben einen Bitterwert von 30 und schmecken deshalb nicht so bitter wie die norddeutschen mit Werten zwischen 40 bis 50.

Ein anorganisches Salz mit typisch bitterem Geschmack ist das Magnesiumsulfat, $MgSO_4 \cdot 7H_2O$, auch Bittersalz genannt.

Es ist u. a. in den Mineralwässern von Kissingen enthalten, ebenso Bestandteil des Meerwassers, insbesondere des Toten Meeres.

Salziger Geschmack [E. salty sense of taste] wird ausgelöst durch viele anorganische Salze wie Natriumchlorid, NaCl (Speisesalz), Kaliumchlorid, KCl, Natriumnitrat, $NaNO_3$, Natriumsulfat, Na_2SO_4, und viele andere Chloride, Nitrate und Sulfate.

Saurer Geschmack [E. sour sense of taste] ist typisch für die wasserlöslichen anorganischen und organischen Säuren, wie z. B. Salzsäure, HCl, Phosphorsäure, H_3PO_4, Essigsäure, $H_3C–COOH$, und viele Fruchtsäuren wie Äpfelsäure, Zitronensäure, Weinsäure, Milchsäure u. a.

2 Produkte zum Süßen [E. products for sweetening]

Die Begierde nach süß schmeckenden Nahrungs- und Genussmitteln scheint beim Menschen besonders ausgeprägt zu sein. Ca. 15 % des physiologischen Energiebedarfs in Kilojoule deckt der Mensch gegenwärtig durch Zucker oder Zucker enthaltende Produkte wie z. B. Honig, Sirup, süße Früchte. Bei einem Energiebedarf von täglich 11.300 kJ eines erwachsenen Menschen sind das 1695 kJ. Der physiologische Brennwert von 1 g Zucker beträgt 17 kJ, $\frac{1695\,\text{kJ/Tag}}{17\,\text{kJ/g}} \approx 100\,\text{g/Tag}$. Jeder Mensch nimmt in Deutschland und auch in Europa täglich 90 g Zucker zu sich. Damit ist der Zucker wegen seines süßen Geschmacks zu einem Grundnahrungsmittel geworden. In der Antike wurden Speisen mit Honig oder süß schmeckenden Früchten versetzt. Im 8. Jahrhundert n. Chr. gelangte der Rohrzucker nach Europa und wurde aber seit Mitte des 18. Jahrhunderts allmählich durch den Rübenzucker abgelöst. Zu jener Zeit war Zucker noch ein Luxusprodukt und wurde nur als Gewürzmittel verwendet.

1875 betrug die Zuckergewinnung aus Zuckerrohr und Zuckerrüben ca. 1 Mio. t weltweit, 2014 schon 124 Mio. t. Die Weltbevölkerung ist in derselben Zeit um das 4,8-Fache von 1,5 Mrd. auf 7,2 Mrd. Menschen gestiegen.

2.1 Von der Süßkraft [E. sweetness intensity]

Rüben- und Rohrzucker unterscheiden sich in ihrem physikalischen, chemischen und physiologischen Verhalten in keiner Weise. Es handelt sich in ihrer stofflichen Zusammensetzung um ein und dasselbe Produkt, das Saccharose genannt wird. Saccharose ist ein Disaccharid. Sie ist zu gleichen Anteilen aus Glucose und Fructose über eine Etherbindung, d. h. über eine Kohlenstoff-Sauerstoff-Kohlenstoff-brücke, $>\overset{H}{C}-O-\overset{HO-CH_2}{C}<$, zusammengesetzt (Abb. XXII-2).

Tab. 1 Süßkraft einiger Zucker, Zuckeraustauschstoffe und Süßstoffe [E. sweetening power of some sugar, sugar substitutes and sweeteners]

Süßende Substanz	Relative Süßkraft [%] im Vergleich zu Saccharose
Saccharose	100
D-Glucose	60
D-Fructose	110
Lactose	40–50
Sorbit	50
Xylit	120–130
Glycerin	50–80
Na-Cyclamat	3500
Acetosulfam K	20.000
Aspartame	20.000
Dulcin	7000–35.000
Na-Saccharin	55.000
Ultrasüß	300.000–400.000
Thaumatin	35.000

Um die Süßungsfähigkeit verschiedener natürlicher Süßungsmittel und synthetischer Süßstoffe miteinander vergleichen zu können, wurde der Begriff *Süßkraft* geprägt und standardisiert.

Als Bezugssubstanz dient eine wässrige Saccharoselösung, d. h. eine Rüben- bzw. Rohrzuckerlösung. Die Süßkraft gibt an, wievielmal süßer als Saccharose eine andere Substanz in wässriger Lösung schmeckt. Dabei müssen immer die Konzentrationen der zu vergleichenden Substanzen angegeben werden. Denn die Süßkraft ist konzentrationsabhängig. In der Regel wird für die Bezugssaccharosestandardlösungen eine Saccharoselösung von 0,1 mol/L benutzt.

Die Süßkraftwerte können nur Richtwerte sein. Zum einen ist die individuelle Süßempfindlichkeit bei den Menschen unterschiedlich, zum anderen hängt die Süßkraft auch vom pH-Wert und der Zusammensetzung der Nahrungsmittel ab.

Außerdem sind synergetische[2] Effekte zu berücksichtigen. Häufig haben Süßstoffmischungen eine höhere Süßkraft, als sich rechnerisch aus den Anteilen der Süßstoffkomponenten ergibt. Diese Erscheinung wird auf die unterschiedlichen Rezeptortypen der Geschmacksknospen in den erwähnten Schleimhäuten zurückgeführt (Abb. 1).

Wird die Süßkraft einer Saccharoselösung von 0,1 mol/L = 3,42 %[3] mit 100 % definiert, dann beträgt die der Glucose 60 % und die der Fructose 110 % (Tab. 1).

Fructose ist also süßer als Glucose, allerdings ist ihre Süßkraft stark temperaturabhängig. Mit steigender Temperatur lässt ihre Süßkraft merklich nach.

---

[2] syn (gr.) – mit, zusammen; ergon (gr.) – Werk, Kraft; synergetisch ist das Zusammenwirken mehrerer Kräfte.

[3] 1 mol Saccharose entspricht 342 g; 0,1 mol/L entsprechend 34,2 g/L = 3,42 %.

2.2 Zuckeraustauschstoffe [E. sugar substitutes]

Süßungsmittel, die anstelle von Saccharose und Glucose verwendet werden, heißen Zuckeraustauschstoffe. Sie haben den gleichen physiologischen Brennwert von 17,2 kJ/g wie die Zucker und können nicht zur Schlankheitskur eingesetzt werden. Zu ihnen zählen Fructose (Abb. 2), Sorbit, Xylit, Mannit, um die bekanntesten zu nennen.

Sorbit ist ein 6-wertiger Alkohol und Xylit ein 5-wertiger. Sie werden häufig auch Zuckeralkohole genannt, denn alle 6 bzw. 5 Kohlenstoffatome tragen eine HO-Gruppe.

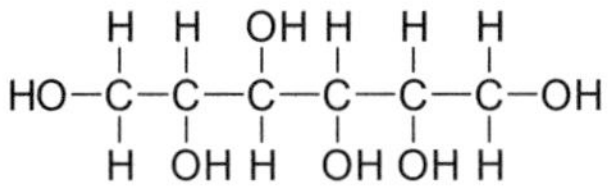

D-Sorbit

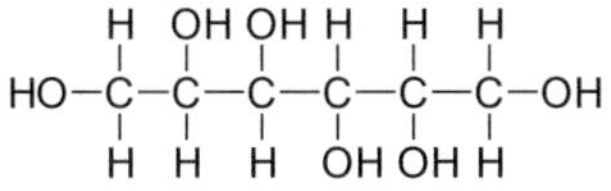

D-Mannit

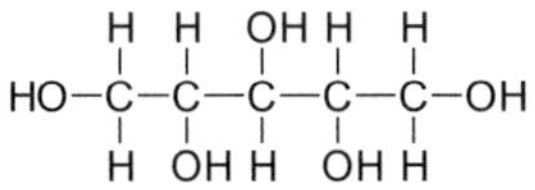

Xylit

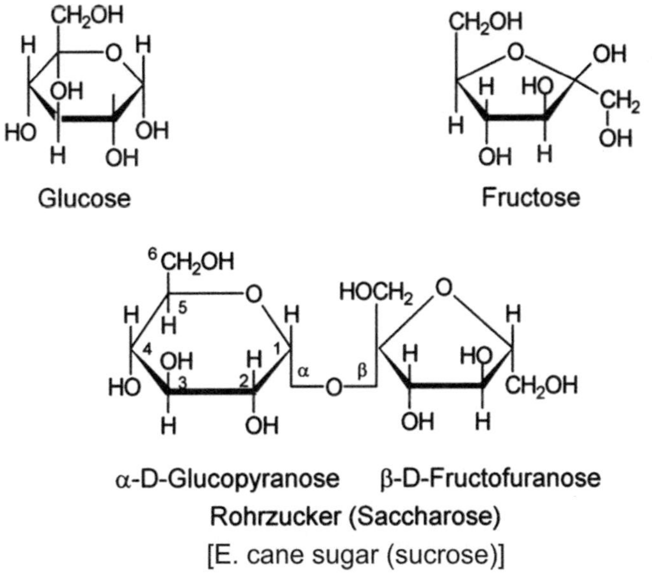

Glucose

Fructose

α-D-Glucopyranose β-D-Fructofuranose

Rohrzucker (Saccharose)

[E. cane sugar (sucrose)]

Abb. 2 Chemische Formeln der Glucose, Fructose und Saccharose [E. glucose, fructose, saccharose]

D-Sorbit kommt reichlich in den Vogelbeeren und in den Früchten des Weißdorns vor, D-Mannit im Saft der Manna-Esche. Die Synthese erfolgt für D-Sorbit durch katalytische Reduktion der Glucose. Die Reduktion von Fructose führt zu Mannit. Xylit erhält man durch katalytische Reduktion der Xylose, ein C_5-Zucker.

Die Zuckeraustauschstoffe werden vielfach in einer Diabetikerdiät als Süßungsmittel eingesetzt. Die Austauschmengen sollten sich allerdings in engen Grenzen halten. Ihr Vorteil gegenüber den üblichen Zuckern Glucose und Saccharose besteht darin, dass ihre Resorption und ihr Abbau langsamer verläuft als der des „normalen Zuckers", aber dem gleichen Stoffwechselprozess über die Brenztraubensäure und dem Acetylrest im Zitronensäurezyklus unterliegt (Kap. XIX, Abschn. 4.1 und Kap. XVII, Abb. 1). Die Zuckeraustauschstoffe sollten bei Diabetikern auf das tägliche **B**rot**e**inheitenkonto, **BE**, verbucht werden.

Zuckeraustauschstoffe haben allerdings einige andere Vorzüge. Durch Mundbakterien wird z. B. Sorbit nicht in organische Säuren umgewandelt und fördert somit nicht die Karies der Zähne wie die üblichen Zucker. Sorbit wird auch nicht vergoren und verursacht bei empfindlichen Mägen kein Sodbrennen, außerdem wird bei regelmäßiger Sorbitaufnahme im menschlichen Organismus eine gesteigerte Vitamin-B-Synthese angeregt.

2.3 Süßstoffe [E. non-nutritive sweeteners, artificial sweeteners]

Süßstoffe sind Substanzen ohne Nährwert, die Lebensmitteln, Arzneimitteln, Futtermitteln und auch Kosmetika als Süßungsmittel zugesetzt werden.

Historisches [E. history]
Der erste synthetische Süßstoff wurde 1878 von dem deutschen Chemiker Dr. Constantin Fahlberg (1850–1910) in den USA hergestellt. Er nannte diesen durch Zufall entdeckten Stoff „Saccharin", chemisch war es Benzoesäuresulfimid [E. benzoic acid sulfimide]:

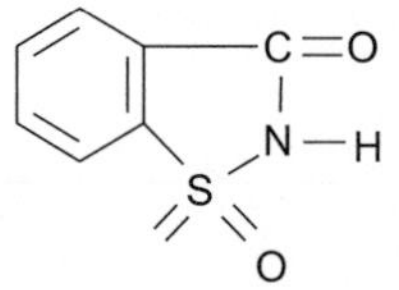

Im Sommer 1885 kehrte Fahlberg endgültig nach Deutschland zurück und gründete 1886 zusammen mit seinem Onkel Adolph List bei Magdeburg die chemische Fabrik Fahlberg-List und ließ das Verfahren zur Süßstoffherstellung patentieren.

Die Firma Fahlberg-List überlebte alle politischen Wirrnisse. 1990 wurde sie von der Schering AG, Berlin übernommen, die später mit der Bayer AG, Leverkusen, fusioniert wurde.

Saccharin ist ca. 550-fach süßer als eine Saccharoselösung, löst sich aber im Wasser relativ schwer. In der Anwendung hat eine größere Bedeutung die leicht wasserlösliche Natriumverbindung erhalten. Der Nachteil dieses Süßstoffs ist sein metallisch-bitterer Beigeschmack.

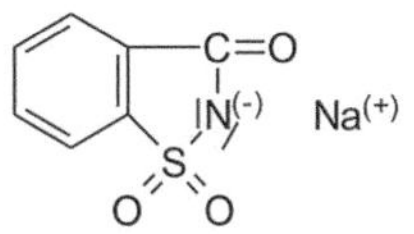

Natriumsalz des Saccharins [E. sodium salt of saccharine]

Natriumcyclamat [E. sodium cyclamate] wurde 1937 per Zufall von dem amerikanischen Chemiker Michael Sveda (1912–1999) bei der Suche nach fiebersenkenden Arzneimitteln entdeckt. Er bemerkte, dass seine Zigarette süß schmeckte, die er kurz auf dem Labortisch abgelegt hatte. Diese Zigarette war mit Resten einer von ihm vorher synthetisierten Verbindung in Berührung gekommen.

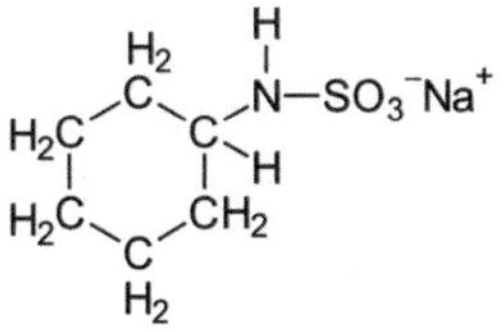

Natriumsalz der Cyclohexylsulfaminsäure = Natriumcyclamat [E. sodium cyclamate]

Natriumcyclamat ist leicht wasserlöslich, seine Süßkraft ist 35- bis 40-mal stärker als die der Saccharose.

Es hat sehr gute Geschmackseigenschaften. 1970 geriet es in Verdacht, krebserregend zu sein. Diese Vermutung hat sich nicht bestätigt und somit ist Cyclamat als Süßstoff wieder zugelassen.

Aspartame [E. aspartames]

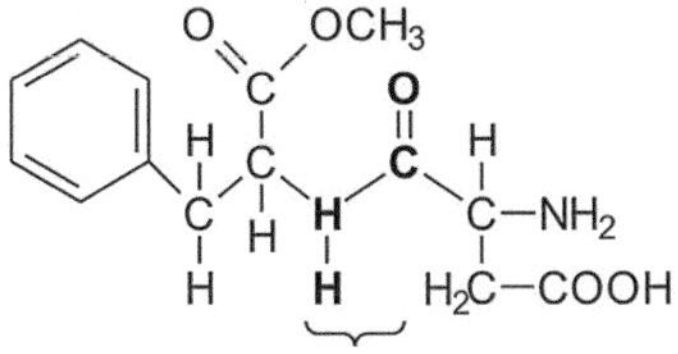

Peptidbindung [E. peptide linkage]

Die chemische Bezeichnung lautet L-Aspartyl-L-phenylalaninmethylester.

Bei den Aspartamen handelt es sich um Dipeptidester, für die Süßkraft ist die Anwesenheit von Asparaginsäure unerlässlich.

Zusammen mit Acesulfam K ergeben sich in Bezug auf Süßkraft und Geschmacksabrundung gute synergistische Effekte.

Doch sind Aspartame nicht ganz so hitze- und säurebeständig.

Acesulfam K [E. acesulfame K]

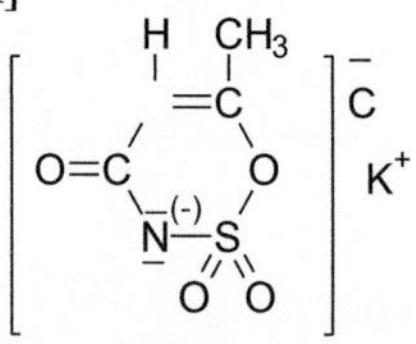

```
         H  CH3
 ┌       |   |        ┐ _
 │        =C          │ C
 │      /     \       │
 │  O=C        O      │ K+
 │     \_(-)  /       │
 │      N—S           │
 │      ‾ // \\       │
 └        O  O        ┘
```

Acesulfam K ist das Kaliumsalz des 3,4-Dihydro-6-methyl-1,2,3-oxothiazin-4-on-2,2-dioxid. Es ist Bestandteil des Süßstoffs mit dem Markennamen Sunett®, ein Produkt der Nutrinova, eine Tochterfirma der Celanese AG.

Physikalische und chemische Eigenschaften [E. physical and chemical properties]

MG: 201,20; Dichte: 1,83 g/cm^3; Siedetemperatur: ca. 250 °C.

Acesulfam K bildet farblose, sehr süß schmeckende Kristalle. Seine Süßkraft entspricht dem 200-fachen Wert einer Zuckerlösung von 0,1 mol/L.

Es ist gut in kaltem Wasser, sehr leicht in heißem Wasser löslich, ebenfalls in wässrigen Ethanollösungen.

Toxisch völlig unbedenklich.

Verwendung [E. application] findet es als Süßstoff in Lebens- und Futtermitteln. Es ist sowohl in saurem Medium als auch gegenüber dem in der Nahrungsmittelbranche üblichen Erhitzungsverfahren stabil, wie z. B. beim Kochen, Braten und Backen. Es ist als Süßungsmittel für Getränke hervorragend geeignet, schmeckt angenehm süß abgerundet, ist süßestabil und sehr gut verträglich mit anderen süß schmeckenden Stoffen.

Monellin [E. monellin]

Die Suche nach dem idealen Süßstoff hält an. Einer der süßesten Stoffe ist das Monellin. Das ist ein Protein der Beere des afrikanischen Strauches *Dioscoreophyllum cuminisu.* Erst seit 1967 ist dieses Protein bekannt. Monellin hat eine Molmasse von 10.400 und besteht aus 91 Aminosäuren, es ist gut wasserlöslich. Seine Süßkraft ist 3000-mal stärker als die der Saccharose.

Den japanischen Wissenschaftlern im Labor für Schlüsseltechnologien der Kirin-Brauerei in Japan ist es gelungen, die Erbanlagen für das Monellin aus der Pflanze zu isolieren und in die Hefe Candida utilis einzuschleusen. Die Hefe bildet ungewöhnlich große Mengen des süß schmeckenden Proteins[4].

Monellin ist nicht ganz frei von Nährwert, doch fällt dieser im Verhältnis zur Süßkraft kaum ins Gewicht. Mithilfe einer biotechnischen Synthese wird das Monellin auch zu wirtschaftlich akzeptablen Preisen hergestellt.

Anforderungen an einen idealen Süßstoff [E. requirements for ideal non-nutritive sweeteners]

[4]Lit.: Nature Biotechnology, Bd. 15, S. 453.

Er soll:

- einen reinen, möglichst zuckerähnlichen Süßgeschmack aufweisen, ohne Bei- oder Nachgeschmack,
- keinen oder nur einen sehr geringen physiologischen Brennwert besitzen,
- keine gesundheitlichen Nebenwirkungen aufweisen,
- beim Kochen, Braten und Backen hitzestabil sein,
- in dem für Nahrungs- und Futtermittel üblichen pH-Bereich, d. h. im wässrigen sauren und alkalischen Medium, stabil sein.
- lagerfähig sein, d. h., er sollte sich über eine längere Zeit auch während der Lagerung von Nahrungs- und Futtermittel nicht zersetzen.

3 Chemische Struktur und süßende Geschmackswirkung [E. chemical structure and sweetening activity]

Shallenberger und Acree konnten ein wesentliches chemisches Strukturmerkmal für süßende Wirkstoffe ausmachen. Dabei handelt es sich um ein System, das aus einem Protonen-Donator und einem Protonen-Akzeptor besteht. Der Abstand zwischen beiden muss 0,3 nm (Nanometer $= 10^{-9}$ m) betragen. Sowohl das Süßstoffmolekül als auch der Chemorezeptor in den Geschmacksknospen muss je eine Rezeptor- und eine Akzeptorgruppe besitzen, die miteinander in Wechselwirkung treten können (Abb. 3).

Süß schmeckende organische Verbindungen gehorchen im Allgemeinen diesem Modell. Aber nicht alle Verbindungen schmecken süß, die einem gleichartigen Donator-Akzeptor-System unterliegen. Abweichungen gibt es bei den Blei- und Berylliumsalzen.

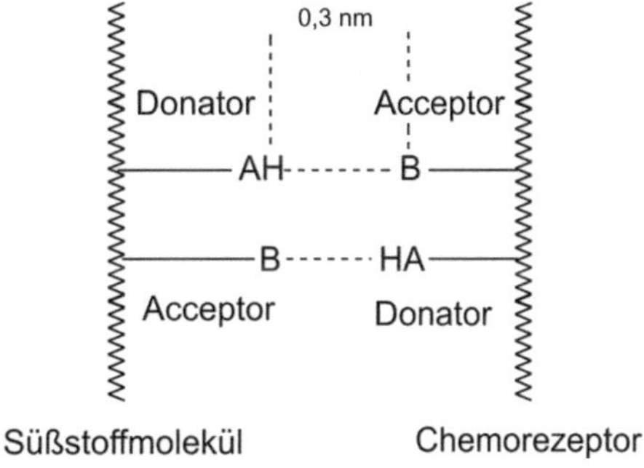

Abb. 3 Modell für Süßgeschmack auslösende Wirkstoffe [E. model for sweetening taste activating agents]

4 Herstellung Acetosulfam K – ein Beispiel [E. production of acesulfame K – an example]

Im Allgemeinen werden die Süßstoffe auf synthetischem Weg hergestellt. Als Beispiel soll der Syntheseweg von Acesulfam K beschrieben werden. Formal kann es als ein Derivat des Essigsäureanhydrids aufgefasst werden.

Durch Wasserentzug gewinnt man aus Essigsäureanhydrid leicht Keten, das zu Diketen dimerisiert.

Essigsäureanhydrid → (– HOH) Keten → (Dimerisierung) Diketen

$H_2C{-}C{=}O$ (H) – O – (H) $H_2C{-}C{=}O$ → $2\ H_2C{=}C{=}O$ → $H_2C{=}C{-}O$ / $H_2C{-}C{=}O$

Ein industrielles Herstellungsverfahren von Acesulfam K geht vom Diketen aus, das mit einer Amidosulfonsäure zu Acetoacetamid-N-sulfonsäure reagiert.

Diketen + Amidosulfonsäure ($HN(H){-}SO_3R$) → Acetoacetamid-N-sulfonsäure ($H_2C(C{=}O{-}NH{-}SO_3R){-}C({=}O){-}CH_3$)

⇅ Umlagerung

$O{=}C(NH{-}SO_3R){-}CH{=}C(OH){-}CH_3$

→ (Dehydratisierung, + SO_3) Acesulfam → (KOH) Acesulfam K (K^+)

Mithilfe eines geeigneten Dehydratisierungsmittels wandelt sich die Acetoacetamid-N-sulfonsäure unter Ringschluss in Acesulfam um. Durch Neutralisation mit Kalilauge, KOH, entsteht das Acesulfam K.

5 Wirtschaftliches [E. economic]

Hersteller von Zuckeraustauschstoffen [E. producer of sugar substitutes]:
Die finnische Gruppe Cultor Oy ist der weltgrößte Produzent von Xylitol (Xylit) und führend auf dem Sektor der Nahrungs- und Futtermittelzusätze und Süßstoffe. Der Konzern hat mit der dänischen Daniso A/S fusioniert. Nahrungsmittelzusätze, Verpackungen und Rübenzuckerherstellung umfassen ihre Produktpalette.

Weltweit führend in der Herstellung von Sorbitol (Sorbit) ist die A-L Group[5], Basel, Schweiz.

Hersteller von Süßstoffen [E. producer of non-nutritive sweeteners]:
Nutrinova Nutrition Specialties and Food, Frankfurt, ist eine Tochtergesellschaft der Celanese. Unter dem Markennamen Sunett® setzt sie den Süßstoff Acesulfam K ein. Der Mitte der 1980er-Jahre eingeführte Süßstoff, der 200-mal süßer als Zucker ist, wird heute in mehr als 2000 Produkten weltweit verwendet, insbesondere in Getränken und Fruchtsäften aller Art. Diesen Erfolg verdankt Sunett seinem guten Geschmack, der ausgezeichneten Hitzestabilität und hochinteressanten synergistischen Eigenschaften, die im Rahmen des Multi-Sweetener-Konzeptes gezielt genutzt werden. In Mischungen mit anderen Süßungsmitteln ergeben sich deutliche Vorteile wie erheblich verbesserter Geschmack der Mischungen und stärkere Süße, bei einer Einsparung von bis zu 40 % der Süßstoffmenge.

Hersteller von Zucker (Saccharose) [E. producer of sugar]:
Zu den fünf größten Rübenzuckerherstellern in Europa zählen:

- Südzucker AG/Mannheim/Ochsenfurt
- Nordzucker AG, Braunschweig,
- Union SDA, Frankreich
- Danisco Sugar, Kopenhagen
- Pfeifer & Langen, Köln

Seit der industriellen Gewinnung von Rohrzucker und Rübenzucker vor ca. 250 Jahren hat sich die Saccharose von einem luxuriösen Gewürzmittel zu einem Massennahrungsmittel und sogar zu einem nachwachsenden industriellen Rohstoff entwickelt.

Weltweit sind 2014/2015 180 Mio. t Zucker aus Zuckerrohr und Zuckerrüben erzeugt worden. Davon entfallen 78 % auf Rohrzucker und 22 % auf Zuckerrüben. In Deutschland wurden im selben Jahr 4,5 Mio. t Zucker aus Rüben gewonnen. Die Erzeugungsmenge in der Europäischen Union betrug in derselben Berichtszeit 19,3 Mio. Tonnen.

[5] A-L Group = Alusuisse-Lonza Group.

Der größte Produzent von Zuckerrohr ist weltweit Brasilien. Im Jahre 2013 wurden dort 700 Mio. t Zuckerrohr geerntet. Der größte Teil des Zuckers wird von der Lebensmittel-, Süßwaren- und Getränkeindustrie verarbeitet.

Wie schon angedeutet, ist Zucker, damit sind insbesondere Saccharose und Glucose gemeint, nicht nur ein wertvolles Nahrungsmittel, sondern ein interessanter Rohstoff für chemische und biotechnische Veredlungsprozesse. Zucker ist:

- ein chemischer Energiespeicher. Die Energie wird während des Stoffwechselprozesses im Menschen und anderen Lebewesen als physiologische Energie freigesetzt und genutzt (Kap. VI, Abschn. 7 und Kap. X, Abschn. 2).
- ein Gewürz- und Genussmittel,
- ein begehrtes Substrat, d. h. Ausgangsprodukt für viele biotechnische Prozesse, z. B. Bioethanol,
- eine Ausgangsverbindung für interessante pharmazeutische Substanzen (Kap. X, Abb. 11 und 12).
- eine hydrophile Komponente der nichtionogenen Tenside, z. B. Alkylpolyglycoside (Kap. XVI, Abschn. 14),
- Ausgangsprodukt für die alkoholische Gärung zur Herstellung von alkoholischen Getränken und von reinem hochprozentigem Ethanol, $H_3C–CH_2–OH$.

Die alkoholische Gärung dient im industriellen Maßstab auch dazu, auf Basis von Rohrzucker Ethanol als Treibstoffzusatz zu gewinnen, z. B. in Brasilien oder in den USA auf der Grundlage von Maisstärke (Kap. XXIV, Abschn. 11.2).

Glucose ist ein Baustein vieler Disaccharide (Kap. X, Abschn. 2) und das Monomere von Stärke, Cellulose, Glykogen u. a. Aus Stärke und auch aus Cellulose wird sie industriell in großem Stil durch saure oder enzymatische Hydrolyse gewonnen.

6 Historisches über den Rübenzucker [E. history of beet sugar]

Die Entdeckung der Saccharose in der weißen Rübe, *der Beta alba,* gelang dem Apotheker und Chemiker Andreas Sigismund Markgraf (1709–1782) in den 40er-Jahren des 18. Jahrhunderts in der Königlichen Akademie der Wissenschaften zu Berlin. Diese Akademie war 1700 auf Anregung von Gottfried Wilhelm Leibniz[6] gegründet worden. Markgraf war damals ein erfolgreicher und anerkannter Chemiker dieser Akademie. In einem Vortrag am 17. November 1747 machte er die Öffentlichkeit über seine Forschungsergebnisse über den Zuckergehalt der *Beta alba* bekannt: *Chymische Versuche, einen wahren Zucker aus verschiedenen Pflanzen, die in unseren Ländern wachsen, zu ziehen.*

[6]Gottfried Wilhelm Leibniz (1646–1716), dt. Mathematiker, entwickelte das Binärsystem und die Infinitesimalrechnung.

Auf Trockenmasse bezogen, konnte Markgraf aus der *Weißen Rübe* einen Zuckergehalt von 6,25 % ausmachen, auf die frische Pflanzenmasse bezogen waren das 1,56 %.

Heute liefern 100 kg Zuckerrüben-Trockensubstanz ca. 14,0 kg Zucker, 5,5 kg Schnitzel und 3,0 kg Melasse.

Doch schon vor ca. 2500 Jahren war den Mittelmeervölkern die *Beta vulgaris* als wild wachsende und süßen Saft liefernde Pflanze vertraut.

Der griechische Arzt Hippokrates (460–375 v. Chr.) benutzte eingekochten, d. h. eingedickten Rübensaft, anstelle von Honig als Medizin. Der römische Politiker und Agrarschriftsteller Cato (243–149 v. Chr.) beschreibt den Anbau der Beta vulgaris auf seinen Gütern.

Im späten Altertum und frühen Mittelalter sind Beta Rüben mit stark ausgebildeten süßlichen Wurzeln nach West- und Mitteleuropa importiert worden.

In der Landgüterordnung, *Capitulare de villis,* Karls des Großen von 794 ist auch der Anbau von Rüben aufgeführt.

Der Leibarzt des Herzogs von Mecklenburg-Schwerin, ein Italiener namens Angelus Sala (1576–1637), hat während des Dreißigjährigen Krieges das erste deutsche Zuckerfachbuch *Saccharologia* in Rostock 1637 herausgegeben.

Er beschreibt eine *Mel betae*[7], einen Rübenhonig. Das ist eine eingekochte Mischung aus Honig und Presssaft der Beta alba[8] (Weiße Rübe). Diese *Mel beta* ist leicht verdaulich und gesund. Der Leibarzt empfiehlt sie auch als Klistier.

Ein feldmäßiger Anbau setzte sich in Franken und in der Pfalz erst um 1700 durch. In der Gegend um Magdeburg, der Magdeburger Börde, Halberstadt und in Thüringen um Erfurt, wurde im großen Stil erst um 1750 die „Weiße Rübe" für die Viehfütterung angebaut. Nach Markgrafs Tod unternahm der Chemiker, Physiker und Botaniker Franz Carl Achard (1753–1823) Anbauversuche mit Rüben, um aus diesen *Zucker mit Vorteil zu gewinnen.* Er fand heraus, dass die Runkelrübe am geeignetsten für die Zuckergewinnung sei. Ebenso erkannte er, dass die Kultur, d. h. die Bearbeitung des Ackers, die Zusammensetzung des Bodens, die Düngung und die Wahl der Rübensorte, entscheidenden Einfluss auf die Leichtigkeit der Zuckerextraktion und den Zuckergehalt hat.

Am 15. Januar 1799 verfügte der preußische König Friedrich Wilhelm II. in einer Order, in allen Provinzen Preußens mit dem Anbau von Runkelrüben und der Zuckerbereitung zu beginnen. 11 Monate später, am 04.12.1799, verfügte er, dass die Sirup-Rohzuckerzubereitung ein freies Gewerbe und selbst den Bewohnern des platten Landes in dem Maße gestattet sein soll, dass jedem vergönnt ist, nicht nur seinen eigenen Bedarf sich zu besorgen und zuzubereiten, sondern auch das, was er darüber verfertigt, in die Städte zu bringen.

Die erste Zuckerfabrik baute Achard 1802 auf seinem Gut Cunern in Niederschlesien mithilfe von Darlehen des preußischen Staates. Die Fabrik wurde von Moritz Freiherr

[7]mel (lat.) – Honig; beta (lat.) – Rübe.

[8]alaba (lat.) – weiß.

von Koppy (1749–1814) auf seinem Gut Krayn in Schlesien errichtet. Sie verarbeitete täglich 3,7 t Rüben mit wissenschaftlicher und technischer Unterstützung von Achard.

Weitere Zuckerfabriken entstanden in den folgenden Jahren bis 1816 in der Magdeburger Borde, Schlesien, Bayern und im Rheinland.

Napoleon erließ 1811 Dekrete zur Ausdehnung der Rübenanbauflächen und vergab im französischen Herrschaftsbereich 334 Lizenzen für Zuckerfabriken aus.

Die Techniken verbesserten und die Ausbeuten erhöhten sich.

1844/1845 waren 1500 kg Zuckerrüben erforderlich, um 100 kg Rohzucker zu gewinnen, 1857/1858 reichten dafür 1200 kg, und am Ende des 19. Jahrhunderts waren nur noch 737 kg nötig. Zurzeit sind 588 kg und weniger Zuckerrüben nötig, um 100 kg Rohzucker zu erhalten.

Vor der Entdeckung der Saccharose in den Zuckerrüben wurde roher Rohrzucker nach Europa importiert und in den Siedereien der großen Hafenstädte zu weißem Hutzucker raffiniert[9]. Das Zentrum der Zuckerraffination in Mitteleuropa war Hamburg. Dort gab es um 1750 350 Siedereien. Friedrich der Große erteilte 1749 dem Bankier und Großhändler Splittgerber das Privileg, in Berlin eine Zuckersiederei auf Rohrzuckerbasis zu errichten, um so den hohen Einfuhrzoll für Zuckerraffinade zu umgehen.

Im Spätmittelalter entsprach der Preis für 1 kg Zucker dem von 100 kg Weizen. Zucker war ein Luxusartikel und diente als Gewürzmittel, Arznei und teures Süßungsmittel für die gesellschaftliche Oberschicht.

Das erste Zuckerrohr in Europa wurde 1404 in Portugal angebaut. 1490 wurden auf Madeira jährlich 1000 t Rohrzucker gewonnen. Sie würden heute den Jahresbedarf von nur 30.000 Menschen decken.

Um 1900 begann sich der Zucker aufgrund seiner hohen Produktion vom teuren Süßungsmittel zu einem Grundnahrungsmittel zu entwickeln. In den 60er-Jahren des 19. Jahrhunderts erwuchs dem importierten Rohrzucker eine harte Konkurrenz durch den europäischen Rübenzucker.

7 Die Honigbiene [E. the honeybee]

7.1 Anatomie und Eigenschaften der Biene [E. anatomy and properties of the bee]

Die Honigbiene ist ein Hautflügler aus der Familie der Blumenwespen (lat. Apidae). Fossile Bienen mit großer Ähnlichkeit zur heutigen Honigbiene sind bis in das Erdzeitalter des unteren *Miozäns,* d. h. bis vor ca. 30 Mio. Jahren, nachgewiesen worden. Die ursprünglichen Regionen der Verbreitung der heutigen Honigbienen waren Europa,

[9]Raffinner (frz.) – läutern, verfeinern.

Afrika und das nördliche Asien. Durch die Menschen haben sich die Bienen gegenwärtig über die gesamte Welt verbreitet. Es gibt neun Arten von Honigbienen.

Königin – Drohne – Arbeitsbiene [E. queen bee – drone – worker bee].

Nach der geschlechtlichen Ausprägung ist zwischen der weiblichen Bienenkönigin, den männlichen Drohnen und den unfruchtbaren weiblichen Arbeitsbienen zu unterscheiden.

Allen gemeinsam ist der stark behaarte Körper (Abb. 4). Die Königin ist bis 21 mm lang mit einem lang gestreckten Hinterleib. Die Drohnen sind ca. 16 mm lang, kräftig und mit auffallenden großen Augen. Die Arbeitsbienen weisen eine Länge von 12 bis 14 mm auf.

Die Mundteile von Königin und Drohne sind nur schwach entwickelt. Sie bilden einen Rüssel, in dem die dicht behaarte Zunge als Pumpe wirkt. Bei den Arbeitsbienen zeigen die Beine besondere Einrichtungen, die den Putzscharten ähnlich sind. Sie säubern damit die Fühler, bürsten die Blattdrüsen, um aus diesen den Nektar zu saugen. Zwei leistungsfähige Flügelpaare ermöglichen eine Fluggeschwindigkeit von 25 bis 30 km/h, maximal bis zu 50 km/h.

Ein Bienenvolk besteht im Winter aus 20.000 bis 30.000 Arbeitsbienen. Im April erhöht sich diese Zahl auf 50.000 bis 60.000. Darunter befinden sich dann mehrere Tausend Drohnen. Im Jahr 2015 gab es in Deutschland ca. 900.000 Bienenvölker.

Die Lebenserwartung der Bienenköniginnen beträgt 2 bis 4 Jahre, die der Arbeitsbienen nur 3 bis 6 Wochen. Die Lebensdauer der Drohnen endet mit dem Begattungsakt. Die Bienenkönigin wird in 10 m Flughöhe von bis zu 15 Drohnen unterschiedlicher Kolonien begattet.

Nach ihrer Paarung mit den Drohnen legt die Königin ihre Eier in die von den Arbeitsbienen vorbereiteten Brutzellen. In kleine Zellen entlässt die Königin Sperma aus ihrer Samentasche und befruchtet das Ei, kurz bevor sie es legt. Aus diesen Zellen entwickeln sich später Arbeiterinnen. In die größeren Zellen legt die Königin unbefruchtete Eier, aus denen sich dann die männlichen Drohnen entwickeln.

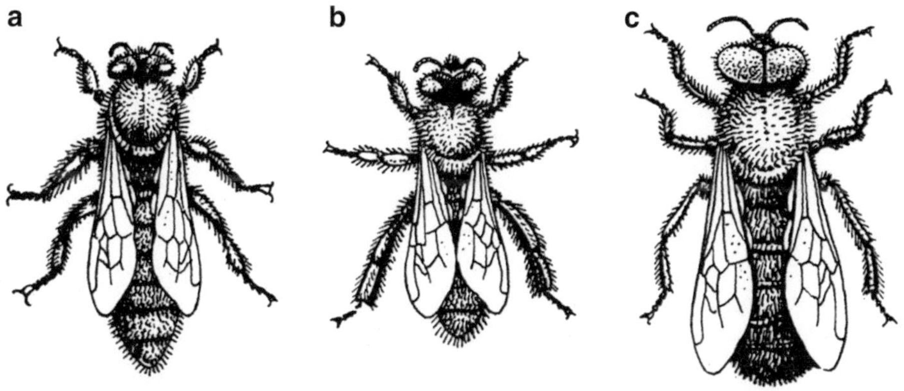

Abb. 4 Biene: **a** Königin, **b** Arbeiterin, **c** Drohne [E. bee: **a** queen bee, **b** worker bee, **c** drone]

Abb. 5 Nektar saugende Honigbiene [E. nectar sucking honey bee]

Nektar [E. nectar] ist ein zuckerhaltiger süßer Fruchtsaft, der den Bienen als Nahrung dient. Er wird von den Saftdrüsen der Pflanzenblüten ausgeschieden (Abb. 5).

Die **Nektarien** [E. nectaries] sind Saftdrüsen und befinden sich als äußere Drüsen bzw. Drüsenhaare meist innerhalb der Blüten, aber auch an der Blütenoberfläche.

Honigbienen und andere Insekten sehen mit Facettenaugen. Sie nehmen UV-Licht wahr, das ihnen hilft, nektar- und pollenreiche Blüten zu finden.

7.2 Produktion von Honig [E. production of honey]

2 Mio. Blüten müssen die Honigbienen anfliegen, um 0,5 kg Honig zu produzieren. In der Regel suchen sie ihre Nahrung, den Nektar, im Umkreis von 3 bis 4 km.

Im Jahr 2012 wurden weltweit 1,6 Mio. t Bienenhonig geerntet, davon 346.000 t in Europa und 22.000 t in Deutschland.

Ein Drittel aller von den Menschen verzehrten Pflanzen sind auf die Bestäubung durch Insekten angewiesen.

Neben dem Honig stellen die Bienen Wachs her, der als Baustoff für die Waben dient, in denen der Honig gespeichert wird. Diese tierischen Wachse sind in der Grundsubstanz Ester aus längerkettigen organischen Säuren und Alkoholen.

Tab. 2 Zusammensetzung von Bienenhonig, ein Beispiel [E. composition of bees honey, an example]

Komponenten	Anteil [%]	Schwankungsbreite [%]
Wasser	17,2	13,4–22,9
Fructose	38,2	27,3–44,4
Glucose	31,3	22,0–40,8
Maltose	7,3	2,5–16,0
Saccharose	1,3	0,3–7,60
Mineralstoffe	0,17	0,02–1,03
Freie Aminosäuren		30–200 mg
Eiweiß		pro 100 g Honig
Enzyme	Invertase, Saccharase, α- und β-Amylasen, Glucoseoxidase, Phosphatase	
Wasserlösliche Vitamine	C, B-komplex	
pH-Wert	3,9	3,4–6,1

Außerdem produzieren die Bienen Propolis, das sind Kittharze zum Abdichten von Ritzen und Spalten der Bienenbehausungen. Sie bestehen zu 50 % aus Harz, zu 33 % aus Wachsen und zu 10 % aus ätherischen Ölen, Proteinen, Spurenelementen und Vitaminen (Tab. 2).

Weiterführende Literatur

250 Jahre Rübenzucker 1747–1997, (1997), Verlag Dr. Albert Bartens KG, Berlin Lückhoffstraße 16.

BEENOW, Magazin für Bienengesundheit (2014), Bayer Bee Care Center, Alfred-Nobel-Straße 50, 40789 Monheim am Rhein.

Deutscher Imkerbund e. V. (Jahresbericht 2015/2016), 53343 Wachtberg.

Droege, S. u. Packer, L. (2016), Bienen, Leopold Stocker Verlag GmbH, A-8011 Graz.

Frede, W. Hrsg. (2013), Taschenbuch für Lebensmittelchemiker und -technologen, Bd. 1, Springer Verlag, Berlin, Heidelberg.

Kern, M. (1998), Der Blick über den Tellerrand der Ernährung, Future, Das Hoechst Magazin, Heft 1.

Merki, Ch. M. (1993), Zucker gegen Saccharin, Campus Verlag, Frankfurt am Main, New York.

Roche Lexikon Medizin (2006), 5. Aufl., Hrsg. Hoffmann-LaRoche AG und Urban und Schwarzenberg, Urban u. Schwarzenberg Verlag, München, Wien, Baltimore.

Römpp Lexikon Chemie (2002), Bd. 2, Hrsg. Falbe, J. u. Regitz, M., online, Georg Thieme Verlag, Stuttgart, New York.

Schnitzel und Melasse – Daten, Fakten, Vorschriften (1996), Verein der Zuckerindustrie, Bonn, Am Hofgarten 8.

Shallenberger, R. S. u. Acree, T. E. (1967), Nature 2/6, 480.

Steiniger, J., Graubaum, H.-J., Steglich, H.-D., Schneider, A. u. Metzner, Ch. (1995), Gewichtsreduktion mit saccharose- oder süßstoffhaltiger Reduktionskost, Ernährungs-Umschau 42, Heft 12.

von Rymon Lipinski, G.-W. (1990), Properties and Applications of Sunett®, Intern. Journal of Food Technology and Food Process Engineering, Number 10.
von Rymon Lipinski, G.-W. (1994), Süßstoffe und Zuckeraustauschstoffe, Lebensmittelchemie 48.
von Rymon Lipinski, G.-W. (1995), Sweeteners, Ullmanns Encyclopedia of Industrial Chemistry, Vol. A 26 S. 23–43, VCH-Verlagsgesellschaft, Weinheim.
von Rymon Lipinski, G.-W. u. Lück, E. (1975), Süßstoffe – Entwicklungen und Tendenzen, Chemie in unserer Zeit, 9. Jg., Nr. 5.

Pflanzenschutz [E. crop protection]

1 Historisches [E. history]

Ernteerträge in der Landwirtschaft zu steigern und sie vor der Vernichtung durch Schädlinge zu bewahren, darum haben sich die Menschen schon immer bemüht, seit sie sesshaft geworden sind und Äcker bestellten.

Bevor es keinen wissenschaftlich begründeten Pflanzenschutz gab, mussten erhebliche Einbußen der Ernteerträge in Kauf genommen werden. Bekannt sind die verheerenden Massenvergiftungen durch das sehr giftige Alkaloid Ergotamin aus dem Mutterkornpilz (Kap. XXIV, Abschn. 3).

In der Zeit von 1845 bis 1848 wurde in Irland die Kartoffelernte mehrere Jahre nacheinander durch die Kraut- und Knollenfäule vollständig vernichtet. Von 8 Mio. Iren starben ca. 800.000 an Hunger, und 2,5 Mio. wanderten nach Nordamerika aus. Ähnliches geschah in Deutschland im Erntejahr 1916/1917. In diesem Winter starben in Deutschland 720.000 Menschen einen qualvollen Hungertod.

Als Grundnahrungsmittelersatz dienten die Kohlrüben. Sie gaben diesem Winter den Namen „Kohlrübenwinter".

Durch chemischen Pflanzenschutz wurden die Kartoffelerträge in den letzten 100 Jahren auf das 6-Fache erhöht.

Während des 2. Weltkrieges (1939–1945) wurde das DDT, **D**ichlor-**d**iphenyl-**t**richloretahn; 1,1,1-Trichlor-2,2-bis(4-Chlorphenyl)-ethan, als „Wundermittel" gegen Überträger von tropischen Krankheiten, wie z. B. Fleckfieber, Gelbfieber, Schlafkrankheit und Malaria eingesetzt, MG = 354,5 (Abb. 1).

DDT wurde schon 1874 von dem deutschen Chemiker Zeidler (1899–1965) im Laboratorium der Universität Straßburg synthetisiert. Die Insekten tötenden Wirkungen sind 1939 von dem Schweizer Chemiker Paul Herrmann Müller (1899–1965) in der Firma Geigy AG, Basel, entdeckt worden. Dafür erhielt er 1948 den Nobelpreis für Medizin.

V. Hopp, *Chemische Kreisläufe in der Natur,*
https://doi.org/10.1007/978-3-662-55860-7_23

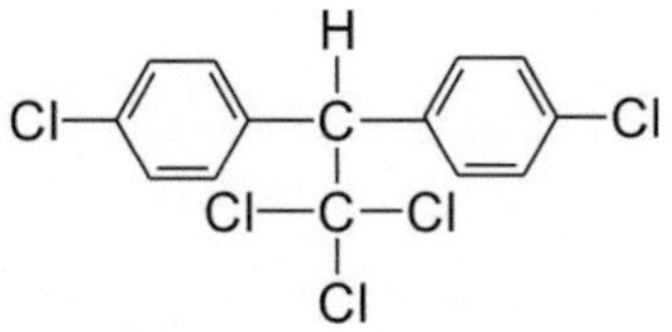

Abb. 1 DDT [E. DDT, **d**ichloro**d**iphenyl**t**richloroethane]

Mit dem DDT konnten die alliierten amerikanischen und englischen Truppen durch eine rigorose Anwendung die Ungezieferplage und eine Ausbreitung von Epidemien weitgehend verhüten.

Nicht nur Fliegen und Mücken, insbesondere die Malaria übertragende Anopheles-Mücke, sind erfolgreich bekämpft worden, sondern alle beißenden (nicht saugenden) Insekten, u. a. Wanzen, Läuse und Flöhe. Hierzu zählen auch die Schädlinge fast aller Kulturpflanzen.

In Sri Lanka wurden 1946 2,8 Mio. Malariafälle registriert, von denen 12.587 tödlich verliefen. Unter Einsatz von DDT verringerten sie sich bis 1963 auf 17 Fälle. Todesfälle gab es nicht mehr.

Bald danach wurde DDT aus dem Verkehr gezogen, da es nicht biologisch abbaubar ist und in Körperfetten gespeichert wird. Bis 1968 stieg die Anzahl der Malariaerkrankungen erneut auf 1 Mio. an. Danach wird DDT wieder verwendet[1], ist aber in vielen Ländern verboten.

2 Pflanzen [E. plants][2]

Pflanzen leben autotroph[3], indem sie aus dem Boden oder Wasser (Hydrokulturen, Wasserpflanzen) Mineralstoffe aufnehmen und mithilfe des Chlorophylls aus dem Kohlenstoffdioxid und Wasser unter Ausnutzung der Lichtenergie Glucose bzw. Stärke und Cellulose synthetisieren. Dabei wird der im Wasser gebundene Sauerstoff freigesetzt (Kap. XI, Abschn. 3), der den heutigen oxidativen Charakter der Atmosphäre prägt und das tierische und menschliche Leben erst ermöglicht.

[1]Chemie in unserer Zeit, 1972, Heft 6, S. 83; The Place of DDT in Operations Against Malaria and other Vectorborne Diseases, Off. Rec. W.H.O 1971, No. 190, Page 176.

[2]planta (lat.) – Fußsohle, Setzling; da Pflanzensetzlinge beim Setzen bzw. Pflanzen mit der Fußsohle angedrückt wurden, entstand die allgemeine Bezeichnung Pflanze.

[3]auto (gr.) – selbst; trophe (gr.) – Nahrung, autotroph ist eine Lebens- und Ernährungsweise von Organismen, die nur anorganische Stoffe benötigen und unabhängig von anderen organischen Substanzen sind (z. B. grüne Pflanzen).

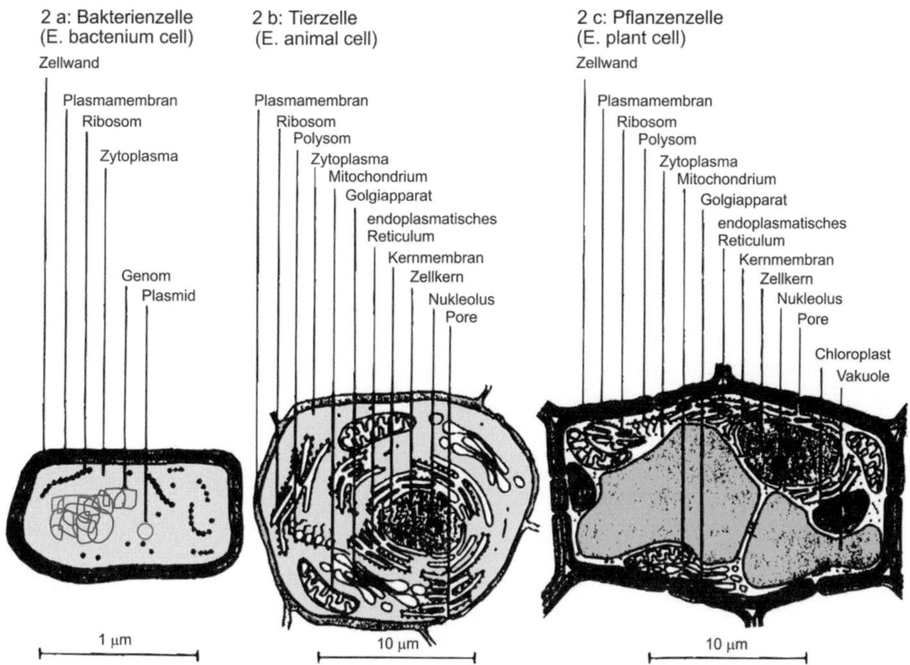

Abb. 2 Die Anatomie der Bakterien-, Tier- und Pflanzenzelle [E. the anatomy of the bacterium, animal and plant cell] Lit.: Biotechnologie/Gentechnik (1996), Folienserie des Fonds der Chemischen Industrie, 60329 Frankfurt am Main

Lichtenergie		Kohlenstoff-dioxid		Wasser		Glucose		Wasser		Sauer-stoff
2876 kJ	+	$6\,CO_2$	+	12 HOH	$\xrightarrow{\text{Chlorophyll}}$	$C_6H_6(OH)_6$	+	6 HOH	+	$6\,O_2$

Es gibt Pflanzenarten, die unmittelbar den Luftstickstoff durch symbiontische Bakterien binden und in Proteine umwandeln, z. B. die Leguminosen (Kap. V, Abschn. 5).

Von Ausnahmen abgesehen, sind Pflanzen ortsfest gebunden, sie können sich nicht fortbewegen. *Tropismen* und *Nastien* sind in beschränktem Maße zu Bewegungen, d. h. Ortsveränderungen fähig.

Folgende Grobunterscheidungsmerkmale stechen hervor[4] (Abb. 2a, b, c):

- Die *Bakterienzelle* enthält keinen vom Zytoplasma durch eine Membran isolierten Zellkern, sondern nur ein Zellkern ähnliches Gebilde, das aus den DNS besteht. Weiterhin enthält sie keine Mitochondrien, vermag also keine Energie zu speichern und auch keine Chloroplasten zur Absorption von Lichtenergie.

[4] Hopp, V. (1997), Stoff- und Energieumsatz, S. 233–243, VCH-Verlagsgesellschaft mbH, A Wiley Company, Weinheim.

- Die *Pflanzenzelle* besitzt neben anderen wichtigen Organellen, Chloroplaste, Mitochondrien und einen durch eine Kernmembran isolierten Zellkern sowie eine relativ starre Zellmembran.
- Die *tierische Zelle* hat im Vergleich zur Pflanzenzelle keine Chloroplasten, aber eine relativ elastische Zellmembran.
- Tiere ernähren sich von geeigneten organischen Stoffen, dazu benötigen sie Sinnesorgane, Fangorgane und Fresswerkzeuge und eine rasche Beweglichkeit. In der Regel haben sie einen kompakten Körper mit geringer Oberfläche, aber großer innerer Oberfläche.
- Pflanzen dagegen nehmen ihre anorganischen Nährstoffe und Gase aus oft sehr verdünnten Konzentrationen des Bodens, des Wassers oder der Luft auf. Dafür benötigen sie eine große äußere Oberfläche in Form von Blättern und Wurzeln, um die Nährstoffe und die Sonnenenergie in ausreichender Menge absorbieren zu können. Die Pflanzen erst ermöglichen das organismenreiche tierische Leben auf der Erdoberfläche. Sie liefern die energiereichen organischen Nahrungsstoffe.

Pflanzen speichern Niederschlagswasser und geben es dann langsam an die Umgebung wieder ab. Damit nehmen sie Einfluss auf das Wetter ihrer Region und prägen die großen Landschaftsbilder wie Savannen, Steppen, tropische Urwälder, Laub- und Nadelwälder in den gemäßigten Zonen oder die Tundren im Norden der Erdhalbkugel. Pflanzen schützen den Boden vor dem Austrocknen und vor Erosion.

2.1 Bedeutung der Pflanzen [E. importance of plants]

In der Botanik[5] werden ca. 600.000 Pflanzenarten unterschieden. Sie reichen von mikroskopischen Einzellern bis zu über 100 m hohen Bäumen. Etwas mehr als 250.000 von ihnen sind Blütenpflanzen.

In der Menschheitsgeschichte sind bisher ca. 500 domestiziert[6] worden, d. h. von Wildpflanzen in Kulturpflanzen umgewandelt worden.

Ca. 150 Pflanzenarten haben wirtschaftliche Bedeutung erlangt und werden systematisch angebaut und züchterisch weiterentwickelt. Davon liefern etwa 30 Arten 96 % der pflanzlichen Grundnahrungsmittel für die Weltbevölkerung.

Unter dem Gesichtspunkt der allgemeinen Bedeutung der Pflanzen für das Leben der Menschen und Tiere ist eine Einteilung der Pflanzen in Nutzpflanzen und Unkräuter nicht angemessen. Alle Pflanzen sind für die Aufrechterhaltung des Lebens auf der Erdoberfläche nützlich.

[5]botane (gr.) – Kraut; Botanik ist die Lehre von den Pflanzen.

[6]domestici (lat.) – Hausgenosse; Domestikation ist die Umwandlung von Wildpflanzen in Kulturpflanzen bzw. Verwandlung von Wildtieren in Haustiere.

Nutzpflanzen im engeren Sinne sind

- die *Nahrungs-* und *Futtermittel* liefernden Pflanzen wie Getreide, Mais, Reis, Kartoffeln, Wurzelfrüchte, Ölpflanzen u. a.
- die *Faserpflanzen* für Baumwolle, Hanf, Bast, *Holz* als Werkstoff, *Kautschuk* als Gummirohstoff.
- *Heilkräuter,* Arzneien liefernde Pflanzen, mehr als 50 % aller Arzneimittel werden aus Pflanzen durch Extraktion, Destillation, Pressen, Lösen u. a. Grundoperationen gewonnen: beispielsweise aus Balsamen, das sind dickflüssige Säfte aus den Rinden bestimmter Bäume, z. B. Kanadabalsam; sowie aus Blättern (Sennesblätter), Blüten (Kamille), Früchten (Wacholderbeeren), Harze (Jalapenharz), Holz (Quassiaholz), Kräuter (Maiglöckchenkraut), Rinde (Chinarinde), Samen (Leinsamen), Teer (Wacholderteer), Wurzeln (Ginseng, Ingwer), Zwiebel (Meerzwiebel) u. a.
- *Duft liefernde Pflanzen:* Rosenöl, ein etherisches Öl aus Rosenblüten, aus 5 t Rosenblütenknospen werden 10 kg Öl erhalten. Baldrianöl, ein etherisches Öl aus den Wurzeln des Baldrians.
- *Gewürzpflanzen*: Anis, Basilikum, Gewürznelke, Ingwer, Knoblauch, Kümmel, Muskatnuss, Safran, Vanille, Zwiebel u. v. a. Gewürzpflanzen sind häufig auch Träger von Aromen, wie z. B. Anisöl, Bittermandelöl, Kümmelöl, Fenchelöl, als etherische Öle.
- *Drogen* liefernde Pflanzen, z. B. *Mohn* mit seinen Opiumalkaloiden oder die Betelnusspalme mit ihren Piperideinalkaloiden.
- *Gift* produzierende Pflanzen, z. B. *Arnica* mit den toxischen Sesquiterpenlactonen, aufgebaut aus Isoprenresten, z. B. Bergwohlverleih, Wiesenarnica, Wegwarte, Gartenringelblume u. a., *Fingerhut* (Digitalis) mit herzwirksamen Steroiden; *Nachtschattengewächse* (Solanaceae) mit den giftigen Tropanalkaloiden wie Alraune, Tollkirsche, Bilsenkraut, Stechapfel u. a. Dazu zählen auch *Germer* mit den Steroidalkaloiden und die Kaiserkrone, Teichrose, Rittersporn u. a.
- *Zierpflanzen* und Blumen für das ästhetische Empfinden.
- *Pflanzen* als Schutz gegen extreme klimatische Einwirkungen, z. B. Schutzhecken, Erosionsschutz, Unterkünfte etc.

Im Prinzip gebührt allen Pflanzen der Schutz gegen Krankheiten und Schäden. Nun hat der Mensch aber eine kleine Auswahl von Pflanzen getroffen, die für sein Überleben einen besonders hohen Stellenwert einnehmen. Diese sind mit dem Begriff der Kulturpflanzen gegen die Wildpflanzen abgegrenzt. Durch Züchtungen haben sie Eigenschaften mit einem einseitigen hohen Nutzwert angenommen. Sie sind aber auch besonders anfällig gegenüber Umwelteinflüssen wie Wetter, sogenannte Unkräuter, Bakterien, Pilze, Insekten u. a. geworden.

Das Ziel einer modernen Pflanzenschutzstrategie muss sein, diese Kulturpflanzen gegen schädigende Umwelteinflüsse resistent zu machen, ohne die Umwelt in zu starke Mitleidenschaft zu ziehen. Weitere Züchtungsversuche werden hier einen großen Beitrag

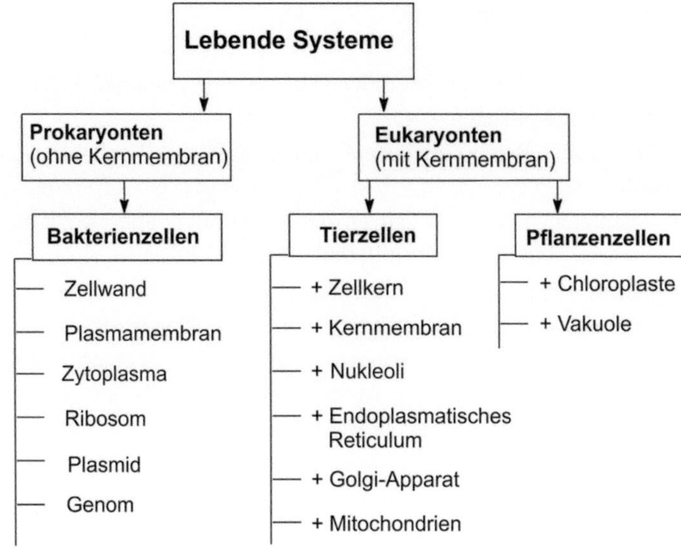

Abb. 3 Unterscheidungsmerkmale der Zelltypen (s. auch Abb. 2) [E. characteristic feature of cell types]

zu leisten haben. Es ist wohl kein Zufall, dass die Bemühungen zum Schutz der Pflanzen und das Vermeiden von Erkrankungen den gleichen Umfang angenommen haben wie der der Medizin und Pharmazie zur Gesunderhaltung der Menschen.

3 Zellen lebender Systeme [E. cells of living systems]

3.1 Bakterienzellen[7] [E. bacteria cells]

Die *Organellen* der Bakterienzellen (Abb. 2a) sind die *Zellwand,* die *Plasmamembran*[8], das *Zytoplasma*, das *Ribosom,* das *Plasmid* und das *Genom*. Die Zellwand besteht aus mehreren Schichten. Die Außenhaut ist mit hochmolekularen Verbindungen besetzt, die für die Antigenwirkung der Bakterien verantwortlich sind. Unter der Außenhaut befindet sich eine Stützmembran, die dem Bakterium Festigkeit und Form verleiht. Darunter liegt die Plasmamembran, die für die Aufnahme und das Ausscheiden aller Stoffe der Bakterien verantwortlich ist (Abb. 3).

Das *Zytoplasma* ist ein viskoses Wasser-Eiweiß-Gemisch, das die Organellen umgibt und von der mit Poren durchsetzten Zellwand eingeschlossen ist. Das Zytoplasma ist

[7]bakteria (gr.) – Stab.

[8]plassein (gr.) – bilden.

der Reaktions- und Kommunikationsraum innerhalb der Zelle. In ihm „schwimmen" die Organellen, verlaufen die Stoffwechselvorgänge. Daneben enthält es Zwischenprodukte des Stoffwechsels (Metabolite) und Mineralsalze.

Ein *Ribosom* ist ein Organell, an dem Proteine synthetisiert werden. Selbst besteht es aus Proteinen und Ribonukleinsäuren und wird im Zellkernäquivalent oder Zellkern gebildet. Die Ribosomen zeigen sich als kleine rundliche bis ellipsoide Organellen in der Größenordnung von 15 bis 25 nm. Zum Haufwerk zusammengelagert, werden sie als Polyribosomen = Polysomen bezeichnet.

Plasmide sind ringförmig geschlossene DNS-Doppelstränge. Sie können sich in ihren Wirtszellen autonom (unabhängig) vermehren und so unter natürlichen Bedingungen zu einem Austausch und zu einer Neukombination von vererbbaren Merkmalen beitragen. Dadurch vermögen sie, der Wirtszelle einen Überlebensvorteil durch Gene für spezielle Stoffwechselleistungen zu verleihen.

Als *Genome* werden die Zellkernäquivalente der Prokaryonten bezeichnet. Sie enthalten durch die DNS-Stränge die Summe aller Informationen einer Zelle.

Die Größe von Bakterienzellen beträgt ein bis wenige Mikrometer (1 µm = 10^{-6} m).

3.2 Tierzellen [E. animal cells]

Tierische und auch pflanzliche Zellen enthalten keine Plasmide (Abb. 2b). Anstelle des Genoms bei den Bakterienzellen tritt ein Zellkern, der von einer Doppelmembran umgeben ist und die an vielen Stellen von Poren durchlöchert ist. Die Kernporen sorgen für den Stoffaustausch.

Die *Kernmembran* ist mit dem endoplasmatischen Retikulum verbunden (Abb. 4). Im Kern befinden sich die Träger der Erbanlagen (Chromosomen)[9], die aus fadenförmigen Desoxyribonukleinsäuren und einer eiweißhaltigen Gerüstsubstanz bestehen.

Anzahl und Länge der Chromosomen sind artspezifisch.

Der wesentliche Teil der Chromosomen ist die DNS. Bestimmte Abschnitte der DNS enthalten die Baupläne für Proteinmoleküle. Diese Abschnitte werden Gene genannt.

Kopien dieser Baupläne werden aus dem Zellkern an die Ribosomen transportiert und sind dort die Vorlagen für die Synthese der entsprechenden Proteine.

Der Zellkern enthält außer den Chromosomen ein oder mehrere Kernkörperchen (Nucleoli). Sie sind für die Synthese der Ribosomen zuständig.

Das *endoplasmatische Retikulum*[10] (ER) ist ein aus Membranen aufgebautes weitläufiges Transport- und Sammelsystem.

---

[9]chroma (gr.) – Farbe; soma (gr.) – Körper.
Die menschlichen Körperzellen enthalten 46 Chromosomen.

[10]reticulum (lat.) – Netz.

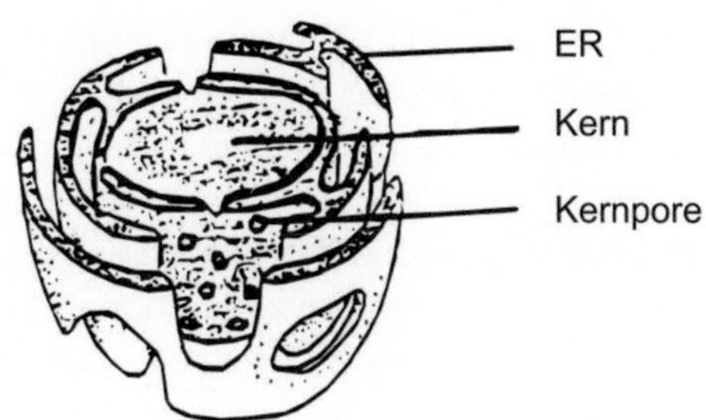

Abb. 4 Skizze des Zellkerns [E. sketch of a nucleus]

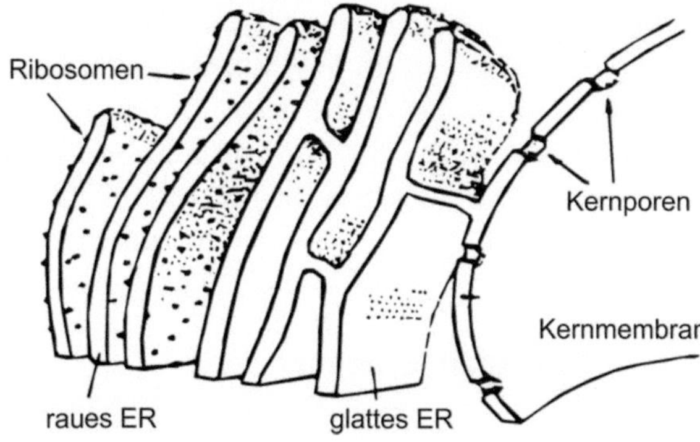

Abb. 5 Aufbau des endoplasmatischen Retikulums [E. structure of an endoplasmatic reticulum]

Als zusammenhängendes Netzwerk aus Hohlräumen und Kanälen durchzieht es das Zytoplasma. Ein Teil des ER bildet die Zellkernhülle.

Wichtige Aufgaben des endoplasmatischen Retikulums sind Sammeln, Modifizieren und Transportieren von Stoffen.

Dabei ist zwischen dem *rauen* und *glatten ER* zu unterscheiden.

Im rauen ER werden bevorzugt die an der Außenseite der Ribosomen synthetisierten Proteine gesammelt und transportiert.

Im glatten ER werden u. a. die für die Zellmembran so wichtigen Phospholipide[11] aufgebaut (Abb. 5, auch Abb. 3).

Der *Golgi*[12]*-Apparat* ist ein zellplasmatischer Bestandteil von netzförmigem Bau. Er besteht aus einer größeren Anzahl von Golgi-Körpern, den *Dictyosomen*[13].

Ein Dictyosom besteht aus mehreren flachen, sackförmigen Hohlräumen, die übereinandergestapelt sind. Die Hohlräume sind durch Membranen begrenzt. Die Gesamtheit aller Dictyosomen einer Zelle wird als Golgi-Apparat bezeichnet. In ihm werden die

[11]Phospholipide sind Phosphorsäure-Fett-Verbindungen, die einen wesentlichen Bestandteil der Zellmembranen bilden.

[12]Camillo Golgi (1844–1926), it. Histologe und Nobelpreisträger.

[13]dictyon (gr.) – Netz; soma (gr.) – Körper.

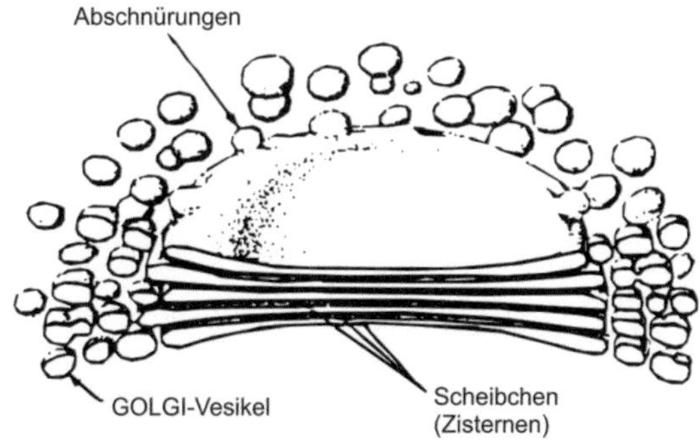

Abb. 6 Dictyosom – schematische Darstellung [E. dictiosome – schematic depiction]

Stoffe aus dem endoplasmatischen Retikulum *gespeichert, sortiert, modifiziert, transportiert* und als Sekret aus der Zelle *geschleust.*

Der Transport der Stoffe erfolgt mithilfe von Golgi-Vesikeln, die am Rand der Dictyosomen aussprossen und abgeschnürt werden (Abb. 6).

Zellen, die Sekrete bilden, wie Drüsen- und Nervenzellen, enthalten besonders viele Dictyosomen.

In den *Mitochondrien* wird die beim oxidativen Abbau von Nährstoffen freigesetzte chemische Energie als solche im ATP (**A**denosin**tri**p**h**osphat) gespeichert (Kap. VI, Abschn. 6 und Abb. 8).

Die ATP-Bildung aus Phosphorsäure und ADP ist endergonisch, d. h. energieaufwendig. Bei der Rückverwandlung von ATP in ADP wird der entsprechende Energiebetrag wieder für andere Lebensfunktionen freigesetzt. Dieser Vorgang ist exergonisch (Abb. 7).

$$\mathrm{ADP} + \mathrm{H_3PO_4} \underset{-30{,}5\,\mathrm{kJ}}{\overset{+30{,}5\,\mathrm{kJ}}{\rightleftharpoons}} \mathrm{ATP} + \mathrm{H_2O}$$

Adenosin **dip**hosphat — intermediär gebundene Phosphorsäure — **A**denosin **trip**hosphat — Wasser

Pro Mol ADP/ATP Umwandlung werden 30,5 kJ/mol chemische Energie umgesetzt.

Die Mitochondrien[14] werden deshalb als Energiestationen der Zellen bezeichnet (Abb. 8).

Jedes Mitochondrium ist von einer 2-fachen Membran umgeben. Die innere Membran bildet Ausstülpungen zur Oberflächenvergrößerung (Abb. 8).

Zellen mit besonders hohem Energiebedarf enthalten viele Mitochondrien, z. B. beim Menschen die Muskel- und Leberzellen mit mehr als 10.000 Mitochondrien pro Zelle.

[14]mitos (gr.) – Faden; chondrien (gr.) – Körnchen.

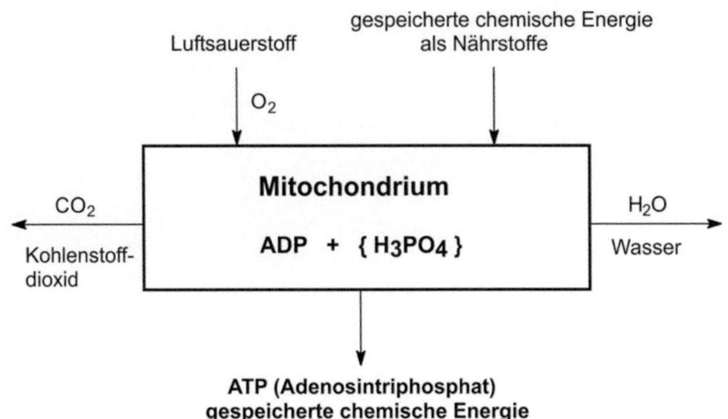

Abb. 7 Schematische Darstellung des Stoffwechsels im Mitochondrium [E. schematic depiction of the metabolism in a mitochondrion]

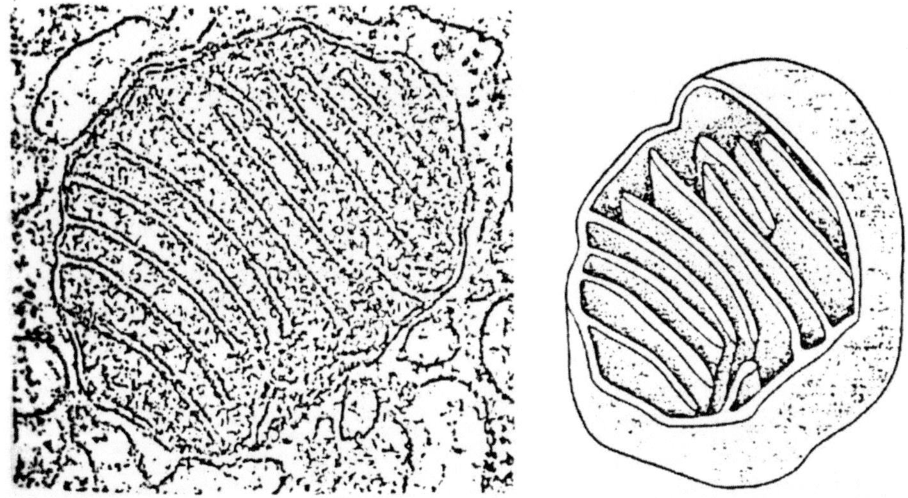

Abb. 8 Elektronenmikroskopische Aufnahme eines Mitochondriums; 75.000-fach vergrößert; daneben Modellskizze [E. electron microscopic depiction of a mitochondrion (75.000 fold magnification)]

Die *interzelluläre Verdauung,* d. h. der Abbau von Zellnährstoffen, erfolgt in den Lysosomen[15]. Das sind membranumhüllte Bläschen, die ein Gemisch von Spaltenzymen enthalten. Diese werden an den Ribosomen synthetisiert und über das endoplasmatische

---

[15]lyein (gr.) – lösen.

Retikulum und den Golgi-Apparat zu den Lysosomen transportiert. Ihre wesentliche Aufgabe besteht im Abbau zelleigener, nicht mehr gebrauchter Bestandteile und phagozytierter[16] Fremdstoffe.

Die abzubauenden (zu verdauenden) Stoffe werden von den Lysosomen absorbiert und in ihrem Inneren durch spezielle Enzyme in kleine Bausteine gespalten.

Beim Absterben einer Zelle oder bei bestimmten Erkrankungen kann die Lysosomenmembran zerstört werden, und die freigesetzten Spaltenzyme können die gesamte Zelle verdauen. Diesen Prozess nennt man Autolyse.

3.3 Pflanzenzellen [E. plant cells]

Die Pflanzenzellen sind autotroph (Abb. 2c). Sie bilden die zum Aufbau ihres Körpers nötigen Substanzen aus anorganischen Stoffen selbst und nutzen das Sonnenlicht als Energiequelle.

Um Sonnenlicht zu absorbieren, sind die Pflanzenzellen mit grünen Pigmenten (Chlorophyll[17]) oder roten bis rotbraunen Pigmenten (Carotinoiden[18]) ausgestattet. Durch den Gehalt an diesen Fotosynthesepigmenten erscheinen die fototropen Zellen dem Auge grün, blaugrün, purpurviolett, rot, braun oder lachsfarben.

Sie unterscheiden sich voneinander durch ihre Absorptionsmaxima innerhalb des Lichtspektrums und sind in den Chloroplasten lokalisiert. Die Absorptionsmaxima des Chlorophylls liegen im Spektralbereich kleiner als 450 Nanometer (nm) und zwischen 650 und 1100 nm, die der Carotinoide liegen zwischen 400 und 550 nm.

Die Chlorophylle und Carotinoide befähigen die Pflanzenzellen zur Fotosynthese (Kap. XI, Abschn. 3). Die fotosynthetisch ausgestatteten Zellen sind nach außen hin orientiert und bilden weite Außenflächen.

Vakuolen[19] sind mit Flüssigkeiten gefüllte Bläschen im Zytoplasma. Sie sind von einer halbdurchlässigen Membran umgeben und haben einen Durchmesser von oberhalb 100 nm. Die Flüssigkeit ist wässrig-viskos und enthält Proteine, Fette und Glykogen (Polysaccharide). Die Vakuolen nehmen Transport-, sekretorische, insbesondere aber Speicherfunktionen wahr.

Ist ihr Durchmesser kleiner als 100 nm, dann werden die Vakuolen als Vesikel[20] bezeichnet.

---

[16]phagein (gr.) – fressen; Phagozyten sind sogenannte Fresszellen, die Fremdkörper unschädlich machen.

kytos (gr.) – Höhlung, Zelle.

[17]chloros (gr.) – gelbgrün; phyllon (gr.) – Blatt.

[18]caroto (lat) – Karotte; Carotin ist ein gelbrotes pflanzliches Farbpigment.

[19]vacare (lat.) – leer sein.

[20]vesicula (lat.) – kleine Blase.

3.4 Kurze Zusammenfassung über die Aufgaben der Organellen [E. summary about the functions of organelles]

Die vielfältigen Aufgaben, die die Organellen einer Zelle zu erfüllen haben, lassen sich vereinfacht mit der industriellen Produktionsstätte vergleichen.

Darin entsprechen

- die Polysomen den Fertigungsstraßen,
- die Mitochondrien der Energiestation (Kraftwerk),
- das endoplasmatische Retikulum den Werksstraßen,
- die Vesikeln den Vorratsbehältern und Lagern,
- der Zellkern der Geschäfts- und Produktionsleitung (Kommandozentrale) und
- die Poren den Werkstoren mit ihren speziellen Öffnungs- und Schließmechanismen.

4 Pflanzenschädlinge [E. pest of plants]

Pflanzenschädlinge, auch Schaderreger genannt, können Viren, Bakterien, Pilze, Insekten, Käfer, andere Tiere sein. Klimatische und mechanische Einflüsse können sie fördern oder bremsen. Die Pflanzen werden von ihnen einzeln oder im abhängigen bzw. unabhängigen Zusammenspiel befallen und fallen einer Epidemie anheim. Die Dauer und der Verlauf einer Epidemie[21] hängt ab von der *Generationslänge* eines Schaderregers, das ist die Zeitspanne zwischen dessen *Geburt* und *Fortpflanzung* (Reproduktion). Die Generationsdauer ist je nach der Art des Schaderregers, dessen Vermehrungsmodus und der klimatischen wie auch bodenbedingten Umwelt unterschiedlich lang.

In einem Jahr können ein, mehrere oder viele Vermehrungszyklen durchlaufen werden:
Einzyklische Schaderreger sind z. B. *Brachfliege, Flugbrand.*
Mehrzyklische Schaderreger sind z. B. *Fritfliege, Rübenfliege.*
Vielzyklische Schaderreger sind z. B. *Blattläuse, Rost-* und *Mehltaupilze.*

Schaderreger mit mehrjährigen Zyklen sind z. B. Maikäfer (Engerlinge), Saatschnellkäfer.

Diese Populationsdynamik gehorcht bestimmten Gesetzmäßigkeiten, obwohl in ihr ein Zusammenwirken verschiedener Faktoren mit unterschiedlichem Gewicht eingeht. Sowohl Bakterien, Pilze, Schadtiere als auch Unkräuter unterliegen diesen Gesetzmäßigkeiten. Sie lassen sich mathematisch durch nachstehende Gleichung zusammenfassen.[22]:

$$N_t = N_0 \cdot e^{\mu \, \Delta t}$$

---

[21]epidemios (gr.) – im Volk verbreitet; Epidemie ist das gehäufte Auftreten einer Infektionskrankheit.

[22]Hopp, V. und Heinz, H. (1994), Das chemisch-technische Praktikum, S. 8 ff., VCH Verlagsgesellschaft mbH, Weinheim.

N_0	=	Ausgangsposition zum Zeitpunkt $t = 0$ der betrachteten Individuen des Schaderregers.
$N(t)$	=	Individuenzahl des Schaderregers zum Zeitpunkt t
Δt	=	$t - t_0$, Zeitdifferenz zwischen Ausgangsposition und Ende der Beobachtung
μ	=	spezifische Vermehrungsrate bzw. Generationszahl

Die Vermehrungsfunktion ist der Zinseszinsgleichung in exponentieller Schreibweise analog. Auch bei den Vermehrungsfunktionen in biologischen Systemen handelt es sich in der Regel um exponentielle Vorgänge, allerdings mit limitierendem (begrenztem) Verlauf:

$$N_t = N_0 \cdot e^{(1 - \mu \, \Delta t)}$$

Im Rahmen der Länder und Kontinente übergreifenden Export- und Importsysteme und der damit immer dichter werdenden Verkehrsnetze wird die Gefahr, dass die verschleppten Pflanzenkrankheiten und Pflanzenschädlinge sich über den Erdball ausbreiten, immer größer.

Nach dem 1. Weltkrieg (1914–1918) gelangte der Kartoffelkäfer aus den USA über Frankreich und Deutschland bis nach Osteuropa.

1919 wurden in den Niederlanden die Ulmen durch einen Käfer befallen, der einen Pilz übertrug. Als Folge trat ein *Ulmensterben* ein. Von dieser Baumkrankheit wurden 1930 die Ulmen in Nordamerika und 1939 in Sibirien befallen, bis sie nach 1945 wieder abebbte. 1960 trat sie in Europa umso hartnäckiger wieder auf, sodass der größte Teil der Ulmen vernichtet wurde.

Der Tabakblauschimmel importierte sich 1958 aus den USA nach England und von dort über Europa bis nach Nordafrika und den Vorderen Orient.

In den 70er-Jahren des 19. Jahrhunderts war in Sri Lanka ein Kaffeeanbau wegen des gefürchteten *Kaffeerosts* nicht mehr möglich. 1970 trat diese Kaffeepflanzenkrankheit in Brasilien auf. Von Insekten wird der Pilz *Hamileia vastatrix* übertragen, er entlaubt die Kaffeepflanze mehr oder weniger vollständig. Wegen seiner rostfarbenen Pilzsporen wird diese Krankheit als *Kaffeerost* bezeichnet.

Der Erfolg einer Schädlingsbekämpfung durch Pflanzenschutzmittel hängt ab von der Wachstumsphase der Kulturpflanze, dem Entwicklungs- und Vermehrungsstadium der Schädlinge, der jeweils klimatischen Situation und der Bodenbeschaffenheit einschließlich des Nährstoffangebots.

Diese Faktoren fließen bei der Definition der *wirtschaftlichen Schadensschwelle* und einer Schadensprognose mit ein.

Das ist diejenige Populationsdichte eines Schaderregers, bei deren Überschreiten wirtschaftliche Schäden eintreten, wenn keine oder nur unzureichende Pflanzenschutzmaßnahmen getroffen werden.

In Tab. 1 sind einige Schadensschwellen für Schaderreger und befallene Kulturpflanzen aufgeführt.

Populationsdichte des Schaderregers und die wirtschaftliche *Schadensschwelle* sind grundlegende Faktoren für Schadensprognosen. Mit ihrer Hilfe wird entschieden, ob Pflanzenschutzmaßnahmen eingeleitet werden müssen oder nicht und welche biologischen und umwelttoxikologischen Folgen zu berücksichtigen sind.

Tab. 1 Wirtschaftliche Schadensschwellen (kritische Zahlen) (nach Buhl u. Schütte und FAO-Manual) [E. economic damage threshold (critical dates)]

Schaderreger	Kulturpflanze (Stadium, Zeitpunkt)	Schadensschwelle erreicht bei etwa	Bemerkungen
Rübenfliege *(Pegomyia hyoscyami)*	Rübe Vierblattstadium	6–8 Eier/Pflanze	Entwicklung des Schadens stark von Witterung und Rege-nerationsvermögen der Pflanze abhängig
Weizengallmücke, orangerote *(Sitodiplosis mosellana)*	Weizen, Blüte. Flug während der Abendsstunden	80 Eier oder Eilarven je 10 Ähren, 1 weibliche Mücke je 5 Ähren	Entwicklung des Schadens stark von der Witterung und vom Zuflug abhängig. Ungleichmäßige Verteilung im Bestand, Randschäden
Weizengallmücke, gelbe *(Contarinia tritici)*		160 Eier oder Eilarven je 10 Ähren, 2 weibliche Mücken je 5 Ähren	
Getreidenematode *(Heterodera avenae)*	Hafer	5 Eier und Larven je Gramm Boden. Ertragsverlust: 377 kg/ha/10 Eier je Gramm Boden	Nur bei nesterweisem Befall gelten höhere Zahlen. Ertragsverlust abhängig von Saattermin, Witterung, Sorte
	Weizen	10 Eier und Larven je Gramm Boden. Ertragsverlust: 188 kg/ha/10 Eier je Gramm Boden	
	Sommergerste	25 Eier und Larven je Gramm Boden. Ertragsverlust: 75 kg/ha/10 Eier	
Rapsglanzkäfer *(Meligethes aeneus)*	Raps Beginn der Blüte	2 Käfer je Pflanze (am Feldrand 4–8)	Zuflug von erheblicher Bedeutung, ungleichmäßige Verteilung im Bestand, Randbefall zunächst höher
Kraft- und Knollenfäule, *(Phytophthora infestans)*	Kartoffel	Dauer der epidemiefreien Zeit vom Auspflanzen an: bei 65 Tagen 15 % Ertragsverlust bei 80 Tagen 12 % Ertragsverlust bei 95 Tagen 9 % Ertragsverlust	

5 Methoden des Pflanzenschutzes [E. methods of crop protection]

Um die Pflanzen im Allgemeinen und die Kulturpflanzen im Besonderen vor Krankheiten und Schädlingen zu schützen, bieten sich mehrere Methoden an.

Das sind *mechanische, agrikulturtechnische, biologische, chemische* Methoden sowie die des *integrierten Pflanzenschutzes* und *gentechnische* Züchtungen von Pflanzen.

5.1 Mechanische und physikalische Methoden [E. mechanical and physical methods]

Dies sind die ältesten Maßnahmen, Kulturpflanzen vor Schaden und Ernteverlusten zu bewahren.

Dazu gehört das Aufstellen von Schutzzäunen gegen Fraßschäden durch Wild, das Einsammeln von Schnecken, Insekten und Käfern, das Fallenstellen gegen Nagetiere oder das Aufstellen von Maulwurfgrillen. Mechanische Methoden sind ebenso das Unkrautjäten, Hacken und Eggen des vorbereiteten Ackers, das Anbringen von Raupenleim an Obstbäumen und das Ausschneiden von Zweigen zur Ausschaltung von Primärinfektionen des Apfelmehltaus. Auch das Überfluten von größeren Ackerflächen ist dieser Kategorie zuzurechnen. In einigen Küstengebieten Norddeutschlands sind auf diese Weise verheerende Massenvermehrungen von Mäusen schlagartig beseitigt worden.

Neben den mechanischen Methoden werden auch einige physikalische Verfahren praktiziert. Große Bedeutung hat im Obst- und Weinbau die Frostschutzberegnung: Bei Temperaturen um den Gefrierpunkt bildet sich um Blätter und Früchte im Frühjahr oder Herbst eine Eisschicht aus, die häufig ein Luftschicht mit einschließt. Diese Isolierung schützt vor weiterer Abkühlung.

Andere Verfahren nutzen die Empfindlichkeit der Schadorganismen gegenüber hohen Temperaturen aus. Bodenbürtige Schaderreger werden mittels Dämpfung ausgeschaltet. Sie wird vorgenommen, wenn eine Bodenentseuchung auf schnellem Weg erreicht werden soll. Hohe Temperaturen können immer dann angewendet werden, wenn die Schädlinge temperaturempfindlicher sind als die Kulturpflanze oder deren Saatgut.

Ein Beispiel ist die Heißwasserbeizung von Getreide zur Bekämpfung des Flugbrandes von Weizen und Hafer, beim Zuckerrohr werden mit ihr bestimmte Viren ausgeschaltet. Das Abflammen von Unkräutern mit fahrbaren Gasbrennern wird nur noch selten durchgeführt.

In einer modernen großflächigen Landwirtschaft in den Industrieländern haben die mechanischen Schutzmaßnahmen kaum noch eine Bedeutung. Doch im Kleingartenbau, in der intensiven Gartenwirtschaft und in Pflanzenzuchtbetrieben spielen sie noch eine wichtige Rolle.

5.2 Die agrikulturtechnischen Methoden [E. agricultural-technical methods]

Sie umfassen eine angemessene Kultivierung des Ackers und eine geeignete Nährstoffversorgung durch Gründung, Mineral- und Wirtschaftsdünger (Kap. VIII, Abschn. 1 und 5). Sie betreffen die Wasserversorgung und notfalls das Ausbringen von Bodenverbesserungsmitteln. Landwirtschaftliche Methoden beginnen mit der Auswahl von geeignetem Saatgut bzw. geeigneter Kleinpflanzen (Setzlinge), den Zeiten des Aussäens bzw. Setzens, der Wahl der Fruchtfolge, um eine möglichst lange schädlingsfreie Vegetationszeit der Pflanzen zu garantieren. Das Ziel aller dieser Vorsorgemaßnahmen ist es, gesunde und gegen Schadeinflüsse widerstandsfähige Pflanzen heranwachsen zu lassen.

Pflanzen vor Schädlingen zu schützen ist eine nie endende Aufgabe und Vorsorge. Plötzlich treten bisher unbekannte Infektionen durch Mikroorganismen auf.

In den Zuckerrübenanbaugebieten Bayerns sowie von Rheinland-Pfalz und Hessen befällt zeitweilig der Pilz *Cercospora beticola* die Blätter von Zuckerrüben und richtet empfindliche Schäden an.

Dieser Pilz breitet sich auch in nördlicheren Gebieten Deutschlands aus. Er wird in Niedersachsen und in der Magdeburger Börde identifiziert.

Die Infektion macht sich durch kleine unscheinbare Flecken auf den Blättern der Rüben bemerkbar. Sie breiten sich innerhalb weniger Wochen schnell aus. Die Blätter gehen zugrunde. Die Ertragseinbußen betragen bis zu 50 %.

Ein Grund in der schnellen Ausbreitung des Pilzes *Cercospora beticola* ist in der relativ kurzen Fruchtfolge des Zuckerrübenanbaus zu suchen. Im Abstand von drei Jahren werden auf denselben Ackerflächen wieder Zuckerrüben angebaut. Diese kurzen Pausen reichen nicht aus, um vorhandene Pilzkulturen zu vernichten.

Mit entsprechenden Fungiziden lassen sich die Pilze bekämpfen. Entscheidend dabei ist der Zeitpunkt des Austragens der Pflanzenschutzmittel.

Aber auch die Wahl der Zuckerrübensorte ist für die Infektionsstärke entscheidend. Die Sorten *Hilma* und *Evita* werden häufig bis zu mehr als 60 % befallen, dagegen setzt sich der Pilz bei der Sorte *Ribella* auf weniger als 10 % der Blätter fest.[23]

5.3 Biologische Methoden [E. biological methods]

Zur Bekämpfung von Schaderregern streben sie die Verminderung der Populationsdichte von schädlichen Tieren und Pflanzen durch gezielten Einsatz von anderen Organismen an.

Es werden grundsätzlich vier Möglichkeiten der biologischen Bekämpfung unterschieden:

[23]Quelle: Frankfurter Allgemeine Zeitung (1999), Empfindliche Zuckerrüben, Nr. 196, S. N1.

1. Heranzüchten und Einsetzen spezifischer natürlicher Feinde von Schaderregern, meistens handelt es sich um Parasiten[24].
2. Verwenden unspezifischer natürlicher Feinde von Schaderregern; das sind in der Regel räuberische Arten, Prädatoren[25].
3. Verwenden von Organismen der eigenen Art, Autozidverfahren[26].
4. Generelle Verwendung von Mikroorganismen.

Beispiel zu 1:
Es wird die Eigenart von Parasiten ausgenutzt, ihre Wirtstiere, in diesem Fall die Schädlinge zu vernichten, z. B. als Nahrung zu verzehren oder durch ihre Stoffwechselprodukte abzutöten.

Die Schwierigkeit liegt allerdings darin, dass Parasiten und ihre Wirtstiere (Schädlinge) zur gleichen Zeit die höchste Populationsdichte erreichen. Das ist meistens zu einem Zeitpunkt, wenn der den Pflanzen durch die Schädlinge zugefügten Schaden schon zu umfangreich geworden ist. Dies gilt insbesondere für einjährige Kulturen und somit für den gesamten Ackerbau.

Mit dem Abernten des Getreides, der Hackfrüchte oder des Gemüses entfallen nicht nur die Populationsvoraussetzungen für die Schädlinge, sondern auch für die sie vernichtenden Parasiten. Um die Populationsdichen von Wirten und Parasiten zeitlich voneinander zu trennen, werden in den Laboratorien massenhaft die Parasiten gezüchtet und dann in landwirtschaftlichen Kulturen freigesetzt, bevor die Wirtsarten (Schädlinge) ihr zerstörerisches Populationsmaximum erreicht haben.

Auf diese Weise konnte der Kleinschmetterling Maiszünsler *Pyrausta nubilalis* bekämpft werden, der mit der Einführung des in Deutschland nicht heimischen Maisanbaus als Schädling auftrat.

Eine Schlusswespenart, *Trichogramma evanescens,* die in den Eiern dieser Kleinschmetterlinge parasitiert, kann in Laboratorien gezüchtet und in befallsbedrohten Maisfeldern aufgebracht und verbreitet werden.

Am Kaiserstuhl/Oberrhein mit seinen klimatisch günstigen Bedingungen wurde mit diesem Verfahren die Befallsdichte der Maisfelder erheblich reduziert und Schaden verhindert.

Biologische Bekämpfung ist bei solchen Schädlingen besonders Erfolg versprechend, die in andere Faunengebiete[27] eingeschleust worden sind und wo sich noch keine natürlichen Feinde oder Parasiten entwickeln konnten.

---

[24]parasitos (gr.) – Schmarotzer; ektos (gr.) – außen; Ektoparasiten sind auf der Körperoberfläche sitzende Parasiten.

[25]Prädatoren sind räuberisch lebende Tiere, d. h., sie leben von anderen Tierarten.

[26]autos (gr.) – selbst; Autozid ist die Selbstvernichtung.

[27]fauna (lat.) – altit. Feld- und Waldgöttin; heute wird unter Fauna die Tierwelt einer Region verstanden.

Die San-José-Schildlaus, *Aspidiotus perniciosus,* wurde von Amerika nach Europa eingeschleppt. Es gelang, einen ihrer wichtigsten Parasiten, die Schlupfwespe *Prospaltella perniciosa* zu züchten und massenhaft im Freiland zu verbreiten. Dabei wurde ein Parasitierungsgrad von 60 bis 70 % erzielt, und die Populationsdichte der San-José-Schildlaus wurde drastisch reduziert.

Von Europa nach Amerika übertrugen sich beispielsweise der Schwammspinner, *Lymantria dispar,* der Kiefernknospentriebwickler, *Rhyaciania buoliana,* die Roggengallmücke, *Mayetiola secalis,* die Mittelmeerfruchtfliege, *Ceratitis capitata,* und andere. Allen diesen Einschleppfallen ist gemeinsam, dass die Schaderreger auf eine neue Vegetationsregion trafen, die noch von keinem spezialisierten Vertilgerkreis bewohnt wurden. Je nach klimatischen Umweltbedingungen konnten die Schädlinge sich ungehindert vermehren und Schaden anrichten.

Eine weitere biologische Bekämpfungsmaßnahme besteht darin, im Ursprungsland die parasitären Feinde zu ermitteln, zu züchten und in das Einschleppungsland zu übertragen. Nicht immer sind diese Verfahren erfolgreich. Auch muss hier sehr sorgfältig zu Werke gegangen werden, um keine zusätzlichen Schäden anzurichten.

Nicht alle Versuche sind erfolgreich. Dem Kartoffelkäfer und Schwammspinner konnte man mit biologischen Methoden nicht beikommen.

Beispiel zu 2:
Hier gelten die gleichen populationsdynamischen Gesetzmäßigkeiten wie im Beispiel 1, d. h. bei der Ausnutzung spezifischer Feinde.

Bei den polyphagen[28] Prädatorenarten handelt es sich um räuberische Tierchen, die nicht nur auf die Schaderreger angewiesen sind wie die Parasiten, sondern sie können auch auf andere Beutetiere ausweichen, um eine maximale Populationsdichte zu erreichen. Das hat den Vorteil, dass sie vom Populationsverlauf der Schaderreger unabhängig sind und über diese schon in ihrer ersten Populationsphase herfallen können. Allerdings müssen die Phasenverschiebungen im Populationsverlauf bekannt sein und ihr Aktionsradius. Das gilt besonders für einjährige landwirtschaftliche Kulturen, in denen durch Abernten und Wechsel der Fruchtfolgen, der Räuber-Beute-Zyklus unterbrochen wird. In der Forstwirtschaft allerdings, wo sich die Populationsverhältnisse langfristig einpendeln können, hat die Prädatorenmethode eine Chance, die Schädlingsdichte vor der Schadensschwelle zu verhindern.

Beispiele in Mitteleuropa sind das Hegen von Waldameisen, *Formica polyctena,* und mit geringerem Wirkungsgrad die forstliche Vogelhege.

Beispiel zu 3:
Bei einem Autozidverfahren, auch Steril-Partner-Verfahren genannt, wird die Ausdünnung einzelner Schaderreger angestrebt, indem ihre Fortpflanzungs- und Vermehrungsfähigkeit

[28]phagein (gr.) – fressen; Phagozyten sind Fresszellen, die Fremdkörper unschädlich machen.

durch Sterilisation herabgesetzt wird. Es werden sterilisierte[29], aber noch kopulationsfähige[30] männliche Erreger freigelassen. Dadurch wird eine unfruchtbare Kopulation begünstigt, und die Schlüpfrate lebensfähiger Larven wird drastisch herabgesetzt.

Mit durchschlagender Wirkung wurde dieses Konzept zum ersten Mal bei der Bekämpfung des Ektoparasiten der Schraubenwurmfliege *Cochliomyia hominivorax* innerhalb amerikanischer Viehbestände angewendet, und zwar in den Südstaaten der USA, in Zentralamerika und in der Karibik.

Mehrere Faktoren haben in diesem Fall das Autozidverfahren begünstigt:

- Es konnte eine Dosis der Röntgenstrahlung herausgefunden werden, die zur Unfruchtbarkeit, *Infertilität*[31], der Männchen führt, ohne deren sexuelle Aktivität, *Virilität*[32], zu mindern.
- Die weibliche Schraubenwurmfliege erlaubt keine Mehrfachbegattung. Nach einer erfolgten Begattung, *Copula,* wehrt sie alle weiteren Kopulationsversuche von Männchen ab.
- Die Weibchen schlüpfen zeitlich früher aus als die Männchen, *Protogynie*[33], und können somit von den sterilisierten Männchen durch Begattung wieder kopulationsunlustig gemacht werden, d. h. bei Wahl des exakten Zeitpunktes sterilisierte Männchen vor dem Ausschlüpfen natürlicher fruchtbarer Männchen freizusetzen, begünstigt Kopulationen, die eine Ablage fruchtbarer Eier verhindern.
- Der Befall von Schraubenwurmfliegen ist auf ökologisch abgegrenzte Verbreitungsgebiete beschränkt.

Dieses Beispiel zeigt einerseits die Möglichkeiten biologischer Methoden auf, weist andererseits aber darauf hin, wie viel Faktoren zusammenwirken, die alle erst sorgfältig erkundet und dann berücksichtigt werden müssen.

Beispiel 4:
Mittels spezieller ausgewählter und auf die Felder gebrachter Mikroorganismen werden Populationszusammenbrüche von Schaderregern vorverlegt, bevor sie wirtschaftlichen Schaden anrichten.

Hierbei wird die Eigenschaft von Insekten ausgenutzt, die bei Übervermehrungen von bestimmter Populationsdichte abhängiger Viren oder Bakterien befallen werden und die dann die Vermehrungsfähigkeit der Schaderreger zusammenbrechen lassen.

---

[29]sterilis (lat.) – unfruchtbar, keimfrei.

[30]copula (lat.) – Band, Verbindung; Kopulation ist die Verschmelzung von Geschlechtszellen.

[31]fertilis (lat.) – fruchtbar; infertilis (lat.) – unfruchtbar.

[32]virilis (lat.) – männlich, mannhaft; hergeleitet von vir (lat.) – Mann.

[33]protos (gr.) – vor als Vorsilbe; gyn (gr.) – weibliche Protogynie ist das Reifwerden von Weibchen vor dem Männchen.

Aussichtsreich sind solche Verfahren, die am Boden lebende Insekten zum Vernichtungsziel haben. Dafür werden parasitäre Pilze eingesetzt. Das feuchte Milieu des Bodens fördert eine Pilzvegetation. Es werden die pathogenen[34], krankheitserregenden, Pilze isoliert, gezüchtet und im Fermenter vermehrt. Danach werden sie in eine dosierbare und anwendungstechnisch handhabbare Form überführt, z. B. Granulate. Hier eröffnen sich Wege, wie Bodenschädlingen wirksam entgegengetreten werden kann. Zu nennen sind die Engerlinge der Maikäfer oder die Larven des Dickmaulrüsslers. Spezielle insektenpathogene Viren sind an Blattwespen, *Neodiprion sertifer*, im Forst erprobt worden.

5.4 Chemische Methoden [E. chemical methods]

Das Pflanzenschutzgesetz vom 10. Mai 1968 definiert in einer Novellierung von 1985 die Pflanzenschutzmittel wie folgt:

Sie sind Stoffe, die dazu bestimmt sind, Pflanzen vor Schadorganismen oder Krankheiten oder Pflanzenerzeugnisse vor Schadorganismen zu schützen; ausgenommen sind Wasser, Düngemittel im Sinne des Düngemittelgesetzes und Stoffe, die dazu bestimmt sind, die Widerstandfähigkeit von Pflanzen gegen Schadorganismen oder Krankheiten zu erhöhen, ohne toxisch zu wirken.

Pflanzenschutz- und Schädlingsbekämpfungsmittel werden unter der Bezeichnung Pestizide[35] zusammengefasst.

Pestizide sind im Allgemeinen Mischungen, auch Formulierungen genannt, die aus Wirkstoffen und Formulierungshilfsstoffen bestehen.

Die *Wirkstoffe* sind chemisch definierte Substanzen oder Substanzgemische und die eigentlichen Träger der Pflanzenschutzwirkung.

Die *Formulierungshilfsstoffe,* nämlich Löse- und Streckmittel, Haftmittel, Emulgatoren, Netzmittel, Stabilisatoren, Warnfarbstoffe u. a. verleihen den Mischungen die physikalischen Eigenschaften, die sie zur Anwendung als

Spritz-,
Sprüh-,
Streu-,
Stäube-,
Beiz-,
Verneblungs- und Begasungsmittel

[34]pathos (gr.) – Leiden; pathogen – krankheitserregend.

[35]pestis (lat.) – Seuche, Unheil.

zid, aus dem engl. übernommene Sammelbezeichnung für Mittel, die zur Bekämpfung von Schädlingen bei Pflanzen und Tieren geeignet sind.

in fester, flüssiger oder gasförmiger Form geeignet machen.

Die chemischen Pflanzenschutzmittel werden unterteilt nach Hauptschadensverursachern:

Herbizide	(lat. herba – Pflanze)	Gegen Unkräuter
Insektizide	(lat. insecare – einschneiden)	Gegen Insekten. Häufig werden auch Ovizide und Larvizide zu den Insekten gezählt
Fungizide	(lat. fungus – Pilz)	Gegen Pilze und deren Sporen
Bakterizide	(gr. bakteria – Stab, Stäbchen Mikroskopisch kleine Einzeller, die zu den niedrigen Protisten (Prokaryonten) zählen	Gegen Bakterien
Nematizide	(gr. nema – Gespinst, Faden)	Gegen bodenbewohnende phytopathogene Rundwürmer, die Wurzelzellen anstechen und aussaugen oder als Vollparasiten in Pflanzengeweben leben
Algizide	(lat. alga – blütenlose Wasserpflanze)	Gegen Moose, Algen und Flechten
Akarizide	(gr. akari – Milbe)	Gegen pflanzen- und tierparasitäre Milben, besonders im Obst-, Zitrus-, Wein-, Hopfen-, Baumwoll- und Zierpflanzenbau schädliche Milben
Ovizide	(lat. ovum – Ei)	Gegen Eier von Insekten
Larvizide	(lat. larva – Maske)	Gegen Larven von Raupen und Maden

Eine andere Unterteilung ist die nach der innertherapeutischen[36] Wirkung oder der Aufnahmeweise durch die Schaderreger und Unkräuter.

Von den *Kontakt-, Fraß- und Inhalations*[37] giften unterscheiden sich wesentlich die systemisch[38] wirkenden Pflanzenschutzmittel. Diese werden von der Pflanze durch die Blätter oder Wurzel aufgenommen und im Saftstrom über das *Transportsystem* über die Pflanze verteilt und wirken auf das gesamte Organsystem der Pflanze ein.

Kontakt-, Fraß- und Inhalationsgifte wirken direkt und örtlich.

---

[36]therapeia (gr.) – Dienst, Pflege, Heilung; Therapie ist die auf die Diagnose richtige Behandlung der Krankheit.

[37]inhalare (lat) – anhauchen.

[38]systema (gr.) – zusammengesetzes Ganzes.

5.5 Beispiele von wichtigen Wirkstoffgruppen [E. examples of important groups of active substances]

Insektizide [E. insecticides]

- *I/Deltamethrin,* ein breit wirksames Insektizid der Pyrethroid-Derivate, ist ein Produkt von Rousell-Uclaf. Es zeichnet sich durch hohe Wirksamkeit und geringe Toxizität aus.
  Chemische Bezeichnung und Formel:
  [S-α-Cyano-3-phenoxybenzyl]-1R-cis-3-(2,2-dibromvinyl)-2,2-dimetyl-cyclopropan-carbonsäureester

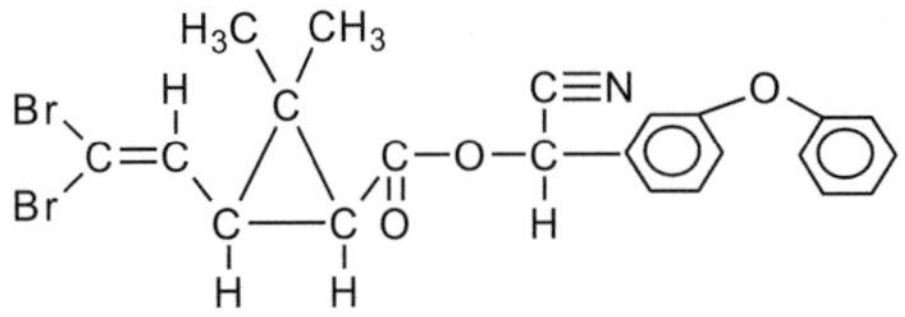

  Hersteller: Bayer Crop Science AG

- *Imidacloprid* ist ein Insektizid mit ausgezeichneter systemischer Wirkung über die Wurzeln. Auch als Kontakt- und Fraßgift ist es wirksam. Es dient zur Bekämpfung saugender Insekten, z. B. Reiszikaden, Blattläuse, Thripse und Schildläuse. Auch wirkt es gegen Bodeninsekten und Termiten.
  Chemische Bezeichnung und Formel:
  1-(6-Chloro-3-pyridylmethyl)-N-nitroimidazolidin-2-ylideneamin.

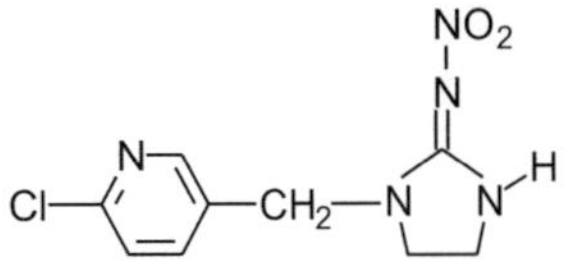

  Hersteller: Bayer Crop Science AG

- *I/Endosulfan* (Thiodan) ist ein Derivat des Hexachlorcyclopentadiens und ist ein Kontakt- und Fraßgift, breit wirksam, aber nicht bienentoxisch (s. Winnacker-Küchler, Bd. 7, (2006), Chemische Technologie, Carl Hanser Verlag, München, Wien).
  Chemische Bezeichnung und Formel:
  6, 7, 8, 9, 10-Hexachlor-1, 5, 5a, 6, 9, 9a-hexahydro-6,9-methano-2, 4, 3-benzodi-oxathiepin-3-oxid

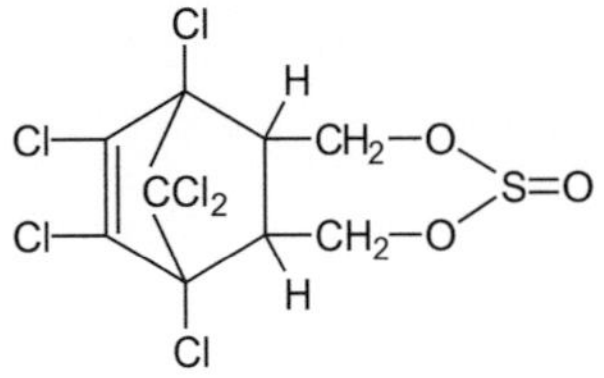

  Hersteller: Bayer Crop Science AG

Fungizide [E. fungicides]

- *Tebuconazol* ist ein systemisches Fungizid mit schützender (protektiver), heilender (kurativer) Wirkung und greift über die Wurzeln (eradikativ)[39] ein. Es wird in die vegativen Pflanzenteile schnell aufgenommen. Als Beizmittel wirkt es gegen verschiedene Arten von Beulenbrand und Steinbrand im Getreide. Als Spritzmittel wird es zur Bekämpfung zahlreicher Krankheitserreger bei Kulturpflanzen eingesetzt, z. B. gegen Rostarten, echter Mehltau, Blatt- und Stangenkrankheiten.
  Chemische Bezeichnung und Formel:
  (RS)-1-p-Chlorophenyl-4,4-dimethyl-3-(1H-1,2,4-triazol-1-ylmethyl)-pentan-3-ol

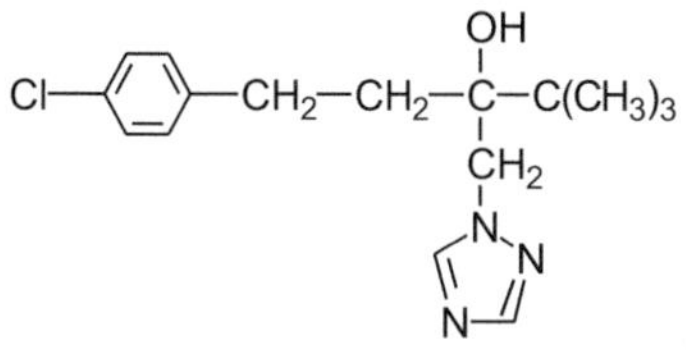

  Hersteller: Bayer Crop Science AG

- *Metalaxyl* ist ein systemisches Fungizid, das die durch Luft oder durch den Erdboden übertragene Peronosporales in den Tropen und Subtropen unter Kontrolle hält. Es ist in einem weiten Temperaturbereich wirksam. Es schützt u. a. Avocados, Zitrusfrüchte sowie die Saatbeete von Hopfen, Tabak, Mais, Sonnenblumen u. a. gegen Fäulnisbefall und Wurzelschädigungen durch pathogene Keime im Erdboden.
  Chemische Bezeichnung und Formel:
  Methyl N-(2-methoxyacetyl)-N-(2,6-xylyl)-DL-alaninat

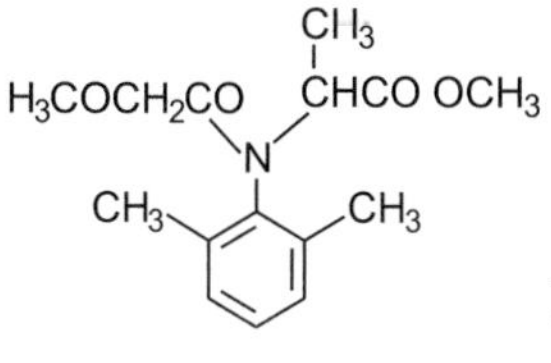

  Hersteller: Novartis AG

- *Difenoconazol* ist ein systemisches Fungizid mit neuartiger Breitenwirkung. Eine Anwendung auf Blätter oder Verwendung als Beizmittel beeinflusst die Pflanzenqualität und den Ertrag positiv. Es bietet eine vorbeugende und heilende Dauerwirksamkeit gegen verschiedene Pilzarten.
  Chemische Bezeichnung und Formel:
  Cis trans-3-chloro-4-[4-methyl-2-(1H-1,2,4-triazol-1-ylmethyl)-1,3-dioxolan-2-yl] phenyl 4-chlorophenylether.

[39] radix (lat.) – Wurzel.

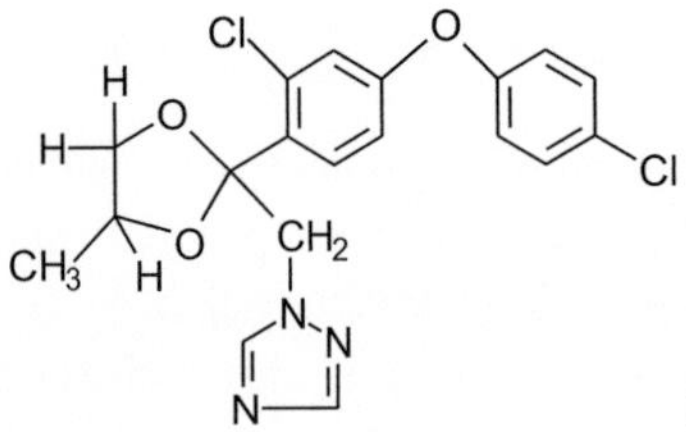

Hersteller: Novartis AG

- *Strobilurin A* ist eine neue Fungizidstoffklasse, die sich in den letzten Jahren den Markt erobert hat.[40]
  Schon in niedrigen Konzentrationen wirkt sie gegen Mehltau, Roste, Septoria-Arten, Pyrenopha-Arten und Schwarzpilze.
  In höheren Konzentrationen beseitigen sie auch falschen Mehltau, Cercospora, Phytophtora und Botrytis.
  Sie zerfallen nach dem Aufbringen auf die Pflanzen relativ schnell, gelangen somit nicht in das Grundwasser und beeinträchtigen nicht die Tierwelt.
  Chemische Formel für Strobilurin: A

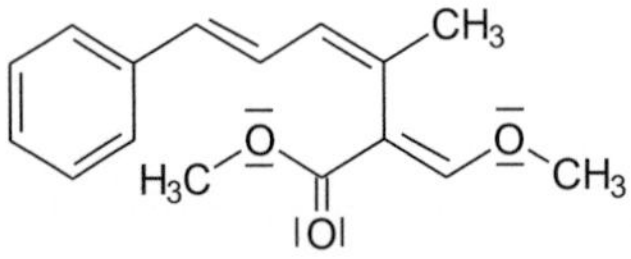

  Hersteller: BASF AG

  Durch die Strobilurine und von ihnen abgeleitete Derivate wird in den Zellen der Schaderreger, d. h. in den Pflanzenpathogenen, das Elektronentransportsystem effektiv und selektiv unterbrochen.
  In den Mitochondrien der Pilze verbinden sich Strobilurine und deren Abkömmlinge mit dem Cytochrom[41]. Dadurch wird die Biosynthese des ATP gestört (Kap. VI, Abschn. 8). Die Atmungskette und die Energiezufuhr der Zelle sind unterbrochen. Die Zelle stirbt ab. Sporen können nicht mehr ins Gewebe der Nutzpflanze eindringen.
  In den Formulierungen der Pflanzenschutzmittel *Candit,* Discus und Stroby ist als Wirkstoff die abgewandelte Strobilurinverbindung *Kresoxim-Methyl* enthalten.
  Chemische Formel für Kresoxim-Methyl:

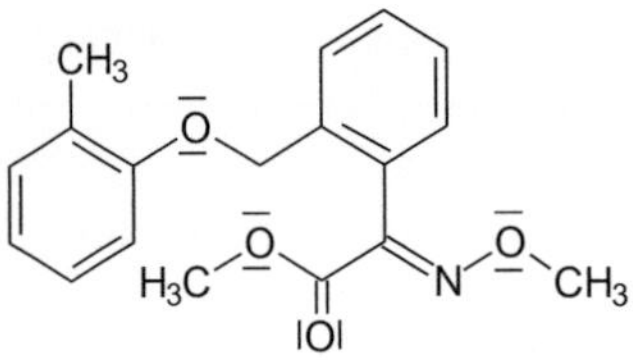

  Hersteller: BASF AG

[40]Quelle: Schröder, F. (1999), Neue Fungizide, Chemische Rundschau, Nr. 7.

[41]kytos (gr.) – Höhlung, wird als Vorsilbe benutzt für Begriffe, die mit Zellen in Verbindung stehen; chroma (gr.) – Farbe; Cytochrome sind Eisenproteine, die in den Mitochondrien angereichert vorkommen und für die Atmung und Fotosynthese notwendig sind.

Auch die BASF hat entsprechende Analoga auf Strobilurinbasis und ihre Fungizid-Wirkstoffpalette aufgenommen. Dafür steht das Markenprodukt *Amistar.*
Es wird eingesetzt zum Schutz von Gemüse, Getreide, Weinanbau, Bananenzucht u. a.

Herbizide [E. herbicides]

- *Metamitron*, ein 1,2,4-Triazinon, ist ein systemisches Selektivherbizid und wird hauptsächlich über die Wurzeln, aber auch über die Blätter aufgenommen. Die Verteilung des Wirkstoffes innerhalb der Pflanze erfolgt von den Wurzeln oder den unteren Blättern nach oben in die Pflanzenspitze aufsteigend (akropetal)[42]. Es wird gegen Ungräser und breitblättrige Unkräuter in Zucker- und Futterrübenfelder eingesetzt.
  Chemische Bezeichnung und Formel:
  4-Amino-4,5-dihydro-3-methyl-6-phenyl-1,2,4-triazin-5-on

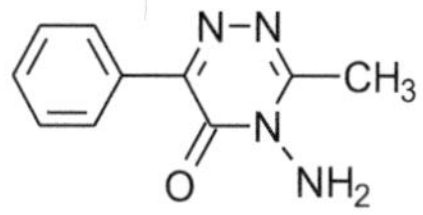

  Hersteller: Bayer Crop Science AG
- *Primisulforon* wird auf Maisfeldern gegen Gräser und breitblättrige Unkräuter angewendet. Es wird von den Blättern und Wurzeln absorbiert und verteilt sich schnell in das Zellsystem der Gräser und Unkräuter.
  Chemische Bezeichnung und Formel:
  2-[4,6-Bis-(difluoromethoxy)pyrimidin-2-ylcarbamoylsulfamoyl]benzoesäure

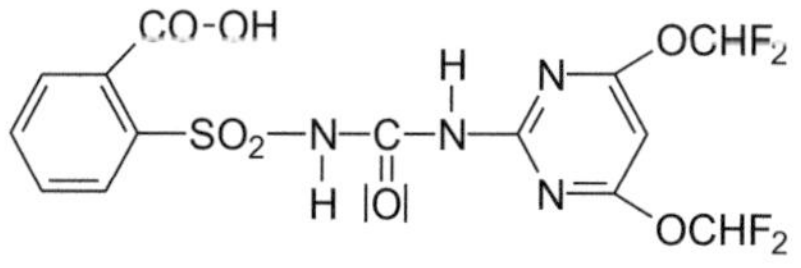

  Hersteller: Novartis AG
- *H/Glufosinat-Ammonium, ein Wirkstoff des Basta,* ist eine phosphorylierte Aminosäure
  Chemische Bezeichnung und Formel:

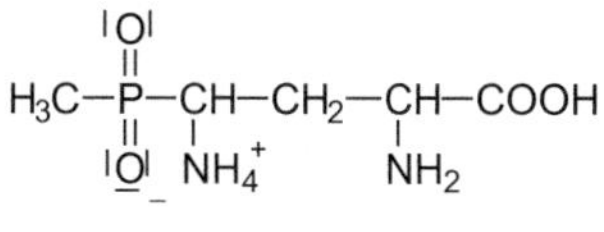

  Hersteller: Bayer Crop Science AG

  Basta ist ein Kontaktherbizid mit breiten Einsatzmöglichkeiten und deshalb ein Produkt mit sehr guten wirtschaftlichen Ergebnissen.
  Basta ist ein vollständig abbaubares Herbizid. Neben dem Glufosinat-Ammonium enthält Basta als Wirkstoff auch Phosphinothricin.

[42]akropetere (lat.) – aufsteigend.

Beide Wirkstoffe sind in einem Mikroorganismus gefunden worden. Das Gen, mit dem sich der Mikroorganismus selbst dagegen schützt, wurde isoliert und in die Nutzpflanze, z. B. Mais und Raps, eingebaut. In einem mit Basta behandelten Feld mit transgenem Mais oder Raps wird nur das Unkraut, nicht die Nutzpflanze angegriffen.

- *Glyphosat* ist eine biologisch wirksame Hauptkomponente von Breitbandherbiziden. Seit den 1970er-Jahren dient es zur Unkrautbekämpfung in Landwirtschaft, Gartenbau, Industrie und Privathaushalten.
  Chemische Bezeichnung und Formel: N-Phopshonomethylglycin

```
   O H   H
   ‖ |   |
HO–P–C–N–C–C–OH
   ‖ | | | ‖
  HO H H H O
```

  Hersteller: Bayer AG – Monsanto

  Glyphosat ist eine geruchlose, wasserlösliche und nicht flüchtige Substanz.
  Für seine Herstellung wird von Phosphortrichlorid, Formaldehyd und Wasser ausgegangen. Es entsteht als Zwischenprodukt Chlormethylphosphorsäure. Diese reagiert mit Glycin, $H_2N–CH_2–COOH$, zum Glyphosat.
  Die Halbwertszeit beträgt im Ackerboden ca. 14 Tage und in Waldflächenböden 30 bis 60 Tage. Als Abbauprodukte entstehen Phosphat- und Ammoniumsalze sowie Kohlenstoffdioxid.
  Im Jahr 2015 wurden weltweit von 91 Chemieunternehmen in 20 Ländern ca. 600.000 t Glyphosat produziert.

Eine andere Methode, Kulturpflanzen gegen Schäden zu schützen, ist ihre gentechnische Behandlung. Durch eine gezielte Veränderung ihrer Erbanlagen werden in den Pflanzen Eigenschaften und Verhaltensweisen herangezüchtet, die sie widerstandsfähiger machen gegen Schädlinge, wie z. B. Bakterien, Milben, Insekten und Käfer, aber auch gegen ungewöhnliche Wettereinflüsse durch Kälte und Trockenheit. Im Jahr 2015 wurden auf ca. 180 Mio. ha Ackerfläche – das sind etwa 10 % der landwirtschaftlich genutzten Ackerfläche in der Welt – gentechnisch veränderte Kulturpflanzen angebaut. Diese Flächen verteilen sich auf 28 Länder, insbesondere auf die USA und zahlreiche Entwicklungsländer. Vorwiegend handelt es sich um Soja, Mais und Baumwollpflanzen. Die dominierenden gentechnischen Züchtungsziele sind, eine Herbizidresistenz, verbunden mit einer Insektenresistenz, zu erreichen (Abschn. 8 bis 10).

Der Anbau von gentechnisch veränderten Nutzpflanzen ist in Europa, außer in Spanien, noch bedeutungslos.

In Spanien werden auf 100.000 ha Ackerland insektenresistenter Futtermais angebaut. Dagegen importiert Europa jährlich bis zu 35 Mio. t Sojabohnen und -schrot. Es handelt sich dabei größtenteils um gentechnisch veränderte Sorten. In der Schweinefütterung werden fast 100 % gentechnisch veränderte Futtermittel zugegeben, bei den Milchkühen sind es 90 % und den Legehennen 60 %.[43]

---

[43]Quelle: Krenzal, G. (2017), Pflanzenbiotechnologie im 21. Jahrhundert, CHEManager 5/2017.

Wie bei den Wirkstoffen der Tenside, Farbmittel, Arzneimittel, Kosmetika, Schmierstoffe, Katalysatoren u. a. handelt es sich auch bei den Pflanzenschutzmitteln nicht um einheitliche chemische Stoffklassen. Die Gliederung, Zusammenfassung und damit auch ihre Abgrenzungen erfolgen nach ihren Einsatzgebieten und Wirkungsmechanismen.

Weitere Weltchemieunternehmen mit hoher Produktion von Pflanzenschutzmitteln sind:

- Syngenta in Basel/Schweiz
- Dow Agro Sciences in Indianapolis/USA
- E. I. Du Pont de Nemours Company in Wilmington/USA
- Makhteshim Agan Industries in Tel Aviv/Israel
- Nufarm in Melbourne/Australien
- Arysta in Tokio/Japan
- Sumitomo in Sendai/Japan

Im Jahr 2014 wurden weltweit 42,7 Mrd. EUR für Pflanzenschutzmittel umgesetzt.

Davon 28,5 % in Lateinamerika,

25,9 % in Asien, einschließlich Japan und Ozeanien,
24,5 % in der Europäischen Union (Deutschland ist mit 1,6 Mrd. EUR beteiligt),
17,3 % in USA, Kanada und Mexiko.

Herstellungsverfahren des Pflanzenschutzmittelwirkstoffe Thiodan (Endosulfan), ein Beispiel [E. production process for thiodan (endosulfan) an example]
Bei der Herstellung des Pflanzenschutzmittelwirkstoffes Thiodan von der Bayer Crop Science AG sind drei Ausgangskomponenten erforderlich.

1. *2-Buten-1,4-diol:* $HC{-}CH_2{-}OH$ / $\| $ / $HC{-}CH_2{-}OH$ ein C_4-Baustein

Butendiol ist eine farblose Flüssigkeit mit einem Siedepunkt von 235 C und einem Erstarrungspunkt von 4 C. Ihre Dichte beträgt 1,07 g/cm^3.

Butendiol ist mit Wasser, Alkohol und Ether mischbar und dient zur Herstellung von Thiodan, Weichmachern, Vitamin B_6 u. a.

2. *Essigsäure:* $H_3C{-}C({=}O){-}OH$ ein C_2-Baustein

Die wasserfreie Essigsäure ist eine klare, farblose Flüssigkeit von stechendem, die Augen zu Tränen reizendem Geruch.

Erstarrungspunkt: 16,6 C; Siedepunkt: 117,9 C; Dichte: 1,0492 g/cm^3.

Essigsäure ist mit Wasser, Alkohol, Ether, Tetrachlorkohlenstoff und Chloroform in jedem Verhältnis mischbar.

3. *Hexachlorcyclopentadien* ein C_5-Ringbaustein

Ein Hexachlorcyclopentadien-Lieferant ist Shell/USA.

Hexachlorcyclopentadien ist ein Chlorierungsprodukt des Cyclopentadiens, das als Nebenprodukt aus Koksofengas, Steinkohlenteer aus Erdölkrackprodukten oder durch katalytische Dehydrierung von Cyclopentan erhalten wird.

Cyclopentadien + Chlor ($6\ Cl_2$) → (−6 HCl) Hexachlorcyclopentadien

Hexachlorcyclopentadien ist ein wichtiges Ausgangsprodukt zur Herstellung von Insektiziden und Flammschutzmitteln.

Der Herstellungsprozess des Thiodans lässt sich in vier Teilprozesse gliedern.

1. Schritt: Herstellung des Butendioldiacetat aus 2-Buten-1,4-diol und Essigsäure

Butendiol + Essigsäure → ($-H_2O$) Butendiolmonoacetat

Butendiol-monoacetat + Essigsäure-anhydrid → ($-H_3C-C(O)-OH$) Butendioldiacetat

2. Schritt

Anlagerung von Hexachlorcyclopentadien an Butendioldiacetat.

Hexachlorcyclo-pentadien + Butendioldiacetat → Reaktionsaddukt

Aus dem Fünferring ist ein Sechserring mit Kohlenstoffbrücke entstanden.

3. Schritt

Nach der Anlagerung erfolgt eine Abspaltung der Acetylgruppen von dem Addukt unter gleichzeitiger Veresterung der Acetylgruppen mit Methylalkohol in Essigsäuremethylester. Dabei wird als wichtiges Zwischenprodukt das Diol des Addukts erhalten.

Addukt + Methylalkohol ($2\,CH_3{-}OH$) → Diol des Addukts

Essigsäure-methylester

$-2\ H_3C{-}C(=O){-}OCH_3$

4. Schritt

Mit dem 4. Verfahrensschritt wird die wichtige Schwefeloxidgruppe mithilfe des Thionylchlorids eingeführt. Im chemischen Sinne handelt es sich um eine Veresterung des Diols. Es wird ein Schwefelsäureester des Diols erhalten.

Diol des Addukts + Thionylchlorid ($Cl_2S{=}O$) → Thiodan

$-2\ HCl$

6 Wirkungsweise von chemischen Pflanzenschutzmitteln [E. efficiency of pestizides]

6.1 Anforderungen an ein Pflanzenschutzmittel [E. requirements on pesticides]

- Die Wirkstoffe von Pflanzenschutzmitteln sollen eine Aktivität aufweisen gegenüber eines einzelnen Schaderregers oder einer ganzen Gruppe von Schädlingen. Als ein Maß für die Wirksamkeit eines Mittels ist diejenige Dosis festgelegt worden, bei der innerhalb einer festgelegten Zeit 50 % aller Schaderreger absterben. Das ist die letale[44] Dosis, LD_{50}. Je niedriger der Wert für LD_{50}, desto wirksamer ist das Mittel.

[44]letalis (lat.) – tödlich.

- Andererseits sollen die Wirkstoffe gegenüber den Kulturpflanzen oder ihren behandelnden Teilen keine oder nur eine sehr geringe Aktivität aufweisen. Sollte eine Pflanzenunverträglichkeit nicht ganz ausgeschlossen sein, dann ist zu prüfen, ob eine Anwendung des Pflanzenschutzmittels kurz vor oder nach dem Anbau der Kulturpflanze oder -frucht möglich ist. Ein solcher Fall wird bei Methoden der Bodenentseuchung zu prüfen und zu entscheiden sein. Ein Entscheidungskriterium ist das Verhältnis zwischen wirksamer (curativa)[45] und schädigender (phytotoxica)[46] Dosis und ist als chemotherapeutischer Index definiert.

  $$\text{Chemotherapeutischer Index} = \frac{\text{Dosis curative}}{\text{Dosis phytotoxic a}} < 1$$

  Für Pflanzenverträglichkeit muss der Wert unterhalb 1 liegen. Dabei ist zu berücksichtigen, dass sich die Empfindlichkeit der Kulturpflanzen und auch die der Schaderreger während ihrer Entwicklungsphasen ändern können.

  Beispielsweise werden die Maikäferengerlinge in den frühen Stadien durch geringere Dosen abgetötet als im fortgeschrittenen Larvenstadium. Im Obstbau werden einige Spritzmittel nur im unbelaubten Zustand während der Vegetationsruhe eingesetzt.
- Eine grundsätzliche Forderung an Pflanzenschutzmittel ist eine möglichst geringe oder keine Toxizität gegenüber den Warmblütlern[47]. In dieser Forderung eingeschlossen ist, dass nach seiner Anwendung keine toxikologisch wirksamen Rückstandsmengen auf Ernteprodukte und den daraus gewonnenen Nahrungs- und Futtermitteln vorhanden sein dürfen. Ein besonderes Augenmerk ist, auf Rückstände zu richten, die sich erst über eine längere Zeit im Boden ansammeln und eine chronische Toxizität des Bodens verursachen. Der biologischen Abbaubarkeit des Wirkstoffes in einer angemessenen Zeit kommt für die praktische Verwendbarkeit ein hoher Stellenwert zu.
- Ein Pflanzenschutzmittel soll möglichst nur spezifisch auf die jeweiligen Schaderreger wirken und diese ausschalten, aber keine Nebenwirkungen auf die biologische Umwelt ausüben.
- Nachdem alle diese hier nur stichwortartig grundsätzlichen Forderungen an ein Pflanzenschutzmittel beschrieben worden sind, ist die Wirtschaftlichkeit zu prüfen. Sie setzt sich zusammen aus den Kosten der Herstellung, Lagerung und der Ausbringung.

[45]curare (lat.) – pflegen, sorgen; curatio (lat.) – Heilung.

[46]phyton (gr.) – Pflanze; toxikon (gr.) – zum Pfeil gehörendes Gift.

[47]Warmblütler sind Säugetiere, also auch der Mensch, sowie Vögel, die eine von der Außentemperatur unabhängige konstante Körpertemperatur aufweisen, z. B. Mensch: 36,5–37,5 °C; Igel; 33, 5–35,5 °C; Hund: 37,5–39,5 °C; Huhn: 40,5–42,0 °C.

6.2 Selektivität von Pflanzenschutzmitteln [E. selectivity of pesticides]

Selektivität ist der unterschiedliche Wirkungsgrad der Aktivität eines Pflanzenschutzmittels gegenüber tierischen und pflanzlichen Organismen verschiedener Rassen, Arten, Gattungen, Klassen unter Berücksichtigung ihrer Umgebung. Insbesondere wird sie bestimmt durch das unterschiedliche Verhalten und die unterschiedliche Reaktion von Kulturpflanzen und Schaderreger gegenüber einem Wirkstoff.

Im Einzelnen wird die Selektivität beeinflusst von dem

- *Kontakt* zum Wirkstoff,
- *Eindringen* und *Transport* des Wirkstoffes in Schaderreger bzw. Kulturpflanze,
- *Stoffwechsel* (Metabolismus) des Wirkstoffes,
- *Angriff auf den Wirkort* und nicht zuletzt
- von der *Effizienz des Angriffes* auf den Wirkort.

Ein *Kontakt* zwischen den toxischen Wirkstoffen und der Kulturpflanze ist möglichst zu vermeiden. Das kann durch die Wahl des Anwendungszeitpunktes weitgehend erreicht werden, z. B. bei der Bodenentseuchung, die immer außerhalb der Vegetationszeit der Kulturpflanzen erfolgen soll. Herbizide sind vor der Aussaat des Getreides auf den Acker zu bringen, oder das Saatgut wird etwas tiefer in den Boden gebracht, und die Herbizide werden auf die Bodenoberfläche verbreitet. Auch Unterblattspritzungen gehören zu diesen Methoden.

Das *Eindringen* von Wirkstoffen in die Kulturpflanzen hängt von deren Gestaltsformen (morphologische Erscheinung) und deren biochemischen Eigenschaften ab. Zu nennen sind die Blattstellung, die Behaarung, die Wachsschicht und die Lage des Vegetationskegels. Bei Herbiziden, Fungiziden und Insektiziden spielen diese Selektionsfaktoren eine besonders wichtige Rolle.

Dem *Transport* des Wirkstoffes ist im Entwicklungsstadium der Kulturpflanze eine besondere Bedeutung zuzumessen.

Der *Metabolismus* ist ein wesentliches Selektivitätskriterium, da er sich zwischen Kulturpflanzen, Unkräutern und Schädlingen sehr voneinander unterscheidet.

Es gibt Herbizide, die werden von einigen Kulturpflanzen abgebaut, wie z. B. die Triazine vom Mais.

Das Bayer-Herbizid Metamitron (Abschn. 5.5) ist ein Triazinderivat.

Triazine können von der Baumwolle in lysigenen[48] Drüsen gespeichert werden.

Triazine sind Stickstoff-Heterozyklen mit 3 Stickstoffatomen im aromatischen 6-gliedrigen Ring.

---

[48]lein (gr.) – lösen; davon abgeleitet lysis (gr.) – Auflösung; lysigne Stoffe und auch Organe lösen andere Substanzen auf oder zersetzen diese.

1,2,3-Triazin ; 1,3,4-Triazin ; 1,3,5-Triazin

1,3,5-Triazinderivate sind als Herbizide von besonderer Bedeutung, z. B. Simanzin

$$H_5C_2{-}NH{-}C_3N_3(Cl){-}NH{-}C_2H_5$$

Unterschiede des Metabolismus in der Kulturpflanze und der Schädlinge bestehen in der Abbaugeschwindigkeit. Sie ist bei allen Kulturpflanzen höher als bei den Unkräutern. Diese Unterschiede ermöglichen die Anwendung von Nachauflaufherbiziden im Rübenanbau.

Der unterschiedliche Effekt beim *Angriff auf den Wirkort* ist auf die verschiedene Empfindlichkeit des Wirkortes gegenüber dem Pflanzenschutzmittel des jeweils veränderten Enzymkomplexes zurückzuführen.

Auch in Bezug auf die Selektivität gilt, dass sie im Lauf mehrerer Generationen der Anwendung bei einem Schaderreger abnehmen kann (Abb. 9).

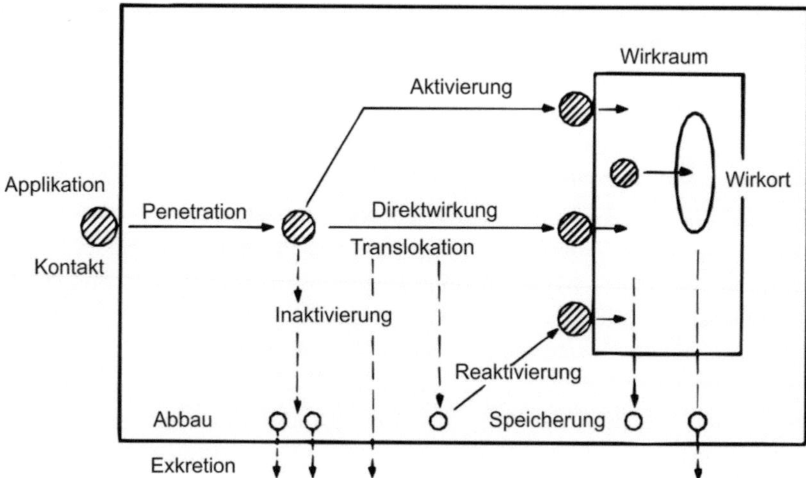

Abb. 9 Prinzip der Wirkungsweise von Pflanzenschutzmitteln (nach O'Brien und Zschintzsch) [E. principle of the effectiveness of plant protectives by Brien and Zschintzsch]
*) applicare (lat.) – anwenden; **) penetrare (lat.) – durchdringen; ***) locus (lat.) – Ort; Translokation – ist eine Ortsverschiebung

7 Integrierter Pflanzenschutz [E. integrated pestcontrol]

Integrierter Pflanzenschutz ist ein Bekämpfungskonzept, das alle bekannten Umwelteinflüsse und die Populationsdynamik der Schädlinge optimal miteinander abstimmt, um die Schädlingsvermehrung unter der wirtschaftlichen Schadensschwelle zu halten (Tab. 1).

Systeme des integrierten Pflanzenschutzes werden sowohl gegen tierische Schaderreger als auch gegen Virus-, Bakterien- und Pilzinfektionen sowie gegen Unkräuter entwickelt und eingesetzt. Mit ihnen soll die Population der Schadorganismen auf einem möglichst niedrigen Niveau stabilisiert werden.

Dabei werden die natürlichen Regulationsmechanismen in einem Ökosystem mit einbezogen, ausgenutzt und wenn erforderlich gestärkt. Diese vorbeugenden Maßnahmen werden ergänzt durch den gezielten Einsatz von mechanisch-, physikalisch-, agrikulturtechnischen, biologischen und chemischen Methoden (Abb. 10). In welchem Umfang die einzelnen Methoden in einem integrierten Gesamtkonzept eingehen, hängt von der zu schützenden Kulturart, den Schaderregern, vom Anbausystem u. a. ab.

Dauerkulturen wie im Obstbau und im Forst bedürfen eines anderen Konzepts als der Ackerbau. Bei Dauerkulturen wird aufgrund eines langfristig und dauerhaften Zusammenlebens zwischen Tier und Pflanze, der *Biozönose*[49], größerer Wert auf die Stärkung der natürlichen Lebensbedingungen und die Anwendung biologischer Methoden gelegt.

Der *Ackerbau* zeichnet sich durch jährlich wechselnde Arten von Kulturpflanzen aus und damit durch eine sich kurzfristig ändernde Biozönose. Hier liegt innerhalb eines integrierten Pflanzenschutzes der Schwerpunkt in der unmittelbaren Verminderung der Schadenswahrscheinlichkeit mittels chemischer Methoden.

Integrierter Pflanzenschutz erfordert umfangreiche und sorgfältige Vorarbeiten für ein spezielles Konzept. Besonders berücksichtigt werden sollten innerhalb des zu beeinflussenden Ökosystems:

- Die Lebensweise, Vermehrung und Ausbreitung von Schaderregern, Nützlingen und indifferenten, d. h. vermutlich unbeteiligten, Organismen.
- Die Eigenschaften und das Vegetationsverhalten der Kulturpflanze auf die Schutzmaßnahmen zur Herabsetzung der Schadenswahrscheinlichkeit.
- Die Wirkung verschiedener chemischer Pflanzenschutzmittel auf die Kulturpflanze, Schaderreger und Antagonisten[50], sowie der Verlauf der biologischen Abbaubarkeit chemischer Wirkstoffe (Abb. 11).

[49]bios (gr.) – Leben; koinos (gr.) – gemeinsam. Biozönose ist das einander angepasste Zusammenleben von Pflanzen und Tieren in einem Lebensraum (Biotop); topos (gr.) – Ort, Platz.

[50]antagonistes (gr.) – Gegner; Antagonisten sind Stoff- und auch Organpaare, die einander entgegengesetzte Wirkungen ausüben.

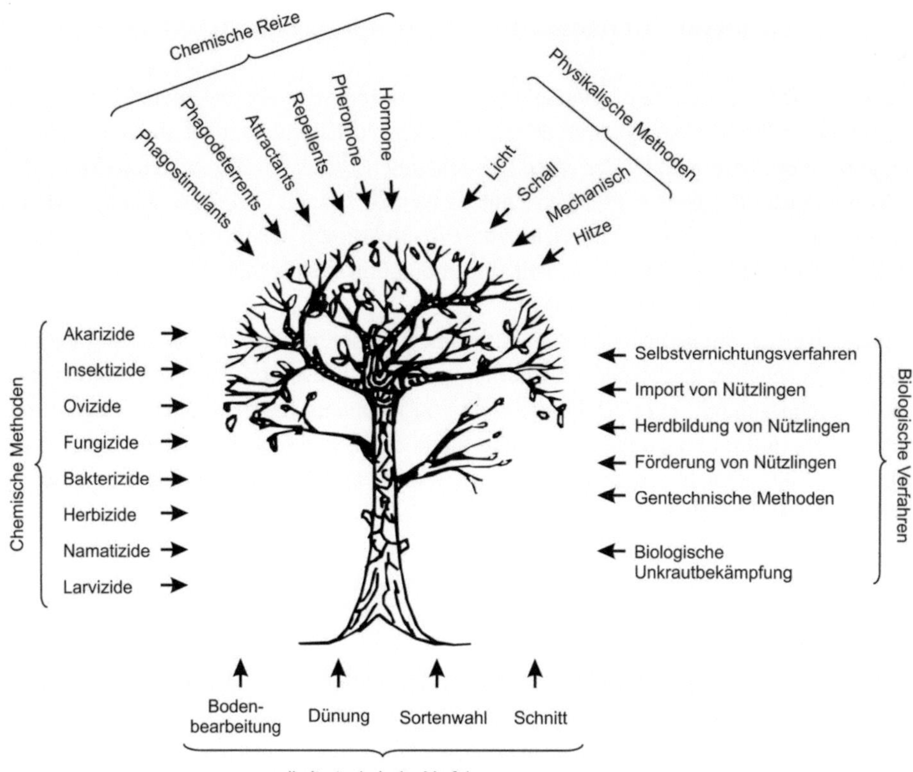

Abb. 10 Übersicht über mögliche Pflanzenschutzmethoden und deren Kombination eines integrierten Pflanzenschutzes (nach Franz und Krieg) (Quelle: Franz, J. M. u. Krieg, A. (1972), Biologische Schädlingsbekämpfung, Parey, Berlin.) [E. a view of possible methods of crop protection and their combination with an integrated pestcontrol by Franz and Krieg]

- Die Höhe der wirtschaftlichen Schadensschwelle und deren Veränderung durch die einzelnen Einflussfaktoren der mechanischen, physikalischen, agrikulturtechnischen, biologischen und chemischen Methoden.

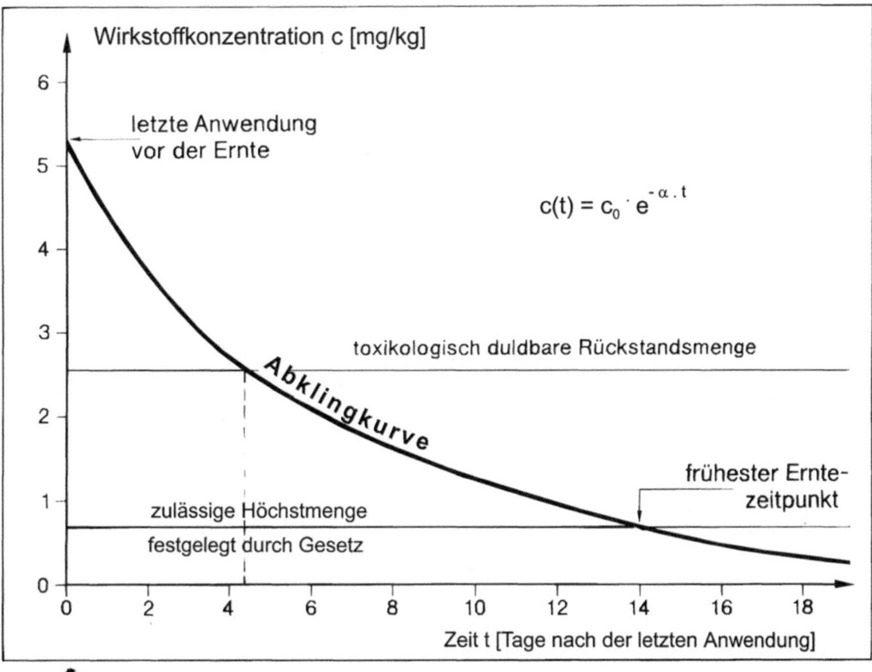

Abb. 11 Abbauverhalten von Pflanzenschutzmitteln und Festsetzung der Höchstmengen [E. decomposition reaction of plant protectives and fixing of the maxima amounts]

$c_{(t)}$ = Wirkstoffkonzentration zu einer bestimmten Abbauzeit.
c_0 = Ausgangskonzentration des Wirkstoffs nach dem Ausbringen.
α = spezifische Abbaurate, sie ist vom Wirkstoff, vom Boden und Klima abhängig

8 Pflanzenschutz und Pflanzenzucht durch Gentechnik [E. crop protection and cultivation of plants by genetic engineering]

8.1 Definitionen [E. definitions]

Im Sinne der klassischen Vererbungslehre, *Genetik*[51], sind Gene biologische Einheiten, die in den Chromosomen lokalisiert sind und durch ihre Fähigkeit der Merkmalauslösung, der identischen Reproduktion (Wiedergabe) und der Mutation (vererbbaren Abwandlung) charakterisiert sind.

[51]genesis (gr.) – Entstehung, Entwicklung; genos (gr.) – Geschlecht, Gattung, Nachkommenschaft.

Jedem Merkmal kann man als Träger der Information ein *Gen* zuordnen. Die stofflichen Äquivalente der Erbinformationen sind die *Chromosomen*, die bei allen Organismen aus den *Desoxyribonukleinsäuren* (DNS) bestehen.

Das Erbgut (Genom) eines Organismus, ob Mensch, Tier, Pflanze oder Mikroorganismen, ist in den DNS gespeichert und auf eine speziesabhängige Anzahl von Untereinheiten, den Chromosomen verteilt (Abb. 12).

Ein Genom ist die Gesamtheit der Erbablagen eines Organismus, d. h. der gesamten genetischen Information. Bei den Eukaryonen, das sind Organismen, deren Zellkern durch eine Kernmembran vom Protoplasma der Zelle abgeschirmt ist, besteht das Genom aus einem haploiden Chromosomensatz (Kap. XXV, Abschn. 8.1). Zu den Eukaryonten zählen die Zellen des Menschen, der Tiere, Pflanzen und Mikroorganismen, außer die der Bakterien.

Genetik [E. genetics] ist die Vererbungslehre, die sich mit der Aufklärung der Struktur und Funktion der Gene beschäftigt. Sie umfasst insbesondere

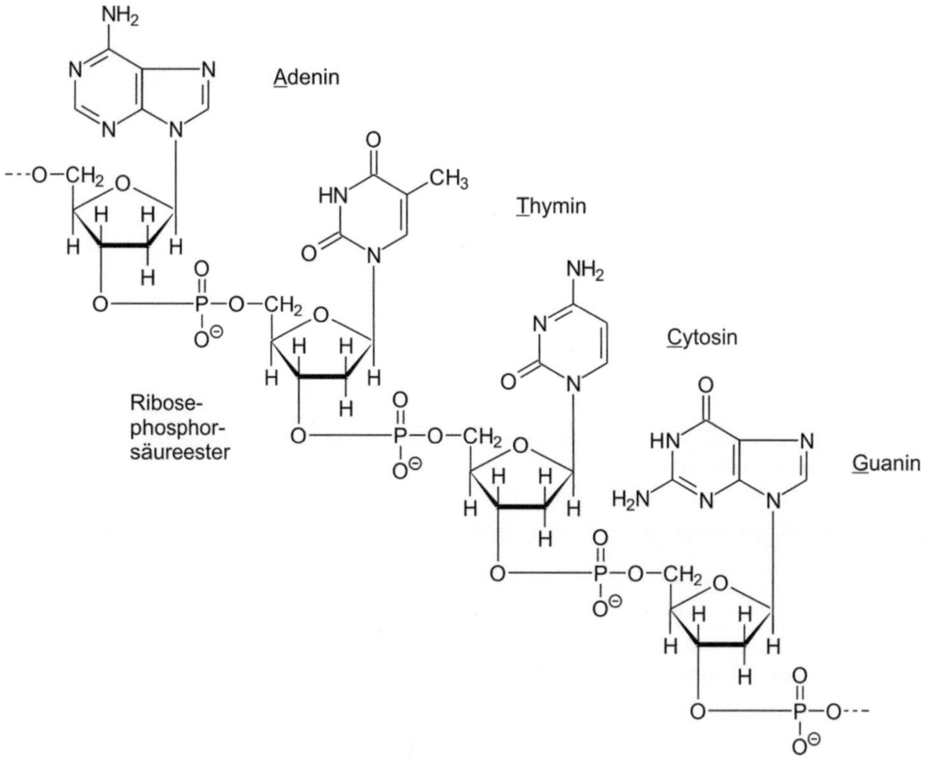

Abb. 12 Ausschnitt aus einer DNS-Kette als Polynukleotidstruktur [E. sector of a DNA chain as polynucleotide structure]

- den Bau der Gene,
- ihre Realisation (Genexpression)[52], das ist die Ausbildung der in einem Gen festgelegten Eigenschaften, darunter ist die Umsetzung der in den DNS gespeicherten Informationen in die RNS oder in ein Protein zu verstehen,
- die Erhaltung der Gene (Genkonservierung) und
- ihre Veränderlichkeit und Weitergabe, d. h. Mutation[53] und Variation[54].

Genetischer Code[55] [E. genetic code] ist ein lineares von den vier verschiedenen Nukleotiden bzw. deren heterozyklischen Basen gebildetes Koordinationsprinzip. Es ist in der Kette der Desoxyribonukleinsäure - bei bestimmten Viren in der RNS-Kette - lokalisiert und enthält die genetische Information zur gen-gesteuerten Proteinbiosynthese. Die Schrift, in der die Information der Gene in der DNS festgelegt ist, verfügt über vier Zeichen. Chemisch betrachtet sind das die Nukleobasen der Purinreihe Adenin = A, Guanin = G und der Pyrimidinreihe Cytosin = C, Thymin = T bzw. Uracil = U.

Purine [E. purines]

Purin[56] (7H-Imidazo [4,5-d] pyrimidin) [E. purine]

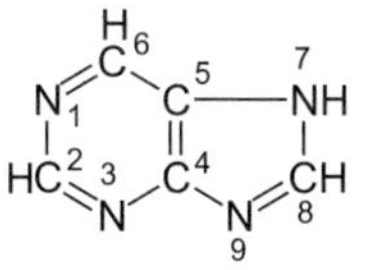

H C6 5 7 N1 C5—NH HC2 3 C4 CH N N 8 9	*Purin* ist eine farblose Substanz und tritt selbst als Naturstoff nicht auf, bildet jedoch den Grundkörper für zahlreiche Naturstoffe
OH C N C—NH HO—C C C—OH N N	*Harnsäure* (2,6,8-Trihydroxypurin) ist eine farblose kristalline Substanz und bildet das Endprodukt des Eiweißstoffwechsels der Vögel und Reptilien. Es findet sich zu 90 % in Schlangenexkrementen und im Guano zu 25 %, den Ablagerunen von Vogelexkrementen
NH_2 C N C—NH HC C C—H N N	*Adenin*[a] (1H-Purin-6-amin), bildet weiße Kristalle. Ist weitverbreitet in Zuckerrüben, Tee, Hopfen, Pilzen (Hefe), Bakterien, Muskel- und Lebersubstanz

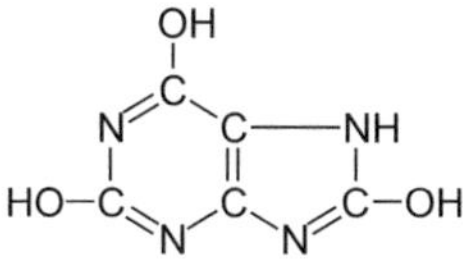

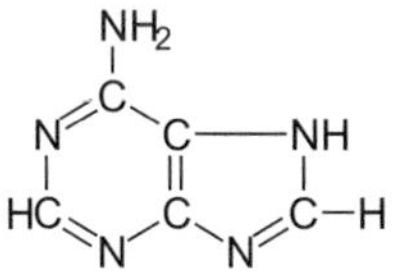

[52]expressio (lat.) – Ausdruck, Herauspressen.

[53]mutare (lat.) – wechseln, verändern.

[54]variare (lat.) – bunt machen, sich verändern; variatio (lat.) – Veränderung. Abweichung des Erscheinungsbildes der Nachkommen von ihren Eltern und der Geschwister voneinander.

[55]codex (lat.) – Buch, Code ist der Schlüssel für Geheimschriften, Programmiersprachen u. a.

[56]purum urinae (lat.) – Reines vom Harn.

Guanin (2 Amino-6-hydroxypurin), gelblich weißes Pulver. Größere Mengen finden sich in den Schuppen und in der Haut von Fischen, Amphibien und Reptilien

[a]aden (gr.) – Drüse.

Pyrimidine [E. pyrimidines]
Pyrimidin (1,3 Diazin) [E. pyrimidine]

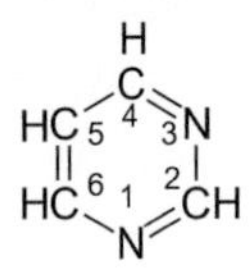

bildet farblose charakteristisch riechende Kristalle. Von der Pyrimidin-Grundstruktur leiten sich biologisch wichtige Stoffklassen ab. In den Nukleinsäuren sind Cytosin, Thymin und Uracil wesentliche Codierungssubstanzen

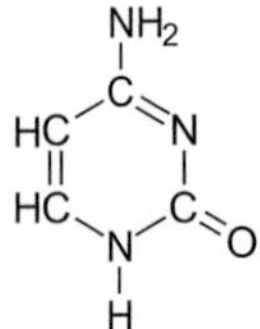

Cytosin (4-Amino-2(1H)-pyrimidinon) bildet farblose Plättchen

Thymin (5-Methyl-2,4(1H, 3H)-pyrimidindion) bildet farblose Kristalle

Uracil (2,4(1H, 3H)-pyrimidindion) kristallisiert in farblosen Nadeln und ist als Nukleobase wesentlicher Bestandteil der Ribonukleinsäure. In der RNS tritt es an die Stelle des Thymins

8.2 Nukleinsäuren [E. nucleic acids]

Ribose (Fünfringzucker), Pentose, die Phosphorsäure und eine Nukleobase bilden zusammen einen Nukleotidbaustein (Abb. 13).

Abb. 13 Aufbau eines Nukleotidbausteins, z. B. *Uridin-5'-phosphat* aus einer RNS bzw. *Desoxythymidylsäure* (mit $R^1 = H$ u. $R^2 = CH_3$) aus einer DNS [E. structure of a nucleotide building element]

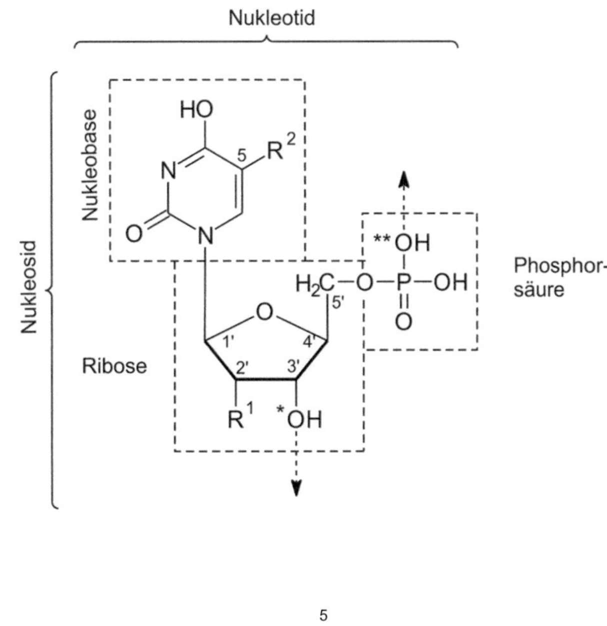

D-Ribose ; Phosphorsäure ; 2-Desoxi-D-ribose

Die Ribose- und Phosphorsäuremoleküle sind über Esterbindungen miteinander verknüpft. Sie ergeben ein fadenförmiges polymeres Kettengerüst. Ribose und ein Phosphorsäuremolekül bilden den Nukleotidbaustein.

Die Nukleobasen sind mit den Ribosemolekülen in einer systematischen Reihenfolge gekoppelt. Die Kopplung erfolgt durch eine Kohlenstoff-Stickstoff-Bindung, d. h. die Nukleobasen sind N-glykosidisch an den Ribosemolekülen gebunden.

Die Nukleinsäuren sind aus vielen Nukleotidbausteinen zu einem Polyestermakromolekül zusammengesetzt (Abb. 12 und 14).

Die Nukleinsäuren sind die Träger der genetischen Informationen. Als polymere Kettenmoleküle verschlüsseln sie die Informationen in der Abfolge ihrer Nukleotide und damit der Nukleobasen. Die Nukleobasen sind wie Buchstaben oder wie Symbole einer Programmiersprache angeordnet.

In der *Desoxyribonukleinsäure*, DNS, besteht das Pentoseglied aus einer 2-Desoxi-D-ribose. Als Nukleobasen treten **A**denin, **G**uanin, **C**ytosin und **T**hymin auf. In der *Ribonukleinsäure* ist die Pentose eine D-Ribose, und anstelle des Thymins tritt die Nukleobase Uracil.

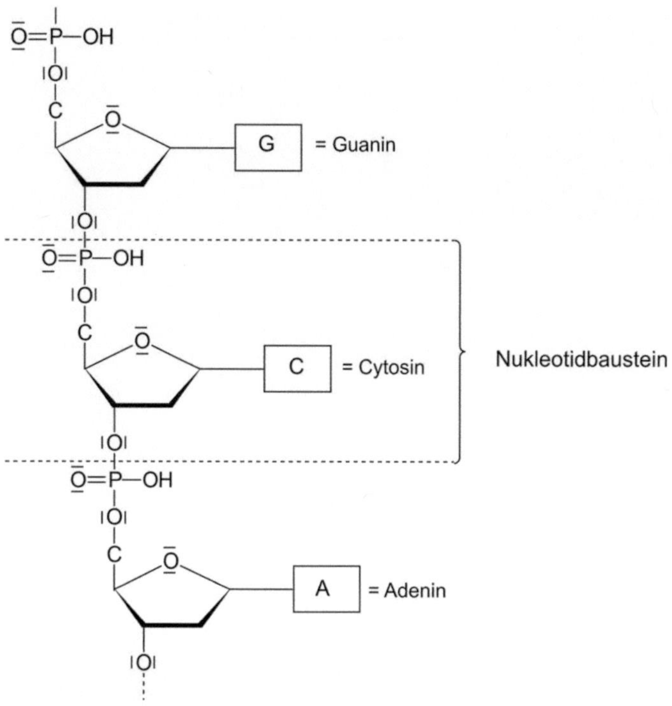

Abb. 14 Ausschnitt einer Polynukleotidkette als vereinfachtes Schema [E. sector of polynucleotide chain as a simplified scheme]

Jedes *Gen* ist durch einen genau festgelegten Abschnitt des DNS-Moleküls repräsentiert. Die spezifische Nachricht oder Information des Gens ist durch die Reihenfolge der Nukleobasen in der DNS-Kette bestimmt. Die Reihenfolge heißt Sequenz[57].

Die Spezifität der Proteine, deren Synthese von den Genen gesteuert wird, ist wieder durch die Reihenfolge der Aminosäuren in den Polypeptidketten vorgegeben. Diese Aminosäurensequenz bestimmt auch die räumliche Struktur, ihre Konformation[58], d. h. ihre Sekundär-, Tertiär- und Quartärstruktur (Kap. V, Abschn. 3).

Die Schrift, in der die Spezifität der Proteine verschlüsselt ist, kennt 20 Zeichen. Das sind die 20 Aminosäuren, die für den unterschiedlichen Aufbau der Proteine verantwortlich sind. Zwischen der Proteinschrift und der Nukleinsäureschrift gibt es einen *Übersetzungsschlüssel, Code* genannt. Die Kombination von 4 Nukleobasen muss mindestens 20 Aminosäuren *eindeutig bestimmen, determinieren,* können.

---

[57]sequi (lat.) – folgen.

[58]conformis (lat.) – übereinstimmend; Konformation bedeutet hier die räumlich-strukturelle Übereinstimmung.

Tab. 2 Der genetische Code – der Übersetzungsschlüssel zwischen Nukleinsäure- und Proteinkette [E. the genetic code – the translation key between the nucleic acid- and protein chain]

Triplett	Aminosäure	Triplett	Aminosäure	Triplett	Aminosäure	Triplett	Aminosäure
UUU	Phe	UCU	Ser	UAU	Tyr	UGU	Cys
UUC	Phe	UCC	Ser	UAC	Tyr	UGC	Cys
UUA	Leu	UCA	Ser	UAA	„ochre“[a]	UGA	–
UUG	Leu	UCG	Ser	UAG	„amber“[a]	UGG	Try
CUU	Leu	CCU	Pro	CAU	His	CGU	Arg
CUC	Leu	CCC	Pro	CAC	His	CGC	Arg
CUA	Leu	CCA	Pro	CAA	Gln	CGA	Arg
CUG	Leu	CCG	Pro	CAG	Gln	CGG	Arg
AUU	Ileu	ACU	Thr	AAU	Asn	AGU	Ser
AUC	Ileu	ACC	Thr	AAC	Asn	AGC	Ser
AUA	Ileu	ACA	Thr	AAA	Lys	AGA	Arg
AUG	Met	ACG	Thr	AAG	Lys	AGG	Arg
GUU	Val	GCU	Ala	GAU	Asp	GGU	Gly
GUC	Val	GCC	Ala	GAC	Asp	GGC	Gly
GUA	Val	GCA	Ala	GAA	Glu	GGA	Gly
GUG	Val	GCG	Ala	GAG	Glu	GGG	Gly

[a]Kettenabbruch

Eine Kombination von 3 Nukleobasen bzw. 3 Nukleotidbausteinen ergibt $4^3 = 64$ verschiedene Möglichkeiten.

Jede Aminosäure wird durch die Aufeinanderfolge von 3 Nukleotiden, die auch *Triplett* oder *Codon* genannt werden, determiniert[59].

Die Sequenz der Tripletts in der Nukleinsäure bestimmt die Aminosäuren in einem Polypeptid. Die Tripletts schließen unmittelbar aneinander an und sind nicht durch *Abstandsbasen* voneinander getrennt.

Ein Code ist nicht überlappend. Ein Basenmolekül kann nicht zugleich 2 Tripletts angehören.

Diese Triplettanordnung erlaubt 64 verschiedene Kombinationsmöglichkeiten. Würde für jede der 20 Aminosäuren nur ein einziges Triplett zuständig sein, dann blieben 44 Kombinationsmöglichkeiten ungenutzt. Viele Aminosäuren sind aber durch zwei oder mehr verschiedene Tripletts codiert. Sie sind mehrfach determiniert bzw. abgesichert.

Einige Tripletts sind zuständig für den Anfang, das Ende und die Ablösung der Polypeptidkette (Tab. 2).

[59]determinare (lat.) – begrenzen, festlegen.

8.3 Eigenschaften der Nukleinsäuren [E. properties of nucleic acids]

Die Nukleinsäure sind Polyelektrolyte, die beim physiologischen pH-Wert, der je nach Organ zwichen pH = 3 bis 8 liegt, dissoziiert vorliegen. Mit ihren vielen Hydroxylgruppen, •O–H, und Aminogruppen, •N(H)–H, bilden sie Wasserstoffbrückenbindungen aus.

Sie stabilisieren die Sekundarstruktur der Nukleinsäuren und ermöglichen eine Wechselwirkung zwischen den Nukleinsäuren selbst und zwischen den Nukleinsäuren und Proteinen (Kap. III, Abschn. 2.1.4). Die Festigkeit der Wasserstoffbrückenbindungen spielt eine vorherrschende Rolle bei den Watson-Crick[60]-Basenpaarungen, der α-Doppelhelixstruktur. Chargaff[61] schuf mit seiner Entdeckung und experimentellen Bestätigung der Äquivalenz[62] der Purin- und Pyrimidinbasen innerhalb der Nukleinsäuren die Voraussetzungen dafür.

Nach Watson, Crick und Chargaff liegt die DNS als Doppelhelix[63] vor (Abb. 15 und 16).

Die DNS kommt aufgrund ihrer Funktion in allen lebenden Organismen vor. Besonders reichlich ist sie anzutreffen in den Zellkernen pflanzlicher und tierischer Lebewesen, auch in den Mitochondrien und Chloroplasten.

In den Zellkernen bildet die DNS in Verbindung mit Proteinen das Chromatin der Chromosomen. Im Lichtmikroskop ist es als stärker kondensiertes und intensiv färbbares Heterochromatin zu erkennen. Chromatin besteht aus weitgehend entspiralisierten Chromosomen des Interphasenzellkerns, das die genetische Information der DNS enthält.

Replikation [E. replication], auch *Reduplikation* [E. reduplication] genannt, ist die identische Verdoppelung der Gene und damit des Erbgutes in der Zelle.

Einer Zellteilung zur Vermehrung der Ein- und Mehrzeller muss immer auch eine Verdoppelung der DNS vorausgehen. Sie wird durch Entspiralisierung einer α-Doppelhelix, d. h. Primär-DNS in zwei DNS-Einzelstränge, eingeleitet (Abb. 16).

Die beiden Einzelstränge sind komplementär[64] gebaut. Eine Purinbase des Stranges ist immer mit einer Pyrimidinbase des ergänzenden Stranges verknüpft (Abb. 15).

An jedem Einzelstrang wird aus den Bausteinen der DNS, den Nukleotiden bzw. den Desoxyribonukleosidphosphaten (Abb. 13) ein neuer Strang synthetisiert.

[60]James Dewey Watson (geb. 1928), amerik. Biochemiker, entwickelt mit Crick das Doppelhelix-Modell der DNA.

Francis Harry Compton Crick (1916–2004), engl. Molekularbiologe, schlägt für die DNS-Struktur ein Doppel-Helixmodell vor.

[61]Erwin Chargaff (1905–2002), dt.-amerik. Biochemiker, entdeckte die Äquivalenz von Aminobasen in den Nukleinsäuren.

[62]aequus (lat.) – gleich; äquivalent – gleichwertig, Äquivalenzprinzip.

[63]helix (gr.) – Windung, Spirale; Doppelhelix bedeutet doppelte Wendung.

[64]complementum (lat.) – Ergänzung, komplementieren – vervollständigen.

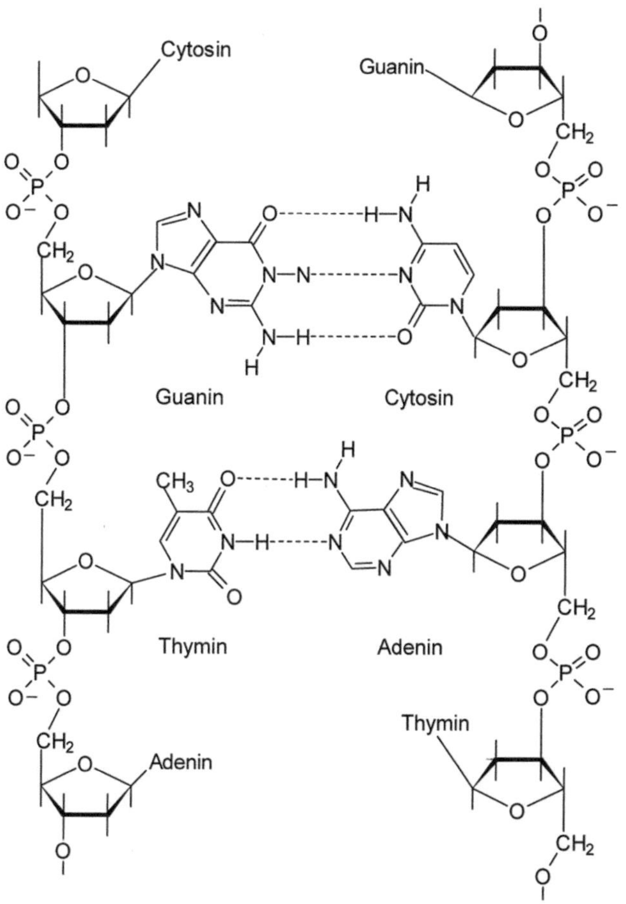

Abb. 15 Ausschnitt aus einem 2-strängigen Desoxyribonukleinsäuremolekül [E. sector of a twin-threated deoxyribonucleic acid molecule]

Durch Basenpaarung wird dafür gesorgt, dass jeder Base die komplementäre Base zugeordnet ist. Jeder der beiden neuen Stränge ist wiederum komplementär zum jeweiligen Elternstrang.

Die beiden neuen Doppelstränge bestehen somit aus einem elterlichen und einem neusynthetisierten Einzelstrang.

Damit ist die Erhaltung und Weitervermittlung der Geninformation durch eine fehlerfreie Replikation der DNS gewährleistet. Dieser Prozess wird von DNS-Polymerasen enzymatisch unterstützt und von Magnesiumionen, Mg^{2+}, aktiviert. DNS-Polymerasen wirken auch als Reparaturenzyme.

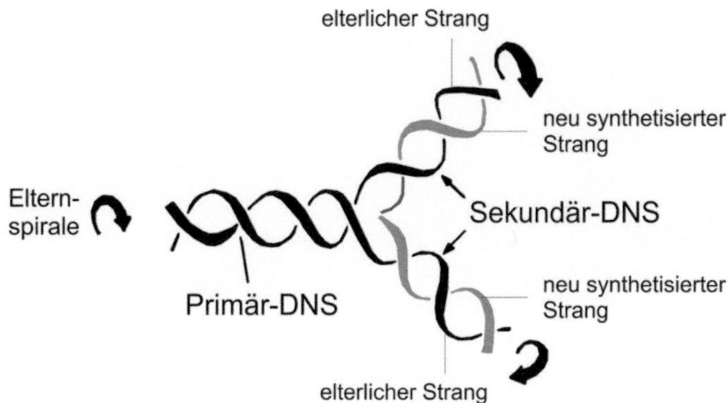

Abb. 16 Reduplikation der DNS-Doppelhelix [E. reduplication of the twin-threated DNA] Ein Polynukleotidstrang ist durch Basenpaarung und Parallelanordnung mit einem zweiten Polynukleotidstrang so verbunden, dass eine schraubenförmige Konfiguration (configuration (lat.) – Gestalt, räumliche Anordnung von Atomen.) entsteht

Transkription [E. transcription][65] ist das Umschreiben bzw. Übetragen der DNS-Information in eine Boten-Ribonukleinsäure, auch messenger[66]-RNS genannt. Es wird die im DNS-Doppelstrang gespeicherte Geninformation auf den mRNS-(messenger-RNS) Einzelstrang übertragen. Dieser Vorgang wird von dem Enzym RNS-Polymerase, Transkriptase, katalysiert. Sie wird durch Magnesium- und Manganionen, Mg^{2+} und Mn^{2+}, aktiviert. Dieser Vorgang ist notwendig, da die Proteinsynthese in den Ribosomen erfolgt (Abb. 2a bis Abb. 2c), die nicht im unmittelbaren Bereich der DNS, d. h. dem Zellkern, liegen.

Die Übertragung der in den DNS gespeicherten Informationen zu den Ribosomen, den Produktionsstätten der Proteine, besorgt die mRNS. Sie ist einzelsträngig und unterscheidet sich vom DNS-Strang dadurch, indem das Thymin in der DNS durch die Nukleobase Uracil ersetzt worden ist. Der RNS-Strang ist dem DNS-Strang komplementär aufgebaut und ist wieder eine Kopie, die der Nukleotidsequenz der DNS entspricht. Diese Synthese der mRNS erfolgt an einem Strang der DNS und gehorcht dem Mechanismus der DNS-Replikation.

Translation [E. translation][67] ist die Übersetzung der genetischen Information aus der Nukleotidsequenz (Schrift) der messenger-RNS in die der transfer[68]-Ribonukleinsäure, tRNS und leitet mittelbar in die Aminosäuresequenz der Proteine über (Abb. 17).

---

[65]transcribere (lat.) – lautgetreue oder wortgetreue Übertragung einer Schrift in eine andere.

[66]messenger (engl.) – Bote.

[67]translatio (lat.) – Übersetzung.

[68]transferre (lat.) – hinübertragen.

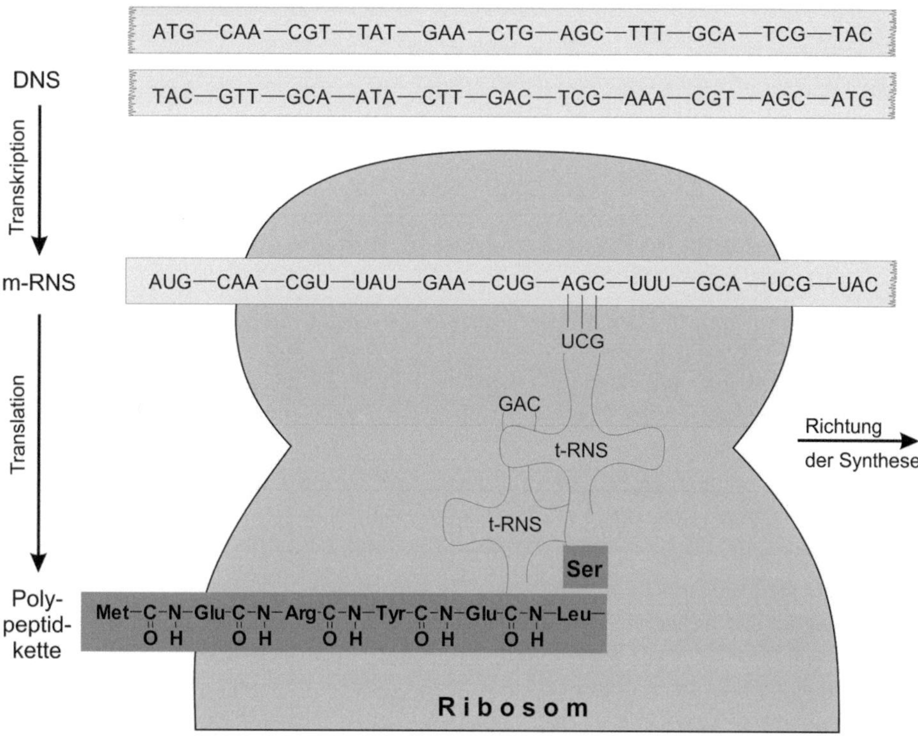

Abb. 17 Schematische Darstellung der Übertragung der in der DNS gespeicherten Geninformationen in die Proteinbiosynthese [E. diagrammatic representation of the transmission of in the DNA stored gene informations into the biosynthesis of protein]

Bei der Bioproteinsynthese dient die mRNS als Kopiervorlage (Matrize)[69]. Deren Triplettcodesequenz tastet die niedermolekulare tRNS ab. Die tRNS bringt die Aminosäure in die durch die mRNS-Tripletts vorgegebene Lage an die zu synthetisierende Polypeptidkette. Die Peptidbindungen sorgen für eine stabile Verknüpfung (Kap. V, Abschn. 2). Die erforderlichen Verknüpfungsreaktionen werden wieder durch ein spezielles Enzym, die Aminoacyl-tRNS-Synthetase, aktiviert. Diese Synthetase erkennt sowohl die Aminosäure als auch die dazugehörige tRNS. Letztere verfügt über einen Bereich, der dem Triplett der mRNS komplementär ist.

Das Ribosom, der Ort der Proteinsynthese, wandert an der mRNS entlang. Zusammenfassend kann der Ablauf von der doppelsträngigen DNS zum Polypeptid durch nachstehendes lineares Fließdiagramm veranschaulicht werden (Abb. 18).

[69]mater (lat.) – Mutter. Matrizen sind Vorlagen zum Abdruck und für Vervielfältigungen.

Primär-DNS $\xrightarrow{\text{Replikation}}$ Sekundär-DNS $\xrightarrow{\text{Transkription}}$ mRNS $\xrightarrow{\text{Translation}}$ tRNS $\xrightarrow[\text{knüpfung}]{\text{Peptidver-}}$ Polypeptid $\left(-\underset{R}{\underset{|}{C}}-\underset{O}{\underset{||}{C}}-\underset{H}{\underset{|}{N}}-\right)_n$

Abb. 18 Von der DNS zum Polypeptid [E. from the DNA to the polypeptide]

9 Gentechnik im Pflanzenschutz [E. genetic engineering in crop protection]

Neben den mechanischen, agrikulturtechnischen, biologischen und chemischen Methoden gewinnt die Gentechnik auch im Pflanzenschutz immer mehr an Bedeutung.

Durch Veränderungen der Gene in den Zellen der Kulturpflanzen können Schutzmechanismen gegen Schaderreger und Krankheiten eingebaut werden. Die Kulturpflanzen werden gezielt widerstandsfähiger, d. h. resistent[70], gegen Umwelteinflüsse, wie z. B. gegen spezielle Bakterien, Pilze, Insekten, Klimafaktoren u. a. In früheren Zeiten gelang es erst durch langwierige Züchtungen über viele Pflanzengenerationen hinweg, überlebensfähige und ertragsreiche Kulturpflanzen heranzuziehen.

Seit Beginn des Ackerbaues versucht der Mensch, verbesserte Nutzpflanzen zu züchten. Unerwünschte Eigenschaften sollten ausgemerzt und gewünschte verstärkt werden. Die nützlichen Eigenschaften werden dann in andere Rassen stabil eingekreuzt, z. B. Triticale (Kap. XXIV, Abschn. 4) aus Weizen und Roggen als Ergebnis jüngster Kreuzungen.

Die ersten wissenschaftlichen Gesetzmäßigkeiten hierfür gewann der Augustinermönch und Oberrealschullehrer Johann Gregor Mendel[71] mit seinen Kreuzungsversuchen an Erbsen und Bohnen. Mendel sprach in seinen Publikationen und Vorträgen von *Versuchen über Pflanzenhybride*[72]. Seine Beobachtungen und Interpretationen der Versuchsergebnisse führten später zu den drei Mendel'schen Regeln der Vererbungslehre: Das sind die der Uniformität, der Spaltung und der freien Kombinierbarkeit sowie das Prinzip der Reziprozität (Tab. 3).

Das Prinzip der Reziprozität und die drei „Mendel'schen Regeln der Vererbung" werden im Traktat *Versuche über Pflanzen-Hybriden* nirgends in der Form angegeben, wie damals Gesetze formuliert wurden oder wie sie heute vorgetragen werden.

Gentechnische Maßnahmen erlauben es heute, in viel kürzeren Zeitabläufen und auch gezielter den Pflanzen vererbbare Eigenschaften zu vermitteln.

[70]resistere (lat.) – Widerstand leisten.

[71]Johann (Taufname), Gregor (Ordensname) Mendel (1822–1884), Augustinermönch, seit 1854 Lehrer für Physik und Naturgeschichte an der Oberrealschule in Brünn.

[72]hybrida (lt.) – Mischling, von zweierlei Herkunft; in der Gentechnik versteht man unter Hybridisierung eine Doppelstrangbildung aus einzelsträngigen Nukleinsäuren.

Tab. 3 Die Mendel'schen Regeln (Quelle: Egli, M. [1997], Und er bewegt uns doch – Gregor Mendel beim Wort genommen: eine Lesestunde, Mannheimer Forum 96/97, Hrsg. Fischer, E. P., R. Piger GmbH u. Co. KG, Mannheim.) [E. Mendel's rules]

• *Uniformität* [uniformis (lat.) – gleichförmig] Versuchen wir die gewonnenen Resultate kurz zusammenzufassen, so finden wir, dass jene differierenden Merkmale, welche an den Versuchspflanzen eine leichte und sichere Unterscheidung zulassen, in hybrider Vereinigung ein völlig übereinstimmendes Verhalten beobachten
• *Spaltungsregel* Die Nachkommen der Hybriden je zweier differierender Merkmale sind zur Hälfte wieder Hybriden, während die andere Hälfte zu gleichen Teilen mit dem Character der Samen- und Pollenpflanzen konstant wird. Das Verhältnis 3:1, nach welchem die Verteilung des dominierenden und rezessiven Charakters in der ersten Generation erfolgt, löst sich demnach für alle Versuche in die Verhältnisse 2:1:1 auf, wenn man zugleich das dominierende Merkmal in seiner Bedeutung als hybrides Merkmal und als Stamm-Charakter unterscheidet
Das Verhalten je zweiter differierender Merkmale in hybrider Verbindung ist unabhängig von den anderweitigen Unterschieden an den beiden Stammpflanzen
• *Freie Kombinierbarkeit der Merkmale* [combinare (lat. – verbinden, verknüpfen] Sind mehrere differierende Merkmale durch Befruchtung in einer Hybride vereinigt, so bilden die Nachkommen derselben die Glieder einer Kombinationsreihe, in welcher die Entwicklungsreihen für je zwei differirende Merkmale vereinigt sind
• *Reziprozität* [reciprocus (lat.) – auf dem selben Weg zurückkehren] Ein gründlicher Beweis für die vollkommene Vereinigung des Inhaltes beider (Befruchtungs-) Zellen liegt wohl in der allseitig bestätigten Erfahrung, dass es für die Gestalt der Hybride gleichgültig ist, welche von den Stammformen die Samen- oder Pollenpflanze war

Die Gentechnik setzte sich in der Nutzanwendung durch, weil folgende drei Gesetzmäßigkeiten für alle biologischen Spezies und ihre Lebensformen gültig sind:

- die ***D**esoxyribo**n**uklein**s**äure*, DNS, als genetischer Code und Bauplan von Organismen sowie zur *Replikation.*
- die *Überschreibung (Transkription)* der in den DNS gespeicherten genetischen Informationen auf eine **R**ibo**n**uklein**s**äurekopie, mRNS, als Produktionsanweisung.
- die *Übersetzung (Translation)* der in der mRNS verschlüsselten genetischen Informationen über die tRNS in die Struktur eines funktionellen Polypeptids (Proteins) (Abb. 18).

Das Ziel gentechnischer Methoden besteht darin, ein neu kombiniertes DNS-Molekül mit ganz bestimmten Informationen zu schaffen und dieses rekombinierte Molekül in Zellen einzuschleusen, die sich dann entsprechend vermehren.

Dazu sind geeignete *Vektoren, Restriktionsenzyme* und *Ligasen* notwendig.

In der Gentechnologie wird der Begriff *Vektor*[73] für Plasmide, Phagen und andere Überträger von in DNS gespeicherten genetischen Codes verwendet. Sie werden in fremde Bakterien oder Zellen eingeschleust und zwingen diese dann zur Produktion von Stoffen, wie sie von dem Stoffwechsel der eingeschleusten DNS vorgegeben werden.

Plasmide[74] sind kleine ringförmige, doppelsträngige DNS-Moleküle, die vorwiegend in Bakterien vorkommen. In der Wirtszelle vermehren sie sich selbstständig und werden bei einer Zellteilung weitervererbt. Die Plasmide sind Träger der genetischen Informationen für somatische[75] Eigenschaften der Bakterienzelle wie z. B. Resistenz gegenüber Antibiotika und Schwermetallen; bestimmte Stoffe als Nahrungsquelle zu nutzen; aber auch die Fähigkeit, Pflanzenkrankheiten auszulösen. Die Plasmide werden als Vektoren in der Gentechnik eingesetzt und können auf andere Zellen übertragen und auch in deren Genom eingebaut werden und dem Wirt neue Eigenschaften verleihen.

Restriktionsenzyme[76] bzw. Restriktionsendonukleasen sind Enzyme, die spezifische Nukleotidsequenzen in den DNS, aber auch in den Plasmiden erkennen und spalten. Als *Phosphodiesterasen* trennen sie die Phosphatbindungen.

Diese auch *enzymatische Scheren* genannten Nukleasen durchtrennen die komplementären DNS-Stränge und zerschneiden das doppelsträngige DNS-Molekül entweder glatt oder in der Regel um 1 bis 6 Nukleotide versetzt. Im letzteren Fall entstehen an den Schnittstellen bis zu 6 nukleotidlange überstehende Einzelstränge. Sie werden auch als klebrige Enden (sticky ends) bezeichnet. Restriktionsenzyme kommen in fast allen Bakterien vor und bilden eine Art Schutzsystem, indem sie fremde DNS, die in ein Bakterium eindringen, zerstören.

Ligasen[77] sind eine Gruppe von Enzymen, die die Verknüpfung von 2 Molekülen mit energetischer Unterstützung von Nukleosidtriphosphaten, in der Regel ATP = **A**denosin**tri****p**hosphat (Kap. VI, Abschn. 8), katalysieren.

Die Ligasen werden zur Verknüpfung der zu kombinierenden DNS-Fragmente mit dem gespaltenen Vektor benötigt. Sie vereinigen die Enden der DNS-Moleküle kovalent[78] miteinander. Es werden auf diese Weise rekombinierte Plasmide erhalten.

---

[73]vector (lat.) – Träger.

[74]plassein (gr.) – bilden.

[75]soma (gr.) – Körper, Leib; somatisch – körperlich.

[76]restriction (lat.) – zurückbinden, beschränken.

[77]ligare (lat.) – verbinden, binden.

[78]Kovalente Bindungen sind Bindungen zwischen den Atomen, die über gemeinsame Elektronenpaare erfolgen, im Gegensatz zu ionischen Bindungen, die auf die Anziehung entgegengesetzter elektrischer Ladungen beruhen, z. B.

konvalente Bindung: Wasser stoff-Kohlenstoffbindung im Methan $H{:}\overset{H}{\underset{H}{\ddot{C}}}{:}H = H{-}\overset{H}{\underset{H}{\overset{|}{\underset{|}{C}}}}{-}H$; lonebindung: Natriumchlorid $[Na^{(+)}]^{+}\,[{:}\ddot{\underset{..}{Cl}}{:}^{(-)}] = Na^{+}Cl^{-}$.

Klonierung[79] von DNS-Bruchstücken [E. cloning of DNA-fragments].

Klonieren ist die Vermehrung (Population)[80] von Zellen oder Organismen, die von einer Einzelzelle ausgehend durch mitotische Zellteilung, d. h. asexuell (nicht sexuell), entstanden sind (Kap. XXV, Abschn. 8). Die Nachkommen sind erbgleiche Individuen. Durch Mutation[81] kann die genetische Homogenität verloren gehen. Sowohl Prokaryonten als auch Eukaryonten, d. h. mikrobielle, pflanzliche und tierische Zellen, können im unterschiedlichen Umfang genetisch geklont werden.

Obwohl natürlich vorkommende Plasmide zwischen den Bakterienzellen häufig ausgetauscht werden, gilt das nicht für alle Bakterien. Im Laboratorium lassen sich Plasmide sehr leicht isolieren. In modifizierter Form werden sie als Vektoren (Vehikel, Überträger)[82] zur Übertragung von Genen benutzt (Abb. 19).

Da sich isolierte DNS-Bruchstücke nicht so ohne Weiteres in Bakterien oder anderen Zellen vermehren lassen, müssen diese Bruchstücke vorher mit Plasmiden verschmolzen werden. Plasmide als *Schlüsselobjekte,* und ihre *Verschmelzung* mit DNS-Bruchstücken als zentraler Vorgang sind die beiden wichtigsten Voraussetzungen jeglicher gentechnischer Veränderung. Die rekombinierten Plasmide müssen zwecks Vermehrung in einer bestimmten Struktur, im Allgemeinen in einer Ringform, vorliegen und mit einem Startsignal, dem origin of replication[83] (kurz: *ori* genannt) verbunden sein. Dieses Startsignal, ori, gibt den zellulären Enzymen das Zeichen zur Vermehrung. Dieses *ori* ist von Natur aus auf allen Plasmiden vorhanden. Auf seinem DNS-Abschnitt befinden sich die für die Verdoppelung von DNS-Einzelsträngen notwendigen Nukleotidsequenzen, die von den DNS-Polymerasen erkannt werden.

Inzwischen sind zahlreiche verschiedene Vektoren in den Laboratorien (in vitro)[84] konstruiert worden.

Die unterschiedlichen Vektortypen besitzen in der Regel folgende gemeinsame Eigenschaften:

DNS-Fragmente können an definierten Positionen der Plasmide integriert werden, sie passieren Zellwand und Zellmembran unversehrt, sie verhalten sich in der Zelle als selbstständiges genetisches Element (Replikon)[85]. Sie ermöglichen die Bildung einer

---

[79]klon (gr.) – Zweig, Schössling.

[80]populare (lat.) – bevölkern; genetisch bedeutet Population Fortpflanzungsgemeinschaft.

[81]mutare (lat.) – wechseln, verändern; Mutation ist die meist sprunghaft auftretende Änderung eines erblichen Merkmals.

[82]vehiculum (lat.) – Fahrzeug.

[83]replicare (lat.) – Schriften entfalten, nachbilden, Replikation ist die identische Verdopplung des Erbgutes; origin (engl.) – Ursprung, Anfang.

[84]vitrium (lat.) – Glas; in vitro heißt Experimente unter künstlichen Bedingungen.

[85]Replikon ist ein DNS-Molekül, das sich selbstständig verdoppeln kann.

1. *Herstellung* und *Vorbereitung* vom Vektor und der zu kombinierenden fremden DNS.
2. *Restriktion* des doppelsträngigen Plasmids mit Restriktionsenzymen, z. B. Restriktionsendonucleasen.

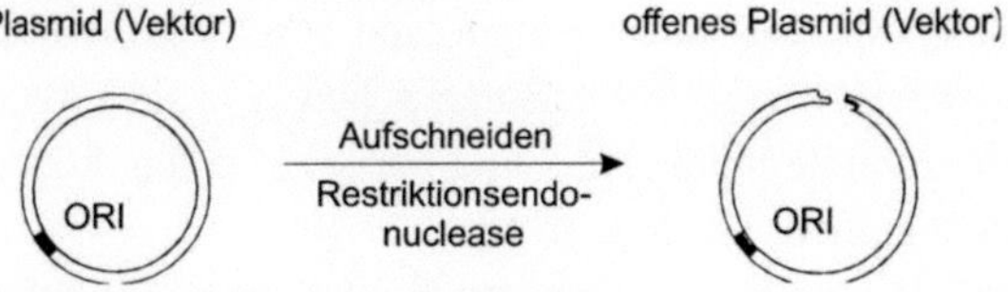

Parallel dazu wird ein zu kombinierendes fremdes DNS-Molekül vorbereitet, das mit dem Plasmid verschmolzen werden soll.

3. *Ligation,* d. h. Verknüpfen des offenen Plasmids mit dem fremden DNS-Molekül

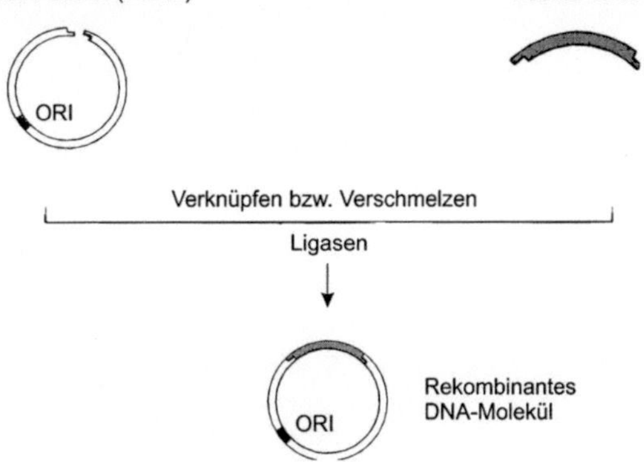

4. *Transformation*, das gesamte Gemisch der unterschiedlich kombinierten DNS-Moleküle wird in Bakterien eingeschleust und vermehrt.

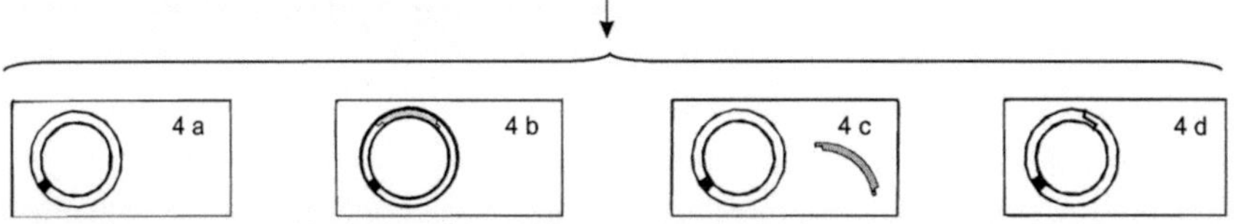

5. *Selektion* der transformierten Zellen, die das mit der fremden DNS rekombinierte Plasmid enthalten.

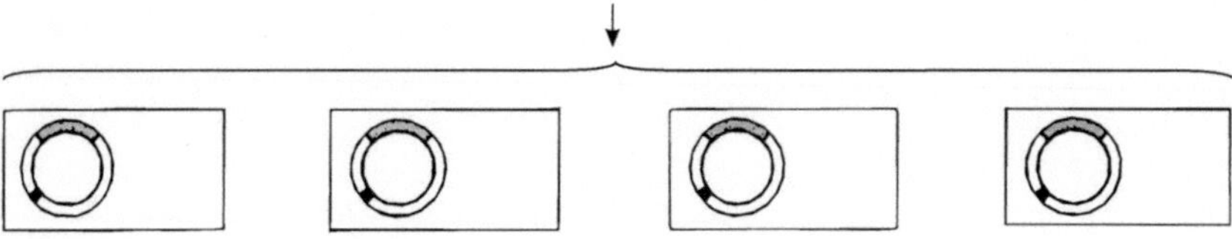

Abb. 19 Grundoperationen der Gentechnologie (Quelle: Winnacker, E.-L. [1990], Gene und Klone, VCH Verlagsgesellschaft mbH, Weinheim) [E. unit operations of the genetic engineering]

ausreichenden Zahl von Kopien, sodass bei einer Zellteilung alle Nachkommen mindestens einen Vektor enthalten, sie tragen Selektionsmarker[86].

Marker [E. marker genes] sind Markierungsgene, an deren erkennbarer Wirkung das Vorhandensein anderer mit ihnen gekoppelter Gene festgestellt werden kann. Selektionsmarker ermöglichen die Auswahl (Auslese) spezieller Individuen mit ausgeprägten Eigenschaften – in diesem Fall spezifischer Vektortypen – aus einer genetisch heterogenen (unterschiedlichen) Population.

Genotyp [E. genotype] ist die Summe der in einem Individuum (Zelle) enthaltenden Erbanlagen (Genom).

Genom [E. genome] ist der vollständige Satz der Gene im haploiden Chromosomensatz der Zellen eukaryonter Organismen, d. h. die gesamte genetische Information einer Keimzelle (Kap. XXV, Abschn. 8). Bei Bakterien entspricht das Genom dem Chromosom und bei Viren der gesamten Nukleinsäure.

Phänotyp[87] [E. phenotype] ist das gesamte Erscheinungsbild eines Individuums (einer Zelle) zu einem bestimmten Zeitpunkt seiner Entwicklung als Ergebnis der kombinieren Wirkung von Genom und Umwelt.

10 Grundoperationen der Gentechnologie [E. unit operations of genetic engineering]

Es können fünf Grundoperationen ausgemacht werden.

Die genomische DNS liegt im Zellkern sehr dicht gepackt vor. Sie ist dadurch mechanisch stabilisiert. Die DNS muss also zunächst aus dieser natürlichen Umgebung freigesetzt und von störenden zellulären Bestandteilen befreit werden. Das sind vorwiegend Lipide und Proteide.

Nach der Isolierung und Reinigung werden die DNS mit einem Restriktionsenzym in Fragmente verschiedener Größe geschnitten (Abb. 20) und in Bakterien eingeschleust, d. h. transformiert.

Das gelingt, indem die Bakterien mit einer Calciumchloridlösung, $CaCl_2$, bei 4 °C 30 min lang behandelt werden. Die Zellwand der Bakterien wird porös, und die DNA-Moleküle können in das Zellinnere eindringen. Nach der $CaCl_2$-Behandlung wird das Gemisch der rekombinierten Plasmide (Vektoren) mit den Bakterien vermengt. Dafür werden häufig Bakterien des Typs Escherichia coli[88] K12 verwendet.

---

[86]seligere (lat.) – auswählen; marker (engl.) – Markierung, Lesezeichen.

[87]phainomenon (gr.) – das Erscheinende.

[88]Escherich, Theodor E. (1857–1911), österr. Kinderarzt in Wien.

Die Verdopplungszeit von K12 beträgt 30 min und ist damit sehr kurz. Es ist sehr genügsam in Bezug auf Nährstoffansprüche und lässt sich leicht handhaben.

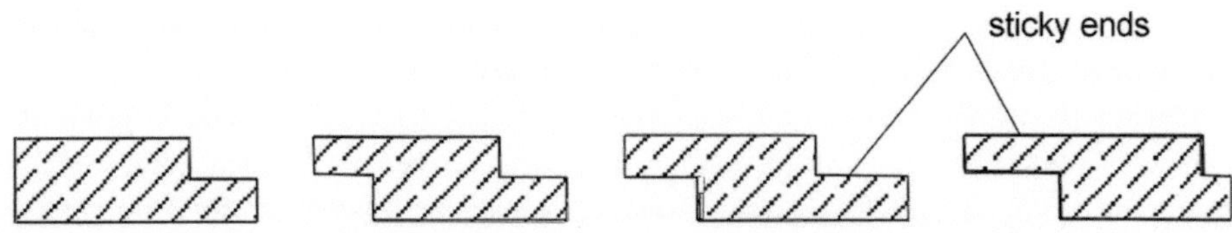

Abb. 20 DNS-Fragmente unterschiedlicher Größe [E. DNA-fragments of different size]

Nach ca. einer halben Stunde hat etwa jede tausendste Bakterienzelle ein rekombinantes Plasmid aufgenommen.

Dieser 4. Arbeitsschritt der Transformation wird beendet durch die Zugabe eines kleinen Volumens Nährstofflösung. Die Zellen erholen sich und schließen dabei die künstlichen Poren.

Bei der Transformation entstehen mindestens vier verschiedene Arten transformierter Bakterien. Sie unterscheiden sich hinsichtlich der aufgenommenen DNA (Abb. 12 und 19):

4 a, eine Gruppe enthält das Originalplasmid,

4 b, eine zweite Bakteriengruppe enthält das Plasmid mit dem gesuchten DNS-Fragment,

4 c, eine dritte Gruppe hat das Plasmid und ein Spender-DNS aufgenommen,

4 d, außerdem gibt es eine Gruppe von Bakterien, die überhaupt kein Plasmid aufgenommen haben

Aus diesem Transformationsgemisch müssen die Zellen selektiert werden, die das gesuchte DNS-Fragment im Vektor verschmolzen enthalten, 4 b. Bei der Selektion kommt dem Selektionsmarker eine entscheidende Bedeutung zu.

Für die Klonierung von Genen kann als Ausgangsmaterial anstelle von DNS-Fragmenten auch mRNS eingesetzt werden. Dazu ist allerdings das Enzym *Reverse Transkriptase* notwendig. Denn es muss das im RNS-Molekül vorliegende Erbgut in das komplementäre DNS-Molekül kopiert werden. Dieser Vorgang der *Rückübersetzung* heißt cDNS-Synthese (cDNS = complementary[89] DNS = ergänzende DNS).

Agrobacterium tumefaciens ist ein Bodenbakterium, das schon seit mehreren Millionen Jahren die Fähigkeit entwickelt hat, ein DNS-Fragment in einer Größe zwischen 12 und 30 Kilobasen (kb), d. h. 12.000 und 30.000 Nukleobasen, in einen Zellkern von pflanzlichen Zellen zu transferieren (übertragen), wo es stabil in die Chromosomen eingebaut wird. Dieses DNS-Fragment liegt auf einem extrachromosomalen[90] DNA-Molekül,

[89]complementary (engl.) – ergänzend.

[90]extrachromosomal = außerhalb des Chromosomen.

dem Ti-Plasmid[91]. In den letzten drei Jahrzehnten ist es gelungen, die Eigenschaften des Ti-Plasmids im Agrobacterium so zu verändern, dass mit ihm fremde Gene in die Zellen höherer Pflanzen eingeführt werden können.

Inzwischen wurden mit dem Agrobacteriumsystem über 100 Pflanzenspezies transformiert. Praktische Anwendungen hat diese Methode allerdings nur für einige Nachtschattengewächse (Solaneceae).

Außerdem eignet sich dieses Bakterium als Vehikel zum Gentransfer nur bei zweikeimblättrigen Pflanzen.

10.1 Kontrollierte Expression [E. controled expression]

Expression ist das Umsetzen einer genetischen Information über die Transkription und Translation in die entsprechende Aminosäuresequenz eines Proteins. Je nachdem, welche Eigenschaft einer Pflanze durch Gentransfer verändert werden soll, muss die Bildung des neuen Genproduktes in Bezug auf seine räumliche und zeitliche Expression kontrolliert werden. Zum Beispiel ist es bei der Erzeugung von Pflanzen mit einer veränderten Fettsäurezusammensetzung sinnvoll, die Erbinformation nur im Samen der transgenen Pflanze auszuprägen. Handelt es sich dagegen um die Erzeugung von insektenresistenten Pflanzen, dann ist es notwendig, das neue Genprodukt vor allem in den Blättern und im Stamm zu entwickeln. Es konnte erforscht werden, dass auch Pflanzengene zwei funktional und strukturell unterscheidbare Regionen enthalten:

- die codierende Region, dafür steht das Strukturgen und
- den die Bildung des Genproduktes kontrollierenden Bereich. Dafür zeichnet der Promotor verantwortlich.

Ein *Promotor*[92] ist das Steuerelement eines Gens. Er legt den Startpunkt der Transkription fest und ist die Bindestelle auf der DNS für das Enzym der RNS-Polymerase. Es gibt speziell Promotoren, die nur in bestimmten Organen wie Blätter, Blüten, Wurzeln oder Samen aktiv sind.

[91]Ti-Plasmide übertragen Gene nach dem **T**umor **i**nduziertem Prinzip. Das Agrobacterium tumefaciens überträgt fremde Gene auf Pflanzen und sorgt dafür, dass die Empfänger die Gene auch exprimieren, d. h. die in ihnen verschlüsselten Proteine herstellen. Im Verlauf der Infektion bringt das Agrobacterium die Pflanzenzellen dazu, zu wuchern und eine Galle (Tumor) zu bilden. Die Galle entsteht meistens an oder nahe der Übergangsstelle zwischen Wurzel und Spross, dem sogenannten Wurzelhals. Wurzelhalsgallen können bei vielen zweikeimblättrigen Pflanzen auftreten.

[92]promovere (lat.) – vorwärtsbewegen, befördern.

10.2 Resistenz[93] gegen biotische Stressviren[94], Pilze, Insekten [E. resistence for biotic stress-viruses, fungi, insects]

Viren [E. virus] sind weltweit verbreitete winzige subzelluläre, z. T. kristallisierbare kleine Partikeln mit einem Durchmesser von 15 bis 100 nm (Nanometer)[95]. Sie sind im Grenzbereich zwischen belebter und unbelebter Natur angesiedelt und durch fünf spezifische Eigenschaften charakterisiert:

- als genetisches Material enthalten sie nur DNS oder nur RNS,
- sie vermögen sich nicht zu teilen, ihre Reproduktion erfolgt nur durch ihre Nukleinsäure,
- sie wachsen nicht in einer extrazellulären (außerhalb der Zelle) Ruhephase,
- sie enthalten keine Stoffwechselenzyme,
- ihre Replikation ist nur mithilfe von Wirtszellenribosomen möglich.

Viren vermögen sich nur in lebenden Zellen, den Wirtszellen, zu vermehren. Auf künstlichem Nährboden sind sie nicht züchtbar.

Pilze[96] [E. fungi] sind chlorophyllfreie Pflanzen mit ca. 60.000 bis 100.000 verschiedenen Arten. Auch Hefen gehören zur Gruppe der Pilze. Pilze sind Einzeller. Wie bei allen Eukaryonten vermehren sie sich mittels Mitose und Meiose und durch Bildung geschlechtlicher oder ungeschlechtlicher Sporen oder durch Sprossung (Kap. XXV, Abschn. 8). Aufgrund ihres Chlorophyllmangels sind sie nicht zur Fotosynthese befähigt. Sie ernähren sich *chemoorganoheterotroph*[97], d. h. durch oxidativen Abbau von organischen Substanzen aller Art. Dafür verfügen sie über ein großes Arsenal unterschiedlicher Enzyme. Da diese Prozesse exergonisch verlaufen, also unter Energiefreisetzung, besitzen sie über die zur Fortpflanzung notwendige physiologische Energie.

Insekten[98] [E. insects] sind Kerbtiere, deren Körper dreiteilig in Kopf, Brust und Hinterleib segmentiert ist. Am Brustsegment sind 3 Beinpaare ausgebildet. Daher rührt auch die Bezeichnung Sechsfüßler (Hexapoden). Die Insekten stellen 70 % aller bekannten

---

[93] *resistere (lat.) – stehen bleiben, Widerstand leisten.*

[94] *virus (lat.) – Schleim, Gift.*

[95] 1 nm = 10^{-9} m.

[96] mykes (gr.) – Pilze – fungi (lat.).

[97] *chemo* bedeutet, dass sie ihre Energie aus chemischen Reduktionsoxidationsprozessen beziehen und nicht aus der Lichtenergie; *organo* weist darauf hin, dass sie als Kohlenstoffquelle reduzierten Kohlenstoff in Form von organischen Verbindungen benötigen, z. B. Glucose, und nicht CO_2; *heterotroph* weist darauf hin, dass sie alle möglichen organischen reduzierten Kohlenstoff als Quelle benutzen können, z. B. Methan u. a. Kohlenwasserstoffe, auch Glucose.

[98] insectum (lat.) – eingekerbt.

Tierformen auf der Welt. Mit Ausnahme des Meeres sind sie in allen Lebensräumen verbreitet. Die Zahl der Arten wird auf 700.000 bis 800.000 geschätzt. Die Atmung erfolgt über ein fein verteiltes Röhrensystem, das sich zu den einzelnen Organen hinzieht und mit einigen Hauptgängen über verschließbare Atemlöcher mit der Außenluft in Verbindung steht. Das Blutgefäßsystem ist offen, es existiert kein Adernsystem, sondern ein röhrenförmiges Herz bewirkt eine gewisse Zirkulation der Leibeshöhlenflüssigkeit, der Hämolymphe. Zur Nahrungsaufnahme dienen Mundwerkzeuge, die zum Kauen, Lecken, Saugen oder Stechen eingerichtet sind.

Pflanzen [E. plants] eine Virusresistenz zu verleihen, beruht auf dem Prinzip, ein virales Hüllproteingen in das pflanzliche Genom einzuschleusen. Aufgrund des in den Pflanzenzellen gebildeten Hüllproteins kommt es nach einer Virusinfektion zu einer starken Verzögerung der Virusvermehrung. Diese Erscheinung wird als *Feldresistenz* bezeichnet.

Um Resistenzen von Pflanzen gegenüber Pilzen und Bakterien mittels gentechnischer Methoden zu erzeugen, werden Konzepte der Expression von Enzymen, wie z. B. *Chitinasen* oder *Glucanasen,* die die Pilzzellwand aufzulösen vermögen, verfolgt.

Die Expression einer Chitinase aus der Bohne führte zur Resistenz des Tabaks gegen *Rhizoctonia solani.* Auch die Expression einer aus der Erdnuss stammenden *Stilbensynthase* führt in transgenen Tabakpflanzen zu einer hohen Resistenz gegenüber Rhizoctonia solani.

10.3 Herbizidtolerante Pflanzen [E. herbicide tolerable plants]

Herbizide sind Unkrautvernichter. Sie sind chemische Substanzen, die die Unkräuter vernichten sollen, ohne die Kulturpflanzen zu schädigen. Die Kulturpflanzen vermögen die Wirkstoffe in den Herbiziden zu verstoffwechseln. Man sagt auch, sie werden von ihnen toleriert, z. B. besitzt Mais eine natürliche Toleranz gegen *Atrazin,* Weizen gegen *Diclofophmethyl,* Zuckerrüben gegen *Phenmedipham, Goltix und Tramat.* Der Toleranz von Kulturpflanzen sind Grenzen gesetzt, sie ist in der Regel von den Wirkstoffmengen abhängig, die auf die Pflanzen aufgebracht werden.

Die Wirkstoffe sollen zwei anscheinend vordergründig sich widersprechende Forderungen erfüllen. Sie sollen gegenüber Unkräutern selektiv hochtoxisch sein, eine schnelle Wirkgeschwindigkeit zeigen, andererseits sollen sie schnell biologisch abbaubar sein und die übrige Umwelt nicht schädigen.

Um diese beiden Forderungen miteinander zu vereinen, werden gentechnisch herbizidtolerante Pflanzen gezüchtet. Sie sind gegen Wirkstoffe von Pflanzenschutzmitteln resistent, während die Unkräuter vernichtet werden. Unter Berücksichtigung einer Herbizidresistenz von Kulturpflanzen können Breitbandherbizide entwickelt werden, die ein ganzes Spektrum von Unkräutern vernichten bzw. ihr Wachstum in einer bestimmten Phase hemmen. Sie werden erst zu einem Zeitpunkt eingesetzt, wenn die Unkräuter in ihrem Wachstum zu einer Konkurrenz der in der Entwicklung befindlichen Kulturpflanze werden.

Auf die sogenannten Vorlaufherbizide kann verzichtet werden, die in der Regel nach dem Pflügen und vor dem Aufgehen der Saat aufgebracht werden müssen.

Vorlaufherbizide haben den Nachteil, dass der bebaute Acker bis zum Auflaufen der Saat nackt ohne eine Pflanzenschutzdecke daliegt und einer Erosion ausgesetzt ist. Unter diesem Gesichtspunkt kommt auch der Züchtung von gentechnisch verändertem Saatgut mit Herbizidresistenz immer größere Bedeutung zu.

11 Wirtschaftliches [E. economy aspects]

Im Jahr 2014 wurden in Deutschland ca. 46.100 t Pflanzenschutzmittelwirkstoffe eingesetzt. Diese entsprachen einem Gegenwert von ca. 3,1 Mrd. EUR. Von diesen Wirkstoffen stieg der Absatz von Fungiziden an (s. Abb. 21).

International bekannte Firmen auf dem Sektor der Pflanzenschutzmittelproduktion in den USA sind u. a. DuPont de Nemours, Monsanto und Pfizer.

Die Bedeutung des Pflanzenschutzes und auch der Konservierungsmittel wird durch folgende Zahlen belegt. Wird der tägliche physiologische Energiebedarf eines Menschen

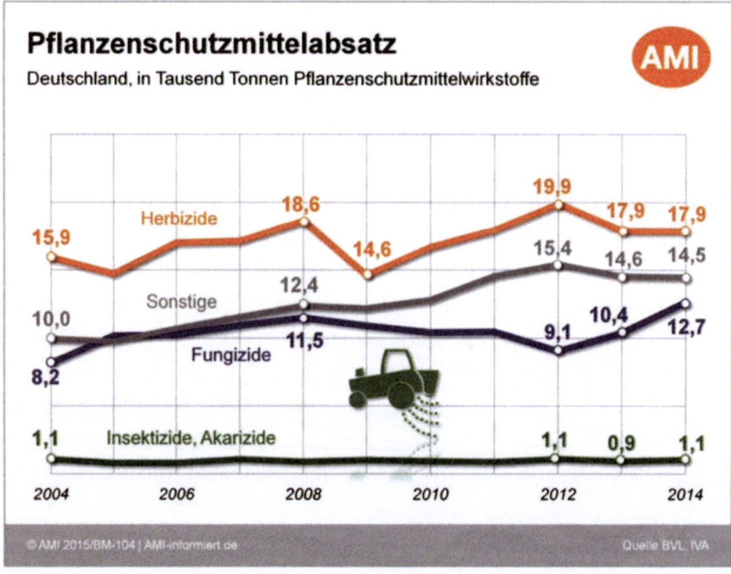

Abb. 21 Der Einsatz von Pflanzenschutzmittelwirkstoffen [E. the application of active substances for plant protectives] (Deutscher Bauernverband, 10117 Berlin [2015/2016], Situationsbericht „Trends und Fakten zur Landwirtschaft"; Verband der Chemischen Industrie e. V., 60329 Frankfurt am Main [2015], Chemiewirtschaft in Zahlen.)

mit 11.300 kJ angesetzt, dann müssen dafür etwa ca. 18.833 kJ von dem Erzeuger bereitgestellt werden, wenn 11.300 kJ beim Endverbraucher ankommen sollen. 40 % fällt Schädlingen zum Opfer oder verdirbt. Ohne Pflanzenschutzmittel würden auf der Welt auf ca. 230 Mio. ha Ackerfläche anstelle von 581 Mio. t Weizen nur 424 Mio. t in die Scheunen eingefahren werden, das sind 27 % weniger.[99]

11.1 Transgene Nutzpflanzen [E. transgenetic plants][100]

Der Löwenanteil der Anbauflächen für transgene Nutzpflanzen entfällt auf die USA. Auf der Basis von *Bacillus thuringiensis*-Genen wurden 1996 insektenresistenter Mais und insektenresistente Baumwolle sowie herbizidverträgliche Sojabohnen erstmalig in den USA in die wirtschaftliche Nutzung eingeführt.

Gentechnisch veränderter *Sommerraps* (Canola) wurde in Kanada und USA erstmalig gepflanzt.

Die europäischen Testpflanzen sind vor allem Mais mit 27 %, Raps mit 22 %, Zuckerrüben mit 17 %, gefolgt von 11 % Kartoffeln, 6 % Tomaten, 4 % Tabak und 3 % Chicorée. Die absoluten Mengen reichen bei Weitem nicht an die der USA heran. Ihr Anteil an den Anbauflächen in der Welt für genmodifizierte Pflanzen ist noch gering.

Wirtschaftliche Ausbringung von Pflanzenschutzmitteln – Inkrustierung von Saatkorn [E. economic bringing out of pestizides – incrusting of seed grain].

Der Begriff Inkrustierung leitet sich von Krustenbildung ab. Um möglichst geringe Mengen Pflanzenschutzmittel mit optimaler Wirkung zu verwenden, ist in den letzten Jahren die Methode des Umhüllens von Saatkörnern mit Pflanzenschutzsubstanzen entwickelt worden. Damit wird eine gezielte Dosierung bei optimalem Schutz der Pflanzen gegen Schädlinge erreicht. Außerdem ist für den Landwirt ein Arbeitsgang weniger notwendig während des Bestellens der Äcker. Es erübrigt sich das nachträgliche Aufbringen der entsprechenden Wirkstoffe (Abb. 22).

Mit dieser Methode der Inkrustierung kommen von 1 ha Ackerfläche nur 48 m^2 Boden mit dem Pflanzenschutzmittel unmittelbar in Kontakt.

---

[99]Quelle: Chemische Rundschau (1998 und 1997), Agrobranche sät kräftig für die Zukunft, Nr. 14, vom 31.07.98, und das Potential ist noch lange nicht erschöpft, Nr. 12 vom 27.06.1997.

[100]Quelle: Krezal, G. (2017), Pflanzenbiotechnologie im 21. Jahrhundert, CHEManager 5(2017.;

- U.S. Dept. of Agriculture, Agriculture and Agri-Food Canada, Canola Council Canada;
- Zahlen zur Biotechnologie, ISB DECHEMA, 15.04.1999.
- Chemische Rundschau (1999), Genmodifizierte Pflanzen, Nr. 17 v. 24.09.1999.

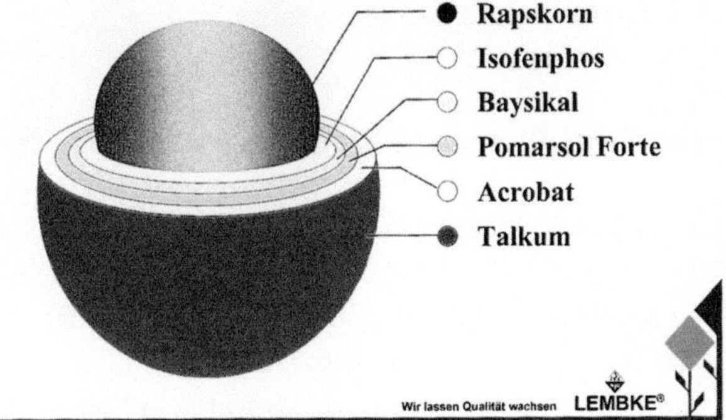

Abb. 22 Rapskorn, umhüllt mit Pflanzenschutzmittelschichten [E. grain of rape enveloped with layers of plant protective]

Baysikal ist eine hygroskopische Silikatschicht mit Haftvermögen. Talkum dient als abriebfeste luft- und feuchtigkeitsdurchlässige Schutzschicht.

(Quelle: Norddeutsche Pflanzenzucht Hans Georg Lembke KG, Hohenlieth und Malchow auf Poel)

Literatur [E. references]

Biotechnologie/Gentechnik, Textheft 20 (1996), Hrsg. Fonds der Chemischen Industrie zur Förderung der Chemie und Biologischen Chemie im Verband der Chemischen Industrie, Frankfurt am Main.

Chemiewirtschaft in Zahlen (2015), Hrsg. Verband der Chemischen Industrie e. V., Frankfurt am Main.

Deutscher Bauernverband, 10117 Berlin (2015/16), Situationsbericht, Trends und Fakten zur Landwirtschaft.

Egli, M. (1997), Und er bewegt sich doch – Gregor Mendel beim Wort genommen: eine Lesestunde, Hrsg. Boehringer Mannheim GmbH, R. Piper GmbH u. Co. KG, München.

Empfindliche Zuckerrüben, Frankfurter Allgemeine Zeitung (1999), Nr. 196, S. N1.

Krezal, G. (2017), Pflanzenbiotechnologie im 21. Jahrhundert, CHEManager 5/2017.

Schröder, F. (1999), Neue Fungizide, Chemische Rundschau, Nr. 7.

Winnacker-Küchler (2006), Chemische Technologie, 5. Auflage, Hrsg. Harnisch, G., Steiner, R., Winnacker, K.; Carl Hanser Verlag, München, Wien.

Weiterführende Literatur

Amelung, D. (1998), Sachgerechte Beizung lohnt immer, Getreide, 4. Jg., Heft 3, S. 144.

BASF (1998), Bericht zur Umwelt, Sicherheit und Gesundheit, BASF AG, Ludwigshafen.

Biozidprodukte – Verordnung, Roßkamp, Evelyn (2016), Chemiereport, Nr. 11, Verband der Chemischen Industrie, 60329 Frankfurt am Main.

Büchs, W., Heimbach, U. u. Czarnecki, E. (1991), Auswirkungen von inkrustiertem Rapssaatgut auf Laufkäfer: Labor- und Halbfreilandversuche, Gesunde Pflanzen 43. Jg., Heft 9, S. 299.

Chemiereport (1999), Heft 1/2, Hrsg. Verband der Chemischen Industrie e. V., Frankfurt am Main.

Chilton, M.-D. (1984), Genmanipulation an Pflanzen: ein Schädling als Helfer, Industrielle Mikrobiologie, Spektrum der Wissenschaft Verlagsgesellschaft mbH, Heidelberg.

Ciupek, M. und Kreitsch, A. (2016), Pflanzenschutz der Zukunft, VDI-Nachrichten Nr. 50/51/52.

Heitefuß, R. (2000), 3. Aufl., Pflanzenschutz, Grundlagen der praktischen Phytomedizin, Georg Thieme Verlag, Stuttgart.

Heitefuß u. a. Hrsg. (1993), Pflanzenkrankheiten u. Schädlinge im Ackerbau, BLV Verlagsgesellschaft, München.

Hopwood, D. A. (1984), Genetische Programmierung von Mikroorganismen, Industrielle Mikrobiologie, Spektrum der Wissenschaft, Verlagsgesellschaft mbH u. Co., Heidelberg.

Mittnacht, A. (1994), Neue insektizide Wirkstoffe zur Behandlung von Zuckerrübensaatgut (New insectisides for the coating of beet seeds), Gesunde Pflanzen 46. Jg., Heft 2, S. 39.

Müller, F. (1999), ed. Agrochemicals, – Composition, Production, Toxicology, Applications, Wiley-VCH Verlag GmbH, Weinheim.

Pflanzenschutz, Textheft 10 (1992), Hrsg. Fonds der Chemischen Industrie zur Förderung der Chemie und Biologischen Chemie im Verband der Chemischen Industrie, Frankfurt am Main.

Prante, G. (1997), Gentechnik in der Landwirtschaft: Chancen für die Pflanzenproduktion, Spektrum der Wissenschaft, Heft 2, Spektrum der Wissenschaft Verlagsgesellschaft mbH, Heidelberg.

Römpps Chemie Lexikon (2002), Hrsg. Falbe, J. u. Regitz, M., Bd. 4, online, Thieme Verlag, Stuttgart, New York.

Seefelder, M. (1989), Opium – eine Kulturgeschichte, Athenäum Verlag GmbH, Frankfurt am Main.

Sitofex (CPPU), Plant Grow Regulator (1999), Technical Data Sheet, ed. by SKW Trostberg AG.

Teuscher, E. u. Lindequest, U. (1994), Biogene Gifte, – Biologie – Chemie – Pharmakologie, Gustav Fischer Verlag, Stuttgart, Jena, New York.

The rice manuel, Hrsg. Hoechst-Schering AgrEvo GmbH, Frankfurt am Main.

Welternährung (1997), Spektrum der Wissenschaft, Heft 2, Spektrum der Wissenschaft Verlagsgesellschaft mbH, Heidelberg.

Rohstoffquellen für Grundnahrungsmittel [E. resources of basic nutrients]

Begriffserklärungen [E. explanations of terms]

Grundnahrungsmittel für die menschliche Ernährung sind die Kohlenhydrate (Kap. XI, Abschn. 4), Proteine (Kap. V) und die Fette (Kap. XVI).

Die Stärke ist der tägliche physiologische Energielieferant zur Aufrechterhaltung des Stoffwechselprozesses im menschlichen Organismus, die Fette sind Energiespeicher, und die Proteine liefern die notwendigen essenziellen Aminosäuren zum Aufbau körpereigener Wirkstoffe, wie z. B. Enzyme und Hormone, sowie Werkstoffe für das Knochengerüst und die Muskulatur in Form von Kollagen.

Die Rohstoffquellen für diese Grundnahrungsmittel sind im Wesentlichen pflanzlichen und tierischen Ursprungs.

Die Pflanzen decken ausschließlich den gesamten Kohlenhydratbedarf der Menschheit.

Der bedeutendste Stärkelieferant ist das Getreide mit den Sorten Weizen, Mais, Reis und einige diverse andere Sorten wie Roggen, Gerste und Hafer. Die Wurzelfrüchte spielen unter einem weltweiten Aspekt eine untergeordnete Rolle.

Die Sojabohne macht als Pflanze hier eine Ausnahme. Sie wird als Eiweißlieferant für die menschliche und tierische Ernährung genutzt (Kap. V, Abschn. 1). Der Eiweißgehalt von nicht entfettetem Sojaschrot wird mit ca. 37 % angegeben. Ein großer Anteil wird als Futtermittel für die Tierhaltung verwendet. Tierisches Eiweiß ist wegen des Angebots der vollständigen essenziellen Aminosäurepalette für die Ernährung der Menschen in Form von Fleisch, Milch und Eiern unerlässlich. Es ist somit ein wesentliches Grundnahrungsmittel.

Ölpflanzen und Tiere sind die Quellen von Ölen und Fetten in der menschlichen Ernährung. Körpereigene Fette bilden die physiologischen Energiereserven im Menschen über einen längeren Zeitraum. Ihr physiologischer Brennwert mit 39 kJ/1 g Fett ist sehr hoch gegenüber den Brennwerten von Kohlenhydraten und Eiweiß mit je 17,2 kJ/g (Kap. XVI, Abschn. 5.2 und Tab. 3).

V. Hopp, *Chemische Kreisläufe in der Natur*,
https://doi.org/10.1007/978-3-662-55860-7_24

1 Getreide [E. cereals]

Getreide sind Kulturpflanzen aus der Familie der Gräser (lat. *Gramineae* oder *Poaceae*), für die Körnerfrüchte charakteristisch sind. Sie werden auf der ganzen Welt feldmäßig angebaut (Tab. 1).

Nach ihren Anbauflächen und ihrem Ernteertrag sind die wichtigsten Getreidearten *Weizen* [E. wheat], *Mais* [E. maize], *Reis* [E. rice], *Gerste* [E. barley], *Hafer* [E. oats] und *Roggen* [E. reye].

Abb. 1 zeigt den Anteil der verschiedenen Nahrungsmittelgruppen an der Versorgung der Weltbevölkerung bezogen auf den gesamten physiologischen Brennwert. Bei einer Bevölkerung von 7,3 Mrd. Menschen mit einem täglichen Bedarf von ca. 11.300 kJ/Person beträgt der Tagesbedarf 82,5 · 10^3 Mrd. kJ, das sind

$$82{,}5 \text{ Bio. kJ/Tag bzw. } 82{,}5 \cdot 10^{12}\,\frac{\text{kJ}}{\text{Tag}} \text{ x } 365 \text{ Tage} = \mathbf{30{,}1} \cdot 10^{15}\,\frac{\text{kJ}}{\text{Jahr}}.$$

Will man diesen jährlichen physiologischen Energiewert der Weltbevölkerung in Getreidewerten ausdrücken, dann gilt folgender Ansatz: 1 g Stärke und auch Eiweiß entspricht ca. 17,2 kJ/g, 1 t Stärke demnach 17,2 · 10^6 kJ/t.

Berücksichtigt man noch einen Feuchtigkeitsgehalt von 20 % beim Getreide, dann erniedrigt sich der physiologische Brennwert von *1 t Getreide* auf 13,76 · 106 kJ/t.

$17{,}2 \cdot 10^6$ kJ/t : 100 % = x : 80 %

$30{,}1 \cdot 10^3$ Bio. kJ/Jahr entsprechen an Getreidewerten:

$$\frac{30,1.10^{15}\,\frac{\text{kJ}}{\text{Jahr}}}{13,8.10^{6}\,\frac{\text{kJ}}{\text{t}}} \approx 2,12 \cdot 10^{9}\,\frac{\text{t}}{\text{Jahr}} = \mathbf{2,12}\,\text{Mrd.}\,\frac{\text{t}}{\text{Jahr}}\ \text{Getreidewerte.}$$

Das ist diejenige Getreidemenge, die etwa weltweit jährlich eingebracht wird. Im Jahr 2015 waren das ca. 2,474 Mrd. t.[1] Theoretisch reichen die Ernteerträge des Getreides aus, um den physiologischen Energiebedarf der Menschheit auf dem Erdball zu decken. Die während der Einbringung, Verarbeitung, des Transportes und der Lagerung auftretenden Verluste, die bis zu 40 und 50 % betragen können, werden ausgeglichen durch die übrigen Nahrungsmittelquellen, wie sie in Abb. 1 aufgeführt sind (Kap. VIII, Abschn. 4).

Das Fazit dieser Modellrechnung ist, dass theoretisch die Nahrungsmittelversorgung in der Welt ausgeglichen ist. Dieses darf aber nicht darüber hinwegtäuschen, dass mangelnde Transportmöglichkeiten und damit unzureichende Verteilung sowie ein nicht ausgewogenes Nahrungsmittelangebot in Bezug auf Vitamine, essenzielle Aminosäuren und Proteine allgemein immer wieder zu Hunger und Krankheiten führen. Auch der Einfluss kriegerischer und machtpolitischer Auseinandersetzungen auf eine mangelnde Nahrungsmittelversorgung ist nicht zu unterschätzen.

---

[1]Lit.: Situationsbericht 2015/2016, Trends und Fakten zur Landwirtschaft, Deutscher Bauernverband, 10117 Berlin.

Tab. 1 Abstammung der Getreidearten innerhalb der Familie der Gräser [E. origin of the type of cereal inside of the family of the grass]

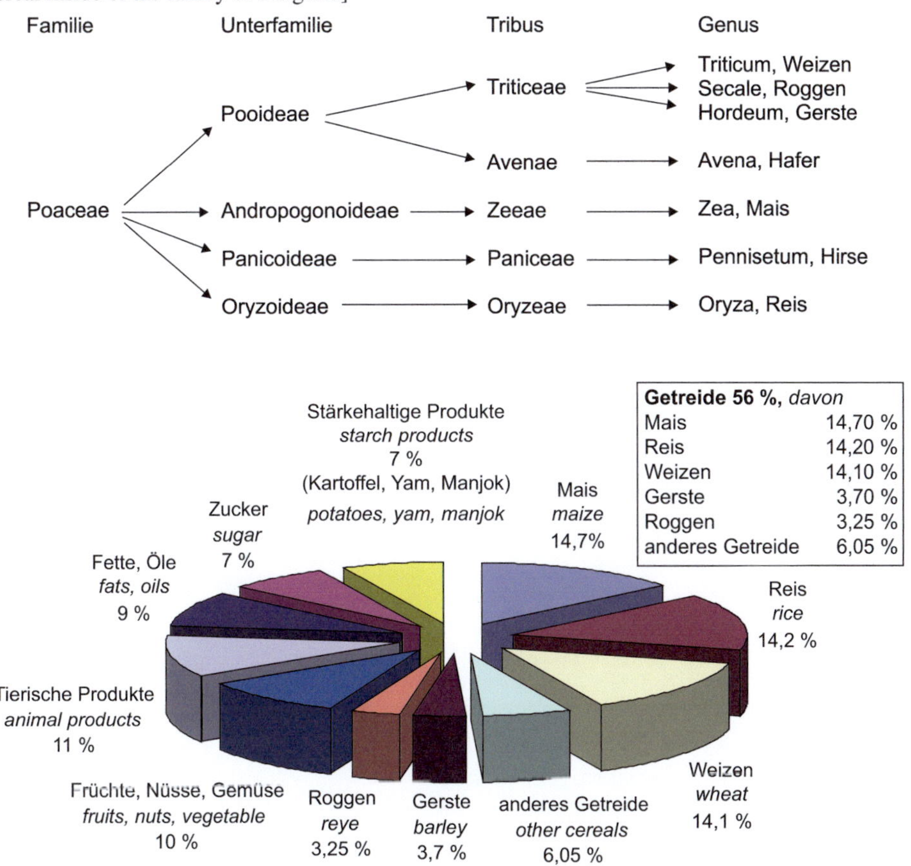

Abb. 1 Durchschnittlicher Anteil der Nahrungsmittelgruppen an der Versorgung der Weltbevölkerung bezogen auf den Brennwert (Joule) [E. average proportion of the food groups for the supply of the world population, refered to energy content (Joule)]

Die einzelnen Getreidearten zeichnen sich durch einen hohen Stärkegehalt und weitere wertvolle Inhaltsstoffe aus (Tab. 2 und Abb. 2 und 3).

Quelle der Abb. 2 und 3: Meyers Konversationslexikon (1895), Bd. 7, S. 490, Bibliographisches Institut Leipzig und Wien. Korn, Kulturgeschichte des Getreides, Verlag Anton Pustet, Salzburg – München.

Literaturquelle für Tab. 2 und 3: Frede, W. Hrsg. (2013), Taschenbuch für Lebensmittelchemiker und -technologen, Springer Verlag Berlin, Heidelberg.

Tab. 2 Getreideinhaltsstoffe [%] [E. ingredients of cereal]

Getreidearten	Protein[a]	Wasser	Fett	Mineral-stoffe	Verfügbare Kohlen-hyd-rate (Stärke)	Ballaststoffe	Saccha-rose
Weizen	11,7	13,2	2,0	1,8	61,0	10,3	0,60
Grünkern (Dinkel)	10,8	12,5	2,7	2,0	63,3	8,8	k. a.
Triticale	13,0	12,5	1,8	1,8	70,9	k. a.	k. a.
Roggen	8,8	13,7	1,7	1,9	60,7	13,2	0,79
Hafer entspelzt	11,7	13,0	7,1	2,9	59,8	5,6	1,05
Gerste entspelzt	9,8	11,7	2,1	2,2	63,3	9,8	0,99
Mais	8,5	12,5	3,8	1,3	64,7	9,2	1,20
Reis unpoliert	7,2	13,1	2,2	1,2	73,4	1,2	0,60
Reis poliert	6,8	12,9	0,6	0,5	77,7	1,4	0,15
Hirse geschält	9,8	12,1	3,9	1,6	68,8	3,8	1,45
Sorghum	10,3	11,4	3,2	1,8	66,1	7,3	1,68
Buchweisen	9,1	12,8	1,7	1,7	71,0	3,7	0,29
Sojamehl (vollfett)	37,0	9,1	20,6	4,4	15,0	10,8	k. a.

[a]Getreide N · 5,8. Soja N · 5,71. Buchweizen N · 6,25 (Lit.: Der Buchweizen, Comeback einer wertvollen Nutzpflanze 1999, s. Literaturhinweise in diesem Kapitel.)
k. a. = keine Angabe

1.1 Stärke [E. starch]

Stärke ist aus zwei Komponenten unterschiedlicher Molmasse aufgebaut:

1. aus ca. 20 bis 30 % geradkettiger Amylose
   Molmasse: 50.000 bis 150.000
2. aus ca. 80 bis 70 % verzweigtkettigem Amylopektin
   Molmasse: 300.000 bis 2.000.000

Daneben sind noch geringe Mengen Lipide, Phosphate und Mineralien enthalten.

Die sogenannten Wachsstärken, das sind spezielle Züchtungen von Reis, Mais und Hirse, bestehen fast nur aus Amylopektin (Abb. 4).

Amylose ist in der Regel aus 300 bis 1200 Glucosemolekülen aufgebaut, die in 1,4-Stellung α-glycosidisch linear schraubenförmig miteinander verknüpft sind.

Amylopektin bildet je 25 Glucoseeinheiten durch eine α-1,6-Stellung einer Seitenkette mit 1500 bis 12.000 Glucoseeinheiten (Kap. XI, Abschn. 4).

Einige physikalische Eigenschaften nativer Stärken [E. some physical properties of native starch]

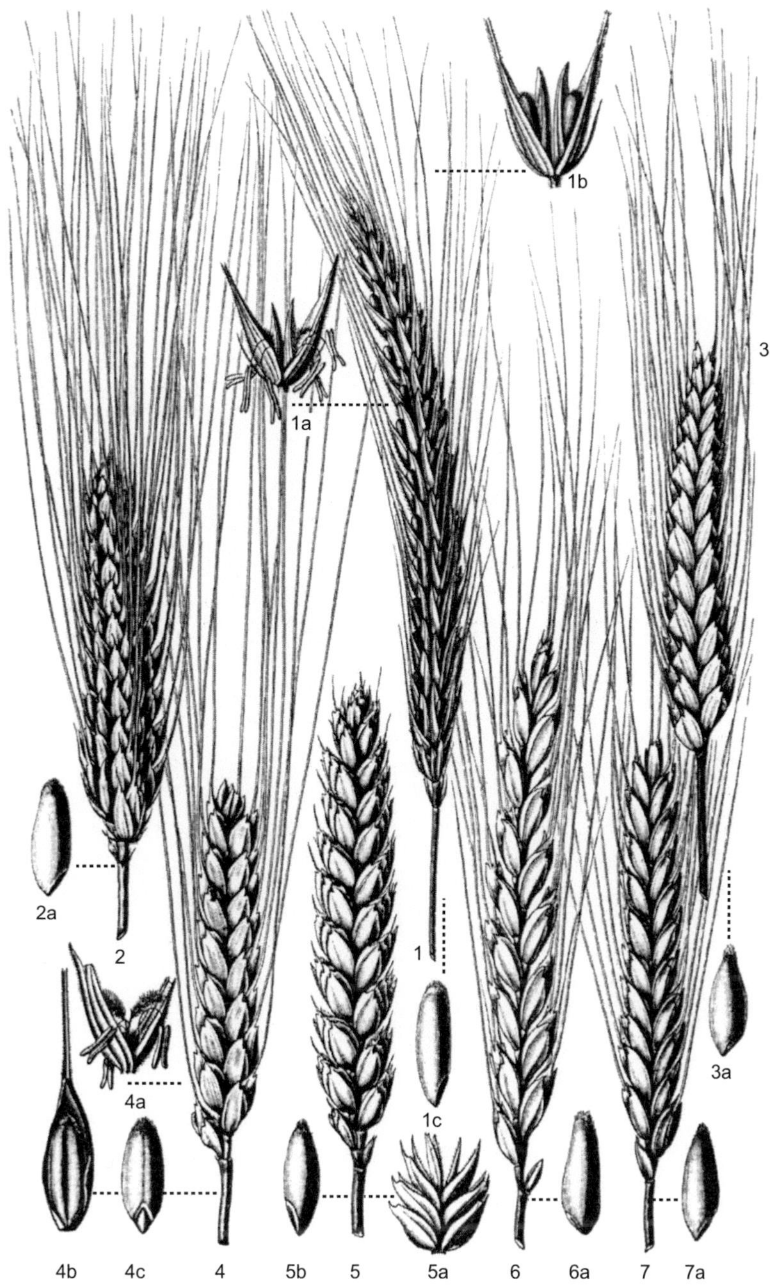

Abb. 2 Roggen- und Weizenähren [E. rye- and wheat ears]
1. Roggen (secale cereale). 1a. Blühendes Ährchen, 1b. Ährchen zur Fruchtzeit, 1c. Frucht. – 2. Englischer Weizen (Triticum turgidum). 2a. Frucht. – 3. Einkorn (T. monococcum, Art. *Spelz*). 3a. Frucht. – 4. Hart- oder Glasweizen (T. durum). 4a. Blüte, 4b. Frucht in der Spelze, 4c. Frucht. – 5. Gemeiner, unbegrannter Weizen (T. vulgare), 5a. Ährchen nach der Blüte, 5b. Frucht. – 6. Spelz (T. Spelta). 6a. Frucht. – 7. Emmer (T. dicoccum, Art. *Spelz*). 7a. Frucht.

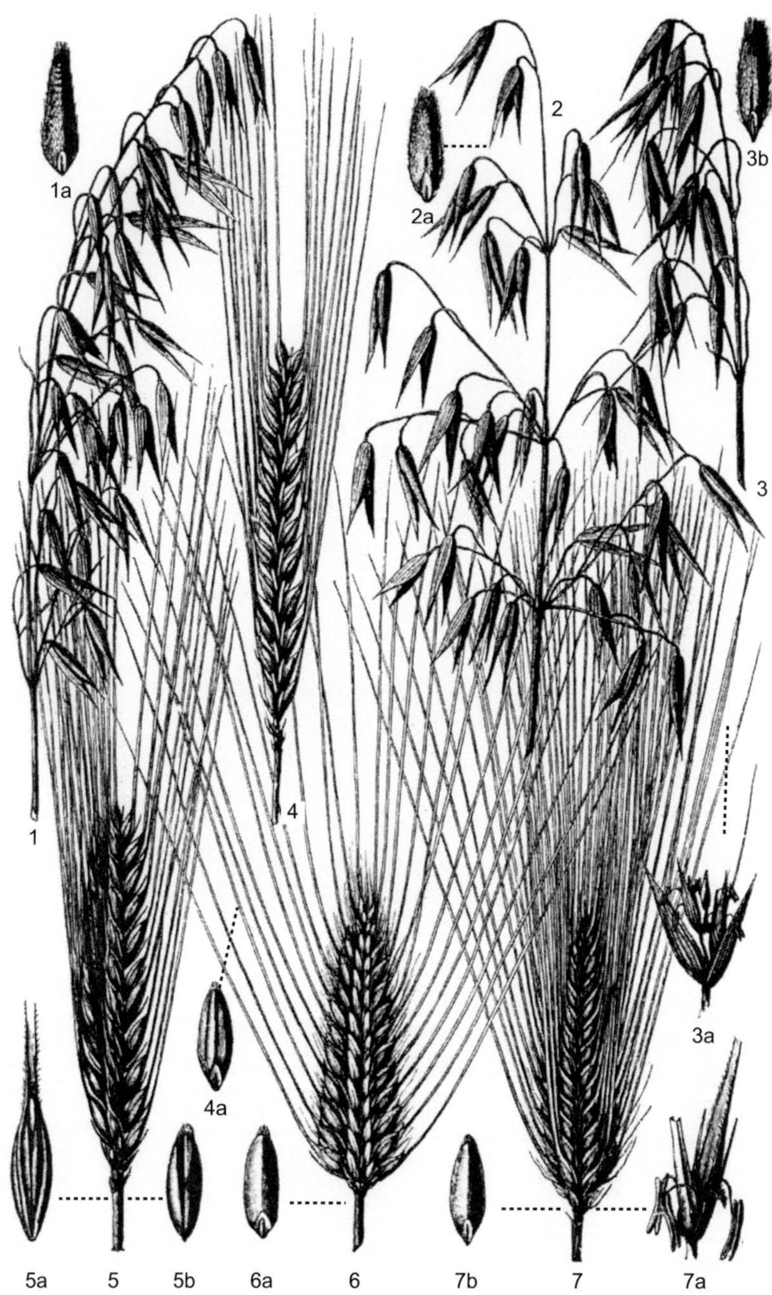

Abb. 3 Hafer und Gersteähren [E. oats and barley ears]
1. Unbegrannter Fahnenhafer (Avena orientalis). 1a Frucht. – 2. Unbegrannter Rispenhafer (A. sativa). 2a. Frucht. – 3. Nackter Fahnenhafer (A. orientalis, var. gymnocarpa). 3a. Ährchen, 3b. Frucht. – 4. Zweizeilige Gerste (hodeum distichum). 4a. Frucht. – 5. Vierzeilige Gerste (H. vulgare). 5a. Frucht in der Spelze, 5b. Frucht. – 6. Fächer- oder Pfauengerste (H. zeocriton). 6a. Frucht. – 7. Sechszeilige Gerste (H. hexastichum). 7a. Blüte, 7b. Frucht.

Tab. 3 Vitamingehalt in Getreidekörnern (in µg/100 g) (1µg (Mikrogramm = 10^{-6} g)) [E. vitamin content in grains]

Getreidearten	B_1	B_2	B_6	E	Nicotinamid
Weizen	480	140	440	4300	5100
Roggen	350	170	290	4500	1810
Hafer entspelzt	520	170	960	1800	2370
Gerste entspelzt	430	180	560	2200	4800
Mais	360	200	400	6600	1500
Reis unpoliert	410	91	670	760	1300
Reis poliert	60	32	150	100	1300
Hirse geschält	260	140	750	1700	1800
Buchweizen	240	150	k. a.	3700	2900
Sojamehl	770	280	1100	21000	2200

k. a. = keine Angabe

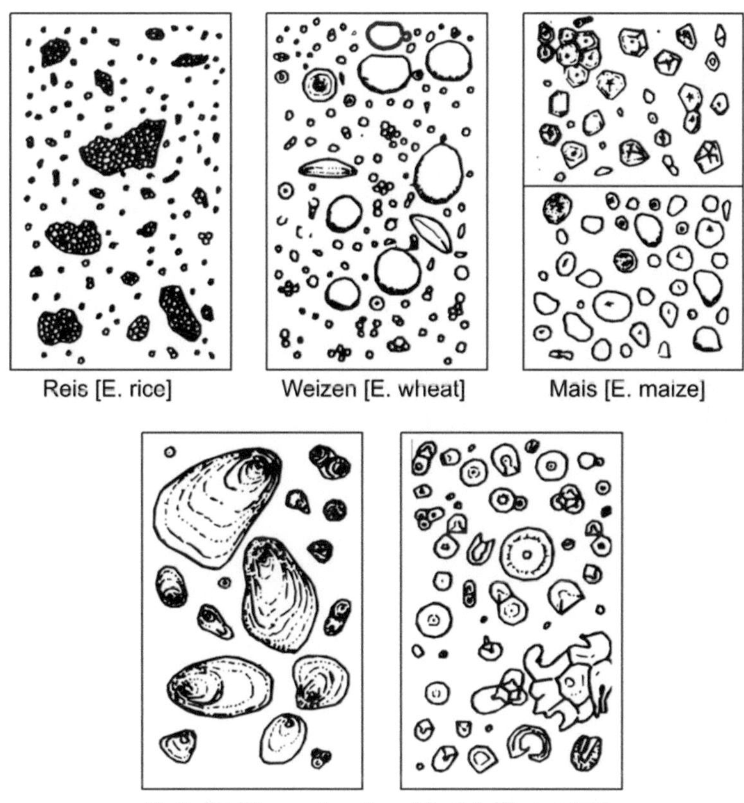

Abb. 4 Verschiedene Formen von Stärkekörnern (200-fach vergrößert), nach Gassner [E. different forms of starch corn (200 fold enlarged) by Gassner]

Tab. 4 Verkleisterung und Quellung von Stärketypen [E. gluciness and swelling of some starch types]

Stärketypen	Verkleisterungsbereich [°C]	Quellvermögen (-fach)
Kartoffelknolle	56–66	100
Sago (geperlte Kartoffelstärke)	58–70	97
Tapiokawurzel	–	71
Maisstärke	62–80	24
Weizenstärke	69–80	21
Reisstärke	61–78	19

Native[2] Stärke ist eine weiße Substanz, unlöslich in kaltem Wasser und Ethanol. In siedendem Wasser bildet Stärke eine kolloidale Lösung, die beim Abkühlen als Gel erstarrt.

Stärkekörner haben ein spezifisches Gewicht von $1{,}6\,\frac{g}{cm^3}$, die Gleichgewichtsfeuchtigkeit liegt bei $1{,}5\,\frac{g}{cm^3}$. Die Stärkekörner haben eine Größe zwischen 5 und 200 µm (1 µm = 1 Mikrometer = 10^{-6} m). Sie quellen in kaltem Wasser reversibel. Das Kornvolumen kann bis zu um 28 % zunehmen.

Hochkonzentrierte (40- bis 50 %ige) Stärkesuspensionen zeigen Dilatanz[3], d. h. zunehmende Viskosität mit steigender Schergeschwindigkeit.

Oberhalb einer bestimmten Temperatur beginnen die Stärkekörner irreversibel zu quellen.

Diese Quellung führt zu weitgehender Verkleisterung (Desintegration)[4] des Korngefüges (Tab. 4).

Bei Abkühlung entsteht daraus ein mehr oder weniger festes Gel (Stärkepudding).

1.2 Historisches [E. history]

Die Grundlage für die Ernährung der Menschen in den Stadtstaaten der frühen Hochkulturen war, wie auch heute, das Getreide.

Primitive Formen des Weizens der Sorte Emmer und der Gerste finden sich im Vorderen Orient schon um 9000 v. Chr. Im Getreideland Babylon, ein Staat im Zweistromland Mesopotamien an den Flüssen Euphrat und Tigris, wurde auf der Basis von Weizen und Gerste schon um 5000 v. Chr. Bier gebraut. Es war ein Volksgetränk und

[2]nativus (lat.) – natürlich entstanden.

[3]dilatare (lat.) – ausdehnen.

[4]desintegrare (lat) – auflösen, zerteilen; Desintegration heißt Ineinandergehen des Korngefüges.

galt auch als Arbeitslohn für erbrachte Leistungen (Kap. XX, Abschn. 5). Erst in der Bronzezeit (2000–800 v. Chr.) und Eisenzeit (ab 2. Hälfte des 1. Jahrtausends v. Chr.) kamen Hafer und Roggen als Kulturpflanzen dazu.

Maiskulturen als Nahrungsmittelquelle lassen sich in Mittelamerika bis in die Jahre 7000 v. Chr. zurückverfolgen.

Der Ursprung des Reises ist in Südostasien beheimatet. In China wurden um 2800 v. Chr. schon Reis, Sojabohnen, Weizen, Gerste und Hirse als Ackerkulturen angebaut. Das Weizenkorn diente in China als Bezugslängenmaß (Normalmaß). Zehn Weizenkörner in der Länge entsprachen einem Zoll = 2,54 cm[5].

Die ersten Getreidevorkommen in Europa lassen sich in die Zeit um 3500 v. Chr. datieren. Sie geben den Übergang von Wildgräsern zu kultivierten Getreidepflanzen zu erkennen. Funde in Pfahlbauten und Gräbern aus der jüngsten Steinzeit (5000–2000 v. Chr.) deuten auf die Nutzung und Züchtung von Zwergweizen, Gerste, Einkorn (Primitivform des frühen Weizen), Hirse, Ackerbohnen, Linsen und Erbsen hin.

Schon 1900 v. Chr. sind in China, Russland, Ägypten und Skandinavien Brotbacköfen bekannt.

1.3 Wintergetreide – Sommergetreide [E. winter grain – summer grain]

Wintergetreide bringt im Vergleich zu dem im Frühjahr ausgesäten Getreide generell höhere Erträge. Die Wachstumsphasen für Winterkulturen sind länger. Außerdem ist im Herbst der Boden oft schon mit Pflanzen bedeckt, sodass die Erosionsgefahr geringer ist und weniger Nährstoffe, wie z. B. Stickstoffdünger, ins Grundwasser gelangen.

Allerdings müssen Winterkulturen gegenüber dem Frost widerstandsfähig sein. Hafer ist das nicht und kann deshalb nur als Sommergetreide angebaut werden.

Dem niedersächsischen Zuchtunternehmen *Lochow-Petkus* in Bergen ist es gelungen, einen Winterhafer zu züchten, der Temperaturen bis –12 °C aushält. Doch darf der Winterhafer mit nicht zu viel Stickstoffdünger gedüngt werden, da sonst bei kalter windiger Witterung die Haferhalme einknicken.

Bei angemessener Düngerdosierung lassen sich beim Winterhafer die gleichen Ernteerträge erzielen wie bei der Wintergerste. Winterhafer würde für die Fruchtfolge beträchtliche Vorteile bieten.

Hafer wird zum Beispiel von Krankheiten verschont, die Gerste und Weizen befallen. Das sind Pilzkrankheiten an der Wurzel, wie z. B. die *Schwarzbeinigkeit,* die vom Hafer nicht übertragen wird. Die Weizenerträge könnten gesteigert werden,

---

[5]Zoll = 1″ ist eine alte Längeneinheit und entspricht 25,4 mm; heute ist diese Einheit nur noch für Rohrdurchmesser und Gewinde gebräuchlich.

wenn in der Fruchtfolge vor dem Weizen anstelle von Wintergerste Winterhafer angebaut werden könnte.

1.4 Entsorgung von Backwaren [E. disposal of bakery products]

Am Institut für Lebensmitteltechnologie II der Technischen Universität Berlin haben Friedrich Neuser und seine Mitarbeiter ein Verfahren entwickelt, um hygienisch einwandfreie Backwaren stofflich wiederzuverwerten. Das erarbeitete Kreislaufverfahren soll sich für alle Arten von Gebäck eignen (s. Literaturhinweise in diesem Kap. XXIV „Ich war ein Brot" (1999) Spektrum der Wissenschaft, Heft 9, S. 83).

1.5 Wirtschaftliches [E. economic] (Abb. 2 und 3)

Das Sortenspektrum im Getreideanbau in Deutschland ist breit.

Zurzeit werden auf ca. 6,5 Mio. ha (2013/2014) angebaut:

22 Sorten	Winterweizen
14 Sorten	Roggen
8 Sorten	Triticale
23 Sorten	Wintergerste
11 Sorten	Sommergerste
10 Sorten	Hafer

Die Ernteerträge des Getreides betrugen 2015 weltweit etwas über 2474 Mrd. t, davon

840,0 Mio. t	Mais	(Anbaufläche 144 Mio. ha)
473,2 Mio. t	Reis	(Anbaufläche 196 Mio. ha)
706,4 Mio. t	Weizen	(Anbaufläche 247 Mio. ha)

In Deutschland wurden 2015 48,68 Mio. t Getreide geerntet.

Davon entfielen auf	Weizen	26,5	Mio. t
	Gerste	11,68	Mio. t
	Triticale	2,6	Mio. t
	Mais	3,8	Mio. t
	Roggen	3,5	Mio. t
	Hafer	0,6	Mio. t

Die Getreideproduktion in der EU-28 wird für das Jahr 2015 mit ca. 307,3 Mio. t angegeben.

Getreide als Futtermittel dient zur Deckung des Proteinbedarfs in der menschlichen Ernährung. Das tierische Eiweiß des Mastviehs, der Milchkühe und auch der Hühner schließt die Lücke der essenziellen Aminosäuren im pflanzlichen Eiweiß. Doch der Verlustfaktor ist sehr hoch, nämlich 90 %. Nur 10 % der über die Futtermittel aufgenommenen Nährstoffe schlagen sich als verwertbares tierisches Eiweiß nieder.

2 Zöliakie[6] [E. celiac disease]

Sie ist eine bei Säuglingen und Kleinkindern auftretende Darmerkrankung, die mit Diarrhoen[7], schweren Verdauungsstörungen und Vitaminverlusten bzw. Vitaminmangelerkrankungen einhergeht.

Sie wird verursacht durch eine Überempfindlichkeit des Magen-Darm-Traktes gegenüber den im Weizen, Roggen, Hafer und in der Gerste vorkommenden Eiweißbestandteils *Gliadin*. Die Behandlung dieser Stoffwechselerkrankung erfolgt rein diätetisch, in dem als Kohlenhydrate nur Kartoffeln, Mais, Hirse und Reis verzehrt werden dürfen. Diese enthalten das Gliadin nicht.

Bei schweren Formen der Zöliakie sind die Stuhlgänge massig, schaumig und stinkig. Der Leib ist aufgetrieben, und es tritt starker Gewichtsverlust ein. Damit einher gehen Blutarmut und Eiweißmangel.

1 Mio. Menschen in Deutschland leidet an der Darmerkrankung Zöliakie. Diese Menschen sind auf Grundnahrungsmittel wie Brot, Gebäck und Mehl angewiesen, die absolut frei von Prolaminen sind.

Der Einsatz von Gentechnik ermöglicht die Beseitigung dieser Proteine im Weizen, Roggen, Hafer und der Gerste. Ein breiteres Angebot an diätetischen Nahrungsmitteln wird dann den Erkrankten eröffnet werden.

3 Mutterkorn [E. ergot] und Getreidepilze [E. cereal fungi]

Mutterkorn (lat. Secale cornutum) ist ein dunkelviolettes bis schwarzes an Fruchtknoten von Getreidearten und Gräsern gebildetes Dauermycel des Pilzes *Claviceps purpurea*. Besonders Roggen ist vom Mutterkorn befallen. Es entwickelt sich in der Ähre anstatt eines normalen Korns und fühlt sich hornartig an. Es ist mit einer Länge von 1 bis 4 cm sichelähnlich gebogen. Die Wandsubstanz besteht aus Chitin.

Mutterkorn enthält die sogenannten Mutterkornalkaloide, die für ihre hohe Giftigkeit verantwortlich sind.

---

[6] koilia (gr.) – Bauchhöhle.

[7] diarrhoia (gr.) – Durchfluss; verschiedene Arten von Durchfall.

Als Ergotismus (Antoniusfeuer, Heiliges Feuer, Kribbelkrankheit, Ameisenlaufen) bezeichnet man die Krankheit, die nach dem Verzehr von mutterkornhaltigem Getreide auftritt. In früheren Zeiten führte dieser Pilz immer wieder zu verheerenden Massenerkrankungen bei Mensch und Tier. Andererseits wird Mutterkorn auch kommerziell zur Herstellung von Arzneimitteln produziert. Derzeit gibt es keine geeigneten Pflanzenschutzmittel zur Bekämpfung des Mutterkornpilzes. Nur vorbeugende Maßnahmen wie tiefes Pflügen und Fruchtwechsel können zur Befallsminderung eingesetzt werden. Wichtig ist auch, dass die Feldraine mit ihren Wildgräsern als mögliche Infektionsquelle regelmäßig gemäht werden. Eine Verseuchung der Getreideprodukte kann nur durch intensive Reinigungsmaßnahmen ausgeschlossen werden, wie sie durch die moderne müllereitechnische Verarbeitung gewährleistet ist. Verbraucher, die ihr Getreide selbst schroten, sollten deshalb sorgfältig auf Verunreinigungen durch Fruchtkörper des Mutterkornpilzes achten. Auch heute kommen immer noch Vergiftungen durch Alkaloide des Mutterkorns vor. Während des Mahlens des Getreides zu Mehl und Schrot gelangen sie über den Getreidestaub in den Körper.

3.1 Historisches [E. history]

An Mutterkornvergiftungen sind im Mittelalter Hunderttausende von Menschen gestorben. So wurden z. B. im Jahr 934 in Limoges/Frankreich etwa 40.000 Personen Opfer dieser verheerenden Krankheit. In einer Chronik wird berichtet: „Schreiend, jammernd und sich krümmend brachen Menschen auf der Straße zusammen. Manche standen von ihren Tischen auf und rollten sich wie Räder durch das Zimmer, andere fielen um und schäumten in epileptischen Krämpfen; noch andere erbrachen sich und zeigten Zeichen plötzlichen Wahnsinns, von diesen schrien viele ‚Feuer – ich verbrenne'."

Die hohe Zahl der Opfer ist dadurch zu erklären, dass bis zur Einführung der Kartoffel und Ausweitung des Weizenanbaus im 19. Jahrhundert der Roggen in weiten Teilen Nordwesteuropas das vorherrschende Brotgetreide war. Vor allem nach Missernten war die Masse der ärmeren Bevölkerung gezwungen, das Getreide mit allen Beimengungen wie Unkrautsamen, Mutterkorn und von Brandpilzen befallenen Körnern zu vermahlen und zu verzehren. Von einigen Orten in Hessen-Darmstadt wird berichtet, dass in den Mutterkornjahren 1770 und 1771 ein Viertel, ein Drittel und sogar die Hälfte der Roggenernte aus Mutterkörnern bestand. – Die letzten Vergiftungen größeren Ausmaßes in Europa ereigneten sich 1951 in der französischen Kleinstadt Pont St. Esprit. Dort war in skrupelloser Weise mit Mutterkorn vermischter Roggen dem Weizen beigemischt, vermahlen und verbacken worden. Es erkrankten mehr als 200 Personen, 4 davon starben.

Erste Zusammenhänge zwischen dem Verzehr von befallenem Getreide und der Krankheit wurden 1630 von einem Antwerpener Arzt erkannt. Jedoch erst 1852 konnte der französische Forscher Edmond Tulasne (1815–1885) endgültig nachweisen, dass es sich bei Mutterkorn um einen Pilz handelt. Er beschrieb erstmals den Entwicklungszyklus dieses Krankheitserregers.

Die Anzeichen von akuter Mutterkornvergiftung sind Übelkeit, Kopfschmerzen, Krämpfe, Gefühllosigkeit der Arme und Beine, Gebärmutterkontraktionen, Fruchtabgänge und Gebärmutterzysten. Bei der chronischen Mutterkornvergiftung gibt es zwei Erscheinungsformen. Die *Krampfseuche (Ergotismus convulsivus),* die auch Kribbelkrankheit genannt wird, beginnt mit einem Juckreiz auf der Haut und führt später zu starken Muskelkrämpfen, die sich über Stunden erstrecken können. Die Vergiftung ist mit starkem Hungergefühl verbunden, das oft die Krankheit noch steigert, da in großen Mengen weiteres möglicherweise verseuchtes Brot aufgenommen wird.

Die zweite Erscheinungsform wird *Brandseuche (Ergotismus gangraenosus)* genannt; bei ihr entsteht zunächst in einzelnen Gliedmaßen ein brennender Schmerz, das betroffene Glied verfärbt sich dann über dunkelrot nach schwarz. Später wird es völlig gefühllos, stirbt ab und wird ohne Blutverlust vom Körper abgestoßen. Die Brandseuche wird auch als „Antoniusfeuer" bezeichnet, da die Kranken den heiligen Antonius als ihren Schutzheiligen anriefen und viele in den Spitälern seiner Bruderschaft gepflegt wurden. Die berühmteste bildliche Darstellung dazu findet sich auf dem Isenheimer Altar (1500–1510) von Mathias Grünewald in Colmar (Frankreich). Ihre Heilung in den Spitälern der Bruderschaft verdankten die Erkrankten meist allein der besseren Ernährung mit Brot aus gereinigtem Getreide.

3.2 Beispiel eines Mutterkornalkaloids – Ergotamin [E. example of an alkaloid – ergotamine]

Alkaloide [E. alkaloids] sind basische Naturstoffe, die ein oder mehrere meist heterozyklisch eingebaute Stickstoffatome enthalten. Sie kommen vornehmlich in Pflanzen vor und sind in diesen salzartig an Pflanzensäuren gebunden. Die meisten Alkaloide sind Nervengifte und können sich deshalb im Tierreich nicht in größeren Mengen bilden. Die wenigen Alkaloide, die aus dem Tierreich stammen, gehören in die Gruppe der Amphibien. Als Toxine[8] (Gifte) dienen sie der Verteidigung und dem Schutz vor Mikroorganismen. Sie werden durch Hautdrüsen ausgeschieden.

Bekannt sind mehrere Tausend Alkaloide, von denen der größte Teil in ihrer Struktur aufgeklärt ist. Viele von ihnen haben eine ausgeprägte pharmakologische Wirkung.

[8]toxikon (gr.) – zum Pfeil gehöriges Gift.

Beispiele für heterozyklische Stickstoffverbindungen mit vereinfachten Strukturformeln:

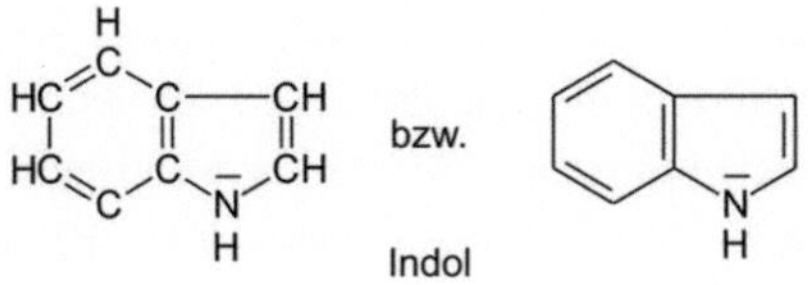

bzw.

Indol

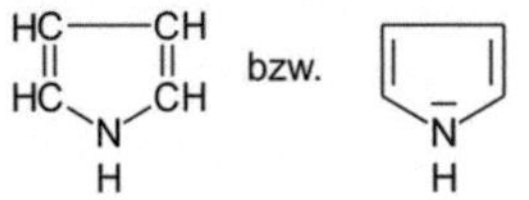

bzw.

Pyrrol

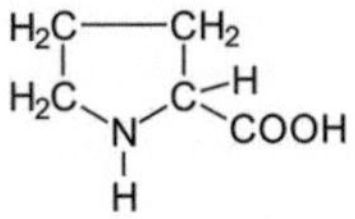

Prolin, eine zyclische α-Aminosäure (Kap. V, Abschn. Aminosäuren)

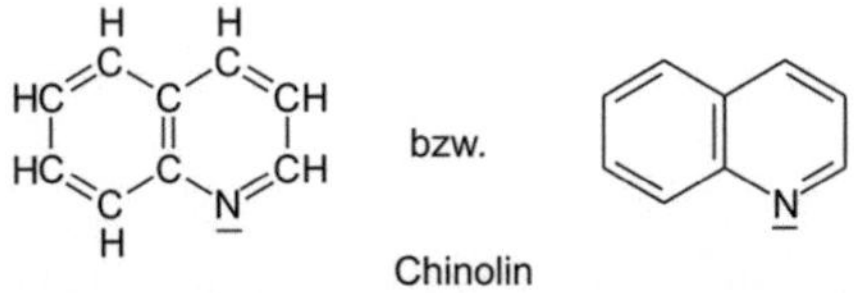

bzw.

Chinolin

Lysergsäure, ein Bestandteil des Mutterkornalkaloids *Ergotamins,* ist aus einem Indolring und einem weitgehend hydrierten Chinolinring aufgebaut, sie ist somit eine tetrazyklische Verbindung:

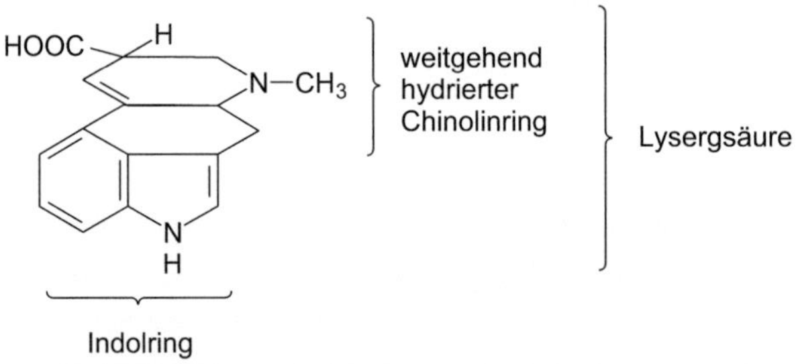

weitgehend hydrierter Chinolinring

Lysergsäure

Indolring

Aus dem Mutterkorn lässt sich eine Reihe von Alkaloiden gewinnen. Ein wichtiger Vertreter ist das *Ergotamin.* Es gehört in die Gruppe der Alkaloidpeptide. Als zyklisches Tripeptid ist es aus den

Aminosäuren L-Prolin

L-Phenylalanin $C_6H_5-CH_2-CH(NH_2)-COOH$,

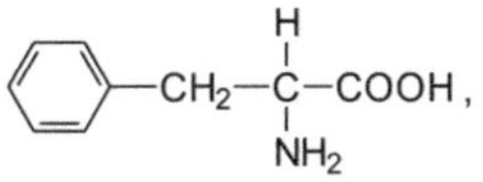

L-α-Hydroxylalamin $H_3C-C(OH)(NH_2)-COOH$ und der

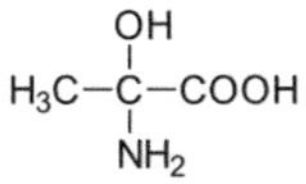

(+)-Lysergsäure aufgebaut.

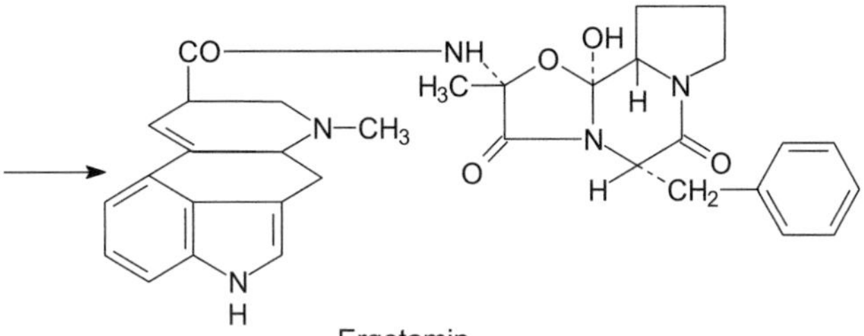

Ergotamin

Eine besondere pharmakologische Wirkung haben Mutterkornalkaloide, in denen die Lysergsäure mit einem trizyklischen Peptidrest verknüpft ist, wie z. B. im Ergotamin. Sie haben eine uteruskontrahierende[9] Wirkung, die zu einer breiten Anwendung in der Gynäkologie[10] geführt hat. Auch wird es zur Dämpfung des vegetativen Nervensystems eingesetzt.

Heute wird es als Reinalkalorid halbsynthetisch oder synthetisch gewonnen.

Die Auslösung einer Kontraktur erfolgt an der glatten Muskulatur der Blutgefäße. Die tödliche Dosis (LD = letale Dosis) von Ergotamin für den Menschen wird mit 10 mg p. o.[11] (durch Mundaufnahme) und 0,5 mg bei intravenöser[12], i. v., Injektion angegeben.

Die letale Dosis des gesamten Mutterkorns wird für den Menschen auf 5 bis 10 g bei Mundaufnahme geschätzt.

3.3 Getreidepilze [E. cereal fungi]

Getreideschwarzrost und Getreidegelbrost sind Pflanzenkrankheiten, von denen der Weizen oft befallen wird. Sie werden durch die Pilze *puccinia graminus* und *puccinia striiformis* ausgelöst. Weizenfelder werden von ihnen befallen und deren Ernten stark vermindert. Die Sporen dieser Pilze werden vom Wind über die Landschaften getragen und verteilt. Die Pilze des Schwarzrostes sind frostempfindlich und haben in Regionen

[9]uterus (lat.) – Mutterleib, Gebärmutter; contrahere (lat.) – zusammenziehen.

[10]gyn (gr.) – Weib, Gynäkologie ist die Lehre von den Frauenkrankheiten.

[11]per (lat) – durch, mit für; os (lat.) – Mund.

[12]venosum (lat.) – Vene betreffend.

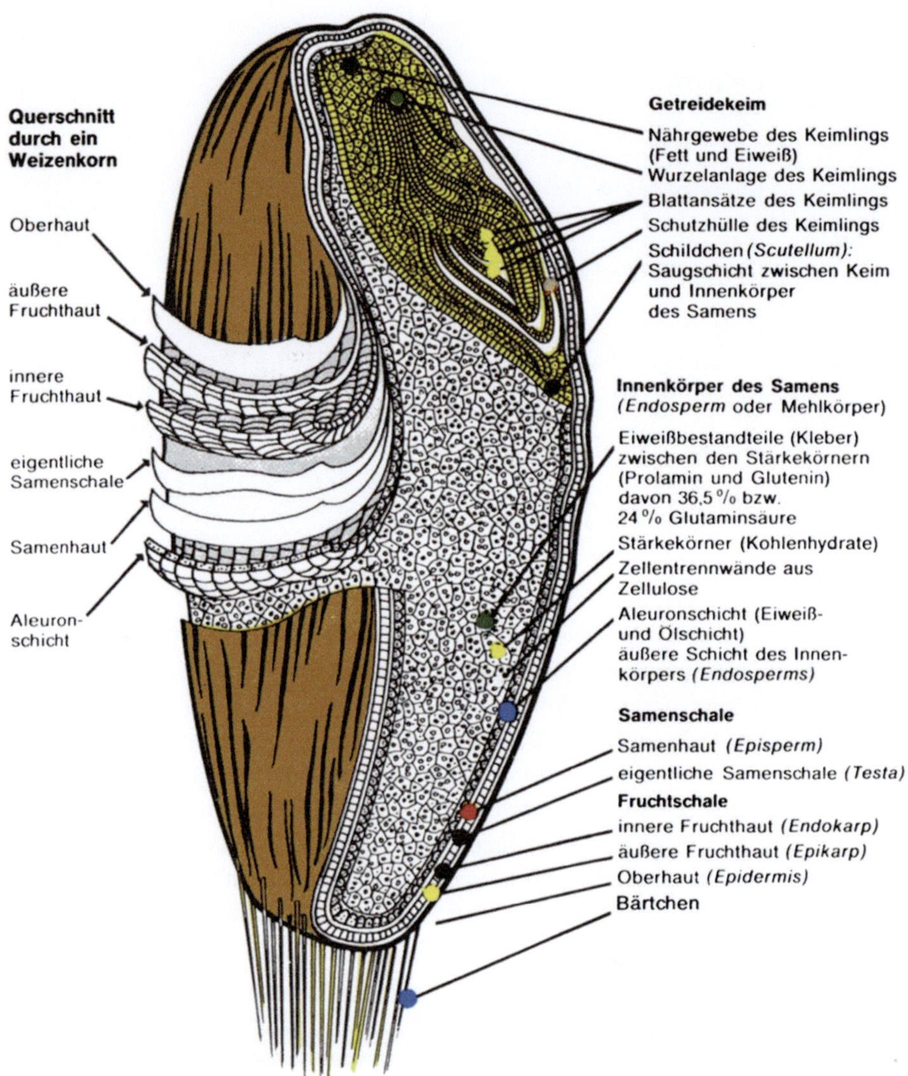

Abb. 5 Schnitt durch ein Weizenkorn [E. section through a grain of wheat]

mit kalten Wintern, wie z. B. das Europa nördlich der Alpen, keine Vermehrungschancen. Dagegen sind die Pilze des Getreidegelbrostes kälteunempfindlich und breiten sich auch in nördlichen Gegenden der Nordkontinente aus.

In den 50er-Jahren des letzten Jahrhunderts war der Schwarzrostbefall von Weizenfeldern in Uganda (Afrika) entdeckt worden. Durch Züchten von resistenten Weizensorten traten keine Epidemien mehr auf. Doch im Jahr 1999 wurden neue Varianten des

Schwarzrostpilzes in Afrika und im Nahen Osten wieder entdeckt. Sie fügen den Weizenpflanzen große Schäden zu. Sie sind inzwischen bis nach Süditalien und dem gesamten Balkan vorgedrungen.

Der Getreidegelbrost vernichtet große Teile der Weizenernten in Äthiopien, Usbekistan und Afghanistan. Auch in die höher gelegenen Regionen Italiens und Marokkos ist dieser Pilz inzwischen vorgedrungen sowie nach Skandinavien.

Zurzeit wird versucht, den Getreideschwarzrost und -gelbrost mit Fungiziden einzudämmen. Durch Züchten von resistenten Weizensorten erhofft man, diese Weizenepidemien wieder ganz einzudämmen.

Vermutet wird, dass der globale Tourismus und internationale Austausch von Nahrungsmittelrohstoffen ebenfalls ein Grund für die Ausbreitung von Pflanzenkrankheiten sind.

4 Weizen [E. wheat]

Weizen (lat. Triticum aestivum bzw. Poaceae) ist das wichtigste Brotgetreide in der Welt. Seine hohe Backqualität mit feinporiger Krumenstruktur und großem Gesamtvolumen verdankt es seinem Kleber, ein Reserveprotein der Prolamine und Gluteline. 80 % des Klebers befinden sich im Endospermeiweiß, dem Mehlkörper des Weizenkorns.

Gluteline sind niedermolekulare Sphäroproteine (Kap. V, Abschn. 3.1).

Zu etwa gleichen Teilen bilden Gluteline mit den Prolaminen den Kleber.

Prolamine ist die Sammelbezeichnung für Reserveproteine in Getreidearten, z. B. *Gliadin*[13] im Weizen und Hafer, *Secalin* im Roggen, *Hordein* in der Gerste, *Zein* im Mais, *Oryzin* im Reis und *Kafirin* in der Hirse. Die Prolamine sind in 70 %igem wässrigem Ethanol löslich und können mit diesem von den Glutelinen abgetrennt werden.

Die elastischen Eigenschaften eines Weizenbrotteiges hängen u. a. von der reversiblen Ausbildung von Disulfidbrücken zwischen den Thiolgruppen, •SH, des Cysteins ab bzw. die Krumenstruktur von deren Fixierung während des Backens (Kap. VII, Abschn. 10).

Der Weizen wird botanisch in verschiedene Arten unterteilt. Sie gliedern sich nach der Zahl ihrer Chromosomen in drei Reihen. Die Chromosomenzahl ist ein Vielfaches der Grundzahl 7 (Kap. XXV, Abschn. 8.1).

Die *Einkornreihe* (lat. Monococca) besitzt 14 Chromosomen, deshalb wird sie auch Diploidea genannt. Ihre Urheimat ist Kleinasien.

Die *Zweikornreihe,* Emmerreihe (lat. Dicoccodidea) hat 28 Chromosomen (Tetraploidea). Sie stammt aus Äthiopien. Zur Zweikornreihe gehört auch der Hart- oder Glasweizen (lat. Triticum durum). Er ist besonders zur Herstellung von Teigwaren, z. B. Makkaroni, beliebt.

Die *Dinkelreihe* (lat. Speltoidea) weist 42 Chromosomen (Hexaploidea) auf.

90 % des Weizenanbaus nimmt der Weichweizen (lat. Triticum aestivum) ein, und zwar als Sommer- oder Winterweizen. Er gehört zur Dinkelreihe, die aus Kleinasien kommend in rauen Lagen Europas gut gedeiht.

[13]glia (gr.) – Leim.

Triticale ist eine Kreuzung aus Weizen (lat. Triticum cereala) und Roggen (lat. secala cereala). Triticale ist sehr stärkehaltig, enzymreich und wächst im rauen Klima Nordeuropas besonders gut.

Buchweizen zählt nicht zu den Gräsern und somit auch nicht zum Getreide. Er ist ein Knöterichgewächs.

4.1 Anatomie des Weizenkorns [E. anatomy of wheat grain] (Abb. 5)

- Äußere Schicht – Getreideschale
  Oberhaut – Cellulose
  äußere Fruchthaut
  innere Fruchthaut
  eigentliche Samenschale
  Samenhaut
  Aleuronschicht
  Mineralien, wasserlöslicher Vitamin-B-Komplex
- Endosperm – Mehlkörper
  enthält Stärke (Kohlenhydrate)
  und Proteine (Kleber)
  als Energiedepot
- Samenschale
- Fruchtschale
- Keimling
  Keimöl und
  fettlösliche Vitamine, z. B. Vitamine A, D, E
- Inhaltsstoffe des Weizens
  Kohlenhydrate 55–75 %
  Stärke, Dextrine, Zucker, Pentosane
  Protein 5–18 %
  Gliadin, Glutenin, Reserveeiweiß in der Aleuronschicht
  Fette 2–5 %
  vorwiegend im Keimling und in den Aleuronzellen
  Mineralstoffe ~2 %
  Wasser ~15 %
  Vitamine
  wasserlösliche: B-Komplex in der Aleuronschicht
  fettlösliche: Tocopherole im Keimling
  Enzyme
  Amylasen, Proteinasen, Lipasen

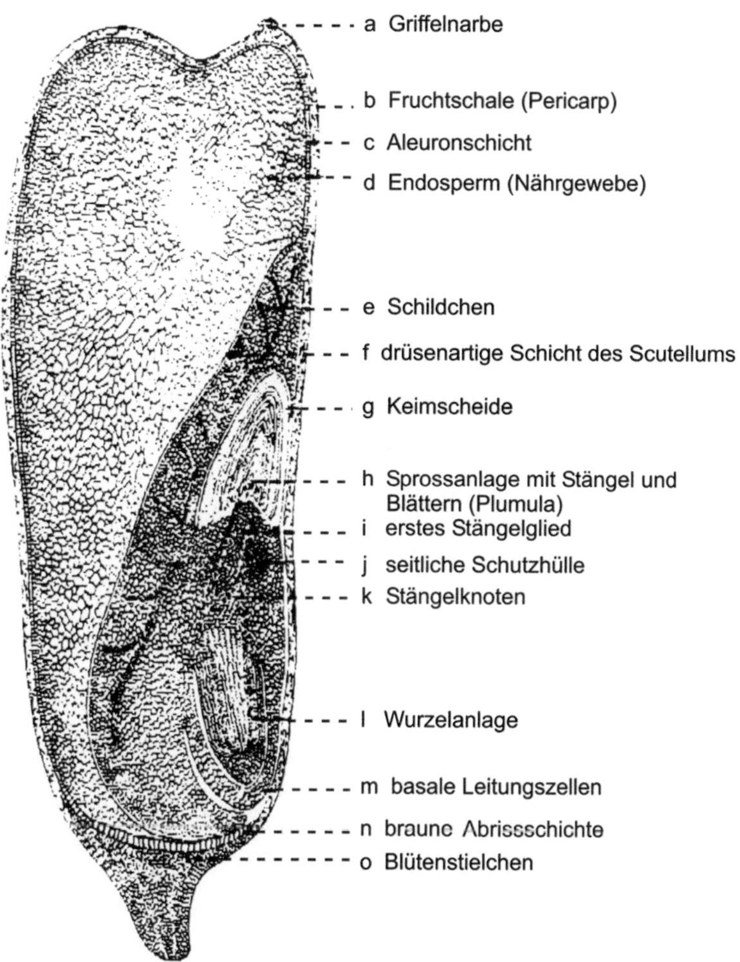

Abb. 6 Senkrechter Schnitt durch ein Maiskorn [E. vertical section through a grain of maize]

4.2 Wachstumsförderung von Weizengetreide mittels Bakterien[14] [E. promotion of wheat through bacteria]

Bekannt ist, dass Bakterien, die sich im Wurzelbereich von Pflanzen ansiedeln, das Wachstum kräftig fördern können. Die Bakterienart *Azotobacter*[15] *chroococcum* hält sich häufig im Wurzelgeflecht von Weizenpflanzen auf. Sie erschließt die schwer löslichen

[14]Biology and Fertility of Soils, Bad. 28, S. 301.

[15]Azotobacter sind bewegliche sporenlose Bodenbakterien mit der Fähigkeit, Luftstickstoff zu assimilieren (verwerten).

zoon (gr.) – Lebewesen; a (gr.) – als Vorsilbe *nicht*: azoto (gr.) – Stickstoff, ein Stoff, der das Leben erstickt.

Phosphate aus dem Boden und versorgt die Pflanze somit mit den wichtigen Phosphatnährstoffen. Außerdem scheidet das Azotobacter Wachstumshormone aus, die zusätzlich zum Gedeihen des Weizens beitragen.

Diese Wachstumsstimulierung haben Wissenschaftler in Indien an der Universität *Histar* genauer untersucht. Sie haben besonders leistungsfähige Bakterienstämme aus den Weizenwurzeln isoliert, vermehrt und mit einer mutagenen Substanz behandelt.

Aus den Populationen wurden die Stämme ausgewählt, die besonders effizient Phosphate aus dem Boden herauslösen und viele Wachstumshormone, in diesem Fall Indolylessigsäure, produzieren.

Die Ergebnisse sind so sehr ermutigend, dass sie als großflächige Freilandversuche geeignet sind.

In tropischen und subtropischen Regionen sind die Äcker häufig sehr arm an huminsäurelöslichen Phosphaten.

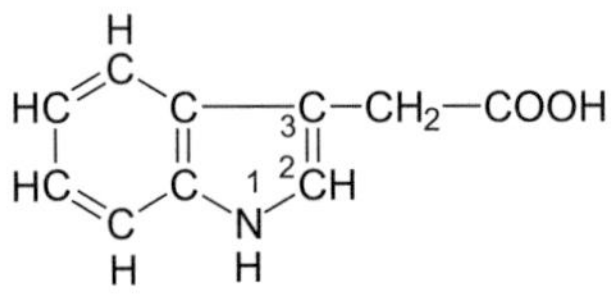

3-Indolylessigsäure

Die 3-Indolylessigsäure und einige mit ihr verwandte Indolabkömmlinge gehören zur großen Gruppe der Pflanzenwuchsstoffe, *Phytohormone*[16].

Sie beeinflussen das Streckungswachstum und andere Entwicklungsprozesse bei höheren Pflanzen. Die 3-Indolylessigsäure wurde erstmalig 1934 aus Harn und Hefe isoliert, 1946 auch aus reifenden Maiskörnern.

In den Pflanzen wird 3-Indolylessigsäure aus der Aminosäure Tryptophan aufgebaut

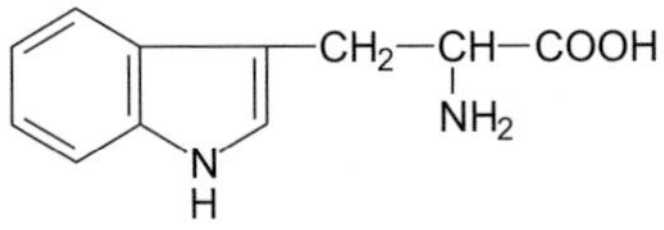

D, L-Tryptophan

5 Mais [E. maize, corn]

Wie Weizen und Reis ist Mais (lat. zea mays) eine Graspflanze. Sie bildet einen 3 bis 6 cm dicken und bis zu 2,50 m hohen Spross aus mit langen breiten Blättern. An den unteren Stängelknoten entstehen Stützwurzeln.

---

[16]phyton (gr.) – Pflanze.

Abb. 7 Reisähre und Maiskolben [E. ear of rice and corncob]

Der weibliche Blütenstand, der in den Blattachseln sitzt, ist ein von Hüllblättern umgebener Kolben. Die Spindeln dieses Kolbens sind in Längsreihen mit Körnern (Fruchtknoten) besetzt (Abb. 6 und 7). Die fadenförmigen Griffel treten an der Spitze des Kolbens als sogenannte Seide aus den Hüllblättern hervor. Der Maiskolben wird vollständig von festen stabilen Blättern (auch Lieschen genannt) umhüllt.

Der männliche Blütenstand ist eine Rispe. Jedes Maiskorn enthält einen ölhaltigen Kern, der von stärkehaltigen Nährstoffen umgeben ist. Die Stärke ist ein Polymerisationsprodukt der fotosynthetisierten Glucose. Der Maiskern macht 10 bis 13 % des Massenanteils des Korns aus. Aus ihm wird das Maiskeimöl gewonnen, das im Haushalt verwendet wird und ein wichtiger Bestandteil der Margarine ist. Die einzelnen Inhaltsstoffe des Maiskorns sind in den Tab. 2 und 3) aufgeführt.

Dem Maiseiweiß, Zein, fehlen die essenziellen Aminosäuren Lysin (Kap. V, Abschn. 2.2),

$$\underset{\displaystyle NH_2}{\underset{|}{H_2C}}-CH_2-CH_2-CH_2-\underset{\displaystyle NH_2}{\underset{|}{CH}}-COOH,$$

und Tryptophan,

$$\text{Tryptophan: Indol-3-yl}-H_2C-CH(NH_2)-COOH$$

Diese müssen dem Maismehl vor der Verarbeitung zu Nahrungsmitteln zugesetzt werden, oder der Speisezettel muss durch andere eiweißhaltige Nährstoffe wie Hülsenfrüchte oder Fleisch ergänzt werden. Außerdem kann das im Mais vorliegende Vitamin Niacin vom menschlichen Organismus nicht aufgeschlossen werden.

$$\text{Pyridin-3-}COOH$$

Nicotinsäure (Niacin)

Ein Niacinmangel löst die Krankheit Pellagra[17] aus. Sie äußert sich durch Hauterkrankungen, Mundentzündungen, Durchfall, Erbrechen und schließlich durch Störungen im Nervensystem. Auch Niacin sollte den Maisprodukten zugegeben werden (Kap. XVII, Abschn. 2.8).

Allerdings wussten die Indianer schon, die über eine lange Tradition im Maisanbau und in der Maisverwertung verfügten, dass bei einem Einweichen der Maiskörner in wässriger Aschelösung diese sich nicht nur besser vermahlen lassen, sondern auch ihr Nährwert erhöht wird. Heute ist bekannt, dass durch Kalk- oder Alkalilösungen das im Mais gebundene Niacin für den menschlichen Körper resorbierbar wird.

In Lateinamerika wird Mais deshalb immer noch zusammen mit Bohnen und Kürbissen angebaut. Diese drei Produkte ergänzen sich zu einer ausgewogenen Vollwertnahrung, indem die fehlenden essenziellen Aminosäuren und auch das Niacin durch die Bohnen ergänzt werden. Der Kürbis mit seinen großen Blättern am Boden verhindert das Wachsen von Unkräutern und Ungräsern (Herbiziden)[18].

Der Mais ist eine anspruchsvolle Pflanze und bedarf eines nährstoffreichen Humusbodens, der immer wieder durch phosphat-, stickstoff- und kaliumhaltige Mineraldünger jährlich aufgebessert werden muss. Er stellt hohe Ansprüche an ein warmes Klima bzw. an milde Keimtemperaturen, die zwischen 8 und 10 °C liegen. Auch viel Feuchtigkeit verlangt er. Für 1 L geerntete Maiskörner müssen 537 L Wasser bereitstehen. Die Maispflanzen gedeihen auf gut gedüngtem Boden schnell. Tägliche Wachstumslängen von 11 bis 12 cm sind keine Ausnahme. Sorgfältig muss beim Säen vorgegangen werden. Es dürfen nicht zu viele Saatkörner auf eine Stelle eingebracht werden. Aufgrund ihres hohen Nährstoff- und Wasserbedarfs würden sie ersticken. Je nach Maissorte ist die

[17] pelle agra (ital.) – schlechte Haut.

[18] herba (lat.) – Kraut, Gras.

Bepflanzung unterschiedlich dicht. Für Kornmais werden 8 bis 10 Pflanzen/m^2 angegeben, für Silomais 10 bis 14 Pflanzen/m^2 und für Futtermais 15 bis 20 Pflanzen/m^2.

Mais ist über die gesamte Erde verbreitet. Im Norden reicht sein Anbau bis zum 58. Breitengrad, d. h. bis nach Kanada, Südschweden und Russland und im Süden der Erdhalbkugel bis zum 42. Breitengrad, nach Neuseeland. Die ausgedehntesten Maisanbaugebiete liegen in Nordamerika.

Maiskorn lässt sich gut lagern. Das wussten schon die nordamerikanischen Indianer. Sie vergruben ihre Vorräte, damit sie im Winter oder Kriegszeiten Nahrungsmittelreserven hatten. Diese Methode wird heute noch in afrikanischen Ländern praktiziert, in denen der Maisanbau heimisch ist.

Europäische Einwanderer nach Nordamerika haben sich in dem harten Winter 1620/1621 von diesen in der Erde vergrabenen Maisreserven ernährt. Mais zählt auch heute zu den haltbarsten Grundnahrungsmitteln. Zehn Jahre alte Körner vermögen noch zu keimen.

5.1 Verwendungsarten [E. applications]

Mais lässt sich zu verschiedenen Arten von Speisen zubereiten, die die Menschen unmittelbar täglich zu sich nehmen. Weltbekannt sind die Cornflakes, die von Will Kellogg 1860–1951), ein amerikanischer Nahrungsmittelfabrikant, am Ausgang des 19. Jahrhunderts entwickelt worden sind. Beheizte Walzentrockner wurden mit gedämpften und gepressten Maisflocken beschickt, sodass dünne knusprige Maischips erhalten wurden, die wegen ihres Geschmacks bis heute reißenden Absatz finden. Die wichtigsten Maissorten sind *Puffmais* (pop corn), *Zuckermais* (sweet corn), *Zahnmais* (dent corn), *Hartmais* (flint corn) und *Stärkemais* (flour corn), der auch Weichmais genannt wird.

Wird *Puffmais* mit Wasserdampf erhitzt, dann füllt sich die Stärke mit Dampf, und die Schale zerplatzt. Nach dem Trocknen wird ein schmackhaftes knusperiges Produkt (pop corn) erhalten.

Zuckermais enthält einen höheren Anteil von Glucose und schmeckt deshalb süß. Er wird häufig mit den Maiskolben serviert und muss nach dem Ernten sofort gekocht werden. Als Vorspeise ist er beliebt.

Der *Zahnmais* hat seinen Namen nach der Form des Korns erhalten. An der Kornspitze ist er leicht eingedellt. Diese entsteht durch Stärkeschwund im Endosperm. Zahnmais hat einen hohen Stärkegehalt, schmeckt leicht süß. Er ist zurzeit die wirtschaftlich bedeutendste Maissorte in der Welt.

Hartmais ist insektenresistent, lange haltbar und in Tropenanbauländern ein tägliches Nahrungsmittel.

Stärkemais lässt sich sehr gut vermahlen und wird fast ausschließlich in Süd- und Mittelamerika gesät, geerntet und verarbeitet. Die Maisstärke lässt sich enzymatisch leicht zu Zuckern (Mono-, Di- und Oligosacchariden) abbauen. Man erhält den dickflüssigen *Maissirup,* der Bonbons, Ketchup, Fleischkonserven, Fertigsoßen und Suppen zugesetzt wird. Er stabilisiert den Feuchtigkeitsgehalt und erhöht die Haltbarkeit der Nahrungsmittel. Maisstärke ist Bestandteil der Babynahrung, von Marmeladen, Trockenmilch und vielen Pulverkaffees. Sie dient als Trägersubstanz von pharmazeutischen und kosmetischen Wirkstoffen oder als Zusatzstoff in Zahnpasten, Waschmitteln, Streichhölzern und gar Holzkohlebriketts.

So wie die Lebensgewohnheiten der Völker sich sehr voneinander unterscheiden, so sind es auch die Zubereitungen des Maises zum täglichen Verzehr. Ganze Maiskörner werden gekocht oder geröstet, aus Maismehl wird Maisbrei bereitet.

Zum Brotbacken eignet es sich ebenso wenig wie Reis, da dem Zein (Maisprotein, Maiskleber) das dazu notwendige Gliadin und Glutenin fehlen (Abschn. 4). Deshalb lassen sich nur die bekannten Flachbrote (Fladen) herstellen.

Aus dem *Maisprotein* wird Glutamat durch Eiweißspaltung gewonnen, das als Geschmacksverstärker vielen Nahrungsmitteln zugesetzt wird.

$$NaO-\underset{\underset{O}{\|}}{C}-\overset{\overset{H}{|}}{\underset{\underset{NH_2}{|}}{C}}-CH_2-CH_2-\underset{\underset{O}{\|}}{C}-ONa$$

Natriumglutamat, ein Natriumsalz der Glutaminsäure (Kap. V, Abschn. 7).

Maiskeimöl enthält 30 % ungesättigte Fettsäuren, wie z. B.

Ölsäure (einfach ungesättigt), $H_3C{-}(CH_2)_7{-}CH{=}CH{-}(CH_2)_7{-}COOH$,

Linolsäure (zweifach ungesättigt), $H_3C{-}(CH_2)_5{-}CH{=}CH{-}CH{=}CH{-}(CH_2)_7{-}COOH$,

daneben 12 % Palmitinsäure (gesättigt), $H_3C{-}(CH_2)_{14}{-}COOH$ und

2,5 bis 4,5 % Stearinsäure (gesättigt), $H_3C{-}(CH_2)_{16}{-}COOH$.

All Fettsäuren sind mit Glycerin, $\underset{\underset{OH}{|}}{H_2C}-\underset{\underset{OH}{|}}{CH}-\underset{\underset{OH}{|}}{CH_2}$, zu Ölen bzw. Fetten verestert. (Kap. XVI, Abschn. 2). Maiskeimöl enthält die fettlöslichen Tocopherole(Vitamin E) (Kap. XVII, Abschn. 1.3).

Es wird bei der Stärkefabrikation als Nebenprodukt erhalten und zu Speiseölen, Margarine und Diätpräparaten weiterverarbeitet.

Außerdem werden aus den Maisölen Seifen, Haarpflegemittel, Lederpflegemittel, Schmiermittel u. a. hergestellt.

5.2 Mais als Futtermittel [E. maize as stuff]

Nicht nur ein wertvolles Grundnahrungsmittel ist Mais, sondern auch ein Futtermittel für die Rinder-, Schweine- und Geflügelmast. In dieser Form kommt er der menschlichen Ernährung indirekt zugute, um die Eiweißlücke bzw. das Defizit an essenziellen Aminosäuren zu schließen.

Der im Mais enthaltene gelbe Farbstoff Xanthophyll gibt dem Mais die gelbe Farbe und färbt auch die Haut von maisgefütterten Hühnern gelb. Sie erhalten auf diese Weise ein appetitlicheres Aussehen.

Beim Xanthophyll[19] handelt es sich um eine Gruppe von Carotinoiden, die in zahlreichen gelben und roten Früchten bzw. Blüten enthalten sind. Ein in seiner Struktur aufgeklärter Xanthophyllfarbstoff ist das Lutein[20]

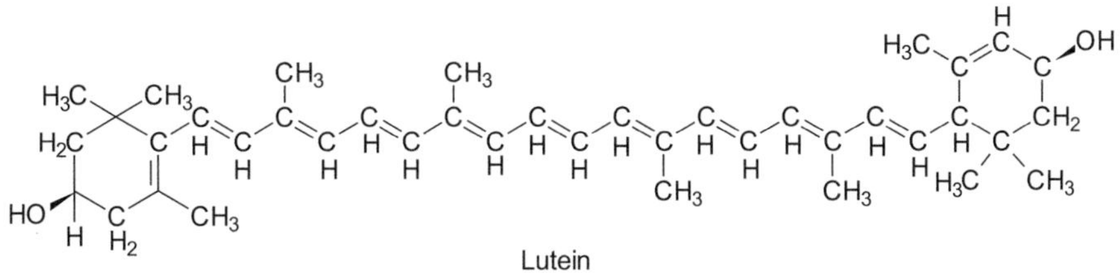

Lutein

5.3 Mais als Zusatzmittel in technischen Produkten [E. maize as additive in technical products]

Als Appreturmittel für Textilien und Lederprodukte haben speziell aufbereitete Maismehle Eingang gefunden, ebenfalls in Klebstoffen, Gussformen aus Metallen und Kunststoffen, moderne Papiere sowie Verpackungsmaterialien aus Pappen. Kunststoffe enthalten Maiszusätze oder -schichten.

Weltweit wurden 2015 840 Mio. t Mais geerntet. Nur ein Drittel davon wird unmittelbar dem Nahrungsmittelsektor zugeführt. Der größte Teil der restlichen zwei Drittel wird als Futtermittel in der Viehzucht und Viehmast eingesetzt, ein weiterer Teil wird für industrielle Zwecke verwendet.

5.4 Historisches [E. history]

Der älteste Mais wurde 1953 bei Ausschachtungen für ein Hochhaus in Mexiko-City gefunden. In einer Tiefe von 7 m und dann wieder von 69 m sind 8000 Jahre alte Pollen gefunden worden, die von einer Wildform des Maises stammen sollen.

In New Mexiko wurden in den 40er-Jahren des 20. Jahrhunderts 700 fingerlange Maiskolben entdeckt, deren Alter auf ca. 5600 Jahre geschätzt wird. Im Tschuacán-Tal in Mexiko wurden allerdings schon Maiskolben mit einer Länge von 20 cm gefunden.

Als Urheimat wird aufgrund vieler Funde von Maiskolben und Geschirrmalereien Mittelamerika im Gebiet von Mexiko bis Ecuador, Peru angesehen.

[19]xanthos (gr.) – gelb; phyllon (gr.) – Blatt; Xanthophyll bedeutet gelber Pflanzenfarbstoff.

[20]luteus (lat.) – goldgelb; Lutein ein gelber Pflanzenfarbstoff.

Christoph Columbus (1451–1506) fiel 1492 beim Betreten des heutigen Kubas eine besondere Art von Getreide auf, das zusammen mit Bohnen auf wohlbestellten und kultivierten Äckern angebaut wurde. Die Einheimischen bezeichneten dieses Getreide als *Mahiz.*

Briefe und Tagebücher von Einwanderern aus der Zeit des 15. Jahrhunderts berichten von der Maisaussaat folgendes:

In Erdhügel wurden Löcher gebohrt, in die 4 bis 6 Maiskörner hineingelegt wurden. Etwas später wurden Bohnen und Kürbiskerne ebenfalls in die Hügel hineingesteckt. Da die Maispflanze schnell wächst, konnten sich die Bohnen an ihrem festen Stamm emporranken. Die Kürbisse breiteten sich auf der Fläche aus und verhinderten das Ausbreiten von Unkräutern. Gedüngt wurde mit toten Fischen als Nährstofflieferanten. Diese Art des Maisanbaus zeugt von einem hohen Standard der Ackerbewirtschaftung durch die indianischen Einwohner. Die Spanier waren die ersten Europäer, die die Maiskultur in ihr Land brachten. Von Spanien breitete sich der Mais nach Osten über ganz Südeuropa aus. Britische Sklavenhändler, die Afrikaner nach Nordamerika verkauften, bezahlten oft mit Maislieferungen. So gelangte der Mais nach Afrika. Portugiesische Schiffe transportierten ihn nach Marokko, Burma und China. Die Afrikaner nannten dies für sie neue Korn *manputo*. d. h. portugiesisches Getreide.

Durch die Türken kam der Mais nach Nordafrika, Ungarn und Rumänien. Diese Ausbreitungsphase ereignete sich im 16. und 17. Jahrhundert.

6 Reis [E. rice]

Nach dem Weizen und Mais ist Reis eine der wichtigsten nahrungslieferenden, insbesondere Kohlenhydrate, Kulturpflanze in der Welt. Wie die übrigen Getreidearten gehört er zur Gattung der Gräser (lat. Poales).

Der kultivierte Reis (lat. Oryzasativa) bevorzugt für sein Wachstum subtropische und tropische Regionen. In der Hauptvegetationszeit verlangt er nach einer Temperatur von 20 °C, somit ist auch die Wettertemperatur der limitierende Faktor für die Ausdehnung seiner Vegetationszonen.

Die Sortenvielfalt ist sehr groß, es sind 10 000 Sorten gezählt worden, die sich im Geschmack, Geruch und in der Farbe wie hellrot, blau, violett, gelb, beige und weiß unterscheiden. Die zwei wichtigsten Gruppen des Reises sind heute der *indische Reis (Oryzamdica)* und der *japanische Reis (Oryzajaponica).* Beide bilden die genetische Grundlage in der modernen Reiszucht. Der *Oryzamdica*-Reis ist mit einer Halmlänge von 160 bis 200 cm hochwüchsig und hat mit seinen Ähren keine große Standfestigkeit (Abb. 8). Gegenüber dem *Oryzajaponica-Reis* ist er weniger krankheitsanfällig und dürreresistenter. *Oryzajaponica* ist kürzer und daher auch standfester, er verträgt eine intensive Kunstdüngung, liefert entsprechend hohe Erträge und ist relativ temperaturempfindlich. Indica stirbt bei allzu starker Düngung ab. Reis hat auch schon vor der künstlichen Düngung ertragreiche Ernten geliefert, und zwar mithilfe stickstoffbindender Mikroorganismen im Boden und Wasser der Reisfelder. Die Reispflanze lebt symbiontisch mit den Blaualgen (Cyanobakterien), die sich

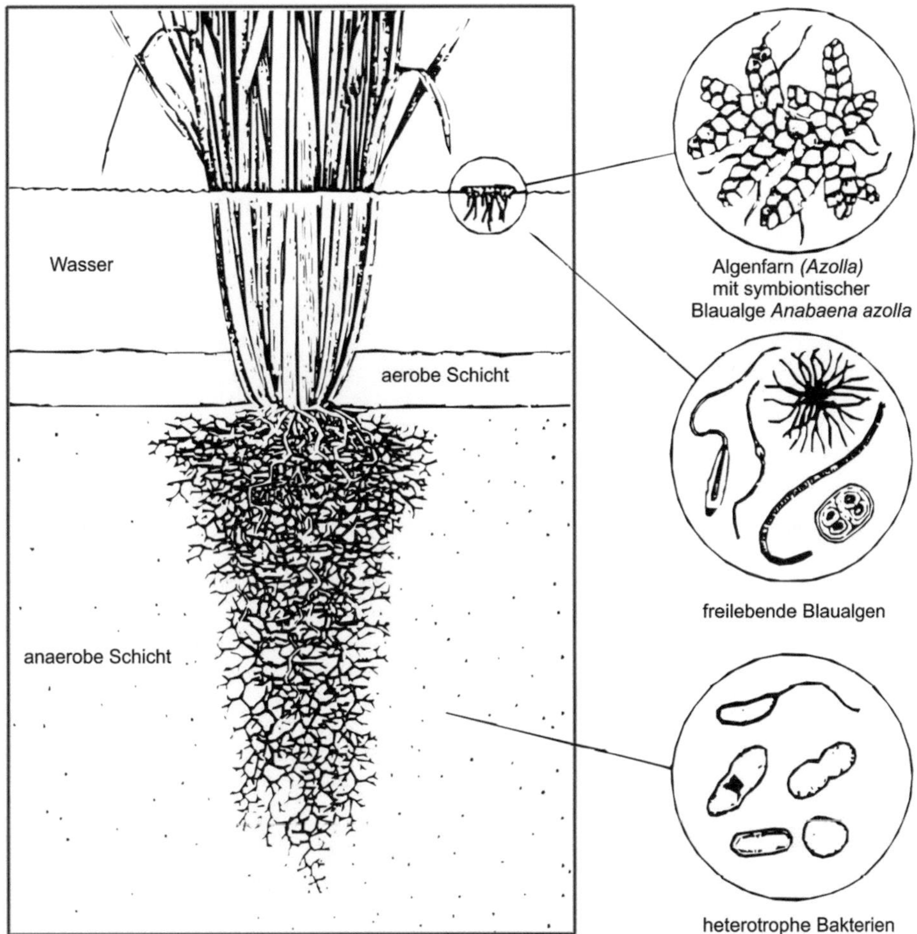

Abb. 8 Die Wurzel einer Reispflanze mit Algen und Bakterien [E. the root of a plant of rice with algae and bacterium]

wiederum in Symbiose mit dem Algenfarn *Anabaena azolla* und verschiedenen heterotrophen Bakterien austauschen (Kap. V, Abschn. 5). Diese Mikroorganismen besiedeln die Oberfläche und innere Teile der Wurzeln, die in die anaerobe, d. h. luftsauerstoffarme Bodenschicht ragen. Dort ernähren sie sich von totem pflanzlichem Material und organischen Substanzen, die von der lebenden Reispflanze ausgeschieden werden (Abb. 9).

Der Reis ist ein Büschelwurzler ohne Hauptwurzel mit einer hohen Bestockungsfähigkeit. Es können 20 bis 50 Nebentriebe gebildet werden. Ihre Zahl hängt vom Anbau und der Düngung ab. Die Früchte sitzen in einblütigen Ährchen an 20 bis 30 cm langen Rispen (Abb. 8). Es handelt sich um eine Schließfrucht (Karyopse)[21], da Fruchtfleisch

[21]karyon (gr.) – Nuss, Kern; opsis (gr.) – Aussehen; Karyopse – die Grasfrucht.

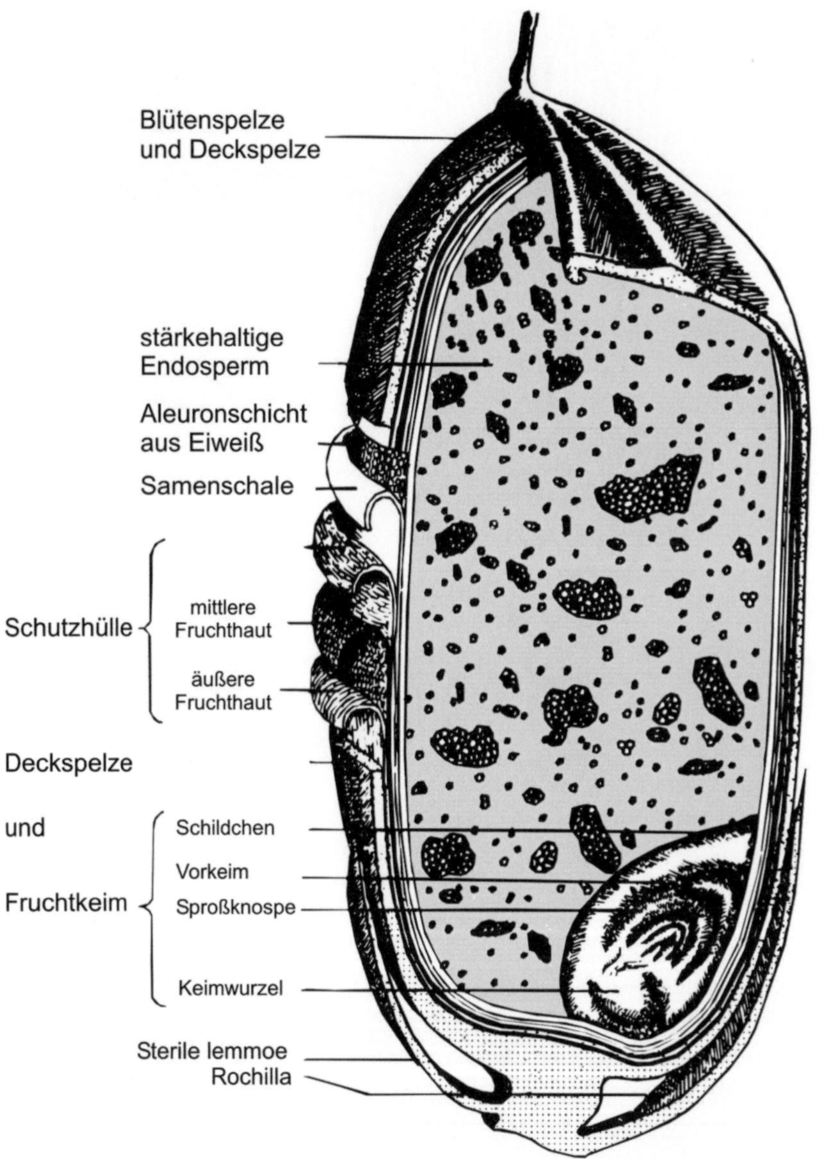

Abb. 9 Senkrechter Schnitt durch ein Reiskorn [E. vertical section through a grain of rice]

und Samenschale miteinander verwachsen sind (Abb. 10). Beide bilden zusammen mit der dünnen Aleuronschicht das Silberhäutchen des Reiskorns, das unterschiedlich gefärbt sein kann.

Nach dem Ernten wird der Reis in der Reismüllerei bis zum Rohreis (paddy) enthülst und geschält. Durch weiteres Schälen wird der braune bzw. *geschälte Reis (brown rice)* erhalten. Das ist die eigentliche Reisfrucht.

Der Kartoffelbau.

Von

Carl Ludwig Gülich

in Pinneberg (Holstein).

Altona 1868.

Bei A. Mentzel.

Abb. 10 Deckblatt eines Kartoffelbuches aus dem Jahr 1868 [E. title page of a textbook about potatoes from the year 1868]

Ein weiteres Schleifen entfernt die Silberhaut und auch den Keimling (embryo). Dieses Produkt ist der weiße bzw. der geschliffene Reis (white rice). Wird das Schleifen noch weiter fortgesetzt, dann erhält man den polierten Reis (polished rice). Letzterer hat den größten Teil der Proteine und Vitamine, insbesondere die des B-Komplexes verloren (Kap. XVII, Abschn. 2.2). Vitamin-B_1-Mangel in der Ernährung führt zur Beri-Beri-Erkrankung.

Beim Parboiling[22]-Verfahren wird ungeschälter Reis unter Überdruck mit Wasserdampf behandelt. Dabei wandert ein Teil der Vitamine und Mineralstoffe in innere Schichten und geht nach dem Trocknen und Schleifen nicht mehr verloren. Gleichzeitig verbessern sich die Kocheigenschaften.

Der indische Reis (Indica) ist in den tropischen und der japanische (Japonica) in subtropischen Zonen beheimatet. Sie unterscheiden sich nach Form und den polymeren Inhaltsstoffen. Der rundkörnige japanische Reis enthält im Vergleich zum indischen Langkornreis weniger Amylose (Kap. XI, Abschn. 4). Der Japonica pappt beim Kochen zusammen, deshalb wird er auch Klebreis genannt. Er hat einen süßeren und intensiveren Geschmack als die meisten Indicasorten, die eher neutral schmecken.

Eine andere Sorteneinteilung des Reises ist die nach dem Nährstoff- und Wasserbedarf aus dem Boden. Es wird zwischen dem *Sumpf-* oder *Nassreis* und dem *Bergreis,* der auch Trockenreis genannt wird, unterschieden.

Im Verhältnis zum Gesamtreisaufkommen in der Welt, im Jahr 2015 waren es 473,2 Mio. t, spielt der Bergreis eine untergeordnete Rolle.

Der *Nassreis* gedeiht nur auf sehr feuchten von Wasser befluteten Feldern.

Trockenreis (upland rice) wächst in wasserärmeren Regionen, z. B. im Bergland Thailands oder Vietnams oder im trockenen Flachland. Er liefert geringere Erträge, benötigt aber nicht so viel Wasser. Im Vergleich zum Nassreis spielt der Trockenreis mengenmäßig nur eine untergeordnete Rolle.

Der *Bewässerungsreis,* wie der Nassreis auch bezeichnet wird, wächst am besten auf schwammigen, schweren Schwemmlandböden. Vor der Aussaat des Reises werden die in der Regel ebenen Felder nivelliert. Dann werden Be- und Entwässerungsdämme und Felddämme angelegt. Sie verhindern eine Bodenerosion. Bei ganz schweren Böden findet die Bodenbearbeitung und Saatbettvorbereitung im Schlamm statt. Meist wird er aber trocken bearbeitet. Der Reis wird heute noch mit der Hand, der Drillmaschine oder mit dem Flugzeug auf bewässerte Flächen ausgesät.

Vorteilhafter ist es, vorgekeimte Reisschösslinge zu pflanzen. Das muss sehr sorgfältig geschehen. Dadurch wird die Vegetationszeit verkürzt, Wasser gespart, und es werden sehr hohe Ernteerträge erzielt. Die Bestockung wird günstig beeinflusst. Insbesondere in Asien

---

[22]parboil (engl.) – ankochen.

vgl. auch Hopp, V. (1960), Untersuchungen über die Veränderung der Vitamin- und Mineralstoffverteilung im Getreide nach hydrothermischer Behandlung, Dissertation an der Fakultät für Allgemeine Ingenieurwissenschaften der TU Berlin.

wird der Reis während des Wachstums immer höher bewässert, bis zu 10 bis −15 cm, wenn die Pflanze 60 cm hoch ist. Wasser stabilisiert die Temperatur. Günstig wirkt sich ein mehrmaliges Trockenlegen während der Wachstumsphase aus. Nach der Blüte wird nicht mehr bewässert, damit die Krume des Bodens austrocknet und zur Ernte das Befahren mit Mähdreschern möglich ist.

In den Reisanbaugebieten von Nordamerika werden die riesigen Felder sogar mithilfe von Lasermess- und -steuereinrichtungen planiert und die Flächen mit einer leichten Bodenneigung von 1 bis 2 ‰ versehen zwecks einer langsamen und gleichmäßigen Wasserverteilung.

Mit Spezialpflügen werden ca. 50 cm hohe Dämme (levees) aufgeworfen. Dann werden die Felder abermals nivelliert unter Beibehaltung der Neigungen. Anschließend wird Stickstoffdünger exakt 3 Zoll = 7,62 cm unter die Bodenoberfläche eingebracht.

Das Saatgut wird 24 h vor dem Ausbringen zunächst in Fungiziden[23] und dann in Wasser eingeweicht. Ausgesät wird mit dem Flugzeug.

Eine andere Methode des Säens besteht darin, dass das Saatgut auf vorbereitete Trockenfelder gebracht wird, die anschließend geflutet werden. Die schweren mit Feuchtigkeit vollgesogenen Reiskörner versinken schnell in den Boden und keimen.

In tropischen Regionen kann ein Reisfeld das ganze Jahr über ohne Brachzeit bewirtschaftet werden. Das Nährstoffangebot, der Wasservorrat und das warme Klima ermöglichen das.

Sofern ausreichend Wasser vorhanden ist, kann Nassreis unter klimatisch sehr unterschiedlichen Bedingungen überall angebaut werden. In Höhenlagen bis zu 3000 m im Himalaja bis zu den Flüssen und Mangrovensümpfen an der Küste. Die Reisanbaugebiete erstrecken sich über die gesamte Welt: Von Japan, China, Südostasien, Indien, Pakistan über Australien nach Neuseeland, dann über Russland, Tschechoslowakei, Ungarn, Frankreich, Ägypten, Nordamerika, Kalifornien, Argentinien u. a.

6.1 Verwendungseigenschaften [E. properties for applications]

Der Reis ist das Hauptnahrungsmittel für einen sehr großen Teil der Weltbevölkerung. Die Reiskleie, wie sie beim Schälen und Polieren anfällt, ist ein sehr gehaltvolles Futtermittel für Tiere.

Reis lässt sich durch Garen und Quellen gut zubereiten und in dieser Form auch lange warm halten. Oft werden große Mengen auf Vorrat für mehrere Tage gegart. Er lässt sich gut aufwärmen und kann auch kalt gegessen werden.

Reis zubereiten ist also sehr energiesparend, und die in den Küchen anfallenden Abwärmen können dafür gut genutzt werden. In Gegenden mit knappem Brennmaterial

[23]fungus (lat.) Pilz; Fungizide sind Wirkstoffe gegen Pilzbefall und deren Sporen.

ist das von großem Vorteil. Andererseits kann Reis nicht zu Brot gebacken werden. Die Reisproteine lassen das wegen ihrer mangelnden Klebereigenschaften nicht zu.

Sake ist ein Reiswein mit einem Alkoholgehalt von 4 bis 14 % Volumenanteilen. Er wird auf Basis von Reisstärke erhalten. Der Schimmelpilz *Aspergillus orycae* verzuckert die Stärke, für die weitere alkoholische Gärung werden oft noch Saccharomyces-Arten zugesetzt. Diese Methode der Reisstärke-Vergärung ist in Japan schon über 2000 Jahre bekannt.

6.2 Historisches [E. history]

Der Name Reis leitet sich nach heutiger Erkenntnis von dem aramäischen[24] Wort *ourouzza* ab. Von dort gelangte es in den griechischen Sprachraum mit dem Begriff *aryzon* und in den arabischen mit der Bezeichnung *arozz,* die direkt von den Spaniern übernommen wurde.

Als die ersten Wildreissammler sind die negroiden Hoabinh-Völker ausgemacht worden, die in Südchina und Nordvietnam zwischen dem 10. und 4. Jahrtausend v. Chr. lebten. Nassreis gelangte vermutlich im 2. Jahrtausend v. Chr. über das Goldene Dreieck – das ist ein Grenzgebiet zwischen Burma, Thailand, Laos, Südchina und Vietnam – von Indien nach China.

Zwischen den philippinischen Inseln Java und Bali einerseits und Madagaskar andererseits, die 5600 km auseinanderliegen, bestand in den letzten Jahrhunderten v. Chr. schon Seeverkehr. Javanische Boote brachten u. a. Bananen und Reis nach Madagaskar. Funde belegen dieses.

Über Persien als Brücke zwischen Orient und Okzident dehnte sich die Reiskultur von Indien bis nach Mesopotamien, dem Zweistromland an Euphrat und Tigris aus. Von dort wurde der Reis als Grundnahrungsmittel von den Arabern übernommen, die ihn auch nach Spanien brachten. Für die Griechen und Römer hatte die Reispflanze nur eine medizinische Bedeutung.

Als 1499 der Portugiese Vasco da Gama (1468–1524) aus Indien zurückkehrte und dem portugiesischen König Manuel viele exotische Gewürze und Nahrungsmittel offerierte, wurde das Interesse am Reisanbau wieder geweckt.

Von Portugal breitete sich der Reis bis nach Piemont, eine im westlichen Teil der Poebene gelegene italienische Provinz, aus. Ab 1522 wurde eine intensive Reiswirtschaft in der Poebene (Italien) in die Wege geleitet.

---

[24]Aramäer waren die Angehörigen einer semitischen Einwanderungswelle aus der Arabischen Wüste in die fruchtbaren Gegenden Nordsyriens und Babylons im heutigen Zweistromland zwischen Euphrat und Tigris.

7 Die Kartoffel [E. potato]

7.1 Historisches [E. history]

Nach der Entdeckung Amerikas durch Christoph Columbus (1451–1506) vor über 500 Jahren kam auch die Kartoffel aus den Hochebenen der Anden in Südamerika mit den Seefahrern nach Europa. F. Pizzaro, Eroberer Perus (1478– ermordet 1541), lernte die Kartoffel bei den Inkas kennen. Seit 1555 waren die ersten Knollen mit roter Schale in Spanien zu sehen. Zunächst war die Kartoffel nicht viel mehr als ein exotisches Gewächs, das in Botanischen Gärten angebaut wurde. Ihre grünen Beerenfrüchte, denen man auch Liebeszauber zusprach, standen mehr im Blickpunkt als die unter der Erde wachsenden Knollen. Wegen ihrer großen Ähnlichkeit zu den knollenartigen Fruchtkörpern der Trüffel wurden sie in Anlehnung an die italienische Bezeichnung „tartufolo" Kartoffeln genannt.

1616 wurde die Kartoffel als besondere Kostbarkeit auf der Tafel Ludwig XIII serviert. Noch zur Zeit des französischen Königs Ludwigs XIV. war die Kartoffel eine Delikatesse der Reichen.

Erste Hinweise auf ihren Anbau in Deutschland reichen in die Zeit des Dreißigjährigen Krieges zurück, als ein Bauer aus Pilgramsreuth bei Selb die ersten Kartoffeln aus Böhmen mitbrachte und in seinem Garten anpflanzte. Es vergingen weitere Jahrzehnte, bis die Kartoffel sich als Nahrungsmittel in breiten Bevölkerungsschichten durchsetzte und schließlich sogar Grundnahrungsmittel wurde. Der Preußenkönig Friederich der Große (1712–1786) bediente sich sogar einer List, um die Kartoffel zu verbreiten. Er ließ die Felder bewachen, um den Wert der Knolle zu verdeutlichen und gab den Wachmannschaften Order, wegzuschauen, wenn die Bauern die Knollen zu stehlen begannen.

Die Kartoffel (Solanum tuberosum) gehört botanisch zu der äußerst artenreichen Pflanzenfamilie der Solanaceen (Nachtschattengewächse) wie etwa auch Tabak, Paprika und Tomate. Als solche hat sie giftige Verwandte wie etwa die Tollkirsche, das Bilsenkraut oder den Stechapfel. Sie enthält in ihren Beeren, Blüten, Stängeln, Blättern, Augen und Trieben auskeimender Knollen sowie in den unreif geernteten Knollen das Glykosidalkaloid α-Solanin. Das α-Solanin hydrolysiert mit verdünnten Mineralsäuren in Solanidin und je 1 Mol D-Glucose, D-Galactose und D-Rhamnose (Kap. XI, Abschn. 7).

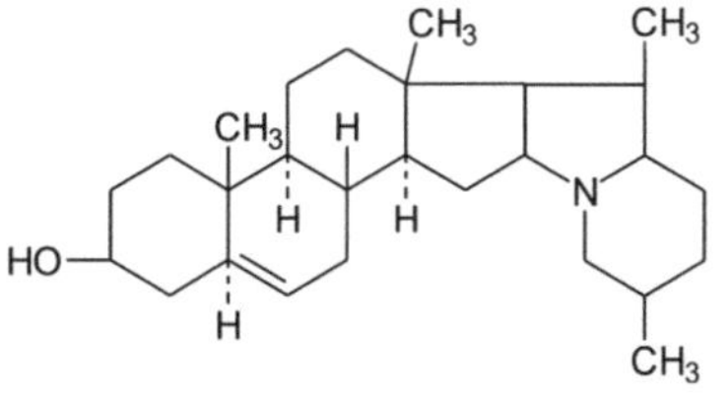

L(t)-Rhamnose (Rha)

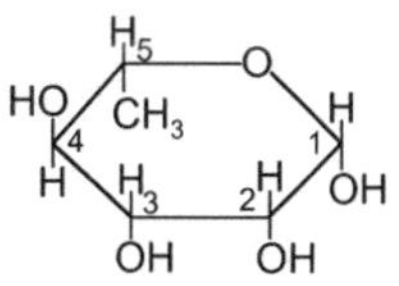

Solanidin, $C_{27}H_{43}NO$, kommt in den Blättern, Knollen und Keimen der Kartoffel vor [E. solanidine occurs in the leaves, potato tuber and shoots of the potato].

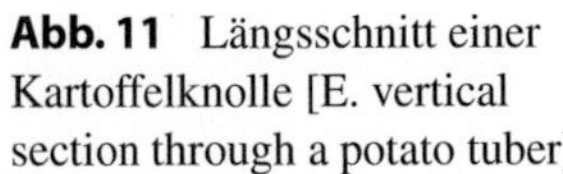

Abb. 11 Längsschnitt einer Kartoffelknolle [E. vertical section through a potato tuber]

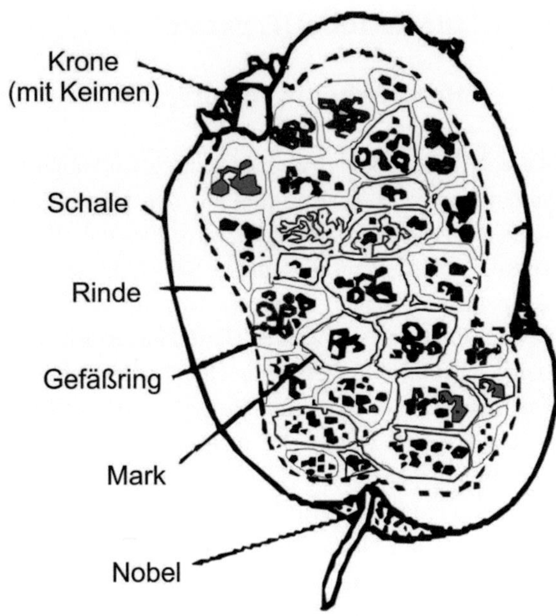

Es dauerte geraume Zeit, bis die Kartoffel als Nahrungsmittel ihren Einzug in die europäische Küche hielt.

Gab es Missernten im Kartoffelanbau, wie etwa durch die Kartoffelfäule *(Phytophtora infestans), Kartoffelnematoden* oder *Kartoffelkäfer* verursacht, so waren häufig Hungersnöte die Folge. Man denke nur an Irland in der Mitte des 19. Jahrhunderts, es verhungerten 800.000 Menschen, als die Kraut- und Knollenfäule zu Totalausfällen bei der Ernte führte. Im „Steckrübenwinter“ 1916/1917 während des Ersten Weltkrieges, als auch in Deutschland große Not herrschte, konnte über Steckrüben ein gewisser Ersatz für die Kartoffeln gefunden werden (Abb. 11).

7.2 Verwendung [E. application]

Heute ist die Kartoffel als Grundnahrungsmittel unverzichtbar. Sie bietet die Basis für eine gesunde Ernährung, weist pflanzliches Eiweiß, wertvolle Kohlenhydrate sowie eine große Zahl von Vitaminen und Mineralstoffen auf. Darüber hinaus ist sie auch für die Industrie als Stärke- und nach der Vergärung als Ethanollieferant von Bedeutung. Der Stärkekartoffelanbau umfasst etwa ein Drittel der gesamten Kartoffelanbaufläche in Deutschland. Aus Stärke werden in der Nahrungsmittelindustrie Süßspeisen, Halb- und Fertiggerichte, ja sogar Gummibärchen hergestellt. Und im Non-Food-Bereich werden Verpackungsmaterialien, Dämm- und Klebestoffe auf ihrer Grundlage hergestellt (Kap. XI, Abschn. 4). Auch für die Papier- und Pappenherstellung ist sie geeignet. In Notzeiten kam der Kartoffel besondere Bedeutung zu, sowohl als Nahrungsmittel für die Menschen als auch für das Vieh. Sie sicherte durch ihren hohen Kohlenhydrat- und Vitamin-C-Gehalt die Grundversorgung der Bevölkerung.

Gerade die Kohlenhydrate sind heute in der Ernährung sehr wichtig. Sie sind physiologische Energiespeicher und -lieferanten und werden langsam abgebaut. Ernährungswissenschaftler empfehlen die Steigerung des Kartoffelkonsums. Und die Kartoffel ist – so manchem Vorurteil zum Trotz – ein Schlankmacher. Da muss man schon eher auf die Zutaten achten.

Die Kartoffel bietet die Grundlage für zahlreiche Speisen in Form von Bratkartoffeln, Salzkartoffeln, Pellkartoffeln, Püree, Pommes frites, Kroketten, Gratin, Auflauf, Chips, Salat, Brei, Puffer, Knödel, Rösti, Suppen, Kuchen, Soufflé und vielem mehr und hat längst den Weg von der einstigen Arme-Leute-Küche in die gehobene Gastronomie erobert. Auch ihre Nutzung in flüssiger Form (Kartoffelschnaps/Wodka) sei in diesem Zusammenhang erwähnt. Deutschland liegt mit rund 234.000 ha Anbaufläche (im Jahr 2015) in der Spitzengruppe der kartoffelanbauenden Länder.

Ob gelbrot oder braun in der Schale, ob krumm oder länglich in der Form, weiß oder blauviolett blühend, kaum eine andere Kulturpflanze bietet eine solche genetische Vielfalt wie dieses Nachtschattengewächs. Entsprechend der weiteren Verwendung kann der Konsument in Deutschland zwischen annähernd 200 verschiedenen Sorten wählen. Seien es nun sehr frühe, frühe, mittelfrühe, mittelspäte und späte Kartoffeln und im Hinblick auf ihre Kocheigenschaften festkochende, vorwiegend festkochende oder mehligkochende Sorten. Bei den Speisekartoffeln liegt ein geringer bis mittlerer Stärkegehalt vor, während die Wirtschaftskartoffeln stärkereich sind (Abb. 12).

Sehr frühe Sorten sind etwa *Christa, Arkula* und *Berber;* frühe Sorten: *Cilena, Tomenso* und *Rikea;* mittelfrühe Sorten: *Agria, Quarta, Granola, Hansa* und *Nicola;* mittelspäte Kartoffeln: *Aula, Indira* und *Saturna;* späte Sorten: *Producent* und *Panda.* Festkochend sind: Cilena, Selma, Lindu, Hansa und Nicola; vorwiegend festkochend: Agria, Secura, Solara, Granola, Christa und mehlig kochend: Saturna, Adrettv, Likaria und Aula.

Als Wirtschaftskartoffeln speziell für die Stärkeproduktion sind vor allem Producent, Ponto, Tomenso, Sibu und Calla geeignet.

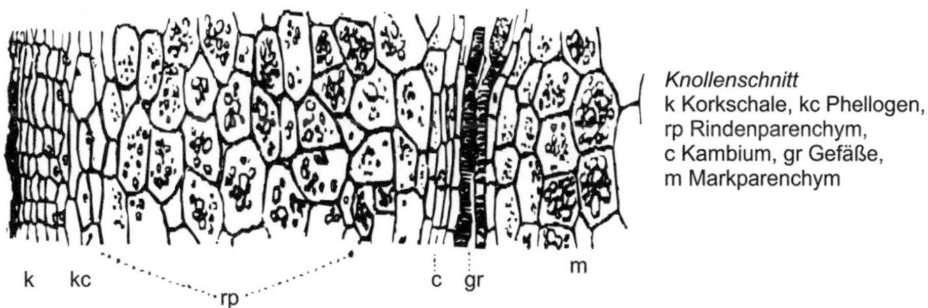

Abb. 12 Aufbau der Kartoffelschichten [E. structure of the layers of a potato]

7.3 Inhaltsstoffe der Kartoffel (Mittelwerte) [E. content substances of potatoes (mean values)]

Wasser	~77–80 %
Stärke	~18,9 %
Zucker (Glucose u. a.)	~0,33 %
Dextrin und Gummi	~0,64 %
Stickstofffreie Extraktstoffe (Eiweiß) und	
Pentosane	~0,92 %
Rohfaser	~0,8 %
Mineralstoffe	~1 %
Davon 50 % Kalium	

der Rest Na^+, Ca^{2+}, Mg^{2+}, Fe^{3+} und
Chloride, relativ viel Phosphate

Vitamine	B_1	Thiamin	~0,11 mg
	B_2	Riboflavin	~0,04 mg
	B_4		~0,2 mg
	Niacin		~1,2 mg
	Vitamin C		~20,0 mg
	Pantothensäure		~0,3 mg
	Folsäure		~9 mg
	α-Tocopherol		~0,06 mg
	α- u. β-Carotin		Spur

α-Solanin 0,005 ~ 0,009 g/100 g Kartoffel

Bei einem Gehalt von 0,04 % Solanin treten Vergiftungserscheinungen wie brennendes Gefühl im Hals, Kopfschmerz, Leibschmerzen, Durchfälle und Erbrechen auf. Bei Erwachsenen sind bisher keine tödlichen Unfälle bekannt geworden. Kleine Kinder können bei Vergiftungen sterben.

Beim Kochen der Kartoffeln geht das Gift in das Kochwasser über, ohne es zu zerstören.

7.4 Wirtschaftliches [E. economic]

Nach Russland, Polen und China nimmt Deutschland in der Weltrangliste der Kartoffelproduktion den 4. Platz ein.

Im Wirtschaftsjahr 2015 wurden in Deutschland 9,8 Mio. t Kartoffeln geerntet. Bei einer Anbaufläche von 234.000 ha betrug der Ertrag 41,9 t/ha. Der jährliche Verbrauch an Kartoffeln pro Person beträgt zurzeit ca. 58 kg.

In der EU-28 wurden 2015 52,3 Mio. t erzeugt, von denen 50 % unmittelbar von den Menschen verzehrt werden. Die restlichen 50 % werden für die Tierfütterung, die Stärke- und Ethylalkoholproduktion verwendet.

8 Maniok [E. cassava]

Maniok (lat. Manihot esculenta) ist ein Wolfsmilchgewächs. Sie stammt aus den tropischen Gebieten Amerikas und wird in Afrika, Indien und Ostasien angebaut. Sie ist in Bezug auf Nährstoffe sehr anspruchslos und gedeiht auf kargen Böden und in der Dürre. Sie kann zu jeder Jahreszeit angebaut und fast unbegrenzt im Boden aufbewahrt werden.

Von allen Knollengewächsen liefert sie den höchsten Stärkeertrag pro Hektar. All dies macht Maniok zu einer idealen und in weiten Teilen der Welt zur alleinigen Reservepflanze in Notzeiten. In einigen Gebieten werden Maniokblätter als Gemüse und hochwertige Proteinquelle genutzt. Sie enthalten ca. 8 % Eiweiß. Die Blätter können allerdings nur jeden dritten Monat geerntet werden, um das Wurzel- und Knollenwachstum nicht zu behindern.

Für über 500 Mio. Menschen in der Welt, insbesondere für Kleinbauerfamilien, ist die Maniokwurzel mit ihrem Stärkereichtum die einzige Grundnahrung.

Zur Gewinnung des Maniokmehls werden die 30 bis 60 cm langen Wurzeln zerrieben. Das Mehl wird durch Siebe gepresst. Davor muss das in den Maniokwurzeln enthaltene bitter schmeckende Blausäureglykosid vor der Weiterverarbeitung des Mehls durch Rösten oder Kochen zerstört werden.

Die traditionelle Züchtung von Maniok gestaltet sich schwierig, da viele Sorten kaum Samen tragen. Züchtungsversuche und Gentransfermethoden sind in den letzten vier Jahrzehnten stark intensiviert worden, besonders an der ETH Zürich.

8.1 Inhaltsstoffe der Maniokwurzel [E. content of substances in cassava roots]

100 g essbare Substanz, d. h. Maniokmehl

Enthalten	86,4 g	Kohlenhydrate,	12,6 g	Wasser,
	0,2 g	Fette,	0,6 g	Proteine
Sowie	4 mg	Natriumionen,	20 mg	Kaliumionen,
	12 mg	Calciumionen,	2 mg	Magnesiumionen,
	1 mg	Eisenionen,	0,69 mg	Manganionen
Und	16 mg	Chloridionen,	12 g	Phosphor in Form von Verbindungen,
	4 mg	Schwefel, in Form von Verbindungen.		

9 Die Olive [E. olive]

9.1 Historisches [E. history]

Der Olivenbaum (lat. Olea europaea) zählt zu den wichtigen Nutzpflanzen des Mittelmeerraumes. Er war im Vorderen Orient, im Zweistromland, gelegen zwischen Euphrat und Tigris, bereits vor 6000 Jahren als Wildform bekannt. Vor 3000 Jahren gab es auf Kreta Ölbaumkulturen. Die Bedeutung des Ölbaums für Griechenland erkannte man daran, dass er sogar Eingang in die Mythologie fand. Dieser zufolge ließ die Göttin Pallas Athene den ersten Ölbaum auf der Akropolis wachsen. Daraufhin weihten die Bewohner ihr dort den Parthenon-Tempel und nannten zum Dank auch die ganze Stadt nach ihr. Heute ist der Ölbaum im gesamten Mittelmeerraum verbreitet. Die meisten Oliven dienen der Ölherstellung.

9.2 Wachstum [E. growth]

Der Ölbaum wird mehrere Hundert Jahre alt. Die immer grünen Bäume wachsen sehr langsam und blühen erst nach fünf Jahren. Sie haben kleine weiße bis hellgelbe Blüten. Erst im Alter von rund 20 Jahren erreichen sie ihren maximalen Ertrag. Von einem Baum erntet man dann 20 bis 40 kg Oliven, die etwa 3 bis 8 L Öl entsprechen. Zurzeit werden ca. 50 Olivensorten angebaut und kultiviert. Sie unterscheiden sich nach Größe, Form und Ölgehalt.

Moderne Kulturen bestehen heutzutage aus niedrig wachsenden Ölbäumen (2–3 m), die die Ernte – auch mit Maschinen – erleichtern. Geerntet wird zwischen November und Januar, in bestimmten Regionen wie z. B. in der Toskana auch bereits im Oktober, noch bevor die Olivenfliege auftaucht. Voraussetzung für eine gute Ernte sind im Frühjahr ausreichend Regen, im Sommer und Herbst hingegen viel Sonne. Empfindlich sind die Bäume gegenüber Frost.

9.3 Ernte [E. harvest]

Die Olive enthält 15 bis 25 % Öl. Die Qualität des gewonnenen Öls hängt davon ab, wie man mit den Früchten umgeht, ob man sie sorgfältig erntet oder das „Fallobst" verarbeitet.

Sobald die noch kleinen grünen Oliven sich leicht vom Stängel lösen lassen, beginnt die Ernte, entweder mithilfe eines Kamms oder indem man die Früchte mit Stöcken vom Baum schlägt oder die Bäume rüttelt und die Oliven in Netzen auffängt. Später färben sich die Früchte gelb, gelbrot, violett und zuletzt schwarz. Aus den reifen Oliven wird ein harmonisches mildes Öl gepresst, während unreife, grüne Oliven charakteristisch scharfe und bittere Öle ergeben.

Die gepflückten Oliven müssen so schnell wie möglich verarbeitet werden, da sich ihre Qualität durch Gärprozesse schon nach 24 h vermindert. Die Früchte werden unter Wasserzusatz zu einem Brei vermahlen, aus dem das Öl mittels hydraulischer Pressen und/oder durch Zentrifugieren gewonnen wird. Durch den Chlorophyllgehalt der Früchte erhält das Öl seine charakteristische, leicht grünliche Färbung. Vor dem Abfüllen wird es filtriert, weshalb Olivenöl meist völlig klar ist. Mitunter wird im Handel aber auch naturtrübes, also nicht filtriertes Öl angeboten. Aus den Pressrückständen, den sogenannten Oliventrestern, wird noch enthaltenes Restöl unter Verwendung von Hexan extrahiert. Das so gewonnene rohe Oliventresteröl muss anschließend raffiniert werden. Es wird unter anderem in der Konservenindustrie (Ölsardinen etc.) verwendet.

9.4 Inhaltsstoffe [E. content of substances]

Ernährungsphysiologisch zeichnet das Olivenöl sich durch den besonders hohen Gehalt an einfach ungesättigter Ölsäure aus. Daneben findet sich noch etwa 10 % der essenziellen Linolsäure (s. Kap. XVI, Abschn. 2 und Tab. 1). Der Ölsäure wird eine Senkung des schädlichen Cholesterins zugeschrieben. Es wird empfohlen, ein Überangebot an mehrfach ungesättigten Fettsäuren durch Öl zu ersetzen, da Letzteres weitaus oxidationsbeständiger ist. Oxidationsprodukte mehrfach ungesättigter Fettsäuren stehen nämlich im Verdacht, die Arteriosklerose zu fördern.

Rund 8 % der Oliven kommen als Speiseoliven auf den Markt. Frische grüne Oliven schmecken bitter und sind sehr scharf, wie auch das aus ihnen gewonnene Öl. Je nach weiterer Verwertung der Oliven werden die Bitterstoffe durch mehrstündiges Auslaugen mit Alkalilösung entfernt. Danach legt man die Früchte mehrere Monate lang in Salzlake ein, die mit Muskat, Zimt, Rosenholz, Gewürznelken oder Koriander versetzt ist. Dort fermentieren sie und erhalten ihren spezifischen Geschmack.

9.5 Wirtschaftliches über Pflanzenöle [E. economic of vegetable oil][25]

Wesentliche Quellen von Pflanzenölen in der Welt sind Raps, Sojabohnen, Sonnenblumen, Oliven, Palmen und Kokos. Im Wirtschaftsjahr 2015/2016 sind weltweit 181,4 Mio. t geerntet und gewonnen worden. 80 % davon werden im Nahrungsmittelsektor benötigt. 20 % werden in der oleo-chemischen Industrie weiterverarbeitet u. a. auch zu Biodiesel.

In den 28 EU-Ländern wurden im Jahr 2015 15,2 Mio. t Pflanzenöle aus Raps, Sojabohnen, Sonnenblumenkerne und Palmen erhalten.

10 Futtermittel [E. animal feeds][25]

Nach dem Futtermittelgesetz und der Futtermittelverordnung sind Futtermittel Einzelstoffe oder Stoffmischungen, gegebenenfalls mit Zusatzstoffen, die dazu bestimmt sind, in unverändertem, zubereitetem, bearbeitetem oder verarbeitetem Zustand an Tiere verfüttert zu werden.

Eine ausreichende Versorgung der Menschen mit Nahrungsmitteln hängt unmittelbar auch von einer gesunden Futtermittelgrundlage für die Tierernährung ab. Nahrungsmittel- und Futtermittelerzeugung sowie Tierernährung für die Fleisch- und Milchprodukte sind eng miteinander verknüpft. Ihre Rohstoffquellen sind fast die gleichen, wie z. B. Getreide, Mais, Reis, Sojabohnen, Kartoffeln, Zuckerrüben, Runkelrüben, Zuckerrohr, ergänzt durch verschiedene Gräser für spezielle Vieharten, wie z. B. Wiederkäuer, die Zellulose verdauen.

Mengenmäßig wird in Deutschland mehr Viehfutter als Brot verkauft. Im Mittel verzehrt jeder Bundesbürger jährlich 84 kg Brot, bei einer Bevölkerung von 81 Mio. Menschen entspricht das 6,8 Mio. t Brot. Dagegen werden ca. 18 Mio. t Futtermittel an Rinder, Kälber, Schweine, Puten, Hühner u. a. jährlich verfüttert.

Von den 11,9 Mio. ha Ackerland in Deutschland werden ca. 5,5 Mio. ha zur Futtermittelerzeugung verwendet. Der größte Teil davon entfällt auf Futtergetreide, wie z. B. Gerste, Hafer und Silomais. Außerdem werden 4,7 Mio. ha Wiesen und Weiden als Dauergrünland für Futterflächen genutzt, insbesondere für Rinder, Schafe und Ziegen als Wiederkäuer. Der physiologische Energiebedarf der Nutztiere kann in Deutschland zu 90 % aus inländischer Erzeugung gedeckt werden, der notwendige Proteinbedarf allerdings nur zu 70 %. Zurzeit werden für die Nutztierhaltung in Deutschland 8,4 Mio. t verdauliches Rohprotein benötigt. Nur 5,8 Mio. t werden durch heimisches Rau- und Grünfutter, Getreide sowie Nebenprodukte, z. B. Erbsen, Ackerbohnen und Lupinen, gedeckt.

11 Die Landflächen in Deutschland und ihre Nutzung [E. the expance ared of Germany, their use]

Die Bundesrepublik Deutschland erstreckt sich über eine Fläche von 357.123,5 km^2, diese entsprechen 35,7 Mio. ha. Davon dienen 52,1 % der landwirtschaftlichen Nutzung, das sind 186.061,3 km^2 bzw. 18,6 Mio. ha. Von diesen sind 11,9 Mio. ha unmittelbar Ackerland, 6,7 Mio. ha sind Wiesen und Weideland. 30,3 % sind von Wäldern bedeckt, dies sind 108.208,4 km^2 bzw. 10,82 Mio. ha. Auf Städte, Dörfer und Verkehrsstraßen bzw. -schienen entfallen 13,6 %, diese entsprechen 48.568,8 km^2 bzw. 4,86 Mio. ha.

[25]Situationsbericht 2015/2016, Trends und Fakten zur Landwirtschaft, Deutscher Bauernverband, 10117 Berlin.

2,4 % der Landesfläche sind von den Binnenseen bedeckt, dies sind 8578 km^2 bzw. 0,86 Mio. ha. Der Rest von 1,6 % verteilt sich auf verschiedene nicht exakt erfassbare Anteile, die 5714 km^2 bzw. 0,571 Mio. ha entsprechen.

11.1 Erzeugung von Getreide [E. grain harvest]

Im Wirtschaftsjahr 2015/2016 wurden weltweit 2474 Mrd. t Getreide geerntet, davon in der EU-307,3 Mio. t und in Deutschland 48,68 Mio. t.

Der größte Weizenproduzent sind die 28 EU-Staaten mit 157,3 Mio. t, gefolgt von China mit 130 Mio. t, Indien mit 88,9 Mio. t, Russland mit 60,5 Mio. t, USA mit 55,8 Mio. t und von der Ukraine mit 27,0 Mio. t. Im selben Wirtschaftsjahr 2015/2016 erzeugte Deutschland 26,54 Mio. t Weizen.

11.2 Biokraftstoff, Bioethanol, Biodiesel [E. bio-fuel, bio-ethanol, bio-diesel oil]

Weltweit wurden im Jahr 2015 93,18 Mio. t Bioethanol, $H_3C–CH_3–OH$, und 26,86 Mio. t. Biodiesel, Ester aus langkettigen Fettsäuren und Methylalkohol, produziert, $H_3C–(CH_2)_n–C(O)–O–CH_3$, n = 8–10. Die Anteile der bedeutendsten Produzenten sind in Tab. 5 aufgelistet.

Im Wirtschaftsjahr 2015/2016 sind in der Welt ca. 157 Mio. t Getreide für die Produktion von Bioethanol eingesetzt worden, das sind ca. 6,4 %. Davon könnten 430 Mio. Menschen ein Jahr lang ernährt werden, wenn man einen Bedarf von 1 kg Getreide pro Tag zugrunde legt.

Nach einem Bericht der Food and Agriculture Organization, FAO, hungerten von 7,3 Mrd. Menschen auf der Welt rund 800 Mio., das sind 11 % der Weltbevölkerung.

Nahrungsmittelrohstoffe in sogenannte Biokraftstoffe umzuwandeln, ist ein Vergehen der jeweiligen Nationen an der Menschlichkeit. In Deutschland wurden im Jahr 2015 1,589 Mio. t zu Bioethanol verarbeitet, und zwar

Tab. 5 Die wichtigsten Bioethanol- und Biodiesel-Produzenten in der Welt im Jahr 2015 [E. the most important producer of bio-ethanol and bio-diesel in the world in 2015]

Land	Bioethanol-Produktion		Biodiesel-Produktion	
	in Mio. t	Prozent [%]	in Mio. t	Prozent [%]
Welt	93,18	100	24,86	100
EU-28	6,1	6,5	10,8	40,2
Deutschland	1,589	1,7	2,3	8,6
USA	45,4	48,8	3,8	14,2
Brasilien	24,1	25,9	3,8	14,2

520.000 t	Weizen
358.000 t	Roggen
312.000 t	Triticale
217.00 t	Hafer, Gerste
182.000 t	Mais
1.589.000 t	Gesamt

In Deutschland wurden im selben Berichtsjahr 184.000 ha für Getreide und Zuckerrüben eingesetzt, die zu Bioethanol verarbeitet worden sind. Für die Biodiesel-Gewinnung mussten 616.000 ha Ackerland in Anspruch genommen werden, um die entsprechenden Pflanzenöle, insbesondere Rapsöl, zu erhalten.

Für Biogas (CH_4) aus Mais und Getreide durch Fermentation wurden 137.500 ha benötigt.

Der Kraftstoffverbrauch aus fossilen Rohstoffen wie Erdöl und Erdgas beträgt in Deutschland 50,6 Mio. t, davon sind 17,3 Mio. t Benzin und 33,3 Mio. t. Diesel. Die 1,589 Mio. t Bioethanol und 2,3 Mio. t Biodiesel sind dagegen bedeutungslos, schädigen aber die Menschen, die an Hunger leiden müssen.

Literatur [E. references]

Der Buchweizen, Comeback einer wertvollen Nutzpflanze (1999), Profil, Heft 3, Magazin der Pflanzenschutz- und Düngemittelindustrie.

Frede, W. Hrsg. (2013), Taschenbuch für Lebensmittelchemiker und -technologen, Bd. 1, Springer-Verlag, Berlin, Heidelberg, New York.

Ich war ein Brot (1999), Spektrum der Wissenschaft, Heft 9, S.83.

Situationsbericht 2015/16 u. 2014/15, Trends und Fakten zur Landwirtschaft, Deutscher Bauernverband, 10117 Berlin.

Weiterführende Literatur

Abschlussbericht – Besondere Ernteermittlung (1998), erarbeitet v. Ministerium für Ernährung, Landwirtschaft, Forsten und Fischerei Mecklenburg-Vorpommern, Referat 440, und Statistisches Landesamt Mecklenburg-Vorpommern, Dezernat 510.

Christ, H. (1991), Rice, Longmans.

Deutsche Medizinische Wochenschrift (1998), Bd. 123, S. 1547.

Ernährung/Geschichte der Kartoffel (1991), Ärzte-Zeitung Nr. 140, 29. Juli.

Geheimnisse der Kartoffel (1991), Der Kartoffelbau, Jg. 42, Heft 2.

Gülich, C. L. (1868), Der Kartoffelbau, erschienen bei A. Mentzel, Altona.

Hopp, V. (2017), Acker als Flächenreaktor – Sonnenenergie, Fotosynthese und Nahrung, GIT Labor-Fachzeitschrift Nr. 6, Wiley VCH Verlag, Weinheim.

Katz, S. H. et. Al (1974), Traditional Maize Processing Techniques in the New World, Science 184, p. 765 – 773.

Kaulen, G. (2017), Getreidepilze auf dem Vormarsch, Frankfurter Allgemeine Zeitung – Natur und Wissenschaft, Nr. 57, Seite N1, 08.03.2017.

Kessmann, H., Dehne, H.-W. u. Oerke, E. C. (1997), Welternährung und Pflanzenschutz, Spektrum der Wissenschaft, Dossier Welternährung, Heft 2, Spektrum der Wissenschaft Verlagsgesellschaft mbH, Heidelberg.

Klocke, B. (1998), 250 Jahre Kartoffelanbau in Deutschland, Der goldene Pflug, Agrarhistorische Zeitschrift für Freunde und Förderer des Deutschen Landwirtschaftsmuseums, Universität Hohenheim, Ausgabe 8.

Küster, Hj.; Nefzger, U.; Seidl, H. u. Waechter, N. (1999); Korn, Kulturgeschichte des Getreides; Verlag Anton Pustet, Salzburg – München.

Lebensraum Boden und Bodenfunktionen (2015), Das Senckenberg-Wissenschaftsmagazin, Band 145, Heft 3/4.

Lehrbuch des Acker- und Pflanzenbaues, Bd. I und II (1961), Autorenkolletiv, VEB Deutscher Landwirtschaftsverlag.

Miedaner, Th. U. Longin, F. (2012), Unterschätzte Getreidearten, Einkorn, Emmer, Dinkel u. Co., Agrimedia Verlag GmbH u. Ko. KG

Mutschler, E. u. Schäfer-Korting, M. (2012), 10. Aufl., Arzneimittelwirkungen, Wissenschaftliche Verlagsgesellschaft mbH, Stuttgart.

Obst, A., Obst. L. u. Streckert, G. (1990), Natürliche Gifte im Getreide – eine Gefahr für unsere Lebensmittel?, Integrierter Pflanzenbau Heft 6, Hrsg. Fördergemeinschaft integrierter Pflanzenbau e. V., Bonn.

Pflanzenproduktion – Ratgeber für die Landwirtschaft in Mecklenburg-Vorpommern (1999), Hrsg. Landesforschungsanstalt für Landwirtschaft und Fischerei Mecklenburg-Vorpommern, Gesamtredaktion: Prof. Dr. Peter Schumann, Agri Media GmbH, Buchedition, Bergen.

Profil, Magazin der Pflanzenschutz- und Düngermittelindustrie (1999), Heft 1.

Puoni-Kaerlas, J. u. Bilang, R. (1998), Der Einsatz der Gentechnik zur Ernährungssicherung – Stressresistenz und Qualitätsverbesserung bei Reis und Maniok, Neue Zürcher Zeitung vom 25.02.98, Seite 41.

Römpps Chemie-Lexikon, Hrsg. Falbe, J. u. Regnitz, M. (2002), Bd. 5, Online-Version

Seefelder, M. (1987), Opium, Eine Kulturgeschichte, Athenäum Verlag GmbH, Frankfurt am Main.

Teuscher, E. u. Lindequist, U. (1994), Biogene Gifte, Biologie – Chemie – Pharmakologie, 2. Aufl., Gustav Fischer Verlag, Stuttgart – Jena – New York.

The Rice Manuel (1998), Ed. AgrEvo GmbH, A company of Hoechst and Schering, Frankfurt am Main.

Thurn, V. (2015), Lebensmittel für dic Tonne, Le Monde diplomatic, Atlas der Globalisierung, taz Verlags- und Vertriebs GmbH, Berlin.

Trechow, P. (2007), Kornbrand für den Tank, VDI-Nachrichten Nr. 9 vom 02.03.2007.

Unesco (1984), Rice-land Civilizations, The Courier, Sonderausgabe December.

Visser, M. (1998), Mahlzeit, Eichhorn GmbH u. Co. Verlags KG, Frankfurt am Main.

Zscheschler, J. et. al. (1990), Handbuch Mais, DLG-Verlag, Frankfurt am Main, Verlagsunion Agrar.

Von den Versorgungs- und Entsorgungssystemen des menschlichen Körpers [E. about the providing – and disposalsystems of the human body]

1 Was ist Leben? [E. what is life?]

Das Leben ist eine besondere Zustandsform von Energien und Stoffen. Die Ursprünge und Gründe für diese Zustandsform können nicht erklärt werden. Nur in seinen Erscheinungsformen ist das Leben zu beschreiben, aber es lässt sich nicht definieren.

Die sichtbaren und wahrnehmbaren Erscheinungsformen sind

- die Stoffwechselprozesse (Metabolismus)[1], bei dem zwischen den Abbauprozessen (Katabolismus)[2] und Aufbauprozessen (Anabolismus)[3] zu körpereigenen Stoffen zu unterscheiden ist,
- die Fortpflanzung (Reproduktion)[4],
- die Reizung (Kommunikation)[5] mit der Folge von Information und passiver sowie aktiver Bewegung,
- die Anpassungsfähigkeit an sich verändernde Lebensbedingungen in der Umwelt (Adaptation)[6],
- die vererbbare Anpassungsfähigkeit (Mutation)[7], das ist die Anpassung an über Generationsfolgen dauernden wechselnden Lebensbedingungen.

[1]metabole (gr.) – Veränderung.

[2]katabollein (gr.) – niederschlagen.

[3]anabole (gr.) – Aufwerfung.

[4]reproducere (lat.) – nachbilden.

[5]communis (lat.) – gemeinsam.

[6]adaptare (lat.) – anpassen an.

[7]mutare (lat.) – wechseln, verändern.

V. Hopp, *Chemische Kreisläufe in der Natur*,
https://doi.org/10.1007/978-3-662-55860-7_25

1.1 Biologische Hauptsätze [E. biological principles]

- *Leben ist ein Zustand von komplexen Molekülen.*
- *Leben gedeiht nur in offenen Systemen,* d. h., das lebende System muss in ständigem Stoff- und Energietausch mit seinem Umfeld stehen.
- *Leben ist ein irreversibler Prozess,* d. h. nicht umkehrbar, und gehorcht den Gesetzen des Fließgleichgewichts. Daraus folgt auch, dass alle Stoffwechselprozesse einseitig gerichtet sind und Stoffabbau und Stoffaufbau eines lebenden Individuums unabhängig voneinander auf getrennten Reaktionswegen verlaufen.

1. **Aussage** [E. 1. Statement]
Jedes biologische System und Individuum ist von einem unüberwindlichen Überlebenstrieb ausgezeichnet. Leben versucht immer zu überleben und vollzieht sich evolutionär.

Erläuterung: Es wird alle seine Stoffwechsel-, Fortpflanzungs-, Adaptions- und Mutationsstrategien mobilisieren, um sich den jeweiligen Lebensumfeldvorgaben anzupassen.

2. **Aussage** [E. 2, statement]
Innerhalb des biologischen Systems hat in Stresssituationen das Kollektiv immer Vorrang vor dem Individuum. Ein Kollektiv schützt oder opfert die Individuen, damit es seinen Fortbestand sichern kann.

Erläuterung: In Knappheits- und Stresssituationen wird das Kollektiv viele Individuen opfern, bis die Überlebensbedingungen für das System wieder erfüllt sind. Optimale Überlebensbedingungen herrschen immer dann, wenn Individuen und Kollektiv sich in ihren Überlebensstrategien ergänzen.

Erläuterung: Individuen und Kollektiv sind sich ergänzende Polaritäten.

3. **Aussage** [E. 3. Statement]
Leben beruht auf dem Prinzip der sich ergänzenden Polarität.

Erläuterung: z. B. Wechselwirkung zwischen Energie und Stoff; einfach und komplex (Kap. II, Abb. 13).

Das Zeitmaß ist die Generationsfolge und der Generationsrhythmus. Der Generationsrhythmus zwischen Natalität (Geburt) und Letalität (Tod) sichert die Kontinuität des biologischen Systems. Die Lebensdauer eines Individuums ist begrenzt, die eines Kollektivs im Vergleich dazu fast unbegrenzt.

Der Organismus des Menschen ist ein komplexes System, in dem verschiedene Teilsysteme zusammenwirken.

Diese Teilsysteme können nach verschiedenen Kriterien definiert werden.

In diesem Fall werden sie unter dem Gesichtspunkt der Versorgung und Entsorgung, der Kommunikation und der antreibenden Kräfte unterteilt:

- die Blut- und Lymphgefäßsysteme als Transportsystem,
- der Magen-Darm-Kanal sowie die Atmungsorgane als fließendes Energie- und Stoffsystem.

Energie- und Stofffluss und das Transportsystem besorgen im Wesentlichen die Ver- und Entsorgung des menschlichen Organismus.

- Nerven bilden das Kommunikationssystem als Informationstransport und Steuerungs- und Regelungssystem.
- Fortpflanzungsmechanismen sorgen für die Erhaltung der Generationsfolgen einer biologischen Spezies.
- Hormone als systemwirksame und Enzyme als lokalwirksame Stoffe stellen gemeinsam ein Aktivierungssystem dar, das für einen geregelten Ablauf aller biochemischer Reaktionen bei Normdruck (~ 1 bar) und Normtemperatur (~ 36,8 °C) sorgt (Kap. XIX).
- Muskulatur und Skelett funktionieren als mechanisches Kraftübertragungssystem.

Die treibenden Kräfte im menschlichen Organismus entstehen (Kap. XIV, Tab. 1):

1. durch Druckdifferenzen zum Fließen des Blutes in den Arterien und Venen. Die Druckpotenziale werden erzeugt durch die rhythmische Kontraktion[8] und Relaxation[9] der Herzmuskulatur. Rhythmische Kontraktionen der glatten Lymphgefäßmuskulatur sorgen für den Transport der Lymphe in den Lymphgefäßen.

   Der Transport von breiigen Feststoffen vom Mund bis zum After längs des Magen-Darmkanals beruht auf einer permanenten rhythmischen Erzeugung von Druckdifferenzen, die in diesem Fall Peristaltik[10] genannt wird (Abb. 7).
2. durch Partialdruckdifferenzen während der Lungenatmung bei der Sauerstoffaufnahme einerseits und der Kohlenstoffdioxidabgabe andererseits. Diese Druckdifferenzen bewirken die Diffusion der Gase in der Lunge und sind an die Konzentrationsunterschiede der Gase zwischen den Lungenalveolen und den Blutkapillaren gekoppelt.
3. durch elektrische Membranpotenziale, die wiederum auf Konzentrationsunterschiede von Elektrolyten innerhalb und außerhalb der Zelle zurückzuführen sind.

   Das Konzentrationsgefälle besteht in der Regel zwischen Natrium-, Na^+, Kalium-, K^+, Calcium-, Ca^{++}, Magnesium-, Mg^{++} und Chlorid-, Cl^-, Ionen (Kap. V, Abb. 11 und 12).

[8] contrahere (lat.) – zusammenziehen.

[9] relaxare (lat.) – erweitern, erleichtern, erquicken.

[10] peristaltikos (gr.) – umfassend, zusammendrücken.

Energie für diese treibenden Kräfte wird während des physiologischen Abbaus der Kohlenhydrate, Fette und Proteine über das ATP (Adenosintriphosphat) als Zwischenspeicher in den Mitochondrien der Zellen freigesetzt.

Die entsprechenden physiologischen Brennwerte betragen für

Kohlenhydrate	$\Delta g = 17{,}2\,\mathrm{kJ}/\mathrm{g}$	Fette	$\Delta g = 39{,}0\,\mathrm{kJ}/\mathrm{g}$
Ethylalkohol, Trinkalkohol	$\Delta g = 29{,}5\,\mathrm{kJ}/\mathrm{g}$	Eiweiß	$\Delta g = 17{,}2\,\mathrm{kJ}/\mathrm{g}$

Hierbei handelt es sich um Mittelwerte (Kap. XIV, Abschn. 4).

2 Herz-Kreislauf-System [E. heart-circulation system]

Das Herz-Kreislauf-System besteht aus den Teilsystemen *Blut, Gefäße, Herz* und dem *Steuerungsmechanismus*.

Diese vier Teilsysteme bilden eine funktionale Einheit.

Das Blut ist das Transportmittel, die Gefäße sind die Transportwege, das Herz fungiert als Pumpe, die für eine optimale Durchblutung des Organismus über die Blutgefäße sorgt.

Die Steuerung des Zusammenwirkens zwischen Transportmittel, Transportwegen und Pumpe erfolgt ebenfalls wieder über ein System, das nervaler, hormonaler und endothelialer[11] Natur ist. Nerven und Hormone besorgen die systemwirksame Steuerung, während die endotheliale[11] Steuerung lokalwirksam ist.

2.1 Blut [E. blood]

Blut ist eine dispersionsähnliche nichtnewtonsche rote Körperflüssigkeit. Bei nichtnewtonschen Flüssigkeiten ist bei konstanter Temperatur die Viskosität nicht konstant, sondern hängt von der jeweiligen Schergeschwindigkeit ab.

Blut ist das universelle Transportmittel für

- Sauerstoff und Kohlenstoffdioxid während der Atmung;
- Wasser und Elektrolyte zur Aufrechterhaltung des Säure-Basen-Gleichgewichts und eines konstanten pH-Wertes = 7,2 bis 7,4; Elektrolyte sind $K^{\pm}$; $Na^{\pm}$; Mg^{2+}; Ca^{2+}; Fe^{2+}/Fe^{3+} u. a. Spurenelemente;
- Nährstoffe und deren Abbauprodukte während des Stoffwechsels, z. B. Kohlenhydrate, Proteine, Fette u. a.;

[11] Ein Endothel ist ein einschichtiges Deckenzellgewebe (Plattenepithel), das alle Gefäße, Kapillaren und serösen Höhlen auskleidet, aber selbst gefäßfrei ist.

- die Wärmeenergie bzw. den Wärmetausch, damit immer die gleiche Körpertemperatur von 36,8 bis 37 °C besteht;
- systemwirksame (Hormone), lokalwirksame (Enzyme) katalytisch aktiver Stoffe;
- Antikörper und deren Komplemente[12] innerhalb des Immunsystems;
- Wundverschlussstoffe als Blutgerinnungsmittel;
- Abwehrstoffe gegen infektionäre Fremdstoffe und Mikroorganismen.

Das *Blutvolumen* im menschlichen Körper ist geschlechtsabhängig und beträgt im Mittel beim Erwachsenen 4 bis 6 L. Davon entfallen 15 % auf die Blutgefäße, die vom Herzen wegführen, auch Hochdrucksystem genannt, und 85 % auf das Niederdrucksystem, das zum Herzen hinführt, einschließlich der Kapillaren.

Das Blut besteht aus flüssigen und festen Anteilen.

Der flüssige Anteil ist das Blutplasma[13], das zu 90 % aus Wasser und zu 7 bis 8 % aus Eiweiß besteht. Im Plasma sind außerdem noch Kohlenhydrate, Aminosäuren, Fette und Elektrolyte gelöst.

Vom Blutplasma ist das Blutserum[14] zu unterscheiden. Das ist diejenige Substanz, die sich während der Blutgerinnung aus dem Blutkuchen abscheidet. Im Gegensatz zum Blutplasma enthält es kein Fibrinogen[15].

2.1.1 Blutkörperchen [E. blood corpuscle]

Die festen geformten Bestandteile des Blutes sind die roten Blutkörperchen (Erythrozyten[16]), die weißen Blutkörperchen (Leukozyten[17]) und die Blutplättchen (Thrombozyten).

Die Erythrozyten bestehen zu 79 % aus Hämoglobin[18] und transportieren den Sauerstoff und Kohlenstoffdioxid. Sie zeigen sich als kernlose bikonkave Scheibchen (Abb. 1a und 1b).

---

[12]Komplement ist ein aktivierbares System von 11 Plasmaproteinen, die in Form von 9 Komponenten (C1 bis C9) in einer festgelegten Frequenz miteinander reagieren und so zur Zerstörung von antikörperbelasteten Zellen führen können.

[13]plassein (gr.) – bilden, Plasma ist der Grundbestandteil von Zellen und die gerinnbare Flüssigkeit des Blutes.

[14]serum (lat.) – Flüssigkeit, das ist der von Formbestandteilen freie nicht mehr gerinnende Teil von Blut, Lymphe, Milch.

[15]fibra (lat.) – Faser; Fibrinogen ist ein lösliches Glykoprotein, das aus 3 Peptidketten besteht und für die Blutgerinnung verantwortlich ist. Während der Blutgerinnung bildet es ein feinfaseriges Gerüst, mit dem die roten und weißen Blutkörperchen verkleben.

[16]kytos (gr.) – Höhlung, abgewandelt Zelle;
erythros (gr.) – rot.

[17]leukos (gr.) – weiß.

[18]haima (gr.) – Blut; globus (lat.) – Kugel, Globin ist eine Eiweißkomponente mit einer kugelförmigen Struktur.

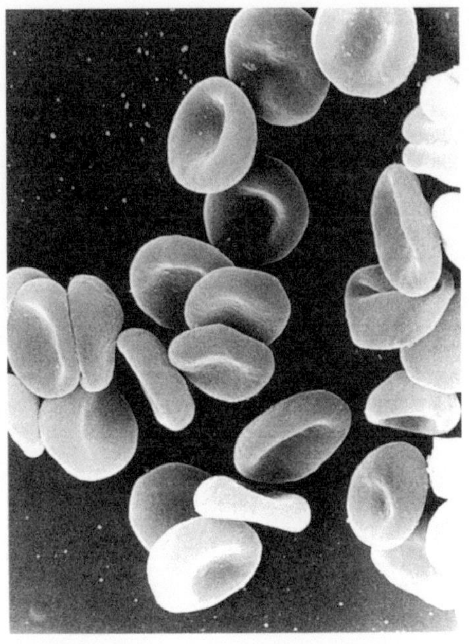

Abb. 1a Erythrozyten [E. erythrocytes]

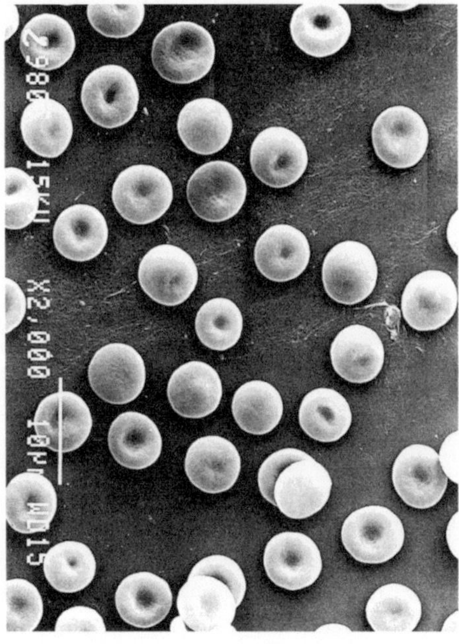

Abb. 1b Erythrozyten bei Vitamin-C- und -E-Mangel [E. erythrocytes at vitamin C- and E-deficiency]

Die Leukozyten sind im Gegensatz zu den Erythrozyten kernhaltige Zellen. Sie sind sehr beweglich und weisen einen hohen Gehalt an eiweißspaltenden (proteolytischen) Enzymen auf. Sie sind die Polizei im Blut und wehren fremde Organismen oder Stoffe unter Eiterbildung ab.

Thrombozyten[19] sind kernlose diskusförmige Plättchen, die in ihrem Inneren hydrolytisch wirksame Enzyme und Blutgerinnungssubstanzen enthalten. Ihre Aufgabe ist es, Blutungen zu stillen, Blut gerinnen zu lassen und Gefäßlücken in den Kapillaren abzudichten.

2.1.2 Blutersatzmittel [E. blood substitutes]

Sie dienen dazu, nicht zu starke Blutverluste anstelle von konserviertem Blut zu ersetzen. Sie füllen das Blutvolumen auf, sodass so eine Normalisierung des osmotischen Druckes erreicht wird.

Die einfachsten Blutersatzmittel sind isotonische Lösungen aus anorganischen Salzen. Ihre Verweildauer im Gefäßsystem ist sehr kurz, da sie sehr schnell wieder in das Gewebe abströmen.

Eine große Bedeutung haben deshalb die Plasma-(Volumen-)Expander bekommen. Das sind viskose Flüssigkeiten auf Basis von emulgierten Polymeren, wie z. B. Dextrane, Gelatinemodifikationen und Hydroxyethylstärke u. a.

Dextrane sind α-glykosisch verknüpfte Polysaccharide bestehend aus Glucosemonomeren.

Bei den Gelatinemodifikationen handelt es sich um depolymerisierte und anschließend wiedervernetzte tierische Proteine mit einem Molekulargewicht von 30.000 bis 35.000.

Bei der Hydroxyethylstärke sind in Amylopektin-Hydrolysate Hydroxyethylgruppen eingeführt worden, dadurch wird die Verweildauer als Plasmaexpander erhöht und ihr enzymatischer Abbau verzögert.

Blutersatzmittel können keinen Sauerstoff transportieren wie das Blut. Sie enthalten weder Puffersubstanzen noch Gerinnungsfaktoren, Immunoglobuline, Erythrozyten, Leukozyten und Thrombozyten.

2.1.3 Blutgefäße [E. blood vessels]

Es ist zwischen dem Lungenkreislauf und dem Körperkreislauf zu unterscheiden (Abb. 2 und 4).

Das Blutgefäßsystem besteht aus Arterien[20] und Venen[21].

Arterien sind Gefäße, in denen das Blut des Körperkreislaufs von der rechten Herzseite zur Peripherie strömt. Sie sind mit Sauerstoff angereichert. Arterien, die vom Herz weg in den Lungenkreislauf strömen, sind kohlenstoffdioxidreich.

---

[19]thrombos (gr.) – Klumpen, geronnene Masse.

[20]arteria (gr.) – Schlagader.

[21]vena (lat.) – Blutader.

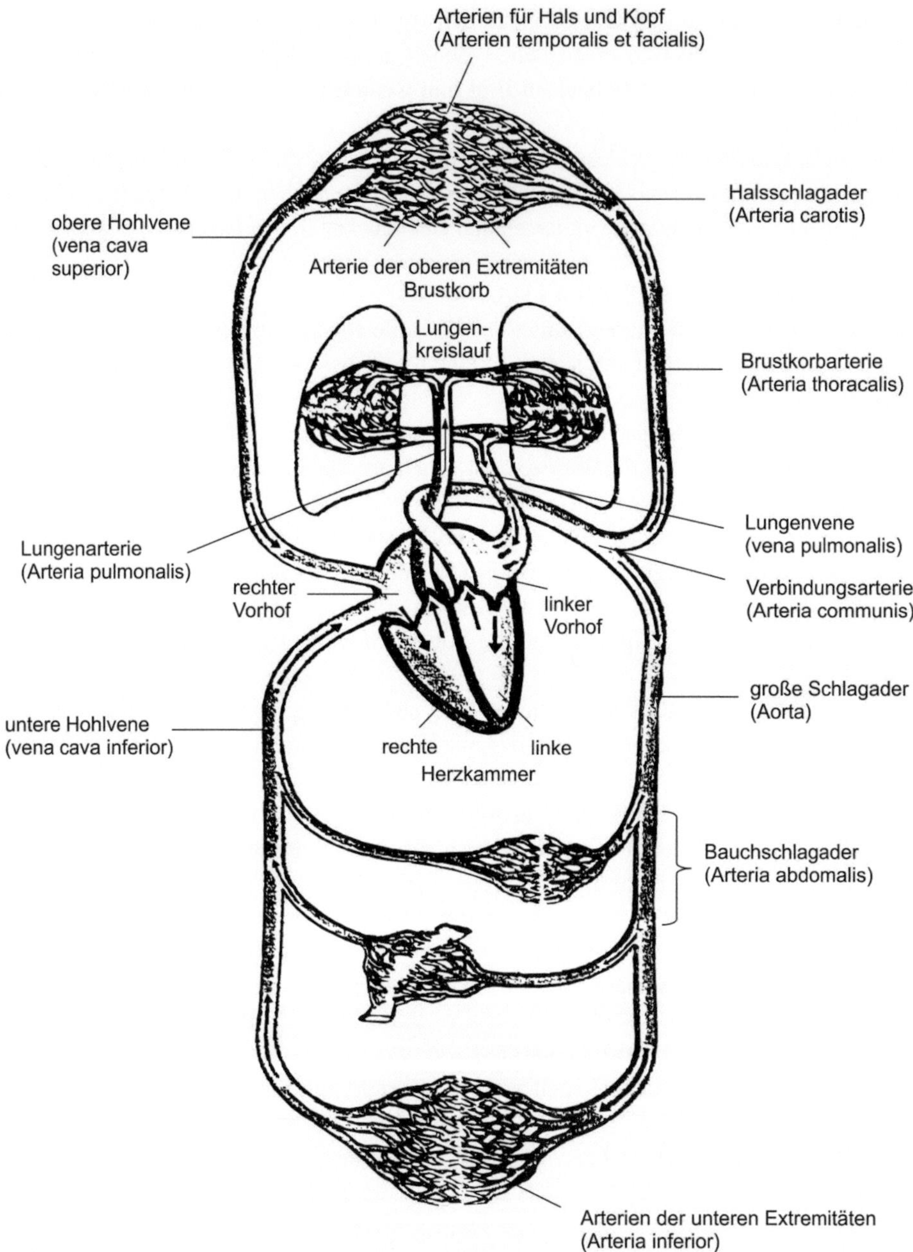

Abb. 2 Blutkreislaufsystem des Menschen (schematisch) [E. blood circulation system of man (diagrammatic)]

Venen sind Gefäße, in denen das Blut von der Peripherie in die linke Seite des Herzens zurückfließt. Sie sind kohlenstoffdioxidreich. Venen, die vom Lungenkreislauf zum Herzen führen, sind sauerstoffreich. 60 % des gesamten Blutvolumens wird von den Venen des Körperkreislaufs aufgenommen.

Wichtig ist eine weitere Unterteilung der Arterien und Venen nach ihren Funktionen des Bluttransportes:

- Die elastischen Arterien gewährleisten ein kontinuierliches Fließen des Blutes nach dem Windkesselprinzip, z. B. die große Körperschlagader (Aorta)[22], Arteria pulmonalis[23].
- Die muskulären Arterien und Arteriolen sind mit Widerstandsgefäßen zu vergleichen und regulieren auf diese Weise den Blutdruck, den Strömungswiderstand und die Blutzufuhr zu dem zu versorgenden Organ.
- Die Kapillaren dienen als Austauschgefäße zwischen Blut und Gewebe.
- Die großen Hohlvenen *(venae cavae)* sammeln das zum Herzen fließende Blut und übernehmen die Funktion von Sammelgefäßen.
- Die kleinen Venen und Venolen bestimmen als Kapazitätsgefäße den Blutgehalt der Gewebe.
- Die Sphinktergefäße regulieren das kapillare Strombettvolumen. Sphinktergefäße kommen nur in membranösen Schichten als glatte Muskelzellen mit dem Ursprung von Kapillaren vor. Sie zeichnen sich durch hohe Empfindlichkeit gegenüber örtlichen stoffwechselbedingten Milieuänderungen aus. Das ist für die Durchblutungsregelung der Endstrombahn sehr wichtig. Sphinkter sind Schließmuskeln.
- Shuntgefäße[24] verknüpfen die arterielle und venöse Seite des Kreislaufs miteinander und umgehen dabei die Kapillaren. Ist der Shunt geöffnet, wird ein Kapillargebiet vorübergehend von der Zirkulation ausgeschlossen.

2.1.4 Retikulo-endotheliales System,[25] RES [E. reticuloendothelial system]

Das RES besteht aus den Retikulumzellen des Bindegewebes, der Lymph- und Blutgefäße u. a. inneren Hohlräumen auskleidenden Endothelzellen. Das System bildet eine funktionale Einheit äußerst stoffwechselaktiver Zellen, die im Organismus Fress- und Speicheraufgaben wahrnehmen und somit einen immunologischen Schutz bieten.

---

[22]aorte (gr.) zu aeirein (gr.) – emporheben.

[23]pulmo (lat.) – die Lunge betreffend.

Arteriole sind die kleinsten sich in Kapillaren aufspaltenden arteriellen Blutgefäße, die durch den Sympathikus gesteuert werden. Sie sind aus Endothel, Gitterfaserhäutchen und glatten Muskelzellen aufgebaut.

[24]to shunt (engl.) – parallel schalten; Shunt ist ein bestehender oder künstlich herbeigeführter Kurzschluss im Blutkreislaufsystem.

[25]reticulum (lat.) – Netz, endon (gr.) – innen, thele (gr.) – (Brust-)Warze.

Phagozytose[26], Erythrozyten- und Hämoglobinabbau zu den Gallenfarbstoffen zählen zu seinen Funktionen, ebenso die Antikörperbildung und deren Speicherung.

Ein antiretikulo-endotheliales Serum, ARES, soll das RES aktivieren und stimulieren.

2.1.5 Lymphe[27] [E. lymph]

Lymphe ist eine farblose bis gelbliche Körperflüssigkeit, die aus dem Blutplasma entsteht und durch die Kapillaren in das Gewebe abgegeben wird. Sie umgibt alle Zellen, sammelt sich in den Gewebespalten und Hohlräumen wie z. B. Gelenkhöhlen, Brusthöhle, Herzbeutel, inneres Ohr, im Zentralkanal des Rückenmarks u. a.

Die Lymphe besteht zu 95 % aus Wasser und 5 % aus gelösten Bestandteilen. Letztere setzen sich aus Eiweißkörpern, Fibrinogen, Prothrombin, geringen Mengen Zucker und wenig Fett zusammen.

Ableitend aus den Blutkapillaren und dem Gewebe sammelt sich die Lymphe in kleinen Lymphkapillaren, die in größere Lymphgefäße münden. Sie sind als ein Verbundsystem miteinander verknüpft und ähneln in ihrem Aufbau den Venen. Durch rhythmische Kontraktionen der glatten Lymphgefäßmuskulatur wird die Lymphe transportiert. Zusätzlich werden die Gefäße im Skelettmuskel durch die Muskelkontraktionen ausgepresst. Bevor sie wieder in das Blutgefäßsystem zurückfließen, passieren sie die Lymphknoten. Von diesen übernehmen sie die dort gebildeten Lymphozyten. Die Lymphknoten sind mehrfach hintereinandergeschaltet und bilden eine Art biologische Filterstationen, in denen die Lymphe von Fremdkörpern und Krankheitserregern gereinigt werden. Krankheitserreger werden durch Phagozytose unschädlich gemacht.

2.1.6 Lymphozyten [E. lymphocytes]

Lymphozyten sind kernhaltige Zellen, die aus den Stammzellen des Knochenmarks hervorgehen. Sie sind in den Lymphknoten und den lymphatischen Organen wie z. B. Milz, Thymus[28], Mandeln u. a. verschiedene Organe eingelagert, von denen sie in den Lymph- und Blutkreislauf abgegeben werden (Abb. 3).

Die Lymphozyten spielen eine zentrale Rolle bei der Ausbildung des allgemeinen Immunsystems[29] und im speziellen Fall bei der Bildung von Interferonen[30].

Die Lymphozyten werden erst auf einen Reiz durch ein Antigen aktiviert.

---

[26]phagein (gr.) – essen, kytos (gr.) – Hohlung; Phagazytose ist die Einverleibung fester belebter und unbelebter Bestandteile in die lebenden Zellen.

[27]lympha (lat.) – klares Wasser.

[28]thymos (gr.) – Gemüt; Thymusdrüse ist eine hinter dem Brustbein gelegene innersekretorische Drüse.

[29]immunus (lat.) – frei, unberührt; gefeit, unempfänglich gegenüber Krankheitserregern und Giften.

[30]interferre (lat.) – wechselseitiges Einwirken; Interferone sind Proteine, die auf äußeren Reiz von Zellen gebildet werden und antivirale Aktivität aufweisen. Die Interferone wirken nicht direkt auf die Viren ein, sondern sie rufen in den durch Viren befallenen Zellen Veränderungen hervor, die zum Schutz der Zelle führen. Die Erscheinung, dass bei Virusinfektionen Personen durch eine gleichzeitige andere oder rasch folgende zweite Virusinfektion nicht mehr wirksam ist, nennt man Virusinterferenz. Von diesem Begriff leitet sich der Name Interferon ab.

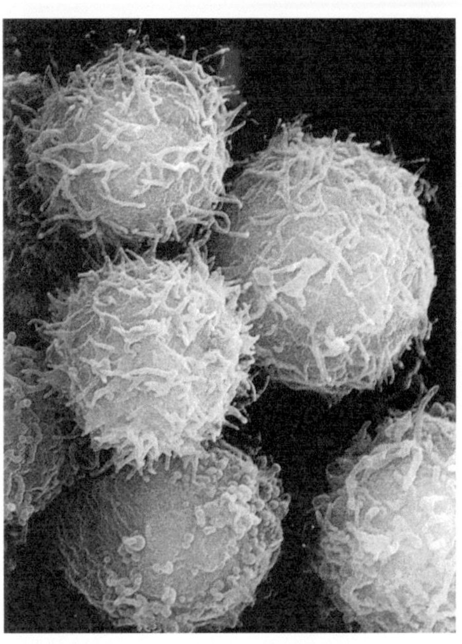

Abb. 3 ß-Lymphozyten des Menschen [E. ß-lymphocytes of man]

3 Herz [E. heart]

Das Herz ist ein kegelförmiges, muskulöses Hohlkörperorgan, das durch rhythmische Muskelkontraktionen[31] das Blut durch das Gefäßsystem pumpt. Wie eine Saug- und Druckpumpe arbeitend liegt es zwischen dem Lungen- und Körperkreislauf hinter dem Brustbein im Brustkorb (Abb. 4).

Das Herz besteht aus einem zusammenhängenden Geflecht von zum Teil quer gestreiften Herzmuskelfasern (Myokard)[32]. Das Myokard ist von einer serösen[33] Haut (Epikard)[34] umschlossen und innen von einer mehrschichtigen Innenhaut (Endokard)[35] ausgekleidet.

Das Herz ist von einer Scheidewand in eine linke und rechte Hälfte unterteilt, die jeweils aus dem linken und rechten Vorhof (Artrio)[36] und der linken und rechten Herzkammer (Ventrikel)[37] bestehen. Die Vorhöfe und Kammern sind durch Klappen, den

[31]contrahere (lat.) – zusammenziehen.

[32]kardia (gr.) – cor (lat.) – Herz, mys (gr.) – Muskel.

[33]serös = Serum enthaltend.

[34]epi (gr.) – über auf.

[35]endon (gr.) – innen, innerhalb.

[36]atrium (lat.) – Vorhalle.

[37]ventriculus (lat.) – Kammer, Herzkammer.

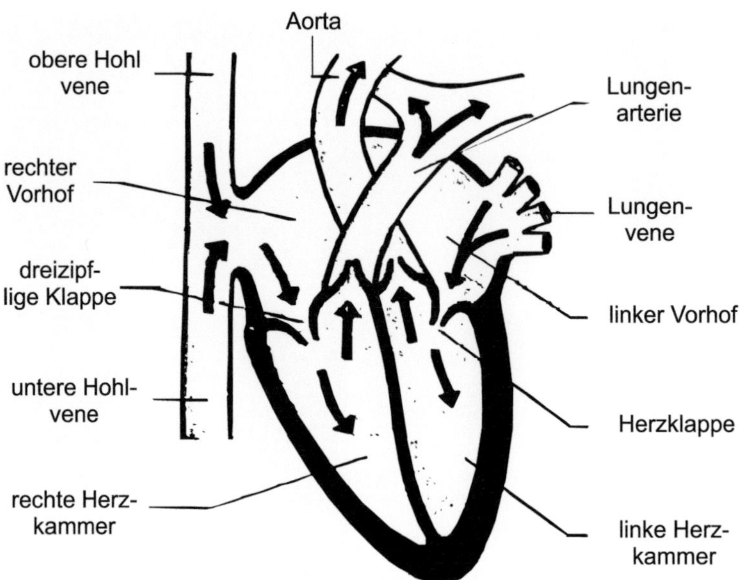

Abb. 4 Schematische Darstellung des Menschenherzens [E. schematic depiction of the heart of man]

Artrioventrikularklappen getrennt. An den Ausströmungsöffnungen der Kammern befinden sich Taschenklappen. Sie regeln den Übergang des Blutes vom rechten Ventrikel in den Truncus pulmonalis[38] (Pulmonalklappe) und vom linken Ventrikel in die Aorta (Aortenklappe)[39] (Abb. 4). Die Herzklappen arbeiten wie Ventile und verhindern bei der Kontraktion der Herzmuskel den Rückfluss des Blutes.

Der Herzrhythmus besteht aus einer Kontraktionsphase, der Systole und einer Erschlaffungsphase, der Diastole.

Am Beginn der Systole[40] sind alle Herzklappen geschlossen. Der Blutdruck steigt steil an. Übersteigt dieser intraventrikulare Druck den Druck in den großen Arterien (ca. 80-mmHg-Säule), dann öffnen sich die Herzklappen, und es beginnt die Austreibungsphase, dabei steigt der Ventrikeldruck noch weiter an, um am Ende der Systole wieder abzufallen.

Während der Austreibungsphase wird ein Blutvolumen (Schlagvolumen) von 70 mL herausgedrückt.

Die Entspannungsphase beginnt mit dem Druckabfall im Ventrikel. Die Pulmonalklappe und Aortenklappe an den Ausströmungsöffnungen schließen sich. In der

[38]truncus (lat.) – Stamm, pulmo (lat.) – Lunge. Der Truncus pulmonalis ist der 5 cm lange erste Abschnitt der Lungenarterie, der sich in die rechte und linke Arteria pulmonalis aufteilt.

[39]aorte zu aeirein (gr.) – emporheben, Körperschlagader.

[40]systolo (gr.) – zusammenziehen, Verkleinern der Herzkammern.

Diastole[41], bei Unterschreitung des Vorhofdruckes, öffnen sich die Atrioventrikularklappen. Damit beginnt als dritte Phase die Füllungsphase, in der Blut wieder in die Kammern fließt.

Der Blutdruck beim gesunden Menschen ist altersabhängig. Bei 30-Jährigen soll der systolische Druck zwischen 120 bis 125 mmHg und der diastolische zwischen 80 bis 85 mmHg liegen. Für 60-Jährige sollen die Werte 150/90 mmHg für den systolischen/diastolischen Druck nicht übersteigen.

Bei einer Schlagfrequenz (Puls) von 70/min. beträgt das Herzminutenvolumen ca. 5 bis 6 L/min. Das Schlagvolumen bei jeder Herzkontraktion liegt zwischen 30 bis 60 L Blut. Im Mittel pumpt das Herz in 1 h 300 L, 1 Tag 7200 L, 1 Jahr 2,63 Mio L Blut und in 70 Jahren 184 Mio. L.

3.1 Hypertension[42] – Hypotension[43] [E. hypertension – hypotension]

Hypertension ist eine kurzfristige oder chronische Steigerung des Blutdrucks. Sie wird auch Hypertonie (Bluthochdruck) genannt und führt auf Dauer zu einer Überbeanspruchung des Blutgefäßsystems und des Herzens. Zur Therapie der Hypertonie dienen blutdrucksenkende Mittel (Antihypertonika).

Im Gegensatz zur Hypertension ist die Hypotension ein kurzfristiges Absinken des Blutdruckes. Sinkt der systolische Blutdruck auf Werte von 110 mmHg und niedriger, dann treten Ermüdung, Schwindelanfälle, die sich zu Ohnmachtsanfällen ausweiten können, auf. Der diastolische Blutdruck fällt dann unter 70 bis 60 mmHg ab.

Die Hypotension wird mit Antihypotonika behandelt, die meistens Sympathikomimetika enthalten.

3.2 Herzinsuffizienz[44] [E. cardiac insufficiency]

Herzinsuffizienz ist ein akutes oder chronisches Unvermögen des Herzens sowohl bei Belastung als auch in Ruhe für die Blutversorgung des Körpers, die notwendige Pumpleistung zu erbringen, Herzfrequenz, Schlagvolumen und Kontraktilität[45] reichen für ein normales Herzzeitvolumen nicht mehr aus.

[41] diastolo (gr.) – Ausdehnung, Erweiterung der Herzkammern.

[42] hyper (gr.) – über, übermäßig.

[43] hypo (gr.) – unter, darunter.

[44] insufficere (lat.) – nicht genügen, unzureichend, unzulänglich.

[45] contratiere, contractus (lat.) – zusammenziehen.

Eine chronische Herzinsuffizienz beruht häufig auf koronare Herzerkrankungen, Herzrhythmusstörungen, Hypertonie und andere Ursachen.

Arzneimittel zur Behandlung einer Herzinsuffizienz sind z. B.

- Herzglykoside und Digitalglykoside [Digi-Merck],
- Catecholamine,
- Theophyllin,
- Phosphodiesterasehemmer,
- Nitroverbindungen (Kap. V, Abschn. 11),
- Diuretika
- ACE-Hemmer (Blutdrucksenker, **A**ngiotensin **c**onverting **e**nzyme, ein Inhibitor).

3.3 Herz-Kreislauf-Mittel [E. heart-circulation drugs]

Herzdurchblutung, Herzrhythmus und die Kontraktionskraft des Herzens sind die maßgeblichen Kriterien für ein intaktes Herz. Der Blutkreislauf ist die Zirkulation des Blutes im Blutgefäßsystem des Körpers. Er sorgt für eine optimale Durchblutung des gesamten Körpers und wird angetrieben durch das Pumpsystem des Herzens.

Herz-Kreislauf-Mittel sind Substanzen, die den Verschleiß- und Alterserscheinungen und sonstigen Herz- und Kreislauf-Erkrankungen therapeutisch oder heilend entgegenwirken.

3.3.1 Kardiaka [E. cardiac stimulants]

Kardiaka[46], auch bekannt unter der Bezeichnung Kardiotonika, sind auf das Herz anregend wirkende Substanzen, die häufig pflanzlichen Ursprungs sind.

Zu ihnen zählen die Wirkstoffgruppen Digitalis, Strophanthin, Convallaria, Scilla, Adonis, Crataegus, Oleander u. a.

Bei diesen herzwirksamen Arzneimitteln werden folgende Hauptgruppen unterschieden:

- Digitalisglykoside und andere Herzglykoside,
- Chinidinverbindungen,
- Nitrite und Nitroverbindungen, z. B. Trinitroglycerin (Kap. XVI, Abschn. 11),
- Analeptika,
- Furanochromone,
- Coronar[47]-Vasodilatatoren.

[46]cardia (gr.) – Herz.

[47]corona (lat.) – Kranz.

Sie werden angewendet beim Altersherz, Herzmuskelschwäche, Herzinsuffizienz[48], Myokardinfarkt[49], Kreislaufschwäche, Koronardurchblutungsstörungen.

3.3.2 Antagonisten[50] [E. antagonists]

Antagonisten sind im medizinischen und pharmakologischen Sinne Organe oder Stoffpaare, die einander entgegengesetzte Wirkungen ausüben, z. B. Muskelpaare, bei denen der eine Muskel sich ausdehnt, während der andere sich zusammenzieht. Innerhalb des Nervensystems ist der Sympathikus der Gegenspieler bzw. der Antagonist des Parasympathikus.

Antagonistisch wirkende Stoffgruppen sind

- Schlafmittel/Weckamine,
- Vitamine/Antivitamine (Antimetabolite), z. B. Biotin/Avidin (Kap. XVII),
- Pflanzenwuchsstoffe/Hemmstoffe,
- Strychnin/Curare,
- Atropin/Pilocarpin,
- Rezeptorstimulantien/Blocker.

Aminosalicylsäure, Nicotinsäureamid, Sulfanilamid sind Antagonisten der p-Aminobenzoesäure.

$H_2N-C_6H_4-C(=O)-OH$ p-Aminobenzoesäure

$H_2N-C_6H_3(OH)-C(=O)-OH$ p-Aminosalicylsäure

$NC_5H_4-C(=O)-NH_2$ Nicotinsäureamid

$H_2N-C_6H_4-S(=O)_2-NH_2$ Sulfanilamid (Sulfanilsäureamid)

Anstelle der p-Aminobenzoesäure können die Bakterien auch die oben aufgeführten Antagonisten einbauen, da sie diese aufgrund ihrer chemisch-strukturellen Bauart nicht voneinander zu unterscheiden vermögen. Infolge der Folsäuresynthesehemmung wird die Vermehrung der Bakterien gebremst oder unterbrochen.

---

[48]sufficere (lat.) – genügen, darreichen; insuffizienz – unzulänglich, mangelhafte Leistungsfähigkeit.

[49]mys (gr.) – Muskel, Myokard-Herzmuskel.

[50]anti (gr.) – gegen; agonisma (gr.) – Kampf.

p-Aminobenzoesäure (Vitamin H) ist ein lebenswichtiger Wuchsstoff für Bakterien, die es zur Synthese von Folsäure benötigen.

3.3.3 Calciumantagonisten [E. calcium antagonists]

Calciumantagonisten sind Wirkstoffe, die in den Calciumstoffwechsel des Organismus eingreifen und den Calciumionen-, Ca^{++}, Einstrom in die Muskelzellen hemmen und gleichzeitig die Ca-Ionen-Freisetzung aus dem sarkoplasmatischen Retikulum[51] der Muskelzellen verhindern.

Das sarkoplasmatische Retikulum ist ein räumlich innerplasmatisches Netz aus formvariablen Kanälen und Röhrchen.

Auf diese Weise wird der Blutdruck gesenkt und eine Koronardurchblutung gefördert.

Calciumantagonisten werden bei Angina pectoris[52], arterieller Hypertonie, Herzinsuffizienz u. a. Herz-Kreislaufkrankheiten eingesetzt.

Bekannte Therapeutika sind Nifedipin, Verapamil, Diltiazem u. a.

3.3.4 Betablocker [E. betablocker]

Die Betablocker, exakter die Betarezeptorenblocker, sind β-Rezeptoren[53] blockierende Wirkstoffe mit Phenoxypropanolaminstruktur.

$$C_6H_5{-}O{-}CH_2{-}\underset{\displaystyle OH}{\underset{|}{CH}}{-}CH_2{-}NH_2$$

Nach ihrer verschiedenen Spezifität muss je nach dem ausgelösten Effekt zwischen den β_1- und β_2-Rezeptoren unterschieden werden.

Die Betarezeptorenblocker werden angewendet bei eingeschränkter Koronarreserve, bei gesteigertem Sauerstoffverbrauch, als Prophylaktika gegen Angina pectoris, bei Hypertonien usw.

3.3.5 Vasodilatatoren[54] [E. vasodilators]

Vasodilatatoren sind blutgefäßerweiternde Wirkstoffe. Sie fördern dadurch eine bessere Durchblutung verengter Gefäße und senken den Blutdruck.

---

[51] Sarx (gr.) – Fleisch, Muskel; plassein (gr.) – bilden; reticulum (lat.) – Netz, Geflecht.

[52] angere (lat.) – beengen; pectus (lat.) – Brust.
Angina pectoris ist die Funktionsstörung der Herzkranzgefäße.

[53] recipere (lat.) – zurückholen, empfangen.
Rezeptoren sind im biologischen Sinne Reizempfänger.

[54] vas (lat.) – Gefäß, Blutgefäß.
dilatare (lat.) – erweitern.

Koronargefäßerweiternde, d. h. herzkranzgefäßerweiternde Wirkstoffe sind die Xanthin-Derivate, Coffein, Theobromin, Theophyllin und Nicotinsäurederivate.

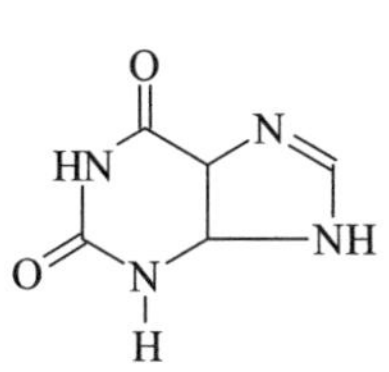

Xanthin 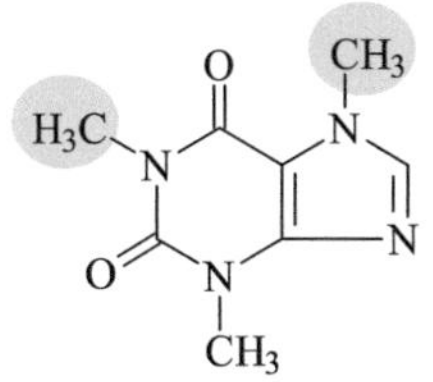 Coffein 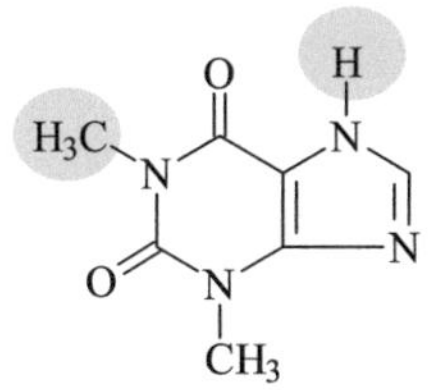 Theophyllin 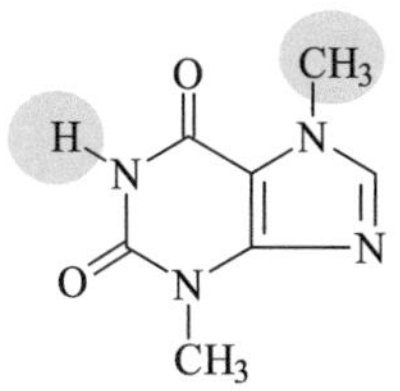 Theobromin

Als blutdrucksenkende und durchblutungsfördernde Substanzen gelten Salpetersäureester, Cinnazirin, Papaverin, Prostaglandine sowie Ergot- und Vincaalkaloide.

3.3.6 Parasympathomimetika[55] [E. parasympathominetics] und Parasympatholytika [E. parasympathicolytics]

Das nicht dem Willen unterliegende selbsttätige autonome oder vegetative Nervensystem wird in das parasympathische und sympathische System unterteilt.

Arzneimittel, die den Parasympathikus erregen, heißen Parasympathomimetika und solche, die ihn hemmen, Parasympatholytika.

Experimente haben belegt, dass eine Nervenerregung eine Überträgersubstanz lokal freisetzt, die dann im Endorgan eine spezifische Wirkung, z. B. an einer Drüse oder einem Muskel, hervorruft.

Das Acetylcholin initiiert an den Umschaltstellen der parasympathischen Nerven eine ausgeprägte Impulsübertragung.

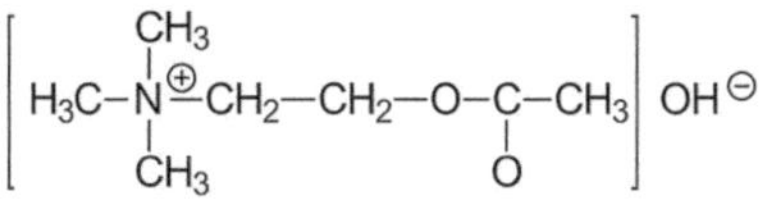

$$\left[H_3C-\overset{CH_3}{\underset{CH_3}{\overset{|}{\underset{|}{N^{\oplus}}}}}-CH_2-CH_2-O-\underset{\underset{O}{\|}}{C}-CH_3 \right] OH^{\ominus}$$ Acetylcholin

Als Stoffe, die den Parasympathikus erregen, gelten das *Muscarin,* ein Gift in den Riss- und Fliegenpilzen, das *Pilocarpin* und das *Arecolin.*

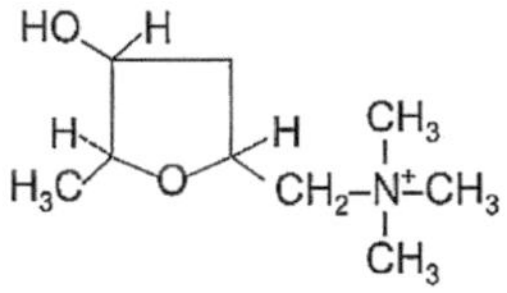

Formel des Muscarin

[55] mimeisthai (gr.) – nachahmen.

Ein weiterer Stoff ist das *Alkaloid Pilocarpin* aus den Blättern der Paraguay-Jaboranci[56], die in Paraguay, Südbrasilien und im nordöstlichen Argentinien beheimatet ist.

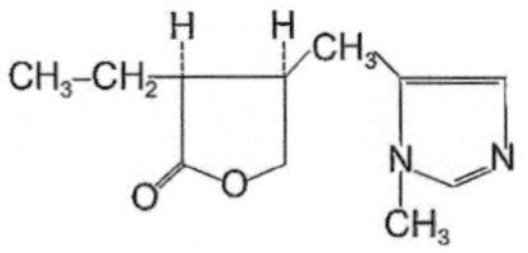

Formel des Pilocarpin

Arecolin ist ein Alkaloid in den Betelnüssen der Betelpalme. Die Betelnüsse werden zurzeit von ca. 450 Mio. Menschen in Asien und Ostafrika als Betelbissen kauend genossen. Bei Rindern und Hunden werden sie in der Tiermedizin gegen Eingeweidewürmer eingesetzt[57].

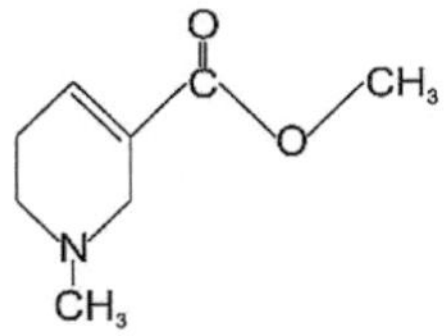

Strukturformel von Arecolin

4 Atmungsorgane – Atmung [E. respiratory system – respiration][58]

4.1 Beschreibung [E. description]

Die Atmungsorgane bestehen aus der *Nase, Mundhöhle,* dem *Schlund,* der *Luftröhre,* den *Bronchien* und der *Lunge.* Von der Nase bzw. der Mundhöhle wird die Luft eingeatmet, erwärmt, befeuchtet und gereinigt.

Nach der Mundhöhle beginnt der Schlund, der bis zum Kehlkopf reicht und eine unterteilte Röhre für die Einatmungsluft und Speisen ist. Vor dem Kehlkopf trennen sich Luft- und Speiseröhre. Die Luft strömt weiter durch die Luftröhre (Trachea)[59], die in die Bronchien[60] übergeht. Die Stammbronchien teilen sich in immer kleinere Bronchien auf und stehen am Ende mit den Lungenbläschen (Alveolen)[61] in Verbindung (Abb. 7).

[56] Laborandi (indianisch) – vermehrter Schweiß.

[57] Lit.: http://asienspiegel.ch2012/04der-gefährliche-belnuss-rausch/).

[58] respirare (lat.) – atmen, ausatmen.

[59] tracheis (gr.) – Luftröhre.

[60] bronchos (gr.) – Luftröhre.

[61] alveolus (lat.) – kleine Wannen, Mulde, bläschenförmiges Gebilde in Zellen und Geweben.

Die Alveolen wiederum sind von einem engen Kapillarnetz umgeben, das von venösem Blut aus der Arteria pulmonalis durchströmt wird. Hier findet der Gasaustausch zwischen der Einatmungsluft und dem Kohlenstoffdioxid des venösen Bluts statt. Dabei wird das Kohlenstoffdioxid, CO_2, aus dem von der Lungenarterie herausgeführten Blut an die Lungenbläschen abgegeben und der Sauerstoff, O_2, aus der Atmungsluft unter Bildung von Oxyhämoglobin aufgenommen. Das mit Sauerstoff angereicherte Blut wird durch die Lungenvenen zum Herzen geleitet.

Der Kohlenstoffdioxid-Sauerstoff-Austausch ist eine Diffusion, die auf den Partialdruckdifferenzen zwischen den Alveolen und den Lungenkapillaren beruhen. In den Lungenalveolen ist der Sauerstoffpartialdruck 100 mmHg und im venösen Blut der Lungenkapillaren 40 mmHg. Diese Partialdruckdifferenz von 60 mmHg sorgt dafür, dass der Sauerstoff von der Lunge in die venöse Blutbahn gelangt.

Der Kohlenstoffdioxidpartialdruck in den Lungenkapillaren beträgt 46 mmHg und ist damit um 6 mmHg höher als in den Alveolen mit 40 mmHg (Abschn. 1.1, 3. Aussage).

Außerdem ist der Diffusionskoeffizient von CO_2 23-mal größer als der für Sauerstoff. Der Diffusionskoeffizient sagt etwas aus über die Durchlässigkeit der Grenzschichten bzw. Membranen für die diffundierenden Teilchen.

Im Blut bzw. in den Erythrozyten reagiert das Kohlenstoffdioxid mit dem Wasser zu Kohlensäure, die in positive Wasserstoffionen und negative Bikarbonationen dissoziieren.

Kohlenstoff-dioxid		Wasser		Kohlensäure		Wasser-stoffion		Bicarbonat-ion
CO_2	+	H–OH	$\rightleftharpoons$	H_2CO_3	$\longrightarrow$	H^+	+	HCO_3^-

Der Dissoziationsgrad ist mit verantwortlich für einen stabilen pH-Wert des Blutes.

Beim Übergang des CO_2 von der Lungenkapillare zerfällt die Kohlensäure wieder in CO_2 und H–OH.

Die **Lunge** [E. lung] selbst ist ein paariges Atmungsorgan der Wirbeltiere. Sie füllt beim Menschen den größten Teil des Brustkorbes aus und besteht aus zwei Lungenflügeln, die gelappt sind. Der rechte Flügel ist dreilappig und der linke zweilappig. Die beiden Lungenflügel sind durch die Luftröhre und die Bronchien miteinander verknüpft. Die Organsubstanz besteht aus einem rosafarbenen schwammigen Gewebe, das von dem Lungenfell überzogen ist.

4.2 Die äußere und innere Atmung [E. external and internal respiration]

Es ist zwischen der äußeren Atmung, der sogenannten physiologischen Lungenatmung, und der inneren Atmung, der biochemischen Zellatmung, zu unterscheiden.

Die Lungenatmung ist eine vom Atemzentrum gesteuerte Belüftung der Lungenalveolen. Sie wurde als Diffusionsvorgang grob skizziert (Abb. 2 und 7).

Die biochemische Zellatmung setzt aus den in der Zelle befindenden energiereichen organischen Stoffen, wie z. B. Glucose, Aminosäuren, Fettabbauprodukte, die jeweils gespeicherte Energie frei. Dabei wird das NADH zu NAD^+ bzw. die Bernsteinsäure zu Fumarsäure dehydriert bzw. oxidiert, es sind also exergonische Reaktionen (Abb. 5, Kap. VI, Abb. 7b, 7c und Kap. XIX, Abb. 8).

$$NADH + H^+ + \tfrac{1}{2}O_2 \underset{\text{Reduktion}}{\overset{\text{Oxidation}}{\rightleftharpoons}} NAD^+ + H{-}OH \qquad (1)$$

$\Delta G^0 = -220{,}5$ kJ/mol

Bernsteinsäure[56)] (Succinat) → Fumarsäure[56)] (Fumarat)

$$\begin{matrix} H_2C{-}COOH \\ | \\ H_2C{-}COOH \end{matrix} + \tfrac{1}{2}O_2 \xrightarrow[-2H]{\text{Oxidation}} \begin{matrix} HC{-}COOH \\ \| \\ HC{-}COOH \end{matrix} + H{-}OH$$

$\Delta G^0 = -376$ kJ/mol

Succinat und Fumarat sind die Anionen ihrer jeweiligen Säuren, Bernsteinsäure bzw. Fumarsäure.

Die Energie wird im $FADH_2$ gespeichert.

$$FAD^+ + 2\{H\} \rightleftharpoons FADH + H^+$$

Die frei werdenden Elektronen werden in mehreren Reaktionsstufen auf den Sauerstoff, O_2, übertragen. Dabei wird Energie freigesetzt, die zur Synthese von ATP (Adenosintriphosphat) genutzt wird (Abb. 6a).

Abb. 5 Strukturaufbau des Nicotinsäureamid-adenin-dinukleotidphosphats [E. structure of the nicotinicamido-adenine dinucleotide phosphate]

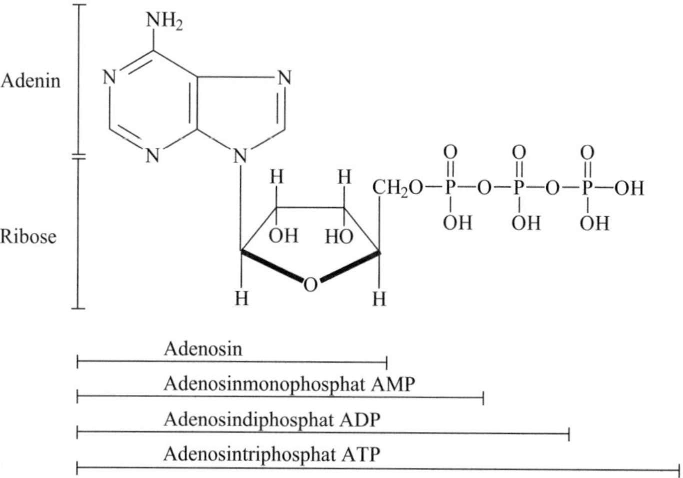

Abb. 6a Chemischer Aufbau der Adenosinphosphate [E. chemical structure of the adenosine phosphates]

Freie Energie		Adenosindiphosphat				Adenosintriphosphat			
3 x (30,5 kJ)	+	3 ADP	+	3 Pi	⟶	3 ATP	+	3 H–OH	(2)

$$\Delta G^o = +91{,}5 \text{ kJ/mol}$$

$$3\ \text{A–O–}\underset{\text{O}}{\overset{\text{OH}}{\text{P}}}\text{–O–}\underset{\text{O}}{\overset{\text{OH}}{\text{P}}}\text{–OH} + 3\ \text{HO–}\underset{\text{O}}{\overset{\text{OH}}{\text{P}}}\text{–OH} \longrightarrow 3\ \text{ATP} + 3\ \text{H–OH}$$

Das Wasser bildet sich aus der Reaktion zwischen der intermediär vorhandenen Phosphorsäure und dem ADP zum ATP.

Die mit den Gl. (1) und Gl. (2) beschriebenen Reaktionen laufen häufig miteinander gekoppelt ab. Sie können wie folgt zusammengefasst werden (Abb. 6b):

$$\text{NADH} + \text{H}^+ + 3\ \text{ADP} + 3\ \text{Pi} \longrightarrow \text{NAD}^+ + 4\ \text{H}_2\text{O} + 3\ \text{ATP}; \qquad (3)$$

$$\Delta G^o = -129 \text{ kJ/mol}$$

Dieser Vorgang ist an die Atmungskette gekoppelt. Je nach Herkunft der Oxidationsmittel muss zwischen einer aeroben oder anaeroben Atmung unterschieden werden (Kap. VI, Abschn. 6.3 und Kap. X, Abschn. 2.2).

Ist Sauerstoff das Oxidationsmittel, d. h. der Wasserstoffakzeptor, dann handelt es sich um eine aerobe Atmung, ist eine organische Substanz, wie z. B.

Brenztraubensäure, $H_2C\text{–}\underset{\text{O}}{\overset{}{\text{C}}}\text{–COOH}$, Wasserstoffakzeptor, dann ist es eine anaerobe Atmung.

Sie ist energetisch ein gering wirksamer Prozess (Kap. X, Abb. 13).

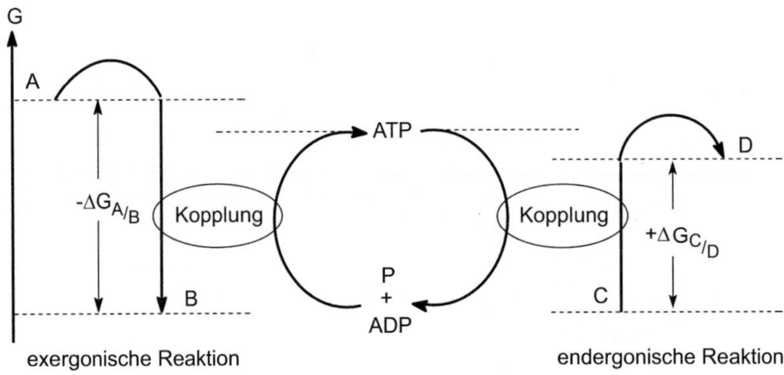

Abb. 6b Energieübertragung durch ATP/ADP [E. transmission of energy by ATP/ADP]

Brenztraubensäure (Pyruvat) → Milchsäure (Lactat)

$$H_3C-\underset{\underset{O}{\|}}{C}-COOH + 2\,NADH + H^+ \longrightarrow 2\,CH_3-\underset{\underset{OH}{|}}{\overset{\overset{H}{|}}{C}}-COOH + NAD$$

$$\Delta G = -96{,}6\ kJ/mol$$

4.3 Erkrankungen [E. illnesses]

4.3.1 Asthma[62] bronchiale und chronische Bronchitis [E. bronchial asthma and chronic bronchitis]

Asthma und chronische Bronchitis beruhen auf verengten Atemwegen, deren Folge eine Erhöhung des Strömungswiderstandes für die Atmungsgase und verbunden mit Ventilationsstörungen ist.

Asthma bronchiale ist eine entzündliche Erkrankung der Atemwege mit einer Überempfindlichkeit des Bronchialsystems und Atemverzögerung (Atemobstruktion[63]).

Spezielle Mediatoren[64] zählen zu den Gewebshormonen und werden aus Zellen und Zellverbänden freigesetzt, wirken unmittelbar auf benachbarte Zellen ein und engen die Atemwege ein.

Sie rufen eine Verkrampfung (Spasmus[65]) der Bronchialmuskulatur hervor, eine Schwellung der Bronchialwand sowie eine gesteigerte Sekretion von viskos-zähem Schleim.

Diese Symptome werden besonders nachts und am frühen Morgen von Atemnot und Hustenanfällen begleitet.

Chronische Bronchitis ist durch eine exzessive Schleimproduktion in den Atemwegen und chronischen Husten, der wieder vom Auswurf begleitet wird, charakterisiert. Als eine der wesentlichen Ursachen gelten das Zigarettenrauchen und tuberkulose Entzündungen.

4.3.2 Antiasthmatika [E. antiasthmatics]

Antiasthmatika sind krampflösende, schmerzlindernde und kreislaufanregende Wirkstoffe. Mit ihnen soll u. a. eine normale Lungenfunktion erreicht werden.

Zu ihnen zählen

[62] asthma (gr.) – anfallsweise auftretende Atemnot.

[63] obstruere (lat.) – entgegenbauen, versperren.

[64] medius (Lat.) – dazwischen, Mediatoren sind als Wirkstoffe Träger von physikalischen und chemischen Eigenschaften.

[65] spasmas (gr.) – Krampf.

- das Ketotifen, ein Antihistaminikum zur Unterdrückung von Entzündungen und Erniedrigung der bronchialen Überempfindlichkeit.
- β_2-Sympathomimetika zur Entkrampfung bzw. der Erschlaffung der Bronchialmuskulatur.
- Theophyllin ist ein Xanthinderivat (s. Abschn. 3.3.5) und unterdrückt wie die β_2-Sympathomimetika verschiedene Asthmasymptome, insbesondere die Freisetzung von Mediatoren. Es wird bei besonders schweren Asthmaanfällen verwendet.
- Parasympatholytika hemmen die Bronchialsekretion. Sie verdrängen das Acetylcholin

$$\left[H_3C-\underset{\underset{O}{\|}}{C}-O-CH_2-CH_2-\overset{CH_3}{\underset{CH_3}{\overset{|}{\underset{|}{N^{\oplus}}}}}-CH_3 \right] OH^-$$

  von den cholinergen muscarinempfindlichen Rezeptoren des parasympathischen Nervenstrangs. Muscarin ist ein alkaloidähnlicher Inhaltsstoff aus den roten Huthäuten des Fliegenpilzes und anderen Giftpilzen.

  Muscarin verhält sich in seiner Wirkung auf das parasympathische Nervensystem anregend, ebenso wie Acetylcholin und damit entgegengesetzt wie Atropin.
- Glucocorticoide sind entzündungshemmende antiallergische und immunsuppressive[66] Substanzen. Sie werden vom Körper in der Nebennierenrinde als Corticosteron mit hormonalen Eigenschaften produziert. Viele Derivate werden als therapeutische Wirkstoffe synthetisiert.
- Cromoglicinsäure ist eine antiallergisch wirkende Substanz. Sie wird teilweise prophylaktisch eingesetzt, da mit ihr leichtere Formen des Asthmas beherrscht werden.

4.3.3 Spasmolytika [E. spasmolytics]

Spasmolytika sind krampflösende Heilmittel. Sie senken den Spannungszustand glatter Muskeln.

Auf diese Weise können Verkrampfungen (Koliken) der Atmungsorgane, des Herzmuskels, des Verdauungs- und Ausscheidungstraktes gelöst werden.

Die Wirkungsweise kann auf zweierlei Wegen erreicht werden:

1. durch direkten Einfluss auf die glatten Muskeln und
2. durch Hemmung der Reizübermittlung mittels Blockade der Nervenenden und der peripheren Enden des Sympathikus.

---

[66]immun (lat.) – frei, unberührt,

supprimere (lat.) – unterdrücken. Immunsuppression ist die unspezifische Unterdrückung der Immunantwort (Gegenreaktion). Der Nachteil dieser Immunsuppressive ist die erhöhte Infektionsanfälligkeit des behandelten Organismus.

Bekannte Wirkstoffe sind Atropin und Papaverin.

In die Gruppe der Spasmolytika sind auch die *Antiepileptika* [E. antiepileptics] einzuordnen. Das sind Präparate gegen die Epilepsie [E. epilepsy], die sich durch plötzlich auftretende Krampfzustände und häufig begleitende Bewusstlosigkeit auszeichnet.

Diese Krampfanfälle werden durch plötzliche abnorme elektrische Entladungen in den Nervenzellen des Gehirns verursacht. Dadurch wird eine hohe Aktivität des Zentralnervensystems, ZNS, hervorgerufen.

Als Präparate dienen Barbiturate, Hydantoinderivate, Phenytoin u. a.

4.3.4 Antiallergika – Antihistaminika [E. antiallergics – antihistamines]

Die Begriffe Antiallergika und Antihistaminika werden häufig im gleichbedeutenden Sinne gebraucht. Die Wirkungen beider Präparateklassen beruhen auf der Deaktivierung des Gewebehormons Histamin, das in der Haut, im Lungengewebe und den Mastzellen vorkommt. Auch Bienengift enthält ebenso wie das Nesselgift der Brennesseln hohe Histaminmengen. Beim Menschen senkt Histamin den Blutdruck, erweitert die Kapillaren, erregt die Muskulatur und verstärkt die Magensaftabscheidung. Durch Histamin werden die feinen Blutgefäße durchlässiger, sodass Blutplasma in das umgebende Gewebe einwandert.

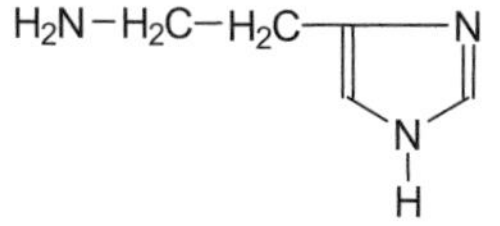

$H_2N-H_2C-H_2C$–(Imidazolring: N, N–H)

Histamin
(2-(4-Imidazolyl)-ethylamin)

In der Regel wird im Körper das Histamin durch das Enzym Histaminase abgebaut.

Bei einer Überdosis von Histamin im Organismus tritt eine Überempfindlichkeit auf, die sich durch Juckreiz, Allergien, Krämpfe der glatten Muskulatur, Erbrechen u. a. Symptomen bemerkbar macht.

Antiallergische bzw. antihistaminische Wirkstoffe sind Derivate des

Ethylendiamins,	$H_2N-CH_2-CH_2-NH_2$
Ethanolamins,	$H_2N-CH_2-CH_2-OH$
Propylamins,	$H_2N-CH_2-CH_2-CH_3$
Pyridins	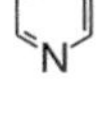 (Pyridinring, N)

Bekannte Handelsnamen sind Avil, Mereprine, Teldane, Seldane u. a.

4.3.5 Antitussiva [E. antitussives]

Antitussiva, auch Hustensedativa genannt, sind hustenreizdämpfende bzw. -stillende Mittel. Sie wirken auf das Hustenzentrum im Großhirn und hemmen den Hustenreflex.

Wirksame Präparate sind Derivate des Morphins wie Codein, Dihydrocodein und Noscapin ohne narkotische Eigenschaften. Auch Abkömmlinge der Phenylessigsäure und des Phenothiazins zählen dazu.

Häufig sind die *Antitussiva* mit *Expektorantien* [E. experctorants] versetzt, die die Bronchialsekrete verflüssigen und ihren Abtransport fördern.

Typische Inhaltsstoffe von Expektorantien sind Guaiacol, Guaifenesin, Extrakte aus Thymian, Eukalyptus, Campher, Menthol u. a.

5 Magen-Darm-Kanal [E. gastrointestinaltract][67]

5.1 Beschreibung der Funktionen [E. description of its functions]

Der Magen-Darm-Kanal ist der Reaktionsort für die Versorgung des menschlichen Körpers mit Nahrungsstoffen und zugleich für die Entsorgung nicht mehr verwertbarer Stoffwechselprodukte.

Dieser biochemische Rohrreaktor gliedert sich in die Bereiche (Abb. 7):

- des *Mundes* [E. mouth] und der *Mundhöhe* [E. oralcavity],
- der *Speiseröhre* [E. gullet] und des vorgeschalteten *Schlunds* [E. pharynx],
- des *Magens* [E. stomach],
- des *Dünndarms* [E. small intestine],
- des *Dickdarms* [E. large intestine],
- des *Darmausgangs* [E. anus].

Der Magen-Darm-Kanal übt mehrere Funktionen gleichzeitig aus, er ist mehrfach funktional:

- *Aufnehmen* von Feststoffen und Flüssigkeiten durch den Mund.
- *Zerkleinern* und *Mischen* in der Mundhöhle.
- *Transportieren* von Gasen, Flüssigkeiten und Feststoffen durch den Schlund, der in die Speiseröhre übergeht zum Weitertransport in den Magen. Die Gase strömen über die Luftröhre in die Bronchien bis in die Lungenbläschen.
- *Biochemische Reaktionen* im Magen, d. h.
- *Vermischen* der Nahrungsstoffe mit enzymatischen Wirkstoffen,
- *Einstellen* des reaktionsgünstigen pH-Wertes,
- *Einsetzen* biochemischer Abbaureaktionen der polymeren Nahrungsstoffe und
- Weitertransport der Zwischenprodukte in den Dünndarm.

[67]Literaturhinweis: Fritsch, H. u. Kühnel, W. (2009), 10. Aufl., Taschenatlas der Anatomie: Innere Organe, Georg Thieme Verlag, Stuttgart.

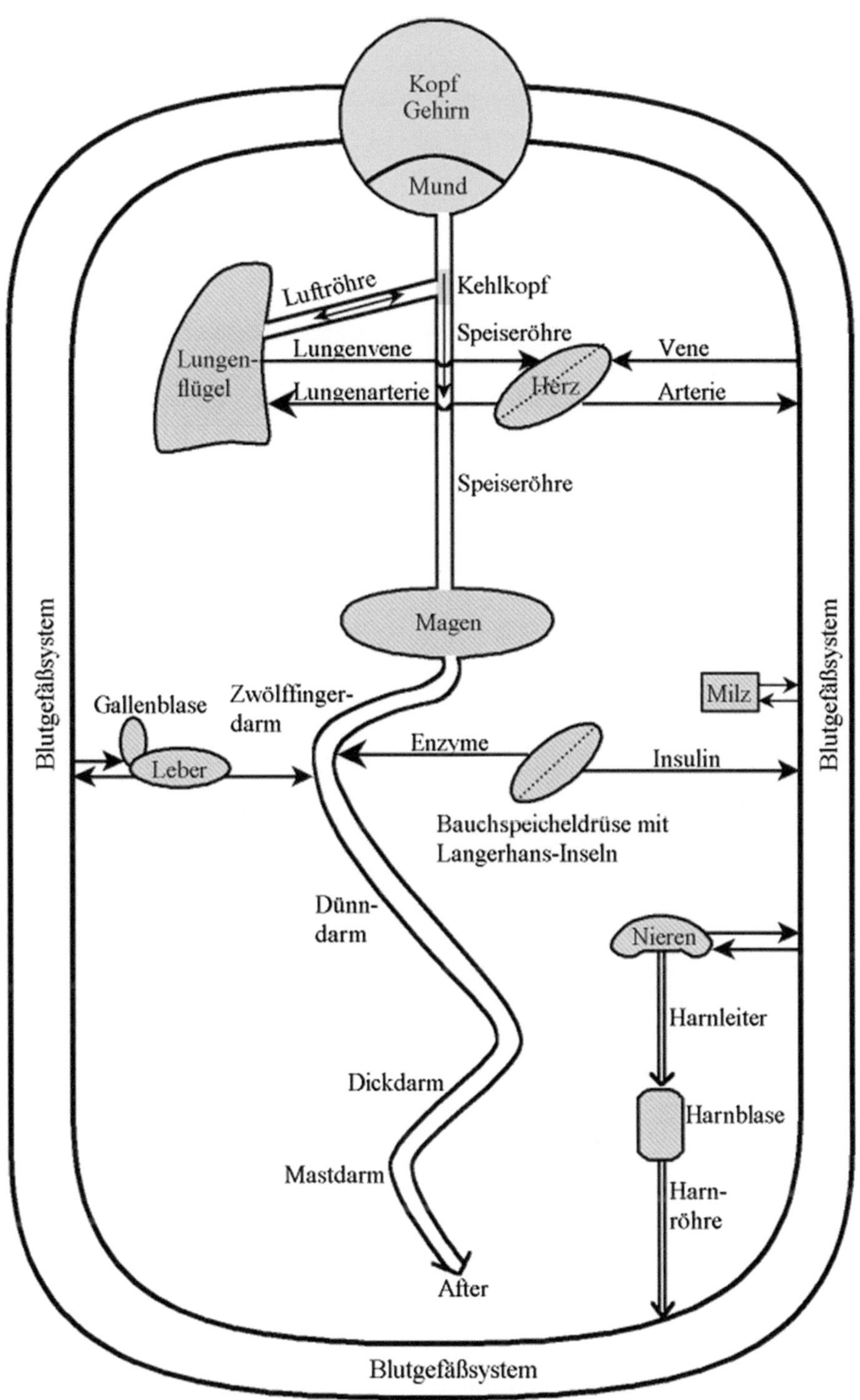

Abb. 7 Vereinfachtes Übersichtsschema der menschlichen Organe als Versorgungs- und Entsorgungssystem [E. simplified scheme of overall view of human organs as supply- and disposal-system]

- Fortsetzen intensiver biochemischer Reaktionen der Nahrungsstoffe zu niedermolekularen Abbauprodukten, die über Membranen vom Blutgefäßsystem resorbiert werden. Parallel dazu findet eine fortwährende peristaltische Durchmischung der Reaktionskomponenten und der Weitertransport in den Dickdarm statt.

5.1.1 Mundhöhle [E. oral cavity]

In der *Mundhöhle* werden die festen Nahrungsstoffe mittels Kauens zerkleinert und mit dem abgesonderten Speichel aus der Ohrspeichel-, Unterkiefer- und Unterzungendrüse vermischt.

Am Kauen sind sowohl die Zähne, die Zunge, der Mundboden, der Gaumen als auch die Kaumuskulatur beteiligt.

Speichel ist ein farb- und geruchloses Mischsekret aus den Speicheldrüsen. Täglich werden 500 bis 1500 mL abgesondert, sie enthalten Enzyme u. v. a. Inhaltsstoffe. Der Wasseranteil kann bis zu 99 % betragen, der pH-Wert variiert zwischen 5,8 bis 7,1. Speichel dient zum Feuchthalten der Mundhöhle und zum Benetzen, Schlüpfrigmachen der Speisen, zum Lösen der Geschmacksstoffe und zum hydrolytischen Spalten der polymeren Quervernetzungen.

Mittels eines Schluckaktes gelangen die Speisen über den Schlund in die *Speiseröhre.* Sie ist 22 bis 25 cm lang und besteht aus einem muskulären Schlauch, der am oberen und unteren Ende mit Öffnungs- und Verschlussventilen versehen ist. Der Transport der Speisen erfolgt durch Peristaltik[68], das ist eine fortschreitende zirkular einschnürende Kontraktion der Ringmuskulatur.

5.1.2 Magen [E. stomach]

Der *Magen* ist eine sackartige Erweiterung zwischen Speiseröhre und Zwölffingerdarm, dem ersten Teil des Dünndarms, mit einem Fassungsvermögen von 1,6 bis 2,4 L.

Die Magenwand ist mit Drüsen ausgestattet, die den Magensaft und einen alkalisch reagierenden schützenden Schleim (Mucine)[69] absondern. Der Magensaft ist eine farblose, leicht opaleszierende wässrige Flüssigkeit, deren pH-Wert zwischen 0,9 und 2,3 wechselt. Täglich werden von ihr 1,5 L von verschiedenen Zellen des Mageninneren freigesetzt. Der Magensaft enthält Salzsäure, anorganische Salze, Enzyme und Hormone u. a. Substanzen wie Nahrungsabbaustoffe gelöst oder kolloid verteilt.

Wichtige Bestandteile sind das eiweißspaltende Pepsin und der Intrinsic-Faktor.[70]

---

[68]peristaltikos (gr.) – umfassend, zusammendrückend.

[69]mucus (lat.) – Schleim; Mucine binden überschüssige Magensäure. Mucine bestehen u. a. aus Mucopolysacchariden und Mucoproteinen, die z. B. den Transport von Speisebrei begünstigen.

[70]intrescus (lat.) – im Inneren; der Intrinsic-Faktor ist ein Glycoproteid des Magensaftes. Mit Vitamin B_{12} (Extrinsic-Faktor) bildet der Intrinsic-Faktor einen Komplex, der im unteren Teil des Dünndarms resorbiert wird.

Die Salzsäureausschüttung, stimuliert durch das Hormon Gastrin, erreicht 1 h nach der Nahrungsaufnahme ihr Maximum.

Nach der Mundhöhle findet im Magen ein weiterer biochemischer Nahrungsaufschluss statt. Auch erfolgt schon eine Resorption bestimmter Abbauprodukte, Arzneimittel sowie Drogen, z. B. Coffein.

Die eingespeichelten Nahrungsstoffe verweilen 6 bis 8 h im Magen und werden dann mittels einer Magenperistaltik in den Zwölffingerdarm gedrückt zum weiteren biochemischen Abbau. Neben der eingeleiteten Verdauung werden im Magen auch Keime abgetötet.

5.1.3 Darm [E. intestine]

Als Darm[71] wird der Teil des Verdauungstraktes bezeichnet, der als Muskelschlauch vom Magenausgang bis zum After reicht.

Er gliedert sich in die Abschnitte

- Dünndarm mit einer Länge von 3 bis 4 m,
- Dickdarm und
- Mastdarm.

Der Dünndarm wiederum teilt sich auf in den

- Zwölffingerdarm (Duodenum) mit einer Länge von 25 cm,
- Leerdarm (Jejunum), ca. 1,2 m lang,
- Krummdarm (Ileum), ca. 1,8 m lang, er hat einen geringeren Durchmesser als der Leerdarm, eine geringere Wandstärke, auch enthält er weniger Schleimhautfalten, Gefäße und Zoten.

In den Zwölffingerdarm geben die Bauchspeicheldrüse (Pankreas), Galle und Leber ihre Verdauungssekrete wie Hormone, Enzyme und Gallensäure ab.

Im Dünndarm verläuft im alkalischen Medium die endgültige Verdauung der Nahrungsstoffe bei gleichzeitiger Resorption der niedermolekularen Stoffwechselprodukte. Das sind wasserlösliche Monosaccharide aus den Kohlenhydraten und Aminosäuren aus den Proteinen. Die Fette erfahren mittels Lipase eine Partialhydrolyse in Fettsäuren und in die 2-Monoglyceride. Diese Hydrolysate sind kolloidal emulgiert und werden als solche resorbiert. Die Fettemulgierung wird durch die Gallensekrete und Gallensäure besorgt.

Das Charakteristische für die Dünndarmschleimhaut ist ihre starke Oberflächenvergrößerung (Reaktionsfläche) durch Schleimhautfalten, Zotten[72] und Mikrovilli[73].

[71]intestinum (lat.) – Darm, enteron (gr.) – Darm.

[72]Zotten sind fingerförmige, meist unverzweigte Ausstülpungen der Plasmaoberfläche am Resorptionspol bestimmter Epithelzellen, z. B. der Enterozyten der Darmwand.

[73]Mikrovilli sind Kleinzotten.

Der ca. 1,30 m lange *Dickdarm* enthält die Darmflora, das sind die Bakterien vom Stamm der Escherichia coli für Gärungs- und Fäulnisvorgänge unter Freisetzung von Gasen. In ihm werden die unverdaulichen Stoffe zur Fäzes eingedickt und in den 15 bis 20 cm langen Mastdarm mittels Peristaltik weiterbefördert. Sie erfolgt hier wieder durch eine wellenförmig fortschreitende Kontraktion der Ringmuskulatur.

Der Mastdarm endet als Fäzesbehälter im After.

- Im Dickdarm werden die nicht reaktionsfähigen und nicht abbaubaren Begleitstoffe der Nahrungsmittel durch Wasserentzug eingedickt und mittels Knetbewegungen als Fäzes über den Mastdarm [E. rectum][74] zum Darmausgang [E. anus][75] befördert.
- Im Inneren des Darmtraktes mit den Kapillaren des Blut- und Lymphgefäßsystems findet der Energie- und Stoffaustausch statt.

5.2 Leber – Gallenblase – Bauchspeicheldrüse [E. liver – gallbladder – pancreas]

Leber, Gallenblase und Bauchspeicheldrüse sind dem Dünndarmtrakt unmittelbar zugeordnet und geben als exokrine Drüsen ihre Sekrete in den Zwölffingerdarm ab.

5.2.1 Leber [E. liver]

Die *Leber* ist mit einem Gewicht von ca. 1,5 kg die Zentrale des intermediären[76] Stoffwechsels, d. h. der Stoffwechselzwischenprodukte während des Abbaues der Kohlenhydrate, Fette und Proteine (Katabolismus[77]).

Auch der Harnstoff, $H_2N{-}\underset{\substack{\|\\ O}}{C}{-}NH_2$, fällt als Abbauprodukt in ihr an.

In ihr erfolgt parallel dazu der Aufbau und Umbau (Anabolismus) zu körpereigenen Biopolymeren wie Glykogen, ein in der Leber gespeichertes Kohlenhydrat, gespeicherte Fette, Proteine, Lipoproteine und Steroide (Kap. XI, Abschn. 4.1 und Kap. XIX, Abschn. 2.2).

---

[74]rectum intestinum (lat.) – der gerade Darm; rectus (lat.) – gerade.

[75]anus (lat.) – After.

[76]intermedius (lat.) – mittlere, dazwischen liegend.

[77]kataballein (gr.) – niederschlagen; Katabolismus ist die Gesamtheit aller Stoffwechselvorgänge, bei denen höhermolekulare Stoffe unter Energiefreisetzung in niedermolekulare Stoffe umgewandelt werden. Anabolismus ist dagegen der Stoffwechselprozess, der aus den durch den Katabolismus gelieferten Bausteinen wieder Biopolymere aufbaut.

Die Leber ist außerdem eine exkretorische Drüse. Sie erzeugt die Gallenflüssigkeit und gibt sie mit Verdauungsenzymen in den Darm, sie produziert einige Blutgerinnungsfaktoren, die in die Blutbahn eingespeist werden.

Die Leber ist aber auch das wichtigste Entgiftungsorgan des menschlichen Organismus. Mithilfe eines Oxidoreduktasensystems – das ist ein spezielles Enzymsystem – vermag sie Fremdstoffe, wie z. B. Gifte, Arzneimittel, Kohlenwasserstoffe und deren Derivate, in wasserlösliche Produkte umzuwandeln, um dann als solche ausgeschieden zu werden.

Das Enzym Alkoholdehydrogenase vermag, in der Leber 90 % vom konsumierten Alkohol zu Wasser und Kohlenstoffdioxid abzubauen.

Sie ist das Zentrum für den Abbau der roten Blutkörperchen (Erythrozyten) und damit für den Eisenstoffwechsel, den von metallischen Giften und anderen Spurenelementen verantwortlich. Die Leber ist ein Speicher für Vitamin B_{12} (Cyanocobalamin) (Kap. XVII, Abschn. 2.5 und Abb. 8a, 8b und 8c). In der Summe ihrer Funktionen ist sie ein hochenergetisch arbeitender Bioreaktor. Bei einem Anteil von nur 2 % eines Körpergewichtes beansprucht sie 26 % der beim Grundumsatz[78] freigesetzten Energie.

Diese Substanz ist ein oxidatives Abbauprodukt des Hämins und wird in der Leber und Milz gebildet.

5.2.2 Gallenblase [E. gallbladder]

Die *Gallenblase* ist das Speicherorgan für das von der Leber produzierte Sekret, das als Galle bezeichnet wird. Sie wird in der Gallenblase gesammelt, konzentriert und nach Bedarf in den Darm abgegeben. Die Galle [E. gall, bile] ist gelb bis braungrün gefärbt, hat einen pH-Wert von 7,4 bis 8,0 und schmeckt „gallenbitter“.

Ihre Hauptbestandteile sind die Gallensäuren und die als Abbauprodukte des Blutfarbstoffs Hämin ausgeschiedenen Gallenfarbstoffe, insbesondere das eisenfreie Bilirubin[79], Cholesterin und Schleim. Je nach Nahrungsaufnahme beträgt die tägliche Gallensekretion 600 bis 800 mL, während des Essens und der Verdauung fließt die Galle direkt von der Leber in den Zwölffingerdarm, bei Verdauungsruhe wird sie in der Gallenblase gespeichert (Abb. 8a, 8b und 8c).

Die Gallensäuren [E. bile acids] sind eine Mischung aus Cholsäure[80], Desoxycholsäure, Lithocholsäure u. a. Cholansäuren, deren chemischer Grundkörper das 5β-Cholestan ist (Abb. 9 und Kap. XIX, Abb. 1).

Die Vorstufe für die Gallensäuren bildet das Cholesterin.

[78]Der Grundumsatz ist die physiologische Mindestenergiemenge, die ein menschlicher Körper im ruhenden und nüchternen Zustand bei normaler Körpertemperatur und 20 °C Umgebungstemperatur benötigt. Er beträgt 4 kJ/kg/h, das sind für einen 80 kg schweren Menschen täglich 7680 kJ/d.

[79]Bilirubin ist ein Pyralabkömmling und bildet orangerote Kristalle.

[80]chole (gr.) – Galle.

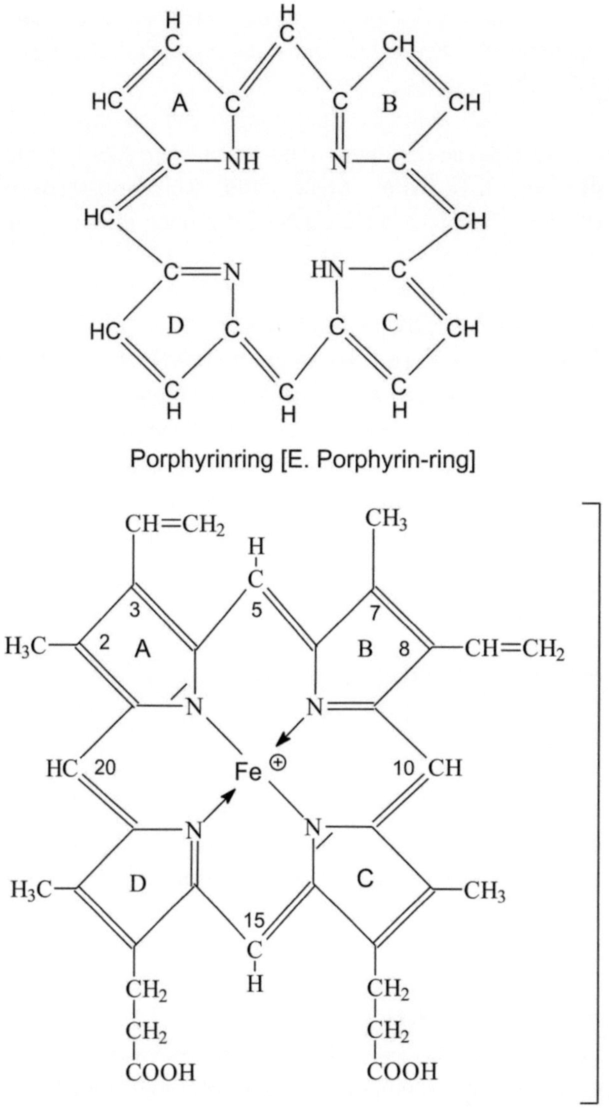

Porphyrinring [E. Porphyrin-ring]

Abb. 8a Strukturschema des Hämins [E. structure of haemin]

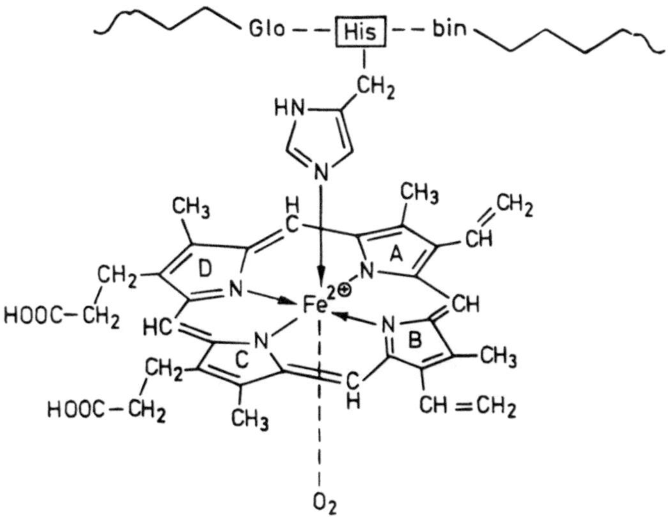

Abb. 8b Hämoglobin [E. haemoglobin]

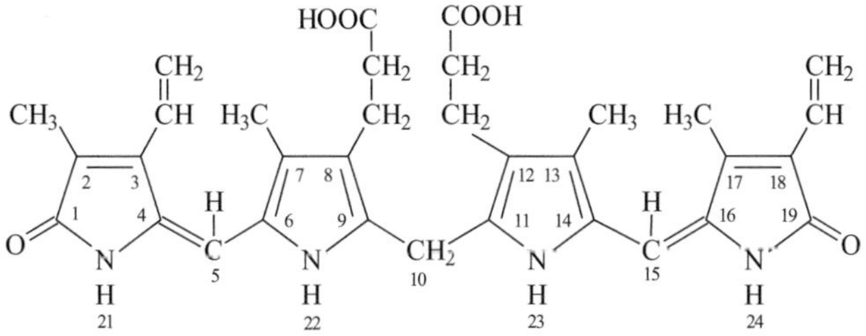

Abb. 8c Bilirubin [E. bilirubin]

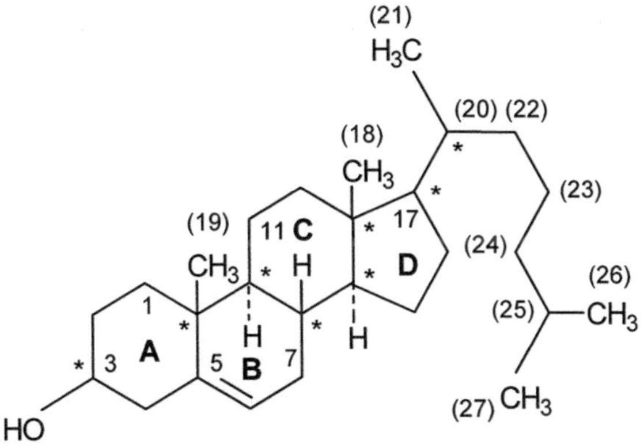

Cholesterin (Cholesterol)

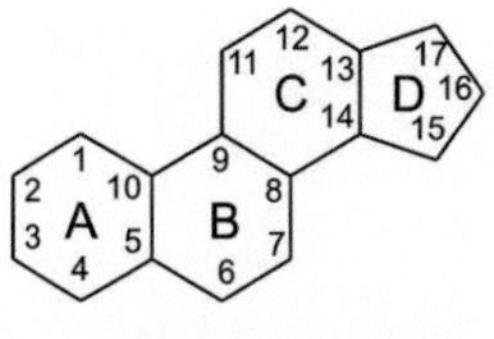

Gonan [E. gonane]

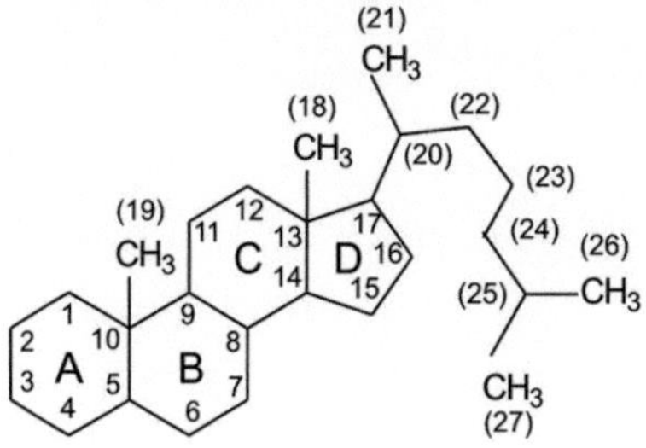

Cholestan [E. cholestane]

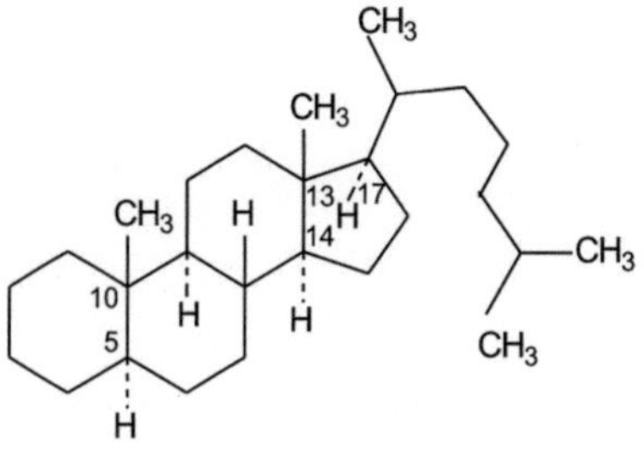

5α-Cholestan (A:B-*trans*)
[E. 5α-cholestane (A:B-*trans*]

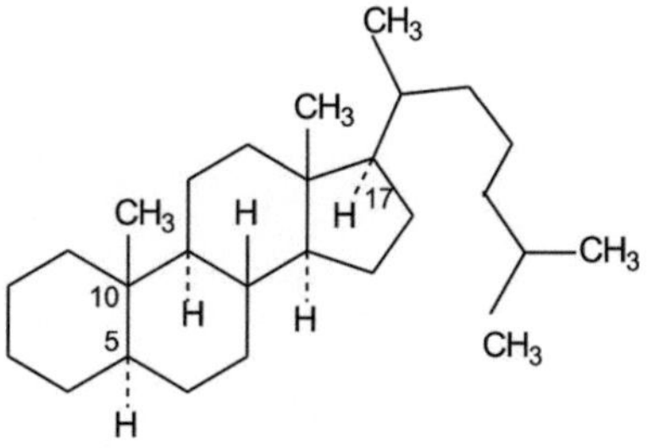

5ß-Cholestan (A:B-*cis*)
[E. 5ß-cholestane (A:B-*cis*]

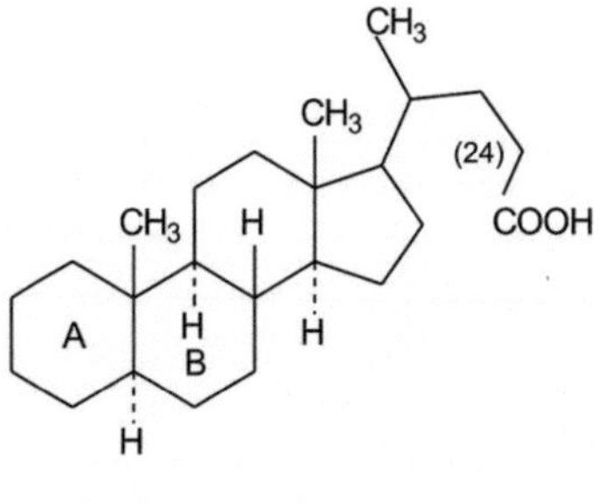

Cholansäure [E. cholanic acid]

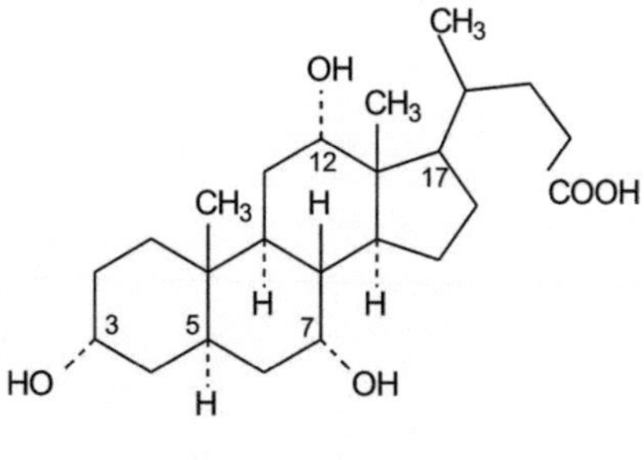

Cholsäure [E. cholic acid]

Abb. 9 Abkömmlinge von Gonan und Cholestan [E. dervatives of gonane and cholestane]

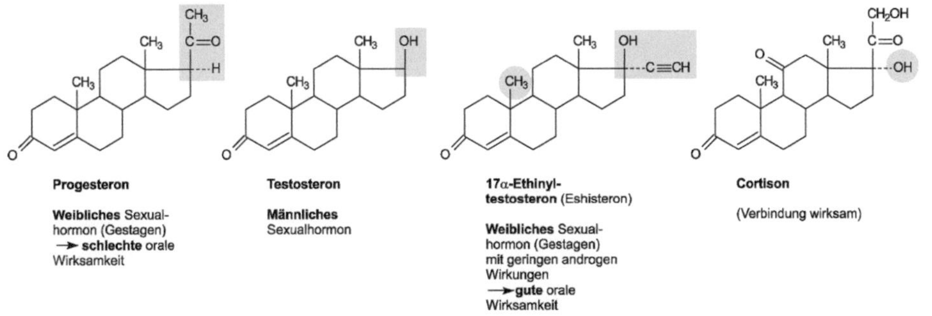

Progesteron

Weibliches Sexualhormon (Gestagen) → **schlechte** orale Wirksamkeit

Testosteron

Männliches Sexualhormon

17α-Ethinyltestosteron (Eshisteron)

Weibliches Sexualhormon (Gestagen) mit geringen androgen Wirkungen → **gute** orale Wirksamkeit

Cortison

(Verbindung wirksam)

Abb. 10 Strukturen von Sexualhormonen und Cortison (Kap. XIX und Abb. 1) [E. structures of sex hormones and cortisone]

Das Cholestan liefert auch die Grundstrukturen für die weiblichen und männlichen Sexualhormone, Nebennierenrindenhormone und Cortisonen (Abb. 9 und 10).

Die Aufgaben der Gallensäure sind:

- Zentralfette zu emulgieren,
- Choleinsäuren zu bilden, die zum Lösen der Lipide erforderlich sind. Choleinsäuren sind körpereigene Einschlussverbindungen aus Desoxycholsäure und Fettsäuren, Estern, Alkoholen u. a.
- Lipasen, das sind fettspaltende Enzyme, zu aktivieren.

5.2.3 Bauchspeicheldrüse (Pankreas[81]) [E. pancreas]

Die Bauchspeicheldrüse ist wie die Leber ein exkretorisches Organ mit einem Gewicht zwischen 70 und 100 g beim erwachsenen Menschen. Es enthält inselartig ca. 1 Mio. innersekretorische Zellverbände verstreut, die das blutzuckersenkende Hormon Insulin[82] synthetisieren und Langerhans-Inseln[83] genannt werden (Kap. XIX, Abb. 4 und 7). Neben dem Insulin produziert die Bauchspeicheldrüse noch weitere Hormone, die sich wie folgt verteilen:

- α-Zellen produzieren Glukagon (etwa 30 % der Inselzellen,
- β-Zellen produzieren Insulin und Amylin (etwa 60 % der Inselzellen),
- δ-Zellen produzieren Somatostatin (etwa 5 % der Inselzellen),
- PP-Zellen produzieren pankreatisches Polypeptid (weniger als 5 % der Inselzellen),
- ε-Zellen produzieren Ghrelin.

[81] pan kreas (gr.) – alles aus Fleisch.

[82] insula (lat.) – Insel.

[83] Langerhans, Paul (1847–1888), dt. Pathologe und Arzt, Schüler von R. Virchow, entdeckte die nach ihm benannten Zellverbände.

Die Bauchspeicheldrüse produziert täglich 1 bis 1,5 L exkretorischen Saft, der wegen seines hohen Gehaltes an Bikarbonationen, HCO_3^-, einen pH-Wert von 8,0 bis 8,4 aufweist. Er wird über den Ausführungsgang der Pankreas in den Zwölffingerdarm geleitet und neutralisiert mit den ebenfalls alkalischen Sekreten Galle und Darmsaft den vom Magensaft herrührenden sauren pH-Wert im Zwölffingerdarm.

Der Bauchspeichel enthält

- das kohlenhydratspaltende Enzym α-Amylase,
- die proteinspaltenden Enzyme Trypsin, Chemotrypsin und Carboxypeptidasen,
- die fettspaltenden Enzyme Lipasen, Phospholipase A und Esterasen.

Die Pankreaslipasen können ihre volle Wirkung nur bei Anwesenheit von Gallensäuren entfalten. Zum Schutz vor der Eigenverdauung des Pankreas wegen seines hohen Enzymgehaltes enthält der Pankreassaft zusätzlich Proteaseinhibitoren[84]. Das sind Hemmstoffe, die den Proteinabbau durch Enzyme verhindern.

Der Verdauungsapparat [E. Gastrointestinal tract] des menschlichen Körpers ist ein biochemischer Kaskadenreaktor mit folgenden Stufen:

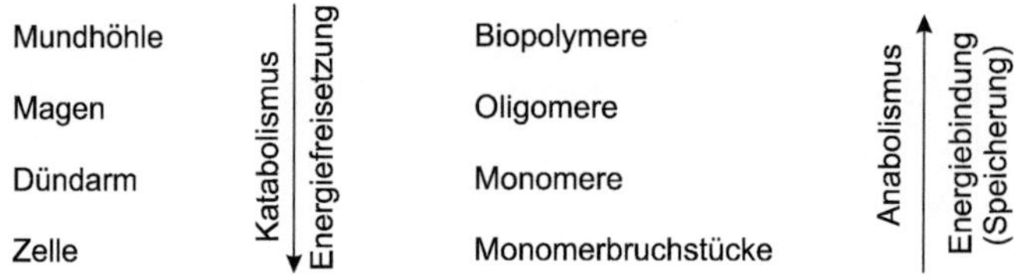

Analog den Kaskadenstufen erfolgt der Abbau der Nahrungsstoffe von den Biopolymeren zu niedermolekularen Stoffwechselzwischen- als auch -endprodukten unter ständiger Freisetzung von freier Energie ΔG und Wärmeenergie $\Delta Q = T\Delta S$. Parallel dazu erfolgt der Aufbau von körpereigenen Polymerstoffen aus niedermolekularen Monomerbruchstücken (Anabolismus).

T = absolute Temperatur in Kelvin; ΔS = Entropie.

5.2.4 Die Milz [E. spleen][85]

Die Milz ist das größte dem RES zugehörige lymphoretikuläre Organ (Abschn. 2.1.4). Es wiegt ca. 200 g, ist bohnenförmig, von einer Kapsel und dem Bauchfell umgeben und liegt in der linken Oberbauchgegend. Sie ist in den Blut- und Lymphkreislauf als biologischer Filter eingeschaltet, speichert Blut und bildet Antikörper. Außerdem baut sie Blutverunreinigungen ab, wie Bakterien, Zelltrümmer, Pigmente, Stoffwechselrestprodukte

[84]inhibere (lat.) – einhalten, hemmen; Inhibitoren sind Wirkstoffe, die den Ablauf von Reaktionen verhindern, hemmen oder verzögern.

[85]lien (lat.) = splen (gr.) – Niere.

und Erythrozyten. Das bei dem Erythrozytenabbau erhaltene Hämoglobineisen wird an ein Transportprotein, das Transferrin, gebunden und der neuen Blutbildung zugeführt (Abb. 8a, 8b und 8c).

6 Die Entsorgung und ihre Organe [E. disposal and its organs]

Entsorgungsorgane des menschlichen Körpers sind:

- die Mundhöhle mit dem Mund für Gase,
- die Haut für Flüssigkeiten (Schweiß und Gase),
- der Mastdarm mit After für Feststoffe, Flüssigkeiten und Gase,
- die Niere als osmotisches Reinigungsorgan des Blutes und
- die Harnleiter mit Harnblase für Flüssigkeiten mit darin wassergelösten Stoffen und Elektrolyten.

Aus dem Mund entweichen vorwiegend die mit Kohlenstoffdioxid angereicherten und an Luftsauerstoff verarmten Gase, deren Hauptbestandteil ebenso wie bei der eingeatmeten Luft der Stickstoff ist.

6.1 Nieren [E. kidneys]

Die Nieren sind Ausscheidungsorgane der Wirbeltiere für körperfremde wasserlösliche Stoffwechselprodukte, die als Harn ausgeschieden werden. Sie trennen die auszuscheidenden Produkte durch Osmose[86] nach dem Dialyseprinzip[87].

Beim Menschen sind die Nieren als paarig angeordnete bohnenförmige Organe von je ca. 11 cm Länge und 120 bis 200 g Gewicht. Sie sind rechts und links der Wirbelsäule an der hinteren Rumpfwand im Nierenlager eingebettet. Am oberen Pol sind jeweils die Nebennieren angelagert. Die Funktionseinheiten sind die knäulbildenden Kapillarschleifen (Nephronen)[88]. Das sind 0,2 mm große kapselartige Nierenkörperchen mit den anhängenden Harnkanälchen. Im menschlichen Nierenpaar sind 2 Mio. Nephronen enthalten. Die Harnkanälchen haben eine Gesamtlänge von 200 km. Die Nephronen sind von einem dichten Blutkapillarnetz umsponnen, in dem innerhalb von 24 h 1500 L Blut durch beide Nieren geleitet werden.

[86]osmos (gr.) – Stoß; Osmose ist der Durchtritt von Flüssigkeiten bzw. Lösungen durch eine halbdurchlässige (semipermeable) Scheidewand.

[87]dialysis (gr.) – Auflösung; Dialyse ist die Trennung von Stoffen aus Lösungen.

[88]nephros (gr.) – Niere.

Beim Menschen wird die vorhandene Blutmenge von ca. 5 L 300-mal täglich aufgearbeitet. In den kapselartigen Nierenkörperchen (Glomeruli) wird im Laufe von 24 h ein wässeriges Filtrat von ca. 150 L konzentriert. Wasser und gelöste Stoffe gelangen durch Rücksorption wieder in den Blutkreislauf. Der konzentrierte mit körperfremden Substanzen, Ballaststoffen und nicht abgebauten Stoffwechselprodukten beladene kleinere Teil wird als Harn zur Harnblase abgeführt, ca. 1,5 L täglich beim erwachsenen Menschen.

Die **Harnblase** [E. urocyst, bladder] ist ein Hohlorgan zum Sammeln und Speichern des Harns mit einem Fassungsvermögen von 1 L. Der Harn fließt aus der Blase über die Harnröhre (E. urethra] ab.

Harn [E. urine]

Harn ist ein flüssiges Exkrement[89] der Niere und wird in der Harnblase gesammelt.

In Abhängigkeit von der Konzentration der Inhaltsstoffe ist der Harn eine hellgelbe bis braune wässrige Flüssigkeit mit einem pH-Wert von 5,0 bis 6,4. Ein gesunder erwachsener Mensch scheidet täglich bis zu 1,5 L Harn aus.

Zur medikamentösen Förderung der Harnabscheidung dienen Diuretika.

Harninhaltsstoffe [E. substances of contents of urine]. Beim gesunden Erwachsenen sind im 24-Stunden-Harn durchschnittlich enthalten:

Harnstoff	20 g;	Protein	60 mg;
Harnsäure	0,5 g;	Glucose	70 mg;
Kreatinin	1,2 g;	Zitronensäure	500 mg;
Ammoniak	0,5 g;	Oxalsäure	30 mg;
Aminosäuren	2,0 g;	Hippursäure	500 mg.

Als anorganische Ionen liegen vor:

Natrium	5,9 g;	Magnesium	0,4 g;
Kalium	2,7 g;	Chlor	8,9 g;
Ammonium	0,8 g;	Phosphat	4,1 g;
Calcium	0,5 g;	Sulfat	2,4 g.

Diuretika [E. diuretics]

Diuretika sind Arzneimittel, die die Harnausscheidung durch die Niere fördern. Zu unterscheiden ist zwischen einer reinen Entwässerung, *der Diurese,* und einer zusätzlichen Entsalzung, *der Salurese.* Wichtig für einzusetzende Präparate ist, dass der Ionenhaushalt des Organismus nicht aus dem Gleichgewicht gerät. Bei unverändertem pH-Wert wird eine hohe Natriumionenausscheidung und möglichst niedrige Kaliumionenabwanderung angestrebt.

[89]excrementum (lat.) – Ausscheidung.

Man unterscheidet u. a. zwischen osmotischen Diuretika, den kaliumsparenden und natriumentziehenden Diuretika.

Bekannte Präparate enthalten Wirkstoffe des Acetazolamids, der Thiadizingruppe, der Benzoesäureamidderivate, des Chlortalidon und Furosemid u. v. a. mehr.

7 Das Nervensystem [E. nervous system][90]

7.1 Aufgaben und Aufbau einer Nervenzelle [E. functions and structure of a neurocyte]

Das Nervensystem nimmt Reize außerhalb des Körpers und innerhalb desselben auf. Es wandelt diese Reize in Erregungszustände um, verarbeitet diese und leitet sie als Impulse vom Zentrum zur Peripherie. Auf diese Weise werden alle mechanischen, physikalischen und biochemischen Körperfunktionen sowie psycho-geistigen Prozesse koordiniert und gesteuert.

Der elementare Baustein des Nervensystems ist die Nervenzelle (Neuron) (Abb. 11, 12 und 13). Sie ist von unregelmäßiger sternförmiger Gestalt mit einem einzelnen großen Fortsatz mit Endverzweigung (Axon, Neurit)[91] und mehreren kleineren zahlreich verästelten Fortsätzen (Dendriten)[92]. Die Neurite sind die eigentlichen Erregungsleiter. Beim Menschen können sie 1 mm bis 1 m lang sein (Abb. 14). Nervenzellen können sich weder teilen noch vermehren. Jede biologische Spezies muss vom Zeitpunkt ihres Entstehens bzw. ihrer Geburt an mit der vorgegebenen Anzahl von Neuronen auskommen. Die Neurite sind mit einem elektrischen Kabel vergleichbar und mit einer Isolierschicht aus Myelin[93], auch Markscheide genannt, umgeben.

Als elementarer Baustein des Nervensystems ist die Nervenzelle zu komplizierten Verschaltungen (Vernetzungen) befähigt, um Signale aufzunehmen, umzuwandeln (transformieren) und weiterzuleiten. Das zeichnet sie von den übrigen tierischen und pflanzlichen Zellen aus. Dabei ist zu unterscheiden zwischen den peripherwärts leitenden und den zentralwärts leitenden Neuronen (Abb. 13).

Die längeren Neurite sind von den Ranvier'schen[94] Schnürringen unterbrochen. Diese Schnürringe befinden sich bei den markhaltigen peripheren Nervenzellen und erlauben eine

[90]nervus (lat.), neuron (gr.) – Sehne, Saite.

[91]axon (gr.) – Achse.

[92]dendron (gr.) – Baum, dendritisch – verzweigt.

[93]myelos (gr.) – Mark, Myelin besteht zu 70 % aus Sphingolipiden, Sphingomyelinen und Phospholipiden. Proteine sind durch Phosphatidylcholin und Sterine aneinandergeklammert (Kap. VI, Abschn. 6.5 und Kap. XIX, Abschn. 1).

[94]Ranvier, Louis Antoine (1835–1922), frz. Anatom.

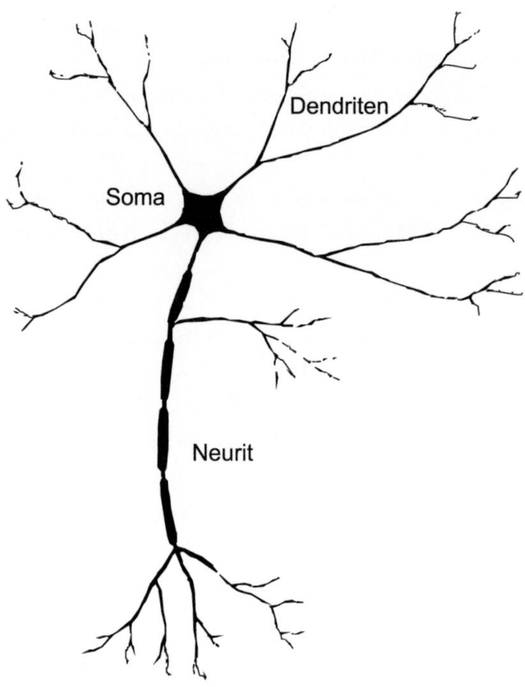

Abb. 11 Neuron [E. neuron]

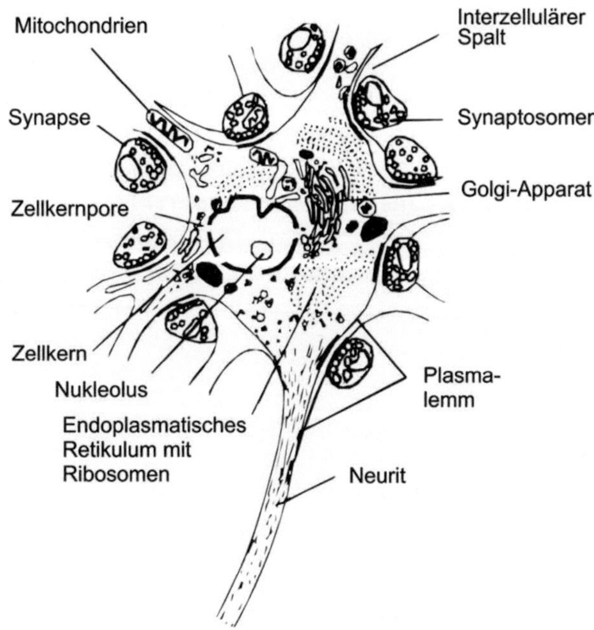

Abb. 12 Schematische Darstellung einer Nervenzelle [E. schematic depiction of a nerv cell]

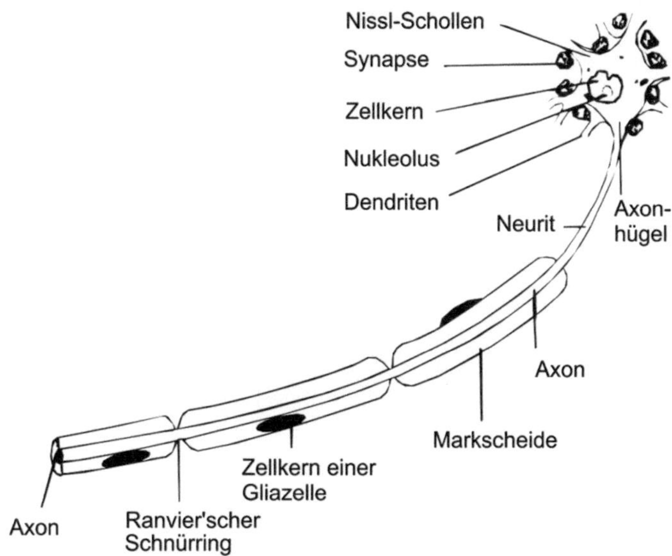

Abb. 13 Schematische Darstellung eines Neurons [E. schematic depiction of a neuron]

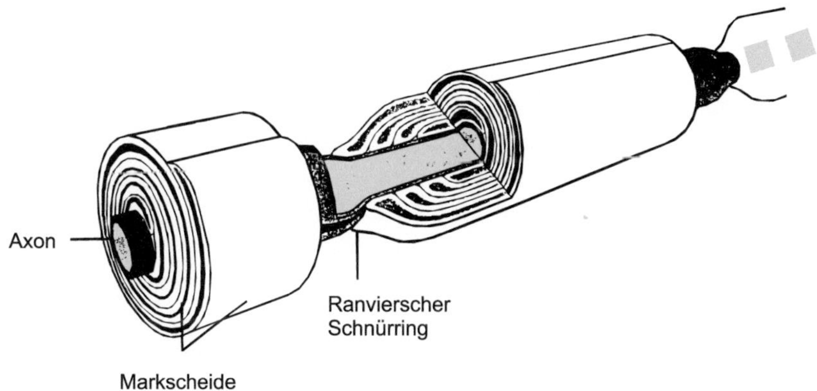

Abb. 14 Schematische Darstellung eines Neuriten [E. schematic depiction of a neurite]

sprunghafte (salatorische)[95] Erregung der Nerven. Die Erregungsreize pflanzen sich von Schnürring zu Schnürring fort. Dadurch werden beim Menschen Leitungsgeschwindigkeiten bis zu 120 m/s erreicht. Dieser Effekt wird durch Ausbildung von Aktionspotenzialen an den Ranvier'schen Schnürringen erreicht, sie übernehmen damit eine Verstärkerfunktion etwa vergleichbar mit den Relaisstationen von elektrischen Schaltungen.

---

[95]saltus (lat.) – Sprung.

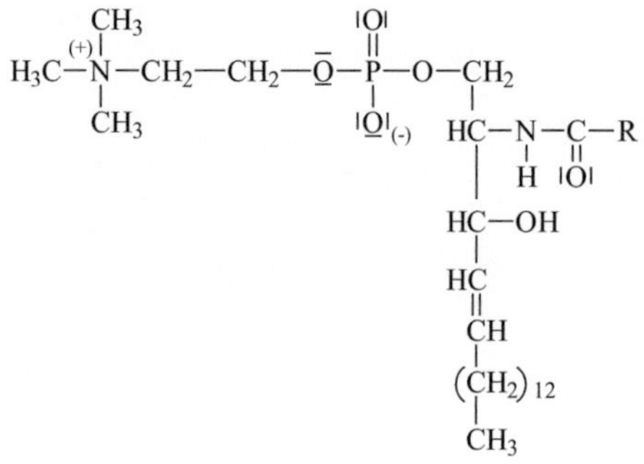

```
        CH3              |O|
     (+)|                 ||
H3C—N—CH2—CH2—O—P—O—CH2
        |                  |       |
        CH3              |O|(-)  HC—N—C—R
                                   |   |   ||
                                   |   H  |O|
                                  HC—OH
                                   |
                                  HC
                                   ||
                                  CH
                                   |
                                 (CH2)12
                                   |
                                  CH3
```

Formel eines Sphingomyelius (Ceramid-1-phosphocholin) (Kap. XVI, Abschn. 9.2) [E. formula of a sphingomyelins]

Mehrere Neuronen können zu einem Nervenknoten, dem Ganglion[96], zusammentreten.

Die Gesamtheit aller Neuronen bildet das Nervensystem, das in einem ektodermalen Stütz- und Hilfsgewebe (Neuroglia) eingebettet ist.

Neuroglia und Nervensystem ergeben das Nervengewebe.

Untereinander sind die Neuronen über Schaltstellen, den Synapsen[97], miteinander verbunden. Über sie kann ein Neuron mit bis über 10.000 weiteren Neuronen verknüpft sein. Die Übertragung von Signalen erfolgt von Synapse zu Synapse über ein elektrisches Membranpotenzial von ca. 70 Millivolt [mV]. Die Membraninnenseite ist gegenüber der Außenseite negativ aufgeladen. Wie schon erwähnt, wird dieses Potenzial durch Konzentrationsunterschiede der Elektrolyte (Na^+-; K^+-, und Cl^--Ionen) aufgebaut. Ein Reiz aus den Sinnesorganen lässt das Konzentrationsungleichgewicht durch Öffnen der Ionenkanäle zusammenbrechen. Dadurch wird eine kurzfristige Depolarisation ausgelöst, die sich momentan über die Zellmembran ausdehnt.

Die erregte Nervenzelle sendet einen elektrischen Impuls aus, der sich salatorisch (sprunghaft) über ein Axon bei den peripheren markhaltigen Nerven ausbreitet, bis eine Synapse erreicht ist.

Im Gegensatz dazu pflanzen sich die elektrischen Impulse in den marklosen vegetativen Nerven kontinuierlich fort. Ihre Fortpflanzungsgeschwindigkeit beträgt auch nur 0,5 bis 15 m/s. Der Informationsfluss kann immer nur in einer Richtung verlaufen, von den Dendriten (Fortsätzen) zu den Synapsen.

[96]ganglion (gr.) – Geschwulst, Nervenknoten.

[97]synapsis (gr.) – Verbindung.

7.2 Einteilung des Nervensystems [E. classification of the nervous system]

- Zentralnervensystem [E. central nervous system] – es besteht aus dem Rückenmark und Gehirn.
- Das periphere System[98] [E. peripheral nervous system] umfasst die Bewegungs- und Empfindungsnerven.

Das Zentralnervensystem und das periphere werden auch als somatisches[99] Nervensystem [E. somatic nervous system] zusammengefasst. Von diesem ist das autonome [E. autonomic nervous system] zu unterscheiden.

Das autonome[100] bzw. vegetative[101] Nervensystem unterliegt nicht unserem Willen. Es reguliert und koordiniert die Funktionen aller inneren Organe und ist noch unterteilt in das sympathische und parasympathische Nervensystem [E. sympathetic nervous system] (Tab. 1).

Sympathikus[102] und Parasympathikus[103] ergänzen sich in ihren Erregungszuständen und haben häufig antagonistische (entgegengesetzte) Wirkung.

Das vegetative Nervensystem steuert

- die Herztätigkeit und den Blutkreislauf,
- die Atmung und Bronchialmuskulatur,
- die Peristaltik des Magen-Darm-Kanals,
- den Tonus[104] aller glatten Muskel, z. B. die der Gallenblase, der Harnleiter und -röhre, der Harnblase und des Uterus (Gebärmutter),
- die Sekretion von Schweiß-, Speichel-, Magen-, Darm- und anderen Drüsen.

Neuroglia [E. neuroglia] ist ein Zellgewebe, das die Räume zwischen den Nervenzellen und Blutgefäßen bis auf einen Spalt von 20 Nanometern [1 nm = 10^{-9} m] ausfüllt. Es bildet die Markscheiden und übt Stütz-, Hüll-, Isolier-, Stoffwechsel- und Phagozytosefunktionen[105] aus.

---

[98]peripherein (gr.) – am Rande liegend.

[99]soma (gr.) – Körper, Leib.

[100]nomos (gr.) – eigengesetzlich, selbstständig, unabhängig.

[101]vegetus (lat.) – belebt, abgeleitet aus vergere (lat.) – erregen.

[102]sympatheia (gr.) – mitleidend.

[103]para (gr.) – neben, entgegen.

[104]tension (lat.) – Spannung.

[105]phagein (gr.) – essen, Phagozytose ist die Einverleibung fester belebter und unbelebter Bestandteile in lebenden Zellen.

Tab. 1 Wirkungen sympathetischer und parasympathetischer Erregungen an vegetativen Organen [E. effects of sympathetic and parasympathetic excitation on vegetative organs]

Organ	Wirkung nach Erregung des	
	Sympathikus	**Parasymphatikus**
Herz		
Frequenz	Erhöht	Erniedrigt
Kontraktionskraft	Erhöht	Erniedrigt (nur Vorhöfe)
Blutgefäße		
Koronarien	Erweitert	Erweitert
Hautgefäße	Verengt	Erweitert
Lungengefäße	Verengt	Erweitert
Gehirngefäße	Schwach verengt	–
Gefäße der Skelettmuskulatur	Erweitert	–
Eingeweide	Verengt	–
Lunge		
Bronchialmuskulatur	Erschlafft	Kontrahiert
Speicheldrüsen	Dickflüssiges Sekret	Viel dünnflüssiges Sekret
Magen-Darm-Kanal		
Peristaltik	Abgeschwächt	Verstärkt
Sphinkteren	Kontrahiert	Erschlafft
Leber	Glykogenolyse	–
Gallenblase	Erschlafft	Kontrahiert
Harnblase		
Sphinkter	Kontrahiert	Erschlafft
Detrusor	Erschlafft	Kontrahiert
Uterus	Unterschiedlich in Abhängigkeit vom Zyklus	Unterschiedlich in Abhängigkeit vom Zyklus
Auge		
Dilatator pupillae	Kontrahiert	–
Sphincter pupillae	–	kontrahiert
Tränendrüsen	–	Sektretion

7.3 Beispiele von Arzneimitteln, die unmittelbar oder mittelbar auf das Nervensystem einwirken [E. examples of drugs, which act direct or indirect on the nervous system]

- Drogen,
- Schlafmittel,
- Psychopharmaka,
- Spasmolytika,
- Anästhetika.

7.3.1 Drogen [E. drugs]

Drogen sind Wirkstoffe, die aus getrockneten Pflanzen oder tierischen Organen in Form von Extrakten gewonnen und für medizinische oder andere technische Zwecke verwendet werden.

Häufig werden auch die getrockneten pflanzlichen und tierischen drogenhaltigen Teile direkt eingesetzt.

Die Drogen werden u. a. als Betäubungsmittel, schmerzdämpfende Mittel, Rauschmittel und Psychopharmaka angewendet.

Beispiele: Coffein, Theophyllin, Nicotin, Codein, Morphin.

7.3.2 Schlafmittel [E. soporifics]

Schlafmittel sind Wirkstoffe, die künstlich Schlaf herbeiführen oder den Eintritt des natürlichen Schlafes induzieren. Es sind Hypnotika als eine Untergruppe der Narkotika.

Der Schlaf selbst ist beim Menschen eine zeitweilige Ausschaltung des Bewusstseins und der Skelettmuskeltätigkeit. Dabei werden das Atmen und andere unwillkürliche Abläufe z. B. Verdauung fortgesetzt.

Es wird unterschieden zwischen dem

- Einschlafmittel mit einer Wirkungszeit von 3 bis 4 h. Präparate: z. B. Hexobarbital.
- Durchschlafmittel mit 6- bis 8-stündiger Wirkungsdauer. Präparate: z. B. Cyclobarbital.
- Dauerschlafmittel, deren Wirkung sich über 8 bis 10 h erstreckt. Präparate z. B. Barbitale oder Phenobarbital.

Generell beruhen die Schlafmittel auf Wirkstoffen wie Barbiturate, tertiäre Alkinole, Lactame, Harnstoffderivate, Urethane sowie andere.

7.3.3 Psychopharmaka [E. psychopharmacological agents]

Zu dieser Arzneimittelgruppe werden alle Wirkstoffe zusammengefasst, die in irgendeiner Weise auf psychische Vorgänge und/oder auf das Zentralnervensystem, ZNS, einwirken.

Je nach ihrem Wirkungsspektrum lassen sie sich grob klassifizieren:

- *Tranquilizer,* sie lösen innere Angst-, Spannungs- und Unruhezustände.
- *Antidepressiva,* das sind vorwiegend anregende Mittel, z. B. die Weckamine werden hier eingeordnet.
- *Psycholeptika,* sie haben eine psychisch dämpfende Wirkung.
- *Psychodysleptika,* das sind psychosenerregende Substanzen.
- *Hypnotika, Sedativa, Narkotika* u. a.

Psychopharmaka werden angewendet gegen unterschiedlich ausgeprägte psychische Störungen wie z. B. Depressionen, Antriebsschwäche, Neurosen, Psychosen, Manien, Epilepsie u. a.

Bekannte Markenpräparate sind u. a.

- Valium, ein Diazepam,
- Librium, ein Chlordiazepoxid,
- Normabrain, ein Piracetam.

Der größte Produzent von Psychopharmaka in der Welt ist die Fa. Hoffmann-La Roche, Basel.

7.3.4 Spasmolytika [E. spasmolytics]

Spasmolytika sind krampflösende Heilmittel. Sie senken den Spannungszustand glatter Muskeln herab.

Auf diese Weise können Verkrampfungen (Koliken) der Atmungsorgane, des Herzmuskels, des Verdauungs- und Ausscheidungstraktes gelöst werden.

Die Wirkungsweise kann auf zweierlei Wegen erreicht werden:

1. durch direkten Einfluss auf die glatten Muskeln und
2. durch Hemmung der Reizübermittlung mittels Blockade der Nervenenden und der peripheren Enden des Sympathikus.

Bekannte Wirkstoffe sind Atropin und Papaverin.

In die Gruppe der Spasmolytika sind auch die *Antiepileptika* [E. antiepileptics} einzuordnen. Das sind Präparate gegen die *Epilepsie* [E. epilepsy], die sich durch plötzlich auftretende Krampfzustände und häufig begleitender Bewusstlosigkeit auszeichnen.

Diese verkrampfenden Anfälle werden durch plötzliche abnorme elektrische Entladungen in den Nervenzellen des Gehirns verursacht. Dadurch wird eine hohe Aktivität des **Z**entral**n**erven**s**ystems, ZNS, hervorgerufen.

Als Präparate dienen Barbiturate, Hydantoinderivate, Phenytoin u. a.

7.3.5 Anästhetika [E. anesthetics]

Anästhetika sind Substanzen, die eine reversible Empfindungslosigkeit auslösen. Im weiteren Sinne gehören sie zur Gruppe der Analgetika, allerdings heben Letztere nicht das Bewusstsein auf. Die Anästhetika können auf zweierlei Weise wirken. Zum einen können die Nervenendungen betäubt werden, dadurch wird eine reversible lokalisierte Schmerzlosigkeit hervorgerufen. Das Bewusstsein des Patienten bleibt intakt. Dieser Wirkungsmechanismus liegt den Lokalanästhetika zugrunde [E. local anesthetics].

Um eine größere Region des Körpers reversibel schmerzunempfindlich zu machen, bedient man sich der Lumbalanästhesie, auch Leitungsanästhesie. Dabei wird Schmerzmittel direkt in die Rückenmarksflüssigkeit injiziert und ein ganzer Nervenstamm schmerzunempfindlich gemacht.

Eine zweite Gruppe der Anästhetika sind die Narkotika, insbesondere die Inhalations- und Injektionsnarkotika. Sie heben sowohl die reversible Schmerzempfindung als auch das reversible Bewusstsein auf.

Weitere schmerzlindernde, entzündungshemmende und fiebersenkende Arzneimittel sind:

- Analgetika,
- Antirheumatika,
- Antiphlogistika,
- Antipyretika.

7.3.6 Analgetika [E. analgetics]

Analgetika sind schmerzdämpfende oder schmerzbeseitigende Arzneimittel. Sie wirken auf das Zentralnervensystem, ZNS, ein und setzen die Erregbarkeit der Schmerzzentren herab, ohne das Bewusstsein zu verändern. Dadurch unterscheiden sie sich von den Anästhetika und Narkotika.

Chemische Grundkörper der Analgetika sind z. B. Derivate der Salicylsäure, des Anilins und der Anthranilsäure (Mefenaminsäure).

Bekannte Markennamen sind Aspirin, Novalgin, Thomapyrin, Melabon etc.

7.3.7 Antirheumatika [E. antirheumatics]

Es sind Wirkstoffe gegen Rheuma, Polyarthritis, rheumatische Arthritis sowie gegen Gicht. Sie bestehen aus den Derivaten der Salicylsäure, Anthranilsäure, Arylessigsäure und Arylpropionsäure, des Phenylbutazons u. a. Auch Cortison, ein Nebennierenrindenhormon, das zur Gruppe der Steroidhormone zählt, wird ebenfalls als Antirheumatikum angewendet.

7.3.8 Antiphlogistika [E. antiphlogistics, antiflammatory agents]

Antiphlogistika sind entzündungshemmende Präparate. Sie werden vorwiegend lokal angewendet, insbesondere für Wundheilung, Furunkulose, aber auch gegen Arthritis.

Wichtige Stoffklassen für geeignete Wirkstoffe sind Steroide, Salicylsäure, Anthranilsäure, Arylessigsäure, Phenylbutazon.

Beispiele bekannter Markenpräparate sind Lasonil, Enelbin etc.

Einige haben auch die zusätzlichen Eigenschaften von Analgetika, Antipyretika und Antirheumatika oder Antihistaminika.

7.3.9 Antipyretika [E. antipyretics]

Antipyretika sind fiebersenkende Wirkstoffe. Sie zählen zur Gruppe der Analgetika, von denen die nicht narkotischen Analgetika in der Regel auch fiebersenkende Wirkung haben.

Die Wirkstoffe sind u. a. Derivate der Salicylsäure, des Acetanilids und des Phenazons. Bekannte Präparate sind Aspirin, Novalgin, Thomapyrin. Durch die Antipyretika wird der Körper zur gesteigerten Wärmeabgabe gebracht, indem durch Einwirkung auf den Hypothalamus die Durchblutung und Schweißsekretion gefördert wird.

8 Fortpflanzung [E. reproduction]

Definition [E. definition]

Fortpflanzung ist die Zeugung von Nachkommen einer jeweiligen biologischen Spezies. Mit der Fortpflanzung von Generation zu Generation wird das Überleben und Fortleben der biologischen Reiche wie Protisten, Pflanzen, Tiere und Menschen abgesichert.

Als Paralleleffekt werden dabei die in den Chromosomen bzw. in den Desoxyribonukleinsäuren gespeicherten Erbanlagen (Genom) untereinander zugeordnet. Dieses wird durch Zellkernteilung oder Zellkernverschmelzung oder durch beides erreicht.

Zu unterscheiden ist zwischen einer ungeschlechtlichen (asexuellen), einer geschlechtlichen (sexuellen) oder einer ungeschlechtlich-geschlechtlichen Vermehrung. Im biologischen System kommen alle Variationen vor. Die Einzeller z. B. Bakterien vermehren sich durch Zellteilung oder -sprossung rein ungeschlechtlich. Bei den Wirbeltieren einschließlich des Menschen findet nur eine geschlechtliche Fortpflanzung statt, die an eine Verschmelzung zwischen einer weiblichen Eizelle und einer männlichen Samenzelle gebunden ist.

Zur geschlechtlich-ungeschlechtlichen Fortpflanzung, d. h. geschlechtlich-agametisch, sind Farne und Moose befähigt. Sie sondern pflanzliche Sexuallockstoffe ab, um die Partnerzelle durch chemische Reizeffekte (Chemotaxis)[106] anzulocken und so eine Befruchtung herbeizuführen. Die Orientierung richtet sich nach dem Konzentrationsgefälle bestimmter Reizstoffe.

Eine grobe schematische Übersicht über die unterschiedlichen Abläufe der Fortpflanzung gibt die Tab. 2. Sie zeigt, dass die Mehrzahl der Vermehrungen monozytogener Natur ist, d. h., dass sie von Einzelzellen ausgelöst wird. Zwei Einzelzellen sind teilweise bei höheren Pflanzen und Wirbeltieren einschließlich des Menschen nötig.

Die somatische Fortpflanzung ist die Befruchtung durch Verschmelzung vegetativer (pflanzlicher) Zellen aus einem einzigen oder aus verschiedenen Individuen, nicht aber durch Vereinigung von isolierten Einzelzellen, wie z. B. bei Pilzen, Brutknospung oder Fragmentation. Letztere ist der teilweise oder totale Zerfall von Organismen in regenerationsfähige Bruchstücke als Art der vegetativen Fortpflanzung. An dieser Art Befruchtung können mehrere Zellen beteiligt sein.

Neben dieser polyzytogenen Fortpflanzung gibt es die monozytogene. Dieser Vorgang geht von einer einzigen Zelle aus, entweder durch Teilung wie bei den Amöben oder durch Sprossung wie bei den Sprosshefen und Süßwasserpolypen.

Die Vermehrung der Amöben wird durch eine Kernteilung eingeleitet, an die sich eine Durchschnürung des Plasmateiles anschließt.

Ein Beispiel für eine mito-agametische Vermehrung liefert das Penicillium.

---

[106]taxis (gr.) – Ordnung, in der Biologie wird darunter eine Form der Raumorientierung frei beweglicher Lebewesen verstanden, z. B. Bakterien, Keimzellen von Algen, Pilzen u. a.

Tab. 2 Überblick über Fortpflanzungsarten [E. overall view about reproductive methods]

Fortpflanzung (Reproduktion)					
Ungeschlechtlich			Geschlechtlich		
Somatisch[a]		Agametisch	Agametisch		Gametisch
Polyzytogen	Monozytogen	Monozytogen	Monozytogen	Monozytogen	Dizytogen

[a]soma (gr.) – Körper.
gamos (gr.) – Ehe; gamein (gr.) – heiraten. Gamet ist eine Keim- oder Vermehrungszelle; Agamet eine ungeschlechtliche Zelle.

8.1 Chromosomen[107] – Mitose[108] – Meiose[109] [E. chromosomes-mitosis-meiosis]

Als *Chromosomen* werden die in den Zellkernen aller Körperzellen vorhandenen Träger der Erbinformation (Genome)[110] bezeichnet.

Die Chromosomen sind fädige, v-förmig geknickte Gebilde, die aus einem spiralig gewundenen Faden (Chromonema) bestehen und sich in einer quellfähigen Hülle befinden (Abb. 15 und 18).

Sie sind in zwei identische Längshälften (Chromatide) geteilt.

Die Chromosomenzahl ist artspezifisch und kommt in den Körperzellen paarweise (diploid)[111] vor. Die menschliche Körperzelle enthält $2 \times 23 = 46$ Chromosomen bzw. einen diploiden Chromosomensatz aus jeweils 23 Einzelchromosomen.

Die *Mitose* ist eine Art der Kernteilung (Karyokinese)[112] in lebenden Zellen. Es entstehen zwei Tochterkerne mit identischer Zahl von Chromosomen und daher auch mit identischem Erbgut. Auf eine Mitose folgt im Allgemeinen eine Zellteilung (Zytokinese)[113] der betreffenden Zelle unmittelbar oder auch zeitlich verschoben. Die Mitose kann somit als ein Grundprozess der Zellvermehrung angesehen werden, der in den Geweben von Pflanzen, Tieren und Menschen ein geordnetes somatisches (körperliches) Wachstum reguliert.

[107]Der Name Chromosom leitet sich von der Anfärbbarkeit mit basischen Farbstoffen her; chroma (gr.) – Farbe.

[108]mitos (gr.) – Faden.

[109]meiosis (gr.) – Verkleinerung.

[110]Genom ist der vollständige Satz der Gene im haploiden Chromosomensatz der Zellen eukaryotischer Organismen. Darin ist die gesamte genetische Information einer Keimzelle enthalten.

[111]diploos (gr.) – doppelt, paarweise.

[112]karyon (gr.) – Nuss, Kern; kinesis (gr.) – Bewegung.

[113]kytos (gr.) – Höhlung, Zelle.

Abb. 15 Elektronenmikroskopische Aufnahme eines menschlichen Chromosoms [E. electron microscopic picture of a human chromosome]

Sie erfüllt zwei Aufgaben:

1. Die identische Reduplikation (Wiederverdoppelung) des genetischen Materials. Sie wird durch eine Längsspaltung und Verdoppelung der Chromosomen deutlich.
2. Die Verteilung je eines vollständigen Chromosomensatzes auf jeden Tochterkern.

Die *Meiose* ist eine Reduktionsteilung nach der Verschmelzung (Befruchtung) der Keimzellen (Gameten)[114] zu den Zygoten[115].

Die Keimzellen enthalten zum Unterschied von Körperzellen nur den einfachen *(haploiden)*[116] Chromosomensatz. Der männliche und weibliche Kern bringen zur Befruchtung gleich viele Chromosomen ein.

Nach der Verschmelzung enthält der Kern der Zygote zwei Chromosomensätze, d. h. zwei Genome.

Beim Übergang zur nächsten sexuellen Generation muss dieser doppelte Chromosomensatz wieder halbiert (reduziert) werden. Das erfolgt wieder durch mitotische Zellteilung.

Die Meiose ist ein typischer Grundvorgang für sich sexuell vermehrende Organismen. Sie nimmt dabei zwei Aufgaben wahr:

1. Die Neukombination als väterliches und mütterliches Erbgutes durch Umordnung der Gene.
2. Die Reduktion der Chromosomenzahl nach der Verschmelzung zwischen den väterlichen und mütterlichen Keimzellen.

---

[114]gamein (gr.) – heiraten, gomos (gr.) – Ehe, Geschlechtszelle.

[115]zygotos (gr.) – verbunden, Zyote ist die bei der Befruchtung entstehende Ursprungszelle eines Lebewesens.

[116]haplous (gr.) – einfach, mit einfachem Chromosomensatz.

8.1.1 Polyploide[117] Chromosomensätze [E. polyploidy chromosome sets]

Neben den diploiden und haploiden Chromosomensätzen kann in den Zellkernen bestimmter Organismen ein Vielfaches von haploiden Chromosomensätzen auftreten: *triploid, tetraploid, pentaploid* usw. *polyploid.* Es wird angenommen, dass die Polyploidie bei der Höherentwicklung der Organismen während der Evolution eine bedeutende Rolle gespielt hat, z. B. können einige der vervielfachten homologen Gene im Schutz der anderen mutieren (sich wandeln) und eine neue zusätzliche Information aufbauen, ohne dass die ursprünglichen lebensnotwendigen Genotypen verloren gehen.

In vielzelligen Organismen des Pflanzenreiches tritt heute die Polyploidie als bedeutender evolutionswirksamer Faktor noch in Erscheinung. Sie kann für die Züchtung neuer Kulturpflanzen genutzt werden.

Vielfach-Chromosomensätze können aber auch durch Einwirkung von giftigen Stoffen, harten (energiereichen) Strahlen oder durch eine natürliche Mutation[118] ausgelöst werden.

8.1.2 Sporen – Sprossen, Knospen – Pollen [E. spores-spur, buds-pollen]

Sporen sind Keimzellen von Pflanzen und Mikroorganismen und dienen der ungeschlechtlichen Vermehrung und Verbreitung.

Bei Bakterien können sie auch Dauerformen annehmen und zeichnen sich durch eine besonders hohe Thermoresistenz (Hitzebeständigkeit bis über 100 °C) aus. Die Sporen entstehen im Inneren einer Bakterienzelle mit einer speziellen Teilung der Zelle in ungleiche Tochterzellen (inäquale[119] Zellteilung). Durch Einschnürung der Zytoplasmamembran wird ein Teil der Protoplasten der Mutterzelle abgetrennt. Dieser Sporenprotoplast enthält einen Teil des Kernmaterials, d. h. ein Genom.

Zwischen den beiden Protoplasten erfolgt nun nicht wie bei der normalen Zellteilung eine Zellumwandlung, sondern der Sporenprotoplast wird vielmehr von der Zytoplasmamembran der Mutterzelle umwachsen und eingehüllt. Das hat zur Folge, dass der Sporenprotoplast von zwei Zytoplasmamembranen umgeben ist (Abb. 16).

(a, b) Septenbildung; (c, d) Einhüllung des Sporenprotoplasten; (e) Bildung der Rinde und der Sporenhüllen; (f) reife Spore: Cy = Zytoplasma mit Kern, Cm = Zytoplasmamembran, Zw = Zellwand der Keimzelle, Ri = Sporenrinde, sSh = innere Sporenhülle, äSh = äußere Sporenhülle, Esp = Exosporium (nach W. G. Murrel)

Die Sporen stellen kein zwingend zu durchlaufendes Stadium in einem Generationszyklus der Bakterien dar.

---

[117]pollaploys (gr.) – vielfach.

[118]mutare (lat.) – wechseln, verändern.

[119]aequare (lat.) – gleichmachen; inaequare (lat.) – ungleichmachen.

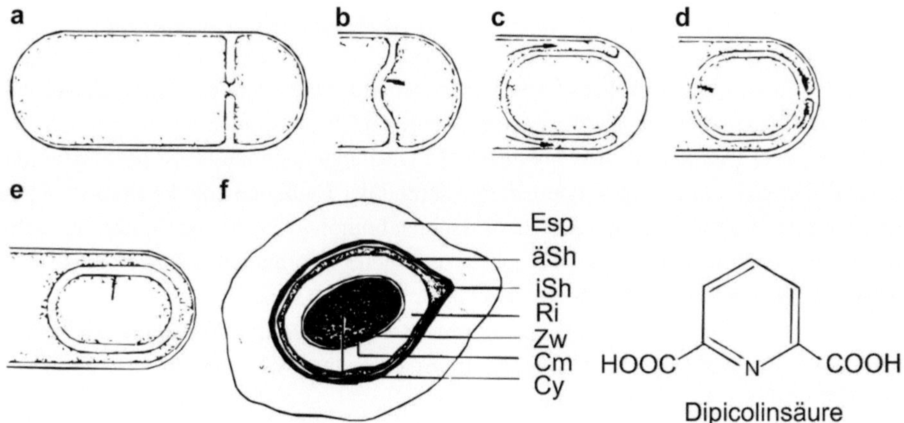

Abb. 16 Schematischer Ablauf einer Sporenbildung [E. schematic course of sporulation]

Unter günstigen Ernährungsbedingungen vermehren sie sich auf unbegrenzte Zeit durch Teilung als vegetative Zellen.

Sporenbildung wird erst ausgelöst, wenn Nährstoffe fehlen oder sich Stoffwechselprodukte anhäufen. Austrocknen bewirkt keine Sporenbildung.

Bei Pilzen, Flechten, Moosen, Farnen bilden sich die Sporen in besonderen Behältern (Sporangien)[120]. Sie verbreiten sich dann passiv mittels Wasser, Wind, Schleuderbewegungen, Tiere u. a. Arten. Zur Keimung ist nicht nur die Quellung durch Wasser erforderlich, sondern eine Aktivierung durch Licht, eine sogenannte Lichtinduktion, notwendig.

Eine besondere Art der asexuellen Vermehrung von Pilzen ist die *Sprossung* oder *Keimung*. Bei diesen Sprosspilzen bildet sich an der Mutterzelle ein Auswuchs, in den ein Kern einwandert. Dieser Auswuchs heißt Knospe und wird als solche abgeschnürt (Abb. 17).

Es entsteht eine Knospenkette (Hyphen)[121], die dann wieder in Einzelzellen zerbricht.

Pollen[122] sind die Geschlechtszellen der Blütenpflanzen.

Bei windblütigen Pflanzen ist der Pollen mehlig, bei insektenblütigen durch Pollenkitt klebrig. Die Pollen sind gelblich orange bis grünlich blau gefärbte rundliche länglich ovale Körner mit einem Durchmesser von ca. 50 Mikrometer [μm] = 10^{-6} m. Aus der aus Cellulose und Pektinen aufgebauten inneren Wand (Intine) des Pollenkorns wächst nach der Bestäubung ein Pollenschlauch. Unter Einwirkung von lösenden Enzymen wächst Letzterer durch den Griffel bis zur Samenanlage herab. Dort verschmilzt der

[120]angeion (gr.) – Gefäß; Sporangium = Sporenbehälter.

[121]hyphe (gr.) – Pilzfaden.

[122]Pollen (lat.) – Staubmehl.

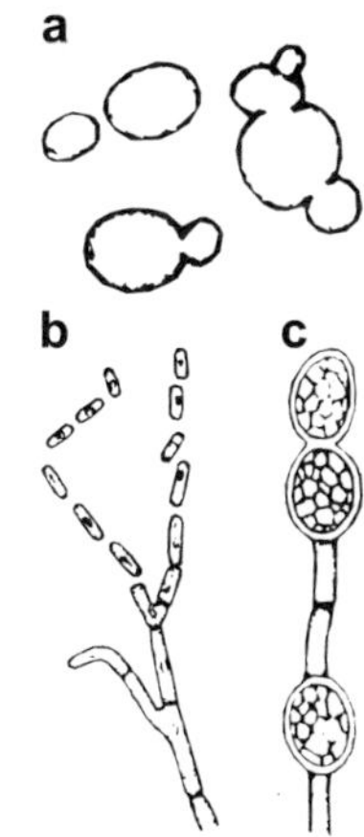

Fortpflanzung

a) durch Sprossung oder Knospenbildung, z. B. Hefe.

b) durch Zerbrechen der Hyphen in Einzelzellen, die Oidien oder Arthrosporen genannt werden.

c) durch Bildung von dickwandigen Chlamydosporen (Fusarium).

Abb. 17 Beispiel einer asexuellen Vermehrung von Pilzen [E. example of an asexual reproduction of fungi]. (Literaturquelle: Fuchs, G. Hrsg.; Schlegel, H. G. Begründer [2014], 9. Aufl., Allgemeine Mikrobiologie, Georg Thieme Verlag, Stuttgart)

männliche Kern des Pollens mit dem der weiblichen Eizelle. Danach kann die Samen- bzw. Fruchtbildung einsetzen.

Die Polleninhaltsstoffe sind von Pflanzenart zu Pflanzenart sehr unterschiedlich. Sie setzen sich zusammen aus ca.

- 16–30 % Eiweiß; Desoxyribonukleinsäure,
- 1–7 % Stärke,
- 0–15 % Zucker (hauptsächlich Glucose und Fructose),
- 10 % Fette.

Außerdem enthalten die Pollen Carotinoide, Vitamine wie Ascorbinsäure, Folsäure, weiterhin Rutin, Auxine, Alkaloidglykoside, Pilz- und Bakterienhemmstoffe u. a. Für bestäubende Insekten sind die Pollen ein wertvolles Futter. Ein Bienenvolk trägt am Tag 20 bis 40 g Pollen zusammen, die dann im Honig angesammelt vorliegen (s. Kap. XXII, Abschn. 7).

8.2 Konzeption beim Menschen [E. conception at man][123]

Konzeption ist die Empfängnis bzw. Befruchtung einer weiblichen Eizelle durch eine männliche Samenzelle.

[123] concipere (lat.) – empfangen, zusammenfassen.

Beim Mann entstehen die Samenzellen (Spermatozoen)[124] in den Hodenkanälen unter Meiose (s. Abschn. 8), das ist die Halbierung des Chromosomensatzes. Während einer Differenzierungszeit von 74 Tagen reifen sie heran und werden in den Nebenhoden gespeichert.

Die *Samenflüssigkeit* ist eine gelatinöse fructosereiche Suspension von Spermatozoen im Samenplasma. Das Samenplasma besteht aus den Sekreten von Hoden, den männlichen Keimdrüsen, Nebenhoden, Samenleiter, Samenblase, Prostata[125], Cowperschen[126] und Littré'sche[127]Drüsen.

Physikalische Daten und chemische Zusammensetzung des Samenplasma [E. physical dates and chemical composition of seminal plasma]:

Wassergehalt ca. 92 %, Dichte 1,03 g/mL, pH-Wert 7,2.

Chemische Zusammensetzung; ca. 8 % Trockensubstanz, die zu 90 % aus organischen Stoffen besteht. Charakteristisch ist der Gehalt an sauren Phosphaten und Fructose sowie an Aminen, die den Geruch bestimmen, und an einem antibiotisch wirkenden Protein, dem Seminalplasmin.

Weiter enthalten sind Harnstoff, Harnsäure, Inosit, Zitronensäure, Lipide, Proteine, Hyaluronidase, Neuraminidasen, Acylneuraminsäure, Prostaglandine, Spermin, Spermidin, Diamine, Aminosäuren (besonders Arginin), Glutathion, Kreatin u. a.

An anorganischen Elementen, die im Wesentlichen organisch gebunden sind, wurden Chlor, Kalium, Natrium, Calcium, Magnesium und Phosphor nachgewiesen.

Bei der Ejakulation[128] werden 2 bis 5 mL Samenflüssigkeit ausgeschüttet, die 200 bis 300 Mio. Spermien enthalten.

Das 60 Mikrometer [$\mu m = 10^{-6}$ m] lange Spermium besteht aus Kopf, Hals, Mittelstück und Schwanz (Abb. 19).

Der Kopf ist von einer Kappe bedeckt, die die Penetrationsenzyme[129] Acrosin, Hyaluronidase und Neuraminidase enthält. Sie ermöglichen die Durchdringung der die weibliche Eizelle umgebenden Schutzschicht. Das Acrosin wird erst im weiblichen Genitaltrakt aktiviert.

Bei der Frau sind bereits bei der Geburt alle ca. 400.000 haploiden Eizellen vorgebildet und in den beiden Eierstöcken (Ovarien)[130] angeordnet.

[124]sperma (gr.) – Same; zoon (gr.) – Lebewesen.

[125]prostates (gr.) – Vorsteher.

[126]Cowper, William, C. (1666–1709) engl. Anatom und Chirurg.

[127]Littré, Alexis, L. (1658–1726), frz. Anatom und Chirurg.

[128]eiaculari (lat.) – hinauswerfen.

[129]penetrare (lat.) – durchdringen.

[130]Ovum (lat.) – Ei.

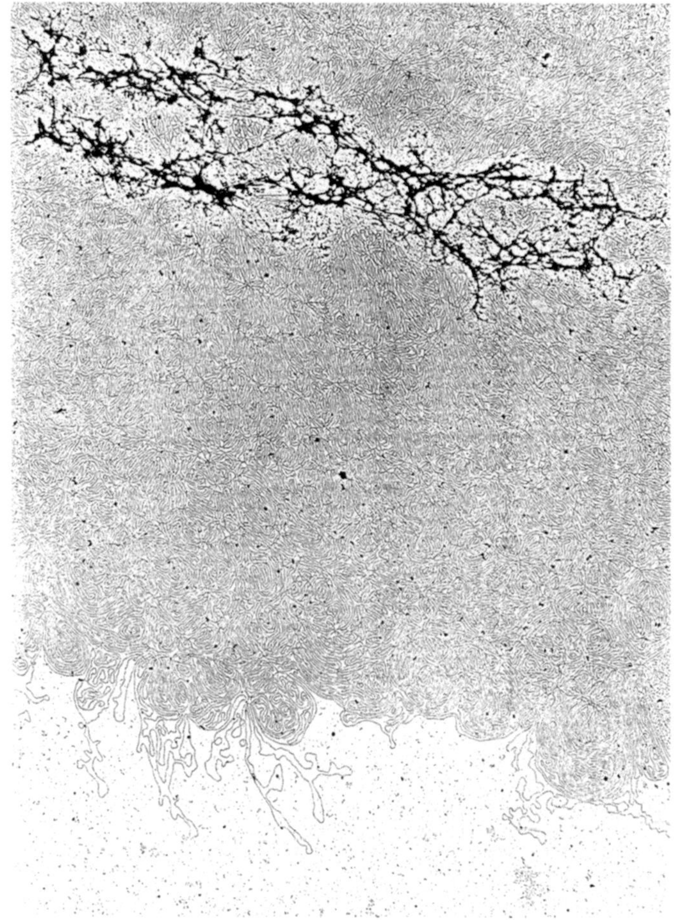

Abb. 18 DNS-Faden aus einem menschlichen Chromosom [E. DNA-fibril of a human chromosome]

Nach der Pubertät[131] reifen von diesen nur ca. 400 während der weiblichen Lebenszeit heran, und zwar pro Monat eine Eizelle im Graaf'schen[132] Follikel.

Beim Follikelsprung, der Ovulation[133], reißt die Oberfläche des Follikels[134], und das Ei wandert in den Eileiter. Aus der zurückbleibenden Höhle (Follikel) bildet sich der

[131]pubertas (lat.) – Mannbarkeit, Zeit der geschlechtlichen Reifung.

[132]de Graaf, Regnier (1641–1673), niederl. Anatom.

[133]Ovulation ist die Ausstoßung der reifen Eizelle aus dem Eierstock.

[134]folliculus (lat.) – kleiner Sack, Beutel, Zellhülle, die das reife Ei umgibt.

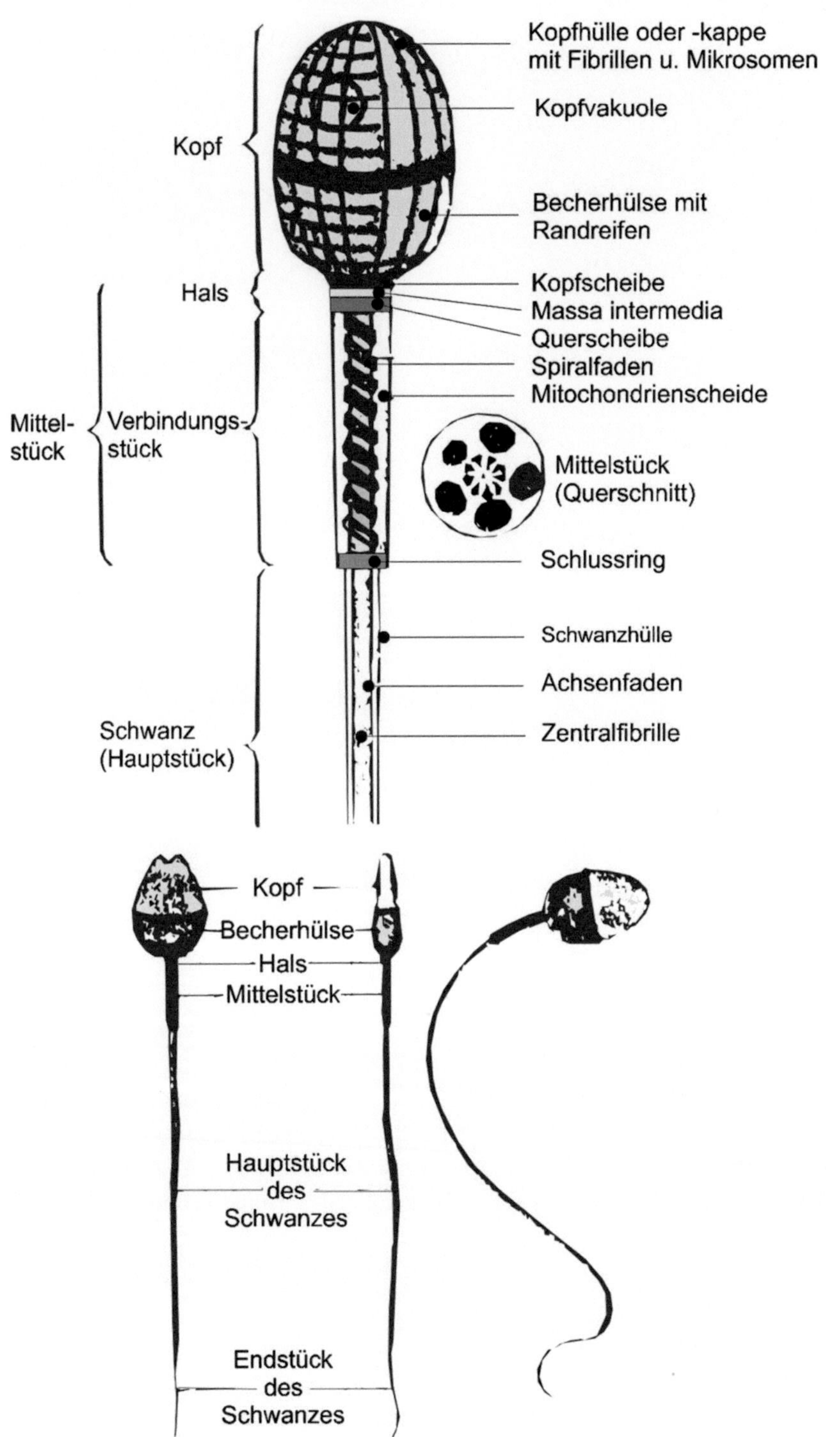

Abb. 19 Sperma eines Menschen [E. sperma of a man]

Gelbkörper (corpus luteum[135]), der die Gestagene[136], insbesondere das Progesteron[137] produziert.

Die Vereinigung des Spermienkopfes mit der gereiften Eizelle, die eigentliche Konzeption, findet in der Regel im Eileiter statt. Heute wird angenommen, dass der Prozess des Sichfindens von Samen- und Eizelle nach dem Prinzip der Chemotaxis, d. h. von Konzentrationsunterschieden zwischen steuernden Wirkstoffen, abläuft.

Nach der Verschmelzung mit dem Samenzellenkern teilt sich die befruchtete Eizelle mit dem vollständigen (diploiden) Chromosomensatz aus 46 Einzelchromosomen auf dem Weg zur Gebärmutter (Uterus[138]) mehrmals. Die Gebärmutter ist in jedem Monat einmal für wenige Tage auf die Einnistung einer befruchteten Eizelle vorbereitet.

Bleibt die Befruchtung aus, stellt sich die Menstruation[139] ein. Die Menstruation ist die monatliche Regelblutung der Frau, die durchschnittlich 4 Tage anhält. Sie wird durch ein hormonelles Wechselspiel gesteuert. Die Blutung bewirkt das Abstoßen der für das unbefruchtete Ei nicht mehr benötigten Gebärmutterschleimhaut.

Wie schon erwähnt, besteht der menschliche diploide Chromosomensatz der Körperzelle aus 46 Chromosomen, d. h. aus 2 x 23. Der haploide Chromosomensatz der weiblichen Eizelle und der männlichen weist jeweils 23 Chromosomensätze auf. Im haploiden Chromosomensatz fungieren 1 Chromosom speziell als Geschlechtschromosom und 22 für alle übrigen Erb- und Funktionsinformationen.

Der weibliche haploide Chromosomensatz enthält also 22 Chromosomen plus ein Geschlechtschromosom.

Für den diploiden weiblichen Chromosomensatz sind das 44 Chromosomen und 2 Geschlechtschromosomen.

Der männliche diploide Chromosomensatz hat je ein X- und Y-Geschlechtschromosom. Die Kombination von XX und XY entscheidet über das Geschlecht des Embryos.

[135]corpus (lat.) – Körper; luteum (lat.) – gelb.

[136]gestare (lat.) – tragen. Gestagene sind Steroidhormone, die im weiblichen Organismus im Gelbkörper nach dem Follikelsprung gebildet werden.

[137]Progesteron ist ein Steroidhormon und das wichtigste aller gestagenen Hormone (Abb. 10).

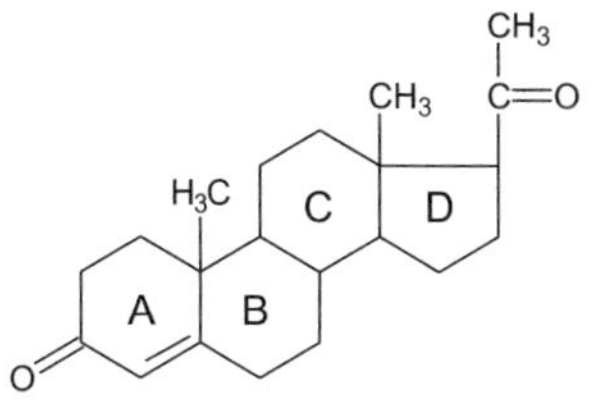

[138]uterus (lat.) – Mutterleib.

[139]menstruus (lat.) – monatlich.

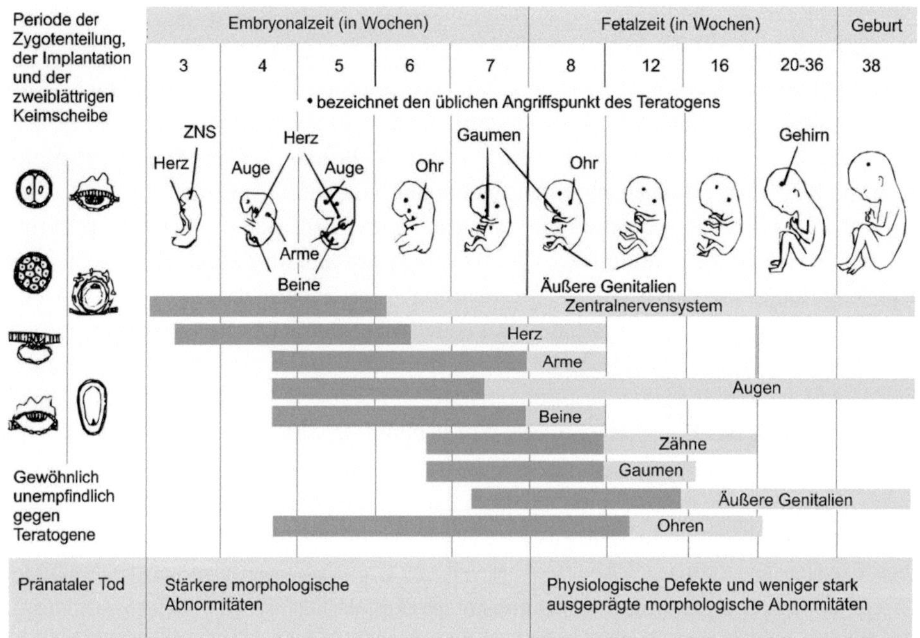

Abb. 20 Übersicht über die Entwicklungsperioden des Embryos und seiner Organe, in denen sie durch Teratogene besonders gefährdet sind [E. overall view about the devlopment stages of the embryo and its organs, which are special endangered by teratogens]

9 Teratologie [E. teratology][140]

Die Teratologie ist die Lehre von den vorgeburtlichen Missbildungen, d. h. der Embryopathie *[E. embryopathy].*

Die Embryopathie ist die vorgeburtliche Schädigung des Embryos[141] während der Leibesfruchtentwicklung. Sie kann eintreten durch Schädigung des mütterlichen Organismus, durch Infektion, durch körpereigene Giftstoffe aus Stoffwechselreststoffen oder durch fremde Giftstoffe von außen. Vergiftungen können eintreten durch zu hohen Alkoholgenuss, Arzneimittelnebenwirkungen, Rauchen.

Beim Menschen ist die schädigungsempfindliche (sensitive) Phase besonders vom 18. bis zum 85. Tag nach der Befruchtung ausgeprägt. In Abb. 20 sind die Entwicklungsphasen eingetragen, in denen der menschliche Embryo und seine Organe besonders stark gefährdet sind.

[140]teras (gr.) – Zeichen, Vorzeichen, Schreckbild.

[141]embryon (gr.) – Entwicklungsstadium bei Mensch und Tier vom befruchteten Ei bis zur Geburt.

Literatur [E. references]

Fritsch, H. u. Kühnel, W. (2009), 10. Aufl., Taschenatlas der Anatomie: Innere Organe, Georg Thieme Verlag, Stuttgart.

Fuchs, G. Hrsg.; Schlegel, H. G. Begründer (2014), 9. Aufl., Allgemeine Mikrobiologie, Georg Thieme Verlag, Stuttgart – New York.

Weiterführende Literatur

Arzneimittel (1989), Folienserie des Fonds der Chemischen Industrie, Frankfurt am Main.

Forth, W. u. Knick, B. (1997), Consilium CEDIP Practicum, Handbuch für Diagnose und Therapie, 25. Aufl., CEDIP Verlagsgesellschaft mbH, München.

Handbuch für Diagnose und Therapie, Practicum, 25. deutsche Aufl., CEDIP Verlagsgesellschaft mbH, Ismaning bei München.

Highlights of Chemistry (1994), Hrsg. Kisakürek, M. V. u. Heilbronner, E., Verlag Helvetica Chimica Acta, Basel und VCH-Verlagsgesellschaft, Weinheim.

Hopp, V. (2017), Herleitung der Biologischen Hauptsätze, Springer Spektrum, Springer-Verlag Berlin, Heidelberg.

http://asienspiegel/2012/04/der-gefährliche-betelnuss-rausch/.

Kalvoda, J. (1994), 60 Jahre Steroid Chemie in Helvetica Chimica Acta, erschienen in *Highlights of Chemistry*, Hrsg. Kisakürek, M. V. u. Heilbronner, E., S. 471 ff., Verlag Helvetica Chimica Acta, Basel und VCH-Verlagsgesellschaft, Weinheim.

Kaufmann, W. (1997), Internistische Differentialdiagnostik, 4. Aufl., Fr. K. Schattauer Verlagsgesellschaft mbH, Stuttgart.

Künzel, D. (1985), Der menschliche Organismus, VEB Verlag Volk und Gesundheit, Berlin.

May, O. (1980), Molekülvariationen, Hrsg. Medizin. Pharmazeut. Studiengesellschaft e. V., Editio Cantor, Aulendorf.

Mutschler, E. u. Schäfer-Korting, M. (2012), Arzneimittelwirkungen, Wissenschaftliche Verlagsgesellschaft mbH, Stuttgart.

Opitz, M. J. u. Rauch, A. (1999), Von der befruchteten Eizelle zum Menschen: genetische Defekte als Schlüssel zum Verständnis der menschlichen Ontogenese, erschienen in *Gene, Neurone, Quibits u. Co.*, Hrsg. Ganten, D. u. a., Gesellschaft Deutscher Naturforscher und Ärzte, S. 237 ff., Wiss. Verlags-Gesellsch., Stuttgart.

Pschyrembel, W. (2014), Klinisches Wörterbuch, Walter de Gruyter, Berlin – New York.

Pschyrembel, W. (2009), Therapeutisches Wörterbuch, 4. Aufl., Walter de Gruyer,Berlin – New York.

Pühler, A. (1999), Horizontaler Transfer von Antibiotikaresistenzgenen – Diskussion und Erkenntnisse, Nachr. Chem. Techn. Lab. 47, Nr. 9.

Rath, M. (1998), Warum kennen Tiere keinen Herzinfarkt – aber wir Menschen, 5. Aufl., Vertrieb in Europa durch MR Verlag, Postbus 859, NL-7600 AW Almelo.

Roche Lexikon Medizin (2006), 5. Aufl., Hrsg. Hoffmann-LaRoche AG, Grenzach-Wylen und Urban u. Schwarzenberg, 2. Aufl., Urban u. Schwarzenberg, München – Wien – Baltimore.

Teuscher, E. u. Lindequist, U. (1994), Biogene Gifte, Biologie – Chemie – Pharmakologie, Gustav Fischer Verlag, Stuttgart, Jena, New York.

Thews, G., Mutschler, E. u. Vaupel, P. (1999), Anatomie, Physiologie, Pathophysiologie des Menschen, Wissenschaftliche Verlagsgesellschaft mbH, Stuttgart.

Weimer, D. B. u. Kennedy, R. C. (1999), Gene als Impfstoffe, Spektrum der Wissenschaft, Heft 10.

Wink, M., Ben-Erik van Wyk, Wink, C. (2008), Handbuch der giftigen und psychoaktiven Pflanzen, Wissenschaftliche Verlagsgesellschaft, Stuttgart.
Zink, B., Gerber, F., Colombo, V. u. Ryser, St. (1991), Lebende Mikrowelt, Hrsg. F. Hoffmann-La-Roche AG, Basel, Schweiz.

Was sind Arzneimittel? [E. about drugs]

Definition [E. definition]

Arzneimittel sind Stoffe, die am menschlichen oder tierischen Körper angewendet werden. Dort sollen sie Krankheiten, Schäden oder sonstige vom Normalbefinden des Körpers abweichende Zustände verhüten, hindern, beheben oder heilen.

Ein Arzneimittel ist immer ein Mehrkomponentensystem. Es besteht aus dem Wirkstoff und den Hilfsstoffen. Die Art der Hilfsstoffe hängt davon ab, wie ein Arzneimittel appliziert, d. h. angewendet oder dargereicht, werden soll.

Anwendung und Darreichungsform bestimmen die Arzneimittelzubereitung, die Art der Zusammensetzung des Mehrkomponentensystems und damit die Verfahren der Arzneimittelfertigung.

Ein Arzneimittel muss so zubereitet sein, dass es den Organismus nicht schädigt und der Wirkstoff an dem gewünschten Ort des Körpers in der vorgegebenen Zeit freigegeben wird.

Zur Gruppe der Arzneimittel zählen auch die Diagnostika.

1 Grobgliederung von Arzneimitteln nach Anwendungsgebieten [E. rough classification of drugs in application fields]

- Drogen aus Pflanzenextrakten, z. B. Alkaloide, Coffein, Codein, Morphium
- Desinfektionsmittel äußerlich
- Impfstoffe, Seren
- Antibiotika – Desinfektionsmittel innerlich, z. B. Sulfonamide, Penicilline.

V. Hopp, *Chemische Kreisläufe in der Natur*,
https://doi.org/10.1007/978-3-662-55860-7_26

- Fiebersenkende Mittel – Antipyretika[1]
- Z. B. Pyrazole, die zusätzlich entzündungshemmend sind
- Schmerzlindernde Mittel – Analgetika[2]
- Z. B. Aspirin, das auch fiebersenkende Wirkung hat
- Antirheumatika[3] – schmerzlindernde Mittel gegen Gelenk- und Muskelschmerzen
- Antiphlogistika[4] – entzündungshemmende Mittel, sie werden lokal gegen Arthritis[5] (entzündete Gelenke) eingesetzt
- Schlaf- und angstlösende Beruhigungsmittel – Tranquilizer
- Besonders erfolgreich ist ein Produkt der Stoffklasse der Diazepine
- Aus diesen Beruhigungsmitteln entwickelten sich die Psychopharmaka
- Kreislauf- und Atemstimulantien
- Harntreibende Mittel – Diuretika
- Präparate gegen Überempfindlichkeit – Antiallergika
- Krampflösende Mittel – Spasmolytika
- Reizdämpfende Mittel, z. B. gegen Husten
- Mittel gegen Stoffwechselkrankheiten
- Z. B. Diabetes – Insulin (Hormon)
- Orale Antidiabetika (Sulfonylharnstoffe)
- Vitamine
- Hormone
- Enzyme

1.1 Sera und Impfstoffe [E. sera]

Im Sinne des Arzneimittelgesetzes sind Sera Arzneimittel, die spezifische Antikörper enthalten und zur Immunisierung dienen. Sie werden aus Blut, Organen, Organteilen oder Organsekreten gesunder, kranker, erkrankt gewesener oder immunisatorisch vorbehandelter Lebewesen gewonnen.

Es gibt Sera gegen Infektionskrankheiten bakterieller oder viraler Natur und Sera gegen tierische Gifte.

---

[1] Pyretos (gr.) – Fieber.

[2] Algedon (gr.) – Schmerz; an (gr.) – nicht, ohne.

[3] Rheuma (gr.) – Fließen, im übertragenen Sinne sind rheumatische Schmerzen in Gelenken und Muskeln fließend, d. h. nicht nur örtlich.

[4] Phlogizein (gr.) – in Brand setzen.

[5] Arthron (grc.) – Glied.

1.2 Desinfektionsmittel [E. desinfectants]

Desinfektionsmittel sind Wirkstoffe, die zur Bekämpfung von pathogenen Mikroorganismen geeignet sind, z. B. zum Abtöten von Bakterien, Viren, Sporen, Schimmelpilz u. a.

Äußerlich [E. external] angewendete Desinfektionsmittel wirken von der Oberfläche aus, z. B. Haut, Kleidung, Geräte, Saatgut, Boden, Bäume. Desinfektionsmittel für Wunden heißen auch *Antiseptika* [E. antiseptics].

Die Desinfektionsmittel sollten möglichst pantoxisch, d. h., sie sollen eine bakterizide, fungizide, antimykotische Wirkung haben.

Beispiele: Aldehydische Flächendesinfektionsmittel, z. B. Formaldehyd, Glyoxal, Glutaraldehyd,
Phenolderivate wie Chlorphenole oder Hydroxychinoline, Kationtenside.

1.3 Antibiotika [E. antibiotics]

Antibiotika sind innerlich [E. internal] wirkende Desinfektionsmittel.

Antibiotika sind antimikrobiell, d. h. mikrobizid, wirksame Stoffe. Sie entwickeln eine statische, degenerative, lytische oder abtötende Wirkung gegen Viren, Bakterien, Pilze, Algen oder Protozoen.

Bekannte Antibiotika sind die Sulfonamide, Penicilline, Cephalosporine u. a. Unter den Antibiotika haben die Breitbandantibiotika große Bedeutung erlangt.

2 Methoden aus dem medizinischen und pharmazeutischen Bereich [E. methods in medical and pharmaceutical fields]

2.1 Hygiene [E. hygiene][6]

Die Hygiene umfasst alle Maßnahmen, die zur Erhaltung der Gesundheit von Mensch und Tier und ihrer Umwelt nötig sind. Das schließt vorbeugende Maßnahmen gegen das Entstehen und Verbreiten von Krankheiten innerhalb lebenslanger Zeitspannen mit ein.

Dazu zählen auch die öffentlichen und privaten Vorkehrungen und Verfahren zur Pflege und Reinigung von Boden, Wasser und Luft einschließlich der Sozialhygiene und Gesundheitsfürsorge.

[6] Hygienos (gr.) – heilsam.

2.2 Prophylaxe[7] [E. prophylaxis]

Prophylaxe umfasst allgemeine und individuelle Maßnahmen zur Verhütung von möglichen oder drohenden Krankheiten. Die Prophylaxe schließt hygienische Maßnahmen mit ein. In der Regel ist die Hygiene auf die gesamte Lebensdauer eines Individuums (Zähneputzen) und seines Umfeldes (Toiletten) ausgelegt. Die Prophylaxe erstreckt sich im Allgemeinen auf kürzere begrenzte Zeitspannen.

Hygiene und Prophylaxe sind Arbeitsfelder der Fürsorge und Vorsorge, die in die Bereiche der Ernährung (Lebensmittelhygiene) und Gesundheitsfürsorge hineinreichen.

2.3 Diagnose[8] [E. diagnosis]

Diagnose ist das methodische Erforschen und Erfassen, d. h. Analysieren der Merkmale eines Gegenstandes, Menschen oder Tieres, um diese Merkmale in ihrem Zusammenhang und Zusammenwirken zu erkennen und mit bekannten Begriffen zu beschreiben.

Die medizinische Diagnose dient dazu, Ursachen und Auswirkungen von körperlichen und seelischen Beschwerden und Schäden (Krankheiten) oder andere vom Normalbefinden abweichende Zustände des menschlichen und tierischen Körpers und der Seele zu erkennen. Die Diagnose liefert die Grundlage für eine Erfolg versprechende Therapie oder Heilung. Innerhalb der Diagnose spielt die *Analyse* eine bedeutende Rolle.

Diagnostika sind chemische Reagenzien und physikalische Instrumente, die getrennt oder kombiniert in klinischen, chemischen oder physikalischen Laboratorien zum Erkennen von Krankheiten und deren Erscheinungen eingesetzt werden.

2.4 Analyse[9] [E. analysis]

Analyse ist die systematische Untersuchung eines Ganzen auf seine Bestandteile.

Im *engeren Sinne* bedient sie sich Methoden, um die Zusammensetzung, Eigenschaften und Funktionen von Stoffen herauszufinden (chemische und physikalische Analyse, z. B. zerstörungsfreie Werkstoffprüfung).

Im *weiteren Sinne* befasst sich die Analyse generell mit der Untersuchung von komplexen Systemen, um das Zusammenspiel vieler Teilmechanismen zu ergründen, z. B. die Funktion von Organen und Organellen in biologischen Systemen (medizinische Analyse), Erkennen von psychischen Reaktionen (Psychoanalyse), Deuten und Beschreiben der treibenden Kräfte von soziologischen Veränderungen (Sozioanalyse).

---

[7]Prophylassein (gr.) verhüten, vorbeugend.

[8]Diagignoskein (gr.) – genau erkennen, entscheiden.

[9]Analysis (gr.) – Auflösung.

2.5 Therapie[10] [E. therapy]

ist das Behandeln von Menschen und Tieren zur Heilung von körperlichen und seelischen Erkrankungen, d. h. Beseitigung ihrer Ursachen oder das Lindern akuter oder chronischer Symptome.

Zu unterscheiden ist zwischen der spezifischen (gezielten) und unspezifischen (allgemein heilungsfördernden) Therapie.

Eine Therapie umfasst diätetische, Arzneimittel verwendende, operative und physikalische Methoden. Dazu gehört auch die aktive und passive Funktionstherapie, z. B. Sport, gezielte Bewegungen (Gymnastik) und Massage.

2.6 Heilung bzw. Heilen [E. healing]

Unter Heilung bzw. Heilen versteht man den Prozess und das Ergebnis von Maßnahmen allgemeiner pflegender und medizinischer Art, die körperliche und psychische Schäden von Mensch und Tier beseitigen und damit die Funktionstüchtigkeit von Körper, dessen Organen und der Seele wiederherstellen.

3 Entwicklung und Herstellung eines Arzneimittels [E. development and production of drugs]

Ein Arzneimittel besteht aus

- Wirkstoffen,
- Hilfsstoffen,
- Füllstoffen.

Die Entwicklung eines Arzneimittels vollzieht sich über zahlreiche Stufen.

1. Konzeption eines Programms für einen zu suchenden Wirkstoff. Literaturstudium.
2. Synthese einer neuen Substanz oder Isolierung als Naturstoff aus pflanzlichen oder tierischen Rohstoffen wie z. B. Drogen.
3. Prüfung der erhaltenen Substanz auf
   - chemische,
   - physikalisch-chemische,
   - biologische und mikrobiologische,
   - physikalische Eigenschaften.

[10]Therapeuein (gr.) – pflegen.

4. Pharmakologische Untersuchungen
   - Pharmakodynamik,
   - Pharmakokinetik.
5. Toxikologische Prüfungen auf
   - akute,
   - subakute,
   - chronische Toxizität.
6. a) Herstellung größerer Mengen der zu untersuchenden Substanz.
   b) Entwicklung und Herstellung geeigneter Arzneiformen – Galenik
7. Orientierende klinische Prüfung.
8. a) Erweiterte klinische Prüfung,
   b) Erarbeitung wirtschaftlicher Herstellungsverfahren für größere Substanzmengen.
9. Klinische Hauptprüfung.
10. Begutachtung der klinischen Ergebnisse, Publikation der verschiedenen Entwicklungsarbeiten.
11. Anmeldung der Arzneispezialität zur Zulassung nach der Arzneimittelgesetzgebung unter Vorlage ausführlicher Prüfungsunterlagen.
12. Herstellung des Wirkstoffs und der Spezialität in der Großproduktion unter ständiger Kontrolle des Wirkstoffs,
    der Hilfsstoffe für Tabletten,
    für Salbengrundlagen,
    für Lösungen etc.,
    Aromen,
    Lebensmittelfarbstoffe,
    Verpackungsmittel.
13. Inverkehrbringen des Arzneimittels unter Einsatz von Informations- und Werbemaßnahmen.
14. Nachkontrolle der Lagerfähigkeit zurückgelassener Muster der einzelnen Fabrikationschargen über mehrere Jahre.
15. Laufender Erfahrungsaustausch mit dem Arzt, solange das Arzneimittel im Handel ist.

3.1 Screening [E. screening][11]

Screening ist ein Mehrzweckbegriff und bedeutet die Projizierung, Klassierung und Prüfung durch Reihenuntersuchungen in der pharmazeutischen Industrie, der klinischen Prüfung der Krankheitsfrüherkennung, der Biotechnologie und der Schädlingsbekämpfung.

[11]Screen (engl.) – Schirm, Sieb, Raster, Filter.

Screening bedeutet auf dem pharmazeutischen Sektor im engeren Sinne das Herausfinden zweckgeeigneter Verbindungen anhand von festgelegten Kriterien mittels Reihenuntersuchungen.

3.2 Galenik [E. galenism]

Galenik[12] ist die Bezeichnung für ein pharmazeutisch-medizinisches Arbeitsgebiet, das sich mit den Wechselwirkungen zwischen Arzneimittel, Arzneiformen und dem Organismus befasst.

Anstelle der Galenik sind die Begriffe Pharmakodynamik und Pharmakokinetik getreten.

3.3 Arbeitsgebiete aus der Pharmakologie [E. fields of activity in the pharmacology][13]

Die Pharmakologie ist im weitesten Sinne die Lehre von der chemischen und physikalischen Wirkung von Stoffen auf Organismen. Die Stoffe werden auch Wirkstoffe genannt und können körperfremder oder körpereigener Herkunft sein.

Die Pharmakologie im engeren Sinne ist die Lehre von der Nutzung bestimmter Wirkstoffe als Heilmittel, deren chemischer Struktur und Wirkung auf die Funktionen und den Stoffwechsel des menschlichen Körpers.

Die klinische Pharmakologie ist die Erforschung der durch zahlreiche Voruntersuchungen ausgeprüften neuen Arzneimittel in der Klinik am Menschen. Dabei sind eindeutig festgelegte gesetzliche Bestimmungen wie z. B. das Arzneimittelgesetz, Auflagen durch die Ethikkommission u. a. einzuhalten. Erst diese Untersuchungsergebnisse sind die Grundlagen dafür, ob ein neues Arzneimittel als solches offiziell zugelassen wird.

Die Untersuchung auf die Wirksamkeit eines Arzneimittels wird in drei Phasen unterteilt, und zwar in:

- die pharmazeutische,
- die pharmakokinetische und
- die pharmakodynamische Phase.

---

[12]Galenos (129–199 n. Chr.), berühmter Arzt griechischer Abstammung aus Pergamon, Kleinasien. Er beschrieb die Zubereitung von Extrakten, Destillaten, Tinkturen.

[13]Logos (gr.) – Wort, Rede, Vernunft; die Lehre von den formalen Regeln und folgerichtigen Denkens.
pharmakeia (gr.) – Arzneimittelkunde,
pharmakon (gr.) – Heilmittel, Arzneimittel,
dynamis (gr.) – Kraft,
kinein (gr.) – bewegen.

In der pharmazeutischen Phase werden die günstigsten und optimalen Zubereitungs- und Darreichungsformen eines Arzneimittels untersucht, d. h. in welcher Form (fest, flüssig, Emulsion, gasförmig u. a.) der Wirkstoff vom Organismus aufgenommen wird.

Dazu gehört auch, den geeigneten Anwendungsort (Applikationsort)[14] und die Anwendungsart herauszufinden.

Applikationsorte können sein der Mund (oral), After (rectal), Schleimhäute der Genitalorgane (intravaginal) und der Harnwege (intraurethral), die Hautoberfläche, die Haut selbst (intrakutan), unter die Haut (subkutan), in den Muskel (intramuskulär), in die Bauchhöhle (intraperitonal).

Weitere Einführungsorte sind die Venen (intravenös), Arterien (intraarterielle) und das Herz (intrakardial).

Die Verabreichungsorte und -arten bestimmen die Arzneiformen.

Allbekannte Applikationsarten sind das Einnehmen von festen und flüssigen, manchmal auch gasförmigen über den Mund, das Injizieren von flüssigen Arzneiformen, das Einreiben von Salben, Cremes u. a. halbfesten Substanzen in die Haut.

4 Darreichungsformen von Arzneimitteln [E. application forms of drugs]

Wirkstoffe werden nicht direkt, sondern in speziellen Darreichungsformen und Zubereitungen dem Patienten verabreicht. Dies ist zum einen darin begründet, dass viele Wirkstoffe schon in kleinsten Konzentrationen wirksam und somit schwierig zu dosieren sind, andererseits wird erst durch eine entsprechende Darreichungsform eine optimale Wirkung erreicht.

Bei der Entwicklung von Darreichungsformen sind biopharmazeutische Aspekte zu beachten, d. h., wie ist die Wirkungsintensität, Wirkungsdauer und biologische Verfügbarkeit am Wirkort zu beeinflussen und zu optimieren (Abb. 3).

Für die großtechnische Herstellung in der pharmazeutischen Industrie ist es außerdem wichtig, die Rezepturen den apparativen und technischen Möglichkeiten anzupassen.

Arzneimittel werden nach verschiedenen Gesichtspunkten eingeteilt:

- nach dem Aggregatzustand:
  - feste Formen (Tabletten, Kapseln etc.),
  - halbfeste (pastöse) Formen (Salben, Cremes etc.),
  - flüssige Formen (Tropfen, Säfte etc.),
  - gasförmige Formen (Aerosole).

[14]Applicare (lat.) – anschließen, nahebringen; Applikation ist die Anwendung von Arzneimittel.

- nach Anwendungsgebieten:
  - Arzneimittel zur äußerlichen Anwendung,
  - Arzneimittel zur oralen Einnahme,
  - Arzneimittel zur Inhalation,
  - Arzneimittel zur Injektion,
  - Arzneimittel zur rektalen Anwendung.

4.1 Feste Darreichungsformen [E. solid application forms]

Zu den festen Darreichungsformen zählen Pulver, Granulate, Pellets, Tabletten, Dragees, Filmtabletten, Kapseln, Suppositorien und Präparate zur vaginalen Anwendung.

4.1.1 Pulver und Puder [E. powders]

Pulver sind lufttrockene Haufwerke aus festen Teilchen unterschiedlicher Form und Größe. Sie bestehen aus dem Arzneistoff allein oder aus verschiedenen Arzneistoffen bzw. aus Arznei- und Hilfsstoffen. Pulver, die ausschließlich zum äußeren Gebrauch bestimmt sind, werden als Puder bezeichnet.

Pulver zur oralen Einnahme spielen als Arzneiform nur noch eine geringe Rolle. Wichtiger ist ihre Bedeutung als Ausgangsmaterialien für die Herstellung von Granulaten, Tabletten, Dragees, Filmtabletten, Suspensionen und suspensionsartigen Zubereitungen.

Von Pudern zur äußeren Anwendung wird verlangt, dass die Teilchengröße kleiner als 100 µm ist, um keine Reizungen hervorzurufen. Diese Forderung bedingt, dass die Ausgangsmaterialien entweder fein gemahlen werden oder durch entsprechende Herstellungstechnologien (Sprühtrocknung und Gefriertrocknung) in geforderter Teilchengröße hergestellt werden.

Übliche Hilfsstoffe in der Puderherstellung sind:

Talkum, Kieselsäure, Zinkoxid, Magnesiumoxid, Magnesiumcarbonat, hochdisperses Siliziumdioxid, Stärke, Laktose.

Wesentlich bei diesen Hilfsstoffen ist, dass sie ein möglichst gutes Haft- und Wasseraufnahmevermögen zeigen, andererseits aber auch die Fließeigenschaften und Streufähigkeit positiv beeinflussen sollen. Da keiner der obigen Hilfsstoffe alle gewünschten Eigenschaften auf sich vereint, ist es meist notwendig, eine entsprechende Kombination zu wählen.

4.1.2 Granulate [E. granulates]

Granulate sind feste Zubereitungen, die aus unregelmäßigen Körnern mit weitgehend einheitlicher Korngröße bestehen.

Granulate sind sowohl eine eigenständige Arzneiform als auch ein Zwischenprodukt zur Herstellung von Tabletten und Drageekernen, wobei die Granulate durch ihre Fließfähigkeit und ihre raue Oberflächenbeschaffenheit dazu beitragen, eine hohe Dosierungsgenauigkeit beim Tablettieren und gute Tabletteneigenschaften zu erreichen.

4.1.3 Tabletten [E. tablets]

Tabletten sind einzeldosierte, feste, verschieden geformte Komprimate, die aus Kristallen, Pulvern oder Granulaten mittels maschinellen Drucks hergestellt werden. Außer dem Arzneistoff enthalten sie in der Regel als Hilfsstoffe Füll-, Binde-, Spreng- und Gleitmittel.

Nur ganz selten ist es möglich, Arzneistoffe ohne Vorbehandlung und ohne Zusatz von Hilfsstoffen zu Tabletten zu verpressen. Die Hilfsstoffe haben daher folgende Aufgaben:

- **Füllmittel** [E. fillller]

Da die Wirkstoffe oft in sehr geringer Konzentration zur Anwendung kommen, ist es erforderlich, Füllmittel hinzuzufügen, um überhaupt Tabletten entsprechender Größe pressen zu können. Gebräuchliche Füllmittel sind u. a. Stärkesorten und Laktose.

- **Bindemittel** [E. binder]

Bindemittel sorgen, wie der Name sagt, in erster Linie dafür, eine Haftung zwischen den Pulverpartikeln zu erreichen. Gleichzeitig werden durch Bindemittel in richtiger Konzentration die physikalischen Tabletteneigenschaften verbessert.

Typische Bindemittel sind Stärkearten, Gelatine und Zellulosearten.

- **Sprengmittel** [E. explosives]

Sprengmittel sorgen dafür, dass die Tabletten in Wasser bzw. im Magensaft schnell zerfallen, sodass der Wirkstoff schnell aufgenommen (resorbiert) werden kann. Typische Sprengmittel sind Stärke und Zellulosearten.

- **Gleitmittel** [E. lubricants]

Gleitmittel verbessern die Fließfähigkeit, andererseits sollen sie verhindern, dass die Tablettenmasse an den Presswerkzeugen, also an Stempeln und in den Matrizen klebt. Zusätzlich wird der Ausstoß der Tablette aus der Matrize erleichtert. Zu diesen Hilfsstoffen zählen u. a. Magnesiumstearat, Talk und Polyethylenglykole.

- **Prüfmethoden** [E. testing methods]

Um eine immer gleichbleibende Tablettenqualität zu gewährleisten, ist es notwendig, die Tablettenproduktion ständig zu überprüfen. Man nennt diese Prüfungen Inprozesskontrollen.

Die wichtigsten Prüfkriterien sind:

das Tablettengewicht,
die Höhe,
die Härte,
der Abrieb,
die Zerfallszeit im Organismus u. a.

4.1.4 Dragees und Filmtabletten [E. coated tablets and film tablets]

Das sind mit besonderen Schichten überzogene Tabletten oder Komprimate. Einige Gründe seien genannt:

- Erhöhung der mechanischen Stabilität,
- Schutz des Arzneistoffes vor Licht und Feuchtigkeit,
- Schutz des Arzneistoffes vor Inaktivierung im Magen,
- Verlängerung der Wirkdauer (Retard-Präparat),
- Überdeckung eines unangenehmen Geschmacks,
- Erleichterung der Einnahme.

Man unterscheidet bei den überzogenen Tabletten zwischen Dragees und Filmtabletten (Lacktabletten). Dragees bestehen aus dem Drageekern (Tablette mit gewölbter Oberfläche) und vielen unterschiedlichen Überzugsschichten, während Filmtabletten eine sehr viel dünnere Hülle aus einem filmbildenden Lack aufweisen. Bei Filmtabletten bleiben Bruchkerben und Prägungen erhalten. Der schematische Aufbau dieser beiden Formen kann aus Abb. 1 entnommen werden. Aus dem unterschiedlichen Aufbau resultieren auch unterschiedliche Herstellungsverfahren, die im Folgenden beschrieben werden.

4.1.5 Kapseln [E. capsules]

Kapseln sind einzeldosierte Arzneiformen, die aus einer Hülle und darin eingeschlossenen Arzneistoffen bestehen.

Es werden verschiedene Kapselarten unterschieden:

- Stärkekapseln,
- Hartgelatinesteckkapseln,
- Weichgelatinekapseln.

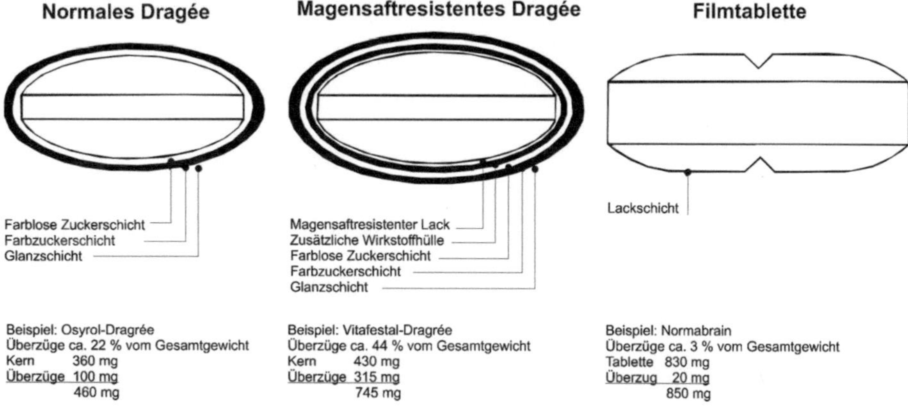

Abb. 1 Aufbau von Dragees und Filmtabletten [E. construction of drag forms and film tablets]

4.1.6 Suppositorien und Vaginalpräparate [E. suppositories and vaginal preparations]

Suppositorien sind verschieden geformte, einzeldosierte Arzneiformen, die zum Einführen in das Rektum oder die Vagina bestimmt sind. Sie sollen bei Körpertemperatur schmelzen, zerfallen oder sich lösen.

Als Grundlagen werden im Allgemeinen Fette eingesetzt, die bei Raumtemperatur fest sind und bei Körpertemperatur schmelzen. Hauptsächliche Vertreter sind halbsynthetische Hartfette von definierter Zusammensetzung.

Der Wirkstoff sollte in möglichst feiner Form vorliegen, damit er gleichmäßig verteilt werden kann, denn viele Wirkstoffe sind in der Fettgrundlage unlöslich.

4.1.7 Salben [E. ointments]

Salben sind streichfähige Zubereitungen zur medikamentösen Anwendung auf der gesunden, verletzten oder kranken Haut oder der Schleimhaut der Körperöffnungen.

Je nach Anwendungsgebiet werden die Salben aus verschiedenen Grundlagen hergestellt. Dabei gilt allgemein: Je fetthaltiger eine Salbe ist, desto langsamer wird der Wirkstoff freigegeben, je wasserhaltiger, desto leichter kann ein Wirkstoff in die Haut penetrieren[15].

Die Wirkstoffe können dabei gelöst oder ungelöst in der Salbe vorliegen.

Je nach Aufbau kann man folgende Salbentypen unterscheiden:

- Fettsalben,
- Emulsionssalben (Cremes),
- Fettfreie Salben (Hydrogele),
- Pasten.

- **Fettsalben** [E. fat ointments]
  Fettsalben enthalten als Grundlage Fette, Wachse und Vaseline oder Mischungen dieser Komponenten. Um sie geschmeidiger zu machen, können außerdem Öle oder flüssige Paraffine zugesetzt werden.
- **Emulsionssalben** [E. creams]
  Bei den Emulsionssalben unterscheidet man zwei Typen:
  1. Wasser-in-Öl-Emulsion (w/o), bei denen feine Wassertropfen in der Fettphase verteilt sind.
  2. Öl-in-Wasser-Emulsion (o/w), bei denen feine Öltröpfchen im Wasser verteilt sind.

  Enthalten diese Emulsionen größere Wassermengen, spricht man von Cremes.

  Da Öl und Wasser sich unter normalen Bedingungen immer trennen würden, enthalten Emulsionssalben immer Emulgatoren (Abschn. 4.2.2).
- **Fettfreie Salben** [E. nonfat ointments]
  Die Grundlagen dieser Salben bestehen aus makromolekularen Stoffen, die unter Zugabe von Wasser stark quellen oder Schleime bilden. Sie werden auch als Gele bezeichnet.

[15] Penetrare (lat.) – durchdringen.

- **Pasten** [E. pastes]
  Pasten sind eine Sonderform von Salben, die einen besonders hohen Feststoffanteil (30 bis 70 %) aufweisen. Im Allgemeinen handelt es sich bei der Grundlage um Fette.

4.2 Flüssige Darreichungsformen [E. liquid application forms]

Es gibt flüssige Zubereitungen für die äußerliche Anwendung, für die orale Einnahme und Arzneimittel zur Injektion und Infusion. Dabei müssen die Injektions- und Infusionszubereitungen unter sterilen bzw. aseptischen Produktionsbedingungen hergestellt werden.

Zu den flüssigen Darreichungsformen gehören unter technologischen Gesichtspunkten:

- Lösungen,
- Emulsionen,
- Suspensionen.

Alle drei Formen können für die oben aufgezählten Anwendungsgebiete eingesetzt werden.

4.2.1 Lösungen [E. solutions]

Lösungen sind flüssige Zubereitungen, die Wirkstoffe in Wasser oder anderen Lösemitteln gelöst enthalten. Eine Lösung ist eine klare Flüssigkeit. Ausnahmen sind davon Flüssigkeiten, die kolloidal gelöste Arzneistoffe oder dickflüssige Lösungen, die Schleimstoffe enthalten.

Wässrige Lösungen werden normalerweise mit entmineralisiertem Wasser hergestellt, das zur Entfernung von eventuell vorhandenen Bakterien filtriert wird.

Andere Lösemittel sind für orale Lösungen üblicherweise Ethylalkohol und für Lösungen zur äußerlichen Anwendung Isopropanol. Vielfach werden auch Wasser/Alkohol-Mischungen eingesetzt.

4.2.2 Emulsionen [E. emulsions]

Emulsionen sind disperse Zubereitungen zum inneren und äußeren Gebrauch, die in der Regel aus zwei nicht ineinander löslichen Flüssigkeiten bestehen, von denen eine wässrig ist.

Bei Emulsionen unterscheidet man Öl-in-Wasser- und Wasser-in-Öl-Emulsionen. Sie bestehen also aus zwei Phasen, der wässrigen und der öligen. Dabei wird diejenige Phase, die in der Emulsion verteilt ist, als innere Phase und die andere als äußere Phase bezeichnet. Beide Phasen können Wirk- und Hilfsstoffe enthalten. Wesentliche Hilfsstoffe sind die Emulgatoren, die dafür sorgen, dass die Emulsionen eine gewisse Stabilität erhalten. Sie verhindern, dass sich die Phasen entmischen. Emulgatoren sind Substanzen, die im Molekül sowohl fettlösliche (lipophile) als auch wasserlösliche (hydrophile) Gruppen besitzen. Durch die Zugabe von Emulgatoren wird erreicht, dass der Gegensatz zwischen Wasser und Öl gemildert wird, d. h., die Grenzflächenspannung zwischen der wässrigen und öligen Phase wird erniedrigt. So wird verhindert, dass eine Phasentrennung (Brechen der Emulsion) eintritt.

4.2.3 Suspensionen [E. suspensions]

Suspensionen sind disperse Zubereitungen, die Pulver in fein verteilter Form in einer Flüssigkeit enthalten. Sie können geeignete Netzmittel (Emulgatoren) und Suspensionsstabilisatoren enthalten.

Man unterscheidet Zubereitungen zum inneren Gebrauch (Suspensionen) und zum äußeren Gebrauch (Lotionen). Viele andere Arzneiformen, die Wirkstoffe in suspendierter Form enthalten, sind technologisch gesehen ebenfalls Suspensionen (z. B. Salben, Suppositorien). Die Teilchengrößen in Suspensionen liegen je nach Anwendung zwischen 1 bis 100 μm.

Suspensionen können neben Emulgatoren Suspensionsstabilisatoren enthalten. Darunter versteht man Substanzen, wie z. B. Cellulosen, Alginate und Acrylsäuren (Carbopol), die in der Lage sind, Schleime zu bilden. Dadurch wird die Viskosität der Suspensionen erhöht und ein schnelles Absinken der Feststoffpartikel verhindert.

4.2.4 Injektions- und Infusionszubereitungen [E. preparations of injections and infusions]

Injektionen[16] und Infusionen[17] sind Zubereitungen, die in den Körper eingespritzt werden. Sie können in die Blutbahn (intravenös), in das Muskelgewebe (intramuskulär), in die Haut (intrakutan) oder in verschiedene Organe injiziert werden. Aus technologischer Sicht kann es sich dabei um Lösungen oder Suspensionen handeln. Bei der Injektion von kleineren Mengen spricht man von Injektionen, bei größeren Mengen von Infusionen.

An diese Arzneimittel, die in den Körper injiziert werden, werden besondere Anforderungen gestellt:

- Sie müssen keim- und pyrogenfrei[18] sein,
- dürfen keine Schwebstoffe enthalten,
- müssen verträglich sein und
- müssen in spezielle Behältnisse abgefüllt werden.

Um diese Ziele erreichen zu können, muss unter aseptischen[19] Bedingungen gearbeitet werden, d. h., es müssen besondere Maßnahmen ergriffen werden, die sowohl die Personen als auch die Räume, Substanzen und Behältnisse betreffen.

---

[16]Inicere (lat.) – hineinwerfen, einflößen.

[17]Infundere (lat.) – hineingießen. Infusion ist die Zufuhr verträglicher Flüssigkeiten, z. B. in die Blutbahn, in das Unterhautgewebe, in den Mastdarm.

[18]Pyr (gr.) – Feuer; pyrogene Stoffe sind Substanzen, die in kleinsten Mengen innerhalb einer begrenzten Einwirkungszeit Fieber hervorrufen.

[19]Sepsis (gr.) – Fäulnis; Asepsis ist die Keimfreiheit von Wunden, Verbandsstoffen, ärztlichen Instrumenten usw.

4.3 Gasförmige Darreichungsformen [E. gaseous application forms]

Zu den gasförmigen Darreichungsformen zählen Inhalate[20] und Aerosole[21].

- **Inhalate** [E. inhalants]
  Inhalate sind Arzneiformen, die sich aufgrund ihres hohen Dampfdruckes oder durch Hilfe von Inhalatoren verflüchtigen und im gasförmigen Zustand dem Organismus über die Atmungsorgane zugeführt werden.
- **Aerosole** [E. aerosols]
  Aerosole sind disperse Systeme (fest/gasförmig oder flüssig/gasförmig), die mithilfe von Zerstäubern auf die Schleimhäute der Nase, des Mundes, des Rachens und der Luftröhre aufgebracht werden.

  Je nach Anwendungszweck ist besonders bei den Suspensionsaerosolen die Teilchengröße sehr wichtig. Für Nasen-, Mund- und Rachenraum sollte die Teilchengröße 30 μm nicht überschreiten. Arzneistoffe, die die Lunge erreichen sollen, dürfen nicht größer als 5 μm sein.

  Heute spricht man von Aerosolen immer dann, wenn Arzneimittel aus Druckgasflaschen mithilfe eines Treibmittels, das für den Menschen unbedenklich sein muss, angewendet werden.

  Als Treibmittel werden komprimierte oder verflüssigte Gase eingesetzt. Die am häufigsten verwendeten Gase sind Stickstoff und Kohlenstoffdioxid.

5 Fertigungsbedingungen [E. conditions of manufacture]

Personal [E. staff]
Die Mitarbeiter müssen sich besonders hygienisch verhalten. Sie müssen sterile Kleidung, Handschuhe, Mundschutz und Kopfschutz tragen.

Sie dürfen die Räume nur über spezielle Schleusen betreten.

Räume [E. workplaces]
Die Luft, die in die Räume gelangt, muss filtriert werden, sodass Mikroorganismen und Schwebeteilchen zurückgehalten werden.

Alle Einrichtungen müssen leicht zu reinigen sein und regelmäßig desinfiziert werden.

Die Räume dürfen nur über Schleusen betreten werden.

---

[20]Inhalare (lat.) – anhauchen; Inhalation ist das Einatmen eines Heilmittels (Inhalat).

[21]Aer (gr.) – Luft; solvere (lat.) – lösen; Aerosole sind schwebstoffhaltige Gase.

Substanzen und Zubereitungen [E. substances and preparations]
Die abzufüllenden Substanzen oder Zubereitungen müssen steril und pyrogenfrei sein.

Die Zubereitung muss unter aseptischen Bedingungen erfolgen.

Zur Herstellung von Lösungen darf nur destilliertes und pyrogenfreies Wasser eingesetzt werden.

Vor der Abfüllung müssen Lösungen sterilfiltriert werden.

Behältnisse [E. receptades]
Behältnisse für Injektionslösungen sind Ampullen verschiedener Form, Rollrandflaschen (Mehrfachentnahmeflaschen mit Gummistopfen und für Infusionen Infusionsflaschen). Das verwendete Glas muss von besonderer Qualität sein und vor der Abfüllung sorgfältig gereinigt werden. Dies geschieht mit speziellen Spülmaschinen. Dabei wird jede Ampulle mehrfach mit steril filtriertem Wasser gespült und mit steriler Luft getrocknet. Im Anschluss an diese Reinigung werden die Ampullen sterilisiert und vor dem Füllen wieder auf Raumtemperatur abgekühlt.

Sterilisation [E. sterilization]
Unter Sterilisation ist das Abtöten oder Entfernen aller lebensfähigen Arten von Mikroorganismen zu verstehen. Dies kann je nach Arzneistoff und -form erreicht werden durch:

Hitzesterilisation:	Kaltsterilisation:
trockene Hitze	Sterilfiltration
feuchte Hitze (Dampfsterilisation)	chem. Sterilisation
	Strahlensterilisation

Die Sterilisation mit trockener Hitze kann bei Temperaturen zwischen 140 und 200 °C erfolgen, wobei sich mit fallender Temperatur die Sterilisationszeiten erhöhen.

Dampfsterilisation erfolgt meist in Autoklaven bei 1 bar Überdruck und ca. 120 °C. Die Sterilisierzeit beträgt 15 bis 20 min.

Können Hitzesterilisationsverfahren nicht angewendet werden, müssen andere Verfahren eingesetzt werden, wie z. B.:

Lösungen können steril filtriert werden, wobei die Filterporengröße für wässrige Lösungen 0,2 µm betragen soll.

Substanzen, die thermolabil (hitzeempfindlich) sind, können auch durch chemische Methoden sterilisiert werden. Bevorzugt wird dabei eine Sterilisation mit Ethylenoxid[22]. Es muss dabei mit großer Vorsicht gearbeitet werden, da Ethylenoxid auch für die Menschen giftig ist und außerdem explosive Gemische mit Luft bilden kann.

---

22 H_2C—CH_2 (verbunden über O); Ehtylenoxid.

Hauptsächlich für Verpackungsmaterialien (z. B. Salbentuben) wird die Sterilisation mit Gammastrahlen angesetzt. Die Strahlensterilisation wird normalerweise von spezialisierten Firmen und Institutionen durchgeführt.

6 Verpacken von Arzneimittelspezialitäten [E. packaging of particular drugs]

Arzneimittelzubereitungen sind häufig chemisch und physikalisch reaktionsbereite Stoffgemische. Aus diesem Grund müssen an deren Verpackung hohe Ansprüche gestellt werden, um schädigende Umwelteinflüsse sicher abzuschirmen. Sie muss mechanischen, klimatischen und mikrobiellen Einwirkungen von außen ebenso standhalten wie Wirkungen, die von dem Arzneimittel selbst ausgehen. Weiterhin dürfen die Packmittel keine schädigenden Einflüsse auf die Arzneimittelzubereitungen ausüben. Intensive Eignungsprüfungen der Verpackungsmaterialien sind deshalb unabdingbarer Bestandteil der Arzneimittelkonfektionierung geworden.

Zur Verpackung gehören als wesentliche Bestandteile das Primärpackmittel (z. B. Ampullen, Flaschen, Folien und Verschlüsse), das Etikett, die Gebrauchsinformation, die bedruckte Faltschachtel und der Versandkarton. Alle Packmittel müssen genau aufeinander abgestimmt sein, damit sie maschinengängig sind.

Die vielfältigen Darreichungsformen der Arzneimittel bedingen sehr unterschiedliche Verpackungsarten. Dafür sind die verschiedensten Typen von Verpackungsmaschinen notwendig, wie z. B.:

- Abfüllmaschinen,
- Verschließmaschinen,
- Einsiegelmaschinen,
- Tiefziehmaschinen,
- Etikettiermaschinen,
- Kartoniermaschinen,
- Sammelpackmaschinen.

Diese Grundeinrichtungen werden durch weitere Hilfsmaschinen wie Zuführeinrichtungen, Kontrollwaagen, Puffer oder Stempelmaschinen sowie weitere Zusatzgeräte wie Code-Inspektoren und Kontrolleinrichtungen ergänzt. Durch das Zusammenkoppeln von mehreren Maschinen und Zusatzeinrichtungen werden ganze Verpackungslinien errichtet.

Beispiele hierfür sind:

- Tabletten- und Dragee-Abfüll-Linien,
- Salbenlinien,
- Abfüll-Linien für flüssige Formen (Ampulle, Flasche).

Mit solchen Verpackungslinien und ihrer Digitalisierung lassen sich die verschiedensten Darreichungsformen rationell abfüllen und verpacken.

7 Pharmakodynamik und Pharmakokinetik [E. pharmacodynamics and pharmacokinetics]

Die Pharmakodynamik ist neben der Pharmakokinetik ein wesentliches Teilgebiet der Pharmakologie. Sie ist die Lehre von den Veränderungen der Funktionen des lebenden Organismus unter der Einwirkung von Arzneimitteln am Wirkort. Es werden die biochemischen und physiologischen Effekte untersucht, die durch die Bindung des Wirkstoffs an einem Rezeptor[23] ausgelöst werden. Die Pharmakodynamik untersucht die Wirkstoff-Rezeptor-Wechselbeziehungen.

Diese werden beeinflusst von dem Molekülbau des Wirkstoffs und der Rezeptorgeometrie sowie den Arzneimittelformen und dem pharmakokinetischen Verhalten.

Die Pharmakokinetik ist die Lehre von dem zeitlichen Verhalten eines Arzneimittels im gesamten Organismus und speziell am Wirkort. Gegenüber der Pharmakodynamik ist sie um den Parameter Zeit erweitert. Die pharmakokinetische Phase lässt sich in die Teilphasen der Resorption durch den Organismus, Verteilung und Ausscheidung (Elimination)[24] aus dem Organismus gliedern (Abb. 2).

Diese Teilprozesse lassen sich mathematisch durch Überlagerungsfunktionen beschreiben. Sie setzen sich aus Wachstums- und Abklingfunktionen zusammen; in Bezug auf die Arzneimittelkinetik bedeutet das das quantitative Beschreiben von Konzentrationsänderungen, das Erfassen von Abbauzwischenprodukten und ihren Einfluss auf den Stoffwechselprozess des Organismus (Abb. 3).

8 Wirtschaftliches [E. economic]

In Deutschland sind zurzeit ca. 50.000 Arzneimittel zugelassen. Von diesen machen etwa 2700, das sind 5,4 %, 90 % des Gesamtverbrauchs aus. In diesen 2700 Präparaten sind ca. 900 verschiedene Wirkstoffe enthalten.

Der Arzneimittelmarkt in Deutschland zeitigte 2014 einen Umsatz von 45,66 Mrd. EUR. Der Produktionswert von pharmazeutischen Erzeugnissen in Deutschland betrug 2014 30,4 Mrd. EUR.

---

[23]Recipere (lat.) – zurückholen, empfangen,

receptum (lat.) – das Empfangene,

ein Rezeptor ist im biologischen Sinne ein Reizempfänger, ausgelöst durch Stoffe ein Chemorezeptor.

[24]Eliminare (lat.) – entfernen.

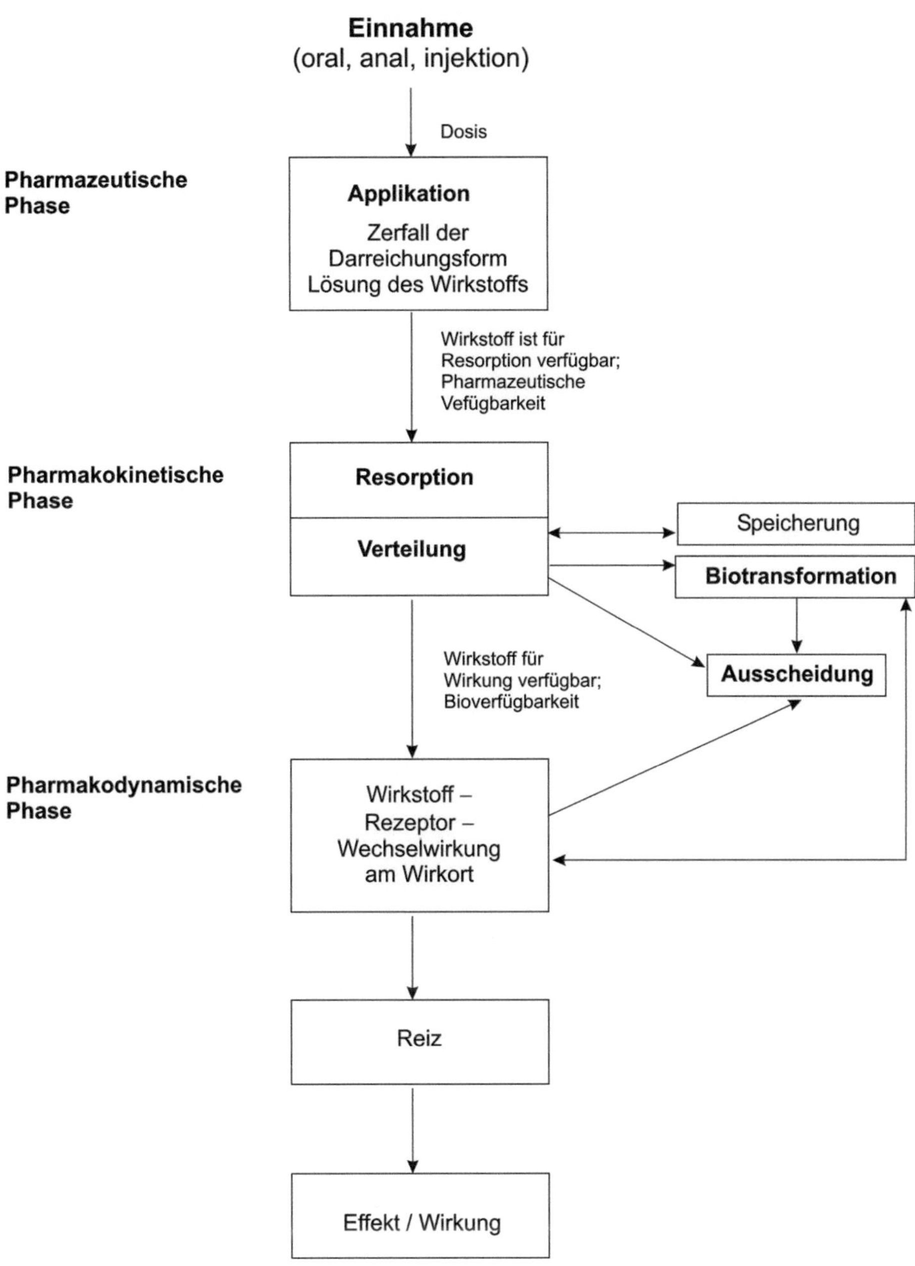

Abb. 2 Der Weg von Arzneimitteln im menschlichen Organismus [E. the way of drugs in the human organism]

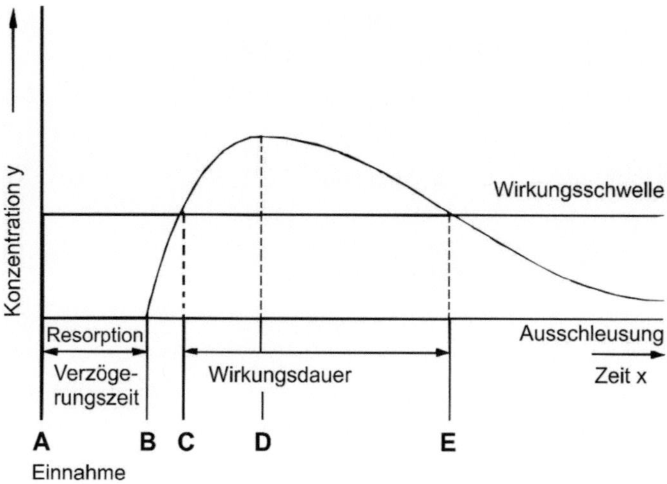

Abb. 3 Das zeitliche Wirkungsspektrum eines Arzneimittels im Organismus – Resorption, Wirkung, Abbau bzw. Ausschleusung [E. the chronological period of effectioveness in the organismen – resportion, effect, decomposition on rather excretion]

Weiterführende Literatur

Arzneimittel (1989), Folienserie des Fonds der chemischen Industrie, Hrsg. Fonds der chemischen Industrie, Karlstraße 21, Frankfurt am Main.

Bäumler, S. (1999), Von „Versuch und Irrtum" zu maßgeschneiderten Medikamenten, Nachr. Chem. Tech. Lab., Jg. 47, Nr. 8, S. 1045.

Chemiewirtschaft in Zahlen (2015), Verband der Chemischen Industrie e. V., 60329 Frankfurt am Main.

Derendorf, H. u. Schmidt, M. (2011), 8. Aufl., Arzneimittelkunde, Deutscher Apotheker Verlag, Stuttgart.

Mutschler, E. und Schäfer-Korting, M. (2012), 10. Aufl., Arzneimittelwirkungen, Wissenschaftliche Verlagsgesellschaft mbH, Stuttgart.

Rote Liste (2010), Hrsg. Rote Liste GmbH, Mainzer Landstraße 55, Frankfurt am Main, ECV Editio Cantor Aulendorf/Württ.

Zimmermann, I. (1998), Pharmazeutische Technologie, Industrielle Herstellung und Entwicklung von Arzneimitteln, Springer Verlag, Berlin, Heidelberg, New York.

Weltweite Infektionskrankheiten [E. world-wide infections diseases]

Heinz Dewald

1 Einleitung [E. introduction]

In einer Welt der zunehmenden Globalisierung wird es immer schwieriger, auftretende Infektionskrankheiten lokal zu kontrollieren und zu bekämpfen. Egal um welche Infektionskrankheit es sich handelt, das Ausbruchsmanagement wird immer problematischer.

Ein weiteres Problem stellt die zunehmende Impfmüdigkeit der Menschen und die wachsende Zahl der Impfgegner dar. Viele stehen immer noch auf dem Standpunkt „Kinderkrankheiten macht man besser durch, als sich dagegen impfen zu lassen." Die Masern, die lange Zeit als normale Kinderkrankheit angesehen worden sind, haben uns da eines Besseren belehrt.

Auch altbekannte Infektionskrankheiten wie die Tuberkulose fordern jährlich immer noch Hunderttausende Menschenleben. U. a. spielen bei der Tuberkulose „Nachahmer-Medikamente" eine wichtige Rolle. Oftmals werden von dubiosen Firmen Medikamente kopiert, die aber nicht einer ordentlichen Qualitätskontrolle unterliegen und somit vielmals eine zu niedrige oder überhaupt keine ausreichende Medikamentendosis enthalten. Manchmal sind diese Medikamente auch gefährlich, weil sie verstärkt zu Nebenwirkungen führen und Fremdsubstanzen enthalten.

Infektion = Anstecken, inficere (lat.) – anstecken.

V. Hopp, *Chemische Kreisläufe in der Natur*,
https://doi.org/10.1007/978-3-662-55860-7_27

Die bakterielle Meningitis[1], die besonders in Afrika (Meningitisgürtel) verbreitet ist, steht ganz oben im Ranking der Infektionskrankheiten mit hohen Opferzahlen.

Auch die multiresistenten Bakterien werden uns in Zukunft massive Probleme bereiten, da es nur noch wenige Reserveantibiotika gibt. In Deutschland wird zwar, im Vergleich zu anderen Ländern, behutsam mit der Gabe von Antibiotika umgegangen; in vielen Ländern werden aber schon bei Schnupfen und Husten Antibiotika verabreicht, die dann nicht lange genug oder in zu geringer Dosierung eingenommen werden und so den Bakterien die Möglichkeit der Resistenzbildung geben.

Es gibt noch viele Beispiele dafür, dass unsere Zukunft in Bezug auf Infektionskrankheiten nicht gerade einfach sein wird.

Niemand kann genau vorhersagen, welche Infektionskrankheiten wir in Zukunft zu erwarten haben, wo sie ausbrechen werden und wie lange diese Ausbrüche andauern. Um nicht völlig von einem Infektionsereignis überrollt zu werden, muss die epidemiologische Gesamtsituation genau beobachtet und beurteilt werden. Diese Aufgabe sollte eigentlich die WHO[2] übernehmen. Aber bereits zu Beginn der Ebola-Epidemie in Westafrika hat sie versagt.

Niemand kann genau wissen, wo genau „biologische Täter“ (Bakterien, Viren …) lauern, um einen Ausbruch auszulösen. In der Zukunft können/werden Krankheiten auftreten, mit denen wir derzeit noch nicht rechnen; sei es durch Übertragung von Mensch zu Mensch oder durch Vektoren.

2 Ebola-Ausbruch in Westafrika [E. outbreak of the Ebola-infection in West Africa]

- Ebola-Ausbruch[3],
- Erreger: Ebola-Virus,
- Inkubationszeit[4]: 2 bis 21 Tage,
- Reservoir: vermutlich Fledermäuse (Flughunde) und verschiedene Primaten,
- Übertragungswege: Der Erreger kann von erkrankten Menschen durch Körperflüssigkeiten, von Tieren (einschließlich des regional üblichen „Buschfleisches“ und von

[1]Meningitis ist die Entzündung von Meningen, das sind die Hirn- und Rückenmarkshäute (menix (gr.) – Haut, Hirnhaut).

[2]WHO = World Health Organization.

[3]Ebola-Fieber ist erstmals im Gebiet des Ebola-Flusses in Zentralafrika 1976 entdeckt worden, begleitet von Magen-Darm-Symptomen, Geschwulst-Bildung im Gaumen und am Zahnfleisch durch Viren.

[4]Inkubationszeit = Zeit des Einnistens von Krankheitserregern im Körper (incubare (lat.) – auf etwas liegen, brüten).

kontaminierten[5] Gegenständen auf den Menschen übertragen werden. Grundsätzlich lassen sich diese Infektionswege primär durch Desinfektion von Gegenständen und Verzicht auf „Buschfleisch“, sekundär durch Isolierung der Erkrankten und Schutzkleidung für pflegende Angehörige und medizinisches Personal zuverlässig ausschalten. Nicht in allen Gegenden sind allerdings hierfür die nötigen Voraussetzungen vorhanden.

2.1 Ebola-Epidemie in Westafrika, 2014–2016 [E. Ebola-epidemic in West-Africa, 2014–2016]

Am 23.03.2014 unterrichtete Guinea offiziell die Weltgesundheitsorganisation (WHO), dass 49 Menschen an Ebola-Fieber erkrankt und 29 von ihnen bereits verstorben sind. Die Übertragungswege und die Ansteckungsgefahr durch das Ebola-Virus waren aus vorangegangenen Ausbrüchen bekannt. Darum hätten bereits diese Zahlen die WHO und die Staatengemeinschaft wach rütteln und auf den Plan rufen müssen. Dann wurde bereits zwei Tage später berichtet, also am 25.03.2014, dass im Nachbarland Liberia erste Fälle von Ebola-Fieber registriert worden sind. Immer noch wurde die Gesamtsituation unterschätzt, obwohl alle vorausgegangenen Ausbrüche lokal begrenzt und **nicht** länderübergreifend waren. So war es nur eine Frage der Zeit, bis weitere Länder Westafrikas Fälle von Ebola-Fieber meldeten; am 26.05.2016 folgte dann Sierra Leone und am 20.06.2016 auch Nigeria.

Nachdem dann Liberia und Sierra Leone am 08.08.2016 den Notstand ausgerufen hatten, reagierte die WHO zeitgleich und stufte die Ebola-Epidemie als internationalen Gesundheitsnotfall *(Public Health Emergency of International Concern, PHEIC)* ein und prognostizierte 20 Tage später, dass die Epidemie noch etwa 9 Monate andauern wird. Die Zahl der Infizierten könnte auf 20.000 ansteigen; dies war eine Fehlprognose, wie wir später sehen werden.

Erst am 19.09.2014 betitelte der UN-Sicherheitsrat die Epidemie dann als eine Gefahr für Frieden und Sicherheit in der Welt, nachdem sich 2 Tage zuvor der Präsident der Vereinigten Staaten von Amerika zu Wort meldete und die Epidemie als eine Bedrohung für die globale Sicherheit bezeichnete.

Insgesamt sind im Laufe der Ebola-Epidemie 28.639 Menschen an Ebola erkrankt und 11.316 davon sind verstorben.

Am Ende des Jahres 2016 wurde Liberia als letztes betroffenes Land erneut von der WHO als „Ebola-frei“ erklärt.

[5]Kontamination = Verseuchung, Verunreinigung (contaminare (lat.) – berühren, entweihen).

„Warum konnte die Ebola-Epidemie[6] *in Westafrika solche Ausmaße annehmen?“* [E. why the Ebola epidemic could assume alarming in West-Africa?]

Die von Bürgerkriegen und Konflikten gebeutelten Länder waren mit der Situation völlig überfordert. Der öffentliche Gesundheitsdienst war so gut wie nicht vorhanden oder nur eingeschränkt funktionstüchtig. Es gab zu wenig Krankenhäuser, Ärzte und Pflegepersonal. Die Aufklärung der Bevölkerung über Ebola und die erforderlichen Bekämpfungsmaßnahmen/Hygienemaßnahmen kamen nur schleppend in Gang. Aberglaube und der Glaube an Heiler (anstatt an die Schulmedizin) kamen hinzu. Unsichere Beerdigungsrituale (Waschung und Berührung der infizierten Leichen) führten zu vielen Neuinfektionen. Viele Angehörige pflegten ihre Erkrankten zu Hause, weil sie Angst vor einer Stigmatisierung hatten oder dem medizinischen Personal nicht vertrauten. Buschfleisch wurde weiterhin zubereitet und verzehrt.

„Welche Fehler wurden seit Beginn des Ausbruchs begangen?“ [E. which mistakes have been made since break out the Ebola-fever]:

Das mögliche Ausmaß der Epidemie wurde national und international völlig unterschätzt. Obwohl die vorausgegangenen Ebola-Ausbrüche lokal begrenzt und nicht länderübergreifend waren, brauchte die WHO sage und schreibe *138 Tage,* bis sie die Ebola-Epidemie als internationalen Gesundheitsnotfall einstufte; der UN-Sicherheitsrat benötigte noch länger! Die Staatengemeinschaft, darunter auch Deutschland, hat die betroffenen Länder viel zu lange mit dem Problem alleine gelassen. Personelle, materielle und finanzielle Hilfen hätten viel früher gewährt und koordiniert eingesetzt werden müssen. Mit der Entwicklung von Impfstoffen oder wirksamen Medikamenten wurde viel zu spät begonnen. Es ist möglich, dass es bereits Medikamente zur Behandlung von Ebola gab, aber nicht in ausreichender Menge zur Verfügung standen. Die Presse hat irgendwann die Berichterstattung über die Epidemie zurückgefahren. „Aus den Augen, aus dem Sinn“. Das öffentliche Interesse ging verloren, und somit war der Handlungsdruck bei den Verantwortlichen gesunken (Abb. 1).

Es war nicht der erste und mit Sicherheit nicht der letzte Ausbruch des Ebola-Fiebers, aber der bislang längste und umfangreichste. Und „nach dem Ausbruch ist vor dem Ausbruch“. Was bleibt, ist die Hoffnung, dass aus diesem vergangenen Ausbruch so viel gelernt wurde, dass es zukünftig keinen Ebola-Ausbruch mit solchen Auswirkungen mehr geben wird.

---

[6]Epidemie ist ein gehäuftes Auftreten einer Krankheit, Krankheitswelle (epidemios (gr.) – im Volk verbreitet).

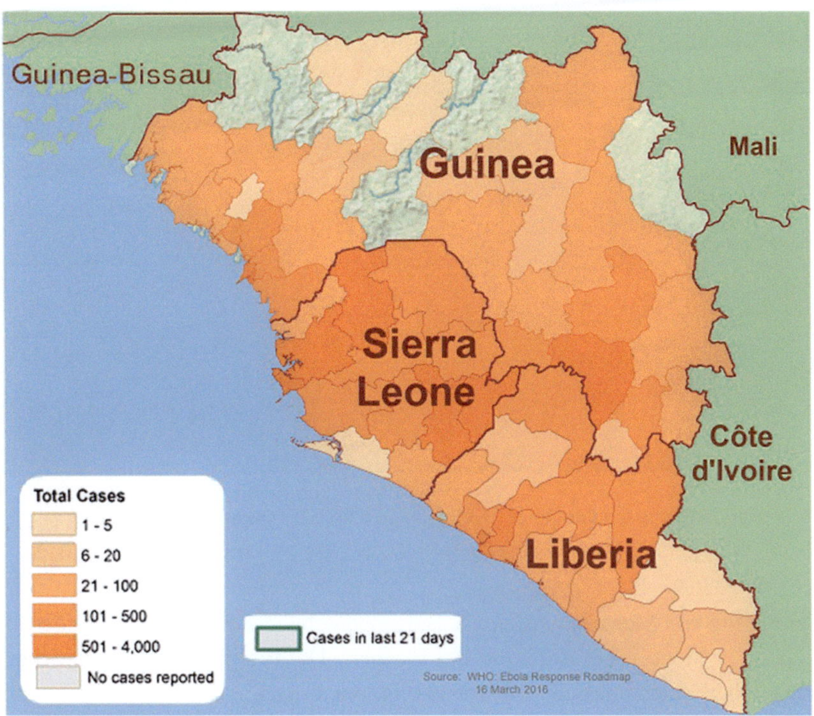

Abb. 1 Die regionale Verteilung der Erkrankungen in Guinea, Liberia und Sierra Leone werden unterschieden nach Regionen [E. the regional distribution of the illnesses in Guinea, Liberia, Sierra Leone are distinguished between regions]

2.2 Einige Informationen zur Cholera[7] [E. some informations about cholera]

Ein weiteres großes Problem unter den Infektionskrankheiten stellen die Durchfallerkrankungen dar. Diese Thematik ist so umfangreich, dass man nicht alle Erreger von Durchfallerkrankungen (Salmonellen, Campylobacter, EHEC, EPEC …) in dieser Veröffentlichung behandeln kann. Als eine bestimmte Durchfallerkrankung mit ihren Ursachen und Auswirkungen soll die Cholera etwas genauer betrachtet werden.

- Erreger: Cholera-Vibrionen,
- Inkubationszeit: bis 5 Tage, meist 2 bis 3 Tage,
- Übertragungswege: Die Aufnahme von Cholera-Vibrionen erfolgt hauptsächlich über kontaminiertes Trinkwasser oder Nahrungsmittel. Seltener ist die direkte fäkal-orale

[7]Cholera ist eine infektiöse Darmkrankheit.

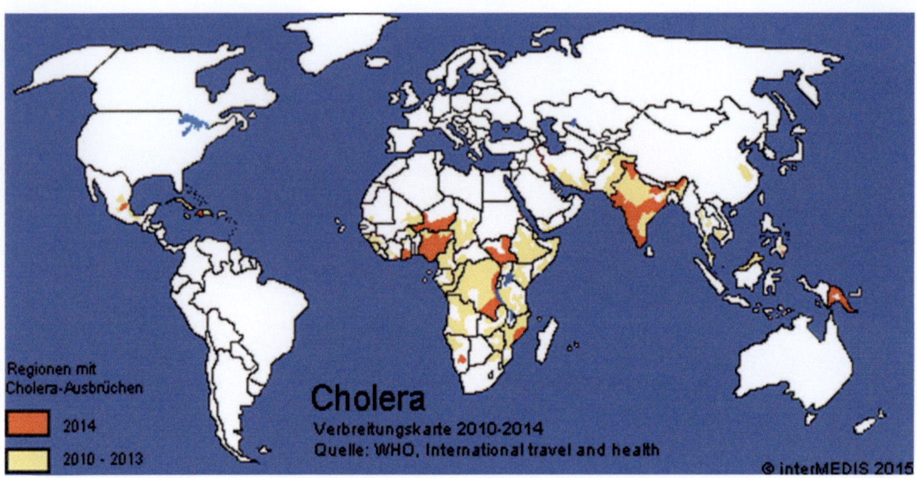

Abb. 2 Verbreitung von Cholera in der Welt [E. spreading of cholera in the world]

Übertragung von Mensch zu Mensch. Bei entsprechender Exposition wird der Mensch vorübergehend zu einem Reservoir des Erregers. Die Erregerausscheidung ohne sichtbare Zeichen einer Infektion ist sehr häufig. Auch nach Ablauf der Erkrankung können die Erreger noch einige Wochen lang ausgeschieden werden. Dauerausscheider sind aber sehr selten. Auch Planktonbestandteile können den Erreger beherbergen und ihrerseits Fische und Meeresfrüchte kontaminieren. Cholera-Vibrionen haben nur geringe Ansprüche und können in feuchter Umgebung unter Umständen mehrere Wochen überleben.

- Es gibt mehrere Impfstoffe gegen Cholera!

Cholera-Ausbrüche treten immer wieder in Ländern mit niedrigen Hygienestandards, nach Naturkatastrophen, nach Extremwetterlagen oder in Krisenregionen auf. In Entwicklungsländern werden Cholera-Ausbrüche hauptsächlich durch verseuchtes (Trink-) Wasser hervorgerufen. Trinkwasser, so wie wir es kennen, ist in diesen Ländern so gut wie nicht vorhanden. Deshalb sprechen wir hier von Wasser, das getrunken wird und setzten das Wortsegment „Trink" in Klammern (Abb. 2).

Fakt ist, dass 748 Mio. Menschen dieser Erde keinen Zugang zu sicherem Trinkwasser haben, und mehr als doppelt so viele haben keine sichere Abwasserentsorgung!

Dies hat zur Folge, dass die Abwässer das Wasser, das in diesen Ländern getrunken wird, mit Bakterien, Viren und Parasiten[8] verseuchen.

[8]Parasiten sind Schmarotzer (parasitos (gr.) – ohne Speise).

Abb. 3 Ein Bild zur Warnung von Cholera durch unreines Wasser [E. a picture of warning about cholera by impure water]. (Quelle: choleraalliance.org)

Und dies hat zur Folge, dass **täglich** fast 1000 Kinder unter Jahren durch verseuchtes Wasser und den daraus resultierenden Durchfallerkrankungen sterben.

Die Cholera-Ausbrüche nehmen meist große Dimensionen an, weil jeder Mensch Wasser zum (Über-)Leben braucht. Wenn kein Wasser mit Trinkwasserqualität zur Verfügung steht, dann wird das Wasser getrunken, das vorhanden ist (Abb. 3).

In der Vergangenheit wurden Fehler gemacht, durch die eine Eindämmung der Cholera in vielen Ländern nicht möglich war. So wurde die Abwasserentsorgung und/oder Abwasseraufbereitung sträflich vernachlässigt oder nicht realisiert. Es wurde zu wenig in die Trinkwassergewinnung/Trinkwasseraufbereitung investiert. Auch wurde die Bildung der Menschen in den betroffenen Ländern, in Bezug auf die Hygiene (Trinkwasser, Abwasser, Lebensmittel) nicht ausreichend gefördert. Die Unterstützung der betroffenen Länder durch die reichen und hoch entwickelten Industrieländer ist unzureichend. Wären ausreichend finanzielle Mittel vorhanden, könnte man durch groß angelegte Impfkampagnen dieser Krankheit zumindest teilweise entgegentreten. Die Impfung selbst bietet keinen 100 %igen Schutz.

Die höher industriell entwickelten Länder könnten jedoch einiges erreichen, indem sie über die vorgenannten Fehler nachdenken und dann entsprechend handeln würden.

Seit 2010 grassiert Cholera auf Haiti. Jetzt räumt die UNO eine „moralische Verantwortung" ein und verspricht den Opfern und ihren Familien erstmals direkte materielle Hilfe. Die Krankheit, der seit 2010 auf der verarmten Karibikinsel mehr als 10.000 Menschen zum Opfer fielen, war vermutlich von Blauhelmsoldaten aus Nepal, die nach dem großen Erdbeben dort eingesetzt waren, eingeschleppt worden. Es ist das erste Mal, dass die UNO direkte finanzielle Unterstützung für die Cholera-Opfer gewährt. Bisher unterstützte die UNO vor allem Maßnahmen, um Sanitäranlagen, die Wasserversorgung und das Gesundheitssystem zu verbessern. Die UNO erklärte jetzt, sie werde diese Programme ausweiten; sie seien bisher „deutlich unterfinanziert" gewesen. Die Krankheit ist in Haiti, wo 72 % der Einwohner bis heute keine Toiletten zu Hause haben und 42 % der Zugang zu sauberem Trinkwasser fehlt, weiterhin ein ernstes Problem.

Quelle: http://www.heute.de/haiti-un-versprechen-cholera-opfern-hilfe-44892652.html.

2.3 Masern[9], eine „Kinderkrankheit" [E. measles, a so-called childhood disease]

- Erreger: Masernvirus,
- Reservoir: Das natürliche Reservoir des Masernvirus bilden infizierte und akut erkrankte Menschen,
- Inkubationszeit: gewöhnlich 8 bis 10 Tage bis zum Beginn des katarrhalischen Stadiums, 14 Tage bis zum Ausbruch des Exanthems,
- Besonderheit: Die Ansteckungsfähigkeit beginnt bereits 3 bis 5 Tage vor Auftreten des Exanthems und hält bis 4 Tage nach Auftreten des Exanthems an. Unmittelbar vor Erscheinen des Exanthems ist sie am größten.
- Übertragungswege: Masern, eine der ansteckendsten Krankheiten, werden durch das Einatmen infektiöser Tröpfchen (Sprechen, Husten, Niesen) sowie durch Kontakt mit infektiösen Sekreten aus Nase oder Rachen übertragen.
- Es gibt einen Impfstoff gegen Masern!

Masern sind weltweit verbreitet. Aus globaler Sicht ist die Verbreitung der Masern in sogenannten Entwicklungsländern, besonders in Afrika und Asien, am größten. Hier gehören sie zu den zehn häufigsten Infektionskrankheiten, und der Anteil tödlicher Verläufe, hauptsächlich bei Kindern, ist besonders hoch. Im August 2016 wurden aus den USA, Irland, UK, Deutschland, Nigeria, dem Sudan, dem Südsudan, Uganda, Pakistan, Myanmar, Taiwan, Malaysia, Australien und Neuseeland kleinere und größere Ausbrüche gemeldet (Abb. 4).

In den ärmeren Ländern fehlen entweder die finanziellen Mittel zum Durchführen von ausreichenden Impfaktionen oder die Ausbruchsorte sind schwer zu erreichen. In den wohlhabenden Ländern gibt es zwei Phänomene: die Impfmüdigkeit und die sogenannten Impfgegner. Impfstoffe und Impfangebote sind in ausreichender Menge vorhanden, aber die Menschen sind skeptisch gegenüber Impfungen geworden und lassen sich

[9] masele (mndt.) – Masern.

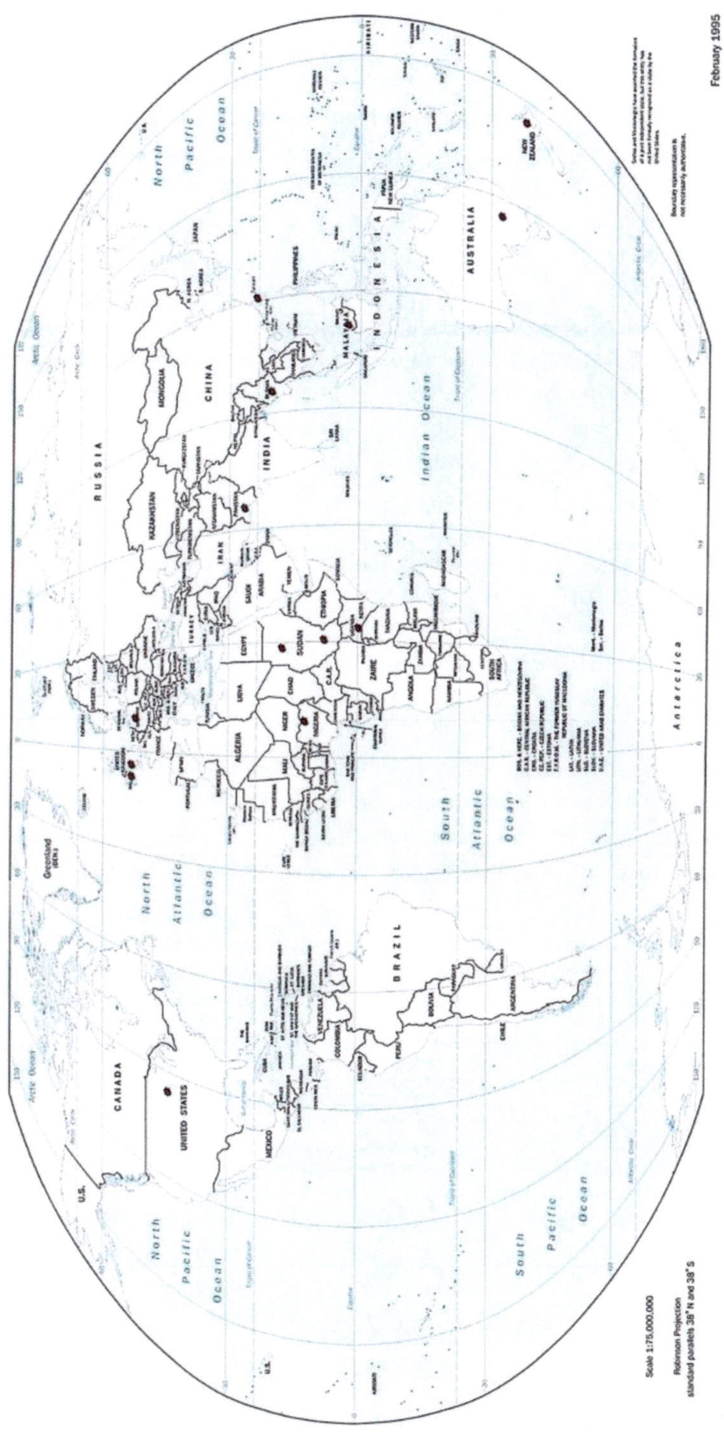

Abb. 4 Weltweite Ausbreitung von Masern, August 2016 [E: world-wide spreading of measles in August 2016]. (Karte: Heinz Dewald)

und/oder ihre Kinder nicht mehr oder nicht ausreichend impfen. Deshalb war auch der Masernausbruch in Berlin, der im Oktober 2014 begann und fast ein Jahr andauerte, so schwer in den Griff zu bekommen. In diesem Zeitraum sind rund 1360 Menschen an Masern erkrankt, von denen 26 % stationär behandelt werden mussten; ein Kind starb, es litt an einer Vorerkrankung, die jedoch ohne die Maserninfektion nicht zum Tod des Kindes geführt hätte. Während dieses Ausbruchs ist die Impfbereitschaft der Bevölkerung zwar angestiegen, aber es gibt immer noch zu viele Impflücken, und deshalb kann sich ein Masern-Ausbruch in Berlin wiederholen. Eigentlich hatte sich Deutschland das Ziel gesetzt, die Masern bis 2015 zu eliminieren. Nachdem dieser Versuch gescheitert ist, soll es jetzt 2020 so weit sein. Voraussetzung dafür ist, dass **flächendeckend** mindestens 95 % der Bevölkerung geimpft sind. Solange es aber in Deutschland „Inseln“ gibt, in denen die Durchimpfungsrate unter 95 % liegt, können wir die Masern nicht ausrotten, und es kann immer wieder zu Ausbrüchen kommen. Um dieses Ziel zu erreichen, muss jedoch noch viel Überzeugungsarbeit geleistet werden.

2.4 Die Tuberkulose, eine „alte Bekannte“, [E. the tuberculosis, an old aquaintance]

- Erreger: Mycobacterium tuberculosis complex,
- Reservoir: Für M. tuberculosis und M. africanum sind Menschen das einzige relevante Reservoir.
- Inkubationszeit: Die Inkubationszeit, d. h. die Zeit zwischen Infektion mit *M. tuberculosis* und einer messbaren Immunantwort, beträgt im Durchschnitt 6 bis 8 Wochen.
- Übertragungswege: Eine Infektion geht in der Regel von Menschen aus, die an einer offenen Lungentuberkulose erkrankt sind. Unter einer offenen (infektiösen) Lungentuberkulose versteht man Erkrankungen, bei denen der Krankheitsherd Anschluss an die Luftwege hat und damit Bakterien an die Umwelt abgegeben werden können.
- Andere Organe als die Lunge können auch betroffen sein.

Tuberkulose ist die tödlichste bakterielle Infektionskrankheit der Welt. „Damit löste die Tuberkulose, die eine der ältesten Krankheiten der Menschheit ist und eine behandelbare dazu, im vergangenen Jahr HIV/AIDS[10] als weltweit tödlichste Infektionskrankheit ab“, schreibt das Robert-Koch-Institut (RKI) in seinem neuesten Bericht vom März 2016. (Quelle: RKI).

Die Weltgesundheitsorganisation (WHO) nimmt an, dass ein Drittel der Menschheit das auslösende *Mycobacterium tuberculosis* in sich trägt. Zwar erkranken nur etwa 10 % der Infizierten tatsächlich an aktiver Tuberkulose, aber weltweit sterben immer noch jedes Jahr etwa 1,5 Mio. Menschen daran (Quelle: WHO).

---

[10]HIV, human immunodeficiency virus.
AIDS, aquired immuno deficiency syndrome, virusbedingte erworbene Insuffizienz.

Erstmals seit Mitte des 20. Jahrhunderts erleben wir in Deutschland eine Umkehr des bislang rückläufigen Tuberkulosetrends. Im Jahr 2014 wurden dem Robert Koch-Institut (RKI) 4488 Fälle von Tuberkulose übermittelt Für 2015 wurde eine deutliche Zunahme verzeichnet: Bundesweit wurden 5865 Tuberkulosefälle gemeldet und dem RKI übermittelt (Quelle: RKI). Dies muss nicht bedeuten, dass es in Deutschland in der Bevölkerung zu einer vermehrten Übertragung kommt. Die Steigerung der Fallzahlen kann auch ihren Grund in der Zuwanderung von Menschen aus anderen Ländern haben (siehe Beispiel Schweden).

Im Jahr 2014 wurden insgesamt 4488 Tuberkulosen registriert, was einer Inzidenz von 5,6 Neuerkrankungen pro 100.000 Einwohner entspricht.

In Südafrika herrscht eine der höchsten Tuberkuloseraten der Welt. Hier leben laut Schätzungen der WHO 450.000 Menschen, die an akuter Tuberkulose erkrankt sind, was einer Inzidenz von fast 1000 Neuerkrankungen pro 100.000 Einwohner entspricht.

Fast ein halbes Jahrhundert lang haben Ärzte überwiegend vier Medikamente gegen die Bakterien verwendet: Isoniazid, Rifampicin, Pyrazinamid und Ethambutol. Gegen den hartnäckigen Tuberkuloseerreger, der sich in den Fresszellen des Immunsystems versteckt und dort in eine Art „Winterschlaf" fällt, müssen 6 Monate lang mehrere Mittel gleichzeitig eingenommen werden. Nimmt der Patient die Medikamente nicht regelmäßig oder nicht lange genug ein, können sich resistente Bakterienstämme bilden. Und genau diese Resistenzen macht den Wissenschaftlern nun am meisten zu schaffen, denn weltweit steigt die Zahl der Patienten mit medikamentenresistenter Tuberkulose. Im Jahr 2014 waren es laut WHO bereits 480.000 Fälle.

Dass nach Jahrzehnten des Dornröschenschlafes endlich neue Wirkstoffe getestet werden, ist vor allem öffentlichen Institutionen und privaten Wohltätern zu verdanken.

Zurzeit steigt die Zahl der gemeldeten Tuberkulosefälle in Schweden rapide an. Der beispiellose Zustrom von Flüchtlingen wird als Hauptgrund für den Ausbruch gesehen. Im letzten Herbst kamen Hunderte von Kindern und Jugendlichen pro Tag in Schweden an. Unter ihnen waren viele, die eine aktive Tuberkulose hatten. Mehrere Kinder waren auch an Malaria erkrankt. In der ersten Jahreshälfte 2016 wurden 421 neue Fälle von Tuberkulose aus Schweden gemeldet. Quelle: healthmap.org.

3 Infektionskrankheiten, die durch Vektoren[11] übertragen werden [E. infectious diseases which are transmitted by vectors]

„Stechmücken sind die gefährlichsten Tiere der Welt. Nach Schätzungen sterben etwa 700.000 Menschen pro Jahr an den Folgen eines Mückenstiches."

Quelle: http://www.srf.ch/news/panorama/die-stechmuecke-ist-das-gefaehrlichste-tier-auf-erden.

[11] Vektor, medizinisch wird darunter ein parasitischer Überträger verstanden, er verläuft über ein genetisches Transportsystem, z. B. Plasmide.

Neben den klassischen Erregern von Infektionskrankheiten werden uns in Zukunft auch die Infektionskrankheiten beschäftigen, die durch Vektoren übertragen werden. Die Asiatische Tigermücke (Stegomyia albopicta), die Weltenbummlerin unter den Stechmücken, wird in Europa als mögliche Überträgerin von Infektionskrankheiten eine immer bedeutendere Rolle spielen.

3.1 Die Asiatische Tigermücke [E. the Asiatic tiger tick]

Die Asiatische Tigermücke *(Stegomyia albopicta,* Synonym *Aedes albopictus)* ist eine ursprünglich in den süd- und südostasischen Tropen und Subtropen beheimatete Stechmückenart, die als Überträger von Krankheiten wie Dengue-, Chikungunya-, West-Nil-Fieber und des Zika-Virus für den Menschen bedeutsam ist. In den letzten Jahrzehnten ist diese Art weltweit durch Warentransporte und Reiseaktivitäten verschleppt worden und verbreitet sich seit den 1990er-Jahren auch in Europa. Unterstützt wird diese Ausbreitung durch ihre enge Vergesellschaftung mit dem Menschen und ihre große Anpassungsfähigkeit. Durch eine mögliche globale Erderwärmung und die damit verbundenen klimatischen Veränderungen erschließt sich die Asiatische Tigermücke wohl weitere Siedlungsgebiete. Asiatische Tigermücken haben sich bereits in Freiburg, Heidelberg und Jena angesiedelt.

Lebensraum:
Asiatische Tigermücken kommen in städtischen, vorstädtischen und ländlichen Gebieten vor. In Wäldern können sie ebenfalls vertreten sein, dann allerdings vor allem in den Randzonen in der Nähe menschlicher Siedlungen und im Sekundärwald. In vegetationsarmen Biotopen werden sie selten oder nie gefunden.

Ernährung und Wirtsfindung [E. feeding and to find a host]:
Wie bei anderen Stechmücken auch, saugen ausschließlich die Weibchen Blut, das sie für die Bildung ihrer Eier benötigen (Abb. 5, 6[12]). Ansonsten decken sie ihren Energiebedarf wie die männlichen Mücken durch Nektar und andere süße Pflanzensäfte.

Bei der Wirtsfindung spielen neben vom Wirt produzierten Kohlenstoffdioxid, CO_2, und organischen Substanzen auch Feuchtigkeit und die optische Erkennung eine Rolle. Die Wirtssuche findet in zwei Phasen statt: zunächst in einem ungerichteten Suchverhalten und bei Wahrnehmung von Wirtsreizen in einem gezielten Anflug. Bei dem Fang von Tigermücken mit speziellen Fallen sind Kohlenstoffdioxid und eine Kombinationen

[12]Abdomen = Bauch, das ist der Rumpfabschnitt zwischen Brustkorb und Becken; abdomen (lat.) – Bauch.

Abb. 5 Weibliche Tigermücke zu Beginn der Blutmahlzeit [E. a female tiger tick at the beginning to have a meal of blood]

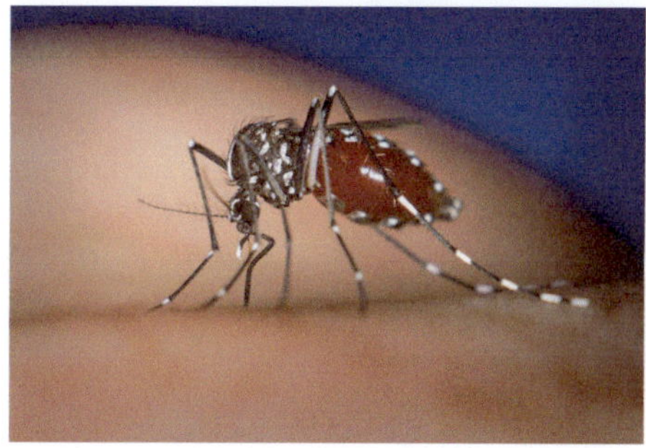

Abb. 6 Nach dem Saugen ist das Abdomen blutgefüllt [E. after the sucking the abdomen is filled with blood]

aus Substanzen, die auch auf der menschlichen Haut vorkommen (Fettsäuren, $H_3C-(CII_2)_n-COOH$, Ammoniak, NH_3, und Milchsäure, $-CH_3-CH(OH)-COOH$), besonders attraktiv.

Die Asiatische Tigermücke sticht vor allem tagsüber, abhängig von Region und Biotop, allerdings mit verschiedenen Aktivitätsspitzen, die meistens in den Morgen- und Abendstunden liegen. Sie sucht ihre Wirte innerhalb und außerhalb menschlicher Behausungen auf, scheint aber besonders außen aktiv zu sein. Die Größe der Blutmahlzeit hängt von der Größe der Mücke ab und liegt bei rund 2 µl [1 Mikroliter $= 10^{-6}$ Liter].

Neben den Menschen sticht die Asiatische Tigermücke auch andere Säugetiere und Vögel. Da sie zumeist wache und aktive Wirte aufsucht, ist sie bei der Wirtsfindung und Blutmahlzeit sowohl hartnäckig als auch vorsichtig. So müssen Blutmahlzeiten oft abgebrochen werden, ohne dass genügend Blut für die Produktion der Eier aufgenommen werden konnte. Daher stechen Asiatische Tigermücken in einem Eiablagezyklus oft mehrere Wirte, was sie zu besonders effektiven Krankheitsüberträgern macht. Die Eigenheit, Wirte verschiedener Arten zu stechen, macht sie zudem zu einem möglichen Brückenvektor der Krankheitserreger wie zum Beispiel dem West-Nil-Virus (Abb. 7).

Klimatische Anpassung [E. climatic adaptation]:
Obwohl die Asiatische Tigermücke in tropischen und subtropischen Regionen beheimatet ist, passt sie sich erfolgreich an kühlere Regionen an. Sie ist in den feuchtwarmen

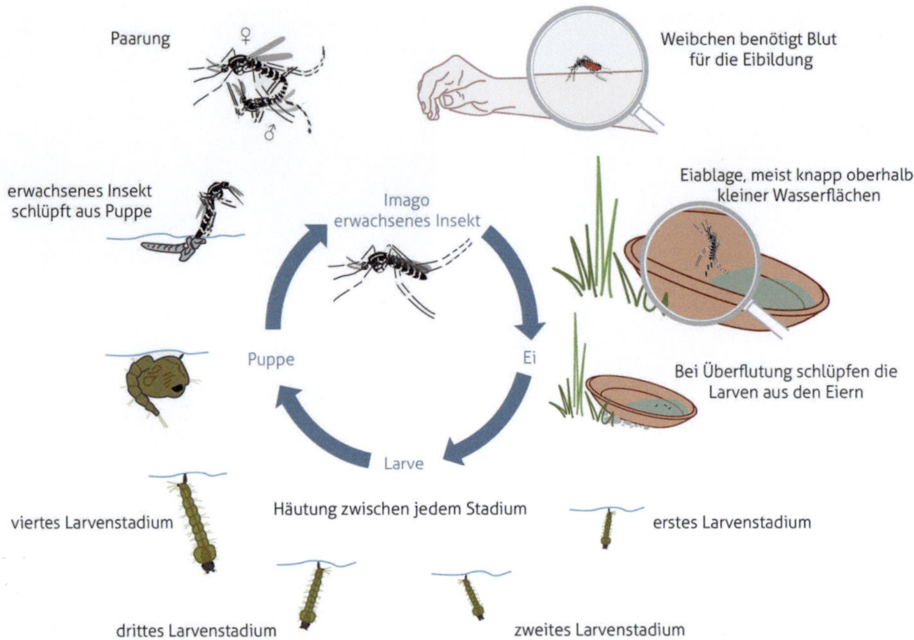

Abb. 7 Lebenszyklus der Asiatischen Tigermücke *Stegomyia albopicta* [E. life cycle of the Asiatic tiger tick]. (Quelle: Wikipedia)

Tropen ganzjährig aktiv, überwintert aber in gemäßigten Klimaregionen meist im Eistadium (die Eier sind vor Austrocknung geschützt). Eier von Stämmen, die in gemäßigten Zonen abgelegt werden, sind zudem kältetoleranter als die aus wärmeren Regionen. Dabei können im Feld selbst Temperaturen unter dem Gefrierpunkt und Schnee toleriert werden. Zusätzlich können erwachsene Tigermücken in passenden Mikrohabitaten den Winter überstehen.

Geografische Verbreitung:
Die Erstbeschreibung der Asiatischen Tigermücke erfolgte mit Exemplaren aus Bengalen. 1967 wurden weite Teile Asiens und der Inselwelt des Indischen und Pazifischen Ozeans als ihr Verbreitungsgebiet angegeben. **Eine Gruppe von Forschern der University of Liverpool, unter Leitung von Cyril Caminade, hat berechnet, dass die Tigermücke aufgrund einer möglichen Klimaänderung zwischen 2030 und 2050 in weiten Teilen Europas die nötigen Lebensbedingungen vorfinden wird.** Entsprechende Ergebnisse publizierten die Wissenschaftler im April 2012 in der Zeitschrift Interface der Royal Society (Abb. 8).

Quelle: Zeitschrift Interface der Royal Society

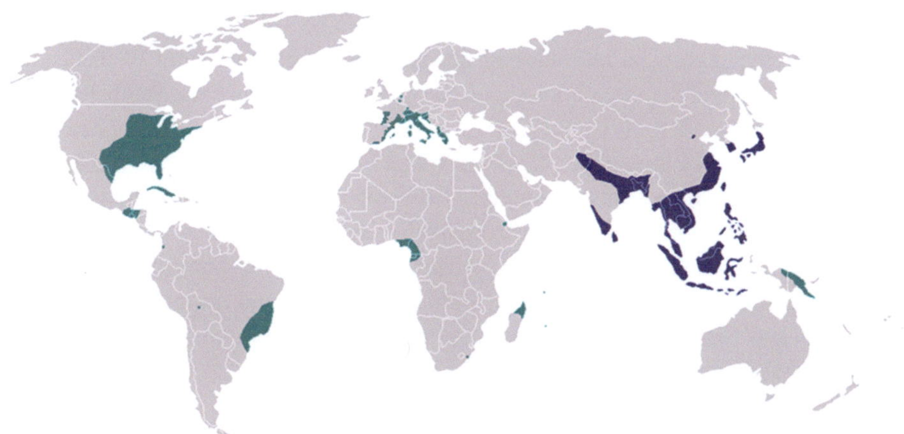

Abb. 8 Verbreitung der Asiatischen Tigermücke. Blau: die ursprüngliche Heimat, türkis: die Gebiete, wo *Aedes albopictus* in den letzten 30 Jahren eingeschleppt wurde [E. spread of the Asiatic tiger tick; blue: original native country; turquoise: regions in which aedis albopictus was brought]. (Quelle: Wikipedia)

3.2 Europa und die Asiatische Tigermücke [E. Europe and the Asiatic tiger tick]

In Europa trat sie zum ersten Mal 1979 in Albanien auf, wohin sie offenbar mit Warenlieferungen aus China eingeführt wurde.

1990/1991 wurde sie wahrscheinlich mit Altreifen aus Georgia (USA) nach Italien verschleppt und ist inzwischen fast auf dem gesamten italienischen Festland sowie in weiten Teilen Siziliens und Sardiniens verbreitet.

Seit 1999 ist sie auf dem französischen Festland, vor allem in Südfrankreich, vertreten. Im Jahr 2002 wurde sie auch auf Korsika in einem Feriendorf gefunden, wo sie sich aber erst ab 2005 endgültig etablieren konnten.

In Belgien wurde sie zum ersten Mal im Jahr 2000 nachgewiesen, 2001 in Montenegro, 2003 im Kanton Tessin in der südlichen Schweiz und in Griechenland, 2004 auf dem spanischen Festland (Katalonien) und in Kroatien, 2005 in den Niederlanden, in Slowenien. 2006 folgten Funde in Bosnien und Herzegowina.

In 2012 erfolgten Erstnachweise in der Türkei, der Tschechischen Republik und auf Mallorca und 2014 auf Kreta.

(*Quelle*: Europa Wikipedia)

In Deutschland wurden im September 2007 auf einer Autobahnraststätte der A5 bei Bad Bellingen (Baden-Württemberg) erstmals Eier der Mücke entdeckt; im Juli 2011 wurde bei Weil am Rhein und ebenfalls in der Nähe einer Autobahnraststätte an der A5 ein erwachsenes Weibchen gefangen. 2012 wurden u. a. in Baden-Württemberg und Bayern an jeweils vier Standorten Mückenfallen zur Überwachung eingeschleppter Mücken aufgestellt. An drei dieser acht Standorte wurden Asiatische Tigermücken gefangen: acht Weibchen an einer Autobahn im Südosten Baden-Württembergs und fünf Weibchen und ein Männchen an zwei Standorten im Süden Bayerns, ebenfalls an einer Autobahn. Diese Funde weisen auf wiederholte und regelmäßige Einschleppungen von Exemplaren über Verkehrswege von Südeuropa nach Deutschland und damit auf ein höheres Risiko einer Etablierung hin; das österreichische Inntal ist dabei offenbar ebenfalls betroffen.

Im August 2014 wurde im Zuge der Aktualisierung des deutschen Mückenatlas ein Exemplar am Freiburger Waldsee. Bei nachfolgenden Untersuchungen wurden auch Larven, Puppen und Eier entdeckt. Damit wurden in Deutschland erstmals alle Entwicklungsstadien außerhalb der Flugdistanz zu Autobahnen festgestellt.

(*Quelle:* Wikipedia)

4 Infektionskrankheiten durch Vektoren [E. infectious diseases by vectors]

4.1 Chikungunya-Fieber [E. chikungunya fever]

- Erreger: Chikungunya-Virus,
- Reservoir: unterschiedliche Warmblüter,
- Inkubationszeit: Die Inkubationszeit beträgt 7 bis 9 Tage, meist jedoch 3 bis 12 Tage.
- Übertragungswege: Die Übertragung erfolgt durch verschiedene Stechmücken (*Aedes*-Arten u. a.) aus einem Reservoir unterschiedlicher Warmblüter (Nagetiere, Primaten u. a.) auf andere Warmblüter. Beim Chikungunya-Fieber spielt auch der Mensch als Amplifikationswirt[13] eine besondere Rolle.

Die Infektionszahlen kann man im Allgemeinen, zumindest in einigen Ländern, als rückläufig bezeichnen. Neu ist jedoch, dass im Jahr 2016 das Chikungunya-Fieber nach Afrika (Kenia und Somalia) zurückgekehrt ist; auch Indien bleibt ein Brennpunkt im Indischen Ozean. Um über Entwarnung nachzudenken, ist es jedoch noch viel zu früh. Die rasante Ausbreitung im amerikanischen Raum hat gezeigt, dass es jederzeit zu neuen Ausbrüchen kommen kann (aktuell karibische Inseln, Brasilien, Mexiko, El Salvador, Venezuela, Kolumbien, Honduras, Ecuador, Venezuela, Guadeloupe, Argentinien). Auch ist eine Rückverlagerung in den asiatischen Raum möglich. Dort würde das Virus aber auf eine Bevölkerung treffen, die zum Großteil, wegen der durchgemachten Infektion, bereits immun ist. Es könnte dann so sein, dass der weiteren Ausbreitung schnell Grenzen gesetzt werden. Vergessen dürfen wir aber nicht die Menschen, die zum Zeitpunkt der vorausgegangenen Chikungunya-Epidemie noch nicht geboren waren.

---

[13]Amplifikationswirt – Lebewesen als Krankheitsverbreiter (amplificare (lat.) – breitere Ausführung, ausbreiten).

Durch die weitere Verbreitung der Asiatischen Tigermücke werden auch Teile Europas betroffen werden, was sich mit zunehmender Globalisierung der Märkte bestätigen wird. Hier kann es dann zu Ausbrüchen kommen, da keine Immunität in der Bevölkerung Europas vorherrscht und die Mücken Resistenzen gegen häufig eingesetzte Insektizide gebildet haben oder bilden werden. Die einzige Möglichkeit, solchen Ausbrüchen entgegenzuwirken, ist die Impfung gegen das Virus; ein Impfstoff ist leider noch nicht freigegeben. Die Vektorenbekämpfung zeigt sich auf Dauer als wenig Erfolg versprechend, wie die aktuellen Ausbrüche zeigen.

4.2 Denguefieber[14] [E. dengue fever]

- Erreger: Denguevirus,
- Reservoir: Wichtigstes Virusreservoir ist der Mensch.
- Inkubationszeit: Die Inkubationszeit beträgt 3 bis 14 Tage, gewöhnlich jedoch 4 bis 7 Tage.
- Übertragungswege: Die Übertragung erfolgt durch Stechmücken der Gattung *Aedes (Aedes aegypti, A. albopictus* und *A. scutelaris)* sowohl in ländlichen Gebieten als auch im Rahmen von urbanen Übertragungszyklen. Die Mücken sind zum Teil auch tagaktiv.

Das Denguevirus hat sich in den Jahren 2002 bis 2012 (Zeitraum der Recherche 2002 bis 2016) in Asien, in Amerika und Ozeanien festgesetzt. Beginnend im September 2012 und endend im März 2013 gab es auf der Atlantikinsel Madeira einen Ausbruch von Denguefieber. Von 2013 bis 2015 gab es auch wieder vereinzelte Ausbrüche in Afrika. Von Mai 2015 bis Dezember 2015 lag der Schwerpunkt der Aktivität auf dem amerikanischen Kontinent. Ab Januar 2016 stieg die Aktivität auch in Asien wieder stark an, wobei sich die Aktivität auf dem amerikanischen Kontinent nicht abschwächte. Nach Mexiko, den Philippinen, Brasilien und El Salvador hat nun auch Kolumbien den Impfstoff zugelassen. Die Ausbreitung von Denguefieber in El Salvador hat jedes Jahr innerhalb der letzten 10 Jahre zugenommen, Brasilien meldete 2015 über 1,5 Mio. Infektionen. Es bleibt nun die Effektivität des Impfstoffes sowie die Qualität und Quantität der Impfaktionen abzuwarten. Auf den Philippinen gibt es trotz Massenimpfungen immer noch massive Ausbrüche.

Ein Forscherteam um Jing Liu-Helmersson, von der schwedischen Umeå-Universität, hat in Simulationsrechnungen erstmals die Zunahme der Durchschnittstemperaturen und der täglichen Temperaturschwankungen zugrunde gelegt, um das Auftreten von Denguefieber in 10 europäischen Städten vorherzusagen. Dabei betrachtete das Team

[14]Dengue ist eine tropische Virusinfektion, die sich als Siebentagefieber äußert (dienge (portug.) – geziert).

die sogenannte Vektorkapazität, die Fähigkeit der Mücken, das Virus von Mensch zu Mensch zu übertragen. In ihren Analysen berücksichtigten die Forscher tatsächliche und vorhergesagte Temperaturen der Jahre 1901 bis 2099 und legten unterschiedliche Annahmen zum Klimawandel zugrunde, von einem moderaten bis zu einem starken Anstieg der Durchschnittstemperaturen.

„Sowohl ein wärmeres Klima als auch stärkere Temperaturschwankungen beeinflussen die Fähigkeit von Aedes-Mücken, Denguefieber zu übertragen", erläutern Jing Liu-Helmersson und ihr Team. So begünstigen höhere Temperaturen die Vermehrung und Übertragung der Dengueviren und führen dazu, dass weibliche Mücken häufiger stechen. Gleichzeitig verlängert sich das Zeitfenster pro Jahr, in dem Denguefieber übertragen werden kann.

Quelle: http://www.ebiomedicine.com/article/S2352-3964(16)30133-5/pdf.

4.3 Zika-Virus[15] [E. zika]

- Erreger: Zika-Virus,
- Reservoir: Wichtigstes Virusreservoir ist der Mensch sowie Primaten.
- Inkubationszeit: Die Inkubationszeit beträgt 3 bis 12 Tage.
- Übertragungswege: Die Übertragung erfolgt durch Stechmücken der Gattung *Aedes (Aedes aegypti, A. albopictus)* sowohl in ländlichen Gebieten als auch im Rahmen von urbanen Übertragungszyklen, aber auch durch den Geschlechtsverkehr.

Bereits als Ende April 2015 erste Zika-Virus(ZikV)-Infektionen in Brasilien aufgetreten sind, konnte man kurze Zeit später erahnen, annehmen oder erkennen, dass die Ausbreitung des Zika-Virus nicht nur auf Brasilien beschränkt bleiben wird, sondern einen ähnlichen Weg in Amerika einschlägt wie das Chikungunya-Virus. Leider ist das auch so geschehen. Das ZikV wurde lange Zeit unterschätzt. Erst als in Brasilien viele Kinder mit Mikrozephalie geboren worden sind, kam man im Zuge der Ursachenfindung auf das ZikV. Der wissenschaftliche Zusammenhang zu neurologischen Missbildungen oder anderen neurologischen Komplikationen in Verbindung mit einer ZikV-Infektion der Mutter ist wahrscheinlich. Es gibt Reisewarnungen für schwangere Frauen, die vorhaben, in die betroffenen Länder zu reisen. Auch die Übertragung durch den Geschlechtsverkehr vom Mann auf die Frau gilt als wahrscheinlich. Jüngst wurde berichtet, dass eine Frau das ZikV auf ihren Partner beim Geschlechtsverkehr übertragen hat; dieser Fall gilt bislang als Einzelfall.

---

[15]Zika-Virus (cikarda (lat.) – Insekt).

- Olympische Spiele Rio 2016 [E. Olympic Games 2016]

Die amerikanischen Gesundheitsbehörden testen Rückkehrer von den Olympischen Spielen in Rio de Janeiro auf das Zika-Virus. Einem entsprechenden Test werden diejenigen unterzogen, die vorher einem Test nach der Heimkehr zugestimmt hatten. Laut den CDC[16] hatten 836 von den 968 nach Rio entsandten Personen wie Athleten, Anfeuerungsgruppen und Journalisten, eine schriftliche Zustimmung eingereicht. Die Tests werden landesweit an öffentlichen Gesundheitszentren durchgeführt. Dabei wird Urin untersucht, da eine Zika-Infektion im Blut nur für kurze Zeit nachweisbar ist. Die Betroffenen werden auch dann eingehender untersucht, wenn sie keine Symptome zeigen.

Und nun wird das ZikV auch lokal in Florida übertragen:

Die Gesundheitsbehörden haben bestätigt, dass eine weitere Region von der lokalen Übertragung des ZikV betroffen ist. Neben Wynwood, Miami-Date County, ist nun auch ein Teil von Miami Beach betroffen. Es gibt dort bereits 5 bestätigte Fälle Quelle: Outbreak News

Am 23.08.2016 setzte CIDRAP[17] folgende Meldungen ab:
Aus Florida wird ein weiteres Gebiet gemeldet, in dem eine lokale Übertragung des ZikV stattfindet. Pinellas County, an Floridas Golfküste, 280 Meilen nordwestlich von Miami-Dade meldet fünf lokal erworbene ZikV-Infektionen. Im Pinellas County befinden sich die Metropolen St. Petersburg und Clearwater. Weitere vier Fälle wurden aus Wynwood gemeldet. Somit steigt die Zahl der autochthonen Fälle in Florida auf 42 an. Quelle: CIDRAP

23.08.2016, ZikV, Bahamas
Zwei autochthone ZikV-Infektionen werden von der Insel New Providenz mit der Hauptstadt Nassau gemeldet. Quelle: CIDRAP, Outbreak News

Obwohl man damit gerechnet und bereits im Vorfeld Maßnahmen ergriffen hat, ist es geschehen. Welcher US Bundesstaat folgt Florida? Welcher Staat in Europa wird als Nächstes eine lokale Übertragung melden (Abb. 9)?

[16]CDC = Centers for Disease Control and Prevention *(Zentren für Krankheitskontrolle und Prävention)* ist eine Behörde der Vereinigten Staaten mit Sitz in Druid Hills, DeKalb County, Georgia nahe Atlanta. Sie sind dem Ministerium für Gesundheitspflege und Soziale Dienste der Vereinigten Staaten *(United States Department of Health and Human Services)* unterstellt.

[17]CIDRAP = Zentrum für Infektionskrankheit Forschung und Politik (CIDRAP) innerhalb der University of Minnesota, das sich auf die Bewältigung der öffentlichen Gesundheit Bereitschaft und auftauchende Infektionskrankheit konzentriert.

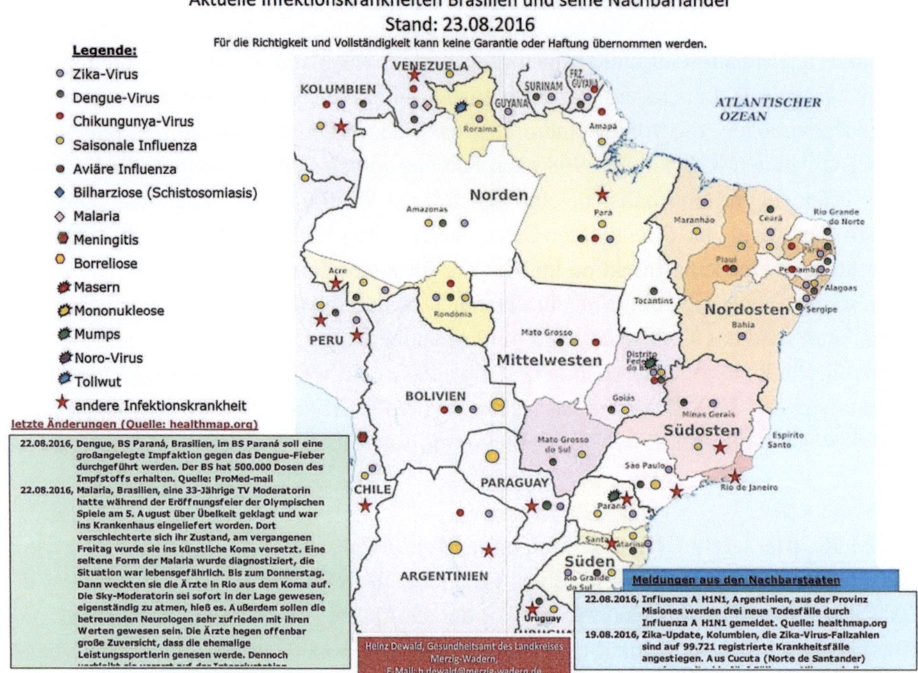

Abb. 9 Aktuelle Infektionskrankheiten in Brasilien und seine Nachbarländer, Stand 2016 [E. topical infectious diseases in Brazil and its neighbours, period 2016]

4.4 West-Nil-Fieber, USA, Kanada [E. West Nile fever, USA, Canada]

- Erreger: West-Nil-Virus
- Reservoir: Das Hauptreservoir bilden wild lebende Vögel. Infektionen treten auch bei Säugetieren auf (vor allem bei Pferden, aber auch bei Katzen).
- Inkubationszeit: Die Inkubationszeit beträgt 2 bis 14 Tage.
- Übertragungswege: Vektoren sind verschiedene Stechmücken (vor allem *Culex-,* aber auch *Aedes-* und *Mansonia-*Arten), die sowohl an Vögeln als auch an Menschen Blut saugen. Potenzielle Überträgermücken in Europa sind hauptsächlich *Culex pipiens* und *Culex modestus,* die auch in Deutschland prävalent sind. Als weitere Übertragungswege wurden bekannt: Übertragung durch Organtransplantation, durch Bluttransfusionen, während der Schwangerschaft sowie bei Laborarbeiten.

Nicht nur das Zika-Virus bereitet Nordamerika Kopfschmerzen; seit 1999 tritt dort saisonal das West-Nil-Fieber (WNF) auf. Es ist mittlerweile auch bekannt, in welchen Monaten die West-Nil-Virus(WNV)-Saison beginnt, aber die Ausbreitung kann nicht vermieden werden, da das Reservoir hauptsächlich in Vögeln liegt, die dann von Mücken, vorwiegend der

Gattungen Culex, Aedes und Mansonia-Arten, gestochen werden und diese Mücken dann das Virus auf den Menschen oder andere Säugetiere übertragen. Auch hier steht der Mensch hilflos der Natur gegenüber; Vögel ziehen über Grenzen hinweg, Moskitos lassen sich nicht komplett ausrotten, Bakterien und Viren kennen keine Grenzen und lauern überall. Wo immer sie die Möglichkeit bekommen, breiten sie sich aus und treiben ihr Unwesen.

Alle Erdteile sind betroffen, allerdings in unterschiedlichem Ausmaß. Das Virus ist in Afrika, Israel, der Westtürkei, dem Mittleren Osten, Indien, Teilen Südostasiens und inzwischen auch in Nord- und Teilen Mittelamerikas verbreitet. 1999 kam es in den USA zu ersten WNF-Erkrankungen, diese entwickelten sich im Sommer 2002 zu einer größeren Epidemie mit über 4000 klinisch manifesten Infektionen und über 250 Todesfällen. Inzwischen sind in den Sommermonaten regelmäßig große Teile Nordamerikas von WNV-Infektionen betroffen. Auch im karibischen Raum wurde in letzter Zeit WNF beobachtet (u. a. auf Kuba, in der Dominikanischen Republik) (Abb. 10).

4.5 Gelbfieber, Afrika [E. yellow fever, Africa]

- Erreger: Gelbfiebervirus,
- Reservoir: Das Hauptreservoir bilden Affen oder infizierte Menschen.
- Inkubationszeit: Die Inkubationszeit beträgt 3 bis 6 Tage.
- Übertragungswege: Die Übertragung erfolgt über Stechmücken der Gattungen *Aedes* und *Haemagogus* (Letztere nur in Amerika).

Es sind drei Übertragungszyklen zu unterscheiden:

- **Sylvatischer[18] Zyklus (Busch- oder Dschungelgelbfieber)** [E. sylvatic cycle (jungle yellow fever)]
  Die Infektionen spielen sich zwischen Affen und Mücken ab, Menschen werden selten infiziert.
- **Urbaner[19] Zyklus (urbanes Gelbfieber)** [E. urban cycle (urban yellow fever)]
  Er wird in einer menschlichen Population durch infizierte Mücken und als Infektionsquelle dienenden Menschen unterhalten und kann bei verbreiteten Vektoren *(Aedes aegypti)* in einer empfänglichen Population zu Epidemien führen.
- **Intermediarer[20] Zyklus** [E. intermediary cycle]
  Er stellt die aus epidemiologischer Sicht gefährliche Verbindung zwischen beiden Zyklen dar und kommt in waldnahen, kleinen Siedlungen vor, in denen Menschen und Affen eng nebeneinanderleben.

[18]silva (lat.) – Wald.

[19]urbanus (lat.) – städtisch, Urbanisation – Verstädterung.

[20]intermediär – dazwischen liegend (lat. inter mittere).

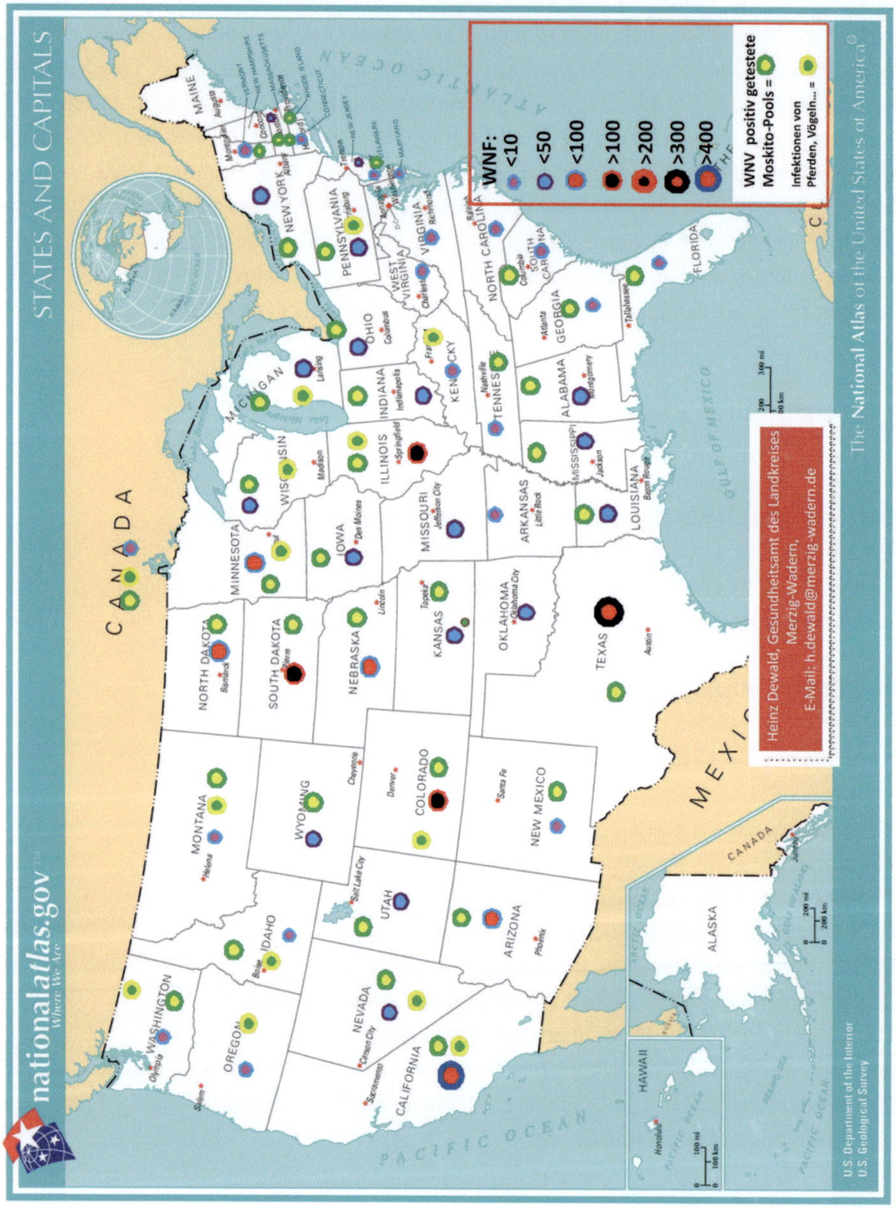

Abb. 10 West-Nil-Fieber, WNF, Saison in USA, August 2016 [E. West-Nile-Fever, WNF, season, August 2016]. (Karte erstellt von Heinz Dewald)

In 2016 gibt es zwei große Gelbfieber-Ausbrüche in Afrika. Betroffen sind Angola (wo der Ausbruch begann) und die Demokratische Republik Kongo. Durch Massenimpfungen wurde versucht, die Ausbrüche in den Griff zu bekommen. Aber bald stellte sich heraus, dass die Impfstoffvorräte nicht ausreichen, um die Menschen in den betroffenen Regionen gegen Gelbfieber zu impfen. Man hat sich dann dazu entschlossen, die Menschen nur mit einem Fünftel der normalen Impfdosis zu impfen, damit wenigstens eine Immunität für 24 Monate erreicht wird. Der Worst Case wäre, wenn jetzt in einem anderen bevölkerungsreichen Land oder Region ein weiterer Gelbfieber-Ausbruch auftreten würde, denn dann würden auch die letzten Impfstoffreserven sehr schnell verbraucht werden, und die weitere Ausbreitung wäre nicht mehr zu verhindern. Fatal wäre es, wenn sich das Gelbfieber bis nach Asien ausbreiten würde, das bis jetzt von einer Gelbfieber-Epidemie verschont geblieben ist. Wegen der dort vorhandenen Vektoren, der fehlenden Immunität in der Bevölkerung und des dann nicht mehr vorhandenen Impfstoffes hätten wir das Armageddon, das womöglich weltweite Auswirkungen hätte (Abb. 11).

5 Schlussfolgerungen [E. conclusioons]

Es muss die Frage gestellt werden, ob wir in Deutschland medizinisch genügend darauf vorbereitet sind, wenn die aufgeführten epidemischen Krankheiten in unserem Land auftreten.

Einen **Ebola-Ausbruch,** wie es ihn in Westafrika gab, ist bei uns sehr unwahrscheinlich. Es können jedoch einzelne importierte Fälle auftreten und wo möglich könnte es zu kleinen Clustern kommen. Aber durch das Vorhandensein spezieller Behandlungszentren für hockinfektiöse Erkrankungen ist Deutschland in der Lage, dieser Situation entschlossen entgegenzutreten.

Die Zeit der **Cholera-Ausbrüche** in Deutschland endet mit dem 19. Jahrhundert. 1892 fand der letzte Cholera-Ausbruch in Hamburg statt. Die Trinkwassergewinnungs-, -verteilungs- und -speicheranlagen befinden sich auf einem sehr hohen Niveau, ebenso unsere Abwasserentsorgung. Wir dürfen deshalb aber nicht leichtsinnig werden und die anderen Durchfallerreger vergessen (z. B. EHEC-Ausbruch 2011). Dem internationalen Warentransport kommt hier eine Schlüsselrolle zu. Wir importieren Lebensmittel aus aller Welt, damit wir alles und jederzeit zur Verfügung haben. Da besteht natürlich die Gefahr, dass auch mit Bakterien und Viren kontaminierte Lebensmittel auf unseren Tisch wandern. *In den ärmeren Ländern wird die Cholera aber noch lange ein Thema bleiben.*

Die **Masern** stellen da ein ganz anderes Problem dar; sie sind hoch ansteckend und können sich deshalb auch rasant ausbreiten. Der Impfmüdigkeit unserer Bevölkerung sowie den absoluten Impfgegnern (auch unter Kinderärzten) ist es zuschulden, dass es bei uns immer noch zu Masernausbrüchen kommen kann (Berlin 2014/2015). Erst wenn wir eine flächendeckende Impfquote von 95 % der Bevölkerung erreicht haben, können uns i. d. R. auch importierte Masernfälle nicht mehr viel anhaben. Hier ist noch ein gutes Stück Aufklärungsarbeit in der Gruppe der Impfmüden und der Impfgegner zu leisten.

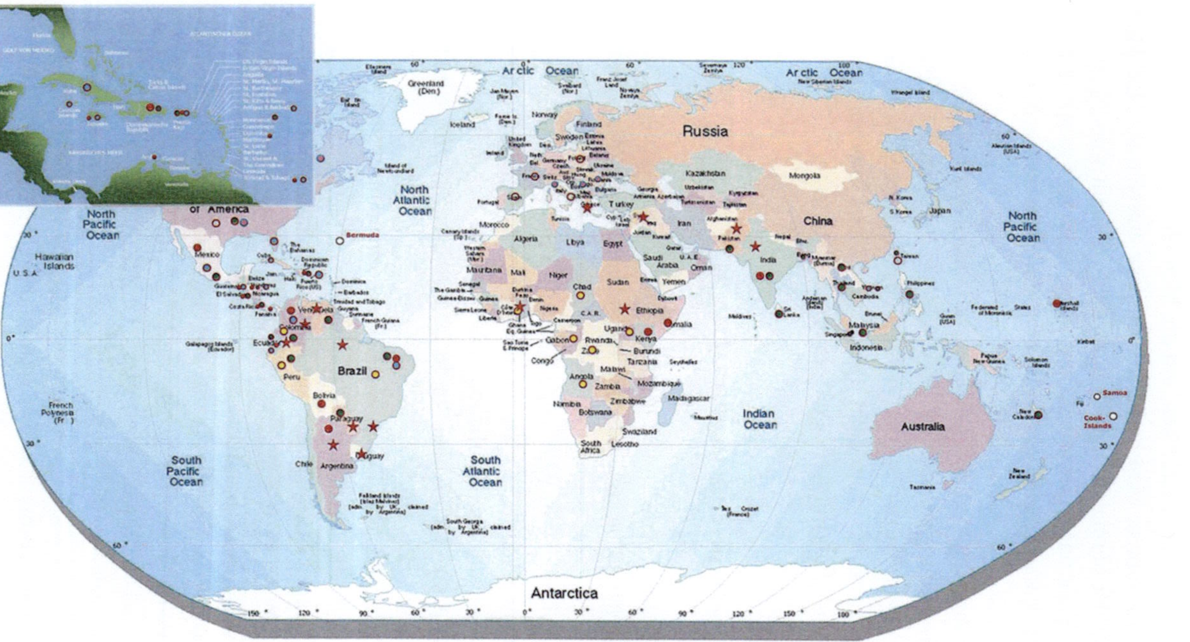

Kennzeichnung der Ausbrüche mit Chikungunya-Fieber
Kennzeichnung der Ausbrüche mit Dengue-Fieber
Co-Infektionen Chikungunya-/ Dengue-Fieber
Co-Infektionen Chikungunya-/ Dengue-Fieber/ZikV
Gelbfieber – Infektionen Gelbfieber importiert
Zika-Virus – Infektionen sexuelle Übertragung
ZikV-Importiert
andere durch Mücken übertragbare Krankheit

Heinz Dewald, Gesundheitsamt des Landkreises Merzig-Wadern

Abb. 11 Ausbreitung des Chikungunya-, Dengue-, Zika-, West-Nil-Fieber-Virus, August 2016 [E. spread of the chinkungunya-, dengue-, zika-, West-Nile-Fever-virus, August 2016]

Durch diese Gruppe können auch andere impfpräventable Infektionskrankheiten wieder aufflammen und zu Ausbrüchen führen. Und ein besonderes Augenmerk müssen die Behörden auf die Massenunterkünfte für Flüchtlinge legen, da viele von ihnen ungeimpft einreisen und Infektionskrankheiten mitbringen können.

Die **Tuberkulose** wird uns noch lange beschäftigen, zumal die Fallzahlen nicht nur in Deutschland wieder ansteigen. Nicht nur eine gut wirksame Impfung fehlt (bis 1998 gab es eine aktive Schutzimpfung, die heute von der STIKO nicht mehr empfohlen wird), sondern viel schwerwiegender werden sich die Resistenzbildungen gegen die Behandlungsmedikamente auswirken. Weltweit gibt es mehr und mehr Meldungen über diese Resistenzen vor allem aus den „high burden countries“ (Hochendemiegebiete). Durch den internationalen Reiseverkehr besteht immer wieder die Gefahr, dass sich ein Reisender infiziert und die Infektionskrankheit in seinem Heimatland verbreitet. Auch die Flüchtlingswelle kann dazu beitragen (Beispiel Schweden). Es wird zwar an einem neuen Impfstoff gearbeitet, aber mit einer Zulassung ist in absehbarer Zeit noch nicht zu rechnen.

Ganz anders und langfristig sind die **Infektionskrankheiten, die durch Vektoren übertragen werden,** zu bewerten. Hier haben wir es mit einem Kampf gegen die Natur, gegen klimatische Veränderungen, gegen die Fahrlässigkeit der Menschen und gegen die Zeit zu tun. Auch die Globalisierung der Märkte spielt eine entscheidende Rolle. Die Insekten leben in der freien Natur und können nicht einfach ausgerottet werden; das funktioniert vielleicht kurzfristig in Siedlungsgebieten durch entsprechende Bekämpfungsmaßnahmen (… und sie werden irgendwann wieder zurückkommen), aber nicht in der freien Natur. Durch klimatische Veränderungen erschließen sich die Vektoren immer neue Lebensräume, wo sie sich ansiedeln und vermehren können. Die Menschen selbst schaffen durch Fahrlässigkeit immer wieder neue Brutstätten für die Mücken; sei es durch weggeworfene Trinkbecher, Regentonnen, Gefäße jeglicher Art, in denen sich Wasser ansammeln kann … und sorgen so dafür, dass die Mücken ihre Eier dort ablegen und sich vermehren können. Der Kampf gegen die Zeit wird ein harter werden. Impfstoffe gegen Gelbfieber werden knapp, es gibt zwar einen Impfstoff gegen das Dengue-Fieber, der aber nicht in allen betroffenen Ländern zugelassen ist, zugelassene Impfstoffe gegen das Chikungunya-Fieber und gegen das ZikV gibt es noch nicht. Gegen die Medikamente zur Malaria-Prophylaxe haben sich bereits Resistenzen gebildet. Die Globalisierung der Märkte und der internationale Reiseverkehr sorgen für eine weltweite Verbreitung der Vektoren. So werden z. B. Altreifen, in denen sich Regenpfützen ansammeln, weltweit zur weiteren Verwertung verschifft. Und wer kennt ihn nicht, den „Lucky Bamboo“, der in vielen unserer Wohnzimmer nach einer langen Reise ein Zuhause gefunden hat (Abb. 12). Niemand denkt darüber nach, ob vielleicht in seinem Transportgefäß Eier von potenziellen Vektoren vorhanden sind.

Sollte die Entwicklung so weiter verlaufen, dann kann es langfristig aufgrund der hohen Bevölkerungsdichte einiger europäischer Staaten in Verbindung mit einer nicht vorhandenen Immunität gegen die Viren zu vielen Ausbrüchen mit hohen Infektionsraten kommen. Die Weltbevölkerung zählt zurzeit fast 7,4 Mrd. Menschen. Großstädte

Abb. 12 Lucky Bamboo. (Quelle: https://de.wikipedia.org/wiki/Dracaena_braunii)

könnten aufgrund ihrer Bevölkerungsdichte und Infrastruktur besonders betroffen sein. Dort ansässige Industrieunternehmen und Mittelständler müssten hohe Ausfallzahlen in der Belegschaft hinnehmen, was logischerweise zu einer eingeschränkten Produktivität führen würde. Die Gesundheitsversorgung könnte durch hohe Infektionsraten beim Personal nur mit eingeschränkter Effektivität gewährleistet werden. Ein länger andauernder Ausbruch würde nicht nur die Gesundheitssysteme erheblich belasten, sondern auch zu einem erheblichen volkswirtschaftlichen Schaden führen. Insgesamt könnten alle Versorgungssysteme bei einer Epidemie von Infektionskrankheiten, die durch Vektoren übertragen werden, Probleme haben, ihren Auftrag zu erfüllen.

Aussage der WHO [E. statement of the World Health Organization]:
„Die Welt ist auf solche Ausbrüche nicht genügend vorbereitet!“

Dass es bei Zika-Virus-Infektionen zu neurologischen Missbildungen oder anderen neurologischen Komplikationen kommen kann, das hat bereits der Zika-Virus-Ausbruch in Französisch-Polynesien 2013/2014 gezeigt. Dass es genügend Vektoren gibt, die Infektionskrankheiten übertragen können, ist auch bekannt. Dass schon lange versucht wird, dem Vektorenproblem Herr zu werden, zeichnet sich momentan noch als „Kampf gegen Windmühlen“ ab. Dies belegen die jährlichen Neuinfektionen z. B. durch das Dengue-, Chikungunya-, Gelbfieber-, West-Nil- und durch das Zika-Virus. Es ist utopisch anzunehmen, dass man das Vektorenproblem in naher Zukunft in den Griff bekommt. Es gibt zwar gute Ansätze, wie das Problem im Siedlungsbereich gelöst werden kann. Aber wie soll das in der freien Natur bei einer Unzahl von Vektoren funktionieren? Und bevor gentechnisch unfruchtbar gemachte Mückenmännchen ihre Wirkung zeigen, wird wohl noch einige Zeit ins Land gehen. Doch muss dabei bedacht werden, welche Konsequenz die Ausrottung der Mücken auf unser Ökosystem hat. Die Vielfalt der biologischen Systeme sollte nicht zerstört werden. Hier stellt sich die Frage, ob nicht die Menschen eine biologisch fremde Lebensweise entwickelt haben.

Zum Beispiel die mit der Verstädterung einhergehende Bevölkerungsverdichtung. Von 7,4 Mrd. Menschen leben fast 50 % in Großstadtregionen. In vielen dieser Regionen lässt die Reinigung von Abwässern sehr zu wünschen übrig. Eine hygienische Lebensweise ist nicht garantiert.

Eine andere Fehlentwicklung ist die Massentierhaltung auf engstem Raum. Der Verbund von Vieh- und Ackerwirtschaft in der Landwirtschaft wird dabei aufgehoben. Antibiotika werden tonnenweise eingesetzt, um Infektionskrankheiten zu verhindern. Die Folgen einer Ausbreitung von resistenten Mikroorganismen werden nicht bedacht.

Bereits 1937 entwickelte Max Theiler (1899–1972) einen Impfstoff gegen Gelbfieber. Er hatte schon damals erkannt, dass der Kampf gegen die Vektoren (zumindest zu seiner Zeit) ein aussichtsloser ist.

Eine weitere Frage lautet:

- Warum hat es bis Ende 2015 gedauert, bis Brasilien und Mexiko einen Impfstoff gegen das Dengue-Fieber zugelassen haben und drei weitere Staaten jetzt erst nachziehen?
- Warum befindet sich ein Impfstoff gegen das Chikungunya-Fieber erst seit 2014 in einer ersten klinischen Studie und seit August 2016 in der zweiten klinischen Studie?
- Warum beginnt man erst jetzt mit der Entwicklung eines Impfstoffes gegen das Zika-Virus?

Diese Krankheiten sind nicht erst seit gestern bekannt. Warum wurde solange mit der Entwicklung von Impfstoffen gewartet? Müssen immer erst mehrere große Epidemien mit möglichen schlimmen Folgen ausbrechen, damit die Verantwortlichen in der Welt wach werden?

Es wird interessant sein, weiter zu beobachten, wie sich speziell das Zika- und das Chikungunya-Virus ober- und unterhalb des Äquators ausbreiten werden. Welche Auswirkungen wird die Globalisierung hierauf haben? Millionen Tonnen Nahrungsmittel werden derzeitig über den Erdball transportiert. Wie schon erwähnt, ist einer der Vektoren, die Asiatische Tigermücke (Stegomyia albopicta), sehr anpassungsfähig und weitverbreitet. Autochthone Ausbrüche des Chikungunya-und des Dengue-Fiebers hat es ja bereits in Europa gegeben. Wann folgt das Zika-Virus? Was geschehen kann, wenn ein Virus unterschätzt wird, hat uns das Zika-Virus gezeigt.

Der möglichen globalen Ausbreitung von Infektionskrankheiten sollte von Politikern und den nationalen sowie internationalen Gesundheitsorganisationen mehr Aufmerksamkeit und Handlungsbereitschaft geschenkt werden.

Widmung:
Frau Prof. Barbara Gärtner (Universitätsklinikum des Saarlandes und Medizinische Fakultät der Universität des Saarlandes, Institut für Medizinische Mikrobiologie und Hygiene) möchte ich für ihre konstruktive Kritik herzlich danken.

Weiterführende Literatur

Deutsche Gesellschaft für die Vereinten Nationen, 10696 Berlin (2006), Bericht über die menschliche Entwicklung, Kapitel 3, Seite 143: Das riesige Defizit bei der Sanitätsversorgung.

Gottschalk, R. (2015), Maßnahmen bei Verdacht auf hochkontagiöse, lebensbedrohliche Erkrankungen in Deutschland, Bundesgesundheitsbl. Gesundheitsforsch. Gesundheitsschutz, July 2015, Volume 58, Issue 7, pp 657–661.

Helmholtz-Zentrum für Infektionsforschung, Forschungsbericht 2008/2009, 38124 Braunschweig.

Pietschmann C. (2916), Zellen auf dem Laufsteg, Wissenschaftsmagazin der Max-Planck-Gesellschaft, 80539 München, Heft 4.

Thadden von, E. (2915), Pionier der Bodengewinnung, Le Monde diplomatic Atlas der Globalisierung, taz Verlags- und Vertriebs GmbH, Berlin.

Vereinte Nationen sehen Zukunft der Ernährung düster, Frankfurter Allgemeine Zeitung Nr. 46, Seite 16, vom 23.02.2017.

Vergleichbare mathematische Funktionen zur Beschreibung von Vorgängen in Natur und Technik [E. analogical mathematical functions for describing of processes in nature and technology]

1 Über Modelle und Funktionen als Synthesesprache [E. about models and functions as a synthetic language]

Um naturwissenschaftliche und technische Vorgänge und Phänomene exakt und unmissverständlich zu beschreiben, bedient man sich mathematischer Symbole und Funktionen. Es entstehen mathematische Modelle. Sie bilden eine synthetische Sprache. Diese verschlüsselten Aussagen und Informationen in die gebrauchsübliche Umgangssprache wieder zurückzuübersetzen, bereitet den in der Sprachlogik und Mathematik weniger geschulten Menschen erhebliche Schwierigkeiten.

Seitdem die Informatik mit ihren vielen Teildisziplinen, insbesondere mit den Programmiersprachen, alle technischen und wirtschaftlichen Lebensbereiche zu durchdringen begonnen hat, ist das Nichtverstehen von Kunstsprachen zu einem allgemeinen Problem geworden.

Prozesse aus den Naturwissenschaften, der Technik und der Wirtschaft werden heute schon doppelt verschlüsselt. Die erste Verschlüsselung erfolgt durch die mathematischen Funktionen, um den ursprünglichen Sachverhalt eindeutig und quantitativ zu beschreiben. Die zweite Verschlüsselung ist die Übersetzung in geeignete Programmiersprachen, um die Abläufe zu simulieren und die Flut von Daten und Fakten auf kleinstem Raum zu speichern, sehr schnell transportieren und nach anderen Gesichtspunkten wieder ordnen zu können.

Neben der Vermittlung von neuen Erkenntnissen ist die zusätzliche Aufgabe für lehrende Natur-, Ingenieur- und Wirtschaftswissenschaftler immer wieder, diese Kunstsprachen in die allgemein verständliche Umgangssprache zu übertragen. Voraussetzung dafür ist, dass erst einmal die Gesetzmäßigkeiten begriffen werden müssen, nach denen Prozesse in der Natur, Technik und Wirtschaft ablaufen.

Die Originalversion dieses Kapitels wurde revidiert. Ein Erratum ist verfügbar unter https://doi.org/10.1007/978-3-662-55860-7_30

V. Hopp, *Chemische Kreisläufe in der Natur,*
https://doi.org/10.1007/978-3-662-55860-7_28

2 Zustandsfunktionen [E. condition functions]

Gemeinsames Phänomen in der Natur, Technik und Wirtschaft und im sozialen Verhalten ist die Veränderung. Sie zeigt sich in der Regel in den verschiedensten Typen von dynamischen Prozessen.

Um Veränderungen zu beschreiben, müssen stationäre Bezugssysteme geschaffen, d. h. als Modell gedacht werden. Dafür müssen Zustände definiert und als Funktionen mathematisch formuliert werden. Veränderungen in der Natur, Technik und auch in der Wirtschaft werden durch Energie-, Stoff- und Informationsströme hervorgerufen. In der Wirtschaft kommen noch die Kapitalströme hinzu. Sie wirken im Verbund und beeinflussen sich gegenseitig. Um Gemeinsamkeiten und Unterschiede dieser Mengenströme in der Natur wie auch bei technischen Prozessen zu erkennen, ist es notwendig, ihre Gesetzmäßigkeiten mathematisch zu erfassen.

Zustände von Systemen werden durch Zustandsfunktionen beschrieben. Wichtige Parameter sind Masse bzw. Konzentration, Volumen, Temperatur, Druck, elektrische Spannung, Stromstärke, elektrischer Widerstand und Kapital (Schulden, Guthaben).

Die mathematische Beschreibung von physikalischen und chemischen Zuständen geschieht bei makroskopischer Betrachtung über Proportionalitäten[1], z. B. mit den thermischen $V = f(p; T)$, kalorischen $U = f(V; T)$ bzw. $H = f(p; T)$ und thermodynamischen $F = f(V; T)$; $G = f(p; T)$; $S = f(p; T)$ Zustandsgleichungen und dem Ohm'schen Gesetz $U = f(R; I)$.

z. B.

- die thermischen Zustandsgleichungen [E. thermal equations of state]

$$p \cdot v = n\,RT \quad \text{fur ideale Gase}$$

$$\left(P + \frac{a \cdot n}{V^2}\right)(V - n\,b) = n\,RT \quad \text{für reale Gase (van der Waals'sche Gleichung}^{2}\text{)},$$

---

[1]Es bedeuten:

p	=	Druck	n	=	Anzahl der Mole
V	=	Molvolumen	a u. b.	=	Stoffkonstanten
T	=	absolute Temperatur in K	R	=	universelle Gaskonstante
U	=	innere Energie	W	=	innere Energie außer Wärmeenergie
Q	=	Wärmeenergie	H	=	Enthalpie
F	=	freie innere Energie	G	=	freie Enthalpie
S	=	Entropie			

[2]Johannes Diderik van der Waals, niederl. Physiker, geb. 23.11.1837 in Leiden, gest. 07.03.1923 in Amsterdam, erhielt 1910 den Nobelpreis für Physik. Er erfand das Prinzip der übereinstimmenden Zustände. Dieses besagt, dass sich die Verhaltensweisen aller Substanzen in gleicher Weise mathematisch beschreiben lassen, wenn man ihre Zustandsgrößen Druck, Volumen, Temperatur auf die kritischen Daten bezieht.

- die kalorischen Zustandsgleichungen [E. calorific equations of state] als differenzielle Änderungen

$$dU = dW + dQ$$
$$dH = dU + p \cdot dV$$

- die thermodynamischen Zustandsgleichungen [E. thermodynamic equations of state] Sie bringen eine Verknüpfung zwischen dem 1. Hauptsatz und dem 2. Hauptsatz (Entropie) der Thermodynamik.

$$\left(\frac{\partial U}{\partial V}\right)_T = T\left(\frac{\partial P}{\partial T}\right)_V - P \text{ darin gilt } \left(\frac{\partial P}{\partial T}\right)_V = \left(\frac{\partial S}{\partial V}\right)_P$$
$$\left(\frac{\partial H}{\partial P}\right)_T = T\left(\frac{\partial V}{\partial T}\right)_P + V \text{ darin gilt } \left(\frac{\partial P}{\partial T}\right)_P = \left(\frac{\partial S}{\partial V}\right)_T$$

die differenziellen Änderungen der thermodynamischen Funktion:

$$dU = -pdV + TdS\,;\; dH = Vdp + TdS$$
$$dF = -pdV - SdT\;;\; dG = Vdp - SdT$$

2.1 Ausgleichsvorgänge [E. compensatory processes]

2.1.1 Das Gesetz für allgemeine Ausgleichsvorgänge [E. the law for general compensatory processes]

Voraussetzung für das Entstehen von Strömen sind Potenzialdifferenzen, z. B. Konzentrationsdifferenzen, Druckdifferenzen, Temperaturdifferenzen, elektrische Spannungsdifferenzen und auch Kapitalunterschiede. Freiwillig fließen Ströme immer von Höhen in Senken. Es handelt sich also um Ausgleichsvorgänge, die durch Ausgleichsfunktionen beschrieben werden können. Der gemeinsame Parameter dieser Funktionen ist die Zeit (Abb. 1 und 2).

Abb. 2 beschreibt grafisch einige prinzipielle Ausgleichsvorgänge von Prozessen in Natur und Technik bzw. Wirtschaft.

Das Gesetz für allgemeine Ausgleichsvorgänge lautet qualitativ:

$$\frac{\text{fließend Menge}}{\text{Zeiteinhet}} \sim \frac{\text{treibender Gradient (Potenzialdifferenz)}}{\text{Widerstand}}$$

Auch auf geistige Prozesse, die Voraussetzungen für eine Innovation sind, lässt sich das Gesetz der allgemeinen Ausgleichsvorgänge übertragen. Allerdings ist es in diesem Fall zurzeit noch schwierig, eindeutig messbare, d. h. quantitativ fassbare, Größen zu finden.

Abb. 1 Bilanzierung als Vergleich zwischen Eingangs- und Ausgangsmengen [E. balancing in comparison between amounts of input and output]

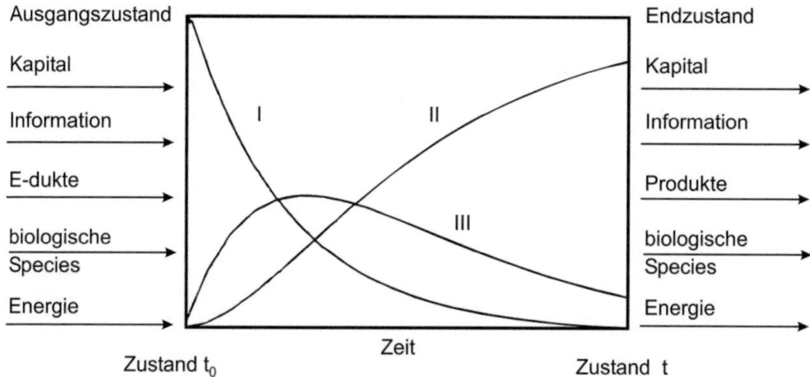

Abb. 2 Grafische Darstellung von Ausgleichsvorgängen als Zeitfunktion [E. the graphic depiction of compensatory processes as function of time]

I Abklingvorgang
II Wachstumsvorgang
III Überlagerungsvorgang, Zusammenwirken von Wachstums- .und Abklingvorgang.

(Es bedeuten:

K	=	Kapital	V	=	Volumen
c	=	Konzentration	T	=	Temperatur
p	=	Druck	i	=	Information
U	=	elektrische Spannung	t	=	Zeit)

Den Widerstand kann man sich aus zwei Größen zusammengesetzt denken, nämlich aus der Trägheit und der reziproken geistigen Aufnahmekapazität analog des elektrischen Widerstandes, der der reziproken Leitfähigkeit entspricht.

$$\text{Innovation} \sim \frac{\text{Informationsfluss}}{\text{Zeiteinheit}} \sim \frac{\text{Neugierde(Begabungspozential)}}{\text{Trägheit + reziproke Aufnahmekapazität}}$$

Der mathematische Ansatz, Ausgleichsfunktionen zu beschreiben, erfolgt mithilfe von Differenzialgleichungen. Häufig handelt es sich um lineare homogene und lineare inhomogene Differenzialgleichungen 1. und 2. Ordnung. Die Integrationen dieser Differenzialgleichungen führen in vielen Fällen zu

- linearen oder exponentiellen Wachstumsfunktionen,
- Abklingfunktionen oder auch
- Überlagerungsfunktionen.

Diese Funktionen sind typisch für Vorgänge in biologischen Systemen, bei chemischen Reaktionen, bei zahlreichen technischen Produktionsabläufen, bei Finanzierungen, wie z. B. Kapitalverzinsungen, Renten, Tilgungen und Amortisationen.

Wachstumsprozesse können aber auch hyperbolischen Funktionen gehorchen (Abb. 4).

Von den Wachstumsgesetzen zu unterscheiden sind die Ratenansätze (Abb. 3). Sie bringen die Abhängigkeit der zeitlichen Änderung der Menge von der Menge selbst zum Ausdruck. Beispiele hierfür sind oft bei biologischen Vermehrungsprozessen anzutreffen, z. B. Zunahme der Weltbevölkerung in verschiedenen Zeitspannen oder die Vermehrungskurven von Mikroorganismen. Hier muss sehr genau beobachtet werden, ob es sich im mathematischen Sinne um Ratenansätze oder Wachstumsgesetze handelt. Zur Formulierung von kinetischen Gesetzen ist das von großer Bedeutung.

Die Ausgleichsfunktionen lassen sich in eine allgemeine mathematische Form bringen, deren Parameter je nach dem speziellen Ausgleichsvorgang physikalisch, chemisch, biologisch oder ökonomisch gedeutet und interpretiert werden können.

Eine Vielzahl von Ausgleichsvorgängen wird durch nachstehende mathematische Funktionen beschrieben[3]:

$$A_t = C \cdot t + B \text{ (linear)}$$

$$A_t = A_0 \cdot e^{\alpha t} \text{ (exponentiell)}$$

Je nachdem, ob $\alpha > 0$ oder $\alpha < 0$ ist, handelt es sich um eine Wachstums- oder Abklingfunktion. Die Überlagerungsfunktionen entstehen durch Addition oder Subtraktion zweier oder mehrerer Ausgleichsfunktionen (Beispiele Abb. 13, 14, 15, 16 und 17).

2.2 Ausgleichsvorgänge mit linearem Verlauf [E. compensatory processes with a linear progression]

$$A_t = C \cdot t$$

[3]Es bedeuten:

t = Zeit als unabhängige Variable der Funktion,
A_t = Zustand des Vorganges zur Zeit t,
A_0 = Zustand des Systems zur Anfangszeit $t = 0$,
α = Ausgleichskonstante,
C = Steigung der Geraden,
B = Konstante (Abschnitt auf der Ordinaten).

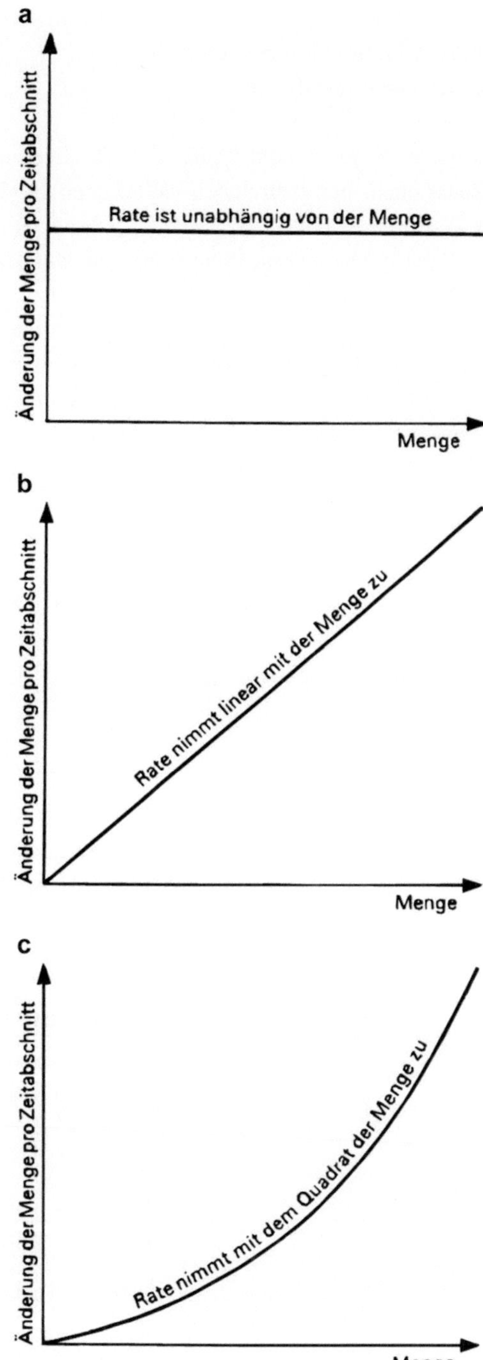

Abb. 3 Vergleich zwischen verschiedenen Ratensätzen a) unabhängig von der Menge Ratenzunahme b) lineare Ratenzunahme c) quadratische Ratenzunahme [E. comparison between different instalments a) independent of the amount, b) linear increase of the instalments, c) quadratic increase of the instalments]

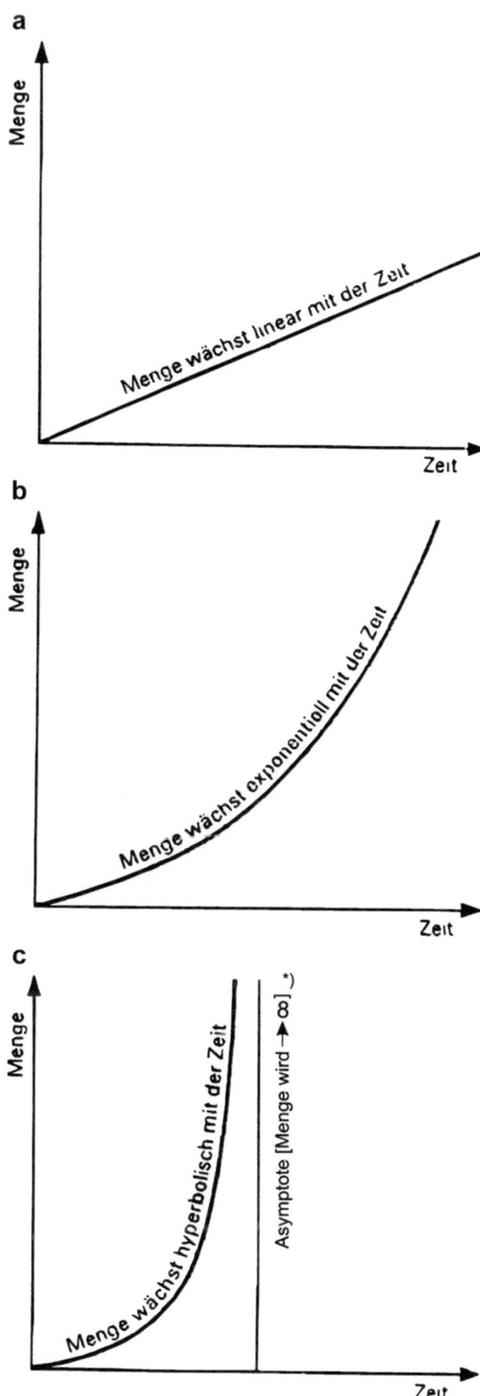

Abb. 4 Vergleich zwischen linearen a) exponentiellen b) und hyperbolischen c) Wachstumsfunktionen (a (gr.) – nicht; syn (gr.) – zusammen; piptein (gr.) – fallen asymptote – nicht zusammenfallen, Näherungsgrade) [E. Comparison between linear a) exponential b) and hyperbolic c) functions of growth]

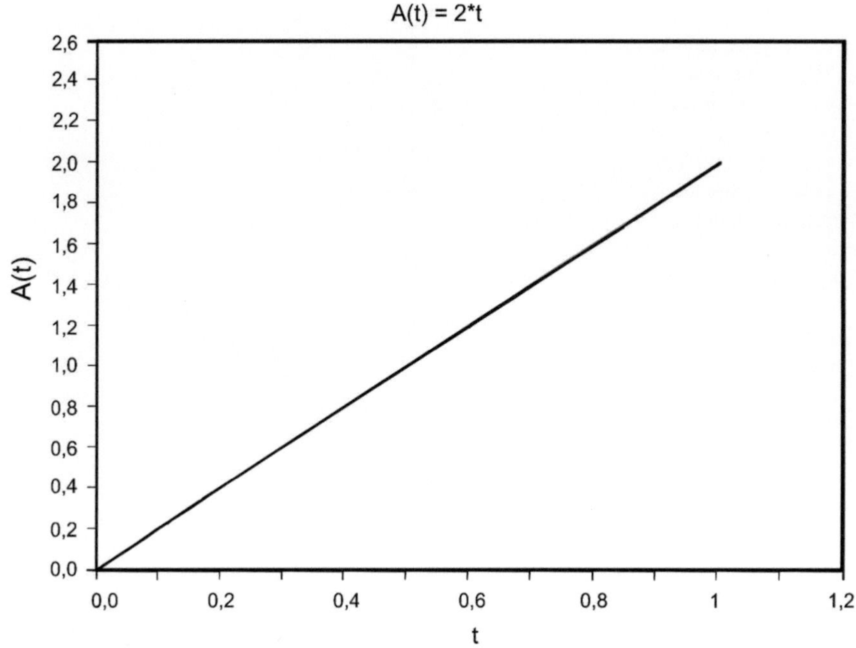

Abb. 5 Linearer Ausgleichsvorgang [E. linear compensatory process]

Die Steigung C beinhaltet häufig phänomenspezifische Konstanten (Abb. 5).
Beispiele[4]:

- Ohm'sches Gesetz: $\frac{\Delta C}{\Delta T} - \frac{\Delta U}{R} = I$
- Diffusionsgesetz nach Fick (stationär): $\frac{\Delta n}{\Delta T} = -D\,\frac{q}{x}(C_2 - C_1)$
- Wärmeübertragung (stationär): $\frac{\Delta Q}{\Delta T} = \lambda\frac{q}{x}(T_2 - T_1)$
- Filtration: $\frac{\Delta V}{\Delta T} = \frac{P_2 - P_1}{W_k}$

[4]Es bedeuten:

C	=	Strommenge	x	=	Diffusionsstrecke
U	=	Spannung	D	=	Diffusionskoeffizient
R	=	Wiederstand	Q	=	Wärmemenge
I	=	Stromstärke	l	=	Schichtdichte der Wärmedurchgangsfläche q
T	=	Zeit	V	=	Filtratvolumen
n	=	Anzahl der diffundierten Teilchen	Δp	=	Filtrationsdruck $(p_2 - p_1)$
C	=	Konzentration	W_K	=	Widerstand des Filterkuchens
q	=	Querschnitt an der Oberfläche	λ	=	Wärmeleitzahl
T	=	Temperatur in Kelvin			

Die Widerstandsfaktoren treten beim Stoff- und Energietausch insbesondere an den Grenzflächen auf, bei einem Informationsaustausch an den Schnittstellen.

Bei vielen Ausgleichsvorgängen handelt es sich um gleichgerichtete und entgegengesetzt wirkende dynamische Teilprozesse. Ihre mathematischen Funktionen sind entsprechend kompliziert und fordern zu ihrer Lösung einen größeren rechnerischen Aufwand. Zu ihnen zählen u. a. die Überlagerungsfunktionen. Überlagerungsfunktionen dienen auch zur Erfassung von Speichervorgängen und damit die der Teilprozesse des Zuwachs und der Abnahme. Eine Speicherung tritt immer dann ein, wenn die Abnahme gegenüber dem Zuwachs verzögert wird, z. B. Vermehrungsfunktionen von Mikroorganismen, Zunahme der Weltbevölkerung oder die Verweilzeit eines Arzneimittels im Organismus (s. Abb. 14 und 15).

2.3 Wachstum [E. growth]

2.3.1 Unlimitiertes Wachstum [E. unlimited growth]

$$A(t) = A_0 \cdot e^{\alpha t}$$

Hierbei handelt es sich um Wachstumsvorgänge, die keinem Endzustand zustreben, z. B. wenn die Potenzialdifferenzen sich nicht ausgleichen (Abb. 6).

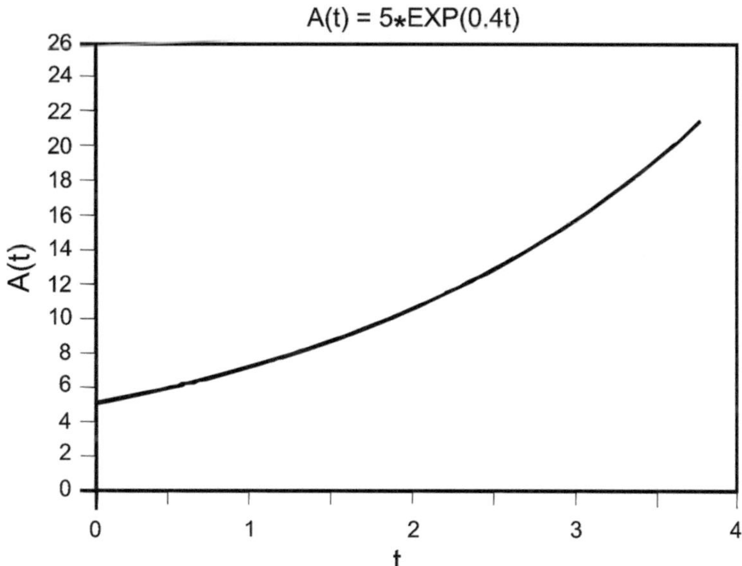

Abb. 6 Unlimitiertes Wachstum [E. unlimited growth]

Beispiele [E. examples]:

- Konzentrationszunahme eines chemischen Reaktionsproduktes [E. increase in concentration of substance during a chemical reaction]
z. B. bei einer Autokatalyse, Hydrolyse der Ester, deren Reaktionsgeschwindigkeit durch die gebildeten Wasserstoffionen beschleunigt wird oder Rüben- bzw. Rohrzuckerhydrolyse.

$$\frac{dc}{dt} = \alpha \cdot c; \int_{c_0}^{c_t} \frac{dc}{c} = \alpha \int_0^t \cdot dt$$

$$\text{In}\, c_t - \text{In}\, C_0 = \alpha \cdot t; \ \text{In}\, \frac{c_t}{c_0} = \alpha \cdot t$$

$$\frac{c_t}{c_0} = e^{\alpha t}; \ c_t = c_o \cdot e^{\alpha t}$$

- Dampfdruckzunahme bei steigender Temperatur[5] (Clausius-Clapeyron) [E. increase in vapour pressure as the temperature increases (Clausius-Clapeyron)]

$$\frac{d \ln p}{dT} = \frac{\Delta H_V}{RT^2}$$

$$p(\mathrm{T}) = P(T_0) \cdot e^{-\frac{\Delta H_V}{RT}}$$

- Zunahme der Reaktionsgeschwindigkeitskonstanten bei steigender Temperatur (Arrhenius-Gleichung) [E. increase in the rate of reaction as the temperature (Arrhenius equation)]

$$\frac{d\, \text{In}\, k}{dT} = \frac{E}{RT^2}$$

$$\mathrm{k(t)} = \mathrm{H} \cdot e^{-\frac{E}{RT}}$$

[5] H_v = Verdampfungsenthalpie
E = Aktivierungsenergie
k = Reaktionsgeschwindigkeitskonstante
H = Häufigkeitsfaktor
B_t = aktuelle Bevölkerungszahl in Jahren
B_0 = Bevölkerung zur Zeit t_0
β = Wachstumsrate zur Zeit 0011/Jahr
Arrhenius, August, Svante (1859–1927), schwed. Physikochemiker
Clapeyron, Benoit, Pierre, Emile (1799–1864), frz. Ingenieur
Clausius, Rudolf (1822–1888), dt. Physiker

- Bevölkerungszunahme [E. increase in population]

$$\frac{dB}{dt} = \beta \cdot B$$
$$B(t) = B_0 \cdot e^{\beta t}$$

- Zellteilung [E. cell division]

$$N_t = N_0 \cdot e^{\mu \cdot \Delta t}$$

- Kapitalvermehrung durch Verzinsung [E. increase in capital resulting from compound interest]

$$K_t = K_0 \cdot e^{\delta t};$$
$$\delta = \text{In}(1 - v)$$

- Weitere Beispiele sind die van't Hoff'sche Reaktionsisobare, Reaktionsisochore und Reaktionsisotherme[6] [E. more examples are the van't Hof reaction isobar, reaction isochore and reaction isotherme]
  Die Reaktionsisobare drückt den Zusammenhang der Gleichgewichtskonstanten in Abhängigkeit von der Temperatur bei konstantem Druck aus.

$$\left(\frac{d\,\text{In}\,K_p}{dT}\right)_P = \frac{\Delta_R H}{RT^2}$$

  Die Reaktionsisochore stellt den Zusammenhang zwischen der Gleichgewichtskonstanten und der Temperatur bei konstantem Volumen her.

$$\left(\frac{d\,\text{In}\,k_c}{dT}\right)_V = \frac{\Delta R^U}{RT^2}$$

  Die Reaktionsisotherme bringt den Zusammenhang zwischen der Gleichgewichtskonstanten und dem Druck bei konstanter Temperatur zum Ausdruck.

$$\left(\frac{d\,\text{In}\,k_a}{dT}\right)_T = \frac{\Delta V}{RT}$$

[6]Hoff, van't, Jacobus Hendricus (1852–1911), niederl. Chemiker,
isos (gr.) – gleich; Reaktionsisobare zeigt den Prozess an bei konstantem Druck, Reaktionsisochore bei konstantem Volumen und Reaktionsisotherme bei konstanter Temperatur.
baros (gr.) – Schwere, Druck
choros (gr.) – Platz, Raum
therme (gr.) – Wärme

Herleitung der Zinseszinsgleichung in exponentieller Schreibweise[7]:

$K_{0,}$ Anfangskapital zurzeit $t = 0$
$K_{t,}$ Kapital nach t Jahren
P, Prozent
r, (Zinssatz) $= \frac{P}{100}$

Nach 1 Jahr hat sich das Anfangskapital K_0 vermehrt um

$$K_1 = K_0 + K_0 \frac{P}{100} = K_0 + K_0 \cdot r = K_0 (1 + r)$$

nach 2 Jahren

$$K_2 = K_1 + K_1 \cdot r = K_1 (1 + r) = K_0 (1 + r)^2$$

nach t Jahren

$$K_t = K_{t-1} + K_{t-1} \cdot r = K_{t-1} (1 + r) = K_0 (1 + r)^t$$

letztere Gleichung logarithmiert ergibt

$\ln K_t = \ln K_0 + t \cdot \ln(1+r)$
wenn für $\ln (1+r) = \delta$ gesetzt wird, dann folgt
$\ln K_t = \ln K_0 + t \cdot \delta$

Durch Entlogarithmieren wird die Zinseszinsgleichung in exponentieller Schreibweise erhalten:

$$K_t = K_0 \cdot e^{\delta \cdot t} \delta = \ln (1 + r)$$

Die entsprechende Gleichung für Schuldentilgung als Abklingfunktion lautet (s. Abb. 11):

$$K_t = K_0 \cdot e^{-\delta \cdot t} \delta = \ln (1 + r),$$

K_0 = Anfangsschuldenbetrag; K_t = Schuldenbetrag zur Zeit t

[7] μ = spezifische Wachstumsrate $[h^{-1}]$
K = Kapital zum Zeitpunkt t
k_0 = Anfangskapital
δ = Wachstums- bzw. Zinsintensität

Zellteilung als unlimitiertes Wachstum [E. cell division as unlimited growth][8]

Herleitung der exponentiellen Wachstumsfunktion ohne Berücksichtigung der Sterberate [E. derivation of the exponential growth function without consideration of mortality rate]:

Der Zuwachs der Zellen dN in der Zeit dt ist der Zellzahl N_t zur Zeit t direkt proportional. Es gilt somit

dN	~	N	
dN	~	dt	
dN	~	$N \cdot dt$	unter Einführung einer Proportionskonstanten μ als spezifische Wachstumsrate
dN	~	$\mu \cdot N \cdot dt$	Differenzialgleichungen werden durch Integrieren gelöst.

$$\int_{N_0}^{N_t} \frac{dN}{N} = \mu \int_{t_0}^{t} dt$$

$$\text{In}\, N_t - \text{In}\, N_0 = \mu(t - t_0) \qquad (1)$$

$$\text{In}\,\frac{N_t}{N_0} = \mu\, \Delta t$$

$$N_t = N_o \cdot e^{\mu \cdot \Delta t}$$

Berechnung der Verdoppelungszeit t_d. Das ist die Zeit, in der sich die Anzahl der Zellen zur Zeit t, d. h. N_t bzw. eine Biomasse, verdoppelt hat.

Aus Gleichung (1) folgt dann, wenn $\Delta t = t_d$ und $N_t = 2\, N_0$ gesetzt:

$$\text{In}\,\frac{2N_0}{N_0} = \mu\, t_d$$

$$\text{In}\, 2 = \mu \cdot t_d$$

$$t_d = \frac{\text{In}\, 2}{\mu} \qquad (2)$$

$$\mu = \frac{\text{In}\, 2}{t_d}$$

$$\mu = n \cdot \text{In}\, 2$$

$n = \frac{1}{t_d}$ Teilungsrate, das ist der reziproke Wert derVerdoppelungszeit.

[8] N_t = Zellzahl zum Zeitpunkt t
n = Anzahl der Zellteilungen in der Zeiteinheit = Teilungsrate $n = \left(\frac{1}{t_d}\right)$
t = Zeit
t_d = Verdoppelungszeit der Zellmasse = Generationszeit [h]

Gleichung (2) in Gleichung (1) eingesetzt, ergibt

$$N_t = N_0 \cdot e^{n \cdot \ln 2 \cdot \Delta t}$$

2.3.2 Limitiertes Wachstum [E. limited growth]

Limitiertes Wachstum strebt immer einen Endzustand an.

$$A_t = A_e \cdot \left(1 - e^{-\alpha t}\right) \text{folgt aus}$$

$\frac{dA}{dt} = -\alpha(A_e - A_t)$ durch Integration (Abb. 7).

Herleitung: Integration der Differenzialgleichung:

$\frac{dA_t}{dt} = \alpha(A_e - A_t)$ nach Trennung der Variablen und Einführung der Integrationsgrenzen

$$\int_{At}^{A_e} \frac{dA_t}{A_e - A_t} = \alpha \int_0^t dt$$

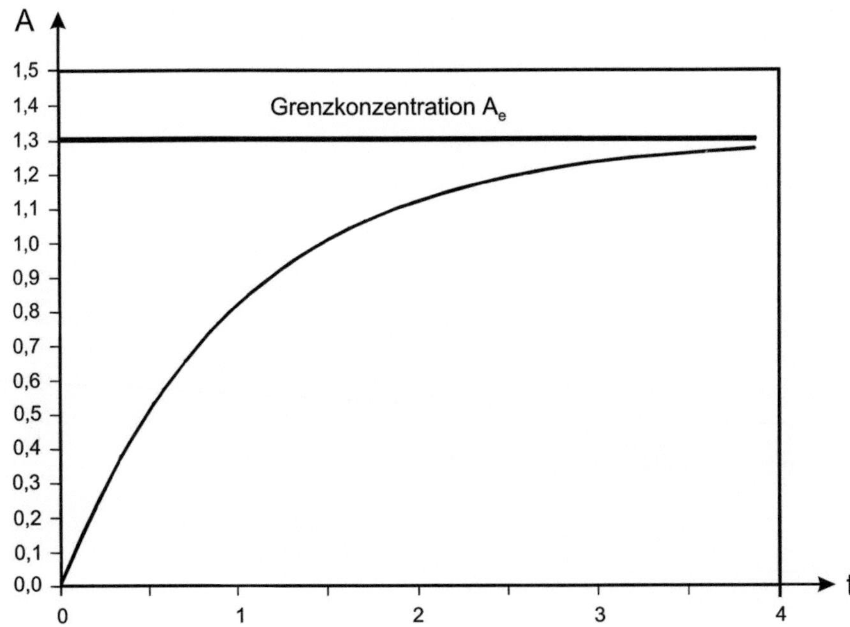

Abb. 7 Limitiertes Wachstum [E. limited growth]

- $\ln(A_e - A_t) \Big|_{A_t}^{A_e} = \alpha t \Big|_0^t$, Einsetzen der Grenzen führt zu für $t = 0$ ist $A_e = 0$, für $t = t$ ist $A_t = A_t$

- $[\ln(A_e - 0)] - [\ln(A_e - A_t)] = [\alpha \cdot 0 - \alpha t]$

$$\ln A_e - \ln[A_e - A_t] = \alpha t$$

$$\ln \frac{A_e}{A_e - A_t} = e^{\alpha t}$$

$$\frac{A_e}{A_e - A_t} = e^{\alpha t}$$

$$A_e - A_t = A_e \cdot e^{-\alpha t}$$

$$A_t = A_e - A_e \cdot e^{-\alpha t}$$

$$A_t = A_e\left(1 - e^{-\alpha t}\right)$$

Das ist die Funktionsgleichung für limitiertes Wachstum.

Beispiele[9] [E. examples]:

- der freie Fall [E. free fall]

$$V_t = V_e \cdot \left(1 - e^{-\frac{\beta t}{m}}\right)$$

- Kondensatoraufladung [E. charging of a capacitor]

$$U_t = U_e \cdot \left(1 - e^{-\frac{1}{RC}t}\right)$$

[9] V_t = Fallgeschwindigkeit zur Zeit t
V_e = End-Fallgeschwindigkeit
ß = Reibungskoeffizient
m = Masse des fallenden Körpers
U_t = Spannung am Kondensator zur Zeit t
U_e = anliegende Endspannung
$\frac{1}{Rc}$ = Zeitkonstante; R = Widerstand; C = Kondensatorkapazität
μ_t = spezifische Wachstumsrate [h^{-1}
S = Konzentration des wachstumslimitierenden Substrats [$g \cdot L^{-1}$]
K_S = Substratkonzentration bei maximaler Wachstumsrate μ_{max}.
A_e = Grenzkonzentration (mögliche Endkonzentration)

- limitiertes Zellwachstum (Abb. 8 und 9) [E. limited cell growth]

$$\mu t = \mu_{\max} \cdot \left(1 - e^{-\frac{S}{K_S}t}\right)$$

Bei biologischen, pharmakokinetischen, chemischen, technischen, ökonomischen und sozialen Prozessen bleibt der treibende Gradient in der Regel nicht konstant; er ändert sich ebenfalls mit der Zeit. Das wird mathematisch durch einen zeitabhängigen Proportionalitätsfaktor ausgedrückt, z. B. λ(t) bzw. α(t). Die entsprechenden Exponentialfunktionen bekommen folgende Formel:

$$A_t = A_0 \cdot e^{0 \int t_\lambda (dt)}$$

$$A_t = A_0 \cdot e^{\lambda(t)}$$

Die bisher vorliegenden Daten über die Verbreitung der mit dem Aidsvirus infizierten und erkrankten Menschen scheint ebenfalls dem Gesetz des limitierten Wachstums zu gehorchen (Abb. 10).

Das lässt einerseits eine Prognose über die noch zu erwartende Aidsausbreitung zu, andererseits kann auch zu einem bestimmten Zeitpunkt eine Selbstimmunisierung der Menschen erwartet werden.

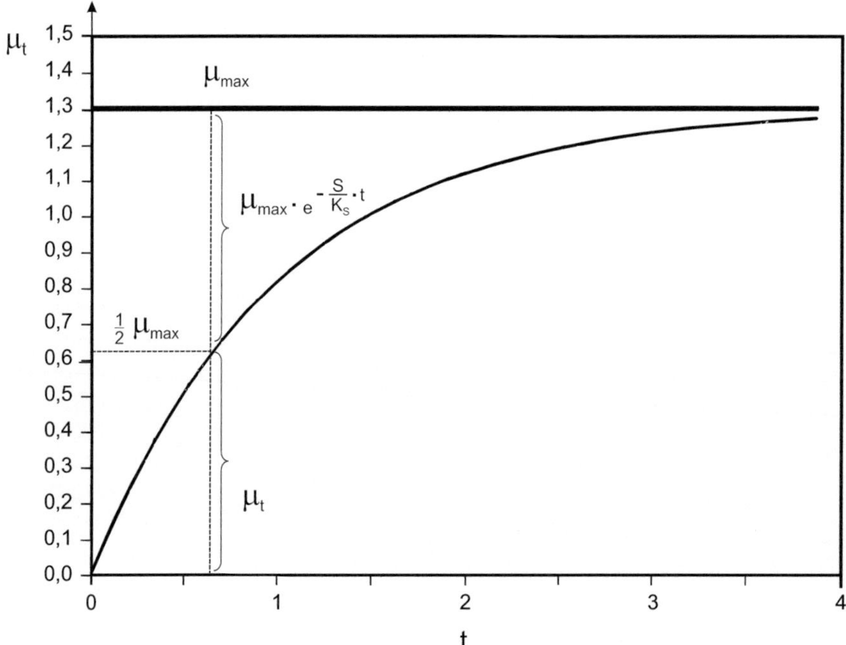

Abb. 8 Beispiel für ein limitiertes Zellwachstum [E. example for a limited growth of cells]

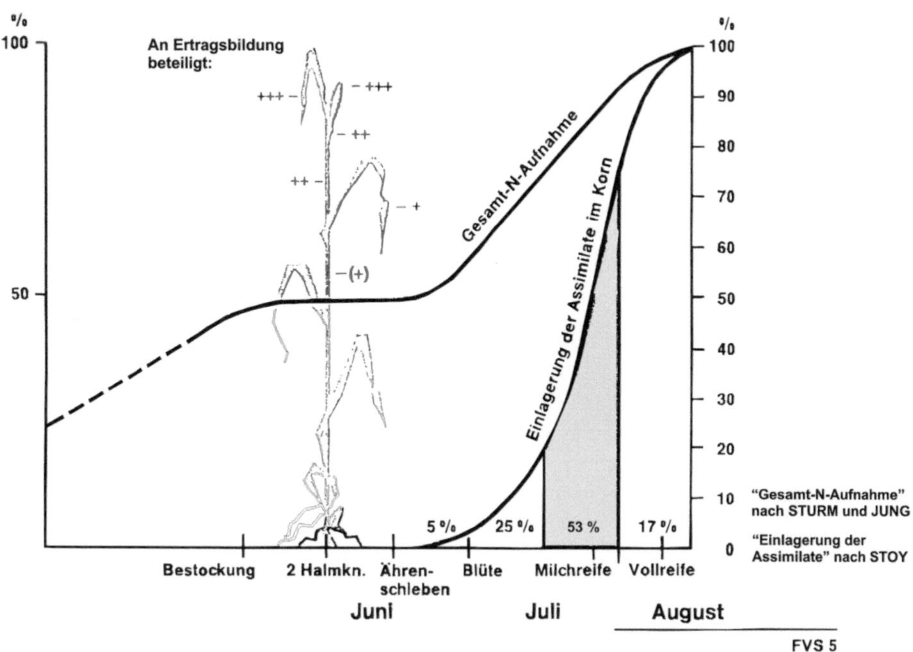

Abb. 9 Stickstoffaufnahme und Assimilateinlagerung (assimilatio (lat.) – Angleichung, Umwandlung). im Weizenkorn während der Wachstumsphase [E. absorbing of nitrogen and intercallation of assimilation products in the wheat grain during the period of growth]

Abb. 10 HIV-Inzidenz (Aidserkrankung) (HIV, Human Inmmunodeficiency Virus.incisio (lat.) – einschneiden, einfallen, Inzidenz bezeichnet dic Anzahl neuer Erkrankungsfälle in der Zeiteinheit. Lit.: Spektrum der Wissenschaft, Heft 12 (1988). [E. HIV-illness]

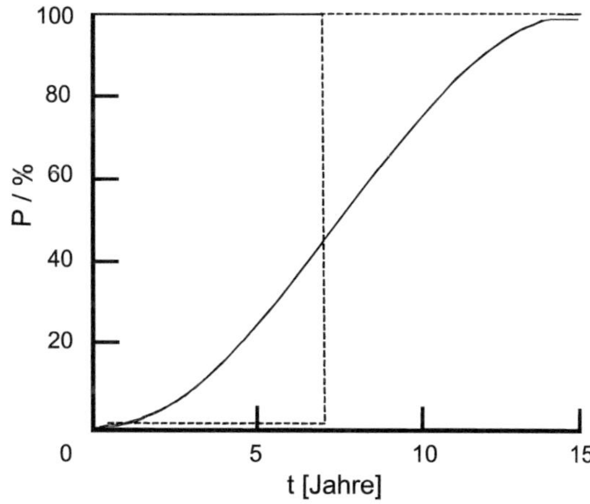

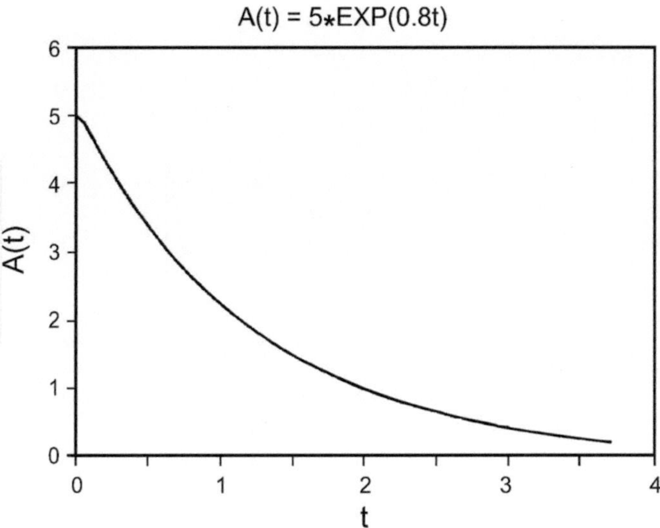

Abb. 11 Abklingfunktion [E. function of attenuation]

Nimmt man eine konstante Inkubationszeit von 7 Jahren an, setzt sich die exponentiell wachsende HIV-Inzidenz – 7 Jahre verschoben – in den exponentiellen Aidskrankheitsverlauf um.

Berücksichtigt man die realistischere Erkrankungsfunktion, d. h. eine Inkubationszeit von 7 Jahren, so steigt die Aidserkrankungskurve zunächst schneller, zu späteren Zeitpunkten langsamer an als die um 7 Jahre versetzte e-Funktion.

2.4 Abklingvorgänge [E. attenuation processes]

Vorgänge, die von einer gegebenen Grundgesamtheit A_0 beim Zeitpunkt t_0 starten und die zeitliche Abnahme der Grundgesamtheit darstellen, werden als Abklingvorgänge oder auch Degressionen[10] bezeichnet. Ihre Vorgänge werden vielfach durch lineare Differenzialgleichungen beschrieben, deren Lösung eine fallende Exponentialfunktion ergibt (Abb. 11).

$$\frac{dA}{dt} = -\alpha \cdot A$$

$$A_t = A_0 \cdot e^{-\alpha t}$$

[10]degredi (lat.) – herabschreiten.

Beispiele [E. examples]:

- Konzentrationsabnahme einer Substanz während einer chemischen Reaktion [E. decrease in concentration of a substance during a chemical reaction]

  $\frac{dc}{dt} = -k \cdot c$

  $C_{A(t)} = C_{A0} \cdot e^{-kt}$
- radioaktiver Zerfall [E. radioactive decay]

  $\frac{dN}{dt} = -\lambda \cdot N$

  $N_t = N_o \cdot e^{-\lambda t}$
- Kondensatorentladung [E. discharge of a capacitor]

  $U_t = U_0 \cdot e^{-\frac{1}{RT}t}$
- Lichtabsorption [E. absorption of light]

  $j_d = J_0 \cdot e^{-k \cdot c \cdot d}$
- Barometrische Höhenformel [E. formula for barometric height]

  $n_h = n_0 \cdot e^{-\frac{m \cdot g}{kT} \cdot h}$

  Eine Erweiterung des Gültigkeitsbereichs des barometrischen Höhensatzes führt zum Boltzmann'schen Energieverteilungssatz: $N_T = N_0 \cdot e - \frac{E}{kT}$

  $N_T = N_o \cdot e^{-\frac{E}{kT}}$; $k = \frac{R}{N_0}$ Boltzmann-Konstante[11]

---

[11]Boltzmann, Ludwig (1844–1906), österr. Physiker.

μ	=	spez. Wachstumsrate	d	=	Schichtdicke des Mediums
$\frac{f}{V_0}$	=	Verdünnunsrate	c	=	Konzentration einer absorbierenden Lösung
f	=	Zuflussrate = Abflussrate	k	=	Absorptionskonstante
V_0	=	Arbeitsvolumen	n_h	=	Teilchen in der Höhe h
C_A	=	Konzentration einer Reaktionskomponenten A	n_0	=	Teilchenzahl in der Höhe 0 m
C_{AO}	=	Ausgangskonzentration der Komponenten A zur Zeit t = 0	m	=	Masse der Gasteilchen
k	=	Reaktionsgeschwindigkeitskonstante	g	=	Gravitationskonstante
N_t	=	Anzahl der Teilchen zur Zeit t	k	=	Boltzmannsche Konstante
N_0	=	Anzahl der Teilchen zur Zeit t = 0	μ	=	spez. Wachstumsrate $[h^{-1}]$
λ	=	Zerfallskonstante	D	=	Verdünnungsrate $[h^{-1}]$
U_0	=	Ausgangsladung des Kondensators zur Zeit t = 0			
X_t	=	Biomassekonzentration $[g \cdot L^{-1}]$ zur Zeit t			
X_0	=	Biomassekonzentration zurzeit t = 0			
J_d	=	Lichtintensität in Abhängigkeit der Schichtdicke des absorbierenden Mediums			
J_0	=	Lichtintensität vor Eintritt in das Medium			

Diese Gleichung besagt, dass pro Volumeinheit das Verhältnis $\frac{N_T}{N_0}$ der Anzahl der Moleküle mit der Energie „E" bei der Temperatur T zur Anzahl der Moleküle N_0 bei der Temperatur T_0 gleich $e^{-\frac{E}{kT}}$ ist.

- Auswaschprozess von kontinuierlichen Biokulturen [E. process of elution of continuous biological cultures]
- $X_t = X_0 \cdot e^{-(D-\mu)\Delta t}$

Herleitung der Gleichung für den Auswaschprozess von kontinuierlichen Biokulturen [E. derivation of equation for processes of elution of continuous biological cultures]:

Die Änderung der Biomassekonzentration dX ist direkt proportional der Ausgangskonzentration X(t) zu Zeit t und der Auswaschzeit dt.

$$dX \sim x(t)\, dX \sim X(t) \cdot dt$$

$$dX \sim dt\, dX = \mu\, X(t)dt - DX(t)dt$$

μ ist in diesem Fall die spezifische Wachstumsrate (h^{-1}), und D ist die Verdünnungsrate (h^{-1}).

$$\int_{Xo}^{Xt} \frac{dX}{X(t)} = (\mu - D) \int_{t_0}^{t} dt$$

$$\ln X_t - \ln X_0 = (\mu - D)(t - t_0)$$

$$\ln \frac{X(t)}{X_0} = (\mu - D)\,\Delta t$$

$$X(t) = X_0 \cdot e^{(\mu - D)\,\Delta t *}$$

3 Überlagerungsprozesse [E. superposition processes]

Überlagerungs- bzw. Übergangsprozesse entwickeln sich im Zusammenwirken von Wachstums- und Abklingvorgängen. Aus den entsprechenden Wachstumsfunktionen werden Übergangsfunktionen, wenn der Wachstumsprozess durch parallel laufende Abklingvorgänge kompensiert wird. (Abb. 12 und 13).

In den Phasen A, B, C und D ist die Vitalität eines Systems erheblich stärker als die Mortalität[12] (Sterblichkeit). In der Phase E ist die Wachstumsrate gleich der Sterberate. Das Wachstum leitet in einen Abklingvorgang über, wenn die parallel verlaufenden Abnahmeraten größer sind als die Zuwachsraten. Zur Aufklärung von naturwissenschaftlichen, wie chemischen, biologischen, pharmakologischen Reaktionen, technischen, wirtschaftlichen und sozialen Vorgängen sind die Übergangsphasen von besonderem Interesse (Abb. 13).

Analog dem Wachstum von Mikroorganismen verhält sich über den Zeitraum der Menschheitsgeschichte auch die Wachstumskurve der Weltbevölkerung (Abb. 14).

[12] mortalitas (lat.) – Sterblichkeit, Sterblichkeitsziffer.

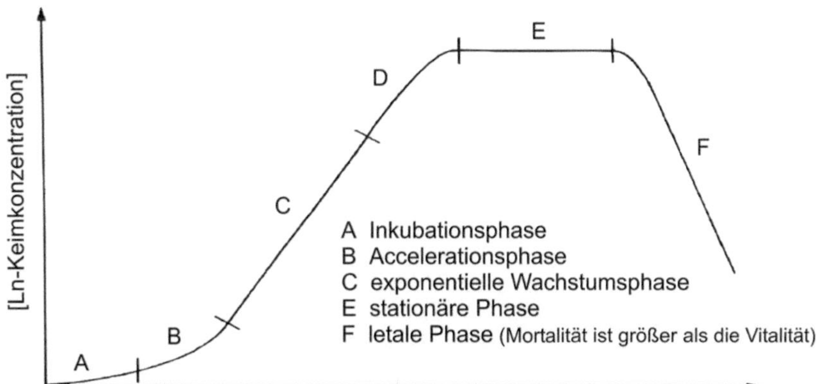

Abb. 12 Wachstumskurve von Mikroorganismen [E. growth diagram of microorganisms]

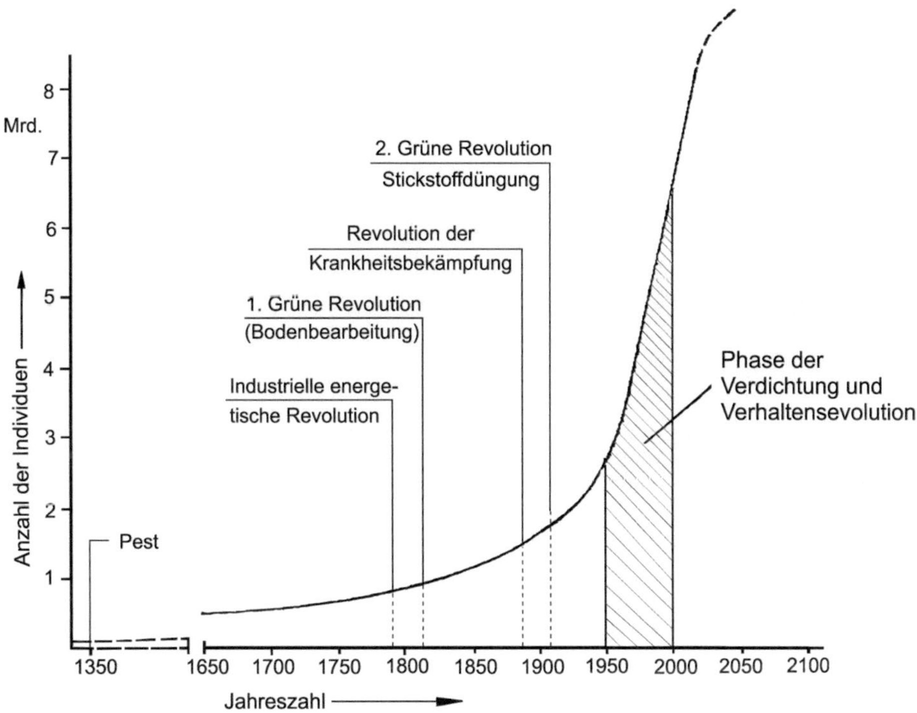

Abb. 13 Wachstumskurve der Erdbevölkerung [E. growth diagram of the population of the Earth]

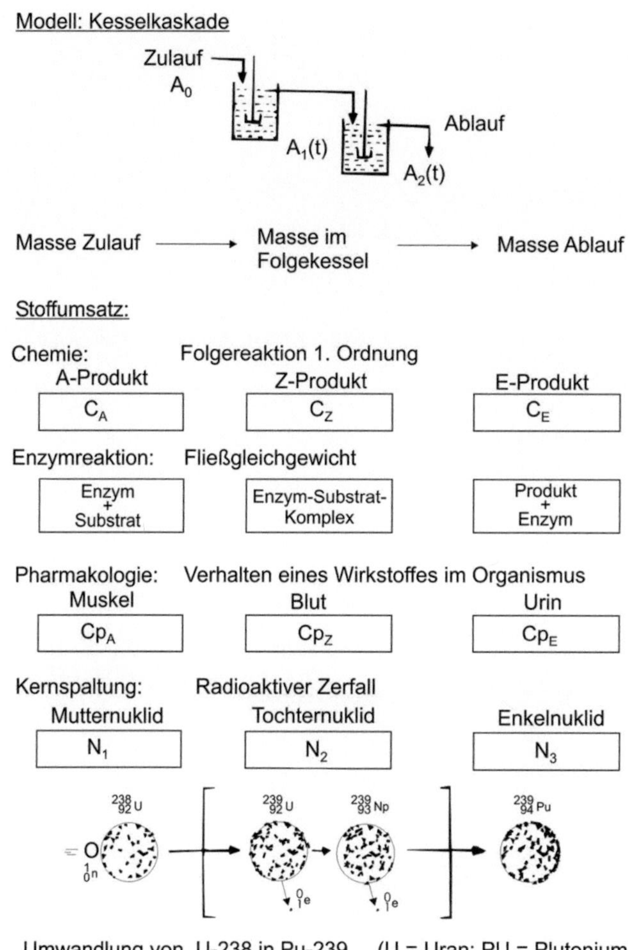

Abb. 14 Analogien zwischen Überlagerungsvorgängen [E. analogies between superposition processes]

Wird das Nährstoffangebot bei beiden betrachteten Populationssystemen unter dem normalen Bedarf verringert, treten Stresssituationen ein, die die Sterblichkeitsziffern erhöhen.

Deshalb ist es interessant und wichtig, darüber nachzudenken, wann die Bevölkerungswachstumskurve in die stationäre Phase übergehen wird und durch welche Symptome sie begleitet wird, z. B. Hunger, Epidemien, Bürgerkriege, Psychoterror u. a.

Mathematisch können Überlagerungsvorgänge qualitativ durch folgende Überlegungen beschrieben werden:

Mengenänderung im

Übergangsmilieu = zufließende Menge − abfließende Menge

$$\frac{dA_2}{dt} = F_1 \cdot A_1(t) - F_2 \cdot A_2(t)$$

Dabei handelt es sich um eine lineare inhomogene Differenzialgleichung.

F_1 und F_2 sind Konstanten, die berechnet werden müssen und für das jeweils betrachtete System zu interpretieren sind.

Beispiele [E. examples]:

- Wachstum der Bevölkerung [E. growth of the population]
- Konsekutivreaktionen einer chemischen Umsetzung [E. reaction consequent upon a chemical conversion]
- Enzymreaktionen (Fließgleichgewichte) (Kap. XVIII, Abschn. 2.1) [E. enzyme reactions (flow equilibriums)]
- Verweilzeitverhalten einer Substanz in einer Rührkesselkaskade [E. dwell time behaviour of a substance in agitator vessel cascade]
- Absorption und Ausscheidung einer Wirksubstanz im Organismus, Pharmakokinetik [E. absorption and elimination of an active substance in an organism]
- Der Lebenszyklus eines Industrieproduktes [E. life cycle of an industrial product]
- Radioaktiver Zerfall unter Berücksichtigung der Zwischenstufen [E. radioactive decay with consideration of the intermediate stages]
- Zusammenspiel von Kapitalzufluss und -abfluss [E. connection between capital input and output]
- Wachstumskurve von Mikroorganismen [E. growth curve of microorganisms]

3.1 Verweilzeitfunktionen von Arzneimitteln und Produktlebenszyklen als Überlagerungsfunktionen [E. sojourntime functions of pharmaceuticals in a human body and product life cycle superposition functions]

Typische Beispiele für Überlagerungsfunktionen, die aus Wachstums- und Abklingvorgängen zusammengesetzt sind, sind die Verweilzeitfunktionen von Arzneimitteln im menschlichen Körper. Sie erläutern exakte Aussagen über die notwendige Mindest- und Höchstdosierung von Arzneimittelgaben, deren wirksame Aktivität und Eingrenzung von Nebenwirkungen.

Die Verzögerungszeit ist diejenige Zeit, die von der Einnahme bzw. Applikation eines Arzneimittels bis zum Beginn der Resorption durch den Körper erforderlich ist. Im Punkt C ist die Arzneimittelkonzentration so hoch, dass sie pharmakologisch zu wirken beginnt.

Im Punkt D ist das Maximum der Konzentration erreicht. Danach beginnt die Ausscheidung des Arzneimittels aus dem Körper. Die Überlagerungskurve flacht ab. Im Punkt E unterschreitet die Arzneimittelkonzentration die Wirkungsschwelle. Ein ideales Arzneimittel ist dasjenige, bei dem die Wirkungsdauer möglichst lang ist und das Maximum im Punkt D oberhalb der Wirkungsschwelle möglichst niedrig ist (Abb. 15).

Die Lebenszyklen von Produkten auf den Märkten gehorchen häufig ebenfalls den Gesetzen von Überlagerungsprozessen. Wird ein Produkt nach der Forschung und Entwicklung in den Markt eingeführt, durchläuft es eine Einführungsphase, in der noch keine Gewinne erzielt werden. Mit zunehmendem Umsatz steigen auch die Gewinne und erreichen während der beginnenden Sättigungsphase, d. h. Umsatzstagnation, die höchsten Werte (Abb. 16).

Dieses ist der Zeitpunkt, zu dem die Unternehmer Maßnahmen für ein neues Produkt oder mindestens für eine Produktverbesserung einleiten sollten. In der Regel ist dieser Zeitpunkt schon zu spät, vielmehr ist während des exponentiell-ähnlichen Umsatzwachstums über neue marktgängige Produkte nachzudenken. Während der Degenerationsphase nehmen sowohl der Umsatz als auch die Gewinne ab, zu Beginn der Degeneration nimmt der Umsatz oft stärker als der Gewinn ab. Das führt häufig zu falschen oder verzögerten Entscheidungen.

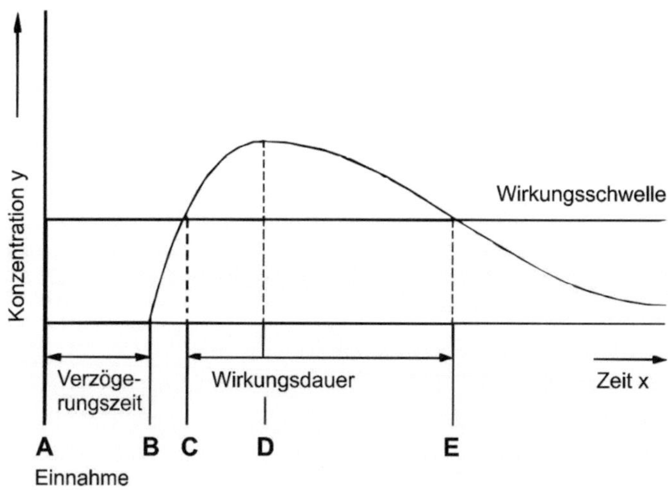

Abb. 15 Verweilzeitfunktion (idealisiert) eines Arzneimittels in einem menschlichen Körper [E. sojourn time function of a pharmaceutical in a human body]

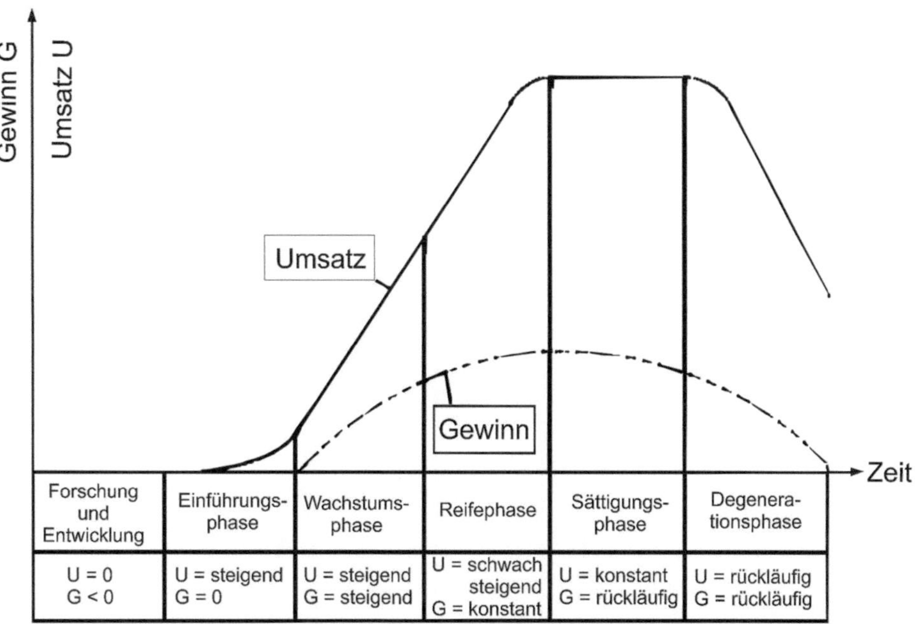

Abb. 16 Produktlebenszyklus (idealisiert) [E. product life cycle]

4 Beschreibung von mikroskopischen Zuständen [E. description of microscopic conditions]

4.1 Normalverteilung nach Gauß[13] [E. normal distribution according to Gauss]

Möchte man das Verhalten von Einzelteilchen in einem System beschreiben, dann reichen die Parameter für makroskopische Betrachtungen wie Druck, Temperatur, Volumen, Konzentration wie auch die elektrischen Messgrößen Spannung, Stromstärke und Widerstand nicht mehr aus.

Um über das Verhalten von Individuen in Gruppen, seien es nun Moleküle oder Lebewesen, etwas auszusagen, werden statistische Methoden herangezogen.

Als Grundmodell zur Veranschaulichung von statistisch verteilten Eigenschaften dient die Gauß'sche Normalverteilung (Abb. 17).

$$P(x) = \frac{1}{\delta\sqrt{2X}} \cdot e^{-\frac{1}{2}\left[\frac{X-\mu}{\delta}\right]^2}$$

[13]Gauß, Karl, Friedrich (1777–1855), dt. Mathematiker und Astronom.

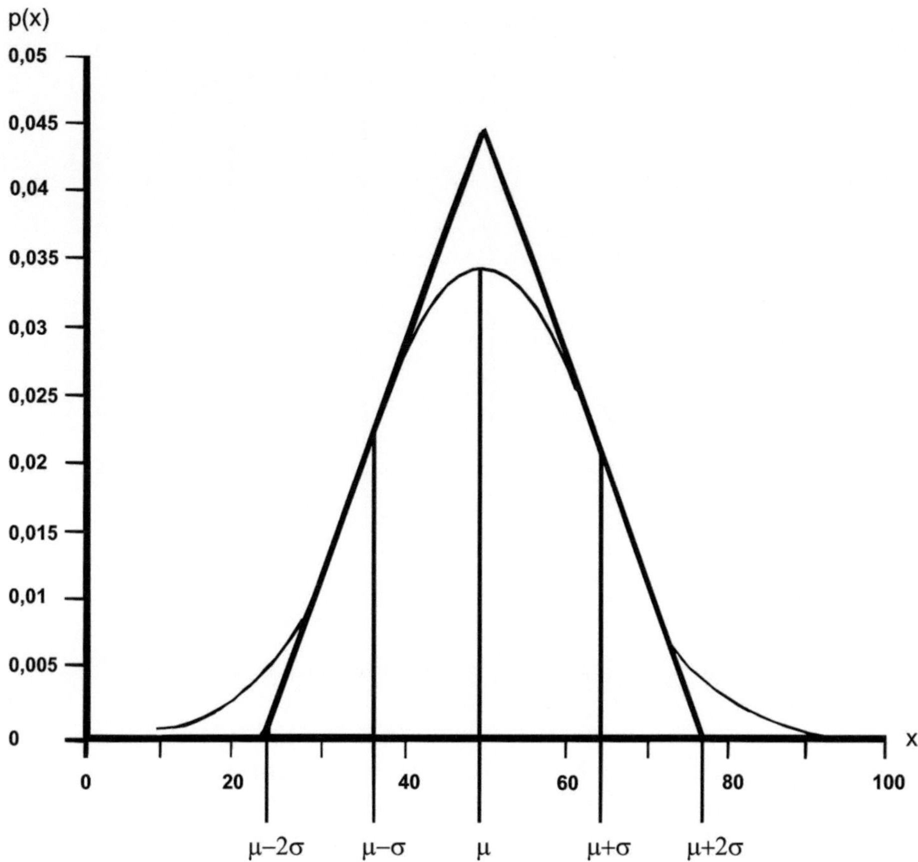

Abb. 17 Normalverteilung nach Gauß [E. normal distribution according to Gauss]

μ = Erwartungswert; σ = Standardabweichung, auch Streuung genannt; σ^2 = Varianz (Dispersion)

Der arithmetische Mittelwert μ ist durch nachstehende Gleichung definiert:

$$\mu = \frac{1}{N} \sum_{\rho=1}^{N} x_0 \tag{1}$$

Hierin bedeutet $\rho = 1, —, N$ die laufende Nummer der Beobachtungen bzw. Ereignisse und $x_0(p = 1,—,N)$ die zugehörigen Merkmalswerte für das beobachtete Merkmal. N wird auch als Umfang des Kollektivs bezeichnet.

Das arithmetische Mittel ist der Bezugspunkt bezüglich dessen die Streuung (Dispersion) einer Beobachtungsreihe minimal wird.

$$\sigma^2 = \frac{1}{N}\left(x_\rho - \mu\right)^2 \tag{2}$$

σ^2 ist die Varianz oder Streuung des beobachteten Merkmals in dem jeweils untersuchten Kollektiv.

4.2 Beispiele für Verteilungsfunktionen [E. examples for functions of distributions]

Mit diesen Methoden können zusätzliche Erkenntnisse über das Verhalten von Systemen gewonnen werden, die sich z. B. bei makroskopischer Betrachtung im dynamischen Gleichgewichtszustand befinden. Bei mikroskopischer Betrachtung dagegen weisen dieselben Systeme Ungleichgewichte auf, z. B. Energie- und Geschwindigkeitsungleichverteilungen von Teilchen in der Dampf- und Flüssigkeitsphase. Gesetze, die aus einer statistischen Beschreibung von Zuständen folgen, sind z. B. das Geschwindigkeitsverteilungsgesetz nach J. C. Maxwell[14] und das Planck'sche[15] Strahlungsgesetz (Abb. 18) und die granulometrische Verteilung nach **R**osin, **R**ammler, **S**perling, **B**enett (Abb. 19).

$$\frac{dN}{N} = \frac{4}{\sqrt{x}} \cdot \left[\frac{V}{v_h}\right]^2 \cdot e^{-\left[\frac{v}{v_h}\right]^2} \cdot d\left[\frac{v}{v_h}\right]^2;\ v_h = \sqrt{\frac{2kT}{m}}$$

[14]Maxwell, James, Clerk (1813–1879), engl. Physiker.

[15]Planck, Max (1858–1947), dt. Physiker, Nobelpreis 1918.

N	=	Gesamtzahl der Moleküle
dN	=	Anzahl der Moleküle, deren Geschwindigkeit innerhalb eines infinitesimalen Geschwindigkeitsbereichs v bis + dv liegt
m	=	Masse eines Moleküls
T	=	Temperatur
k	=	Boltzmann'sche Konstante
v	=	Geschwindigkeit eines Moleküls
vh	=	häufigste Geschwindigkeit
R (d)	=	Rückstandssumme in %
d	=	Korngröße in mm
d´	=	Körnungsparameter (er entspricht einem statistischen Korngrößenmittelwert)
n	=	Gleichmäßigkeitszahl

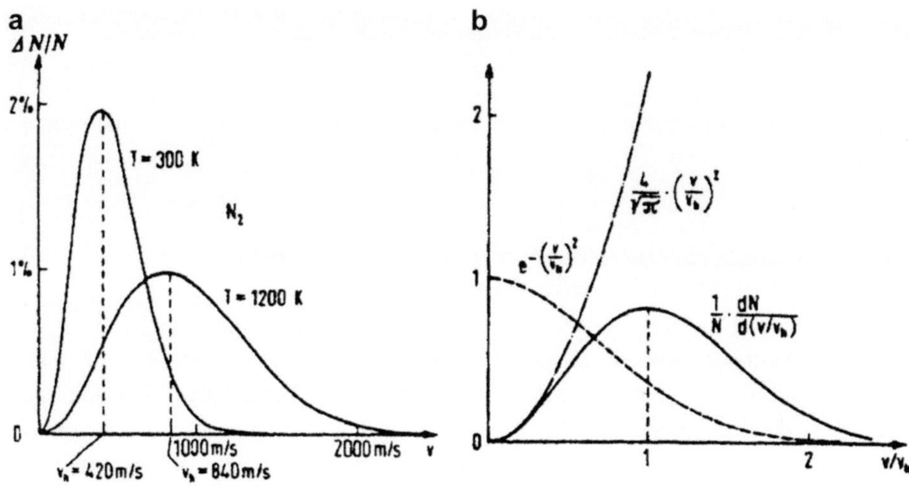

Abb. 18 Maxwell'sche Geschwindigkeitsverteilung [E. Maxwell's velocity distribution]

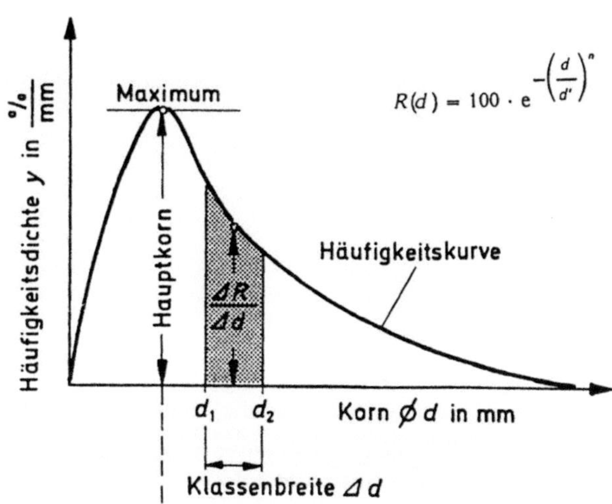

Abb. 19 RRSB-Verteilungsfunktion (nach Rosin, P.; Rammler, E.; Sperling, F. und Bennett, J. G.) [E. RRSB-distribution function]

4.3 Binominalverteilung [E. binomial distribution]

Neben der Normalverteilung werden auch die Binomialverteilung und Poissonverteilung zur Beschreibung von mikroskopischen Verhalten von Individuen innerhalb eines Kollektivs herangezogen.

Die Binominalverteilung ist eine fundamentale diskrete Verteilung zufälliger Häufigkeiten. Es lässt sich beweisen, dass die Wahrscheinlichkeit dafür, dass im gesamten Experiment x-mal das Ereignis E_1 und (n-x)-mal das Ereignis E_2 eintritt,

$$Pn(x) = \binom{n}{x} p^x \cdot q^{n-x} \, (x = 0, 1, \cdots, n) \text{ ist}$$

Hierin bedeuten
n = Anzahl der Beobachtungen (Umfang des Kollektivs)
p = Wahrscheinlichkeit für das Ereignis E_1
q = Wahrscheinlichkeit für das Ereignis E_2.

Es soll gelten $p + q = 1$.

Als Erwartungswert (arithmetisches Mittel) für eine nach der Binominalverteilung diskrete Zufallsgröße wird

$$\mu = n \cdot p \text{ erhalten.}$$

Mathematisch lässt sich die Binomialverteilung durch nachstehende Näherungsfunktion beschreiben:

$$Pn(x) = \frac{1}{\sqrt{n \cdot p \cdot q \cdot \sqrt{2\pi}}} \cdot e^{-\frac{(x-np)^2}{2n \cdot p \cdot q}}$$

Euler'sche Zahl[16] $e = 2{,}718282$; $\pi = 3{,}14159$

In dieser Näherungsformel treten p und q nur in der Kombination von np und nρq auf. Wird anstelle von $np = \mu$ und von $npq = \sigma^2$ gesetzt, so wird die diskrete Verteilung (Binominalverteilung) in eine stetige Funktion (kontinuierliche Verteilung) überführt.

$$P(x) = \frac{1}{\sigma \cdot \sqrt{2\pi}} \cdot e^{-\left(\frac{x-\mu}{\sigma - \sqrt{2}}\right)^2}; \; (-\infty < x < +\infty)$$

Dies ist die Funktion der Vormalverteilung, auch Gaußverteilung genannt.

- *Poissonverteilung*[17] [E. distribution according to poisson]

Das Poissonverteilungsgesetz erhält man, wenn bei Experimenten in hoher Zahl sich auch die Wahrscheinlichkeit p für das Auftreten des Ereignisses E verändert.

Die Veränderung von p kann so verlaufen, dass der Erwartungswert $\mu = n \cdot p$ konstant bleibt, d. h., wenn n sehr groß wird, wird die Wahrscheinlichkeit p sehr klein. Das Ereignis E tritt selten ein.

Die Poissonverteilung eignet sich zur Näherung der Binominalverteilung für große Werte von n dann besonders gut, wenn die Wahrscheinlichkeit p sehr klein ist. Sie wird daher angewendet, um Ereignisse mit kleinen Wahrscheinlichkeiten, sogenannter seltener Ereignisse zu beschreiben, z. B. die Emission von α-Teilchen einer radioaktiven Substanz oder das Auftreten von Fehlchargen während eines Produktionsvorganges.

---

[16] Euler, Leonhard (1707–1783), schweiz. Mathematiker.

[17] Poisson, Simon, Denis (1781–1840), frz. Mathematiker und Physiker.

5 Veränderungsprozesse als Rhythmen und Schwingungen [E. processes of change, seen as rythms and oscillations]

Eine andere wichtige mathematische Modellklasse sind Funktionen, die Schwingungen beschreiben. Gesteuerte Schwingungen in der Technik sind Pendel in Uhren, die Arbeitsweisen von Pumpen bzw. Kompressoren, elektrische Schwingungen. Vor allem gefürchtet sind Schwingungen, die außer Kontrolle geraten können, zum Beispiel bei rhythmisch arbeitenden Maschinen und regelmäßig auftretenden Erschütterungen.

In der Technik macht man sich vorwiegend harmonische Schwingungsformen zunutze (Abb. 20). Bei den außer Kontrolle geratenen Schwingungen handelt es sich um angeregte Schwingungen, die sich zu einer *Resonanzkatastrophe* aufschaukeln können und somit zu Material- und Maschinenschaden führen (Abb. 21).

Liegt die Anregungsfrequenz ungefähr bei der Eigenfrequenz des ω_0-Systems, so nehmen die Schwingungsamplituden zu und können eine sich anbahnende Resonanzkatastrophe anzeigen.

Gedämpfte Schwingungen widerspiegeln rhythmische Abklingvorgänge, wie sie vielfach in der Elektrotechnik, im Auslaufen eines Schwungrades, beim Abflauen eines Windes oder eines absterbenden Lebenszyklus anzutreffen sind (Abb. 22).

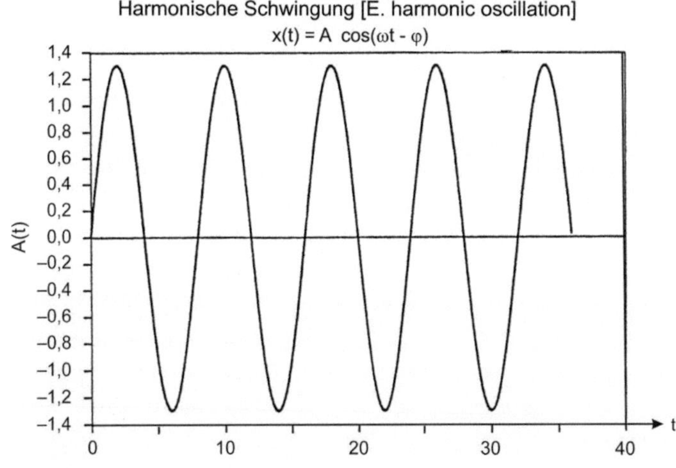

Abb. 20 Diagramm einer ungedämpften harmonischen Schwingung [E. diagram of an undamped harmonic oscillation]

X(t) = Auslenkung (Elongation) in Abhängigkeit zur Zeit
t = Zeit
A = Amplitude
ω = Frequenz
φ = Phasenverschiebung längs der Abszisse

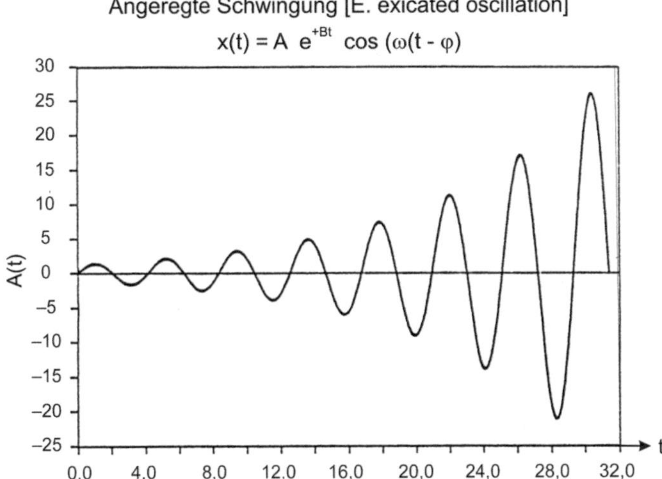

Abb. 21 Angeregte Schwingung [E. exicated oscillation]

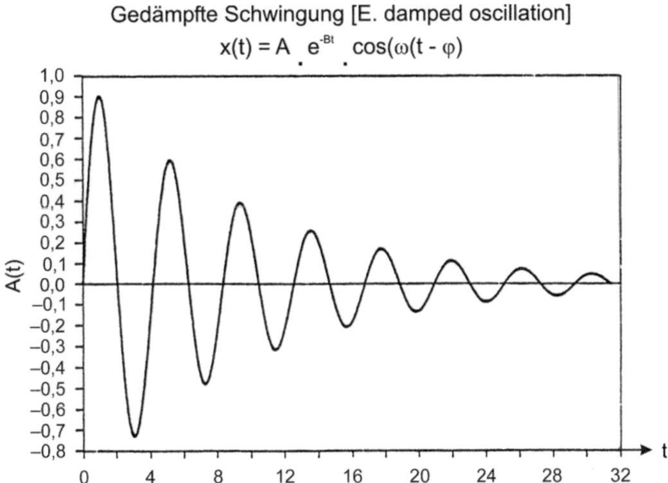

Abb. 22 Diagramm einer gedämpften Schwingung [E. diagram of a damped oscillation]

5.1 Biorhythmen im Menschen [E. biorythms in man]

Die Biorhythmen des Menschen sind als harmonische Schwingungen ausgemacht worden, die sich als Körperrhythmen, Seelenrhythmen und Intelligenzrhythmen überlagern (Abb. 23). Ihre Aussagen werden merkwürdigerweise bei der Festlegung von Arbeitszeiten und Ruhepausen in einer modernen Industriegesellschaft kaum berücksichtigt.

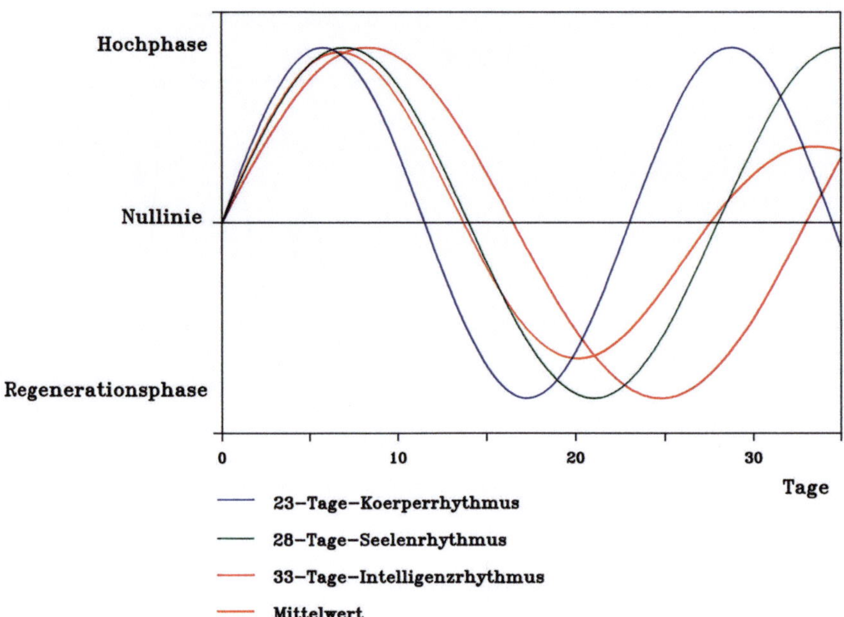

Abb. 23 Funktionelle Darstellung von Biorhythmen [E. functional representation of biorythms]

Manches menschliche Versagen in der Handhabung von technischen Vorgängen ist auf die Nichtbeachtung dieser natürlichen Gegebenheiten zurückzuführen.

Dass die Biorhythmen in ihrer Bedeutung für den Tagesverlauf noch nicht so ernst genommen werden, liegt auch daran, dass sie von anderen äußeren Einflüssen häufig überlagert werden und deshalb nicht eindeutig ausgemacht werden können, wie z. B. Wetterempfindlichkeit, Unwohlsein durch Krankheit, Überarbeitung im Beruf oder Haushalt, Lärm- und Verkehrsbelästigung u. a.

Trotzdem bestimmen die Biorhythmen als Grundschwingungen die Allgemeinbefindlichkeit jedes einzelnen Menschen. Körper-, Seelen- und Intelligenzrhythmus können in ihren Phasen verschoben sein. Das Ergebnis ist dann eine Verstärkung oder Abschwächung der jeweiligen Körper-, Seelen- oder Intelligenzkondition. Für jeden einzelnen Menschen gilt es, selbst durch kritisches Beobachten herauszufinden, in welchen Zeiten sein optimales individuelles Wohlbefinden liegt (Abb. 24).

Die Biorhythmen sind als Beispiel hier kurz angeführt und diskutiert worden, um die allgemeine Bedeutung der Schwingungsfunktionen zum Beschreiben von biologischen, psychischen und geistigen Vorgängen zu betonen.

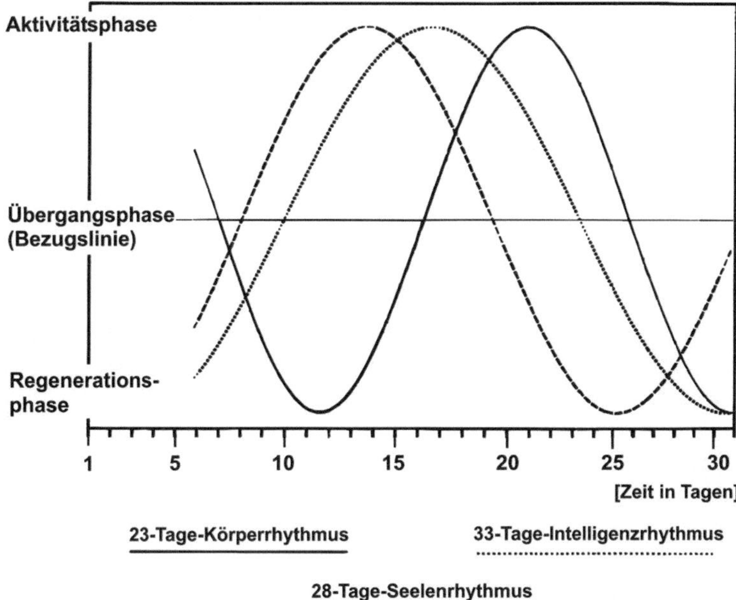

Abb. 24 Phasenverschobener Verlauf von Biorhythmen [E. displacement of biorhythmical phases]

6 Exponentielle Evolutionskurve [E. exponential development curve – evolution curve]

Veränderungsprozesse in der Natur sind häufig nichts anders als mit der Zeit kontinuierlich fortlaufende Schwingungen. Die Frequenzen und Amplituden der einzelnen periodischen Vorgänge sind allerdings sehr unterschiedlich, z. B.

- der Umlaufrhythmus der Planeten um die Sonne,
- der 24 h-Rhythmus für den Menschen,
- ebenso der Jahresrhythmus,
- Atmung,
- Peristaltik,
- Herzschlag,
- chemische Oszillationen in biologischen Systemen.

Der Lebenslauf einer gesamten biologischen Spezies als auch der eines Individuums sind ein exponentiell fortschreitender periodischer Rhythmus.

Die Exponentialkurve beschreibt den makroskopischen Verlauf. Makroskopische Verläufe sind Wachstums- und Alterungsprozesse. Sie unterliegen einer stetigen, zeitlichen Frequenz- und Amplitudenänderung.

Evolutionäre Vorgänge sind durch eine Anlaufphase, Übergangsphase und Exponentialphase charakterisiert (Abb. 12). Sie unterscheiden sich durch die Frequenzen und Amplituden der für die typischen zyklischen Lebensfunktionen. Die Veränderung dieser zyklischen Lebensfunktionen ist in Wirklichkeit ein offener Zyklus. Die Ursache liegt in dem Faktor Zeit. Sie verhindert einen geschlossenen Zyklus und bewirkt eine Aneinanderreihung von gestörten Zyklen, die sich dann als Schwingungen manifestieren. Die Veränderungen dieser offenen Zyklen erfolgen nicht willkürlich, sondern lassen sich mathematisch über einen langen Zeitraum durch Exponentialfunktionen beschreiben. Zur Aufrechterhaltung der Schwingungen bedarf es sowohl in der Technik als auch in der Natur einer ständigen Energiezufuhr (Abb. 25). Auch demokratischen Gesellschaftsordnungen muss in Form des Engagements von Bürgern ständig Energie zugeführt werden, damit ihre in sich selbsttragenden Ordnungsstrukturen nicht zusammenbrechen.

Die Funktion beschreibt eine mit der Zeit t exponentiell wachsende Amplitude und zunehmende Frequenz, d. h. keine harmonische Schwingung.

Das Ende einer solchen exponentiellen Evolutionskurve kann durch eine Resonanzkatastrophe, Stagnationsphase oder Abklingphase (letzte Phase) gekennzeichnet sein.

Die Exponentialkurve in der dargestellten Evolutionskurve ist eine einseitige Umhüllungskurve. Sie verbindet die Amplitudenmaxima einer fortlaufenden angeregten Schwingung. Auf die Entwicklung des biologischen Systems bezogen, deuten die Amplitudenmaxima die jeweils erreichte Strukturkomplexität der am höchsten entwickelten Spezies in der jeweiligen Entwicklungsphase(-zeit) t an.

Die Amplitudenminima sind durch eine Null-Linie verbunden. Das bedeutet, dass jedes Individuum und auch jede Spezies durch das Absterben immer wieder in die einfachsten Strukturen der Urbausteine zurückfällt und aus diesen heraus mithilfe von Energiezufuhr sich zur jeweils erreichten Komplexität von Neuem entwickelt.

- *Mensch* [human life]

Die am höchsten entwickelte Spezies ist zurzeit der Mensch.

Eine Verdichtung der Schwingungen entspricht einer Frequenzzunahme. In dieser Zeit vollziehen sich die Evolutionsschübe besonders schnell. Sie entspricht einer exponentiellen Wachstumsphase.

Welches Ende die Entwicklung eines biologischen Systems nehmen wird, ist schwer vorauszusagen. Es kann nur vermutet werden. Entsprechend der Kenntnisse über den Verlauf von Wachstums-, Abkling- und Überlagerungsfunktionen könnten Evolutionsprozesse zum Stillstand kommen, d. h. in einer Stagnationsphase verweilen. Dieses ist allerdings kaum anzunehmen, da das dem biologischen Überlebensprinzip widerspricht. Ein Übergang in eine Abklingphase würde nur eintreten, wenn sich die Lebensbedingungen in der Biosphäre in einer erdgeschichtlich relativ kurzen Zeit verschlechtern würden.

Der Fall einer Resonanzkatastrophe ist aus der Erfahrung des bisherigen Verlaufs über die Entwicklung des biologischen Systems auszuschließen. Der Überlebenstrieb biologischer Systeme ist so stark ausgeprägt, dass alle Chancen der Anpassungsmöglichkeiten

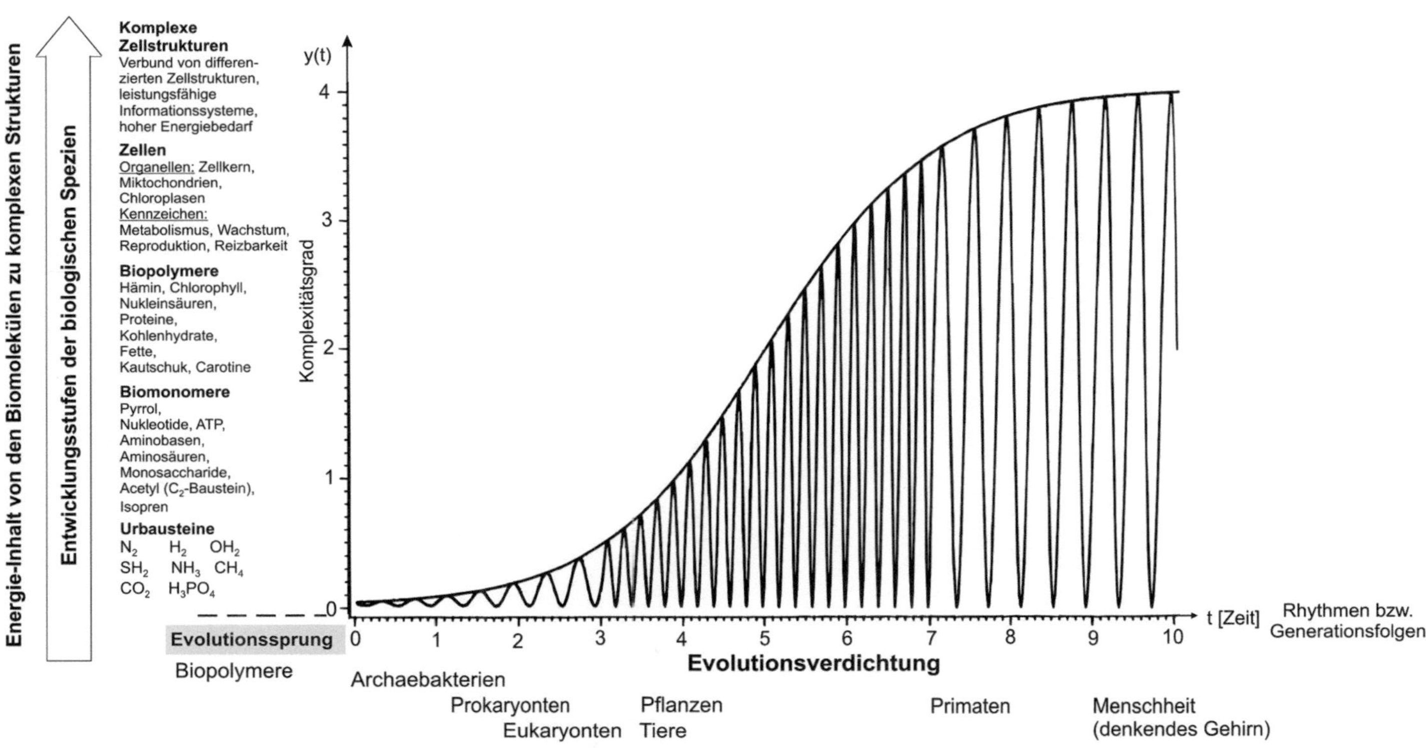

Abb. 25 Lebenszyklen biologischer Systeme und Individuen [E. life cycles of biological systems and individuals]

wahrgenommen werden, um immer wieder ein Überleben zu sichern. Die exponentielle Evolutionskurve würde allerdings abrupt abbrechen, wenn die Menschheit in der rücksichtslosen Ausbeutung ihrer Lebensressourcen in der Biosphäre fortfährt. Das entspräche einer Resonanzkatastrophe (Abb. 21).

7 Die Zeit als Parameter in technischen, biologischen, soziologischen und ökonomischen Prozessen [E. time as parameter in technical, biological, sociological and economical processes]

Beschreibung [E. description]
Die Zeit manifestiert sich als Folge nacheinander ablaufender Ereignisse. Sie verknüpft Ereignisse miteinander, wobei die Verknüpfungsdichte unterschiedlich sein kann, nämlich sehr lose oder eng, je nachdem wie dicht die Ereignisse aufeinanderfolgen.

Die Zeit wird als etwas Strömendes, wie ein Fluss, wahrgenommen, kann aber weder reguliert noch manipuliert werden.

Wie ein Fluss ist sie ein einseitig gerichteter Parameter und damit unumkehrbar, d. h. irreversibel. Eine rückläufige und damit entgegengerichtete bzw. negative Zeit gibt es nicht.

Kinetik[18], eine Wissenschaft von der Zeit [E. kinetics, a science of time]

Physikalische Ereignisse und Tatbestände spielen sich in Raum und Zeit ab. Ihre Bestimmung bzw. Fixierung erfolgt mithilfe von Raum- und Zeitkoordinaten. Die Kinetik ist eine Lehre von zeitabhängigen Prozessen, z. B. Bewegungen, Strömungen, Vermehrungen, Konzentrationsänderungen, Temperatur- und Druckänderungen (Kap. XIV, Tab. 1 in Abschn. 7).

Einige Beispiele (E. some examples):

- Kinetik des Wachstums der Pflanzen, der Mikroorganismen und der Weltbevölkerung (Abb. 12 und 13).
- Änderung der Menge als Funktion der Zeit, Wachstumsgesetze (Abb. 3 und 4).
- Änderung der Wachstumsgeschwindigkeit mit der Menge, d. h. Abhängigkeit der zeitlichen Änderung der Menge von der Menge selbst (Ratengesetz, Abb. 3 und 4).
- Mechanik[19] ist die Lehre von den Bewegungen und den sie auslösenden äußeren und inneren Kräften.
- Reaktionskinetik ist die Lehre von chemischen Reaktionsverläufen in Abhängigkeit der Zeit, Konzentrations-Zeit-Funktionen (Abb. 6 und 11).

---

[18]kinesis (gr.) – Bewegung.

[19]mechnanike techne (gr.) – Maschinenkunst.

- Pharmakokinetik ist die Lehre von den Konzentrationsänderungen von Pharmaka im Organismus in Abhängigkeit von der Zeit:
  Resorption – Verteilung – Elimination (Abb. 15).
- Agrokinetik der Pflanzenschutz- und Düngemittel ist die Lehre von den Konzentrationsänderungen der entsprechenden Wirkstoffe im Boden und Pflanze (Abb. 9).

Physikalische, biologische und psychologische Zeitmaße [E. physical, biological and psychological time units]

Die Zeit ist ohne Körper und Form, sie ist mit den Sinnesorganen nicht ertastbar, sie hat keinen Anfang und kein Ende.

Sie ist deshalb nur bedingt messbar, nicht als absolute Größe, sondern relativ als Differenz von willkürlich festgelegten Bezugspunkten, den Anfangs- und Endereignissen.

- Als *physikalisches Maß* ist die Sekunde [s] als Basiseinheit 1 s = 9191 631 779 · T_0 festgelegt worden. T_0 ist die Periodendauer der dem Übergang zwischen beiden Hyperfeinstrukturniveaus des Grundzustandes von Atomen des Atomkerns Caesium 133, ^{133}Cs, entsprechender Strahlung.
- Das *biologische Maß* ist die Generationsphase einer lebenden Spezies. Sie unterscheidet sich vom physikalischen Maß in ihrer unterschiedlichen Dauer. Aber sie ermöglicht es, Generationsfolgen verschiedener biologischer Systeme miteinander zu vergleichen und auftretende Veränderungen wie z. B. Adaptationen[20], Mutationen[21], Resistenzen[22], Krankheitsdauer zueinander in Beziehung zu setzen.
- Das *psychologische Maß* lässt sich als quantitative Basiseinheit nicht definieren. Es ist subjektiver Art. Es hängt ab von der Ereignisdichte und der Wahrnehmungs- bzw. Erlebnisfähigkeit des jeweiligen Menschen. Je höher die Ereignisdichte und je größer die Wahrnehmungsdichte, desto schneller wird der Zeitfluss empfunden.
- *Die Zahl als qualitative Größe; der Parameter Zeit* [E. the number as a qualitative magnitude; the time parameter]

Mit Zahlen werden nicht nur quantitative Aussagen gemacht. Seit jeher haftet ihnen auch etwas Magisches an, auch im Zeitalter der sogenannten rationalen Wissenschaften. Zahlen dienen zum Vergleich von nicht messbaren Phänomenen, z. B. psychologischer, mentaler Art, Leistungsverhalten in Schule und Beruf usw. Allzu leicht wird dabei die Komplexität der Phänomene nicht erfasst, und es kommt zu fatalen Fehlschlüssen. Das gilt insbesondere im biologischen System bzw. im Bereich der lebenden Systeme, von denen häufig nur Trends und die auch nur mit Vorbehalt aufgezeigt werden können.

---

[20] aptare (lat.) – anpassen.

[21] mutare (lat.) – wechseln, verändern.

[22] resistere (lat.) – Widerstand leisten.

Das gilt auch im Bereich der Wirtschaft, wo der Zahl in ihrer Bedeutung zum Darstellen von wirtschaftlichen Fakten und Entwicklungen ein hoher Stellenwert beigemessen wird. Trotzdem ist es schwer, anhand des vielen Zahlenmaterials zuverlässige Prognosen zu stellen. Das Verhalten der Menschen kann eben nicht mit Zahlen erfasst werden, und Wirtschaften ist eine wesentliche Eigenschaft von Menschen.

Im Allgemeinen werden dynamische Prozesse, die sich in fortlaufenden Veränderungen von Zuständen offenbaren, durch zeitabhängige Parameter nach dem linearen Kausalitätsprinzip beschrieben. Sie werden nach dem Muster des linearen

$$A \longrightarrow B \longrightarrow C \longrightarrow D$$

Kausaldenkens in der Zeitfolge als nacheinander auftretende Ereignisse und Abläufe behandelt.

Diese Denkmethode erlaubt es, viele Fließvorgänge, d. h. strömende Veränderungen, durch einfache mathematische Funktionen auszudrücken. Da es üblich geworden ist, Eigenschaften und Ereignisse durch Zahlen zu bewerten, kommt der Zahl als Quantitätsmerkmal bei der Darstellung dynamischer Vorgänge in der Natur, Technik, Wirtschaft und Gesellschaft eine besondere Bedeutung zu. Diese Art naturwissenschaftlichen, wirtschaftlichen und gesellschaftswissenschaftlichen Denkens hat in den letzten zwei Jahrhunderten auch zu außergewöhnlichen Ergebnissen von Erkenntnissen über Natur, Technik und Mensch geführt.

Der Erfolg einer linearen kausalen[23] Betrachtungsweise führt aber zugleich an ihre Grenzen der möglichen Erkenntnisse.

Lässt sich die Kinetik einer chemischen oder mancher biochemischen Reaktion exakt und reproduzierbar mittels Abkling-, Wachstums- oder Überlagerungsfunktionen verfolgen, so stößt man in der Pharmakokinetik, bei biologischen Systemen oder bei wirtschafts- und gesellschaftspolitischen Prozessen auf unüberwindliche Schwierigkeiten, sofern man nur dem linearen Kausalitätsprinzip folgt.

Wie ist es zu erklären, dass viele Prognosen und Trends, obwohl sie mit wissenschaftlicher Zuverlässigkeit und Akribie erstellt werden, sich nicht bewahrheiten bzw. an der Realität vorbeizielen?

Neben dem Quantitätsdenken muss auch das Qualitätsdenken beim Erfassen und Analysieren von dynamischen Prozessen in gleicher Weise entwickelt werden. Das setzt voraus, dass neben der Zerlegung eines komplexen Prozesses in seine Teilprozesse, d. h. in der expliziten funktionellen Darstellung von zwei oder drei Parametern, z. B. $y = f(x)$ bzw. $z = (x;y)$, auch der komplexe Vorgang in seiner Gesamtheit beschrieben werden sollte, $F(x,y,z,\ldots) = 0$.

---

[23] causalis (lat.) zu causo – Ursache.

Das Kausalgesetz ist der Grundsatz, dass jeder Sachverhalt, jedes Ding seine Ursache haben muss.

Dafür werden mathematische Funktionen benötigt, die die qualitativen Zusammenhänge ausdrücken. Sie gibt es zurzeit noch nicht. Auch hier muss bei einer Aussageerweiterung bei den Zahlen begonnen werden. Neben der quantitativen Aussage müssen die Zahlen mit einem qualitativen Aussagemerkmal belegt werden.

Qualitätsdarstellungen durch Zahlen unter Berücksichtigung von gegenseitiger und multilateraler Wechselwirkung haben in der chinesischen Kultur eine jahrtausendalte Tradition.

Der Vergleich einer Wachstumsfunktion eines chemischen Reaktionsablaufes mit dem einer Wachstumsfunktion für die Vermehrung von Mikroorganismen oder mit der Zunahme der Erdbevölkerung zeigt vordergründig auf viele Gemeinsamkeiten hin: z. B. das unterschwellige Einsetzen des Vorganges, das häufig Adaptionsphase genannt wird, dann in einen beschleunigten Ablauf überleitet, der sich oft sehr gut durch Exponentialfunktionen beschreiben lässt, und dann in der Regel einem oberen Grenzwert zustrebt und damit als Prozess zum Stillstand kommt und Stagnationsphase genannt wird.

Diesen drei dynamischen Prozessen ist weiterhin das Zusammenwirken einer endlichen, aber sehr großen Menge von Individuen der Grundgesamtheit gemeinsam (Abb. 13 und 14).

Trotzdem sind direkte Vergleiche und Rückschlüsse nach der linearen Kausalität nur bedingt erlaubt.

Während die Einflussparameter einer chemischen Reaktion und ihre Interaktionen überschaubar und bekannt sind, gilt das für pharmakokinetische, biologische, wirtschafts- und gesellschaftsverändernde Prozesse nicht. Sie sind das Ergebnis einer Vielzahl von in Abhängigkeit stehenden und gegenseitig beeinflussenden Parametern, die analytisch im Einzelnen nicht zu erfassen sind. Der Komplexwirkungen enzymatischer Systeme ist man sich heutzutage bewusst, vielleicht werden sie eines Tages auch aufgeklärt sein.

Komplizierter wird es allerdings bei Prozessen in biologischen Systemen, und zwar im gesamten Spektrum von den Mikroorganismen bis zum Menschen. Individual- und Gruppenverhalten müssen berücksichtigt werden. Hier schlagen die Qualitätsparameter voll durch, die bei mathematischen Berechnungen durch Zahlen mit einbezogen werden müssten.

Ein weiteres Phänomen wird beim Vergleich zwischen den vorgenannten Beispielen offenbar. Allen gemeinsam ist die Abhängigkeit vom Parameter Zeit. Der Ablauf einer chemischen Reaktion wird in der Kinetik in Sekunden, Minuten und Stunden gemessen, die Vermehrung von Mikroorganismen in der Regel in Minuten oder Stunden, das Bevölkerungswachstum dagegen in Jahren. Die Bezugsgröße dieser Zeitangaben beruht auf dem Zeitempfinden und der zeitlichen Erlebensfähigkeit des Menschen. Sie kann bei der Deutung von Prognosen und Trends zu Fehlschlüssen führen, was im biologischen, wirtschaftlichen und gesellschaftlichen Bereich auch oft der Fall ist.

Dynamische Prozesse von biologischen Systemen, einschließlich die des Menschen, müssen in Generationsfolgen dargestellt werden. Die Zeitphase „eine Minute" hat bei einem Mikroorganismus eine andere Bedeutung als die von einer Eintagsfliege oder die von einem Menschen.

Zeitlich adäquat ist die Generationsphase von 20 min eines Escherichia coli zu der von 12 h einer Eintagsfliege und der Generationsphase von 20 Jahren beim Menschen. Nimmt man die Existenz des Homo sapiens seit ca. 6 Mio. Jahren an, so hat er bis zur Gegenwart 300 000 Generationen durchlebt, mutiert und evolutioniert und ist zu dem geworden, als dieser sich heute begreift. Dagegen benötigen Bakterien mit einer Generationsphase von 20 min für 300 000 Generationsfolgen eine relative Zeit von 11,4 Jahren – wen verwundert da noch die relativ schnelle Mutationsfähigkeit von Mikroorganismen bzw. die Entwicklung ihrer Resistenzkraft gegenüber toxischen Substanzen? Der Mensch muss seinen Zeitbegriff relativieren, um zu neuen Erkenntnissen über Biologie, Wirtschaft und Gesellschaft zu gelangen.

Wenn die Wissenschaften von der Natur, Technik und Wirtschaft weiterführende Erkenntnisse erschließen wollen, müssen in der Mathematik Funktionen zur Erfassung von qualitativen Prozessen entworfen werden. Die Wissenschaften stehen an der Schwelle neuer Methoden, wie die Natur, Technik, Wirtschaft und Gesellschaft in ihrer Gesamtheit und Komplexität durchleuchtet und verstanden werden kann.

- *Schlussbemerkung* [E. concluding remarks]

Anhand von Beispielen ist der Weg vom Erkennen der Probleme, über Probleme analysieren, Probleme strukturieren und Probleme mathematisieren aufgezeigt worden.

Die größte Schwierigkeit in der Beschreibung von komplexen Abläufen in Natur und Technik besteht in der logischen Gliederung zu folgerichtigen Teilvorgängen. Vorgänge, denen gleiche mathematische Gesetzmäßigkeiten zugrunde liegen, sind in der Regel über gleiche Lösungswege zu erfassen.

Sind die Gemeinsamkeiten von Prozessen, Abläufen und deren Veränderungen bekannt, dann lassen sich auch ihre Unterschiede definieren, die häufig durch konstante Faktoren mathematisch ausgedrückt werden können.

Naturwissenschaftliche Gesetzmäßigkeiten herauszufinden, ist der Versuch, rhythmische und sich wiederholende Vorgänge mithilfe von mathematischen Modellen qualitativ und quantitativ zu beschreiben. Diese Gesetzmäßigkeiten gelten immer nur für einen bestimmten Erfahrungsbereich und verlieren ab dem Moment ihre Gültigkeit, wenn Erscheinungen auftreten, die diesem Denkmodell widersprechen.

Da diese Versuche der mathematischen Beschreibungen von Prozessen in Natur und Technik von Menschen vorgenommen werden und auf die Erlebniswelt des Menschen bezogen sind, muss die allgemeingültige Objektivität dieser Gesetzmäßigkeiten infrage gestellt werden.

Da aber andererseits der Mensch selbst ein Teil der Natur ist, ist es naheliegend, dass die vom Menschen erdachten Modelle zur Beschreibung und Erkenntnis der Phänomene in der Natur und ebenso in der Technik annähernd objektiven Charakter haben.

Literatur [E. references]

Spektrum der Wissenschaft, Heft 12 (1988)

Weiterführende Literatur

Arzneimittel (1989), Folienserie des Fonds der chemischen Industrie, Hrsg. Fonds der chemischen Industrie, Karlstraße 21, Frankfurt am Main.

Eigen, M. and Winkler, R.: Das Spiel, Naurgesetze steuern den Zufall (The Game, Natural Laws Regulate Chance), R. Piper u. Co. Verlag, Munich-Zurich, 4th Edition 1981.

Fleischmann, R.: Einführung in die Physik (Introduction to Physics), 2nd revised edition, Physik-verlag, Weinheim, 1980.

Franz, M.-L.: Zahl und Zeit, Suhrkamp Taschenbuch 602, 1980.

Fricke, J.: Modelle zur Seuche Aids, Physik in unserer Zeit, 19. JG. Nr. 3, 1988.

Hopp, V. u. Berninger, G. (1986), Mathematische Funktionen zur Beschreibung von Vorgängen in Natur und Technik, Chemiker Zeitung, Jg. 110, Nr. 7/8.

Hopp, V. (2017), Die Herleitung biologischer Hauptsätze, Springer-Verlag GmbH, Heidelberg.

Kiedrowski von, G. (1999), Molekulare Prinzipien der artifiziellen Selbstreplikation, erschienen in *Gene, Neurone, Quibits u. Co.,* Hrsg. Ganten, D. u. a., Gesellschaft Deutscher Naturforscher und Ärzte, S. 123 ff., Wiss. Verlags-Gesellsch., Stuttgart.

Mathematik für die Praxis (1964), Ein Handbuch, 3. Bd., Verlag Harri Deutsch, Frankfurt (Main), Zürich.

Rechenberg, J.: Evolutionsstrategie, Optimierung technischer Systeme nach Prinzipien der biologischen Evolution (Evolution Strategy, Optimization of Technical Systems according to Principles of Biological Evolution), Friedrich Fromman Verlag (Günther Holzboog KG), Stuttgart-Bad Cannstatt, 1973.

Sachs, L. u. Hedderich, J. (2016), Angewandte Statistik, 15. Aufl., Springer Verlag GmbH, Heidelberg.

Schweiger, H.-G. (1984/85), Auf der Suche nach dem molekularen Mechanismus der circadienen Uhr (The search for the molecular mechanism of the circadien clock), Mannheimer Forum, Publisher: Boehringer Mannheim GmbH, Mannheim.

Sukatsch, D. A. u. Driengel, A.: Acta Biotechnica, Formelsammlung Biotechnologie, Medizin, Verlagsges. GmbH, Melsungen, 1984.

Wedler, G.: Lehrbuch der Physikalischen Chemie, 4. durchgesehene Aufl., Wiley-VCH-Verlag, Weinheim, 1997.

Wissenschaftliche Tabellen Geigy, 8. revid. u. erweit. Aufl., Hrsg. Ciba-Geigy AG, Basel, 1980.

Anhang [E. appendix]

SI-Einheiten (Système Internationale d'unités)[1]

1 Basiseinheiten [E. base units]

Länge	Meter	m
Masse	Kilogramm	kg
Zeit	Sekunde	s
Elektrische Stromstärke	Ampere	A
Temperatur	Kelvin	K
Lichtstärke	Candela	cd
Stoffmenge	Mol	mol

2 Abgeleitete Einheiten mit besonderem Namen [E. derived units with special names]

Kraft	Newton	$1\,N = 1\,kg \cdot m/s^2$
Druck	Pascal	$1\,Pa = 1\,N/m^2$

[1]Quelle: Dubbel (2014), Taschenbuch für den Maschinenbau, 13. korr. u. erg. Auflage, S. 1450 ff., Springer Verlag, Berlin, Heidelberg, New York, Tokyo.

Die Originalversion dieses Kapitels wurde revidiert. Ein Erratum ist verfügbar unter https://doi.org/10.1007/978-3-662-55860-7_30

V. Hopp, *Chemische Kreisläufe in der Natur*,
https://doi.org/10.1007/978-3-662-55860-7_29

	Bar	1 bar	=	105 Pa
			=	$0{,}1\ N/mm^2$
Energie	Joule	1 J	=	$1\ N \cdot m$
Arbeit			=	$1\ W \cdot s$
Wärmemenge			=	$1\ kg \cdot m^2/s^2$
Leistung	Watt	1 W	=	1 J/s
			=	$1\ N \cdot m/s$
			=	$1\ kg \cdot m^2/s^3$

3 Konstanten [E. constants]

Avogadrokonstante	N_A	=	$6{,}022169 \cdot 10^{23}\ mol^{-1}$
Universelle Gaskonstante	R	=	$k \cdot N_A$
		=	$8{,}31434\ K \cdot mol^{-1} \cdot K^{-1}$
Bolzmann'sche Entropiekonstante	k	=	$1{,}380622 \cdot 10^{-23}\ J \cdot K^{-1}$
Planck'sches Wirkungsquantum	h	=	$6{,}626196 \cdot 10^{-24}\ J \cdot s$
1 atomare Masseneinheit (unified mass unit)	1 u	=	$1/12\ m\ (^{12}C)$
Ruhemasse des Elektrons	m_c	=	0,000548593 u
Ruhemasse des Protons	m_p	=	1,0072766 u
Ruhemasse des Neutrons	m_n	=	1,0086652 u
Faraday-Äquivalent	F	=	$e \cdot N_A = 96486{,}70$ Cb m
Elektrische Elementarladung	e	=	$1{,}6021917 \cdot 10^{-19}$ Cb
Gravitationsfeldstärke (abhängig von der geografischen Breite)	g	=	$9{,}83\ N \cdot kg^{-1}$
Lichtgeschwindigkeit im materiefreien Raum	c	=	$2{,}997925 \cdot 10^{8}\ m \cdot s^{-1}$

4 Physikalische Begriffe[2] [E. physical terms]

Kraft	N (Newton)
Mechanische Spannung	N/mm^2
E-Modul	N/m^2
Gleitmodul, Härte	Pa
Schlagzähigkeit	mJ/mm^2

[2]Quelle: Schwenk, E. (1992), Mein Name ist Becquerel, Wer den Maßeinheiten den Namen gab, Hrsg. Hoechst AG, Frankfurt am Main.

Kernschlagzähigkeit	kJ/m^2 J/cm^2
Druck	bar (Bar)
(s. a. DIN 1314, neueste Ausgabe)	Pa (Pascal)
Arbeit	J (Joule)
Wärmemenge	J (Joule)
Leistung	W (Watt)
Wärmeleitfähigkeit	$W/(m \cdot K)$
	$W/(cm \cdot K)$
Wärmedurchgangskoeffizient	$W/(m^2 \cdot K)$
	$W/(cm^2 \cdot K)$
Dynamische Viskosität	$N \cdot s/m^2$
	$kg/(m \cdot s)$
	$Pa \cdot s$
Kinematische Viskosität	m^2/s
Temperatur	K (Kelvin)
	°C (Grad Celsius)
Energiedosis	J/kg
Dioptrie, Brechkraft optischer Systeme	1 dpt $= \frac{1}{f}$ $[m^{-1}]$, Kehrwert der in Metern gemessenen Brennweite

5 Abkürzungen für Zehnerexponenten [E. abbreviations for exponents to the power 10]

10^{12}	=	T (Tera)
10^{9}	=	G (giga)
10^{6}	=	M (Mega)
10^{3}	=	k (Kilo)
10^{2}	=	h (Hekto)
10	=	da (Deka)
10^{-1}	=	d (Dezi)
10^{-2}	=	c (Zenti)
10^{-3}	=	m (Milli)
10^{-6}	=	µ (Mikro)
10^{-9}	=	n (Nano)
10^{-12}	=	p (Piko)
10^{-15}	=	f (Femto)
10^{-18}	=	a (Atto)

6 Griechisches Alphabet [E. Greek alphabet]

Α	α	Alpha	Ν	ν	Ny
Β	β	Beta	Ξ	ξ	Xi
Γ	γ	Gamma	Ο	ο	Omikron
Δ	δ	Delta	Π	π	Pi
Ε	ε	Epsilon	Ρ	ρ	Rho
Ζ	ζ	Zeta	Σ	σ	Sigma
Η	η	Eta	Τ	τ	Tau
Θ	ϑ θ	Theta	Υ	υ	Ypsilon
Ι	ι	Jota	Φ	φ	Phi
Κ	κ	Kappa	Χ	χ	Chi
Λ	λ	Lambda	Ψ	ψ	Psi
Μ	μ	My	Ω	ω	Omega

7 Einige mathematische Bemerkungen zur Glockenkurve nach Gauss [E. some mathematical remarks about the normal distribution according to Gauss]

Wahrscheinlichkeitsdichte p(x) eines stetigen **Merkmals X** mit einer **Normalverteilung** mit den **Parametern**

Erwartungswert my = E(X) und Standardabweichung **sigma** (das quadrierte sigma ist die **Varianz** des Merkmals). (**N**(my, sigma)-Verteilung)

Zur Bedeutung des Normalverteilungsmodells:

Die Wahrscheinlichkeit in einer **reinen Zufallsstichprobe** mit Werten eines normal verteilten Merkmals X aus einer **wohldefinierten Grundgesamtheit** einen Wert zwischen a und b zu erhalten ist stets gegeben durch die Fläche unter der Dichtekurve zwischen den Werten a und b (a < b beliebig auf der x-Achse, s. Kap. XXVIII, Abb. 17 und 1).

Ist das Intervall (a, b) immer kleiner bis auf einen Punkt x zusammengezogen. Dann entartet der zugehörige Streifen unter der Dichtekurve zu einem vertikalen 'Strich'. Dieser hat die Fläche 0, also ist die Wahrscheinlichkeit exakt den Wert x zu messen gleich 0, womit man nichts anfangen kann. Aber man kann ja auch prinzipiell nie einen Wert mathematisch exakt messen! Ein erhaltener Messwert x bedeutet in der Wirklichkeit stets die Aussage dass der Wert in einem durch die Messgenauigkeit gegebenen Intervall der Länge delta_x liegt, etwa (x – 1/2delta_x, x + 1/2delta_x). Sagen wir dafür kurz:

Der Messwert liegt (nahe) **bei** x. Bei sehr kleinem delta_x kann die Fläche des zugehörigen schmalen Streifens unter der Dichtekurve p(x) sehr genau durch die Fläche eines schmalen Rechtecks mit einer Grundseite der Länge delta_x und der Höhe p(x) angenähert werden. Die **Wahrscheinlichkeit einen Wert bei x zu erhalten** ist dann sehr genau

Abb. 1 Geldschein über 10 DM mit dem Porträt von Carl Friedrich Gauss und der Gauss'schen Glockenkurve [E. currency-note of ten mark with the portait of Carl Friedrich Gauss and the function of the normal distribution according to Gauss]

angenähert durch **p(x) mal delta_x,** (um so genauer je kleiner delta_x ist), also **proportional zum Dichtewert p(x) an der Stelle x.**

Kurz gesagt: **Die Dichte an der Stelle x multipliziert mit einer Maßzahl für die Messgenauigkeit (hier delta_x) gibt die Wahrscheinlichkeit einen Wert (nahe) bei x zu erhalten.**

Die mathematischen Methoden der klassischen Wahrscheinlichkeitsrechnung, auf der die Statistikmethoden beruhen, gelten nur für **reine Zufallsstichproben aus wohldefinierten Grundgesamtheiten.**

Die Grundgesamtheit darf auch die fiktive Gesamtheit von gedachten Messwiederholungen unter **gleichen kontrollierten Bedingungen** sein. Dabei wird der Gesamteinfluss der **nicht kontrollierbaren oder unbekannten Bedingungen** als Zufallseinfluss angesehen.

Einfache Beispiele hierfür:

(Stichproben)-**Mittelwert** eines Merkmals ist ein zufallsabhängiger Schätzwert für den **Erwartungswert** des Merkmals.

Der exakte Wert des Erwartungswertes E(X) ist i. a. unbekannt und kann eben nur aus Stichprobendaten zufallsabhängig geschätzt werden; umso genauer je größer die Stichprobe ist.

Streuung oder **Stichprobenstandardabweichung** ist ein zufallsabhängiger Schätzwert für die **Standardabweichung.**

Streuungsquadrat oder Stichprobenvarianz ist ein zufallsabhängiger Schätzwert für die Varianz.

Erratum zu: Chemische Kreisläufe in der Natur

Erratum zu:
V. Hopp, *Chemische Kreisläufe in der Natur*,
https://doi.org/10.1007/978-3-662-55860-7

Auf den folgenden Seiten im oben genannten Buch waren einige Fehler vorhanden.

In Kapitel II auf Seite 41 wurde die Einheit „m" in der zweiten Formel irrtümlicherweise unten statt oben gesetzt. Also haben wir die Formel in „kg·m" geändert, inhaltlich wurde das Kapitel jedoch nicht verändert.

In Kapitel XXVIII auf Seite 898 unter der Abbildung 17 wurde bei den Erläuterungen das Zeichen „δ" statt „σ" gesetzt. Daher haben wir nachträglich das Zeichen zu „σ" geändert, inhaltlich wurde das Kapitel jedoch nicht verändert.

Im Anhang (Kapitel XXIX) auf Seite 915 wurde die Einheit „N" an zwei Stellen fälschlicherweise mit einem Kleinbuchstaben statt einem Großbuchstaben abgebildet. Daher haben wir nachträglich die Einheit in einen Großbuchstaben geändert, inhaltlich wurde das Kapitel jedoch nicht verändert.

Im Anhang (Kapitel XXIX) auf Seite 916 wurde die Einheit „N" in der ersten Zeile fälschlicherweise mit einem Kleinbuchstaben statt einem Großbuchstaben abgebildet. Daher haben wir nachträglich die Einheit in einen Großbuchstaben geändert, inhaltlich wurde das Kapitel jedoch nicht verändert.

Die korrigierten Versionen der Kapitel sind verfügbar unter
https://doi.org/10.1007/978-3-662-55860-7_2
https://doi.org/10.1007/978-3-662-55860-7_28
https://doi.org/10.1007/978-3-662-55860-7_29

V. Hopp, *Chemische Kreisläufe in der Natur*,
https://doi.org/10.1007/978-3-662-55860-7_30

Sachverzeichnis [E. subject index]

V. Hopp, *Chemische Kreisläufe in der Natur*,
https://doi.org/10.1007/978-3-662-55860-7

B

C

MIX
Papier aus verantwortungsvollen Quellen
Paper from responsible sources
FSC® C105338

If you have any concerns about our products,
you can contact us on
ProductSafety@springernature.com

In case Publisher is established outside the EU,
the EU authorized representative is:
Springer Nature Customer Service Center GmbH
Europaplatz 3, 69115 Heidelberg, Germany

Printed by Libri Plureos GmbH
in Hamburg, Germany